ELEMENTARY LINEAR ALGEBRA

初等線性代數
與應用

簡國清 譯

10th edition

Howard Anton・Chris Rorres

國家圖書館出版品預行編目資料

初等線性代數與應用 / Howard Anton, Chris Rorres
著；簡國清譯. — 10版. — 臺北市：臺灣
東華，民101.08
944面；19x26公分

譯自：Elementary Linear Algebra, 10th ed.

ISBN 978-957-483-705-2 (平裝附光碟)

1. 線性代數

313.3　　　　　　　　　　　　101007948

初等線性代數與應用

原　　　著	Howard Anton, Chris Rorres
譯　　　者	簡國清
原 出 版 社	John Wiley & Sons, Inc.
合 作 出 版	臺灣東華書局股份有限公司
	地址 / 台北市重慶南路一段147號3樓
	電話 / 02-2311-4027
	傳真 / 02-2311-6615
	網址 / www.tunghua.com.tw
	E-mail / service@tunghua.com.tw
	新加坡商約翰威立股份有限公司
	地址 / 台北市大安區金山南路二段218號4樓
	電話 / 02-2357-3900
	傳真 / 02-2391-1068
	網址 / www.wiley.com.tw
	E-mail / csd_ord@wiley.com
總 經 銷	臺灣東華書局股份有限公司
I S B N	978-957-483-705-2
十 版 一 刷	2012年8月

版權所有．翻印必究

版權聲明

Copyright © 2011 John Wiley & Sons, Inc. All rights reserved. "AUTHORIZED TRANSLATION OF THE EDITION PUBLISHED BY JOHN WILEY & SONS, New York, Chichester, Brisbane, Singapore AND Toronto. No part of this book may be reproduced in any form without the written permission of John Wiley & Sons Inc."

Orthodox Chinese copyright © 2012 by Tung Hua Book Co., Ltd. 臺灣東華書局股份有限公司 and John Wiley & Sons Singapore Pte Ltd. 新加坡商約翰威立股份有限公司

序 言

本版 (第 10 版) 的初等線性代數與應用，提供線性代數的入門處理，適合初階的大學部課程。本版之目標是儘可能以最清楚的方式提供線性代數基礎——有效的教學是主要的考量。雖然微積分不是必備的，但仍有一些可選擇的教材，以清楚的標示給具微積分背景的學生。若需要，那些教材可被省略而不失連續性。

使用本教材是不需要科技的，但對喜歡使用 MATLAB, *Mathematica*, Maple 或具線性代數能力計算器的教師，我們已張貼了一些支援教材，可連結下面網站：

www.wiley.com/go/global/anton

本版更改部分摘要

本版是前一版的主要修訂。除了增加一些新的材料，一些舊教材已被有效率簡化以確保主要題材可全被涵蓋在一個標準課堂裡。以下是最顯著的改變：

- **2-空間、3-空間及 *n*-空間上的向量**　前版的第 3 章及第 4 章已被併成一個單章。此可讓我們刪去一些重複的說明，且將 *n*-空間上之概念和 2-空間及 3-空間相同部分並列，藉以更清楚傳達 *n*-空間概念如何一般化那些已熟悉的概念給學生。
- **新的教學要素**　每一節均以一個概念複習及一個技能精通來結尾，提供學生方便查照該節的主要概念。
- **新的習題**　許多新的習題已被加上，包括一組是非題被加在多數節次之末。
- **較早呈現特徵值及特徵向量**　有關特徵值及特徵向量的章節，前版是出現在第 7 章，本版是出現在第 5 章。
- **複數向量空間**　前版的複數向量空間一章已完全被修訂。最重要的概念被涵蓋在 5.3 節及 7.5 節矩陣對角化的內容裡。附錄中包含了複數的簡要回顧。
- **二次型**　此教材已被廣泛的重寫且被有效率的簡化更清楚集中在最重要的概念上。
- **有關數值方法的新章節**　前版以主題分類的方式出現在最後一章。該章已被全新的一章取代且專門集中在線性代數的數值方法。我們移走在本書其他章節不討論數值方法的主題。
- **奇異值分解**　確認其發展重要性，一個有關奇異值分解的新節次已加至有關數值方法的章節裡。
- **網路搜尋及冪方法**　一個有關冪方法及應用至搜尋引擎的新節次已加至有關數值方法的章節裡。

印記特徵

- **概念間的關係**　我們的主要教育目標之一是傳達給學生線性代數是一門聚合的科目且

不僅是一個孤立的定義及技巧的組合。我們處理的方法之一是使用一個漸強的等價敘述定理，連續重現方程組、矩陣、行列式、向量、線性變換及特徵值之間的關係。欲了解我們如何使用此技巧，請見定理 1.5.3、1.6.4、2.2.8、4.8.10、4.10.4 及定理 5.1.6 等等。

- **平順地轉移到抽象的概念** 因為由 R^n 轉移到一般向量空間對許多學生是困難的，相當大的努力用來解釋抽象的目的及以繪出類似的熟悉幾何概念來幫助學生「想像」抽象概念。
- **數學的嚴謹度** 適當時，我們試著做到數學的嚴謹。為保持學生聽眾的層次，證明以耐心方式呈現，此方式是為初學者訂做的。附錄有一個簡短的節次說明如何閱讀證明敘述，且有許多種習題引導學生完成證明的所有步驟並要求驗證。
- **適合各類讀者** 本書被設計來服務工程學、資訊科學、生物學、物理學、商學、經濟學和那些主修數學的學生。
- **史記** 欲給學生一個數學歷史觀並傳達給學生創造出他們正在學習的數學定理及方程式之真實人物，我們已納入許多史記，以歷史觀點呈現正在學習的主題。

關於習題

- **分級習題集** 每個習題集由例行性練習題開始並逐漸進入較有意義的問題。
- **是非題** 大部分的習題集以一組是非題做結尾，其被設計來檢驗概念性的理解及邏輯推理。欲避免純用猜的，學生需要以某種方式驗證他們的反應。
- **補充習題集** 幾乎在每一章結尾都有一組較具挑戰性的補充習題，以迫使學生從整章擷取概念，而非從特定的某一節。

給學生的補充材料

- **科技習題及資料檔** 出現在前版的科技習題已被移至本書所附的網址。那些習題被設計使用 MATLAB, *Mathematica* 或 Maple 來求解且附以三種格式的資料檔。習題及資料可至下列網址下載：

www.wiley.com/go/global/anton

給教師的補充材料

- **教師解答手冊** 此線上補充提供本書大部分習題的解答。
- **WileyPLUS™** 這是 Wiley 的產權，其是線上教學及學習環境，將教師及學生資源整合成本教科書的數位版，以適合各種教學及學習模式。WileyPLUS 將幫助你的學生

充分精熟概念並建構適用於他們的環境。它亦幫助你個人專有並在學生評估、指定作業、成績追蹤及其他有用工具方面更有效率地管理你的課程。

- 你的學生將及時允許接收他們個別需要的資源且將立刻得到回饋並在需要時可補充資源。
- 亦有自我評估工具，其連結至本書的有關部分，可讓你的學生控制他們自己的學習和練習。
- WileyPLUS 將幫助你確認學習落後的學生並及時介入，而不必等到排定的辦公時間。

更多 WileyPLUS 的資訊可由你的 Wiley 代表得到。

教師指引

雖然線性代數課程在內容及哲理方面差異頗大，但多數課程歸類成兩類——大約 35-40 講次的課程及大約 25-30 講次的課程。根據經驗，長程及短程樣版已被設計作為建構課程及大綱的出發點。當然，這些僅是導引，你可以調整它們以符合你的興趣及需要。這兩個樣版並不包含應用。若需要，時間允許時這些可被加上。

	長樣版	短樣版
第 1 章：線性方程組和矩陣	7 講次	6 講次
第 2 章：行列式	3 講次	2 講次
第 3 章：歐幾里德向量空間	4 講次	3 講次
第 4 章：一般向量空間	10 講次	10 講次
第 5 章：特徵值與特徵向量	3 講次	3 講次
第 6 章：內積空間	3 講次	1 講次
第 7 章：對角化及二次型	4 講次	3 講次
第 8 章：線性變換	3 講次	2 講次
總　　計	37 講次	30 講次

應用導向的課程

一旦必要的核心教材已教完，教師可由前 9 章或第 10 章選一些應用，下表係根據困難度來分類第 10 章內 20 節的每一個應用：

容易的：一般學生已見過所敘述的預備知識，不必教師指導亦可讀那些教材。

適中的：一般學生已見過所敘述的預備知識，但可能需經教師稍微指導。
較困難的：一般學生已見過所敘述的預備知識，但可能需經教師指導。

	1	2	3	4	5	6	7	8	9	10	11	12	13	14	15	16	17	18	19	20
容易的	•		•																	
適中的		•			•	•	•	•	•		•				•				•	•
較困難的				•								•	•	•		•	•	•		

感　謝

對於下列諸位先進所給予有助益的指導，使本書大大的改進，我們要表達我們的感激：

檢閱者及貢獻者

Don Allen, *Texas A&M University*
John Alongi, *Northwestern University*
John Beachy, *Northern Illinois University*
Przemyslaw Bogacki, *Old Dominion University*
Robert Buchanan, *Millersville University of Pennsylvania*
Ralph Byers, *University of Kansas*
Evangelos A. Coutsias, *University of New Mexico*
Joshua Du, *Kennesaw State University*
Fatemeh Emdad, *Michigan Technological University*
Vincent Ervin, *Clemson University*
Anda Gadidov, *Kennesaw State University*
Guillermo Goldsztein, *Georgia Institute of Technology*
Tracy Hamilton, *California State University, Sacramento*
Amanda Hattway, *Wentworth Institute of Technology*
Heather Hulett, *University of Wisconsin–La Crosse*
David Hyeon, *Northern Illinois University*
Matt Insall, *Missouri University of Science and Technology*
Mic Jackson, *Earlham College*
Anton Kaul, *California Polytechnic Institute, San Luis Obispo*
Harihar Khanal, *Embry-Riddle University*
Hendrik Kuiper, *Arizona State University*
Kouok Law, *Georgia Perimeter College*
James McKinney, *California State University, Pomona*
Eric Schmutz, *Drexel University*
Qin Sheng, *Baylor University*
Adam Sikora, *State University of New York at Buffalo*
Allan Silberger, *Cleveland State University*
Dana Williams, *Dartmouth College*

數學顧問

特別感謝幾位有天份的教師及數學家，他們協助提供教學導引、答案及習題或提供仔細的檢驗或校對。

John Alongi, *Northwestern University*
Scott Annin, *California State University, Fullerton*
Anton Kaul, *California Polytechnic State University*
Sarah Streett
Cindy Trimble, *C Trimble and Associates*
Brad Davis, *C Trimble and Associates*

Wiley 支援團隊

David Dietz, Senior Acquisitions Editor
Jeff Benson, Assistant Editor
Pamela Lashbrook, Senior Editorial Assistant
Janet Foxman, Production Editor
Maddy Lesure, Senior Designer
Laurie Rosatone, Vice President and Publisher
Sarah Davis, Senior Marketing Manager
Diana Smith, Marketing Assistant
Melissa Edwards, Media Editor
Lisa Sabatini, Media Project Manager
Sheena Goldstein, Photo Editor
Carol Sawyer, Production Manager
Lilian Brady, Copyeditor

特殊貢獻

就像本書一樣，生產一本書需要許多人的天份及貢獻，我幸運的得自下列人員專門技術的幫助：

David Dietz — 我們的編輯，他的專心細節，他的可靠判斷，對我們的信心。

Jeff Benson — 我們的助理編輯，他難以置信的負責組織及協調許多令本版具真實性的思緒。

Carol Sawyer — of *The Perfect Proof*。他協調生產過程中極大部分的細節。

Dan Kirschenbaum — of *The Art of Arlene and Dan Kirschenbaum*。他的藝術及專門技能解決一些困難及吹毛求疵的實例議題。

Bill Tuohy — 他閱讀部分原稿及他對細節的批判眼光，對本書的發展有重大影響。

Pat Anto — 他校對原稿，當需要時。

Maddy Lesure ── 我們的書及封面設計者，他不出差錯的優美設計感，清晰可見的在本書的所有頁面上。

Rena Lam ── of *Techsetters, Inc.*, 他非常令人驚奇的費力完成作者編輯，潦草書寫及堅持最後一分鐘更改的惡夢，完成一本漂亮的書。

John Rogosich ── of *Techsetters, Inc.*, 他熟練的規劃本書的設計內容並解決許多麻煩的排字問題。

Lilian Brady ── 我們許多年的編輯，他的排印眼光及語言知識是令人驚奇的。

The Wiley 團隊 ── 有許多其他 Wiley 同仁，他們在幕後的努力，我欠他們許多的感謝：Laurie Rosatone, Ann Berlin, Dorothy Sinclair, Janet Foxman, Sarah Davis, Harry Nolan, Sheena Goldstein, Melissa Edwards 及 Norm Christiansen。謝謝你們大家。

Wiley 出版者亦要感謝 Dr. Heather Hulett, University of Wisconsin-La Crosse 對國際學生版的貢獻。

目次

第 1 章　線性方程組和矩陣　1

- 1.1　介紹線性方程組　2
- 1.2　高斯消去法　13
- 1.3　矩陣和矩陣運算　31
- 1.4　逆矩陣；矩陣代數性質　47
- 1.5　基本矩陣及 A^{-1} 的求法　63
- 1.6　線性方程組及可逆矩陣的更進一步結果　74
- 1.7　對角、三角形及對稱矩陣　82
- 1.8　線性方程組之應用　91
- 1.9　黎昂迪夫投入-產出模型　106

第 2 章　行列式　117

- 2.1　利用餘因子展開式的行列式　117
- 2.2　利用列簡化計算行列式　126
- 2.3　行列式的性質；柯拉瑪法則　134

第 3 章　歐幾里德向量空間　151

- 3.1　2-空間、3-空間及 n-空間之向量　151
- 3.2　R^n 上的範數、點積及距離　166
- 3.3　正交性　183
- 3.4　線性方程組的幾何性質　195
- 3.5　叉　積　206

第 4 章　一般向量空間　221

- 4.1　實數向量空間　221
- 4.2　子空間　232
- 4.3　線性獨立　245
- 4.4　座標和基底　258
- 4.5　維　數　269
- 4.6　基底變換　279
- 4.7　列空間、行空間及零核空間　289
- 4.8　秩、零核維數與基本矩陣空間　304
- 4.9　由 R^n 至 R^m 的矩陣變換　317
- 4.10　矩陣變換的性質　336

ix

4.11　R^2 上矩陣算子的幾何意義　349
4.12　動態系統及馬可夫鏈　359

第 5 章　特徵值與特徵向量　377

5.1　特徵值與特徵向量　377
5.2　對角化　390
5.3　複數向量空間　404
5.4　微分方程　420

第 6 章　內積空間　429

6.1　內　積　429
6.2　內積空間上的角度及正交性　442
6.3　葛蘭-史密特法；QR-分解　452
6.4　最佳近似；最小平方法　470
6.5　最小平方擬合數據　482
6.6　函數近似；富立爾級數　490

第 7 章　對角化及二次型　501

7.1　正交矩陣　501
7.2　正交對角化　511
7.3　二次型　522
7.4　使用二次型的最佳化　538
7.5　赫米頓、么正及正規矩陣　548

第 8 章　線性變換　561

8.1　一般線性變換　561
8.2　同構變換　576
8.3　合成及逆變換　586
8.4　一般線性變換的矩陣　594
8.5　相似性　607

第 9 章　數值方法　619

9.1　LU-分解　619
9.2　冪方法　631

- 9.3 網路搜尋引擎 642
- 9.4 線性方程組各種解法之比較 649
- 9.5 奇異值分解 656
- 9.6 使用奇異值分解的資料壓縮 665

第 10 章　線性代數之應用 671

- 10.1 通過特定點建構曲線與曲面 672
- 10.2 幾何線性規劃 679
- 10.3 線性代數的最早應用 691
- 10.4 三次仿樣插值法 698
- 10.5 馬可夫鏈 711
- 10.6 圖形理論 724
- 10.7 對局論 736
- 10.8 黎昂迪夫經濟模型 747
- 10.9 森林管理 758
- 10.10 電腦繪圖 768
- 10.11 平衡溫度分佈 778
- 10.12 電腦斷層攝影 789
- 10.13 碎形集合 802
- 10.14 混　沌 823
- 10.15 密碼通訊 839
- 10.16 基因上的應用 854
- 10.17 特定年齡人口成長 867
- 10.18 動物群體之收穫 879
- 10.19 應用於人體聽覺之最小平方模型 889
- 10.20 變形與形態 896

附錄 A　如何閱讀定理 909

附錄 B　複　數 913

索　引 921

習題解答

CHAPTER 1

線性方程組和矩陣

本章目錄

1.1 介紹線性方程組
1.2 高斯消去法
1.3 矩陣和矩陣運算
1.4 逆矩陣；矩陣代數性質
1.5 基本矩陣及 A^{-1} 的求法
1.6 線性方程組及可逆矩陣的更進一步結果
1.7 對角、三角形及對稱矩陣
1.8 線性方程組之應用
　　・網路分析
　　・電子電路
　　・平衡化學方程式
　　・多項式插值
1.9 黎昂迪夫投入-產出模型

引　言　科學、商業及數學資料經常被由列及行所構成的矩形陣列來加以分類，此矩形陣列被稱為「矩陣」。矩陣經常是某種實際觀察出的數值資料表，但也經常以各種數學內容方式出現。例如，我們在本章將見到解方程組

$$5x+y=3$$
$$2x-y=4$$

的所有求解資料全在矩陣

$$\begin{bmatrix} 5 & 1 & 3 \\ 2 & -1 & 4 \end{bmatrix}$$

裡面，且方程組之解可經由對上面的矩陣執行合適的運算後得到。在發展使用電腦程式解線性方程組時，上述方法特別的重要，因為電腦是非常適合用來處理數值資料陣列。總之，矩陣不僅是一個用來解方程組的符號工具；它們亦可被視為數字物件，且有許多關於矩陣重要的理論被廣泛應用。矩陣及其相關主題之研究形成了線性代數這個數學領域。本章我們將開始研究矩陣。

1.1 介紹線性方程組

線性方程組及其解之研究為線性代數的主題之一。本節將介紹某些基本術語並討論解方程組之一方法。

線性方程式

在二度空間裡，直線在直角 xy-座標系裡，可由型如

$$ax+by=c \quad (a,b\text{ 不全為 }0)$$

的方程式來表示，而在三度空間裡，平面在直角 xyz-座標系，可由型如

$$ax+by+cz=d \quad (a,b,c\text{ 不全為 }0)$$

的方程式來表示。它們是「線性方程式」的例子，第一個例子是含變數 x 及 y 的線性方程式，第二個例子是含變數 x, y 及 z 的線性方程式。更一般性地，我們定義含 n 個變數 $x_1, x_2, x_3, \ldots, x_n$ 的**線性方程式** (linear equation)；此類方程式可以寫成

$$a_1x_1 + a_2x_2 + \cdots + a_nx_n = b \tag{1}$$

的型式，此處 $a_1, a_2, a_3, \ldots, a_n$ 及 b 皆為常數，且所有 a 不全為零。對 $n=2$ 或 $n=3$ 之特別情況，我們將經常使用不含下標的變數，且將線性方程式表為

$$a_1x + a_2y = b \quad (a_1, a_2\text{ 不全為 }0) \tag{2}$$

$$a_1x + a_2y + a_3z = b \quad (a_1, a_2, a_3\text{ 不全為 }0) \tag{3}$$

當 $b=0$ 時，方程式 (1) 變為

$$a_1x_1 + a_2x_2 + \cdots + a_nx_n = 0 \tag{4}$$

且稱之為含變數 $x_1, x_2, \ldots, x_n$ 的**齊次線性方程式** (homogeneous linear equations)。

▶**例題 1　線性方程式**

由觀察可知，線性方程式不含任一變數的相互乘積或開方。所有變數僅能以一次方冪出現且亦不能以三角函數、對數函數或指數函數出現。下面各方程式皆為線性方程式：

$$x + 3y = 7 \qquad\qquad x_1 - 2x_2 - 3x_3 + x_4 = 0$$
$$\tfrac{1}{2}x - y + 3z = -1 \qquad\qquad x_1 + x_2 + \cdots + x_n = 1$$

下列各方程式皆為非線性方程式：

$$x + 3y^2 = 4 \qquad\qquad 3x + 2y - xy = 5$$
$$\sin x + y = 0 \qquad\qquad \sqrt{x_1} + 2x_2 + x_3 = 1$$

　　一個有限個線性方程式集合被稱為**線性方程組** (system of linear equations)，或簡稱**線性組** (linear system)。所有變數被稱為**未知數** (unknowns)。例如，方程組 (5) 的未知數為 x 及 y，而方程組 (6) 的未知數為 x_1, x_2 及 x_3。

$$5x + y = 3 \qquad\qquad 4x_1 - x_2 + 3x_3 = -1$$
$$2x - y = 4 \qquad\qquad 3x_1 + x_2 + 9x_3 = -4 \qquad (5\text{-}6)$$

一般含 n 個未知數 $x_1, x_2, \ldots, x_n$ 及 m 個方程式的方程組，可被表為

$$\begin{aligned} a_{11}x_1 + a_{12}x_2 + \cdots + a_{1n}x_n &= b_1 \\ a_{21}x_1 + a_{22}x_2 + \cdots + a_{2n}x_n &= b_2 \\ \vdots\qquad\qquad\qquad\qquad &\vdots \\ a_{m1}x_1 + a_{m2}x_2 + \cdots + a_{mn}x_n &= b_m \end{aligned} \qquad (7)$$

> 未知數之係數 a_{ij} 的雙下標代表它們在方程組的位置——第一個下標表示係數所在的方程式，而第二個下標表示係數所乘的未知數。因此，a_{12} 是位在第一個方程式且乘上 x_2。

　　一個含 n 個未知數 $x_1, x_2, \ldots, x_n$ 之線性方程組的**解** (solution) 是一個含 n 個數 $s_1, s_2, \ldots, s_n$ 的數列，其中令

$$x_1 = s_1, \quad x_2 = s_2, \ldots, \quad x_n = s_n$$

將使每一個方程式均成立。例如，方程組 (5) 有解

$$x = 1, \quad y = -2$$

且方程組 (6) 有解

$$x_1 = 1, \quad x_2 = 2, \quad x_3 = -1$$

這些解可被更簡潔的寫為

$$(1, -2) \quad 及 \quad (1, 2, -1)$$

其中變數的名字被省略。這種記法允許我們將這些解幾何解釋為二度空間及三度空間上的點。更一般化的，一個含 n 個未知數之線性方程組的一解

$$x_1 = s_1, \quad x_2 = s_2, \ldots, \quad x_n = s_n$$

可被寫為

$$(s_1, s_2, \ldots, s_n)$$

其被稱為一個**有序 n 元序對** (ordered n-tuple)。由此記法，我們可了解所有變數以相同順序出現在每一個方程式裡。若 $n=2$，則 n-維被稱為**有序數對** (ordered pair)，且若 $n=3$，則被稱為**有序三元序對** (ordered triple)。

含兩個及三個未知數的線性方程組

含兩個未知數的線性方程組和直線相交有關聯。例如，考慮線性方程組

$$a_1 x + b_1 y = c_1$$
$$a_2 x + b_2 y = c_2$$

上述方程式的圖形為在 xy-平面上的直線。此方程組的每一個解 (x, y) 對應到兩直線的一個交點，所以將有下列三種可能 (圖 1.1.1)：

1. 兩直線可能平行且相異；在此種情形，兩直線不相交，故方程組無解。
2. 兩直線可能僅相交於一點；在此種情形，方程組恰有一組解。
3. 兩直線可能重合；在此種情形，有無限多個交點 (所有交點在共同直線上)，故方程組有無限多組解。

　　一般來講，若線性方程組至少有一組解，則稱此線性方程組為**相容的** (consistent)。而沒有解的線性方程組，則被稱為**矛盾的** (inconsistent)。因此，一個含兩個未知數的相容線性方程組不是有一組解就是有無限多組解——再也沒有其他可能性。對一個含三個未知數三個方程式的線性方程組

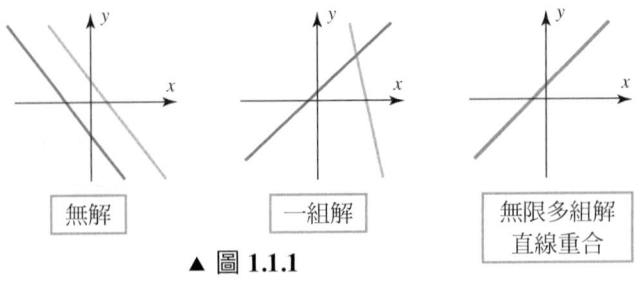

▲ 圖 1.1.1

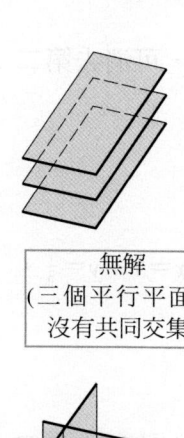

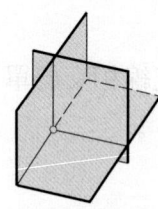
無解
(三個平行平面；
沒有共同交集)

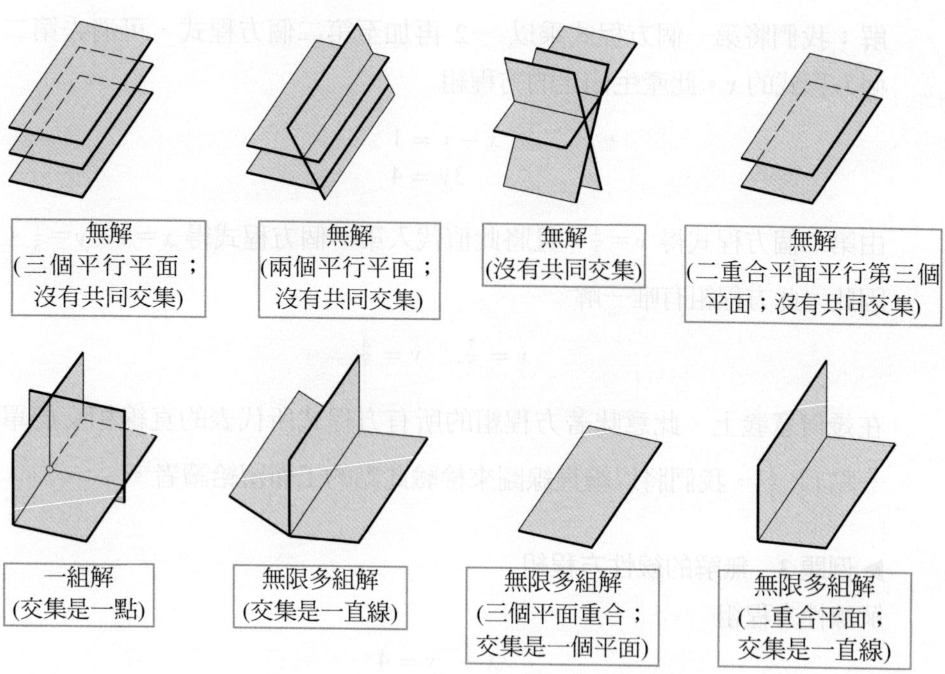

無解
(兩個平行平面；
沒有共同交集)

無解
(沒有共同交集)

無解
(二重合平面平行第三個平面；沒有共同交集)

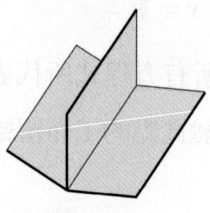
一組解
(交集是一點)

無限多組解
(交集是一直線)

無限多組解
(三個平面重合；交集是一個平面)

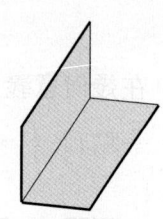
無限多組解
(二重合平面；交集是一直線)

▲ 圖 1.1.2

$$a_1x + b_1y + c_1z = d_1$$
$$a_2x + b_2y + c_2z = d_2$$
$$a_3x + b_3y + c_3z = d_3$$

同樣的情形亦為真，方程組裡的所有方程式之圖形均為平面。方程組的解，若存在，對應到所有三個平面相交的點，所以我們再次見到僅有三個可能性——無解、一組解或無限多組解 (圖 1.1.2)。

我們稍後將證明，對於含兩個未知數兩個方程式之線性方程組的個數，及含三個未知數三個方程式之線性方程組的個數之觀察，將對所有線性方程組確實成立。亦即：

> 每一個線性方程組不是無解，就是僅有一組解，或具有無限多組解。沒有其他可能性。

▶ **例題 2** 具一組解的線性方程組

解線性方程組

$$x - y = 1$$
$$2x + y = 6$$

解：我們將第一個方程式乘以 -2 再加至第二個方程式，可消去第二個方程式的 x。此產生簡化的方程組

$$x - y = 1$$
$$3y = 4$$

由第二個方程式得 $y = \frac{4}{3}$，且將此值代入第一個方程式得 $x = 1 + y = \frac{7}{3}$。因此，此方程組有唯一解

$$x = \tfrac{7}{3}, \quad y = \tfrac{4}{3}$$

在幾何意義上，此意味著方程組的所有方程式所代表的直線相交於單一點 $(\tfrac{7}{3}, \tfrac{4}{3})$。我們將以繪直線圖來檢驗此點的工作留給讀者。

▶ **例題 3** 無解的線性方程組

解線性方程組

$$x + y = 4$$
$$3x + 3y = 6$$

解：我們將第一個方程式乘以 -3 後加至第二個方程式，可消去第二個方程式的 x。得到簡化的方程組

$$x + y = 4$$
$$0 = -6$$

第二個方程式是矛盾的，所以所給的方程組無解。在幾何意義上，此意味著原方程組裡的所有方程式所對應的直線是平行的且相異。我們將以繪直線圖或證明此兩直線有相同斜率但有不同的 y-截距來檢驗之工作留給讀者。

▶ **例題 4** 具有無限多組解的線性方程組

解線性方程組

$$4x - 2y = 1$$
$$16x - 8y = 4$$

解：將第一個方程式乘以 -4 後加至第二個方程式，可消去第二個方程式的 x。此得到簡化的方程組

$$4x - 2y = 1$$
$$0 = 0$$

第二個方程式對 x 及 y 無任何限制，因此可省略。因此，方程組的所有解是那些滿足單一方程式

$$4x - 2y = 1 \tag{8}$$

的所有 x 及 y 之值。在幾何意義上，此意味著原方程組裡的兩方程式所對應的兩條直線重合。描述解集合的方法之一是利用 y 來解此方程式的 x，得 $x = \frac{1}{4} + \frac{1}{2}y$，並接著指定一個任意值 t [稱之為**參數** (parameter)] 給 y。此允許我們以一對方程式 [稱之為**參數方程式** (parametric equations)]

$$x = \tfrac{1}{4} + \tfrac{1}{2}t, \quad y = t$$

來表示方程組的解。對參數代入一些數值，可由參數方程式得到明確的數值解。例如，$t=0$ 得到解 $(\frac{1}{4}, 0)$，$t=1$ 得到解 $(\frac{3}{4}, 1)$，$t=-1$ 得到解 $(-\frac{1}{4}, -1)$。你可將這些座標值代入所給的方程式確定它們是解。

> 在例題 4，我們亦可利用 x 解方程式 (8) 之 y 解，且令 $x=t$ 為參數，來得參數方程式。所得之參數方程式看起來不一樣，但它們定義相同之解集合。

▶ **例題 5　具有無限多組解的線性方程組**

解線性方程組

$$\begin{aligned} x - y + 2z &= 5 \\ 2x - 2y + 4z &= 10 \\ 3x - 3y + 6z &= 15 \end{aligned}$$

解：可利用觀察法來解這個方程組，因為第二個及第三個方程式是第一個方程式的倍數。在幾何意義上，此意味著第三個平面重合且那些滿足

$$x - y + 2z = 5 \tag{9}$$

的 x, y 及 z 自動滿足所有三個方程式。因此，求 (9) 式的所有解即可。首先可使用 y 及 z 來解 (9) 式之 x，接著指定任意值 r 及 s (參數) 給 y 及 z，最後以三個參數方程式

$$x = 5 + r - 2s, \quad y = r, \quad z = s$$

來表示所有解。選一些數值給參數 r 及 s 可得明確的解。例如，取 $r=1$ 及 $s=0$ 可得解 $(6, 1, 0)$。 ◀

增廣矩陣及基本列運算

當一個線性方程組裡的方程式及未知數之個數增加時，求解過程中的

代數複雜度亦隨之增加。將符號及標準過程簡化後,所有需要的計算將更可管控。例如,若在心裡保留「+」,「x」及「=」的位置,則線性方程組

$$\begin{aligned} a_{11}x_1 + a_{12}x_2 + \cdots + a_{1n}x_n &= b_1 \\ a_{21}x_1 + a_{22}x_2 + \cdots + a_{2n}x_n &= b_2 \\ \vdots \qquad \vdots \qquad \qquad \vdots \qquad &\ \ \vdots \\ a_{m1}x_1 + a_{m2}x_2 + \cdots + a_{mn}x_n &= b_m \end{aligned}$$

能縮寫成唯一的數值矩陣列

$$\begin{bmatrix} a_{11} & a_{12} & \cdots & a_{1n} & b_1 \\ a_{21} & a_{22} & \cdots & a_{2n} & b_2 \\ \vdots & \vdots & & \vdots & \vdots \\ a_{m1} & a_{m2} & \cdots & a_{mn} & b_m \end{bmatrix}$$

> 如本章引言裡所提的,「矩陣」這個名詞使用在數學裡,表示一個數值矩形陣列。我們將在稍後的節次裡深入學習矩陣,但目前我們將僅關心代表線性方程組的增廣矩陣。

此矩陣列稱為該方程組的**增廣矩陣** (augmented matrix)。例如,方程組

$$\begin{aligned} x_1 + x_2 + 2x_3 &= 9 \\ 2x_1 + 4x_2 - 3x_3 &= 1 \\ 3x_1 + 6x_2 - 5x_3 &= 0 \end{aligned}$$

的增廣矩陣為

$$\begin{bmatrix} 1 & 1 & 2 & 9 \\ 2 & 4 & -3 & 1 \\ 3 & 6 & -5 & 0 \end{bmatrix}$$

　　解線性方程組的基本方法是對方程組執行代數運算而不改變解集合,且產生一序列較簡單的方程組,直到得到一個可被確定的點,不管方程組是否相容。若是如此,則所求之點即是解。基本上,所有代數運算如下:

1. 以一個非零的常數值乘遍某個方程式。

2. 兩方程式互換。

3. 某方程式乘以某個倍數後再加到另一方程式。

因為增廣矩陣裡的列 (水平線) 對應到其相伴方程組的方程式,上述三運算對應到下述增廣矩陣的列運算:

1. 以某非零的常數值乘遍某列。

2. 交換任兩列。

3. 某列乘以某倍數後再加到另一列。

上述運算被稱為矩陣的**基本列運算** (elementary row operations)。

我們將在下一個例題說明如何使用基本列運算及增廣矩陣來解一個含三個未知數的線性方程組。因為我們將在下一節發展一個有系統的過程，不必在意我們在下一個例題所選的步驟。你的目標將是簡單的去了解計算。

▶ **例題 6　使用基本列運算**

底下左欄是利用方程組裡方程式的運算解一線性方程組；而右欄則利用增廣矩陣的列運算解同一方程組。

$$\begin{array}{r} x + y + 2z = 9 \\ 2x + 4y - 3z = 1 \\ 3x + 6y - 5z = 0 \end{array} \qquad \begin{bmatrix} 1 & 1 & 2 & 9 \\ 2 & 4 & -3 & 1 \\ 3 & 6 & -5 & 0 \end{bmatrix}$$

第一方程式乘以 -2 加至第二方程式得　　　　　第一列乘以 -2 加至第二列可得

$$\begin{array}{r} x + y + 2z = 9 \\ 2y - 7z = -17 \\ 3x + 6y - 5z = 0 \end{array} \qquad \begin{bmatrix} 1 & 1 & 2 & 9 \\ 0 & 2 & -7 & -17 \\ 3 & 6 & -5 & 0 \end{bmatrix}$$

第一方程式乘以 -3 加至第三方程式得　　　　　第一列乘以 -3 加至第三列可得

$$\begin{array}{r} x + y + 2z = 9 \\ 2y - 7z = -17 \\ 3y - 11z = -27 \end{array} \qquad \begin{bmatrix} 1 & 1 & 2 & 9 \\ 0 & 2 & -7 & -17 \\ 0 & 3 & -11 & -27 \end{bmatrix}$$

Maxime Bôcher
(1867–1918)

史記：增廣矩陣的最早使用是在西元前 200 年及西元前 100 年之間出現在一本名為九章算術的中文手稿裡。所有係數以行呈現而非現今的列，但巧妙的是執行一序列的行運算來解方程組。真正使用增廣矩陣這個名詞的是美國數學家 Maxime Bôcher 於 1907 年所出版的《高等代數導引》一書。他不但是一位傑出的研究數學家且專精於拉丁文、化學、哲學、動物學、地理學、氣象學、藝術及音樂。Bôcher 是一位傑出的數學闡述者，他的基礎教科書廣泛的受學生觀迎，至今仍在使用。

[相片：摘錄自 *Courtesy of the American Mathematical Society*]

第二方程式乘以 $\frac{1}{2}$ 可得

$$\begin{aligned} x + y + 2z &= 9 \\ y - \tfrac{7}{2}z &= -\tfrac{17}{2} \\ 3y - 11z &= -27 \end{aligned}$$

第二列乘 $\frac{1}{2}$ 可得

$$\begin{bmatrix} 1 & 1 & 2 & 9 \\ 0 & 1 & -\tfrac{7}{2} & -\tfrac{17}{2} \\ 0 & 3 & -11 & -27 \end{bmatrix}$$

第二方程式乘以 -3 加至第三方程式得

$$\begin{aligned} x + y + 2z &= 9 \\ y - \tfrac{7}{2}z &= -\tfrac{17}{2} \\ -\tfrac{1}{2}z &= -\tfrac{3}{2} \end{aligned}$$

第二列乘以 -3 加至第三列可得

$$\begin{bmatrix} 1 & 1 & 2 & 9 \\ 0 & 1 & -\tfrac{7}{2} & -\tfrac{17}{2} \\ 0 & 0 & -\tfrac{1}{2} & -\tfrac{3}{2} \end{bmatrix}$$

第三方程式乘以 -2 可得

$$\begin{aligned} x + y + 2z &= 9 \\ y - \tfrac{7}{2}z &= -\tfrac{17}{2} \\ z &= 3 \end{aligned}$$

第三列乘以 -2 可得

$$\begin{bmatrix} 1 & 1 & 2 & 9 \\ 0 & 1 & -\tfrac{7}{2} & -\tfrac{17}{2} \\ 0 & 0 & 1 & 3 \end{bmatrix}$$

第二方程式乘以 -1 加至第一方程式得

$$\begin{aligned} x \quad + \tfrac{11}{2}z &= \tfrac{35}{2} \\ y - \tfrac{7}{2}z &= -\tfrac{17}{2} \\ z &= 3 \end{aligned}$$

第二列乘以 -1 加至第一列可得

$$\begin{bmatrix} 1 & 0 & \tfrac{11}{2} & \tfrac{35}{2} \\ 0 & 1 & -\tfrac{7}{2} & -\tfrac{17}{2} \\ 0 & 0 & 1 & 3 \end{bmatrix}$$

第三方程式乘以 $-\tfrac{11}{2}$ 加至第一方程式且第三方程式乘以 $\tfrac{7}{2}$ 加至第二方程式得

$$\begin{aligned} x &= 1 \\ y &= 2 \\ z &= 3 \end{aligned}$$

第三列乘以 $-\tfrac{11}{2}$ 加至第一列且第三列乘以 $\tfrac{7}{2}$ 加至第二列可得

$$\begin{bmatrix} 1 & 0 & 0 & 1 \\ 0 & 1 & 0 & 2 \\ 0 & 0 & 1 & 3 \end{bmatrix}$$

很明顯的其解為 $x=1, y=2, z=3$。◀

概念複習

- 線性方程式
- 齊次線性方程式
- 線性方程組
- 線性方程組之解
- 有序 n 元序對
- 相容線性方程組
- 矛盾線性方程組
- 參數
- 參數方程數
- 增廣矩陣
- 基本列運算

技 能

- 決定一個已知方程式是否為線性。
- 決定一個已知 n 元序對是否為某線性方程組之解。
- 求一個線性方程組的增廣矩陣。
- 求一個增廣矩陣所對應的線性方程組。
- 對一個線性方程組執行基本列運算並對其對應的增廣矩陣執行相同運算。
- 決定一線性方程組是相容的還是矛盾的。
- 求一個相容線性方程組的解集合。

習題集 1.1

1. 下列何者為含 x_1, x_2 及 x_3 的線性方程式？
(a) $x_1 + 5x_2 - \sqrt{2}x_3 = 1$
(b) $x_1 + 3x_2 + x_1x_3 = 2$
(c) $x_1 = -7x_2 + 3x_3$
(d) $x_1^{-2} + x_2 + 8x_3 = 5$
(e) $x_1^{3/5} - 2x_2 + x_3 = 4$
(f) $\pi x_1 - \sqrt{2}x_2 + \frac{1}{3}x_3 = 7^{1/3}$

2. 下列何者為線性方程組？
(a) $\begin{aligned} -2x + 4y + z &= 2 \\ 3x - \frac{2}{y} &= 0 \end{aligned}$
(b) $\begin{aligned} x &= 4 \\ 2x &= 8 \end{aligned}$
(c) $\begin{aligned} 4x - y + 2z &= -1 \\ -x + (\ln 2)y - 3z &= 0 \end{aligned}$
(d) $\begin{aligned} 3z + x &= -4 \\ y + 5z &= 1 \\ 6x + 2z &= 3 \\ -x - y - z &= 4 \end{aligned}$

3. 下列何者為線性方程組？
(a) $\begin{aligned} x_1 - x_2 + x_3 &= \cos(\pi) \\ 3x_1 - x_2 \quad\ x_3 &= 2 \end{aligned}$
(b) $\begin{aligned} 5y + w &= 1 \\ 2x + 5y - 4z + w &= 1 \end{aligned}$
(c) $\begin{aligned} 7x_1 - x_2 + 2x_3 &= 0 \\ 2x_1 + x_2 - x_3x_4 &= 3 \\ -x_1 + 5x_2 - x_4 &= -1 \end{aligned}$
(d) $x_1 + x_2 = x_3 + x_4$

4. 對習題 2 的線性方程組，決定何者是相容的？

5. 對習題 3 的線性方程組，決定何者是相容的？

6. 寫出一個含三個方程式三個未知數的線性方程組，使其為
(a) 無解
(b) 恰有一組解
(c) 無限多組解

7. 試決定下面各向量是否為線性方程組
$$\begin{aligned} 3x_1 + 2x_2 - 2x_3 &= 1 \\ 2x_1 - x_2 + x_3 &= 2 \\ x_1 + 3x_2 - 3x_3 &= -1 \end{aligned}$$

之一組解?

(a) $(5, -4, 0)$ (b) $(\frac{5}{7}, \frac{-4}{7}, 0)$ (c) $(3, -2, 2)$

(d) $(\frac{5}{7}, \frac{3}{7}, 1)$ (e) $(-3, 0, -5)$

8. 試決定下面各向量是否為線性方程組

$$\begin{aligned} x_1 + 2x_2 - 2x_3 &= 3 \\ 3x_1 - x_2 + x_3 &= 1 \\ -x_1 + 5x_2 - 5x_3 &= 5 \end{aligned}$$

之一組解?

(a) $(\frac{5}{7}, \frac{8}{7}, 1)$ (b) $(\frac{5}{7}, \frac{8}{7}, 0)$ (c) $(5, 8, 1)$

(d) $(\frac{5}{7}, \frac{10}{7}, \frac{2}{7})$ (e) $(\frac{5}{7}, \frac{22}{7}, 2)$

9. 使用參數求下列各小題之線性方程式的解集合。

(a) $2x + 4y = 3$

(b) $3x_1 - 5x_2 + x_3 + 4x_4 = 9$

10. 使用參數求下列各小題之線性方程式的解集合。

(a) $3x_1 - 5x_2 + 4x_3 = 7$

(b) $3v - 8w + 2x - y + 4z = 0$

11. 求下面各增廣矩陣所對應的線性方程組。

(a) $\begin{bmatrix} 2 & 5 & 6 \\ 0 & 1 & 2 \\ -1 & 0 & 0 \end{bmatrix}$

(b) $\begin{bmatrix} 3 & 0 & -2 & 5 \\ 7 & 1 & 4 & -3 \\ 0 & -2 & 1 & 7 \end{bmatrix}$

(c) $\begin{bmatrix} 1 & 5 & 7 & -1 & 3 \\ 2 & 2 & 1 & 1 & 0 \end{bmatrix}$

(d) $\begin{bmatrix} 1 & 0 & 0 & 0 & 7 \\ 0 & 1 & 0 & 0 & -2 \\ 0 & 0 & 1 & 0 & 3 \\ 0 & 0 & 0 & 1 & 4 \end{bmatrix}$

12. 求下面各增廣矩陣所對應的線性方程組。

(a) $\begin{bmatrix} 2 & -1 \\ -4 & -6 \\ 1 & -1 \\ 3 & 0 \end{bmatrix}$

(b) $\begin{bmatrix} 0 & 3 & -1 & -1 & -1 \\ 5 & 2 & 0 & -3 & -6 \end{bmatrix}$

(c) $\begin{bmatrix} 1 & 2 & 3 & 4 \\ -4 & -3 & -2 & -1 \\ 5 & -6 & 1 & 1 \\ -8 & 0 & 0 & 3 \end{bmatrix}$

(d) $\begin{bmatrix} 3 & 0 & 1 & -4 & 3 \\ -4 & 0 & 4 & 1 & -3 \\ -1 & 3 & 0 & -2 & -9 \\ 0 & 0 & 0 & -1 & -2 \end{bmatrix}$

13. 求下面各線性方程組的增廣矩陣。

(a) $\begin{aligned} -2x_1 &= 6 \\ 3x_1 &= 8 \\ 9x_1 &= -3 \end{aligned}$

(b) $\begin{aligned} 3x_1 \quad\quad - x_3 + 6x_4 &= 0 \\ 2x_2 - x_3 - 5x_4 &= -2 \end{aligned}$

(c) $\begin{aligned} 2x_2 \quad\quad - 3x_4 + x_5 &= 0 \\ -3x_1 - x_2 + x_3 \quad\quad\quad\quad &= -1 \\ 6x_1 + 2x_2 - x_3 + 2x_4 - 3x_5 &= 6 \end{aligned}$

(d) $\begin{aligned} x_1 - x_3 &= 4 \\ x_2 + x_4 &= 9 \end{aligned}$

14. 求下面各線性方程組的增廣矩陣。

(a) $\begin{aligned} 3x_1 - 2x_2 &= -1 \\ 4x_1 + 5x_2 &= 3 \\ 7x_1 + 3x_2 &= 2 \end{aligned}$

(b) $\begin{aligned} 2x_1 \quad\quad + 2x_3 &= 1 \\ 3x_1 - x_2 + 4x_3 &= 7 \\ 6x_1 + x_2 - x_3 &= 0 \end{aligned}$

(c) $\begin{aligned} x_1 + 2x_2 \quad\quad - x_4 + x_5 &= 1 \\ 3x_2 + x_3 \quad\quad - x_5 &= 2 \\ x_3 + 7x_4 \quad\quad &= 1 \end{aligned}$

(d) $\begin{aligned} x_1 &= 1 \\ x_2 &= 2 \\ x_3 &= 3 \end{aligned}$

15. 曲線 $y = ax^2 + bx + c$ (如圖所示) 通過點 $(x_1, y_1), (x_2, y_2)$ 及 (x_3, y_3)。試證係數 a, b 及 c 為增廣矩陣為

$\begin{bmatrix} x_1^2 & x_1 & 1 & y_1 \\ x_2^2 & x_2 & 1 & y_2 \\ x_3^2 & x_3 & 1 & y_3 \end{bmatrix}$

▲ 圖 Ex-15

的方程組的一組解。

16. 試解釋為何三個基本列運算之任一個不影響線性方程組的解集合？

17. 證明若兩線性方程式
$$x_1 + kx_2 = c \quad \text{及} \quad x_1 + lx_2 = d$$
有相同之解集合，則兩方程式相同 (亦即 $k = l$ 且 $c = d$)。

是非題

試判斷 (a)-(h) 各敘述的真假，並驗證你的答案。

(a) 所有方程式均為齊次的線性方程組必有唯一解。

(b) 以零乘遍某個線性方程式是一個可接受的基本列運算。

(c) 不管 k 之值，線性方程組
$$\begin{aligned} x - y &= 3 \\ 2x - 2y &= k \end{aligned}$$
不能有唯一解。

(d) 具有兩個或兩個以上未知數的單一線性方程式一定有無限多解。

(e) 若線性方程組的未知數個數多於方程式個數，則此方程組必為相容的。

(f) 若一個相容的線性方程組之每一個方程式均被乘以常數 c，則所得之新方程組之所有解為原方程組之解的 c 倍。

(g) 基本列運算允許線性方程組裡的某個方程式可由另一個方程式來減。

(h) 對應至增廣矩陣
$$\begin{bmatrix} 2 & -1 & 4 \\ 0 & 0 & -1 \end{bmatrix}$$
的線性方程組是相容的。

1.2 高斯消去法

本節將提供線性方程組一個有系統的求解過程，其構想是基於對增廣矩陣的所有列執行某種運算，將增廣矩陣簡化至足以能利用觀察法得到方程組之解的簡單型式。

解線性方程組之考量

當我們考慮解線性方程組之解法時，首重分辨出大型的方程組要由電腦來解，且小型方程組可由手來解。例如，有許多應用問題導出含上千或甚至百萬個未知數的線性方程組。大型方程組需要特殊技巧來處理記憶體、捨入誤差、解答時間等等的問題。此類技巧屬於**數值分析** (numerical analysis) 的研習領域且將僅在這個教材裡接觸。然而，幾乎所有用來解大型方程組之方法，係基於我們將在本節所發展的概念。

列梯型

在前節的例題 6 裡，我們藉將其增廣矩陣簡化成

$$\begin{bmatrix} 1 & 0 & 0 & 1 \\ 0 & 1 & 0 & 2 \\ 0 & 0 & 1 & 3 \end{bmatrix}$$

來解含未知數 x, y 及 z 的線性方程組。由此矩陣，方程組之解 $x=1$, $y=2$, $z=3$ 變得很明顯。這是一個簡化一矩陣為**簡約列梯型** (reduced row echelon form) 的例子。要成為此一型式，矩陣必須具有下列性質：

1. 若某列中所有元素不全為零，則此列第一個非零的元素應為 1 [我們稱它為**首項 1** (leading 1)]。
2. 若有某些列之元素全為零，則應將它們聚集擺在矩陣的底部。
3. 任兩連續列的元素皆不全為 0 時，則首項 1 較早出現的列應置於較高列，而首項 1 較晚出現的列應置於較低列。
4. 含首項 1 的各行，除首項 1 外，該行其他元素皆為零。

具有前三性質的矩陣被稱為**列梯型矩陣** (row echelon form)。(因此，簡約列梯型矩陣必為列梯型矩陣，但反之則不然。)

▶ **例題 1　列梯型及簡約列梯型**

下列各矩陣皆屬於簡約列梯型：

$$\begin{bmatrix} 1 & 0 & 0 & 4 \\ 0 & 1 & 0 & 7 \\ 0 & 0 & 1 & -1 \end{bmatrix}, \begin{bmatrix} 1 & 0 & 0 \\ 0 & 1 & 0 \\ 0 & 0 & 1 \end{bmatrix}, \begin{bmatrix} 0 & 1 & -2 & 0 & 1 \\ 0 & 0 & 0 & 1 & 3 \\ 0 & 0 & 0 & 0 & 0 \\ 0 & 0 & 0 & 0 & 0 \end{bmatrix}, \begin{bmatrix} 0 & 0 \\ 0 & 0 \end{bmatrix}$$

下列各矩陣皆屬於列梯型，但非簡約列梯型：

$$\begin{bmatrix} 1 & 4 & -3 & 7 \\ 0 & 1 & 6 & 2 \\ 0 & 0 & 1 & 5 \end{bmatrix}, \begin{bmatrix} 1 & 1 & 0 \\ 0 & 1 & 0 \\ 0 & 0 & 0 \end{bmatrix}, \begin{bmatrix} 0 & 1 & 2 & 6 & 0 \\ 0 & 0 & 1 & -1 & 0 \\ 0 & 0 & 0 & 0 & 1 \end{bmatrix}$$

▶ **例題 2　再談列梯型及簡約列梯型**

正如例題 1 所顯示的列梯型矩陣在首項 1 底下各項皆為零。而簡約列梯型矩陣在首項 1 的上方和下方各項皆為零。因此，若以 * 代替任意實數，則下面型態的所有矩陣均為列梯型：

$$\begin{bmatrix} 1 & * & * & * \\ 0 & 1 & * & * \\ 0 & 0 & 1 & * \\ 0 & 0 & 0 & 1 \end{bmatrix}, \begin{bmatrix} 1 & * & * & * \\ 0 & 1 & * & * \\ 0 & 0 & 1 & * \\ 0 & 0 & 0 & 0 \end{bmatrix}, \begin{bmatrix} 1 & * & * & * \\ 0 & 1 & * & * \\ 0 & 0 & 0 & 0 \\ 0 & 0 & 0 & 0 \end{bmatrix}, \begin{bmatrix} 0 & 1 & * & * & * & * & * & * & * \\ 0 & 0 & 0 & 1 & * & * & * & * & * \\ 0 & 0 & 0 & 0 & 1 & * & * & * & * \\ 0 & 0 & 0 & 0 & 0 & 1 & * & * & * \\ 0 & 0 & 0 & 0 & 0 & 0 & 0 & 0 & 1 & * \end{bmatrix}$$

下面型態的所有矩陣均為簡約列梯型：

$$\begin{bmatrix} 1 & 0 & 0 & 0 \\ 0 & 1 & 0 & 0 \\ 0 & 0 & 1 & 0 \\ 0 & 0 & 0 & 1 \end{bmatrix}, \begin{bmatrix} 1 & 0 & 0 & * \\ 0 & 1 & 0 & * \\ 0 & 0 & 1 & * \\ 0 & 0 & 0 & 0 \end{bmatrix}, \begin{bmatrix} 1 & 0 & * & * \\ 0 & 1 & * & * \\ 0 & 0 & 0 & 0 \\ 0 & 0 & 0 & 0 \end{bmatrix}, \begin{bmatrix} 0 & 1 & * & 0 & 0 & 0 & * & * & 0 & * \\ 0 & 0 & 0 & 1 & 0 & 0 & * & * & 0 & * \\ 0 & 0 & 0 & 0 & 1 & 0 & * & * & 0 & * \\ 0 & 0 & 0 & 0 & 0 & 1 & * & * & 0 & * \\ 0 & 0 & 0 & 0 & 0 & 0 & 0 & 0 & 1 & * \end{bmatrix}$$ ◀

若使用一序列的基本列運算，將線性方程組的增廣矩陣變為簡約列梯型，則該方程組的解集合可經由觀察或少數幾個步驟獲得，下面例題將說明這一點。

▶ **例題 3　唯一解**

假設含未知數 x_1, x_2, x_3 及 x_4 的線性方程組之增廣矩陣已由基本列運算簡化為

$$\begin{bmatrix} 1 & 0 & 0 & 0 & 3 \\ 0 & 1 & 0 & 0 & -1 \\ 0 & 0 & 1 & 0 & 0 \\ 0 & 0 & 0 & 1 & 5 \end{bmatrix}$$

此矩陣是簡約列梯型且對應至方程式

$$\begin{aligned} x_1 & = 3 \\ x_2 & = -1 \\ x_3 & = 0 \\ x_4 & = 5 \end{aligned}$$

在例題 3 裡，若需要，我們可將解更簡潔地表為 4 元序列 $(3, -1, 0, 5)$。

因此，方程組有唯一解，其為 $x_1 = 3, x_2 = -1, x_3 = 0, x_4 = 5$。

▶ **例題 4　含三個未知數的線性方程組**

假設含未知數 x, y 及 z 的線性方程組之增廣矩陣已由基本列運算簡化為下面各列梯型，試分別解其方程組。

$$\text{(a)} \begin{bmatrix} 1 & 0 & 0 & 0 \\ 0 & 1 & 2 & 0 \\ 0 & 0 & 0 & 1 \end{bmatrix} \quad \text{(b)} \begin{bmatrix} 1 & 0 & 3 & -1 \\ 0 & 1 & -4 & 2 \\ 0 & 0 & 0 & 0 \end{bmatrix} \quad \text{(c)} \begin{bmatrix} 1 & -5 & 1 & 4 \\ 0 & 0 & 0 & 0 \\ 0 & 0 & 0 & 0 \end{bmatrix}$$

解 (a)：對應至增廣矩陣最後一列的方程式是

$$0x + 0y + 0z = 1$$

因為此方程式不被任何 x, y 及 z 值滿足，所以方程組是矛盾的。

解 (b)：對應至增廣矩陣最後一列的方程式是

$$0x + 0y + 0z = 0$$

此方程式可被忽略，因為對 x, y 及 z 無任何限制；因此，對應至增廣矩陣的線性方程組是

$$\begin{aligned} x + 3z &= -1 \\ y - 4z &= 2 \end{aligned}$$

因為 x 和 y 均對應至增廣矩陣的首項 1，我們稱它們為**首項變數** (leading variables)。其他變數 (此時為 z) 被稱為**自由變數** (free variables)。利用自由變數來解首項變數得

$$\begin{aligned} x &= -1 - 3z \\ y &= 2 + 4z \end{aligned}$$

由上兩個方程式我們看出自由變數 z 可被對待為一個參數且可給為一個任意值 t，接著其可決定 x 和 y 的值。因此，解集合可被表為參數方程式

$$x = -1 - 3t, \quad y = 2 + 4t, \quad z = t$$

將各種 t 值代入這些方程式，我們可得方程組的各種解。例如，令 $t=0$ 得解

$$x = -1, \quad y = 2, \quad z = 0$$

且令 $t=1$，得解

$$x = -4, \quad y = 6, \quad z = 1$$

解 (c)：如同 (b) 之說明，我們可忽略對應至零列的方程式。故伴隨增廣矩陣的線性方程組由單一方程式

$$x - 5y + z = 4 \tag{1}$$

所組成，且可看出解集合是一個三維空間的平面。雖然 (1) 式是解集合的一個有效型式，但許多應用方面較喜歡以參數型式來表示解集合。我們可利用自由變數 y 和 z 來解首項變數 x，將 (1) 式轉成參數型式

$$x = 4 + 5y - z$$

由此方程式我們看出自由變數可被指定任意值，稱 $y=s$ 及 $z=t$，它們可決定 x 之值。因此，解集合可被參數化的表為

$$x = 4 + 5s - t, \quad y = s, \quad z = t \blacktriangleleft \tag{2}$$

如 (2) 式之公式，其參數化的表示一個線性方程組之解集合，有一些伴隨的專有名詞。

> 通常我們以字母 $r, s, t, \ldots$ 來表示參數，但任何字母不可和未知數的名字衝突。對於具有三個以上未知數的方程組，具下標的字母如 $t_1, t_2, t_3, \ldots$ 是較方便的。

定義 1：若一個線性方程組有無限多組解，則一個參數方程式集 (指定數值至參數可得所有解) 被稱為方程組的一個**通解** (general solution)。

高斯消去法

剛剛已經看到，若它的增廣矩陣屬於簡約列梯型，求解線性方程組是多麼地容易。現在則介紹一個一步接著一步的**消去過程** (elimination procedure) 來簡化任一矩陣為簡約列梯型。敘述過程中的每一步驟時，我們將藉簡化下面矩陣為簡約列梯型說明其構想。

$$\begin{bmatrix} 0 & 0 & -2 & 0 & 7 & 12 \\ 2 & 4 & -10 & 6 & 12 & 28 \\ 2 & 4 & -5 & 6 & -5 & -1 \end{bmatrix}$$

步驟 1：找出不全為零元素的最左行

$$\begin{bmatrix} 0 & 0 & -2 & 0 & 7 & 12 \\ 2 & 4 & -10 & 6 & 12 & 28 \\ 2 & 4 & -5 & 6 & -5 & -1 \end{bmatrix}$$
　　　　↑ 最左非零行

步驟 2：若需要，以另一列交換頂列，把一非零元素擺在步驟 1 所找出之行的頂端。

$$\begin{bmatrix} 2 & 4 & -10 & 6 & 12 & 28 \\ 0 & 0 & -2 & 0 & 7 & 12 \\ 2 & 4 & -5 & 6 & -5 & -1 \end{bmatrix} \longleftarrow \text{前面矩陣的第一列和第二列互換}$$

步驟 3：若在步驟 1 找出之行的頂端元素現在為 a，為了引進首項 1 將第一列乘以 $1/a$。

$$\begin{bmatrix} 1 & 2 & -5 & 3 & 6 & 14 \\ 0 & 0 & -2 & 0 & 7 & 12 \\ 2 & 4 & -5 & 6 & -5 & -1 \end{bmatrix} \longleftarrow \text{前面矩陣的第一列乘以} \tfrac{1}{2}$$

步驟 4：將頂列乘以某適當的倍數加至底下幾列，使其在首項 1 底下的元素皆變為零。

$$\begin{bmatrix} 1 & 2 & -5 & 3 & 6 & 14 \\ 0 & 0 & -2 & 0 & 7 & 12 \\ 0 & 0 & 5 & 0 & -17 & -29 \end{bmatrix} \longleftarrow \text{前面矩陣之第一列乘以} -2 \text{加至第三列}$$

步驟 5：現在保留矩陣的頂列且重新使用步驟 1 處理留下的子矩陣。繼續使用此法直到整個矩陣成列梯型：

$$\begin{bmatrix} 1 & 2 & -5 & 3 & 6 & 14 \\ 0 & 0 & -2 & 0 & 7 & 12 \\ 0 & 0 & 5 & 0 & -17 & -29 \end{bmatrix}$$
↑ 子矩陣中最左非零行

$$\begin{bmatrix} 1 & 2 & -5 & 3 & 6 & 14 \\ 0 & 0 & 1 & 0 & -\tfrac{7}{2} & -6 \\ 0 & 0 & 5 & 0 & -17 & -29 \end{bmatrix} \longleftarrow \text{子矩陣中之第一列乘以} -\tfrac{1}{2} \text{得首項 1}$$

$$\begin{bmatrix} 1 & 2 & -5 & 3 & 6 & 14 \\ 0 & 0 & 1 & 0 & -\tfrac{7}{2} & -6 \\ 0 & 0 & 0 & 0 & \tfrac{1}{2} & 1 \end{bmatrix} \longleftarrow \text{子矩陣中之第一列乘以} -5 \text{加至子矩陣之第二列使首項 1 底下之元素為零}$$

$$\begin{bmatrix} 1 & 2 & -5 & 3 & 6 & 14 \\ 0 & 0 & 1 & 0 & -\tfrac{7}{2} & -6 \\ 0 & 0 & 0 & 0 & \tfrac{1}{2} & 1 \end{bmatrix} \longleftarrow \text{保留子矩陣之頂列且重新回到步驟 1}$$
↑ 新子矩陣中最左非零行

$$\begin{bmatrix} 1 & 2 & -5 & 3 & 6 & 14 \\ 0 & 0 & 1 & 0 & -\frac{7}{2} & -6 \\ 0 & 0 & 0 & 0 & 1 & 2 \end{bmatrix}$$ ← 新子矩陣之第一 (唯一) 列乘 2 得一首項 1

現在整個矩陣已成列梯型。欲得簡約列梯型需增加下一步驟。

步驟 6：由最後的非零列開始往上做，各列乘以適當的倍數加至上列使得首項 1 上面皆為零。

$$\begin{bmatrix} 1 & 2 & -5 & 3 & 6 & 14 \\ 0 & 0 & 1 & 0 & 0 & 1 \\ 0 & 0 & 0 & 0 & 1 & 2 \end{bmatrix}$$ ← 前面矩陣的第三列乘以 $\frac{7}{2}$ 加至第二列

$$\begin{bmatrix} 1 & 2 & -5 & 3 & 0 & 2 \\ 0 & 0 & 1 & 0 & 0 & 1 \\ 0 & 0 & 0 & 0 & 1 & 2 \end{bmatrix}$$ ← 第三列乘以 -6 加至第二列

$$\begin{bmatrix} 1 & 2 & 0 & 3 & 0 & 7 \\ 0 & 0 & 1 & 0 & 0 & 1 \\ 0 & 0 & 0 & 0 & 1 & 2 \end{bmatrix}$$ ← 第二列乘以 5 加至第一列

最後矩陣成為簡約列梯型。

上述簡化矩陣成為簡約列梯型的程序 (或演算法)，稱為**高斯-喬丹消去法** (Gauss-Jordan elimination)。此演算法由兩個部分組成，一個是**向前面相** (forward phase)，其中在首項 1 底下全為零；另一個是**向後面**

Carl Friedrich Gauss
(1777–1855)

Wilhelm Jordan
(1842–1899)

史記：雖然高斯消去法非常早即為人所知，但此法的威力直到偉大的德國數學家 Carl Friedrich Gauss 由有限的資料，使用它來計算名為穀神星 (Ceres) 的小行星軌道才被確認。故事發生是這樣的：1801 年 1 月 1 日，西西里天文學家 Giuseppe Piazzi (1746-1826) 注意到一顆黯淡的天空物體，他相信可能是一顆「遺失的行星」。他將此物體命名為穀神星 (Ceres) 並給了有限的位置觀察次數，但此物體靠近太陽時則看不到。高斯由有限的資料著手計算軌道問題且使用的程序即為現在的高斯消去法。當穀神星一年後幾乎如高斯所預測的位置再度出現在室女星座時，高斯的工作引起轟動。高斯消去法後由德國工程師 Wihelm Jordan 在他的大地測量學 (測量地球形狀的科學) 手冊裡進一步推廣，該書名為 *Handbuch der Vermessungskunde* 且於 1888 年出版。

[相片：高斯相片出自於 *Granger Collection*；喬丹相片出自於 *Wikipedia*]

相 (backward phase)，其中在首項 1 之上全為零。假若僅有向前面相被使用，則整個程序將僅產生一個列梯型且被稱為**高斯消去法** (Gaussian elimination)。例如，在前面的計算中，步驟 5 未得到一個列梯型。

▶ **例題 5　高斯-喬丹消去法**

利用高斯-喬丹消去法解

$$\begin{aligned} x_1 + 3x_2 - 2x_3 + 2x_5 &= 0 \\ 2x_1 + 6x_2 - 5x_3 - 2x_4 + 4x_5 - 3x_6 &= -1 \\ 5x_3 + 10x_4 + 15x_6 &= 5 \\ 2x_1 + 6x_2 + 8x_4 + 4x_5 + 18x_6 &= 6 \end{aligned}$$

解：方程組的增廣矩陣為

$$\begin{bmatrix} 1 & 3 & -2 & 0 & 2 & 0 & 0 \\ 2 & 6 & -5 & -2 & 4 & -3 & -1 \\ 0 & 0 & 5 & 10 & 0 & 15 & 5 \\ 2 & 6 & 0 & 8 & 4 & 18 & 6 \end{bmatrix}$$

第一列乘以 -2 加至第二列及第四列得

$$\begin{bmatrix} 1 & 3 & -2 & 0 & 2 & 0 & 0 \\ 0 & 0 & -1 & -2 & 0 & -3 & -1 \\ 0 & 0 & 5 & 10 & 0 & 15 & 5 \\ 0 & 0 & 4 & 8 & 0 & 18 & 6 \end{bmatrix}$$

第二列乘以 -1 後，將新得的第二列乘以 -5 加至第三列及再將新得的第二列乘以 -4 加至第四列得

$$\begin{bmatrix} 1 & 3 & -2 & 0 & 2 & 0 & 0 \\ 0 & 0 & 1 & 2 & 0 & 3 & 1 \\ 0 & 0 & 0 & 0 & 0 & 0 & 0 \\ 0 & 0 & 0 & 0 & 0 & 6 & 2 \end{bmatrix}$$

交換第三列及第四列且將新得的第三列乘以 $\frac{1}{6}$ 得一列梯型

$$\begin{bmatrix} 1 & 3 & -2 & 0 & 2 & 0 & 0 \\ 0 & 0 & 1 & 2 & 0 & 3 & 1 \\ 0 & 0 & 0 & 0 & 0 & 1 & \frac{1}{3} \\ 0 & 0 & 0 & 0 & 0 & 0 & 0 \end{bmatrix}$$　此完成向前面相，因為首項 1 底下全為零

第三列乘以 -3 加至第二列，且將新得的第二列乘以 2 加至第一列則產生一簡約列梯型

$$\begin{bmatrix} 1 & 3 & 0 & 4 & 2 & 0 & 0 \\ 0 & 0 & 1 & 2 & 0 & 0 & 0 \\ 0 & 0 & 0 & 0 & 0 & 1 & \frac{1}{3} \\ 0 & 0 & 0 & 0 & 0 & 0 & 0 \end{bmatrix}$$

此完成向後面相，因為首項 1 之上全為零

相對應的方程組為

$$\begin{aligned} x_1 + 3x_2 \quad\quad + 4x_4 + 2x_5 \quad\quad &= 0 \\ x_3 + 2x_4 \quad\quad\quad &= 0 \\ x_6 &= \tfrac{1}{3} \end{aligned} \qquad (3)$$

在建構線性方程組 (3) 時，我們忽略了相對應增廣矩陣的零列。為何可如此呢？

解首項變數，可得

$$\begin{aligned} x_1 &= -3x_2 - 4x_4 - 2x_5 \\ x_3 &= -2x_4 \\ x_6 &= \tfrac{1}{3} \end{aligned}$$

最後，我們分別指定自由變數 x_2, x_4 及 x_5 為任意值，來參數化方程組的通解。此得

$$x_1 = -3r - 4s - 2t, \quad x_2 = r, \quad x_3 = -2s, \quad x_4 = s, \quad x_5 = t, \quad x_6 = \tfrac{1}{3} \blacktriangleleft$$

齊次線性方程組

若一線性方程組所有的常數項都為零，則稱之為**齊次的** (homogeneous)；也就是該方程組的型式為

$$\begin{aligned} a_{11}x_1 + a_{12}x_2 + \cdots + a_{1n}x_n &= 0 \\ a_{21}x_1 + a_{22}x_2 + \cdots + a_{2n}x_n &= 0 \\ \vdots \quad\quad \vdots \quad\quad\quad \vdots \quad\quad \vdots & \\ a_{m1}x_1 + a_{m2}x_2 + \cdots + a_{mn}x_n &= 0 \end{aligned}$$

每一齊次線性方程組都是相容的，因為所有此類方程組都有一組 $x_1=0$, $x_2=0, \ldots, x_n=0$ 的解。這一組解稱為**明顯解** (trivial solution)；若仍有其他的解，則稱為**非明顯解** (nontrivial solution)。

由於齊次線性方程組總會有明顯解，因此它的解有兩種可能性：

• 該方程組僅有明顯解。

・該方程組除了明顯解之外，有無限多組解。

由含 2 個未知數 2 個方程式所組成之齊次線性方程組的特殊情況中，如

$$a_1 x + b_1 y = 0 \quad (a_1, b_1 \text{ 不同時為零})$$
$$a_2 x + b_2 y = 0 \quad (a_2, b_2 \text{ 不同時為零})$$

兩方程式的圖形為通過原點的兩直線，而明顯解為對應於在原點的交點 (圖 1.2.1)。

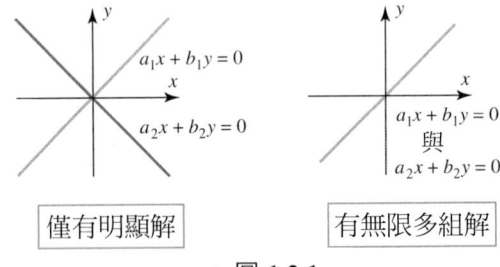

▲ 圖 1.2.1

有一種情形可保證一齊次方程組具有非明顯解，亦即，當方程組之未知數個數較方程式數多時。為了解此情形，考慮下例中含四個方程式六個未知數的方程組。

▶ **例題 6　齊次方程組**

使用高斯消去法解齊次線性方程組

$$\begin{aligned} x_1 + 3x_2 - 2x_3 + 2x_5 &= 0 \\ 2x_1 + 6x_2 - 5x_3 - 2x_4 + 4x_5 - 3x_6 &= 0 \\ 5x_3 + 10x_4 + 15x_6 &= 0 \\ 2x_1 + 6x_2 + 8x_4 + 4x_5 + 18x_6 &= 0 \end{aligned} \tag{4}$$

解：首先觀察出方程組未知數的係數和例題 5 未知數之係數相同；亦即，兩方程組僅在右邊的常數項不同。所給齊次方程組之增廣矩陣是

$$\begin{bmatrix} 1 & 3 & -2 & 0 & 2 & 0 & 0 \\ 2 & 6 & -5 & -2 & 4 & -3 & 0 \\ 0 & 0 & 5 & 10 & 0 & 15 & 0 \\ 2 & 6 & 0 & 8 & 4 & 18 & 0 \end{bmatrix} \tag{5}$$

其和例題 5 方程組的增廣矩陣相同，除了最後一行的零之外。因此，此矩陣的簡約列梯型將和例題 5 增廣矩陣之簡約列梯型相同，除了最後一行。然而，馬上可想到零行是不被基本列運算改變的，所以 (5) 式

的簡約列梯型是

$$\begin{bmatrix} 1 & 3 & 0 & 4 & 2 & 0 & 0 \\ 0 & 0 & 1 & 2 & 0 & 0 & 0 \\ 0 & 0 & 0 & 0 & 0 & 1 & 0 \\ 0 & 0 & 0 & 0 & 0 & 0 & 0 \end{bmatrix} \tag{6}$$

相對應的方程組是

$$\begin{aligned} x_1 + 3x_2 + 4x_4 + 2x_5 &= 0 \\ x_3 + 2x_4 &= 0 \\ x_6 &= 0 \end{aligned}$$

解首項變數得

$$\begin{aligned} x_1 &= -3x_2 - 4x_4 - 2x_5 \\ x_3 &= -2x_4 \\ x_6 &= 0 \end{aligned} \tag{7}$$

假若我們分別指定自由變數 x_2, x_4 及 x_5 為任意值 r, s 及 t，則我們可將解集合參數化表為

$$x_1 = -3r - 4s - 2t, \quad x_2 = r, \quad x_3 = -2s, \quad x_4 = s, \quad x_5 = t, \quad x_6 = 0$$

當 $r=s=t=0$ 時，可得明顯解。◀

齊次線性方程組之自由變數

例題 6 說明了關於解齊次線性方程組的兩個重要觀點：

1. 基本列運算不改變矩陣的零行，所以一個齊次線性方程組的增廣矩陣之簡約列梯型有最後零行。此告訴我們對應簡約列梯型之線性方程組是齊次的，如同原方程組。
2. 當我們建構對應至增廣矩陣 (6) 之齊次線性方程組時，我們忽略了零列，因為相對應之方程式

$$0x_1 + 0x_2 + 0x_3 + 0x_4 + 0x_5 + 0x_6 = 0$$

沒給未知數任何條件。因此，齊次線性方程組之增廣矩陣的簡約列梯型有任何零列，對應至簡約列梯型之線性方程組將不是和原方程組有相同個數之方程式就是將有較少個數之方程式。

現在考慮一個含 n 個未知數之一般齊次線性方程組，且假設其增廣矩陣的簡約列梯型有 r 個非零列。因為每一個非零列有一個首項 1 且

每一個首項 1 對應一個首項變數，對應至增廣矩陣之簡約列梯型的齊次方程組必有 r 個首項變數及 $n-r$ 個自由變數。因此，此方程組具有下列型式

$$\begin{aligned} x_{k_1} + \sum(\ ) &= 0 \\ x_{k_2} + \sum(\ ) &= 0 \\ \ddots \vdots & \\ x_{k_r} + \sum(\ ) &= 0 \end{aligned} \tag{8}$$

其中各個方程式裡的 $\sum(\ )$ 表含自由變數 (若有的話) 的和 [參閱 (7)]。總之，我們有下面結果。

> **定理 1.2.1**：齊次方程組的自由變數定理
> 若一個齊次線性方程組有 n 個未知數，且其增廣矩陣的簡約列梯型有 r 個非零列，則此方程組有 $n-r$ 個自由變數。

注意：定理 1.2.2 僅應用至齊次方程組——未知數多於方程式的非齊次方程組未必相容。然而，我們將於稍後證明，若一個未知數多於方程式的非齊次方程組是相容的，則它有無限多組解。

對於未知數多於方程式之齊次線性方程組，定理 1.2.1 有一個重要的蘊涵。具體的來講，若一個齊次線性方程組有 m 個方程式 n 個未知數，且若 $m<n$，則必有 $r<n$ (為何？)。定理告訴我們至少有一個自由變數，且得方程組有無限多組解。因此，我們有下面結果。

> **定理 1.2.2**：一個未知數多於方程式的齊次線性方程組有無限多組解。

回顧一下，我們可預期例題 6 的齊次方程組將有無限多組解，因為它有四個方程式六個未知數。

高斯消去法及倒回代換法

對於可以用手解的小型線性方程組 (本書大多數均為此類型)，高斯-喬丹消去法 (簡化為簡約列梯型) 是一個好方法。然而，對於一個需要電腦來解的大型線性方程組，使用高斯消去法及一個所謂**倒回代換法** (back-substitution) 的技巧來完成解方程組之過程是較有效率的。下一個例題將說明此技巧。

▶ **例題 7** 利用倒回代換法解例題 5

由例題 5，得增廣矩陣的列梯型為

$$\begin{bmatrix} 1 & 3 & -2 & 0 & 2 & 0 & 0 \\ 0 & 0 & 1 & 2 & 0 & 3 & 1 \\ 0 & 0 & 0 & 0 & 0 & 1 & \frac{1}{3} \\ 0 & 0 & 0 & 0 & 0 & 0 & 0 \end{bmatrix}$$

欲解相對應的方程組

$$\begin{aligned} x_1 + 3x_2 - 2x_3 \phantom{{}+2x_4} + 2x_5 \phantom{{}+3x_6} &= 0 \\ x_3 + 2x_4 \phantom{{}+2x_5} + 3x_6 &= 1 \\ x_6 &= \tfrac{1}{3} \end{aligned}$$

可依下列步驟進行：

步驟 1：解方程式的首項變數。

$$\begin{aligned} x_1 &= -3x_2 + 2x_3 - 2x_5 \\ x_3 &= 1 - 2x_4 - 3x_6 \\ x_6 &= \tfrac{1}{3} \end{aligned}$$

步驟 2：由最底下的方程式開始往上做，連續地將每一方程式代進它上方的所有方程式。

以 $x_6 = \tfrac{1}{3}$ 代進第二方程式

$$\begin{aligned} x_1 &= -3x_2 + 2x_3 - 2x_5 \\ x_3 &= -2x_4 \\ x_6 &= \tfrac{1}{3} \end{aligned}$$

以 $x_3 = -2x_4$ 代進第一方程式得

$$\begin{aligned} x_1 &= -3x_2 - 4x_4 - 2x_5 \\ x_3 &= -2x_4 \\ x_6 &= \tfrac{1}{3} \end{aligned}$$

步驟 3：賦予自由變數任意值。

若分別指定 x_2, x_4 及 x_5 為任意值 r, s 及 t，則可由下列公式提供解集合

$$x_1 = -3r - 4s - 2t, \quad x_2 = r, \quad x_3 = -2s, \quad x_4 = s, \quad x_5 = t, \quad x_6 = \tfrac{1}{3}$$

此解集合和例題 5 的解集合相同。

▶ **例題 8**

假設下面各矩陣為含未知數 x_1, x_2, x_3 及 x_4 的線性方程組之增廣矩陣。這些矩陣均為列梯型但非簡約列梯型。試討論其相對應之線性方程組解的存在性及唯一性。

(a) $\begin{bmatrix} 1 & -3 & 7 & 2 & 5 \\ 0 & 1 & 2 & -4 & 1 \\ 0 & 0 & 1 & 6 & 9 \\ 0 & 0 & 0 & 0 & 1 \end{bmatrix}$ (b) $\begin{bmatrix} 1 & -3 & 7 & 2 & 5 \\ 0 & 1 & 2 & -4 & 1 \\ 0 & 0 & 1 & 6 & 9 \\ 0 & 0 & 0 & 0 & 0 \end{bmatrix}$

(c) $\begin{bmatrix} 1 & -3 & 7 & 2 & 5 \\ 0 & 1 & 2 & -4 & 1 \\ 0 & 0 & 1 & 6 & 9 \\ 0 & 0 & 0 & 1 & 0 \end{bmatrix}$

解 (a)：最後一列對應至方程式

$$0x_1 + 0x_2 + 0x_3 + 0x_4 = 1$$

由此方程式，明顯地可看出此方程組是矛盾的。

解 (b)：最後一列對應方程式

$$0x_1 + 0x_2 + 0x_3 + 0x_4 = 0$$

其對解集合沒有影響。在剩下的三個方程式裡，變數 x_1, x_2 及 x_3 均對應至首項 1 且因此為首項變數。變數 x_4 是一個自由變數。稍微計算一下，首項變數可利用自由變數來表示，且自由變數可被賦予任意值。因此，方程組必有無限多組解。

解 (c)：最後一列對應方程式

$$x_4 = 0$$

其給 x_4 一個數值。若我們將此值代進第三個方程式，即

$$x_3 + 6x_4 = 9$$

得 $x_3 = 9$。你現在應可看出若我們繼續此法，將 x_3 及 x_4 的已知值代進對應至第二列之方程式，我們將得一個唯一的數值給 x_2；且若，最後，我們將 x_4, x_3 及 x_2 的已知值代進第一列所對應的方程式，我們將得一個唯一的數值給 x_1。因此，此方程組有一個唯一解。 ◀

關於梯型的一些事實

有三件關於列梯型及簡約列梯型的重要事實，我們必要知道但不證明：

1. 每一個矩陣有一個唯一的簡約列梯型；亦即，不管你使用高斯-喬丹消去法或一些其他序列的基本列運算，最後將得相同的簡約列梯型。
2. 列梯型不唯一；亦即，不同序列的基本列運算可得不同的列梯型。
3. 雖然列梯型不唯一，但矩陣 A 的所有列梯型有相同的零列個數，且首項 1 總是出現在 A 的列梯型之相同位置。這些位置被稱為 A 的**軸元位置** (pivot positions)。含一個軸元位置的行被稱為 A 的**軸元行** (pivot column)。

▶ **例題 9** 軸元位置及軸元行

本節稍早 (緊接著定義 1 之後)，我們發現

$$A = \begin{bmatrix} 0 & 0 & -2 & 0 & 7 & 12 \\ 2 & 4 & -10 & 6 & 12 & 28 \\ 2 & 4 & -5 & 6 & -5 & -1 \end{bmatrix}$$

的一個列梯型為

$$\begin{bmatrix} 1 & 2 & -5 & 3 & 6 & 14 \\ 0 & 0 & 1 & 0 & -\frac{7}{2} & -6 \\ 0 & 0 & 0 & 0 & 0 & 2 \end{bmatrix}$$

首項 1 出現在位置 (列 1, 行 1)、(列 2, 行 3) 及 (列 3, 行 5)。這些位置為軸元位置。軸元行為行 1, 3 及 5。 ◀

捨入誤差及不穩定性

數學理論和其實際執行，兩者之間經常有差異——高斯-喬丹消去法及高斯消去法就是好的例子。問題是在於計算機一般是近似數值，因此引進**捨入** (roundoff) 誤差，所以除非事先預防，否則逐步的計算可能將一個答案損毀至無用的。發生此類的演算法 (程序) 被稱為是**不穩定的** (unstable)。我們有各種技巧來最小化捨入誤差及不穩定性。例如，我們可證明出，對於大型線性方程組，高斯-喬丹消去法比高斯消去法大約多 50% 的計算量，所以多數的電腦演算法係基於高斯消去法。這些事實將考量於第 9 章。

概念複習

- 簡約列梯型
- 列梯型
- 首項 1
- 首項變數
- 自由變數
- 線性方程組的通解
- 高斯消去法
- 高斯-喬丹消去法
- 向前面相
- 向後面相
- 齊次線性方程組
- 明顯解
- 非明顯解
- 齊次方程組的維度定理
- 倒回代換法

技 能

- 分辨一已知矩陣是否為列梯型、簡約列梯型或兩者均不是。
- 建構線性方程組的解，其增廣矩陣是列梯型或簡約列梯型。
- 使用高斯消去法求一線性方程組的通解。
- 使用高斯-喬丹消去法求一線性方程組的通解。
- 使用齊次方程組的自由變數定理分析齊次線性方程組。

習題集 1.2

1. 試判斷下列各矩陣是否為列梯型，簡約列梯型，兩者均是，或兩者均不是。

(a) $\begin{bmatrix} 1 & 0 & 0 \\ 0 & 1 & 0 \\ 0 & 0 & 1 \end{bmatrix}$
(b) $\begin{bmatrix} 1 & 0 & 0 \\ 0 & 1 & 0 \\ 0 & 0 & 0 \end{bmatrix}$

(c) $\begin{bmatrix} 0 & 1 & 0 \\ 0 & 0 & 1 \\ 0 & 0 & 0 \end{bmatrix}$
(d) $\begin{bmatrix} 1 & 0 & 3 & 1 \\ 0 & 1 & 2 & 4 \end{bmatrix}$

(e) $\begin{bmatrix} 1 & 2 & 0 & 3 & 0 \\ 0 & 0 & 1 & 1 & 0 \\ 0 & 0 & 0 & 0 & 1 \\ 0 & 0 & 0 & 0 & 0 \end{bmatrix}$
(f) $\begin{bmatrix} 0 & 0 \\ 0 & 0 \\ 0 & 0 \end{bmatrix}$

(g) $\begin{bmatrix} 1 & -7 & 5 & 5 \\ 0 & 1 & 3 & 2 \end{bmatrix}$

2. 試判斷下列各矩陣是否為列梯型，簡約列梯型，兩者均是，或兩者均不是。

(a) $\begin{bmatrix} 1 & 1 & 2 \\ 0 & 1 & 1 \\ 0 & 0 & 1 \end{bmatrix}$
(b) $\begin{bmatrix} 0 & 0 & 1 \\ 0 & 1 & 1 \\ 1 & 0 & 1 \end{bmatrix}$

(c) $\begin{bmatrix} 1 & 0 & 0 \\ 0 & 0 & 1 \\ 0 & 0 & 0 \end{bmatrix}$
(d) $\begin{bmatrix} 1 & 2 & 3 & 1 \\ 0 & 0 & 0 & 0 \\ 0 & 0 & 0 & 1 \end{bmatrix}$

(e) $\begin{bmatrix} 1 & -2 & 2 & 0 \\ 0 & 0 & 0 & 1 \end{bmatrix}$
(f) $\begin{bmatrix} 2 & 0 \\ 0 & 1 \end{bmatrix}$

(g) $\begin{bmatrix} 1 & 2 & 4 & 0 & 1 \\ 0 & 0 & 0 & 1 & 2 \end{bmatrix}$

3. 下列各矩陣假設是已利用列運算簡化為指定的列梯型之線性方程組的增廣矩陣，試解方程組。

(a) $\begin{bmatrix} 1 & -3 & 4 & 7 \\ 0 & 1 & 2 & 2 \\ 0 & 0 & 1 & 5 \end{bmatrix}$

(b) $\begin{bmatrix} 1 & 0 & 8 & -5 & 6 \\ 0 & 1 & 4 & -9 & 3 \\ 0 & 0 & 1 & 1 & 2 \end{bmatrix}$

(c) $\begin{bmatrix} 1 & 7 & -2 & 0 & -8 & -3 \\ 0 & 0 & 1 & 1 & 6 & 5 \\ 0 & 0 & 0 & 1 & 3 & 9 \\ 0 & 0 & 0 & 0 & 0 & 0 \end{bmatrix}$

(d) $\begin{bmatrix} 1 & -3 & 7 & 1 \\ 0 & 1 & 4 & 0 \\ 0 & 0 & 0 & 1 \end{bmatrix}$

4. 下列各矩陣假設是已利用列運算簡化成指定的列梯型之線性方程組的增廣矩陣，試解方程組。

(a) $\begin{bmatrix} 1 & 0 & 0 & 0 \\ 0 & 1 & 0 & -2 \\ 0 & 0 & 1 & 4 \end{bmatrix}$

(b) $\begin{bmatrix} 1 & 0 & 0 & 3 & 2 \\ 0 & 1 & 0 & 1 & 0 \\ 0 & 0 & 1 & -4 & 1 \end{bmatrix}$

(c) $\begin{bmatrix} 1 & 0 & 0 & 0 & 2 & -2 \\ 0 & 1 & -2 & 0 & 0 & 1 \\ 0 & 0 & 0 & 1 & 7 & 0 \\ 0 & 0 & 0 & 0 & 0 & 0 \end{bmatrix}$

(d) $\begin{bmatrix} 1 & 2 & 0 & 0 \\ 0 & 0 & 1 & 0 \\ 0 & 0 & 0 & 1 \end{bmatrix}$

▶對習題 **5-8** 各題，使用高斯-喬丹消去法解各線性方程組。◀

5. $x_1 + 2x_2 - 3x_3 = 6$
$2x_1 - x_2 + 4x_3 = 1$
$x_1 - x_2 + x_3 = 3$

6. $2x_1 + 2x_2 + 2x_3 = 0$
$-2x_1 + 5x_2 + 2x_3 = 1$
$8x_1 + x_2 + 4x_3 = -1$

7. $3x - y + z + 7w = 13$
$-2x + y - z - 3w = -9$
$-2x + y \quad\quad - 7w = -8$

8. $\quad\quad -2b + 3c = 1$
$3a + 6b - 3c = -2$
$6a + 6b + 3c = 5$

▶對習題 **9-12** 各題，使用高斯消去法解各線性方程組。◀

9. 習題 5 10. 習題 6
11. 習題 7 12. 習題 8

▶對習題 **13-16** 各題，使用觀察法 (不使用筆和紙) 檢視齊次方程組是否有非明顯解？◀

13. $2x_1 - 3x_2 + 4x_3 - x_4 = 0$
$7x_1 + x_2 - 8x_3 + 9x_4 = 0$
$2x_1 + 8x_2 + x_3 - x_4 = 0$

14. $x_1 + 3x_2 - x_3 = 0$
$x_2 - 8x_3 = 0$
$4x_3 = 0$

15. $a_{11}x_1 + a_{12}x_2 + a_{13}x_3 = 0$
$a_{21}x_1 + a_{22}x_2 + a_{23}x_3 = 0$

16. $3x_1 - 2x_2 = 0$
$6x_1 - 4x_2 = 0$

▶對習題 **17-24** 各題，試以任何方法解各線性方程組。◀

17. $2x + y + 4z = 0$
$3x + y + 6z = 0$
$4x + y + 9z = 0$

18. $2x - y - 3z = 0$
$-x + 2y - 3z = 0$
$x + y + 4z = 0$

19. $x_1 - x_2 + 7x_3 + x_4 = 0$
$x_1 + 2x_2 - 6x_3 - x_4 = 0$

20. $\quad\quad v + 3w - 2x = 0$
$2u + v - 4w + 3x = 0$
$2u + 3v + 2w - x = 0$
$-4u - 3v + 5w - 4x = 0$

21. $\quad\quad 2x + 2y + 4z = 0$
$w \quad\quad - y - 3z = 0$
$2w + 3x + y + z = 0$
$-2w + x + 3y - 2z = 0$

22. $x_1 + 3x_2 \quad\quad + x_4 = 0$
$x_1 + 4x_2 + 2x_3 \quad\quad = 0$
$\quad\quad - 2x_2 - 2x_3 - x_4 = 0$
$2x_1 - 4x_2 + x_3 + x_4 = 0$
$x_1 - 2x_2 - x_3 + x_4 = 0$

23. $2I_1 - I_2 + 3I_3 + 4I_4 = 9$
$I_1 \quad\quad - 2I_3 + 7I_4 = 11$
$3I_1 - 3I_2 + I_3 + 5I_4 = 8$
$2I_1 + I_2 + 4I_3 + 4I_4 = 10$

24. $\quad\quad Z_3 + Z_4 + Z_5 = 0$
$-Z_1 - Z_2 + 2Z_3 - 3Z_4 + Z_5 = 0$
$Z_1 + Z_2 - 2Z_3 \quad\quad - Z_5 = 0$
$2Z_1 + 2Z_2 - Z_3 \quad\quad + Z_5 = 0$

▶對習題 25-28 各題，試決定 a 值使得各方程組無解，恰有一組解，或有無限多組解。◀

25. $x + 2y + z = 2$
    $2x - 2y + 3z = 1$
    $x + 2y - az = a$

26. $x + 2y + z = 2$
    $2x - 2y + 3z = 1$
    $x + 2y - (a^2 - 3)z = a$

27. $x + 2y - 3z = 4$
    $3x - y + 5z = 2$
    $4x + y + (a^2 - 2)z = a + 4$

28. $x + y + 7z = -7$
    $2x + 3y + 17z = -16$
    $x + 2y + (a^2 + 1)z = 3a$

▶對習題 29-30 各題，解下面各方程組，其中 a, b 及 c 為常數。◀

29. $2x + y = a$
    $3x + 6y = b$

30. $x_1 + x_2 + x_3 = a$
    $2x_1 + 2x_3 = b$
    $3x_2 + 3x_3 = c$

31. 求矩陣 $\begin{bmatrix} 1 & 3 \\ 2 & 7 \end{bmatrix}$ 的兩種不同列梯型。此習題證明一個矩陣可有倍數的列梯型。

32. 不引用任何分數簡化 $\begin{bmatrix} 2 & 1 & 3 \\ 0 & -2 & -29 \\ 3 & 4 & 5 \end{bmatrix}$ 為簡約列梯型。

33. 若 $0 \le \alpha \le 2\pi$，$0 \le \beta \le 2\pi$，$0 \le \gamma \le 2\pi$，試證明下列非線性方程組有 18 組解。

$$\sin\alpha + 2\cos\beta + 3\tan\gamma = 0$$
$$2\sin\alpha + 5\cos\beta + 3\tan\gamma = 0$$
$$-\sin\alpha - 5\cos\beta + 5\tan\gamma = 0$$

[提示：令 $x = \sin\alpha$，$y = \cos\beta$ 及 $z = \tan\gamma$。]

34. 試解下面以 α, β 及 γ 為未知角度的非線性方程組，此處 $0 \le \alpha \le 2\pi, 0 \le \beta < 2\pi, 0 \le \gamma < \pi$。

$$2\sin\alpha - \cos\beta + 3\tan\gamma = 3$$
$$4\sin\alpha + 2\cos\beta - 2\tan\gamma = 2$$
$$6\sin\alpha - 3\cos\beta + \tan\gamma = 9$$

35. 解下面非線性方程組之 x, y 及 z。

$$x^2 + y^2 + z^2 = 6$$
$$x^2 - y^2 + 2z^2 = 2$$
$$2x^2 + y^2 - z^2 = 3$$

[提示：令 $X = x^2, Y = y^2$ 及 $Z = z^2$。]

36. 解下面方程組的 x, y 及 z。

$$\frac{1}{x} + \frac{2}{y} - \frac{4}{z} = 1$$
$$\frac{2}{x} + \frac{3}{y} + \frac{8}{z} = 0$$
$$-\frac{1}{x} + \frac{9}{y} + \frac{10}{z} = 5$$

37. 試求係數 a, b, c 及 d 之值使圖 Ex-37 的曲線為方程式 $y = ax^3 + bx^2 + cx + d$ 的圖形。

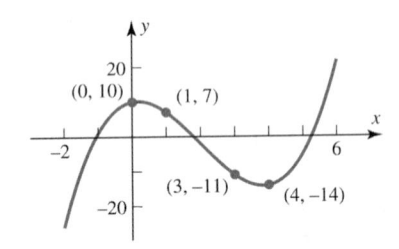

▲ 圖 Ex-37

38. 試求係數 a, b, c 及 d 之值使圖 Ex-38 的曲線為方程式 $ax^2 + ay^2 + bx + cy + d = 0$ 的圖形。

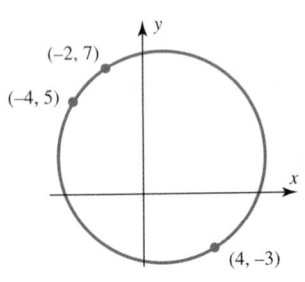

▲ 圖 Ex-38

39. 若線性方程組

$$a_1 x + b_1 y + c_1 z = 0$$
$$a_2 x - b_2 y + c_2 z = 0$$
$$a_3 x + b_3 y - c_3 z = 0$$

僅有明顯解，則下面方程組

$$\begin{aligned} a_1x + b_1y + c_1z &= 3 \\ a_2x - b_2y + c_2z &= 7 \\ a_3x + b_3y - c_3z &= 11 \end{aligned}$$

之解又如何呢？

40. (a) 若 A 是一個 3×5 之矩陣，則其簡約列梯型之首項 1 的最大個數是多少？
    (b) 若 B 是一個 3×6 之矩陣且其最後一行全為零，則以 B 為增廣矩陣之線性方程組的通解之參數的最大個數是多少？
    (b) 若 C 是一個 5×3 之矩陣，則 C 的任一列梯型之零列最大個數是多少？

41. (a) 證明若 $ad-bc\neq 0$，則 $\begin{bmatrix} a & b \\ c & d \end{bmatrix}$ 的簡約列梯型為 $\begin{bmatrix} 1 & 0 \\ 0 & 1 \end{bmatrix}$。
    (b) 使用 (a)，證明若 $ad-bc\neq 0$，則方程組
    $$\begin{aligned} ax + by &= k \\ cx + dy &= l \end{aligned}$$
    恰有一組解。

42. 考慮方程式組
    $$\begin{aligned} ax + by &= 0 \\ cx + dy &= 0 \\ ex + fy &= 0 \end{aligned}$$
    當 (a) 方程組僅有明顯解，(b) 方程組有非明顯解時，試討論 $ax+by=0$, $cx+dy=0$, $ex+fy=0$ 各直線的相對位置。

43. 試描述矩陣所有可能的列梯型。

    (a) $\begin{bmatrix} a & b & c \\ d & e & f \\ g & h & i \end{bmatrix}$ (b) $\begin{bmatrix} a & b & c & d \\ e & f & g & h \\ i & j & k & l \\ m & n & p & q \end{bmatrix}$

是非題

試判斷 (a)-(i) 各敘述的真假，並驗證你的答案。

(a) 若一矩陣為簡約列梯型，則其亦為列梯型。

(b) 若應用一個基本列運算至一個已化為列梯型的矩陣，則所得之矩陣仍為列梯型。

(c) 每一個矩陣有一個唯一的列梯型。

(d) 一個含 n 個未知數之齊次線性方程組，其相對應之增廣矩陣有一個含 r 個首項 1 之簡約列梯型，有 $n-r$ 個自由變數。

(e) 列梯型矩陣的所有首項 1 必出現在不同行。

(f) 若一個列梯型矩陣的每一行均有一個首項 1，則其非首項 1 的所有元素均為零。

(g) 一個含 n 個未知數 n 個方程式之齊次線性方程組，其增廣矩陣之簡約列梯型有 n 個首項 1，則此線性方程組僅有明顯解。

(h) 若一線性方程組之增廣矩陣的簡約列梯型有一個零列，則此方程組必無限多組解。

(i) 若一個線性方程組的未知數多於方程式，則其必有無限多組解。

1.3 矩陣和矩陣運算

在許多文句中出現的實數矩形陣列並非均是線性方程組的增廣矩陣。本節我們將給一些基本定義來作為研究矩陣理論的開始。我們將看看矩陣如何透過加法、減法及乘法運算結合在一起。

矩陣記法及術語

在 1.2 節裡，我們使用數的矩形陣列，稱為增廣矩陣，來簡寫線性方程組。然而，數的矩形陣列也常出現在其他文句裡。例如，下面含三列七行的矩形陣列可用來描述某位學生在一星期中研究三個科目所花的時間：

	星期一	星期二	星期三	星期四	星期五	星期六	星期天
數學	2	3	2	4	1	4	2
歷史	0	3	1	4	3	2	2
語言	4	1	3	1	0	0	2

假若我們不考慮標題，則我們將得下面三列七行的矩形陣列，稱之為「矩陣」：

$$\begin{bmatrix} 2 & 3 & 2 & 4 & 1 & 4 & 2 \\ 0 & 3 & 1 & 4 & 3 & 2 & 2 \\ 4 & 1 & 3 & 1 & 0 & 0 & 2 \end{bmatrix}$$

更一般化地，我們可給下面定義。

定義 1：**矩陣** (matrix) 即為數的矩形陣列，陣列裡的數值被稱為矩陣的**元素** (entries)。

▶ **例題 1　矩陣例子**

下列均為矩陣

$$\begin{bmatrix} 1 & 2 \\ 3 & 0 \\ -1 & 4 \end{bmatrix}, \quad [2 \quad 1 \quad 0 \quad -3], \quad \begin{bmatrix} e & \pi & -\sqrt{2} \\ 0 & \frac{1}{2} & 1 \\ 0 & 0 & 0 \end{bmatrix}, \quad \begin{bmatrix} 1 \\ 3 \end{bmatrix}, \quad [4] \quad ◀$$

矩陣的**階** (size) 是由該矩陣的列 (水平線) 數和行 (垂直線) 數來明確的描述。例題 1 的第一個矩陣為 3 列 2 行，其階即為 3 乘 2 (寫成 3×2)。在矩陣階的描述中，第一個數值指示列的數目，而第二個數值指示行的數目。例題 1 的其他矩陣之階分別為 1×4, 3×3, 2×1。

本書將使用大寫字母表示矩陣，而以小寫字母表示數量；如此，我們可寫成

> 僅有一行的矩陣稱為**行向量** (column vector) 或**行矩陣** (column matrix)，而僅有一列的矩陣稱為**列向量** (row vector) 或**列矩陣** (row matrix)。例題 1 中的 2×1 矩陣為行向量，1×4 矩陣為列向量，而 1×1 矩陣既是列向量也是行向量。

$$A = \begin{bmatrix} 2 & 1 & 7 \\ 3 & 4 & 2 \end{bmatrix} \quad \text{或} \quad C = \begin{bmatrix} a & b & c \\ d & e & f \end{bmatrix}$$

在討論矩陣時，所言及之數量通常稱它為**純量** (scalars)，除非另有陳述，本書中所有純量皆為實數值；複數純量將在後面章節討論。

出現在矩陣 A 中第 i 列第 j 行的元素將以 a_{ij} 標示，如此一來，3×4 的矩陣可以寫成

$$A = \begin{bmatrix} a_{11} & a_{12} & a_{13} & a_{14} \\ a_{21} & a_{22} & a_{23} & a_{24} \\ a_{31} & a_{32} & a_{33} & a_{34} \end{bmatrix}$$

而一般的 $m \times n$ 矩陣則寫成

$$A = \begin{bmatrix} a_{11} & a_{12} & \cdots & a_{1n} \\ a_{21} & a_{22} & \cdots & a_{2n} \\ \vdots & \vdots & & \vdots \\ a_{m1} & a_{m2} & \cdots & a_{mn} \end{bmatrix} \tag{1}$$

若需要緊緻的記法，前面的矩陣可寫成

$$[a_{ij}]_{m \times n} \quad \text{或} \quad [a_{ij}]$$

當矩陣的階在討論中很重要時，使用第一種記法；而當階的大小無須強調時，則使用第二種記法。通常應該使標示矩陣的字母與標示矩陣元素的字母維持一致。因此，對矩陣 B 而言，通常以 b_{ij} 表示其第 i 列與第 j 行的元素，而對於矩陣 C 則以 c_{ij} 表示之。

矩陣 A 第 i 列與第 j 行的元素一般都以符號 $(A)_{ij}$ 表示，因此，就前面的矩陣 (1) 而言，可知

$$(A)_{ij} = a_{ij}$$

而就矩陣

$$A = \begin{bmatrix} 2 & -3 \\ 7 & 0 \end{bmatrix}$$

可知 $(A)_{11} = 2, (A)_{12} = -3, (A)_{21} = 7, (A)_{22} = 0$。

列與行向量具有特殊的重要性，而且實用上一般會以黑體的小寫字母，而非以大寫字母來標示它們。對於這一類的矩陣，其元素用不著雙下標。因此，一般的 $1 \times n$ 列向量 **a** 和一般的 $m \times 1$ 行向量 **b** 將寫成

1×1 階矩陣的括弧通常省略。於是，可寫成 4，而不必寫 [4]。雖然此可能無法分辨 4，到底是表示數值「4」還是元素為「4」的 1×1 階矩陣，但這個問題極少發生，因為通常由課文的前後關係，即可分辨出符號出現的意義。

$$\mathbf{a} = [a_1 \quad a_2 \quad \cdots \quad a_n] \quad \text{與} \quad \mathbf{b} = \begin{bmatrix} b_1 \\ b_2 \\ \vdots \\ b_m \end{bmatrix}$$

若矩陣 A 具有 n 列及 n 行則稱矩陣 A 為 **n 階方陣** (square matrix of order n)，而元素 $a_{11}, a_{22}, \ldots, a_{nn}$ 則稱為落在 A 的**主對角線** (main diagonal) 上。

$$\begin{bmatrix} a_{11} & a_{12} & \cdots & a_{1n} \\ a_{21} & a_{22} & \cdots & a_{2n} \\ \vdots & \vdots & & \vdots \\ a_{n1} & a_{n2} & \cdots & a_{nn} \end{bmatrix} \tag{2}$$

矩陣的運算

迄今，已使用矩陣來簡化解線性方程組之工作。為了其他的應用需要發展「矩陣之算術」以進行矩陣的相加和相乘。本節剩餘部分將從事此一算術的發展。

定義 2：若兩矩陣同階且所有相對應元素亦相等，則稱兩矩陣是**相等的** (equal)。

> 同階的兩個矩陣
> $A = [a_{ij}]$ 及
> $B = [b_{ij}]$
> 之相等可被表為
> $(A)_{ij} = (B)_{ij}$
> 或被寫為
> $a_{ij} = b_{ij}$
> 其中等號成立是對所有 i, j 值。

▶ **例題 2　矩陣相等**

考慮下列矩陣

$$A = \begin{bmatrix} 2 & 1 \\ 3 & x \end{bmatrix}, \quad B = \begin{bmatrix} 2 & 1 \\ 3 & 5 \end{bmatrix}, \quad C = \begin{bmatrix} 2 & 1 & 0 \\ 3 & 4 & 0 \end{bmatrix}$$

若 $x=5$，則 $A=B$，但若 x 是其他的任何值，矩陣 A 與 B 並不相等，因為它們的對應元素並非全部相等，沒有什麼 x 值能使 $A=C$，因為 A 與 C 的階不相同。　◀

定義 3：若矩陣 A 與 B 的階相同，則 $A+B$ 的和 (sum) 為一個由 B 的元素加上 A 的對應元素後所得的矩陣，$A-B$ 的差 (difference) 為由 A 的元素中減去 B 的對應元素所得的矩陣。不同階的矩陣不能相加或相減。

依矩陣的標示，若 $A=[a_{ij}]$ 而 $B=[b_{ij}]$ 的階相同，則

$$(A+B)_{ij} = (A)_{ij} + (B)_{ij} = a_{ij} + b_{ij} \quad 及 \quad (A-B)_{ij} = (A)_{ij} - (B)_{ij} = a_{ij} - b_{ij}$$

▶ **例題 3** 加法及減法

考慮下列矩陣

$$A = \begin{bmatrix} 2 & 1 & 0 & 3 \\ -1 & 0 & 2 & 4 \\ 4 & -2 & 7 & 0 \end{bmatrix}, \quad B = \begin{bmatrix} -4 & 3 & 5 & 1 \\ 2 & 2 & 0 & -1 \\ 3 & 2 & -4 & 5 \end{bmatrix}, \quad C = \begin{bmatrix} 1 & 1 \\ 2 & 2 \end{bmatrix}$$

則

$$A + B = \begin{bmatrix} -2 & 4 & 5 & 4 \\ 1 & 2 & 2 & 3 \\ 7 & 0 & 3 & 5 \end{bmatrix} \quad 及 \quad A - B = \begin{bmatrix} 6 & -2 & -5 & 2 \\ -3 & -2 & 2 & 5 \\ 1 & -4 & 11 & -5 \end{bmatrix}$$

但 $A+C, B+C, A-C$ 及 $B-C$ 均無意義。 ◀

定義 4：若 A 為任意矩陣而 c 為任意純量，則**乘積** (product) cA 即為以 c 乘遍 A 的每一元素後所得的新矩陣。矩陣 cA 稱為 A 的**純量倍數** (scalar multiple)。

以矩陣記法表示，若 $A=[a_{ij}]$，則

$$(cA)_{ij} = c(A)_{ij} = ca_{ij}$$

▶ **例題 4** 純量倍數

就矩陣

$$A = \begin{bmatrix} 2 & 3 & 4 \\ 1 & 3 & 1 \end{bmatrix}, \quad B = \begin{bmatrix} 0 & 2 & 7 \\ -1 & 3 & -5 \end{bmatrix}, \quad C = \begin{bmatrix} 9 & -6 & 3 \\ 3 & 0 & 12 \end{bmatrix}$$

可知

$$2A = \begin{bmatrix} 4 & 6 & 8 \\ 2 & 6 & 2 \end{bmatrix}, \quad (-1)B = \begin{bmatrix} 0 & -2 & -7 \\ 1 & -3 & 5 \end{bmatrix}, \quad \tfrac{1}{3}C = \begin{bmatrix} 3 & -2 & 1 \\ 1 & 0 & 4 \end{bmatrix}$$

一般實用上常以 $-B$ 表示 $(-1)B$。 ◀

到目前為止，已經定義了以純量乘矩陣的乘法，但仍未定義兩矩

陣間的乘法。因為兩矩陣的相加或相減為相對應元素的相加或相減，故矩陣乘積最自然的定義將會是「將相對應的元素相乘」，但此定義法對大部分問題用途不大。經驗引導數學家做成下面較不自然但更有用的矩陣乘積的定義。

定義 5：若 A 為 $m \times r$ 階之矩陣，而 B 為 $r \times n$ 階之矩陣，則**乘積** (product) AB 為 $m \times n$ 階的矩陣，其元素以下法來決定。AB 之第 i 列第 j 行元素的求法，即挑出 A 的第 i 列及 B 的第 j 行，然後將列和行相對應元素相乘，再將其各乘積相加，即可得 AB 第 i 列第 j 行之元素。

▶ **例題 5　矩陣相乘**

考慮矩陣

$$A = \begin{bmatrix} 1 & 2 & 4 \\ 2 & 6 & 0 \end{bmatrix}, \quad B = \begin{bmatrix} 4 & 1 & 4 & 3 \\ 0 & -1 & 3 & 1 \\ 2 & 7 & 5 & 2 \end{bmatrix}$$

因為 A 為 2×3 階矩陣而 B 為 3×4 階矩陣，則乘積 AB 為 2×4 階矩陣。例如，為決定 AB 之第二列第三行的元素，可挑出 A 之第二列及 B 之第三行，則如下圖示，將相對應元素相乘並將其乘積相加。

$$\begin{bmatrix} 1 & 2 & 4 \\ 2 & 6 & 0 \end{bmatrix} \begin{bmatrix} 4 & 1 & 4 & 3 \\ 0 & -1 & 3 & 1 \\ 2 & 7 & 5 & 2 \end{bmatrix} = \begin{bmatrix} \square & \square & \square & \square \\ \square & \square & 26 & \square \end{bmatrix}$$

$$(2 \cdot 4) + (6 \cdot 3) + (0 \cdot 5) = 26$$

以下列方式計算矩陣 AB 之第一列第四行元素：

$$\begin{bmatrix} 1 & 2 & 4 \\ 2 & 6 & 0 \end{bmatrix} \begin{bmatrix} 4 & 1 & 4 & 3 \\ 0 & -1 & 3 & 1 \\ 2 & 7 & 5 & 2 \end{bmatrix} = \begin{bmatrix} \square & \square & \square & 13 \\ \square & \square & \square & \square \end{bmatrix}$$

$$(1 \cdot 3) + (2 \cdot 1) + (4 \cdot 2) = 13$$

其他乘積之演算為

$$(1\cdot 4)+(2\cdot 0)+(4\cdot 2)=12$$
$$(1\cdot 1)-(2\cdot 1)+(4\cdot 7)=27$$
$$(1\cdot 4)+(2\cdot 3)+(4\cdot 5)=30$$
$$(2\cdot 4)+(6\cdot 0)+(0\cdot 2)=8$$
$$(2\cdot 1)-(6\cdot 1)+(0\cdot 7)=-4$$
$$(2\cdot 3)+(6\cdot 1)+(0\cdot 2)=12$$

$$AB=\begin{bmatrix} 12 & 27 & 30 & 13 \\ 8 & -4 & 26 & 12 \end{bmatrix}$$

◀

為了形成乘積 AB，矩陣乘積的定義，必須滿足第一個因子 A 之行數等於第二個因子 B 之列數。假若此定義不能滿足，則乘積將無意義。決定兩矩陣之乘積是否有意義的簡便方法是，先寫下第一個因子的階數，然後在其右邊，寫下第二個因子的階數。如 (3) 式，若內層數字相同，則乘積有意義。外層數字則給乘積的階數。

$$\underset{\text{外層}}{\underset{\text{內層}}{\underbrace{\underset{m\times r}{A}\quad\underbrace{\underset{r\times n}{B}}\quad =\underset{m\times n}{AB}}}}\tag{3}$$

▶ **例題 6** 判斷乘積是否有意義

假設 A, B 及 C 為

$$\underset{3\times 4}{A}\quad\underset{4\times 7}{B}\quad\underset{7\times 3}{C}$$

則由 (3) 式，AB 符合定義且為 3×7 階的矩陣；BC 也符合定義且為 4×3 階矩陣；CA 也符合定義且為 7×4 階矩陣，但乘積 AC, CB 及 BA 皆不符合定義。 ◀

若 $A=[a_{ij}]$ 為 $m\times r$ 階矩陣而 $B=[b_{ij}]$ 為 $r\times n$ 階矩陣，則正如底下 (4) 式陰影所示者，

史記：矩陣乘法的概念出自於德國數學家 Gotthold Eisenstein，他大約在 1844 年引進這個概念，用來簡化線性方程組之代換過程。此概念接著由 Caylely 擴大並公式化，並於 1858 年出版在其著作 *Memoir on the Theory of Matrices* 中。Eisenstein 是高斯的門生，高斯視他和牛頓及阿基米得齊名。然而，Eisenstein 因身體不好而終生受苦，30 歲死亡，所以他的潛能從未被認可。

Gotthold Eisenstein
(1823–1852)

[相片：摘錄自 *Wikipedia*]

$$AB = \begin{bmatrix} a_{11} & a_{12} & \cdots & a_{1r} \\ a_{21} & a_{22} & \cdots & a_{2r} \\ \vdots & \vdots & & \vdots \\ a_{i1} & a_{i2} & \cdots & a_{ir} \\ \vdots & \vdots & & \vdots \\ a_{m1} & a_{m2} & \cdots & a_{mr} \end{bmatrix} \begin{bmatrix} b_{11} & b_{12} & \cdots & b_{1j} & \cdots & b_{1n} \\ b_{21} & b_{22} & \cdots & b_{2j} & \cdots & b_{2n} \\ \vdots & \vdots & & \vdots & & \vdots \\ b_{r1} & b_{r2} & \cdots & b_{rj} & \cdots & b_{rn} \end{bmatrix} \quad (4)$$

AB 的第 i 列第 j 行元素 $(AB)_{ij}$ 能以下列公式求得

$$(AB)_{ij} = a_{i1}b_{1j} + a_{i2}b_{2j} + a_{i3}b_{3j} + \cdots + a_{ir}b_{rj} \quad (5)$$

矩陣的分割

矩陣可藉著在選定的列與行間插入水平與垂直的分隔線而**分割** (partitioned) 成較小的矩陣。例如，底下是一個一般的 3×4 階矩陣 A 的三種可能的分割——首先是將 A 分割成四個**子矩陣** (submatrices) A_{11}, A_{12}, A_{21} 與 A_{22}；其次是將 A 分割成它的列矩陣 $\mathbf{r}_1, \mathbf{r}_2$ 及 $\mathbf{r}_3$；其三是將 A 分割成它的行矩陣 $\mathbf{c}_1, \mathbf{c}_2, \mathbf{c}_3$ 及 $\mathbf{c}_4$：

$$A = \left[\begin{array}{ccc|c} a_{11} & a_{12} & a_{13} & a_{14} \\ a_{21} & a_{22} & a_{23} & a_{24} \\ \hline a_{31} & a_{32} & a_{33} & a_{34} \end{array}\right] = \begin{bmatrix} A_{11} & A_{12} \\ A_{21} & A_{22} \end{bmatrix}$$

$$A = \left[\begin{array}{cccc} a_{11} & a_{12} & a_{13} & a_{14} \\ \hline a_{21} & a_{22} & a_{23} & a_{24} \\ \hline a_{31} & a_{32} & a_{33} & a_{34} \end{array}\right] = \begin{bmatrix} \mathbf{r}_1 \\ \mathbf{r}_2 \\ \mathbf{r}_3 \end{bmatrix}$$

$$A = \left[\begin{array}{c|c|c|c} a_{11} & a_{12} & a_{13} & a_{14} \\ a_{21} & a_{22} & a_{23} & a_{24} \\ a_{31} & a_{32} & a_{33} & a_{34} \end{array}\right] = [\mathbf{c}_1 \quad \mathbf{c}_2 \quad \mathbf{c}_3 \quad \mathbf{c}_4]$$

乘以行與列的矩陣乘法

分割有許多利用，其中之一是求矩陣乘積 AB 的特別列或行但不必計算整個乘積。具體的，下面公式，說明 AB 的各個行向量可由分割 B 為行向量獲得且 AB 的各個列向量可由分割 A 為列向量獲得，其證明留作為習題。

$$AB = A[\mathbf{b}_1 \quad \mathbf{b}_2 \quad \cdots \quad \mathbf{b}_n] = [A\mathbf{b}_1 \quad A\mathbf{b}_2 \quad \cdots \quad A\mathbf{b}_n] \tag{6}$$

(**AB** 依一行一行地計算)

$$AB = \begin{bmatrix} \mathbf{a}_1 \\ \mathbf{a}_2 \\ \vdots \\ \mathbf{a}_m \end{bmatrix} B = \begin{bmatrix} \mathbf{a}_1 B \\ \mathbf{a}_2 B \\ \vdots \\ \mathbf{a}_m B \end{bmatrix} \tag{7}$$

(**AB** 依一列一列地計算)

換句話說，這些公式說明

$$AB \text{ 的第 } j \text{ 行向量} = A \,[\text{矩陣 } B \text{ 的第 } j \text{ 行向量}] \tag{8}$$

$$AB \text{ 的第 } i \text{ 列向量} = [\text{矩陣 } A \text{ 的第 } i \text{ 列向量}] \, B \tag{9}$$

▶ **例題 7** 例題 5 的修訂題

若 A 與 B 為例題 5 中的矩陣，則 AB 的第二行矩陣可由 (8) 式計算得之

$$\begin{bmatrix} 1 & 2 & 4 \\ 2 & 6 & 0 \end{bmatrix} \begin{bmatrix} 1 \\ -1 \\ 7 \end{bmatrix} = \begin{bmatrix} 27 \\ -4 \end{bmatrix}$$

↑   ↑
B 的第二行 AB 的第二行

而 AB 的第一列矩陣可由 (9) 式計算得之

$$\underbrace{\begin{bmatrix} 1 & 2 & 4 \end{bmatrix}}_{A \text{ 的第一列}} \begin{bmatrix} 4 & 1 & 4 & 3 \\ 0 & -1 & 3 & 1 \\ 2 & 7 & 5 & 2 \end{bmatrix} = \underbrace{\begin{bmatrix} 12 & 27 & 30 & 13 \end{bmatrix}}_{AB \text{ 的第一列}} \quad \blacktriangleleft$$

以線性組合求矩陣乘積

我們已討論三個方法來計算矩陣乘積 AB──一個元素一個元素、一行一行及一列一列。下面定義提供矩陣乘積的另一種思考方式。

> **定義 6**：若 $A_1, A_2, \ldots, A_r$ 均為同階的矩陣，且 $c_1, c_2, \ldots, c_r$ 均為純量，則表示式
> $$c_1 A_1 + c_2 A_2 + \cdots + c_r A_r$$
> 被稱為 $A_1, A_2, \ldots, A_r$ 和係數 (coefficients) $c_1, c_2, \ldots, c_r$ 的一個線性組合 (linear combination)。

欲知矩陣乘積如何被視為線性組合，令 A 為一個 $m \times n$ 階矩陣且 x 為一個 $n \times 1$ 階行向量，亦即

$$A = \begin{bmatrix} a_{11} & a_{12} & \cdots & a_{1n} \\ a_{21} & a_{22} & \cdots & a_{2n} \\ \vdots & \vdots & & \vdots \\ a_{m1} & a_{m2} & \cdots & a_{mn} \end{bmatrix} \quad \text{及} \quad \mathbf{x} = \begin{bmatrix} x_1 \\ x_2 \\ \vdots \\ x_n \end{bmatrix}$$

則

$$A\mathbf{x} = \begin{bmatrix} a_{11}x_1 + a_{12}x_2 + \cdots + a_{1n}x_n \\ a_{21}x_1 + a_{22}x_2 + \cdots + a_{2n}x_n \\ \vdots \\ a_{m1}x_1 + a_{m2}x_2 + \cdots + a_{mn}x_n \end{bmatrix} = x_1 \begin{bmatrix} a_{11} \\ a_{21} \\ \vdots \\ a_{m1} \end{bmatrix} + x_2 \begin{bmatrix} a_{12} \\ a_{22} \\ \vdots \\ a_{m2} \end{bmatrix} + \cdots + x_n \begin{bmatrix} a_{1n} \\ a_{2n} \\ \vdots \\ a_{mn} \end{bmatrix}$$

(10)

此證明了下面定理。

> **定理 1.3.1**：若 A 是一個 $m \times n$ 階矩陣，且 $\mathbf{x}$ 是一個 $n \times 1$ 階行向量，則乘積 $A\mathbf{x}$ 可被表為 A 的所有行向量的一個線性組合，其中所有係數為 $\mathbf{x}$ 的所有元素。

▶ **例題 8** 矩陣乘積如同線性組合

矩陣乘積

$$\begin{bmatrix} -1 & 3 & 2 \\ 1 & 2 & -3 \\ 2 & 1 & -2 \end{bmatrix} \begin{bmatrix} 2 \\ -1 \\ 3 \end{bmatrix} = \begin{bmatrix} 1 \\ -9 \\ -3 \end{bmatrix}$$

可以寫成下列行向量的線性組合

$$2 \begin{bmatrix} -1 \\ 1 \\ 2 \end{bmatrix} - 1 \begin{bmatrix} 3 \\ 2 \\ 1 \end{bmatrix} + 3 \begin{bmatrix} 2 \\ -3 \\ -2 \end{bmatrix} = \begin{bmatrix} 1 \\ -9 \\ -3 \end{bmatrix}$$

▶ **例題 9**　乘積 AB 的行如同線性組合

$$AB = \begin{bmatrix} 1 & 2 & 4 \\ 2 & 6 & 0 \end{bmatrix} \begin{bmatrix} 4 & 1 & 4 & 3 \\ 0 & -1 & 3 & 1 \\ 2 & 7 & 5 & 2 \end{bmatrix} = \begin{bmatrix} 12 & 27 & 30 & 13 \\ 8 & -4 & 26 & 12 \end{bmatrix}$$

由公式 (6) 及定理 1.3.1，AB 的第 j 個行向量可被表為 A 的所有行向量的一個線性組合，其中線性組合的所有係數為 B 的第 j 行所有元素。計算如下：

$$\begin{bmatrix} 12 \\ 8 \end{bmatrix} = 4\begin{bmatrix} 1 \\ 2 \end{bmatrix} + 0\begin{bmatrix} 2 \\ 6 \end{bmatrix} + 2\begin{bmatrix} 4 \\ 0 \end{bmatrix}$$

$$\begin{bmatrix} 27 \\ -4 \end{bmatrix} = \begin{bmatrix} 1 \\ 2 \end{bmatrix} - \begin{bmatrix} 2 \\ 6 \end{bmatrix} + 7\begin{bmatrix} 4 \\ 0 \end{bmatrix}$$

$$\begin{bmatrix} 30 \\ 26 \end{bmatrix} = 4\begin{bmatrix} 1 \\ 2 \end{bmatrix} + 3\begin{bmatrix} 2 \\ 6 \end{bmatrix} + 5\begin{bmatrix} 4 \\ 0 \end{bmatrix}$$

$$\begin{bmatrix} 13 \\ 12 \end{bmatrix} = 3\begin{bmatrix} 1 \\ 2 \end{bmatrix} + \begin{bmatrix} 2 \\ 6 \end{bmatrix} + 2\begin{bmatrix} 4 \\ 0 \end{bmatrix}$$ ◀

線性方程組的矩陣型式

矩陣乘法對線性方程組是一項重要的應用。考慮任意的有 n 個未知數 m 個線性方程式的方程組

$$\begin{aligned} a_{11}x_1 + a_{12}x_2 + \cdots + a_{1n}x_n &= b_1 \\ a_{21}x_1 + a_{22}x_2 + \cdots + a_{2n}x_n &= b_2 \\ \vdots \quad\quad \vdots \quad\quad\quad\quad \vdots \quad\quad &\;\; \vdots \\ a_{m1}x_1 + a_{m2}x_2 + \cdots + a_{mn}x_n &= b_m \end{aligned}$$

因為兩矩陣相等若且唯若兩矩陣的所有對應元素相等。於是可將此方程組以一個矩陣方程式取代

$$\begin{bmatrix} a_{11}x_1 + a_{12}x_2 + \cdots + a_{1n}x_n \\ a_{21}x_1 + a_{22}x_2 + \cdots + a_{2n}x_n \\ \vdots \quad\quad \vdots \quad\quad\quad\quad \vdots \\ a_{m1}x_1 + a_{m2}x_2 + \cdots + a_{mn}x_n \end{bmatrix} = \begin{bmatrix} b_1 \\ b_2 \\ \vdots \\ b_m \end{bmatrix}$$

此方程式左端的 $m \times 1$ 階矩陣可寫成乘積而成為

$$\begin{bmatrix} a_{11} & a_{12} & \cdots & a_{1n} \\ a_{21} & a_{22} & \cdots & a_{2n} \\ \vdots & \vdots & & \vdots \\ a_{m1} & a_{m2} & \cdots & a_{mn} \end{bmatrix} \begin{bmatrix} x_1 \\ x_2 \\ \vdots \\ x_n \end{bmatrix} = \begin{bmatrix} b_1 \\ b_2 \\ \vdots \\ b_m \end{bmatrix}$$

若將這幾個矩陣分別以 A, $\mathbf{x}$ 與 $\mathbf{b}$ 表示,則原來含 n 個未知數 m 個方程式的方程組已由下列單一的矩陣方程式取代

$$A\mathbf{x} = \mathbf{b}$$

在此方程式中的矩陣 A 稱為該方程組的**係數矩陣** (coefficient matrix)。這個方程組的增廣矩陣可由將 $\mathbf{b}$ 作為 A 最後一行得之。因此,增廣矩陣為

$$[A \mid \mathbf{b}] = \begin{bmatrix} a_{11} & a_{12} & \cdots & a_{1n} & b_1 \\ a_{21} & a_{22} & \cdots & a_{2n} & b_2 \\ \vdots & \vdots & & \vdots & \vdots \\ a_{m1} & a_{m2} & \cdots & a_{mn} & b_m \end{bmatrix}$$

> $[A \mid \mathbf{b}]$ 中的垂直棒是一個分開 A, $\mathbf{b}$ 的簡便方法,它沒有數學意義。

轉置矩陣

我們將再定義兩個矩陣運算來總結本節,而此兩運算在實數系裡並無類似的運算。

定義 7:若 A 為任意的 $m \times n$ 階矩陣,則 A 的**轉置矩陣** (transpose of A) 以 A^T 表示,定義為 $n \times m$ 階矩陣,係由將 A 的列與行交換得之;也就是 A^T 的第一行為 A 的第一列,A^T 的第二行為 A 的第二列,並依此類推。

▶ **例題 10 轉置矩陣**

下列有一些矩陣及其轉置矩陣的範例。

$$A = \begin{bmatrix} a_{11} & a_{12} & a_{13} & a_{14} \\ a_{21} & a_{22} & a_{23} & a_{24} \\ a_{31} & a_{32} & a_{33} & a_{34} \end{bmatrix}, \quad B = \begin{bmatrix} 2 & 3 \\ 1 & 4 \\ 5 & 6 \end{bmatrix}, \quad C = \begin{bmatrix} 1 & 3 & 5 \end{bmatrix}, \quad D = [4]$$

$$A^T = \begin{bmatrix} a_{11} & a_{21} & a_{31} \\ a_{12} & a_{22} & a_{32} \\ a_{13} & a_{23} & a_{33} \\ a_{14} & a_{24} & a_{34} \end{bmatrix}, \quad B^T = \begin{bmatrix} 2 & 1 & 5 \\ 3 & 4 & 6 \end{bmatrix}, \quad C^T = \begin{bmatrix} 1 \\ 3 \\ 5 \end{bmatrix}, \quad D^T = [4] \quad \blacktriangleleft$$

由觀察可知不僅 A^T 的行是 A 的列，A^T 的列也是 A 的行。因此，A^T 中 i 列與 j 行的元素為 A 中 j 列 i 行的元素；即

$$(A^T)_{ij} = (A)_{ji} \tag{11}$$

請注意下標的對換。

在 A 為方陣的特殊情況下，A 的轉置矩陣可由主對角線兩側對稱位置上的各元素交換後得之。由 (12) 式可知 A^T 可藉 A 對其主對角線的反射而得之。

$$A = \begin{bmatrix} 1 & -2 & 4 \\ 3 & 7 & 0 \\ -5 & 8 & 6 \end{bmatrix} \rightarrow \begin{bmatrix} 1 & -2 & 4 \\ 3 & 7 & 0 \\ -5 & 8 & 6 \end{bmatrix} \rightarrow A^T = \begin{bmatrix} 1 & 3 & -5 \\ -2 & 7 & 8 \\ 4 & 0 & 6 \end{bmatrix} \tag{12}$$

交換主對角線兩側對稱位置的元素

定義 8：若 A 為方陣，則 A 的跡數 (trace of A) 以 tr(A) 表示，定義為 A 主對角線上各元素之和。若 A 不是方陣，則 A 的跡數沒有定義。

▶ **例題 11** 矩陣及其跡數

以下是矩陣及其跡數的範例。

James Sylvester
(1814–1897)

Arthur Cayley
(1821–1895)

史記：矩陣這個名詞首先由英國數學家 James Sylvester 所使用，他於 1850 年定義這個名詞為「各項的長方形排列」。Sylvester 將他的矩陣作品傳達給一位名叫 Arthur Cayley 的英國數學家及律師，Cayley 接著將矩陣的一些基本運算引進 *Memoir on the Theory of Matrices* 一書裡，該書出版於 1858 年。一件有趣的事，Sylvester 是猶太人，他並沒有得到大學文憑，因為他拒絕對英國教堂簽一份必要的誓言。他在美國維吉尼亞大學獲得教授職位，但他以一根棍棒重擊一位學生後辭職，因為那位學生在班上看報紙。Sylvester 認為他殺了那位學生，就搭了第一班可走的船溜回英國。幸運的，那位學生並未死，僅是驚愕。

[相片：摘錄自 *The Granger Collection, New York*]

$$A = \begin{bmatrix} a_{11} & a_{12} & a_{13} \\ a_{21} & a_{22} & a_{23} \\ a_{31} & a_{32} & a_{33} \end{bmatrix}, \quad B = \begin{bmatrix} -1 & 2 & 7 & 0 \\ 3 & 5 & -8 & 4 \\ 1 & 2 & 7 & -3 \\ 4 & -2 & 1 & 0 \end{bmatrix}$$

$$\text{tr}(A) = a_{11} + a_{22} + a_{33} \qquad \text{tr}(B) = -1 + 5 + 7 + 0 = 11$$

在習題裡，你將有一些轉置矩陣及跡數運算的練習題。

概念複習

- 矩陣
- 元素
- 行向量 (或行矩陣)
- 列向量 (或列矩陣)
- 方陣
- 主對角線
- 等矩陣
- 矩陣運算：和、差、純量乘法
- 矩陣的線性組合
- 矩陣乘積 (矩陣乘法)
- 分割矩陣
- 子矩陣
- 列-行方法
- 行方法
- 列方法
- 線性方程組的係數矩陣
- 轉置矩陣
- 跡數

技　能

- 決定一已知矩陣的階數。
- 確認一已知矩陣的列向量和行向量。
- 執行矩陣加法、減法、純量乘法及乘法。
- 判斷兩矩陣的乘積是否有意義。
- 使用列-行方法、行方法及列方法計算矩陣乘積。
- 將一個矩陣和一個行向量的乘積表為矩陣所有行的線性組合。
- 將一線性方程組表為矩陣方程並確認其係數矩陣。
- 計算矩陣之轉置矩陣。
- 計算方陣的跡數。

習題集 1.3

1. 設 A, B, C, D 及 E 分別為具下面各階數的矩陣。

A	B	C	D	E
(4×5)	(4×5)	(5×2)	(4×2)	(5×4)

試判定下列各矩陣表示式何者有意義，並求那些有意義矩陣的階數。

(a) BA (b) $AC + D$ (c) $AE + B$
(d) $AB + B$ (e) $E(A + B)$ (f) $E(AC)$
(g) $E^T A$ (h) $(A^T + E)D$

2. 設 A, B, C, D 及 E 分別為具下面各階數的矩陣。

$$\begin{array}{ccccc} A & B & C & D & E \\ (3\times 1) & (3\times 6) & (6\times 2) & (2\times 6) & (1\times 3) \end{array}$$

試判定下列各矩陣表示式何者有意義，並求那些有意義矩陣的階數。

(a) EA (b) AB^T
(c) $B^T(A+E^T)$ (d) $2A+C$
(e) $(C^T+D)B^T$ (f) $CD+B^TE^T$
(g) $(BD^T)C^T$ (h) $DC+EA$

3. 考慮下列各矩陣。

$$A = \begin{bmatrix} 2 & 0 \\ -4 & 6 \end{bmatrix}, \quad B = \begin{bmatrix} 1 & -7 & 2 \\ 5 & 3 & 0 \end{bmatrix},$$

$$C = \begin{bmatrix} 4 & 9 \\ -3 & 0 \\ 2 & 1 \end{bmatrix}, \quad D = \begin{bmatrix} -2 & 1 & 8 \\ 3 & 0 & 2 \\ 4 & -6 & 3 \end{bmatrix},$$

$$E = \begin{bmatrix} 0 & 3 & 0 \\ -5 & 1 & 1 \\ 7 & 6 & 2 \end{bmatrix}$$

計算下列各表示式 (若為可能)。

(a) $D+E$ (b) $D-E$
(c) $5A$ (d) $-9D$
(e) $2B-C$ (f) $7E-3D$
(g) $2(D+5E)$ (h) $B-B$
(i) $\mathrm{tr}(D)$ (j) $\mathrm{tr}(D-E)$
(k) $2\,\mathrm{tr}(4B)$ (l) $\mathrm{tr}(A)$

4. 使用習題 3 之各矩陣，完成下列指定運算 (若為可能)。

(a) $2A^T+C$ (b) D^T-E^T
(c) $(D-E)^T$ (d) B^T+5C^T
(e) $\tfrac{1}{2}C^T - \tfrac{1}{4}A$ (f) $B-B^T$
(g) $2E^T-3D^T$ (h) $(2E^T-3D^T)^T$
(i) $(CD)E$ (j) $C(BA)$
(k) $\mathrm{tr}(DE^T)$ (l) $\mathrm{tr}(BC)$

5. 使用習題 3 之各矩陣，完成下列指定運算 (若為可能)。

(a) AB (b) BA
(c) $(3E)D$ (d) $(AB)C$
(e) $A(BC)$ (f) CC^T

(g) $(DC)^T$ (h) $(C^TB)A^T$
(i) $\mathrm{tr}(DD^T)$ (j) $\mathrm{tr}(4E^T-D)$
(k) $\mathrm{tr}(A^TC^T+2E^T)$ (l) $\mathrm{tr}((E^TC)B)$

6. 使用習題 3 的各矩陣，完成下列指定計算 (若為可能)。

(a) $(2D^T-E)A$ (b) $(4B)C+2B$
(c) $(-AC)^T+5D^T$ (d) $(BA^T-2C)^T$
(e) $B^T(CC^T-A^TA)$ (f) $D^TE^T-(ED)^T$

7. 令

$$A = \begin{bmatrix} 3 & -2 & 7 \\ 6 & 5 & 4 \\ 0 & 4 & 9 \end{bmatrix} \quad 且 \quad B = \begin{bmatrix} 6 & -2 & 4 \\ 0 & 1 & 3 \\ 7 & 7 & 5 \end{bmatrix}$$

使用列方法或行方法 (取適合者) 求

(a) AB 之第一列   (b) AB 之第三列
(c) AB 之第二行   (d) BA 之第一行
(e) AA 之第三列   (f) AA 之第三行

8. A, B 為習題 7 的矩陣，使用列方法或行方法 (取適合者) 求之。

(a) AB 之第一行   (b) BB 之第三行
(c) BB 之第二列   (d) AA 之第一行
(e) AB 之第三行   (f) BA 之第一列

9. 引用習題 7 的矩陣及例題 9 之法。

(a) 將 AA 的每一個行向量表為 A 的所有行向量之一線性組合。
(b) 將 BB 的每一個行向量表為 B 的所有行向量之一線性組合。

10. 引用習題 7 的矩陣及例題 9 之法。

(a) 將 AB 的每一個行向量表為 A 的所有行向量之一線性組合。
(b) 將 BA 的每一個行向量表為 B 的所有行向量之一線性組合。

11. 試將下列各方程組表為單一矩陣方程式 $A\mathbf{x}=\mathbf{b}$，並求矩陣 A, $\mathbf{x}$ 及 $\mathbf{b}$。

(a) $\begin{aligned} 5x + y + z &= 2 \\ 2x + 3z &= 1 \\ x + 2y &= 0 \end{aligned}$

(b) $\begin{aligned} x_1 + x_2 - x_3 - 7x_4 &= 6 \\ -x_2 + 4x_3 + x_4 &= 1 \\ 4x_1 + 2x_2 + x_3 + 8x_4 &= 0 \end{aligned}$

12. 試將下列各方程組表為單一矩陣方程式 $A\mathbf{x}=\mathbf{b}$，並求矩陣 $A, \mathbf{x}$ 及 $\mathbf{b}$。

    (a) $\begin{aligned} x_1 - 2x_2 + 3x_3 &= -3 \\ 2x_1 + x_2 &= 0 \\ -3x_2 + 4x_3 &= 1 \\ x_1 + x_3 &= 5 \end{aligned}$

    (b) $\begin{aligned} 3x_1 + 3x_2 + 3x_3 &= -3 \\ -x_1 - 5x_2 - 2x_3 &= 3 \\ - 4x_2 + x_3 &= 0 \end{aligned}$

13. 試將下列各矩陣方程式表為一線性方程組。

    (a) $\begin{bmatrix} 5 & 6 & -7 \\ -1 & -2 & 3 \\ 0 & 4 & -1 \end{bmatrix} \begin{bmatrix} x_1 \\ x_2 \\ x_3 \end{bmatrix} = \begin{bmatrix} 2 \\ 0 \\ 3 \end{bmatrix}$

    (b) $\begin{bmatrix} 1 & 1 & 1 \\ 2 & 3 & 0 \\ 5 & -3 & -6 \end{bmatrix} \begin{bmatrix} x_1 \\ x_2 \\ x_3 \end{bmatrix} = \begin{bmatrix} 2 \\ 2 \\ -9 \end{bmatrix}$

14. 試將下列各矩陣方程式表為一線性方程組。

    (a) $\begin{bmatrix} 3 & -1 & 2 \\ 4 & 3 & 7 \\ -2 & 1 & 5 \end{bmatrix} \begin{bmatrix} x_1 \\ x_2 \\ x_3 \end{bmatrix} = \begin{bmatrix} 2 \\ -1 \\ 4 \end{bmatrix}$

    (b) $\begin{bmatrix} 3 & -2 & 0 & 1 \\ 5 & 0 & 2 & -2 \\ 3 & 1 & 4 & 7 \\ -2 & 5 & 1 & 6 \end{bmatrix} \begin{bmatrix} w \\ x \\ y \\ z \end{bmatrix} = \begin{bmatrix} 0 \\ 0 \\ 0 \\ 0 \end{bmatrix}$

▶對習題 15-16 各題，求滿足方程式的所有 k 值 (若有)。◀

15. $\begin{bmatrix} k & 1 & 1 \end{bmatrix} \begin{bmatrix} 1 & 1 & 0 \\ 1 & 0 & 2 \\ 0 & 2 & -3 \end{bmatrix} \begin{bmatrix} k \\ 1 \\ 1 \end{bmatrix} = 0$

16. $\begin{bmatrix} 2 & 2 & k \end{bmatrix} \begin{bmatrix} 1 & 2 & 0 \\ 2 & 0 & 3 \\ 0 & 3 & 1 \end{bmatrix} \begin{bmatrix} 2 \\ 2 \\ k \end{bmatrix} = 0$

▶對習題 17-18 各題，解矩陣方程式之 a, b, c 及 d。◀

17. $\begin{bmatrix} 3 & a \\ 1 & a+b \end{bmatrix} = \begin{bmatrix} b & c-2d \\ c+2d & 0 \end{bmatrix}$

18. $\begin{bmatrix} a-b & b+a \\ 3d+c & 2d-c \end{bmatrix} = \begin{bmatrix} 8 & 1 \\ 7 & 6 \end{bmatrix}$

19. 令 A 為任意 $m \times n$ 階矩陣且令 0 為每個元素均為 0 的 $m \times n$ 階矩陣。證明若 $kA=0$，則不是 $k=0$ 就是 $A=0$。

20. (a) 試證明若 AB 與 BA 均有定義，則 AB 及 BA 一定是方陣。

    (b) 試證明若 A 為 $m \times n$ 階的矩陣，且 $A(BA)$ 有定義，則 B 為 $n \times m$ 階的矩陣。

21. 證明：若 A 和 B 均為 $n \times n$ 階矩陣，則
    $$\text{tr}(A+B) = \text{tr}(A) + \text{tr}(B)$$

22. (a) 證明若 B 是具一零行的任意矩陣，且 B 是滿足 AB 有定義的任意矩陣，則 AB 亦有一零行。

    (b) 試求一個含零列的類似結果。

23. 試就下列各小題，找出一個 6×6 階的矩陣 $[a_{ij}]$。對於矩陣中的非零元素，儘可能使用字母而非特定的數字。

    (a) $a_{ij}=0$ 若 $i \neq j$ (b) $a_{ij}=0$ 若 $i>j$
    (c) $a_{ij}=0$ 若 $i<j$ (d) $a_{ij}=0$ 若 $|i-j|>1$

24. 試求 4×4 階矩陣 $A=[a_{ij}]$，其元素滿足下列陳述的條件。

    (a) $a_{ij}=i-j$ (b) $a_{ij}=(-1)^1 ij$

    (c) $a_{ij}=\begin{cases} 0 & \text{若 } |i-j| \geq 1 \\ -1 & \text{若 } |i-j| < 1 \end{cases}$

25. 考慮函數 $y=f(x)$，被定義為 $y=Ax$ 對 2×1 階矩陣 x，其中
    $$A=\begin{bmatrix} 1 & 1 \\ 0 & 1 \end{bmatrix}$$

    繪出 $f(x)$ 與下面各個 x 的圖形。試描述 f 的行為。

    (a) $x=\begin{pmatrix} 1 \\ 1 \end{pmatrix}$ (b) $x=\begin{pmatrix} 2 \\ 0 \end{pmatrix}$

    (c) $x=\begin{pmatrix} 4 \\ 3 \end{pmatrix}$ (d) $x=\begin{pmatrix} 2 \\ -2 \end{pmatrix}$

26. 令 I 為 $n \times n$ 階矩陣，其第 i 列及第 j 行的元素為
    $$\begin{cases} 1, & \text{若 } i=j \\ 0, & \text{若 } i \neq j \end{cases}$$

    證明 $AI=IA=A$，對每一 $n \times n$ 階矩陣 A。

27. 有多少個 3×3 階矩陣 A 滿足

$$A\begin{bmatrix}x\\y\\z\end{bmatrix}=\begin{bmatrix}x+y\\x-y\\0\end{bmatrix}$$

其中 x,y,z 為任意值。

28. 有多少個 3×3 階矩陣 A 滿足

$$A\begin{bmatrix}x\\y\\z\end{bmatrix}=\begin{bmatrix}xy\\0\\0\end{bmatrix}$$

其中 x,y,z 為任意值。

29. 若 $BB=A$，則稱矩陣 B 為矩陣 A 的平方根 (square root)。

   (a) 求 $A=\begin{bmatrix}2&2\\2&2\end{bmatrix}$ 的兩個平方根。

   (b) $A=\begin{bmatrix}5&0\\0&9\end{bmatrix}$ 有多少個不同的平方根。

   (c) 你認為每一個 2×2 階矩陣至少有一個平方根嗎？解釋你的理由。

30. 令 0 表一個 2×2 階矩陣，其每一個元素均為零。

   (a) 是否存在 2×2 階矩陣 A 滿足 $A\neq 0$ 且 $AA=0$？驗證你的答案。

   (b) 是否存在 2×2 階矩陣 A 滿足 $A\neq 0$ 且 $AA=A$？驗證你的答案。

是非題

試判斷 (a)-(o) 各敘述的真假，並驗證你的答案。

(a) 矩陣 $\begin{bmatrix}1&2&3\\4&5&6\end{bmatrix}$ 沒有主對角線。

(b) 任意 $m\times n$ 階矩陣有 m 個行向量及 n 個列向量。

(c) 若 $AB=BA$，則 A 必等於 B。

(d) 若 $Ax=b$，則 b 必為 A 的所有行之一線性組合。

(e) 對每一矩陣 A，$(A^T)^T=A$ 恆為真。

(f) 若 A 和 B 為同階之方陣，則 $\text{tr}(AB)=\text{tr}(A)\text{tr}(B)$。

(g) 若 A 和 B 為同階之方陣，則 $(AB)^T=A^TB^T$。

(h) 對每個方陣 A，$\text{tr}(A^T)=\text{tr}(A)$ 恆為真。

(i) 若 A 是一個 6×4 階矩陣，且 B 是一個 $m\times n$ 階矩陣滿足 B^TA^T 是一個 2×6 階矩陣，則 $m=4$ 且 $n=2$。

(j) 若 A 是一個 $n\times n$ 階矩陣且 c 是一純量，則 $\text{tr}(cA)=c\,\text{tr}(A)$。

(k) 若 A,B 及 C 是同階的矩陣滿足 $A-C=B-C$，則 $A=B$。

(l) 若 A,B 及 C 是同階的方陣滿足 $AC=BC$，則 $A=B$。

(m) 若 $AB+BA$ 有定義，則 A 和 B 為同階的方陣。

(n) 若 B 有一零行，則 AB 亦有一零行 (若乘積有意義)。

(o) 若 B 有一零行，則 BA 亦有一零行 (若乘積有意義)。

1.4　逆矩陣；矩陣代數性質

本節討論矩陣算術運算的一些性質。我們將看到許多實數的基本算術法則對矩陣亦成立，但有一些則不然。

矩陣加法及純量乘法的性質

下一個定理列出矩陣運算的基本代數性質。

定理 1.4.1：矩陣運算的性質

假設諸矩陣之階數使所示之運算為有意義，則下列矩陣算術法為真。

(a) $A+B=B+A$ [加法交換律]
(b) $A+(B+C)=(A+B)+C$ [加法結合律]
(c) $A(BC)=(AB)C$ [乘法結合律]
(d) $A(B+C)=AB+AC$ [左分配律]
(e) $(B+C)A=BA+CA$ [右分配律]
(f) $A(B-C)=AB-AC$ (g) $(B-C)A=BA-CA$
(h) $a(B+C)=aB+aC$ (i) $a(B-C)=aB-aC$
(j) $(a+b)C=aC+bC$ (k) $(a-b)C=aC-bC$
(l) $a(bC)=(ab)C$ (m) $a(BC)=(aB)C=B(aC)$

為了證明這些定理中的等式，必須證明在等號左邊的矩陣和在右邊的矩陣同階，且兩邊對應的元素也相等。大部分的證明均同一類型，所以我們將證明 (d) 部分作為樣本。結合律的證明較為複雜，在習題中將有概括的陳述。

(d) 部分的證明：必須證明 $A(B+C)$ 與 $AB+AC$ 的階數相同，而且對應元素相等。為了構成 $A(B+C)$，矩陣 B 與 C 的階數必須相同，比如說 $m\times n$，則矩陣 A 必須有 m 行，因此它的階數必須具有 $r\times m$ 的型式。這使得 $A(B+C)$ 成為 $r\times n$ 的矩陣。同樣的理由 $AB+AC$ 也是 $r\times n$ 的矩陣，結果是 $A(B+C)$ 與 $AB+AC$ 有相同的階數。

假設 $A=[a_{ij}], B=[b_{ij}]$，且 $C=[c_{ij}]$。現在必須證明 $A(B+C)$ 與 $AB+AC$ 的對應元素相等；也就是對所有的 i 與 j

$$[A(B+C)]_{ij} = [AB+AC]_{ij}$$

由矩陣加法與矩陣乘法的定義可知

$$\begin{aligned}[A(B+C)]_{ij} &= a_{i1}(b_{1j}+c_{1j}) + a_{i2}(b_{2j}+c_{2j}) + \cdots + a_{im}(b_{mj}+c_{mj}) \\ &= (a_{i1}b_{1j} + a_{i2}b_{2j} + \cdots + a_{im}b_{mj}) + (a_{i1}c_{1j} + a_{i2}c_{2j} + \cdots + a_{im}c_{mj}) \\ &= [AB]_{ij} + [AC]_{ij} = [AB+AC]_{ij} \quad \blacktriangleleft\end{aligned}$$

> 有三個基本方法來證明兩個同階矩陣為相等——證明相對應元素相同；證明相對應列向量相同；或證明相對應行向量相同。

注釋：雖然已定義兩矩陣的加法及乘法運算，結合律 (b) 及 (c) 可使表示三矩陣之和及乘積為 $A+B+C$ 及 ABC 時可不插入任何括弧。這是正當的，因為不管括弧是否插入，結合律保證將得同樣之結果。一般來

講，矩陣的任意和或任意乘積，可插入或移去表示式之任一地方的括弧，而不影響其最後結果。

▶ 例題 1　矩陣乘法結合律

作為矩陣乘法結合律的說明例題，考慮

$$A = \begin{bmatrix} 1 & 2 \\ 3 & 4 \\ 0 & 1 \end{bmatrix}, \quad B = \begin{bmatrix} 4 & 3 \\ 2 & 1 \end{bmatrix}, \quad C = \begin{bmatrix} 1 & 0 \\ 2 & 3 \end{bmatrix}$$

則

$$AB = \begin{bmatrix} 1 & 2 \\ 3 & 4 \\ 0 & 1 \end{bmatrix} \begin{bmatrix} 4 & 3 \\ 2 & 1 \end{bmatrix} = \begin{bmatrix} 8 & 5 \\ 20 & 13 \\ 2 & 1 \end{bmatrix} \quad 且 \quad BC = \begin{bmatrix} 4 & 3 \\ 2 & 1 \end{bmatrix} \begin{bmatrix} 1 & 0 \\ 2 & 3 \end{bmatrix} = \begin{bmatrix} 10 & 9 \\ 4 & 3 \end{bmatrix}$$

因此

$$(AB)C = \begin{bmatrix} 8 & 5 \\ 20 & 13 \\ 2 & 1 \end{bmatrix} \begin{bmatrix} 1 & 0 \\ 2 & 3 \end{bmatrix} = \begin{bmatrix} 18 & 15 \\ 46 & 39 \\ 4 & 3 \end{bmatrix}$$

且

$$A(BC) = \begin{bmatrix} 1 & 2 \\ 3 & 4 \\ 0 & 1 \end{bmatrix} \begin{bmatrix} 10 & 9 \\ 4 & 3 \end{bmatrix} = \begin{bmatrix} 18 & 15 \\ 46 & 39 \\ 4 & 3 \end{bmatrix}$$

所以 $(AB)C = A(BC)$，正如定理 1.4.1(c) 所保證的。　◀

矩陣乘法性質

勿讓定理 1.4.1 騙你相信所有實數算術定律均可移轉至矩陣算術。例如，你知道 $ab = ba$ 在實數算術裡恆為真，其被稱為乘法交換律。然而，在矩陣算術裡，AB 和 BA 之等號可能因三種理由而不成立：

1. AB 可能有定義，但 BA 可能沒有定義 (例如，A 是 2×3 且 B 是 3×4)。

2. AB 和 BA 可能兩者均有定義，但它們可能不同階 (例如，A 是 2×3 且 B 是 3×2)。

3. AB 和 BA 可能兩者均有定義且同階，但兩者可能不相等 (如下一個例題之說明)。

▶ **例題 2** 矩陣乘法的階數問題

考慮矩陣
$$A = \begin{bmatrix} -1 & 0 \\ 2 & 3 \end{bmatrix} \quad \text{及} \quad B = \begin{bmatrix} 1 & 2 \\ 3 & 0 \end{bmatrix}$$

相乘得
$$AB = \begin{bmatrix} -1 & -2 \\ 11 & 4 \end{bmatrix} \quad \text{且} \quad BA = \begin{bmatrix} 3 & 6 \\ -3 & 0 \end{bmatrix}$$

因此，$AB \neq BA$。 ◀

> 勿對例題 2 閱讀太多——它並未顯示出 AB 和 BA 在某些情形下相等的可能性，它們在所有情形之下不相等。若 $AB = BA$，則稱 AB 和 BA 可交換 (commute)。

零矩陣

所有元素均為零的矩陣被稱為**零矩陣** (zero matrix)。例如，

$$\begin{bmatrix} 0 & 0 \\ 0 & 0 \end{bmatrix}, \begin{bmatrix} 0 & 0 \\ 0 & 0 \\ 0 & 0 \end{bmatrix}, \begin{bmatrix} 0 & 0 & 0 & 0 \\ 0 & 0 & 0 & 0 \end{bmatrix}, \begin{bmatrix} 0 \\ 0 \\ 0 \\ 0 \end{bmatrix}, [0]$$

我們將以 0 表示零矩陣；假若強調其階是重要的，我們將 $m \times n$ 階零矩陣表為 $0_{m \times n}$。

若 A 為任意矩陣而 0 為同階的零矩陣，很明顯的，$A + 0 = 0 + A = A$，因此，矩陣 0 在這些矩陣方程式裡扮演更多如同實數 0 在數值方程式裡 $a + 0 = 0 + a = a$ 之角色。

下一個定理列出零矩陣的基本性質。因為所有結果應為自我明顯成立，所以我們省略正式證明。

定理 1.4.2：零矩陣的性質

若 c 是一個純量，且所有矩陣的階數滿足所有運算可被執行，則：

(a) $A + 0 = 0 + A = A$ (b) $A - 0 = A$
(c) $A - A = A + (-A) = 0$ (d) $0A = 0$
(e) 若 $cA = 0$，則 $c = 0$ 或 $A = 0$

因為我們知道實數算術的交換律在矩陣算術不成立，尚有其他規則亦不成立也是不足為奇的。例如，考慮下面兩個實數算術定律：

- 若 $ab = ac$ 且 $a \neq 0$，則 $b = c$。(此稱作消去律)
- 若 $ad = 0$，則等號左邊的因子至少有一為 0。

下面兩個例題說明這些定律在矩陣算術裡不全為真。

▶ **例題 3　消去律不成立**
考慮下面矩陣

$$A = \begin{bmatrix} 0 & 1 \\ 0 & 2 \end{bmatrix}, \quad B = \begin{bmatrix} 1 & 1 \\ 3 & 4 \end{bmatrix}, \quad C = \begin{bmatrix} 2 & 5 \\ 3 & 4 \end{bmatrix}$$

留給讀者確認

$$AB = AC = \begin{bmatrix} 3 & 4 \\ 6 & 8 \end{bmatrix}$$

雖然 $A \neq 0$，但欲從方程式 $AB = AC$ 的兩端消去 A 而得 $B = C$ 是錯誤的。因此，一般來講，對矩陣乘法，消去律是不成立的。

▶ **例題 4　具非零因子的零乘積**
有兩個矩陣滿足 $AB = 0$，但 $A \neq 0$ 且 $B \neq 0$：

$$A = \begin{bmatrix} 0 & 1 \\ 0 & 2 \end{bmatrix}, \quad B = \begin{bmatrix} 3 & 7 \\ 0 & 0 \end{bmatrix} \qquad \blacktriangleleft$$

單位矩陣

主對角線均為 1 且其他所有元素均為零的方陣被稱是**單位矩陣** (identity matrix)。例如

$$[1], \quad \begin{bmatrix} 1 & 0 \\ 0 & 1 \end{bmatrix}, \quad \begin{bmatrix} 1 & 0 & 0 \\ 0 & 1 & 0 \\ 0 & 0 & 1 \end{bmatrix}, \quad \begin{bmatrix} 1 & 0 & 0 & 0 \\ 0 & 1 & 0 & 0 \\ 0 & 0 & 1 & 0 \\ 0 & 0 & 0 & 1 \end{bmatrix}$$

我們以字母 I 表示單位矩陣。若強調階數是重要的，我們將以 I_n 表示 $n \times n$ 階單位矩陣。

欲解釋單位矩陣在矩陣算術裡扮演的角色，讓我們考慮對一個 2×3 階矩陣 A 兩邊各乘一個單位矩陣的影響。在右邊乘上 3×3 階單位矩陣得

$$AI_3 = \begin{bmatrix} a_{11} & a_{12} & a_{13} \\ a_{21} & a_{22} & a_{23} \end{bmatrix} \begin{bmatrix} 1 & 0 & 0 \\ 0 & 1 & 0 \\ 0 & 0 & 1 \end{bmatrix} = \begin{bmatrix} a_{11} & a_{12} & a_{13} \\ a_{21} & a_{22} & a_{23} \end{bmatrix} = A$$

且在左邊乘上 2×2 階單位矩陣得

$$I_2 A = \begin{bmatrix} 1 & 0 \\ 0 & 1 \end{bmatrix} \begin{bmatrix} a_{11} & a_{12} & a_{13} \\ a_{21} & a_{22} & a_{23} \end{bmatrix} = \begin{bmatrix} a_{11} & a_{12} & a_{13} \\ a_{21} & a_{22} & a_{23} \end{bmatrix} = A$$

一般來講，相同結果成立；亦即，若 A 是任意 $m\times n$ 階矩陣，得

$$AI_n = A \quad \text{及} \quad I_m A = A$$

因此，單位矩陣在矩陣算術裡所扮演的角色如同數值 1 在數值關係 $a\cdot 1=1\cdot a=a$ 裡所扮演的。

正如下一個定理所示，單位矩陣在研習方陣的簡約列梯型時很自然地發生。

定理 1.4.3：若 R 為 $n\times n$ 階矩陣 A 的簡約列梯型，則 R 不是有一零列就是為單位矩陣。

證明：假設 A 的簡約列梯型為

$$R = \begin{bmatrix} r_{11} & r_{12} & \cdots & r_{1n} \\ r_{21} & r_{22} & \cdots & r_{2n} \\ \vdots & \vdots & & \vdots \\ r_{n1} & r_{n2} & \cdots & r_{nn} \end{bmatrix}$$

此矩陣的最後一列不是整列為零就是非整列為零。若非整列為零，則該矩陣含非零列，結果 n 列的每一列的首項 1 元素為 1。由於首項 1 的出現當向下方各列移動時，逐漸向右方移，這些 1 中的每個 1 必須出現於主對角線上。由於出現在該行中與 1 相同的其他元素均為 0，R 必然是 I_n，於是，R 不是有一零列就是 $R=I_n$。◀

矩陣的逆矩陣

在實數算術裡，每個非零數 a 有一個倒數 $a^{-1}(=1/a)$ 滿足

$$a\cdot a^{-1} = a^{-1}\cdot a = 1$$

數 a^{-1} 有時候被稱為 a 的乘法逆元素。我們下一個目標是發展一個類似結果給矩陣算術。為此目的，我們給了下面定義。

定義 1：若 A 為一方陣，且假若可找到同階矩陣 B 以滿足 $AB=BA=I$，則 A 稱為**可逆的** (invertible 或 nonsingular)，而 B 則稱為 A 的**逆矩陣** (inverse)。若找不到此類矩陣 B，則稱 A 為**奇異的** (singular)。

注釋：若 A 和 B 互換，$AB=BA=I$ 的關係不變，所以若 A 是可逆的且 B 是 A 的一個逆矩陣，則 B 亦是可逆的，且 A 是 B 的一個逆矩陣。因此，當

$$AB = BA = I$$

我們稱 A 和 B 互為對方的逆矩陣。

▶ **例題 5** 可逆矩陣

令

$$A = \begin{bmatrix} 2 & -5 \\ -1 & 3 \end{bmatrix} \quad \text{且} \quad B = \begin{bmatrix} 3 & 5 \\ 1 & 2 \end{bmatrix}$$

則

$$AB = \begin{bmatrix} 2 & -5 \\ -1 & 3 \end{bmatrix} \begin{bmatrix} 3 & 5 \\ 1 & 2 \end{bmatrix} = \begin{bmatrix} 1 & 0 \\ 0 & 1 \end{bmatrix} = I$$

$$BA = \begin{bmatrix} 3 & 5 \\ 1 & 2 \end{bmatrix} \begin{bmatrix} 2 & -5 \\ -1 & 3 \end{bmatrix} = \begin{bmatrix} 1 & 0 \\ 0 & 1 \end{bmatrix} = I$$

因此，A 和 B 均為可逆，且互為對方的逆矩陣。 ◀

▶ **例題 6** 奇異矩陣族

一般來講，含有一零列或一零行的方陣是奇異的。欲有助於了解此點，考慮方陣

$$A = \begin{bmatrix} 1 & 4 & 0 \\ 2 & 5 & 0 \\ 3 & 6 & 0 \end{bmatrix}$$

欲證明 A 是奇異的，我們必須證明無 3×3 階矩陣 B 滿足 $AB=BA=I$。欲達此目的，令 $\mathbf{c}_1, \mathbf{c}_2, \mathbf{0}$ 為 A 的行向量。因此，對任意 3×3 階矩陣 B，我們可將乘積 BA 表為

$$BA = B[\mathbf{c}_1 \quad \mathbf{c}_2 \quad \mathbf{0}] = [B\mathbf{c}_1 \quad B\mathbf{c}_2 \quad \mathbf{0}] \quad \text{[1.3 節的公式 (6)]}$$

零行說明 $BA \neq I$ 且因此得 A 是奇異的。 ◀

逆矩陣的性質

詢問可逆矩陣是否有多於 1 個的逆矩陣是合理的問題，下一定理顯示此答案是否定的——可逆矩陣恰有一逆矩陣。

定理 1.4.4：若 B 及 C 同為矩陣 A 的逆矩陣，則 $B=C$。

證明：因 B 為 A 的逆矩陣，$BA=I$。等號右邊同時乘以 C，得 $(BA)C=IC=C$。但 $(BA)C=B(AC)=BI=B$。因此，$C=B$。◀

由此重要結果可得一項結論，我們現在可說一個可逆矩陣的逆矩陣。若 A 為可逆的，則它的逆矩陣將以符號 A^{-1} 來表示，於是

$$AA^{-1} = I \quad 且 \quad A^{-1}A = I \tag{1}$$

A 之逆矩陣在矩陣算術中扮演如同倒數 a^{-1} 在數值關係裡 $aa^{-1}=1$ 及 $a^{-1}a=1$ 中的角色。

在下一節中將推導求得任何階數的可逆矩陣之逆矩陣的方法；然而，下面定理提供了 2×2 階矩陣為可逆的條件，並提出求逆矩陣的簡易公式。

> 定理 1.4.5 的 $ad-bc$ 被稱是 2×2 階矩陣 A 的行列式 (determinant) 且被表為
> $\det(A) = ad - bc$
> 或被表為
> $\begin{vmatrix} a & b \\ c & d \end{vmatrix} = ad - bc$

定理 1.4.5：矩陣

$$A = \begin{bmatrix} a & b \\ c & d \end{bmatrix}$$

為可逆的若且唯若 $ad-bc \neq 0$；在此情況下，逆矩陣可依下列公式求得

$$A^{-1} = \frac{1}{ad-bc} \begin{bmatrix} d & -b \\ -c & a \end{bmatrix} \tag{2}$$

我們將省略證明，因為稍後我們將學習本定理的一個更一般的版本。

史記：定理 1.4.5 所給的 A^{-1} 之公式 (以更一般型) 首先出現於 1858 年 Arthur Cayley 的著作 *Memoir on the Theory of Matrices* 裡。Cayley 發現的更一般結果將於後面學習。

現在，你至少可證明 $AA^{-1}=A^{-1}A=I$ 來確信公式 (2) 成立。

注釋：圖 1.4.1 說明一個 2×2 階矩陣 A 的行列式是主對角線上所有元素的乘積減去非主對角線上所有元素的乘積。換句話說，定理 1.4.5 敘述一個 2×2 階矩陣 A 是可逆的若且唯若其行列式非零，且若 A 可逆則其逆矩陣可由互換主對角線元素並改變非對角線上元素的正負號，再將所有元素乘上 A 之行列式的倒數而得。

$$\det(A)=\begin{vmatrix} a & b \\ c & d \end{vmatrix}=ad-bc$$

▲ 圖 **1.4.1**

▶ **例題 7**　**計算一個 2×2 階矩陣的逆矩陣**

判定下列各矩陣是否可逆。若是，則求其逆矩陣。

$$\text{(a)}\ A=\begin{bmatrix} 6 & 1 \\ 5 & 2 \end{bmatrix} \quad \text{(b)}\ A=\begin{bmatrix} -1 & 2 \\ 3 & -6 \end{bmatrix}$$

解 (a)：A 的行列式是 $\det(A)=(6)(2)-(1)(5)=7$，其為非零。因此，A 是可逆的，且其逆矩陣是

$$A^{-1}=\frac{1}{7}\begin{bmatrix} 2 & -1 \\ -5 & 6 \end{bmatrix}=\begin{bmatrix} \frac{2}{7} & -\frac{1}{7} \\ -\frac{5}{7} & \frac{6}{7} \end{bmatrix}$$

留給讀者確認 $AA^{-1}=A^{-1}A=I$。

解 (b)：矩陣不可逆，因為 $\det(A)=(-1)(-6)-(2)(3)=0$。

▶ **例題 8**　**利用逆矩陣求線性方程組之解**

在許多應用方面出現解一對型如

$$u=ax+by$$
$$v=cx+dy$$

的方程式並以 u 和 v 來表示 x 和 y。方法之一是視此問題為含未知數 x 及 y 的兩方程式之線性方程組，並使用高斯-喬丹消去法來解 x 和 y。然而，因為未知數的係數是文字而非數字，此程序有點不靈活。另一方法是，讓我們先將兩方程式代換為單一矩陣方程式

$$\begin{bmatrix} u \\ v \end{bmatrix}=\begin{bmatrix} ax+by \\ cx+dy \end{bmatrix}$$

可改寫為

$$\begin{bmatrix} u \\ v \end{bmatrix}=\begin{bmatrix} a & b \\ c & d \end{bmatrix}\begin{bmatrix} x \\ y \end{bmatrix}$$

若我們假設式中的 2×2 階矩陣是可逆的 (亦即 $ad-bc\neq 0$)，則我們可在方程式左邊乘上其逆矩陣並改寫方程式為

$$\begin{bmatrix} a & b \\ c & d \end{bmatrix}^{-1} \begin{bmatrix} u \\ v \end{bmatrix} = \begin{bmatrix} a & b \\ c & d \end{bmatrix}^{-1} \begin{bmatrix} a & b \\ c & d \end{bmatrix} \begin{bmatrix} x \\ y \end{bmatrix}$$

可化簡為

$$\begin{bmatrix} a & b \\ c & d \end{bmatrix}^{-1} \begin{bmatrix} u \\ v \end{bmatrix} = \begin{bmatrix} x \\ y \end{bmatrix}$$

使用定理 1.4.5，我們可改寫此方程式為

$$\frac{1}{ad-bc} \begin{bmatrix} d & -b \\ -c & a \end{bmatrix} \begin{bmatrix} u \\ v \end{bmatrix} = \begin{bmatrix} x \\ y \end{bmatrix}$$

得

$$x = \frac{du-bv}{ad-bc}, \quad y = \frac{av-cu}{ad-bc} \qquad \blacktriangleleft$$

下一個定理關心矩陣乘積的逆矩陣。

定理 1.4.6：若 A 及 B 為同階的可逆矩陣，則 AB 為可逆的且

$$(AB)^{-1} = B^{-1}A^{-1}$$

證明：若能證明 $(AB)(B^{-1}A^{-1}) = (B^{-1}A^{-1})(AB) = I$，則將可同時建立了 AB 為可逆的且 $(AB)^{-1} = B^{-1}A^{-1}$。但

$$(AB)(B^{-1}A^{-1}) = A(BB^{-1})A^{-1} = AIA^{-1} = AA^{-1} = I$$

同理 $(B^{-1}A^{-1})(AB) = I$。◀

雖然不加以證明它，但此結果可擴充至包含三個或更多因子的情形。亦即

任意數目的可逆矩陣的乘積仍為可逆的，而乘積的逆矩陣為各逆矩陣依逆向順序所得的積。

▶**例題 9** 矩陣乘積的逆矩陣

考慮下列矩陣

$$A = \begin{bmatrix} 1 & 2 \\ 1 & 3 \end{bmatrix}, \quad B = \begin{bmatrix} 3 & 2 \\ 2 & 2 \end{bmatrix}$$

留給讀者證明

$$AB = \begin{bmatrix} 7 & 6 \\ 9 & 8 \end{bmatrix}, \quad (AB)^{-1} = \begin{bmatrix} 4 & -3 \\ -\frac{9}{2} & \frac{7}{2} \end{bmatrix}$$

且

$$A^{-1} = \begin{bmatrix} 3 & -2 \\ -1 & 1 \end{bmatrix}, \quad B^{-1} = \begin{bmatrix} 1 & -1 \\ -1 & \frac{3}{2} \end{bmatrix},$$

$$B^{-1}A^{-1} = \begin{bmatrix} 1 & -1 \\ -1 & \frac{3}{2} \end{bmatrix} \begin{bmatrix} 3 & -2 \\ -1 & 1 \end{bmatrix} = \begin{bmatrix} 4 & -3 \\ -\frac{9}{2} & \frac{7}{2} \end{bmatrix}$$

因此，$(AB)^{-1} = B^{-1}A^{-1}$，如同定理 1.4.6 所保證的。 ◀

> 若矩陣的乘積是奇異的，則至少有一個因子必定是奇異的，為何？

矩陣的冪次方

若 A 為一方陣，則定義 A 的非負整數冪次方為

$$A^0 = I \quad 且 \quad A^n = AA \cdots A \;(\textbf{\textit{n}} \text{ 個因子})$$

且若 A 為可逆的，則定義 A 之非負整數冪次方為

$$A^{-n} = (A^{-1})^n = A^{-1}A^{-1} \cdots A^{-1} \;(\textbf{\textit{n}} \text{ 個因子})$$

因為這些定義平行於實數，一般的非負指數律成立；例如，

$$A^r A^s = A^{r+s} \quad 且 \quad (A^r)^s = A^{rs}$$

此外，我們有下面之非負指數性質。

定理 1.4.7 若 A 是可逆的且 n 是非負整數，則：
(a) A^{-1} 為可逆的，且 $(A^{-1})^{-1} = A$。
(b) A^n 為可逆的，且 $(A^n)^{-1} = A^{-n} = (A^{-1})^n$。
(c) 對任意非零純量 k，kA 為可逆的且 $(kA)^{-1} = k^{-1}A^{-1}$。

我們將證明 (c)，而將 (a) 和 (b) 之證明留作為習題。

證明 (c)：由定理 1.4.1 性質 (c) 及定理 1.4.2 性質 (f)，得

$$(kA)(k^{-1}A^{-1}) = k^{-1}(kA)A^{-1} = (k^{-1}k)AA^{-1} = (1)I = I$$

同理，$(k^{-1}A^{-1})(kA)=I$。因此，kA 是可逆的且 $(kA)^{-1}=k^{-1}A^{-1}$。◀

▶ **例題 10　指數性質**

令 A 及 A^{-1} 為例題 9 之矩陣，亦即

$$A = \begin{bmatrix} 1 & 2 \\ 1 & 3 \end{bmatrix} \quad 且 \quad A^{-1} = \begin{bmatrix} 3 & -2 \\ -1 & 1 \end{bmatrix}$$

則

$$A^{-3} = (A^{-1})^3 = \begin{bmatrix} 3 & -2 \\ -1 & 1 \end{bmatrix}\begin{bmatrix} 3 & -2 \\ -1 & 1 \end{bmatrix}\begin{bmatrix} 3 & -2 \\ -1 & 1 \end{bmatrix} = \begin{bmatrix} 41 & -30 \\ -15 & 11 \end{bmatrix}$$

且

$$A^3 = \begin{bmatrix} 1 & 2 \\ 1 & 3 \end{bmatrix}\begin{bmatrix} 1 & 2 \\ 1 & 3 \end{bmatrix}\begin{bmatrix} 1 & 2 \\ 1 & 3 \end{bmatrix} = \begin{bmatrix} 11 & 30 \\ 15 & 41 \end{bmatrix}$$

所以，如定理 1.4.7(b) 所預期的，

$$(A^3)^{-1} = \frac{1}{(11)(41)-(30)(15)} \begin{bmatrix} 41 & -30 \\ -15 & 11 \end{bmatrix} = \begin{bmatrix} 41 & -30 \\ -15 & 11 \end{bmatrix} = (A^{-1})^3$$

▶ **例題 11　矩陣和的平方**

實數算術裡有乘法交換律，故

$$(a+b)^2 = a^2 + ab + ba + b^2 = a^2 + ab + ab + b^2 = a^2 + 2ab + b^2$$

然而，在矩陣算術裡沒有乘法交換律，我們能做的最佳狀況是寫

$$(A+B)^2 = A^2 + AB + BA + B^2$$

唯有 A 和 B 可交換 (亦即 $AB=BA$)，我們才可更進一步且記

$$(A+B)^2 = A^2 + 2AB + B^2 \qquad ◀$$

矩陣多項式

若 A 為方陣，為 $n \times n$，且若

$$p(x) = a_0 + a_1 x + a_2 x^2 + \cdots + a_m x^m$$

為任意多項式，則定義 $n \times n$ 階矩陣 $p(A)$ 為

$$p(A) = a_0 I + a_1 A + a_2 A^2 + \cdots + a_m A^m \tag{3}$$

其中 I 是 $n \times n$ 階單位矩陣；亦即 $p(A)$ 係將 A 取代 x 且以矩陣 $a_0 I$ 取

代 a_0 而得。型如 (3) 式之表示式亦被稱是以 A 為變數的矩陣多項式 (matrix polynomial in A)。

▶ **例題 12　矩陣多項式**

求 $p(A)$，其中

$$p(x) = x^2 - 2x - 3 \quad \text{且} \quad A = \begin{bmatrix} -1 & 2 \\ 0 & 3 \end{bmatrix}$$

解：

$$\begin{aligned} p(A) &= A^2 - 2A - 3I \\ &= \begin{bmatrix} -1 & 2 \\ 0 & 3 \end{bmatrix}^2 - 2\begin{bmatrix} -1 & 2 \\ 0 & 3 \end{bmatrix} - 3\begin{bmatrix} 1 & 0 \\ 0 & 1 \end{bmatrix} \\ &= \begin{bmatrix} 1 & 4 \\ 0 & 9 \end{bmatrix} - \begin{bmatrix} -2 & 4 \\ 0 & 6 \end{bmatrix} - \begin{bmatrix} 3 & 0 \\ 0 & 3 \end{bmatrix} = \begin{bmatrix} 0 & 0 \\ 0 & 0 \end{bmatrix} \end{aligned}$$

或簡明些，得 $p(A)=0$。　◀

注釋： 由於 $A^r A^s = A^{r+s} = A^{s+r} = A^s A^r$，知方陣的冪次方可交換，且因以 A 為變數的矩陣多項式係建置在 A 的冪次方，所以以 A 為變數的任兩個矩陣多項式可交換；亦即，對任意多項式 p_1 及 p_2，我們有

$$p_1(A)p_2(A) = p_2(A)p_1(A) \tag{4}$$

轉置矩陣的性質

下一個定理列出了轉置運算的主要性質。

定理 1.4.8　假若下列各矩陣之階數能使所示的運算為有意義，則：
(a) $(A^T)^T = A$
(b) $(A+B)^T = A^T + B^T$
(c) $(A-B)^T = A^T - B^T$
(d) $(kA)^T = kA^T$
(e) $(AB)^T = B^T A^T$

記得轉置矩陣是將它的列與行互換，則你應不難想像出 (a)-(d) 的結果。例如，(a) 係將列和行互換兩次而得矩陣未變；(b) 說明先加兩個矩陣後再將列和行互換後之結果等同在相加之前先互換列和行。我們省略正式證明。(e) 較不明顯，但為簡便計，我們亦省略其證明。(e) 之結果可擴大至三個或更多個因子且重新敘述為：

> 任意數目之矩陣乘積的轉置矩陣與它們的轉置矩陣依逆向順序相乘的積相等。

下面的定理建立了矩陣的逆矩陣與其轉置矩陣的逆矩陣間的關係。

定理 1.4.9：若 A 為可逆矩陣，則 A^T 亦為可逆，且

$$(A^T)^{-1} = (A^{-1})^T$$

證明：A^T 的可逆性可以證明，並且可由證明

$$A^T(A^{-1})^T = (A^{-1})^T A^T = I$$

得到公式。但由定理 1.4.8(e) 及 $I^T = I$ 的事實，可得

$$A^T(A^{-1})^T = (A^{-1}A)^T = I^T = I$$
$$(A^{-1})^T A^T = (AA^{-1})^T = I^T = I$$

因而得證。◀

▶ **例題 13**　轉置矩陣的逆矩陣

考慮一個一般型的 2×2 階可逆矩陣及其轉置矩陣

$$A = \begin{bmatrix} a & b \\ c & d \end{bmatrix} \quad \text{且} \quad A^T = \begin{bmatrix} a & c \\ b & d \end{bmatrix}$$

因為 A 是可逆，其行列式 $ad - bc$ 非零。但 A^T 的行列式亦是 $ad - bc$ (證明之)，所以 A^T 亦為可逆。由定理 1.4.5 得

$$(A^T)^{-1} = \begin{bmatrix} \dfrac{d}{ad-bc} & -\dfrac{c}{ad-bc} \\ -\dfrac{b}{ad-bc} & \dfrac{a}{ad-bc} \end{bmatrix}$$

其和 A^{-1} 的轉置矩陣相同 (證明之)。因此

$$(A^T)^{-1} = (A^{-1})^T$$

如定理 1.4.9 所保證的。◀

概念複習

- 矩陣加法交換律
- 矩陣加法結合律
- 矩陣乘法結合律
- 左分配律及右分配律
- 零矩陣
- 單位矩陣
- 矩陣的逆矩陣
- 可逆矩陣
- 非奇異矩陣
- 奇異矩陣
- 行列式
- 矩陣的冪次方
- 矩陣多項式

技 能

- 知道矩陣運算的算術性質。
- 能證明矩陣算術性質。
- 知道零矩陣性質。
- 知道單位矩陣性質。
- 能認出何時兩方陣互為對方的反矩陣。
- 能判定一個 2×2 階矩陣是否可逆。
- 能解含兩個未知數且其係數矩陣為可逆的線性方程組。
- 能證明含可逆矩陣的基本性質。
- 知道矩陣轉置的性質及其和可逆矩陣的關係。

習題集 1.4

1. 令
$$A = \begin{bmatrix} 2 & -1 & 3 \\ 0 & 4 & 5 \\ -2 & 1 & 4 \end{bmatrix}, \quad B = \begin{bmatrix} 8 & -3 & -5 \\ 0 & 1 & 2 \\ 4 & -7 & 6 \end{bmatrix},$$

$$C = \begin{bmatrix} 0 & -2 & 3 \\ 1 & 7 & 4 \\ 3 & 5 & 9 \end{bmatrix}, \quad a = 4, \quad b = -7$$

證明
(a) $A + (B + C) = (A + B) + C$
(b) $(AB)C = A(BC)$
(c) $(a + b)C = aC + bC$
(d) $a(B - C) = aB - aC$

2. 使用習題 1 的各矩陣和純量，證明
(a) $a(BC) = (aB)C = B(aC)$
(b) $A(B - C) = AB - AC$
(c) $(B + C)A = BA + CA$
(d) $a(bC) = (ab)C$

3. 使用習題 1 的矩陣及純量，證明
(a) $(B^T)^T = B$
(b) $(A + C)^T = A^T + C^T$
(c) $(bA)^T = bA^T$
(d) $(CA)^T = A^T C^T$

▶對習題 4-7 各題，使用定理 1.4.5 計算下列各矩陣的逆矩陣。◀

4. $A = \begin{bmatrix} 3 & 1 \\ 5 & 2 \end{bmatrix}$

5. $B = \begin{bmatrix} 6 & 3 \\ -5 & -2 \end{bmatrix}$

6. $C = \begin{bmatrix} 6 & 4 \\ -2 & -1 \end{bmatrix}$

7. $D = \begin{bmatrix} 0 & -3 \\ 7 & 2 \end{bmatrix}$

8. 試求 $\begin{bmatrix} \cos\theta & \sin\theta \\ -\sin\theta & \cos\theta \end{bmatrix}$ 的反矩陣。

9. 試求 $\begin{bmatrix} \frac{1}{2}(e^x + e^{-x}) & \frac{1}{2}(e^x - e^{-x}) \\ \frac{1}{2}(e^x - e^{-x}) & \frac{1}{2}(e^x + e^{-x}) \end{bmatrix}$ 的反矩陣。

10. 使用習題 4 的矩陣 A 證明 $(A^T)^{-1} = (A^{-1})^T$。

11. 使用習題 5 的矩陣 B 證明 $(B^T)^{-1} = (B^{-1})^T$。

12. 使用習題 4 和 5 的矩陣 A 及 B 證明

$(AB)^{-1}=B^{-1}A^{-1}$。

13. 使用習題 4-6 的矩陣 A, B 和 C 證明 $(ABC)^{-1}=C^{-1}B^{-1}A^{-1}$。

▶對習題 14-17 各題，使用所給資訊求 A。◀

14. $A^{-1}=\begin{bmatrix}2 & -1\\3 & 5\end{bmatrix}$ 15. $(5A)^{-1}=\begin{bmatrix}4 & 2\\1 & 3\end{bmatrix}$

16. $(5A^T)^{-1}=\begin{bmatrix}-3 & -1\\5 & 2\end{bmatrix}$

17. $(I+2A)^{-1}=\begin{bmatrix}-1 & 2\\4 & 5\end{bmatrix}$

18. 令 A 為矩陣
$$\begin{bmatrix}2 & 0\\4 & 1\end{bmatrix}$$
計算下列各小題。
   (a) A^3 (b) A^{-3} (c) A^2-2A+I
   (d) $p(A)$，其中 $p(x)=x-2$
   (e) $p(A)$，其中 $p(x)=2x^2-x+1$
   (f) $p(A)$，其中 $p(x)=x^3-2x+4$

19. 對矩陣 $A=\begin{bmatrix}1 & -1\\-2 & 3\end{bmatrix}$，重做習題 18。

20. 對矩陣 $A=\begin{bmatrix}3 & 0 & -1\\0 & -2 & 0\\5 & 0 & 2\end{bmatrix}$，重做習題 18。

21. 對矩陣 $A=\begin{bmatrix}3 & 0 & 0\\0 & -1 & 3\\0 & -3 & -1\end{bmatrix}$，重做習題 18。

▶對習題 22-24 各題，令 $p_1(x)=x^2-9$, $p_2(x)=x+3$，且 $p_3(x)=x-3$，對所給的矩陣，證明 $p_1(A)=p_2(A)p_3(A)$。◀

22. 習題 18 的矩陣 A。
23. 習題 21 的矩陣 A。
24. 任意方陣 A。
25. 證明若 $p(x)=x^2-(a+d)x+(ad-bc)$ 且
$$A=\begin{bmatrix}a & b\\c & d\end{bmatrix}$$
則 $p(A)=0$。

26. 證明若 $p(x)=x^3-(a+b+c)x^2+(ab+ae+be-cd)x-a(be-cd)$ 且

$$A=\begin{bmatrix}a & 0 & 0\\0 & b & c\\0 & d & e\end{bmatrix}$$
則 $p(A)=0$。

27. 考慮矩陣
$$A=\begin{bmatrix}a_{11} & 0 & \cdots & 0\\0 & a_{22} & \cdots & 0\\\vdots & \vdots & & \vdots\\0 & 0 & \cdots & a_{nn}\end{bmatrix}$$
此處 $a_{11}a_{22}\cdots a_{nn}\neq 0$，證明 A 為可逆的且求其逆矩陣。

28. 假設 A 為一方陣滿足 $A^2+5A-2I=0$，證明 $A^{-1}=\frac{1}{2}(A+5I)$。

29. (a) 證明具有一零列的矩陣，其逆矩陣不存在。
    (b) 證明具有一零行的矩陣，其逆矩陣不存在。

30. 假設所有矩陣均為 $n\times n$ 階且可逆，解 $ABC^TDBA^TC=AB^T$ 之 D。

31. 假設所有矩陣均為 $n\times n$ 階且可逆，解 $C^TB^{-1}A^2BAC^{-1}DA^{-2}B^TC^{-2}=C^T$ 之 D。

32. 若 A 為方陣而 n 為正整數，則 $(A^n)^T=(A^T)^n$ 是否為真？試驗證你的答案。

33. 化簡 $D^{-1}CBA(BA)^{-1}C^{-1}(C^{-1}D)^{-1}$。

34. 化簡 $(AC^{-1})^{-1}(AC^{-1})(AC^{-1})^{-1}AD^{-1}$。

▶對習題 35-37 各題，判定 A 是否可逆，若是，求其逆矩陣。[提示：利用等號兩邊對應元素相等，解 $AX=I$ 之 X。]◀

35. $A=\begin{bmatrix}1 & 0 & 1\\1 & 1 & 0\\0 & 1 & 1\end{bmatrix}$ 36. $A=\begin{bmatrix}1 & 1 & 1\\1 & 0 & 0\\0 & 1 & 1\end{bmatrix}$

37. $A=\begin{bmatrix}1 & 0 & 1\\0 & 1 & 0\\1 & 0 & -1\end{bmatrix}$

38. 證明定理 1.4.2。

▶對習題 39-42 各題，使用例題 8 之法，求所給線性方程組的唯一解。◀

39. $3x_1 - 2x_2 = -1$
    $4x_1 + 5x_2 = 3$
40. $-x_1 + 5x_2 = 4$
    $-x_1 - 3x_2 = 1$
41. $7x_1 + 2x_2 = 3$
    $3x_1 + x_2 = 0$
42. $2x_1 - 2x_2 = 4$
    $x_1 + 4x_2 = 4$
43. 證明定理 1.4.1(a)。
44. 證明定理 1.4.1(c)。
45. 證明定理 1.4.1(f)。
46. 證明定理 1.4.2(b)。
47. 證明定理 1.4.2(c)。
48. 利用直接計算證明本節之公式 (4)。
49. 證明定理 1.4.8(d)。
50. 證明定理 1.4.8(e)。
51. (a) 證明若 A 為可逆的且 $AB=AC$，則 $B=C$。
    (b) 解釋為何 (a) 與例題 3 不互相矛盾。
52. 證明若 A 是可逆的且 k 是任意非零純量，則 $(kA)^n = k^n A^n$ 對所有整數 n。
53. (a) 證明若 A, B 及 $A+B$ 為同階之可逆矩陣，則
    $$A(A^{-1} + B^{-1})B(A+B)^{-1} = I$$
    (b) 矩陣 $A^{-1} + B^{-1}$ 在 (a) 中之結果如何呢？
54. 方陣 A 被稱為是**冪等**的 (idempotent) 假若 $A^2 = A$。
    (a) 證明若 A 是冪等的，則 $I - A$ 亦是冪等的。
    (b) 證明若 A 是冪等的，則 $2A - I$ 是可逆的且是自己的逆矩陣。

55. 證明若 A 是一方陣滿足 $A^k = 0$ 對某些正整數 k，則矩陣 A 是可逆的且
$$(I - A)^{-1} = I + A + A^2 + \cdots + A^{k-1}$$

是非題

試判斷 (a)-(k) 各敘述的真假，並驗證你的答案。

(a) 兩個 $n \times n$ 階矩陣 A 和 B 互為對方的反矩陣若且唯若 $AB = BA = 0$。

(b) 對所有同階的方陣 A 和 B，$(A+B)^2 = A^2 + 2AB + B^2$ 為真。

(c) 給一個 2×2 階矩陣 A，使其是冪等的但不是零矩陣且不是單位矩陣。

(d) 若 A 和 B 為同階之可逆矩陣，則 AB 為可逆且 $(AB)^{-1} = A^{-1}B^{-1}$。

(e) 若 A 和 B 為滿足 AB 有意義的矩陣，則 $(AB)^T = B^T A^T$。

(f) 矩陣 $A = \begin{bmatrix} a & b \\ c & d \end{bmatrix}$ 為可逆若且唯若 $ad - bc \neq 0$。

(g) A 和 B 為同階之矩陣且 k 是常數，則 $(kA + B)^T = kA^T + B^T$。

(h) 若 A 是一個可逆矩陣，則 A^T 亦是可逆。

(i) 若 $p(x) = a_0 + a_1 x + a_2 x^2 + \cdots + a_m x^m$ 且 I 是單位矩陣，則 $p(I) = a_0 + a_1 + a_2 + \cdots + a_m$。

(j) 含一零列或零行之方陣不可能可逆。

(k) 兩個同階的可逆矩陣之和必為可逆。

1.5 基本矩陣及 A^{-1} 的求法

本節將發展一則簡單的演算法以求可逆矩陣的逆矩陣，並將討論可逆矩陣的基本性質。

在 1.1 節，我們定義了作用在矩陣 A 的三個基本列運算：

1. 對某列乘上非零常數 c。

2. 兩列互換。

3. 將某列乘上常數 c 後加至另一列。

很明顯地，假若 B 是由對 A 執行上述運算之一而得，則 A 亦可由對 B 執行下面相對應運算而得：

1. 對同一列乘上 $1/c$。

2. 將互換的兩列再互換。

3. 若 B 是由 A 的第 r_1 列乘上 c 倍後加至第 r_2 列而得，則將第 r_1 列乘上 $-c$ 倍加至第 r_2 列。

因此，若 B 是對 A 執行一序列的基本列運算而得，則存在第二個序列的基本列運算應用至 B 可回復 A (習題 43)。根據此點，我們可有下面定義。

> **定義 1**：矩陣 A 和 B 被稱是**列等價** (row equivalent) 若某方 (因此每一個) 可由另一方經由一序列的基本列運算而得。

我們的下一個目標是說明如何使用矩陣乘法來執行一個基本列運算。

> **定義 2**：可由 $n \times n$ 階單位矩陣 I_n 執行一次基本列運算後所得的 $n \times n$ 階矩陣被稱為**基本矩陣** (elementary matrix)。

▶ **例題 1　基本矩陣及列運算**

底下表列四個基本矩陣及導出它們的運算。

$$\begin{bmatrix} 1 & 0 \\ 0 & -3 \end{bmatrix} \quad \begin{bmatrix} 1 & 0 & 0 & 0 \\ 0 & 0 & 0 & 1 \\ 0 & 0 & 1 & 0 \\ 0 & 1 & 0 & 0 \end{bmatrix} \quad \begin{bmatrix} 1 & 0 & 3 \\ 0 & 1 & 0 \\ 0 & 0 & 1 \end{bmatrix} \quad \begin{bmatrix} 1 & 0 & 0 \\ 0 & 1 & 0 \\ 0 & 0 & 1 \end{bmatrix}$$

I_2 之第二列乘以 (-3) 　　I_4 之第四列和第二列互調 　　I_3 之第三列乘以 3 加至第一列 　　I_3 之第一列乘以 1 　◀

下一個定理，其證明留作為習題，說明當矩陣 A 以基本矩陣 E 自

其左邊乘時,其結果如同對 A 執行一個基本列運算。

定理 1.5.1：以矩陣乘法作列運算
若某基本矩陣 E 是得自對 I_m 執行某列運算,且若 A 為 $m \times n$ 階矩陣,則乘積 EA 與對 A 執行相同的列運算後所得的矩陣相同。

▶ **例題 2　使用基本矩陣**

考慮矩陣

$$A = \begin{bmatrix} 1 & 0 & 2 & 3 \\ 2 & -1 & 3 & 6 \\ 1 & 4 & 4 & 0 \end{bmatrix}$$

及考慮基本矩陣

$$E = \begin{bmatrix} 1 & 0 & 0 \\ 0 & 1 & 0 \\ 3 & 0 & 1 \end{bmatrix}$$

是由 I_3 之第一列乘以 3 倍再加至第三列後所得。乘積 EA 為

$$EA = \begin{bmatrix} 1 & 0 & 2 & 3 \\ 2 & -1 & 3 & 6 \\ 4 & 4 & 10 & 9 \end{bmatrix}$$

明顯地,此矩陣正好是 A 之第一列乘以 3 倍再加至第三列後所得的矩陣。 ◀

> 定理 1.5.1 將會是發展矩陣新結果的有效工具,但實際上,我們較喜歡直接執行列運算。

由本節之初的討論,我們知道若 E 是對某單位矩陣 I 執行一個基本列運算後所得的基本矩陣,則必有第二個基本列運算可應用至 E 使其回頭產生 I。表 1 列出這些運算。表 1 右邊的運算被稱是左邊相對應運算的**逆運算** (inverse operations)。

表 1

對 I 列運算產生 E	對 E 列運算產生 I
第 i 列乘 c ($c \neq 0$)	第 i 列乘 $1/c$
第 i 列和第 j 列互換	第 i 列和第 j 列互換
第 i 列乘 c 加到第 j 列	第 i 列乘 $(-c)$ 加到第 j 列

▶ **例題 3　列運算及逆列運算**

底下係將一 2×2 階單位矩陣經過一基本列運算後得一基本矩陣 E，再對 E 作逆列運算回單位矩陣的例子。

$$\begin{bmatrix} 1 & 0 \\ 0 & 1 \end{bmatrix} \longrightarrow \begin{bmatrix} 1 & 0 \\ 0 & 7 \end{bmatrix} \longrightarrow \begin{bmatrix} 1 & 0 \\ 0 & 1 \end{bmatrix}$$

將第二列乘以 7　　將第二列乘以 $\frac{1}{7}$

$$\begin{bmatrix} 1 & 0 \\ 0 & 1 \end{bmatrix} \longrightarrow \begin{bmatrix} 0 & 1 \\ 1 & 0 \end{bmatrix} \longrightarrow \begin{bmatrix} 1 & 0 \\ 0 & 1 \end{bmatrix}$$

將第一列和第二列互換　　將第一列和第二列互換

$$\begin{bmatrix} 1 & 0 \\ 0 & 1 \end{bmatrix} \longrightarrow \begin{bmatrix} 1 & 5 \\ 0 & 1 \end{bmatrix} \longrightarrow \begin{bmatrix} 1 & 0 \\ 0 & 1 \end{bmatrix}$$

將第二列乘以 5 後加至第一列　　將第二列乘以 (−5) 後加至第一列　◀

下一個定理是關於基本矩陣可逆性的一個關鍵結果。它將是後面許多結果的基石。

定理 1.5.2：每一基本矩陣皆為可逆，且其逆矩陣亦為一基本矩陣。

證明：若 E 為一基本矩陣，則 E 由對 I 執行某列運算後獲得。令 E_0 為對 I 執行剛剛的列運算之逆運算後所得。應用定理 1.5.1 及利用逆列運算可互相消去的事實可得

$$E_0 E = I \quad \text{及} \quad E E_0 = I$$

如此，基本矩陣 E_0 為 E 的逆矩陣。◀

等價定理

我們發展本書的目標之一是說明線性代數看似相異的概念是如何有相關的。下一個定理敘述矩陣的可逆性、齊次線性方程組、簡約列梯型及基本矩陣間的關係，是我們目標方向的第一個步驟。如我們學習新

題材,更多敘述被加至這個定理。

> **定理 1.5.3:等價敘述**
> 若 A 為一 $n \times n$ 階矩陣,則下列敘述為等價的,亦即,全為真或全為假。
> (a) A 為可逆的。
> (b) $A\mathbf{x}=\mathbf{0}$ 僅有明顯解。
> (c) A 的簡約列梯型為 I_n。
> (d) A 可以基本矩陣乘積表示。

證明:我們將利用建立下列蘊涵鏈關係來證明等價關係

$$(a) \Rightarrow (b) \Rightarrow (c) \Rightarrow (d) \Rightarrow (a)$$

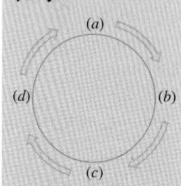

(a) ⇒ (b):假設 A 為可逆的且令 $\mathbf{x}_0$ 為 $A\mathbf{x}=\mathbf{0}$ 之任一解。如此,$A\mathbf{x}_0=\mathbf{0}$。此方程式之兩端各乘以 A^{-1},得 $A^{-1}(A\mathbf{x}_0)=A^{-1}\mathbf{0}$,或 $(A^{-1}A)\mathbf{x}_0=\mathbf{0}$,或 $I\mathbf{x}_0=\mathbf{0}$,或 $\mathbf{x}_0=\mathbf{0}$,因此 $A\mathbf{x}=\mathbf{0}$ 僅有明顯解。

(b) ⇒ (c):令 $A\mathbf{x}=\mathbf{0}$ 為下列方程組的矩陣型

$$\begin{matrix} a_{11}x_1 + a_{12}x_2 + \cdots + a_{1n}x_n = 0 \\ a_{21}x_1 + a_{22}x_2 + \cdots + a_{2n}x_n = 0 \\ \vdots \quad\quad \vdots \quad\quad\quad \vdots \quad\quad \vdots \\ a_{n1}x_1 + a_{n2}x_2 + \cdots + a_{nn}x_n = 0 \end{matrix} \quad (1)$$

且假設此方程組僅有明顯解。若利用高斯-喬丹消去法求解,則此方程式組相對應的增廣矩陣的簡約列梯型將為

$$\begin{matrix} x_1 \quad\quad\quad\quad\quad = 0 \\ \quad x_2 \quad\quad\quad\quad = 0 \\ \quad\quad \ddots \quad\quad\quad \\ \quad\quad\quad\quad x_n = 0 \end{matrix} \quad (2)$$

因此 (1) 的增廣矩陣為

$$\begin{bmatrix} a_{11} & a_{12} & \cdots & a_{1n} & 0 \\ a_{21} & a_{22} & \cdots & a_{2n} & 0 \\ \vdots & \vdots & & \vdots & \vdots \\ a_{n1} & a_{n2} & \cdots & a_{nn} & 0 \end{bmatrix}$$

將蘊涵鏈關係 $(a) \Rightarrow (b) \Rightarrow (c) \Rightarrow (d) \Rightarrow (a)$ 表為

可使定理 1.5.3 的證明邏輯更明顯。此可明顯的看出,任一敘述成立蘊涵其他所有敘述成立,且可看出任一敘述不成立蘊涵其他所有敘述不成立。

此增廣矩陣經一序列的基本列運算可得 (2) 式的增廣矩陣

$$\begin{bmatrix} 1 & 0 & 0 & \cdots & 0 & 0 \\ 0 & 1 & 0 & \cdots & 0 & 0 \\ 0 & 0 & 1 & \cdots & 0 & 0 \\ \vdots & \vdots & \vdots & & \vdots & \vdots \\ 0 & 0 & 0 & \cdots & 1 & 0 \end{bmatrix}$$

若忽略這些矩陣中的最後一行，可得到 A 的簡約列梯型為 I_n 的結論。

(c) ⇒ (d)：假設 A 的簡約列梯型為 I_n，所以 A 可經有限的基本列運算序列簡化成 I_n。由定理 1.5.1 可知這些運算中的每一運算都可藉由左側乘以一適合的基本矩陣來達成。所以，可以找到基本矩陣 $E_1, E_2, \ldots, E_k$，使得

$$E_k \cdots E_2 E_1 A = I_n \tag{3}$$

依定理 1.5.2，$E_1, E_2, \ldots, E_k$ 為可逆的。在 (3) 式兩端的左側連續地以 $E_k^{-1}, \ldots, E_2^{-1}, E_1^{-1}$ 乘之，可得

$$A = E_1^{-1} E_2^{-1} \cdots E_k^{-1} I_n = E_1^{-1} E_2^{-1} \cdots E_k^{-1} \tag{4}$$

依定理 1.5.2，此方程式將 A 以基本矩陣的積來表示。

(d) ⇒ (a)：若 A 為基本矩陣的積，則由定理 1.4.7 及 1.5.2，矩陣 A 為可逆矩陣的乘積，所以，它是可逆的。◀

求逆矩陣的方法

定理 1.5.3 的第一項應用，我們將發展一個程序 (或演算法) 用來判斷一已知矩陣是否可逆，若是可逆，則求其逆矩陣。欲導此演算法，假設 A 是一個可逆的 $n \times n$ 階矩陣。(3) 式裡，所有基本矩陣執行一序列的列運算將 A 簡化為 I_n。若在 (3) 式等號兩端之右邊乘上 A^{-1}，得

$$A^{-1} = E_k \cdots E_2 E_1 I_n$$

此告訴我們將 A 簡化至 I_n 的一序列列運算可將 I_n 轉換至 A^{-1}。因此，我們已建立下面結果。

> **逆演算法**：為求可逆矩陣 A 的逆矩陣，必須找到一序列的基本列運算來簡化 A 為單位矩陣，然後對 I_n 執行此相同運算序列以求得 A^{-1}。

此過程的簡易實踐法將在下面的例題中介紹。

▶ **例題 4　使用列運算求 A^{-1}**

求 A 的逆矩陣

$$A = \begin{bmatrix} 1 & 2 & 3 \\ 2 & 5 & 3 \\ 1 & 0 & 8 \end{bmatrix}$$

解：本題希望利用列運算簡化 A 為單位矩陣且同時對 I 應用這些運算，使其產生 A^{-1}。為達成此一目標，而將單位矩陣連在 A 之右邊，因此產生下列的矩陣

$$[A \mid I]$$

然後對此矩陣作一序列的列運算，直到左邊被簡化為 I；那些列運算也會將右邊轉換成 A^{-1}，所以最後的矩陣將變為

$$[I \mid A^{-1}]$$

整個計算過程如下：

$$\begin{bmatrix} 1 & 2 & 3 & | & 1 & 0 & 0 \\ 2 & 5 & 3 & | & 0 & 1 & 0 \\ 1 & 0 & 8 & | & 0 & 0 & 1 \end{bmatrix}$$

$$\begin{bmatrix} 1 & 2 & 3 & | & 1 & 0 & 0 \\ 0 & 1 & -3 & | & -2 & 1 & 0 \\ 0 & -2 & 5 & | & -1 & 0 & 1 \end{bmatrix}$$ ← 第一列乘 (−2) 加至第二列及第一列乘 (−1) 加至第三列

$$\begin{bmatrix} 1 & 2 & 3 & | & 1 & 0 & 0 \\ 0 & 1 & -3 & | & -2 & 1 & 0 \\ 0 & 0 & -1 & | & -5 & 2 & 1 \end{bmatrix}$$ ← 第二列乘 2 加至第三列

$$\begin{bmatrix} 1 & 2 & 3 & | & 1 & 0 & 0 \\ 0 & 1 & -3 & | & -2 & 1 & 0 \\ 0 & 0 & 1 & | & 5 & -2 & -1 \end{bmatrix}$$ ← 第三列乘 (−1)

$$\begin{bmatrix} 1 & 2 & 0 & | & -14 & 6 & 3 \\ 0 & 1 & 0 & | & 13 & -5 & -3 \\ 0 & 0 & 1 & | & 5 & -2 & -1 \end{bmatrix}$$ ←── 第三列乘 3 加至第二列及第三列乘 (−3) 加至第一列

$$\begin{bmatrix} 1 & 0 & 0 & | & -40 & 16 & 9 \\ 0 & 1 & 0 & | & 13 & -5 & -3 \\ 0 & 0 & 1 & | & 5 & -2 & -1 \end{bmatrix}$$ ←── 第二列乘 (−2) 加至第一列

因此，

$$A^{-1} = \begin{bmatrix} -40 & 16 & 9 \\ 13 & -5 & -3 \\ 5 & -2 & -1 \end{bmatrix}$$ ◀

經常事先不知道一已知 $n \times n$ 階矩陣 A 是否可逆。然而，若其不可逆，則定理 1.5.3 的 (a) 和 (c) 無法經由基本列運算將 A 簡化為 I_n。此將顯示在逆演算法的某個步驟有一零列出現在分割的*左邊*。若這種情況發生的，你可停止計算，並可推論 A 是不可逆的。

▶ **例題 5** 證明矩陣非可逆

考慮矩陣

$$A = \begin{bmatrix} 1 & 6 & 4 \\ 2 & 4 & -1 \\ -1 & 2 & 5 \end{bmatrix}$$

應用例題 4 的過程產生

$$\begin{bmatrix} 1 & 6 & 4 & | & 1 & 0 & 0 \\ 2 & 4 & -1 & | & 0 & 1 & 0 \\ -1 & 2 & 5 & | & 0 & 0 & 1 \end{bmatrix}$$

$$\begin{bmatrix} 1 & 6 & 4 & | & 1 & 0 & 0 \\ 0 & -8 & -9 & | & -2 & 1 & 0 \\ 0 & 8 & 9 & | & 1 & 0 & 1 \end{bmatrix}$$ ←── 第一列乘 (−2) 加至第二列及第一列加至第三列

$$\begin{bmatrix} 1 & 6 & 4 & | & 1 & 0 & 0 \\ 0 & -8 & -9 & | & -2 & 1 & 0 \\ 0 & 0 & 0 & | & -1 & 1 & 1 \end{bmatrix}$$ ←── 第二列加至第三列

因為我們在左邊已得一零列，A 為非可逆的。

▶ **例題 6** 解析齊次方程組

使用定理 1.5.3 判斷所給的齊次方程組是否有非明顯解。

$$\text{(a)} \begin{array}{r} x_1 + 2x_2 + 3x_3 = 0 \\ 2x_1 + 5x_2 + 3x_3 = 0 \\ x_1 + 8x_3 = 0 \end{array} \qquad \text{(b)} \begin{array}{r} x_1 + 6x_2 + 4x_3 = 0 \\ 2x_1 + 4x_2 - x_3 = 0 \\ -x_1 + 2x_2 + 5x_3 = 0 \end{array}$$

解：由定理 1.5.3 (a) 及 (b)，一個齊次線性方程組僅有明顯解若且唯若它的係數矩陣是可逆的。由例題 4 和 5，方程組 (a) 的係數矩陣是可逆的，方程組 (b) 的係數矩陣不可逆。因此，方程組 (a) 僅有明顯解，而方程組 (b) 有非明顯解。 ◀

概念複習

- 列等價矩陣
- 基本矩陣
- 逆運算
- 逆演算法

技　能

- 判斷已知方陣是否為基本矩陣。
- 判斷兩方陣是否為列等價。
- 應用一已知基本列運算的逆運算至一矩陣。
- 應用基本列運算將一已知方陣簡化為單位矩陣。
- 了解等價至方陣可逆性之所有敘述間的關係 (定理 1.5.3)。
- 使用逆演算法求一可逆矩陣的反矩陣。
- 將一可逆矩陣表為基本矩陣的乘積。

習題集 1.5

1. 判斷下列各矩陣是否為基本矩陣？

(a) $\begin{bmatrix} 1 & 0 \\ -5 & 1 \end{bmatrix}$
(b) $\begin{bmatrix} -5 & 1 \\ 1 & 0 \end{bmatrix}$
(c) $\begin{bmatrix} 1 & 0 & 0 \\ 0 & 1 & 9 \\ 0 & 0 & 1 \end{bmatrix}$
(d) $\begin{bmatrix} -1 & 0 & 0 \\ 0 & 0 & 1 \\ 0 & 1 & 0 \end{bmatrix}$

(c) $\begin{bmatrix} 1 & 1 & 0 \\ 0 & 0 & 1 \\ 0 & 0 & 0 \end{bmatrix}$
(d) $\begin{bmatrix} 2 & 0 & 0 & 2 \\ 0 & 1 & 0 & 0 \\ 0 & 0 & 1 & 0 \\ 0 & 0 & 0 & 1 \end{bmatrix}$

2. 判斷下列各矩陣是否為基本矩陣？

(a) $\begin{bmatrix} 1 & 0 \\ 0 & \sqrt{3} \end{bmatrix}$
(b) $\begin{bmatrix} 0 & 0 & 1 \\ 0 & 1 & 0 \\ 1 & 0 & 0 \end{bmatrix}$

3. 找出可將所給之基本矩陣回復為單位矩陣的列運算及其相對應之基本矩陣。

(a) $\begin{bmatrix} 1 & 0 \\ 0 & -4 \end{bmatrix}$
(b) $\begin{bmatrix} 1 & 9 & 0 \\ 0 & 1 & 0 \\ 0 & 0 & 1 \end{bmatrix}$

(c) $\begin{bmatrix} 1 & 0 & 0 \\ 0 & 0 & 1 \\ 0 & 1 & 0 \end{bmatrix}$
(d) $\begin{bmatrix} 1 & 0 & 0 & 0 \\ 0 & 1 & 0 & -1 \\ 0 & 0 & 1 & 0 \\ 0 & 0 & 0 & 1 \end{bmatrix}$

4. 找出可將所給之基本矩陣回復為單位矩陣的列運算及其相對應之基本矩陣。

(a) $\begin{bmatrix} 1 & 0 \\ -3 & 1 \end{bmatrix}$ (b) $\begin{bmatrix} 1 & 0 & 0 \\ 0 & 1 & 0 \\ 0 & 0 & 3 \end{bmatrix}$

(c) $\begin{bmatrix} 0 & 0 & 0 & 1 \\ 0 & 1 & 0 & 0 \\ 0 & 0 & 1 & 0 \\ 1 & 0 & 0 & 0 \end{bmatrix}$ (d) $\begin{bmatrix} 1 & 0 & -\frac{1}{7} & 0 \\ 0 & 1 & 0 & 0 \\ 0 & 0 & 1 & 0 \\ 0 & 0 & 0 & 1 \end{bmatrix}$

5. 底下各小題均給一個基本矩陣 E 及矩陣 A。寫出對應至 E 的列運算並證明 EA 就是對 A 使用你寫出的列運算後的矩陣。

(a) $E = \begin{bmatrix} 0 & 1 \\ 1 & 0 \end{bmatrix}$, $A = \begin{bmatrix} -1 & -2 & 5 & -1 \\ 3 & -6 & -6 & -6 \end{bmatrix}$

(b) $E = \begin{bmatrix} 1 & 0 & 0 \\ 0 & 1 & 0 \\ 0 & -3 & 1 \end{bmatrix}$,

$A = \begin{bmatrix} 2 & -1 & 0 & -4 & -4 \\ 1 & -3 & -1 & 5 & 3 \\ 2 & 0 & 1 & 3 & -1 \end{bmatrix}$

(c) $E = \begin{bmatrix} 1 & 0 & 4 \\ 0 & 1 & 0 \\ 0 & 0 & 1 \end{bmatrix}$, $A = \begin{bmatrix} 1 & 4 \\ 2 & 5 \\ 3 & 6 \end{bmatrix}$

6. 底下各小題均給一個基本矩陣 E 及矩陣 A。寫出對應至 E 的列運算並證明 EA 就是對 A 使用你寫出的列運算後的矩陣。

(a) $E = \begin{bmatrix} -6 & 0 \\ 0 & 1 \end{bmatrix}$,

$A = \begin{bmatrix} -1 & -2 & 5 & -1 \\ 3 & -6 & -6 & -6 \end{bmatrix}$

(b) $E = \begin{bmatrix} 1 & 0 & 0 \\ -4 & 1 & 0 \\ 0 & 0 & 1 \end{bmatrix}$,

$A = \begin{bmatrix} 2 & -1 & 0 & -4 & -4 \\ 1 & -3 & -1 & 5 & 3 \\ 2 & 0 & 1 & 3 & -1 \end{bmatrix}$

(c) $E = \begin{bmatrix} 1 & 0 & 0 \\ 0 & 5 & 0 \\ 0 & 0 & 1 \end{bmatrix}$, $A = \begin{bmatrix} 1 & 4 \\ 2 & 5 \\ 3 & 6 \end{bmatrix}$

▶習題 **7-8**，使用下列矩陣。◀

$A = \begin{bmatrix} 2 & 6 & -8 \\ 0 & 5 & 3 \\ 4 & 7 & 9 \end{bmatrix}$, $B = \begin{bmatrix} 2 & 6 & -8 \\ 0 & 5 & 3 \\ 0 & -5 & 25 \end{bmatrix}$

$C = \begin{bmatrix} 1 & 3 & -4 \\ 0 & 5 & 3 \\ 4 & 7 & 9 \end{bmatrix}$, $D = \begin{bmatrix} 2 & 6 & -8 \\ 0 & 0 & 28 \\ 0 & -5 & 25 \end{bmatrix}$

$F = \begin{bmatrix} 2 & 6 & -8 \\ 6 & 23 & -21 \\ 0 & -5 & 25 \end{bmatrix}$

7. 試求一基本矩陣 E 使其滿足下列方程式：
(a) $EA = B$ (b) $EB = A$
(c) $EA = C$ (d) $EC = A$

8. 試求一基本矩陣 E 使其滿足下列方程式：
(a) $EB = D$ (b) $ED = B$
(c) $EB = F$ (d) $EF = B$

▶對習題 **9-24** 各題，使用逆演算法求各矩陣的逆矩陣，若逆矩陣存在的話。◀

9. $\begin{bmatrix} 1 & 4 \\ 2 & 7 \end{bmatrix}$ **10.** $\begin{bmatrix} -3 & 6 \\ 4 & 5 \end{bmatrix}$ **11.** $\begin{bmatrix} 4 & 6 \\ 2 & 3 \end{bmatrix}$

12. $\begin{bmatrix} 6 & -4 \\ -3 & 2 \end{bmatrix}$ **13.** $\begin{bmatrix} 2 & 1 & -1 \\ 0 & 6 & 4 \\ 0 & -2 & 2 \end{bmatrix}$

14. $\begin{bmatrix} 1 & 2 & 0 \\ 2 & 1 & 2 \\ 0 & 2 & 1 \end{bmatrix}$ **15.** $\begin{bmatrix} -1 & 3 & -4 \\ 2 & 4 & 1 \\ -4 & 2 & -9 \end{bmatrix}$

16. $\begin{bmatrix} \frac{1}{5} & \frac{1}{5} & -\frac{2}{5} \\ \frac{1}{5} & \frac{1}{5} & \frac{1}{10} \\ \frac{1}{5} & -\frac{4}{5} & \frac{1}{10} \end{bmatrix}$ **17.** $\begin{bmatrix} 1 & 0 & 1 \\ 0 & 1 & 1 \\ 1 & 1 & 0 \end{bmatrix}$

18. $\begin{bmatrix} \sqrt{2} & 3\sqrt{2} & 0 \\ -4\sqrt{2} & \sqrt{2} & 0 \\ 0 & 0 & 1 \end{bmatrix}$ **19.** $\begin{bmatrix} 1 & 4 & 4 \\ 1 & 2 & 4 \\ 1 & 3 & 2 \end{bmatrix}$

20. $\begin{bmatrix} 1 & 0 & 0 & 0 \\ 1 & 3 & 0 & 0 \\ 1 & 3 & 5 & 0 \\ 1 & 3 & 5 & 7 \end{bmatrix}$ 21. $\begin{bmatrix} 2 & -4 & 0 & 0 \\ 1 & 2 & 12 & 0 \\ 0 & 0 & 2 & 0 \\ 0 & -1 & -4 & -5 \end{bmatrix}$

22. $\begin{bmatrix} -8 & 17 & 2 & \frac{1}{3} \\ 4 & 0 & \frac{2}{5} & -9 \\ 0 & 0 & 0 & 0 \\ -1 & 13 & 4 & 2 \end{bmatrix}$

23. $\begin{bmatrix} -1 & 0 & 1 & 0 \\ 2 & 3 & -2 & 6 \\ 0 & -1 & 2 & 0 \\ 0 & 0 & 1 & 5 \end{bmatrix}$

24. $\begin{bmatrix} 0 & 0 & 2 & 0 \\ 1 & 0 & 0 & 1 \\ 0 & -1 & 3 & 0 \\ 2 & 1 & 5 & -3 \end{bmatrix}$

▶對習題 **25-26** 各題，求下面各 4×4 階矩陣的逆矩陣，其中 k_1, k_2, k_3, k_4 及 k 均非零。◀

25. (a) $\begin{bmatrix} k_1 & 0 & 0 & 0 \\ 0 & k_2 & 0 & 0 \\ 0 & 0 & k_3 & 0 \\ 0 & 0 & 0 & k_4 \end{bmatrix}$ (b) $\begin{bmatrix} k & 1 & 0 & 0 \\ 0 & 1 & 0 & 0 \\ 0 & 0 & k & 1 \\ 0 & 0 & 0 & 1 \end{bmatrix}$

26. (a) $\begin{bmatrix} 0 & 0 & 0 & k_1 \\ 0 & 0 & k_2 & 0 \\ 0 & k_3 & 0 & 0 \\ k_4 & 0 & 0 & 0 \end{bmatrix}$ (b) $\begin{bmatrix} k & 0 & 0 & 0 \\ 1 & k & 0 & 0 \\ 0 & 1 & k & 0 \\ 0 & 0 & 1 & k \end{bmatrix}$

▶對習題 **27-28** 各題，求所有 c 值 (若有) 使得所給矩陣是可逆的。◀

27. $\begin{bmatrix} c & -c & c \\ 1 & c & 1 \\ 0 & 0 & c \end{bmatrix}$ 28. $\begin{bmatrix} c & 1 & 0 \\ 1 & c & 1 \\ 0 & 1 & c \end{bmatrix}$

▶對習題 **29-32** 各題，將所給矩陣表為基本矩陣的乘積。◀

29. $\begin{bmatrix} -2 & 3 \\ 1 & 0 \end{bmatrix}$ 30. $\begin{bmatrix} 1 & 0 \\ -5 & 2 \end{bmatrix}$

31. $\begin{bmatrix} 1 & 0 & -2 \\ 0 & 4 & 3 \\ 0 & 0 & 1 \end{bmatrix}$ 32. $\begin{bmatrix} 1 & 1 & 0 \\ 1 & 1 & 1 \\ 0 & 1 & 1 \end{bmatrix}$

▶對習題 **33-36** 各題，將所給矩陣的逆矩陣表為基本矩陣的乘積。◀

33. 習題 29 的矩陣。
34. 習題 30 的矩陣。
35. 習題 31 的矩陣。
36. 習題 32 的矩陣。

▶對習題 **37-38** 各題，證明矩陣 A 和 B 為列等價，並找一序列的基本列運算可由 A 得 B。◀

37. $A = \begin{bmatrix} 7 & 1 & -2 \\ -1 & 3 & 4 \\ 5 & 6 & 8 \end{bmatrix}, B = \begin{bmatrix} -3 & -11 & -18 \\ 5 & 6 & 8 \\ -1 & 3 & 4 \end{bmatrix}$

38. $A = \begin{bmatrix} 2 & 1 & 0 \\ -1 & 1 & 0 \\ 3 & 0 & -1 \end{bmatrix}, B = \begin{bmatrix} 6 & 9 & 4 \\ -5 & -1 & 0 \\ -1 & -2 & -1 \end{bmatrix}$

39. 證明若
$$A = \begin{bmatrix} 1 & 0 & 0 \\ 0 & 1 & 0 \\ a & b & c \end{bmatrix}$$
為一個基本矩陣，則第三列中至少有一個元素必為零。

40. 對任意元素值，試證明
$$A = \begin{bmatrix} 0 & a & 0 & 0 & 0 \\ b & 0 & c & 0 & 0 \\ 0 & d & 0 & e & 0 \\ 0 & 0 & f & 0 & g \\ 0 & 0 & 0 & h & 0 \end{bmatrix}$$
為不可逆。

41. 試證明若 A 與 B 為 $m \times n$ 階矩陣，則 A 與 B 為列等價若且唯若 A 與 B 有相同的簡約列梯型。

42. 證明若 A 為一可逆矩陣且 B 和 A 為列等價，則 B 亦為可逆的。

43. 證明若 B 是對 A 執行一序列的基本列運算而得，則存在另一個序列的基本列運算應用至 B 可復得 A。

是非題

試判斷 (a)-(g) 各敘述的真假，並驗證你的答案。

(a) 兩同階基本矩陣之積必為基本矩陣。
(b) 每一個基本矩陣是可逆的。
(c) 若 A 和 B 為列等價，且 B 和 C 是列等價，則 A 和 C 是列等價。
(d) 若 A 是一個不可逆的 $n \times n$ 階矩陣，則線性方程組 $A\mathbf{x} = \mathbf{0}$ 有無限多組解。
(e) 若 A 是一個不可逆的 $n \times n$ 階矩陣，則 A 的兩列互換後之矩陣不可能可逆。
(f) 若 A 是可逆的且將 A 的第一列乘上某倍數再加至第二列，則所得之矩陣是可逆的。
(g) 將可逆矩陣 A 表為基本矩陣的乘積之表示式是唯一的。

1.6 線性方程組及可逆矩陣的更進一步結果

本節我們將說明矩陣之逆矩陣如何被用來解一線性方程組且將建立更多可逆矩陣之結果。

線性方程組之個數

在 1.1 節裡，我們曾提及每一線性方程組不是無解、恰有一組解，就是有無限多組解 (由圖 1.1.1 及 1.1.2 看出)。我們現在來證明這些基本結果。

> **定理 1.6.1**：每個線性方程組不是無解、恰有一組解，就是有無限多組解。沒有其他可能性。

證明：若 $A\mathbf{x} = \mathbf{b}$ 為一線性方程組，則下列的敘述僅有一項為真：(a) 該方程組無解，(b) 方程組正好有一解，或 (c) 方程組不只有一組解。如果能證明情況 (c) 中的系統有無限多組解，即可完成證明。

假設 $A\mathbf{x} = \mathbf{b}$ 的解多於一組，並且令 $\mathbf{x}_0 = \mathbf{x}_1 - \mathbf{x}_2$，其中 $\mathbf{x}_1$ 與 $\mathbf{x}_2$ 為任意的兩組相異的解。因為 $\mathbf{x}_1$ 及 $\mathbf{x}_2$ 相異，矩陣 $\mathbf{x}_0$ 為非零矩陣；此外

$$A\mathbf{x}_0 = A(\mathbf{x}_1 - \mathbf{x}_2) = A\mathbf{x}_1 - A\mathbf{x}_2 = \mathbf{b} - \mathbf{b} = \mathbf{0}$$

現在，若令 k 為任意的純量，則

$$A(\mathbf{x}_1 + k\mathbf{x}_0) = A\mathbf{x}_1 + A(k\mathbf{x}_0) = A\mathbf{x}_1 + k(A\mathbf{x}_0)$$
$$= \mathbf{b} + k\mathbf{0} = \mathbf{b} + \mathbf{0} = \mathbf{b}$$

然而，此一結果說明了 $\mathbf{x}_1 + k\mathbf{x}_0$ 為 $A\mathbf{x} = \mathbf{b}$ 的解。因為 $\mathbf{x}_0$ 為非零向量，而且 k 有無限多的選擇，所以方程式組 $A\mathbf{x} = \mathbf{b}$ 有無限多組解。◀

藉逆矩陣解線性方程組

到目前為止，已經研習了兩種解線性方程組的方法：高斯消去法及高斯-喬丹消去法。下一個定理提供一個含 n 個方程式 n 個未知數之方程組解的真正公式，其中係數矩陣是可逆的。

> **定理 1.6.2**：若 A 為一可逆之 $n \times n$ 階矩陣，則對每一 $n \times 1$ 階矩陣 $\mathbf{b}$，線性方程組 $A\mathbf{x}=\mathbf{b}$ 恰有一組解，當然，$\mathbf{x}=A^{-1}\mathbf{b}$。

證明：因 $A(A^{-1}\mathbf{b})=\mathbf{b}$，$\mathbf{x}=A^{-1}\mathbf{b}$ 為 $A\mathbf{x}=\mathbf{b}$ 之一解。為了證明這就是唯一解，將假設 $\mathbf{x}_0$ 為一任意解，且證明 $\mathbf{x}_0$ 必為解 $A^{-1}\mathbf{b}$。

若 $\mathbf{x}_0$ 為任意解，則 $A\mathbf{x}_0=\mathbf{b}$，此方程之兩邊同時乘以 A^{-1}，我們可得 $\mathbf{x}_0=A^{-1}\mathbf{b}$。◀

▶ **例題 1** 利用 A^{-1} 求線性方程組的解

考慮線性方程組

$$\begin{aligned} x_1 + 2x_2 + 3x_3 &= 5 \\ 2x_1 + 5x_2 + 3x_3 &= 3 \\ x_1 \quad\quad + 8x_3 &= 17 \end{aligned}$$

此方程組的矩陣型可寫成 $A\mathbf{x}=\mathbf{b}$，此處

$$A = \begin{bmatrix} 1 & 2 & 3 \\ 2 & 5 & 3 \\ 1 & 0 & 8 \end{bmatrix}, \quad \mathbf{x} = \begin{bmatrix} x_1 \\ x_2 \\ x_3 \end{bmatrix}, \quad \mathbf{b} = \begin{bmatrix} 5 \\ 3 \\ 17 \end{bmatrix}$$

在前節的例題 4 裡，已證明 A 為可逆的，且

$$A^{-1} = \begin{bmatrix} -40 & 16 & 9 \\ 13 & -5 & -3 \\ 5 & -2 & -1 \end{bmatrix}$$

由定理 1.6.2 知，方程組之解為

$$\mathbf{x} = A^{-1}\mathbf{b} = \begin{bmatrix} -40 & 16 & 9 \\ 13 & -5 & -3 \\ 5 & -2 & -1 \end{bmatrix} \begin{bmatrix} 5 \\ 3 \\ 17 \end{bmatrix} = \begin{bmatrix} 1 \\ -1 \\ 2 \end{bmatrix}$$

或 $x_1=1, x_2=-1, x_3=2$。 ◀

> 請記住，例題 1 所使用的方法，僅適用於方程式與未知數個數相同且其係數矩陣為可逆的場合。

解具有共同係數矩陣的多組線性方程組

經常地，我們需要關注求解方程組序列

$$A\mathbf{x} = \mathbf{b}_1, \quad A\mathbf{x} = \mathbf{b}_2, \quad A\mathbf{x} = \mathbf{b}_3, \ldots, \quad A\mathbf{x} = \mathbf{b}_k$$

時，其中每一式皆有相同的係數方陣 A。若 A 為可逆的，則其解答

$$\mathbf{x}_1 = A^{-1}\mathbf{b}_1, \quad \mathbf{x}_2 = A^{-1}\mathbf{b}_2, \quad \mathbf{x}_3 = A^{-1}\mathbf{b}_3, \ldots, \quad \mathbf{x}_k = A^{-1}\mathbf{b}_k$$

可使用逆矩陣及 k 個矩陣相乘積來獲得。一個有效的方法是將矩陣分割為下列型式

$$[A \mid \mathbf{b}_1 \mid \mathbf{b}_2 \mid \cdots \mid \mathbf{b}_k] \tag{1}$$

式中係數矩陣 A 為 k 個矩陣 $\mathbf{b}_1, \mathbf{b}_2, \ldots, \mathbf{b}_k$ 所「增廣」。若將 (1) 式簡化為簡約列梯型，則可由高斯-喬丹消去法馬上解得所有 k 個方程組。即使 A 為不可逆的亦能使用是此法的另一項優點。

▶ **例題 2** 一次解兩個線性方程組

解下列方程組

(a) $\quad x_1 + 2x_2 + 3x_3 = 4$ $\qquad$ (b) $\quad x_1 + 2x_2 + 3x_3 = 1$
$\qquad 2x_1 + 5x_2 + 3x_3 = 5$ $\qquad\qquad\quad 2x_1 + 5x_2 + 3x_3 = 6$
$\qquad x_1 + 8x_3 = 9$ $\qquad\qquad\quad x_1 + 8x_3 = -6$

解：此兩方程組具有相同的係數矩陣。若以此兩方程組的常數項作為行以增廣其係數矩陣，則可得

$$\begin{bmatrix} 1 & 2 & 3 & \mid & 4 & \mid & 1 \\ 2 & 5 & 3 & \mid & 5 & \mid & 6 \\ 1 & 0 & 8 & \mid & 9 & \mid & -6 \end{bmatrix}$$

將此增廣矩陣簡化為簡約列梯型，可得 (驗證之)

$$\begin{bmatrix} 1 & 0 & 0 & \mid & 1 & \mid & 2 \\ 0 & 1 & 0 & \mid & 0 & \mid & 1 \\ 0 & 0 & 1 & \mid & 1 & \mid & -1 \end{bmatrix}$$

由右邊兩行得知方程組的解為：(a) $x_1 = 1, x_2 = 0, x_3 = 1$；(b) $x_1 = 2, x_2 = 1, x_3 = -1$。 ◀

可逆矩陣的性質

直到目前，欲證明一 $n \times n$ 階矩陣 A 為可逆的，必須找一 $n \times n$ 階矩陣

B 使得

$$AB = I \quad 及 \quad BA = I$$

下一個定理證明若能找到一 $n \times n$ 階矩陣 B，滿足兩者條件之一，則另一條件自動地成立。

> **定理 1.6.3**：令 A 為一方陣。
> (a) 若 B 為一方陣滿足 $BA = I$，則 $B = A^{-1}$。
> (b) 若 B 為一方陣滿足 $AB = I$，則 $B = A^{-1}$。

此處將證明 (a) 而留 (b) 作為習題。

證明 (a)：假設 $BA = I$。假若能證明 A 為可逆，即完成證明。以 $BA = I$ 之兩端同乘 A^{-1}，則

$$BAA^{-1} = IA^{-1} \quad 或 \quad BI = IA^{-1} \quad 或 \quad B = A^{-1}$$

為了證明 A 為可逆的，只須證明方程組 $A\mathbf{x} = \mathbf{0}$ 僅有明顯解 (參閱定理 1.5.3) 即可。令 $\mathbf{x}_0$ 為方程組的任意解。若令 $A\mathbf{x}_0 = \mathbf{0}$ 之兩端的左邊各乘以 B，得 $BA\mathbf{x}_0 = B\mathbf{0}$ 或 $I\mathbf{x}_0 = \mathbf{0}$ 或 $\mathbf{x}_0 = \mathbf{0}$。因此，方程組 $A\mathbf{x} = \mathbf{0}$ 僅有明顯解。◀

等價定理

現在已經是處於對定理 1.5.3 中的四個等價敘述再加上兩個等價敘述的時機了。

> **定理 1.6.4**：等價敘述
> 若 A 為 $n \times n$ 階矩陣，則下列敘述等價：
> (a) A 為可逆的。
> (b) $A\mathbf{x} = \mathbf{0}$ 只有明顯解。
> (c) A 的簡約列梯型為 I_n。
> (d) A 能以基本矩陣的乘積表示。
> (e) $A\mathbf{x} = \mathbf{b}$ 對每一 $n \times 1$ 階矩陣 $\mathbf{b}$ 是相容的。
> (f) $A\mathbf{x} = \mathbf{b}$ 對每一 $n \times 1$ 階矩陣 $\mathbf{b}$ 都僅有一組解。

證明：因為在定理 1.5.3 中已經證明 (a), (b), (c) 與 (d) 等價，所以證明 (a) ⇒ (f) ⇒ (e) ⇒ (a) 即足夠。

(a) ⇒ (f)：在定理 1.6.2 中已經證明。

(f) ⇒ (e)：不證自明。若 $A\mathbf{x}=\mathbf{b}$ 對每一 $n\times 1$ 階矩陣 $\mathbf{b}$ 都僅有一組解，則 $A\mathbf{x}=\mathbf{b}$ 對每一 $n\times 1$ 階矩陣 $\mathbf{b}$ 是相容的。

(e) ⇒ (a)：若方程組 $A\mathbf{x}=\mathbf{b}$ 對每一 $n\times 1$ 階矩陣 $\mathbf{b}$ 是相容的，尤其是方程組

$$A\mathbf{x} = \begin{bmatrix} 1 \\ 0 \\ 0 \\ \vdots \\ 0 \end{bmatrix}, \quad A\mathbf{x} = \begin{bmatrix} 0 \\ 1 \\ 0 \\ \vdots \\ 0 \end{bmatrix}, \ldots, \quad A\mathbf{x} = \begin{bmatrix} 0 \\ 0 \\ 0 \\ \vdots \\ 1 \end{bmatrix}$$

均是相容的。令 $\mathbf{x}_1$ 為第一方程組的解，$\mathbf{x}_2$ 為第二方程組的解，$\cdots$ 且 $\mathbf{x}_n$ 為最後方程組的解，且我們以這些解當作行並組成 $n\times n$ 階矩陣 C。如此 C 之型式將為

$$C = [\mathbf{x}_1 \mid \mathbf{x}_2 \mid \cdots \mid \mathbf{x}_n]$$

如 1.3 節所討論的，乘積 AC 之連續行將為

$$A\mathbf{x}_1, A\mathbf{x}_2, \ldots, A\mathbf{x}_n$$

[見 1.3 節公式 (8)]。因此

$$AC = [A\mathbf{x}_1 \mid A\mathbf{x}_2 \mid \cdots \mid A\mathbf{x}_n] = \begin{bmatrix} 1 & 0 & \cdots & 0 \\ 0 & 1 & \cdots & 0 \\ 0 & 0 & \cdots & 0 \\ \vdots & \vdots & & \vdots \\ 0 & 0 & \cdots & 1 \end{bmatrix} = I$$

> 由 (e) 和 (f) 的等價關係，若你能證明對每一個 $n\times 1$ 階矩陣 $\mathbf{b}$，$A\mathbf{x}=\mathbf{b}$ 至少有一組解，則你可得到 $A\mathbf{x}=\mathbf{b}$ 恰有一組解對每一個 $n\times 1$ 階矩陣 $\mathbf{b}$。

由定理 1.6.3(b) 知 $C=A^{-1}$，因此 A 為可逆的。◀

　　從早先的學習中已經知道可逆矩陣因子產生可逆的乘積。下一個定理則考慮其逆定理：它顯示若方陣的乘積是可逆的，則各因子本身必然是可逆的。

定理 1.6.5：令 A 與 B 為同階方陣。若 AB 為可逆的，則 A 與 B 必定是可逆的。

在往後的工作中，下述的基本問題將會一再的發生。

基本問題：令 A 為一固定的 $m \times n$ 階矩陣。求滿足方程組 $A\mathbf{x} = \mathbf{b}$ 為相容的所有 $m \times 1$ 階矩陣 $\mathbf{b}$。

若 A 為可逆矩陣，則定理 1.6.2 斷言對每一 $m \times 1$ 階矩陣 $\mathbf{b}$ 線性方程組 $A\mathbf{x} = \mathbf{b}$ 有唯一的解 $\mathbf{x} = A^{-1}\mathbf{b}$，可完全解決此一問題。若 A 非為方陣，或若 A 為方陣但不為可逆的，則定理 1.6.2 不能應用。在這些情況之下，為了使 $A\mathbf{x} = \mathbf{b}$ 為相容的，矩陣 $\mathbf{b}$ 必須要滿足某些特定條件。下例說明如何使用高斯消去法來決定這些條件。

▶ **例題 3** 以消去法決定是否相容

b_1, b_2 及 b_3 必須滿足何種條件以使方程組

$$\begin{aligned} x_1 + x_2 + 2x_3 &= b_1 \\ x_1 \quad\;\; + \;\; x_3 &= b_2 \\ 2x_1 + x_2 + 3x_3 &= b_3 \end{aligned}$$

成為相容的？

解：增廣矩陣為

$$\begin{bmatrix} 1 & 1 & 2 & b_1 \\ 1 & 0 & 1 & b_2 \\ 2 & 1 & 3 & b_3 \end{bmatrix}$$

可以被簡化為列梯型如下述：

$$\begin{bmatrix} 1 & 1 & 2 & b_1 \\ 0 & -1 & -1 & b_2 - b_1 \\ 0 & -1 & -1 & b_3 - 2b_1 \end{bmatrix}$$ ←── 第一列乘 (-1) 加至第二列及第一列乘 (-2) 加至第三列

$$\begin{bmatrix} 1 & 1 & 2 & b_1 \\ 0 & 1 & 1 & b_1 - b_2 \\ 0 & -1 & -1 & b_3 - 2b_1 \end{bmatrix}$$ ←── 第二列乘 (-1)

$$\begin{bmatrix} 1 & 1 & 2 & b_1 \\ 0 & 1 & 1 & b_1 - b_2 \\ 0 & 0 & 0 & b_3 - b_2 - b_1 \end{bmatrix} \longleftarrow 第二列加至第三列$$

現在明顯的由矩陣的第三列可知方程組有解若且唯若 b_1, b_2 及 b_3 滿足條件

$$b_3 - b_2 - b_1 = 0 \quad 或 \quad b_3 = b_1 + b_2$$

表達此條件的另一方式為：$A\mathbf{x} = \mathbf{b}$ 為相容的若且唯若 $\mathbf{b}$ 為具

$$\mathbf{b} = \begin{bmatrix} b_1 \\ b_2 \\ b_1 + b_2 \end{bmatrix}$$

型式的矩陣。此處 b_1 及 b_2 為任意的。

▶ **例題 4　以消去法決定是否相容**

b_1, b_2 及 b_3 必須滿足何種條件才能使下列方程組為相容的？

$$\begin{aligned} x_1 + 2x_2 + 3x_3 &= b_1 \\ 2x_1 + 5x_2 + 3x_3 &= b_2 \\ x_1 \qquad\quad + 8x_3 &= b_3 \end{aligned}$$

解： 方程組的增廣矩陣為

$$\begin{bmatrix} 1 & 2 & 3 & b_1 \\ 2 & 5 & 3 & b_2 \\ 1 & 0 & 8 & b_3 \end{bmatrix}$$

可簡化為簡約列梯型如下 (請自行驗證)：

$$\begin{bmatrix} 1 & 0 & 0 & -40b_1 + 16b_2 + 9b_3 \\ 0 & 1 & 0 & 13b_1 - 5b_2 - 3b_3 \\ 0 & 0 & 1 & 5b_1 - 2b_2 - b_3 \end{bmatrix} \tag{2}$$

> 關於方程組的係數矩陣，例題 4 的結果告訴你什麼？

在此情況下，b_1, b_2 及 b_3 皆無任何限制條件，所以，方程組有唯一解

$$x_1 = -40b_1 + 16b_2 + 9b_3, \quad x_2 = 13b_1 - 5b_2 - 3b_3, \quad x_3 = 5b_1 - 2b_2 - b_3 \tag{3}$$

對所有的 b_1, b_2 及 b_3。 ◀

技 能

- 判定一線性方程組是否無解，恰有一組解，或無限多組解。
- 利用係數矩陣的逆矩陣解線性方程組。
- 同時解具相同係數矩陣的多個線性方程組。
- 熟悉等價定理另加之可逆條件。

習題集 1.6

▶使用係數矩陣的逆矩陣及定理 1.6.2 之法，試求解習題 **1-8** 各方程組。◀

1. $3x_1 + 5x_2 = -2$
   $x_1 + 2x_2 = 3$

2. $4x_1 - 3x_2 = -3$
   $2x_1 - 5x_2 = 9$

3. $x_1 + 3x_2 + x_3 = 4$
   $2x_1 + 2x_2 + x_3 = -1$
   $2x_1 + 3x_2 + x_3 = 3$

4. $5x_1 + 3x_2 + 2x_3 = 4$
   $3x_1 + 3x_2 + 2x_3 = 2$
   $x_2 + x_3 = 5$

5. $x_1 \quad\quad - x_3 = 6$
   $x_1 + x_2 + x_3 = -3$
   $-x_1 + x_2 \quad\quad = 12$

6. $\quad -x - 2y - 3z = 0$
   $w + x + 4y + 4z = 7$
   $w + 3x + 7y + 9z = 4$
   $-w - 2x - 4y - 6z = 6$

7. $x_1 + x_2 = b_1$
   $5x_1 + 6x_2 = b_2$

   (i) $b_1 = 1$, $b_2 = 0$, $b_3 = -1$
   (ii) $b_1 = 0$, $b_2 = 1$, $b_3 = 1$
   (iii) $b_1 = -1$, $b_2 = -1$, $b_3 = 0$

8. $x_1 + 2x_2 + 3x_3 = b_1$
   $2x_1 + 5x_2 + 5x_3 = b_2$
   $3x_1 + 5x_2 + 8x_3 = b_3$

▶使用簡化適合的增廣矩陣，解習題 **9-12** 各方程組。◀

9. $x_1 - 5x_2 = b_1$
   $3x_1 + 2x_2 = b_2$

   (i) $b_1 = 1$, $b_2 = 4$ (ii) $b_1 = -2$, $b_2 = 5$

10. $-x_1 + 4x_2 + x_3 = b_1$
    $x_1 + 9x_2 - 2x_3 = b_2$
    $6x_1 + 4x_2 - 8x_3 = b_3$

    (i) $b_1 = 0$, $b_2 = 1$, $b_3 = 0$
    (ii) $b_1 = -3$, $b_2 = 4$, $b_3 = -5$

11. $6x_1 + 5x_2 = b_1$
    $5x_1 + 4x_2 = b_2$

    (i) $b_1 = 0$, $b_2 = 1$ (ii) $b_1 = -4$, $b_2 = 6$
    (iii) $b_1 = -1$, $b_2 = 3$ (iv) $b_1 = -5$, $b_2 = 1$

12. $x_1 + 3x_2 + 5x_3 = b_1$
    $-x_1 - 2x_2 \quad\quad = b_2$
    $2x_1 + 5x_2 + 4x_3 = b_3$

▶在習題 **13-17** 中，求式中各個 b 必須滿足何種條件，才能使方程組為相容的。◀

13. $x_1 - 3x_2 = b_1$
    $4x_1 - 12x_2 = b_2$

14. $2x_1 - 5x_2 = b_1$
    $3x_1 + 6x_2 = b_2$

15. $x_1 - 2x_2 + 5x_3 = b_1$
    $4x_1 - 5x_2 + 8x_3 = b_2$
    $-3x_1 + 3x_2 - 3x_3 = b_3$

16. $x_1 - 2x_2 - x_3 = b_1$
    $-4x_1 + 5x_2 + 2x_3 = b_2$
    $-4x_1 + 7x_2 + 4x_3 = b_3$

17. $x_1 + 3x_2 - x_3 + 2x_4 = b_1$
    $-2x_1 + x_2 + 5x_3 + x_4 = b_2$
    $3x_1 - 2x_2 - 2x_3 + x_4 = b_3$
    $5x_1 - 7x_2 - 3x_3 \quad\quad = b_4$

18. 考慮矩陣
    $$A = \begin{bmatrix} 2 & 1 & 2 \\ 2 & 2 & -2 \\ 3 & 1 & 1 \end{bmatrix} \text{ 及 } \mathbf{x} = \begin{bmatrix} x_1 \\ x_2 \\ x_3 \end{bmatrix}$$

    (a) 試證明方程式 $A\mathbf{x} = \mathbf{x}$ 可改寫為 $(A-I)\mathbf{x} = \mathbf{0}$ 並使用此結果求解 $A\mathbf{x} = \mathbf{x}$。
    (b) 解 $A\mathbf{x} = 4\mathbf{x}$。

▶解習題 **19-20** 各矩陣方程式的 X。◀

19. $\begin{bmatrix} 1 & 2 & 3 \\ 3 & 7 & 6 \\ 1 & 0 & 8 \end{bmatrix} X = \begin{bmatrix} 1 & 4 & -2 & 0 & 3 \\ 0 & -1 & 5 & 2 & 7 \\ -3 & 6 & 8 & 9 & 0 \end{bmatrix}$

20. $\begin{bmatrix} -2 & 0 & 1 \\ 0 & -1 & -1 \\ 1 & 1 & -4 \end{bmatrix} X = \begin{bmatrix} 4 & 3 & 2 & 1 \\ 6 & 7 & 8 & 9 \\ 1 & 3 & 7 & 9 \end{bmatrix}$

21. 令 $A\mathbf{x}=\mathbf{0}$ 為含 n 個未知數 n 個方程式的一齊次線性方程組且僅有明顯解。證明假若 k 為任意正整數，則方程組 $A^k\mathbf{x}=\mathbf{0}$ 亦僅有明顯解。

22. 令 $A\mathbf{x}=\mathbf{0}$ 為含 n 個未知數 n 個方程式的一齊次線性方程組，且令 Q 為可逆矩陣。證明 $A\mathbf{x}=\mathbf{0}$ 恰有明顯解若且唯若 $(QA)\mathbf{x}=\mathbf{0}$ 亦恰有明顯解。

23. 令 $A\mathbf{x}=\mathbf{b}$ 為任意的相容線性方程組，並令 $\mathbf{x}_1$ 為固定的解。試證明該方程組的每一解都能寫成 $\mathbf{x}=\mathbf{x}_1+\mathbf{x}_0$，其中 $\mathbf{x}_0$ 為 $A\mathbf{x}=\mathbf{0}$ 的解。並證明具有此一型式的每個矩陣也是個解。

24. 使用定理 1.6.3(a) 證明 (b)。

是非題

試判斷 (a)-(g) 各敘述的真假，並驗證你的答案。

(a) 一線性方程組不可能恰有兩組解。

(b) 若線性方程組 $A\mathbf{x}=\mathbf{b}$ 有一個唯一解，則線性方程組 $A\mathbf{x}=\mathbf{c}$ 亦必有一個唯一解。

(c) 若 A 和 B 為 $n\times n$ 階矩陣滿足 $AB=I_n$，則 $BA=I_n$。

(d) 若 A 和 B 為兩列等價矩陣，則線性方程組 $A\mathbf{x}=\mathbf{0}$ 及 $B\mathbf{x}=\mathbf{0}$ 有相同之解集合。

(e) 若 A 是一個 $n\times n$ 階矩陣且 S 是一個 $n\times n$ 階可逆矩陣，則若 $\mathbf{x}$ 是線性方程組 $(S^{-1}AS)\mathbf{x}=\mathbf{b}$ 的一解，則 $S\mathbf{x}$ 是線性方程組 $A\mathbf{y}=S\mathbf{b}$ 的一解。

(f) 令 A 是一個 $n\times n$ 階矩陣。線性方程組 $A\mathbf{x}=4\mathbf{x}$ 有一唯一解若且唯若 $A-4I$ 是一個可逆矩陣。

(g) 令 A 和 B 是 $n\times n$ 階矩陣。若 AB 是可逆的，則 A 和 B 兩者必為可逆。

1.7 對角、三角形及對稱矩陣

本節將討論具有各種特殊型式的矩陣。這些矩陣具有廣泛的應用，且在接下來的工作裡扮演一個重要的角色。

對角矩陣

主對角線上之外的所有元素均為零的方陣稱為**對角矩陣** (diagonal matrix)，底下是一些範例：

$$\begin{bmatrix} 0 & 0 \\ 0 & 0 \end{bmatrix}, \begin{bmatrix} 2 & 0 \\ 0 & -5 \end{bmatrix}, \begin{bmatrix} 1 & 0 & 0 \\ 0 & 1 & 0 \\ 0 & 0 & 1 \end{bmatrix}, \begin{bmatrix} 6 & 0 & 0 & 0 \\ 0 & -4 & 0 & 0 \\ 0 & 0 & 0 & 0 \\ 0 & 0 & 0 & 8 \end{bmatrix}$$

一般的 $n\times n$ 階對角矩陣 D 可以寫成

$$D = \begin{bmatrix} d_1 & 0 & \cdots & 0 \\ 0 & d_2 & \cdots & 0 \\ \vdots & \vdots & & \vdots \\ 0 & 0 & \cdots & d_n \end{bmatrix} \tag{1}$$

對角矩陣為可逆的，若且唯若其對角線上的各元素均不為零；在此情況下 (1) 式的逆矩陣為

$$D^{-1} = \begin{bmatrix} 1/d_1 & 0 & \cdots & 0 \\ 0 & 1/d_2 & \cdots & 0 \\ \vdots & \vdots & & \vdots \\ 0 & 0 & \cdots & 1/d_n \end{bmatrix} \quad (2)$$

> **證明**
> $DD^{-1}=D^{-1}D=I$
> 可得公式 (2)。

對角矩陣的冪次方很容易計算；若 D 為 (1) 式的對角矩陣且 k 為正整數，則

$$D^k = \begin{bmatrix} d_1^k & 0 & \cdots & 0 \\ 0 & d_2^k & \cdots & 0 \\ \vdots & \vdots & & \vdots \\ 0 & 0 & \cdots & d_n^k \end{bmatrix} \quad (3)$$

這個結果留給讀者去證明。

▶ **例題 1 對角矩陣的逆及其冪次方**

若

$$A = \begin{bmatrix} 1 & 0 & 0 \\ 0 & -3 & 0 \\ 0 & 0 & 2 \end{bmatrix}$$

則

$$A^{-1} = \begin{bmatrix} 1 & 0 & 0 \\ 0 & -\frac{1}{3} & 0 \\ 0 & 0 & \frac{1}{2} \end{bmatrix}, \quad A^5 = \begin{bmatrix} 1 & 0 & 0 \\ 0 & -243 & 0 \\ 0 & 0 & 32 \end{bmatrix}, \quad A^{-5} = \begin{bmatrix} 1 & 0 & 0 \\ 0 & -\frac{1}{243} & 0 \\ 0 & 0 & \frac{1}{32} \end{bmatrix}$$

◀

含對角矩陣因子的矩陣乘積特別容易計算。例如

$$\begin{bmatrix} d_1 & 0 & 0 \\ 0 & d_2 & 0 \\ 0 & 0 & d_3 \end{bmatrix} \begin{bmatrix} a_{11} & a_{12} & a_{13} & a_{14} \\ a_{21} & a_{22} & a_{23} & a_{24} \\ a_{31} & a_{32} & a_{33} & a_{34} \end{bmatrix} = \begin{bmatrix} d_1 a_{11} & d_1 a_{12} & d_1 a_{13} & d_1 a_{14} \\ d_2 a_{21} & d_2 a_{22} & d_2 a_{23} & d_2 a_{24} \\ d_3 a_{31} & d_3 a_{32} & d_3 a_{33} & d_3 a_{34} \end{bmatrix}$$

$$\begin{bmatrix} a_{11} & a_{12} & a_{13} \\ a_{21} & a_{22} & a_{23} \\ a_{31} & a_{32} & a_{33} \\ a_{41} & a_{42} & a_{43} \end{bmatrix} \begin{bmatrix} d_1 & 0 & 0 \\ 0 & d_2 & 0 \\ 0 & 0 & d_3 \end{bmatrix} = \begin{bmatrix} d_1 a_{11} & d_2 a_{12} & d_3 a_{13} \\ d_1 a_{21} & d_2 a_{22} & d_3 a_{23} \\ d_1 a_{31} & d_2 a_{32} & d_3 a_{33} \\ d_1 a_{41} & d_2 a_{42} & d_3 a_{43} \end{bmatrix}$$

簡而言之，在矩陣 A 的左方乘一個對角矩陣，可以將 A 的逐次列分別乘以 D 的逐次對角元素，而在矩陣 A 的右方乘以一個對角矩陣，則可將 A 的逐次行分別乘以 D 的逐次對角元素。

三角形矩陣

主對角線以上所有元素均為零的矩陣稱為**下三角形** (lower triangular) **矩陣**，而主對角線以下所有元素均為零的矩陣稱為**上三角形** (upper trianglular) **矩陣**。不論是上三角形矩陣或下三角形矩陣，都稱為**三角形** (trianglular) **矩陣**。

▶ **例題 2** 　上三角形矩陣及下三角形矩陣

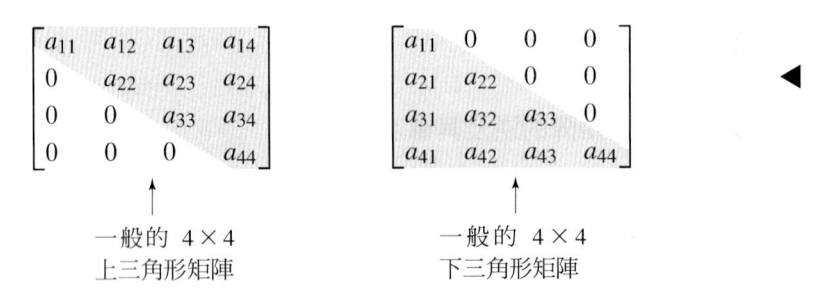

$$\begin{bmatrix} a_{11} & a_{12} & a_{13} & a_{14} \\ 0 & a_{22} & a_{23} & a_{24} \\ 0 & 0 & a_{33} & a_{34} \\ 0 & 0 & 0 & a_{44} \end{bmatrix} \quad \begin{bmatrix} a_{11} & 0 & 0 & 0 \\ a_{21} & a_{22} & 0 & 0 \\ a_{31} & a_{32} & a_{33} & 0 \\ a_{41} & a_{42} & a_{43} & a_{44} \end{bmatrix} \blacktriangleleft$$

一般的 4×4 上三角形矩陣　　　一般的 4×4 下三角形矩陣

注釋：由觀察可知對角矩陣既是上三角形矩陣，也是下三角形矩陣，因為在其主對角線以上或以下的元素均為零。由觀察也可知列梯型的方陣是個上三角形矩陣，因為在主對角線以下的元素均為零。

三角形矩陣的性質

例題 2 說明下面有關三角形矩陣的四個事實，我們將敘述但不給正式證明：

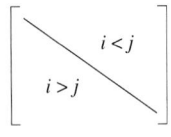

▲ 圖 1.7.1

- 方陣 $A=[a_{ij}]$ 為上三角形矩陣若且唯若主對角線左邊的所有元素均為零；亦即，$a_{ij}=0$ 若 $i>j$ (圖 1.7.1)。
- 方陣 $A=[a_{ij}]$ 為下三角形矩陣若且唯若主對角線右邊的所有元素均為零；亦即，$a_{ij}=0$ 若 $i<j$ (圖 1.7.1)。
- 方陣 $A=[a_{ij}]$ 為上三角形矩陣，若且唯若第 i 列至少以 $i-1$ 個零開始。
- 方陣 $A=[a_{ij}]$ 為下三角形矩陣，若且唯若第 j 行至少以 $j-1$ 個零開始。

下一個定理列出了部分三角形矩陣的基本性質。

> **定理 1.7.1**：
> (a) 下三角形矩陣的轉置矩陣為上三角形矩陣，而上三角形矩陣的轉置矩陣為下三角形矩陣。
> (b) 下三角形矩陣的乘積為下三角形矩陣，而上三角形矩陣的乘積為上三角形矩陣。
> (c) 三角形矩陣為可逆的，若且唯若其對角線上的元素均不為零。
> (d) 可逆的下三角形矩陣的逆矩陣為下三角形矩陣，而可逆的上三角形矩陣的逆矩陣為上三角形矩陣。

(a) 部分從方陣的轉置矩陣可由各元素對主對角線反射得之的事實而不證自明；正式的證明予以省略。此處將證明 (b) 部分，(c) 與 (d) 的證明將延展至下一章，在那裡會有更有效率地證明工具。

證明 (b)：我們將證明下三角形矩陣的結果；上三角形矩陣的證明是相似的。令 $A=[a_{ij}]$ 及 $B=[b_{ij}]$ 為下三角形 $n \times n$ 矩陣，並令 $C=[c_{ij}]$ 為乘積 $C=AB$。我們可藉由證明 $c_{ij}=0$ 對 $i<j$ 來證明 C 為下三角形矩陣。但由矩陣乘法的定義，

$$c_{ij} = a_{i1}b_{1j} + a_{i2}b_{2j} + \cdots + a_{in}b_{nj}$$

若假設 $i<j$，則此式中的各項可以分組成

$$c_{ij} = \underbrace{a_{i1}b_{1j} + a_{i2}b_{2j} + \cdots + a_{i(j-1)}b_{(j-1)j}}_{b \text{ 的列碼小於 } b \text{ 的行碼的各個項}} + \underbrace{a_{ij}b_j + \cdots + a_{in}b_{nj}}_{a \text{ 的行碼小於 } a \text{ 的列碼的各個項}}$$

在第一組中因為 B 為下三角形矩陣，所有 b 因子均為零，而在第二組中因為 A 為下三角形矩陣，所有 a 因子均為零。因此，$c_{ij}=0$，這也就是所需要證明的。◀

▶ **例題 3　上三角形矩陣的計算**

考慮上三角形矩陣

$$A = \begin{bmatrix} 1 & 3 & -1 \\ 0 & 2 & 4 \\ 0 & 0 & 5 \end{bmatrix}, \quad B = \begin{bmatrix} 3 & -2 & 2 \\ 0 & 0 & -1 \\ 0 & 0 & 1 \end{bmatrix}$$

由定理 1.7.1(c) 知矩陣 A 為可逆的，但矩陣 B 不可逆。更進一步，定理亦告訴我們 A^{-1}, AB 及 BA 必為上三角形矩陣。我們留給讀者證明

$$A^{-1} = \begin{bmatrix} 1 & -\frac{3}{2} & \frac{7}{5} \\ 0 & \frac{1}{2} & -\frac{2}{5} \\ 0 & 0 & \frac{1}{5} \end{bmatrix}, \quad AB = \begin{bmatrix} 3 & -2 & -2 \\ 0 & 0 & 2 \\ 0 & 0 & 5 \end{bmatrix}, \quad BA = \begin{bmatrix} 3 & 5 & -1 \\ 0 & 0 & -5 \\ 0 & 0 & 5 \end{bmatrix}$$

來確定上三個敘述。 ◀

對稱矩陣

> **定義 1**：方陣 A 稱為**對稱的** (symmetric)，若 $A = A^T$。

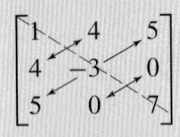

▶ **例題 4　對稱矩陣**

下列各矩陣為對稱矩陣，因為每個矩陣與它的轉置矩陣相等 (試證明之)。

$$\begin{bmatrix} 7 & -3 \\ -3 & 5 \end{bmatrix}, \quad \begin{bmatrix} 1 & 4 & 5 \\ 4 & -3 & 0 \\ 5 & 0 & 7 \end{bmatrix}, \quad \begin{bmatrix} d_1 & 0 & 0 & 0 \\ 0 & d_2 & 0 & 0 \\ 0 & 0 & d_3 & 0 \\ 0 & 0 & 0 & d_4 \end{bmatrix}$$

◀

注釋：由 1.3 節公式 (11) 知，方陣 $A = [a_{ij}]$ 是對稱的若且唯若

$$(A)_{ij} = (A)_{ji} \tag{4}$$

對所有 i 和 j。

下一個定理列出了對稱矩陣的主要代數性質。其證明為定理 1.4.8 的直接結果，將省略之。

> **定理 1.7.2**：若 A 與 B 為同階的對稱矩陣，而且若 k 為任意的純量，則：
> (a) A^T 為對稱的。
> (b) $A + B$ 與 $A - B$ 為對稱的。
> (c) kA 為對稱的。

以視察的方式辨識對稱矩陣頗為容易：主對角線上的元素可以是任意的，但跨主對角線的鏡像 (mirror image) 必須相等。底下是例題 4 第二個矩陣的圖像

$$\begin{bmatrix} 1 & 4 & 5 \\ 4 & -3 & 0 \\ 5 & 0 & 7 \end{bmatrix}$$

所有對角矩陣，如例題 4 的第三個矩陣，均有此性質。

一般而言，對稱矩陣的乘積亦為對稱矩陣的說法是不正確的。為了解為何如此，令 A 與 B 為同階的對稱矩陣，則由定理 1.4.8(e) 與 A 和 B 的對稱性可知

$$(AB)^T = B^T A^T = BA$$

因此，$(AB)^T = AB$ 若且唯若 $AB = BA$，亦即，若且唯若 A 和 B 可交換。總而言之，我們有下面結果。

定理 1.7.3：兩對稱矩陣的積為對稱的若且唯若兩矩陣是可交換的。

使用定理 1.4.5 的結果來確定定理 1.7.3，其中對稱矩陣

$$\begin{bmatrix} a & b \\ b & d \end{bmatrix}$$

是可逆的。

▶ **例題 5　對稱矩陣的乘積**

下列方程式中的第一式顯示對稱矩陣的乘積並非對稱的，而第二式則顯示兩對稱矩陣的乘積是對稱的。可推論得知第一式的兩個因子是不可交換的，而第二式中的兩個則可。它的確如此的證明就留給讀者去完成。

$$\begin{bmatrix} 1 & 2 \\ 2 & 3 \end{bmatrix} \begin{bmatrix} -4 & 1 \\ 1 & 0 \end{bmatrix} = \begin{bmatrix} -2 & 1 \\ -5 & 2 \end{bmatrix}$$

$$\begin{bmatrix} 1 & 2 \\ 2 & 3 \end{bmatrix} \begin{bmatrix} -4 & 3 \\ 3 & -1 \end{bmatrix} = \begin{bmatrix} 2 & 1 \\ 1 & 3 \end{bmatrix}$$ ◀

對稱矩陣的可逆性

通常，對稱矩陣未必是可逆的。例如，主對角線為零的對角矩陣是對稱的但不可逆。然而，下一定理說明若一對稱矩陣恰巧是可逆的，則它的逆矩陣亦必為對稱的。

定理 1.7.4：若 A 為可逆的對稱矩陣，則 A^{-1} 是對稱的。

證明：假設 A 為對稱且可逆的矩陣。由定理 1.4.9 及 $A = A^T$ 的事實，可知

$$(A^{-1})^T = (A^T)^{-1} = A^{-1}$$

這證明了 A^{-1} 是對稱的。◀

乘積 AA^T 及乘積 A^TA

具有 AA^T 及 A^TA 型式的矩陣出現於許多的應用中。若 A 為 $m \times n$ 階矩陣，則 A^T 為 $n \times m$ 階矩陣，所以 AA^T 與 A^TA 的積均為方陣——矩陣 AA^T 為 $m \times m$ 階矩陣，而 A^TA 為 $n \times n$ 階矩陣。此類乘積是對稱的，因為

$$(AA^T)^T = (A^T)^T A^T = AA^T \quad \text{而} \quad (A^TA)^T = A^T(A^T)^T = A^TA$$

▶ **例題 6** 矩陣及其轉置矩陣的積是對稱的

令 A 為 2×3 階矩陣

$$A = \begin{bmatrix} 1 & -2 & 4 \\ 3 & 0 & -5 \end{bmatrix}$$

則

$$A^TA = \begin{bmatrix} 1 & 3 \\ -2 & 0 \\ 4 & -5 \end{bmatrix} \begin{bmatrix} 1 & -2 & 4 \\ 3 & 0 & -5 \end{bmatrix} = \begin{bmatrix} 10 & -2 & -11 \\ -2 & 4 & -8 \\ -11 & -8 & 41 \end{bmatrix}$$

$$AA^T = \begin{bmatrix} 1 & -2 & 4 \\ 3 & 0 & -5 \end{bmatrix} \begin{bmatrix} 1 & 3 \\ -2 & 0 \\ 4 & -5 \end{bmatrix} = \begin{bmatrix} 21 & -17 \\ -17 & 34 \end{bmatrix}$$

由觀察可知 A^TA 與 AA^T 均為對稱的，正如預期。 ◀

在本書稍後將得加諸在 A 的一般性條件使得 AA^T 及 A^TA 為可逆。然而，在 A 為方陣的特殊情況下，可得到下列的結果。

定理 1.7.5：若矩陣 A 為可逆矩陣，則 AA^T 與 A^TA 也為可逆的。

證明：因為矩陣 A 為可逆的，則由定理 1.4.9 可知 A^T 也是可逆的。所以，AA^T 及 A^TA 都是可逆的，因為它們是可逆矩陣的乘積。 ◀

概念複習

- 對角矩陣
- 上三角形矩陣
- 對稱矩陣
- 下三角形矩陣
- 三角形矩陣

技能

- 不計算判斷一對角矩陣是否可逆。
- 視察法計算對角矩陣的矩陣乘積。
- 判斷一矩陣是否為三角形矩陣。
- 了解轉置運算如何影響對角矩陣及三角形矩陣。
- 了解求逆如何影響對角矩陣及三角形矩陣。
- 判斷一矩陣是否為一對稱矩陣。

習題集 1.7

▶判斷習題 1-4 各矩陣是否為可逆。◀

1. $\begin{bmatrix} 4 & 0 \\ 0 & -2 \end{bmatrix}$
2. $\begin{bmatrix} 5 & 0 & 0 & 0 \\ 0 & 6 & 0 & 0 \\ 0 & 0 & 0 & 0 \\ 0 & 0 & 0 & 1 \end{bmatrix}$

3. $\begin{bmatrix} -1 & 0 & 0 \\ 0 & 2 & 0 \\ 0 & 0 & \frac{1}{3} \end{bmatrix}$
4. $\begin{bmatrix} -1 & 0 & 0 & 0 \\ 0 & 3 & 0 & 0 \\ 0 & 0 & -3 & 0 \\ 0 & 0 & 0 & -2 \end{bmatrix}$

▶以視察法求習題 5-8 之各乘積。◀

5. $\begin{bmatrix} 3 & 0 & 0 \\ 0 & -1 & 0 \\ 0 & 0 & 2 \end{bmatrix} \begin{bmatrix} 2 & 1 \\ -4 & 1 \\ 2 & 5 \end{bmatrix}$

6. $\begin{bmatrix} -3 & 2 & 8 \\ 4 & 1 & 6 \end{bmatrix} \begin{bmatrix} 7 & 0 & 0 \\ 0 & -1 & 0 \\ 0 & 0 & \frac{1}{2} \end{bmatrix}$

7. $\begin{bmatrix} 5 & 0 & 0 \\ 0 & 2 & 0 \\ 0 & 0 & -3 \end{bmatrix} \begin{bmatrix} -3 & 2 & 0 & 4 & -4 \\ 1 & -5 & 3 & 0 & 3 \\ -6 & 2 & 2 & 2 & 2 \end{bmatrix}$

8. $\begin{bmatrix} 2 & 0 & 0 \\ 0 & -1 & 0 \\ 0 & 0 & 4 \end{bmatrix} \begin{bmatrix} 4 & -1 & 3 \\ 1 & 2 & 0 \\ -5 & 1 & -2 \end{bmatrix} \begin{bmatrix} -3 & 0 & 0 \\ 0 & 5 & 0 \\ 0 & 0 & 2 \end{bmatrix}$

▶以視察法求習題 9-12 各題之 A^2, A^{-2} 及 A^{-k} (k 是任意整數)。◀

9. $A = \begin{bmatrix} 2 & 0 \\ 0 & -1 \end{bmatrix}$
10. $A = \begin{bmatrix} -6 & 0 & 0 \\ 0 & 3 & 0 \\ 0 & 0 & 5 \end{bmatrix}$

11. $A = \begin{bmatrix} 3 & 0 & 0 \\ 0 & \frac{1}{2} & 0 \\ 0 & 0 & \frac{1}{5} \end{bmatrix}$

12. $A = \begin{bmatrix} -2 & 0 & 0 & 0 \\ 0 & -4 & 0 & 0 \\ 0 & 0 & -3 & 0 \\ 0 & 0 & 0 & 2 \end{bmatrix}$

▶判斷習題 13-19 之各矩陣是否為對稱矩陣？◀

13. $\begin{bmatrix} 1 & 2 \\ 2 & -1 \end{bmatrix}$
14. $\begin{bmatrix} 2 & 0 \\ 1 & 2 \end{bmatrix}$
15. $\begin{bmatrix} 0 & -7 \\ -7 & 7 \end{bmatrix}$

16. $\begin{bmatrix} 3 & 4 \\ 4 & 0 \end{bmatrix}$
17. $\begin{bmatrix} 2 & 3a & 0 \\ 3a & 1 & b \\ 0 & b & 0 \end{bmatrix}$

18. $\begin{bmatrix} 2 & -1 & 3 \\ -1 & 5 & 1 \\ 3 & 1 & 7 \end{bmatrix}$
19. $\begin{bmatrix} 0 & 0 & 1 \\ 0 & 2 & 0 \\ 3 & 0 & 0 \end{bmatrix}$

▶以視察法判斷習題 20-22 之各矩陣是否為可逆？◀

20. $\begin{bmatrix} 2 & 6 & 0 \\ 0 & 2 & 1 \\ 0 & 0 & 0 \end{bmatrix}$
21. $\begin{bmatrix} 9 & 0 & 0 & 1 \\ 0 & 2 & 0 & 3 \\ 0 & 0 & 4 & -5 \\ 0 & 0 & 0 & 6 \end{bmatrix}$

22. $\begin{bmatrix} 2 & 0 & 0 & 0 \\ -3 & -1 & 0 & 0 \\ -4 & -6 & 0 & 0 \\ 0 & 3 & 8 & -5 \end{bmatrix}$

▶求習題 23-24 各題之未知常數使得 A 為對稱的。◀

23. $A = \begin{bmatrix} -3 & a^2 \\ 4 & 0 \end{bmatrix}$

24. $A = \begin{bmatrix} 2 & a-2b+2c & 2a+b+c \\ 3 & 5 & a+c \\ 0 & -2 & 7 \end{bmatrix}$

▶求習題 25-26 各題之所有 x 值使得 A 為可逆的。◀

25. $A = \begin{bmatrix} 2-x & 5 & x^2 \\ 0 & x+3 & x-1 \\ 0 & 0 & x \end{bmatrix}$

26. $A = \begin{bmatrix} x-\frac{1}{2} & 0 & 0 \\ x & x-\frac{1}{3} & 0 \\ x^2 & x^3 & x+\frac{1}{4} \end{bmatrix}$

▶對習題 27-28 各題，找一個對角矩陣 A 以滿足所給條件。◀

27. $A^5 = \begin{bmatrix} 1 & 0 & 0 \\ 0 & -1 & 0 \\ 0 & 0 & -1 \end{bmatrix}$ 28. $A^{-2} = \begin{bmatrix} 9 & 0 & 0 \\ 0 & 4 & 0 \\ 0 & 0 & 1 \end{bmatrix}$

29. 試就乘積 AB 證明定理 1.7.1(b)，其中
$$A = \begin{bmatrix} 2 & 0 & 0 \\ 1 & 1 & 0 \\ -3 & 4 & 5 \end{bmatrix}, \quad B = \begin{bmatrix} -1 & 0 & 0 \\ 6 & 2 & 0 \\ 1 & 1 & 5 \end{bmatrix}$$

30. 試就習題 29 中的矩陣 A 與 B，證明定理 1.7.1(d)。

31. 試就指定的矩陣 A，證明定理 1.7.4。

    (a) $A = \begin{bmatrix} 2 & -1 \\ -1 & 3 \end{bmatrix}$ (b) $A = \begin{bmatrix} 1 & -2 & 3 \\ -2 & 1 & -7 \\ 3 & -7 & 4 \end{bmatrix}$

32. 令 A 為 $n \times n$ 階對稱矩陣。
    (a) 試證明 A^2 為對稱的。
    (b) 試證明 $2A^2 - 3A + I$ 為對稱的。

33. 試證明：若 $A^T A = A$，則 A 為對稱的且 $A = A^2$。

34. 求滿足 $A^2 - 3A - 4I = 0$ 的所有 3×3 階對角矩陣。

35. 令 $A = [a_{ij}]$ 為 $n \times n$ 階矩陣。試判斷 A 是否為對稱的。
    (a) $a_{ij} = i^2 + j^2$ (b) $a_{ij} = i^2 - j^2$
    (c) $a_{ij} = 2i + 2j$ (d) $a_{ij} = 2i^2 + 2j^3$

36. 基於你在習題 35 中的經驗，試設計一則通用的測試方法來應用於 a_{ij} 的公式，以判斷 $A = [a_{ij}]$ 是否為對稱的。

37. 若 $A^T = -A$，則方陣 A 稱為**反對稱的** (skew-symmetric)。試證明：
    (a) 若 A 為可逆的反對稱矩陣，則 A^{-1} 為反對稱的。
    (b) 若 A 與 B 均為反對稱矩陣，則 $A^T, A+B, A-B$ 與 kA 亦同，k 為任意純量。
    (c) 每個方陣都能以對稱矩陣與反對稱矩陣之和表示。
    [提示：$A = \frac{1}{2}(A + A^T) + \frac{1}{2}(A - A^T)$。]

▶對習題 38-39 各題，填入遺失的元素 (打 × 的地方) 以得反稱矩陣。◀

38. $A = \begin{bmatrix} \times & \times & 4 \\ 0 & \times & \times \\ \times & -1 & \times \end{bmatrix}$ 39. $A = \begin{bmatrix} \times & 0 & \times \\ \times & \times & -4 \\ 8 & \times & \times \end{bmatrix}$

40. 求所有 a, b, c 及 d 之值使得 A 是反對稱的。
$$A = \begin{bmatrix} 0 & 2a-3b+c & 3a-5b+5c \\ -2 & 0 & 5a-8b+6c \\ -3 & -5 & d \end{bmatrix}$$

41. 在課文已經證明對稱矩陣的積是對稱的若且唯若兩矩陣為可交換的。是否可交換的反對稱矩陣的乘積為反對稱的？試說明之。[注意：見習題 37 的反對稱定義。]

42. 若 $n \times n$ 階矩陣 A 能以 $A = LU$ 表示，其中的 L 為下三角形矩陣，而 U 為上三角形矩陣，則線性方程組 $A\mathbf{x} = \mathbf{b}$ 可以表示成 $LU\mathbf{x} = \mathbf{b}$ 而且求解可依下列兩個步驟：

步驟 1：令 $U\mathbf{x} = \mathbf{y}$ 使 $LU\mathbf{x} = \mathbf{b}$ 能以 $L\mathbf{y} = \mathbf{b}$ 表示。求解這個方程組。

步驟 2：解方程式組 $U\mathbf{x} = \mathbf{y}$ 以求得 $\mathbf{x}$。

在下列每一部分使用這兩個步驟以求解指定的方程組。

(a) $\begin{bmatrix} 1 & 0 & 0 \\ -2 & 3 & 0 \\ 2 & 4 & 1 \end{bmatrix} \begin{bmatrix} 2 & -1 & 3 \\ 0 & 1 & 2 \\ 0 & 0 & 4 \end{bmatrix} \begin{bmatrix} x_1 \\ x_2 \\ x_3 \end{bmatrix} = \begin{bmatrix} 1 \\ -2 \\ 0 \end{bmatrix}$

(b) $\begin{bmatrix} 2 & 0 & 0 \\ 4 & 1 & 0 \\ -3 & -2 & 3 \end{bmatrix} \begin{bmatrix} 3 & -5 & 2 \\ 0 & 4 & 1 \\ 0 & 0 & 2 \end{bmatrix} \begin{bmatrix} x_1 \\ x_2 \\ x_3 \end{bmatrix}$

$= \begin{bmatrix} 4 \\ -5 \\ 2 \end{bmatrix}$

43. 求一上三角形矩陣使其滿足

$$A^3 = \begin{bmatrix} 8 & 0 \\ 9 & -1 \end{bmatrix}$$

是非題

試判斷 (a)-(m) 各敘述的真假，並驗證你的答案。

(a) 對角矩陣的轉置矩陣是對角矩陣。
(b) 上三角形矩陣的轉置矩陣是上三角形矩陣。
(c) 一個上三角形矩陣和一個下三角形矩陣之和是一個對角矩陣。
(d) 對稱矩陣的所有元素由主對角線上元素及主對角線上方元素所決定。
(e) 上三角形矩陣的所有元素由主對角線上元素及主對角線上方元素所決定。
(f) 一個可逆的下三角形矩陣之逆矩陣是一個上三角形矩陣。
(g) 一個對角矩陣是可逆的若且唯若其對角線上所有元素均是正的。
(h) 一個對角矩陣和一個下三角形矩陣之和是一個下三角形矩陣。
(i) 同時為對稱且為上三角形的矩陣必為對角矩陣。
(j) 若 A 和 B 為 $n \times n$ 階矩陣滿足 $A+B$ 為對稱的，則 A 和 B 為對稱的。
(k) 若 A 和 B 為 $n \times n$ 階矩陣滿足 $A+B$ 為上三角形，則 A 和 B 為上三角形。
(l) 若 A^2 是一個對稱矩陣，則 A 是一個對稱矩陣。
(m) 若 kA 是一個對稱矩陣對某些 $k \neq 0$，則 A 是一個對稱矩陣。

1.8 線性方程組之應用

本節我們將討論線性方程組的一些概略應用。這些應用是廣泛真實-世界問題的一個小樣本，其顯示我們的線性方程組之學習是可應用的。

網路分析

網路的概念出現在許多應用裡。概略的說，**網路** (network) 是一個分支 (branches) 所成的集合，有某些「流量」通過這些分支。例如，分支可能為電線而電流通過其中，分支可能為管路而水或油流過其中，分支可能為交通車道而車輛通過其中，分支可能為經濟連鎖而金錢流通其中，可命名許多可能情形。

多數網路，所有分支相接在點上，稱為**結點** (nodes) 或**聯接點** (junctions)，在那些點分流。例如，在一個電路裡，結點發生在三條或更多條電線連接處；在交通網路裡，結點發生在街道交接處；而在財務網路裡，結點發生在銀行業中心，在該中心收入的錢被分配至個體

或其他機構。

在網路研究裡，通常有一些數值量度來測量媒介物流過一個分支的速率。例如，電子流速經常以安培來度量，水或油的流速以每分鐘多少加侖來度量，交通流速以每小時多少輛車來度量，而歐幣流速以每天多少百萬歐元度量。我們將限制我們的注意力至網路，即網路中在各個結點有**流量守恆** (flow conservation)，意即流進任一個結點的速率等於流出該結點的速率。此確保流動媒介不在結點增加並阻擋媒介物在網路的自由流動。

網路分析的一個共同問題是利用某些分支上的已知流速求其他所有分支上的流速。底下是一個例子。

▶ **例題 1** 使用線性方程組的網路分析

圖 1.8.1 顯示一個具有四個結點的網路，其中某些分支的流速及流動方向為已知。求剩餘分支的流速及流動方向。

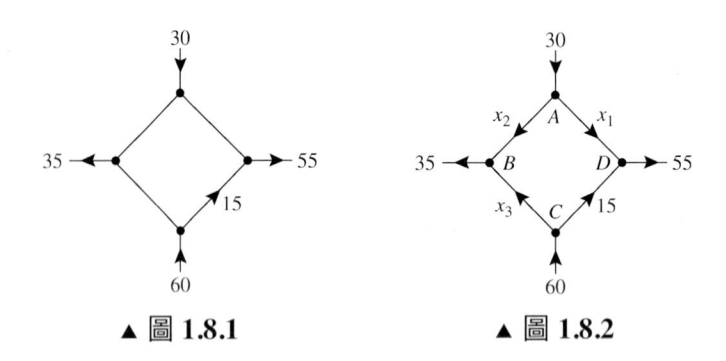

▲ 圖 1.8.1   ▲ 圖 1.8.2

解：如圖 1.8.2 所示，我們已指定任意方向給未知的流速 x_1, x_2 及 x_3。我們不必關心是否有某些方向不正確，因為當我們解未知數時，不正確的方向將給流速一個負值。

由在結點 A 的流量守恆得

$$x_1 + x_2 = 30$$

同理，在其他結點有

$$x_2 + x_3 = 35 \quad (\text{結點 } B)$$
$$x_3 + 15 = 60 \quad (\text{結點 } C)$$
$$x_1 + 15 = 55 \quad (\text{結點 } D)$$

這四個條件產生線性方程組

$$x_1 + x_2 = 30$$
$$ x_2 + x_3 = 35$$
$$ x_3 = 45$$
$$x_1 = 40$$

我們可由此方程組來解未知的流速。在此特別情況裡,方程組夠簡單,可用視察法解之(由下往上)。留給讀者確認解為

$$x_1 = 40, \quad x_2 = -10, \quad x_3 = 45$$

x_2 是負的告訴我們圖 1.8.2 裡指定給該流量的方向是不正確的;亦即在該分支的流量是進入結點 A。

▶ **例題 2　交通模式設計**

圖 1.8.3 的網路顯示內有賓州費城自由鐘的一個新公園周遭交通流量之計畫案。此計畫要求在第五街北方出口有一個電腦控制之交通號誌且圖中標示鄰接交通體系之所有街道每小時預期流進流入的平均車輛數。所有街道均是單向。

(a) 這個交通號誌每小時應讓多少輛車通過以確保每小時流進及流出這個體系的平均車輛數相同?

(b) 假設交通號誌已被設定平衡流進流出這個體系的總流量,試問鄰接這個體系的所有街道每小時平均車流量?

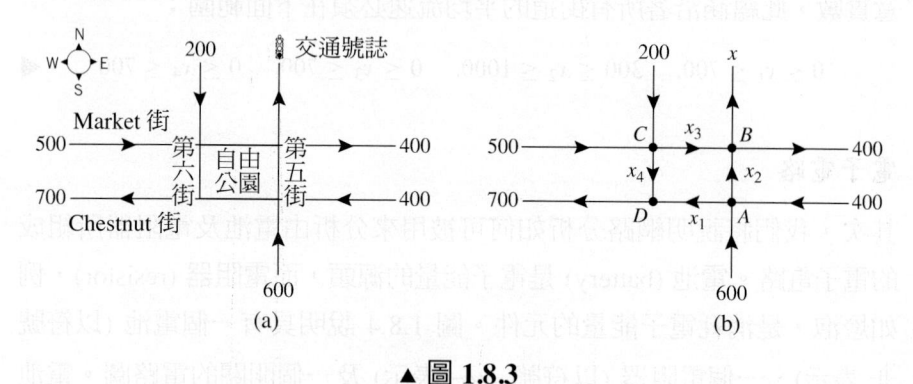

▲ **圖 1.8.3**

解 (a):如圖 1.8.3b 所示,若令 x 表交通號誌每小時必須讓車輛通過的數量,則每小時流進流出這個體系的車輛總數將為

$$\text{流進}: 500 + 400 + 600 + 200 = 1700$$
$$\text{流出}: x + 700 + 400$$

流進數等於流出數，證明交通號誌每小時應讓 $x=600$ 輛車通過。

解 (b)：為避免壅塞，各個交會點的流進數必等於流出數。對此情形，下面條件必被滿足：

交會點	流進		流出
A	$400+600$	=	x_1+x_2
B	x_2+x_3	=	$400+x$
C	$500+200$	=	x_3+x_4
D	x_1+x_4	=	700

因此，以 $x=600$，如 (a) 中所計算的，我們得下面線性方程組：

$$\begin{aligned} x_1+x_2 &= 1000 \\ x_2+x_3 &= 1000 \\ x_3+x_4 &= 700 \\ x_1+x_4 &= 700 \end{aligned}$$

留給讀者證明此方程組有無限多組解且這些解被給為參數方程式

$$x_1=700-t, \quad x_2=300+t, \quad x_3=700-t, \quad x_4=t \tag{1}$$

然而，此處之參數 t 不可完全任意，因為有實際制限需考慮。例如，平均流速必須非負，因為我們已假設所有街道為單向，且負的流速表示流進錯誤的方向。因為如此，由 (1) 可看出 t 必為滿足 $0 \leq t \leq 700$ 的任意實數，此蘊涵沿著所有街道的平均流速必須在下面範圍：

$$0 \leq x_1 \leq 700, \quad 300 \leq x_2 \leq 1000, \quad 0 \leq x_3 \leq 700, \quad 0 \leq x_4 \leq 700 \quad \blacktriangleleft$$

電子電路

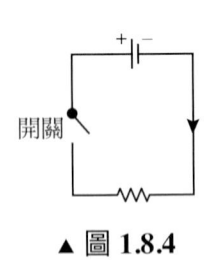

其次，我們將說明網路分析如何可被用來分析由電池及電阻器所組成的電子電路。**電池** (battery) 是電子能量的源頭，而**電阻器** (resistor)，例如燈泡，是消耗電子能量的元件。圖 1.8.4 說明具有一個電池 (以符號 ┤├ 表示)、一個電阻器 (以符號 ⎍⎍⎍ 表示) 及一個開關的電路圖。電池有一個**正極** (positive pole)(＋) 及一個**負極** (negative pole)(－)。當開關關著時，電子電路被考慮由電池的正極流通過電阻器，且回到負極 (圖中箭頭所示)。

▲ 圖 1.8.4

電流，是電子通過電線的流量，就像水通過水管的流量。電池就

像馬達，其產生「電壓」以增加電子流速，而電阻器就像水管中的阻礙物減少電子的流速。電壓的科技名詞是**電子電位** (electrical potential)；通常以**伏特** (volts, V) 來量度。電阻器減少電子電位的度數被稱是**電阻** (resistance) 且通常以**歐姆** (ohms, Ω) 來量度。電子在電線的流速被稱是**電流** (current) 且通常以**安培** (amperes, A)(亦稱 amps) 來量度。電阻器的影響如下面定律所示：

> **歐姆定律** (Ohm's Law)：若 I 安培的電流通過具電阻 R 歐姆的電阻器，則電子電位有 E 伏特的電壓差，其是電流和電阻的乘積；亦即
> $$E = IR$$

典型的電子網路將有多個電池及電阻器，它們之間以某種電線構造連接。在網路裡有三條或更多條電線聯接的點被稱是**結點** (node)[或稱**聯接點** (junction point)]。**分支** (branch) 是一條聯結兩結點的電線，且**封閉迴路** (closed loop) 是一個逐次的聯結分支，其起點和終點在同一個結點。例如，圖 1.8.5 的電子網路有兩個結點且有三個迴路——兩個內迴路及一個外迴路。當電流通過一個電子網路，它經歷電子電位的升高及下降，分別稱之為**電壓升高** (voltage vises) 及**電壓下降** (voltage drops)。電流在所有結點及封閉迴路的行為受控於下面兩個基本定律：

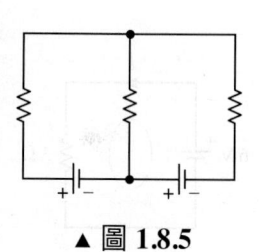

▲ 圖 1.8.5

> **克希荷夫電流定律** (Kirchhoff's current law)：流入任意結點的電流之和等於流出該結點的電流之和。

> **克希荷夫電壓定律** (Kirchhoff's voltage law)：環繞任一個封閉迴路，電壓升高之和等於電壓下降之和。

克希荷夫電流定律是在一個結點的流量守恆原則的再述，其敘述給一般網路。因此，例如，圖 1.8.6 中頂端結點的電流滿足方程式 $I_1 = I_2 + I_3$。

具多個迴路及電池的電路通常無法事先分辨電流流動的方向，所以電流分析程序通常是指定任意方向給所有分支上的電流且讓數學計算來決定所有指定是否正確。除了指定方向給電流外，克希荷夫電壓定律需要旅行方向給各個封閉迴路。可任意選擇方向，但為一致性，

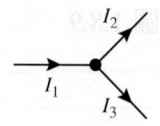

▲ 圖 1.8.6

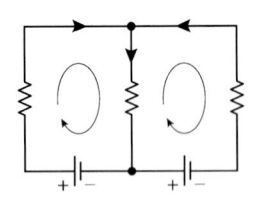

我們將總是取此方向為順時針方向 (圖 1.8.7)。我們亦做下面慣例：

- 若指定給通過電阻器的電流之方向同於指定給迴路的方向，則該電阻器產生電壓下降；若指定給通過電阻器的電流之方向和指定給迴路的方向反向時，則該電阻器產生電壓上升。
- 若指定給迴路的方向是由 − 向 + 通過電池，則在該電池產生電壓上升；若指定給迴路的方向是由 + 向 − 通過電池，則在該電池產生電壓下降。

順時針封閉-迴路指定給所有分支上電流任意方向慣例

▲ 圖 1.8.7

在計算電流時，若遵守這些慣例，則方向指定正確的電流將有正值，而方向指定不正確的電流將為負值。

▶ 例題 3 具一個封閉迴路的電路

求圖 1.8.8 所示的電路中之電路 I。

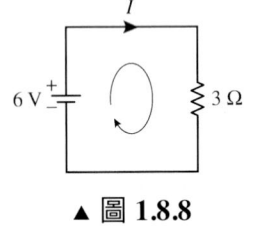

解：因為指定給通過電阻器之電流方向同於迴路方向，所以在該電阻器有一個電壓下降。由歐姆定律，此電壓下降是 $E = IR = 3I$。而且，因為指定給迴路的方向是由 − 向 + 通過電池，所以在電池有一個 6 伏特的電壓上升。因此，由克希荷夫電壓定律得

$$3I = 6$$

所以得電流 $I = 2A$。因為 I 是正的，指定給電流的方向是正確的。

▶ 例題 4 具三個封閉迴路的電路

求圖 1.8.9 所示的電路中之電路 I_1, I_2 及 I_3。

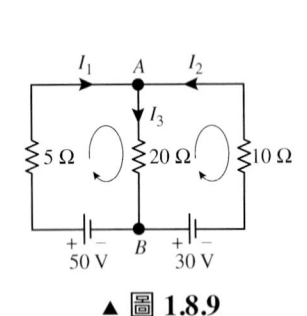

解：使用指定方向給所有電流，克希荷夫電流定律提供一個方程式給每個結點：

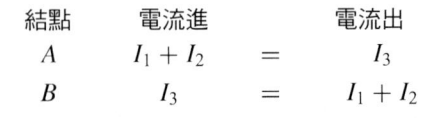

結點	電流進		電流出
A	$I_1 + I_2$	=	I_3
B	I_3	=	$I_1 + I_2$

然而，這些方程式其實是相同的，因為兩者皆可被表為

$$I_1 + I_2 - I_3 = 0 \tag{2}$$

欲求唯一值給所有電流，我們將需要多兩個方程式，它們可由克希荷夫電壓定律得到。由網路圖可看出有三個封閉迴路，左內迴路有 50 V 電池，右內迴路有 30 V 電池，而外迴路有兩個電池。因此，克希荷夫

電壓定律將確實產生三個方程式。以順時針的迴路方向，在這些迴路的電壓上升及下降如下：

	電壓上升	電壓下降
左內迴路	50	$5I_1 + 20I_3$
右內迴路	$30 + 10I_2 + 20I_3$	0
外迴路	$30 + 50 + 10I_2$	$5I_1$

這些條件可改寫為

$$\begin{aligned} 5I_1 \quad\quad\quad + 20I_3 &= 50 \\ 10I_2 + 20I_3 &= -30 \\ 5I_1 - 10I_2 \quad\quad\quad &= 80 \end{aligned} \quad (3)$$

然而，最後一個方程式是多餘的，因為它是前兩個方程式的差。因此，我們合併 (2) 式及 (3) 式的前兩個方程式，得下面含三個未知數三個方程式的線性方程組

$$\begin{aligned} I_1 + I_2 - I_3 &= 0 \\ 5I_1 \quad\quad + 20I_3 &= 50 \\ 10I_2 + 20I_3 &= -30 \end{aligned}$$

留給讀者解此方程組得 $I_1 = 6A$, $I_2 = -5A$ 且 $I_3 = 1A$。I_2 是負的告訴我們此電流的方向和圖 1.8.9 所示的相反。 ◀

平衡化學方程式

化學化合物以**化學式** (chemical formulas) 表示，其描述它們的分子之原子結構。例如，水是由兩個氫原子及一個氧原子組成，所以其化學式是 H_2O；且穩定的氧是由兩個氧原子組成，所以其化學式是 O_2。

當化學化合物在正確條件下組成，它們的分子中之原子重排形成新的化合物。例如，當甲烷燃燒，甲烷 (CH_4) 和穩定氧 (O_2) 作用產生二氧化碳 (CO_2) 及水 (H_2O)。此被表為**化學方程式** (chemical equation)

史記：德國物理學家 Gustav Kirchhoff 是高斯的學生。他的克希荷夫定律作品發表於 1854 年，主要進展於電子電路的電流、電壓及電阻計算。Kirchhoff 是嚴重殘疾，他的一生大都在拐杖或輪椅上度過。

[相片：摘錄自 ©*SSPL/The Image Works*]

Gustav Kirchhoff
(1824–1887)

$$CH_4 + O_2 \longrightarrow CO_2 + H_2O \qquad (4)$$

箭號左邊的分子被稱是**反應物** (reactants) 而右邊之分子被稱是**生成物** (products)。方程式中的 + 號功能是隔開分子而不是代數運算。然而，此方程式並未完成，因為它並未計數需要**完全反應** (complete reaction) (沒有反應物留下) 的分子比例。例如，我們可由 (4) 式右邊看出，產生一分子的二氧化碳及一分子的水，需要三個氧原子給每個碳原子。然而，由 (4) 式的左邊，我們看到一個分子甲烷及一個分子穩定氧僅有兩個氧原子給每個碳原子。因此，在反應物邊，甲烷對穩定氧的比例在完全反應裡不可能為一比一。

一個化學方程式被稱是**平衡的** (balanced)，若對反應中的各類原子，相同的原子個數出現在箭號的每一邊。例如，方程式 (4) 的平衡版是

$$CH_4 + 2O_2 \longrightarrow CO_2 + 2H_2O \qquad (5)$$

此意味一個甲烷分子和兩個穩定氧分子混合產生一個二氧化碳分子及兩個水分子。理論上，我們可將此方程式乘以任一正整數。例如，乘以 2 得平衡化學方程式

$$2CH_4 + 4O_2 \longrightarrow 2CO_2 + 4H_2O$$

然而，標準慣例是使用可平衡方程式的最小正整數。

方程式 (4) 是足夠簡單，可使用試驗及誤差來平衡，但對更複雜的化學方程式，我們將需要一個系統方法。有許多種方法可被使用，但我們將使用一個線性方程組的方法。欲說明此方法，讓我們再檢視方程式 (4)。欲平衡此方程式，我們必須求正整數 x_1, x_2, x_3 及 x_4 滿足

$$x_1 (CH_4) + x_2 (O_2) \longrightarrow x_3 (CO_2) + x_4 (H_2O) \qquad (6)$$

對方程式中的各個原子，左邊的原子個數必等於右邊的原子個數。將這個表為表型，我們得到

	左邊		右邊
碳	x_1	=	x_3
氫	$4x_1$	=	$2x_4$
氧	$2x_2$	=	$2x_3 + x_4$

由此得齊次線性方程組

$$x_1 - x_3 = 0$$
$$4x_1 - 2x_4 = 0$$
$$2x_2 - 2x_3 - x_4 = 0$$

此方程組的增廣矩陣是

$$\begin{bmatrix} 1 & 0 & -1 & 0 & 0 \\ 4 & 0 & 0 & -2 & 0 \\ 0 & 2 & -2 & -1 & 0 \end{bmatrix}$$

留給讀者證明此矩陣的簡約列梯型是

$$\begin{bmatrix} 1 & 0 & 0 & -\frac{1}{2} & 0 \\ 0 & 1 & 0 & -1 & 0 \\ 0 & 0 & 1 & -\frac{1}{2} & 0 \end{bmatrix}$$

由此得方程組的通解是

$$x_1 = t/2, \quad x_2 = t, \quad x_3 = t/2, \quad x_4 = t$$

其中 t 是任意的。當我們令 $t=2$ 時，給未知數的最小正整數值產生，所以令 $x_1=1, x_2=2, x_3=1, x_4=2$，方程式可被平衡。此同於我們的稍早結論，因為將這些值代進 (6) 式可產生方程式 (5)。

▶ **例題 5** 使用線性方程組平衡化學方程式

平衡化學方程式

$$\text{HCl} + \text{Na}_3\text{PO}_4 \longrightarrow \text{H}_3\text{PO}_4 + \text{NaCl}$$
[鹽酸] + [磷酸鈉] ⟶ [磷酸] + [氯化鈉]

解：令 x_1, x_2, x_3 及 x_4 為正整數平衡方程式

$$x_1 \,(\text{HCl}) + x_2 \,(\text{Na}_3\text{PO}_4) \longrightarrow x_3 \,(\text{H}_3\text{PO}_4) + x_4 \,(\text{NaCl}) \qquad (7)$$

兩邊各類原子個數相等得

$$1x_1 = 3x_3 \quad \text{氫 (H)}$$
$$1x_1 = 1x_4 \quad \text{氯 (Cl)}$$
$$3x_2 = 1x_4 \quad \text{鈉 (Na)}$$
$$1x_2 = 1x_3 \quad \text{磷 (P)}$$
$$4x_2 = 4x_3 \quad \text{氧 (O)}$$

由此得齊次線性方程組

$$\begin{aligned} x_1 \quad\quad - 3x_3 \quad\quad &= 0 \\ x_1 \quad\quad\quad\quad - x_4 &= 0 \\ 3x_2 \quad\quad - x_4 &= 0 \\ x_2 - x_3 \quad\quad &= 0 \\ 4x_2 - 4x_3 \quad\quad &= 0 \end{aligned}$$

留給讀者證明此方程組之增廣矩陣的簡約列梯型為

$$\begin{bmatrix} 1 & 0 & 0 & -1 & 0 \\ 0 & 1 & 0 & -\frac{1}{3} & 0 \\ 0 & 0 & 1 & -\frac{1}{3} & 0 \\ 0 & 0 & 0 & 0 & 0 \\ 0 & 0 & 0 & 0 & 0 \end{bmatrix}$$

由此得方程組的通解是

$$x_1 = t, \quad x_2 = t/3, \quad x_3 = t/3, \quad x_4 = t$$

其中 t 是任意數。欲得平衡方程式的最小正整數，令 $t=3$ 得 $x_1=3, x_2=1, x_3=1$ 且 $x_4=3$。將這些值代進 (7) 式產生平衡方程式

$$3HCl + Na_3PO_4 \longrightarrow H_3PO_4 + 3NaCl \qquad \blacktriangleleft$$

多項式插值

在許多應用裡有個重要的問題，即求一個多項式使其圖形通過平面上一個明確的點集合；這稱之為**插值多項式** (interpolating polynomial) 對這些點。此類問題的最簡單的例子是求一線性多項式

$$p(x) = ax + b \tag{8}$$

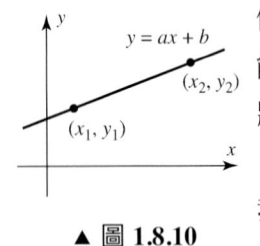

使其圖形通過 xy-平面上的兩相異點 (x_1, y_1) 及 (x_2, y_2) (圖 1.8.10)。你可能已在解析幾何上見到許多種求通過兩點之直線的方法，但此處我們將給一個基於線性方程組的方法，其可適用於一般的多項式插值。

(8) 式的圖形是直線 $y=ax+b$，且此直線通過點 (x_1, y_1) 及 (x_2, y_2)，我們必有

$$y_1 = ax_1 + b \quad 及 \quad y_2 = ax_2 + b$$

▲ 圖 1.8.10

因此，未知係數 a 和 b 可由解下面方程組而得

$$ax_1 + b = y_1$$
$$ax_2 + b = y_2$$

我們不需要任何新穎的方法來解此方程組——a 的值可由相減方程式消去 b 而得，然後 a 值可被代入任一方程式來求 b。留給讀者作為習題求 a 和 b 並證明它們可被表為型如

$$a = \frac{y_2 - y_1}{x_2 - x_1} \quad \text{及} \quad b = \frac{y_1 x_2 - y_2 x_1}{x_2 - x_1} \tag{9}$$

倘若 $x_1 \neq x_2$。因此，例如，通過點

$$(2, 1) \quad \text{及} \quad (5, 4)$$

的直線 $y = ax + b$ 可由令 $(x_1, y_1) = (2, 1)$ 及 $(x_2, y_2) = (5, 4)$ 而得，此時 (9) 式產生

$$a = \frac{4-1}{5-2} = 1 \quad \text{且} \quad b = \frac{(1)(5) - (4)(2)}{5-2} = -1$$

因此，直線方程式是

$$y = x - 1$$

(圖 1.8.11)。

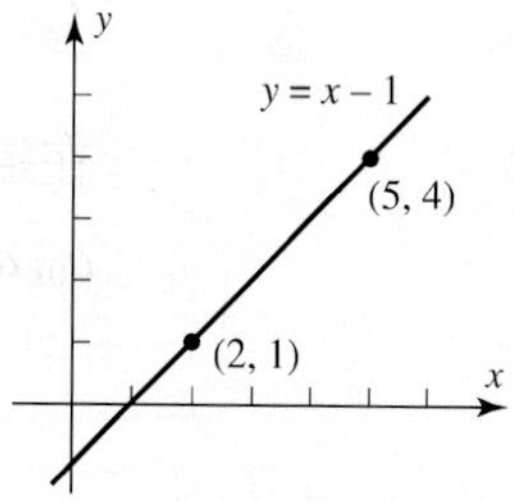

▲ 圖 1.8.11

現在讓我們考慮更一般的問題，即求一多項式使其圖形通過具相異 x-座標的 n 個點

$$(x_1, y_1), \quad (x_2, y_2), \quad (x_3, y_3), \ldots, \quad (x_n, y_n) \tag{10}$$

因為有 n 個條件要被滿足，直觀建議我們應以尋找一個型如

$$p(x) = a_0 + a_1 x + a_2 x^2 + \cdots + a_{n-1} x^{n-1} \tag{11}$$

的多項式開始。因為此型式多項式有 n 個係數，我們的處理方法要滿足 n 個條件。然而，我們想允許所有點位在一直線或有一些其他構形的情形，將有可能使用次數小於 $n-1$ 的多項式；因此，我們允許 a_{n-1} 和 (11) 式中其他係數有為零的可能性。

下面定理，我們將稍後於本書裡證明，是多項式插值的基本結果。

定理 1.8.1：多項式插值

給 xy-平面上任意 n 個點且有相異的 x-座標，存在一個唯一的次數小於或等於 $n-1$ 的多項式使其圖形通過這些點。

讓我們現在考慮如何來求插值多項式 (11) 使其圖形通過 (10) 式的所有點。因為此多項式的圖形是方程式

$$y = a_0 + a_1 x + a_2 x^2 + \cdots + a_{n-1} x^{n-1} \tag{12}$$

的圖形，所有點的座標必滿足

$$\begin{aligned} a_0 + a_1 x_1 + a_2 x_1^2 + \cdots + a_{n-1} x_1^{n-1} &= y_1 \\ a_0 + a_1 x_2 + a_2 x_2^2 + \cdots + a_{n-1} x_2^{n-1} &= y_2 \\ \vdots \quad \vdots \quad \vdots \quad \quad \vdots \quad \quad \vdots \\ a_0 + a_1 x_n + a_2 x_n^2 + \cdots + a_{n-1} x_n^{n-1} &= y_n \end{aligned} \tag{13}$$

在這些方程式裡的 x 及 y 值被假設為已知，所以我們可視它為含未知數 $a_0, a_1, \ldots, a_{n-1}$ 的線性方程組。由此觀點，方程組的增廣矩陣是

$$\begin{bmatrix} 1 & x_1 & x_1^2 & \cdots & x_1^{n-1} & y_1 \\ 1 & x_2 & x_2^2 & \cdots & x_2^{n-1} & y_2 \\ \vdots & \vdots & \vdots & & \vdots & \vdots \\ 1 & x_n & x_n^2 & \cdots & x_n^{n-1} & y_n \end{bmatrix} \tag{14}$$

且因此插值多項式可由簡約此矩陣為簡約列梯型而得 (高斯-喬丹消去法)。

▶ **例題 6** 利用高斯-喬丹消去法求多項式插值

求一三次多項式使其圖形通過點

$$(1, 3), \quad (2, -2), \quad (3, -5), \quad (4, 0)$$

解：因為有四個點，我們將使用一個次數為 $n = 3$ 的插值多項式。將此多項式表為

$$p(x) = a_0 + a_1 x + a_2 x^2 + a_3 x^3$$

並將已知點的 x-座標及 y-座標表為

$$x_1 = 1,\ x_2 = 2,\ x_3 = 3,\ x_4 = 4 \quad \text{及} \quad y_1 = 3,\ y_2 = -2,\ y_3 = -5,\ y_4 = 0$$

因此，由 (14) 式，含未知數 a_0, a_1, a_2 及 a_3 之線性方程組的增廣矩陣為

$$\begin{bmatrix} 1 & x_1 & x_1^2 & x_1^3 & y_1 \\ 1 & x_2 & x_2^2 & x_2^3 & y_2 \\ 1 & x_3 & x_3^2 & x_3^3 & y_3 \\ 1 & x_4 & x_4^2 & x_4^3 & y_4 \end{bmatrix} = \begin{bmatrix} 1 & 1 & 1 & 1 & 3 \\ 1 & 2 & 4 & 8 & -2 \\ 1 & 3 & 9 & 27 & -5 \\ 1 & 4 & 16 & 64 & 0 \end{bmatrix}$$

留給讀者確認此矩陣的簡約列梯型是

$$\begin{bmatrix} 1 & 0 & 0 & 0 & 4 \\ 0 & 1 & 0 & 0 & 3 \\ 0 & 0 & 1 & 0 & -5 \\ 0 & 0 & 0 & 1 & 1 \end{bmatrix}$$

由此得 $a_0 = 4, a_1 = 3, a_2 = -5, a_3 = 1$。因此，插值多項式是

$$p(x) = 4 + 3x - 5x^2 + x^3$$

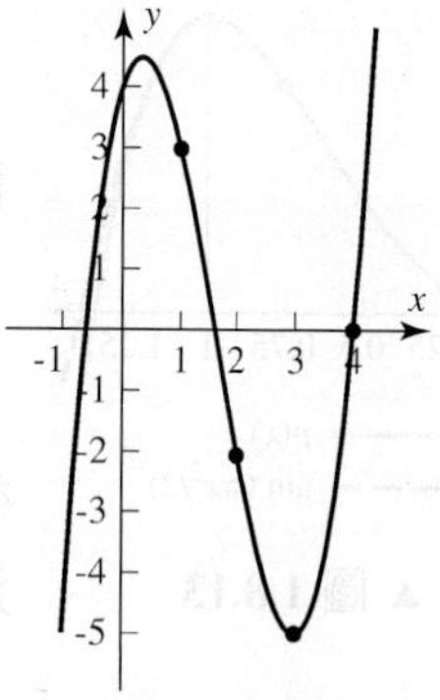

此多項式的圖形及所有已知點被示於圖 1.8.12。 ◀

▲ 圖 1.8.12

注釋： 稍後我們將給一個更有效的方法來求插值多項式，此法較適合於數據點較多的問題。

需要微積分及計算工具

▶ **例題 7** 近似積分

沒有直接方法來計算積分

$$\int_0^1 \sin\left(\frac{\pi x^2}{2}\right) dx$$

因為沒有方法可將被積分函數的反導函數以基本函數來表示。此積分可由 Simpson 法或一些類似方法來近似，但另一方法是以一插值多項式來近似被積分函數並積分此近似多項式。例如，讓我們考慮五個點

$$x_0 = 0, \quad x_1 = 0.25, \quad x_2 = 0.5, \quad x_3 = 0.75, \quad x_4 = 1$$

其將區間 $[0, 1]$ 分成四個等距子區間。

$$f(x) = \sin\left(\frac{\pi x^2}{2}\right)$$

在這些點的近似值是

$$f(0) = 0, \quad f(0.25) = 0.098017, \quad f(0.5) = 0.382683,$$
$$f(0.75) = 0.77301, \quad f(1) = 1$$

插值多項式是 (證明之)

$$p(x) = 0.098796x + 0.762356x^2 + 2.14429x^3 - 2.00544x^4 \tag{15}$$

且

$$\int_0^1 p(x)\,dx \approx 0.438501 \tag{16}$$

如圖 1.8.13 所示，f 和 p 的圖形在區間 [0, 1] 非常接近吻合，所以十分近似。

▲ 圖 1.8.13

概念複習

- 網路
- 分支
- 結點
- 流量守恆

- 電子電路：電池，電阻器，極 (正及負)，電子電位，歐姆定律，克希荷夫電流定律，克希荷夫電壓定律

- 化學方程式：反應物，生成物，平衡方程式
- 插值多項式

技 能

- 求網路上分支的流速及流向。
- 求流進電子電路某些部分的電流總量。
- 給一已知化學反應寫一平衡化學方程式。
- 求一插值多項式使其圖形通過一已知點集合。

習題集 1.8

1. 附圖顯示一網路，其中在某些分支的流速及流向為已知。求剩餘分支的流速及流向。

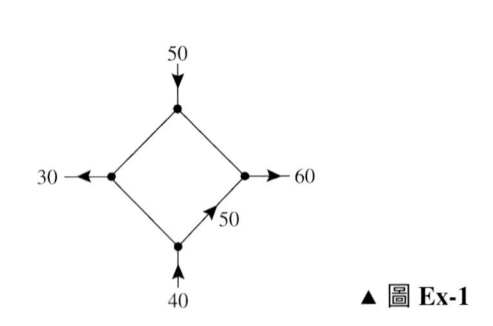

▲ 圖 Ex-1

2. 附圖顯示一個石油提煉廠，烴進出一個管子網路的已知流速。
   (a) 建一線性方程組使其解提供所有未知的流速。
   (b) 解此方程組給未知的流速。
   (c) 若 $x_4 = 50$ 且 $x_6 = 0$，求所有流速及流向。

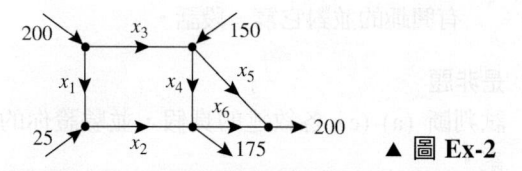

▲ 圖 Ex-2

3. 附圖說明一個單向街道的網路並標示交通流向。所有街道的流速以每小時平均車輛數來量度。

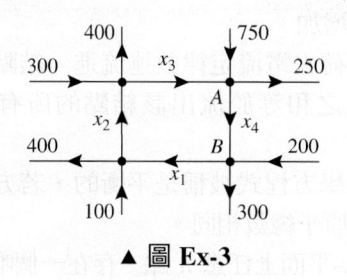

▲ 圖 Ex-3

   (a) 建一線性方程組使其解提供所有未知的流速。
   (b) 解此方程組給未知的流速。
   (c) 若因修路，由 A 到 B 之道路流量必須減少，則所需的最小流量為何以保持所有道路上的交通流動？

4. 附圖說明一個單向街道的網路並標示交通流向。所有街道的流速以每小時平均車輛數來量度。
   (a) 建一線性方程組使其解提供所有未知的流速。
   (b) 解此方程組給未知的流速。
   (c) 是否可能封閉由 A 到 B 的道路以便修路並保持其他所有街道的交通流動？試解釋之。

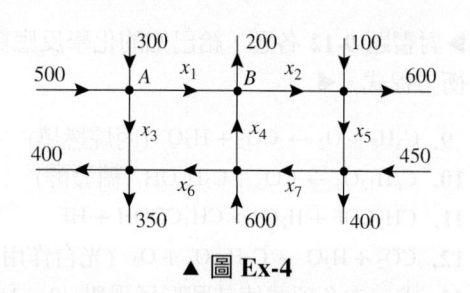

▲ 圖 Ex-4

▶對習題 5-8 各題，利用求所有未知電流來分析所給的電子電路。◀

5.

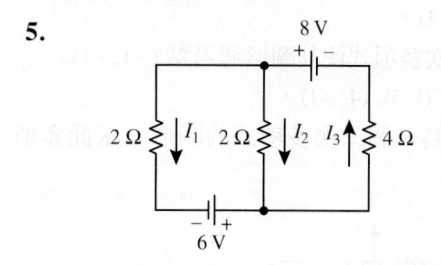

6.

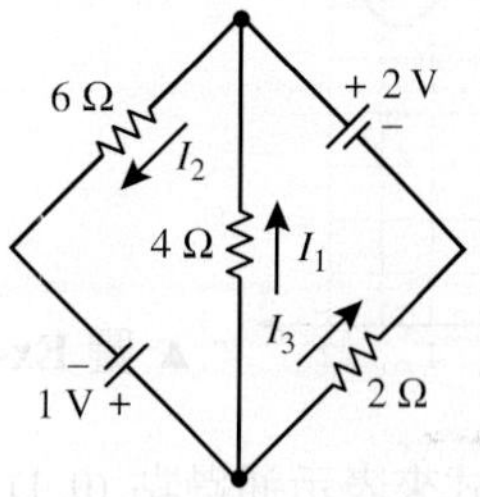

7.

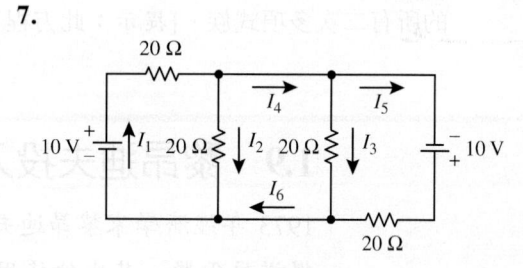

8.

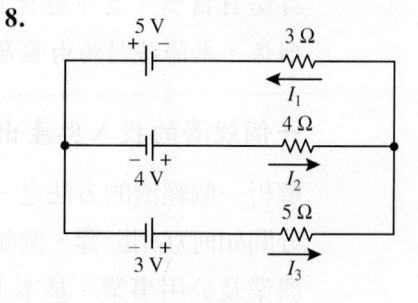

▶對習題 **9-12** 各題，給已知的化學反應寫一平衡方程式。◀

9. $C_3H_8 + O_2 \rightarrow CO_2 + H_2O$ （丙烷燃燒）
10. $C_6H_{12}O_6 \rightarrow CO_2 + C_2H_5OH$ （糖發酵）
11. $CH_3COF + H_2O \rightarrow CH_3COOH + HF$
12. $CO_2 + H_2O \rightarrow C_6H_{12}O_6 + O_2$ （光合作用）
13. 求二次多項式使其圖形通過點 $(0, -1), (1, 2)$ 及 $(-1, 0)$。
14. 求二次多項式使其圖形通過點 $(0, 0), (-1, 1)$ 及 $(1, 1)$。
15. 求三次多項式使其圖形通過點 $(-1, -1)$, $(0, 1), (1, 3), (4, -1)$。
16. 附圖為一個三次多項式的圖形，求此多項式。

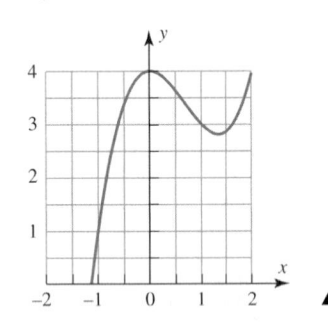

▲ 圖 Ex-16

17. (a) 求一方程式來表示通過點 $(0, 1)$ 及 $(1, 2)$ 的所有二次多項式族。[提示：此方程式將含一個任意參數，當參數變動時產生家族的所有成員。]
    (b) 用手或借圖形工具之助，繪出這個族裡的四條曲線。
18. 本節我們僅選取少許線性方程組的應用。使用網際網路作為搜尋工具，試著找一些此類方程組的更真實世界應用。選一個你有興趣的並對它寫一段話。

是非題

試判斷 (a)-(e) 各敘述的真假，並驗證你的答案。

(a) 在任一網路裡，一結點的流出之和必等於一結點的流進之和。
(b) 當一電流通過一電阻器時，電路裡的電子電位增加。
(c) 克希荷夫電流定律敘述流進一結點的所有電流之和等於流出該結點的所有電流之和。
(d) 一化學方程式被稱是平衡的，若方程式各邊的原子總數相同。
(e) 給 xy-平面上任意 n 點，存在一個唯一的次數小於或等於 $n-1$ 之多項式，使其圖形通過那些點。

1.9 黎昂迪夫投入-產出模型

1973 年經濟學家黎昂迪夫 (Wassily Leontief) 因在經濟模型上的成就而得諾貝爾獎，其中他使用矩陣方法來研究一個經濟內不同部分之間的關係。本節將討論由黎昂迪夫所發展的一些概念。

一個經濟的投入與產出

解析一個經濟的方法之一是將它分成幾個部分 (sectors)，並研究所有部分間如何互相影響。例如，一個簡單經濟可被分成三個部分——製造、農業及公用事業。基本上，一個部分將產生某種**產出** (outputs) 但亦將

需要來自其他部分和本身的投入 (inputs)。例如，農業部分可生產麥作為一個產出，但需要來自製造業部分的農機，來自公用事業部分的電力，及來自自己部分的食物來養活自己的工人等投入。因此，我們可將一個經濟想像為一個網路，其中投入和產出流進流出所有部分；此類流量的研究被稱是**投入-產出分析** (input-output analysis)。投入和產出通常以金錢單位 (例如，美元或百萬美元) 來測量，但其他測量單位亦是可能的。

一個真實經濟的部分間之流量不總是明顯的。例如，在二次世界大戰，美國有一個 50,000 架新飛機的需求，其需要許多新的鋁製造廠來建造。此產生一個無法預期的大量需求給某些銅電子部門，反而產生銅的短缺。向 Fort Knox 借來銀作為銅的替代，這個問題終於解決。所有可能的新式投入-產出分析均參與銅的短缺。

一個經濟的多數部分將生產產出，但可能存在有些部分，其消耗產出而不生產自己的任何產出 (例如，消費者市場)。不生產產出的那些部分，稱之為**開放部分** (open sectors)。沒有開放部分的經濟被稱是**封閉經濟** (closed economies)，而有一個或更多個開放部分的經濟被稱為**開放經濟** (open economies) (圖 1.9.1)。本節將關心具一個開放部分的經濟，且我們的主要目標是產出層面，產出層面是生產部分所需要的，以支撐它們自己及滿足開放部分的需求。

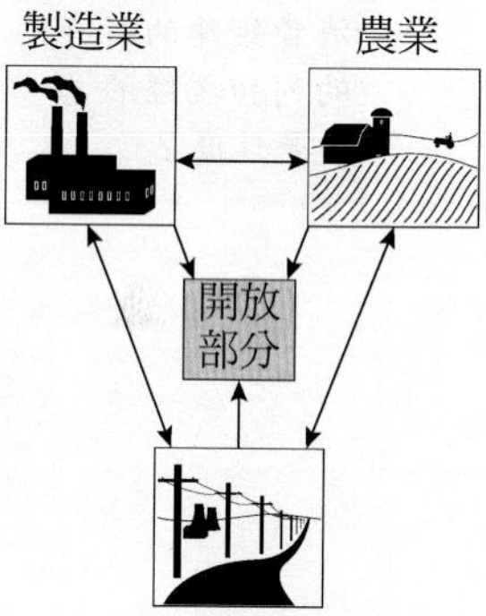

▲ 圖 1.9.1

一個開放經濟的黎昂迪夫模型

讓我們考慮一個簡單的開放經濟，其具有一個開放部分及三個產品-生產部分：製造業、農業及公用事業。假設投入及產出係以美元來度量，且生產部分生產 1 美元價值的產出需要的投入列於表 1。

表 1

每美元產出所需的投入

		製造業	農　業	公用事業
供應者	製造業	$ 0.50	$ 0.10	$ 0.10
	農　業	$ 0.20	$ 0.50	$ 0.30
	公用事業	$ 0.10	$ 0.30	$ 0.40

通常，我們將抑制標籤並將此矩陣表為

$$C = \begin{bmatrix} 0.5 & 0.1 & 0.1 \\ 0.2 & 0.5 & 0.3 \\ 0.1 & 0.3 & 0.4 \end{bmatrix} \tag{1}$$

稱此矩陣為該經濟的**消費矩陣** (consumption matrix) [或有時候稱**科技矩陣** (technology matrix)]。C 之行向量

$$\mathbf{c}_1 = \begin{bmatrix} 0.5 \\ 0.2 \\ 0.1 \end{bmatrix}, \quad \mathbf{c}_2 = \begin{bmatrix} 0.1 \\ 0.5 \\ 0.3 \end{bmatrix}, \quad \mathbf{c}_3 = \begin{bmatrix} 0.1 \\ 0.3 \\ 0.4 \end{bmatrix}$$

> 消費矩陣的所有的列和之經濟意義是什麼？

分別列出由製造業、農業及公用事業部分生產 $1.00 價值的產出所需的投入。這些向量被稱是所有部分的**消費向量** (consumption vectors)。例如，$\mathbf{c}_1$ 告訴我們生產 $1.00 價值的產生，製造業部分需 $0.50 價值的製造業產出，$0.20 價值的農業產出，及 $0.10 價值的公共事業產出。

繼續上面的例題，假設開放部分想要經濟以美元價值供應它製造的商品、農產品及公用事業：

$$\begin{array}{ll} \text{製造商品} & d_1 \text{ 元} \\ \text{農產品} & d_2 \text{ 元} \\ \text{公用事業} & d_3 \text{ 元} \end{array}$$

以這些數字作為逐次分量的行向量 $\mathbf{d}$ 被稱是**外部需求向量** (outside demand vector)。因為產品-生產部分消耗一些它們自己的產出，它們的產出之美元值必須涵蓋它們自己的需要加上外部需求。假設處理這個需要的美元值是

$$\begin{array}{ll} \text{製造商品} & x_1 \text{ 元} \\ \text{農產品} & x_2 \text{ 元} \\ \text{公用事業} & x_3 \text{ 元} \end{array}$$

以這些數字作為逐次分量的行向量 $\mathbf{x}$ 被稱是該經濟**生產向量** (production

Wassily Leontief (1906–1999)

史記：有點意料之外的，俄羅斯出生的 Wassily Leontief，由於開拓解析自由市場經濟的最新方法，於 1973 年獲得諾貝爾獎。Leontief 是一位早熟的學生，他於 15 歲進入列寧格勒大學。受到蘇維埃體系知識份子控制的困擾，他因反共活動而入獄，之後他前往柏林大學，於 1928 年得到他的博士學位。他於 1931 年來到美國，得到哈佛及紐約大學的教職。

[相片：摘錄自 ©*Bettmann* /© *Corbis*]

vector)。對具消費矩陣 (1) 的經濟，生產向量 **x** 將由三個生產部分消耗的部分是

$$x_1 \begin{bmatrix} 0.5 \\ 0.2 \\ 0.1 \end{bmatrix} + x_2 \begin{bmatrix} 0.1 \\ 0.5 \\ 0.3 \end{bmatrix} + x_3 \begin{bmatrix} 0.1 \\ 0.3 \\ 0.4 \end{bmatrix} = \begin{bmatrix} 0.5 & 0.1 & 0.1 \\ 0.2 & 0.5 & 0.3 \\ 0.1 & 0.3 & 0.4 \end{bmatrix} \begin{bmatrix} x_1 \\ x_2 \\ x_3 \end{bmatrix} = C\mathbf{x}$$

（製造業消耗的部分）（農業消耗的部分）（公用事業消耗的部分）

向量 $C\mathbf{x}$ 被稱為該經濟的**中間需求向量** (intermediale demand vector)。一旦中間需求出現，滿足外部需求所留下的生產部分是 $\mathbf{x} - C\mathbf{x}$。因此，若外部需求向量是 **d**，則 **x** 必滿足方程式

$$\underset{\text{生產向量}}{\mathbf{x}} - \underset{\text{中間需求}}{C\mathbf{x}} = \underset{\text{外部需求}}{\mathbf{d}}$$

其可改寫為

$$(I - C)\mathbf{x} = \mathbf{d} \qquad (2)$$

矩陣 $I - C$ 被稱是**黎昂迪夫矩陣** (Leontief matrix) 且 (2) 式被稱為**黎昂迪夫方程式** (Leontief equation)。

▶ **例題 1　滿足外部需求**

考慮表 1 所描述的經濟。假設開放部分有一個 \$7,900 價值製造商品，\$3,950 價值農產品，及 \$1,975 價值的公用事業之需求。

(a) 這個經濟可達成這個需求嗎？
(b) 若可以，求恰可達成這個需求的生產向量 **x**。

解：消費矩陣、生產向量及外部需求向量分別是

$$C = \begin{bmatrix} 0.5 & 0.1 & 0.1 \\ 0.2 & 0.5 & 0.3 \\ 0.1 & 0.3 & 0.4 \end{bmatrix}, \quad \mathbf{x} = \begin{bmatrix} x_1 \\ x_2 \\ x_3 \end{bmatrix}, \quad \mathbf{d} = \begin{bmatrix} 7900 \\ 3950 \\ 1975 \end{bmatrix} \qquad (3)$$

欲達成外部需求，向量 **x** 必須滿足黎昂迪夫方程式 (2)，所以本問題簡化為解線性方程組

$$\begin{bmatrix} 0.5 & -0.1 & -0.1 \\ -0.2 & 0.5 & -0.3 \\ -0.1 & -0.3 & 0.6 \end{bmatrix} \begin{bmatrix} x_1 \\ x_2 \\ x_3 \end{bmatrix} = \begin{bmatrix} 7900 \\ 3950 \\ 1975 \end{bmatrix} \quad (4)$$

$$\quad\;\; I - C \qquad\qquad\;\; \mathbf{x} \qquad\; \mathbf{d}$$

(若相容)。留給讀者證明此方程組之增廣矩陣的簡約列梯型是

$$\begin{bmatrix} 1 & 0 & 0 & | & 27{,}500 \\ 0 & 1 & 0 & | & 33{,}750 \\ 0 & 0 & 1 & | & 24{,}750 \end{bmatrix}$$

此告訴我們 (4) 式是相容的，且該經濟能滿足開放部分的需求，其恰生產 $27,500 價值的製造業產出，$33,750 價值的農業產出，及 $24,750 價值的公用事業產出。◀

可生產的開放經濟

在前面的討論裡，我們考慮含三個產品-生產部分的經濟；相同的概念應用至含 n 個產品-生產部分的開放經濟。此時，消費矩陣、生產向量及外部需求向量之型式為

$$C = \begin{bmatrix} c_{11} & c_{12} & \cdots & c_{1n} \\ c_{21} & c_{22} & \cdots & c_{2n} \\ \vdots & \vdots & & \vdots \\ c_{n1} & c_{n2} & \cdots & c_{nn} \end{bmatrix}, \quad \mathbf{x} = \begin{bmatrix} x_1 \\ x_2 \\ \vdots \\ x_n \end{bmatrix}, \quad \mathbf{d} = \begin{bmatrix} d_1 \\ d_2 \\ \vdots \\ d_n \end{bmatrix}$$

其中所有元素均為非負的且

c_{ij} = 第 j 個部分生產一單位的產品所需的第 i 個部分產出的貨幣值

x_i = 第 i 個部分產出的貨幣值

d_i = 為達成開放部分所需的第 i 個部分產出的貨幣值。

注釋：注意 C 的第 j 個行向量含有第 j 個部分生產一個貨幣單位產出需要其他部分的貨幣值，而 C 的第 i 個列向量含有其他每個部分生產一個貨幣單位產出需要第 j 個部分的貨幣值。

如上一個例題所討論的，達成外部部分的需求 $\mathbf{d}$ 之生產向量 $\mathbf{x}$ 必須滿足黎昂迪夫方程式

$$(I - C)\mathbf{x} = \mathbf{d}$$

若矩陣 $I-C$ 是可逆的，則此方程式有唯一解

$$\mathbf{x} = (I-C)^{-1}\mathbf{d} \tag{5}$$

對每個需求向量 $\mathbf{d}$。然而，因為 $\mathbf{x}$ 要成為一個有效的生產向量，它必須有非負元素，所以經濟學上重要的問題是決定條件使得黎昂迪夫有一個具非負元素的解。

明顯的由 (5) 式可知，若 $I-C$ 是可逆的且若 $(I-C)^{-1}$ 有非負元素，則對每個需求向量 $\mathbf{d}$，所對應的 $\mathbf{x}$ 將亦有非負元素，且因此將是該經濟的一個有效生產向量。滿足 $(I-C)^{-1}$ 有非負元素的經濟被稱為**可生產** (productive)。此類經濟是值得想望的，因為需求總是能由某些生產層面達成。下一個定理，其證明可被發現在許多經濟學的書裡，給出條件使得開放經濟是可生產的。

定理 1.9.1：若 C 是某開放經濟的消費矩陣，且若所有的行和均小於 1，則矩陣 $I-C$ 是可逆的，$(I-C)^{-1}$ 的所有元素是非負的，且該經濟是可生產的。

注釋：C 的第 j 個行和表示第 i 個部分生產 \$1 的產出所需的投入總美元值，所以若第 j 個行和小於 1，則第 j 個部分需要小於 \$1 的投入來生產 \$1 的產出；此時我們稱第 j 個部分是**有利潤的** (profitable)。因此，定理 1.9.1 敘述若一個開放經濟的所有產品生產部分是有利潤的，則該經濟是可生產的。在習題裡，我們將要求你證明一個開放經濟是可生產的，若 C 的所有的列和均小於 1 (習題 11)。因此，一個開放經濟是可生產的，若不是 C 的所有的行和小於 1 就是所有的列和小於 1。

▶**例題 2** 所有部分均是有利潤的開放經濟

(1) 式中的消費矩陣 C 的所有的行和均小於 1，所以 $(I-C)^{-1}$ 存在且有非負元素。使用一個計算設備確認這個，並使用這個逆矩陣解例題 1 的方程式 (4)。

解：留給讀者證明

$$(I-C)^{-1} \approx \begin{bmatrix} 2.65823 & 1.13924 & 1.01266 \\ 1.89873 & 3.67089 & 2.15190 \\ 1.39241 & 2.02532 & 2.91139 \end{bmatrix}$$

此矩陣有非負元素,且

$$\mathbf{x} = (I-C)^{-1}\mathbf{d} \approx \begin{bmatrix} 2.65823 & 1.13924 & 1.01266 \\ 1.89873 & 3.67089 & 2.15190 \\ 1.39241 & 2.02532 & 2.91139 \end{bmatrix} \begin{bmatrix} 7900 \\ 3950 \\ 1975 \end{bmatrix} \approx \begin{bmatrix} 27{,}500 \\ 33{,}750 \\ 24{,}750 \end{bmatrix}$$

其和例題 1 的解一致。 ◂

概念複習

- 部分
- 投入
- 產出
- 投入-產出分析
- 開放部分
- 經濟:開放,封閉
- 消費 (科技) 矩陣
- 消費向量
- 外部需求向量
- 生產向量
- 中間需求向量
- 黎昂迪夫矩陣
- 黎昂迪夫方程式

技　能

- 建構一個消費矩陣給某經濟。
- 了解經濟某個部分的向量間關係:消費、外部需求、生產及中間需求。

習題集 1.9

1. 一家影印店 (C) 和一家紙張公司 (P) 互相服務。C 每做 $1.00 的生意,它使用 $0.10 的自己服務及 $0.30 的 P 之服務,且 P 每做 $1.00 的生意,它使用 $0.20 的自己服務及 $0.10 的 C 之服務。
    (a) 建構一個消費矩陣給這個經濟。
    (b) C 和 P 必須各生產多少以供給客戶 $9,000 價值的影印服務及 $6,000 的紙張供應?

2. 一個簡單經濟生產食物 (F) 及住宿 (H)。$1.00 價值食物的產品需 $0.30 價值食物及 $0.10 價值住宿,且 $1.00 價值住宿的產品需 $0.20 價值食物及 $0.60 價值住宿。
    (a) 建構一個消費矩陣給這個經濟。
    (b) 食物和住宿必須生產多少美元價值給這個經濟以提供消費者 $130,000 價值食物及 $130,000 價值住宿?

3. 考慮附表所描述的開放經濟,表中是對 $1.00 的產出所需的投入 (以美元計)。
    (a) 找消費矩陣給這個經濟。
    (b) 假設開放部分有一個 $6,000 價值住宿,$3,000 價值食物及 $2,000 價值設備之需求。使用列簡化來求一個生產向量以恰達成這個需求。

    表 Ex-3

    每美元產出所需的投入

		住宿	食物	設備
供應者	住宿	$ 0.20	$ 0.60	$ 0.50
	食物	$ 0.40	$ 0.20	$ 0.20
	設備	$ 0.20	$ 0.10	$ 0.20

4. 某家公司生產 Web 設計、軟體及網路服務,將此公司視為附表所描述的開放經

濟，表中是對 $1.00 的產出所需的投入 (以美元計)。
(a) 找消費矩陣給該公司。
(b) 假設客戶 (開放部分) 有一個 $5,400 價值 Web 設計、$2,700 價值軟體及 $900 價值網路服務之需求。使用列簡化求一個生產向量以恰達成這個需求。

表 Ex-4

每美元產出所需的投入

		Web 設計	軟　體	網路服務
供應者	Web 設計	$ 0.40	$ 0.20	$ 0.45
	軟　體	$ 0.30	$ 0.35	$ 0.30
	網路服務	$ 0.15	$ 0.10	$ 0.20

▶對習題 5-6 各題，使用矩陣逆方法，對消費矩陣 C 求達成需求 $\mathbf{d}$ 的生產向量。

5. $C = \begin{bmatrix} 0.1 & 0.3 \\ 0.5 & 0.4 \end{bmatrix}$；$\mathbf{d} = \begin{bmatrix} 50 \\ 60 \end{bmatrix}$

6. $C = \begin{bmatrix} 0.3 & 0.1 \\ 0.3 & 0.7 \end{bmatrix}$；$\mathbf{d} = \begin{bmatrix} 22 \\ 14 \end{bmatrix}$

7. 對各小題，證明具消費矩陣 C 的開放經濟是可生產的：

   (a) $C = \begin{bmatrix} 0.4 & 0.3 & 0.5 \\ 0.2 & 0.5 & 0.2 \\ 0.2 & 0.1 & 0.1 \end{bmatrix}$

   (b) $C = \begin{bmatrix} 0.4 & 0.1 & 0.2 \\ 0.3 & 0.1 & 0.5 \\ 0.4 & 0.3 & 0.2 \end{bmatrix}$

8. 考慮一個開放經濟，其有消費矩陣

$$C = \begin{bmatrix} \frac{1}{2} & \frac{1}{4} & \frac{1}{4} \\ \frac{1}{2} & \frac{1}{8} & \frac{1}{4} \\ \frac{1}{2} & \frac{1}{4} & \frac{1}{8} \end{bmatrix}$$

若開放部分從各個產品-生產部分需要相同美元價值，則哪一個部分必須生產最大的美元價值以達成需求？

9. 考慮一個開放經濟，其具有消費矩陣

$$C = \begin{bmatrix} c_{11} & c_{12} \\ c_{21} & 0 \end{bmatrix}$$

證明對每個需求向量 $\mathbf{d}$，黎昂迪夫方程式 $\mathbf{x} - C\mathbf{x} = \mathbf{d}$ 有一個唯一解若 $c_{21}c_{12} < 1 - c_{11}$。

10. (a) 考慮一個具消費矩陣 C 的開放經濟，C 的所有的行和均小於 1，且令 $\mathbf{x}$ 為生產向量滿足一個外部需求 $\mathbf{d}$；亦即，$(I-C)^{-1}\mathbf{d} = \mathbf{x}$。令 $\mathbf{d}_j$ 為需求向量，其得自將 $\mathbf{d}$ 的第 j 個元素增加 1，而其他元素固定不變。證明達成此需求的生產向量 $\mathbf{x}_j$ 是

$$\mathbf{x}_j = \mathbf{x} + (I-C)^{-1} \text{的第 } j \text{ 個行向量}$$

   (b) 以文字敘述，$(I-C)^{-1}$ 的第 j 個行向量之經濟意義是什麼？[提示：看看 $\mathbf{x}_j - \mathbf{x}$。]

11. 證明：若 C 是一個 $n \times n$ 階矩陣，其元素是非負的且其所有的列和均小於 1，則 $I-C$ 是可逆的且有非負元素。[提示：$(A^T)^{-1} = (A^{-1})^T$ 對任一可逆矩陣 A。]

是非題

試判斷 (a)-(e) 各敘述的真假，並驗證你的答案。

(a) 一個經濟生產產出的部分被稱是開放部分。

(b) 一個封閉經濟是沒有開放部分的經濟。

(c) 消費矩陣的所有列表示經濟的一個部分之產生。

(d) 若消費矩陣的所有行和均小於 1，則黎昂迪夫矩陣是可逆的。

(e) 黎昂迪夫方程式敘述某經濟之生產向量和外部需求向量的關係。

第一章　補充習題

▶習題 **1-4** 之各矩陣為某線性方程組的增廣矩陣。請寫出相對應的線性方程組，並使用高斯消去法解線性方程組。若必要時可引進自由參數。◀

1. $\begin{bmatrix} 3 & -1 & 0 & 4 & 1 \\ 2 & 0 & 3 & 3 & -1 \end{bmatrix}$

2. $\begin{bmatrix} 1 & 4 & -1 \\ -2 & -8 & 2 \\ 3 & 12 & -3 \\ 0 & 0 & 0 \end{bmatrix}$

3. $\begin{bmatrix} 2 & -4 & 1 & 6 \\ -4 & 0 & 3 & -1 \\ 0 & 1 & -1 & 3 \end{bmatrix}$

4. $\begin{bmatrix} 3 & 1 & -2 \\ -9 & -3 & 6 \\ 6 & 2 & 1 \end{bmatrix}$

5. 利用高斯-喬丹消去法來求以 x 及 y 表示的 x' 與 y'。

$$x = \tfrac{3}{5}x' - \tfrac{4}{5}y'$$
$$y = \tfrac{4}{5}x' + \tfrac{3}{5}y'$$

6. 使用高斯-喬丹消去法來求以 x 及 y 表示的 x' 與 y'。

$$x = x'\cos\theta - y'\sin\theta$$
$$y = x'\sin\theta + y'\cos\theta$$

7. 找出正整數以滿足

$$x + y + z = 9$$
$$x + 5y + 10z = 44$$

8. 某個箱子中含一分、五分及一角等錢幣共 13 枚，總值為 83 分。在箱子中的每一種錢幣各有若干枚？

9. 令

$$\begin{bmatrix} a & 0 & b & 2 \\ a & a & 4 & 4 \\ 0 & a & 2 & b \end{bmatrix}$$

為某一線性方程組之增廣矩陣，試決定 a 與 b 之值，以滿足方程組具有：

   (a) 唯一解。
   (b) 含一參數之解。
   (c) 含兩參數之解。
   (d) 無解。

10. 試決定 a 值，使下面的方程組為零解、一解、無窮多組解。

$$x_1 + x_2 + x_3 = 4$$
$$x_3 = 2$$
$$(a^2 - 4)x_3 = a - 2$$

11. 試求滿足 $AKB = C$ 的矩陣 K，已知

$$A = \begin{bmatrix} 1 & 4 \\ -2 & 3 \\ 1 & -2 \end{bmatrix}, \quad B = \begin{bmatrix} 2 & 0 & 0 \\ 0 & 1 & -1 \end{bmatrix},$$

$$C = \begin{bmatrix} 8 & 6 & -6 \\ 6 & -1 & 1 \\ -4 & 0 & 0 \end{bmatrix}$$

12. 下面方程組之係數 a, b 及 c 應如何選取，才能使方程組之解為 $x=1, y=-1, z=2$？

$$ax + by - 3z = -3$$
$$-2x - by + cz = -1$$
$$ax + 3y - cz = -3$$

13. 試解下列各矩陣方程式中的 X。

   (a) $X \begin{bmatrix} -1 & 0 & 1 \\ 1 & 1 & 0 \\ 3 & 1 & -1 \end{bmatrix} = \begin{bmatrix} 1 & 2 & 0 \\ -3 & 1 & 5 \end{bmatrix}$

   (b) $X \begin{bmatrix} 1 & -1 & 2 \\ 3 & 0 & 1 \end{bmatrix} = \begin{bmatrix} -5 & -1 & 0 \\ 6 & -3 & 7 \end{bmatrix}$

   (c) $\begin{bmatrix} 3 & 1 \\ -1 & 2 \end{bmatrix} X - X \begin{bmatrix} 1 & 4 \\ 2 & 0 \end{bmatrix} = \begin{bmatrix} 2 & -2 \\ 5 & 4 \end{bmatrix}$

14. 令 A 為一方陣。
   (a) 試證明若 $A^4 = 0$，則
   $(I - A)^{-1} = I + A + A^2 + A^3$。
   (b) 試證明若 $A^{n+1} = 0$，則

$(I-A)^{-1} = I + A + A^2 + \cdots + A^n$。

15. 試求使多項式 $p(x)=ax^2+bx+c$ 之圖形通過 $(1,2), (-1,6)$ 及 $(2,3)$ 三個點的 a, b 及 c 之值。

16. (需使用微積分) 試求使多項式 $p(x)=ax^2+bx+c$ 之圖形通過點 $(-1,0)$ 且在 $(2,-9)$ 有一水平切線的 a, b, c 值。

17. 若 J_n 為一 $n \times n$ 階矩陣且所有的元素皆為 1，試證明
$$(I-J_n)^{-1} = I - \frac{1}{n-1}J_n$$

18. 證明：若方陣 A 滿足下面方程式，則其轉置矩陣 A^T 亦滿足下式。
$$A^3 + 4A^2 - 2A + 7I = 0$$

19. 證明：若 B 為可逆的，則 $AB^{-1} = B^{-1}A$ 若且唯若 $AB = BA$。

20. 證明：若 A 為可逆的，則 $A+B$ 與 $I+BA^{-1}$ 同時為可逆或同時皆為不可逆的。

21. 證明：若 A 為一 $m \times n$ 階之矩陣且 B 為 $n \times 1$ 階之矩陣，及矩陣 B 的每一元素皆為 $1/n$，則
$$AB = \begin{bmatrix} \bar{r}_1 \\ \bar{r}_2 \\ \vdots \\ \bar{r}_m \end{bmatrix}$$

此處 $\bar{r}_i$ 為 A 第 i 列之所有元素值的平均數。

22. (需使用微積分) 假若
$$C = \begin{bmatrix} c_{11}(x) & c_{12}(x) & \cdots & c_{1n}(x) \\ c_{21}(x) & c_{22}(x) & \cdots & c_{2n}(x) \\ \vdots & \vdots & & \vdots \\ c_{m1}(x) & c_{m2}(x) & \cdots & c_{mn}(x) \end{bmatrix}$$

此處 $c_{ij}(x)$ 為 x 的一可微分函數，則我們定義

$$\frac{dC}{dx} = \begin{bmatrix} c'_{11}(x) & c'_{12}(x) & \cdots & c'_{1n}(x) \\ c'_{21}(x) & c'_{22}(x) & \cdots & c'_{2n}(x) \\ \vdots & \vdots & & \vdots \\ c'_{m1}(x) & c'_{m2}(x) & \cdots & c'_{mn}(x) \end{bmatrix}$$

證明：若矩陣 A 及 B 中元素皆為 x 的可微分函數，且矩陣之階可作下列指定運算，則

(a) $\dfrac{d}{dx}(kA) = k\dfrac{dA}{dx}$

(b) $\dfrac{d}{dx}(A+B) = \dfrac{dA}{dx} + \dfrac{dB}{dx}$

(c) $\dfrac{d}{dx}(AB) = \dfrac{dA}{dx}B + A\dfrac{dB}{dx}$

23. (需使用微積分) 利用習題 22(c)，證明
$$\frac{dA^{-1}}{dx} = -A^{-1}\frac{dA}{dx}A^{-1}$$

並說明你在求此公式之過程中，所做的所有假設。

24. 假設下面各逆矩陣皆存在，證明下面各等式。

(a) $(C^{-1} + D^{-1})^{-1} = C(C+D)^{-1}D$

(b) $(I + CD)^{-1}C = C(I + DC)^{-1}$

(c) $(C + DD^T)^{-1}D = C^{-1}D(I + D^TC^{-1}D)^{-1}$

CHAPTER 2

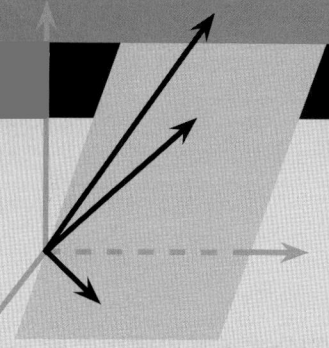

行列式

本章目錄　2.1　利用餘因子展開式的行列式
　　　　　2.2　利用列簡化計算行列式
　　　　　2.3　行列式的性質；柯拉瑪法則

引　言　本章我們將學習「行列式」或更精確點，「行列式函數」。不像實值函數，例如 $f(x)=x^2$，對一個實變數 x 指定一個實數值，行列式函數對一個矩陣變數 A 指定一個實數 $f(A)$。雖然行列式首先出現在解線性方程組的內文裡，但它們不再被用來解真實世界的應用方面。雖然它們可有效的來解非常小的線性方程組(含兩個或三個未知數)，但我們對它們的主要興趣在於它們和線性代數的多種概念聯結在一起並提供一個有用的公式給矩陣之反矩陣。

2.1　利用餘因子展開式的行列式

本節我們將定義一個「行列式」的觀念。此觀念可使我們給一個求可逆矩陣之逆矩陣的明確公式，至今我們僅有一個求逆矩陣的計算程序。最後行列式將提供我們一個解某類線性方程組之解的公式。

回顧定理 1.4.5，2×2 階矩陣

$$A = \begin{bmatrix} a & b \\ c & d \end{bmatrix}$$

警語：應謹記在心，$\det(A)$ 是一個數，而 A 是一個矩陣。

為可逆的若且唯若 $ad-bc \neq 0$，且表示式 $ad-bc$ 被稱為矩陣 A 的行列式 (determinant)。此行列式亦被表為

$$\det(A) = ad - bc \quad \text{或} \quad \begin{vmatrix} a & b \\ c & d \end{vmatrix} = ad - bc \tag{1}$$

且 A 的逆矩陣可以行列式表示為

117

$$A^{-1} = \frac{1}{\det(A)} \begin{bmatrix} d & -b \\ -c & a \end{bmatrix} \qquad (2)$$

子行列式及餘因子

本章的主要目標之一是想得到一個類似公式 (2) 的公式，其可應用至所有階數的方陣。為此目的，我們將發現在寫矩陣或行列式時，使用標下標的元素有其方便性。因此，若我們表一個 2×2 階矩陣為

$$A = \begin{bmatrix} a_{11} & a_{12} \\ a_{21} & a_{22} \end{bmatrix}$$

則 (1) 式中的兩個方程式有型式

> 我們定義一個 1×1 階矩陣 $A = [a_{11}]$ 的行列式為 $\det[A] = \det[a_{11}] = a_{11}$。

$$\det(A) = \begin{vmatrix} a_{11} & a_{12} \\ a_{21} & a_{22} \end{vmatrix} = a_{11}a_{22} - a_{12}a_{21} \qquad (3)$$

下一個定義對擴大行列式定義至較高階矩陣將是一個關鍵。

定義 1：若 A 為一方陣，則元素 a_{ij} 的**子行列式** (minor) 以 M_{ij} 表示，並以由 A 移去第 i 列及第 j 行之元素後所剩之子矩陣的行列式定義之。$(-1)^{i+j}M_{ij}$ 的值以 C_{ij} 表示並稱之為元素 a_{ij} 的**餘因子** (cofactor)。

▶ **例題 1** 求子行列式及餘因子

令

$$A = \begin{bmatrix} 3 & 1 & -4 \\ 2 & 5 & 6 \\ 1 & 4 & 8 \end{bmatrix}$$

元素 a_{11} 的子行列式為

> **警語**：我們跟隨標準慣例使用大寫字母表示子行列式及餘因子，即使它們是數值而非矩陣。

$$M_{11} = \begin{vmatrix} 3 & 1 & -4 \\ 2 & 5 & 6 \\ 1 & 4 & 8 \end{vmatrix} = \begin{vmatrix} 5 & 6 \\ 4 & 8 \end{vmatrix} = 16$$

a_{11} 的餘因子為

$$C_{11} = (-1)^{1+1} M_{11} = M_{11} = 16$$

同理，元素 a_{32} 的子行列式為

$$M_{32} = \begin{vmatrix} 3 & 1 & -4 \\ 2 & 5 & 6 \\ 1 & 4 & 8 \end{vmatrix} = \begin{vmatrix} 3 & -4 \\ 2 & 6 \end{vmatrix} = 26$$

a_{32} 的餘因子為

$$C_{32} = (-1)^{3+2} M_{32} = -M_{32} = -26$$ ◀

注釋：注意一個子行列式 M_{ij} 和其對應之餘因子 C_{ij} 兩者之間不是相同就是相互差一個負號且相關符號 $(-1)^{i+j}$ 不是 1 就是 -1，和棋盤陣列中的型式一致。

$$\begin{bmatrix} + & - & + & - & + & \cdots \\ - & + & - & + & - & \cdots \\ + & - & + & - & + & \cdots \\ - & + & - & + & - & \cdots \\ \vdots & \vdots & \vdots & \vdots & \vdots & \end{bmatrix}$$

例如，$C_{11} = M_{11}$, $C_{21} = -M_{21}$, $C_{22} = M_{22}$ 等等。因此，欲計算 C_{ij}，從未真正必要計算 $(-1)^{i+j}$ ——你可簡單的計算子行列式 M_{ij}，然後對準棋盤中之符號即可。

▶ **例題 2   2×2 階矩陣的餘因子展開式**

一個 2×2 階矩陣 $A = [a_{ij}]$ 的棋盤型是

$$\begin{bmatrix} + & - \\ - & + \end{bmatrix}$$

所以

史記：行列式這個名詞首先由德國數學家 Carl Friedrich Gauss 於 1801 年引介，他使用它們來「決定」某種函數的性質。有趣的是，矩陣這個名詞是來自拉丁文字「子宮」，因為它看起來像是行列式的容器。

史記：子行列式這個名詞明顯地來自英國數學家 James Sylvester，他在 1850 年所刊出的一篇論文裡寫出：「現在設想任一直線及任一行出局，我們得到……一個正方形，其長和寬小於原來的正方形；以排除每一種可能選擇的直線和行之法做改變，我們得到，假設原來正方形由 n 條直線及 n 行所組合，n^2 個子正方形，每一個子正方形將代表一個『第一個子行列式』相對於主要的或完全行列式。」

$$C_{11} = M_{11} = a_{22} \qquad C_{12} = -M_{12} = -a_{21}$$
$$C_{21} = -M_{21} = -a_{12} \qquad C_{22} = M_{22} = a_{11}$$

留給讀者使用公式 (3) 來證明 det(A) 可以下面四個方式利用餘因子來表示：

$$\begin{aligned} \det(A) &= \begin{vmatrix} a_{11} & a_{12} \\ a_{21} & a_{22} \end{vmatrix} \\ &= a_{11}C_{11} + a_{12}C_{12} \\ &= a_{21}C_{21} + a_{22}C_{22} \\ &= a_{11}C_{11} + a_{21}C_{21} \\ &= a_{12}C_{12} + a_{22}C_{22} \end{aligned} \qquad (4)$$

後四個方程式中的每一個均被稱為 det[A] 的一個餘因子展開式 (cofactor expansion)。在每一個餘因子展開式中，所有元素和餘因子皆來自 A 的同一列或同一行。例如，第一個方程式的所有元素及餘因子均來自 A 的第一列，第二個方程式均來自 A 的第二列，第三個方程式均來自 A 的第一行，而第四個方程式均來自 A 的第二行。◀

廣義行列式的定義

公式 (4) 是下面廣義結果的一個特殊情形，我們將敘述但不證明。

> **定理 2.1.1**：若 A 是一個 $n \times n$ 階矩陣，則不管你是選擇 A 的哪一列或哪一行，將所選的列或行上之所有元素乘上相對應之餘因子，並將所有乘積相加後所得的數值永遠相同。

此結果允許我們給出下面之定義。

> **定義 2**：若 A 是一個 $n \times n$ 階矩陣，則由 A 的任一列或任一行的所有元素乘上其相對應的餘因子，並將所有乘積相加後所得的數值被稱為 A 的行列式 (determinant of A)，而所有的和被稱為 A 的餘因子展開式 (cofactor expansions of A)。亦即
> $$\det(A) = a_{1j}C_{1j} + a_{2j}C_{2j} + \cdots + a_{nj}C_{nj} \qquad (5)$$
> (沿第 j 行的餘因子展開式)

及
$$\det(A) = a_{i1}C_{i1} + a_{i2}C_{i2} + \cdots + a_{in}C_{in} \tag{6}$$
(沿第 i 列的餘因子展開式)

▶ **例題 3** 沿第一列的餘因子展開式

利用沿 A 之第一列的餘因子展開式求矩陣

$$A = \begin{bmatrix} 3 & 1 & 0 \\ -2 & -4 & 3 \\ 5 & 4 & -2 \end{bmatrix}$$

的行列式。

解：

$$\det(A) = \begin{vmatrix} 3 & 1 & 0 \\ -2 & -4 & 3 \\ 5 & 4 & -2 \end{vmatrix} = 3\begin{vmatrix} -4 & 3 \\ 4 & -2 \end{vmatrix} - 1\begin{vmatrix} -2 & 3 \\ 5 & -2 \end{vmatrix} + 0\begin{vmatrix} -2 & -4 \\ 5 & 4 \end{vmatrix}$$
$$= 3(-4) - (1)(-11) + 0 = -1$$

▶ **例題 4** 沿第一行的餘因子展開式

令 A 為例題 3 的矩陣，利用沿 A 之第一行的餘因子展開式計算 $\det(A)$。

解：

$$\det(A) = \begin{vmatrix} 3 & 1 & 0 \\ -2 & -4 & 3 \\ 5 & 4 & -2 \end{vmatrix} = 3\begin{vmatrix} -4 & 3 \\ 4 & -2 \end{vmatrix} - (-2)\begin{vmatrix} 1 & 0 \\ 4 & -2 \end{vmatrix} + 5\begin{vmatrix} 1 & 0 \\ -4 & 3 \end{vmatrix}$$
$$= 3(-4) - (-2)(-2) + 5(3) = -1$$

此結果如同例題 3 中所獲得的。

> 本例中我們必須計算三個餘因子，但在例題 3 中，我們僅須計算兩個餘因子，因為第三個餘因子乘以零。一般來講利用餘因子展開式計算一行列式之最好策略應沿其具有最多零之列 (或行) 展開。

史記：利用低階行列式來表示一個矩陣的行列式，餘因子展開式並不是唯一的方法。例如，雖然不是眾所皆知，英國數學家 Charles Dodgson，他是 *Alice's Adventures in Wonderland and Through the Looking Glass* 的作者且使用筆名「Lewis Carroll」，他發現一個名叫「凝結」的方法。此法最近已從默默無聞中復甦起來，因為它適合電腦的平行運算。

Charles Lutwidge Dodgson
(Lewis Carroll)
(1832–1898)

[相片：摘錄自 *Time & Life Pictures/Getty Images, Inc.*]

▶ **例題 5　列或行的聰明選擇**

若 A 是 4×4 階矩陣

$$A = \begin{bmatrix} 1 & 0 & 0 & -1 \\ 3 & 1 & 2 & 2 \\ 1 & 0 & -2 & 1 \\ 2 & 0 & 0 & 1 \end{bmatrix}$$

則欲求 $\det(A)$ 最簡單的方法是使用沿著第二行的餘因子展開式，因為它有最多的零：

$$\det(A) = 1 \cdot \begin{vmatrix} 1 & 0 & -1 \\ 1 & -2 & 1 \\ 2 & 0 & 1 \end{vmatrix}$$

對這個 3×3 階行列式，最簡單的方法是使用沿其第二行的餘因子展開式，因其有最多的零：

$$\det(A) = 1 \cdot -2 \cdot \begin{vmatrix} 1 & -1 \\ 2 & 1 \end{vmatrix}$$
$$= -2(1+2)$$
$$= -6$$

▶ **例題 6　上三角形矩陣的行列式**

下面之計算說明一個 4×4 階的上三角形矩陣的行列式是其對角線上元素之乘積。計算的各個步驟均使用一個沿第一列的餘因子展開式。

$$\begin{vmatrix} a_{11} & 0 & 0 & 0 \\ a_{21} & a_{22} & 0 & 0 \\ a_{31} & a_{32} & a_{33} & 0 \\ a_{41} & a_{42} & a_{43} & a_{44} \end{vmatrix} = a_{11} \begin{vmatrix} a_{22} & 0 & 0 \\ a_{32} & a_{33} & 0 \\ a_{42} & a_{43} & a_{44} \end{vmatrix}$$
$$= a_{11}a_{22} \begin{vmatrix} a_{33} & 0 \\ a_{43} & a_{44} \end{vmatrix}$$
$$= a_{11}a_{22}a_{33}|a_{44}| = a_{11}a_{22}a_{33}a_{44}$$ ◀

例題 6 之法可容易的被用來證明下面的一般結果。

定理 2.1.2：若 A 是一個 $n\times n$ 階三角形矩陣 (上三角形、下三角形或對角矩陣)，則 $\det(A)$ 是矩陣的主對角線上的所有元素之乘積；亦即，$\det(A) = a_{11}a_{22}\cdots a_{nn}$。

計算 2×2 階及 3×3 階行列式的一個有用技巧

2×2 階及 3×3 階矩陣的行列式可使用圖 2.1.1 所建議的模式來做非常有效率的計算。

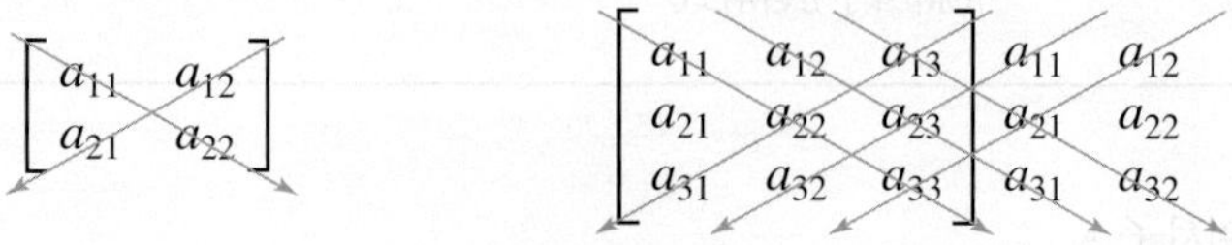

▲ 圖 2.1.1

在 2×2 階情形，行列式可由右向箭上所有元素的乘積減去左向箭上所有元素的乘積來計算。在 3×3 階情形，首先如圖所示先複製第一及第二行，然後將各個右向箭上所有元素相乘後相加並減去所有左向箭之乘積來計算。這些程序執行計算

> 警語：箭技巧僅適用於 2×2 階及 3×3 階矩陣之行列式。

$$\begin{vmatrix} a_{11} & a_{12} \\ a_{21} & a_{22} \end{vmatrix} = a_{11}a_{22} - a_{12}a_{21}$$

$$\begin{vmatrix} a_{11} & a_{12} & a_{13} \\ a_{21} & a_{22} & a_{23} \\ a_{31} & a_{32} & a_{33} \end{vmatrix} = a_{11}\begin{vmatrix} a_{22} & a_{23} \\ a_{32} & a_{33} \end{vmatrix} - a_{12}\begin{vmatrix} a_{21} & a_{23} \\ a_{31} & a_{33} \end{vmatrix} + a_{13}\begin{vmatrix} a_{21} & a_{22} \\ a_{31} & a_{32} \end{vmatrix}$$

$$= a_{11}(a_{22}a_{33} - a_{23}a_{32}) - a_{12}(a_{21}a_{33} - a_{23}a_{31}) + a_{13}(a_{21}a_{32} - a_{22}a_{31})$$

$$= a_{11}a_{22}a_{33} + a_{12}a_{23}a_{31} + a_{13}a_{21}a_{32} - a_{13}a_{22}a_{31} - a_{12}a_{21}a_{33} - a_{11}a_{23}a_{32}$$

其同於沿第一列的餘因子展開式。

▶ **例題 7** 計算 2×2 階及 3×3 階行列式之技巧

$$\begin{vmatrix} 3 & 1 \\ 4 & -2 \end{vmatrix} = \begin{vmatrix} 3 & 1 \\ 4 & -2 \end{vmatrix} = (3)(-2) - (1)(4) = -10$$

$$\begin{vmatrix} 1 & 2 & 3 \\ -4 & 5 & 6 \\ 7 & -8 & 9 \end{vmatrix} = \begin{vmatrix} 1 & 2 & 3 & 1 & 2 \\ -4 & 5 & 6 & -4 & 5 \\ 7 & -8 & 9 & 7 & -8 \end{vmatrix}$$

$$= [45 + 84 + 96] - [105 - 48 - 72] = 240 \qquad ◀$$

概念複習

- 行列式
- 子行列式
- 餘因子
- 餘因子展開式

技　能

- 求一方陣的所有子行列式及餘因子。
- 使用餘因子展開式來計算方陣的行列式。
- 使用箭技巧來計算 2×2 或 3×3 階矩陣的行列式。
- 利用一個 2×2 階可逆矩陣的行列式來求該矩陣的逆矩陣。
- 利用觀察法求上三角形、下三角形或對角矩陣的行列式。

習題集 2.1

▶對習題 **1-2** 各題，求矩陣 A 的所有子行列式及餘因子。◀

1. $A = \begin{bmatrix} 1 & -2 & 3 \\ 6 & 7 & -1 \\ -3 & 1 & 4 \end{bmatrix}$
2. $A = \begin{bmatrix} 1 & 1 & 2 \\ 3 & 3 & 6 \\ 0 & 1 & 4 \end{bmatrix}$

3. 令
$$A = \begin{bmatrix} 4 & -1 & 1 & 6 \\ 0 & 0 & -3 & 3 \\ 4 & 1 & 0 & 14 \\ 4 & 1 & 3 & 2 \end{bmatrix}$$

試求 (a) M_{11} 及 C_{11} (b) M_{32} 及 C_{32}
  (c) M_{12} 及 C_{12} (d) M_{43} 及 C_{43}

4. 令
$$A = \begin{bmatrix} 2 & 3 & -1 & 1 \\ -3 & 2 & 0 & 3 \\ 3 & -2 & 1 & 0 \\ 3 & -2 & 1 & 4 \end{bmatrix}$$

試求 (a) M_{32} 及 C_{32} (b) M_{44} 及 C_{44}
  (c) M_{41} 及 C_{41} (d) M_{24} 及 C_{24}

▶對習題 **5-8** 各題，計算各矩陣的行列式。若矩陣是可逆的，使用方程式 (2) 求其逆矩陣。◀

5. $\begin{bmatrix} 4 & 4 \\ 2 & 3 \end{bmatrix}$
6. $\begin{bmatrix} 4 & 1 \\ 8 & 2 \end{bmatrix}$
7. $\begin{bmatrix} -5 & 7 \\ -7 & -2 \end{bmatrix}$
8. $\begin{bmatrix} \sqrt{2} & \sqrt{6} \\ 4 & \sqrt{3} \end{bmatrix}$

▶對習題 **9-14** 各題，使用箭技巧計算各矩陣的行列式。◀

9. $\begin{bmatrix} a-3 & 5 \\ -3 & a-2 \end{bmatrix}$
10. $\begin{bmatrix} -2 & 7 & 6 \\ 5 & 1 & -2 \\ 3 & 8 & 4 \end{bmatrix}$

11. $\begin{bmatrix} 1 & 2 & 4 \\ -3 & 3 & 5 \\ 7 & 0 & 6 \end{bmatrix}$
12. $\begin{bmatrix} -1 & 1 & 2 \\ 3 & 0 & -5 \\ 1 & 7 & 2 \end{bmatrix}$

13. $\begin{bmatrix} 3 & 0 & 0 \\ 2 & -1 & 5 \\ 1 & 9 & -4 \end{bmatrix}$
14. $\begin{bmatrix} c & -4 & 3 \\ 2 & 1 & c^2 \\ 4 & c-1 & 2 \end{bmatrix}$

▶對習題 **15-18** 各題，求所有的 λ 值使得 $\det(A) = 0$。◀

15. $A = \begin{bmatrix} \lambda+4 & 0 \\ 4 & \lambda+2 \end{bmatrix}$

16. $A = \begin{bmatrix} \lambda-4 & 0 & 0 \\ 0 & \lambda & 2 \\ 0 & 3 & \lambda-1 \end{bmatrix}$

17. $A = \begin{bmatrix} \lambda - 3 & 1 \\ -1 & \lambda + 3 \end{bmatrix}$

18. $A = \begin{bmatrix} \lambda - 4 & 4 & 0 \\ -1 & \lambda & 0 \\ 0 & 0 & \lambda - 5 \end{bmatrix}$

19. 利用餘因子展開式，試計算習題 13 的矩陣行列式，沿
    (a) 第一列　(b) 第一行　(c) 第二列
    (d) 第二行　(e) 第三列　(f) 第三行

20. 利用餘因子展開式，試計算習題 12 的矩陣行列式，沿
    (a) 第一列　(b) 第一行　(c) 第二列
    (d) 第二行　(e) 第三列　(f) 第三行

▶利用沿一列或一行之餘因子展開式計算習題 21-26 各題的 det(A)。◀

21. $A = \begin{bmatrix} -3 & 0 & 7 \\ 2 & 5 & 1 \\ -1 & 0 & 5 \end{bmatrix}$

22. $A = \begin{bmatrix} 3 & 3 & 1 \\ 1 & 0 & -4 \\ 1 & -3 & 5 \end{bmatrix}$

23. $A = \begin{bmatrix} 1 & k & k^2 \\ 1 & k & k^2 \\ 1 & k & k^2 \end{bmatrix}$

24. $A = \begin{bmatrix} k+1 & k-1 & 7 \\ 2 & k-3 & 4 \\ 5 & k+1 & k \end{bmatrix}$

25. $A = \begin{bmatrix} 2 & 2 & 1 & 0 \\ -1 & 0 & 3 & 0 \\ 4 & 9 & 3 & 1 \\ 0 & -1 & 5 & 7 \end{bmatrix}$

26. $A = \begin{bmatrix} 4 & 0 & 0 & 1 & 0 \\ 3 & 3 & 3 & -1 & 0 \\ 1 & 2 & 4 & 2 & 3 \\ 9 & 4 & 6 & 2 & 3 \\ 2 & 2 & 4 & 2 & 3 \end{bmatrix}$

▶利用觀察法計算習題 27-32 各矩陣的行列式。◀

27. $\begin{bmatrix} 1 & 0 & 0 \\ 0 & -1 & 0 \\ 0 & 0 & 1 \end{bmatrix}$

28. $\begin{bmatrix} 2 & 0 & 0 \\ 0 & 2 & 0 \\ 0 & 0 & 2 \end{bmatrix}$

29. $\begin{bmatrix} 0 & 0 & 0 & 0 \\ 1 & 2 & 0 & 0 \\ 0 & 4 & 3 & 0 \\ 1 & 2 & 3 & 8 \end{bmatrix}$

30. $\begin{bmatrix} 1 & 1 & 1 & 1 \\ 0 & 2 & 2 & 2 \\ 0 & 0 & 3 & 3 \\ 0 & 0 & 0 & 4 \end{bmatrix}$

31. $\begin{bmatrix} 1 & 2 & 7 & -3 \\ 0 & 1 & -4 & 1 \\ 0 & 0 & 2 & 7 \\ 0 & 0 & 0 & 3 \end{bmatrix}$

32. $\begin{bmatrix} -3 & 0 & 0 & 0 \\ 1 & 2 & 0 & 0 \\ 40 & 10 & -1 & 0 \\ 100 & 200 & -23 & 3 \end{bmatrix}$

33. 證明下面行列式值和 θ 無關。

$$\begin{vmatrix} \sin(\theta) & \cos(\theta) & 0 \\ -\cos(\theta) & \sin(\theta) & 0 \\ \sin(\theta) - \cos(\theta) & \sin(\theta) + \cos(\theta) & 1 \end{vmatrix}$$

34. 證明矩陣

$$A = \begin{bmatrix} a & b \\ 0 & c \end{bmatrix} \quad 和 \quad B = \begin{bmatrix} d & e \\ 0 & f \end{bmatrix}$$

可交換若且唯若

$$\begin{vmatrix} b & a-c \\ e & d-f \end{vmatrix} = 0$$

35. 利用觀察法，試問下面兩行列式間有何關係？

$$d_1 = \begin{vmatrix} a & b & c \\ d & 1 & f \\ g & 0 & 1 \end{vmatrix} \quad 及 \quad d_2 = \begin{vmatrix} a+\lambda & b & c \\ d & 1 & f \\ g & 0 & 1 \end{vmatrix}$$

36. 對每一個 2×2 階矩陣 A，證明

$$\det(A) = \frac{1}{2} \begin{vmatrix} \text{tr}(A) & 1 \\ \text{tr}(A^2) & \text{tr}(A) \end{vmatrix}$$

37. 所有元素均為 1 的 n 階行列式會像什麼樣子？試解釋你的推理。
38. 一個 3×3 階矩陣的零元素最多可有幾個，使其行列式不為零？試解釋你的推理。
39. 一個 4×4 階矩陣的零元素最多可有幾個，使其行列式不為零？試解釋你的推理。
40. 試證明：$(x_1, y_1), (x_2, y_2)$ 及 (x_3, y_3) 為共線點若且唯若

$$\begin{vmatrix} x_1 & y_1 & 1 \\ x_2 & y_2 & 1 \\ x_3 & y_3 & 1 \end{vmatrix} = 0$$

41. 試證明：通過不同點 (a_1, b_1) 及 (a_2, b_2) 的直線方程式，可被表為

$$\begin{vmatrix} x & y & 1 \\ a_1 & b_1 & 1 \\ a_2 & b_2 & 1 \end{vmatrix} = 0$$

42. 試證明 A 為上三角形矩陣，而 B_{ij} 為 A 中的第 i 列與第 j 行消去後所得的矩陣，若 $i < j$ 則 B_{ij} 為上三角形矩陣。

是非題

試判斷 (a)-(i) 各敘述的真假，並驗證你的答案。

(a) 2×2 階矩陣 $\begin{bmatrix} a & b \\ c & d \end{bmatrix}$ 的行列式是 $ad+bc$。

(b) 方陣 A 和 B 可有相同之行列式若且唯若它們是同階。

(c) 子行列式 M_{ij} 和餘因子 C_{ij} 相同若且唯若 $i+j$ 是偶數。

(d) 若 A 是一個 3×3 階對稱矩陣，則 $C_{ij} = C_{ji}$ 對所有的 i 和 j。

(e) 矩陣 A 的一個餘因子展開式值和展開式所選擇的列或行無關。

(f) 一個下三角形矩陣的行列式是其主對角線上所有元素之和。

(g) 對每個方陣 A 及每個純量 c，我們有 $\det(cA) = c\det(A)$。

(h) 對所有方陣 A 和 B，我們有 $\det(A+B) = \det(A) + \det(B)$。

(i) 對每一個 2×2 階矩陣 A，我們有 $\det(A^2) = (\det(A))^2$。

2.2 利用列簡化計算行列式

本節將證明矩陣的行列式可藉由先簡化矩陣成列梯型來計算。一般來講，這個方法比餘因子展開式需要的計算更少，因此，是適合大型矩陣的方法。

基本定理

我們先以一基本定理開始，此定理將引導我們一個有效方法來計算任意階的矩陣行列式。

定理 2.2.1：令 A 為一方陣。若 A 有一零列或有一零行，則 $\det(A) = 0$。

證明：因為 A 的行列式可由沿著任一列或任一行的餘因子展開式求得，所以我們可使用零列或零行。因此，若令 $C_1, C_2, ..., C_n$ 表沿著該列或該行的 A 之餘因子，則由 2.1 節公式 (5) 或 (6) 得

$$\det(A) = 0 \cdot C_1 + 0 \cdot C_2 + \cdots + 0 \cdot C_n = 0 \blacktriangleleft$$

下一個有用的定理敘述矩陣行列式和其轉置矩陣行列式之間的關係。

定理 2.2.2：令 A 為一方陣，則 $\det(A) = \det(A^T)$。

證明：因為轉置一個矩陣係將其行轉成列且將其列轉成行，所以 A 沿著任一列的餘因子展開式和 A^T 沿著相對應行之餘因子展開式相同。因此，兩者有相同的行列式。 $\blacktriangleleft$

因為轉置一個矩陣係將其行改成列並將其列改成行，所以幾乎每一個關於行列式之列的定理均有一個關於行之相伴版本，反之亦然。

基本列運算

下一定理顯示方陣之基本列運算如何影響其行列式值。我們以一表說明這些概念於 3×3 階的情形 (見表 1) 以代替正式的證明。

表 1

關係式	運算
$\begin{vmatrix} ka_{11} & ka_{12} & ka_{13} \\ a_{21} & a_{22} & a_{23} \\ a_{31} & a_{32} & a_{33} \end{vmatrix} = k \begin{vmatrix} a_{11} & a_{12} & a_{13} \\ a_{21} & a_{22} & a_{23} \\ a_{31} & a_{32} & a_{33} \end{vmatrix}$ $\det(B) = k\det(A)$	A 的首列以 k 乘之。
$\begin{vmatrix} a_{21} & a_{22} & a_{23} \\ a_{11} & a_{12} & a_{13} \\ a_{31} & a_{32} & a_{33} \end{vmatrix} = - \begin{vmatrix} a_{11} & a_{12} & a_{13} \\ a_{21} & a_{22} & a_{23} \\ a_{31} & a_{32} & a_{33} \end{vmatrix}$ $\det(B) = -\det(A)$	A 的首列與第二列交換。
$\begin{vmatrix} a_{11}+ka_{21} & a_{12}+ka_{22} & a_{13}+ka_{23} \\ a_{21} & a_{22} & a_{23} \\ a_{31} & a_{32} & a_{33} \end{vmatrix} = \begin{vmatrix} a_{11} & a_{12} & a_{13} \\ a_{21} & a_{22} & a_{23} \\ a_{31} & a_{32} & a_{33} \end{vmatrix}$ $\det(B) = \det(A)$	A 的第二列倍數加於其首列。

表 1 的第一個窗格說明你可將行列式之任一列 (行) 的公因數提出行列式符號外。這是定理 2.2.3 (a) 的一個稍微不同之想法。

> **定理 2.2.3**：令 A 為任意 $n \times n$ 階矩陣。
> (a) 若 B 為 A 之一單列乘以某一常數 k 後之矩陣，則 $\det(B) = k \det(A)$。
> (b) 若 B 為 A 之兩列互換後的矩陣，則 $\det(B) = -\det(A)$。
> (c) 若 B 為 A 之某一列乘以某一倍數後加至另一列後之矩陣，則 $\det(B) = \det(A)$。

我們將證明表 1 的第一個方程式，而將另兩個方程式留給讀者。一開始，我們注意到方程式兩端的行列式僅差異在第一列，所以這兩個行列式有相同的餘因子 C_{11}, C_{12}, C_{13}，沿著第一列 (因為這些餘因子僅跟第二個兩列的元素有關)。因此，利用沿著第一列的餘因子展開左邊得

$$\begin{vmatrix} ka_{11} & ka_{12} & ka_{13} \\ a_{21} & a_{22} & a_{23} \\ a_{31} & a_{32} & a_{33} \end{vmatrix} = ka_{11}C_{11} + ka_{12}C_{12} + ka_{13}C_{13}$$
$$= k(a_{11}C_{11} + a_{12}C_{12} + a_{13}C_{13})$$
$$= k \begin{vmatrix} a_{11} & a_{12} & a_{13} \\ a_{21} & a_{22} & a_{23} \\ a_{31} & a_{32} & a_{33} \end{vmatrix}$$

基本矩陣

考慮定理 2.2.3 的特殊情形是有益處的，其中令 $A = I_n$ 為 $n \times n$ 階單位矩陣且 E (非 B) 表對 I_n 執行列運算後所得的基本矩陣。在此特殊情形下，定理 2.2.3 蘊涵出下面結果。

> **定理 2.2.4**：令 E 為 $n \times n$ 階基本矩陣。
> (a) 若 E 得自將 I_n 的一個列乘以非零數 k，則 $\det(E) = k$。
> (b) 若 E 得自將 I_n 的兩列交換，則 $\det(E) = -1$。
> (c) 若 E 得自將 I_n 的某列的倍數加上另一列，則 $\det(E) = 1$。

▶ **例題 1　基本矩陣的行列式**

下列基本矩陣的行列式以觀察估算其值，闡明定理 2.2.4。

$$\begin{vmatrix} 1 & 0 & 0 & 0 \\ 0 & 3 & 0 & 0 \\ 0 & 0 & 1 & 0 \\ 0 & 0 & 0 & 1 \end{vmatrix} = 3, \qquad \begin{vmatrix} 0 & 0 & 0 & 1 \\ 0 & 1 & 0 & 0 \\ 0 & 0 & 1 & 0 \\ 1 & 0 & 0 & 0 \end{vmatrix} = -1, \qquad \begin{vmatrix} 1 & 0 & 0 & 7 \\ 0 & 1 & 0 & 0 \\ 0 & 0 & 1 & 0 \\ 0 & 0 & 0 & 1 \end{vmatrix} = 1$$

I_4 的第二列乘 3　　　　　I_4 的第一列與最後一列交換　　　I_4 的最後一列的 7 倍加於其首列

> 可看出一個基本矩陣的行列式不可能為零。

具有成比例的列或行的矩陣

若方陣 A 具有成比例的兩列，則由這兩列之一乘以合適的倍數再加於另一列，可得到一零列。對於行而言也相似。但將一列或一行的倍數加於另一列或行，由定理 2.2.1 可知並不改變行列式之值，因此必然得到 $\det(A)=0$。這證明下列定理。

> **定理 2.2.5**：若 A 是個具有成比例的列或成比例的行的方陣，則 $\det(A)=0$。

▶ **例題 2　引進零列**

下列的計算說明當有成比例的兩列時，如何得到零列：

$$\begin{vmatrix} 1 & 3 & -2 & 4 \\ 2 & 6 & -4 & 8 \\ 3 & 9 & 1 & 5 \\ 1 & 1 & 4 & 8 \end{vmatrix} = \begin{vmatrix} 1 & 3 & -2 & 4 \\ 0 & 0 & 0 & 0 \\ 3 & 9 & 1 & 5 \\ 1 & 1 & 4 & 8 \end{vmatrix} = 0 \quad \longleftarrow \text{第二列是首列的 2 倍，所以將首列的 } -2 \text{ 倍加於第二列而得到零列。}$$

底下的各矩陣都有兩列或兩行成比例；所以，由觀察可知每一矩陣都有個等於零的行列式。

$$\begin{bmatrix} -1 & 4 \\ -2 & 8 \end{bmatrix}, \quad \begin{bmatrix} 1 & -2 & 7 \\ -4 & 8 & 5 \\ 2 & -4 & 3 \end{bmatrix}, \quad \begin{bmatrix} 3 & -1 & 4 & -5 \\ 6 & -2 & 5 & 2 \\ 5 & 8 & 1 & 4 \\ -9 & 3 & -12 & 15 \end{bmatrix} \quad \blacktriangleleft$$

以列簡化計算行列式

現在介紹一種計算行列式的方法，它比餘因子展開式法減少可觀的計算程序。這個方法的想法是藉基本列運算將指定的矩陣簡化成上三角形型式，然後計算上三角形矩陣的行列式 (計算較容易)，再使該行列式

與原始矩陣相關。以下是一則例題。

▶ 例題 3　使用列簡化計算行列式

計算 det(A)，其中

$$A = \begin{bmatrix} 0 & 1 & 5 \\ 3 & -6 & 9 \\ 2 & 6 & 1 \end{bmatrix}$$

解： 簡化 A 為列梯型且應用定理 2.1.2，我們得

$$\det(A) = \begin{vmatrix} 0 & 1 & 5 \\ 3 & -6 & 9 \\ 2 & 6 & 1 \end{vmatrix} = -\begin{vmatrix} 3 & -6 & 9 \\ 0 & 1 & 5 \\ 2 & 6 & 1 \end{vmatrix}$$ ← A 之第一列及第二列互換

$$= -3\begin{vmatrix} 1 & -2 & 3 \\ 0 & 1 & 5 \\ 2 & 6 & 1 \end{vmatrix}$$ ← 由前矩陣之第一列提出共同因子 3

$$= -3\begin{vmatrix} 1 & -2 & 3 \\ 0 & 1 & 5 \\ 0 & 10 & -5 \end{vmatrix}$$ ← 前矩陣之第一列乘 (-2) 加至第三列

$$= -3\begin{vmatrix} 1 & -2 & 3 \\ 0 & 1 & 5 \\ 0 & 0 & -55 \end{vmatrix}$$ ← 前矩陣之第二列乘 (-10) 加至第三列

$$= (-3)(-55)\begin{vmatrix} 1 & -2 & 3 \\ 0 & 1 & 5 \\ 0 & 0 & 1 \end{vmatrix}$$ ← 由前矩陣之最後一列提出共同因子 (-55)

$$= (-3)(-55)(1) = 165$$

> 即使以今天最快速的電腦，用餘因子展開式計算一個 25×25 階行列式亦需幾百萬年，所以利用列簡化的方法經常被用來計算大型的行列式。對於小型行列式（如本文的那些行列式），餘因子展開式經常是合理的選擇。

▶ 例題 4　使用行運算計算行列式

試計算行列式

$$A = \begin{bmatrix} 1 & 0 & 0 & 3 \\ 2 & 7 & 0 & 6 \\ 0 & 6 & 3 & 0 \\ 7 & 3 & 1 & -5 \end{bmatrix}$$

解： 此行列式可和先前一樣，以基本列運算將 A 簡化成列梯型，但只要將首行乘以 -3 加至第四行一個步驟就可將 A 變成下三角形型式，而得到

$$\det(A) = \det\begin{bmatrix} 1 & 0 & 0 & 0 \\ 2 & 7 & 0 & 0 \\ 0 & 6 & 3 & 0 \\ 7 & 3 & 1 & -26 \end{bmatrix} = (1)(7)(3)(-26) = -546$$

> 例題 4 指出留意行運算可以縮短計算。

餘因子展開式及列或行運算有時候可以混合使用而提供一種最有效的行列式計算法。下一例題將說明此構想。

▶ **例題 5　列運算及餘因子展開式**

計算 $\det(A)$，此處

$$A = \begin{bmatrix} 3 & 5 & -2 & 6 \\ 1 & 2 & -1 & 1 \\ 2 & 4 & 1 & 5 \\ 3 & 7 & 5 & 3 \end{bmatrix}$$

解：第二列乘某一適合倍數加至其餘各列，我們得

$$\det(A) = \begin{vmatrix} 0 & -1 & 1 & 3 \\ 1 & 2 & -1 & 1 \\ 0 & 0 & 3 & 3 \\ 0 & 1 & 8 & 0 \end{vmatrix}$$

$$= -\begin{vmatrix} -1 & 1 & 3 \\ 0 & 3 & 3 \\ 1 & 8 & 0 \end{vmatrix} \longleftarrow \text{沿第一行之餘因子展開式}$$

$$= -\begin{vmatrix} -1 & 1 & 3 \\ 0 & 3 & 3 \\ 0 & 9 & 3 \end{vmatrix} \longleftarrow \text{第一列加至第三列}$$

$$= -(-1)\begin{vmatrix} 3 & 3 \\ 9 & 3 \end{vmatrix} \longleftarrow \text{第一行之餘因子展開式}$$

$$= -18 \qquad ◀$$

技　能

- 知道基本列運算對行列式值的影響。
- 知道三種型態之基本矩陣的行列式。
- 知道如何將零導入矩陣的所有列或行以使其行列式之計算變得更容易。
- 使用列簡化計算矩陣的行列式。
- 使用行運算計算矩陣的行列式。

- 混合使用列簡化及餘因子展開式來計算矩陣的行列式。

習題集 2.2

▶對習題 1-4 各矩陣，證明 $\det(A) = \det(A^T)$。◀

1. $A = \begin{bmatrix} -2 & 3 \\ 1 & 4 \end{bmatrix}$
2. $A = \begin{bmatrix} -6 & 1 \\ 2 & -2 \end{bmatrix}$

3. $A = \begin{bmatrix} 3 & 1 & -2 \\ 1 & 0 & 4 \\ 5 & -3 & 6 \end{bmatrix}$
4. $A = \begin{bmatrix} 4 & 2 & -1 \\ 0 & 2 & -3 \\ -1 & 1 & 5 \end{bmatrix}$

▶利用觀察法求習題 5-9 各基本矩陣的行列式。◀

5. $\begin{bmatrix} 1 & 0 & 0 & 0 \\ 0 & 1 & 0 & -5 \\ 0 & 0 & 1 & 0 \\ 0 & 0 & 0 & 1 \end{bmatrix}$
6. $\begin{bmatrix} 1 & 0 & 0 \\ 0 & 1 & 0 \\ -5 & 0 & 1 \end{bmatrix}$

7. $\begin{bmatrix} 1 & 0 & 0 \\ 0 & -2 & 0 \\ 0 & 0 & 1 \end{bmatrix}$
8. $\begin{bmatrix} 1 & 0 & 0 & 0 \\ 0 & -\frac{1}{3} & 0 & 0 \\ 0 & 0 & 1 & 0 \\ 0 & 0 & 0 & 1 \end{bmatrix}$

9. $\begin{bmatrix} 1 & 0 & 0 & 0 \\ 0 & 1 & 0 & -9 \\ 0 & 0 & 1 & 0 \\ 0 & 0 & 0 & 1 \end{bmatrix}$

▶將習題 10-17 各矩陣簡化為列梯型來求各矩陣的行列式。◀

10. $\begin{bmatrix} 3 & 6 & -9 \\ 0 & 0 & -2 \\ -2 & 1 & 5 \end{bmatrix}$
11. $\begin{bmatrix} 0 & 3 & 1 \\ 1 & 1 & 2 \\ 3 & 2 & 4 \end{bmatrix}$

12. $\begin{bmatrix} 1 & -3 & 0 \\ -2 & 4 & 1 \\ 5 & -2 & 2 \end{bmatrix}$
13. $\begin{bmatrix} 3 & -6 & 9 \\ -2 & 7 & -2 \\ 0 & 1 & 5 \end{bmatrix}$

14. $\begin{bmatrix} 1 & -2 & 3 & 1 \\ 5 & -9 & 6 & 3 \\ -1 & 2 & -6 & -2 \\ 2 & 8 & 6 & 1 \end{bmatrix}$
15. $\begin{bmatrix} 2 & 1 & 3 & 1 \\ 1 & 0 & 1 & 1 \\ 0 & 2 & 1 & 0 \\ 0 & 1 & 2 & 3 \end{bmatrix}$

16. $\begin{bmatrix} 0 & 1 & 1 & 1 \\ \frac{1}{2} & 1 & 1 & \frac{1}{2} \\ \frac{2}{3} & \frac{1}{3} & \frac{1}{3} & 0 \\ -\frac{1}{3} & \frac{2}{3} & 0 & 0 \end{bmatrix}$

17. $\begin{bmatrix} 1 & 3 & 1 & 5 & 3 \\ -2 & -7 & 0 & -4 & 2 \\ 0 & 0 & 1 & 0 & 1 \\ 0 & 0 & 2 & 1 & 1 \\ 0 & 0 & 0 & 1 & 1 \end{bmatrix}$

18. 混合使用列運算及餘因子展開式重做習題 11-13。
19. 混合使用列運算及餘因子展開式重做習題 14-17。

▶已知 $\begin{vmatrix} a & b & c \\ d & e & f \\ g & h & i \end{vmatrix} = -6$，計算習題 20-27 各行列式。◀

20. $\begin{vmatrix} g & h & i \\ d & e & f \\ a & b & c \end{vmatrix}$
21. $\begin{vmatrix} d & e & f \\ g & h & i \\ a & b & c \end{vmatrix}$

22. $\begin{vmatrix} a & b & c \\ d & e & f \\ 2a & 2b & 2c \end{vmatrix}$
23. $\begin{vmatrix} -a & -b & -c \\ 2d & 2e & 2f \\ 5g & 5h & 5i \end{vmatrix}$

24. $\begin{vmatrix} a+d & b+e & c+f \\ -d & -e & -f \\ g & h & i \end{vmatrix}$

25. $\begin{vmatrix} a+g & b+h & c+i \\ d & e & f \\ g & h & i \end{vmatrix}$

26. $\begin{vmatrix} a & b & c \\ 2d & 2e & 2f \\ g+3a & h+3b & i+3c \end{vmatrix}$

27. $\begin{vmatrix} 3g & 3h & 3i \\ 2a+d & 2b+e & 2c+f \\ d & e & f \end{vmatrix}$

28. 證明

(a) $\det \begin{bmatrix} 0 & 0 & a_{13} \\ 0 & a_{22} & a_{23} \\ a_{31} & a_{32} & a_{33} \end{bmatrix} = -a_{13}a_{22}a_{31}$

(b) $\det \begin{bmatrix} 0 & 0 & 0 & a_{14} \\ 0 & 0 & a_{23} & a_{24} \\ 0 & a_{32} & a_{33} & a_{34} \\ a_{41} & a_{42} & a_{43} & a_{44} \end{bmatrix} = a_{14}a_{23}a_{32}a_{41}$

29. 使用列簡化證明

$$\begin{vmatrix} 1 & 1 & 1 \\ a & b & c \\ a^2 & b^2 & c^2 \end{vmatrix} = (b-a)(c-a)(c-b)$$

▶不直接計算行列式，確認習題 **30-33** 各等式。◀

30. $\begin{vmatrix} a_1+b_1t & a_2+b_2t & a_3+b_3t \\ a_1t+b_1 & a_2t+b_2 & a_3t+b_3 \\ c_1 & c_2 & c_3 \end{vmatrix}$
$= (1-t^2) \begin{vmatrix} a_1 & a_2 & a_3 \\ b_1 & b_2 & b_3 \\ c_1 & c_2 & c_3 \end{vmatrix}$

31. $\begin{vmatrix} a_1 & b_1 & a_1+b_1+c_1 \\ a_2 & b_2 & a_2+b_2+c_2 \\ a_3 & b_3 & a_3+b_3+c_3 \end{vmatrix} = \begin{vmatrix} a_1 & b_1 & c_1 \\ a_2 & b_2 & c_2 \\ a_3 & b_3 & c_3 \end{vmatrix}$

32. $\begin{vmatrix} a_1 & b_1+ta_1 & c_1+rb_1+sa_1 \\ a_2 & b_2+ta_2 & c_2+rb_2+sa_2 \\ a_3 & b_3+ta_3 & c_3+rb_3+sa_3 \end{vmatrix} = \begin{vmatrix} a_1 & a_2 & a_3 \\ b_1 & b_2 & b_3 \\ c_1 & c_2 & c_3 \end{vmatrix}$

33. $\begin{vmatrix} a_1+b_1 & a_1-b_1 & c_1 \\ a_2+b_2 & a_2-b_2 & c_2 \\ a_3+b_3 & a_3-b_3 & c_3 \end{vmatrix} = -2 \begin{vmatrix} a_1 & b_1 & c_1 \\ a_2 & b_2 & c_2 \\ a_3 & b_3 & c_3 \end{vmatrix}$

34. 試求下面矩陣之行列式。

$$\begin{bmatrix} a & b & b & b \\ b & a & b & b \\ b & b & a & b \\ b & b & b & a \end{bmatrix}$$

▶對習題 **35-36** 各題，不直接計算行列式，證明 $\det(A)=0$。◀

35. $A = \begin{bmatrix} 2 & 0 & -1 & 3 \\ 1 & 3 & 5 & 7 \\ -3 & -3 & -4 & -10 \\ 5 & 1 & 0 & 6 \end{bmatrix}$

36. $A = \begin{bmatrix} -4 & 1 & 1 & 1 & 1 \\ 1 & -4 & 1 & 1 & 1 \\ 1 & 1 & -4 & 1 & 1 \\ 1 & 1 & 1 & -4 & 1 \\ 1 & 1 & 1 & 1 & -4 \end{bmatrix}$

是非題

試判斷 (a)-(f) 各敘述的真假，並驗證你的答案。

(a) 若 A 是一個 4×4 階矩陣，且互換 A 的前兩列並互換 A 的後兩列後所得的矩陣為 B，則 $\det(B) = \det(A)$。

(b) 若 A 是一個 3×3 階矩陣，且將 A 的第一行乘以 4 並將第三行乘以 3/4 後所得的矩陣為 B，則 $\det(B) = 3 \det(A)$。

(c) 若 A 是一個 3×3 階矩陣，且將 A 的第一列乘以 5 倍後分別加至第二列及第三列後所得的矩陣為 B，則 $\det(B) = 25 \det(A)$。

(d) 若 A 是一個 $n \times n$ 階矩陣，且將 A 的各列乘以其列數後所得的矩陣為 B，則
$$\det(B) = \frac{n(n+1)}{2} \det(A)$$

(e) 若 A 是一個具兩相等行之方陣，則 $\det(A) = 0$。

(f) 若一個 6×6 階矩陣 A 的第二列及第四列向量之和等於最後一個列向量，則 $\det(A) = 0$。

2.3 行列式的性質；柯拉瑪法則

本節將發展矩陣的一些基本性質，並使用這些結果來導一個求可逆矩陣之逆矩陣的公式及求某種線性方程組解的公式。

行列式的基本性質

假設 A 與 B 為 $n \times n$ 階矩陣而 k 為純量。由考量 $\det(A)$ 與 $\det(B)$ 之間的關係與 $\det(kA)$, $\det(A+B)$ 及 $\det(AB)$ 著手。因為矩陣任何列的公因子可以移出行列式標記之外，而且由於在 kA 的 n 列中每一列都有個公因子 k，可得

$$\det(kA) = k^n \det(A) \tag{1}$$

例如

$$\begin{vmatrix} ka_{11} & ka_{12} & ka_{13} \\ ka_{21} & ka_{22} & ka_{23} \\ ka_{31} & ka_{32} & ka_{33} \end{vmatrix} = k^3 \begin{vmatrix} a_{11} & a_{12} & a_{13} \\ a_{21} & a_{22} & a_{23} \\ a_{31} & a_{32} & a_{33} \end{vmatrix}$$

不幸地，一般於 $\det(A)$, $\det(B)$ 及 $\det(A+B)$ 間無簡單關係存在。特別是，我們強調 $\det(A+B)$ 通常不等於 $\det(A)+\det(B)$。下例將說明此點。

▶ **例題 1** $\det(A+B) \neq \det(A) + \det(B)$

考慮

$$A = \begin{bmatrix} 1 & 2 \\ 2 & 5 \end{bmatrix}, \quad B = \begin{bmatrix} 3 & 1 \\ 1 & 3 \end{bmatrix}, \quad A+B = \begin{bmatrix} 4 & 3 \\ 3 & 8 \end{bmatrix}$$

可得到 $\det(A)=1$, $\det(B)=8$ 及 $\det(A+B)=23$；因此

$$\det(A+B) \neq \det(A) + \det(B) \qquad \blacktriangleleft$$

不管前面之例題，有一個考慮行列式之和有用的關係是可應用的，當所含括的矩陣是相同的除了一列 (行) 之外。例如，考慮下面兩個矩陣，它們之間僅第二列相異：

$$A = \begin{bmatrix} a_{11} & a_{12} \\ a_{21} & a_{22} \end{bmatrix} \quad \text{及} \quad B = \begin{bmatrix} a_{11} & a_{12} \\ b_{21} & b_{22} \end{bmatrix}$$

計算 A 和 B 的行列式得

$$\det(A) + \det(B) = (a_{11}a_{22} - a_{12}a_{21}) + (a_{11}b_{22} - a_{12}b_{21})$$
$$= a_{11}(a_{22} + b_{22}) - a_{12}(a_{21} + b_{21})$$
$$= \det \begin{bmatrix} a_{11} & a_{12} \\ a_{21} + b_{21} & a_{22} + b_{22} \end{bmatrix}$$

因此

$$\det \begin{bmatrix} a_{11} & a_{12} \\ a_{21} & a_{22} \end{bmatrix} + \det \begin{bmatrix} a_{11} & a_{12} \\ b_{21} & b_{22} \end{bmatrix} = \det \begin{bmatrix} a_{11} & a_{12} \\ a_{21} + b_{21} & a_{22} + b_{22} \end{bmatrix}$$

此例只是下述一般結果的一特殊情形而已。

> **定理 2.3.1**：令 A, B 及 C 為 $n \times n$ 階矩陣，其間僅有第 r 列不同，且假設 C 的第 r 列為 A 及 B 的第 r 列相對應元素之和。則
>
> $$\det(C) = \det(A) + \det(B)$$
>
> 對於行此結果亦成立。

▶ **例題 2　行列式和**

計算行列式，讀者可檢驗出下面等式

$$\det \begin{bmatrix} 1 & 7 & 5 \\ 2 & 0 & 3 \\ 1+0 & 4+1 & 7+(-1) \end{bmatrix} = \det \begin{bmatrix} 1 & 7 & 5 \\ 2 & 0 & 3 \\ 1 & 4 & 7 \end{bmatrix} + \det \begin{bmatrix} 1 & 7 & 5 \\ 2 & 0 & 3 \\ 0 & 1 & -1 \end{bmatrix} \blacktriangleleft$$

矩陣乘積的行列式

考慮行列式及矩陣乘法公式的複雜性時，其間似乎不可能存在任何簡單的關係。使下一個結果簡單化是令人倍感驚訝的。我們將證明若 A 和 B 為同階之方陣，則

$$\det(AB) = \det(A)\det(B) \tag{2}$$

此定理的證明相當複雜，所以，必須先發展一些初步的結果。首先從 (2) 式中的 A 為基本矩陣的特例著手。因為此一特例僅是 (2) 式的序曲，稱為引理。

引理 2.3.2：若 B 為 $n \times n$ 階矩陣而 E 為 $n \times n$ 階基本矩陣，則

$$\det(EB) = \det(E)\det(B)$$

證明：應該考慮三種情況，每一種情況視產生 E 的列運算而定。

情況 1　若 E 得自 I_n 的某列乘以 k，則由定理 1.5.1，EB 得自 B 的某列乘以 k；因此，由定理 2.2.3 (a) 可得

$$\det(EB) = k\det(B)$$

但由定理 2.2.4 (a) 可知 $\det(E) = k$，所以

$$\det(EB) = \det(E)\det(B)$$

情況 2 及 3　這兩種情況中的 E 分別得自 I_n 的兩列交換，或其中某列的倍數加至另一列，其證明可以依循情況 1 的模式，並留作習題之用。◂

註釋：依循重複應用引理 2.3.2 的方式，若 B 為 $n \times n$ 階矩陣而 $E_1, E_2, \ldots, E_r$ 為 $n \times n$ 階基本矩陣，則

$$\det(E_1 E_2 \cdots E_r B) = \det(E_1)\det(E_2)\cdots\det(E_r)\det(B) \tag{3}$$

用行列式測試可逆性

下一個定理提供一個重要的判別法來判斷一個矩陣是否為可逆。它將會在證明 (2) 式時使用到。

定理 2.3.3：方陣 A 為可逆的，若且唯若 $\det(A) \neq 0$。

證明：令 R 為 A 的簡約列梯型。證實 $\det(A)$ 與 $\det(R)$ 同時為零或同時不為零將是證明的最初步驟：令 $E_1, E_2, \ldots, E_r$ 為對應於由 A 產生 R 的基本列運算的基本矩陣。因此

$$R = E_r \cdots E_2 E_1 A$$

而由 (3) 式

$$\det(R) = \det(E_r)\cdots\det(E_2)\det(E_1)\det(A) \tag{4}$$

我們在定理 2.2.4 之旁的註釋曾指出一個基本矩陣的行列式非零。因此，由公式 (4) 得 $\det(A)$ 和 $\det(R)$ 兩者不是同時為零就是兩者同時不為

零，其設定了證明主要部分的步驟。若首先假設 A 是可逆的，則由定理 1.6.4 得 $R=I$ 且 $\det(R)=1 \ (\neq 0)$。此告訴我們 $\det(A) \neq 0$，其就是我們想證明的。

反之，假設 $\det(A) \neq 0$。由此得 $\det(R) \neq 0$，其告訴我們 R 不可能有一個零列。因此，由定理 1.4.3 得 $R=I$，且由定理 1.6.4 得 A 是可逆的。◀

> 根據定理 2.3.3 及 2.2.5 具有兩成比例的列或行的矩陣為不可逆矩陣。

▶ **例題 3　用行列式測試可逆性**

因為矩陣

$$A = \begin{bmatrix} 1 & 2 & 3 \\ 1 & 0 & 1 \\ 2 & 4 & 6 \end{bmatrix}$$

的首列與第三列成比例，$\det(A)=0$，所以，A 為不可逆矩陣。　◀

現在要進入關於矩陣乘積結果。

定理 2.3.4：若 A 與 B 為同階的方陣，則

$$\det(AB) = \det(A)\det(B)$$

證明：整個證明將視 A 是否為可逆的而分成兩種情況。若矩陣 A 不是可逆的，則依定理 1.6.5 乘積 AB 也不是可逆的。於是，由定理 2.3.3，可得 $\det(AB)=0$ 及 $\det(A)=0$，所以，可得到 $\det(AB)=\det(A)\det(B)$ 的結果。

現在假設 A 為可逆的。由定理 1.6.4，矩陣 A 可以基本矩陣的乘積表示，如

$$A = E_1 E_2 \cdots E_r \tag{5}$$

史記：1815 年，偉大的法國數學家 Augustin Cauchy 發表了一篇具有里程碑的論文。文中他給了第一個有系統的且現代化的行列式論述。定理 2.3.4 被敘述在該論文中，且第一次給了一般化的證明。定理的特殊情形已被敘述且較早被證明，但定理是由 Cauchy 做出最後的轉移。

[相片：摘錄自 *The Granger Collection*, New York]

Augustin Louis Cauchy
(1789–1857)

所以，
$$AB = E_1 E_2 \cdots E_r B$$

應用 (3) 式於此方程式，可得
$$\det(AB) = \det(E_1)\det(E_2)\cdots\det(E_r)\det(B)$$

再應用 (3) 式得
$$\det(AB) = \det(E_1 E_2 \cdots E_r)\det(B)$$

由 (5) 式，此式可寫成 $\det(AB) = \det(A)\det(B)$。◀

▶ **例題 4** 證明 $\det(AB) = \det(A)\det(B)$

考慮矩陣
$$A = \begin{bmatrix} 3 & 1 \\ 2 & 1 \end{bmatrix}, \quad B = \begin{bmatrix} -1 & 3 \\ 5 & 8 \end{bmatrix}, \quad AB = \begin{bmatrix} 2 & 17 \\ 3 & 14 \end{bmatrix}$$

並將
$$\det(A) = 1, \quad \det(B) = -23 \quad 及 \quad \det(AB) = -23$$

的證明留待讀者完成。於是，$\det(AB) = \det(A)\det(B)$。正如定理 2.3.4 的保證。◀

下列定理對可逆矩陣的行列式與其逆矩陣的行列式之間提供了有用的關係。

定理 2.3.5：若 A 為可逆的，則
$$\det(A^{-1}) = \frac{1}{\det(A)}$$

證明：因為 $A^{-1}A = I$，可得 $\det(A^{-1}A) = \det(I)$。所以，必定有 $\det(A^{-1})\det(A) = 1$ 的結果。因為 $\det(A) \neq 0$，證明可由兩端除以 $\det(A)$ 而完成之。◀

伴隨矩陣

在一餘因子展開式中可利用一列或一行的元素乘其餘因子再相加來計算 $\det(A)$。但假若由任一列之元素乘上其他列之餘因子，則這些乘積之

和將為零(此結果對行亦成立)。雖然省略其一般證明，但下例將以一特殊情形說明此觀念。

▶ **例題 5　不同列的元素及餘因子**

令

$$A = \begin{bmatrix} a_{11} & a_{12} & a_{13} \\ a_{21} & a_{22} & a_{23} \\ a_{31} & a_{32} & a_{33} \end{bmatrix}$$

考慮

$$a_{11}C_{31} + a_{12}C_{32} + a_{13}C_{33}$$

這個量係由第一列之元素乘上第三列相對應元素之餘因子和。現在以下面技巧證明此數量為零。構成一個新矩陣 A'，將 A 之第一列重複擺在第三列。於是

$$A' = \begin{bmatrix} a_{11} & a_{12} & a_{13} \\ a_{21} & a_{22} & a_{23} \\ a_{11} & a_{12} & a_{13} \end{bmatrix}$$

令 C'_{31}, C'_{32} 及 C'_{33} 為 A' 第三列元素之餘因子。因 A 和 A' 之前兩列相同，且因 $C_{31}, C_{32}, C_{33}, C'_{31}, C'_{32}$ 及 C'_{33} 僅含 A 及 A' 之前兩列元素，所以

$$C_{31} = C'_{31}, \quad C_{32} = C'_{32}, \quad C_{33} = C'_{33}$$

因 A' 有兩等列，由 (3) 式得

$$\det(A') = 0 \qquad (6)$$

另一方面，循第三列餘因子展開式計算 $\det(A')$ 得

$$\det(A') = a_{11}C'_{31} + a_{12}C'_{32} + a_{13}C'_{33} = a_{11}C_{31} + a_{12}C_{32} + a_{13}C_{33} \qquad (7)$$

由 (6) 及 (7) 式，我們得

$$a_{11}C_{31} + a_{12}C_{32} + a_{13}C_{33} = 0 \qquad ◀$$

現在我們將使用這個事實來得到一個求 A^{-1} 的公式。

由定理 2.3.5 及 2.1.2 得 $\det(A^{-1})$ $= \dfrac{1}{a_{11}} \dfrac{1}{a_{12}} \cdots \dfrac{1}{a_{nn}}$。更進一步，使用伴隨公式可證明 $\dfrac{1}{a_{11}}, \dfrac{1}{a_{12}}, \cdots, \dfrac{1}{a_{nn}}$ 確實是 A^{-1} 逐次的對角元素 (比較 1.7 節例題 3 的 A 和 A^{-1})。

定義 1：假若 A 為任意的 $n \times n$ 階矩陣且 C_{ij} 為 a_{ij} 之餘因子，則矩陣

$$\begin{bmatrix} C_{11} & C_{12} & \cdots & C_{1n} \\ C_{21} & C_{22} & \cdots & C_{2n} \\ \vdots & \vdots & & \vdots \\ C_{n1} & C_{n2} & \cdots & C_{nn} \end{bmatrix}$$

稱為 A 之餘因子矩陣 (matrix of cofactors from A)。此矩陣之轉置矩陣稱為 A 的伴隨矩陣 (adjoint) 並以 adj(A) 表示。

▶ **例題 6** 3×3 階矩陣的伴隨矩陣

令

$$A = \begin{bmatrix} 3 & 2 & -1 \\ 1 & 6 & 3 \\ 2 & -4 & 0 \end{bmatrix}$$

A 之餘因子為

$$\begin{array}{lll} C_{11} = 12 & C_{12} = 6 & C_{13} = -16 \\ C_{21} = 4 & C_{22} = 2 & C_{23} = 16 \\ C_{31} = 12 & C_{32} = -10 & C_{33} = 16 \end{array}$$

所以餘因子矩陣為

$$\begin{bmatrix} 12 & 6 & -16 \\ 4 & 2 & 16 \\ 12 & -10 & 16 \end{bmatrix}$$

且 A 之伴隨矩陣為

$$\text{adj}(A) = \begin{bmatrix} 12 & 4 & 12 \\ 6 & 2 & -10 \\ -16 & 16 & 16 \end{bmatrix} \quad \blacktriangleleft$$

史記：伴隨矩陣這個名詞使用給餘因子矩陣的轉置矩陣出現在美國數學家 L. E. Dickson 的一篇研究論文裡，他於 1902 年發表該篇論文。

[相片：摘錄自 *Courtesy of the American Mathematical Society*]

Leonard Eugene Dickson
(1874–1954)

在定理 1.4.5，我們給了一個求 2×2 階矩陣之逆矩陣的公式。下一個定理將此結果擴大至 $n\times n$ 階可逆矩陣。

定理 2.3.6：利用伴隨矩陣求逆矩陣

若 A 為一可逆矩陣，則

$$A^{-1} = \frac{1}{\det(A)}\operatorname{adj}(A) \tag{8}$$

證明：首先證明

$$A\operatorname{adj}(A) = \det(A)I$$

考慮下列的積

$$A\operatorname{adj}(A) = \begin{bmatrix} a_{11} & a_{12} & \cdots & a_{1n} \\ a_{21} & a_{22} & \cdots & a_{2n} \\ \vdots & \vdots & & \vdots \\ a_{i1} & a_{i2} & \cdots & a_{in} \\ \vdots & \vdots & & \vdots \\ a_{n1} & a_{n2} & \cdots & a_{nn} \end{bmatrix} \begin{bmatrix} C_{11} & C_{21} & \cdots & C_{j1} & \cdots & C_{n1} \\ C_{12} & C_{22} & \cdots & C_{j2} & \cdots & C_{n2} \\ \vdots & \vdots & & \vdots & & \vdots \\ C_{1n} & C_{2n} & \cdots & C_{jn} & \cdots & C_{nn} \end{bmatrix}$$

$A\operatorname{adj}(A)$ 之積的第 i 列第 j 行的元素為

$$a_{i1}C_{j1} + a_{i2}C_{j2} + \cdots + a_{in}C_{jn} \tag{9}$$

(見加上陰影的部分)。

若 $i=j$，則 (9) 式為 $\det(A)$ 沿 A 的第 i 列的餘因子展開式 (定理 2.1.1)，而若 $i\neq j$，則各 a 與其餘因子來自 A 的不同列，使得 (9) 式的值為零。所以

$$A\operatorname{adj}(A) = \begin{bmatrix} \det(A) & 0 & \cdots & 0 \\ 0 & \det(A) & \cdots & 0 \\ \vdots & \vdots & & \vdots \\ 0 & 0 & \cdots & \det(A) \end{bmatrix} = \det(A)I \tag{10}$$

由於 A 是可逆矩陣，$\det(A) \neq 0$。所以，(10) 式可以改寫成

$$\frac{1}{\det(A)}[A\operatorname{adj}(A)] = I \quad \text{或} \quad A\left[\frac{1}{\det(A)}\operatorname{adj}(A)\right] = I$$

兩邊之左邊同乘 A^{-1}，產生

▶ 例題 7　利用伴隨矩陣求逆矩陣

使用 (8) 式，求例題 6 中 A 的逆矩陣。

解： 讀者可檢查出 $\det(A) = 64$，因此

$$A^{-1} = \frac{1}{\det(A)}\text{adj}(A) = \frac{1}{64}\begin{bmatrix} 12 & 4 & 12 \\ 6 & 2 & -10 \\ -16 & 16 & 16 \end{bmatrix} = \begin{bmatrix} \frac{12}{64} & \frac{4}{64} & \frac{12}{64} \\ \frac{6}{64} & \frac{2}{64} & -\frac{10}{64} \\ -\frac{16}{64} & \frac{16}{64} & \frac{16}{64} \end{bmatrix}$$ ◀

柯拉瑪法則

下一個定理使用求可逆矩陣之逆矩陣的公式來產生另一個公式，此公式稱為**柯拉瑪法則** (Cramer's rule)，用來求 n 個方程式 n 個未知數之線性方程組 $A\mathbf{x} = \mathbf{b}$ 的解，此時係數矩陣 A 是可逆的 [或等價地，當 $\det(A) \neq 0$]。

定理 2.3.7：柯拉瑪法則

若 $A\mathbf{x} = \mathbf{b}$ 為一含 n 個未知數 n 個方程式之方程組，並滿足 $\det(A) \neq 0$，則此方程組有唯一解，此解為

$$x_1 = \frac{\det(A_1)}{\det(A)},\quad x_2 = \frac{\det(A_2)}{\det(A)},\ldots,\quad x_n = \frac{\det(A_n)}{\det(A)}$$

此處 A_j 為 A 之第 j 行以矩陣 b 來替換後之矩陣

$$\mathbf{b} = \begin{bmatrix} b_1 \\ b_2 \\ \vdots \\ b_n \end{bmatrix}$$

證明： 若 $\det(A) \neq 0$，則 A 為可逆的，且由定理 1.6.2 知 $\mathbf{x} = A^{-1}\mathbf{b}$ 為 $A\mathbf{x} = \mathbf{b}$ 的唯一解。因此，由定理 2.3.6 知

$$\mathbf{x} = A^{-1}\mathbf{b} = \frac{1}{\det(A)}\mathrm{adj}(A)\mathbf{b} = \frac{1}{\det(A)}\begin{bmatrix} C_{11} & C_{21} & \cdots & C_{n1} \\ C_{12} & C_{22} & \cdots & C_{n2} \\ \vdots & \vdots & & \vdots \\ C_{1n} & C_{2n} & \cdots & C_{nn} \end{bmatrix}\begin{bmatrix} b_1 \\ b_2 \\ \vdots \\ b_n \end{bmatrix}$$

再由矩陣乘積知

$$\mathbf{x} = \frac{1}{\det(A)}\begin{bmatrix} b_1 C_{11} + b_2 C_{21} + \cdots + b_n C_{n1} \\ b_1 C_{12} + b_2 C_{22} + \cdots + b_n C_{n2} \\ \vdots \\ b_1 C_{1n} + b_2 C_{2n} + \cdots + b_n C_{nn} \end{bmatrix}$$

因此，$\mathbf{x}$ 之第 j 列元素為

$$x_j = \frac{b_1 C_{1j} + b_2 C_{2j} + \cdots + b_n C_{nj}}{\det(A)} \tag{11}$$

現在令

$$A_j = \begin{bmatrix} a_{11} & a_{12} & \cdots & a_{1j-1} & b_1 & a_{1j+1} & \cdots & a_{1n} \\ a_{21} & a_{22} & \cdots & a_{2j-1} & b_2 & a_{2j+1} & \cdots & a_{2n} \\ \vdots & \vdots & & \vdots & \vdots & \vdots & & \vdots \\ a_{n1} & a_{n2} & \cdots & a_{nj-1} & b_n & a_{nj+1} & \cdots & a_{nn} \end{bmatrix}$$

因 A_j 和 A 僅有第 j 行不同，可知 A_j 的元素 $b_1, b_2, \ldots, b_n$ 之餘因子如同 A 之第 j 行相對應元素的餘因子。因此 $\det(A_j)$ 循第 j 行的餘因子展開式為

$$\det(A_j) = b_1 C_{1j} + b_2 C_{2j} + \cdots + b_n C_{nj}$$

此結果代入 (11) 式，得

$$x_j = \frac{\det(A_j)}{\det(A)} \blacktriangleleft$$

史記：在瑞士數學家討論柯拉瑪法則之前，柯拉瑪法則已十分有名，此法則出現在柯拉瑪發表於 1750 年的作品裡。它是柯拉瑪卓越記法且廣受歡迎的方法，所以讓數學家將柯拉瑪的名字掛上這個法則。

[相片：摘錄自 *Granger Collection*]

Gabriel Cramer
(1704–1752)

▶ 例題 8　使用柯拉瑪法則解方程組

使用柯拉瑪公式解

$$\begin{aligned} x_1 + + 2x_3 &= 6 \\ -3x_1 + 4x_2 + 6x_3 &= 30 \\ -x_1 - 2x_2 + 3x_3 &= 8 \end{aligned}$$

解：

$$A = \begin{bmatrix} 1 & 0 & 2 \\ -3 & 4 & 6 \\ -1 & -2 & 3 \end{bmatrix}, \quad A_1 = \begin{bmatrix} 6 & 0 & 2 \\ 30 & 4 & 6 \\ 8 & -2 & 3 \end{bmatrix},$$

$$A_2 = \begin{bmatrix} 1 & 6 & 2 \\ -3 & 30 & 6 \\ -1 & 8 & 3 \end{bmatrix}, \quad A_3 = \begin{bmatrix} 1 & 0 & 6 \\ -3 & 4 & 30 \\ -1 & -2 & 8 \end{bmatrix}$$

因此，

$$x_1 = \frac{\det(A_1)}{\det(A)} = \frac{-40}{44} = \frac{-10}{11}, \quad x_2 = \frac{\det(A_2)}{\det(A)} = \frac{72}{44} = \frac{18}{11},$$

$$x_3 = \frac{\det(A_3)}{\det(A)} = \frac{152}{44} = \frac{38}{11}$$

> 對於 $n > 3$ 時，解一個含 n 個方程式 n 個未知數的線性方程組，高斯-喬丹消去法比柯拉瑪公式更有效率。柯拉瑪公式的主要用處是用來得一個線性方程組解之性質而不必真正解方程組。

等價定理

在定理 1.6.4 中所表列的五項結果等價於 A 的可逆性。本節以將定理 2.3.3 併入該表中以產生下列的定理，它聯繫了到目前為止已研習的各主要論題。

定理 2.3.8：等價敘述

若 A 為 $n \times n$ 階矩陣，則下列各敘述是等價的。

(a) A 為可逆的。

(b) $A\mathbf{x} = \mathbf{0}$ 僅有明顯解。

(c) A 的簡約列梯型為 I_n。

(d) A 能以基本矩陣的乘積表示。

(e) $A\mathbf{x} = \mathbf{b}$ 對每個 $n \times 1$ 階矩陣 $\mathbf{b}$ 是相容的。

(f) $A\mathbf{x} = \mathbf{b}$ 對每個 $n \times 1$ 階矩陣 $\mathbf{b}$ 正好有一解。

(g) $\det(A) \neq 0$。

可選擇的教材

現在我們已有證明下面兩個結果的所有工具，此兩個結果我們已在定理 1.7.1 敘述過但沒有證明：

- **定理 1.7.1 (c)** 三角形矩陣是可逆的若且唯若其對角元素均非零。
- **定理 1.7.1 (d)** 可逆下三角形矩陣的逆矩陣是下三角形矩陣，且可逆上三角形矩陣的逆矩陣是上三角形矩陣。

定理 1.7.1 (c) 之證明： 令 $A=[a_{ij}]$ 為一三角形矩陣，所以其對角元素為

$$a_{11}, a_{22}, \ldots, a_{nn}$$

由定理 2.1.2，矩陣 A 是可逆的若且唯若

$$\det(A) = a_{11}a_{22}\cdots a_{nn}$$

非零，其為非零若且唯若所有對角元素均非零。

定理 1.7.1 (d) 之證明： 我們將證明上三角形矩陣之結果，而下三角形矩陣留給讀者。假設 A 是上三角形矩陣且是可逆的。因為

$$A^{-1} = \frac{1}{\det(A)}\text{adj}(A)$$

我們可由證明 adj(A) 是上三角形矩陣或證明餘因子矩陣是下三角形矩陣來證明 A^{-1} 是上三角形矩陣。我們可由證明每一個餘因子 C_{ij} 為零，其中 $i<j$ (亦即主對角線上方)。因為

$$C_{ij} = (-1)^{i+j}M_{ij}$$

所以我們只要證明每一個子行列式 M_{ij} 為零，$i<j$。為達此目的，令 B_{ij} 為將 A 的第 i 列及第 j 行移去後所得的矩陣，所以

$$M_{ij} = \det(B_{ij}) \tag{12}$$

由假設條件 $i<j$，得 B_{ij} 是上三角形矩陣 (見圖 1.7.1)。因為 A 是上三角形矩陣，其第 $(i+1)$ 列之頭至少有 i 個零，而 A 的第 $(i+1)$ 列移去第 j 行元素後為 B_{ij} 的第 i 列。因為 $i<j$，所以在移去第 j 行時，前面 i 個零沒有一個被移走；因此 B_{ij} 的第 i 列之頭至少有 i 個零，此蘊涵此列有一個零在主對角線上，現在由定理 2.1.2 得 $\det(B_{ij})=0$ 且由 (12) 式得 $M_{ij}=0$。◀

概念複習

- 可逆性的行列測試法
- 矩陣的伴隨矩陣
- 可逆矩陣的等價敘述
- 餘因子矩陣
- 柯拉瑪法則

技　能

- 知道行列式運算如何像基礎算術運算，如方程式 (1)、定理 2.3.1、引理 2.3.2 及定理 2.3.4。
- 使用行列式測試矩陣的可逆性。
- 知道 $\det(A)$ 和 $\det(A^{-1})$ 的關係。
- 計算方陣 A 的餘因子矩陣。
- 計算方陣 A 的 $\text{adj}(A)$。
- 使用可逆矩陣的伴隨矩陣求其逆矩陣。
- 使用柯拉瑪法則解線性方程組。
- 知道定理 2.3.8 所給的可逆矩陣之等價特徵。

習題集 2.3

▶對習題 **1-4** 各題，證明 $\det(kA) = k^n \det(A)$。◀

1. $A = \begin{bmatrix} 3 & 5 \\ -2 & -4 \end{bmatrix}; k = 3$

2. $A = \begin{bmatrix} 2 & 2 \\ 5 & -2 \end{bmatrix}; k = -4$

3. $A = \begin{bmatrix} 2 & -1 & 3 \\ 3 & 2 & 1 \\ 1 & 4 & 5 \end{bmatrix}; k = -2$

4. $A = \begin{bmatrix} 1 & 1 & 1 \\ 0 & 2 & 3 \\ 0 & 1 & -2 \end{bmatrix}; k = 3$

▶對習題 **5-6** 各題，證明 $\det(AB) = \det(BA)$ 並判斷等式 $\det(A+B) = \det(A) + \det(B)$ 是否成立。◀

5. $A = \begin{bmatrix} 2 & 0 & -1 \\ 3 & 0 & 5 \\ 0 & 4 & 0 \end{bmatrix}$ 且 $B = \begin{bmatrix} 4 & 0 & 1 \\ 6 & -2 & 1 \\ -3 & 5 & 2 \end{bmatrix}$

6. $A = \begin{bmatrix} -1 & 8 & 2 \\ 1 & 0 & -1 \\ -2 & 2 & 2 \end{bmatrix}$ 且 $B = \begin{bmatrix} 2 & -1 & -4 \\ 1 & 1 & 3 \\ 0 & 3 & -1 \end{bmatrix}$

▶使用行列式判斷習題 **7-14** 各題之矩陣是否為可逆。◀

7. $A = \begin{bmatrix} 3 & 6 & 1 \\ 0 & 2 & -4 \\ 0 & 0 & 1 \end{bmatrix}$ **8.** $A = \begin{bmatrix} 2 & 0 & 3 \\ 0 & 3 & 2 \\ -2 & 0 & -4 \end{bmatrix}$

9. $A = \begin{bmatrix} 1 & 4 & 5 \\ 1 & 3 & 3 \\ 2 & 4 & 3 \end{bmatrix}$ **10.** $A = \begin{bmatrix} -3 & 0 & 1 \\ 5 & 0 & 6 \\ 8 & 0 & 3 \end{bmatrix}$

11. $A = \begin{bmatrix} 4 & 2 & 8 \\ -2 & 1 & -4 \\ 3 & 1 & 6 \end{bmatrix}$ **12.** $A = \begin{bmatrix} 1 & 0 & -1 \\ 9 & -1 & 4 \\ 8 & 9 & -1 \end{bmatrix}$

13. $A = \begin{bmatrix} 2 & 0 & 0 \\ 8 & 1 & 0 \\ -5 & 3 & 6 \end{bmatrix}$

14. $A = \begin{bmatrix} \sqrt{2} & -\sqrt{7} & 0 \\ 3\sqrt{2} & -3\sqrt{7} & 0 \\ 5 & -9 & 0 \end{bmatrix}$

▶求習題 **15-18** 各題的 k 值使得 A 是可逆的。◀

15. $A = \begin{bmatrix} k-3 & -2 \\ -2 & k-2 \end{bmatrix}$ 16. $A = \begin{bmatrix} k & 2 \\ 2 & k \end{bmatrix}$

17. $A = \begin{bmatrix} 1 & 3 & k \\ 2 & 1 & 3 \\ 4 & 6 & 2 \end{bmatrix}$ 18. $A = \begin{bmatrix} 2 & 1 & 0 \\ k & 2 & k \\ 2 & 4 & 2 \end{bmatrix}$

▶判斷習題 19-23 之各矩陣是否為可逆？若為可逆，則使用伴隨矩陣法求其逆矩陣。◀

19. $A = \begin{bmatrix} 2 & 5 & 5 \\ -1 & -1 & 0 \\ 2 & 4 & 3 \end{bmatrix}$ 20. $A = \begin{bmatrix} 2 & 0 & 3 \\ 0 & 3 & 2 \\ -2 & 0 & -4 \end{bmatrix}$

21. $A = \begin{bmatrix} 2 & -3 & 5 \\ 0 & 1 & -3 \\ 0 & 0 & 2 \end{bmatrix}$ 22. $A = \begin{bmatrix} 2 & 0 & 0 \\ 8 & 1 & 0 \\ -5 & 3 & 6 \end{bmatrix}$

23. $A = \begin{bmatrix} 1 & 3 & 1 & 1 \\ 2 & 5 & 2 & 2 \\ 1 & 3 & 8 & 9 \\ 1 & 3 & 2 & 2 \end{bmatrix}$

▶使用柯拉瑪法則解習題 24-29。◀

24. $7x_1 - 2x_2 = 3$
    $3x_1 + x_2 = 5$

25. $3x_1 + 5x_2 = 7$
    $6x_1 + 2x_2 + 4x_3 = 10$
    $-x_1 + 4x_2 - 3x_3 = 0$

26. $x - 4y + z = 6$
    $4x - y + 2z = -1$
    $2x + 2y - 3z = -20$

27. $x_1 - 3x_2 + x_3 = 4$
    $2x_1 - x_2 = -2$
    $4x_1 - 3x_3 = 0$

28. $-x_1 - 4x_2 + 2x_3 + x_4 = -32$
    $2x_1 - x_2 + 7x_3 + 9x_4 = 14$
    $-x_1 + x_2 + 3x_3 + x_4 = 11$
    $x_1 - 2x_2 + x_3 - 4x_4 = -4$

29. $3x_1 - x_2 + x_3 = 4$
    $-x_1 + 7x_2 - 2x_3 = 1$
    $2x_1 + 6x_2 - x_3 = 5$

30. 證明矩陣
    $$A = \begin{bmatrix} \cos\theta & \sin\theta & 0 \\ -\sin\theta & \cos\theta & 0 \\ 0 & 0 & 1 \end{bmatrix}$$
    是可逆的，對所有 θ 值；並使用定理 2.3.6 求 A^{-1}。

31. 使用柯拉瑪公式解 y，但不解 x, z 和 w。

$4x + y + z + w = 6$
$3x + 7y - z + w = 1$
$7x + 3y - 5z + 8w = -3$
$x + y + z + 2w = 3$

32. 令 $A\mathbf{x} = \mathbf{b}$ 為習題 31 的方程組。
    (a) 使用柯拉瑪法則解之。
    (b) 使用高斯-喬丹消去法解之。
    (c) 何種方法的計算較少？

33. 證明若 $\det(A) = 1$ 且 A 的所有元素均為整數，則 A^{-1} 的所有元素均為整數。

34. 令 $A\mathbf{x} = \mathbf{b}$ 為 n 個未知數 n 個方程式之方程組且具整數係數及整數常數，證明若 $\det(A) = 1$，則解 $\mathbf{x}$ 的元素為整數。

35. 令
$$A = \begin{bmatrix} a & b & c \\ d & e & f \\ g & h & i \end{bmatrix}$$

假設 $\det(A) = -5$，求
(a) $\det(-4A)$ (b) $\det(A^{-1})$ (c) $\det(3A^{-1})$

(d) $\det((3A^{-1}))$ (e) $\det\begin{bmatrix} a & g & d \\ b & h & e \\ c & i & f \end{bmatrix}$

36. 已知 A 是一個 4×4 階矩陣滿足 $\det(A) = -2$，求下列各行列式。
    (a) $\det(-A)$ (b) $\det(A^{-1})$ (c) $\det(2A^T)$
    (d) $\det(A^3)$

37. 已知 A 是一個 3×3 階矩陣滿足 $\det(A) = 7$，求下列各行列式。
    (a) $\det(3A)$ (b) $\det(A^{-1})$
    (c) $\det(2A^{-1})$ (d) $\det((2A)^{-1})$

38. 證明方陣 A 是可逆的若且唯若 A^TA 是可逆的。

39. 證明若 A 是一個方陣，則 $\det(A^TA) = \det(AA^T)$。

是非題

試判斷 (a)-(l) 各敘述的真假，並驗證你的答案。

(a) 若 A 是一個 3×3 階矩陣，則 $\det(2A)=2\det(A)$。
(b) 若 A 和 B 是同階方陣滿足 $\det(A)=\det(B)$，則 $\det(A+B)=2\det(A)$。
(c) 若 A 和 B 是同階方陣且 A 是可逆的，則 $\det(A^{-1}BA)=\det(B)$。
(d) 方陣 A 是可逆的若且唯若 $\det(A)=0$。
(e) A 的餘因子矩陣就是 $[\text{adj}(A)]^T$。
(f) 對每一個 $n\times n$ 階矩陣 A，我們有
$$A\cdot\text{adj}(A)=(\text{adj}(A))I_n$$
(g) 若 A 是一方陣且線性方程組 $A\mathbf{x}=\mathbf{0}$ 有多重解給 $\mathbf{x}$，則 $\det(A)=0$。
(h) 若 A 是一個 $n\times n$ 階矩陣且存在一個 $n\times 1$ 階矩陣 $\mathbf{b}$ 滿足 $A\mathbf{x}=\mathbf{b}$ 無解，則 A 的簡約列梯型不可能為 I_n。
(i) 若 E 是一個基本矩陣，則 $E\mathbf{x}=\mathbf{0}$ 僅有明顯解。
(j) 若 A 是一個可逆矩陣，則線性方程組 $A\mathbf{x}=\mathbf{0}$ 僅有明顯解若且唯若線性方程組 $A^{-1}\mathbf{x}=\mathbf{0}$ 僅有明顯解。
(k) 若 A 是可逆的，則 $\text{adj}(A)$ 必亦為可逆的。
(l) 若 A 有一零列，則 $\text{adj}(A)$ 亦有一零列。

第二章　補充習題

▶試分別以 (a) 餘因子展開式 (b) 使用基本列運算將零引進矩陣之法計算習題 **1-8** 各矩陣之行列式。◀

1. $\begin{bmatrix} -4 & 2 \\ 3 & 3 \end{bmatrix}$
2. $\begin{bmatrix} 7 & -1 \\ -2 & -6 \end{bmatrix}$
3. $\begin{bmatrix} -1 & 5 & 2 \\ 0 & 2 & -1 \\ -3 & 1 & 1 \end{bmatrix}$
4. $\begin{bmatrix} -1 & -2 & -3 \\ -4 & -5 & -6 \\ -7 & -8 & -9 \end{bmatrix}$
5. $\begin{bmatrix} 3 & 0 & -1 \\ 1 & 1 & 1 \\ 0 & 4 & 2 \end{bmatrix}$
6. $\begin{bmatrix} -5 & 1 & 4 \\ 3 & 0 & 2 \\ 1 & -2 & 2 \end{bmatrix}$
7. $\begin{bmatrix} 3 & 6 & 0 & 1 \\ -2 & 3 & 1 & 4 \\ 1 & 0 & -1 & 1 \\ -9 & 2 & -2 & 2 \end{bmatrix}$
8. $\begin{bmatrix} -1 & -2 & -3 & -4 \\ 4 & 3 & 2 & 1 \\ 1 & 2 & 3 & 4 \\ -4 & -3 & -2 & -1 \end{bmatrix}$

9. 使用箭技巧 (見 2.1 節例題 7) 計算習題 3-6 各矩陣之行列式。
10. (a) 建構一個 4×4 階矩陣使其行列式很容易使用餘因子展開式來算，但使用基本列運算來算則很難。
   (b) 建構一個 4×4 階矩陣使其行列式很容易使用基本列運算來算，但使用餘因子展開式來算則很難。
11. 使用行列式判斷習題 1-4 各矩陣是否為可逆的。
12. 使用行列式判斷習題 5-8 各矩陣是否為可逆的。

▶使用任一方法求習題 **13-15** 各矩陣的行列式。◀

13. $\begin{vmatrix} 5 & b-3 \\ b-2 & -3 \end{vmatrix}$
14. $\begin{vmatrix} 3 & -4 & a \\ a^2 & 1 & 2 \\ 2 & a-1 & 4 \end{vmatrix}$
15. $\begin{vmatrix} 0 & 0 & 0 & 0 & -3 \\ 0 & 0 & 0 & -4 & 0 \\ 0 & 0 & -1 & 0 & 0 \\ 0 & 2 & 0 & 0 & 0 \\ 5 & 0 & 0 & 0 & 0 \end{vmatrix}$

16. 解 x：
$$\begin{vmatrix} x & -1 \\ 3 & 1-x \end{vmatrix} = \begin{vmatrix} 1 & 0 & -3 \\ 2 & x & -6 \\ 1 & 3 & x-5 \end{vmatrix}$$

▶使用伴隨矩陣法 (定理 2.3.6) 求習題 **17-24** 各題之矩陣的逆矩陣，若其存在。◀

17. 習題 1 之矩陣。

18. 習題 2 之矩陣。
19. 習題 3 之矩陣。
20. 習題 4 之矩陣。
21. 習題 5 之矩陣。
22. 習題 6 之矩陣。
23. 習題 7 之矩陣。
24. 習題 8 之矩陣。
25. 利用柯拉瑪法則以 x 與 y 來解 x' 及 y'。

$$x = \tfrac{3}{5}x' - \tfrac{4}{5}y'$$
$$y = \tfrac{4}{5}x' + \tfrac{3}{5}y'$$

26. 利用柯拉瑪法則以 x 與 y 來解 x' 及 y'。

$$x = x'\cos\theta - y'\sin\theta$$
$$y = x'\sin\theta + y'\cos\theta$$

27. 檢查係數矩陣之行列式，並證明下列方程組有一非明顯解若且唯若 $\alpha = \beta$。

$$x + y + \alpha z = 0$$
$$x + y + \beta z = 0$$
$$\alpha x + \beta y + z = 0$$

28. 設若 A 為一 3×3 階矩陣且其各元素不是 1 就是 0，試問 $\det(A)$ 之最大值為何？

29. (a) 對圖中的三角形，利用三角幾何證明

$$b\cos\gamma + c\cos\beta = a$$
$$c\cos\alpha + a\cos\gamma = b$$
$$a\cos\beta + b\cos\alpha = c$$

且應用柯拉瑪法則證明

$$\cos\alpha = \frac{b^2 + c^2 - a^2}{2bc}$$

(b) 試應用柯拉瑪法則以求得 $\cos\beta$ 及 $\cos\gamma$ 的類似公式。

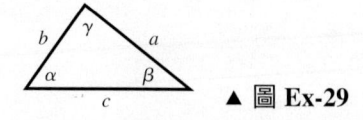

▲ 圖 Ex-29

30. 試利用行列式證明對所有實值的 λ

$$x - 2y = \lambda x$$
$$x - y = \lambda y$$

唯一的解為 $x = 0, y = 0$。

31. 試證明若 A 為可逆矩陣，則 $\mathrm{adj}(A)$ 亦為可逆矩陣，而且

$$[\mathrm{adj}(A)]^{-1} = \frac{1}{\det(A)}A = \mathrm{adj}(A^{-1})$$

32. 試證明若 A 為 $n\times n$ 階矩陣，則

$$\det[\mathrm{adj}(A)] = [\det(A)]^{n-1}$$

33. 證明：若一 $n\times n$ 階矩陣 A 之每一列的元素和為零，則 $\det(A) = 0$。[提示：考慮乘積 $A\mathbf{x}$，此處之 $\mathbf{x}$ 為一個 $n\times 1$ 階之矩陣，其每一個元素皆為 1。]

34. (a) 由圖中可知三角形 ABC 的面積可以表示為

面積 ABC = 面積 $ADEC$ + 面積 $CEFB$ − 面積 $ADFB$

試利用此式與梯型面積等於 1/2 高乘以兩平行邊之和的事實，證明

$$\text{面積 } ABC = \frac{1}{2}\begin{vmatrix} x_1 & y_1 & 1 \\ x_2 & y_2 & 1 \\ x_3 & y_3 & 1 \end{vmatrix}$$

[注意：此式的推導中，各頂點的標記使得三角形從 (x_1, y_1) 到 (x_2, y_2) 再到 (x_3, y_3) 沿逆時針方向繞行。若依順時針方向，則前面的行列式將產生負值的面積。]

(b) 試利用 (a) 所得的結果，求頂點為 $(3, 3)$, $(4, 0)$ 及 $(-2, -1)$ 之三角形的面積。

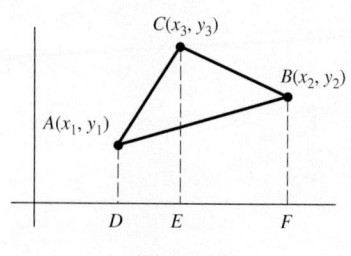

▲ 圖 Ex-34

35. 利用 21,375、38,798、34,162、40,223 及 79,154 等可被 19 整除之事實，不須直接計算下列行列式值，證明

$$\begin{vmatrix} 2 & 1 & 3 & 7 & 5 \\ 3 & 8 & 7 & 9 & 8 \\ 3 & 4 & 1 & 6 & 2 \\ 4 & 0 & 2 & 2 & 3 \\ 7 & 9 & 1 & 5 & 4 \end{vmatrix}$$

可被 19 整除。

36. 不直接計算下列行列式值，試證明

$$\begin{vmatrix} \sin\alpha & \cos\alpha & \sin(\alpha+\delta) \\ \sin\beta & \cos\beta & \sin(\beta+\delta) \\ \sin\gamma & \cos\gamma & \sin(\gamma+\delta) \end{vmatrix} = 0$$

CHAPTER 3

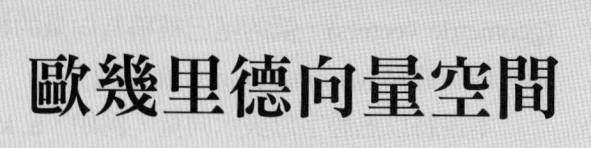

歐幾里德向量空間

本章目錄 3.1　2-空間、3-空間及 n-空間之向量
　　　　　　3.2　R^n 上的範數、點積及距離
　　　　　　3.3　正交性
　　　　　　3.4　線性方程組的幾何性質
　　　　　　3.5　叉　積

引　　言　工程師及物理學家分辨兩種型態的物理量——**純量** (scalars)，其為可被一個單一數值描述的量，及**向量** (vectors)，其為需要一個數值及一個方向來完備其物理描述的量。例如，溫度、長度及速率均為純量，因為它們可被一個表「多少」的數來完全描述——例如，20°C 的溫度、5 cm 的長度、75 km/h 的速率。而速度和力量為向量，因為它們需要一個數以告訴「多少」及一個方向來告訴「哪一個方向」——例如，一船朝向東北 45° 方向以 10 節移動，或一個 100 lb 鉛垂方向的力。雖然本章所學的向量及純量在物理學及工程學有其原涵，但我們將更關心使用它們來建置數學結構並應用這些結構至不同領域，例如遺傳學、電腦科學、經濟學、電信學及環境科學。

3.1　2-空間、3-空間及 n-空間之向量

線性代數關心兩種數學物件，「矩陣」及「向量」。我們已經熟悉矩陣的基本概念，所以本節將引進向量的一些基本概念。本文裡我們將看到向量和矩陣有密切關係且線性代數大部分考慮它們之間的關係。

幾何向量

工程師和物理學家以箭形表示二維 [亦稱 **2-空間** (2-space)] 或三維 [亦稱 **3-空間** (3-space)] 空間上的向量。箭頭方向表示向量的方向 (direction) 且箭的長度 (length) 表示向量的大小。數學家稱這些為**幾何向量**

152 初等線性代數與應用

(geometric vectors)，箭的尾巴被稱為向量的**始點** (initial point)，而箭尖則被稱為**終點** (terminal point) (圖 3.1.1)。

▲ 圖 3.1.1

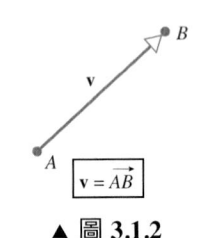

本書將以黑體字母表示向量，例如，**a, k, v, w** 及 **x**，且以小寫斜體字母表示純量，例如，a, k, v, w 及 x。當我們想要標示一個向量 **v** 有始點 A 及終點 B，則如圖 3.1.2 所示，我們將寫成

$$\mathbf{v} = \overrightarrow{AB}$$

▲ 圖 3.1.2

若有同樣長度及方向的向量，如圖 3.1.3，即被稱為**等價的** (equivalent)。因為希望以長度及方向來決定唯一的向量，故所有等價向量皆視為相同向量。即使它們可能落在不同的位置。等價向量亦被稱為**相等** (equal)，將其表為

$$\mathbf{v} = \mathbf{w}$$

▲ 圖 3.1.3 等價向量

始點和終點相同的向量之長度為零，所以我們稱其為**零向量** (zero vector) 且以 **0** 表示。零向量無自然方向，所以我們賦予它任何方向，以方便所考慮的問題。

向量加法

向量有幾個重要的代數運算，這些運算均有其原始物理法則。

> **向量加法的平行四邊形法則**：若 **v** 和 **w** 為 2-空間或 3-空間之向量且被放置為兩向量之始點重合，則此兩向量形成平行四邊形的鄰邊，且和 (sum) **v**＋**w** 為由 **v** 和 **w** 之共同始點到平行四邊形對頂點的箭形所表示之向量 (圖 3.1.4a)。

下面是形成兩向量和的另一種方法。

> **向量加法的三角形法則**：若 **v** 和 **w** 為 2-空間或 3-空間的向量且被放置為 **w** 的始點擺在 **v** 的終點，則和 (sum) **v**＋**w** 為由 **v** 之始點到 **w** 之終點的箭形所表示之向量 (圖 3.1.4b)。

在圖 3.1.4c 裡，我們使用三角形法則建構了和 **v**＋**w** 及 **w**＋**v**，此建構明顯得到

(a)　　　　　　　(b)　　　　　　　(c)

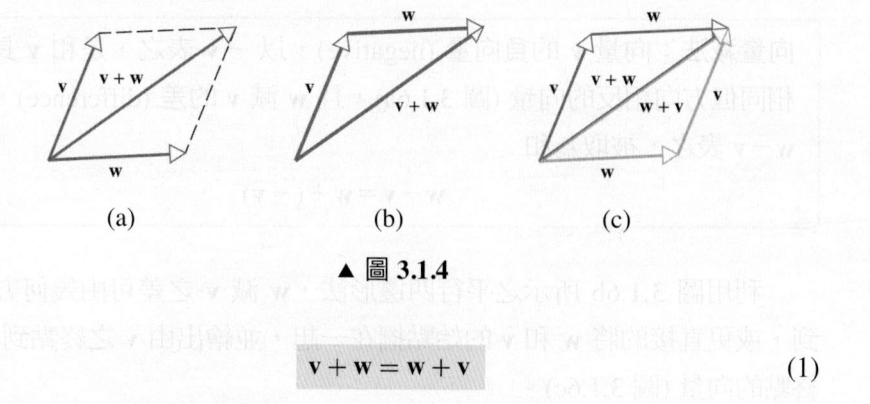

▲ 圖 3.1.4

$$v + w = w + v \tag{1}$$

且由三角形法則所得之和與由平行四邊形法則所得之和相同。

向量加法亦可被視為平移點之法。

向量加法視為平移：若 v, w 和 v+w 被放置為始點重合，則 v+w 的終點可以兩種方法視之：

1. v+w 的終點為將 v 的終點朝 w 的方向平移 w 長度之距離後所得的點 (圖 3.1.5a)。
2. v+w 的終點為將 w 的終點朝 v 的方向平移 v 長度之距離後所得的點 (圖 3.1.5b)。

因此，我們稱 v+w 是 v 朝 w 方向的平移 (translation of v by w) 或 w 朝 v 方向的平移 (translation of w by v)。

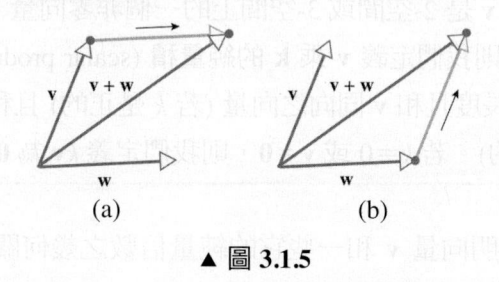

(a)　　　　　　　(b)

▲ 圖 3.1.5

向量減法

在一般算術裡，我們可寫 $a-b=a+(-b)$，其以加法來表示減法。在向量算術裡亦有類似概念。

向量減法：向量 **v** 的**負向量** (negative)，以 −**v** 表之，是和 **v** 長度相同但方向相反的向量 (圖 3.1.6a)，且 **w** 減 **v** 的**差** (difference)，以 **w** − **v** 表之，被取為和

$$\mathbf{w} - \mathbf{v} = \mathbf{w} + (-\mathbf{v}) \tag{2}$$

利用圖 3.1.6b 所示之平行四邊形法，**w** 減 **v** 之差可由幾何方式得到，或更直接的將 **w** 和 **v** 的始點擺在一起，並繪出由 **v** 之終點到 **w** 之終點的向量 (圖 3.1.6c)。

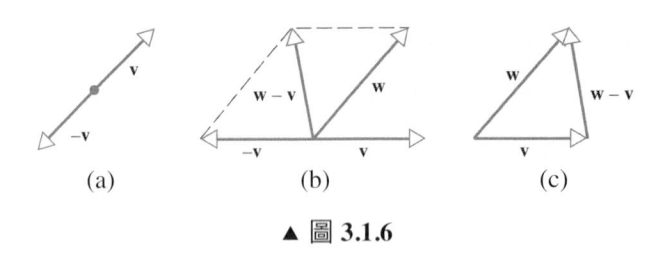

▲ 圖 3.1.6

純量乘法

有時候需要改變向量之長度或改變其長度且相反其方向。此可以一種乘法來完成，即向量乘以純量。例如，乘積 2**v** 表和 **v** 同向且兩倍長的向量，而 −2**v** 表和 **v** 反向且兩倍長的向量。底下是一般結果。

純量乘法：若 **v** 是 2-空間或 3-空間上的一個非零向量，且若 k 是一個非零純量，則我們定義 **v** 乘 **k** 的**純量積** (scalar product of **v** by **k**) 為具 $|k|$ 倍 **v** 長度且和 **v** 同向之向量 (若 k 是正的) 且和 **v** 反向之向量 (若 k 是負的)。若 $k=0$ 或 **v**=**0**，則我們定義 $k\mathbf{v}$ 為 **0**。

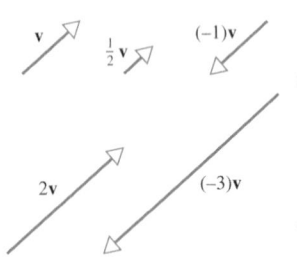

▲ 圖 3.1.7

圖 3.1.7 說明向量 **v** 和一些它的純量倍數之幾何關係。特別地，(−1)**v** 和 **v** 長度相同但方向相反；因此，

$$(-1)\mathbf{v} = -\mathbf{v} \tag{3}$$

平行及共線向量

假設 **v** 和 **w** 為 2-空間或 3-空間上具有共同始點之向量。若兩向量之一是另一個向量的純量倍數，則此兩向量位在同一條直線上，所以可合

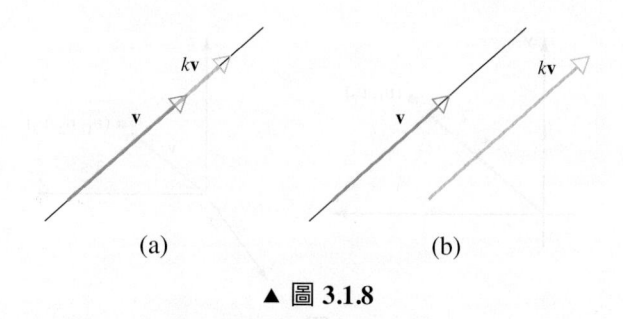

理地稱它們是共線的 (collinear) (圖 3.1.8a)。然而，若我們平移兩向量中之一向量，如圖 3.1.8b 所示，則此兩向量是平行的 (parallel) 而不再是共線。此造成一個語言問題，因為平移一個向量並不改變該向量。解決這個問題的唯一方法是同意平行和共線在處理向量時是相同的。雖然向量 **0** 沒有清楚的定義方向，我們將視它和所有向量平行。

三個或更多個向量之和

向量加法滿足**加法結合律** (associative law for addition)，亦即當我們相加三個向量，**u**, **v** 及 **w**，不管先加哪兩個向量均不影響；亦即

$$\mathbf{u} + (\mathbf{v} + \mathbf{w}) = (\mathbf{u} + \mathbf{v}) + \mathbf{w}$$

所以表示式 **u** + **v** + **w** 將不會模棱兩可，因為不管先加哪兩個向量均不影響。

　　一個建構 **u** + **v** + **w** 的簡單方法是逐步的將向量「箭尖接箭尾」，然後由 **u** 的始點到 **w** 的終點繪出向量 (圖 3.1.9a)。箭尖接箭尾法亦可用於四個或四個以上之向量 (圖 3.1.9b)。箭尖接箭尾法對 3-空間上具有共同始點之向量 **u**, **v** 及 **w** 亦明顯可用，**u** + **v** + **w** 是以 **u**, **v**, **w** 三個向量為鄰邊的平行六面體之對角線 (圖 3.1.9c)。

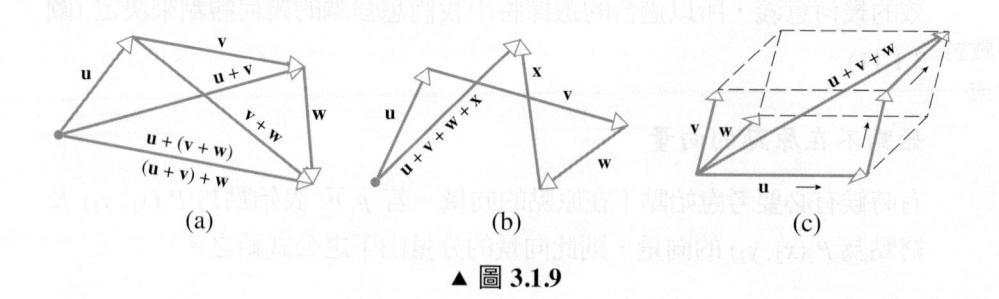

▲ 圖 3.1.9

▲ 圖 3.1.10

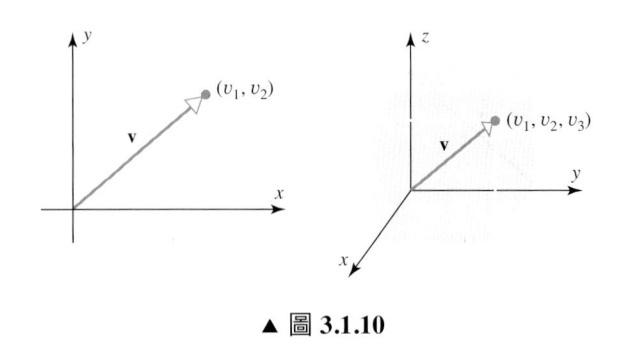

座標系中的向量

迄今我們所討論的向量尚未參考座標系。然而，如同我們即將看到，假若加上座標系，向量計算將更加簡單。

若一個 2-空間或 3-空間上的向量 **v**，其始點被放置在一個直角座標系的原點，則此向量將完全由此向量之終點座標決定 (圖 3.1.10)，我們稱這些座標為 **v** 的**分量** (components of **v**)。我們將以 $\mathbf{v}=(v_1, v_2)$ 表 2-空間上具分量 (v_1, v_2) 的向量 **v**，且 $\mathbf{v}=(v_1, v_2, v_3)$ 表 3-空間上具分量 (v_1, v_2, v_3) 的向量 **v**。

> 零向量的分量型在 2-空間是 $\mathbf{0}=(0,0)$，在 3-空間是 $\mathbf{0}=(0,0,0)$。

2-空間或 3-空間上的兩向量很明顯是等價的若且唯若當它們的始點在原點時它們有相同之終點。代數上來講，此意味著兩向量是等價的若且唯若它們的對應分量相同。因此，例如，3-空間上的向量

$$\mathbf{v} = (v_1, v_2, v_3) \quad 及 \quad \mathbf{w} = (w_1, w_2, w_3)$$

是等價的若且唯若

$$v_1 = w_1, \quad v_2 = w_2, \quad v_3 = w_3$$

注釋：你可能遇過一個有序數對 (v_1, v_2) 可表一個具分量 v_1 及 v_2 的向量或表具分量 v_1 及 v_2 的點 (同理，對有序三元序對亦同)。兩者均是有效的幾何意義，所以適合的選擇將由我們想強調的幾何觀點來決定 (圖 3.1.11)。

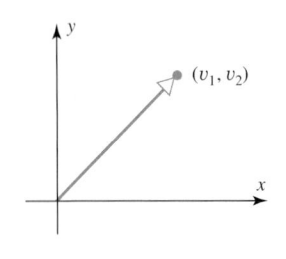

▲ 圖 3.1.11 有序數對 (v_1, v_2) 可表示一點或一個向量。

始點不在原點的向量

有時候有必要考慮始點不在原點的向量。若 $\overrightarrow{P_1P_2}$ 表始點為 $P_1(x_1, y_1)$ 及終點為 $P_2(x_2, y_2)$ 的向量，則此向量的分量由下之公式給之。

$$\overrightarrow{P_1P_2} = (x_2 - x_1, y_2 - y_1) \qquad (4)$$

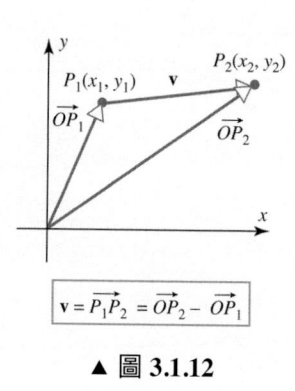

亦即，$\overrightarrow{P_1P_2}$ 的分量是由終點座標減始點座標而得。例如，圖 3.1.12 中的向量 $\overrightarrow{P_1P_2}$ 是向量 $\overrightarrow{OP_2}$ 和 $\overrightarrow{OP_1}$ 的差，所以

$$\overrightarrow{P_1P_2} = \overrightarrow{OP_2} - \overrightarrow{OP_1} = (x_2, y_2) - (x_1, y_1) = (x_2 - x_1, y_2 - y_1)$$

如你可能的期待，3-空間上始點為 $P_1(x_1, y_1, z_1)$ 及終點為 $P_2(x_2, y_2, z_2)$ 之向量的分量可得到

$$\overrightarrow{P_1P_2} = (x_2 - x_1, y_2 - y_1, z_2 - z_1) \qquad (5)$$

▲ 圖 3.1.12

▶ **例題 1** 求向量的分量

始點為 $P_1(2, -1, 4)$ 及終點為 $P_2(7, 5, -8)$ 的向量 $\overrightarrow{P_1P_2}$ 之分量為

$$\mathbf{v} = (7 - 2, 5 - (-1), (-8) - 4) = (5, 6, -12)$$ ◀

n-空間

使用實數的有序數對及有序三元實數序對來表示二維空間及三維空間上點的概念，在 18 及 19 世紀已廣為人知。20 世紀初，數學家及物理學家探測在數學及物理學上「較高維度」空間的使用。今天，甚至連門外漢都十分熟悉時間作為第四度空間的觀念，此概念被使用於 Albert Einstein 所發展的一般相對論裡。今天，物理學家研究「串理論」領域時使用 11-維空間於統一場論中，此理論解釋基本自然力如何作用。本節後續之工作大部分集中在將空間的觀念擴大至 n-維。

欲進一步探討這些概念，我們以某些專有名詞及記法開始。所有實數所成的集合在幾何上可被視為一直線。它被稱為**實數線** (real line) 且被表為 R 或 R^1。上標碼強調直覺概念，直線是一維的。所有有序實數對所成的集合 [稱 **2-維** (2-tuples)] 及所有有序三元實數序對所成的集合 [稱 **3-維** (3-tuples)] 分別被表為 R^2 及 R^3。上標碼強調有序數對對應平面 (二維的) 上的點且有序三元序對強調空間 (三維的) 上的點。下面定義擴大此概念。

> **定義 1**：若 n 是一個正整數，則一個**有序 n 元序對** (ordered n-tuple) 是一個 n 個實數 $(v_1, v_2, \ldots, v_n)$ 的序列。所有有序 n 元序對所成的集合被稱為 ***n-空間*** (n-space) 且被表為 R^n。

注釋：你可將一個 n 元序對 $(v_1, v_2, \ldots, v_n)$ 裡的數考慮為一個一般化點的座標或考慮為一個一般化向量之分量，完全依據你心中所想的幾何影像——此選擇在數學上沒有差異，因為它是所關心的 n 元序對之代數性質。

下面有幾個引至 n 元序對之基本應用。

- **實驗數據**——科學家執行一個實驗且每次記下實驗的 n 個數值量度。每個實驗結果可被視為 R^n 上的一個向量 $\mathbf{y} = (y_1, y_2, \ldots, y_n)$。
- **倉庫及存庫**——一家公立的卡車運輸公司有 15 個供應站來儲存及服務其卡車。每個時刻服務供應站卡車的分配可被描述為一個 15 元序對 $\mathbf{x} = (x_1, x_2, \ldots, x_{15})$，其中 x_1 表第一個供應站的卡車數，x_2 為第二個供應站的卡車數，以此類推。
- **電子電路**——某種運行的微型電路被設計為接收四個輸入電壓及產生三個輸出電壓。輸入電壓可被視為 R^4 上的向量且輸出電壓可被視為 R^3 上的向量。因此，此微型電路可被視為傳送一個 R^4 上的輸入向量 $\mathbf{v} = (v_1, v_2, v_3, v_4)$ 及 R^3 上的輸出向量 $\mathbf{w} = (w_1, w_2, w_3)$ 之設計。
- **圖像**——電腦螢幕上的彩色影像製造方法之一是對每個像素 (螢幕上可編址的點) 給三個數值，此三個數值分別描述像素的**色澤** (hue)、**飽和度** (saturation) 及**亮度** (brightness)。因此，一個完整的彩色影像可被視為一個 5 元序對 $\mathbf{v} = (x, y, h, s, b)$ 的集合，其中 x 及 y 為像素的螢幕座標，且 h, s 及 b 為像素的色澤、飽和度及亮度。
- **經濟學**——經濟分析的方法之一是將經濟分成幾個部門 (製造、服務、公共部門等等) 且以美元度量每一部門的產出。因此，一個有 10 個部門的經濟，其整個經濟的經濟產出可以 10 元序對 $\mathbf{s} = (s_1, s_2, \ldots, s_{10})$ 來表示，其中數值 $s_1, s_2, \ldots, s_{10}$ 為所有個別部門的產出。
- **機械系統**——假設六個質點沿著相同座標線移動，在時刻 t 時，它們的座標分別為 $x_1, x_2, \ldots, x_6$ 且它們的速度分別為 $v_1, v_2, \ldots, v_6$，此資訊可以 R^{13} 上的向量

$$\mathbf{v} = (x_1, x_2, x_3, x_4, x_5, x_6, v_1, v_2, v_3, v_4, v_5, v_6, t)$$

來表示。此向量被稱為質點系統在時刻 t 的狀態 (state)。

R^n 上向量的運算

我們下一個目標是定義有用的 R^n 上向量之運算。這些運算是熟悉的 R^2 和 R^3 上向量運算的擴充。我們將使用記法

$$\mathbf{v} = (v_1, v_2, \ldots, v_n)$$

表示 R^n 上的向量 $\mathbf{v}$，且稱 $\mathbf{0} = (0, 0, \ldots, 0)$ 為**零向量** (zero vector)。

稍早提到 R^2 及 R^3 上的兩向量是等價的 (相等) 若且唯若其對應分量相等。因此，我們有了下面定義。

定義 2：R^n 上向量 $\mathbf{v} = (v_1, v_2, \ldots, v_n)$ 及 $\mathbf{w} = (w_1, w_2, \ldots, w_n)$ 被稱是**等價的** (equinalent)[亦稱**相等** (equal)]，若

$$v_1 = w_1, \quad v_2 = w_2, \ldots, \quad v_n = w_n$$

我們記為 $\mathbf{v} = \mathbf{w}$。

▶ **例題 2**　向量的相等

$$(a, b, c, d) = (1, -4, 2, 7)$$

若且唯若 $a = 1, b = -4, c = 2$ 及 $d = 7$。　　　　　　　　　　◀

下一個目標是定義 R^n 上向量的加法、減法及純量乘法等運算。為激發這些概念，我們將考慮這些運算如何使用分量來執行在 R^2 上的向量。研究圖 3.1.13，你應能導出若 $\mathbf{v} = (v_1, v_2)$ 且 $\mathbf{w} = (w_1, w_2)$，則

Albert Einstein (1879–1955)

史記：德國出生的物理學家 Albert Einstein 於 1935 年移民美國，並定居在 Princeton 大學。Einstein 將他生命的後三十年致力於沒有成功的統一場理論 (unified fied theory)，此理論將建立地心引力及電磁學間的一個基本的連結。最近，物理學家使用著名的串理論 (String theory) 在這個問題上有進展。在串理論裡，宇宙最小的個別分子不是質子而是環，其行為像振動串。Einstein 的空間-時間宇宙是四維的，串存在於一個 11-維的世界裡，其為目前研究的焦點。

[相片：摘錄自©*Bettmann*/©*Corbis*]

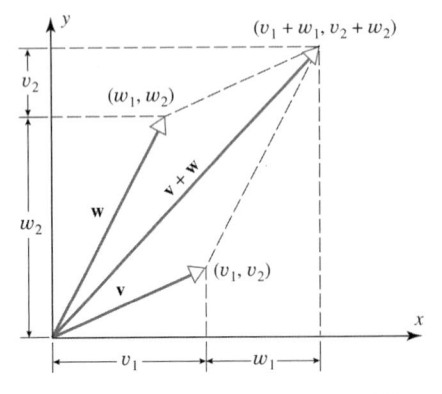

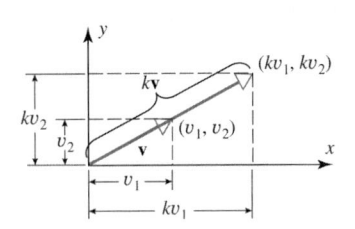

▲ 圖 3.1.13

$$\mathbf{v} + \mathbf{w} = (v_1 + w_1, v_2 + w_2) \tag{6}$$

$$k\mathbf{v} = (kv_1, kv_2) \tag{7}$$

特別地，由 (7) 可得

$$-\mathbf{v} = (-1)\mathbf{v} = (-v_1, -v_2) \tag{8}$$

因此

$$\mathbf{w} - \mathbf{v} = \mathbf{w} + (-\mathbf{v}) = (w_1 - v_1, w_2 - v_2) \tag{9}$$

由公式 (6)-(9) 之激發，我們有下面之定義。

定義 3：若 $\mathbf{v}=(v_1, v_2, \ldots, v_n)$ 及 $\mathbf{w}=(w_1, w_2, \ldots, w_n)$ 為 R^n 上之向量，且若 k 是任意純量，則我們定義

$$\mathbf{v} + \mathbf{w} = (v_1 + w_1, v_2 + w_2, \ldots, v_n + w_n) \tag{10}$$

$$k\mathbf{v} = (kv_1, kv_2, \ldots, kv_n) \tag{11}$$

$$-\mathbf{v} = (-v_1, -v_2, \ldots, -v_n) \tag{12}$$

$$\mathbf{w} - \mathbf{v} = \mathbf{w} + (-\mathbf{v}) = (w_1 - v_1, w_2 - v_2, \ldots, w_n - v_n) \tag{13}$$

> 換句話說，向量被加 (或被減) 可相加 (或相減) 它們的對應分量，且向量被乘上一個純量即是將該純量乘上每一個分量。

▶ **例題 3** 使用分量之代數運算

若 $\mathbf{v}=(1, -3, 2)$ 及 $\mathbf{w}=(4, 2, 1)$，則

$$\mathbf{v} + \mathbf{w} = (5, -1, 3), \qquad 2\mathbf{v} = (2, -6, 4)$$
$$-\mathbf{w} = (-4, -2, -1), \qquad \mathbf{v} - \mathbf{w} = \mathbf{v} + (-\mathbf{w}) = (-3, -5, 1)$$

◀

下面定理總結向量運算的最重要性質。

定理 3.1.1：若 $\mathbf{u}, \mathbf{v}$ 及 $\mathbf{w}$ 為 R^n 上之向量，且若 k 及 m 為純量，則
(a) $\mathbf{u}+\mathbf{v}=\mathbf{v}+\mathbf{u}$
(b) $(\mathbf{u}+\mathbf{v})+\mathbf{w}=\mathbf{u}+(\mathbf{v}+\mathbf{w})$
(c) $\mathbf{u}+\mathbf{0}=\mathbf{0}+\mathbf{u}=\mathbf{u}$
(d) $\mathbf{u}+(-\mathbf{u})=\mathbf{0}$
(e) $k(\mathbf{u}+\mathbf{v})=k\mathbf{u}+k\mathbf{v}$
(f) $(k+m)\mathbf{u}=k\mathbf{u}+m\mathbf{u}$
(g) $k(m\mathbf{u})=(km)\mathbf{u}$
(h) $1\mathbf{u}=\mathbf{u}$

我們將證明 (b)，而將一些其他的證明留作為習題。

證明 (b)：令 $\mathbf{u}=(u_1, u_2, \ldots, u_n), \mathbf{v}=(v_1, v_2, \ldots, v_n), \mathbf{w}=(w_1, w_2, \ldots, w_n)$，則

$$\begin{aligned}
(\mathbf{u}+\mathbf{v})+\mathbf{w} &= ((u_1, u_2, \ldots, u_n)+(v_1, v_2, \ldots, v_n))+(w_1, w_2, \ldots, w_n) \\
&= (u_1+v_1, u_2+v_2, \ldots, u_n+v_n)+(w_1, w_2, \ldots, w_n) \quad \text{[向量加法]}\\
&= ((u_1+v_1)+w_1, (u_2+v_2)+w_2, \ldots, (u_n+v_n)+w_n) \quad \text{[向量加法]}\\
&= (u_1+(v_1+w_1), u_2+(v_2+w_2), \ldots, u_n+(v_n+w_n)) \quad \text{[重組]}\\
&= (u_1, u_2, \ldots, u_n)+(v_1+w_1, v_2+w_2, \ldots, v_n+w_n) \quad \text{[向量加法]}\\
&= \mathbf{u}+(\mathbf{v}+\mathbf{w}) \blacktriangleleft
\end{aligned}$$

下面額外的 R^n 上向量性質，利用分量表示向量可容易的導出。

定理 3.1.2：若 $\mathbf{v}$ 是 R^n 上之向量，且 k 為一純量，則
(a) $0\mathbf{v}=\mathbf{0}$
(b) $k\mathbf{0}=\mathbf{0}$
(c) $(-1)\mathbf{v}=-\mathbf{v}$

不使用分量的計算

定理 3.1.1 及 3.1.2 一個強而有力的結果是它們允許執行運算而不必利用分量來表示向量。例如，假設 $\mathbf{x}, \mathbf{a}$ 及 $\mathbf{b}$ 為 R^n 上之向量，且我們不想要使用分量來解向量方程式 $\mathbf{x}+\mathbf{a}=\mathbf{b}$ 的向量 $\mathbf{x}$。我們可進行如下：

$$\begin{aligned}
\mathbf{x}+\mathbf{a} &= \mathbf{b} & &\text{[已知]}\\
(\mathbf{x}+\mathbf{a})+(-\mathbf{a}) &= \mathbf{b}+(-\mathbf{a}) & &\text{[兩邊各加上 }\mathbf{a}\text{ 的負向量]}\\
\mathbf{x}+(\mathbf{a}+(-\mathbf{a})) &= \mathbf{b}-\mathbf{a} & &\text{[定理 3.1.1 (b)]}\\
\mathbf{x}+\mathbf{0} &= \mathbf{b}-\mathbf{a} & &\text{[定理 3.1.1 (d)]}\\
\mathbf{x} &= \mathbf{b}-\mathbf{a} & &\text{[定理 3.1.1 (c)]}
\end{aligned}$$

在 R^n 上，這個方法明顯比使用分量來計算更不方便，但稍後我們將遇

到更一般型的向量,這個方法將變得更為重要。

線性組合

加法、減法及純量乘法經常被混合使用來形成新向量,例如,若 $\mathbf{v}_1$, $\mathbf{v}_2$ 及 $\mathbf{v}_3$ 為 R^n 上之向量,則向量

$$\mathbf{u} = 2\mathbf{v}_1 + 3\mathbf{v}_2 + \mathbf{v}_3 \quad 及 \quad \mathbf{w} = 7\mathbf{v}_1 - 6\mathbf{v}_2 + 8\mathbf{v}_3$$

被以此法來形成。一般來講,我們有下面定義。

> **定義 4**:若 $\mathbf{w}$ 是 R^n 上之向量,則稱 $\mathbf{w}$ 是 R^n 上向量 $\mathbf{v}_1, \mathbf{v}_2, \ldots, \mathbf{v}_r$ 的一個**線性組合** (linear combination),若它可被表為
>
> $$\mathbf{w} = k_1\mathbf{v}_1 + k_2\mathbf{v}_2 + \cdots + k_r\mathbf{v}_r \tag{14}$$
>
> 其中 $k_1, k_2, \ldots, k_r$ 為純量。這些純量被稱為線性組合的**係數** (coefficients)。當 $r=1$,公式 (14) 成為 $\mathbf{w}=k_1\mathbf{v}_1$,所以單一向量的線性組合即是該向量的一個純量倍數。

注意:這個線性組合定義和矩陣所給的線性組合(見 1.3 節定義 6)是一致的。

向量的另一種記法

至今,我們已使用記法

$$\mathbf{v} = (v_1, v_2, \ldots, v_n) \tag{15}$$

來寫 R^n 上的向量。我們稱這個為**逗號分界記法** (comma-delimited)。然而,因為 R^n 上之向量正是其 n 個分量以一種明確順序表列出來,所以任何以正確順序展示這些分量的記法均是表示向量的有效方法。例如 (15) 式的向量可被寫為

$$\mathbf{v} = [v_1 \quad v_2 \quad \cdots \quad v_n] \tag{16}$$

其被稱為**列-矩陣** (row-matrix) 型,或被寫為

$$\mathbf{v} = \begin{bmatrix} v_1 \\ v_2 \\ \vdots \\ v_n \end{bmatrix} \tag{17}$$

其被稱為**行-矩陣** (column-matrix) 型。記法的選擇經常是一件依個人喜好或方便的事,但有時候問題的本質將建議一個受人喜歡的記法。記

線性組合應用至色彩模型

電腦螢幕上的色彩大部分是基於所謂的 **RGB 色彩模型** (RGB color model)。此系統上的色彩是由紅色 (R)、綠色 (G) 及藍色 (B) 這三個主要色彩依百分比混合製造出來。製造色彩的方法之一是以 R^3 上的向量

$$\mathbf{r}=(1,0,0) \quad (純紅色)$$
$$\mathbf{g}=(0,1,0) \quad (純綠色)$$
$$\mathbf{b}=(0,0,1) \quad (純藍色)$$

來確認這三個主要色彩且使用介於 0 (含) 和 1 (含) 之間的係數之 $\mathbf{r}$, $\mathbf{g}$ 及 $\mathbf{b}$ 所形成的線性組合來製造所有其他色彩；這些係數表各個純色彩在混色中所佔的百分比。所有此類色彩向量所成的集合被稱是 **RGB 空間** (RGB space) 或被稱是 **RGB 色彩立方體** (RGB color cube) (圖 3.1.14)。因此，在這個立方體中的每一個色彩向量 $\mathbf{c}$ 可被表為下面之線性組合

$$\begin{aligned}\mathbf{c} &= k_1\mathbf{r} + k_2\mathbf{g} + k_3\mathbf{b}\\ &= k_1(1,0,0) + k_2(0,1,0) + k_3(0,0,1)\\ &= (k_1, k_2, k_3)\end{aligned}$$

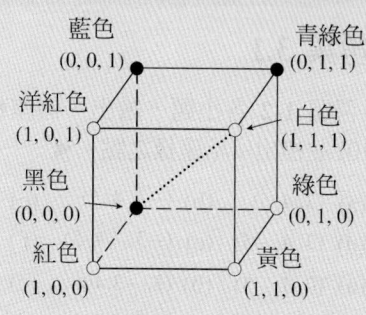

▲ 圖 3.1.14

其中 $0 \leq k_i \leq 1$。如圖所示，立方體的各個角落代表所有主要色彩及黑色、白色、洋紅色、青綠色及黃色。由黑色沿著對角線跑向白色的向量對應至灰色的色度。

法 (15)、(16) 及 (17) 均將被使用在本書的各個地方。

概念複習

- 幾何向量
- 方向
- 長度
- 始點
- 終點
- 等價向量
- 零向量
- 向量加法：平行四邊形法則及三角形法則
- 向量減法
- 向量的負向量
- 純量乘法
- 共線 (平行) 向量
- 向量的分量
- 點座標
- n 元序對
- n-空間
- n-空間上向量運算：加法、減法、純量乘法
- 向量的線性組合

技　能

- 執行向量的幾何運算：加法、減法及純量乘法。
- 執行向量的代數運算：加法、減法及純量乘法。
- 判斷兩向量是否等價。
- 判斷兩向量是否共線。

- 繪始點及終點均已知的向量。
- 求始點及終點均已知的向量之分量。
- 證明向量的基本代數性質 (定理 3.1.1 及 3.1.2)。

習題集 3.1

▶對習題 **1-2** 各小題，繪出一個座標系 (如圖 3.1.10) 並標出所給座標之點。◀

1. (a) $(3, 4, 5)$ (b) $(-3, 4, 5)$ (c) $(3, -4, 5)$
  (d) $(3, 4, -5)$ (e) $(-3, -4, 5)$ (f) $(-3, 4, -5)$

2. (a) $(0, 3, -3)$ (b) $(3, -3, 0)$ (c) $(-3, 0, 0)$
  (d) $(3, 0, 3)$ (e) $(0, 0, -3)$ (f) $(0, 3, 0)$

▶對習題 **3-4** 各小題，繪出下面始點在原點的向量。◀

3. (a) $v_1 = (2, 5)$ (b) $v_2 = (-3, 2)$
  (c) $v_3 = (-4, -3)$ (d) $v_4 = (3, 4, 5)$
  (e) $v_5 = (3, 3, 0)$ (f) $v_6 = (-1, 0, 2)$

4. (a) $v_1 = (5, -4)$ (b) $v_2 = (3, 0)$
  (c) $v_3 = (0, -7)$ (d) $v_4 = (0, 0, -3)$
  (e) $v_5 = (0, 4, -1)$ (f) $v_6 = (2, 2, 2)$

▶對習題 **5-6** 各小題，繪出下面始點在原點的向量。◀

5. (a) $P_1(-3, 5)$, $P_2(2, 3)$
  (b) $P_1(4, 1)$, $P_2(6, 4)$
  (c) $P_1(3, -7, 2)$, $P_2(-2, 5, -4)$

6. (a) $P_1(-5, 0)$, $P_2(-3, 1)$
  (b) $P_1(0, 0)$, $P_2(3, 4)$
  (c) $P_1(-1, 0, 2)$, $P_2(0, -1, 0)$
  (d) $P_1(2, 2, 2)$, $P_2(0, 0, 0)$

▶對習題 **7-8** 各小題，求向量 $\overrightarrow{P_1 P_2}$ 的所有分量。◀

7. (a) $P_1(3, 5)$, $P_2(2, 8)$
  (b) $P_1(5, -2, 1)$, $P_2(2, 4, 2)$

8. (a) $P_1(-6, 2)$, $P_2(-4, -1)$
  (b) $P_1(0, 0, 0)$, $P_2(-1, 6, 1)$

9. (a) 求和 $\mathbf{u} = (5, 2)$ 等價且始點在 $A(3, 2)$ 之向量的終點。
  (b) 求和 $\mathbf{u} = (1, 2, 2)$ 等價且始點在 $B(3, -1, 0)$ 之向量的終點。

10. (a) 求和 $\mathbf{u} = (1, 2)$ 等價且終點在 $B(2, 0)$ 之向量的始點。
  (b) 求和 $\mathbf{u} = (1, 1, 3)$ 等價且始點在 $A(0, 2, 0)$ 之向量的終點。

11. 求終點在 $Q(3, 0, -5)$ 之非零向量 $\mathbf{u}$ 滿足
  (a) $\mathbf{u}$ 和 $\mathbf{v} = (4, -2, -1)$ 同向。
  (b) $\mathbf{u}$ 和 $\mathbf{v} = (4, -2, -1)$ 反向。

12. 求始點在 $P(-1, 3, -5)$ 之非零向量 $\mathbf{u}$ 滿足
  (a) $\mathbf{u}$ 和 $\mathbf{v} = (6, 7, -3)$ 同向。
  (b) $\mathbf{u}$ 和 $\mathbf{v} = (6, 7, -3)$ 反向。

13. 令 $\mathbf{u} = (3, -2)$, $\mathbf{v} = (1, 0)$, $\mathbf{w} = (-2, 4)$，求下面各向量的分量。
  (a) $\mathbf{u} + \mathbf{w}$ (b) $\mathbf{v} - 3\mathbf{u}$
  (c) $2(\mathbf{u} - 5\mathbf{w})$ (d) $3\mathbf{v} - 2(\mathbf{u} + 2\mathbf{w})$
  (e) $-3(\mathbf{w} - 2\mathbf{u} + \mathbf{v})$ (f) $(-2\mathbf{u} - \mathbf{v}) - 5(\mathbf{v} + 3\mathbf{w})$

14. 令 $\mathbf{u} = (-3, 1, 2)$, $\mathbf{v} = (4, 0, -8)$, $\mathbf{w} = (6, -1, -4)$，求下面各向量的分量。
  (a) $\mathbf{v} - \mathbf{w}$ (b) $6\mathbf{u} + 2\mathbf{v}$
  (c) $-\mathbf{v} + \mathbf{u}$ (d) $5(\mathbf{v} - 4\mathbf{u})$
  (e) $-3(\mathbf{v} - 8\mathbf{w})$ (f) $(2\mathbf{u} - 7\mathbf{w}) - (8\mathbf{v} + \mathbf{u})$

15. 令 $\mathbf{u} = (-3, 2, 1, 0)$, $\mathbf{v} = (4, 7, -3, 2)$, $\mathbf{w} = (5, -2, 8, 1)$，求下面各向量的分量。
  (a) $\mathbf{v} - \mathbf{w}$ (b) $2\mathbf{u} + 7\mathbf{v}$
  (c) $-\mathbf{u} + (\mathbf{v} - 4\mathbf{w})$ (d) $6(\mathbf{u} - 3\mathbf{v})$
  (e) $-\mathbf{v} - \mathbf{w}$ (f) $(6\mathbf{v} - \mathbf{w}) - (4\mathbf{u} + \mathbf{v})$

16. 令 $\mathbf{u}$, $\mathbf{v}$ 及 $\mathbf{w}$ 為習題 15 的向量，求滿足 $5\mathbf{x} - 2\mathbf{v} = 2(\mathbf{w} - 5\mathbf{x})$ 的向量 $\mathbf{x}$。

17. 令 $\mathbf{u}=(5,-1,0,3,-3)$, $\mathbf{v}=(-1,-1,7,2,0)$ 及 $\mathbf{w}=(-4,2,-3,-5,2)$，求下面各向量之分量。

(a) $\mathbf{u}-\mathbf{v}$ 　　(b) $3\mathbf{v}-2\mathbf{w}$
(c) $5(\mathbf{u}+2\mathbf{w})-3\mathbf{v}$ 　(d) $5(-\mathbf{v}+4\mathbf{u}-\mathbf{w})$
(e) $-2(3\mathbf{w}+\mathbf{v})+(2\mathbf{u}+\mathbf{w})$
(f) $\frac{1}{2}(\mathbf{w}-5\mathbf{v}+2\mathbf{u})+\mathbf{v}$

18. 令 $\mathbf{u}=(1,2,-3,5,0)$, $\mathbf{v}=(0,4,-1,1,2)$ 及 $\mathbf{w}=(7,1,-4,-2,3)$，求下面各向量之分量。

(a) $\mathbf{v}+\mathbf{w}$ 　(b) $3(2\mathbf{u}-\mathbf{v})$
(c) $(3\mathbf{u}-\mathbf{v})-(2\mathbf{u}+4\mathbf{w})$

19. 令 $\mathbf{u}=(-3,1,2,4,4)$, $\mathbf{v}=(4,0,-8,1,2)$ 及 $\mathbf{w}=(6,-1,-4,3,-5)$，求下面各向量之分量。

(a) $\mathbf{u}-\mathbf{v}$ 　(b) $2\mathbf{v}+3\mathbf{w}$
(c) $(3\mathbf{u}+4\mathbf{v})-(7\mathbf{w}+3\mathbf{u})$

20. 令 $\mathbf{u}$, $\mathbf{v}$ 及 $\mathbf{w}$ 為習題 18 之向量，求滿足方程式 $3\mathbf{u}+\mathbf{v}-2\mathbf{w}=3\mathbf{x}+2\mathbf{w}$ 之向量 $\mathbf{x}$ 的所有分量。

21. 令 $\mathbf{u}$, $\mathbf{v}$ 及 $\mathbf{w}$ 為習題 19 之向量，求滿足方程式 $2\mathbf{u}+\mathbf{v}+\mathbf{x}=6\mathbf{x}+\mathbf{w}$ 之向量 $\mathbf{x}$ 的所有分量。

22. 什麼樣的 t 值，可使下面各向量和 $\mathbf{u}=(4,-1)$ 平行？

(a) $(8t,-2)$ 　(b) $(8t,2t)$ 　(c) $(1,t^2)$

23. 下面 R^6 上之向量，何者和 $\mathbf{u}=(-2,1,0,3,5,1)$ 平行？

(a) $(4,2,0,6,10,2)$
(b) $(4,-2,0,-6,-10,-2)$
(c) $(0,0,0,0,0,0)$

24. 令 $\mathbf{u}=(2,1,0,1,-1)$ 及 $\mathbf{v}=(-2,3,1,0,2)$。求純量 a 和 b 使得 $a\mathbf{u}+b\mathbf{v}=(-8,8,3,-1,7)$。

25. 令 $\mathbf{u}=(3,1,-1,5)$ 及 $\mathbf{v}=(0,2,1,-3)$。求純量 a 和 b 使得 $a\mathbf{u}+b\mathbf{v}=(3,-3,-3,11)$。

26. 求所有純量 c_1, c_2 及 c_3 滿足

$c_1(1,2,0)+c_2(2,1,1)+c_3(0,3,1)=(0,0,0)$。

27. 求所有純量 c_1, c_2 及 c_3 滿足

$c_1(1,-1,0)+c_2(3,2,1)+c_3(0,1,4)=(-1,1,19)$。

28. 求所有純量 c_1, c_2 及 c_3 滿足

$c_1(-1,0,2)+c_2(2,2,-2)+c_3(1,-2,1)$
$=(-6,12,4)$。

29. 令 $\mathbf{u}_1=(4,7,-3,1)$, $\mathbf{u}_2=(0,-1,1,0)$, $\mathbf{u}_3=(-1,2,1,0)$ 及 $\mathbf{u}_4=(0,1,0,1)$，求純量 c_1, c_2, c_3 及 c_4 滿足

$c_1\mathbf{u}_1+c_2\mathbf{u}_2+c_3\mathbf{u}_3+c_4\mathbf{u}_4=(6,14,-5,5)$。

30. 證明不存在純量 c_1, c_2 及 c_3 滿足

$c_1(1,0,1,0)+c_2(1,0,-2,1)+c_3(2,0,1,2)$
$=(1,-2,2,3)$。

31. 證明不存在純量 c_1, c_2 及 c_3 滿足

$c_1(-2,9,6)+c_2(-3,2,1)+c_3(1,7,5)=(0,5,4)$。

32. 考慮圖 3.1.12。討論向量

$$\mathbf{u}=\overrightarrow{OP_1}+\tfrac{1}{2}(\overrightarrow{OP_2}-\overrightarrow{OP_1})$$

的幾何意義。

33. 令 P 為點 $(2,3,-2)$ 且 Q 為點 $(7,-4,1)$。
(a) 試求連結 P 與 Q 之線段的中點。
(b) 試求在連結 P 與 Q 之線段上的點，滿足至 P 之距離為至 Q 之距離的 $\frac{3}{4}$。

34. 令 P 為點 $(1,3,7)$，若 $(4,0,-6)$ 是連結 P 和 Q 之線段的中點，則 Q 的座標為何？

35. 證明定理 3.1.1 的 (a)、(c) 及 (d)。
36. 證明定理 3.1.1 的 (e)-(h)。
37. 證明定理 3.1.2 的 (a)-(c)。

是非題

試判斷 (a)-(k) 各敘述的真假，並驗證你的答案。

(a) 兩等價向量必有相同始點。
(b) 向量 (a,b) 和 $(a,b,0)$ 等價。
(c) 若 k 是純量且 $\mathbf{v}$ 是向量，則 $\mathbf{v}$ 和 $k\mathbf{v}$ 平行若且唯若 $k\geq 0$。
(d) 向量 $\mathbf{v}+(\mathbf{u}+\mathbf{w})$ 和 $(\mathbf{w}+\mathbf{v})+\mathbf{u}$ 相同。
(e) 若 $\mathbf{u}+\mathbf{v}=\mathbf{u}+\mathbf{w}$，則 $\mathbf{v}=\mathbf{w}$。

(f) 若 a 和 b 為純量滿足 $a\mathbf{u}+b\mathbf{v}=\mathbf{0}$,則 $\mathbf{u}$ 和 $\mathbf{v}$ 為平行向量。

(g) 等長度的共線向量相等。

(h) 若 $(a,b,c)+(x,y,z)=(x,y,z)$,則 (a,b,c) 必為零向量。

(i) 若 k 和 m 為純量,且 $\mathbf{u}$ 和 $\mathbf{v}$ 為向量,則
$$(k+m)(\mathbf{u}+\mathbf{v}) = k\mathbf{u}+m\mathbf{v}$$

(j) 若向量 $\mathbf{v}$ 和 $\mathbf{w}$ 為已知,則向量方程式
$$3(2\mathbf{v}-\mathbf{x}) = 5\mathbf{x}-4\mathbf{w}+\mathbf{v}$$
的 $\mathbf{x}$ 有解。

(k) 線性組合 $a_1\mathbf{v}_1+a_2\mathbf{v}_2$ 和 $b_1\mathbf{v}_1+b_2\mathbf{v}_2$ 可唯一相等若 $a_1=b_1$ 且 $a_2=b_2$。

3.2 R^n 上的範數、點積及距離

本節我們將關心長度和距離的觀念,它們和向量有關。我們將首先在 R^2 及 R^3 上討論這些概念,然後再將它們代數性的擴充至 R^n。

向量之範數

本書將以符號 $\|\mathbf{v}\|$ 表示向量 $\mathbf{v}$ 的長度,其被讀為 $\mathbf{v}$ 的範數 (norm)、$\mathbf{v}$ 的長度 (length) 或 $\mathbf{v}$ 的大小 (magnitude)(「範數」是長度的一個數學同義詞)。如圖 3.2.1a 所建議的,由畢氏定理知,R^2 上的向量 (v_1,v_2) 之範數為

$$\|\mathbf{v}\| = \sqrt{v_1^2+v_2^2} \tag{1}$$

同理,對 R^3 上的向量 (v_1,v_2,v_3),由圖 3.2.1b 及應用兩次畢氏定理,得

$$\|\mathbf{v}\|^2 = (OR)^2+(RP)^2 = (OQ)^2+(QR)^2+(RP)^2 = v_1^2+v_2^2+v_3^2$$

因此

$$\|\mathbf{v}\| = \sqrt{v_1^2+v_2^2+v_3^2} \tag{2}$$

由公式 (1) 及 (2) 的激發,我們有下面定義。

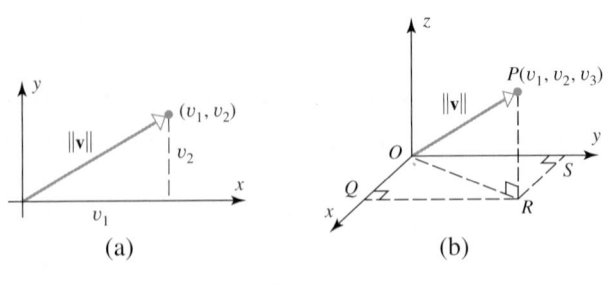

▲ 圖 3.2.1

定義 1：若 $\mathbf{v}=(v_1, v_2, \ldots, v_n)$ 為 R^n 之向量，則 $\mathbf{v}$ 的**範數** (norm)[亦稱為 $\mathbf{v}$ 的**長度** (length) 或 $\mathbf{v}$ 的**大小** (magnitude)] 被表為 $\|\mathbf{v}\|$，且被定義為公式

$$\|\mathbf{v}\| = \sqrt{v_1^2 + v_2^2 + v_3^2 + \cdots + v_n^2} \tag{3}$$

▶ **例題 1** 計算範數

由公式 (2)，R^3 上向量 $\mathbf{v}=(-3, 2, 1)$ 的範數是

$$\|\mathbf{v}\| = \sqrt{(-3)^2 + 2^2 + 1^2} = \sqrt{14}$$

且由公式 (3)，R^4 上向量 $\mathbf{v}=(2, -1, 3, -5)$ 的範數是

$$\|\mathbf{v}\| = \sqrt{2^2 + (-1)^2 + 3^2 + (-5)^2} = \sqrt{39}$$ ◀

本節第一個定理，將 R^2 及 R^3 上三個熟悉的事實一般化至 R^n：

- 距離是非負的。
- 零向量是長度為零的唯一向量。
- 向量乘上一個純量倍數後其長度等於向量長度乘上該純量之絕對值。

R^2 及 R^3 上成立的結果並不保證在 R^n 上亦會成立——在 R^n 上的成立必須使用 n 元序對代數性質證明之。

定理 3.2.1：若 $\mathbf{v}$ 是 R^n 上之向量，且 k 是任一純量，則
(a) $\|\mathbf{v}\| \geq 0$
(b) $\|\mathbf{v}\| = 0$ 若且唯若 $\mathbf{v}=\mathbf{0}$
(c) $\|k\mathbf{v}\| = |k|\|\mathbf{v}\|$

我們將證明 (c) 而將 (a) 和 (b) 留作為習題。

證明 (c)：若 $\mathbf{v}=(v_1, v_2, \ldots, v_n)$，則 $k\mathbf{v}=(kv_1, kv_2, \ldots, kv_n)$，所以

$$\|k\mathbf{v}\| = \sqrt{(kv_1)^2 + (kv_2)^2 + \cdots + (kv_n)^2}$$
$$= \sqrt{(k^2)(v_1^2 + v_2^2 + \cdots + v_n^2)}$$

$$= |k|\sqrt{v_1^2 + v_2^2 + \cdots + v_n^2}$$
$$= |k|\|\mathbf{v}\| \quad \blacktriangleleft$$

單位向量

範數為 1 的向量被稱是**單位向量** (unit vector)。當長度對手邊問題不相關時，此類向量有益於用來明確方向。你可在想要的方向得一單位向量，方法是在該方向選任一個非零向量 **v** 並對 **v** 乘上 **v** 的長度之倒數。例如，若 **v** 是 R^2 或 R^3 上長度為 2 的向量，則 $\frac{1}{2}\mathbf{v}$ 是一個和 **v** 同向的單位向量。更一般化地，若 **v** 是 R^n 上任一個非零向量，則

$$\mathbf{u} = \frac{1}{\|\mathbf{v}\|}\mathbf{v} \tag{4}$$

定義一個和 **v** 同向的單位向量。我們可應用定理 3.2.1 (c) 中 $k = 1/\|\mathbf{v}\|$ 得

$$\|\mathbf{u}\| = \|k\mathbf{v}\| = |k|\|\mathbf{v}\| = k\|\mathbf{v}\| = \frac{1}{\|\mathbf{v}\|}\|\mathbf{v}\| = 1$$

來確認 (4) 是一個單位向量。將非零向量乘上其長度之倒數以得單位向量的過程，稱之為**單範 v** (normalizing v)。

> 警語：有時候你將看到公式 (4) 被表為
>
> $$\mathbf{u} = \frac{\mathbf{v}}{\|\mathbf{v}\|}$$
>
> 這僅是公式比較緊緻的寫法而已，並沒有傳達 **v** 被 $\|\mathbf{v}\|$ 除。

▶ **例題 2　單範一個向量**

求單位向量 **u** 使其和 **v** = (2, 2, −1) 同向。

解：向量 **v** 的長度為

$$\|\mathbf{v}\| = \sqrt{2^2 + 2^2 + (-1)^2} = 3$$

因此，由 (4) 得

$$\mathbf{u} = \tfrac{1}{3}(2, 2, -1) = \left(\tfrac{2}{3}, \tfrac{2}{3}, -\tfrac{1}{3}\right)$$

做個檢查，你可得 $\|\mathbf{u}\| = 1$。 ◀

標準單位向量

當直角座標系被引進 R^2 或 R^3 時，在座標軸正向上的單位向量被稱是**標準單位向量** (standard unit vectors)。在 R^2 上，這些向量被表為

$$\mathbf{i} = (1, 0) \quad 及 \quad \mathbf{j} = (0, 1)$$

而在 R^3 上則被表為

$$\mathbf{i} = (1, 0, 0), \quad \mathbf{j} = (0, 1, 0) \text{ 及 } \mathbf{k} = (0, 0, 1)$$

(見圖 3.2.2)。R^2 上的每一個向量 $\mathbf{v} = (v_1, v_2)$ 及 R^3 上的每一個向量 $\mathbf{v} = (v_1, v_2, v_3)$ 均可被表為標準單位向量的一個線性組合，即

$$\mathbf{v} = (v_1, v_2) = v_1(1, 0) + v_2(0, 1) = v_1 \mathbf{i} + v_2 \mathbf{j} \tag{5}$$

$$\mathbf{v} = (v_1, v_2, v_3) = v_1(1, 0, 0) + v_2(0, 1, 0) + v_3(0, 0, 1) = v_1 \mathbf{i} + v_2 \mathbf{j} + v_3 \mathbf{k} \tag{6}$$

我們可將這些公式一般化至 R^n，其中 R^n 上的標準單位向量 (standard unit vectors in R^n) 被定義為

$$\mathbf{e}_1 = (1, 0, 0, \ldots, 0), \quad \mathbf{e}_2 = (0, 1, 0, \ldots, 0), \ldots, \quad \mathbf{e}_n = (0, 0, 0, \ldots, 1) \tag{7}$$

且 R^n 上的每一個向量 $\mathbf{v} = (v_1, v_2, \ldots, v_n)$ 可被表為

$$\mathbf{v} = (v_1, v_2, \ldots, v_n) = v_1 \mathbf{e}_1 + v_2 \mathbf{e}_2 + \cdots + v_n \mathbf{e}_n \tag{8}$$

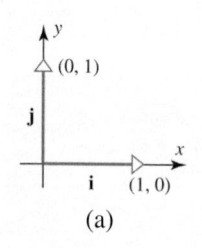

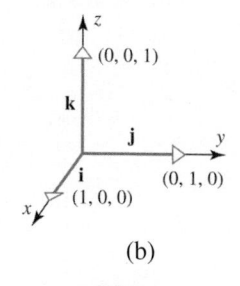

▲ 圖 3.2.2

▶ **例題 3** 標準單位向量的線性組合

$$(2, -3, 4) = 2\mathbf{i} - 3\mathbf{j} + 4\mathbf{k}$$
$$(7, 3, -4, 5) = 7\mathbf{e}_1 + 3\mathbf{e}_2 - 4\mathbf{e}_3 + 5\mathbf{e}_4 \quad \blacktriangleleft$$

R^n 上的距離

若 P_1 及 P_2 為 R^2 或 R^3 的點，則向量 $\overrightarrow{P_1 P_2}$ 的長度等於這兩點間的距離 d (圖 3.2.3)。明確點，若 $P_1(x_1, y_1)$ 及 $P_2(x_2, y_2)$ 為 R^2 上的點，則 3.1 節公式 (4) 蘊涵

$$d = \|\overrightarrow{P_1 P_2}\| = \sqrt{(x_2 - x_1)^2 + (y_2 - y_1)^2} \tag{9}$$

這是解析幾何上熟悉的距離公式。同理，3-空間上點 $P_1(x_1, y_1, z_1)$ 及 $P_2(x_2, y_2, z_2)$ 間的距離為

$$d(\mathbf{u}, \mathbf{v}) = \|\overrightarrow{P_1 P_2}\| = \sqrt{(x_2 - x_1)^2 + (y_2 - y_1)^2 + (z_2 - z_1)^2} \tag{10}$$

▲ 圖 3.2.3

由公式 (9) 及 (10) 的激發，我們有下面定義。

定義 2：若 $\mathbf{u} = (u_1, u_2, \ldots, u_n)$ 及 $\mathbf{v} = (v_1, v_2, \ldots, v_n)$ 為 R^n 上的點，則我們表 $\mathbf{u}$ 及 $\mathbf{v}$ 間的距離 (distance) 為 $d(\mathbf{u}, \mathbf{v})$ 且被定義為

$$d(\mathbf{u}, \mathbf{v}) = \|\mathbf{u} - \mathbf{v}\| = \sqrt{(u_1 - v_1)^2 + (u_2 - v_2)^2 + \cdots + (u_n - v_n)^2} \tag{11}$$

在前一節，n 元序對可被視為 R^n 上的向量或點。在定義 2，我們將其描述為點，描述為更自然的意義。

▶ **例題 4** 計算 R^n 上的距離

若
$$\mathbf{u} = (1, 3, -2, 7) \quad \text{及} \quad \mathbf{v} = (0, 7, 2, 2)$$
則 **u** 和 **v** 間的距離是
$$d(\mathbf{u}, \mathbf{v}) = \sqrt{(1-0)^2 + (3-7)^2 + (-2-2)^2 + (7-2)^2} = \sqrt{58} \quad ◀$$

點　積

我們下一個目標是對 R^2 及 R^3 上之向量定義一個有用的乘法運算，並將該運算擴大至 R^n。欲達此目的，我們首先需定義 R^2 或 R^3 上兩向量間的「夾角」(angle)。為此目的，令 **u** 及 **v** 為 R^2 或 R^3 上非零向量且其始點重合。我們定義 **u** 和 **v** 間之夾角 (angle between **u** and **v**) 為由 **u** 和 **v** 所決定的角 θ 且滿足不等式 $0 \leq \theta \leq \pi$ (圖 3.2.4)。

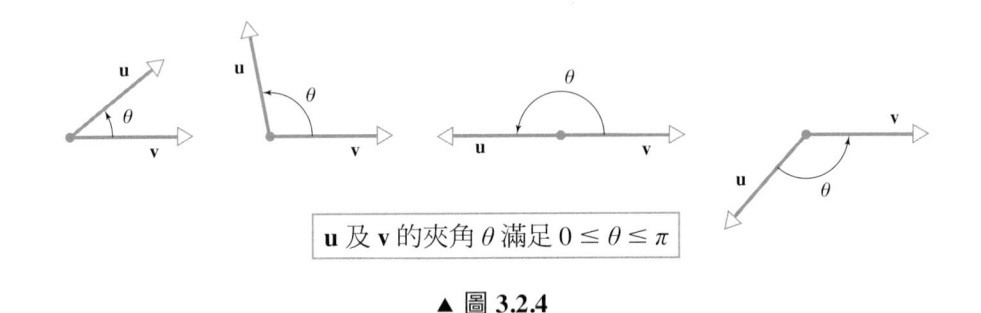

u 及 **v** 的夾角 θ 滿足 $0 \leq \theta \leq \pi$

▲ 圖 **3.2.4**

定義 3：若 **u** 及 **v** 為 R^2 或 R^3 上的非零向量，且若 θ 為 **u** 及 **v** 間的夾角，則 **u** 及 **v** 的**點積** (dot product)[亦稱為**歐幾里德內積** (Euclidean inner product)] 被表為 **u**・**v** 且被定義為

$$\mathbf{u} \cdot \mathbf{v} = \|\mathbf{u}\|\|\mathbf{v}\| \cos\theta \tag{12}$$

若 **u**=**0** 或 **v**=**0**，則我們定義 **u**・**v** 為 0。

點積的符號揭示角 θ 的相關資訊且我們可由改寫公式 (12) 為

$$\cos\theta = \frac{\mathbf{u} \cdot \mathbf{v}}{\|\mathbf{u}\|\|\mathbf{v}\|} \tag{13}$$

來得到。因為 $0 \leq \theta \leq \pi$，由公式 (13) 及三角幾何之 cos 函數性質得

- θ 是銳角，若 $\mathbf{u} \cdot \mathbf{v} > 0$。
- θ 是鈍角，若 $\mathbf{u} \cdot \mathbf{v} < 0$。
- $\theta = \pi/2$，若 $\mathbf{u} \cdot \mathbf{v} = 0$。

▶ **例題 5　點　積**

求圖 3.2.5 所示之向量的點積。

解： 向量的長度分別為

$$\|\mathbf{u}\| = 1 \quad \text{及} \quad \|\mathbf{v}\| = \sqrt{8} = 2\sqrt{2}$$

且它們之間的夾角 θ 之餘弦值是

$$\cos(45°) = 1/\sqrt{2}$$

因此，由公式 (12) 得

$$\mathbf{u} \cdot \mathbf{v} = \|\mathbf{u}\|\|\mathbf{v}\|\cos\theta = (1)(2\sqrt{2})(1/\sqrt{2}) = 2$$

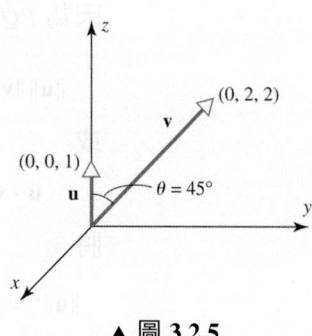

▲ 圖 3.2.5

▶ **例題 6　使用點積解幾何問題**

求正立方體之一對角線和其一邊間之夾角。

解： 令 k 為正立方體之邊長且引進如圖 3.2.6 所示之座標系。
若令 $\mathbf{u}_1 = (k,0,0), \mathbf{u}_2 = (0,k,0)$ 及 $\mathbf{u}_3 = (0,0,k)$，則向量

$$\mathbf{d} = (k,k,k) = \mathbf{u}_1 + \mathbf{u}_2 + \mathbf{u}_3$$

為正立方體的一對角線。由公式 (13) 得 $\mathbf{d}$ 和邊 $\mathbf{u}_1$ 間的夾角
θ 滿足

$$\cos\theta = \frac{\mathbf{u}_1 \cdot \mathbf{d}}{\|\mathbf{u}_1\|\|\mathbf{d}\|} = \frac{k^2}{(k)(\sqrt{3k^2})} = \frac{1}{\sqrt{3}}$$

▲ 圖 3.2.6

藉由計算器得

$$\theta = \cos^{-1}\left(\frac{1}{\sqrt{3}}\right) \approx 54.74°$$

例題 6 所得的角 θ 不含 k。為何這個會被預期？

點積的分量型

為了計算目的，我們渴望有一個公式利用分量來表示兩個向量的點積。我們將導此一公式給 3-空間上的向量；2-空間上之向量的導法類似。

令 $\mathbf{u}=(u_1, u_2, u_3)$ 及 $\mathbf{v}=(v_1, v_2, v_3)$ 為兩個非零向量。若 θ 是 $\mathbf{u}$ 和 $\mathbf{v}$ 的夾角，如圖 3.2.7 所示，則由餘弦定律得

$$\|\overrightarrow{PQ}\|^2 = \|\mathbf{u}\|^2 + \|\mathbf{v}\|^2 - 2\|\mathbf{u}\|\|\mathbf{v}\|\cos\theta \tag{14}$$

因為 $\overrightarrow{PQ}=\mathbf{v}-\mathbf{u}$，我們可將 (14) 式改寫為

$$\|\mathbf{u}\|\|\mathbf{v}\|\cos\theta = \tfrac{1}{2}(\|\mathbf{u}\|^2 + \|\mathbf{v}\|^2 - \|\mathbf{v}-\mathbf{u}\|^2)$$

或

$$\mathbf{u}\cdot\mathbf{v} = \tfrac{1}{2}(\|\mathbf{u}\|^2 + \|\mathbf{v}\|^2 - \|\mathbf{v}-\mathbf{u}\|^2)$$

將

$$\|\mathbf{u}\|^2 = u_1^2 + u_2^2 + u_3^2, \qquad \|\mathbf{v}\|^2 = v_1^2 + v_2^2 + v_3^2$$

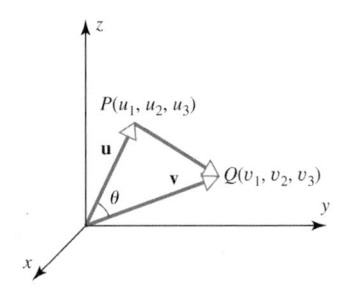

▲ 圖 3.2.7

及

$$\|\mathbf{v}-\mathbf{u}\|^2 = (v_1-u_1)^2 + (v_2-u_2)^2 + (v_3-u_3)^2$$

代入並化簡得

$$\mathbf{u}\cdot\mathbf{v} = u_1v_1 + u_2v_2 + u_3v_3 \tag{15}$$

> 雖然我們導公式 (15) 及其 2-空間的同型公式，係在 $\mathbf{u}$ 及 $\mathbf{v}$ 均非零的假設下，但這些公式對 $\mathbf{u}=\mathbf{0}$ 或 $\mathbf{v}=\mathbf{0}$ 亦可用。

2-空間上之向量的計算公式是

$$\mathbf{u}\cdot\mathbf{v} = u_1v_1 + u_2v_2 \tag{16}$$

由公式 (15) 及 (16) 之激發，我們給了下面定義。

> 換句話說，計算點積就是將相對應分量相乘後再將各乘積相加。

定義 4：若 $\mathbf{u}=(u_1, u_2, \ldots, u_n)$ 及 $\mathbf{v}=(v_1, v_2, \ldots, v_n)$ 為 R^n 上之向量，則 $\mathbf{u}$ 和 $\mathbf{v}$ 的**點積** (dot product)[亦稱為**歐幾里德內積** (Euclidean inner product)] 被表為 $\mathbf{u}\cdot\mathbf{v}$ 且被定義為

$$\mathbf{u}\cdot\mathbf{v} = u_1v_1 + u_2v_2 + \cdots + u_nv_n \tag{17}$$

Josiah Willard Gibbs
(1839–1903)

史記：點積記號最早是由美國物理學家及數學家 J. Willard Gibbs 於 1880 年代在耶魯大學分配給他的學生的活頁小文章裡所引用。點積原先是被寫為底線，而非今天的圓點，且被稱為直積 (direct product)。Gibbs 的活頁小文章最後合併成為《向量分析》(*Vector Analysis*) 一書，並且出版於 1901 年且他的一位學生為共同作者。Gibbs 主要貢獻於熱力學領域及電磁理論且被認為是 19 世紀最偉大的美國物理學家。

[相片：摘錄自 *The Granger Collection*, *New York*]

▶ **例題 7** 使用分量計算點積

(a) 使用公式 (15) 計算例題 5 之向量 **u** 和 **v** 的點積。

(b) $\mathbf{u}=(-1,3,5,7), \mathbf{v}=(-3,-4,1,0)$ 為 R^4 上之向量，求 $\mathbf{u}\cdot\mathbf{v}$。

解 (a)：向量的分量型是 $\mathbf{u}=(0,0,1)$ 及 $\mathbf{v}=(0,2,2)$。因此，

$$\mathbf{u}\cdot\mathbf{v} = (0)(0) + (0)(2) + (1)(2) = 2$$

其和例題 5 以幾何方式得到的結果相同。

解 (b)：$\mathbf{u}\cdot\mathbf{v} = (-1)(-3) + (3)(-4) + (5)(1) + (7)(0) = -4$ ◀

點積的代數性質

定義 4 中，對 $\mathbf{u}=\mathbf{v}$ 的特殊情形，我們得關係式

$$\mathbf{v}\cdot\mathbf{v} = v_1^2 + v_2^2 + \cdots + v_n^2 = \|\mathbf{v}\|^2 \tag{18}$$

此得下面利用點積表示向量之長度的公式：

$$\|\mathbf{v}\| = \sqrt{\mathbf{v}\cdot\mathbf{v}} \tag{19}$$

點積有許多和實數乘積相同的代數性質。

定理 3.2.2：若 $\mathbf{u},\mathbf{v}$ 及 $\mathbf{w}$ 為 R^n 上之向量，且若 k 為一純量，則

(a) $\mathbf{u}\cdot\mathbf{v}=\mathbf{v}\cdot\mathbf{u}$ [對稱性]

(b) $\mathbf{u}\cdot(\mathbf{v}+\mathbf{w})=\mathbf{u}\cdot\mathbf{v}+\mathbf{u}\cdot\mathbf{w}$ [分配性]

(c) $k(\mathbf{u}\cdot\mathbf{v})=(k\mathbf{v})\cdot\mathbf{u}$ [齊性]

(d) $\mathbf{v}\cdot\mathbf{v}\geq 0$ 且 $\mathbf{v}\cdot\mathbf{v}=0$ 若且唯若 $\mathbf{v}=\mathbf{0}$ [正性]

我們將證明 (c) 和 (d)，而將其餘之證明留作為習題。

證明 (c)：令 $\mathbf{u}=(u_1,u_2,\ldots,u_n)$ 且 $\mathbf{v}=(v_1,v_2,\ldots,v_n)$，則

$$k(\mathbf{u}\cdot\mathbf{v}) = k(u_1v_1 + u_2v_2 + \cdots + u_nv_n)$$
$$= (ku_1)v_1 + (ku_2)v_2 + \cdots + (ku_n)v_n = (k\mathbf{u})\cdot\mathbf{v}$$

證明 (d)：由定理 3.2.1 的 (a) 和 (b)，以及

$$\mathbf{v}\cdot\mathbf{v} = v_1v_1 + v_2v_2 + \cdots + v_nv_n = v_1^2 + v_2^2 + \cdots + v_n^2 = \|\mathbf{v}\|^2$$

得證 (d)。◀

下一個定理給了一些點積的額外性質。其證明可由將向量表為分量型式獲得，亦可使用定理 3.2.2 所建立的代數性質。

定理 3.2.3：若 **u, v** 及 **w** 為 R^n 上之向量，且 k 是一純量，則
(a) $\mathbf{0} \cdot \mathbf{v} = \mathbf{v} \cdot \mathbf{0} = 0$
(b) $(\mathbf{u}+\mathbf{v}) \cdot \mathbf{w} = \mathbf{u} \cdot \mathbf{w} + \mathbf{v} \cdot \mathbf{w}$
(c) $\mathbf{u} \cdot (\mathbf{v}-\mathbf{w}) = \mathbf{u} \cdot \mathbf{v} - \mathbf{u} \cdot \mathbf{w}$
(d) $(\mathbf{u}-\mathbf{v}) \cdot \mathbf{w} = \mathbf{u} \cdot \mathbf{w} - \mathbf{v} \cdot \mathbf{w}$
(e) $k(\mathbf{u} \cdot \mathbf{v}) = \mathbf{u} \cdot (k\mathbf{v})$

我們將說明如何使用定理 3.2.2 來證明 (b) 而不必將向量表為分量。其他證明留作為習題。

證明 **(b)**：
$$\begin{aligned}(\mathbf{u}+\mathbf{v}) \cdot \mathbf{w} &= \mathbf{w} \cdot (\mathbf{u}+\mathbf{v}) &&\text{[由對稱性]}\\ &= \mathbf{w} \cdot \mathbf{u} + \mathbf{w} \cdot \mathbf{v} &&\text{[由分配性]}\\ &= \mathbf{u} \cdot \mathbf{w} + \mathbf{v} \cdot \mathbf{w} &&\text{[由對稱性]}\end{aligned}$$ ◀

由公式 (18) 和 (19) 以及定理 3.2.2 和 3.2.3，我們可以使用熟悉的代數技巧來處理含有點積的表示式。

▶ **例題 8　計算點積**

$$\begin{aligned}(\mathbf{u}-2\mathbf{v}) \cdot (3\mathbf{u}+4\mathbf{v}) &= \mathbf{u} \cdot (3\mathbf{u}+4\mathbf{v}) - 2\mathbf{v} \cdot (3\mathbf{u}+4\mathbf{v})\\ &= 3(\mathbf{u} \cdot \mathbf{u}) + 4(\mathbf{u} \cdot \mathbf{v}) - 6(\mathbf{v} \cdot \mathbf{u}) - 8(\mathbf{v} \cdot \mathbf{v})\\ &= 3\|\mathbf{u}\|^2 - 2(\mathbf{u} \cdot \mathbf{v}) - 8\|\mathbf{v}\|^2\end{aligned}$$ ◀

柯西-史瓦茲不等式及 R^n 上的角

我們下一個目標是將非零向量 **u** 及 **v** 間夾角的觀念擴大至 R^n。我們將以公式

$$\theta = \cos^{-1}\left(\frac{\mathbf{u} \cdot \mathbf{v}}{\|\mathbf{u}\|\|\mathbf{v}\|}\right) \tag{20}$$

開始，先前我們曾對 R^2 及 R^3 上的非零向量導過此公式。因為點積及範數已被定義給 R^n 上的向量，這個公式似乎已有所有要素來擔當 R^n 上兩向量 **u** 及 **v** 間夾角的定義。然而，有個美中不足之處，公式 (20) 中之

反餘弦函數不被定義，除非其滿足不等式

$$-1 \leq \frac{\mathbf{u} \cdot \mathbf{v}}{\|\mathbf{u}\|\|\mathbf{v}\|} \leq 1 \tag{21}$$

幸運地，這些不等式對 R^n 上所有非零向量確實成立，此為著名的**柯西-史瓦茲不等式** (Cauchy-Schwarz inequality) 之結果。

定理 3.2.4：柯西-史瓦茲不等式

若 $\mathbf{u}=(u_1, u_2, \cdots, u_n)$ 及 $\mathbf{v}=(v_1, v_2, \cdots, v_n)$ 為 R^n 上之向量，則

$$|\mathbf{u} \cdot \mathbf{v}| \leq \|\mathbf{u}\|\|\mathbf{v}\| \tag{22}$$

或以分量表示

$$|u_1 v_1 + u_2 v_2 + \cdots + u_n v_n| \leq (u_1^2 + u_2^2 + \cdots + u_n^2)^{1/2}(v_1^2 + v_2^2 + \cdots + v_n^2)^{1/2} \tag{23}$$

我們省略此定理之證明，因為本書稍後將證明一個更一般型的版本，而本定理只是一個特殊情形。我們現在想使用這個定理來證明 (21) 式中之不等式對 R^n 上所有非零向量均成立。一旦這個完成，我們將已建立所有需要的結果，以便使用公式 (20) 作為 R^n 上非零向量 $\mathbf{u}$ 及 $\mathbf{v}$ 間之夾角的定義。

欲證明 (21) 式中之不等式對 R^n 上所有非零向量均成立，將公式 (22) 之兩邊分別除以乘積 $\|\mathbf{u}\|\|\mathbf{v}\|$ 後得

$$\frac{|\mathbf{u} \cdot \mathbf{v}|}{\|\mathbf{u}\|\|\mathbf{v}\|} \leq 1 \quad \text{或等價地} \quad \left|\frac{\mathbf{u} \cdot \mathbf{v}}{\|\mathbf{u}\|\|\mathbf{v}\|}\right| \leq 1$$

由此不等式，(21) 式成立。

Hermann Amandus Schwarz (1843–1921)

Viktor Yakovlevich Bunyakovsky (1804–1889)

史記：柯西-史瓦茲不等式之命名是為了紀念法國數學家 Augustin Cauchy (參見第 137 頁) 及德國數學家 Hermann Schwarz。此不等式在許多不同背景及各種命名之下產生變異。依據不等式出現所在教材，你可發現它被命名為 Cauchy 不等式、Schwarz 不等式，或有時候甚至被命名為 Bunyakovsky 不等式，以表彰俄國數學家，他於 1859 年發表了他的不等式版本，此版本比 Schwarz 還早大約 25 年。

[相片：摘錄自 *Wikipedia (Schwarz)*; *Wikipedia (Bunyakovsky)*]

R^n 上的幾何

本節稍早我們擴大各種概念至 R^n，這些概念是 R^2 及 R^3 上熟悉的結果，我們直觀上認為它們在 R^n 上亦成立。這裡有兩個平面幾何的基本定理，其可成功的擴大至 R^n：

- 三角形兩邊長度之和大於或等於第三邊 (圖 3.2.8)。
- 兩點間的最短距離是一直線 (圖 3.2.9)。

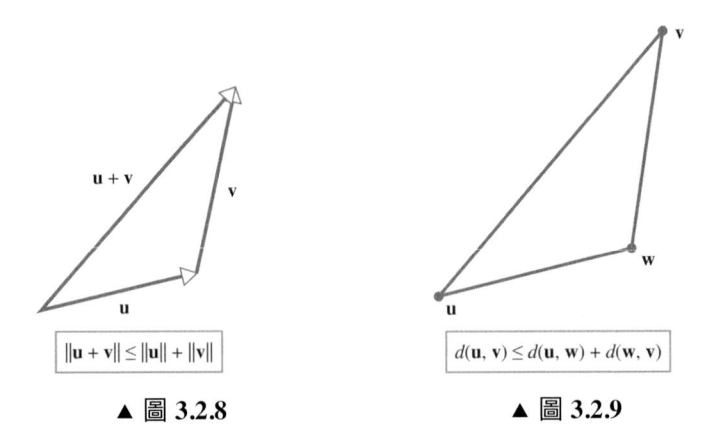

$\|u+v\| \leq \|u\| + \|v\|$

▲ 圖 3.2.8

$d(u, v) \leq d(u, w) + d(w, v)$

▲ 圖 3.2.9

下一個定理將這兩個定理一般化至 R^n。

定理 3.2.5：若 u, v 及 w 為 R^n 上之向量，k 為任一純量，則：
(a) $\|u+v\| \leq \|u\| + \|v\|$ [向量的三角不等式]
(b) $d(u, v) \leq d(v, w) + d(w, v)$ [距離的三角不等式]

證明 **(a)**：

$$\begin{aligned}
\|u+v\|^2 &= (u+v) \cdot (u+v) = (u \cdot u) + 2(u \cdot v) + (v \cdot v) \\
&= \|u\|^2 + 2(u \cdot v) + \|v\|^2 \\
&\leq \|u\|^2 + 2|u \cdot v| + \|v\|^2 \quad \longleftarrow \text{絕對值的性質}\\
&\leq \|u\|^2 + 2\|u\|\|v\| + \|v\|^2 \quad \longleftarrow \text{柯西-史瓦茲不等式}\\
&= (\|u\| + \|v\|)^2
\end{aligned}$$

證明 **(b)**：由 (a) 及公式 (11) 得

$$\begin{aligned}
d(u, v) &= \|u-v\| = \|(u-w) + (w-v)\| \\
&\leq \|u-w\| + \|w-v\| = d(u, w) + d(w, v) \blacktriangleleft
\end{aligned}$$

在平面幾何上，已被證出，任一平行四邊形的兩對角線平方和等於四邊的平方和 (圖 3.2.10)。下一個定理將這個結果一般化至 R^n。

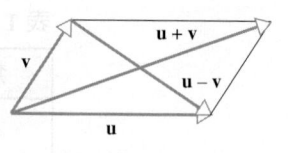

▲ 圖 3.2.10

定理 3.2.6：向量的平行四邊形方程式
若 **u** 及 **v** 為 R^n 上的向量，則

$$\|\mathbf{u}+\mathbf{v}\|^2 + \|\mathbf{u}-\mathbf{v}\|^2 = 2\left(\|\mathbf{u}\|^2 + \|\mathbf{v}\|^2\right) \tag{24}$$

證明：
$$\begin{aligned}
\|\mathbf{u}+\mathbf{v}\|^2 + \|\mathbf{u}-\mathbf{v}\|^2 &= (\mathbf{u}+\mathbf{v})\cdot(\mathbf{u}+\mathbf{v}) + (\mathbf{u}-\mathbf{v})\cdot(\mathbf{u}-\mathbf{v}) \\
&= 2(\mathbf{u}\cdot\mathbf{u}) + 2(\mathbf{v}\cdot\mathbf{v}) \\
&= 2\left(\|\mathbf{u}\|^2 + \|\mathbf{v}\|^2\right) \quad \blacktriangleleft
\end{aligned}$$

我們可敘述並證明更多的由平面幾何擴大至 R^n 的定理，但有個已給的結果足夠讓你相信 R^n 和 R^2 及 R^3 沒有什麼不同，即使我們無法直接想像。下一個定理建立一個 R^n 上點積及範數間的基本關係。

定理 3.2.7：若 **u** 及 **v** 為 R^n 上的向量，R^n 具有歐幾里德內積，則

$$\mathbf{u}\cdot\mathbf{v} = \tfrac{1}{4}\|\mathbf{u}+\mathbf{v}\|^2 - \tfrac{1}{4}\|\mathbf{u}-\mathbf{v}\|^2 \tag{25}$$

證明：
$$\begin{aligned}
\|\mathbf{u}+\mathbf{v}\|^2 &= (\mathbf{u}+\mathbf{v})\cdot(\mathbf{u}+\mathbf{v}) = \|\mathbf{u}\|^2 + 2(\mathbf{u}\cdot\mathbf{v}) + \|\mathbf{v}\|^2 \\
\|\mathbf{u}-\mathbf{v}\|^2 &= (\mathbf{u}-\mathbf{v})\cdot(\mathbf{u}-\mathbf{v}) = \|\mathbf{u}\|^2 - 2(\mathbf{u}\cdot\mathbf{v}) + \|\mathbf{v}\|^2
\end{aligned}$$

使用簡單代數可得 (25) 式。◀

注意公式 (25) 利用範數來表示點積。

點積的矩陣乘法

有許多種方法使用矩陣符號來表示向量的點積。這些公式是依據向量被表為列矩陣或是被表為行矩陣。底下為所有可能性。

若 A 是一個 $n\times n$ 階矩陣且 **u** 和 **v** 為 $n\times 1$ 階矩陣，則由表 1 第一列及轉置矩陣的性質得

$$\begin{aligned}
A\mathbf{u}\cdot\mathbf{v} &= \mathbf{v}^T(A\mathbf{u}) = (\mathbf{v}^T A)\mathbf{u} = (A^T\mathbf{v})^T\mathbf{u} = \mathbf{u}\cdot A^T\mathbf{v} \\
\mathbf{u}\cdot A\mathbf{v} &= (A\mathbf{v})^T\mathbf{u} = (\mathbf{v}^T A^T)\mathbf{u} = \mathbf{v}^T(A^T\mathbf{u}) = A^T\mathbf{u}\cdot\mathbf{v}
\end{aligned}$$

所得公式

表 1

類型	點積	例題
$\mathbf{u}$ 為行矩陣且 $\mathbf{v}$ 為行矩陣	$\mathbf{u} \cdot \mathbf{v} = \mathbf{u}^T\mathbf{v} = \mathbf{v}^T\mathbf{u}$	$\mathbf{u} = \begin{bmatrix} 1 \\ -3 \\ 5 \end{bmatrix}$, $\mathbf{v} = \begin{bmatrix} 5 \\ 4 \\ 0 \end{bmatrix}$ $\mathbf{u}^T\mathbf{v} = \begin{bmatrix} 1 & -3 & 5 \end{bmatrix}\begin{bmatrix} 5 \\ 4 \\ 0 \end{bmatrix} = -7$ $\mathbf{v}^T\mathbf{u} = \begin{bmatrix} 5 & 4 & 0 \end{bmatrix}\begin{bmatrix} 1 \\ -3 \\ 5 \end{bmatrix} = -7$
$\mathbf{u}$ 為列矩陣且 $\mathbf{v}$ 為行矩陣	$\mathbf{u} \cdot \mathbf{v} = \mathbf{uv} = \mathbf{v}^T\mathbf{u}^T$	$\mathbf{u} = \begin{bmatrix} 1 & -3 & 5 \end{bmatrix}$, $\mathbf{v} = \begin{bmatrix} 5 \\ 4 \\ 0 \end{bmatrix}$ $\mathbf{uv} = \begin{bmatrix} 1 & -3 & 5 \end{bmatrix}\begin{bmatrix} 5 \\ 4 \\ 0 \end{bmatrix} = -7$ $\mathbf{v}^T\mathbf{u}^T = \begin{bmatrix} 5 & 4 & 0 \end{bmatrix}\begin{bmatrix} 1 \\ -3 \\ 5 \end{bmatrix} = -7$
$\mathbf{u}$ 為行矩陣且 $\mathbf{v}$ 為列矩陣	$\mathbf{u} \cdot \mathbf{v} = \mathbf{vu} = \mathbf{u}^T\mathbf{v}^T$	$\mathbf{u} = \begin{bmatrix} 1 \\ -3 \\ 5 \end{bmatrix}$, $\mathbf{v} = \begin{bmatrix} 5 & 4 & 0 \end{bmatrix}$ $\mathbf{vu} = \begin{bmatrix} 5 & 4 & 0 \end{bmatrix}\begin{bmatrix} 1 \\ -3 \\ 5 \end{bmatrix} = -7$ $\mathbf{u}^T\mathbf{v}^T = \begin{bmatrix} 1 & -3 & 5 \end{bmatrix}\begin{bmatrix} 5 \\ 4 \\ 0 \end{bmatrix} = -7$
$\mathbf{u}$ 為列矩陣且 $\mathbf{v}$ 為列矩陣	$\mathbf{u} \cdot \mathbf{v} = \mathbf{uv}^T = \mathbf{vu}^T$	$\mathbf{u} = \begin{bmatrix} 1 & -3 & 5 \end{bmatrix}$, $\mathbf{v} = \begin{bmatrix} 5 & 4 & 0 \end{bmatrix}$ $\mathbf{uv}^T = \begin{bmatrix} 1 & -3 & 5 \end{bmatrix}\begin{bmatrix} 5 \\ 4 \\ 0 \end{bmatrix} = -7$ $\mathbf{vu}^T = \begin{bmatrix} 5 & 4 & 0 \end{bmatrix}\begin{bmatrix} 1 \\ -3 \\ 5 \end{bmatrix} = -7$

$$A\mathbf{u} \cdot \mathbf{v} = \mathbf{u} \cdot A^T\mathbf{v} \tag{26}$$

$$\mathbf{u} \cdot A\mathbf{v} = A^T\mathbf{u} \cdot \mathbf{v} \tag{27}$$

提供由 $n \times n$ 階矩陣 A 來乘及由 A^T 來乘之間的一個重要連結。

▶ **例題 9** 證明 $A\mathbf{u} \cdot \mathbf{v} = \mathbf{u} \cdot A^T\mathbf{v}$

假設

$$A = \begin{bmatrix} 1 & -2 & 3 \\ 2 & 4 & 1 \\ -1 & 0 & 1 \end{bmatrix}, \quad \mathbf{u} = \begin{bmatrix} -1 \\ 2 \\ 4 \end{bmatrix}, \quad \mathbf{v} = \begin{bmatrix} -2 \\ 0 \\ 5 \end{bmatrix}$$

則

$$A\mathbf{u} = \begin{bmatrix} 1 & -2 & 3 \\ 2 & 4 & 1 \\ -1 & 0 & 1 \end{bmatrix} \begin{bmatrix} -1 \\ 2 \\ 4 \end{bmatrix} = \begin{bmatrix} 7 \\ 10 \\ 5 \end{bmatrix}$$

$$A^T\mathbf{v} = \begin{bmatrix} 1 & 2 & -1 \\ -2 & 4 & 0 \\ 3 & 1 & 1 \end{bmatrix} \begin{bmatrix} -2 \\ 0 \\ 5 \end{bmatrix} = \begin{bmatrix} -7 \\ 4 \\ -1 \end{bmatrix}$$

由上可得

$$A\mathbf{u} \cdot \mathbf{v} = 7(-2) + 10(0) + 5(5) = 11$$
$$\mathbf{u} \cdot A^T\mathbf{v} = (-1)(-7) + 2(4) + 4(-1) = 11$$

因此，$A\mathbf{u} \cdot \mathbf{v} = \mathbf{u} \cdot A^T\mathbf{v}$ 如公式 (8) 所保證的。公式 (27) 亦成立，留給讀者作為習題。◀

矩陣乘法的點積觀

點積提供矩陣乘法的另一個思考方式。記得若 $A = [a_{ij}]$ 是一個 $m \times r$ 階矩陣且 $B = [b_{ij}]$ 是一個 $r \times n$ 階矩陣，則 AB 的第 ij 個元素是

$$a_{i1}b_{1j} + a_{i2}b_{2j} + \cdots + a_{ir}b_{rj}$$

其為 A 的第 i 個列向量

$$\begin{bmatrix} a_{i1} & a_{i2} & \cdots & a_{ir} \end{bmatrix}$$

及 B 的第 j 個行向量

$$\begin{bmatrix} b_{1j} \\ b_{2j} \\ \vdots \\ b_{rj} \end{bmatrix}$$

的點積。因此，若 A 的所有列向量是 $\mathbf{r}_1, \mathbf{r}_2, \ldots, \mathbf{r}_m$ 且 B 的所有行向量是 $\mathbf{c}_1, \mathbf{c}_2, \ldots, \mathbf{c}_n$，則矩陣乘積 AB 可被表為

$$AB = \begin{bmatrix} \mathbf{r}_1 \cdot \mathbf{c}_1 & \mathbf{r}_1 \cdot \mathbf{c}_2 & \cdots & \mathbf{r}_1 \cdot \mathbf{c}_n \\ \mathbf{r}_2 \cdot \mathbf{c}_1 & \mathbf{r}_2 \cdot \mathbf{c}_2 & \cdots & \mathbf{r}_2 \cdot \mathbf{c}_n \\ \vdots & \vdots & & \vdots \\ \mathbf{r}_m \cdot \mathbf{c}_1 & \mathbf{r}_m \cdot \mathbf{c}_2 & \cdots & \mathbf{r}_m \cdot \mathbf{c}_n \end{bmatrix} \tag{28}$$

點積應用至 ISBN 碼

雖然制度最近已改變，但於近 25 年出版的書大部分已被給予一個唯一的 10 個數字的碼，此碼被稱為**國際標準書碼** (International Standard Book Number) 或 ISBN。此碼的前九個數字被分成三群——第一群表示這本書原始的國家或國家群，第二群確認出版者，而第三群為這本書的書名。第十且為最後一個數字，被稱是**檢驗數字** (check digit)，是由前九個數字計算出來的，且被用來擔保 ISBN 的電子傳遞，稱網際網路，沒有錯誤發生。

欲解釋這個，視 ISBN 的前九個數字為 R^n 上的一個向量 **b** 且令 **a** 為向量

$$\mathbf{a} = (1, 2, 3, 4, 5, 6, 7, 8, 9)$$

則檢驗數字 c 使用下面程序來計算：

1. 形成點積 **a · b**。
2. 將 **a · b** 除以 11，得餘數 c 是介於 0 和 10 (含 0 和 10) 間的一個整數。檢驗數字被取為 c，但若 $c = 10$ 則被寫為 X 以避免二位數字。

例如，由 Howard Anton 出版的第六版微積分之簡明版的 ISBN 是

$$0\text{-}471\text{-}15307\text{-}9$$

此碼的檢驗數字是 9。此和 ISBN 的前九個數字是一致的，因為

$$\mathbf{a} \cdot \mathbf{b} = (1, 2, 3, 4, 5, 6, 7, 8, 9) \cdot (0, 4, 7, 1, 1, 5, 3, 0, 7) = 152$$

將 152 除以 11 得商 13 及餘數 9，所以檢驗數字是 9。若以某一個 ISBN 網路訂購一本書，則批發店可使用上面程序證明檢驗數字和前九個數字一致，因此可減少最昂貴的運送錯誤之可能性。

概念複習

- 向量的範數 (或長度或大小)
- 單位向量
- 單範化向量
- 標準單位向量
- R^n 上點間之距離
- R^n 上兩向量的夾角
- R^n 上兩向量的點積 (或歐幾里德內積)
- 柯西-史瓦茲不等式
- 三角不等式
- 向量的平行四邊形方程式

技　能

- 計算 R^n 上向量之範數。
- 判斷 R^n 向量是否為單位向量。
- 單範 R^n 上非零向量。
- 決定 R^n 上兩向量間的距離。
- 計算 R^n 上兩向量的點積。
- 計算 R^n 上兩非零向量的夾角。
- 證明屬於範數及點積的基本性質 (定理 3.2.1-3.2.3 及 3.2.5-3.2.7)。

習題集 3.2

▶對習題 **1-2** 各小題,求 **v** 的範數,和 **v** 同向的單位向量,和 **v** 反向的單位向量。◀

1. (a) $\mathbf{v} = (3, -5)$ (b) $\mathbf{v} = (3, 3, 1)$
    (c) $\mathbf{v} = (0, 1, -1, 2, 6)$

2. (a) $\mathbf{v} = (-5, 12)$ (b) $\mathbf{v} = (1, -1, 2)$
    (c) $\mathbf{v} = (-2, 3, 3, -1)$

▶計算習題 **3-4** 各小題,其中 $\mathbf{u}=(2, -2, 3)$, $\mathbf{v}=(1, -3, 4)$ 且 $\mathbf{w}=(3, 6, -4)$。◀

3. (a) $\|\mathbf{u} - \mathbf{v}\|$ (b) $\|\mathbf{u}\| - \|\mathbf{v}\|$
    (c) $\|3\mathbf{u} + 3\mathbf{w}\|$ (d) $\|2\mathbf{u} - 4\mathbf{v} + \mathbf{w}\|$

4. (a) $\|\mathbf{u} + \mathbf{v} + \mathbf{w}\|$ (b) $\|\mathbf{u} - \mathbf{v}\|$
    (c) $\|3\mathbf{v}\| - 3\|\mathbf{v}\|$ (d) $\|\mathbf{u}\| - \|\mathbf{v}\|$

▶計算習題 **5-6** 各小題,其中 $\mathbf{u}=(-2, -1, 4, 5)$, $\mathbf{v}=(3, 1, -5, 7)$ 且 $\mathbf{w}=(-6, 2, 1, 1)$。◀

5. (a) $\|3\mathbf{u} - 5\mathbf{v} + \mathbf{w}\|$
    (b) $\|3\mathbf{u}\| - 5\|\mathbf{v}\| + \|\mathbf{w}\|$
    (c) $\|-\|\mathbf{u}\|\mathbf{v}\|$

6. (a) $\|\mathbf{u}\| - 2\|\mathbf{v}\| - 3\|\mathbf{w}\|$
    (b) $\|\mathbf{u}\| + \|-2\mathbf{v}\| + \|-3\mathbf{w}\|$
    (c) $\|\|\mathbf{u} - \mathbf{v}\|\mathbf{w}\|$

7. 令 $\mathbf{v}=(0, 2, -6, 3)$。求滿足 $\|k\mathbf{v}\|=14$ 的所有純量 k。

8. 令 $\mathbf{v}=(1, 1, 2, -3, 1)$。求滿足 $\|k\mathbf{v}\|=4$ 的所有純量 k。

▶對習題 **9-10** 各小題,求 $\mathbf{u} \cdot \mathbf{v}, \mathbf{u} \cdot \mathbf{u}$ 及 $\mathbf{v} \cdot \mathbf{v}$。◀

9. (a) $\mathbf{u} = (1, 2, -3)$, $\mathbf{v} = (3, -3, 5)$
    (b) $\mathbf{u} = (2, 1, -2, 4)$, $\mathbf{v} = (0, -1, -3, 1)$

10. (a) $\mathbf{u} = (1, 1, -2, 3)$, $\mathbf{v} = (-1, 0, 5, 1)$
     (b) $\mathbf{u} = (2, -1, 1, 0, -2)$, $\mathbf{v} = (1, 2, 2, 2, 1)$

▶對習題 **11-12** 各小題,求 **u** 和 **v** 間的歐幾里德距離。◀

11. (a) $\mathbf{u} = (3, 3, 3)$, $\mathbf{v} = (1, 0, 4)$
     (b) $\mathbf{u} = (0, -2, -1, 1)$, $\mathbf{v} = (-3, 2, 4, 4)$

     (c) $\mathbf{u} = (3, -3, -2, 0, -3, 13, 5)$,
         $\mathbf{v} = (-4, 1, -1, 5, 0, -11, 4)$

12. (a) $\mathbf{u} = (1, 2, -3, 0)$, $\mathbf{v} = (5, 1, 2, -2)$
     (b) $\mathbf{u} = (2, -1, -4, 1, 0, 6, -3, 1)$,
         $\mathbf{v} = (-2, -1, 0, 3, 7, 2, -5, 1)$
     (c) $\mathbf{u} = (0, 1, 1, 1, 2)$, $\mathbf{v} = (2, 1, 0, -1, 3)$

13. 求習題 11 各小題兩向量之夾角的餘弦函數值,並說明該夾角是銳角、鈍角還是 90°。

14. 求習題 12 各小題兩向量之夾角的餘弦函數值,並說明該夾角是銳角、鈍角還是 90°。

15. 向量 **a** 在 xy-平面上具有長度 4 單位且點位在正 x 方向,向量 **b** 位在該平面上具有長度 3 單位且點位在由正 x 方向往逆時針方向 60° 的方向上。求 $\mathbf{a} \cdot \mathbf{b}$。

16. 假設向量 **a** 位在 xy-平面上且點位在由正 x-軸往逆時針方向 47° 的方向上,向量 **b** 位在該平面上且點位在由正 x-軸往順時針方向 43° 上。請說說看 $\mathbf{a} \cdot \mathbf{b}$ 的值?

▶判斷習題 **17-18** 各表示式是否有數學意義。若沒有,解釋為何?◀

17. (a) $\mathbf{u} \cdot (\mathbf{v} \cdot \mathbf{w})$ (b) $\mathbf{u} \cdot (\mathbf{v} + \mathbf{w})$
     (c) $\|\mathbf{u} \cdot \mathbf{v}\|$ (d) $(\mathbf{u} \cdot \mathbf{v}) - \|\mathbf{u}\|$

18. (a) $\|\mathbf{u}\| \cdot \|\mathbf{v}\|$ (b) $(\mathbf{u} \cdot \mathbf{v}) - \mathbf{w}$
     (c) $(\mathbf{u} \cdot \mathbf{v}) - k$ (d) $k \cdot \mathbf{u}$

19. 求和所給向量同向的單位向量。
     (a) $(3, -4)$ (b) $(3, 3)$
     (c) $(3, 6, -2)$ (d) $(1, 3, 5, -2)$

20. 求和所給向量反向的單位向量。
     (a) $(-12, -5)$ (b) $(3, -3, -3)$
     (c) $(-6, 8)$ (d) $(-3, 1, \sqrt{6}, 3)$

21. 敘述求長度為 m 且點和已知向量 **v** 同向的向量之過程。

22. 若 $\|\mathbf{v}\|=2$ 且 $\|\mathbf{w}\|=3$,則 $\|\mathbf{v}-\mathbf{w}\|$ 的最大值及最小值為何?對你的答案做一個幾何解釋。

23. 求 **u** 和 **v** 之夾角 θ 的餘弦函數值。
  (a) **u** = (1, 1), **v** = (3, 0)
  (b) **u** = (−3, 5), **v** = (2, 7)
  (c) **u** = (2, 1, 3), **v** = (1, 2, −4)
  (d) **u** = (2, 0, 1, −2), **v** = (1, 5, −3, 2)

24. 求 **u** 和 **v** 之夾角 θ ($0 \leq \theta \leq \pi$) 的弳度量。
  (a) (1, −7) 及 (21, 3)
  (b) (0, 2) 及 (3, −3)
  (c) (−1, 1, 0) 及 (0, −1, 1)
  (d) (1, −1, 0) 及 (1, 0, 0)

▶對習題 **25-26** 各小題，證明柯西-史瓦茲不等式成立。◀

25. (a) **u** = (2, 3), **v** = (5, −7)
  (b) **u** = (1, −5, 4), **v** = (3, 3, 3)
  (c) **u** = (0, 2, 2, 1), **v** = (1, 1, 1, 1)

26. (a) **u** = (4, 1, 1), **v** = (1, 2, 3)
  (b) **u** = (1, 2, 1, 2, 3), **v** = (0, 1, 1, 5, −2)
  (c) **u** = (1, 3, 5, 2, 0, 1), **v** = (0, 2, 4, 1, 3, 5)

27. 令 $\mathbf{p}_0 = (x_0, y_0, z_0)$ 且 $\mathbf{p} = (x, y, z)$。試描述滿足 $\|\mathbf{p} - \mathbf{p}_0\| = 1$ 的所有點 (x, y, z) 所成的集合。

28. (a) 證明圖 Ex−28a 的向量 $\mathbf{v} = (v_1, v_2)$ 之所有分量為 $v_1 = \|\mathbf{v}\| \cos \theta$ 及 $v_2 = \|\mathbf{v}\| \sin \theta$。
  (b) 令 **u** 及 **v** 為圖 Ex-28b 的向量。使用 (a) 之結果，求 $4\mathbf{u} - 5\mathbf{v}$ 的所有分量。

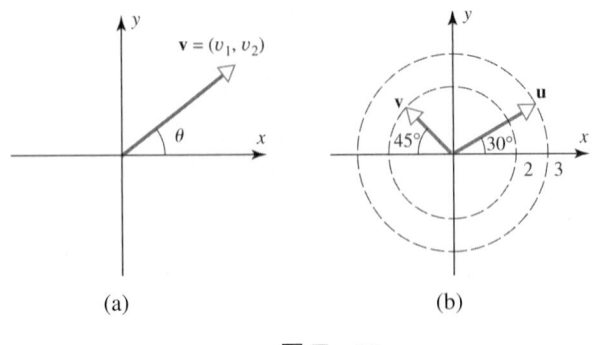

▲ 圖 **Ex-28**

29. 證明定理 3.2.1 的 (a) 及 (b)。
30. 證明定理 3.2.3 的 (a) 及 (c)。
31. 證明定理 3.2.3 的 (d) 及 (e)。
32. 在什麼條件下三角不等式 (定理 3.2.5a) 的等號成立？以幾何方式解釋你的答案。
33. 什麼樣的非零向量 **u** 及 **v** 可滿足方程式 $\|\mathbf{u} + \mathbf{v}\| = \|\mathbf{u}\| + \|\mathbf{v}\|$？
34. (a) 點 $\mathbf{p} = (a, b, c)$ 至原點和至 xz-平面等距的關係式是什麼？對 a, b 及 c 的正值及負值確定你所敘述的關係式成立。
  (b) 點 $\mathbf{p} = (a, b, c)$ 至原點之距離大於至 xz-平面之距離的關係式是什麼？對 a, b 及 c 的正值及負值確定你所敘述的關係式成立。

是非題

試判斷 (a)-(j) 各敘述的真假，並驗證你的答案。

(a) 若 R^3 上向量的各分量乘以 2 倍，則該向量的範數亦乘以 2 倍。
(b) 在 R^2 上，範數為 5 且始點位在原點的向量，其終點位在圓心在原點且半徑為 5 的圓上。
(c) R^n 上的每一個向量之範數均為正。
(d) 若 **v** 是 R^n 上的非零向量，則恰有兩個單位向量和 **v** 平行。
(e) 若 $\|\mathbf{u}\| = 2$，$\|\mathbf{v}\| = 1$，且 $\mathbf{u} \cdot \mathbf{v} = 1$，則 **u** 和 **v** 之夾角是 $\pi/3$ 弳。
(f) 表示式 $(\mathbf{u} \cdot \mathbf{v}) + \mathbf{w}$ 和 $\mathbf{u} \cdot (\mathbf{v} + \mathbf{w})$ 兩者均有意義且為相等。
(g) 若 $\mathbf{u} \cdot \mathbf{v} = \mathbf{u} \cdot \mathbf{w}$，則 $\mathbf{v} = \mathbf{w}$。
(h) 若 $\mathbf{u} \cdot \mathbf{v} = 0$，則 $\mathbf{u} = \mathbf{0}$ 或 $\mathbf{v} = \mathbf{0}$。
(i) 在 R^2 上，若 **u** 位在第一象限且 **v** 位在第三象限，則 $\mathbf{u} \cdot \mathbf{v}$ 不可能為正。
(j) 對 R^n 上的所有向量 **u**, **v** 及 **w**，我們有
$$\|\mathbf{u} + \mathbf{v} + \mathbf{w}\| \leq \|\mathbf{u}\| + \|\mathbf{v}\| + \|\mathbf{w}\|$$

3.3 正交性

在前一節，我們定義了 R^n 上向量間的「夾角」觀念。本節我們將集中在「垂直」的觀念。在許多廣泛的應用裡，R^n 上的垂直向量扮演著重要的角色。

正交向量

回憶前節的公式 (20)，R^n 上的兩個非零向量 **u** 及 **v** 的夾角 θ 被定義為公式

$$\theta = \cos^{-1}\left(\frac{\mathbf{u} \cdot \mathbf{v}}{\|\mathbf{u}\|\|\mathbf{v}\|}\right)$$

由此得 $\theta = \dfrac{\pi}{2}$ 若且唯若 $\mathbf{u} \cdot \mathbf{v} = 0$。因此，我們有了下面定義。

> **定義 1**：R^n 上的兩個非零向量 **u** 及 **v** 被稱是**正交的** (orthogonal)[或**垂直的** (perpendicular)] 若 $\mathbf{u} \cdot \mathbf{v} = 0$，我們將亦同意 R^n 上的零向量正交至 R^n 上的每一個向量。R^n 上的一個非空向量集合被稱是**正交集** (orthogonal set)，若該集合上的任兩個相異向量均是正交的。一個單位向量所成的正交集被稱為**單範正交集** (orthonornal set)。

▶ **例題 1　正交向量**

(a) 證明 $\mathbf{u} = (-2, 3, 1, 4)$ 及 $\mathbf{v} = (1, 2, 0, -1)$ 為 R^4 上的正交向量。
(b) 證明標準單位向量集合 $S = \{\mathbf{i}, \mathbf{j}, \mathbf{k}\}$ 是 R^3 上的一個正交集。

解 (a)：向量是正交的，因為

$$\mathbf{u} \cdot \mathbf{v} = (-2)(1) + (3)(2) + (1)(0) + (4)(-1) = 0$$

解 (b)：我們必須證明所有兩相異向量是正交的，亦即，

$$\mathbf{i} \cdot \mathbf{j} = \mathbf{i} \cdot \mathbf{k} = \mathbf{j} \cdot \mathbf{k} = 0$$

在幾何上這是明顯成立的 (圖 3.2.2)，但亦可由計算看出

$$\mathbf{i} \cdot \mathbf{j} = (1, 0, 0) \cdot (0, 1, 0) = 0$$
$$\mathbf{i} \cdot \mathbf{k} = (1, 0, 0) \cdot (0, 0, 1) = 0$$
$$\mathbf{j} \cdot \mathbf{k} = (0, 1, 0) \cdot (0, 0, 1) = 0$$

例題 1 無須檢視 $\mathbf{j} \cdot \mathbf{i} = \mathbf{k} \cdot \mathbf{i} = \mathbf{k} \cdot \mathbf{j} = 0$，因為這可由例題中的計算及點積的對稱性得知成立。

由點及法向量決定的直線及平面

我們在解析幾何裡學過 R^2 上的直線由其斜率及其上的一個點唯一決定，且 R^3 的平面由其「傾角」及其上之一點唯一決定。明確敘述斜率及傾角的方法之一是使用一個非零向量 **n**，稱之為**法向量** (normal)，其垂直直線或平面。例如，圖 3.3.1 說明直線通過點 $P_0(x_0, y_0)$ 且具有法向量 $\mathbf{n}=(a, b)$，平面通過點 $P_0(x_0, y_0, z_0)$ 且具有法向量 $\mathbf{n}=(a, b, c)$。直線及平面均被表為向量方程式

$$\mathbf{n} \cdot \overrightarrow{P_0 P} = 0 \tag{1}$$

其中 P 為直線上的任意點 (x, y) 或為平面上的任意點 (x, y, z)。向量 $\overrightarrow{P_0 P}$ 可利用分量表為

$$\overrightarrow{P_0 P} = (x - x_0, y - y_0) \quad [\text{直線}]$$
$$\overrightarrow{P_0 P} = (x - x_0, y - y_0, z - z_0) \quad [\text{平面}]$$

因此，方程式 (1) 可被寫為

$$a(x - x_0) + b(y - y_0) = 0 \quad [\text{直線}] \tag{2}$$

$$a(x - x_0) + b(y - y_0) + c(z - z_0) = 0 \quad [\text{平面}] \tag{3}$$

此兩方程式被稱為直線及平面的**點-法向量** (point-normal) 方程式。

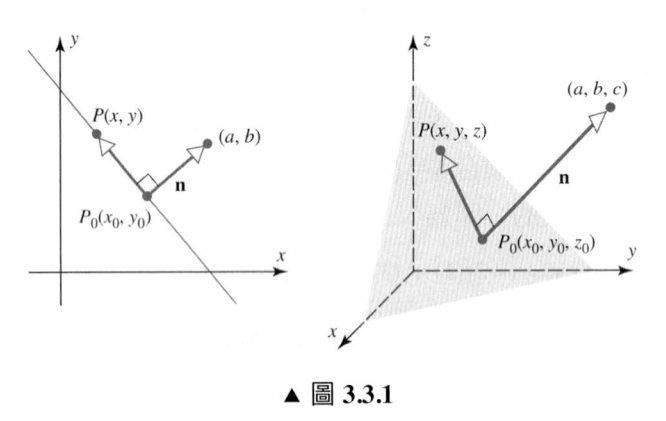

▲ 圖 3.3.1

▶ **例題 2　點-法向量方程式**

由 (2) 式，R^2 上的方程式

$$6(x - 3) + (y + 7) = 0$$

表通過點 $(3, -7)$ 且具法向量 $\mathbf{n} = (6, 1)$ 之直線,且由 (3) 式,R^3 上的方程式

$$4(x-3) + 2y - 5(z-7) = 0$$

表通過點 $(3, 0, 7)$ 且具法向量 $\mathbf{n} = (4, 2, -5)$。◀

方便時,方程式 (2) 及 (3) 的各項可被乘開來且合併常數項。此導出下面定理。

定理 3.3.1

(a) 若 a 和 b 為常數且不全為零,則型如

$$ax + by + c = 0 \qquad (4)$$

的方程式表 R^2 上的一直線且具法向量 $\mathbf{n} = (a, b)$。

(b) 若 a, b 及 c 為常數且不全為零,則型如

$$ax + by + cz + d = 0 \qquad (5)$$

的方程式表 R^3 上的一個平面且具法向量 $\mathbf{n} = (a, b, c)$。

▶**例題 3** 和通過原點之直線及平面垂直的向量

(a) 方程式 $ax + by = 0$ 表 R^2 上通過原點的一直線。證明由方程式係數所形成的向量 $\mathbf{n}_1 = (a, b)$ 和直線垂直,亦即,和沿著直線方向的每一個向量垂直。

(b) 方程式 $ax + by + cz = 0$ 表 R^3 上通過原點的一平面,證明由方程式係數所形成的向量 $\mathbf{n}_2 = (a, b, c)$ 和平面垂直,亦即,和平面上的每一個向量垂直。

解:我們將同時解這兩個問題,這兩個方程式可被寫為

$$(a, b) \cdot (x, y) = 0 \quad \text{及} \quad (a, b, c) \cdot (x, y, z) = 0$$

或寫為

$$\mathbf{n}_1 \cdot (x, y) = 0 \quad \text{及} \quad \mathbf{n}_2 \cdot (x, y, z) = 0$$

此兩方程式說明 $\mathbf{n}_1$ 垂直於直線上的每一個向量 (x, y) 且 $\mathbf{n}_2$ 垂直於平面上的每一個向量 (x, y, z) (圖 3.3.1)。◀

記得

$$ax + by = 0 \quad 及 \quad ax + by + cz = 0$$

被稱為齊次方程式。例題 3 說明含兩個或三個未知數的齊次方程式可被寫為向量型

$$\mathbf{n} \cdot \mathbf{x} = 0 \tag{6}$$

其中 **n** 是係數向量且 **x** 是未知數向量。在 R^2 上，它被稱是通過原點的**直線向量型** (vector form of a line)，在 R^3 上，它被稱是通過原點的**平面向量型** (vector form of a plane)。

> 回到 3.2 節的表 1，若 **n** 和 **x** 被表為矩陣型，你可有其他方法來表示 (6) 式？

正交投影

在許多應用裡，有必要將一個向量 **u**「分解」成兩項之和，其中一項是某明確非零向量 **a** 的純量倍數，另一項則和 **a** 垂直。例如，若 **u** 和 **a** 為 R^2 上的向量，且其始點放置在同一點 Q，則以下做法可造出此一分解 (圖 3.3.2)：

- 由 **u** 的箭尖對通過 **a** 的直線做垂線。
- 由 Q 至垂線底建構向量 $\mathbf{w}_1$。
- 建構向量 $\mathbf{w}_2 = \mathbf{u} - \mathbf{w}_1$。

因為

$$\mathbf{w}_1 + \mathbf{w}_2 = \mathbf{w}_1 + (\mathbf{u} - \mathbf{w}_1) = \mathbf{u}$$

我們已經將 **u** 分解成兩個正交向量之和，第一項為 **a** 的純量倍數，而第二項正交於 **a**。

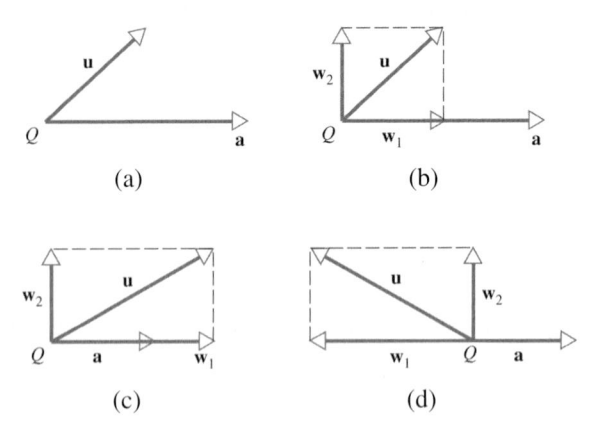

▲ 圖 3.3.2　由 (b) 至 (d)，$\mathbf{u} = \mathbf{w}_1 + \mathbf{w}_2$，其中 $\mathbf{w}_1$ 和 **a** 平行，而 $\mathbf{w}_2$ 垂直於 **a**。

下一個定理證明前面使用 R^2 上向量所得之結果，R^n 上亦可應用。

> **定理 3.3.2：投影定理**
> 若 **u** 和 **a** 為 R^n 上之向量，且若 **a**≠0，則 **u** 可被唯一表為 **u**＝**w**$_1$＋**w**$_2$，其中 **w**$_1$ 是 **a** 的純量倍數，且 **w**$_2$ 正交於 **a**。

證明：因為向量 **w**$_1$ 是 **a** 的純量倍數，所以必有

$$\mathbf{w}_1 = k\mathbf{a} \tag{7}$$

我們的目標是找一個純量 k 值及一個和 **a** 正交的向量 **w**$_2$ 滿足

$$\mathbf{u} = \mathbf{w}_1 + \mathbf{w}_2 \tag{8}$$

我們使用 (7) 式來改寫 (8) 式為

$$\mathbf{u} = \mathbf{w}_1 + \mathbf{w}_2 = k\mathbf{a} + \mathbf{w}_2$$

來決定 k 值，接著使用定理 3.2.2 及 3.2.3 得

$$\mathbf{u} \cdot \mathbf{a} = (k\mathbf{a} + \mathbf{w}_2) \cdot \mathbf{a} = k\|\mathbf{a}\|^2 + (\mathbf{w}_2 \cdot \mathbf{a}) \tag{9}$$

因為 **w**$_2$ 和 **a** 正交，(9) 式的最後一項必為 0，因此 k 必滿足方程式

$$\mathbf{u} \cdot \mathbf{a} = k\|\mathbf{a}\|^2$$

由此方程式得

$$k = \frac{\mathbf{u} \cdot \mathbf{a}}{\|\mathbf{a}\|^2}$$

為唯一可能的 k 值，改寫 (8) 式為

$$\mathbf{w}_2 = \mathbf{u} - \mathbf{w}_1 = \mathbf{u} - k\mathbf{a} = \mathbf{u} - \frac{\mathbf{u} \cdot \mathbf{a}}{\|\mathbf{a}\|^2}\mathbf{a}$$

且證明 **w**$_2$・**a**＝0 (細節留給讀者) 確認 **w**$_2$ 正交於 **a**，即可完成證明。◀

投影定理的向量 **w**$_1$ 及 **w**$_2$ 有其名稱──向量 **w**$_1$ 被稱是 **u** 在 **a** 方向上的正交投影 (orthogonal projection of **u** on **a**) 或有時候稱為 **u** 在 **a** 方向上的分向量 (the vector component of **u** along **a**)，而向量 **w**$_2$ 被稱是垂直於 **a** 的 **u** 之分向量 (component of **u** orthogonal to **a**)，向量 **w**$_1$ 通常以符號 proj$_\mathbf{a}$**u** 表之，由 (8) 式得 **w**$_2$＝**u**－proj$_\mathbf{a}$**u**。總結，

$$\text{proj}_\mathbf{a}\mathbf{u} = \frac{\mathbf{u} \cdot \mathbf{a}}{\|\mathbf{a}\|^2}\mathbf{a} \quad (\text{**u** 在 **a** 方向上的分向量}) \tag{10}$$

$$\mathbf{u} - \mathrm{proj}_{\mathbf{a}}\mathbf{u} = \mathbf{u} - \frac{\mathbf{u} \cdot \mathbf{a}}{\|\mathbf{a}\|^2}\mathbf{a} \text{ (垂直於 } \mathbf{a} \text{ 的 } \mathbf{u} \text{ 之分向量)} \tag{11}$$

▶ **例題 4** 在一直線上的正交投影

R^2 上直線 L 和正 x-軸夾角 θ，求向量 $\mathbf{e}_1 = (1, 0)$ 及 $\mathbf{e}_2 = (0, 1)$ 在直線 L 上的正交投影。

解：如圖 3.3.3 所示，$\mathbf{a} = (\cos\theta, \sin\theta)$ 是沿著直線 L 的單位向量，所以我們的第一個問題是找 $\mathbf{e}_1$ 在 $\mathbf{a}$ 的正交投影，因為

$$\|\mathbf{a}\| = \sqrt{\sin^2\theta + \cos^2\theta} = 1 \quad \text{且} \quad \mathbf{e}_1 \cdot \mathbf{a} = (1, 0) \cdot (\cos\theta, \sin\theta) = \cos\theta$$

由 (10) 式得此投影是

$$\mathrm{proj}_{\mathbf{a}}\mathbf{e}_1 = \frac{\mathbf{e}_1 \cdot \mathbf{a}}{\|\mathbf{a}\|^2}\mathbf{a} = (\cos\theta)(\cos\theta, \sin\theta) = (\cos^2\theta, \sin\theta\cos\theta)$$

同理，因為 $\mathbf{e}_2 \cdot \mathbf{a} = (0, 1) \cdot (\cos\theta, \sin\theta) = \sin\theta$，由 (10) 式得

$$\mathrm{proj}_{\mathbf{a}}\mathbf{e}_2 = \frac{\mathbf{e}_2 \cdot \mathbf{a}}{\|\mathbf{a}\|^2}\mathbf{a} = (\sin\theta)(\cos\theta, \sin\theta) = (\sin\theta\cos\theta, \sin^2\theta)$$

▶ **例題 5** $\mathbf{u}$ 在 $\mathbf{a}$ 方向上的分向量

令 $\mathbf{u} = (2, -1, 3)$ 且 $\mathbf{a} = (4, -1, 2)$。求 $\mathbf{u}$ 在 $\mathbf{a}$ 方向上的分向量及垂直於 $\mathbf{a}$ 的 $\mathbf{u}$ 之分向量。

解：

$$\mathbf{u} \cdot \mathbf{a} = (2)(4) + (-1)(-1) + (3)(2) = 15$$
$$\|\mathbf{a}\|^2 = 4^2 + (-1)^2 + 2^2 = 21$$

因此，$\mathbf{u}$ 在 $\mathbf{a}$ 方向上的分向量是

$$\mathrm{proj}_{\mathbf{a}}\mathbf{u} = \frac{\mathbf{u} \cdot \mathbf{a}}{\|\mathbf{a}\|^2}\mathbf{a} = \tfrac{15}{21}(4, -1, 2) = \left(\tfrac{20}{7}, -\tfrac{5}{7}, \tfrac{10}{7}\right)$$

且垂直於 $\mathbf{a}$ 的 $\mathbf{u}$ 之分向量為

$$\mathbf{u} - \mathrm{proj}_{\mathbf{a}}\mathbf{u} = (2, -1, 3) - \left(\tfrac{20}{7}, -\tfrac{5}{7}, \tfrac{10}{7}\right) = \left(-\tfrac{6}{7}, -\tfrac{2}{7}, \tfrac{11}{7}\right)$$

做一檢證，你可期待向量 $\mathbf{u} - \mathrm{proj}_{\mathbf{a}}\mathbf{u}$ 和 $\mathbf{a}$ 是垂直的 (可證明它們的點積為零)。 ◀

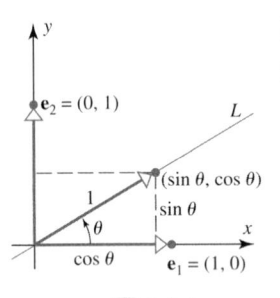

有時候我們對 **u** 在 **a** 方向上的分向量之範數要比對分向量本身來得有興趣。此範數的公式可被導出如下：

$$\|\mathrm{proj}_\mathbf{a}\mathbf{u}\| = \left\|\frac{\mathbf{u}\cdot\mathbf{a}}{\|\mathbf{a}\|^2}\mathbf{a}\right\| = \left|\frac{\mathbf{u}\cdot\mathbf{a}}{\|\mathbf{a}\|^2}\right|\|\mathbf{a}\| = \frac{|\mathbf{u}\cdot\mathbf{a}|}{\|\mathbf{a}\|^2}\|\mathbf{a}\|$$

其中第二個等式得自定理 3.2.1 (c) 及 $\|\mathbf{a}\|^2 > 0$。因此，

$$\|\mathrm{proj}_\mathbf{a}\mathbf{u}\| = \frac{|\mathbf{u}\cdot\mathbf{a}|}{\|\mathbf{a}\|} \tag{12}$$

若 θ 表 **u** 和 **a** 的夾角，則 $\mathbf{u}\cdot\mathbf{a} = \|\mathbf{u}\|\|\mathbf{a}\|\cos\theta$，所以 (12) 式亦可改寫為

$$\|\mathrm{proj}_\mathbf{a}\mathbf{u}\| = \|\mathbf{u}\||\cos\theta| \tag{13}$$

(證明之)。此結果的幾何意義如圖 3.3.4 所示。

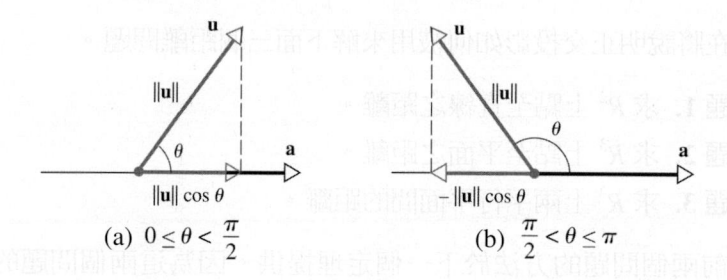

(a) $0 \leq \theta < \dfrac{\pi}{2}$　　(b) $\dfrac{\pi}{2} < \theta \leq \pi$

▲ 圖 3.3.4

畢氏定理

在 3.2 節裡，我們發現許多關於 R^2 及 R^3 上向量之定理，在 R^n 上亦成立。另一個例子是下面的畢氏定理之一般化 (圖 3.3.5)。

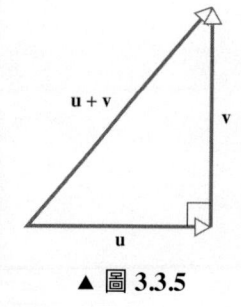

定理 3.3.3：R^n 上的畢氏定理
若 **u** 及 **v** 為 R^n 上正交向量，R^n 具有歐幾里德內積，則

$$\|\mathbf{u}+\mathbf{v}\|^2 = \|\mathbf{u}\|^2 + \|\mathbf{v}\|^2 \tag{14}$$

▲ 圖 3.3.5

證明：因為 **u** 和 **v** 正交，我們有 $\mathbf{u}\cdot\mathbf{v}=0$，且由此得

$$\|\mathbf{u}+\mathbf{v}\|^2 = (\mathbf{u}+\mathbf{v})\cdot(\mathbf{u}+\mathbf{v}) = \|\mathbf{u}\|^2 + 2(\mathbf{u}\cdot\mathbf{v}) + \|\mathbf{v}\|^2 = \|\mathbf{u}\|^2 + \|\mathbf{v}\|^2 \blacktriangleleft$$

▶ 例題 6　R^4 上的畢氏定理

在例題 1，我們證明了向量

$$\mathbf{u} = (-2, 3, 1, 4) \quad \text{和} \quad \mathbf{v} = (1, 2, 0, -1)$$

為正交的。對這兩向量證明畢氏定理。

解：留給讀者確定

$$\mathbf{u} + \mathbf{v} = (-1, 5, 1, 3)$$
$$\|\mathbf{u} + \mathbf{v}\|^2 = 36$$
$$\|\mathbf{u}\|^2 + \|\mathbf{v}\|^2 = 30 + 6$$

因此，$\|\mathbf{u} + \mathbf{v}\|^2 = \|\mathbf{u}\|^2 + \|\mathbf{v}\|^2$。　◀

可選擇的教材

距離問題

我們現在將說明正交投影如何被用來解下面三個距離問題。

問題 1.　求 R^2 上點至直線之距離。

問題 2.　求 R^3 上點至平面之距離。

問題 3.　求 R^3 上兩平行平面間的距離。

一個解前兩個問題的方法於下一個定理提供。因為這兩個問題的證明相似，我們將證明 (b) 而將 (a) 留作為習題。

定理 3.3.4：

(a) 在 R^2 上，點 $P_0(x_0, y_0)$ 至直線 $ax + by + c = 0$ 的距離是

$$D = \frac{|ax_0 + by_0 + c|}{\sqrt{a^2 + b^2}} \tag{15}$$

(b) 在 R^3 上，點 $P_0(x_0, y_0, z_0)$ 至平面 $ax + by + cz + d = 0$ 的距離是

$$D = \frac{|ax_0 + by_0 + cz_0 + d|}{\sqrt{a^2 + b^2 + c^2}} \tag{16}$$

證明 (b)：令 $Q(x_1, y_1, z_1)$ 為平面上之任意點，並將法向量 $\mathbf{n} = (a, b, c)$ 的始點擺在點 Q。如圖 3.3.6 中所示，距離 D 等於 $\overrightarrow{QP_0}$ 在 $\mathbf{n}$ 方向上的正

交投影之長度。如此，由公式 (16)，可知

$$D = \|\text{proj}_{\mathbf{n}} \overrightarrow{QP_0}\| = \frac{|\overrightarrow{QP_0} \cdot \mathbf{n}|}{\|\mathbf{n}\|}$$

但是

$$\overrightarrow{QP_0} = (x_0 - x_1, y_0 - y_1, z_0 - z_1)$$
$$\overrightarrow{QP_0} \cdot \mathbf{n} = a(x_0 - x_1) + b(y_0 - y_1) + c(z_0 - z_1)$$
$$\|\mathbf{n}\| = \sqrt{a^2 + b^2 + c^2}$$

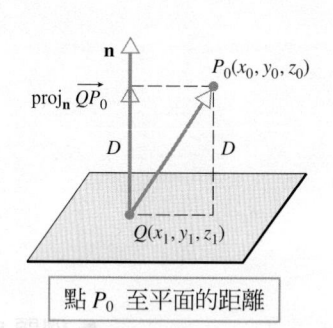

因此

$$D = \frac{|a(x_0 - x_1) + b(y_0 - y_1) + c(z_0 - z_1)|}{\sqrt{a^2 + b^2 + c^2}} \tag{17}$$

因為點 $Q(x_1, y_1, z_1)$ 位在所給平面上，其座標滿足該平面之方程式；因此

$$ax_1 + by_1 + cz_1 + d = 0$$

或

$$d = -ax_1 - by_1 - cz_1$$

將此式代進 (17) 式，則得 (16) 式。◀

▶ **例題 7　點至平面的距離**

試求點 $(1, -4, -3)$ 至平面 $2x - 3y + 6z = -1$ 的距離 D。

解： 因為定理 3.3.4 中的距離公式需要將直線及平面的方程式之零寫在等號右邊，我們首先需將平面方程式改寫為

$$2x - 3y + 6z + 1 = 0$$

由此得

$$D = \frac{|2(1) + (-3)(-4) + 6(-3) + 1|}{\sqrt{2^2 + (-3)^2 + 6^2}} = \frac{|-3|}{7} = \frac{3}{7} \qquad ◀$$

上面所提的第三個距離問題是求 R^3 上兩平行平面間的距離。如圖 3.3.7 所建議的，平面 V 和平面 W 間的距離可由求其中一個平面上任意點 P_0 並計算該點至另一個平面間的距離而得。底下有一個例題。

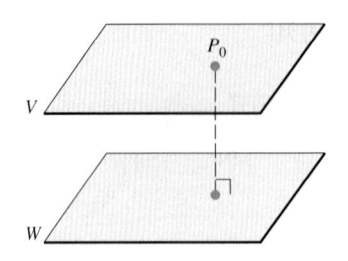

▲ 圖 3.3.7 兩平行平面 V 及 W 間的距離等於點 P_0 至 W 的距離。

▶ **例題 8** 平行平面間的距離

平面 $x+2y-2z=3$ 及 $2x+4y-4z=7$ 平行，因為它們的法向量 $(1, 2, -2)$ 及 $(2, 4, -4)$ 為平行向量，求此兩平面間的距離。

解：欲求平面間的距離 D，可選擇任意平面上的任意點，再求此點至另一平面的距離。由令方程式 $x+2y-2z=3$ 的 $y=z=0$，可得位在此平面上的點 $P_0(3, 0, 0)$。由 (16) 式，點 P_0 至平面 $2x+4y-4z=7$ 的距離為

$$D = \frac{|2(3)+4(0)+(-4)(0)-7|}{\sqrt{2^2+4^2+(-4)^2}} = \frac{1}{6}$$ ◀

概念複習

- 正交 (垂直) 向量
- 正交向量集
- 直線的法向量
- 平面的法向量
- 點-法向量方程式
- 直線的向量型
- 平面的向量型
- $\mathbf{u}$ 在 $\mathbf{a}$ 上的正交投影
- $\mathbf{u}$ 在 $\mathbf{a}$ 方向上的分向量
- 垂直於 $\mathbf{a}$ 的 $\mathbf{u}$ 之分向量
- 畢氏定理

技　能

- 判斷兩向量是否正交。
- 判斷一個向量集合是否形成一個正交集合。
- 使用法向量及直線 (或平面) 上的一點求直線 (或平面) 方程式。
- 求通過原點的直線或平面之向量型。
- 計算 $\mathbf{u}$ 在 $\mathbf{a}$ 方向上的分向量及垂直於 $\mathbf{a}$ 的 $\mathbf{u}$ 之分向量。
- 求 R^2 或 R^3 上的點至直線之距離。
- 求 R^3 上兩平行平面間的距離。
- 求點至平面間的距離。

習題集 3.3

▶對習題 1-2 各小題，判斷 **u** 和 **v** 是否正交？◀

1. (a) $\mathbf{u} = (1, 3, -2)$, $\mathbf{v} = (-5, 3, 2)$
   (b) $\mathbf{u} = (0, 1, 0)$, $\mathbf{v} = (-1, 1, 0)$
   (c) $\mathbf{u} = (6, 2, -2)$, $\mathbf{v} = (-2, 3, -3)$
   (d) $\mathbf{u} = (2, 4, 5)$, $\mathbf{v} = (-5, 4, -1)$

2. (a) $\mathbf{u} = (2, 3)$, $\mathbf{v} = (5, -7)$
   (b) $\mathbf{u} = (-6, -2)$, $\mathbf{v} = (4, 0)$
   (c) $\mathbf{u} = (1, -5, 4)$, $\mathbf{v} = (3, 3, 3)$
   (d) $\mathbf{u} = (-2, 2, 3)$, $\mathbf{v} = (1, 7, -4)$

▶對習題 3-4 各小題，判斷所給的向量是否形成一個正交集？◀

3. (a) $\mathbf{v}_1 = (1, 2)$, $\mathbf{v}_2 = (-2, 1)$
   (b) $\mathbf{v}_1 = (2, 4)$, $\mathbf{v}_2 = (-1, 2)$
   (c) $\mathbf{v}_1 = (1, 3, -1)$, $\mathbf{v}_2 = (-2, 2, 4)$,
       $\mathbf{v}_3 = (14, -2, 8)$
   (d) $\mathbf{v}_1 = (5, -1, 2)$, $\mathbf{v}_2 = (-1, 2, 3)$,
       $\mathbf{v}_3 = (4, -1, 2)$

4. (a) $\mathbf{v}_1 = (2, 3)$, $\mathbf{v}_2 = (-3, 2)$
   (b) $\mathbf{v}_1 = (1, -2)$, $\mathbf{v}_2 = (-2, 1)$
   (c) $\mathbf{v}_1 = (1, 0, 1)$, $\mathbf{v}_2 = (1, 1, 1)$,
       $\mathbf{v}_3 = (-1, 0, 1)$
   (d) $\mathbf{v}_1 = (2, -2, 1)$, $\mathbf{v}_2 = (2, 1, -2)$,
       $\mathbf{v}_3 = (1, 2, 2)$

5. 求同時正交於 $\mathbf{u}=(1, 1, 0)$ 及 $\mathbf{v}=(-1, 0, 1)$ 的單位向量。

6. (a) 證明 $\mathbf{v}=(a, b)$ 及 $\mathbf{w}=(-b, a)$ 是正交向量。
   (b) 使用 (a) 之結果，求兩個正交於 $\mathbf{v} = (2, -3)$ 的向量。
   (c) 求正交於 $(-3, 4)$ 的兩個單位向量。

7. 點 $A(1, 1, 1), B(-2, 0, 3)$ 及 $C(-3, -1, 1)$ 是否形成一個直角三角形的三個頂點？試解釋你的答案。

8. 對點 $A(3, 0, 2), B(4, 3, 0)$ 及 $C(8, 1, -1)$ 重作習題 7。

▶對習題 9-12 各題，求通過 P 且以 **n** 為法向量的平面方程式之點-法向量型。◀

9. $P(2, 3, -4)$; $\mathbf{n} = (1, -1, 2)$
10. $P(1, 1, 4)$; $\mathbf{n} = (1, 9, 8)$
11. $P(1, 1, 1)$; $\mathbf{n} = (2, 0, 0)$
12. $P(0, 0, 0)$; $\mathbf{n} = (1, 2, 3)$

▶對習題 13-16 各題，判斷所給平面是否平行？◀

13. $3x - 2y + z = 6$ 和 $2x - y + 4z = 0$
14. $x - 4y - 3z - 2 = 0$ 和 $3x - 12y - 9z - 7 = 0$
15. $2y = 8x - 4z + 5$ 和 $x = \frac{1}{2}z + \frac{1}{4}y$
16. $(-4, 1, 2) \cdot (x, y, z) = 0$ 和
    $(8, -2, -4) \cdot (x, y, z) = 0$

▶對習題 17-18 各題，判斷所給平面是否垂直？◀

17. $3x + y - 2z - 6 = 0$ 和 $2x - 4y + z - 5 = 0$
18. $x - 2y + 3z = 4$, $-2x + 5y + 4z = -1$

▶對習題 19-20 各小題，求 $\| \text{proj}_\mathbf{a} \mathbf{u} \|$。◀

19. (a) $\mathbf{u} = (2, 4)$, $\mathbf{a} = (1, 1)$
    (b) $\mathbf{u} = (1, -1, 0)$, $\mathbf{a} = (2, 0, 1)$
20. (a) $\mathbf{u} = (5, 6)$, $\mathbf{a} = (2, -1)$
    (b) $\mathbf{u} = (3, -2, 6)$, $\mathbf{a} = (1, 2, -7)$

▶對習題 21-28 各題，求 **u** 在 **a** 方向上的分向量並求垂直於 **a** 的 **u** 之分向量。

21. $\mathbf{u} = (6, 2)$, $\mathbf{a} = (3, -9)$
22. $\mathbf{u} = (-1, -2)$, $\mathbf{a} = (-2, 3)$
23. $\mathbf{u} = (3, -1, 2)$, $\mathbf{a} = (1, 3, 0)$
24. $\mathbf{u} = (1, 0, 0)$, $\mathbf{a} = (4, 3, 8)$
25. $\mathbf{u} = (1, 1, 1)$, $\mathbf{a} = (0, 2, -1)$
26. $\mathbf{u} = (2, 0, 1)$, $\mathbf{a} = (1, 2, 3)$
27. $\mathbf{u} = (2, 1, 1, 2)$, $\mathbf{a} = (4, -4, 2, -2)$
28. $\mathbf{u} = (5, 0, -3, 7)$, $\mathbf{a} = (2, 1, -1, -1)$

▶對習題 **29-32** 各題，求點至直線的距離。◀

29. $(-3, 1)$; $4x + 3y + 4 = 0$
30. $(-1, 4)$; $x - 3y + 2 = 0$
31. $(2, -5)$; $y = -4x + 2$
32. $(1, 8)$; $3x + y = 5$

▶對習題 **33-36** 各題，求點至平面的距離。◀

33. $(2, 1, -3)$; $2x - y - 2z = 6$
34. $(-1, -1, 2)$; $2x + 5y - 6z = 4$
35. $(-1, 2, 1)$; $2x + 3y - 4z = 1$
36. $(0, 3, -2)$; $x - y - z = 3$

▶對習題 **37-40** 各題，求兩平行平面間的距離。◀

37. $2x - y - z = 5$ 和 $-4x + 2y + 2z = 12$
38. $3x - 4y + z = 1$ 和 $6x - 8y + 2z = 3$
39. $-4x + y - 3z = 0$ 和 $8x - 2y + 6z = 0$
40. $2x - y + z = 1$ 和 $2x - y + z = -1$

41. 令 **i**, **j** 及 **k** 分別為 3-空間上直角座標系正 x, y 及 z 軸方向上的單位向量。若 $\mathbf{v} = (a, b, c)$ 是一個非零向量，則 **v** 和向量 **i**, **j** 及 **k** 的分別夾角 α, β 及 γ 被稱是 **v** 的**方向角** (direction angles) (圖 Ex-41)，且 $\cos \alpha, \cos \beta$ 及 $\cos \gamma$ 被稱為 **v** 的**方向餘弦** (direction cosines)。
 (a) 證明 $\cos \alpha = a / \| \mathbf{v} \|$。
 (b) 求 $\cos \beta$ 及 $\cos \gamma$。
 (c) 證明 $\mathbf{v} / \| \mathbf{v} \| = (\cos \alpha, \cos \beta, \cos \gamma)$。
 (d) 證明 $\cos^2 \alpha + \cos^2 \beta + \cos^2 \gamma = 1$。

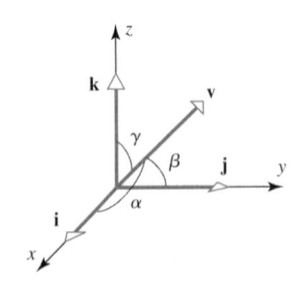

▲ 圖 **Ex-41**

42. 使用習題 41 之結果，估計 (最接近之度數) 一個 10 cm×15 cm×25 cm 之盒子的一對角線和盒子的所有邊所夾的角之角度。
43. 證明若 **v** 同時和 $\mathbf{w}_1$ 及 $\mathbf{w}_2$ 正交，則 **v** 正交於 $k_1 \mathbf{w}_1 + k_2 \mathbf{w}_2$ 對所有純量 k_1 及 k_2。
44. 令 **u** 及 **v** 為 2- 或 3-空間上非零向量，且令 $k = \| \mathbf{u} \|$ 及 $l = \| \mathbf{v} \|$。證明向量 $\mathbf{w} = l\mathbf{u} + k\mathbf{v}$ 平分 **u** 和 **v** 間的夾角。
45. 證明定理 3.3.4 (a)。
46. 可能有 $\text{proj}_\mathbf{a} \mathbf{u} = \text{proj}_\mathbf{u} \mathbf{a}$ 嗎？試解釋你的推理。

是非題

試判斷 (a)-(g) 各敘述的真假，並驗證你的答案。

(a) 向量 $(3, -1, 2)$ 和 $(0, 0, 0)$ 是正交的。
(b) 若 **u** 和 **v** 是正交向量，則對所有非零純量 k 及 m, $k\mathbf{u}$ 和 $m\mathbf{v}$ 是正交向量。
(c) **u** 在 **a** 上之正交投影和垂於 **a** 之 **u** 的分向量垂直。
(d) 若 **a** 和 **b** 是正交向量，則對每一個非零向量 **u**，我們有

$$\text{proj}_\mathbf{a}(\text{proj}_\mathbf{b}(\mathbf{u})) = \mathbf{0}$$

(e) 若 **a** 和 **u** 是非零向量，則

$$\text{proj}_\mathbf{a}(\text{proj}_\mathbf{a}(\mathbf{u})) = \text{proj}_\mathbf{a}(\mathbf{u})$$

(f) 若 $\text{proj}_\mathbf{a} \mathbf{u} = \text{proj}_\mathbf{a} \mathbf{v}$ 對某非零向量 **a** 成立，則 $\mathbf{u} = \mathbf{v}$。
(g) 對所有向量 **u** 及 **v**，$\| \mathbf{u} + \mathbf{v} \| = \| \mathbf{u} \| + \| \mathbf{v} \|$ 為真。

3.4 線性方程組的幾何性質

本節我們將使用參數及向量方法來研究一般的線性方程組。此工作可使我們將含 n 個未知數的線性方程組解集合解釋為 R^n 上的幾何物件，如同我們將含二個及三個未知數的線性方程組解集合解釋為 R^2 及 R^3 上的點、線及平面。

R^2 及 R^3 上直線的向量及參數方程式

在前一節，我們已導出由一點及一法線向量所決定的直線及平面方程式。然而，尚有其他有用的方法來明確直線及平面。例如，R^2 或 R^3 的一唯一直線係由該直線上的一點 $\mathbf{x}_0$ 及平行該直線的一非零向量所決定，且 R^3 上的一唯一平面係由該平面上的一點 $\mathbf{x}_0$ 及平行該平面的兩非共線向量 $\mathbf{v}_1$ 及 $\mathbf{v}_2$ 所決定。直觀此現象的最佳方法是將向量平移使得這些向量的始點均在 $\mathbf{x}_0$ (圖 3.4.1)。

讓我們以導一個方程式給含點 $\mathbf{x}_0$ 且平行 $\mathbf{v}$ 的直線 L 作為開始。若 $\mathbf{x}$ 是此一直線上的一般點，則如圖 3.4.2 所示，向量 $\mathbf{x} - \mathbf{x}_0$ 將是 $\mathbf{v}$ 的某純量倍數，令

$$\mathbf{x} - \mathbf{x}_0 = t\mathbf{v} \text{ 或等價地 } \mathbf{x} = \mathbf{x}_0 + t\mathbf{v}$$

當變數 t [稱之為**參數** (parameter)] 由 $-\infty$ 變化至 ∞ 時，點 $\mathbf{x}$ 將跑遍整條直線 L。根據此點，我們有了下面結果。

定理 3.4.1：令 L 為含點 $\mathbf{x}_0$ 且平行非零向量 $\mathbf{v}$ 的 R^2 或 R^3 上之直線，則通過點 $\mathbf{x}_0$ 且平行 $\mathbf{v}$ 的直線方程式是

$$\mathbf{x} = \mathbf{x}_0 + t\mathbf{v} \tag{1}$$

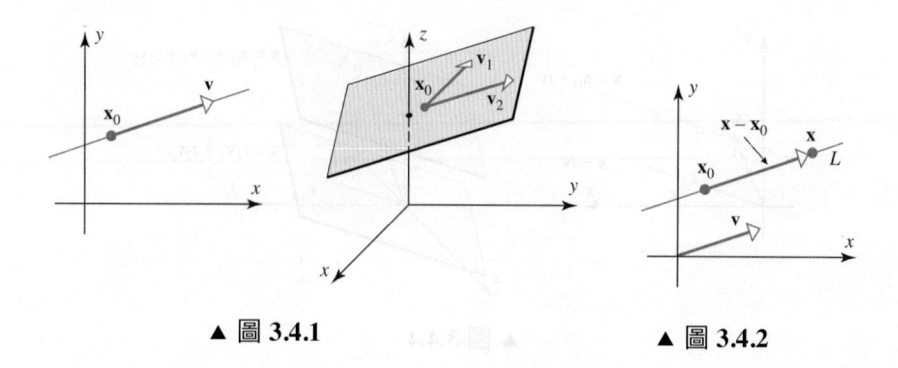

▲ 圖 3.4.1   ▲ 圖 3.4.2

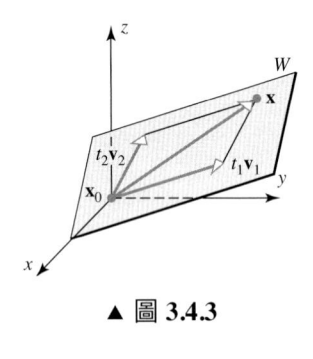

> 雖然沒有明顯的敘述，但可理解公式 (1) 及 (2) 的參數 t 是從 $-\infty$ 變化至 ∞。此應用到本書所有的向量及參數方程式，除非另有不同敘述。

若 $\mathbf{x}_0 = \mathbf{0}$，則直線通過原點且方程式的型式為

$$\mathbf{x} = t\mathbf{v} \tag{2}$$

R^3 平面的向量及參數方程式

其次我們將導一個方程式給含點 $\mathbf{x}_0$ 且和兩不共線的向量 $\mathbf{v}_1$ 及 $\mathbf{v}_2$ 平行的平面 W，如圖 3.4.3 所示，若 $\mathbf{x}$ 為平面上任一點，則利用 $\mathbf{v}_1$ 及 $\mathbf{v}_2$ 合適的純量倍數，稱 $t_1\mathbf{v}_1$ 及 $t_2\mathbf{v}_2$，我們可造出一個具對角線 $\mathbf{x} - \mathbf{x}_0$ 且相鄰邊為 $t_1\mathbf{v}_1$ 及 $t_2\mathbf{v}_2$ 的平行四邊形。因此，我們有

$$\mathbf{x} - \mathbf{x}_0 = t_1\mathbf{v}_1 + t_2\mathbf{v}_2 \quad \text{或等價地} \quad \mathbf{x} = \mathbf{x}_0 + t_1\mathbf{v}_1 + t_2\mathbf{v}_2$$

當變數 t_1 及 t_2 [稱為**參數** (parameter)] 獨立地由 $-\infty$ 變化至 ∞，點 $\mathbf{x}$ 將跑遍整個平面 W。根據這些，我們給了下面定理。

▲ 圖 3.4.3

定理 3.4.2：令 W 為含點 $\mathbf{x}_0$ 且和非共線向量 $\mathbf{v}_1$ 及 $\mathbf{v}_2$ 平行的 R^3 上之平面，則通過 $\mathbf{x}_0$ 且平行 $\mathbf{v}_1$ 及 $\mathbf{v}_2$ 的平面方程式是

$$\mathbf{x} = \mathbf{x}_0 + t_1\mathbf{v}_1 + t_2\mathbf{v}_2 \tag{3}$$

若 $\mathbf{x}_0 = \mathbf{0}$，則平面通過原點，且方程式型式為

$$\mathbf{x} = t_1\mathbf{v}_1 + t_2\mathbf{v}_2 \tag{4}$$

注釋：方程式 (1) 所表示的通過 $\mathbf{x}_0$ 之直線正好是方程式 (2) 所表示的通過原點之直線平移了 $\mathbf{x}_0$，而方程式 (3) 所表示的通過 $\mathbf{x}_0$ 之平面正好是方程式 (4) 所表示的通過原點之平面平移了 $\mathbf{x}_0$ (圖 3.4.4)。

由公式 (1) 到 (4) 的激發，我們可由下面定義，將直線和平面的概念擴大至 R^n。

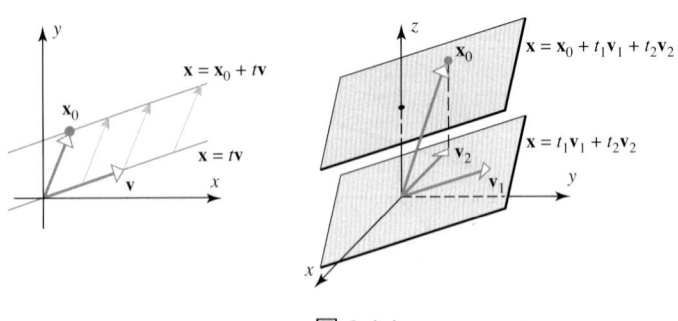

▲ 圖 3.4.4

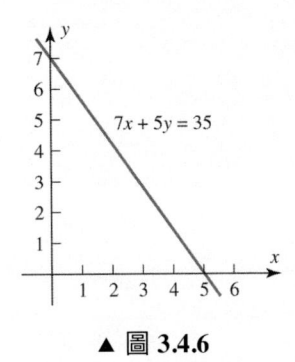

$$7x + 5y = 35$$

(圖 3.4.6)。此可由參數方程式消去參數 t 而得 (證明之)。◀

當參數 t 跑遍整個區間 $(-\infty, \infty)$ 時，方程式 (10) 和 (11) 的點將跑遍 R^2 上的一整條直線。然而，若我們限制參數僅由 $t=0$ 變化到 $t=1$，則 $\mathbf{x}$ 將不跑遍整條直線，而是連接點 $\mathbf{x}_0$ 及 $\mathbf{x}_1$ 的線段。$t=0$ 時，點 $\mathbf{x}$ 將由 $\mathbf{x}_0$ 開始，而 $t=1$ 時，點 $\mathbf{x}$ 將停止在 $\mathbf{x}_1$。根據這些，我們給了下面定義。

▲ 圖 3.4.6

> **定義 3**：若 $\mathbf{x}_0$ 及 $\mathbf{x}_1$ 為 R^n 上之向量，則方程式
> $$\mathbf{x} = \mathbf{x}_0 + t(\mathbf{x}_1 - \mathbf{x}_0) \quad (0 \leq t \leq 1) \tag{13}$$
> 定義由 $\mathbf{x}_0$ 到 $\mathbf{x}_1$ 的線段 (line segment from $\mathbf{x}_0$ to $\mathbf{x}_1$)。方便時，方程式 (13) 可被寫為
> $$\mathbf{x} = (1-t)\mathbf{x}_0 + t\mathbf{x}_1 \quad (0 \leq t \leq 1) \tag{14}$$

▶ **例題 5** R^2 上由一點到另一點的線段

由 (13) 式及 (14) 式，R^2 上由 $\mathbf{x}_0 = (1, -3)$ 到 $\mathbf{x}_1 = (5, 6)$ 的線段可被表為方程式

$$\mathbf{x} = (1, -3) + t(4, 9) \quad (0 \leq t \leq 1)$$

或被表為

$$\mathbf{x} = (1-t)(1, -3) + t(5, 6) \quad (0 \leq t \leq 1)$$

◀

線性方程組的點積型

我們的下一個目標是揭示如何以點積記法來表示線性方程式及線性方程組。此將引導我們一些關於正交性及線性方程組的重要結果。

記得含變數 $x_1, x_2, \ldots, x_n$ 的線性方程式之型式為

$$a_1 x_1 + a_2 x_2 + \cdots + a_n x_n = b \quad (a_1, a_2, \ldots, a_n \text{ 不全為零}) \tag{15}$$

且相對應的齊次方程式是

$$a_1 x_1 + a_2 x_2 + \cdots + a_n x_n = 0 \quad (a_1, a_2, \ldots, a_n \text{ 不全為零}) \tag{16}$$

令 $\mathbf{a} = (a_1, a_2, \ldots, a_n)$ 及 $\mathbf{x} = (x_1, x_2, \ldots, x_n)$，這些方程式可被改寫為向量型，公式 (15) 可被改寫為

解 (b)：向量方程式 $\mathbf{x} = \mathbf{x}_0 + t_1\mathbf{v}_1 + t_2\mathbf{v}_2$ 可被表為

$$(x_1, x_2, x_3, x_4) = (2, -1, 0, 3) + t_1(1, 5, 2, -4) + t_2(0, 7, -8, 6)$$

其可得參數方程式

$$\begin{aligned} x_1 &= 2 + t_1 \\ x_2 &= -1 + 5t_1 + 7t_2 \\ x_3 &= 2t_1 - 8t_2 \\ x_4 &= 3 - 4t_1 + 6t_2 \end{aligned}$$

◀

R^n 上通過兩點的直線

若 $\mathbf{x}_0$ 及 $\mathbf{x}_1$ 為 R^n 上兩相異點，則由這兩點所決定的直線平行向量 $\mathbf{v} = \mathbf{x}_1 - \mathbf{x}_0$ (圖 3.4.5)，所以由 (5) 式，直線可被表為向量型

$$\mathbf{x} = \mathbf{x}_0 + t(\mathbf{x}_1 - \mathbf{x}_0) \tag{9}$$

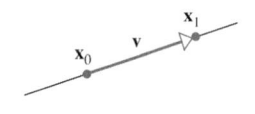

▲ 圖 3.4.5

或被表為

$$\mathbf{x} = (1 - t)\mathbf{x}_0 + t\mathbf{x}_1 \tag{10}$$

這些被稱是 R^n 上直線之**兩點向量方程式** (two-point vector form)。

▶ **例題 4** R^2 上通過兩點的直線

求 R^2 上通過點 $P(0, 7)$ 及 $Q(5, 0)$ 的直線之向量及參數方程式。

解：我們取哪一點為 $\mathbf{x}_0$ 及哪一點為 $\mathbf{x}_1$ 是不影響的，所以讓我們取 $\mathbf{x}_0 = (0, 7)$ 且 $\mathbf{x}_1 = (5, 0)$。得 $\mathbf{x}_1 - \mathbf{x}_0 = (5, -7)$，因此

$$(x, y) = (0, 7) + t(5, -7) \tag{11}$$

其可被改寫為參數型

$$x = 5t, \quad y = 7 - 7t$$

若我們互換選擇，取 $\mathbf{x}_0 = (5, 0)$ 及 $\mathbf{x}_1 = (0, 7)$，則所得之向量方程式將為

$$(x, y) = (5, 0) + t(-5, 7) \tag{12}$$

且參數方程式將為

$$x = 5 - 5t, \quad y = 7t$$

(證明之)。雖然 (11) 式和 (12) 式看起來不同，但它們代表同一直線，此直線的直角座標方程式是

方程式兩端對應分量相等，得參數方程式

$$x = 1 + 4t, \quad y = 2 - 5t, \quad z = -3 + t$$

解 (c)：代一個明確的數值給參數 t，則可得方程式 (7) 所表示的直線上的一個點。然而，因為 $t=0$，得 $(x, y, z) = (1, 2, -3)$，其就是點 P_0，這個 t 值無法達到我們的目的。取 $t=1$，得點 $(5, -3, -2)$，且取 $t=-1$，得點 $(-3, 7, -4)$，任何其他不同的 t 值 (除了 $t=0$) 亦可得到所需之點。◀

▶ **例題 2** R^3 上平面的向量及參數方程式

求平面 $x - y + 2z = 5$ 的向量及參數方程式。

解：首先我們將求參數方程式。我們可以另兩個變數來解方程式的任一變數並使用那兩個變數為參數，來得參數方程式。例如，利用 y 和 z 來解 x 得

$$x = 5 + y - 2z \tag{8}$$

接著分別使用 y 和 z 作為參數 t_1 和 t_2，得參數方程式

$$x = 5 + t_1 - 2t_2, \quad y = t_1, \quad z = t_2$$

欲得平面的向量方程式，我們將這些參數方程式改寫為

$$(x, y, z) = (5 + t_1 - 2t_2, t_1, t_2)$$

或為

$$(x, y, z) = (5, 0, 0) + t_1(1, 1, 0) + t_2(-2, 0, 1)$$

> 在例題 2 裡，若我們對 (8) 解 y 或 z 而非 x 時，我們將得到不同的參數及向量方程式，然而，當所有參數由 $-\infty$ 變化至 ∞ 時，我們可證明所有三種情形可得相同之平面。

▶ **例題 3** R^4 上直線及平面的向量和參數方程式

(a) 求通過 R^4 之原點且平行向量 $\mathbf{v} = (5, -3, 6, 1)$ 的直線之向量及參數方程式。

(b) 求 R^4 上通過點 $\mathbf{x}_0 = (2, -1, 0, 3)$ 且平行 $\mathbf{v}_1 = (1, 5, 2, -4)$ 及 $\mathbf{v}_2 = (0, 7, -8, 6)$ 兩向量的平面之向量及參數方程式。

解 (a)：若我們令 $\mathbf{x} = (x_1, x_2, x_3, x_4)$，則向量方程式 $\mathbf{x} = t\mathbf{v}$ 可被表為

$$(x_1, x_2, x_3, x_4) = t(5, -3, 6, 1)$$

對應分量相等，得參數方程式

$$x_1 = 5t, \quad x_2 = -3t, \quad x_3 = 6t, \quad x_4 = t$$

> **定義 1**：若 $\mathbf{x}_0$ 及 $\mathbf{v}$ 為 R^n 上之向量，且若 $\mathbf{v}$ 是非零，則方程式
> $$\mathbf{x} = \mathbf{x}_0 + t\mathbf{v} \tag{5}$$
> 定義通過 $\mathbf{x}_0$ 且平行 $\mathbf{v}$ 的直線。在 $\mathbf{x}_0 = \mathbf{0}$ 的特殊情形時，直線被稱為**通過原點**。

> **定義 2**：若 $\mathbf{x}_0, \mathbf{v}_1$ 及 $\mathbf{v}_2$ 為 R^n 上之向量，且若 $\mathbf{v}_1$ 及 $\mathbf{v}_2$ 非共線，則方程式
> $$\mathbf{x} = \mathbf{x}_0 + t_1\mathbf{v}_1 + t_2\mathbf{v}_2 \tag{6}$$
> 定義通過 $\mathbf{x}_0$ 且平行 $\mathbf{v}_1$ 及 $\mathbf{v}_2$ 的平面。在 $\mathbf{x}_0 = \mathbf{0}$ 的特殊情形時，平面被稱為**通過原點**。

方程式 (5) 和 (6) 被稱為 R^n 上直線及平面的**向量型** (vector forms)，若這些方程式的所有向量均被表為分量型式且各邊的對應分量相等，則所得方程式被稱為直線和平面的**參數方程式** (parametric equations)，底下有幾個例題。

▶ **例題 1** R^2 及 R^3 上直線之向量及參數方程式

(a) 求 R^2 上通過原點且平行向量 $\mathbf{v} = (-2, 3)$ 之直線的向量方程式及參數方程式。

(b) 求 R^3 上通過點 $P_0(1, 2, -3)$ 且平行向量 $\mathbf{v} = (4, -5, 1)$ 之直線的向量方程式及參數方程式。

(c) 利用 (b) 所得的向量方程式，求直線上異於 P_0 的兩點。

解 (a)：由 (5) 及 $\mathbf{x}_0 = \mathbf{0}$，得直線的向量方程式是 $\mathbf{x} = t\mathbf{v}$。若令 $\mathbf{x} = (x, y)$，則此方程式可被表為向量型

$$(x, y) = t(-2, 3)$$

此方程式的兩端對應分量相等，得參數方程式

$$x = -2t, \quad y = 3t$$

解 (b)：由 (5) 得直線的向量方程式是 $\mathbf{x} = \mathbf{x}_0 + t\mathbf{v}$。若令 $\mathbf{x} = (x, y, z)$，且若我們取 $\mathbf{x}_0 = (1, 2, -3)$，則此方程式可被表為向量型

$$(x, y, z) = (1, 2, -3) + t(4, -5, 1) \tag{7}$$

$$\mathbf{a} \cdot \mathbf{x} = b \tag{17}$$

公式 (16) 可被改寫為

$$\mathbf{a} \cdot \mathbf{x} = 0 \tag{18}$$

除了將 **n** 改為 **a** 外，公式 (18) 是 3.3 節公式 (6) 在 R^n 的擴充版。此方程式揭示齊次方程式的每一個解向量 **x** 和係數向量 **a** 正交。欲進一步了解此幾何觀察，考慮齊次方程組

$$\begin{aligned} a_{11}x_1 + a_{12}x_2 + \cdots + a_{1n}x_n &= 0 \\ a_{21}x_1 + a_{22}x_2 + \cdots + a_{2n}x_n &= 0 \\ &\vdots \\ a_{m1}x_1 + a_{m2}x_2 + \cdots + a_{mn}x_n &= 0 \end{aligned}$$

若將係數矩陣逐次的列向量表為 $\mathbf{r}_1, \mathbf{r}_2, \ldots, \mathbf{r}_m$，則我們可以改寫此方程組為點積型

$$\begin{aligned} \mathbf{r}_1 \cdot \mathbf{x} &= \mathbf{0} \\ \mathbf{r}_2 \cdot \mathbf{x} &= \mathbf{0} \\ &\vdots \\ \mathbf{r}_m \cdot \mathbf{x} &= \mathbf{0} \end{aligned} \tag{19}$$

由此可看出每一個解向量 **x** 正交於係數矩陣的每一個列向量。總之，我們有下面結果。

定理 3.4.3：若 A 是一個 $m \times n$ 階矩陣，則齊次線性方程組 $A\mathbf{x} = \mathbf{0}$ 的解集合是由 R^n 上和 A 的每一個列向量正交的所有向量所組成的。

▶ **例題 6** 列向量和解向量的正交

我們於 1.2 節例題 6 證明了齊次線性方程組

$$\begin{bmatrix} 1 & 3 & -2 & 0 & 2 & 0 \\ 2 & 6 & -5 & -2 & 4 & -3 \\ 0 & 0 & 5 & 10 & 0 & 15 \\ 2 & 6 & 0 & 8 & 4 & 18 \end{bmatrix} \begin{bmatrix} x_1 \\ x_2 \\ x_3 \\ x_4 \\ x_5 \\ x_6 \end{bmatrix} = \begin{bmatrix} 0 \\ 0 \\ 0 \\ 0 \end{bmatrix}$$

的通解是

$$x_1 = -3r - 4s - 2t, \quad x_2 = r, \quad x_3 = -2s, \quad x_4 = s, \quad x_5 = t, \quad x_6 = 0$$

其可被改寫為向量型

$$\mathbf{x} = (-3r - 4s - 2t, r, -2s, s, t, 0)$$

根據定理 3.4.3，向量 $\mathbf{x}$ 必和每一個列向量

$$\begin{aligned}\mathbf{r}_1 &= (1, 3, -2, 0, 2, 0)\\ \mathbf{r}_2 &= (2, 6, -5, -2, 4, -3)\\ \mathbf{r}_3 &= (0, 0, 5, 10, 0, 15)\\ \mathbf{r}_4 &= (2, 6, 0, 8, 4, 18)\end{aligned}$$

正交。我們將確認 $\mathbf{x}$ 正交於 $\mathbf{r}_1$，且留給讀者證明 $\mathbf{x}$ 亦和其餘三個列向量正交。$\mathbf{r}_1$ 和 $\mathbf{x}$ 的點積為

$$\mathbf{r}_1 \cdot \mathbf{x} = 1(-3r - 4s - 2t) + 3(r) + (-2)(-2s) + 0(s) + 2(t) + 0(0) = 0$$

此建立了正交性。 ◀

$A\mathbf{x} = \mathbf{0}$ 和 $A\mathbf{x} = \mathbf{b}$ 之間的關係

我們將探測齊次線性方程組 $A\mathbf{x} = \mathbf{0}$ 之所有解和具有相同係數矩陣之非齊次線性方程組 $A\mathbf{x} = \mathbf{b}$ 的所有解之間的關係，作為本節的結束。這些方程組被稱為**相對應線性方程組** (corresponding linear systems)。

欲激發我們正要找的結果，讓我們比較相對應線性方程組

$$\begin{bmatrix} 1 & 3 & -2 & 0 & 2 & 0 \\ 2 & 6 & -5 & -2 & 4 & -3 \\ 0 & 0 & 5 & 10 & 0 & 15 \\ 2 & 6 & 0 & 8 & 4 & 18 \end{bmatrix} \begin{bmatrix} x_1 \\ x_2 \\ x_3 \\ x_4 \\ x_5 \\ x_6 \end{bmatrix} = \begin{bmatrix} 0 \\ 0 \\ 0 \\ 0 \end{bmatrix}$$

及

$$\begin{bmatrix} 1 & 3 & -2 & 0 & 2 & 0 \\ 2 & 6 & -5 & -2 & 4 & -3 \\ 0 & 0 & 5 & 10 & 0 & 15 \\ 2 & 6 & 0 & 8 & 4 & 18 \end{bmatrix} \begin{bmatrix} x_1 \\ x_2 \\ x_3 \\ x_4 \\ x_5 \\ x_6 \end{bmatrix} = \begin{bmatrix} 0 \\ -1 \\ 5 \\ 6 \end{bmatrix}$$

我們在 1.2 節例題 5 及 6 證明了這些線性方程組的一般解可被改寫為參數型

齊次 ⟶ $x_1 = -3r - 4s - 2t$, $x_2 = r$, $x_3 = -2s$, $x_4 = s$, $x_5 = t$, $x_6 = 0$

非齊次 ⟶ $x_1 = -3r - 4s - 2t$, $x_2 = r$, $x_3 = -2s$, $x_4 = s$, $x_5 = t$, $x_6 = \frac{1}{3}$

接著我們可以改寫為向量型

$$齊次 \longrightarrow (x_1, x_2, x_3, x_4, x_5) = (-3r - 4s - 2t, r, -2s, s, t, 0)$$
$$非齊次 \longrightarrow (x_1, x_2, x_3, x_4, x_5) = \left(-3r - 4s - 2t, r, -2s, s, t, \tfrac{1}{3}\right)$$

將右邊的向量分離並合併同參數項，我們可將這些方程式改寫為

$$齊次 \longrightarrow (x_1, x_2, x_3, x_4, x_5) = r(-3, 1, 0, 0, 0) + s(-4, 0, -2, 1, 0, 0) \quad (20)$$
$$+ t(-2, 0, 0, 0, 1, 0)$$

$$非齊次 \longrightarrow (x_1, x_2, x_3, x_4, x_5) = r(-3, 1, 0, 0, 0) + s(-4, 0, -2, 1, 0, 0) \quad (21)$$
$$+ t(-2, 0, 0, 0, 1, 0) + \left(0, 0, 0, 0, 0, \tfrac{1}{3}\right)$$

公式 (20) 及 (21) 揭示非齊次方程組的每一個解可由將固定向量 $(0, 0, 0, 0, 0, \tfrac{1}{3})$ 加至齊次方程組的對應解而得。這是下面一般結果的一個特殊情形。

定理 3.4.4：一個相容的線性方程組 $A\mathbf{x} = \mathbf{b}$ 之通解可由將 $A\mathbf{x} = \mathbf{b}$ 之任一明確解加至 $A\mathbf{x} = \mathbf{0}$ 的通解而得。

證明：令 $\mathbf{x}_0$ 為 $A\mathbf{x} = \mathbf{b}$ 的任一明確解，令 W 表 $A\mathbf{x} = \mathbf{0}$ 的解集合，且令 $\mathbf{x}_0 + W$ 表所有由 $\mathbf{x}_0$ 加至 W 的每一個向量所得之向量所成的集合。我們必須證明若 $\mathbf{x}$ 是 $\mathbf{x}_0 + W$ 裡的一個向量，則 $\mathbf{x}$ 是 $A\mathbf{x} = \mathbf{b}$ 的一個解，且反之，$A\mathbf{x} = \mathbf{b}$ 的每一個解在集合 $\mathbf{x}_0 + W$ 裡。

首先假設 $\mathbf{x}$ 是 $\mathbf{x}_0 + W$ 裡的一個向量。此蘊涵 $\mathbf{x}$ 可被表為 $\mathbf{x} = \mathbf{x}_0 + \mathbf{w}$，其中 $A\mathbf{x}_0 = \mathbf{b}$ 且 $A\mathbf{w} = \mathbf{0}$。因此，

$$A\mathbf{x} = A(\mathbf{x}_0 + \mathbf{w}) = A\mathbf{x}_0 + A\mathbf{w} = \mathbf{b} + \mathbf{0} = \mathbf{b}$$

其證明 $\mathbf{x}$ 是 $A\mathbf{x} = \mathbf{b}$ 的一解。

反之，令 $\mathbf{x}$ 為 $A\mathbf{x} = \mathbf{b}$ 的任一解。欲證明 $\mathbf{x}$ 在集合 $\mathbf{x}_0 + W$ 裡，我們必須證明 $\mathbf{x}$ 可被表為

$$\mathbf{x} = \mathbf{x}_0 + \mathbf{w} \quad (22)$$

其中 $\mathbf{w}$ 在 W 裡 (亦即，$A\mathbf{w} = \mathbf{0}$)。令 $\mathbf{w} = \mathbf{x} - \mathbf{x}_0$ 可達此目的。此向量明顯的滿足 (22) 式，且在 W 裡，因為

$$A\mathbf{w} = A(\mathbf{x} - \mathbf{x}_0) = A\mathbf{x} - A\mathbf{x}_0 = \mathbf{b} - \mathbf{b} = \mathbf{0} \blacktriangleleft$$

注釋：定理 3.4.4 有一個有用的幾何意義，其被展示在圖 3.4.7 裡。如 3.1 節所討論的，若我們將向量相加解釋為平移，則此定理敘述若 $\mathbf{x}_0$ 是 $A\mathbf{x} = \mathbf{b}$ 的任一明確解，則 $A\mathbf{x} = \mathbf{b}$ 的整個解集合可由將 $A\mathbf{x} = \mathbf{0}$ 的解集合平移向量 $\mathbf{x}_0$ 而得。

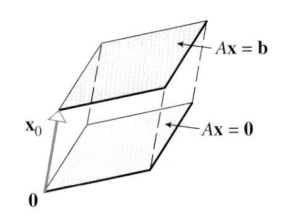

▲ 圖 3.4.7　$A\mathbf{x} = \mathbf{b}$ 的解集合是 $A\mathbf{x} = \mathbf{0}$ 的解空間之一個平移。

概念複習

- 參數
- 直線的參數方程式
- 平面的參數方程式
- 直線的兩-點向量方程式
- 直線的向量方程式
- 平面的向量方程式

技　能

- 使用向量或參數方程式表示 R^2 及 R^3 上的直線方程式。
- 使用向量或參數方程式表示 R^n 上的平面方程式。
- 使用向量或參數方程式表示 R^2 或 R^3 上含兩已知點的直線方程式。
- 求直線及線段方程式。
- 證明線性方程組的所有列向量和一解向量的正交性。
- 利用非齊次線性方程組 $A\mathbf{x} = \mathbf{b}$ 的一個明確解及相對應之線性方程組 $A\mathbf{x} = \mathbf{0}$ 之通解來求 $A\mathbf{x} = \mathbf{b}$ 的通解。

習題集 3.4

▶對習題 **1-4** 各題，求含已知點且平行已知向量的直線之向量及參數方程式。◀

1. 點：$(3, 2)$；平行向量：$(-1, 0)$。
2. 點：$(2, -1)$；向量：$\mathbf{v} = (-4, -2)$。
3. 點：$(0, 0, 0)$；向量：$\mathbf{v} = (-3, 0, 1)$。
4. 點：$(-6, 2, 5)$；平行向量：$(2, 1, 4)$。

▶對習題 **5-8** 各題，使用已給的直線方程式，求直線上的一點及平行該直線的一向量。◀

5. $\mathbf{x} = (-2 + 4t, 3 - t)$
6. $(x, y, z) = (4t, 7, 4 + 3t)$
7. $\mathbf{x} = t(1, 4) + (1-t)(2, -2)$
8. $\mathbf{x} = (1-t)(0, -5, 1)$

▶對習題 **9-12** 各題，求含已知點及平行向量的平面之向量及參數方程式。◀

9. 點：$(1, -2, 0)$；平行向量：$(0, 2, 4)$ 及 $(-1, 3, 2)$。
10. 點：$(0, 6, -2)$；向量：$\mathbf{v}_1 = (0, 9, -1)$ 及 $\mathbf{v}_2 = (0, -3, 0)$。
11. 點：$(-1, 1, 4)$；向量：$\mathbf{v}_1 = (6, -1, 0)$ 及 $\mathbf{v}_2 = (-1, 3, 1)$。
12. 點：$(0, 5, -4)$；向量：$\mathbf{v}_1 = (0, 0, -5)$ 及 $\mathbf{v}_2 = (1, -3, -2)$。

▶對習題 **13-14** 各題，求 R^2 上通過原點且和 $\mathbf{v}$ 正交的直線之向量及參數方程式。◀

13. $\mathbf{v} = (3, -1)$
14. $\mathbf{v} = (1, -4)$

▶對習題 15-16 各題，求 R^3 上通過原點且和 $\mathbf{v}$ 正交的平面之向量及參數方程式。◀

15. $\mathbf{v}=(4, 0, -5)$ [提示：建構 R^3 上兩個和 $\mathbf{v}$ 正交的非平行向量。]

16. $\mathbf{v}=(3, 1, -6)$

▶對習題 17-20 各題，求線性方程組的通解，並確認係數矩陣的所有列向量和所有解向量正交。◀

17. $2x_1 + x_2 - x_3 = 0$
    $4x_1 + 2x_2 - 2x_3 = 0$
    $x_1 + 3x_2 - 3x_3 = 0$

18. $x_1 + 3x_2 - 4x_3 = 0$
    $2x_1 + 6x_2 - 8x_3 = 0$

19. $x_1 + 5x_2 + x_3 + 2x_4 - x_5 = 0$
    $x_1 - 2x_2 - x_3 + 3x_4 + 2x_5 = 0$

20. $x_1 + 3x_2 - 4x_3 = 0$
    $x_1 + 2x_2 + 3x_3 = 0$

21. (a) 方程式 $x+y+z=1$ 可視為含一個方程式三個未知數的線性方程組。試將此方程式的通解表為一個特別解加上相伴齊次方程組的通解。
    (b) 對 (a) 之結果給一個幾何解讀。

22. (a) 方程式 $x+y=1$ 可視為含一個方程式兩個未知數的線性方程組。試將此方程式的通解表為一個特別解加上相伴齊次方程組的通解。
    (b) 對 (a) 之結果給一個幾何解讀。

23. (a) 求一個含兩個方程式三個未知數之齊次線性方程組使其解空間為由 R^3 上正交於 $\mathbf{a}=(1, 1, 1)$ 及 $\mathbf{b}=(-2, 3, 0)$ 之向量所組成。
    (b) 此解空間是哪種幾何物件？
    (c) 求 (a) 所得之方程組的通解並確認定理 3.4.3 成立。

24. (a) 求一個含兩個方程式三個未知數之齊次線性方程組使其解空間為由 R^3 上正交於 $\mathbf{a}=(-3, 2, -1)$ 及 $\mathbf{b}=(0, -2, -2)$ 之向量所組成。
    (b) 此解空間是哪種幾何物件？
    (c) 求 (a) 所得之方程組的通解並確認定理 3.4.3 成立。

25. 考慮線性方程組
$$\begin{bmatrix} 2 & 1 & -3 \\ 6 & 3 & -9 \\ -2 & -1 & 3 \end{bmatrix} \begin{bmatrix} x_1 \\ x_2 \\ x_3 \end{bmatrix} = \begin{bmatrix} 0 \\ 0 \\ 0 \end{bmatrix}$$
及
$$\begin{bmatrix} 2 & 1 & -3 \\ 6 & 3 & -9 \\ -2 & -1 & 3 \end{bmatrix} \begin{bmatrix} x_1 \\ x_2 \\ x_3 \end{bmatrix} = \begin{bmatrix} -3 \\ -9 \\ 3 \end{bmatrix}$$

(a) 求齊次方程組的通解。
(b) 確認 $x_1=1, x_2=-2, x_3=1$ 是非齊次方程組的一解。
(c) 使用 (a) 和 (b) 之結果，求非齊次方程組的通解。
(d) 直接解非齊次方程組來檢驗 (c) 之結果。

26. 考慮線性方程組
$$\begin{bmatrix} 1 & -2 & 3 \\ 2 & 1 & 4 \\ 1 & -7 & 5 \end{bmatrix} \begin{bmatrix} x_1 \\ x_2 \\ x_3 \end{bmatrix} = \begin{bmatrix} 0 \\ 0 \\ 0 \end{bmatrix}$$
及
$$\begin{bmatrix} 1 & -2 & 3 \\ 2 & 1 & 4 \\ 1 & -7 & 5 \end{bmatrix} \begin{bmatrix} x_1 \\ x_2 \\ x_3 \end{bmatrix} = \begin{bmatrix} 2 \\ 7 \\ -1 \end{bmatrix}$$

(a) 求齊次方程組的通解。
(b) 確認 $x_1=1, x_2=1, x_3=1$ 是非齊次方程組的一解。
(c) 使用 (a) 和 (b) 之結果，求非齊次方程組的通解。
(d) 直接解非齊次方程組來檢驗 (c) 之結果。

▶對習題 27-28 各題，求方程組的通解，並使用該解來求相伴齊次方程組的通解及所給方程組的一個特別解。◀

27. $\begin{bmatrix} 4 & 3 & 2 & 1 \\ 12 & 9 & 3 & 4 \\ -4 & -3 & -2 & 4 \end{bmatrix} \begin{bmatrix} x_1 \\ x_2 \\ x_3 \\ x_4 \end{bmatrix} = \begin{bmatrix} 1 \\ 10 \\ 4 \end{bmatrix}$

28. $\begin{bmatrix} 9 & -3 & 5 & 6 \\ 6 & -2 & 3 & 1 \\ 3 & -1 & 3 & 14 \end{bmatrix} \begin{bmatrix} x_1 \\ x_2 \\ x_3 \\ x_4 \end{bmatrix} = \begin{bmatrix} 4 \\ 5 \\ -8 \end{bmatrix}$

是非題

試判斷 (a)-(f) 各敘述的真假，並驗證你的答案。

(a) 一直線的向量方程式可由該直線上的任一點及一個平行該直線的非零向量來決定。

(b) 一平面的向量方程式可由位在該平面的任一點及一個平行該平面的非零向量來決定。

(c) 位在通過 R^2 或 R^3 原點之直線上的點是在該直線上任一非零向量的所有純量倍數。

(d) 線性方程組 $A\mathbf{x}=\mathbf{b}$ 的所有解向量正交於矩陣 A 的所有列向量若且唯若 $\mathbf{b}=\mathbf{0}$。

(e) 非齊次線性方程組 $A\mathbf{x}=\mathbf{b}$ 的通解可由將 $\mathbf{b}$ 加至齊次線性方程組 $A\mathbf{x}=\mathbf{0}$ 的通解而獲得。

(f) 若 $\mathbf{x}_1$ 及 $\mathbf{x}_2$ 是非齊次線性方程組 $A\mathbf{x}=\mathbf{b}$ 的兩個解，則 $\mathbf{x}_2-\mathbf{x}_2$ 是相對應齊次線性方程組的一解。

3.5 叉積

本可選擇性的節次是關心 3-空間上向量的性質，這些性質對物理學家及工程師是重要的。本節可被省略，因為接續的節次和本節內容不相關。在其他事項間，我們定義一個運算以提供建構 3-空間上一個向量的方法，該向量和兩個已知向量垂直，且我們將給 3×3 行列式一個幾何解讀。

向量的叉積

在 3.2 節，我們定義 n-空間上兩向量 $\mathbf{u}$ 及 $\mathbf{v}$ 的點積。該運算得到一個純量作為結果。我們現在將定義可產生一個向量作為結果的一種向量乘法，但此種乘法僅能應用到 3-空間上的向量。

定義 1：若 $\mathbf{u}=(u_1, u_2, u_3)$ 和 $\mathbf{v}=(v_1, v_2, v_3)$ 為 3-空間裡之向量，則叉積 (cross product) $\mathbf{u}\times\mathbf{v}$ 為向量，且定義為

$$\mathbf{u} \times \mathbf{v} = (u_2v_3 - u_3v_2, u_3v_1 - u_1v_3, u_1v_2 - u_2v_1)$$

或以行列式法表示成

$$\mathbf{u} \times \mathbf{v} = \left(\begin{vmatrix} u_2 & u_3 \\ v_2 & v_3 \end{vmatrix}, -\begin{vmatrix} u_1 & u_3 \\ v_1 & v_3 \end{vmatrix}, \begin{vmatrix} u_1 & u_2 \\ v_1 & v_2 \end{vmatrix} \right) \tag{1}$$

注釋：不必強記 (1) 式，你可按照如下的步驟，求 $\mathbf{u}\times\mathbf{v}$ 的各分量：

- 以 **u** 的各分量為第一列，**v** 的各分量為第二列，建構一 2×3 階矩陣 $\begin{bmatrix} u_1 & u_2 & u_3 \\ v_1 & v_2 & v_3 \end{bmatrix}$。
- 欲求 **u**×**v** 的第一分量，只要將上述矩陣的第一行去掉，得矩陣的行列式值即為 **u**×**v** 的第一分量；欲求第二分量，將上述矩陣的第二行去掉，所得矩陣的行列式值即為 **u**×**v** 的第二分量；欲求第三分量，將上述矩陣的第三行去掉，所得的行列式值為 **u**×**v** 的第三分量。

▶ **例題 1** 計算叉積

求 **u**×**v**，此處 **u**=(1, 2, −2)，且 **v**=(3, 0, 1)。

解： 由 (1) 式或前面注釋的助記符號，我們有

$$\mathbf{u}\times\mathbf{v} = \left(\begin{vmatrix} 2 & -2 \\ 0 & 1 \end{vmatrix}, -\begin{vmatrix} 1 & -2 \\ 3 & 1 \end{vmatrix}, \begin{vmatrix} 1 & 2 \\ 3 & 0 \end{vmatrix}\right)$$
$$= (2, -7, -6)$$ ◀

下一定理敘述了點積和叉積的重要關係，且證明 **u**×**v** 同時和 **u** 及 **v** 正交。

定理 3.5.1：叉積及點積的關係

若 **u**, **v** 及 **w** 為 3-空間裡的向量，則

(a) $\mathbf{u}\cdot(\mathbf{u}\times\mathbf{v})=0$ [**u**×**v** 正交於 **u**]

(b) $\mathbf{v}\cdot(\mathbf{u}\times\mathbf{v})=0$ [**u**×**v** 正交於 **v**]

(c) $\|\mathbf{u}\times\mathbf{v}\|^2 = \|\mathbf{u}\|^2\times\|\mathbf{v}\|^2 - (\mathbf{u}\cdot\mathbf{v})^2$ [拉格蘭吉恆等式]

(d) $\mathbf{u}\times(\mathbf{v}\times\mathbf{w}) = (\mathbf{u}\cdot\mathbf{w})\mathbf{v} - (\mathbf{u}\cdot\mathbf{v})\mathbf{w}$ [叉積與點積間的關係式]

(e) $(\mathbf{u}\times\mathbf{v})\times\mathbf{w} = (\mathbf{u}\cdot\mathbf{w})\mathbf{v} - (\mathbf{v}\cdot\mathbf{w})\mathbf{u}$ [叉積與點積間的關係式]

證明 (a)： 令 $\mathbf{u}=(u_1, u_2, u_3)$ 且 $\mathbf{v}=(v_1, v_2, v_3)$，則

$$\mathbf{u}\cdot(\mathbf{u}\times\mathbf{v}) = (u_1, u_2, u_3)\cdot(u_2v_3 - u_3v_2, u_3v_1 - u_1v_3, u_1v_2 - u_2v_1)$$
$$= u_1(u_2v_3 - u_3v_2) + u_2(u_3v_1 - u_1v_3) + u_3(u_1v_2 - u_2v_1) = 0$$

史記：叉積記法 $A\times B$ 是由美國物理學家及數學家 J. Willard Gibbs（見第 172 頁）在耶魯大學對他的學生給一序列來發表的演講筆記裡引介的。它第一次出現在一個發表的作品，是出現在一本書名為 *Vector Analysis* 的第二版裡，該書的作者是 Edwin Wilson (1879-1964)，他是 Gibbs 的學生。Gibbs 原先稱 $A\times B$ 為「斜積」。

證明 (b)：和 (a) 同理。

證明 (c)：因

$$\|\mathbf{u} \times \mathbf{v}\|^2 = (u_2v_3 - u_3v_2)^2 + (u_3v_1 - u_1v_3)^2 + (u_1v_2 - u_2v_1)^2 \qquad (2)$$

且

$$\|\mathbf{u}\|^2\|\mathbf{v}\|^2 - (\mathbf{u} \cdot \mathbf{v})^2 = (u_1^2 + u_2^2 + u_3^2)(v_1^2 + v_2^2 + v_3^2) - (u_1v_1 + u_2v_2 + u_3v_3)^2 \qquad (3)$$

可由展開 (2) 式和 (3) 式的右邊，證明等式成立。

證明 (d) 與 (e)：參見習題 38 與 39。◀

▶ **例題 2** **u×v** 同時和 **u** 及 **v** 垂直

考慮兩向量

$$\mathbf{u} = (1, 2, -2) \quad \text{及} \quad \mathbf{v} = (3, 0, 1)$$

在例題 1 中已證明

$$\mathbf{u} \times \mathbf{v} = (2, -7, -6)$$

因

$$\mathbf{u} \cdot (\mathbf{u} \times \mathbf{v}) = (1)(2) + (2)(-7) + (-2)(-6) = 0$$

且

$$\mathbf{v} \cdot (\mathbf{u} \times \mathbf{v}) = (3)(2) + (0)(-7) + (1)(-6) = 0$$

由定理 3.5.1 可知 **u×v** 同時正交於 **u** 及 **v**。◀

叉積的主要算術性質表列於下一定理。

Joseph Louis Lagrange (1736–1813)

史記：拉格蘭吉 (Joseph Louis Lagrange) 是一位法國-義大利的數學家及天文學家。雖然他的父親希望他成為一位律師，但拉格蘭吉在讀完天文學家 Halley 的回憶錄之後，卻被數學及天文學深深地吸引著。他 16 歲開始自習數學，19 歲那年被聘為 Turin 的皇家砲兵學校的教席。隔年他使用新方法解了許多著名的問題，那些問題後來成為數學上的一大分支，稱為變分微積分 (calculus of variations)。拉格蘭吉的這些方法應用到天體力學上的問題，其貢獻是極為龐大的，所以在他 25 歲那年被評論為當代最偉大的數學家。拉格蘭吉最著名的著作之一是 *Mécanique Analytique*。在該著作裡，他把力學理論上許多繁雜的式子簡化為簡單易懂的一般公式。拿破崙是拉格蘭吉的最大仰慕者，且給他許多榮耀。除了他的名氣之外，拉格蘭吉是一個害羞且謙虛之人。他死時，帶著榮耀被葬在偉人墓。

[相片：摘錄自 ©*SSPL/The Image Works*]

定理 3.5.2：叉積的性質

若 **u**, **v** 和 **w** 為 3-空間裡的任意向量，且 k 為任意純量，則

(a) $\mathbf{u}\times\mathbf{v}=-(\mathbf{v}\times\mathbf{u})$
(b) $\mathbf{u}\times(\mathbf{v}+\mathbf{w})=(\mathbf{u}\times\mathbf{v})+(\mathbf{u}\times\mathbf{w})$
(c) $(\mathbf{u}+\mathbf{v})\times\mathbf{w}=(\mathbf{u}\times\mathbf{w})+(\mathbf{v}\times\mathbf{w})$
(d) $k(\mathbf{u}\times\mathbf{v})=(k\mathbf{u})\times\mathbf{v}=\mathbf{u}\times(k\mathbf{v})$
(e) $\mathbf{u}\times\mathbf{0}=\mathbf{0}\times\mathbf{u}=\mathbf{0}$
(f) $\mathbf{u}\times\mathbf{u}=\mathbf{0}$

本證明由 (1) 式和行列式的性質著手立刻成立，例如，(a) 可照下述證明。

證明 (a)：交換 (1) 式裡的 **u** 和 **v**，則 (1) 式右邊之三個行列式的列亦交換，且因此叉積裡之每一分量的符號皆改變。所以 $\mathbf{u}\times\mathbf{v}=-(\mathbf{v}\times\mathbf{u})$。◀

剩下部分的證明留給讀者當作習題。

▶ **例題 3　標準單位向量**

考慮向量

$$\mathbf{i}=(1,0,0),\quad \mathbf{j}=(0,1,0),\quad \mathbf{k}=(0,0,1)$$

這些向量的長度皆為 1 且皆落在座標軸上 (圖 3.5.1)，並稱為 3-空間裡**標準單位向量** (standard unit vector)。每一向量 $\mathbf{v}=(v_1,v_2,v_3)$ 皆可以 **i**, **j** 及 **k** 表示，可寫為

$$\mathbf{v}=(v_1,v_2,v_3)=v_1(1,0,0)+v_2(0,1,0)+v_3(0,0,1)=v_1\mathbf{i}+v_2\mathbf{j}+v_3\mathbf{k}$$

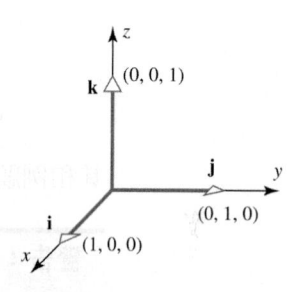

▲ 圖 3.5.1　標準單位向量。

例如

$$(2,-3,4)=2\mathbf{i}-3\mathbf{j}+4\mathbf{k}$$

由 (1) 式可得

$$\mathbf{i}\times\mathbf{j}=\left(\begin{vmatrix}0&0\\1&0\end{vmatrix},-\begin{vmatrix}1&0\\0&0\end{vmatrix},\begin{vmatrix}1&0\\0&1\end{vmatrix}\right)=(0,0,1)=\mathbf{k}\quad◀$$

讀者應可毫無困難地得到下列結果：

$$\mathbf{i} \times \mathbf{i} = \mathbf{0} \qquad \mathbf{j} \times \mathbf{j} = \mathbf{0} \qquad \mathbf{k} \times \mathbf{k} = \mathbf{0}$$
$$\mathbf{i} \times \mathbf{j} = \mathbf{k} \qquad \mathbf{j} \times \mathbf{k} = \mathbf{i} \qquad \mathbf{k} \times \mathbf{i} = \mathbf{j}$$
$$\mathbf{j} \times \mathbf{i} = -\mathbf{k} \qquad \mathbf{k} \times \mathbf{j} = -\mathbf{i} \qquad \mathbf{i} \times \mathbf{k} = -\mathbf{j}$$

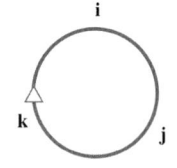

圖 3.5.2 對記住這些結果是有幫助的。參考此圖形，可看出，依循順時針方向的兩連續向量的叉積為接下去那個向量，而依循逆時針方向的兩連續向量的叉積為次一向量的負值。

▲ 圖 3.5.2

叉積的行列式公式

值得一提的是叉積亦可以 3×3 階的行列式來表示。

$$\mathbf{u} \times \mathbf{v} = \begin{vmatrix} \mathbf{i} & \mathbf{j} & \mathbf{k} \\ u_1 & u_2 & u_3 \\ v_1 & v_2 & v_3 \end{vmatrix} = \begin{vmatrix} u_2 & u_3 \\ v_2 & v_3 \end{vmatrix} \mathbf{i} - \begin{vmatrix} u_1 & u_3 \\ v_1 & v_3 \end{vmatrix} \mathbf{j} + \begin{vmatrix} u_1 & u_2 \\ v_1 & v_2 \end{vmatrix} \mathbf{k} \qquad (4)$$

例如，假若 $\mathbf{u} = (1, 2, -2)$，且 $\mathbf{v} = (3, 0, 1)$，則

$$\mathbf{u} \times \mathbf{v} = \begin{vmatrix} \mathbf{i} & \mathbf{j} & \mathbf{k} \\ 1 & 2 & -2 \\ 3 & 0 & 1 \end{vmatrix} = 2\mathbf{i} - 7\mathbf{j} - 6\mathbf{k}$$

其和例題 1 所得的結果一樣。

警告：一般來講，$\mathbf{u} \times (\mathbf{v} \times \mathbf{w}) = (\mathbf{u} \times \mathbf{v}) \times \mathbf{w}$ 不成立。例如，

$$\mathbf{i} \times (\mathbf{j} \times \mathbf{j}) = \mathbf{i} \times \mathbf{0} = \mathbf{0}$$

且

$$(\mathbf{i} \times \mathbf{j}) \times \mathbf{j} = \mathbf{k} \times \mathbf{j} = -\mathbf{i}$$

所以

$$\mathbf{i} \times (\mathbf{j} \times \mathbf{j}) \neq (\mathbf{i} \times \mathbf{j}) \times \mathbf{j}$$

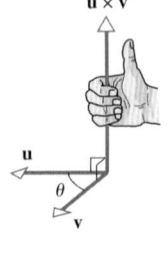

▲ 圖 3.5.3

因此由定理 3.5.1 可知 $\mathbf{u} \times \mathbf{v}$ 同時正交於 $\mathbf{u}$ 及 $\mathbf{v}$。假若 $\mathbf{u}$ 和 $\mathbf{v}$ 為非零向量，則 $\mathbf{u} \times \mathbf{v}$ 的方向可由下述「右手法則」(圖 3.5.3) 來決定之。令 θ 為 $\mathbf{u}$ 和 $\mathbf{v}$ 的夾角，且假設使 $\mathbf{u}$ 旋轉 θ 度角，直至和 $\mathbf{v}$ 重合。若以右手的其餘各指依旋轉方向彎曲，則大拇指所指的方向，即為 $\mathbf{u} \times \mathbf{v}$ 的方向。

讀者可由下列乘積練習此一法則，而發現這項結果。

$$\mathbf{i} \times \mathbf{j} = \mathbf{k}, \quad \mathbf{j} \times \mathbf{k} = \mathbf{i}, \quad \mathbf{k} \times \mathbf{i} = \mathbf{j}$$

叉積的幾何意義

若 $\mathbf{u}$ 和 $\mathbf{v}$ 為 3-空間裡的非零向量，則 $\mathbf{u} \times \mathbf{v}$ 的範數有個有用的幾何意義。在定理 3.5.1 指定的拉格蘭吉等式敘述

$$\|\mathbf{u} \times \mathbf{v}\|^2 = \|\mathbf{u}\|^2 \|\mathbf{v}\|^2 - (\mathbf{u} \cdot \mathbf{v})^2 \tag{5}$$

假若 θ 表 $\mathbf{u}$ 和 $\mathbf{v}$ 之夾角，則 $\mathbf{u} \cdot \mathbf{v} = \|\mathbf{u}\| \|\mathbf{v}\| \cos \theta$，且 (5) 式可被重寫為

$$\begin{aligned}\|\mathbf{u} \times \mathbf{v}\|^2 &= \|\mathbf{u}\|^2 \|\mathbf{v}\|^2 - \|\mathbf{u}\|^2 \|\mathbf{v}\|^2 \cos^2 \theta \\ &= \|\mathbf{u}\|^2 \|\mathbf{v}\|^2 (1 - \cos^2 \theta) \\ &= \|\mathbf{u}\|^2 \|\mathbf{v}\|^2 \sin^2 \theta\end{aligned}$$

因為 $0 \le \theta \le \pi$，$\sin \theta \ge 0$，所以可被重寫為

$$\|\mathbf{u} \times \mathbf{v}\| = \|\mathbf{u}\| \|\mathbf{v}\| \sin \theta \tag{6}$$

但 $\|\mathbf{v}\| \sin \theta$ 即為 $\mathbf{u}$ 及 $\mathbf{v}$ 的平行四邊形之高 (圖 3.5.4)。因此由 (6) 式，此平行四邊形的面積 A，可由下式求得

$$A = (\text{底})(\text{高}) = \|\mathbf{u}\| \|\mathbf{v}\| \sin \theta = \|\mathbf{u} \times \mathbf{v}\|$$

此項結果甚至在 $\mathbf{u}$ 與 $\mathbf{v}$ 共線的情況仍然正確，因為由 $\mathbf{u}$ 和 $\mathbf{v}$ 所決定的平行四邊形面積為零，而由 (6) 式可得 $\mathbf{u} \times \mathbf{v} = \mathbf{0}$，因為在此情況下，$\theta = 0$。因此可得下一個定理。

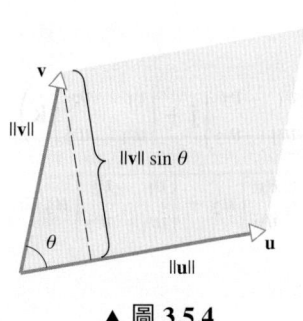

▲ 圖 3.5.4

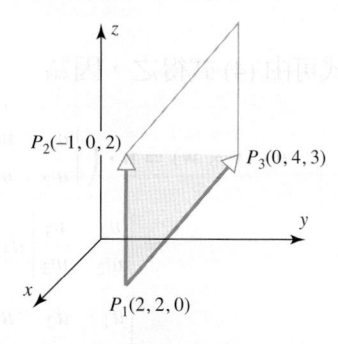

▲ 圖 3.5.5

> **定理 3.5.3：平行四邊形面積**
> 若 **u** 和 **v** 均為 3-空間中的向量，則 $\|\mathbf{u} \times \mathbf{v}\|$ 等於由 **u** 與 **v** 所決定的平行四邊形的面積。

▶ **例題 4　三角形面積**

求由點 $P_1(2, 2, 0), P_2(-1, 0, 2)$ 及 $P_3(0, 4, 3)$ 所決定的三角形面積。

解：此三角形面積 A 為由 $\overrightarrow{P_1P_2}$ 及 $\overrightarrow{P_1P_3}$ 所決定的平行四邊形面積的 $\frac{1}{2}$ (圖 3.5.5)。使用 3.1 節例題 1 所討論的方法可知 $\overrightarrow{P_1P_2} = (-3, -2, 2)$ 且 $\overrightarrow{P_1P_3} = (-2, 2, 3)$，所以

$$\overrightarrow{P_1P_2} \times \overrightarrow{P_1P_3} = (-10, 5, -10)$$

(證明之) 且

$$A = \tfrac{1}{2}\|\overrightarrow{P_1P_2} \times \overrightarrow{P_1P_3}\| = \tfrac{1}{2}(15) = \tfrac{15}{2}$$ ◀

> **定義 2**：若 **u**, **v** 及 **w** 為 3-空間上的向量，則
>
> $$\mathbf{u} \cdot (\mathbf{v} \times \mathbf{w})$$
>
> 為 **u**, **v** 及 **w** 的**純量三乘積** (scalar triple product)。

$\mathbf{u} = (u_1, u_2, u_3), \mathbf{v} = (v_1, v_2, v_3)$ 及 $\mathbf{w} = (w_1, w_2, w_3)$ 的純量三乘積，可以下面公式計算之

$$\mathbf{u} \cdot (\mathbf{v} \times \mathbf{w}) = \begin{vmatrix} u_1 & u_2 & u_3 \\ v_1 & v_2 & v_3 \\ w_1 & w_2 & w_3 \end{vmatrix} \tag{7}$$

此公式可由 (4) 式得之，因為

$$\begin{aligned}
\mathbf{u} \cdot (\mathbf{v} \times \mathbf{w}) &= \mathbf{u} \cdot \left(\begin{vmatrix} v_2 & v_3 \\ w_2 & w_3 \end{vmatrix} \mathbf{i} - \begin{vmatrix} v_1 & v_3 \\ w_1 & w_3 \end{vmatrix} \mathbf{j} + \begin{vmatrix} v_1 & v_2 \\ w_1 & w_2 \end{vmatrix} \mathbf{k} \right) \\
&= \begin{vmatrix} v_2 & v_3 \\ w_2 & w_3 \end{vmatrix} u_1 - \begin{vmatrix} v_1 & v_3 \\ w_1 & w_3 \end{vmatrix} u_2 + \begin{vmatrix} v_1 & v_2 \\ w_1 & w_2 \end{vmatrix} u_3 \\
&= \begin{vmatrix} u_1 & u_2 & u_3 \\ v_1 & v_2 & v_3 \\ w_1 & w_2 & w_3 \end{vmatrix}
\end{aligned}$$

▶ **例題 5　計算純量三乘積**

計算純量三乘積 $\mathbf{u} \cdot (\mathbf{v} \times \mathbf{w})$，其中

$$\mathbf{u} = 3\mathbf{i} - 2\mathbf{j} - 5\mathbf{k}, \quad \mathbf{v} = \mathbf{i} + 4\mathbf{j} - 4\mathbf{k}, \quad \mathbf{w} = 3\mathbf{j} + 2\mathbf{k}$$

解：由 (7) 式

$$\begin{aligned}
\mathbf{u} \cdot (\mathbf{v} \times \mathbf{w}) &= \begin{vmatrix} 3 & -2 & -5 \\ 1 & 4 & -4 \\ 0 & 3 & 2 \end{vmatrix} \\
&= 3 \begin{vmatrix} 4 & -4 \\ 3 & 2 \end{vmatrix} - (-2) \begin{vmatrix} 1 & -4 \\ 0 & 2 \end{vmatrix} + (-5) \begin{vmatrix} 1 & 4 \\ 0 & 3 \end{vmatrix} \\
&= 60 + 4 - 15 = 49
\end{aligned}$$
◀

注釋：因為純量和向量無法形成叉積，所以 $(\mathbf{u} \cdot \mathbf{v}) \times \mathbf{w}$ 無意義。因此，若寫成 $\mathbf{u} \cdot \mathbf{v} \times \mathbf{w}$ 而非 $\mathbf{u} \cdot (\mathbf{v} \times \mathbf{w})$ 也不致混淆。然而，為了明朗化，通常將保有括弧。

由 (7) 式可得

$$\mathbf{u} \cdot (\mathbf{v} \times \mathbf{w}) = \mathbf{w} \cdot (\mathbf{u} \times \mathbf{v}) = \mathbf{v} \cdot (\mathbf{w} \times \mathbf{u})$$

因為代表這些乘積的各 3×3 階行列式可由相互間換列兩次得之 (試證明之)，這些關係可藉依順時針方向將 $\mathbf{u}, \mathbf{v}$ 及 $\mathbf{w}$ 繞著圖 3.5.6 的三角形三頂點移動的方式來記憶。

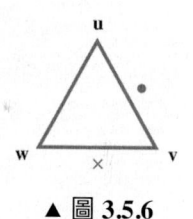

▲ 圖 3.5.6

行列式的幾何意義

下一個定理提供 2×2 階與 3×3 階行列式一項有用的幾何意義。

定理 3.5.4

(a) 行列式

$$\det \begin{bmatrix} u_1 & u_2 \\ v_1 & v_2 \end{bmatrix}$$

的絕對值等於由向量 $\mathbf{u} = (u_1, u_2)$ 及 $\mathbf{v} = (v_1, v_2)$ 在 2-空間中所決定的平行四邊形面積 (圖 3.5.7 a)。

(b) 行列式

$$\det \begin{bmatrix} u_1 & u_2 & u_3 \\ v_1 & v_2 & v_3 \\ w_1 & w_2 & w_3 \end{bmatrix}$$

的絕對值等於由向量 $\mathbf{u}=(u_1, u_2, u_3)$ 及 $\mathbf{v}=(v_1, v_2, v_3)$ 及 $\mathbf{w}=(w_1, w_2, w_3)$ 在 3-空間中所決定的平行六面體的體積 (圖 3.5.7b)。

證明 (a)：證明的訣竅在使用定理 3.5.3。然而，這個定理卻應用於 3-空間中的向量，鑑於 $\mathbf{u}=(u_1, u_2)$ 和 $\mathbf{v}=(v_1, v_2)$ 為 2-空間中的向量，為了規避此一維數問題，而將 $\mathbf{u}$ 與 $\mathbf{v}$ 視為某 xyz-座標系 (圖 3.5.7c) 中 xy-平面上的向量，在此情況下這些向量能以 $\mathbf{u}=(u_1, u_2, 0)$ 及 $\mathbf{v}=(v_1, v_2, 0)$ 表示。所以

$$\mathbf{u} \times \mathbf{v} = \begin{vmatrix} \mathbf{i} & \mathbf{j} & \mathbf{k} \\ u_1 & u_2 & 0 \\ v_1 & v_2 & 0 \end{vmatrix} = \begin{vmatrix} u_1 & u_2 \\ v_1 & v_2 \end{vmatrix} \mathbf{k} = \det \begin{bmatrix} u_1 & u_2 \\ v_1 & v_2 \end{bmatrix} \mathbf{k}$$

現在由定理 3.5.3 及 $\|\mathbf{k}\|=1$ 的事實可知由 $\mathbf{u}$ 與 $\mathbf{v}$ 所決定的平行四邊形的面積為

$$A = \|\mathbf{u} \times \mathbf{v}\| = \left\| \det \begin{bmatrix} u_1 & u_2 \\ v_1 & v_2 \end{bmatrix} \mathbf{k} \right\| = \left| \det \begin{bmatrix} u_1 & u_2 \\ v_1 & v_2 \end{bmatrix} \right| \|\mathbf{k}\| = \left| \det \begin{bmatrix} u_1 & u_2 \\ v_1 & v_2 \end{bmatrix} \right|$$

而完成證明。

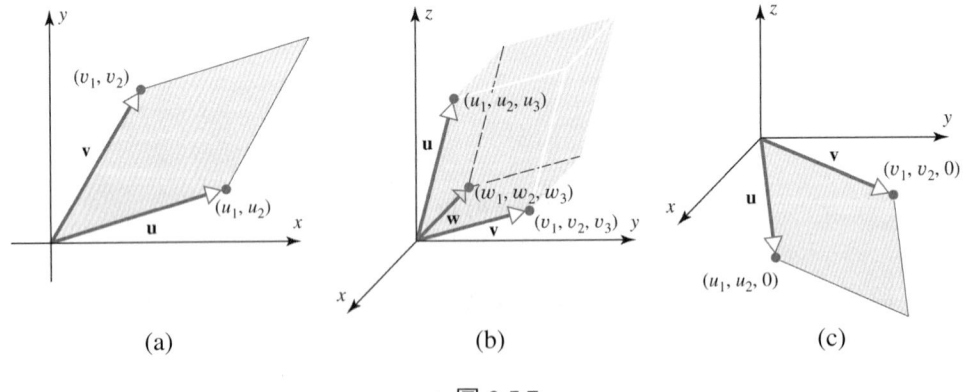

▲ 圖 3.5.7

證明 (b)：如圖 3.5.8 所示，取由 **v** 與 **w** 所決定的平行四邊形為由 **u**, **v** 及 **w** 所決的平行六面體的底。根據定理 3.5.3，這個底的面積為 $\|\mathbf{v} \times \mathbf{w}\|$，如圖 3.5.8 所示，平行六面體的高 h 為 **u** 在 **v**×**w** 上的正交投影的長度。所以，依 3.3 節 (12) 式

$$h = \|\text{proj}_{\mathbf{v}\times\mathbf{w}}\mathbf{u}\| = \frac{|\mathbf{u} \cdot (\mathbf{v} \times \mathbf{w})|}{\|\mathbf{v} \times \mathbf{w}\|}$$

可知平行六面體的體積為

$$V = (底面積) \cdot (高) = \|\mathbf{v} \times \mathbf{w}\| \frac{|\mathbf{u} \cdot (\mathbf{v} \times \mathbf{w})|}{\|\mathbf{v} \times \mathbf{w}\|} = |\mathbf{u} \cdot (\mathbf{v} \times \mathbf{w})|$$

所以由 (7) 式

$$V = \left| \det \begin{bmatrix} u_1 & u_2 & u_3 \\ v_1 & v_2 & v_3 \\ w_1 & w_2 & w_3 \end{bmatrix} \right| \tag{8}$$

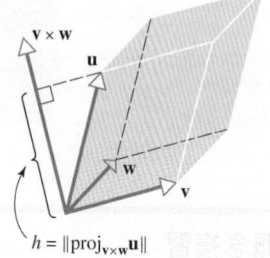

▲ 圖 **3.5.8**

到此完成證明。◀

注釋：若 V 標示由向量 **u**, **v** 與 **w** 所決定的平行六面體的體積，則由公式 (7) 及 (8) 可知

$$V = \begin{bmatrix} 由\,\mathbf{u},\mathbf{v}\,與\,\mathbf{w}\,所決定的 \\ 平行六面體的體積 \end{bmatrix} = |\mathbf{u} \cdot (\mathbf{v} \times \mathbf{w})| \tag{9}$$

由此式及 3.2 節定義 3，可得到

$$\mathbf{u} \cdot (\mathbf{v} \times \mathbf{w}) = \pm V$$

其中的 + 或 − 號視 **u** 與 (**v**×**w**) 間成銳角或鈍角而定。

(9) 式可用來測試指定的三向量是否共平面。因為不共平面的三向量決定一正體積的平行六面體，所以由 (9) 式知 $|\mathbf{u} \cdot (\mathbf{v} \times \mathbf{w})| = 0$ 若且唯若向量 **u**, **v** 及 **w** 共平面。因此，可得下列的結果。

定理 3.5.5：若向量 $\mathbf{u}=(u_1, u_2, u_3)$, $\mathbf{v}=(v_1, v_2, v_3)$ 及 $\mathbf{w}=(w_1, w_2, w_3)$ 有共同的始點，則此三向量共平面若且唯若

$$\mathbf{u} \cdot (\mathbf{v} \times \mathbf{w}) = \begin{vmatrix} u_1 & u_2 & u_3 \\ v_1 & v_2 & v_3 \\ w_1 & w_2 & w_3 \end{vmatrix} = 0$$

概念複習

• 兩向量的叉積　　• 叉積的行列式型　　• 純量三乘積

技　能

• 計算 R^3 上兩向量 $\mathbf{u}$ 和 $\mathbf{v}$ 的叉積。
• 知道 $\mathbf{u} \times \mathbf{v}$ 對 $\mathbf{u}$ 和 $\mathbf{v}$ 的幾何關係。
• 知道叉積的性質 (定理 3.5.2 所列的)。
• 計算 3-空間上三向量的純量三乘積。
• 知道純量三乘積的幾何意義。
• 計算 2-空間或 3-空間上兩向量或三點所決定的三角形及平行四邊形面積。
• 使用純量三乘積判斷 3-空間上三個已知向量是否共線。

習題集 3.5

▶對習題 **1-2** 各小題，令 $\mathbf{u}=(3, 2, -1)$, $\mathbf{v}=(0, 2, -3)$, $\mathbf{w}=(2, 6, 7)$。計算各指示向量。◀

1. (a) $\mathbf{u} \times \mathbf{v}$　(b) $(\mathbf{v} \times \mathbf{u}) \times \mathbf{w}$　(c) $\mathbf{v} \times (\mathbf{u} \times \mathbf{w})$

2. (a) $(\mathbf{u} \times \mathbf{v}) \times (\mathbf{v} \times \mathbf{w})$　(b) $\mathbf{u} \times (\mathbf{v} - 2\mathbf{w})$
　(c) $(\mathbf{u} \times \mathbf{v}) - 2\mathbf{w}$

▶對習題 **3-6** 各題，使用叉積，求同時和 $\mathbf{u}$ 及 $\mathbf{v}$ 正交的向量。◀

3. $\mathbf{u} = (2, 3, -1)$, $\mathbf{v} = (4, 1, 3)$
4. $\mathbf{u} = (1, 1, -2)$, $\mathbf{v} = (2, -1, 2)$
5. $\mathbf{u} = (0, 2, -2)$, $\mathbf{v} = (1, 3, 0)$
6. $\mathbf{u} = (3, 3, 1)$, $\mathbf{v} = (0, 4, 2)$

▶對習題 **7-10** 各題，求由 $\mathbf{u}$ 及 $\mathbf{v}$ 所決定的平行四邊形面積。◀

7. $\mathbf{u} = (1, 3, 4)$, $\mathbf{v} = (5, 1, 2)$
8. $\mathbf{u} = (3, -1, 4)$, $\mathbf{v} = (6, -2, 8)$
9. $\mathbf{u} = (2, 3, 0)$, $\mathbf{v} = (-1, 2, -2)$
10. $\mathbf{u} = (1, 1, 1)$, $\mathbf{v} = (3, 2, -5)$

▶對習題 **11-12** 各題，求以所給點為頂點的平行四邊形面積。◀

11. $P_1(2, 3)$, $P_2(1, 4)$, $P_3(5, 2)$, $P_4(4, 3)$
12. $P_1(3, 2)$, $P_2(5, 4)$, $P_3(9, 4)$, $P_4(7, 2)$

▶對習題 **13-14** 各題，求以所給點為頂點的三角形面積。◀

13. $A(0, 3)$, $B(1, -2)$, $C(2, 2)$
14. $A(1, 1)$, $B(2, 2)$, $C(3, -3)$

▶對習題 **15-16** 各題，求以所給點為頂點的三角形面積。◀

15. $P_1(2, 6, -1)$, $P_2(1, 1, 1)$, $P_3(4, 6, 2)$

16. $P(1, -1, 2)$, $Q(0, 3, 4)$, $R(6, 1, 8)$

▶對習題 **17-18** 各題，求以 **u**, **v** 及 **w** 為邊的平行六面體的體積。◀

17. $\mathbf{u} = (0, 2, -2)$, $\mathbf{v} = (1, 2, 0)$, $\mathbf{w} = (-2, 3, 1)$
18. $\mathbf{u} = (3, 1, 2)$, $\mathbf{v} = (4, 5, 1)$, $\mathbf{w} = (1, 2, 4)$

▶對習題 **19-20** 各題，判斷 **u**, **v** 及 **w** 是否位在同一平面，它們的始點被擺在一起。◀

19. $\mathbf{u} = (0, 1, -1)$, $\mathbf{v} = (2, 2, 0)$, $\mathbf{w} = (4, 1, 2)$
20. $\mathbf{u} = (5, -2, 1)$, $\mathbf{v} = (4, -1, 1)$, $\mathbf{w} = (1, -1, 0)$

▶對習題 **21-24** 各題，計算純量三乘積 $\mathbf{u} \cdot (\mathbf{v} \times \mathbf{w})$。◀

21. $\mathbf{u} = (5, 1, 0)$, $\mathbf{v} = (6, 2, 0)$, $\mathbf{w} = (4, 2, 2)$
22. $\mathbf{u} = (-1, 2, 4)$, $\mathbf{v} = (3, 4, -2)$, $\mathbf{w} = (-1, 2, 5)$
23. $\mathbf{u} = (a, 0, 0)$, $\mathbf{v} = (0, b, 0)$, $\mathbf{w} = (0, 0, c)$
24. $\mathbf{u} = (3, -1, 6)$, $\mathbf{v} = (2, 4, 3)$, $\mathbf{w} = (5, -1, 2)$

▶對習題 **25-26** 各題，假設 $\mathbf{u} \cdot (\mathbf{v} \times \mathbf{w}) = -4$，求

25. (a) $\mathbf{u} \cdot (\mathbf{w} \times \mathbf{v})$ (b) $(\mathbf{v} \times \mathbf{w}) \cdot \mathbf{u}$ (c) $\mathbf{w} \cdot (\mathbf{u} \times \mathbf{v})$
26. (a) $\mathbf{v} \cdot (\mathbf{u} \times \mathbf{w})$ (b) $(\mathbf{u} \times \mathbf{w}) \cdot \mathbf{v}$ (c) $\mathbf{v} \cdot (\mathbf{w} \times \mathbf{u})$
27. (a) 試求以 $A(1, 0, 1)$, $B(0, 2, 3)$ 及 $C(2, 1, 0)$ 為三頂點的三角形面積。
    (b) 試利用 (a)，求由頂點 C 至邊 AB 的高。
28. 利用叉積，求向量 $\mathbf{u} = (2, 3, -6)$ 及 $\mathbf{v} = (2, 3, 6)$ 之夾角的正弦函數值。
29. 化簡 $(\mathbf{u} + \mathbf{v}) \times (\mathbf{u} - \mathbf{v})$。
30. 令 $\mathbf{a} = (a_1, a_2, a_3)$, $\mathbf{b} = (b_1, b_2, b_3)$, $\mathbf{c} = (c_1, c_2, c_3)$ 及 $\mathbf{d} = (d_1, d_2, d_3)$。證明
    $$(\mathbf{a} + \mathbf{d}) \cdot (\mathbf{b} \times \mathbf{c}) = \mathbf{a} \cdot (\mathbf{b} \times \mathbf{c}) + \mathbf{d} \cdot (\mathbf{b} \times \mathbf{c})$$
31. 令 **u**, **v** 及 **w** 為 3-空間裡的非零向量且有共同始點，任兩者皆不共線，證明
    (a) $\mathbf{u} \times (\mathbf{v} \times \mathbf{w})$ 位於由 **v** 及 **w** 所決定的平面上。
    (b) $(\mathbf{u} \times \mathbf{v}) \times \mathbf{w}$ 位於由 **u** 及 **v** 所決定的平面上。
32. 試證明下列等式。
    (a) $(\mathbf{u} + k\mathbf{v}) \times \mathbf{v} = \mathbf{u} \times \mathbf{v}$
    (b) $\mathbf{u} \cdot (\mathbf{v} \times \mathbf{z}) = -(\mathbf{u} \times \mathbf{z}) \cdot \mathbf{v}$
33. 證明：若 **a**, **b**, **c** 及 **d** 共平面，則 $(\mathbf{a} \times \mathbf{b}) \times (\mathbf{c} \times \mathbf{d}) = 0$。
34. 證明：若 θ 為 **u** 及 **v** 的夾角且 $\mathbf{u} \cdot \mathbf{v} \neq 0$，則 $\tan \theta = \|\mathbf{u} \times \mathbf{v}\| / (\mathbf{u} \cdot \mathbf{v})$。
35. 證明若 **u**, **v** 及 **w** 為 R^3 上之向量，之中無兩個共線，則 $\mathbf{u} \times (\mathbf{v} \times \mathbf{w})$ 位在由 **v** 及 **w** 所決定的平面上。
36. 立體幾何的定理指出四面體的體積為 1/3 (底面積)·(高)。利用這個結果，證明以向量 **a**, **b** 及 **c** 為邊的四面體體積為 $\frac{1}{6} |\mathbf{a} \cdot (\mathbf{b} \times \mathbf{c})|$ (見圖)。

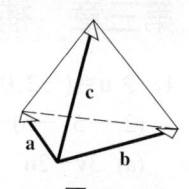

▲ 圖 Ex-36

37. 利用習題 36，試求以 P, Q, R 及 S 為頂點的四面體體積。
    (a) $P(-1, 2, 0)$, $Q(2, 1, -3)$, $R(1, 1, 1)$, $S(3, -2, 3)$
    (b) $P(0, 0, 0)$, $Q(1, 2, -1)$, $R(3, 4, 0)$, $S(-1, -3, 4)$
38. 試證明定理 3.5.1(d)。[提示：首先證明 $\mathbf{w} = \mathbf{i} = (1, 0, 0)$，其次是當 $\mathbf{w} = \mathbf{j} = (0, 1, 0)$，然後是 $\mathbf{w} = \mathbf{k} = (0, 0, 1)$ 時的情況下的結果。最後藉 $\mathbf{w} = w_1 \mathbf{i} + w_2 \mathbf{j} + w_3 \mathbf{k}$ 的書寫方式證明任意向量 $\mathbf{w} = (w_1, w_2, w_3)$ 的情況。]
39. 試證明定理 3.5.1(e)。[提示：應用定理 3.5.2(a) 於定理 3.5.1(d) 所得的結果。]
40. (a) 證明定理 3.5.2(b)。
    (b) 證明定理 3.5.2(c)。
    (c) 證明定理 3.5.2(d)。
    (d) 證明定理 3.5.2(e)。
    (e) 證明定理 3.5.2(f)。

是非題

試判斷 (a)-(f) 各敘述的真假，並驗證你的答案。

(a) 兩非零向量 **u** 和 **v** 的叉積是一個非零向量若且唯若 **u** 和 **v** 不平行。
(b) 平面的法線向量可由同一平面上兩個非零且不共線的向量之叉積而得。
(c) **u**, **v** 及 **w** 的純量三乘積決定一個向量，其

長度等於由 **u**, **v** 及 **w** 所決定的平行六面體體積。

(d) 若 **u** 及 **v** 為 3-空間上之向量，則 $\|\mathbf{v} \times \mathbf{u}\|$ 等於由 **u** 及 **v** 所決定的平行四邊形面積。

(e) 對 3-空間上所有向量 **u**, **v** 及 **w**, 向量 $(\mathbf{u} \times \mathbf{v}) \times \mathbf{w}$ 和 $\mathbf{u} \times (\mathbf{v} \times \mathbf{w})$ 相同。

(f) 若 **u**, **v** 及 **w** 為 R^3 之向量，其中 **u** 非零且 $\mathbf{u} \times \mathbf{v} = \mathbf{u} \times \mathbf{w}$，則 **v** = **w**。

第三章　補充習題

1. 令 $\mathbf{u}=(-2,0,4)$, $\mathbf{v}=(3,-1,6)$ 及 $\mathbf{w}=(2,-5,-5)$，計算
   (a) $3\mathbf{v}-2\mathbf{u}$
   (b) $\|\mathbf{u}+\mathbf{v}+\mathbf{w}\|$
   (c) $-3\mathbf{u}$ 和 $\mathbf{v}+5\mathbf{w}$ 間的距離
   (d) $\operatorname{proj}_\mathbf{w}\mathbf{u}$
   (e) $\mathbf{u} \cdot (\mathbf{v} \times \mathbf{w})$
   (f) $(-5\mathbf{v}+\mathbf{w}) \times ((\mathbf{u} \cdot \mathbf{v})\mathbf{w})$

2. 重作習題 1，其中 $\mathbf{u}=3\mathbf{i}-5\mathbf{j}+\mathbf{k}$, $\mathbf{v}=-2\mathbf{i}+2\mathbf{k}$ 且 $\mathbf{w}=-\mathbf{j}+4\mathbf{k}$。

3. 重作習題 1 的 (a)-(d)，其中 $\mathbf{u}=(-2,6,2,1)$, $\mathbf{v}=(-3,0,8,0)$，且 $\mathbf{w}=(9,1,-6,-6)$。

4. 重作習題 1 的 (a)-(d)，其中 $\mathbf{u}=(0,5,0,-1,-2)$, $\mathbf{v}=(1,-1,6,-2,0)$ 且 $\mathbf{w}=(-4,-1,4,0,2)$。

▶ 對習題 5-6 各題，判斷所給的向量集是否為一正交集。若是，請單範每個向量以形成一個單範正交集。◀

5. $(-32,-1,19),(3,-1,5),(1,6,2)$

6. $(-2,0,1),(1,1,2),(1,-5,2)$

7. (a) R^2 上和一個非零向量正交的所有向量所成的集合是什麼樣的幾何物件？
   (b) R^3 上和一個非零向量正交的所有向量所成的集合是什麼樣的幾何物件？
   (c) R^2 上和兩個不共線向量正交的所有向量所成的集合是什麼樣的幾何物件？
   (d) R^3 上和兩個不共線向量正交的所有向量所成的集合是什麼樣的幾何物件？

8. 證明 $\mathbf{v}_1=\left(\frac{2}{3},\frac{1}{3},\frac{2}{3}\right)$ 和 $\mathbf{v}_2=\left(\frac{1}{3},\frac{2}{3},-\frac{2}{3}\right)$ 是單範正交向量，並找第三個 $\mathbf{v}_3$ 使得 $\{\mathbf{v}_1,\mathbf{v}_2,\mathbf{v}_3\}$ 是一個單範正交集。

9. 判斷真假：若 **u** 和 **v** 是非零向量滿足 $\|\mathbf{u}+\mathbf{v}\|^2=\|\mathbf{u}\|^2+\|\mathbf{v}\|^2$，則 **u** 和 **v** 正交。

10. 判斷真假：若 **u** 和 $\mathbf{v}+\mathbf{w}$ 正交，則 **u** 和 **v** 及 **w** 均正交。

11. 考慮點 $P(3,-1,4)$, $Q(6,0,2)$ 及 $R(5,1,1)$。求 R^3 上之點 S 使其第一分量是 6 且滿足 $\overrightarrow{PQ}$ 和 $\overrightarrow{RS}$ 平行。

12. 考慮點 $P(-3,1,0,6)$, $Q(0,5,1,-2)$ 及 $R(-4,1,4,0)$。求 R^4 上之點 S 使其第三分量是 6 且滿足 $\overrightarrow{PQ}$ 和 $\overrightarrow{RS}$ 平行。

13. 使用習題 11 的點，求向量 $\overrightarrow{PQ}$ 和 $\overrightarrow{PR}$ 之夾角的餘弦函數值。

14. 使用習題 12 的點，求向量 $\overrightarrow{PQ}$ 和 $\overrightarrow{PR}$ 之夾角的餘弦函數值。

15. 求點 $P(-3,1,3)$ 至平面 $5x+z=3y-4$ 的距離。

16. 證明平面 $3x-y+6z=7$ 和 $-6x+2y-12z=1$ 是平行的，並求兩平面之間的距離。

▶ 對習題 17-22 各題，求直線或平面的向量及參數方程式。◀

17. R^3 上含點 $P(-2,1,3)$, $Q(-1,-1,1)$ 及 $R(3,0,-2)$ 的平面。

18. R^3 上含點 $P(-1,6,0)$，且正交於平面 $4x-z=5$ 的直線。

19. R^2 上和向量 $\mathbf{v}=(8,-1)$ 平行且含點 $P(0,-3)$ 的直線。

20. R^3 上含點 $P(-2,1,0)$ 且和平面 $-8x+6y-z=4$ 平行的平面。

21. R^2 上方程式為 $y=3x-5$ 的直線。

22. R^3 上方程式為 $2x-6y+3z=5$ 的平面。

▶對習題 **23-25** 各題,求一個點-法向量方程式給所給平面。◀

23. 向量方程式為
$(x, y, z) = (-1, 5, 6) + t_1(0, -1, 3) + t_2(2, -1, 0)$
的平面。

24. 含點 $P(-5, 1, 0)$ 且和參數方程式為 $x = 3 - 5t, y = 2t$ 及 $z = 7$ 之直線正交的平面。

25. 通過點 $P(9, 0, 4), Q(-1, 4, 3)$ 及 $R(0, 6, -2)$ 的平面。

26. 假設 $\{\mathbf{v}_1, \mathbf{v}_2, \mathbf{v}_3\}$ 和 $\{\mathbf{w}_1, \mathbf{w}_2\}$ 是兩向量集,滿足 $\mathbf{v}_i$ 和 $\mathbf{w}_j$ 正交對所有 i 和 j。證明若 a_1, a_2, a_3, b_1, b_2 是任意純量,則向量 $\mathbf{v} = a_1\mathbf{v}_1 + a_2\mathbf{v}_2 + a_3\mathbf{v}_3$ 和 $\mathbf{w} = b_1\mathbf{w}_1 + b_2\mathbf{w}_2$ 是正交的。

27. 證明若 R^2 上兩向量 $\mathbf{u}$ 和 $\mathbf{v}$ 同時正交 R^2 上非零向量 $\mathbf{w}$,則 $\mathbf{u}$ 和 $\mathbf{v}$ 互為對方的純量倍數。

28. 證明 $\|\mathbf{u}+\mathbf{v}\| = \|\mathbf{u}\| + \|\mathbf{v}\|$ 若且唯若 $\mathbf{u}$ 和 $\mathbf{v}$ 為平行向量。

29. 方程式 $Ax + By = 0$ 表一條通過 R^2 之原點的直線若 A 和 B 不同時為零。試問此方程式在 R^3 代表什麼若你將它想像為 $Ax + By + 0z = 0$?試解釋之。

CHAPTER 4

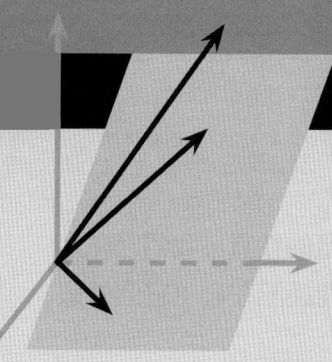

一般向量空間

本章目錄
4.1 實數向量空間
4.2 子空間
4.3 線性獨立
4.4 座標和基底
4.5 維　數
4.6 基底變換
4.7 列空間、行空間及零核空間
4.8 秩、零核維數與基本矩陣空間
4.9 由 R^n 至 R^m 的矩陣變換
4.10 矩陣變換的性質
4.11 R^2 上矩陣算子的幾何意義
4.12 動態系統及馬可夫鏈

引　言　記得我們開始研究向量時，係將它們視為有向線段 (箭形)。接著引進直角座標系來擴大這個概念，此時我們視向量為有序實數對及三元實數序對。當我們發展這些向量性質時，我們注意到各種公式的型式可使我們將向量的觀念擴大至 n 元實數序對。雖然 n 元實數序對帶我們跨出「視覺經驗」的領域，它給我們一個有價值的工具來了解及研究線性方程組。本章我們將以 R^n 上向量最重要的性質作為公理，再次擴大向量的概念。這些公理，若被某物件集滿足，可令我們將這些物件視為向量。

4.1 實數向量空間

本節我們將以 R^n 上向量的基本性質作為公理，來擴大向量的概念，其若被某物件集滿足，保證這些物件行為像熟悉的向量。

221

向量空間公理

下面定義由 10 個公理組成，其中 8 個是 R^n 上向量的性質，我們已在定理 3.1.1 敘述過。我們將不證明公理，而是將公理謹記在心；它們是假設用來作為證明定理的起步點。

> **定義 1**：令 V 為定義了加法與純量乘法兩項運算的物件的非空集合。**加法** (addition) 意指在 V 中結合每一對物件 **u** 與 **v** 成為物件 **u**＋**v**，稱 **u**＋**v** 為 **u** 及 **v** 之和 (sum)。**純量乘法** (scalar multiplication) 意指在 V 中結合每個純量 k 與物件 **u** 成為物件 k**u**，稱 k**u** 為 **u** 乘以 k 的**純量倍數** (scalar multiple)。若下列各公理能滿足 V 中所有的物件 **u**, **v**, **w** 及所有的純量 k, m，則稱 V 為**向量空間** (vector space)，並稱在 V 中的這些物件為**向量** (vectors)。
>
> 1. 若 **u** 與 **v** 為 V 中的物件，則 **u**＋**v** 是在 V 中之物件。
> 2. **u**＋**v**＝**v**＋**u**。
> 3. **u**＋(**v**＋**w**)＝(**u**＋**v**)＋**w**。
> 4. V 中存在一物件 **0**，稱為 V 的**零向量** (zero vector)，對所有在 V 中的 **u**，使 **0**＋**u**＝**u**＋**0**＝**u**。
> 5. 對每個在 V 中的 **u**，在 V 中會有一個 $-$**u**，稱為**負 u** (negative of **u**)，使 **u**＋($-$**u**)＝($-$**u**)＋**u**＝**0**。
> 6. 若 k 為任意的純量，而 **u** 為 V 中的任意物件，則 k**u** 也存在 V 中。
> 7. k(**u**＋**v**)＝k**u**＋k**v**。
> 8. $(k+m)$**u**＝k**u**＋m**u**。
> 9. $k(m$**u**$) = (km)($**u**$)$。
> 10. 1**u**＝**u**。

*向量空間之純量可以是實數或複數。純量為實數的向量空間稱為**實數向量空間** (real vector space)，而純量為複數的向量空間則稱為**複數向量空間** (complex vector space)。現在我們將專注在實數向量空間，稍後再考慮複數向量空間。*

我們察覺到向量空間的定義指明的既非向量的本質也非向量的運算。任何物件都可成為向量，而且加法與純量乘法的運算可能與 R^n 中的標準向量運算沒有任何關係或相似性。唯一的要求是必須能滿足十項向量空間公理。在下面的例子裡，我們將使用四個基本步驟來證明具兩運算的集合是一個向量空間。

第四章 一般向量空間 223

> 欲證明具兩運算的集合是一個向量空間
>
> **步驟 1.** 確認即將成為向量之物件的集合 V。
> **步驟 2.** 確認 V 上的加法及純量乘法。
> **步驟 3.** 證明公理 1 和 6；亦即，V 上兩向量相加產生 V 上之向量，且 V 上之向量乘上一個純量亦產生 V 上之向量。公理 1 被稱是**加法封閉性** (closure under addition)，而公理 6 被稱是**純量乘法封閉性** (closure under scalar multiplication)。
> **步驟 4.** 確認公理 2、3、4、5、7、8、9 及 10 成立。

第一個例題是所有向量空間中最簡單的，其僅有一個物件。因為公理 4 要求每個向量空間含零向量，所以這個物件必為零向量。

▶ **例題 1　零向量空間**

令 V 由單一物件組成，我們將之表為 **0**，且定義

$$\mathbf{0} + \mathbf{0} = \mathbf{0} \quad \text{及} \quad k\mathbf{0} = \mathbf{0}$$

對所有純量 k。很容易可檢查出所有向量空間公理均滿足。我們稱此向量空間為**零向量空間** (zero vector space)。　◀

第二個例題是所有向量空間中最重要的一個──熟悉的空間 R^n。我們並不驚訝 R^n 上的所有運算滿足向量空間公理，因為這些公理是基於已知的 R^n 上運算性質。

▶ **例題 2　R^n 為一向量空間**

令 $V = R^n$，且定義 V 上的向量空間運算為 n 元實數序對的一般之加法及純量乘法運算；亦即

史記：「抽象向量空間」的觀念經過許多年逐步形成且有許多貢獻者。德國數學家 H. G. Grassmann 將這個概念具體化，他於 1862 年發表一篇論文，文中他考慮未明確元素的抽象系統，他在這個系統上定義正式的加法及純量乘法運算。Grassmann 的作品是有爭議的，且其他學者，包括 Augustin Cauchy，對這個概念提出合理的要求。

[相片：摘錄自 ©Sueddeutsche Zeitung Photo/The Image Works]

Hermann Günther
Grassmann
(1809–1877)

$$\mathbf{u} + \mathbf{v} = (u_1, u_2, \ldots, u_n) + (v_1, v_2, \ldots, v_n) = (u_1 + v_1, u_2 + v_2, \ldots, u_n + v_n)$$
$$k\mathbf{u} = (ku_1, ku_2, \ldots, ku_n)$$

集合 $V = R^n$ 在加法及純量乘法之下是封閉的，因為前述的運算產生 n 元實數序對為它們的結果，且由定理 3.1.1，這些運算滿足公理 2、3、4、5、7、8、9 及 10。◀

下一個例子是 R^n 的一般化，其中我們允許向量有無限多個分量。

▶ **例題 3　無窮數列的向量空間**

令 V 由型如

$$\mathbf{u} = (u_1, u_2, \ldots, u_n, \ldots)$$

的物件所組成，其中 $u_1, u_2, \ldots, u_n, \ldots$，是一個無窮數列。我們定義兩個無窮數列相等，若它們的相對應分量相等，且我們定義加法及純量乘法為

$$\mathbf{u} + \mathbf{v} = (u_1, u_2, \ldots, u_n, \ldots) + (v_1, v_2, \ldots, v_n, \ldots)$$
$$= (u_1 + v_1, u_2 + v_2, \ldots, u_n + v_n, \ldots)$$
$$k\mathbf{u} = (ku_1, ku_2, \ldots, ku_n, \ldots)$$

留給讀者作為習題來確認 V 具這些運算是一個向量空間。我們將以符號 R^∞ 來表這個向量空間。◀

下一個例子，我們的向量將為矩陣。這個可能會有一點小困惑，因為矩陣是由列和行所組成，而它們本身就是向量 (列向量及行向量)。然而，這裡我們將不關心個別的列和行，而是關心整體矩陣之矩陣運算性質。

▶ **例題 4　2×2 階矩陣的向量空間**

令 V 為具實元素的 2×2 階矩陣所成的集合，且 V 上的向量空間運算取為平常的矩陣加法及純量乘法之運算；亦即

注意：方程式 (1) 有三個不同的加法運算：向量加法運算、矩陣加法運算、實數加法運算。

$$\mathbf{u} + \mathbf{v} = \begin{bmatrix} u_{11} & u_{12} \\ u_{21} & u_{22} \end{bmatrix} + \begin{bmatrix} v_{11} & v_{12} \\ v_{21} & v_{22} \end{bmatrix} = \begin{bmatrix} u_{11} + v_{11} & u_{12} + v_{12} \\ u_{21} + v_{21} & u_{22} + v_{22} \end{bmatrix} \quad (1)$$
$$k\mathbf{u} = k \begin{bmatrix} u_{11} & u_{12} \\ u_{21} & u_{22} \end{bmatrix} = \begin{bmatrix} ku_{11} & ku_{12} \\ ku_{21} & ku_{22} \end{bmatrix}$$

集合 V 在加法及純量乘法之下是封閉的，因為前述運算將產生 2×2 階矩陣為其結果。因此，只剩確認公理 2、3、4、5、7、8、9 及 10 成立即可。其中某些公理是標準的矩陣運算性質。例如，公理 2 由定理 1.4.1(a) 成立，因為

$$\mathbf{u}+\mathbf{v}=\begin{bmatrix} u_{11} & u_{12} \\ u_{21} & u_{22} \end{bmatrix}+\begin{bmatrix} v_{11} & v_{12} \\ v_{21} & v_{22} \end{bmatrix}=\begin{bmatrix} v_{11} & v_{12} \\ v_{21} & v_{22} \end{bmatrix}+\begin{bmatrix} u_{11} & u_{12} \\ u_{21} & u_{22} \end{bmatrix}=\mathbf{v}+\mathbf{u}$$

同理，公理 3、7、8 及 9 分別由該定理的 (b)、(h)、(j) 及 (e) 成立 (證明之)。此留下公理 4、5 及 10 尚須證明。

欲確認公理 4 成立，我們必須找一個 V 中的 2×2 階矩陣 $\mathbf{0}$ 滿足 $\mathbf{u}+\mathbf{0}=\mathbf{0}+\mathbf{u}$ 對 V 中的所有 2×2 階矩陣。這可由定義 $\mathbf{0}$ 為

$$\mathbf{0}=\begin{bmatrix} 0 & 0 \\ 0 & 0 \end{bmatrix}$$

得之，由此定義，可得

$$\mathbf{0}+\mathbf{u}=\begin{bmatrix} 0 & 0 \\ 0 & 0 \end{bmatrix}+\begin{bmatrix} u_{11} & u_{12} \\ u_{21} & u_{22} \end{bmatrix}=\begin{bmatrix} u_{11} & u_{12} \\ u_{21} & u_{22} \end{bmatrix}=\mathbf{u}$$

且同理可得 $\mathbf{u}+\mathbf{0}=\mathbf{u}$。欲證明公理 5，必須證明對在 V 中的每個 $\mathbf{u}$，V 中有一負的 $-\mathbf{u}$ 使得 $\mathbf{u}+(-\mathbf{u})=\mathbf{0}$ 及 $(-\mathbf{u})+\mathbf{u}=\mathbf{0}$。這個可由定義負 $\mathbf{u}$ 為

$$-\mathbf{u}=\begin{bmatrix} -u_{11} & -u_{12} \\ -u_{21} & -u_{22} \end{bmatrix}$$

得之。由此定義，可得

$$\mathbf{u}+(-\mathbf{u})=\begin{bmatrix} u_{11} & u_{12} \\ u_{21} & u_{22} \end{bmatrix}+\begin{bmatrix} -u_{11} & -u_{12} \\ -u_{21} & -u_{22} \end{bmatrix}=\begin{bmatrix} 0 & 0 \\ 0 & 0 \end{bmatrix}=\mathbf{0}$$

同理可得 $(-\mathbf{u})+\mathbf{u}=\mathbf{0}$。最後，公理 10 僅須簡單的計算：

$$1\mathbf{u}=1\begin{bmatrix} u_{11} & u_{12} \\ u_{21} & u_{22} \end{bmatrix}=\begin{bmatrix} u_{11} & u_{12} \\ u_{21} & u_{22} \end{bmatrix}=\mathbf{u}$$

▶ **例題 5** $m\times n$ 階矩陣的向量空間

例題 4 是更一般化向量空間族的一個特例。你應沒有困難採用該例的理論，證明所有 $m\times n$ 階矩陣所成的集合 V，在平常的矩陣加法及純量乘法運算下是一個向量空間。我們將以符號 M_{mn} 來表示這個向量空

間。因此，例如，例題 4 的向量空間被表為 M_{22}。

▶例題 6　實值函數的向量空間

令 V 是定義在區間 $(-\infty, \infty)$ 上每一個 x 的實值函數所成的集合。若 $\mathbf{f}=f(x)$ 和 $\mathbf{g}=g(x)$ 為 V 上的兩個函數且若 k 是任一純量，則定義加法及純量乘法運算為

$$(\mathbf{f}+\mathbf{g})(x) = f(x) + g(x) \tag{2}$$
$$(k\mathbf{f})(x) = kf(x) \tag{3}$$

有個方法來思考這些運算，就是將數值 $f(x)$ 及 $g(x)$ 視為 $\mathbf{f}$ 和 $\mathbf{g}$ 在點 x 的「分量」，此時方程式 (2) 和 (3) 敘述兩個函數以相加相對應分量來做相加，且函數以純量乘每個分量來做純量相乘——正如在 R^n 及 R^∞ 一樣。這個概念被展示在圖 4.1.1 的 (a) 及 (b)。具這些運算的集合 V 以符號 $F(-\infty, \infty)$ 表之。我們可證明這是一個向量空間如下：

公理 1 和 6：這些封閉公理需要若我們相加定義在區間 $(-\infty, \infty)$ 上每一個 x 的兩個函數，則這些函數的和及純量倍數亦定義在區間 $(-\infty, \infty)$ 上的每一個 x。由此公式 (2) 及 (3) 成立。

公理 4：此公理需要存在一個函數 **0** 在 $F(-\infty, \infty)$ 上，當 **0** 加上 $F(-\infty, \infty)$ 上任何其他函數 $\mathbf{f}$ 時，仍產生 $\mathbf{f}$ 為其結果。這個函數，在區間 $(-\infty, \infty)$ 上每一點 x 的值均為零，有這個性質。在幾何上，函數 **0** 的圖形是和 x-軸重合的直線。

公理 5：此公理需要 $F(-\infty, \infty)$ 上的每一個函數 $\mathbf{f}$，存在一個函數 $-\mathbf{f}$ 在 $F(-\infty, \infty)$ 上，將其加至 $\mathbf{f}$ 產生函數 **0**。被定義為 $-\mathbf{f}(x) = -f(x)$ 的函數有此性質。$-\mathbf{f}$ 的圖形可由將 $\mathbf{f}$ 的圖形對 x-軸取對稱而得 [圖 4.1.1(c)]。

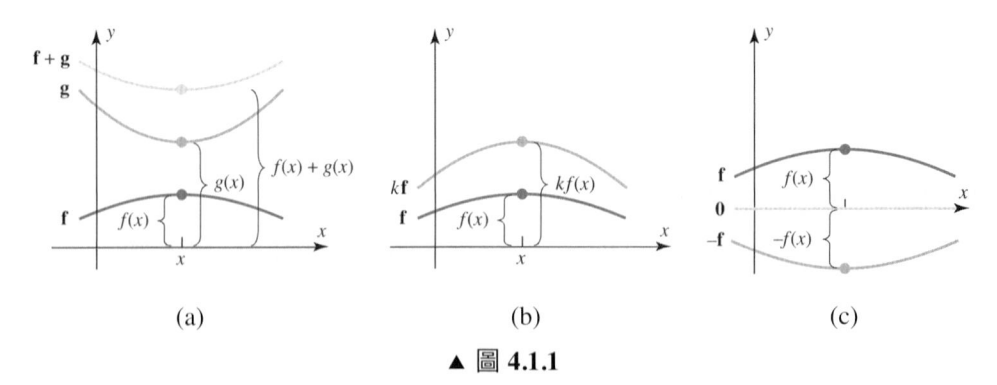

> 例題 6 中的函數被定義在整個區間 $(-\infty, \infty)$。然而，使用在該例題的理論對 $(-\infty, \infty)$ 的所有子區間亦可應用，例如閉區間 $[a, b]$ 或開區間 (a, b)。我們將在這些區間的函數向量空間分別表為 $F[a, b]$ 及 $F(a, b)$。

(a)　(b)　(c)

▲ 圖 4.1.1

公理 2、3、7、8、9、10：這些公理的每一個均可由實數性質成立。例如，若 **f** 和 **g** 為 $F(-\infty, \infty)$ 上的函數，則公理 2 需要 **f**+**g**=**g**+**f**。此由計算

$$(\mathbf{f}+\mathbf{g})(x) = \mathbf{f}(x)+\mathbf{g}(x) = \mathbf{g}(x)+\mathbf{f}(x) = (\mathbf{g}+\mathbf{f})(x)$$

成立，其中第一個及最後一個等式由 (2) 成立，而中間等式是實數性質。我們將剩餘部分的證明留給讀者作為習題。◀

很重要的認知是你不可將任兩種運算放置在任意集合 V 上，而期待向量空間公理成立。例如，若 V 是具正分量的 n 元實數序對所成的集合，且若 R^n 的標準運算被使用，則 V 在純量乘法下不封閉，因為若 **u** 是 V 上的一個非零 n 元實數序對，則 $(-1)\mathbf{u}$ 至少有一個負的分量，且因此不在 V 上。下一例是一個較不明顯的例子，其中 10 個向量空間公理僅有一個不成立。

▶ **例題 7　非向量空間的集合**

令 $V=R^2$，且定義加法及純量乘法如下：若 $\mathbf{u}=(u_1, u_2)$ 及 $\mathbf{v}=(v_1, v_2)$，則定義

$$\mathbf{u}+\mathbf{v} = (u_1+v_1, u_2+v_2)$$

而若 k 為任一實數，則定義

$$k\mathbf{u} = (ku_1, 0)$$

例如，若 $\mathbf{u}=(2, 4), \mathbf{v}=(-3, 5)$ 且 $k=7$，則

$$\mathbf{u}+\mathbf{v} = (2+(-3), 4+5) = (-1, 9)$$
$$k\mathbf{u} = 7\mathbf{u} = (7 \cdot 2, 0) = (14, 0)$$

加法運算為 R^2 上的標準加法運算，但純量乘法卻不是標準的純量乘法。在習題裡，將要求你證明向量空間的前九個公理成立；然而，某些向量使得公理 10 不成立。例如，若 $\mathbf{u}=(u_1, u_2), u_2 \neq 0$，則

$$1\mathbf{u} = 1(u_1, u_2) = (1 \cdot u_1, 0) = (u_1, 0) \neq \mathbf{u}$$

因此，具有這些運算的 V 不是向量空間。◀

最後一個例子，在我們展示的各種向量空間中，將是一個不尋常的向量空間。因為此空間上的物件為實數，你務必要分清楚哪一種運

算可為向量運算,而哪一種運算為平常的實數運算。

▶例題 8　一個不尋常的向量空間

令 V 為正實數所成的集合,且定義 V 上的運算為

$$u + v = uv \quad \text{[向量加法是數值乘法]}$$
$$ku = u^k \quad \text{[純量乘法是數值指數]}$$

因此,例如,$1+1=1$ 且 $(2)(1)=1^2=1$——確實奇怪,但具這些運算的集合 V 滿足 10 個向量空間公理,因此它是一個向量空間。我們將確認公理 4、5 及 7,而將其他的公理留作為習題。

- 公理 4——此空間的零向量是實數 1 ($i.e.$, $\mathbf{0}=1$) 因為

$$u + 1 = u \cdot 1 = u$$

- 公理 5——向量 u 的負向量是其倒數 ($i.e.$, $-u=1/u$) 因為

$$u + \frac{1}{u} = u\left(\frac{1}{u}\right) = 1 \; (= \mathbf{0})$$

- 公理 7——$k(u+v) = (uv)^k = u^k v^k = (ku) + (kv)$。◀

向量的某些性質

下面是關於一般向量空間的第一個定理。如你將看到的,其證明非常正式,每個步驟均經由向量空間公理或已知的實數性質來驗證。本書嚴密正式的此型態證明並不多,但我們已涵蓋這些來加強熟悉的向量性質全可由向量空間公理導出的概念。

定理 4.1.1:令 V 為一向量空間,$\mathbf{u}$ 為 V 中之一向量,而 k 為一純量,則:

(a) $0\mathbf{u} = \mathbf{0}$

(b) $k\mathbf{0} = \mathbf{0}$

(c) $(-1)\mathbf{u} = -\mathbf{u}$

(d) 若 $k\mathbf{u} = \mathbf{0}$,則 $k=0$ 或 $\mathbf{u}=\mathbf{0}$。

底下將證明 (a) 及 (c) 部分,剩下的留給讀者作為習題。

證明 **(a)**：我們可寫

$$0\mathbf{u} + 0\mathbf{u} = (0+0)\mathbf{u} \quad \text{[公理 8]}$$
$$= 0\mathbf{u} \quad \text{[0 之性質]}$$

由公理 5 知，向量 $0\mathbf{u}$ 有一負向量，$-0\mathbf{u}$。等號兩端加上此負向量產生

$$[0\mathbf{u} + 0\mathbf{u}] + (-0\mathbf{u}) = 0\mathbf{u} + (-0\mathbf{u})$$

或

$$0\mathbf{u} + [0\mathbf{u} + (-0\mathbf{u})] = 0\mathbf{u} + (-0\mathbf{u}) \quad \text{[公理 3]}$$
$$0\mathbf{u} + \mathbf{0} = \mathbf{0} \quad \text{[公理 5]}$$
$$0\mathbf{u} = \mathbf{0} \quad \text{[公理 4]}$$

證明 **(c)**：欲證 $(-1)\mathbf{u} = -\mathbf{u}$，必須證明 $\mathbf{u}+(-1)\mathbf{u}=\mathbf{0}$，為了了解此點，可觀察

$$\mathbf{u} + (-1)\mathbf{u} = 1\mathbf{u} + (-1)\mathbf{u} \quad \text{[公理 10]}$$
$$= (1 + (-1))\mathbf{u} \quad \text{[公理 8]}$$
$$= 0\mathbf{u} \quad \text{[數的性質]}$$
$$= \mathbf{0} \quad \text{[(a) 部分]} \quad \blacktriangleleft$$

一個結尾觀察

本節對線性代數的全面規劃是非常重要的，其建立不同數學物件間，如幾何向量、R^n 上向量、無窮數列、矩陣及實值函數，一個共同的線索，以便少給名稱。因此，每當我們發現一個關於一般向量空間新定理時，我們將亦同時發現一個定理有關於幾何向量、R^n 上之向量、數列、矩陣、實值函數及關於我們可能發現的任一新種向量。

欲說明此概念，考慮看起來頗單純的定理 4.1.1 (a) 之結果，談談例題 8 的向量空間。記住該空間的所有向量是正實數，純量乘法意指數值指數，且零向量是數值 1，方程式

$$0\mathbf{u} = \mathbf{0}$$

敘述著若 u 是一個正實數，則

$$u^0 = 1$$

概念複習

- 向量空間
- 加法封閉性
- 向量空間的例子
- 純量乘法封閉性

技　能

- 判斷具兩運算的已知集合是否為一向量空間。
- 以找出至少有一個向量空間公理不成立之法證明具兩運算的集合不是一個向量空間。

習題集 4.1

1. 令 V 為所有有序實數對所成的集合，且考慮下面定義在 $\mathbf{u}=(u_1, u_2)$ 及 $\mathbf{v}=(v_1, v_2)$ 上的加法及純量乘法運算：

   $$\mathbf{u}+\mathbf{v}=(u_1+v_1, u_2+v_2),\ k\mathbf{u}=(0, ku_2)$$

   (a) 計算 $\mathbf{u}+\mathbf{v}$ 及 $k\mathbf{u}$，其中 $\mathbf{u}=(2, 4)$，$\mathbf{v}=(1, -3)$，且 $k=5$。
   (b) 以文字解釋為何 V 在加法及純量乘法之下是封閉的。
   (c) 因為 V 上的加法是 R^2 上標準加法運算，某些向量空間公理對 V 成立，因為它們已知對 R^2 成立。試問它們是哪些公理呢？
   (d) 證明公理 7、8 及 9 成立。
   (e) 證明公理 10 不成立，因此 V 在所給的運算下不是一個向量空間。

2. 令 V 是所有有序實數對所成的集合，且考慮下面定義在 $\mathbf{u}=(u_1, u_2)$ 及 $\mathbf{v}=(v_1, v_2)$ 上的加法及純量乘法運算：

   $$\mathbf{u}+\mathbf{v}=(u_1+v_1-1, u_2+v_2-1),\ k\mathbf{u}=(ku_1, ku_2)$$

   (a) 計算 $\mathbf{u}+\mathbf{v}$ 及 $k\mathbf{u}$，其中 $\mathbf{u}=(1, -2)$，$\mathbf{v}=(2, 0)$，及 $k=3$。
   (b) 證明 $(0, 0) \neq \mathbf{0}$。
   (c) 證明 $(1, 1) = \mathbf{0}$。
   (d) 利用產生一個有序實數對 $-\mathbf{u}$ 使得 $\mathbf{u}+(-\mathbf{u})=\mathbf{0}$ 對 $\mathbf{u}=(u_1, u_2)$ 來證明公理 5 成立。
   (e) 找出兩個不成立的向量空間公理。

▶對習題 3-12 各題，判斷具所給運算的各集合是否是一個向量空間。對那些不是向量空間者，確認不成立的向量空間公理。◀

3. 所有實數所成的集合，並具標準的加法和乘法運算。

4. 所有具 $(0, y)$ 型式的實數序對所成的集合，並具 R^2 上的標準運算。

5. 所有具 (x, y) 型式，其中 $x \geq 0$ 的實數序對所成的集合，並具 R^2 中的標準運算。

6. 所有型如 $(x, x, \ldots, x)$ 的 n 元實數序對所成的集合，並具 R^n 上的標準運算。

7. 具標準向量加法但其純量乘法被定義為

   $$k(x, y, z) = (k^2 x, k^2 y, k^2 z)$$

   的所有三元實數序對所成的集合。

8. 具標準矩陣加法及純量乘法的所有 2×2 可逆矩陣所成的集合。

9. 所有型如

   $$\begin{bmatrix} a & 0 \\ 0 & b \end{bmatrix}$$

   的 2×2 階矩陣所成的集合，並具標準的矩陣加法和純量乘法運算。

10. 定義在實數線上每一點的所有實值函數 f 所成的集合，且滿足 $f(1)=0$，並具例題 6 所定義的運算。

11. 所有型如 $(x, 1)$ 的實數序對所成的集合且具運算

    $$(x, 1)+(x', 1)=(x+x', 1)\ 及\ k(x, 1)=(k^2 x, 1)$$

12. 所有型如 $a_0+a_1 x$ 的多項式所成的集合且具

運算

$$(a_0 + a_1x) + (b_0 + b_1x) = (a_0 + b_0) + (a_1 + b_1)x$$

及

$$k(a_0 + a_1x) = (ka_0) + (ka_1)x$$

13. 證明公理 3、7、8 及 9 給例題 4 所給的向量空間。

14. 證明公理 1、2、3、7、8、9 及 10 給例題 6 所給的向量空間。

15. 具例題 7 所定義的加法及純量乘法，證明 $V = R^2$ 滿足公理 1 至 9。

16. 證明公理 1、2、3、6、8、9 及 10 給例題 8 所給的向量空間。

17. 證明 R^2 上位在同一直線上的所有點所成的集合是一個向量空間若且唯若直線通過原點，其中具標準的向量加法及純量乘法。

18. 證明 R^3 上位在同一平面上的所有點所成的集合是一個向量空間若且唯若平面通過原點，其中具標準的向量加法及純量乘法。

▶對習題 19-21 各題，證明具所敘述之運算的所給集合是一個向量空間。◀

19. 集合 $V = \{\mathbf{0}\}$ 具例題 1 所給的加法及純量乘法運算。

20. 所有無窮數列所成的集合 R^∞ 具例題 3 所給的加法及純量乘法運算。

21. 所有 $m \times n$ 階矩陣所成的集合 M_{mn} 具平常的加法及純量乘法運算。

22. 證明定理 4.1.1 (d)。

23. 下面的論證是證明若 $\mathbf{u}$、$\mathbf{v}$ 及 $\mathbf{w}$ 是向量空間 V 上的向量，滿足 $\mathbf{u} + \mathbf{w} = \mathbf{v} + \mathbf{w}$，則 $\mathbf{u} = \mathbf{v}$ [加法消去律 (cancellation law)]。如所示，填空格以驗證所有步驟。

$\mathbf{u} + \mathbf{w} = \mathbf{v} + \mathbf{w}$ 假設

$(\mathbf{u} + \mathbf{w}) + (-\mathbf{w}) = (\mathbf{v} + \mathbf{w}) + (-\mathbf{w})$

    兩邊各加上 $-\mathbf{w}$

$\mathbf{u} + [\mathbf{w} + (-\mathbf{w})] = \mathbf{v} + [\mathbf{w} + (-\mathbf{w})]$ _____

$\mathbf{u} + \mathbf{0} = \mathbf{v} + \mathbf{0}$ _____

$\mathbf{u} = \mathbf{v}$ _____

24. 令 $\mathbf{v}$ 為向量空間 V 上之任一向量。證明 $0\mathbf{v} = \mathbf{0}$。

25. 下面是定理 4.1.1 (b) 一個七步驟的證明。驗證每個步驟是由假設條件得到或由 10 個向量公理中的哪一個公理得到。

假設條件：令 $\mathbf{u}$ 為向量空間 V 之任一向量，$\mathbf{0}$ 為 V 上的零向量，且 k 為一純量。

結論：則 $k\mathbf{0} = \mathbf{0}$。

證明：

(1) $k\mathbf{0} + k\mathbf{u} = k(\mathbf{0} + \mathbf{u})$

(2) $= k\mathbf{u}$

(3) 因為 $k\mathbf{u}$ 在 V 上，$-k\mathbf{u}$ 在 V 上。

(4) 因此，$(k\mathbf{0} + k\mathbf{u}) + (-k\mathbf{u}) = k\mathbf{u} + (-k\mathbf{u})$

(5) $k\mathbf{0} + (k\mathbf{u} + (-k\mathbf{u})) = k\mathbf{u} + (-k\mathbf{u})$

(6) $k\mathbf{0} + \mathbf{0} = \mathbf{0}$

(7) $k\mathbf{0} = \mathbf{0}$

26. 令 $\mathbf{v}$ 是向量空間 V 上之任一向量，證明 $-\mathbf{v} = (-1)\mathbf{v}$。

27. 證明：若 $\mathbf{u}$ 是向量空間 V 上之一向量且 k 是一純量滿足 $k\mathbf{u} = \mathbf{0}$，則不是 $k = 0$ 就是 $\mathbf{u} = \mathbf{0}$。[建議：證明若 $k\mathbf{u} = \mathbf{0}$ 且 $k \neq 0$，則 $\mathbf{u} = \mathbf{0}$。由邏輯結果可證。]

是非題

試判斷 (a)-(e) 各敘述的真假，並驗證你的答案。

(a) 向量是一個有向線段 (一支箭)。

(b) 向量是一個 n 元實數序對。

(c) 向量是向量空間的一個元素。

(d) 有一個向量空間恰含兩個不同向量。

(e) 次數恰為 1 的多項式所成之集合在習題 12 所定義的運算下是一個向量空間。

4.2 子空間

一個向量空間包含在另一個向量空間裡是可能的。本節我們將探討這個概念，我們將討論如何認可此類向量空間，且將提供各種例子，這些例子在稍後將被使用。

我們從一些專有名詞開始。

> **定義 1**：若 W 本身在 V 上的向量加法及純量乘法的定義之下亦為一向量空間，則向量空間 V 的子集合 W 可稱為 V 的**子空間** (subspace)。

一般來講，欲證明一個具兩運算之非空集合 W 是一個向量空間，我們必須證明 10 個向量空間公理。然而，若 W 是一個已知的向量空間 V 之子空間，則某些公理不必證明，因為它們「承繼」自 V。例如，未必要證明 $\mathbf{u}+\mathbf{v}=\mathbf{v}+\mathbf{u}$ 在 W 上成立，因為其對 V 上的所有向量均成立，當然包含 W 上的所有向量。另外，有必要證明 W 在加法及純量乘法之下是封閉的，因為有可能 W 上的兩向量相加或 W 上某向量乘上一純量得到 V 上之向量，而該向量在 W 之外 (圖 4.2.1)。

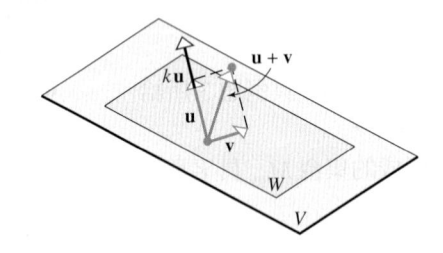

▲ 圖 4.2.1 　向量 $\mathbf{u}$ 和 $\mathbf{v}$ 在 W 上，但向量 $\mathbf{u}+\mathbf{v}$ 及 $k\mathbf{u}$ 不在 W 上。

不被 W 繼承的公理有

公理 1──W 的加法封閉性。

公理 4──W 上零向量的存在性。

公理 5──W 上每一個向量的負向量在 W 的存在性。

公理 6──W 的純量乘法封閉性。

所以這些公理必須被證明以證明 W 是 V 的一個子空間。然而，下一個定理證明若公理 1 及公理 6 在 W 上成立，則公理 4 及 5 在 W 上因而成

立，因此不必證明。

> **定理 4.2.1**：若 W 為向量空間 V 的一個或更多個向量所組成的集合，則 W 為 V 的一子空間若且唯若下列條件成立。
> (a) 若 **u** 和 **v** 為 W 上的向量，則 **u**+**v** 亦在 W 上。
> (b) 若 k 為任意純量而 **u** 為 W 上的任一向量，則 k**u** 亦在 W 上。

證明：若 W 是 V 的子空間，則所有向量空間公理在 W 上均成立，包含公理 1 及 6，它們就是條件 (a) 及 (b)。

相反地，假設條件 (a) 及 (b) 成立。因為這些條件為公理 1 和 6，且因為公理 2、3、7、8、9 及 10 均承繼 V，我們僅需證明公理 4 及 5 在 W 上成立即可。為此目的，令 **u** 為 W 上任一向量。由條件 (b)，對每一純量 k，k**u** 是 W 上之一向量。特別地，0**u**=**0** 及 (-1)**u**$=-$**u** 均在 W 上，其證明公理 4 及 5 在 W 上成立。◂

> 以文字來講，定理 4.2.1 敘述 W 是 V 的子空間若且唯若 W 在加法及純量乘法之下是封閉的。

▶**例題 1** 零子空間

若 V 是任一向量空間，且若 $W=\{\mathbf{0}\}$ 是 V 的子集合，其僅由零向量組成，則 W 在加法及純量乘法之下是封閉的，因為

$$\mathbf{0}+\mathbf{0}=\mathbf{0} \quad 且 \quad k\mathbf{0}=\mathbf{0}$$

對任一純量 k。我們稱 W 是 V 的零子空間 (zero subspace)。

> 注意：每一個向量空間至少有兩個子空間，本身及其零子空間。

▶**例題 2** 過原點的直線是 R^2 及 R^3 的子空間。

若 W 是通過 R^2 或是 R^3 的原點之直線，則直線 W 上兩向量相加或直線 W 上向量乘以一純量得到直線 W 上另一向量，所以 W 在加法及純量乘法之下是封閉的 (見圖 4.2.2 給 R^3 上之說明)。

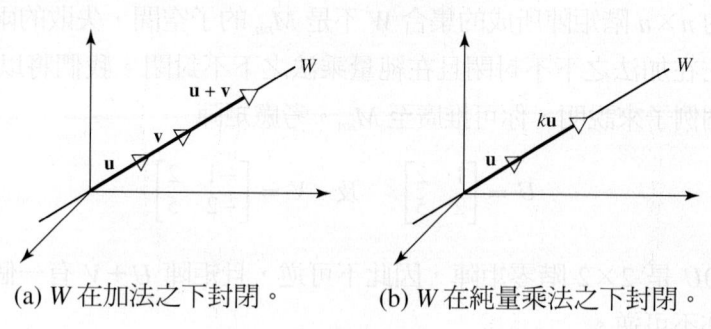

(a) W 在加法之下封閉。　　(b) W 在純量乘法之下封閉。

▲ 圖 **4.2.2**

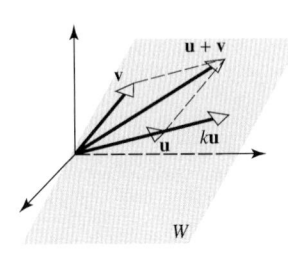

▲ 圖 4.2.3　向量 **u**+**v** 及 k**u** 同時位在由 **u** 及 **v** 所決定的平面上。

▶ **例題 3**　過原點的平面是 R^3 子空間

若 **u** 和 **v** 是通過 R^3 原點之平面 W 的向量，則由幾何上明顯的得到 **u**+**v** 及 k**u** 位在同一平面 W 上對任一純量 k (圖 4.2.3)。因此，W 在加法及純量乘法下是封閉的。◀

下面表 1 給一列 R^2 及 R^3 的子空間，這些子空間是我們目前見到的。稍後我們將看到這些子空間是 R^2 及 R^3 僅有的子空間。

表 1

R^2 的子空間	R^3 的子空間
· {**0**}	· {**0**}
· 通過原點的直線	· 通過原點的直線
· R^2	· 通過原點的平面
	· R^3

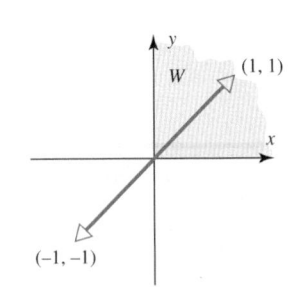

▶ **例題 4**　R^2 的子集合但不是 R^2 的子空間

令 W 為 R^2 上所有的點 (x, y) 所成的集中，其中 $x \geq 0$ 且 $y \geq 0$ (圖 4.2.4 黑影區域)。此集合不是 R^2 的子空間，因為它在純量乘法之下不封閉。例如，**v**=(1, 1) 是 W 的向量，但 (−1)**v**=(−1, −1) 則不是。

▲ 圖 4.2.4　W 在純量乘法下不封閉。

▶ **例題 5**　M_{nn} 的子空間

由定理 1.7.2 可知兩 n×n 階對稱矩陣的和仍然對稱，而 n×n 階對稱矩陣的純量倍數也是對稱的。因此，n×n 階對稱矩陣所成的集合在加法及純量乘法下是封閉的，因此是 M_{nn} 的子空間。同理，上三角形矩陣、下三角形矩陣及對角矩陣所成的集合是 M_{nn} 的子空間。

▶ **例題 6**　M_{nn} 的子集合但不是 M_{nn} 的子空間

可逆的 n×n 階矩陣所成的集合 W 不是 M_{nn} 的子空間，失敗的兩個原因——它在加法之下不封閉且在純量乘法之下不封閉。我們將以 M_{22} 上的一個例子來說明，你可推廣至 M_{nn}。考慮矩陣

$$U = \begin{bmatrix} 1 & 2 \\ 2 & 5 \end{bmatrix} \quad \text{及} \quad V = \begin{bmatrix} -1 & 2 \\ -2 & 5 \end{bmatrix}$$

矩陣 0U 是 2×2 階零矩陣，因此不可逆，且矩陣 U+V 有一個零行，所以亦不可逆。

適合已學過微積分的讀者
▶ **例題 7** 子空間 $C(-\infty, \infty)$

微積分有個定理敘述連續函數之和是連續的且連續函數的常數倍數是連續的。改用向量語言，定義在 $(-\infty, \infty)$ 上的連續函數所成的集合是 $F(-\infty, \infty)$ 的子空間。我們將此空間表為 $C(-\infty, \infty)$。

適合已學過微積分的讀者
▶ **例題 8** 具連續導函數的函數

具連續導函數的函數被稱為**連續可微分**。微積分有個定理敘述兩個連續可微分函數之和是連續可微分，且連續可微分函數的常數倍數是連續可微分。因此，定義在 $(-\infty, \infty)$ 上的連續可微分函數形成 $F(-\infty, \infty)$ 的子空間。我們將此空間表為 $C^1(-\infty, \infty)$，其中上標強調一階導函數是連續的。更進一步，定義在 $(-\infty, \infty)$ 上且具 m 階連續導函數的函數所成的集合是 $F(-\infty, \infty)$ 的子空間，定義在 $(-\infty, \infty)$ 上具所有階數導函數的函數所成的集合也是 $F(-\infty, \infty)$ 的子空間。我們將分別以 $C^m(-\infty, \infty)$ 及 $C^\infty(-\infty, \infty)$ 表示這兩個子空間。

▶ **例題 9** 所有多項式的子空間

記得**多項式** (polynomial) 是一個函數，其可被表為型如

$$p(x) = a_0 + a_1 x + \cdots + a_n x^n \tag{1}$$

其中 $a_0, a_1, \ldots, a_n$ 為常數。明顯的，兩多項式之和是多項式且多項式的常數倍數是多項式。因此，所有多項式所成的集合 W 在加法及純量乘法之下是封閉的，因此是 $F(-\infty, \infty)$ 的子空間。我們將此空間表為 P_∞。

> 本書將所有常數視為次數為零的多項式。然而，需小心某些作者對常數 0 不給次數。

▶ **例題 10** 次數 $\leq n$ 的多項式子空間

記得多項式的**次數** (degree) 是係數非零的變數之最高冪次方。因此，例如，若公式 (1) 的 $a_n \neq 0$，則該多項式的次數為 n。具正次數 n 的多項式所成的集合 W 不是 $F(-\infty, \infty)$ 的子空間，因為該集合在加法之下是不封閉的。例如，多項式

$$1 + 2x + 3x^2 \quad \text{及} \quad 5 + 7x - 3x^2$$

的次數均為 2，但它們的和之次數為 1。然而，對每個非負整數 n，次

數為 n 或小於 n 的所有多項式形成 $F(-\infty, \infty)$ 的子空間。我們將此空間表為 P_n。 ◂

函數空間的階級系統

微積分證明出多項式是連續函數且在 $(-\infty, \infty)$ 上有各階的連續導函數。因此，P_∞ 不僅是 $F(-\infty, \infty)$ 的子空間，如前面所看到的，也是 $C^\infty(-\infty, \infty)$ 的子空間。留給讀者證明例題 7 至例題 10 所討論的向量空間是「巢狀式」的，一個在另一個內部，如圖 4.2.5 所示。

注釋：在前面的例題裡，如圖 4.2.5 所示，我們僅考慮定義在區間 $(-\infty, \infty)$ 上所有點的函數。有時候我們想要考慮僅定義在 $(-\infty, \infty)$ 某些子區間上的函數，如閉區間 $[a, b]$ 或開區間 (a, b)。在這種情形下，我們將做一個合適的記號改變。例如，$C[a, b]$ 是定義在 $[a, b]$ 上的連續函數空間，而 $C(a, b)$ 是定義在 (a, b) 上的連續函數空間。

建立子空間

下一個定理提供一個有用的方法由已知的子空間造出一個新空間。

定理 4.2.2 若 $W_1, W_2, \ldots, W_r$ 是向量空間 V 的子空間，則這些子空間的交集亦是 V 的子空間。

證明：令 W 是子空間 $W_1, W_2, \ldots, W_r$ 的交集。此集合非空，因為這些各個子空間均含 V 的零向量，所以它們的交集亦含有零向量。因此，剩下的只需證明 W 在加法及純量乘法之下是封閉的。

欲證明加法封閉性，令 $\mathbf{u}$ 及 $\mathbf{v}$ 為 W 上之向量。因為 W 是 $W_1, W_2,$

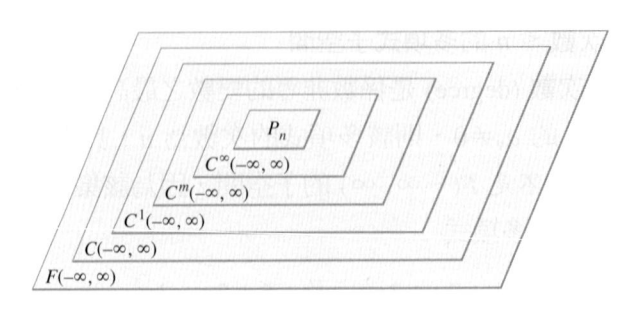

▲ 圖 4.2.5

..., W_r 的交集，所以 **u** 和 **v** 亦位在這些各個子空間裡。因為這些子空間是加法封閉的，它們均含向量 **u**+**v**，因此它們的交集 W 亦含 **u**+**v**。此證明 W 在加法之下是封閉的。留給讀者證明 W 在純量乘法之下是封閉的。◂

注意：證明定理 4.2.2 的第一步是建立 W 至少含一向量。這是重要的，否則，接下來的論證可能邏輯正確但沒有意義。

有時候我們會想找向量空間 V 的「最小」子空間，其包含某個有趣集合的所有向量。下一個定義，它一般化 3.1 節定義 4，可幫我們完成。

定義 2：向量 **w** 稱為向量 $\mathbf{v}_1, \mathbf{v}_2, \ldots, \mathbf{v}_r$ 的**線性組合** (linear combination)，若 **w** 可以表為型如

$$\mathbf{w} = k_1\mathbf{v}_1 + k_2\mathbf{v}_2 + \cdots + k_r\mathbf{v}_r \tag{2}$$

此處 $k_1, k_2, \ldots, k_r$ 為純量。這些純量被稱為線性組合的**係數** (coefficients)。

若 $r=1$，則方程式 (2) 之型式為 $\mathbf{w}=k_1\mathbf{v}_1$，此時線性組合僅是 $\mathbf{v}_1$ 的一個純量倍數。

定理 4.2.3 若 $S=\{\mathbf{w}_1, \mathbf{w}_2, \ldots, \mathbf{w}_r\}$ 是向量空間 V 之非空間向量集合，則：

(a) S 上所有向量的所有可能線性組合所組成的集合 W 是 V 的子空間。

(b) (a) 中之集合 W 是含 S 中所有向量的 V 之「最小」子空間，意即含 S 中所有向量的任何其他子空間均包含 W。

證明 (a)：令 W 是 S 上所有向量的所有可能線性組合所成的集合。我們必須證明 W 在加法及純量乘法之下是封閉的。欲證明加法封閉性，令

$$\mathbf{u} = c_1\mathbf{w}_1 + c_2\mathbf{w}_2 + \cdots + c_r\mathbf{w}_r \quad 且 \quad \mathbf{v} = k_1\mathbf{w}_1 + k_2\mathbf{w}_2 + \cdots + k_r\mathbf{w}_r$$

為 S 上兩向量。它們之和可被寫為

$$\mathbf{u} + \mathbf{v} = (c_1+k_1)\mathbf{w}_1 + (c_2+k_2)\mathbf{w}_2 + \cdots + (c_r+k_r)\mathbf{w}_r$$

其中 S 中所有向量的線性組合。因此，W 在加法之下是封閉的。留給讀者證明 W 在純量乘法之下亦是封閉的，因此是 V 的子空間。

證明 (b)：令 W' 為含 S 中所有向量的 V 之任一子空間。因為 W' 在加法及純量乘法之下是封閉的，它包含 S 中所有向量的所有線性組合，因此

包含 W。◀

下面定義給一些和定理 4.2.3 有關的重要記法及專有名詞。

> **定義 3**：由非空集合 S 中所有向量的所有可能線性組合所形成的向量空間 V 之子空間被稱為 S 的生成空間 (span of S)，且稱 S 中的所有向量生成 (span) 該子空間。若 $S=\{\mathbf{w}_1, \mathbf{w}_2, \ldots, \mathbf{w}_r\}$，則我們將 S 的生成空間表為
>
> $$\text{span}\{\mathbf{w}_1, \mathbf{w}_2, \ldots, \mathbf{w}_r\} \quad \text{或} \quad \text{span}(S)$$

▶ **例題 11　標準單位向量生成 R^n**

記得 R^n 上的標準單位向量是

$$\mathbf{e}_1 = (1, 0, 0, \ldots, 0), \quad \mathbf{e}_2 = (0, 1, 0, \ldots, 0), \ldots, \quad \mathbf{e}_n = (0, 0, 0, \ldots, 1)$$

這些向量生成 R^n，因為 R^n 上的每一個向量 $\mathbf{v} = (v_1, v_2, \ldots, v_n)$ 可被表為

$$\mathbf{v} = v_1 \mathbf{e}_1 + v_2 \mathbf{e}_2 + \cdots + v_n \mathbf{e}_n$$

其為 $\mathbf{e}_1, \mathbf{e}_2, \ldots, \mathbf{e}_n$ 的線性組合。因此，例如，向量

$$\mathbf{i} = (1, 0, 0), \quad \mathbf{j} = (0, 1, 0), \quad \mathbf{k} = (0, 0, 1)$$

生成 R^3，因為此空間上的每一個向量 $\mathbf{v} = (a, b, c)$ 可被表為

$$\mathbf{v} = (a, b, c) = a(1, 0, 0) + b(0, 1, 0) + c(0, 0, 1) = a\mathbf{i} + b\mathbf{j} + c\mathbf{k}.$$

▶ **例題 12　R^2 及 R^3 上的生成幾何觀**

(a) 若 $\mathbf{v}$ 是 R^2 或 R^3 中一個非零向量，其始點在原點，則 span$\{\mathbf{v}\}$，是 $\mathbf{v}$ 的所有純量倍數所成的集合，為由 $\mathbf{v}$ 所決定且通過原點之直線。由

史記：線性獨立及線性相關這兩個名詞是由 Maxime Bôcher 在他的 *Introduction to Higher Algebra* 一書裡引用的，該書出版於 1907 年。線性組合這個名詞是出自於美國數學家 G. W. Hill，他在 1900 年發表一篇有關行星運動的研究論文裡引用它。Hill 是一個「孤獨主義者」，他喜歡在他的家鄉紐約州 West Nyack 之外工作，而非學術界，雖然他試著在哥倫比亞大學講了幾年課。有趣的是，他退還了教書薪水，說明他不需要錢且不想事後煩惱。雖然有數學家的專業，但 Hill 對近代數學發展興趣缺缺，而幾乎全力以赴於行星軌跡理論。

George William Hill
(1838–1914)

[相片：摘錄自 *Courtesy of the American Mathematical Society*]

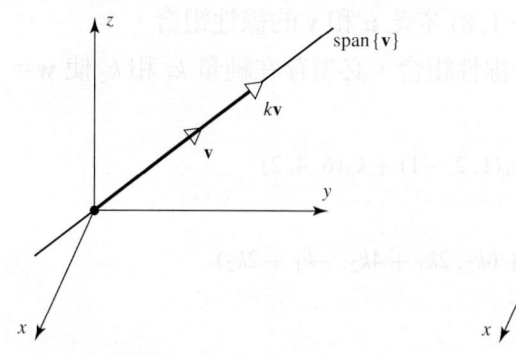

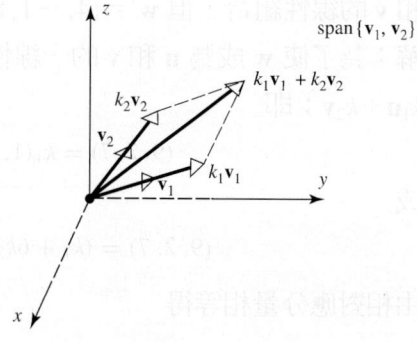

(a) span{**v**} 是由 **v** 所決定且通過原點之直線。

(b) span{**v**₁, **v**₂} 是由 **v**₁ 及 **v**₂ 所決定且通過原點之平面。

▲ 圖 4.2.6

圖 4.2.6a 可看出向量 $k\mathbf{v}$ 的箭頭可落在直線上的任一點，只要選擇適合的 k 值即可。

(b) 若 **v**₁ 及 **v**₂ 是 R^3 中非零向量，它們的始點均在原點，則 span{**v**₁, **v**₂}，是 **v**₁ 及 **v**₂ 的所有線性組合所組成，為由這兩向量所決定且通過原點之平面。由圖 4.2.6b 可看出向量 $k_1\mathbf{v}_1 + k_2\mathbf{v}_2$ 之箭頭可落在平面上的任一點，只要調整純量 k_1 及 k_2，以便適合地調整向量 $k_1\mathbf{v}_1$ 及 $k_2\mathbf{v}_2$ 之長短或相反方向。

▶ **例題 13** P_n 的生成集合

多項式 $1, x, x^2, \ldots, x^n$ 生成向量空間 P_n (參閱例題 10)，因為 P_n 裡的每一多項式 **p**，可以寫成

$$\mathbf{p} = a_0 + a_1 x + \cdots + a_n x^n$$

為 $1, x, x^2, \ldots, x^n$ 的線性組合。可由下式表示：

$$P_n = \text{span}\{1, x, x^2, \ldots, x^n\}$$

◀

下面兩個例題關心兩個重要問題：

- 給 R^n 上的一個向量集合 S 及一向量 **v**，判斷 **v** 是否為 S 中所有向量的一個線性組合。
- 給 R^n 上的一個向量集合 S，判斷 S 上所有向量是否生成 R^n。

▶ **例題 14** 線性組合

考慮 R^3 上的兩向量 **u** = (1, 2, −1) 及 **v** = (6, 4, 2)。證明 **w** = (9, 2, 7) 為 **u**

和 **v** 的線性組合，但 **w**′ = (4, −1, 8) 不是 **u** 和 **v** 的線性組合。

解：為了使 **w** 成為 **u** 和 **v** 的一線性組合，必須存在純量 k_1 和 k_2 使 **w** = k_1**u** + k_2**v**；即

$$(9, 2, 7) = k_1(1, 2, -1) + k_2(6, 4, 2)$$

或

$$(9, 2, 7) = (k_1 + 6k_2, 2k_1 + 4k_2, -k_1 + 2k_2)$$

由相對應分量相等得

$$k_1 + 6k_2 = 9$$
$$2k_1 + 4k_2 = 2$$
$$-k_1 + 2k_2 = 7$$

使用高斯消去法解此方程組得 $k_1 = -3, k_2 = 2$，所以

$$\mathbf{w} = -3\mathbf{u} + 2\mathbf{v}$$

同理，**w**′ 欲為 **u** 和 **v** 的線性組合，則必須存在純量 k_1 和 k_2，使 **w**′ = k_1**u** + k_2**v**；即

$$(4, -1, 8) = k_1(1, 2, -1) + k_2(6, 4, 2)$$

或

$$(4, -1, 8) = (k_1 + 6k_2, 2k_1 + 4k_2, -k_1 + 2k_2)$$

由相對應分量相等得

$$k_1 + 6k_2 = 4$$
$$2k_1 + 4k_2 = -1$$
$$-k_1 + 2k_2 = 8$$

這是個矛盾方程組 (證明之)，所以此類純量 k_1 及 k_2 不存在。因此，**w**′ 不是 **u** 和 **v** 的線性組合。

▶ **例題 15** 測試生成

試決定 $\mathbf{v}_1 = (1, 1, 2), \mathbf{v}_2 = (1, 0, 1)$ 及 $\mathbf{v}_3 = (2, 1, 3)$ 是否可生成 R^3？

解：我們必須決定是否 R^3 上的任意向量 $\mathbf{b} = (b_1, b_2, b_3)$ 可以寫成向量 $\mathbf{v}_1$, $\mathbf{v}_2$ 和 $\mathbf{v}_3$ 的線性組合

$$\mathbf{b} = k_1 \mathbf{v}_1 + k_2 \mathbf{v}_2 + k_3 \mathbf{v}_3$$

利用分量表示此方程式得

$$(b_1, b_2, b_3) = k_1(1, 1, 2) + k_2(1, 0, 1) + k_3(2, 1, 3)$$

或
$$(b_1, b_2, b_3) = (k_1 + k_2 + 2k_3, k_1 + k_3, 2k_1 + k_2 + 3k_3)$$
或
$$k_1 + k_2 + 2k_3 = b_1$$
$$k_1 \quad\quad + k_3 = b_2$$
$$2k_1 + k_2 + 3k_3 = b_3$$

如此整個問題將簡化為對所有的 b_1, b_2 和 b_3 值，此方程組是否相容。由定理 2.3.8 (e) 及 (g)，方程組將為相容的若且唯若係數矩陣

$$A = \begin{bmatrix} 1 & 1 & 2 \\ 1 & 0 & 1 \\ 2 & 1 & 3 \end{bmatrix}$$

有一非零的行列式。但並非如此，留給讀者確認 $\det(A)=0$；所以 $\mathbf{v}_1$, $\mathbf{v}_2$ 和 $\mathbf{v}_3$ 不能生成 R^3。 ◀

齊次方程組的解空間

m 個方程式 n 個未知數的齊次線性方程組 $A\mathbf{x}=\mathbf{0}$ 的解可被視為 R^n 上的向量，下一個定理提供一個有用的察看解集合的幾何結構。

定理 4.2.4 含 n 個未知數的齊次線性方程 $A\mathbf{x}=\mathbf{0}$ 之解集合是 R^n 的子空間。

證明：令 W 是此方程組的解集合。集合 W 是非空的，因為它至少含明顯解 $\mathbf{x}=\mathbf{0}$。

欲證明 W 是 R^n 的子空間，我們必須證明它在加法及純量乘法之下是封閉的。欲達如此，令 $\mathbf{x}_1$ 及 $\mathbf{x}_2$ 為 W 上之向量。因為這些向量是 $A\mathbf{x}=\mathbf{0}$ 的解，我們有

$$A\mathbf{x}_1 = \mathbf{0} \quad \text{及} \quad A\mathbf{x}_2 = \mathbf{0}$$

由這些方程式及矩陣乘法的分配性質，得

$$A(\mathbf{x}_1 + \mathbf{x}_2) = A\mathbf{x}_1 + A\mathbf{x}_2 = \mathbf{0} + \mathbf{0} = \mathbf{0}$$

所以 W 在加法之下是封閉的。同理，若 k 是任一純量，則

$$A(k\mathbf{x}_1) = kA\mathbf{x}_1 = k\mathbf{0} = \mathbf{0}$$

因為含 n 個未知數的齊次方程組之解集合確實是 R^n 的子空間，我們將稱它為方程組的**解空間**(solution space)。

所以 W 在純量乘法之下亦是封閉的。◀

▶ **例題 16 齊次方程組的解空間**

考慮線性方程組

(a) $\begin{bmatrix} 1 & -2 & 3 \\ 2 & -4 & 6 \\ 3 & -6 & 9 \end{bmatrix} \begin{bmatrix} x \\ y \\ z \end{bmatrix} = \begin{bmatrix} 0 \\ 0 \\ 0 \end{bmatrix}$ (b) $\begin{bmatrix} 1 & -2 & 3 \\ -3 & 7 & -8 \\ -2 & 4 & -6 \end{bmatrix} \begin{bmatrix} x \\ y \\ z \end{bmatrix} = \begin{bmatrix} 0 \\ 0 \\ 0 \end{bmatrix}$

(c) $\begin{bmatrix} 1 & -2 & 3 \\ -3 & 7 & -8 \\ 4 & 1 & 2 \end{bmatrix} \begin{bmatrix} x \\ y \\ z \end{bmatrix} = \begin{bmatrix} 0 \\ 0 \\ 0 \end{bmatrix}$ (d) $\begin{bmatrix} 0 & 0 & 0 \\ 0 & 0 & 0 \\ 0 & 0 & 0 \end{bmatrix} \begin{bmatrix} x \\ y \\ z \end{bmatrix} = \begin{bmatrix} 0 \\ 0 \\ 0 \end{bmatrix}$

解：

(a) 留給讀者證明解為

$$x = 2s - 3t, \quad y = s, \quad z = t$$

由此可知

$$x = 2y - 3z \quad 或 \quad x - 2y + 3z = 0$$

這是個通過原點的平面方程式，其法向量 **n** = (1, −2, 3)。

(b) 留給讀者證明解為

$$x = -5t, \quad y = -t, \quad z = t$$

這是通過原點平行於向量 **v** = (−5, −1, 1) 的直線參數方程式。

(c) 留給讀者證明唯一解是 $x=0, y=0, z=0$，所以解空間是 {**0**}。

(d) 線性方程組被所有實值 x, y 及 z 滿足，所以解空間是 R^3 全部。 ◀

注釋：每一個含 m 個方程式 n 個未知數的齊次方程組之解集合是 R^n 的子空間，但含 m 個方程式 n 個未知數的非齊次方程組之解集合為 R^n 的子空間是從未成立的。有兩個可能方案：第一，方程組可能根本沒有任何解；第二，若有解，則解集合在加法之下或在純量乘法之下是不封閉的 (見習題 18)。

一個結論觀察

知道生成集不是唯一重要的。例如，在圖 4.2.6a 的直線上之任一非零向量生成該直線，且在圖 4.2.6b 之平面上的任兩不共線向量將生成該平面。下一個定理，其證明留作為習題，敘述兩個向量集合將生成相

同空間的條件。

> **定理 4.2.5**：若 $S=\{\mathbf{v}_1, \mathbf{v}_2, \ldots, \mathbf{v}_r\}$ 與 $S'=\{\mathbf{w}_1, \mathbf{w}_2, \ldots, \mathbf{w}_k\}$ 為向量空間 V 中的兩個非空向量集合，則
> $$\text{span}\{\mathbf{v}_1, \mathbf{v}_2, \ldots, \mathbf{v}_r\} = \text{span}\{\mathbf{w}_1, \mathbf{w}_2, \ldots, \mathbf{w}_k\}$$
> 若且唯若 S 中的每一向量為 S' 中向量的線性組合，而且反過來 S' 中每一向量為 S 中向量的線性組合。

概念複習

- 子空間
- 零子空間
- 子空間的例子
- 線性組合
- 生成
- 解空間

技　能

- 判斷向量空間的一子集合是否為一子空間。
- 證明向量空間的一子集合為一子空間。
- 以說明向量空間的一個非空子集合在加法之下不封閉或在純量乘法之下不封閉來證明該集合不是一個子空間。
- 給 R^n 上一個向量集合 S 及 R^n 上的一個向量 $\mathbf{v}$，判斷 $\mathbf{v}$ 是否是 S 上所有向量的線性組合。
- 給 R^n 上一個向量集合 S，判斷 S 上所有向量是否生成 R^n。
- 判斷 V 上兩個非空向量集合是否生成相同的 V 之子空間。

習題集 4.2

1. 使用定理 4.2.1 判定下列何者為 R^3 的子空間？
   (a) 所有型如 $(a, 0, 0)$ 的向量。
   (b) 所有型如 $(a, 1, 0)$ 的向量。
   (c) 所有型如 (a, b, c) 的向量，此處 $b=a+c$。
   (d) 所有型如 (a, b, c) 的向量，此處 $c=a-b$。
   (e) 所有型如 $(a, -a, 0)$ 的向量。

2. 使用定理 4.2.1 判定下列何者為 M_{nn} 的子空間？
   (a) 所有 $n \times n$ 階對角矩陣所成的集合。
   (b) 滿足 $\det(A)=0$ 的所有 $n \times n$ 階矩陣 A 所成的集合。
   (c) 滿足 $\text{tr}(A)=0$ 的所有 $n \times n$ 階矩陣 A 所成的集合。
   (d) 所有 $n \times n$ 階對稱矩陣所成的集合。
   (e) 滿足 $A^T=-A$ 的所有 $n \times n$ 階矩陣 A 所成的集合。
   (f) 滿足 $A\mathbf{x}=\mathbf{0}$ 僅有明顯解的所有 $n \times n$ 階矩陣 A 所成的集合。
   (g) 滿足 $AB=BA$ 對某固定 $n \times n$ 階矩陣 B 的所有 $n \times n$ 階矩陣 A 所成的集合。

3. 使用定理 4.2.1，判定下列何者為 P_3 的子空

間？
(a) 所有多項式 $a_0+a_1x+a_2x^2+a_3x^3$，其中 $a_1=a_2$。
(b) 所有多項式 $a_0+a_1x+a_2x^2+a_3x^3$，其中 $a_0=0$。
(c) 所有多項式 $a_0+a_1x+a_2x^2+a_3x^3$，其中 a_0, a_1, a_2 及 a_3 為整數。
(d) 所有型如 a_0+a_1x 的多項式，此處 a_0 及 a_1 為實數。

4. 下列何者是 $F(-\infty,\infty)$ 的子空間？
(a) $F(-\infty,\infty)$ 中滿足 $f(0)=0$ 的所有函數 f。
(b) $F(-\infty,\infty)$ 中滿足 $f(0)=1$ 的所有函數 f。
(c) $F(-\infty,\infty)$ 中滿足 $f(-x)=f(x)$ 的所有函數 f。
(d) 所有次數為 2 的多項式。

5. 下列何者是 R^∞ 的子空間？
(a) R^∞ 中所有型如 $\mathbf{v}=(v,0,v,0,v,0,\ldots)$ 的數列。
(b) R^∞ 中所有型如 $\mathbf{v}=(v,1,v,1,v,1,\ldots)$ 的數列。
(c) R^∞ 中所有型如 $\mathbf{v}=(v,2v,4v,8v,16v,\ldots)$ 的數列。
(d) R^∞ 中從某點開始分量均為 0 的所有數列。

6. 通過 R^3 原點的直線 L 可被表為型如 $x=at$, $y=bt$ 及 $z=ct$ 的參數方程式；利用這些方程式證明 L 為 R^3 的子空間；亦即，若 $\mathbf{v}_1=(x_1,y_1,z_1)$ 及 $\mathbf{v}_2=(x_2,y_2,z_2)$ 為 L 上之點且 k 為任一實數，則 $k\mathbf{v}_1$ 及 $\mathbf{v}_1+\mathbf{v}_2$ 亦為 L 上之點。

7. 下列何者為 $\mathbf{u}=(1,-3,2)$ 及 $\mathbf{v}=(1,0,-4)$ 的線性組合？
(a) $(0,-3,6)$ (b) $(3,-9,-2)$
(c) $(0,0,0)$ (d) $(1,6,-16)$

8. 將下列表為 $\mathbf{u}=(2,1,4), \mathbf{v}=(1,-1,3)$ 及 $\mathbf{w}=(3,2,5)$ 的線性組合。
(a) $(-9,-7,-15)$ (b) $(6,11,6)$
(c) $(0,0,0)$ (d) $(7,8,9)$

9. 下列何者為
$$A=\begin{bmatrix}3&2\\0&1\end{bmatrix}, \quad B=\begin{bmatrix}0&2\\-2&4\end{bmatrix}, \quad C=\begin{bmatrix}1&1\\-2&5\end{bmatrix}$$
的線性組合？
(a) $\begin{bmatrix}2&5\\-2&4\end{bmatrix}$ (b) $\begin{bmatrix}4&5\\-2&10\end{bmatrix}$
(c) $\begin{bmatrix}1&3\\-4&1\end{bmatrix}$ (d) $\begin{bmatrix}9&9\\-8&21\end{bmatrix}$

10. 將下列表為 $\mathbf{p}_1=2+x+4x^2, \mathbf{p}_2=1-x+3x^2$ 及 $\mathbf{p}_3=3+2x+5x^2$ 的線性組合。
(a) $-9-7x-15x^2$ (b) $6+11x+6x^2$
(c) 0 (d) $7+8x+9x^2$

11. 試判定下列每一部分是否能生成 R^3？
(a) $\mathbf{v}_1=(1,2,3), \mathbf{v}_2=(2,0,0), \mathbf{v}_3=(-2,1,0)$
(b) $\mathbf{v}_1=(2,-1,2), \mathbf{v}_2=(4,1,3), \mathbf{v}_3=(2,2,1)$
(c) $\mathbf{v}_1=(-1,5,2), \mathbf{v}_2=(3,1,1), \mathbf{v}_3=(2,0,-2), \mathbf{v}_4=(4,1,0)$
(d) $\mathbf{v}_1=(3,2,4), \mathbf{v}_2=(-3,-1,0), \mathbf{v}_3=(0,1,4), \mathbf{v}_4=(0,2,8)$

12. 假設 $\mathbf{v}_1=(2,1,0,3), \mathbf{v}_2=(3,-1,5,2)$，且 $\mathbf{v}_3=(-1,0,2,1)$。下列向量何者在 span$\{\mathbf{v}_1,\mathbf{v}_2,\mathbf{v}_3\}$ 中？
(a) $(2,3,-7,3)$ (b) $(0,0,0,0)$
(c) $(1,1,1,1)$ (d) $(-4,6,-13,4)$

13. 試判定下列多項式是否生成 P_2？
$$\mathbf{p}_1=1-x+2x^2, \quad \mathbf{p}_2=3+x,$$
$$\mathbf{p}_3=5-x+4x^2, \quad \mathbf{p}_4=-2-2x+2x^2$$

14. 令 $\mathbf{f}=\cos^2 x$ 及 $\mathbf{g}=\sin^2 x$。試判定下列何者存在於由 $\mathbf{f}$ 及 $\mathbf{g}$ 所生成的空間裡？
(a) $\cos 2x$ (b) $3+x^2$ (c) 1
(d) $\sin x$ (e) 0

15. 試判定方程組 $A\mathbf{x}=\mathbf{0}$ 的解空間是否為通過原點的直線，通過原點的平面，或僅是原點。若它是平面，試求它的方程式；若它

是直線，試找出它的參數方程式。

(a) $A = \begin{bmatrix} 1 & -2 & 6 \\ 3 & -6 & 18 \\ -7 & 14 & -42 \end{bmatrix}$

(b) $A = \begin{bmatrix} 1 & -2 & 3 \\ -3 & 6 & 9 \\ -2 & 4 & -6 \end{bmatrix}$

(c) $A = \begin{bmatrix} 1 & 0 & 0 \\ 9 & -11 & 3 \\ 3 & -4 & 1 \end{bmatrix}$

(d) $A = \begin{bmatrix} 1 & 2 & -6 \\ 1 & 4 & 4 \\ 3 & 10 & 6 \end{bmatrix}$

(e) $A = \begin{bmatrix} 1 & -4 & 0 \\ -2 & 8 & 1 \\ 4 & -16 & 0 \end{bmatrix}$

(f) $A = \begin{bmatrix} 1 & -3 & 1 \\ 2 & -6 & 2 \\ 3 & -9 & 3 \end{bmatrix}$

16. (適合已學過微積分的讀者) 試證明下列的函數集合為 $F(-\infty, \infty)$ 的子空間。
    (a) 所有在 $(-\infty, \infty)$ 上連續的函數。
    (b) 所有在 $(-\infty, \infty)$ 上可微分的函數。
    (c) 在 $(-\infty, \infty)$ 上可微分且滿足 $\mathbf{f}' + 2\mathbf{f} = \mathbf{0}$ 的所有函數 f。

17. (適合已學過微積分的讀者) 試證明在 $[a, b]$ 中，使得

$$\int_a^b f(x)\,dx = 0$$

的連續函數 $\mathbf{f} = f(x)$ 的集合為 $C[a, b]$ 的子空間。

18. 試證明一含 n 個未知數 m 個線性方程式的相容非齊次方程組的解向量無法形成 R^n 的一子空間。

19. 試證明定理 4.2.5。

20. 試利用定理 4.2.5 證明 $\mathbf{v}_1 = (1, 6, 4)$, $\mathbf{v}_2 = (2, 4, -1)$, $\mathbf{v}_3 = (-1, 2, 5)$ 及 $\mathbf{w}_1 = (1, -2, -5)$, $\mathbf{w}_2 = (0, 8, 9)$ 生成相同的 R^3 的子空間。

是非題

試判斷 (a)-(k) 各敘述的真假，並驗證你的答案。

(a) 向量空間的每一個子空間本身是一個向量空間。

(b) 每一個向量空間是自己的子空間。

(c) 向量空間 V 的每一個包含 V 中零向量之子集合是 V 的子空間。

(d) 集合 R^2 是 R^3 的子空間。

(e) 一個含 m 個方程式 n 個未知數的相容線性方程組 $A\mathbf{x} = \mathbf{b}$ 之解集合是 R^n 的子空間。

(f) 向量空間中的任一向量集合的生成空間在加法及純量乘法下是封閉的。

(g) 向量空間 V 的任兩個子空間之交集是 V 的子空間。

(h) 向量空間 V 的任兩個子空間之聯集是 V 的子空間。

(i) 向量空間 V 的兩個子集合若生成相同的 V 之子空間，則此兩子集合必相等。

(j) $n \times n$ 階上三角形矩陣所成的集合是所有 $n \times n$ 階矩陣的向量空間之子空間。

(k) 多項式 $x-1, (x-1)^2$ 及 $(x-1)^3$ 生成 P_3。

4.3 線性獨立

本節我們將討論一個問題，這個問題是一已知向量集合裡的所有向量彼此間是否存在著某種關係，即它們之間的一個或更多個可被表為其他向量的線性組合。在應用方面，知道這個關係是很重要的，因為此

種關係的存在經常表示某種複雜化可能發生。

額外向量

在直角 xy-座標系裡，平面上的每一個向量可恰有一種方法被表為標準單位向量的線性組合。例如，將向量 $(3, 2)$ 表為 $\mathbf{i}=(1, 0)$ 及 $\mathbf{j}=(0, 1)$ 之線性組合的唯一方法是

$$(3, 2) = 3(1, 0) + 2(0, 1) = 3\mathbf{i} + 2\mathbf{j} \tag{1}$$

(圖 4.3.1)。假設，然而，我們引進一條第三座標軸，此座標軸和 x-軸成 $45°$ 角。稱此座標軸為 w-軸。如圖 4.3.2 所示，在 w-軸方向上的單位向量是

$$\mathbf{w} = \left(\frac{1}{\sqrt{2}}, \frac{1}{\sqrt{2}}\right)$$

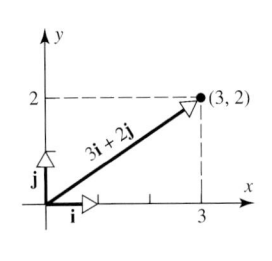

▲ 圖 4.3.1

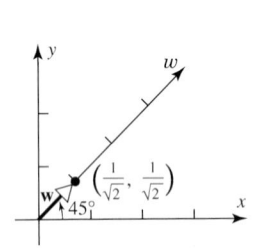

▲ 圖 4.3.2

儘管公式 (1) 說明將向量 $(3, 2)$ 表為 $\mathbf{i}$ 和 $\mathbf{j}$ 之線性組合的唯一方法，但有無限多種方法可將此向量表為 $\mathbf{i}, \mathbf{j}$ 及 $\mathbf{w}$ 的線性組合。三種可能為

$$(3, 2) = 3(1, 0) + 2(0, 1) + 0\left(\frac{1}{\sqrt{2}}, \frac{1}{\sqrt{2}}\right) = 3\mathbf{i} + 2\mathbf{j} + 0\mathbf{w}$$

$$(3, 2) = 2(1, 0) + (0, 1) + \sqrt{2}\left(\frac{1}{\sqrt{2}}, \frac{1}{\sqrt{2}}\right) = 3\mathbf{i} + \mathbf{j} + \sqrt{2}\mathbf{w}$$

$$(3, 2) = 4(1, 0) + 3(0, 1) - \sqrt{2}\left(\frac{1}{\sqrt{2}}, \frac{1}{\sqrt{2}}\right) = 4\mathbf{i} + 3\mathbf{j} - \sqrt{2}\mathbf{w}$$

簡而言之，藉著引進多餘的座標軸，我們創造出平面上點座標的多樣化。向量 $\mathbf{w}$ 是多餘的，它可被表為向量 $\mathbf{i}$ 和 $\mathbf{j}$ 的線性組合，即

$$\mathbf{w} = \left(\frac{1}{\sqrt{2}}, \frac{1}{\sqrt{2}}\right) = \frac{1}{\sqrt{2}}\mathbf{i} + \frac{1}{\sqrt{2}}\mathbf{j}$$

因此，本節的主要工作之一是發展確定方法來判斷集合 S 上的某向量是否為 S 上其他向量線性組合。

線性獨立和線性相關

定義 1：若 $\mathbf{S} = \{\mathbf{v}_1, \mathbf{v}_2, \ldots, \mathbf{v}_r\}$ 為一非空的向量集合，則向量方程式

$$k_1\mathbf{v}_1 + k_2\mathbf{v}_2 + \cdots + k_r\mathbf{v}_r = \mathbf{0}$$

至少有一解，就是

$$k_1 = 0, \quad k_2 = 0, \ldots, \quad k_r = 0$$

稱此解是**明顯解** (trivial solution)。若此解為唯一解，則 S 被稱為一**線性獨立集合** (linearly independent set)。若還有其他解答時，則 S 被稱為一**線性相關集合** (linearly dependent set)。

> 我們將經常使用線性獨立及線性相關的名詞給向量本身而非集合。

▶ **例題 1** R^n 上標準單位向量的線性獨立

R^n 上最基本的線性獨立集合是標準單位向量集

$$\mathbf{e}_1 = (1, 0, 0, \ldots, 0), \quad \mathbf{e}_2 = (0, 1, 0, \ldots, 0), \ldots, \quad \mathbf{e}_n = (0, 0, 0, \ldots, 1)$$

為記法簡便，我們將證明

$$\mathbf{i} = (1, 0, 0), \quad \mathbf{j} = (0, 1, 0), \quad \mathbf{k} = (0, 0, 1)$$

在 R^3 上線性獨立。這些向量的線性獨立或線性相關取決於向量方程式

$$k_1 \mathbf{i} + k_2 \mathbf{j} + k_3 \mathbf{k} = \mathbf{0} \tag{2}$$

是否存在非明顯解。因為此方程式的分量型是

$$(k_1, k_2, k_3) = (0, 0, 0)$$

得 $k_1 = k_2 = k_3 = 0$。此蘊涵 (2) 式僅有明顯解，因此這些向量是線性獨立。

▶ **例題 2** R^3 上的線性獨立

試判斷向量

$$\mathbf{v}_1 = (1, -2, 3), \quad \mathbf{v}_2 = (5, 6, -1), \quad \mathbf{v}_3 = (3, 2, 1)$$

在 R^3 上是否為一線性獨立或線性相關集合。

解：這些向量的線性獨立或線性相關取決於向量方程式

$$k_1 \mathbf{v}_1 + k_2 \mathbf{v}_2 + k_3 \mathbf{v}_3 = \mathbf{0} \tag{3}$$

或等價地

$$k_1 (1, -2, 3) + k_2 (5, 6, -1) + k_3 (3, 2, 1) = (0, 0, 0)$$

是否有非明顯解。等號兩邊相對應分量相等，得齊次線性方程組

$$\begin{aligned} k_1 + 5k_2 + 3k_3 &= 0 \\ -2k_1 + 6k_2 + 2k_3 &= 0 \\ 3k_1 - k_2 + k_3 &= 0 \end{aligned} \tag{4}$$

因此，我們的問題簡化為判斷此方程組是否有非明顯解。有幾種方法

來做這個；有一種簡單解方程組的方法，得

$$k_1 = -\tfrac{1}{2}t, \quad k_2 = -\tfrac{1}{2}t, \quad k_3 = t$$

(我們省略細節)。此證明方程組有非明顯解，因此這些向量是線性相同。第二種得相同結果的方法是計算係數矩陣

$$A = \begin{bmatrix} 1 & 5 & 3 \\ -2 & 6 & 2 \\ 3 & -1 & 1 \end{bmatrix}$$

> 在例題 2 裡，$\mathbf{v}_1$, $\mathbf{v}_2$ 及 $\mathbf{v}_3$ 的分量和係數矩陣 A 的所有行間，你看到什麼關係？

的行列式並使用定理 2.3.8 的 (b) 及 (g)。留給讀者證明 $\det(A)=0$，因此，(3) 有非明顯解且這些向量是線性相關。

▶ **例題 3** R^4 上的線性獨立

判斷向量

$$\mathbf{v}_1 = (1, 2, 2, -1), \quad \mathbf{v}_2 = (4, 9, 9, -4), \quad \mathbf{v}_3 = (5, 8, 9, -5)$$

在 R^4 上是為線性相關或線性獨立？

解：這些向量的線性獨立或線性相關取決於向量方程式

$$k_1\mathbf{v}_1 + k_2\mathbf{v}_2 + k_3\mathbf{v}_3 = \mathbf{0}$$

或等價地

$$k_1(1, 2, 2, -1) + k_2(4, 9, 9, -4) + k_3(5, 8, 9, -5) = (0, 0, 0, 0)$$

是否有非明顯解。等號兩邊相對應分量相等，得齊次線性方程組

$$\begin{aligned} k_1 + 4k_2 + 5k_3 &= 0 \\ 2k_1 + 9k_2 + 8k_3 &= 0 \\ 2k_1 + 9k_2 + 9k_3 &= 0 \\ -k_1 - 4k_2 - 5k_3 &= 0 \end{aligned}$$

留給讀者證明此方程組僅有明顯解

$$k_1 = 0, \quad k_2 = 0, \quad k_3 = 0$$

由此可得 $\mathbf{v}_1, \mathbf{v}_2$ 及 $\mathbf{v}_3$ 是線性獨立。

▶ **例題 4** P_n 上重要的線性獨立集合

試證明多項式

$$1, \quad x, \quad x^2, \ldots, \quad x^n$$

在 P_n 中形成一個線性獨立集合。

解：為方便計，將這些多項式表為

$$\mathbf{p}_0 = 1, \quad \mathbf{p}_1 = x, \quad \mathbf{p}_2 = x^2, \ldots, \quad \mathbf{p}_n = x^n$$

我們必須證明向量方程式

$$a_0\mathbf{p}_0 + a_1\mathbf{p}_1 + a_2\mathbf{p}_2 + \cdots + a_n\mathbf{p}_n = \mathbf{0} \tag{5}$$

僅有明顯解

$$a_0 = a_1 = a_2 = \cdots = a_n = 0$$

但 (5) 式是等價

$$a_0 + a_1 x + a_2 x^2 + \cdots + a_n x^n = 0 \tag{6}$$

對所有在 $(-\infty, \infty)$ 中的 x，所以我們必須證明這個成立若且唯若 (6) 式中的每一個係數均為零。為了了解真是如此，回想在代數中非零的 n 次多項式至多有 n 個相異根。此告訴我們，(6) 式中的每個係數必為零，否則方程式的左邊將是一個具無窮多根的非零多項式。因此，(5) 式僅有明顯解。◀

下一個例題說明判斷 P_n 的一已知向量集是否為線性獨立或線性相關的問題，可被簡化為判斷 R^n 上某向量集是否線性相關或獨立。

▶ **例題 5　多項式的線性獨立**

判斷多項式

$$\mathbf{p}_1 = 1 - x, \quad \mathbf{p}_2 = 5 + 3x - 2x^2, \quad \mathbf{p}_3 = 1 + 3x - x^2$$

在 P_2 上是線性相關或是線性獨立？

解：這些向量的線性獨立或線性相關取決於向量方程式

$$k_1\mathbf{p}_1 + k_2\mathbf{p}_2 + k_3\mathbf{p}_3 = \mathbf{0} \tag{7}$$

是否有非明顯解。此方程式可被寫為

$$k_1(1-x) + k_2(5 + 3x - 2x^2) + k_3(1 + 3x - x^2) = 0 \tag{8}$$

或等價寫為

$$(k_1 + 5k_2 + k_3) + (-k_1 + 3k_2 + 3k_3)x + (-2k_2 - k_3)x^2 = 0$$

因為這個方程式必被 $(-\infty, \infty)$ 上的所有 x 滿足，每個係數必為零 (如前一個例題所解釋的)。因此，所給多項式的線性相關或獨立取決於下面方程組是否有一個非明顯解：

> 在例題 5 裡，所給的多項式係數和方程組 (9) 之係數矩陣的所有行向量之間，你看到什麼關係？

$$k_1 + 5k_2 + k_3 = 0$$
$$-k_1 + 3k_2 + 3k_3 = 0 \qquad (9)$$
$$-2k_2 - k_3 = 0$$

留給讀者證明此線性方程組有一個非明顯解，你可直接解它或證明係數矩陣的行列式為零。因此，集合 $\{\mathbf{p}_1, \mathbf{p}_2, \mathbf{p}_3\}$ 是線性相關。 ◀

線性獨立的另一種解讀

線性相關和線性獨立這兩個名詞是要標示已知集合裡的向量是否有某種方式的相關。下一個定理，其證明延至本節末，將使這個概念更清楚。

定理 4.3.1：包含二個或二個以上向量之集合 S 為
(a) 線性相關若且唯若 S 中至少有一向量能以其餘向量的線性組合表示。
(b) 線性獨立若且唯若 S 中無任一向量能以其餘向量的線性組合表示。

▶ **例題 6　例題 1 之修正**

在例題 1 中，我們證明了 R^n 上所有標準單位向量是線性獨立。因此，由定理 4.3.1 知，這些向量中沒有一個可被表為其他向量之線性組合。欲在 R^3 上說明這個，假設，例如

$$\mathbf{k} = k_1 \mathbf{i} + k_2 \mathbf{j}$$

若用分量表示，則為

$$(0, 0, 1) = (k_1, k_2, 0)$$

因為這個方程式無法被任意的 k_1 及 k_2 滿足，所以無法將 $\mathbf{k}$ 表為 $\mathbf{i}$ 和 $\mathbf{j}$ 的線性組合。同理，$\mathbf{i}$ 無法被表為 $\mathbf{j}$ 和 $\mathbf{k}$ 的線性組合，且 $\mathbf{j}$ 不能被表為 $\mathbf{i}$ 和 $\mathbf{k}$ 的線性組合。

▶ **例題 7　例題 2 之修正**

在例題 2 中，我們見到

$$\mathbf{v}_1 = (1, -2, 3), \quad \mathbf{v}_2 = (5, 6, -1), \quad \mathbf{v}_3 = (3, 2, 1)$$

是線性相關。因此，由定理 4.3.1，這些向量中至少一個可以表為其餘兩向量的線性組合，留給讀者確認這些向量滿足方程式

$$\tfrac{1}{2}\mathbf{v}_1 + \tfrac{1}{2}\mathbf{v}_2 - \mathbf{v}_3 = \mathbf{0}$$

由此得,例如,

$$\mathbf{v}_3 = \tfrac{1}{2}\mathbf{v}_1 + \tfrac{1}{2}\mathbf{v}_2 \qquad \blacktriangleleft$$

含一個或兩個向量的集合

下一個基本定理關心含一個或兩個向量之集合及含零向量之集合的線性獨立及線性相關。

定理 4.3.2
(a) 包含零向量的有限向量集合為線性相關。
(b) 僅含一向量的集合為線性獨立若且唯若該向量不為 $\mathbf{0}$。
(c) 僅含二向量的集合為線性獨立集合若且唯若此無一向量為另一向量的純量倍數。

此處將僅證明 (a) 部分,而其餘部分則留作習題。

證明 (a):就任意向量 $\mathbf{v}_1, \mathbf{v}_2, \ldots, \mathbf{v}_r$ 而言,集合 $S = \{\mathbf{v}_1, \mathbf{v}_2, \ldots, \mathbf{v}_r, \mathbf{0}\}$ 為線性相關,因為方程式

$$0\mathbf{v}_1 + 0\mathbf{v}_2 + \cdots + 0\mathbf{v}_r + 1(\mathbf{0}) = \mathbf{0}$$

以 S 中之向量的線性組合表示 $\mathbf{0}$ 而其係數非全部為零。 $\blacktriangleleft$

▶ **例題 8** 兩個函數的線性獨立

函數 $\mathbf{f}_1 = x$ 和 $\mathbf{f}_2 = \sin x$ 在 $F(-\infty, \infty)$ 上是線性獨立向量,因為沒有一個函數是另一個的純量倍數。反之,兩個函數 $\mathbf{g}_1 = \sin 2x$ 及 $\mathbf{g}_2 = \sin x \cos x$ 是線性相關,因為三角恆等式 $\sin 2x = 2 \sin x \cos x$ 顯示 $\mathbf{g}_1$ 和 $\mathbf{g}_2$ 是互為對方的純量倍數。 $\blacktriangleleft$

史記:波蘭裔法國數學家 Józef Hoëné de Wroński 出生時名叫 Józef Hoëné 而結婚後取名為 Wroński。Wroński 的一生充滿爭論及衝突,有人說是由於他的變態人格趨向及他誇大他自己工作的重要性。雖然 Wroński 的作品零散得像好幾年的垃圾,且大部分確實是錯誤的,但他的某些概念被涵蓋在深藏的才華裡且倖存下來。除此之外,Wroński 設計一台履帶車輛和火車比賽 (雖然這種車從未被製造出來),且研究決定一艘船在海上之經度的著名問題。他的晚年是在貧困中度過。

Józef Hoëné de Wroński
(1778–1853)

[相片:摘錄自 *Wikipedia*]

線性獨立的幾何意義

線性獨立在 R^2 及 R^3 中有一些有用的幾何意義：

- 在 R^2 或 R^3 中，兩向量是線性獨立若且唯若當它們均以原點為始點時這兩個向量不共線。否則，一個將是另一個的純量倍數 (圖 4.3.3)。
- 在 R^3 中，三個向量是線性獨立若且唯若當它們的始點均在原點時這三個向量不共平面。否則，至少有一個將是另二個的線性組合 (圖 4.3.4)。

本節之初，我們觀察到 R^2 上的第三個座標軸是多餘的，因為此一個座標軸上的單位向量可被表為正 x-軸及正 y-軸上單位向量的線性組合。該結果是下一個定理的結果，其證明 R^n 上任何線性獨立集合至多有 n 個向量。

定理 4.3.3：令 $S=\{\mathbf{v}_1, \mathbf{v}_2, \ldots, \mathbf{v}_r\}$ 為 R^n 上一向量集合。若 $r > n$，則 S 為線性相關。

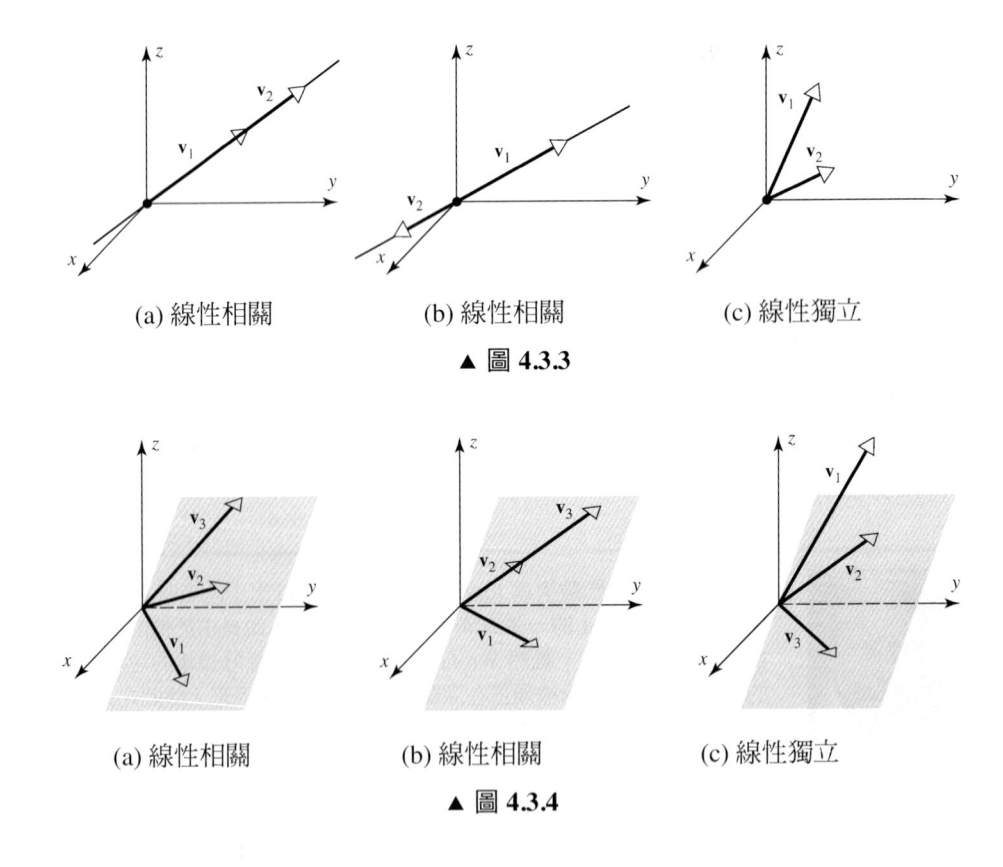

(a) 線性相關　　(b) 線性相關　　(c) 線性獨立
▲ 圖 4.3.3

(a) 線性相關　　(b) 線性相關　　(c) 線性獨立
▲ 圖 4.3.4

證明：假設
$$\mathbf{v}_1 = (v_{11}, v_{12}, \ldots, v_{1n})$$
$$\mathbf{v}_2 = (v_{21}, v_{22}, \ldots, v_{2n})$$
$$\vdots$$
$$\mathbf{v}_r = (v_{r1}, v_{r2}, \ldots, v_{rn})$$

考慮方程式
$$k_1\mathbf{v}_1 + k_2\mathbf{v}_2 + \cdots + k_r\mathbf{v}_r = \mathbf{0}$$

若將此方程式兩端以分量表示後利用相對應分量相等，可得方程組
$$v_{11}k_1 + v_{21}k_2 + \cdots + v_{r1}k_r = 0$$
$$v_{12}k_1 + v_{22}k_2 + \cdots + v_{r2}k_r = 0$$
$$\vdots \qquad \vdots \qquad \qquad \vdots \qquad \vdots$$
$$v_{1n}k_1 + v_{2n}k_2 + \cdots + v_{rn}k_r = 0$$

此為 n 個方程式中含 r 個未知數 $k_1, k_2, \ldots, k_r$ 的齊次方程組。因為 $r > n$，由定理 1.2.2 知此方程組有非明顯解。因此，$S = \{\mathbf{v}_1, \mathbf{v}_2, \ldots, \mathbf{v}_r\}$ 為線性相關集合。◀

> 由定理 4.3.3，例如，R^2 上含多於兩個向量的集合是線性相關且 R^3 上含多於三個向量的集合是線性相關。

適合已學過微積分的讀者

函數的線性獨立

有時候函數的線性相關性可由已知的恆等式推導得知。例如，函數
$$\mathbf{f}_1 = \sin^2 x, \quad \mathbf{f}_2 = \cos^2 x \quad \text{及} \quad \mathbf{f}_3 = 5$$
在 $F(-\infty, \infty)$ 中形成線性相關集合，因為方程式
$$5\mathbf{f}_1 + 5\mathbf{f}_2 - \mathbf{f}_3 = 5\sin^2 x + 5\cos^2 x - 5$$
$$= 5(\sin^2 x + \cos^2 x) - 5 = \mathbf{0}$$

將 $\mathbf{0}$ 以 $\mathbf{f}_1, \mathbf{f}_2$ 及 $\mathbf{f}_3$ 且係數不全為零的線性組合表示。

不幸地，沒有一般方法可被使用來判斷一個函數集是否線性獨立或線性相關。然而，有一個定理在某種環境下可用來建立線性獨立。下面定義將有助於討論該定理。

定義 2：若 $\mathbf{f}_1 = f_1(x), \mathbf{f}_2 = f_2(x), \ldots, \mathbf{f}_n = f_n(x)$ 為定義在區間 $(-\infty, \infty)$ 上的 $n-1$ 次可微分函數，則行列式

$$W(x) = \begin{vmatrix} f_1(x) & f_2(x) & \cdots & f_n(x) \\ f_1'(x) & f_2'(x) & \cdots & f_n'(x) \\ \vdots & \vdots & & \vdots \\ f_1^{(n-1)}(x) & f_2^{(n-1)}(x) & \cdots & f_n^{(n-1)}(x) \end{vmatrix}$$

被稱為 $f_1, f_2, \ldots, f_n$ 的**郎斯金式** (Wronskian)。

目前暫時假設 $\mathbf{f}_1 = f_1(x), \mathbf{f}_2 = f_2(x), \ldots, \mathbf{f}_n = f_n(x)$ 為 $C^{(n-1)}(-\infty, \infty)$ 中的線性相關向量。此暗示對某些係數值，向量方程式

$$k_1 \mathbf{f}_1 + k_2 \mathbf{f}_2 + \cdots + k_n \mathbf{f}_n = \mathbf{0}$$

有一個非明顯解，或等價地，方程式

$$k_1 f_1(x) + k_2 f_2(x) + \cdots + k_n f_n(x) = 0$$

被 $(-\infty, \infty)$ 上的所有 x 滿足。合併此一方程式與連續微分 $n-1$ 次所得的方程式，可得

$$\begin{aligned} k_1 f_1(x) + k_2 f_2(x) + \cdots + k_n f_n(x) &= 0 \\ k_1 f_1'(x) + k_2 f_2'(x) + \cdots + k_n f_n'(x) &= 0 \\ \vdots \quad \vdots \quad \vdots \quad \vdots & \\ k_1 f_1^{(n-1)}(x) + k_2 f_2^{(n-1)}(x) + \cdots + k_n f_n^{(n-1)}(x) &= 0 \end{aligned}$$

於是 $\mathbf{f}_1, \mathbf{f}_2, \ldots, \mathbf{f}_n$ 的線性相關暗示線性方程組

$$\begin{bmatrix} f_1(x) & f_2(x) & \cdots & f_n(x) \\ f_1'(x) & f_2'(x) & \cdots & f_n'(x) \\ \vdots & \vdots & & \vdots \\ f_1^{(n-1)}(x) & f_2^{(n-1)}(x) & \cdots & f_n^{(n-1)}(x) \end{bmatrix} \begin{bmatrix} k_1 \\ k_2 \\ \vdots \\ k_n \end{bmatrix} = \begin{bmatrix} 0 \\ 0 \\ \vdots \\ 0 \end{bmatrix} \quad (10)$$

有一個非明顯解。此蘊涵 (10) 之係數矩陣的行列式為零對每個此類 x。因為這個行列式是 $f_1, f_2, \ldots, f_n$ 的郎斯金式，所以我們已建立下面結果。

定理 4.3.4：若函數 $\mathbf{f}_1, \mathbf{f}_2, \ldots, \mathbf{f}_n$ 在區間 $(-\infty, \infty)$ 中有 $n-1$ 次連續的導函數，而且若這些函數的郎斯金式在 $(-\infty, \infty)$ 中不恆等於零，則這些函數在 $C^{(n-1)}(-\infty, \infty)$ 中形成線性獨立的向量集合。

在例題 8 中，我們證明了 x 和 $\sin x$ 是線性獨立，因為沒有一個是另一個的純量倍數。下一個例題說明如何使用郎斯金式來得相同結果 (雖然在這個特別情形，它是一個比較複雜的過程)。

▶ **例題 9** 使用郎斯金式的線性獨立

使用郎斯金式證明 $\mathbf{f}_1 = x$ 及 $\mathbf{f}_2 = \sin x$ 是線性獨立。

解：郎斯金式是

$$W(x) = \begin{vmatrix} x & \sin x \\ 1 & \cos x \end{vmatrix} = x\cos x - \sin x$$

此函數在區間 $(-\infty, \infty)$ 上不等於 0，因為，例如，

$$W\left(\frac{\pi}{2}\right) = \frac{\pi}{2}\cos\left(\frac{\pi}{2}\right) - \sin\left(\frac{\pi}{2}\right) = \frac{\pi}{2}$$

因此，這兩個函數是線性獨立。

▶ **例題 10** 使用郎斯金式的線性獨立

使用郎斯金式證明 $\mathbf{f}_1 = 1, \mathbf{f}_2 = e^x$ 及 $\mathbf{f}_3 = e^{2x}$ 是線性獨立。

解：郎斯金式是

$$W(x) = \begin{vmatrix} 1 & e^x & e^{2x} \\ 0 & e^x & 2e^{2x} \\ 0 & e^x & 4e^{2x} \end{vmatrix} = 2e^{3x}$$

這個函數在 $(-\infty, \infty)$ 上明顯的不等於 0，所以 $\mathbf{f}_1, \mathbf{f}_2$ 及 $\mathbf{f}_3$ 形成一個線性獨立集合。 ◀

警語：定理 4.3.4 的逆定理是錯的。若 $\mathbf{f}_1, \mathbf{f}_2, ..., \mathbf{f}_n$ 的郎斯金式在 $(-\infty, \infty)$ 上恆等於零，則 $\mathbf{f}_1, \mathbf{f}_2, ..., \mathbf{f}_n$ 的線性獨立無結論可談——此向量集可能是線性獨立或線性相關。

可選擇的教材

我們將證明定理 4.3.1(a) 來作為本節的結束，而將 (b) 之證明留作為習題。

定理 4.3.1(a) 證明：令 $S = \{\mathbf{v}_1, \mathbf{v}_2, ..., \mathbf{v}_r\}$ 為包含二個或二個以上向量之集合。假設 S 為線性相關，則必存在不全為零的純量 $k_1, k_2, ..., k_r$，使得

$$k_1\mathbf{v}_1 + k_2\mathbf{v}_2 + \cdots + k_r\mathbf{v}_r = \mathbf{0} \tag{11}$$

為了明確，若假設 $k_1 \neq 0$，則 (11) 式可改寫為

$$\mathbf{v}_1 = \left(-\frac{k_2}{k_1}\right)\mathbf{v}_2 + \cdots + \left(-\frac{k_r}{k_1}\right)\mathbf{v}_r$$

此式將 $\mathbf{v}_1$ 以 S 中其他剩餘向量之線性組合表示。同理，若對某 $j = 2, 3, \ldots, r$，(11) 式中 $k_j \neq 0$，則 $\mathbf{v}_j$ 亦可表為 S 中其餘向量之線性組合。

反之，若令 S 中至少有一向量可以其餘向量的線性組合表示。為了明確，假設為

$$\mathbf{v}_1 = c_2\mathbf{v}_2 + c_3\mathbf{v}_3 + \cdots + c_r\mathbf{v}_r$$

故

$$\mathbf{v}_1 - c_2\mathbf{v}_2 - c_3\mathbf{v}_3 - \cdots - c_r\mathbf{v}_r = \mathbf{0}$$

因此得知 S 為線性相關，因為方程式

$$k_1\mathbf{v}_1 + k_2\mathbf{v}_2 + \cdots + k_r\mathbf{v}_r = \mathbf{0}$$

被下列不全為零的 k 值

$$k_1 = 1, \quad k_2 = -c_2, \ldots, \quad k_r = -c_r$$

所滿足。同理可證，對 S 中不同於 $\mathbf{v}_1$ 之任意向量，亦能表為其餘向量的線性組合。◂

概念複習

- 明顯解
- 線性獨立集合
- 線性相關集合
- 郎斯金式

技　能

- 判斷一個向量集合是線性獨立或是線性相關。
- 使用郎斯金式證明一個函數集合是線性獨立。
- 將線性相關集合裡的一個向量表為集合中其他所有向量的線性組合。

習題集 4.3

1. 解釋為何下列向量集合為線性相關？（利用觀察法解此問題。）
  (a) $\mathbf{u}_1 = (3, -1)$ 及 $\mathbf{u}_2 = (6, -2)$ 在 R^2 上
  (b) $\mathbf{u}_1 = (-2, 0, 1)$, $\mathbf{u}_2 = (4, -2, 0)$, $\mathbf{u}_3 = (6, -6, 3)$ 在 R^3 上
  (c) $A = \begin{bmatrix} 0 & 1 \\ 2 & 3 \end{bmatrix}$ 及 $B = \begin{bmatrix} 0 & -1 \\ -2 & -3 \end{bmatrix}$ 在 M_{22} 上
  (d) $\mathbf{p}_1 = 2 + x - 2x^2$ 及 $\mathbf{p}_2 = -4 - 2x + 6x^2$ 在 P_2 上

2. 下列 R^3 上的向量集合何者為線性相關？
  (a) $(4, -1, 2), (-4, 10, 2)$

(b) $(-3, 0, 4), (5, -1, 2), (1, 1, 3)$
(c) $(8, -1, 3), (4, 0, 1)$
(d) $(-2, 0, 1), (3, 2, 5), (6, -1, 1), (7, 0, -2)$

3. 下列 R^4 上的向量集合何者為線性相關？
   (a) $(1, 2, -2, 1), (3, 6, -6, 3), (4, -2, 4, 1)$
   (b) $(5, 2, 0, -1), (0, -3, 0, 1), (1, 0, -1, 2), (3, 1, 0, 1)$
   (c) $(2, 1, 1 -4), (2, -8, 9, -2), (0, 3, -1, 5), (0, -1, 2, 4)$
   (d) $(1, 0, -6, 3), (0, 1, 3, 0), (0, 2, 7, 0), (0, 2, 0, 1)$

4. 下列 P_2 上的向量集合何者為線性相關？
   (a) $2-x+4x^2, 3+6x+2x^2, 2+10x-4x^2$
   (b) $3+x+x^2, 2-x+5x^2, 4-3x^2$
   (c) $6-x^2, 1+x+4x^2$
   (d) $1+3x+3x^2, x+4x^2, 5+6x+3x^2, 7+2x-x^2$

5. 假設 $\mathbf{v}_1, \mathbf{v}_2$ 及 $\mathbf{v}_3$ 為 R^3 上以原點為始點的三向量，對底下每一部分，試判定三向量是否位於同一平面上。
   (a) $\mathbf{v}_1 = (3, 4, 5), \mathbf{v}_2 = (1, -1, 0), \mathbf{v}_3 = (2, 1, 0)$
   (b) $\mathbf{v}_1 = (2, 7, -6), \mathbf{v}_2 = (1, 2, -4), \mathbf{v}_3 = (-1, 1, 6)$

6. 假設 $\mathbf{v}_1, \mathbf{v}_2$ 及 $\mathbf{v}_3$ 為 R^3 上以原點為始點的三向量，對底下每一部分，試判定三向量是否位於同一直線上。
   (a) $\mathbf{v}_1 = (-1, 2, 3), \mathbf{v}_2 = (2, -4, -6), \mathbf{v}_3 = (-3, 6, 0)$
   (b) $\mathbf{v}_1 = (2, -1, 4), \mathbf{v}_2 = (4, 2, 3), \mathbf{v}_3 = (2, 7, -6)$
   (c) $\mathbf{v}_1 = (4, 6, 8), \mathbf{v}_2 = (2, 3, 4), \mathbf{v}_3 = (-2, -3, -4)$

7. (a) 證明向量 $\mathbf{v}_1 = (2, 0, -2, 1), \mathbf{v}_2 = (3, 1, -5, 0)$ 及 $\mathbf{v}_3 = (2, 2, -6, -2)$ 形成 R^4 上的一線性相關集合。
   (b) 將上述三向量的每一向量表為其他兩向量的線性組合。

8. (a) 證明向量 $\mathbf{v}_1 = (1, 2, 3, 4), \mathbf{v}_2 = (0, 1, 0, -1)$ 及 $\mathbf{v}_3 = (1, 3, 3, 3)$ 形成 R^4 上的一線性相關集合。

(b) 將 (a) 中各向量表為另兩向量的線性組合。

9. 試決定 λ 值，使下列向量形成 R^3 上的一線性相關集合。
$$\mathbf{v}_1 = (\lambda, -\tfrac{1}{2}, -\tfrac{1}{2}), \quad \mathbf{v}_2 = (-\tfrac{1}{2}, \lambda, -\tfrac{1}{2}),$$
$$\mathbf{v}_3 = (-\tfrac{1}{2}, -\tfrac{1}{2}, \lambda)$$

10. 若 $\{\mathbf{v}_1, \mathbf{v}_2, \mathbf{v}_3\}$ 為一線性獨立的向量集合，證明 $\{\mathbf{v}_1, \mathbf{v}_2\}, \{\mathbf{v}_1, \mathbf{v}_3\}, \{\mathbf{v}_2, \mathbf{v}_3\}, \{\mathbf{v}_1\}, \{\mathbf{v}_2\}$ 及 $\{\mathbf{v}_3\}$ 亦為線性獨立集合。

11. 若 $S = \{\mathbf{v}_1, \mathbf{v}_2, \cdots, \mathbf{v}_r\}$ 為一線性獨立的向量集合，證明 S 的每一個非空的子集合亦為線性獨立集合。

12. 若 $\{\mathbf{v}_1, \mathbf{v}_2, \mathbf{v}_3\}$ 為向量空間 V 上的一線性相關集合，證明 $\{\mathbf{v}_1, \mathbf{v}_2, \mathbf{v}_3, \mathbf{v}_4\}$ 亦為線性相關，此處 $\mathbf{v}_4$ 為 V 上任意另一向量。

13. 若 $\{\mathbf{v}_1, \mathbf{v}_2, \cdots, \mathbf{v}_r\}$ 為向量空間 V 上的一線性相關集合，證明 $\{\mathbf{v}_1, \mathbf{v}_2, \cdots, \mathbf{v}_r, \mathbf{v}_{r+1}, \cdots, \mathbf{v}_n\}$ 亦為線性相關，此處 $\mathbf{v}_{r+1}, \cdots, \mathbf{v}_n$ 為 V 上任意其他向量。

14. 試證明 P_2 上多於三個向量的每個集合都是線性相關。

15. 試證明若 $\{\mathbf{v}_1, \mathbf{v}_2\}$ 為線性獨立且 $\mathbf{v}_3$ 不屬於 span$\{\mathbf{v}_1, \mathbf{v}_2\}$，則 $\{\mathbf{v}_1, \mathbf{v}_2, \mathbf{v}_3\}$ 為線性獨立。

16. 試證明：對向量空間 V 上任意向量 $\mathbf{u}, \mathbf{v}$ 及 $\mathbf{w}$，向量 $\mathbf{u}-\mathbf{v}, \mathbf{v}-\mathbf{w}$ 及 $\mathbf{w}-\mathbf{u}$ 可形成一線性相關集合。

17. 試證明：由 R^3 上兩向量所生成的空間不是通過原點的一直線，或是過原點的平面，就是原點本身。

18. 試問在何種條件下，一具有單一向量之集合為線性獨立。

19. 試問圖 Ex-19(a) 中的向量 $\mathbf{v}_1, \mathbf{v}_2$ 及 $\mathbf{v}_3$ 是否為線性獨立？圖 Ex-19(b) 中的三向量又如何？試解釋之。

20. 試利用合適的等式，若需要的話，決定下列各 $F(-\infty, \infty)$ 上的向量集合，哪些是線性相關？

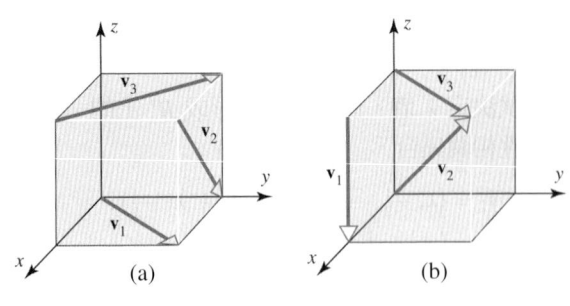

▲ 圖 Ex-19

(a) $6, 3\sin^2 x, 2\cos^2 x$

(b) $x, \cos x$

(c) $1, \sin x, \sin 2x$

(d) $\cos 2x, \sin^2 x, \cos^2 x$

(e) $(3-x)^2, x^2-6x, 5$

(f) $0, \cos^3 \pi x, \sin^5 3\pi x$

21. 函數 $f_1(x)=x$ 及 $f_2(x)=\cos x$ 在 $F(-\infty, \infty)$ 上是線性獨立，因為沒有一個函數是另一個函數的純量倍數。試使用郎斯金式測試確認線性獨立。

22. 函數 $f_1(x)=\sin x$ 及 $f_2(x)=\cos x$ 在 $F(-\infty, \infty)$ 上是線性獨立，因為沒有一個函數是另一個函數的純量倍數。試使用郎斯金式測試確認線性獨立。

23. (適合已學過微積分的讀者) 使用郎斯金式證明下列向量集合為線性獨立。
    (a) $1, x, e^x$　　(b) $1, x, x^2$

24. 使用郎斯金式測試證明函數 $f_1(x)=e^x, f_2(x)=xe^x$ 及 $f_3(x)=x^2e^x$ 在 $F(-\infty, \infty)$ 上是線性獨立向量。

25. 使用郎斯金式測試證明函數 $f_1(x)=\sin x$, $f_2(x)=\cos x$ 及 $f_3(x)=x\cos x$ 在 $F(-\infty, \infty)$ 上是線性獨立向量。

26. 試利用定理 4.3.1 (a) 以證明 (b)。

27. 試證明定理 4.3.2 (b)。

28. (a) 例題 1 證明相互正交的向量 **i**, **j** 及 **k** 形成 R^3 上的一個線性獨立向量集合。試問是否 R^3 上任三個非零相互正交的向量集合均為線性獨立集合？試以幾何論證驗證你的結論。
    (b) 試以代數論證驗證你的結論。[提示：使用點積。]

是非題

試判斷 (a)-(h) 各敘述的真假，並驗證你的答案。

(a) 含單一向量的集合是線性獨立。

(b) 向量集 $\{\mathbf{v}, k\mathbf{v}\}$ 是線性相關對每個純量 k。

(c) 每個線性相關集合包含零向量。

(d) 若向量集 $\{\mathbf{v}_1, \mathbf{v}_2, \mathbf{v}_3\}$ 是線性獨立，則 $\{k\mathbf{v}_1, k\mathbf{v}_2, k\mathbf{v}_3\}$ 亦是線性獨立對每個非零純量 k。

(e) 若 $\mathbf{v}_1, \dots, \mathbf{v}_n$ 是線性相關非零向量，則至少一個向量 $\mathbf{v}_k$ 是 $\mathbf{v}_1, \dots, \mathbf{v}_{k-1}$ 的唯一線性組合。

(f) 恰含兩個 1 及兩個 0 的 2×2 階矩陣所成的集合在 M_{22} 上是線性獨立。

(g) 三個多項式 $(x-1)(x+2), x(x+2)$ 及 $x(x-1)$ 是線性獨立。

(h) 函數 f_1 及 f_2 是線性相關若存在一個實數 x 使得 $k_1 f_1(x)+k_2 f_2(x)=0$ 對某些純量 k_1 及 k_2。

4.4　座標和基底

通常會將直線想像為一維，將平面想像為二維，而將圍繞四周的空間想像為三維。它是本節的主要目標且接下來給維數明確的直覺觀念。本節將討論一般向量空間上的座標系且做個分工合作給下一節的維數定義。

線性代數上的座標系

在解析幾何裡，我們學過使用直角座標系來創造 2-空間上的點和有序實數對及 3-空間上的點和有序三元實數序對之間的一對一對應 (圖 4.4.1)。雖然直角座標系是很普遍，但它們不是主要的。例如，圖 4.4.2 說明 2-空間及 3-空間的座標系之座標軸不互相垂直。

在線性代數裡，座標系普遍明確使用向量而非座標軸。例如，在圖 4.4.3 裡，我們使用單位向量以確認正向來重新創造座標系，並使用方程式

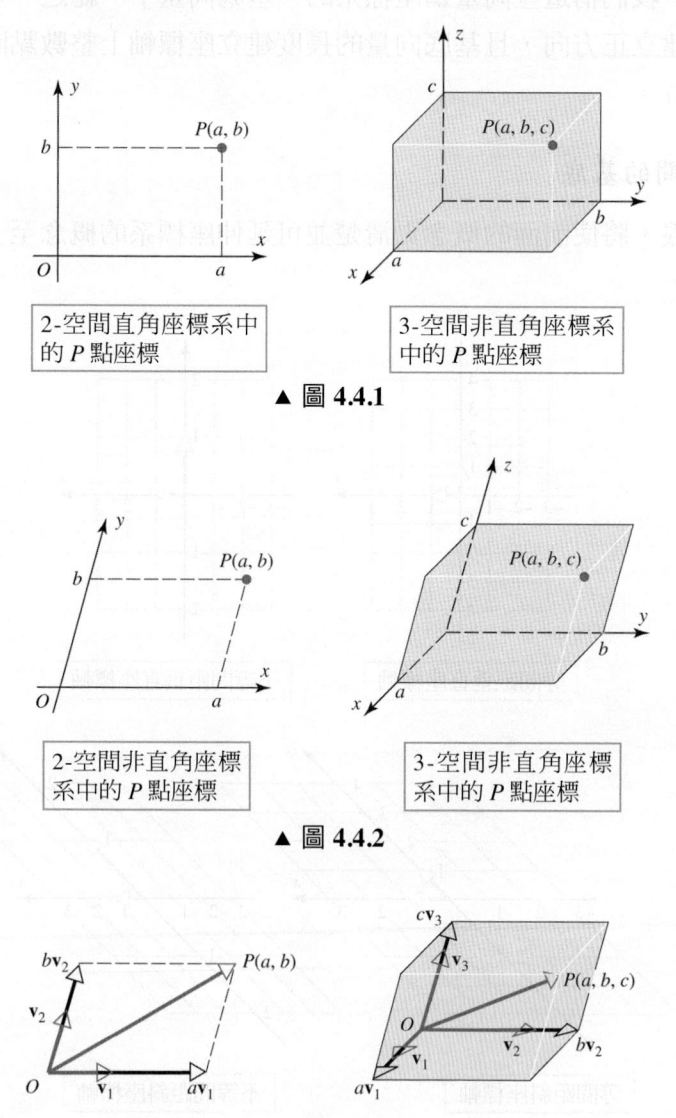

2-空間直角座標系中的 P 點座標　　3-空間非直角座標系中的 P 點座標

▲ 圖 4.4.1

2-空間非直角座標系中的 P 點座標　　3-空間非直角座標系中的 P 點座標

▲ 圖 4.4.2

▲ 圖 4.4.3

$$\overrightarrow{OP} = a\mathbf{u}_1 + b\mathbf{u}_2 \quad \text{及} \quad \overrightarrow{OP} = a\mathbf{u}_1 + b\mathbf{u}_2 + c\mathbf{u}_3$$

的純量係數附給點 P 之座標。

量測單位是任一座標系的要素。在幾何問題上，我們試著在所有座標軸上使用相同的量測單位，以避免毀壞圖的形狀。這在座標代表各種單位的物理量之應用時較不重要 (例如，在一軸上以秒表示時間，而在另一軸上以攝氏度數表示溫度)。欲允許這個一般化層次，我們將放鬆被用來確認正向的單位向量之要求，而僅要求這些向量是線性獨立即可。我們稱這些向量為座標系的「基底向量」。總之，基底向量的方向建立正方向，且基底向量的長度建立座標軸上整數點間的間距 (圖 4.4.4)。

向量空間的基底

下面定義，將使前面的概念更清楚並可延伸座標系的概念至一般的向量空間。

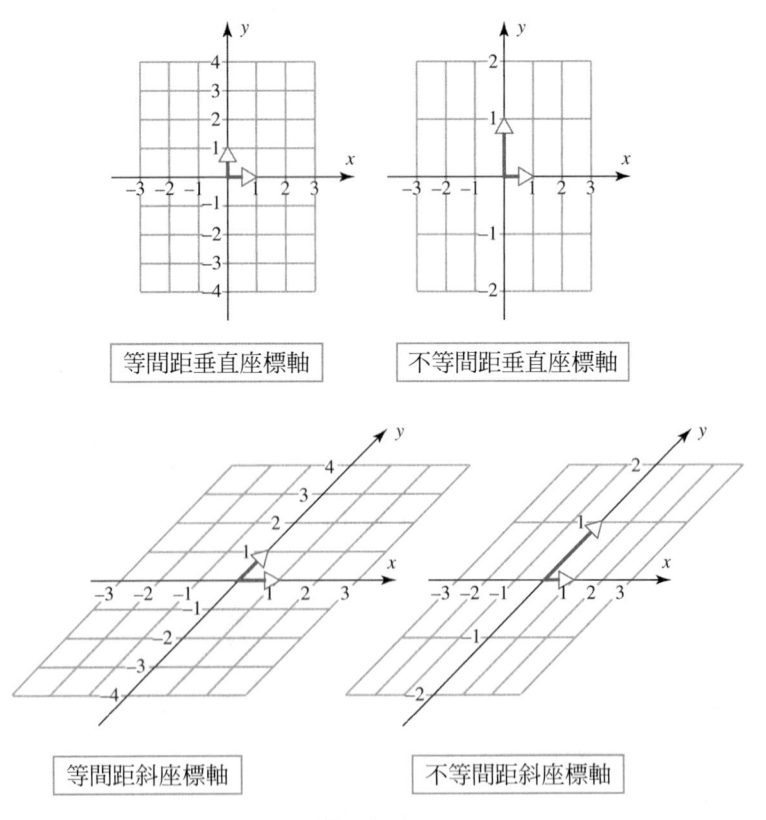

等間距垂直座標軸　　　不等間距垂直座標軸

等間距斜座標軸　　　不等間距斜座標軸

▲ 圖 4.4.4

定義 1：若 V 為任意向量空間，且 $S=\{\mathbf{v}_1, \mathbf{v}_2, \ldots, \mathbf{v}_n\}$ 為 V 上的一有限向量集合，則 S 將稱為 V 的一組**基底** (basis)，若下面兩條件成立：
(a) S 為線性獨立。
(b) S 生成 V。

注意：在定義 1 中，我們需要一個基底為有限多個向量。有些作者稱此為一組**有限基底** (finite basis)，但我們將不使用這個專有名詞。

若你將基底想像為描述一個座標系給 V 中的某向量空間，則此定義的 (a) 部分保證所有基底向量間沒有相互關係，且 (b) 部分保證有足夠基底向量來提供 V 中所有向量的座標。底下有幾個例子。

▶ **例題 1** R^n 的標準基底

記得由 4.2 節例題 11 知道標準單位向量

$$\mathbf{e}_1 = (1, 0, 0, \ldots, 0), \quad \mathbf{e}_2 = (0, 1, 0, \ldots, 0), \ldots, \quad \mathbf{e}_n = (0, 0, 0, \ldots, 1)$$

生成 R^n，且由 4.3 節例題 1 知它們是線性獨立。因此，它們形成 R^n 的一組基底，我們稱它為 R^n 的**標準基底** (standard basis for R^n)。特別地，

$$\mathbf{i} = (1, 0, 0), \quad \mathbf{j} = (0, 1, 0), \quad \mathbf{k} = (0, 0, 1)$$

是 R^3 的標準基底。

▶ **例題 2** P_n 的標準基底

證明 $S=\{1, x, x^2, \ldots, x^n\}$ 是次數小於或等於 n 的多項式所成之向量空間 P_n 的一組基底。

解：我們必須證明 S 中的所有多項式是線性獨立且生成 P_n。讓我們將這些多項式表為

$$\mathbf{p}_0 = 1, \quad \mathbf{p}_1 = x, \quad \mathbf{p}_2 = x^2, \ldots, \quad \mathbf{p}_n = x^n$$

我們在 4.2 節例題 13 證明了這些向量生成 P_n 且在 4.3 節例題 4 證明它們是線性獨立。因此，它們形成 P_n 的一組基底，且我們稱它為 P_n 的**標準基底** (standard basis for P_n)。

▶ **例題 3** R^3 的另一組基底

證明向量 $\mathbf{v}_1 = (1, 2, 1)$, $\mathbf{v}_2 = (2, 9, 0)$ 及 $\mathbf{v}_3 = (3, 3, 4)$ 形成 R^3 的一個基底。
解：我們必須證明這些向量是線性獨立且生成 R^3。欲證明線性獨立，

我們必須證明向量方程式

$$c_1\mathbf{v}_1 + c_2\mathbf{v}_2 + c_3\mathbf{v}_3 = \mathbf{0} \tag{1}$$

僅有明顯解；且欲證明這些向量生成 R^3，我們必須證明每一個 R^3 上之向量 $\mathbf{b} = (b_1, b_2, b_3)$ 可被表為

$$c_1\mathbf{v}_1 + c_2\mathbf{v}_2 + c_3\mathbf{v}_3 = \mathbf{b} \tag{2}$$

由等號兩邊對應分量相等，這兩個方程式可被表為線性方程組

$$\begin{array}{ccc} c_1 + 2c_2 + 3c_3 = 0 & & c_1 + 2c_2 + 3c_3 = b_1 \\ 2c_1 + 9c_2 + 3c_3 = 0 & 及 & 2c_1 + 9c_2 + 3c_3 = b_2 \\ c_1 + 4c_3 = 0 & & c_1 + 4c_3 = b_3 \end{array} \tag{3}$$

(證明之)。因此，我們已將問題簡化為證明 (3) 式中的齊次方程組僅有明顯解且非齊次方程組對所有 b_1, b_2 及 b_3 是相容的。但此兩方程組有相同係數矩陣

$$A = \begin{bmatrix} 1 & 2 & 3 \\ 2 & 9 & 3 \\ 1 & 0 & 4 \end{bmatrix}$$

所以由定理 2.3.8 (b), (e) 及 (g) 知道我們可由證明 $\det(A) \neq 0$ 來同時證明兩個結果。留給讀者確認 $\det(A) = -1$，其證明 $\mathbf{v}_1, \mathbf{v}_2$ 及 $\mathbf{v}_3$ 形成 R^3 的一組基底。

▶ **例題 4** M_{mn} 的標準基底

證明矩陣

$$M_1 = \begin{bmatrix} 1 & 0 \\ 0 & 0 \end{bmatrix}, \quad M_2 = \begin{bmatrix} 0 & 1 \\ 0 & 0 \end{bmatrix}, \quad M_3 = \begin{bmatrix} 0 & 0 \\ 1 & 0 \end{bmatrix}, \quad M_4 = \begin{bmatrix} 0 & 0 \\ 0 & 1 \end{bmatrix}$$

形成 2×2 階矩陣之向量空間 M_{22} 的一組基底。

解：我們必須證明這些矩陣是線性獨立且生成 M_{22}，欲證明線性獨立，我們必須證明向量方程式

$$c_1M_1 + c_2M_2 + c_3M_3 + c_4M_4 = \mathbf{0} \tag{4}$$

僅有明顯解，其中 $\mathbf{0}$ 是 2×2 階零矩陣；且欲證明這些矩陣生成 M_{22}，我們必須證明每一個 2×2 矩陣

$$B = \begin{bmatrix} a & b \\ c & d \end{bmatrix}$$

可被表為

$$c_1 M_1 + c_2 M_2 + c_3 M_3 + c_4 M_4 = B \tag{5}$$

方程式 (4) 和 (5) 的矩陣型為

$$c_1 \begin{bmatrix} 1 & 0 \\ 0 & 0 \end{bmatrix} + c_2 \begin{bmatrix} 0 & 1 \\ 0 & 0 \end{bmatrix} + c_3 \begin{bmatrix} 0 & 0 \\ 1 & 0 \end{bmatrix} + c_4 \begin{bmatrix} 0 & 0 \\ 0 & 1 \end{bmatrix} = \begin{bmatrix} 0 & 0 \\ 0 & 0 \end{bmatrix}$$

及

$$c_1 \begin{bmatrix} 1 & 0 \\ 0 & 0 \end{bmatrix} + c_2 \begin{bmatrix} 0 & 1 \\ 0 & 0 \end{bmatrix} + c_3 \begin{bmatrix} 0 & 0 \\ 1 & 0 \end{bmatrix} + c_4 \begin{bmatrix} 0 & 0 \\ 0 & 1 \end{bmatrix} = \begin{bmatrix} a & b \\ c & d \end{bmatrix}$$

它們可被改寫為

$$\begin{bmatrix} c_1 & c_2 \\ c_3 & c_4 \end{bmatrix} = \begin{bmatrix} 0 & 0 \\ 0 & 0 \end{bmatrix} \quad \text{及} \quad \begin{bmatrix} c_1 & c_2 \\ c_3 & c_4 \end{bmatrix} = \begin{bmatrix} a & b \\ c & d \end{bmatrix}$$

因為第一個方程式僅有明顯解

$$c_1 = c_2 = c_3 = c_4 = 0$$

這些矩陣是線性獨立，且因為第二個方程式有解

$$c_1 = a, \quad c_2 = b, \quad c_3 = c, \quad c_4 = d$$

這些矩陣生成 M_{22}。此證明矩陣 M_1, M_2, M_3, M_4 形成 M_{22} 的一個基底。更一般地，元素除了單一個 1 以外其他均為零的所有 mn 個不同矩陣形成 M_{mn} 的一組基底，且稱此基底為 M_{mn} 的**標準基底** (standard basis for M_{mn})。 ◀

以定義 1 的定義，並不是每個向量空間均有一組基底。最簡單的例子是零向量空間，其不含線性獨立集合且因此沒有基底。下面是一個非零向量空間的例子，其沒有定義 1 所定義的基底，因為它不能由有限多個向量來生成。

> 某些作者定義空集合為零向量空間的一組基底，但我們不這樣做。

▶ **例題 5** 沒有有限生成集的向量空間

證明所有具實係數之多項式所成的向量空間 P_∞ 沒有有限生成集。

解：若有一個有限生成集，稱 $S = \{\mathbf{p}_1, \mathbf{p}_2, \ldots, \mathbf{p}_r\}$，則 S 中所有多項式的所有次數將有一個最大值，稱其為 n；且此蘊涵 S 中所有多項式的任一線性組合的次數最多為 n。因此，將沒有辦法把多項式 x^{n+1} 表為 S 中所有多項式的線性組合，此和 S 中所有向量生成 P_∞ 矛盾。 ◀

理由將變得簡短清楚,一個不可能由有限多個向量生成的向量空間被稱是**無限維的** (infinite-dimensional),而那些可由有限多個向量生成的向量空間被稱是**有限維的** (finite-dimensional)。

▶**例題 6** 一些有限維及無限維空間

在例題 1, 2 及 4,我們發現了 R^n, P_n 及 M_{mn} 的基底,所以這些向量空間是有限維的。例題 5 證明向量空間 P_∞ 不能由有限多個向量生成且因此是無限維的。在本節及下一節的習題裡,我們將要求讀者證明向量空間 R^∞, $F(-\infty, \infty)$, $C(-\infty, \infty)$, $C^m(-\infty, \infty)$ 及 $C^\infty(-\infty, \infty)$ 均為無限維的。◀

對於某個基底的座標

本節稍早,我們給了基底向量及座標系間的一個非正式類比。我們的下一個目標是在一般向量空間上定義座標系的觀念來使這個非正式概念明確化。下一個定理將是該方向的第一步。

> **定理 4.4.1:基底表示法的唯一性**
> 若 $S=\{\mathbf{v}_1, \mathbf{v}_2, \ldots, \mathbf{v}_n\}$ 為向量空間 V 上的一組基底,則 V 上的每一向量 $\mathbf{v}$,僅能有唯一的表示法 $\mathbf{v}=c_1\mathbf{v}_1+c_2\mathbf{v}_2+\cdots+c_n\mathbf{v}_n$。

證明:因 S 生成 V,由生成集合的定義得知 V 上的每一向量能以 S 上之向量的一線性組合表示。為了證明唯一性,假設某些向量 $\mathbf{v}$ 可以表為

$$\mathbf{v} = c_1\mathbf{v}_1 + c_2\mathbf{v}_2 + \cdots + c_n\mathbf{v}_n$$

也可以表為

$$\mathbf{v} = k_1\mathbf{v}_1 + k_2\mathbf{v}_2 + \cdots + k_n\mathbf{v}_n$$

第一個方程式減第二個方程式,得

$$\mathbf{0} = (c_1 - k_1)\mathbf{v}_1 + (c_2 - k_2)\mathbf{v}_2 + \cdots + (c_n - k_n)\mathbf{v}_n$$

因上方程式的右邊為 S 之向量的一線性組合,由 S 的線性獨立性,得

$$c_1 - k_1 = 0, \quad c_2 - k_2 = 0, \ldots, \quad c_n - k_n = 0$$

亦即

$$c_1 = k_1, \quad c_2 = k_2, \ldots, \quad c_n = k_n$$

因此，**v** 的表示法相同。◀

我們現在已有所有要素來定義一般向量空間 V 上的「座標」概念。為激發動機，觀看 R^3，例如，向量 **v** 的座標 (a, b, c) 就是公式

$$\mathbf{v} = a\mathbf{i} + b\mathbf{j} + c\mathbf{k}$$

的所有係數，其將 **v** 表為 R^3 的標準基底之線性組合 (見圖 4.4.5)。下面定義一般化這個概念。

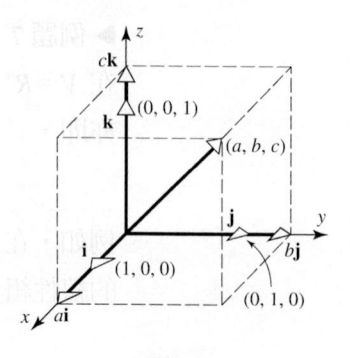

▲ 圖 4.4.5

定義 2：若 $S = \{\mathbf{v}_1, \mathbf{v}_2, \ldots, \mathbf{v}_n\}$ 是向量空間 V 的一個基底，且

$$\mathbf{v} = c_1\mathbf{v}_1 + c_2\mathbf{v}_2 + \cdots + c_n\mathbf{v}_n$$

是向量 **v** 利用基底 S 的表示式，則純量 $c_1, c_2, \ldots, c_n$ 被稱是 **v** 對於基底 S 的**座標** (coordinates)。由這些座標建構出來的 R^n 上之向量 $(c_1, c_2, \ldots, c_n)$ 被稱是 **v** 對於 S 的**座標向量** (coordinate vector of **v** relative to S)；它被表為

$$(\mathbf{v})_S = (c_1, c_2, \ldots, c_n) \tag{6}$$

有時候會想要將座標向量寫為行矩陣，且使用中括弧將它表為

$$[\mathbf{v}]_S = \begin{bmatrix} c_1 \\ c_2 \\ \vdots \\ c_n \end{bmatrix}$$

我們將以 $[\mathbf{v}]_S$ 表**座標矩陣** (coordinate matrix) 且以 $(\mathbf{v})_S$ 表座標向量。

注釋：記得兩個集合被考慮為相同的若它們有相同元素，即使它們的元素被寫成不同順序。然而，若 $S = \{\mathbf{v}_1, \mathbf{v}_2, \ldots, \mathbf{v}_n\}$ 是一個基底向量集合，則改變向量被寫的順序將改變 $(\mathbf{v})_S$ 裡的元素順序，可能產生一個不同的座標向量。欲避免這個複雜化，我們將做個慣例，在任何含基底 S 的討論裡，S 中所有向量的順序維持固定。有些作者稱有此限制的基底向量集合為**有序基底** (ordered basis)。然而，我們僅在強調順序是需要的時候才使用這個專有名詞。

注意 $(\mathbf{v})_S$ 是 R^n 上的向量，所以一旦向量空間 V 的基底 S 被給，定理 4.4.1 建立 V 上向量和 R^n 上向量之間的一對一對應 (圖 4.4.6)。

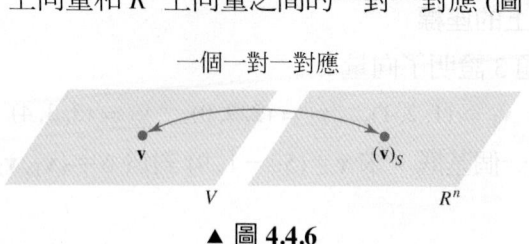

▲ 圖 4.4.6

▶ **例題 7** 對於 R^n 標準基底的向量

在 $V=R^n$ 的特殊情形且 S 是標準基底,座標向量 $(\mathbf{v})_S$ 和向量 $\mathbf{v}$ 相同;亦即,

$$\mathbf{v} = (\mathbf{v})_S$$

例如,在 R^3 上,向量 $\mathbf{v}=(a,b,c)$ 作為標準基底 $S=\{\mathbf{i},\mathbf{j},\mathbf{k}\}$ 中所有向量的線性組合之表示式是

$$\mathbf{v} = a\mathbf{i} + b\mathbf{j} + c\mathbf{k}$$

所以對於這個基底的座標向量是 $(\mathbf{v})_S=(a,b,c)$,其和向量 $\mathbf{v}$ 相同。

▶ **例題 8** 對於標準基底的座標向量

(a) 求多項式

$$\mathbf{p}(x) = c_0 + c_1 x + c_2 x^2 + \cdots + c_n x^n$$

對於向量空間 P_n 之標準基底的座標向量。

(b) 求 $B = \begin{bmatrix} a & b \\ c & d \end{bmatrix}$ 對於 M_{22} 之標準基底的座標向量。

解 (a):給 $\mathbf{p}(x)$ 的公式已將這個多項式表為標準基底向量 $S=\{1, x, x^2, \ldots, x^n\}$ 的線性組合。因此,$\mathbf{p}$ 相對於 S 的座標向量是

$$(\mathbf{p})_S = (c_0, c_1, c_2, \ldots, c_n)$$

解 (b):我們在例題 4 證明了向量 $B=\begin{bmatrix} a & b \\ c & d \end{bmatrix}$ 的表示式表為標準基底向量的線性組合是

$$B = \begin{bmatrix} a & b \\ c & d \end{bmatrix} = a\begin{bmatrix} 1 & 0 \\ 0 & 0 \end{bmatrix} + b\begin{bmatrix} 0 & 1 \\ 1 & 0 \end{bmatrix} + c\begin{bmatrix} 0 & 0 \\ 1 & 0 \end{bmatrix} + d\begin{bmatrix} 0 & 0 \\ 0 & 1 \end{bmatrix}$$

所以 B 對於 S 的座標向量是

$$(B)_S = (a, b, c, d)$$

▶ **例題 9** R^3 上的座標

(a) 我們在例題 3 證明了向量

$$\mathbf{v}_1 = (1, 2, 1), \quad \mathbf{v}_2 = (2, 9, 0), \quad \mathbf{v}_3 = (3, 3, 4)$$

形成 R^3 的一個基底。求 $\mathbf{v}=(5,-1,9)$ 對於 $S=\{\mathbf{v}_1,\mathbf{v}_2,\mathbf{v}_3\}$ 的座標向量。

(b) 求對於 S 的座標向量為 $(\mathbf{v})_S=(-1,3,2)$ 的 R^3 上之向量 $\mathbf{v}$。

解 (a)：欲求 $(\mathbf{v})_S$，我們必須先將 $\mathbf{v}$ 表為 S 中所有向量的線性組合；亦即，我們必須找 c_1, c_2 及 c_3 使得

$$\mathbf{v} = c_1\mathbf{v}_1 + c_2\mathbf{v}_2 + c_3\mathbf{v}_3$$

或利用分量，

$$(5, -1, 9) = c_1(1, 2, 1) + c_2(2, 9, 0) + c_3(3, 3, 4)$$

相對應分量得

$$\begin{aligned} c_1 + 2c_2 + 3c_3 &= 5 \\ 2c_1 + 9c_2 + 3c_3 &= -1 \\ c_1 + 4c_3 &= 9 \end{aligned}$$

解此方程式我們得 $c_1 = 1, c_2 = -1, c_3 = 2$ (證明之)。因此

$$(\mathbf{v})_S = (1, -1, 2)$$

解 (b)：使用 $(\mathbf{v})_S$ 的定義，我們得

$$\begin{aligned} \mathbf{v} &= (-1)\mathbf{v}_1 + 3\mathbf{v}_2 + 2\mathbf{v}_3 \\ &= (-1)(1, 2, 1) + 3(2, 9, 0) + 2(3, 3, 4) = (11, 31, 7) \end{aligned}$$ ◀

概念複習

- 基底
- R^n, P_n, M_{mn} 的標準基底
- 有限維的
- 無限維的
- 座標
- 座標向量

技 能

- 證明一個向量集合是一向量空間的基底。
- 求某向量對於一組基底的座標。
- 求某向量對於一組基底的座標向量。

習題集 4.4

1. 試以文字解釋為何下列向量集合不是所指定之向量空間的基底？

(a) $\mathbf{u}_1 = (3, 2, 1), \mathbf{u}_2 = (-2, 1, 0), \mathbf{u}_3 = (5, 1, 1)$ 對 R^3。

(b) $\mathbf{u}_1 = (1, 1), \mathbf{u}_2 = (3, 5), \mathbf{u}_3 = (4, 2)$ 對 R^2。

(c) $\mathbf{p}_1 = 1 + x, \mathbf{p}_2 = 2x - x^2$ 對 P_2。

(d) $A = \begin{bmatrix} 1 & 0 \\ 0 & 2 \end{bmatrix}, B = \begin{bmatrix} 0 & 3 \\ -5 & 1 \end{bmatrix}, C = \begin{bmatrix} 4 & -2 \\ 1 & 6 \end{bmatrix},$
$D = \begin{bmatrix} 5 & 1 \\ 4 & 2 \end{bmatrix}, E = \begin{bmatrix} 7 & 1 \\ 2 & 9 \end{bmatrix}$ 對 M_{22}。

2. 下列向量集合何者為 R^2 的一組基底？

(a) $\{(3, 1), (0, 0)\}$

(b) $\{(4, 1), (-7, -8)\}$

(c) $\{(5, 2), (-1, 3)\}$

(d) $\{(3, 9), (-4, -12)\}$

3. 下列向量集合何者為 R^3 的一組基底？
   (a) $\{(1,0,0),(2,2,0),(3,3,3)\}$
   (b) $\{(3,1,-4),(2,5,6),(1,4,8)\}$
   (c) $\{(2,-3,1),(4,1,1),(0,-7,1)\}$
   (d) $\{(1,6,4),(2,4,-1),(-1,2,5)\}$

4. 下列向量集合何者為 P_2 的一組基底？
   (a) $2-4x+x^2, 3+2x-x^2, 1+6x-2x^2$
   (b) $3+2x-x^2, x+5x^2, 2-4x+x^2$
   (c) $1+x+x^2, x+x^2, x^2$
   (d) $-4+x+3x^2, 6+5x+2x^2, 8+4x+x^2$

5. 試證明下列向量集合為 M_{22} 的一組基底。
   $\begin{bmatrix} 3 & 6 \\ 3 & -6 \end{bmatrix}, \begin{bmatrix} 0 & -1 \\ -1 & 0 \end{bmatrix}, \begin{bmatrix} 0 & -8 \\ -12 & -4 \end{bmatrix}, \begin{bmatrix} 1 & 0 \\ -1 & 2 \end{bmatrix}$

6. 令 V 為由 $\mathbf{v}_1 = \cos^2 x$, $\mathbf{v}_2 = \sin^2 x$, $\mathbf{v}_3 = \cos 2x$ 所生成的空間。
   (a) 證明 $S=\{\mathbf{v}_1, \mathbf{v}_2, \mathbf{v}_3\}$ 不為 V 的一組基底。
   (b) 找一 V 的基底。

7. 求 $\mathbf{w}$ 對 R^2 的基底 $S=\{\mathbf{u}_1, \mathbf{u}_2\}$ 的座標向量。
   (a) $\mathbf{u}_1=(0,1), \mathbf{u}_2=(1,0); \mathbf{w}=(5,-3)$
   (b) $\mathbf{u}_1=(3,8), \mathbf{u}_2=(1,1); \mathbf{w}=(1,0)$
   (c) $\mathbf{u}_1=(1,1), \mathbf{u}_2=(0,2); \mathbf{w}=(a,b)$

8. 求 $\mathbf{w}$ 對 R^2 的基底 $S=\{\mathbf{u}_1, \mathbf{u}_2\}$ 的座標向量。
   (a) $\mathbf{u}_1=(1,-1), \mathbf{u}_2=(1,1); \mathbf{w}=(1,0)$
   (b) $\mathbf{u}_1=(1,-1), \mathbf{u}_2=(1,1); \mathbf{w}=(0,1)$
   (c) $\mathbf{u}_1=(1,-1), \mathbf{u}_2=(1,2); \mathbf{w}=(1,1)$

9. 求 $\mathbf{v}$ 對基底 $S=\{\mathbf{v}_1, \mathbf{v}_2, \mathbf{v}_3\}$ 的座標向量。
   (a) $\mathbf{v}=(3,4,3); \mathbf{v}_1=(3,2,1),$
   $\mathbf{v}_2=(-2,1,0), \mathbf{v}_3=(5,0,0)$
   (b) $\mathbf{v}=(5,-12,3); \mathbf{v}_1=(1,2,3),$
   $\mathbf{v}_2=(-4,5,6), \mathbf{v}_3=(7,-8,9)$

10. 求 $\mathbf{p}$ 對基底 $S=\{\mathbf{p}_1, \mathbf{p}_2, \mathbf{p}_3\}$ 的座標向量。
    (a) $\mathbf{p}=4-3x+x^2; \mathbf{p}_1=1, \mathbf{p}_2=x, \mathbf{p}_3=x^2$
    (b) $\mathbf{p}=2-x+x^2; \mathbf{p}_1=1+x, \mathbf{p}_2=1+x^2,$
    $\mathbf{p}_3=x+x^2$

11. 求 A 對基底 $S=\{A_1, A_2, A_3, A_4\}$ 的座標向量。

$A = \begin{bmatrix} 3 & -2 \\ 0 & 1 \end{bmatrix}; A_1 = \begin{bmatrix} 1 & -1 \\ 0 & 0 \end{bmatrix}, A_2 = \begin{bmatrix} 0 & 1 \\ 1 & 0 \end{bmatrix},$
$A_3 = \begin{bmatrix} 1 & 0 \\ 0 & 0 \end{bmatrix}, A_4 = \begin{bmatrix} 0 & 1 \\ 0 & 1 \end{bmatrix}$

▶對習題 12-13 各題，證明 $\{A_1, A_2, A_3, A_4\}$ 是 M_{22} 的一組基底，並將 A 表為這些基底向量的線性組合。◀

12. $A_1 = \begin{bmatrix} 1 & 0 \\ 1 & 0 \end{bmatrix}, A_2 = \begin{bmatrix} 1 & 1 \\ 0 & 0 \end{bmatrix}, A_3 = \begin{bmatrix} 1 & 0 \\ 0 & 1 \end{bmatrix},$
    $A_4 = \begin{bmatrix} 0 & 0 \\ 1 & 0 \end{bmatrix}; A = \begin{bmatrix} 6 & 2 \\ 5 & 3 \end{bmatrix}$

13. $A_1 = \begin{bmatrix} 1 & 1 \\ 1 & 1 \end{bmatrix}, A_2 = \begin{bmatrix} 0 & 1 \\ 1 & 1 \end{bmatrix}, A_3 = \begin{bmatrix} 0 & 0 \\ 1 & 1 \end{bmatrix},$
    $A_4 = \begin{bmatrix} 0 & 0 \\ 0 & 1 \end{bmatrix}; A = \begin{bmatrix} 1 & 0 \\ 1 & 0 \end{bmatrix}$

▶對習題 14-15 各題，證明 $\{\mathbf{p}_1, \mathbf{p}_2, \mathbf{p}_3\}$ 是 P_2 的一組基底並將 $\mathbf{p}$ 表為這些基底向量的線性組合。◀

14. $\mathbf{p}_1 = 1+2x+x^2, \mathbf{p}_2 = 2+9x,$
    $\mathbf{p}_3 = 3+3x+4x^2; \mathbf{p} = 2+17x-3x^2$

15. $\mathbf{p}_1 = 1+x+x^2, \mathbf{p}_2 = x+x^2, \mathbf{p}_3 = x^2;$
    $\mathbf{p} = 7-x-2x^2$

16. 圖中顯示一直角 xy-座標系及一 $x'y'$-斜座標系。假設在各座標軸上取相同的 1-單位長度，求下列 xy-座標之各點的 $x'y'$-座標。
    (a) $(1,1)$ (b) $(1,0)$ (c) $(0,1)$ (d) (a,b)

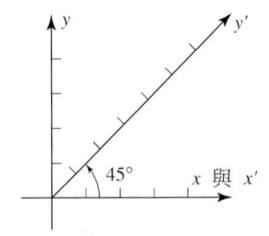

▲ 圖 Ex-16

17. 圖中顯示一直角 xy-座標系 (由單位基底向量 $\mathbf{i}$ 及 $\mathbf{j}$ 所決定) 及一 $x'y'$-座標系 (由單位基底向量 $\mathbf{u}_1$ 及 $\mathbf{u}_2$ 所決定)。求下列 xy-座標之各點的 $x'y'$-座標。

(a) $(\sqrt{3}, 1)$ (b) $(1, 0)$ (c) $(0, 1)$ (d) (a, b)

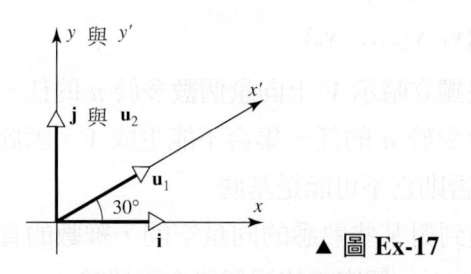

▲ 圖 Ex-17

18. 例題 4 裡 M_{22} 的基底係由不可逆矩陣組成。試問是否存在完全由可逆矩陣來組成的基底給 M_{22}？並驗證你的答案。

19. 證明 R^∞ 是無限維的。

是非題

試判斷 (a)-(e) 各敘述的真假，並驗證你的答案。

(a) 若 $V = \text{span}\{\mathbf{v}_1, \ldots, \mathbf{v}_n\}$，則 $\{\mathbf{v}_1, \ldots, \mathbf{v}_n\}$ 是 V 的一組基底。

(b) 向量空間 V 的每一個線性獨立子集合是 V 的一組基底。

(c) 若 $\{\mathbf{v}_1, \mathbf{v}_2, \ldots, \mathbf{v}_n\}$ 是向量空間 V 的一組基底，則 V 上的每個向量均可被表為 $\mathbf{v}_1, \mathbf{v}_2, \ldots, \mathbf{v}_n$ 的線性組合。

(d) R^n 上向量 $\mathbf{x}$ 對於 R^n 的標準基底之座標向量是 $\mathbf{x}$。

(e) P_4 的每一組基底至少包含一個次數小於或等於 3 的多項式。

4.5 維 數

在前一節，我們證明了 R^n 的標準基底有 n 個向量，且因此 R^3 的標準基底有三個向量，R^2 的標準基底有兩個向量，且 $R^1 (= R)$ 的標準基底有一個向量。因為我們想像空間是三維的，平面是二維的，且直線是一維的，所以基底內向量個數和向量空間維數之間似乎有一個聯結。本節我們將發展這個概念。

基底內的向量個數

本節第一個目標是建立下面基本定理。

> **定理 4.5.1**：有限維向量空間的所有基底都有相同數目的向量。

欲證明這個定理，我們需要下面的預備結果，其證明在本節末。

> **定理 4.5.2**：令 V 是一個有限維向量空間，且 $\{\mathbf{v}_1, \mathbf{v}_2, \ldots, \mathbf{v}_n\}$ 是任一組基底。
> (a) 若一集合的向量個數多於 n，則此集合是線性相關。
> (b) 若一集合的向量個數少於 n，則此集合不能生成 V。

我們現在可頗容易地看出為何定理 4.5.1 為真；因為若

$$S=\{\mathbf{v}_1, \mathbf{v}_2, \ldots, \mathbf{v}_n\}$$

是 V 的任意基底，則 S 的線性獨立暗示 V 上向量個數多於 n 的任一集合是線性相關且 V 上向量個數少於 n 的任一集合不能生成 V。因此，除非 V 上集合恰有 n 個向量，否則它不可能是基底。

在本節的引言裡，我們提到對某些熟悉的向量空間，維數的直覺觀念和基底內向量的個數相同。下一個定義使這個概念更清楚。

> 有些作者將空集合視為零向量空間的一組基底。這跟我們的維數定義一致，因為空集合沒有向量且零向量空間的維數為零。

定義 1：有限維向量空間 V 的**維數** (dimension) 以 dim(V) 標示。定義為 V 之一組基底中的向量數目。此外，也定義零向量空間的維數為零。

> 工程師經常使用**自由度** (degrees of freedom) 一詞作為維數的同義詞。

▶ **例題 1**　一些熟悉向量空間的維數

$\dim(R^n)=n$　　　　標準基底有 n 個向量

$\dim(P_n)=n+1$　　標準基底有 $n+1$ 個向量

$\dim(M_{mn})=mn$　標準基底有 mn 個向量

▶ **例題 2**　span(S) 的維數

若 $S=\{\mathbf{v}_1, \mathbf{v}_2, \ldots, \mathbf{v}_r\}$ 是向量空間 V 上的線性獨立集合，則 S 自動是 span(S) 的一組基底 (為何？) 且此暗示

$$\dim[\text{span}(S)]=r$$

換句話說，由一個線性獨立向量集合所生成的空間之維數等於該集合裡的向量個數。

▶ **例題 3**　解空間的維數

對如下之齊次方程組的解空間，找其一組基底和維數。

$$\begin{aligned} 2x_1 + 2x_2 - x_3 + x_5 &= 0 \\ -x_1 - x_2 + 2x_3 - 3x_4 + x_5 &= 0 \\ x_1 + x_2 - 2x_3 - x_5 &= 0 \\ x_3 + x_4 + x_5 &= 0 \end{aligned}$$

解：留給讀者使用高斯-喬丹消去法解此方程組並證明其通解是

$$x_1=-s-t, \quad x_2=s, \quad x_3=-t, \quad x_4=0, \quad x_5=t$$

其可被寫為向量型

$$(x_1, x_2, x_3, x_4, x_5) = (-s-t, s, -t, 0, t)$$

或寫為

$$(x_1, x_2, x_3, x_4, x_5) = s(-1, 1, 0, 0, 0) + t(-1, 0, -1, 0, 1)$$

此證明向量 $\mathbf{v}_1 = (-1, 1, 0, 0, 0)$ 及 $\mathbf{v}_2 = (-1, 0, -1, 0, 1)$ 生成解空間。因為沒有一個向量是另一個向量的純量倍數，它們是線性獨立且因此形成解空間的一組基底。因此，解空間有維數 2。

▶ **例題 4　解空間的維數**

對如下之齊次方程組，找其一組基底及維數。

$$\begin{aligned} x_1 + 3x_2 - 2x_3 \quad\quad\quad + 2x_5 \quad\quad\quad &= 0 \\ 2x_1 + 6x_2 - 5x_3 - 2x_4 + 4x_5 - 3x_6 &= 0 \\ 5x_3 + 10x_4 \quad\quad + 15x_6 &= 0 \\ 2x_1 + 6x_2 \quad\quad + 8x_4 + 4x_5 + 18x_6 &= 0 \end{aligned}$$

解：在 1.2 節例題 6 裡，我們發現此方程組的解是

$$x_1 = -3r - 4s - 2t, \quad x_2 = r, \quad x_3 = -2s, \quad x_4 = s, \quad x_5 = t, \quad x_6 = 0$$

其可被寫為向量型

$$(x_1, x_2, x_3, x_4, x_5, x_6) = (-3r - 4s - 2t, r, -2s, s, t, 0)$$

或被寫為

$$(x_1, x_2, x_3, x_4, x_5) = r(-3, 1, 0, 0, 0, 0) + s(-4, 0, -2, 1, 0, 0) + t(-2, 0, 0, 0, 1, 0)$$

此證明向量

$$\mathbf{v}_1 = (-3, 1, 0, 0, 0, 0), \quad \mathbf{v}_2 = (-4, 0, -2, 1, 0, 0), \quad \mathbf{v}_3 = (-2, 0, 0, 0, 1, 0)$$

生成解空間。留給讀者證明它們之間沒有一個可為其他兩個的線性組合 (參見下面的註釋)，以檢視這些向量是線性獨立。因此，解空間有維數 3。　◀

註釋：可證明出，對一個齊次線性方程組，上一例題的方法永遠得到方程組解空間的一組基底。我們省略正式證明。

一些基本定理

本節的後續部分將致力於一系列定理來揭示線性獨立、基底及維數間

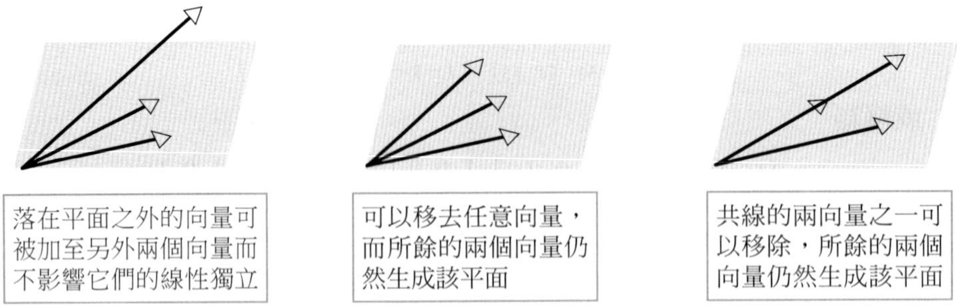

▲ 圖 4.5.1

（圖說，由左至右）
- 落在平面之外的向量可被加至另外兩個向量而不影響它們的線性獨立
- 可以移去任意向量，而所餘的兩個向量仍然生成該平面
- 共線的兩向量之一可以移除，所餘的兩個向量仍然生成該平面

奧妙的相互關係。這些定理在數學理論裡是不簡單的練習——對於了解向量空間，它們是重要的，且許多應用都以它們為基礎。

我們將以一個定理 (證明在本節末) 開始，此定理關心若一個向量被加至一已知非空向量集或由一已知非空向量集移走，對線性獨立及生成的影響。非正式地敘述，若你以一個線性獨立集合 S 開始且加一個不是 S 中向量之線性組合的向量至 S，則加大的集合將仍是線性獨立。而且，若你以一個含兩個或更多個向量的集合 S 開始，S 中向量的某一個是其他向量的線性組合，則該向量可由 S 中移走不影響 span(S) (圖 4.5.1)。

定理 4.5.3：加／減定理

令 S 為向量空間 V 中的非空的向量集合。

(a) 若 S 為線性獨立的集合，且若 $\mathbf{v}$ 為 V 中 span(S) 外的向量，則將 $\mathbf{v}$ 插入 S 所得的集合 $S \cup \{\mathbf{v}\}$ 仍是線性獨立的。

(b) 若 $\mathbf{v}$ 為 S 中能以 S 中其他向量的線性組合表示的向量，且若 $S - \{\mathbf{v}\}$ 表示從 S 中將 $\mathbf{v}$ 移除後所得的集合，則 S 與 $S - \{\mathbf{v}\}$ 生成相同的向量空間；也就是

$$\text{span}(S) = \text{span}(S - \{\mathbf{v}\})$$

▶ **例題 5　應用加／減定理**

證明 $\mathbf{p}_1 = 1 - x^2$, $\mathbf{p}_2 = 2 - x^2$ 及 $\mathbf{p}_3 = x^3$ 是線性獨立向量。

解：集合 $S = \{\mathbf{p}_1, \mathbf{p}_2\}$ 是線性獨立，因為 S 中沒有一個向量是另一個向量的純量倍數。因為向量 $\mathbf{p}_3$ 不能被表為 S 中所有向量的線性組合 (為何？)，它可被加至 S 得到一個線性獨立集合 $S' = \{\mathbf{p}_1, \mathbf{p}_2, \mathbf{p}_3\}$。 ◀

一般而言，欲證明一向量集合 $\{\mathbf{v}_1, \mathbf{v}_2, \cdots, \mathbf{v}_n\}$ 為向量空間 V 的基底，必須證明這些向量為線性獨立且生成 V。然而，若恰巧知道 V 的維數為 n（所以 $\{\mathbf{v}_1, \mathbf{v}_2, \cdots, \mathbf{v}_n\}$ 正好包含了基底的向量數目），則只需要檢查是線性獨立或生成即可，因其餘的條件將自動地成立。此為下一定理的內容。

定理 4.5.4：若 V 為 n 維向量空間，且 S 為 V 中恰含 n 個向量的集合，則 S 是 V 的一組基底若且唯若 S 生成 V 或 S 是線性獨立。

證明：假設 S 正好有 n 個向量而且生成 V。為了證明 S 為基底，必須證明 S 為線性獨立的集合。然而若非如此，則 S 中的某個向量 $\mathbf{v}$ 將為其他向量的線性組合。如果自 S 中將此向量移去，則由加／減定理 [4.5.3(b)] 可知所餘的 $n-1$ 個向量仍然生成 V。但這是不可能的，因為由定理 4.5.2(b) 可知沒有任何少於 n 個向量的集合能生成 n 維向量空間。因此，S 為線性獨立的集合。

假設 S 正好有 n 個向量且是線性獨立的集合。為了證明 S 為基底，必須證明 S 生成 V。但若非如此，則 V 中的某向量 $\mathbf{v}$ 不在 span(S) 中。如果將此向量插入於 S，則由加／減定理 [4.5.3(a)] 可知此一含 $n+1$ 個向量的集合仍然是線性獨立的集合。可是這是不可能的，因為由定理 4.5.2(a) 可知在 n 維向量空間中含多於 n 個向量的集合不可能是線性獨立的集合。因此，S 生成 V。◄

▶ **例題 6　檢驗基底**
(a) 試由觀察證實 $\mathbf{v}_1 = (-3, 7)$ 與 $\mathbf{v}_2 = (5, 5)$ 形成 R^2 的基底。
(b) 試由觀察證實 $\mathbf{v}_1 = (2, 0, -1), \mathbf{v}_2 = (4, 0, 7), \mathbf{v}_3 = (-1, 1, 4)$ 形成 R^3 的基底。

解 (a)：因為兩向量均非另一向量的純量倍數，在二維空間 R^2 中這兩個向量形成線性獨立的集合，所以依定理 4.5.4 它形成基底。

解 (b)：向量 $\mathbf{v}_1$ 和 $\mathbf{v}_2$ 在 xz-平面上形成線性獨立的集合（為什麼？）。向量 $\mathbf{v}_3$ 是在 xz-平面之外，所以集合 $\{\mathbf{v}_1, \mathbf{v}_2, \mathbf{v}_3\}$ 也是線性獨立的集合。因為 R^3 是三維空間，所以定理 4.5.4 指出 $\{\mathbf{v}_1, \mathbf{v}_2, \mathbf{v}_3\}$ 為 R^3 的基底。◄

下一個定理 (證明在本節末) 揭示兩個關於有限維向量空間 V 中所有向量的重要事實：

1. 某子空間的每一個生成集不是該子空間的基底就是該子空間某組基底的子集合。

2. 某子空間的每一個線性獨立集合不是該子空間的基底就是可被擴充為該子空間的基底。

> **定理 4.5.5**：令 S 為有限維向量空間 V 中的有限向量集合。
> (a) 若 S 生成 V 但非 V 的基底，則藉自 S 中移去合適的向量，S 可以簡化成 V 的基底。
> (b) 若 S 是不足以形成 V 的基底的線性獨立集，則藉插入合適的向量至 S 中可將 S 擴充成 V 的基底。

我們以一個定理來結束本節，該定理敘述向量空間的維數和其子空間之維數的關係。

> **定理 4.5.6**：若 W 是有限維向量空間 V 的子空間，則：
> (a) W 是有限維的。
> (b) $\dim(W) \leq \dim(V)$。
> (c) $W = V$ 若且唯若 $\dim(W) = \dim(V)$。

證明 **(a)**：留作為習題。

證明 **(b)**：(a) 部分證明 W 是有限維的，所以它有一組基底

$$S = \{\mathbf{w}_1, \mathbf{w}_2, \ldots, \mathbf{w}_m\}$$

S 亦是 V 的一組基底或不是。若是，則 $\dim(V) = m$，亦即 $\dim(V) = \dim(W)$。若不是，則因 S 是一個線性獨立集，由定理 4.5.5(b)，它可被擴充為 V 的基底。此暗示 $\dim(W) < \dim(V)$，所以我們已證明了 $\dim(W) \leq \dim(V)$ 對所有情形。

證明 **(c)**：假設 $\dim(W) = \dim(V)$ 且

$$S = \{\mathbf{w}_1, \mathbf{w}_2, \ldots, \mathbf{w}_m\}$$

是 W 的一組基底。若 S 不是 V 的一組基底，則由定理 4.5.5(b)，線性獨立集合 S 可被擴充為 V 的一組基底。此意味著 $\dim(V) > \dim(W)$，

其和我們的假設矛盾。因此，S 必亦是 V 的一組基底，亦即 $\dim(W) = \dim(V)$。◀

圖 4.5.2 說明維數增加的所有 R^3 之子空間之間的幾何關係。

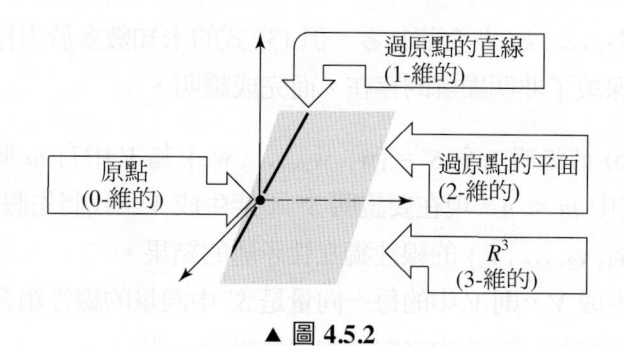

▲ 圖 4.5.2

可選擇的教材

我們以可選擇的定理 4.5.2, 4.5.3 及 4.5.5 之證明作為本節的結束。

定理 4.5.2(a) 的證明：令 $S' = \{\mathbf{w}_1, \mathbf{w}_2, \ldots, \mathbf{w}_m\}$ 為 V 上任意 m 個向量的集合，其中 $m > n$。此處希望證明 S' 為線性相關。因為 $S = \{\mathbf{v}_1, \mathbf{v}_2, \ldots, \mathbf{v}_n\}$ 為一組基底，每一個 $\mathbf{w}_i$ 可被表為 S 上向量之一線性組合，為

$$\begin{aligned} \mathbf{w}_1 &= a_{11}\mathbf{v}_1 + a_{21}\mathbf{v}_2 + \cdots + a_{n1}\mathbf{v}_n \\ \mathbf{w}_2 &= a_{12}\mathbf{v}_1 + a_{22}\mathbf{v}_2 + \cdots + a_{n2}\mathbf{v}_n \\ &\vdots \\ \mathbf{w}_m &= a_{1m}\mathbf{v}_1 + a_{2m}\mathbf{v}_2 + \cdots + a_{nm}\mathbf{v}_n \end{aligned} \qquad (1)$$

為證明 S' 為線性相關，必須證明純量 $k_1, k_2, \ldots, k_m$ 不全為零，並能滿足

$$k_1\mathbf{w}_1 + k_2\mathbf{w}_2 + \cdots + k_m\mathbf{w}_m = \mathbf{0} \qquad (2)$$

利用 (1) 式之方程式，可改寫 (2) 式為

$$\begin{aligned} (k_1 a_{11} + k_2 a_{12} + \cdots + k_m a_{1m})\mathbf{v}_1 & \\ + (k_1 a_{21} + k_2 a_{22} + \cdots + k_m a_{2m})\mathbf{v}_2 & \\ \vdots & \\ + (k_1 a_{n1} + k_2 a_{n2} + \cdots + k_m a_{nm})\mathbf{v}_n &= \mathbf{0} \end{aligned}$$

於是，由 S 的線性獨立性，證明 S' 為線性相關集合的問題簡化為證明滿足

$$\begin{aligned}a_{11}k_1 + a_{12}k_2 + \cdots + a_{1m}k_m &= 0\\ a_{21}k_1 + a_{22}k_2 + \cdots + a_{2m}k_m &= 0\\ &\vdots\\ a_{n1}k_1 + a_{n2}k_2 + \cdots + a_{nm}k_m &= 0\end{aligned} \tag{3}$$

的純量 $k_1, k_2, \ldots, k_m$ 非全部為零。但 (3) 式的未知數多於方程式，由於定理 1.2.2 保證了非明顯解的存在，而完成證明。

定理 4.5.2(b) 的證明：令 $S' = \{\mathbf{w}_1, \mathbf{w}_2, \ldots, \mathbf{w}_m\}$ 為 V 中有 m 個向量的任意集合，其中 $m < n$。現在要證明 S' 不能生成 V。我們先假設 S' 生成 V 導出與 $\{\mathbf{v}_1, \mathbf{v}_2, \ldots, \mathbf{v}_n\}$ 的線性獨立性矛盾的結果。

若 S' 生成 V，則 V 中的每一向量是 S' 中向量的線性組合。尤其是每一組基底向量 $\mathbf{v}_i$ 為 S' 中之向量的線性組合，即

$$\begin{aligned}\mathbf{v}_1 &= a_{11}\mathbf{w}_1 + a_{21}\mathbf{w}_2 + \cdots + a_{m1}\mathbf{w}_m\\ \mathbf{v}_2 &= a_{12}\mathbf{w}_1 + a_{22}\mathbf{w}_2 + \cdots + a_{m2}\mathbf{w}_m\\ &\vdots\\ \mathbf{v}_n &= a_{1n}\mathbf{w}_1 + a_{2n}\mathbf{w}_2 + \cdots + a_{mn}\mathbf{w}_m\end{aligned} \tag{4}$$

為了得到矛盾的結果，我們將證明純量 $k_1, k_2, \ldots, k_n$ 並非全部為零而使得

$$k_1\mathbf{v}_1 + k_2\mathbf{v}_2 + \cdots + k_n\mathbf{v}_n = \mathbf{0} \tag{5}$$

但觀察 (4) 和 (5) 兩式除了 m 與 n 互換外及各 $\mathbf{w}$ 與各 $\mathbf{v}$ 互換外，與 (1) 和 (2) 兩式的型式相同。於是，由 (3) 式的計算將得到

$$\begin{aligned}a_{11}k_1 + a_{12}k_2 + \cdots + a_{1n}k_n &= 0\\ a_{21}k_1 + a_{22}k_2 + \cdots + a_{2n}k_n &= 0\\ &\vdots\\ a_{m1}k_1 + a_{m2}k_2 + \cdots + a_{mn}k_n &= 0\end{aligned}$$

此一線性方程組的未知數多於方程式，所以依定理 1.2.2 它有非明顯解。

定理 4.5.3(a) 的證明：假設 $S = \{\mathbf{v}_1, \mathbf{v}_2, \ldots, \mathbf{v}_r\}$ 為 V 中的線性獨立向量集，而 $\mathbf{v}$ 為 V 中不含於 span(S) 的向量。為證明 $S' = \{\mathbf{v}_1, \mathbf{v}_2, \ldots, \mathbf{v}_r, \mathbf{v}\}$ 為線性獨立的集合，必須證明能滿足

$$k_1\mathbf{v}_1 + k_2\mathbf{v}_2 + \cdots + k_r\mathbf{v}_r + k_{r+1}\mathbf{v} = \mathbf{0} \tag{6}$$

的純量為 $k_1 = k_2 = \cdots = k_r = k_{r+1} = 0$。必須有 $k_{r+1} = 0$；否則由 (6) 式可解

得 **v** 為 $\mathbf{v}_1, \mathbf{v}_2, \ldots, \mathbf{v}_r$ 的線性組合，且與 **v** 不含於 span(S) 中的假設形成矛盾。於是，(6) 式簡化成

$$k_1\mathbf{v}_1 + k_2\mathbf{v}_2 + \cdots + k_r\mathbf{v}_r = \mathbf{0} \tag{7}$$

而依 $\{\mathbf{v}_1, \mathbf{v}_2, \ldots, \mathbf{v}_r\}$ 的線性獨立性，此式意指

$$k_1 = k_2 = \cdots = k_r = 0$$

定理 4.5.3(b) 的證明：假設 $S = \{\mathbf{v}_1, \mathbf{v}_2, \ldots, \mathbf{v}_r\}$ 為 V 中的向量集合，而且將指定假設 $\mathbf{v}_r$ 為 $\mathbf{v}_1, \mathbf{v}_2, \ldots, \mathbf{v}_{r-1}$ 的線性組合，即

$$\mathbf{v}_r = c_1\mathbf{v}_1 + c_2\mathbf{v}_2 + \cdots + c_{r-1}\mathbf{v}_{r-1} \tag{8}$$

現在要證明若 $\mathbf{v}_r$ 自 S 中移除，則所餘的向量集合 $\{\mathbf{v}_1, \mathbf{v}_2, \ldots, \mathbf{v}_{r-1}\}$ 仍然生成 span(S)；也就是，必須證明在 span(S) 中的每一向量 **w** 都能以 $\{\mathbf{v}_1, \mathbf{v}_2, \ldots, \mathbf{v}_{r-1}\}$ 的線性組合表示。但若 **w** 在 span(S) 中，則 **w** 可以寫成

$$\mathbf{w} = k_1\mathbf{v}_1 + k_2\mathbf{v}_2 + \cdots + k_{r-1}\mathbf{v}_{r-1} + k_r\mathbf{v}_r$$

或以 (8) 式代入得

$$\mathbf{w} = k_1\mathbf{v}_1 + k_2\mathbf{v}_2 + \cdots + k_{r-1}\mathbf{v}_{r-1} + k_r(c_1\mathbf{v}_1 + c_2\mathbf{v}_2 + \cdots + c_{r-1}\mathbf{v}_{r-1})$$

此式將 **w** 表示成 $\mathbf{v}_1, \mathbf{v}_2, \ldots, \mathbf{v}_{r-1}$ 的線性組合。

定理 4.5.5(a) 的證明：若 S 為生成 V 但非 V 的基底的向量集合，則 S 為線性相關的集合。於是 S 中的某個向量 **v** 能以 S 中其他向量的線性組合表示。依加／減定理 [4.5.3(b)]，可自 S 中移去向量 **v** 所得的集合 S' 仍然生成 V。若 S' 為線性獨立的集合，則 S' 為 V 的基底而完成證明。若 S' 為線性相關的集合，則可自 S' 中移去某合適的向量以產生仍能生成 V 的集合 S''。持續此種移去向量的方式，最後可以得到 S 中的一個線性獨立的向量集合並能生成 V。S 的此一子集合為 V 的基底。

定理 4.5.5(b) 的證明：假設 $\dim(V) = n$。若 S 仍不足為 V 之基底的線性獨立的集合，則 S 不能生成 V，而且 V 中有某個向量 **v** 不在 span(S) 中。依加／減定理 [4.5.3(a)] 可將 **v** 插入至 S 中，所得的集合 S' 仍然是線性獨立的集合。若 S' 生成 V，則 S' 為 V 的基底而完成證明。若 S' 仍不能生成 V，則可再插入合適的向量至 S' 中，得到仍為線性獨立的集合 S''。持續此種插入向量的方式直到獲得含 V 中 n 個線性獨立之向量的集合。由定理 4.5.4 知此一集合將是 V 的基底。◀

概念複習

- 維數
- 線性獨立、基底及維數概念間的關係

技　能

- 找一組基底及維數給齊次線性方程組之解空間。
- 使用維數來判斷一個向量集是否為一有限維向量空間的一組基底。
- 擴大一線性獨立集合為一組基底。

習題集 4.5

▶對習題 1-6 各題，找一組基底給齊次線性方程組的解空間，並求該空間的維數。

1. $2x_1 - x_2 + x_3 = 0$
    $x_1 + x_2 = 0$
    $-2x_1 - x_2 + x_3 = 0$

2. $3x_1 + x_2 + x_3 + x_4 = 0$
    $5x_1 - x_2 + x_3 - x_4 = 0$

3. $3x_1 - x_2 + 2x_3 + x_4 = 0$
    $6x_1 - 2x_2 - 4x_3 = 0$

4. $x_1 - 3x_2 + x_3 = 0$
    $2x_1 - 6x_2 + 2x_3 = 0$
    $3x_1 - 9x_2 + 3x_3 = 0$

5. $2x_1 + x_2 + 3x_3 = 0$
    $x_1 \quad\quad + 5x_3 = 0$
    $\quad\quad x_2 + x_3 = 0$

6. $x + y + z = 0$
    $3x + 2y - 2z = 0$
    $4x + 3y - z = 0$
    $6x + 5y + z = 0$

7. 求下列 R^3 之子空間的基底。
    (a) 平面 $2x + 4y - 3z = 0$
    (b) 平面 $y + z = 0$
    (c) 直線 $x = 4t, y = 2t, z = -t$
    (d) 所有型如 (a, b, c) 的向量，其中 $c = a - b$

8. 試求下列 R^4 之子空間的維數。
    (a) 所有型如 $(a, b, c, 0)$ 的向量。
    (b) 所有型如 (a, b, c, d) 的向量，此處 $d = a + b$ 及 $c = a - b$。
    (c) 所有型如 (a, b, c, d) 的向量，此處 $a = b = c = d$。

9. 求下面各向量空間的維數。
    (a) 所有 $n \times n$ 階對角矩陣所成的向量空間。
    (b) 所有 $n \times n$ 階對稱矩陣所成的向量空間。
    (c) 所有 $n \times n$ 階上三角形矩陣所成的向量空間。

10. 求所有滿足 $a_0 = 0$ 之所有多項式 $a_0 + a_1 x + a_2 x^2 + a_3 x^3$ 所組成的 P_3 之子空間的維數。

11. (a) 證明 P_2 中滿足 $p(1) = 0$ 的所有多項式所成之集合 W 是 P_2 的子空間。
    (b) 關於 W 的維數給一個猜測。
    (c) 找一組基底給 W 來確認你的猜測。

12. 找一個 R^3 的標準基底向量使其加至集合 $\{\mathbf{v}_1, \mathbf{v}_2\}$ 可得 R^3 的一組基底。
    (a) $\mathbf{v}_1 = (1, 1, 1), \mathbf{v}_2 = (2, -1, 3)$
    (b) $\mathbf{v}_1 = (5, 3, 0), \mathbf{v}_2 = (1, -1, 2)$

13. 找 R^4 的標準基底向量使其加至集合 $\{\mathbf{v}_1, \mathbf{v}_2\}$ 可得 R^4 的一組基底。

    $\mathbf{v}_1 = (1, -4, 2, -3), \mathbf{v}_2 = (-3, 8, -4, 6)$

14. 令 $\{\mathbf{v}_1, \mathbf{v}_2, \mathbf{v}_3\}$ 為向量空間 V 的一組基底，證明 $\{\mathbf{u}_1, \mathbf{u}_2, \mathbf{u}_3\}$ 亦是一組基底，其中 $\mathbf{u}_1 = \mathbf{v}_1, \mathbf{u}_2 = \mathbf{v}_1 + \mathbf{v}_2$ 且 $\mathbf{u}_3 = \mathbf{v}_1 + \mathbf{v}_2 + \mathbf{v}_3$。

15. 向量 $\mathbf{v}_1 = (1, -2, 3)$ 且 $\mathbf{v}_2 = (0, 5, -3)$ 是線性獨立，試擴大 $\{\mathbf{v}_1, \mathbf{v}_2\}$ 為 R^3 的一組基底。

16. 向量 $\mathbf{v}_1 = (1, -2, 3, -5)$ 且 $\mathbf{v}_2 = (0, -1, 2, -3)$ 是線性獨立，試擴大 $\{\mathbf{v}_1, \mathbf{v}_2\}$ 為 R^4 的一組基底。

17. (a) 試證明就每個正值整數 n 而言，在 $F(-\infty, \infty)$ 中可以找到 $n + 1$ 個線性獨立向量。[提示：從多項式去找。]

(b) 試利用 (a) 的結果證明 $F(-\infty, \infty)$ 為無限維。

(c) 試證明 $C(-\infty, \infty)$, $C^m(-\infty, \infty)$ 及 $C^\infty(-\infty, \infty)$ 均為無限維向量空間。

18. 令 S 為 n 維向量空間 V 的基底。證明假若 $\mathbf{v}_1, \mathbf{v}_2, \ldots, \mathbf{v}_r$ 為 V 上的一線性獨立集合，則座標向量 $(\mathbf{v}_1)_S, (\mathbf{v}_2)_S, \ldots, (\mathbf{v}_r)_S$ 為 R^n 上的線性相依集合，反之亦然。

19. 使用習題 18 的符號，證明若 $\mathbf{v}_1, \mathbf{v}_2, \ldots, \mathbf{v}_r$ 生成 V，則座標向量 $(\mathbf{v}_1)_S, (\mathbf{v}_2)_S, \ldots, (\mathbf{v}_r)_S$ 生成 R^n，反之亦然。

20. 在 P_2 上，試求由下列各向量所生成之子空間的基底。

    (a) $-1+x-2x^2, 3+3x+6x^2, 9$

    (b) $1+x, x^2, -2+2x^2, -3x$

    (c) $1+x-3x^2, 2+2x-6x^2, 3+3x-9x^2$

    [提示：令 S 為 P_2 的標準基底且求對 S 的座標向量；參考習題 18 及 19。]

21. 證明：有限維向量空間的任一子空間為有限維。

22. 以換質位法敘述定理 4.5.2 的兩個部分。

是非題

試判斷 (a)-(j) 各敘述的真假，並驗證你的答案。

(a) 零向量空間有維數 0。

(b) R^{17} 有一個 17 個線性獨立向量之集合。

(c) 有一個 11 個向量之集合可生成 R^{17}。

(d) R^5 上每一個 5 個向量所成的線性獨立集合是 R^5 的一組基底。

(e) 可生成 R^5 的每一個 5 個向量所成的集合是 R^5 的一組基底。

(f) 每一個生成 R^n 的向量集合包含 R^n 的一組基底。

(g) R^n 上的每一個線性獨立向量集合被包含在 R^n 的某些基底裡。

(h) M_{22} 有一組由可逆矩陣所組成的基底。

(i) 若 A 的階數是 $n \times n$，且 $I_n, A, A^2, \ldots, A^{n^2}$ 是相異矩陣，則 $\{I_n, A, A^2, \ldots, A^{n^2}\}$ 是線性相關。

(j) P_2 至少有兩個相異的三維子空間。

4.6 基底變換

適用於某一問題的一組基底對其他的問題可能並不適用，所以在研究向量空間時由一組基底變換至另一組基底是很平常的程序。因為基底是座標系一般化的向量空間，變換基底與在 R^2 和 R^3 中變換座標軸的性質類似。本節中將研究與變換基底有關的各種問題。

座標映射

若 $S = \{\mathbf{v}_1, \mathbf{v}_2, \ldots, \mathbf{v}_n\}$ 是有限維向量空間 V 的一組基底，且若

$$(\mathbf{v})_S = (c_1, c_2, \ldots, c_n)$$

是 V 對於 S 的座標向量，則如在 4.4 節所觀察的，映射

$$\mathbf{v} \to (\mathbf{v})_S \tag{1}$$

創造一般向量空間裡的向量和熟悉的向量空間 R^n 的向量之間的一個聯

結 (一個一對一對應)。我們稱 (1) 式為由 V 至 R^n 的**座標映射** (coordinate map)。在本節我們將發現可方便的將座標向量表為矩陣型

$$[\mathbf{v}]_S = \begin{bmatrix} c_1 \\ c_2 \\ \vdots \\ c_n \end{bmatrix} \qquad (2)$$

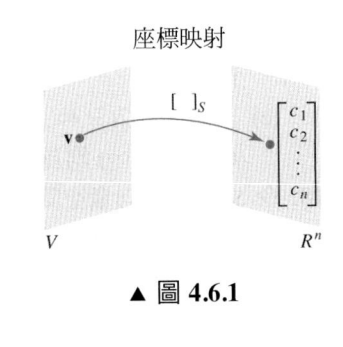

座標映射

▲ 圖 4.6.1

其中中括弧強調矩陣記法 (圖 4.6.1)。

基底變換

有許多應用有需要使用多一組座標系,在此情況下必須要知道某固定向量對各個座標系的座標間的關係,此導致下面問題。

基底變換問題:若 $\mathbf{v}$ 是有限維向量空間 V 上的向量,且若我們改變 V 的基底,由基底 B 改至基底 B',則座標向量 $[\mathbf{v}]_B$ 和 $[\mathbf{v}]_{B'}$ 的關係如何?

注釋:欲解此問題,稱 B 為「舊基底」, B' 為「新基底」將較方便。因此,我們的目標是找 V 上固定向量 $\mathbf{v}$ 的新舊座標間的關係。

為了簡便起見,此處以二維空間求解此問題,n-維空間的解法相似。令

$$B = \{\mathbf{u}_1, \mathbf{u}_2\} \quad \text{及} \quad B' = \{\mathbf{u}'_1, \mathbf{u}'_2\}$$

分別為舊基底和新基底。所需要的是新基底向量相對於舊基底的座標向量。假設它們為

$$[\mathbf{u}'_1]_B = \begin{bmatrix} a \\ b \end{bmatrix} \quad \text{與} \quad [\mathbf{u}'_2]_B = \begin{bmatrix} c \\ d \end{bmatrix} \qquad (3)$$

也就是,

$$\begin{aligned} \mathbf{u}'_1 &= a\mathbf{u}_1 + b\mathbf{u}_2 \\ \mathbf{u}'_2 &= c\mathbf{u}_1 + d\mathbf{u}_2 \end{aligned} \qquad (4)$$

現在令 $\mathbf{v}$ 為 V 中之向量,且令

$$[\mathbf{v}]_{B'} = \begin{bmatrix} k_1 \\ k_2 \end{bmatrix} \tag{5}$$

為新座標向量，所以

$$\mathbf{v} = k_1 \mathbf{u}_1' + k_2 \mathbf{u}_2' \tag{6}$$

為了求得 **v** 的舊座標，必須利用舊基底 B 來表示 **v**。為了這個目的，將 (4) 式代進 (6) 式，而得到

$$\mathbf{v} = k_1(a\mathbf{u}_1 + b\mathbf{u}_2) + k_2(c\mathbf{u}_1 + d\mathbf{u}_2)$$

或

$$\mathbf{v} = (k_1 a + k_2 c)\mathbf{u}_1 + (k_1 b + k_2 d)\mathbf{u}_2$$

於是，**v** 的舊座標向量為

$$[\mathbf{v}]_B = \begin{bmatrix} k_1 a + k_2 c \\ k_1 b + k_2 d \end{bmatrix}$$

且由 (5) 式其可以改寫為

$$[\mathbf{v}]_B = \begin{bmatrix} a & c \\ b & d \end{bmatrix} \begin{bmatrix} k_1 \\ k_2 \end{bmatrix} = \begin{bmatrix} a & c \\ b & d \end{bmatrix} [\mathbf{v}]_{B'}$$

此方程式說明了將新座標向量 $[\mathbf{v}]_{B'}$ 在左邊乘以矩陣

$$P = \begin{bmatrix} a & c \\ b & d \end{bmatrix}$$

時，即可得到舊座標向量 $[\mathbf{v}]_B$。矩陣 P 的各行為新基底向量相對於舊基底的座標 [參見 (3) 式]。因此，可得到下列基底變換問題的解。

> **基底變換問題的解**：若將某向量空間 V 的基底，由某舊基底 $B = \{\mathbf{u}_1, \mathbf{u}_2, \ldots, \mathbf{u}_n\}$ 變換為新基底 $B' = \{\mathbf{u}_1', \mathbf{u}_2', \ldots, \mathbf{u}_n'\}$ 時，則 V 上的每個向量 **v** 的舊座標向量 $[\mathbf{v}]_B$ 相對於其新座標向量 $[\mathbf{v}]_{B'}$ 的關係以
>
> $$[\mathbf{v}]_B = P[\mathbf{v}]_{B'} \tag{7}$$
>
> 表示，此處 P 的各行為新基底向量對於舊基底的座標向量；亦即，P 的行向量為
>
> $$[\mathbf{u}_1']_B, \quad [\mathbf{u}_2']_B, \ldots, \quad [\mathbf{u}_n']_B \tag{8}$$

轉移矩陣

方程式 (7) 的矩陣被稱為由 B' 至 B 的**轉移矩陣** (transition matrix)。為特別強調，我們將經常以 $P_{B' \to B}$ 表之。由 (8) 式，此矩陣可由其行向量表

示為

$$P_{B' \to B} = [[\mathbf{u}'_1]_B \mid [\mathbf{u}'_2]_B \mid \cdots \mid [\mathbf{u}'_n]_B] \tag{9}$$

同理，由 B 至 B' 的轉移矩陣可由其行向量表示為

$$P_{B \to B'} = [[\mathbf{u}_1]_{B'} \mid [\mathbf{u}_2]_{B'} \mid \cdots \mid [\mathbf{u}_n]_{B'}] \tag{10}$$

註釋：使用本節稍早定義的「舊基底」及「新基底」，有個簡單方法來記住這兩個公式。公式 (9) 的舊基底是 B'，新基底是 B，而公式 (10) 的舊基底是 B，新基底是 B'。因此，這兩個公式可被重新敘述如下：

> 由舊基底至新基底的轉移矩陣之所有行是舊基底對新基底的座標向量。

▶ **例題 1　求轉移矩陣**

考慮 R^2 的基底 $B = \{\mathbf{u}_1, \mathbf{u}_2\}$ 及 $B' = \{\mathbf{u}'_1, \mathbf{u}'_2\}$，此處

$$\mathbf{u}_1 = (1, 0), \quad \mathbf{u}_2 = (0, 1), \quad \mathbf{u}'_1 = (1, 1), \quad \mathbf{u}'_2 = (2, 1)$$

(a) 求由 B' 至 B 的轉移矩陣 $P_{B' \to B}$。

(b) 求由 B 至 B' 的轉移矩陣 $P_{B \to B'}$。

解 (a)：這裡的舊基底向量是 $\mathbf{u}'_1$ 及 $\mathbf{u}'_2$ 且新基底向量是 $\mathbf{u}_1$ 及 $\mathbf{u}_2$。我們想求舊基底向量 $\mathbf{u}'_1$ 及 $\mathbf{u}'_2$ 對新基底向量 $\mathbf{u}_1$ 及 $\mathbf{u}_2$ 的座標向量。欲處理這個，首先我們觀察

$$\mathbf{u}'_1 = \mathbf{u}_1 + \mathbf{u}_2$$
$$\mathbf{u}'_2 = 2\mathbf{u}_1 + \mathbf{u}_2$$

由此得

$$[\mathbf{u}'_1]_B = \begin{bmatrix} 1 \\ 1 \end{bmatrix} \quad 且 \quad [\mathbf{u}'_2]_B = \begin{bmatrix} 2 \\ 1 \end{bmatrix}$$

因此得

$$P_{B' \to B} = \begin{bmatrix} 1 & 2 \\ 1 & 1 \end{bmatrix}$$

解 (b)：這時的舊基底向量是 $\mathbf{u}_1$ 及 $\mathbf{u}_2$ 且新基底向量是 $\mathbf{u}'_1$ 及 $\mathbf{u}'_2$。如 (a) 部分，我們想求舊基底向量 $\mathbf{u}'_1$ 及 $\mathbf{u}'_2$ 對新基底向量 $\mathbf{u}_1$ 及 $\mathbf{u}_2$ 的座標向量。欲處理這個，觀察

$$\mathbf{u}_1 = -\mathbf{u}'_1 + \mathbf{u}'_2$$
$$\mathbf{u}_2 = 2\mathbf{u}'_1 - \mathbf{u}'_2$$

由此得

$$[\mathbf{u}_1]_{B'} = \begin{bmatrix} -1 \\ 1 \end{bmatrix} \quad 且 \quad [\mathbf{u}_2]_{B'} = \begin{bmatrix} 2 \\ -1 \end{bmatrix}$$

因此得

$$P_{B \to B'} = \begin{bmatrix} -1 & 2 \\ 1 & -1 \end{bmatrix}$$ ◀

現在假設 B 和 B' 是有限維向量空間 V 的基底。因為乘以 $P_{B' \to B}$ 可將對於基底 B' 的座標向量映至對於基底 B 的座標向量，且 $P_{B \to B'}$ 將對於 B 的座標向量映至對於 B' 的座標向量，故對 V 上的每個向量 $\mathbf{v}$，我們有

$$[\mathbf{v}]_B = P_{B' \to B}[\mathbf{v}]_{B'} \tag{11}$$

$$[\mathbf{v}]_{B'} = P_{B \to B'}[\mathbf{v}]_B \tag{12}$$

▶ **例題 2** 計算座標向量

令 B 和 B' 是例題 1 的基底。使用適合公式求 $[\mathbf{v}]_B$，已知

$$[\mathbf{v}]_{B'} = \begin{bmatrix} -3 \\ 5 \end{bmatrix}$$

解：欲求 $[\mathbf{v}]_B$，我們需要由 B' 至 B 的轉移矩陣。由公式 (11) 及例題 1 的 (a)，得

$$[\mathbf{v}]_B = P_{B' \to B}[\mathbf{v}]_{B'} = \begin{bmatrix} 1 & 2 \\ 1 & 1 \end{bmatrix} \begin{bmatrix} -3 \\ 5 \end{bmatrix} = \begin{bmatrix} 7 \\ 2 \end{bmatrix}$$ ◀

轉移矩陣的可逆性

若 B 和 B' 是有限維向量空間 V 的基底，則

$$(P_{B' \to B})(P_{B \to B'}) = P_{B \to B}$$

因為乘以 $(P_{B' \to B})(P_{B \to B'})$ 先將向量的 B-座標映至 B'-座標，接著將那些 B'-座標映回原來的 B-座標。因為這兩個運算的影響是保留每個座標向量不變，所以我們可結論 $P_{B \to B}$ 必為單位矩陣，亦即

$$(P_{B'\to B})(P_{B\to B'}) = I \tag{13}$$

(我們省略正式證明)。例如，對例題 1 所得的轉移矩陣，我們有

$$(P_{B'\to B})(P_{B\to B'}) = \begin{bmatrix} 1 & 2 \\ 1 & 1 \end{bmatrix} \begin{bmatrix} -1 & 2 \\ 1 & -1 \end{bmatrix} = \begin{bmatrix} 1 & 0 \\ 0 & 1 \end{bmatrix} = I$$

由 (13) 式知 $P_{B'\to B}$ 是可逆的且其逆是 $P_{B\to B'}$，因此，我們有下面定理。

定理 4.6.1：若 P 是有限維向量空間 V 的基底 B' 至基底 B 的轉移矩陣，則 P 是可逆的且 P^{-1} 是由 B 至 B' 的轉移矩陣。

一個計算 R^n 上轉移矩陣的有效方法

我們的下一個目標是發展一個有效程序來計算 R^n 上基底間的轉移矩陣。如例題 1 所示，計算轉移矩陣的第一步是將每個新基底向量表為舊基底向量的線性組合，此含括解 n 個方程式 n 個未知數的 n 個線性方程組，每個線性方程組有相同之係數矩陣 (為何？)。處理這個問題的一個有效方法是 1.6 節例題 2 所展示的方法，如下：

計算 $P_{B\to B'}$ 之程序：
步驟 1. 求矩陣 $[B' \mid B]$。
步驟 2. 使用基本列運算將步驟 1 所得之矩陣簡化為簡約列梯型。
步驟 3. 所得矩陣為 $[I \mid P_{B\to B'}]$。
步驟 4. 步驟 3 之矩陣的右邊即為 $P_{B\to B'}$。

此程序如下圖所示。

$$[\text{新基底} \mid \text{舊基底}] \xrightarrow{\text{列運算}} [I \mid \text{由舊至新的轉移矩陣}] \tag{14}$$

▶ **例題 3** 例題 1 之修正

在例題 1，我們考慮 R^2 之基底 $B = \{\mathbf{u}_1, \mathbf{u}_2\}$ 及 $B' = \{\mathbf{u}'_1, \mathbf{u}'_2\}$，其中

$$\mathbf{u}_1 = (1, 0), \quad \mathbf{u}_2 = (0, 1), \quad \mathbf{u}'_1 = (1, 1), \quad \mathbf{u}'_2 = (2, 1)$$

(a) 使用公式 (14) 求由 B' 至 B 的轉移矩陣。

(b) 使用公式 (14) 求由 B 至 B' 的轉移矩陣。

解 (a)：此處 B' 是舊基底且 B 是新基底，所以

$$[\text{新基底}\,|\,\text{舊基底}] = \begin{bmatrix} 1 & 0 & | & 1 & 2 \\ 0 & 1 & | & 1 & 1 \end{bmatrix}$$

因為左邊已是單位矩陣，所以不必再做簡化。由視察法可看出轉移矩陣是

$$P_{B'\to B} = \begin{bmatrix} 1 & 2 \\ 1 & 1 \end{bmatrix}$$

此和例題 1 的結果相同。

解 (b)：此處 B 是舊基底且 B' 是新基底，所以

$$[\text{新基底}\,|\,\text{舊基底}] = \begin{bmatrix} 1 & 2 & | & 1 & 0 \\ 1 & 1 & | & 0 & 1 \end{bmatrix}$$

藉由簡化這個矩陣，左邊變為單位矩陣，我們得 (證之)

$$[I\,|\,\text{由舊至新之轉移矩陣}] = \begin{bmatrix} 1 & 0 & | & -1 & 2 \\ 0 & 1 & | & 1 & -1 \end{bmatrix}$$

所以轉移矩陣是

$$P_{B\to B'} = \begin{bmatrix} -1 & 2 \\ 1 & -1 \end{bmatrix}$$

此亦和例題 1 的結果相同。◀

至 R^n 之標準基底的轉移矩陣

在上一例題 (a) 部分，由基底 B' 至標準基底的轉移矩陣之所有行向量就是 B' 的所有向量寫成行向量型。此說明下面的一般結果。

定理 4.6.2：令 $B' = \{\mathbf{u}_1, \mathbf{u}_2, \ldots, \mathbf{u}_n\}$ 為向量空間 R^n 上之任一基底且令 $S = \{\mathbf{e}_1, \mathbf{e}_2, \ldots, \mathbf{e}_n\}$ 為 R^n 之標準基底。若在這些基底的所有向量寫成行向量型，則

$$P_{B'\to S} = [\mathbf{u}_1\,|\,\mathbf{u}_2\,|\,\cdots\,|\,\mathbf{u}_n] \tag{15}$$

由此定理得，若

$$A = [\mathbf{u}_1\,|\,\mathbf{u}_2\,|\,\cdots\,|\,\mathbf{u}_n]$$

為任一可逆的 $n \times n$ 階矩陣，則 A 可被視為由 R^n 之基底 $\{\mathbf{u}_1, \mathbf{u}_2, \ldots, \mathbf{u}_n\}$ 至 R^n 之標準基底的轉移矩陣。因此，例如，矩陣

$$A = \begin{bmatrix} 1 & 2 & 3 \\ 2 & 5 & 3 \\ 1 & 0 & 8 \end{bmatrix}$$

已在 1.5 節例題 4 證明為可逆，就是由基底

$$\mathbf{u}_1 = (1, 2, 1), \quad \mathbf{u}_2 = (2, 5, 0), \quad \mathbf{u}_3 = (3, 3, 8)$$

至基底

$$\mathbf{e}_1 = (1, 0, 0), \quad \mathbf{e}_2 = (0, 1, 0), \quad \mathbf{e}_3 = (0, 0, 1)$$

的轉移矩陣。

概念複習

・座標映射　　　　　・基底變換問題　　　　　・轉移矩陣

技　能

・直接求對於一已知基底的座標向量。
・求由一基底至另一基底的轉移矩陣。
・使用轉移矩陣來計算座標向量。

習題集 4.6

1. 試求向量 $\mathbf{w}$ 對於 R^2 上之基底 $S = \{\mathbf{u}_1, \mathbf{u}_2\}$ 的座標向量。

　(a) $\mathbf{u}_1 = (1, 0), \mathbf{u}_2 = (0, 1); \mathbf{w} = (-4, 3)$
　(b) $\mathbf{u}_1 = (1, -1), \mathbf{u}_2 = (2, 5); \mathbf{w} = (3, 7)$
　(c) $\mathbf{u}_1 = (1, 2), \mathbf{u}_2 = (-2, 1); \mathbf{w} = (a, b)$

2. 試求向量 $\mathbf{v}$ 對於 R^3 之基底 $S = \{\mathbf{v}_1, \mathbf{v}_2, \mathbf{v}_3\}$ 的座標向量。

　(a) $\mathbf{v} = (2, -1, 3); \mathbf{v}_1 = (1, 0, 0), \mathbf{v}_2 = (2, 2, 0),$
　　 $\mathbf{v}_3 = (3, 3, 3)$
　(b) $\mathbf{v} = (5, -12, 3); \mathbf{v}_1 = (1, 2, 3),$
　　 $\mathbf{v}_2 = (-4, 5, 6), \mathbf{v}_3 = (7, -8, 9)$

3. 試求 $\mathbf{p}$ 對於 P_2 之基底 $S = \{\mathbf{p}_1, \mathbf{p}_2, \mathbf{p}_3\}$ 的座標向量。

　(a) $\mathbf{p} = 5 - x + 3x^2; \mathbf{p}_1 = 5, \mathbf{p}_2 = x, \mathbf{p}_3 = x^2$
　(b) $\mathbf{p} = 2 + x - x^2; \mathbf{p}_1 = 1 - x, \mathbf{p}_2 = x + x^2,$
　　 $\mathbf{p}_3 = 1 - x^2$

4. 試求 A 對於 M_{22} 之基底 $S = \{A_1, A_2, A_3, A_4\}$ 的座標向量。

$$A = \begin{bmatrix} 2 & 0 \\ -1 & 3 \end{bmatrix}; A_1 = \begin{bmatrix} -1 & 1 \\ 0 & 0 \end{bmatrix}, A_2 = \begin{bmatrix} 1 & 1 \\ 0 & 0 \end{bmatrix},$$

$$A_3 = \begin{bmatrix} 0 & 0 \\ 1 & 0 \end{bmatrix}, A_4 = \begin{bmatrix} 0 & 0 \\ 0 & 1 \end{bmatrix}.$$

5. 考慮座標向量

$$[\mathbf{w}]_S = \begin{bmatrix} 6 \\ -1 \\ 4 \end{bmatrix}, \quad [\mathbf{q}]_S = \begin{bmatrix} 3 \\ 0 \\ 4 \end{bmatrix}, \quad [B]_S = \begin{bmatrix} -8 \\ 7 \\ 6 \\ 3 \end{bmatrix}$$

(a) 若 S 為習題 2(a) 的基底，試求 **w**。
(b) 若 S 為習題 3(a) 的基底，試求 **q**。
(c) 若 S 為習題 4 的基底，試求 B。

6. 考慮 R^2 上之基底 $B = \{\mathbf{u}_1, \mathbf{u}_2\}$ 及 $B' = \{\mathbf{u}'_1, \mathbf{u}'_2\}$，此處

$$\mathbf{u}_1 = \begin{bmatrix} 1 \\ 0 \end{bmatrix}, \quad \mathbf{u}_2 = \begin{bmatrix} 0 \\ 1 \end{bmatrix}, \quad \mathbf{u}'_1 = \begin{bmatrix} 2 \\ 1 \end{bmatrix}, \quad \mathbf{u}'_2 = \begin{bmatrix} -3 \\ 4 \end{bmatrix}$$

(a) 試求由 B' 至 B 的轉移矩陣。
(b) 試求由 B 至 B' 的轉移矩陣。
(c) 試求座標向量 $[\mathbf{w}]_B$，此處 $\mathbf{w} = \begin{bmatrix} 3 \\ -5 \end{bmatrix}$ 且利用 (12) 式計算 $[\mathbf{w}]_{B'}$。
(d) 直接演算 $[\mathbf{w}]_{B'}$ 檢查你所做的答案。

7. 重做習題 6，**w** 相同，但

$$\mathbf{u}_1 = \begin{bmatrix} 4 \\ 1 \end{bmatrix}, \quad \mathbf{u}_2 = \begin{bmatrix} 3 \\ 1 \end{bmatrix}, \quad \mathbf{v}_1 = \begin{bmatrix} -1 \\ -2 \end{bmatrix}, \quad \mathbf{v}_2 = \begin{bmatrix} 2 \\ 3 \end{bmatrix}$$

8. 考慮 R^3 上之基底 $B = \{\mathbf{u}_1, \mathbf{u}_2, \mathbf{u}_3\}$ 且 $B' = \{\mathbf{u}'_1, \mathbf{u}'_2, \mathbf{u}'_3\}$，此處

$$\mathbf{u}_1 = \begin{bmatrix} -3 \\ 0 \\ -3 \end{bmatrix}, \quad \mathbf{u}_2 = \begin{bmatrix} -3 \\ 2 \\ -1 \end{bmatrix}, \quad \mathbf{u}_3 = \begin{bmatrix} 1 \\ 6 \\ -1 \end{bmatrix}$$

$$\mathbf{u}'_1 = \begin{bmatrix} -6 \\ -6 \\ 0 \end{bmatrix}, \quad \mathbf{u}'_2 = \begin{bmatrix} -2 \\ -6 \\ 4 \end{bmatrix}, \quad \mathbf{u}'_3 = \begin{bmatrix} -2 \\ -3 \\ 7 \end{bmatrix}$$

(a) 試求由 B 至 B' 的轉移矩陣。
(b) 試求座標向量 $[\mathbf{w}]_B$，此處

$$\mathbf{w} = \begin{bmatrix} -5 \\ 8 \\ -5 \end{bmatrix}$$

且利用 (12) 式求 $[\mathbf{w}]_{B'}$。
(c) 試直接演算 $[\mathbf{w}]_{B'}$，以驗證你所做的答案。

9. 重做習題 8，**w** 相同，但

$$\mathbf{u}_1 = \begin{bmatrix} 2 \\ 1 \\ 1 \end{bmatrix}, \quad \mathbf{u}_2 = \begin{bmatrix} 2 \\ -1 \\ 1 \end{bmatrix}, \quad \mathbf{u}_3 = \begin{bmatrix} 1 \\ 2 \\ 1 \end{bmatrix}$$

$$\mathbf{u}'_1 = \begin{bmatrix} 3 \\ 1 \\ -5 \end{bmatrix}, \quad \mathbf{u}'_2 = \begin{bmatrix} 1 \\ 1 \\ -3 \end{bmatrix}, \quad \mathbf{u}'_3 = \begin{bmatrix} -1 \\ 0 \\ 2 \end{bmatrix}$$

10. 考慮 P_1 上之基底 $B = \{\mathbf{p}_1, \mathbf{p}_2\}$ 及 $B' = \{\mathbf{q}_1, \mathbf{q}_2\}$，此處

$$\mathbf{p}_1 = 1 + 2x, \quad \mathbf{p}_2 = 3 - x,$$
$$\mathbf{q}_1 = 2 - 2x, \quad \mathbf{q}_2 = 4 + 3x$$

(a) 試求由 B' 轉換成 B 之轉移矩陣。
(b) 試求由 B 轉換成 B' 之轉移矩陣。
(c) 試求座標向量 $[\mathbf{p}]_B$，此處 $\mathbf{p} = 5 - x$，並利用 (12) 式求 $[\mathbf{p}]_{B'}$。
(d) 試直接演算 $[\mathbf{p}]_{B'}$，以驗證你的答案。

11. 令 V 為由 $\mathbf{f}_1 = \sin x$ 及 $\mathbf{f}_2 = \cos x$ 所生成的空間。
(a) 試證明 $\mathbf{g}_1 = 2 \sin x + \cos x$ 及 $\mathbf{g}_2 = 3 \cos x$ 形成 V 上之基底。
(b) 試求由 $B' = \{\mathbf{g}_1, \mathbf{g}_2\}$ 至 $B = \{\mathbf{f}_1, \mathbf{f}_2\}$ 之轉移矩陣。
(c) 試求由 B 至 B' 之轉移矩陣。
(d) 試求座標矩陣 $[\mathbf{h}]_B$，此處 $\mathbf{h} = 2 \sin x - 5 \cos x$，且利用 (12) 式求 $[\mathbf{h}]_{B'}$。
(e) 試直接演算 $[\mathbf{h}]_{B'}$，以驗證你的答案。

12. 令 S 是 R^2 的標準基底，且令 $B = \{\mathbf{v}_1, \mathbf{v}_2\}$ 為基底，其中 $\mathbf{v}_1 = (2, 1)$ 且 $\mathbf{v}_2 = (-3, 4)$。
(a) 以視察法求轉移矩陣 $P_{B \to S}$。
(b) 使用公式 (14) 求轉移矩陣 $P_{S \to B}$。
(c) 確認 $P_{B \to S}$ 和 $P_{S \to B}$ 互為對方的逆矩陣。
(d) 令 $\mathbf{w} = (5, -3)$，求 $[\mathbf{w}]_B$ 且使用公式 (11) 計算 $[\mathbf{w}]_S$。
(e) 令 $\mathbf{w} = (3, -5)$，求 $[\mathbf{w}]_S$ 且使用公式 (12) 計算 $[\mathbf{w}]_B$。

13. 令 S 是 R^3 的標準基底，且令 $B=\{\mathbf{v}_1, \mathbf{v}_2, \mathbf{v}_3\}$ 為基底，其中 $\mathbf{v}_1=(1, 2, 1)$, $\mathbf{v}_2=(2, 5, 0)$ 且 $\mathbf{v}_3=(3, 3, 8)$。
   (a) 以觀察法求轉移矩陣 $P_{B \to S}$。
   (b) 使用公式 (14) 求轉移矩陣 $P_{S \to B}$。
   (c) 確認 $P_{B \to S}$ 和 $P_{S \to B}$ 互為對方的逆矩陣。
   (d) 令 $\mathbf{w}=(5, -3, 1)$，求 $[\mathbf{w}]_B$ 且使用公式 (11) 計算 $[\mathbf{w}]_S$。
   (e) 令 $\mathbf{w}=(3, -5, 0)$，求 $[\mathbf{w}]_S$ 且使用公式 (12) 計算 $[\mathbf{w}]_B$。

14. 令 $B_1=\{\mathbf{u}_1, \mathbf{u}_2\}$ 及 $B_2=\{\mathbf{v}_1, \mathbf{v}_2\}$ 為 R^2 之基底，其中 $\mathbf{u}_1=(2, 2)$, $\mathbf{u}_2=(4, -1)$, $\mathbf{v}_1=(1, 3)$ 且 $\mathbf{v}_2=(-1, -1)$。
   (a) 使用公式 (14) 求轉移矩陣 $P_{B_2 \to B_1}$。
   (b) 使用公式 (14) 求轉移矩陣 $P_{B_1 \to B_2}$。
   (c) 確認 $P_{B_2 \to B_1}$ 和 $P_{B_1 \to B_2}$ 互為對方的逆矩陣。
   (d) 令 $\mathbf{w}=(5, -3)$，求 $[\mathbf{w}]_{B_1}$ 並使用矩陣 $P_{B_1 \to B_2}$ 由 $[\mathbf{w}]_{B_1}$ 求 $[\mathbf{w}]_{B_2}$。
   (e) 令 $\mathbf{w}=(3, -5)$，求 $[\mathbf{w}]_{B_2}$ 並使用矩陣 $P_{B_2 \to B_1}$ 由 $[\mathbf{w}]_{B_2}$ 求 $[\mathbf{w}]_{B_1}$。

15. 令 $B_1=\{\mathbf{u}_1, \mathbf{u}_2\}$ 及 $B_2=\{\mathbf{v}_1, \mathbf{v}_2\}$ 為 R^2 之基底，其中 $\mathbf{u}_1=(1, 2)$, $\mathbf{u}_2=(2, 3)$, $\mathbf{v}_1=(1, 3)$ 且 $\mathbf{v}_2=(1, 4)$。
   (a) 使用公式 (14) 求轉移矩陣 $P_{B_2 \to B_1}$。
   (b) 使用公式 (14) 求轉移矩陣 $P_{B_1 \to B_2}$。
   (c) 確認 $P_{B_2 \to B_1}$ 和 $P_{B_1 \to B_2}$ 互為對方的逆矩陣。
   (d) 令 $\mathbf{w}=(1,0)$，求 $[\mathbf{w}]_{B_1}$ 並使用矩陣 $P_{B_1 \to B_2}$ 由 $[\mathbf{w}]_{B_1}$ 求 $[\mathbf{w}]_{B_2}$。
   (e) 令 $\mathbf{w}=(3, -3)$，求 $[\mathbf{w}]_{B_2}$ 並使用矩陣 $P_{B_2 \to B_1}$ 由 $[\mathbf{w}]_{B_2}$ 求 $[\mathbf{w}]_{B_1}$。

16. 令 $B_1=\{\mathbf{u}_1, \mathbf{u}_2, \mathbf{u}_3\}$ 且 $B_2=\{\mathbf{v}_1, \mathbf{v}_2, \mathbf{v}_3\}$ 為 R^3 之基底，其中 $\mathbf{u}_1=(-3, 0, -3)$, $\mathbf{u}_2=(-3, 2, -1)$, $\mathbf{u}_3=(1, 6, -1)$, $\mathbf{v}_1=(-6, -6, 0)$, $\mathbf{v}_2=(-2, -6, 4)$ 及 $\mathbf{v}_3=(-2, -3, 7)$。
   (a) 求轉移矩陣 $P_{B_1 \to B_2}$。
   (b) 令 $\mathbf{w}=(-5, 8, -5)$，求 $[\mathbf{w}]_{B_1}$ 並使用 (a) 中所得的轉移矩陣，利用矩陣乘法，求 $[\mathbf{w}]_{B_2}$。
   (c) 直接計算 $[\mathbf{w}]_{B_2}$ 檢查 (b) 中的結果。

17. 以相同的 $\mathbf{w}$ 重做習題 16，但 $\mathbf{u}_1=(2, 1, 1)$, $\mathbf{u}_2=(2, -1, 1)$, $\mathbf{u}_3=(1, 2, 1)$, $\mathbf{v}_1=(3, 1, -5)$, $\mathbf{v}_2=(1, 1, -3)$ 及 $\mathbf{v}_3=(-1, 0, 2)$。

18. 令 $S=\{\mathbf{e}_1, \mathbf{e}_2\}$ 為 R^2 的標準基底，且令 $B=\{\mathbf{v}_1, \mathbf{v}_2\}$ 為可使 S 中向量對直線 $y=x$ 成對稱的基底。
   (a) 求轉移矩陣 $P_{B \to S}$。
   (b) 令 $P=P_{B \to S}$，證明 $P^T=P_{S \to B}$。

19. 令 $S=\{\mathbf{e}_1, \mathbf{e}_2\}$ 為 R^2 的標準基底，且令 $B=\{\mathbf{v}_1, \mathbf{v}_2\}$ 為可使 S 中向量對和正 x 軸夾 θ 角的直線成對稱的基底。
   (a) 求轉移矩陣 $P_{B \to S}$。
   (b) 令 $P=P_{B \to S}$，證明 $P^T=P_{S \to B}$。

20. 若 B_1, B_2 及 B_3 為 R^2 之基底，且若
$$P_{B_1 \to B_2}=\begin{bmatrix} 3 & 1 \\ 5 & 2 \end{bmatrix} \text{ 且 } P_{B_2 \to B_3}=\begin{bmatrix} 7 & 2 \\ 4 & -1 \end{bmatrix}$$
則 $P_{B_3 \to B_1}=$ _____。

21. 若 P 是由基底 B' 至基底 B 的轉移矩陣，且 Q 是由 B 到基底 C 的轉移矩陣，則 B' 到 C 的轉移矩陣是什麼？由 C 到 B' 的轉移矩陣是什麼？

22. 欲寫一向量的座標向量，明述基底上向量之順序是必要的。若 P 是由基底 B' 到基底 B 的轉移矩陣，若我們將 B 中向量之順序由 $\mathbf{v}_1, \ldots, \mathbf{v}_n$ 反轉成 $\mathbf{v}_n, \ldots, \mathbf{v}_1$，則對 P 有何影響？若我們同時將 B' 及 B 中的向量反轉，則對 P 的影響是什麼？

23. 考慮矩陣
$$P=\begin{bmatrix} 1 & 1 & 0 \\ 1 & 0 & 2 \\ 0 & 2 & 1 \end{bmatrix}$$
   (a) P 是由 R^3 的什麼基底 B 到標準基底 $S=\{\mathbf{e}_1, \mathbf{e}_2, \mathbf{e}_3\}$ 的轉移矩陣？
   (b) P 是由 R^3 的標準基底 $S=\{\mathbf{e}_1, \mathbf{e}_2, \mathbf{e}_3\}$ 到什麼基底 B 的轉移矩陣？

24. 矩陣
$$P = \begin{bmatrix} 1 & 0 & 0 \\ 0 & 3 & 2 \\ 0 & 1 & 1 \end{bmatrix}$$
是由 R^3 的什麼基底 B 到基底 $\{(1,1,1), (1,1,0), (1,0,0)\}$ 的轉移矩陣？

25. 令 B 是 R^n 的一組基底。證明 $\mathbf{v}_1, \mathbf{v}_2, \ldots, \mathbf{v}_k$ 是 R^n 的線性獨立集合若且唯若向量 $[\mathbf{v}_1]_B, [\mathbf{v}_2]_B, \ldots, [\mathbf{v}_k]_B$ 形成 R^n 上的線性獨立集合。

26. 令 B 是 R^n 的一組基底。證明 $\mathbf{v}_1, \mathbf{v}_2, \ldots, \mathbf{v}_k$ 生成 R^n 若且唯若向量 $[\mathbf{v}_1]_B, [\mathbf{v}_2]_B, \ldots, [\mathbf{v}_k]_B$ 生成 R^n。

27. 若 $[\mathbf{w}]_B = \mathbf{w}$ 對 R^n 上的所有向量 $\mathbf{w}$ 成立，則 B 是什麼的基底？

是非題

試判斷 (a)-(f) 各敘述的真假，並驗證你的答案。

(a) 若 B_1 和 B_2 為向量空間 V 的基底，則存在一個由 B_1 至 B_2 的轉移矩陣。

(b) 轉移矩陣是可逆的。

(c) 若 B 是向量空間 R^n 的一組基底，則 $P_{B \to B}$ 是單位矩陣。

(d) 若 $P_{B_1 \to B_2}$ 是對角矩陣，則 B_2 的每個向量是 B_1 上某向量的純量倍數。

(e) 若 B_2 上每個向量是 B_1 上某向量的純量倍數，則 $P_{B_1 \to B_2}$ 是一個對角矩陣。

(f) 若 A 是一方陣，則 $A = P_{B_1 \to B_2}$ 對 R^n 上的某些基底 B_1 及 B_2。

4.7 列空間、行空間及零核空間

本節將研習與矩陣有關的某些重要的向量空間。本節的結果將能提供對線性方程組的解空間及其係數矩陣的性質間之關係更深刻的了解。

列空間、行空間及零核空間

記得向量可被寫成逗號分界型或矩陣型來表示列向量或行向量。本節我們將使用後兩個。

定義 1：對一 $m \times n$ 階矩陣

$$A = \begin{bmatrix} a_{11} & a_{12} & \cdots & a_{1n} \\ a_{21} & a_{22} & \cdots & a_{2n} \\ \vdots & \vdots & & \vdots \\ a_{m1} & a_{m2} & \cdots & a_{mn} \end{bmatrix}$$

向量

$$\mathbf{r}_1 = [a_{11} \quad a_{12} \quad \cdots \quad a_{1n}]$$
$$\mathbf{r}_2 = [a_{21} \quad a_{22} \quad \cdots \quad a_{2n}]$$
$$\vdots$$
$$\mathbf{r}_m = [a_{m1} \quad a_{m2} \quad \cdots \quad a_{mn}]$$

為 R^n 上之向量係由 A 的各列所形成的，稱為 A 的**列向量** (row vectors)，且向量

$$\mathbf{c}_1 = \begin{bmatrix} a_{11} \\ a_{21} \\ \vdots \\ a_{m1} \end{bmatrix}, \quad \mathbf{c}_2 = \begin{bmatrix} a_{12} \\ a_{22} \\ \vdots \\ a_{m2} \end{bmatrix}, \ldots, \quad \mathbf{c}_n = \begin{bmatrix} a_{1n} \\ a_{2n} \\ \vdots \\ a_{mn} \end{bmatrix}$$

為 R^m 上之向量係由 A 的各行所形成的，稱為 A 的**行向量** (column vectors)。

▶ **例題 1** 2×3 階矩陣的列向量及行向量

令

$$A = \begin{bmatrix} 2 & 1 & 0 \\ 3 & -1 & 4 \end{bmatrix}$$

A 的列向量為

$$\mathbf{r}_1 = [2 \quad 1 \quad 0] \quad 及 \quad \mathbf{r}_2 = [3 \quad -1 \quad 4]$$

而 A 的行向量為

$$\mathbf{c}_1 = \begin{bmatrix} 2 \\ 3 \end{bmatrix}, \quad \mathbf{c}_2 = \begin{bmatrix} 1 \\ -1 \end{bmatrix} \quad 及 \quad \mathbf{c}_3 = \begin{bmatrix} 0 \\ 4 \end{bmatrix}$$ ◀

下列的定義定義了與矩陣相關的三個重要的向量空間。

定義 2：若 A 為 $m \times n$ 階矩陣，則由 A 的列向量生成的子空間 R^n 稱為 A 的**列空間** (row space)，而由 A 的行向量生成的子空間 R^m 稱為 A 的**行空間** (column space)。齊次方程組 $A\mathbf{x} = \mathbf{0}$ 的解空間為 R^n 的子空間，稱為 A 的**零核空間** (null space)。

本節與下一節所關切的是下列的一般性問題：

問題 1：線性方程組 $A\mathbf{x} = \mathbf{b}$ 的解與係數矩陣 A 的列空間、行空間與零核空間之間究竟存在什麼關係？

問題 2：矩陣的列空間、行空間與零核空間之間究竟存在什麼關係？

從第一個問題開始，假設

$$A = \begin{bmatrix} a_{11} & a_{12} & \cdots & a_{1n} \\ a_{21} & a_{22} & \cdots & a_{2n} \\ \vdots & \vdots & & \vdots \\ a_{m1} & a_{m2} & \cdots & a_{mn} \end{bmatrix} \quad \text{及} \quad \mathbf{x} = \begin{bmatrix} x_1 \\ x_2 \\ \vdots \\ x_n \end{bmatrix}$$

由 1.3 節的 (10) 式可知若 $\mathbf{c}_1, \mathbf{c}_2, \ldots, \mathbf{c}_n$ 表示 A 的行向量，則 $A\mathbf{x}$ 的乘積可由這些行向量與從 $\mathbf{x}$ 中取得的係數的線性組合來表示，亦即

$$A\mathbf{x} = x_1\mathbf{c}_1 + x_2\mathbf{c}_2 + \cdots + x_n\mathbf{c}_n \tag{1}$$

於是，含 m 個方程式及 n 個未知數的線性方程組 $A\mathbf{x}=\mathbf{b}$，可以寫成

$$x_1\mathbf{c}_1 + x_2\mathbf{c}_2 + \cdots + x_n\mathbf{c}_n = \mathbf{b} \tag{2}$$

由此式可得 $A\mathbf{x}=\mathbf{b}$ 是相容的若且唯若 $\mathbf{b}$ 可以 A 的行向量的線性組合表示。此項結果產生下列的定理。

定理 4.7.1：線性方程組 $A\mathbf{x}=\mathbf{b}$ 為相容的若且唯若 $\mathbf{b}$ 在 A 的行空間中。

▶ **例題 2** 向量 $\mathbf{b}$ 在 A 的行空間裡

令 $A\mathbf{x}=\mathbf{b}$ 為線性方程組

$$\begin{bmatrix} -1 & 3 & 2 \\ 1 & 2 & -3 \\ 2 & 1 & -2 \end{bmatrix} \begin{bmatrix} x_1 \\ x_2 \\ x_3 \end{bmatrix} = \begin{bmatrix} 1 \\ -9 \\ -3 \end{bmatrix}$$

試證明 $\mathbf{b}$ 在 A 的行空間中，並將 $\mathbf{b}$ 以 A 的行向量的線性組合表示之。

解：以高斯消去法解方程組可得 (試驗證之)

$$x_1 = 2, \quad x_2 = -1, \quad x_3 = 3$$

由此及公式 (2) 得

$$2\begin{bmatrix} -1 \\ 1 \\ 2 \end{bmatrix} - \begin{bmatrix} 3 \\ 2 \\ 1 \end{bmatrix} + 3\begin{bmatrix} 2 \\ -3 \\ -2 \end{bmatrix} = \begin{bmatrix} 1 \\ -9 \\ -3 \end{bmatrix} \quad ◀$$

由定理 3.4.4 可知，一個相容的線性方程組 $A\mathbf{x}=\mathbf{b}$ 的通解可由將此方程組的任一明確解加至相對應的齊次方程組 $A\mathbf{x}=\mathbf{0}$ 的通解而得。請謹記在心，A 的零核空間和 $A\mathbf{x}=\mathbf{0}$ 的解空間相同，所以我們可以向量

型重寫該定理。

定理 4.7.2：若 $\mathbf{x}_0$ 為相容線性方程組 $A\mathbf{x}=\mathbf{b}$ 的任意單一解，且若 $S=\{\mathbf{v}_1, \mathbf{v}_2, \ldots, \mathbf{v}_k\}$ 是 A 的零核空間的一組基底，則 $A\mathbf{x}=\mathbf{b}$ 的每一個解可以寫成

$$\mathbf{x} = \mathbf{x}_0 + c_1\mathbf{v}_1 + c_2\mathbf{v}_2 + \cdots + c_k\mathbf{v}_k \tag{3}$$

反之，對純量 $c_1, c_2, \ldots, c_k$ 的所有選擇而言，此式中向量 $\mathbf{x}$ 為 $A\mathbf{x}=\mathbf{b}$ 的解。

方程式 (3) 給 $A\mathbf{x}=\mathbf{b}$ 之**通解** (general solution) 的公式。在該公式中向量 $\mathbf{x}_0$ 被稱是 $A\mathbf{x}=\mathbf{b}$ 的**特解** (particular solution)，且公式中剩餘部分是 $A\mathbf{x}=\mathbf{0}$ 之**通解** (general solution)。換句話說，此公式告訴我們：

一個相容的線性方程組之通解可被表為該方程組的一個特解和相對應齊次方程組之通解的和。

在幾何上，$A\mathbf{x}=\mathbf{b}$ 的解集合可被視為 $A\mathbf{x}=\mathbf{0}$ 的解空間平移 $\mathbf{x}_0$ (圖 4.7.1)。

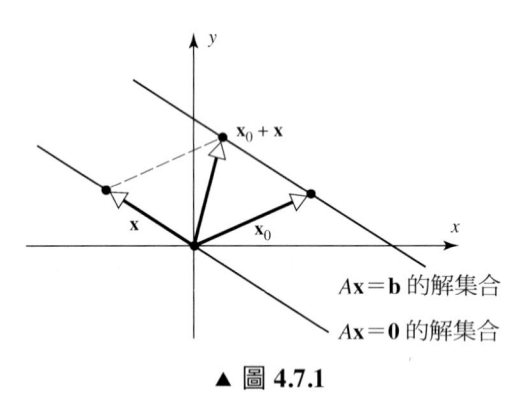

▲ 圖 4.7.1

▶ **例題 3** 線性方程組 $A\mathbf{x}=\mathbf{b}$ 的通解

在 3.4 節裡，我們比較了下面兩線性方程組的解

$$\begin{bmatrix} 1 & 3 & -2 & 0 & 2 & 0 \\ 2 & 6 & -5 & -2 & 4 & -3 \\ 0 & 0 & 5 & 10 & 0 & 15 \\ 2 & 6 & 0 & 8 & 4 & 18 \end{bmatrix} \begin{bmatrix} x_1 \\ x_2 \\ x_3 \\ x_4 \\ x_5 \\ x_6 \end{bmatrix} = \begin{bmatrix} 0 \\ 0 \\ 0 \\ 0 \end{bmatrix}$$

及 $\begin{bmatrix} 1 & 3 & -2 & 0 & 2 & 0 \\ 2 & 6 & -5 & -2 & 4 & -3 \\ 0 & 0 & 5 & 10 & 0 & 15 \\ 2 & 6 & 0 & 8 & 4 & 18 \end{bmatrix} \begin{bmatrix} x_1 \\ x_2 \\ x_3 \\ x_4 \\ x_5 \\ x_6 \end{bmatrix} = \begin{bmatrix} 0 \\ -1 \\ 5 \\ 6 \end{bmatrix}$

且推論出非齊次方程組的通解 **x** 和相對應齊次方程組的通解 $\mathbf{x}_h$ (寫為行向量) 的關係是

$\underbrace{\begin{bmatrix} x_1 \\ x_2 \\ x_3 \\ x_4 \\ x_5 \\ x_6 \end{bmatrix}}_{\mathbf{x}} = \begin{bmatrix} -3r - 4s - 2t \\ r \\ -2s \\ s \\ t \\ \frac{1}{3} \end{bmatrix} = \underbrace{\begin{bmatrix} 0 \\ 0 \\ 0 \\ 0 \\ 0 \\ \frac{1}{3} \end{bmatrix}}_{\mathbf{x}_0} + \underbrace{r \begin{bmatrix} -3 \\ 1 \\ 0 \\ 0 \\ 0 \\ 0 \end{bmatrix} + s \begin{bmatrix} -4 \\ 0 \\ -2 \\ 1 \\ 0 \\ 0 \end{bmatrix} + t \begin{bmatrix} -2 \\ 0 \\ 0 \\ 0 \\ 1 \\ 0 \end{bmatrix}}_{\mathbf{x}_h}$ ◀

由 4.5 節例題 4 後的注釋裡，得知 $\mathbf{x}_h$ 裡的所有向量形成 $A\mathbf{x} = \mathbf{0}$ 之解空間的一組基底。

列空間、行空間與零核空間的基底

首先得推導以求解線性方程組為目標的基本列運算，而由其結果可知對增廣矩陣執行列運算並不會改變對應的線性方程組的解集合。由此可知對矩陣 A 執行基本列運算並不會改變對應線性方程組 $A\mathbf{x} = \mathbf{0}$ 的解集合，或換個方式說，它不會改變 A 的零核空間。因此，可以得到下列定理。

定理 4.7.3：基本列運算不會改變矩陣的零核空間。

下一個定理，證明留作為習題，是定理 4.7.3 的逆定理。

定理 4.7.4：基本列運算不會改變任一矩陣的列空間。

定理 4.7.3 及 4.7.4 可能誘導你錯誤地相信基本列運算不改變矩陣的行空間。欲知為何這個不為真，比較矩陣

$$A = \begin{bmatrix} 1 & 3 \\ 2 & 6 \end{bmatrix} \text{ 及 } B = \begin{bmatrix} 1 & 3 \\ 0 & 0 \end{bmatrix}$$

矩陣 B 可由 A 之第一列乘以 -2 後加至第二列而得。然而，這個運算已改變了 A 的行空間，因為 $\begin{bmatrix} 1 \\ 2 \end{bmatrix}$ 的所有純量倍數組成了行空間，而 $\begin{bmatrix} 1 \\ 0 \end{bmatrix}$ 的所有純量倍數組成 B 的行空間，但兩個是不同空間。

▶ **例題 4　找一組基底給矩陣的行空間**

找一組基底給矩陣

$$A = \begin{bmatrix} 1 & 3 & -2 & 0 & 2 & 0 \\ 2 & 6 & -5 & -2 & 4 & -3 \\ 0 & 0 & 5 & 10 & 0 & 15 \\ 2 & 6 & 0 & 8 & 4 & 18 \end{bmatrix}$$

的零核空間。

解：A 的零核空間是齊次線性方程組 $A\mathbf{x} = \mathbf{0}$ 的解空間，如例題 3 所證明的，有基底

$$\mathbf{v}_1 = \begin{bmatrix} -3 \\ 1 \\ 0 \\ 0 \\ 0 \\ 0 \end{bmatrix}, \quad \mathbf{v}_2 = \begin{bmatrix} -4 \\ 0 \\ -2 \\ 1 \\ 0 \\ 0 \end{bmatrix}, \quad \mathbf{v}_3 = \begin{bmatrix} -2 \\ 0 \\ 0 \\ 0 \\ 1 \\ 0 \end{bmatrix} \quad ◀$$

注釋：觀看上例中的基底向量 $\mathbf{v}_1, \mathbf{v}_2$ 及 $\mathbf{v}_3$ 是由將通解中的參數逐次的一個代 1 而另兩個代 0 而得。

下面的定理使得以觀察法為列梯型矩陣的列空間與行空間尋求基底成為可能。

定理 4.7.5：若一矩陣 R 已為列梯型，則其包含首項 1 的所有行向量（即非零行向量）形成矩陣 R 的行空間之基底，且包含首項 1 的所有列向量形成矩陣 R 的列空間之基底。

證明稍微涉及 R 的 0 與 1 間之位置的分析，我們省略證明。

▶ **例題 5** 列空間及行空間的基底

矩陣

$$R = \begin{bmatrix} 1 & -2 & 5 & 0 & 3 \\ 0 & 1 & 3 & 0 & 0 \\ 0 & 0 & 0 & 1 & 0 \\ 0 & 0 & 0 & 0 & 0 \end{bmatrix}$$

為列梯型，由定理 4.7.5 可知向量

$$\mathbf{r}_1 = \begin{bmatrix} 1 & -2 & 5 & 0 & 3 \end{bmatrix}$$
$$\mathbf{r}_2 = \begin{bmatrix} 0 & 1 & 3 & 0 & 0 \end{bmatrix}$$
$$\mathbf{r}_3 = \begin{bmatrix} 0 & 0 & 0 & 1 & 0 \end{bmatrix}$$

形成 R 的列空間的基底，而向量

$$\mathbf{c}_1 = \begin{bmatrix} 1 \\ 0 \\ 0 \\ 0 \end{bmatrix}, \quad \mathbf{c}_2 = \begin{bmatrix} -2 \\ 1 \\ 0 \\ 0 \end{bmatrix}, \quad \mathbf{c}_4 = \begin{bmatrix} 0 \\ 0 \\ 1 \\ 0 \end{bmatrix}$$

形成 R 的行空間的基底。

▶ **例題 6** 利用列簡化求列空間的基底

找一組基底給矩陣

$$A = \begin{bmatrix} 1 & -3 & 4 & -2 & 5 & 4 \\ 2 & -6 & 9 & -1 & 8 & 2 \\ 2 & -6 & 9 & -1 & 9 & 7 \\ -1 & 3 & -4 & 2 & -5 & -4 \end{bmatrix}$$

的列空間。

解：由於基本列運算不改變矩陣的列空間，可藉求得 A 的任意列梯型的基底來求 A 的列空間的基底。將 A 簡化成列梯型，我們得 (證明之)

$$R = \begin{bmatrix} 1 & -3 & 4 & -2 & 5 & 4 \\ 0 & 0 & 1 & 3 & -2 & -6 \\ 0 & 0 & 0 & 0 & 1 & 5 \\ 0 & 0 & 0 & 0 & 0 & 0 \end{bmatrix}$$

依定理 4.7.5，R 的所有非零列向量形成 R 的列空間的一組基底，因而形成 A 的列空間的一組基底。這些基底向量為

$$\mathbf{r}_1 = [1 \quad -3 \quad 4 \quad -2 \quad 5 \quad 4]$$
$$\mathbf{r}_2 = [0 \quad 0 \quad 1 \quad 3 \quad -2 \quad -6]$$
$$\mathbf{r}_3 = [0 \quad 0 \quad 0 \quad 0 \quad 1 \quad 5]$$

◀

由於基本列運算可改變矩陣的行空間，要找一組基底給例題 6 矩陣 A 的行空間是複雜的。然而，好消息是基本列運算不改變行向量間的相關關係。欲使這個更明白，假設 $\mathbf{w}_1, \mathbf{w}_2, \cdots, \mathbf{w}_k$ 是 A 的線性相關行向量，所以存在不全為零的純量 $c_1, c_2, \cdots, c_k$ 滿足

$$c_1\mathbf{w}_1 + c_2\mathbf{w}_2 + \cdots + c_k\mathbf{w}_k = \mathbf{0} \tag{4}$$

若我們對 A 執行一次基本列運算，則這些向量將被改變成新行向量 $\mathbf{w}'_1, \mathbf{w}'_2, \cdots, \mathbf{w}'_k$。乍看之下，轉換的向量似乎可能是線性獨立。然而，並不是如此，因為可證明出這些新向量將是線性相同，且事實上，方程式

$$c_1\mathbf{w}'_1 + c_2\mathbf{w}'_2 + \cdots + c_k\mathbf{w}'_k = \mathbf{0}$$

和 (4) 式有完全相同的係數。由基本列運算是可反運算的事實，它們亦保有行向量間的線性獨立。下一個定理總結所有這些結果。

定理 4.7.6：若 A 及 B 為兩列等價矩陣，則
(a) A 的某一行向量集合為線性獨立若且唯若 B 的相對應行向量集為線性獨立。
(b) A 的某一行向量集合為 A 的行空間之基底若且唯若 B 的相對應行向量集合為 B 的行空間之基底。

▶ **例題 7** 利用列簡化求行空間的基底

找一組基底給矩陣

$$A = \begin{bmatrix} 1 & -3 & 4 & -2 & 5 & 4 \\ 2 & -6 & 9 & -1 & 8 & 2 \\ 2 & -6 & 9 & -1 & 9 & 7 \\ -1 & 3 & -4 & 2 & -5 & -4 \end{bmatrix}$$

的行空間

解：在例題 6 得矩陣

$$R = \begin{bmatrix} 1 & -3 & 4 & -2 & 5 & 4 \\ 0 & 0 & 1 & 3 & -2 & -6 \\ 0 & 0 & 0 & 0 & 1 & 5 \\ 0 & 0 & 0 & 0 & 0 & 0 \end{bmatrix}$$

是 A 的列梯型。請謹記在心，A 和 R 有不同的行空間，我們不能直接由 R 的所有列向量來找一組基底給 A 的行空間。然而，由定理 4.7.6(b)，若我們能找到一個 R 的行向量集可形成 R 的行空間之一組基底，則 A 的相對應行向量將形成一組基底給 A 的行空間。

因為 R 的第一、第三及第五行含列向量的首項 1，向量

$$\mathbf{c}'_1 = \begin{bmatrix} 1 \\ 0 \\ 0 \\ 0 \end{bmatrix}, \quad \mathbf{c}'_3 = \begin{bmatrix} 4 \\ 1 \\ 0 \\ 0 \end{bmatrix}, \quad \mathbf{c}'_5 = \begin{bmatrix} 5 \\ -2 \\ 1 \\ 0 \end{bmatrix}$$

形成 R 的行空間的一組基底。因此，A 的相對應行向量為

$$\mathbf{c}_1 = \begin{bmatrix} 1 \\ 2 \\ 2 \\ -1 \end{bmatrix}, \quad \mathbf{c}_3 = \begin{bmatrix} 4 \\ 9 \\ 9 \\ -4 \end{bmatrix}, \quad \mathbf{c}_5 = \begin{bmatrix} 5 \\ 8 \\ 9 \\ -5 \end{bmatrix}$$

形成 A 的行空間的一組基底。◀

迄今我們集中在找基底給矩陣的方法。那些方法已可拿來給找一組基底給由 R^n 之向量集所生成的空間之更一般的問題。

▶**例題 8　使用列運算求向量空間的基底**

試求由向量

$$\mathbf{v}_1 = (1, -2, 0, 0, 3), \quad \mathbf{v}_2 = (2, -5, -3, -2, 6),$$
$$\mathbf{v}_3 = (0, 5, 15, 10, 0), \quad \mathbf{v}_4 = (2, 6, 18, 8, 6)$$

所生成之 R^5 子空間的基底。

解：這些向量所生成的空間為矩陣

$$\begin{bmatrix} 1 & -2 & 0 & 0 & 3 \\ 2 & -5 & -3 & -2 & 6 \\ 0 & 5 & 15 & 10 & 0 \\ 2 & 6 & 18 & 8 & 6 \end{bmatrix}$$

的列空間。將此矩陣簡化成列梯型可得

$$\begin{bmatrix} 1 & -2 & 0 & 0 & 3 \\ 0 & 1 & 3 & 2 & 0 \\ 0 & 0 & 1 & 1 & 0 \\ 0 & 0 & 0 & 0 & 0 \end{bmatrix}$$

此矩陣中的非零列向量為

$$\mathbf{w}_1 = (1, -2, 0, 0, 3), \quad \mathbf{w}_2 = (0, 1, 3, 2, 0), \quad \mathbf{w}_3 = (0, 0, 1, 1, 0)$$

這些向量形成列空間的基底，且結果形成由 $\mathbf{v}_1, \mathbf{v}_2, \mathbf{v}_3, \mathbf{v}_4$ 所生成的 R^5 子空間的基底。◀

由矩陣的列及行向量所形成的基底

至今我們所考慮的所有例子裡，所找的基底中，並沒有任何限制給基底中的個別向量。我們現在想集中在這樣的問題，即找一組完全由矩陣 A 的列向量所組成的基底給 A 的列空間且找一組完全由 A 的行向量所組成的基底給 A 的行空間。

回到我們稍早的工作，我們看到例題 7 的過程，得到一組由 A 的行向量所組成的基底給 A 之行空間，但在例題 6 所使用的過程，所得到的 A 之列空間的基底不是由 A 的列向量所組成。下一個例題說明如何用例題 7 之法來找一組由矩陣的列向量形成的基底給矩陣的列空間。

▶ **例題 9　矩陣之列空間的基底**

找一組矩陣

$$A = \begin{bmatrix} 1 & -2 & 0 & 0 & 3 \\ 2 & -5 & -3 & -2 & 6 \\ 0 & 5 & 15 & 10 & 0 \\ 2 & 6 & 18 & 8 & 6 \end{bmatrix}$$

之列向量所形成的基底給 A 之列空間。

解：首先將 A 轉置，因此，A 的列空間變成 A^T 的行空間；然後可使用例題 7 之法來求 A^T 之行空間的基底；再將行向量轉置為列向量。轉置 A，得

$$A^T = \begin{bmatrix} 1 & 2 & 0 & 2 \\ -2 & -5 & 5 & 6 \\ 0 & -3 & 15 & 18 \\ 0 & -2 & 10 & 8 \\ 3 & 6 & 0 & 6 \end{bmatrix}$$

簡化此矩陣為列梯型，得

$$\begin{bmatrix} 1 & 2 & 0 & 2 \\ 0 & 1 & -5 & -10 \\ 0 & 0 & 0 & 1 \\ 0 & 0 & 0 & 0 \\ 0 & 0 & 0 & 0 \end{bmatrix}$$

第一、第二及第四行含首項 1，所以 A^T 的相對應行向量形成 A^T 的行空間之基底，它們為

$$\mathbf{c}_1 = \begin{bmatrix} 1 \\ -2 \\ 0 \\ 0 \\ 3 \end{bmatrix}, \quad \mathbf{c}_2 = \begin{bmatrix} 2 \\ -5 \\ -3 \\ -2 \\ 6 \end{bmatrix} \quad 及 \quad \mathbf{c}_4 = \begin{bmatrix} 2 \\ 6 \\ 18 \\ 8 \\ 6 \end{bmatrix}$$

再次轉置且適當的調整符號，得 A 的列空間的基底向量為

$$\mathbf{r}_1 = [1 \quad -2 \quad 0 \quad 0 \quad 3], \quad \mathbf{r}_2 = [2 \quad -5 \quad -3 \quad -2 \quad 6],$$

及

$$\mathbf{r}_4 = [2 \quad 6 \quad 18 \quad 8 \quad 6] \quad ◀$$

接著，我們將給一個例子，其採用我們前面已發展的方法來解下面在 R^n 上的一般問題。

> 問題：給一個 R^n 的向量集 $S = \{\mathbf{v}_1, \mathbf{v}_2, \ldots, \mathbf{v}_k\}$，找這些向量的一個子集合使其形成 span($S$) 的一組基底，並將那些不在基底內的向量表為基底向量的線性組合。

▶ **例題 10　基底及線性組合**
(a) 求向量

$$\mathbf{v}_1 = (1, -2, 0, 3), \quad \mathbf{v}_2 = (2, -5, -3, 6),$$
$$\mathbf{v}_3 = (0, 1, 3, 0), \quad \mathbf{v}_4 = (2, -1, 4, -7), \quad \mathbf{v}_5 = (5, -8, 1, 2)$$

的一個子集合使其形成由這些向量所生成的空間之基底。

(b) 將不在基底內的各個向量表為基底向量的線性組合。

解 (a)：首先構造以 $\mathbf{v}_1, \mathbf{v}_2, \ldots, \mathbf{v}_5$ 為行向量的矩陣：

$$\begin{bmatrix} 1 & 2 & 0 & 2 & 5 \\ -2 & -5 & 1 & -1 & -8 \\ 0 & -3 & 3 & 4 & 1 \\ 3 & 6 & 0 & -7 & 2 \end{bmatrix} \tag{5}$$
$$\begin{array}{ccccc} \uparrow & \uparrow & \uparrow & \uparrow & \uparrow \\ \mathbf{v}_1 & \mathbf{v}_2 & \mathbf{v}_3 & \mathbf{v}_4 & \mathbf{v}_5 \end{array}$$

本例題的第一部分可藉尋求此矩陣之行空間的基底求解。簡化此矩陣為簡約列梯型且將所得矩陣的行向量以 $\mathbf{w}_1, \mathbf{w}_2, \mathbf{w}_3, \mathbf{w}_4$ 及 $\mathbf{w}_5$ 表示，得

$$\begin{bmatrix} 1 & 0 & 2 & 0 & 1 \\ 0 & 1 & -1 & 0 & 1 \\ 0 & 0 & 0 & 1 & 1 \\ 0 & 0 & 0 & 0 & 0 \end{bmatrix} \tag{6}$$
$$\begin{array}{ccccc} \uparrow & \uparrow & \uparrow & \uparrow & \uparrow \\ \mathbf{w}_1 & \mathbf{w}_2 & \mathbf{w}_3 & \mathbf{w}_4 & \mathbf{w}_5 \end{array}$$

首項 1 發生在第一、第二及第四行，所以由定理 4.7.5，

$$\{\mathbf{w}_1, \mathbf{w}_2, \mathbf{w}_4\}$$

為 (6) 式的行空間之基底，所以

$$\{\mathbf{v}_1, \mathbf{v}_2, \mathbf{v}_4\}$$

為 (5) 式的行空間的基底。

解 (b)：以基底向量 $\mathbf{w}_1, \mathbf{w}_2, \mathbf{w}_4$ 的線性組合表示 $\mathbf{w}_3$ 及 $\mathbf{w}_5$ 著手。最簡單的方法是以下標較小的基底向量來表示 $\mathbf{w}_3$ 及 $\mathbf{w}_5$。因此，將 $\mathbf{w}_3$ 以 $\mathbf{w}_1$ 及 $\mathbf{w}_2$ 的一線性組合表示，而將 $\mathbf{w}_5$ 以 $\mathbf{w}_1, \mathbf{w}_2$ 及 $\mathbf{w}_4$ 的線性組合表示。由 (6) 式觀察，這些線性組合為

$$\mathbf{w}_3 = 2\mathbf{w}_1 - \mathbf{w}_2$$
$$\mathbf{w}_5 = \mathbf{w}_1 + \mathbf{w}_2 + \mathbf{w}_4$$

這些方程式稱為**相關方程式** (dependency equations)。(5) 式中相對應的關係為

$$\mathbf{v}_3 = 2\mathbf{v}_1 - \mathbf{v}_2$$
$$\mathbf{v}_5 = \mathbf{v}_1 + \mathbf{v}_2 + \mathbf{v}_4$$

◀

下面是我們在上一例題中用來解前面所提的問題之所有步驟的總整理。

---

span(S) 的基底

步驟 1. 以 $S = \{\mathbf{v}_1, \mathbf{v}_2, \ldots, \mathbf{v}_k\}$ 作為行向量,建構矩陣 A。

步驟 2. 簡化矩陣 A 為簡約列梯型 R。

步驟 3. 將 R 的所有行向量表為 $\mathbf{w}_1, \mathbf{w}_2, \ldots, \mathbf{w}_k$。

步驟 4. 指出 R 中含首項 1 的所有行。A 的對應行向量為 span(S) 的基底向量。

此完成問題的第一部分。

步驟 5. 將 R 中不含首項 1 的每一行向量表為其前面含首項 1 之各行向量的線性組合,得一組相關方程式。

步驟 6. 將出現在相關方程式裡的 R 之行向量取代為 A 相對應的行向量。

此完成問題的第二部分。

概念複習

- 列向量
- 行向量
- 列空間
- 行空間
- 零核空間
- 通解
- 特解
- 線性方程組和列空間、行空間及零核空間之間的關係
- 矩陣的列空間、行空間及零核空間之間的關係
- 相關方程式

技 能

- 判斷一已知向量是否在一矩陣的行空間裡;若是,將它表為矩陣的所有行向量之線性組合。
- 找一組基底給矩陣的零核空間。
- 找一組基底給矩陣的列空間。
- 找一組基底給矩陣的行空間。
- 找一組基底給 R^n 之某向量集所生成的空間。

習題集 4.7

1. 試列出下面矩陣的列向量及行向量。
$$\begin{bmatrix} 2 & -1 & 0 & 1 \\ 3 & 5 & 7 & -1 \\ 1 & 4 & 2 & 7 \end{bmatrix}$$

2. 試將積 $A\mathbf{x}$ 表為 A 的所有行向量的線性組合。

   (a) $\begin{bmatrix} 3 & -1 \\ 1 & 4 \end{bmatrix} \begin{bmatrix} 5 \\ 2 \end{bmatrix}$ (b) $\begin{bmatrix} 4 & 0 & -1 \\ 3 & 6 & 2 \\ 0 & -1 & 4 \end{bmatrix} \begin{bmatrix} -2 \\ 3 \\ 5 \end{bmatrix}$

   (c) $\begin{bmatrix} 5 & 2 & 6 \\ 1 & -1 & 3 \\ 0 & 1 & 7 \\ 2 & 1 & 3 \\ 4 & -2 & 1 \end{bmatrix} \begin{bmatrix} 4 \\ 6 \\ 9 \end{bmatrix}$

   (d) $\begin{bmatrix} 2 & 1 & 5 \\ 6 & 3 & -8 \end{bmatrix} \begin{bmatrix} 3 \\ 0 \\ -5 \end{bmatrix}$

3. 判斷 $\mathbf{b}$ 是否在 A 的行空間裡，若是，將 $\mathbf{b}$ 表為 A 的所有行向量的線性組合。

   (a) $A = \begin{bmatrix} 5 & 1 \\ -1 & 5 \end{bmatrix}$; $\mathbf{b} = \begin{bmatrix} 1 \\ 0 \end{bmatrix}$

   (b) $A = \begin{bmatrix} 0 & 1 & 4 \\ 2 & 1 & 1 \\ 2 & 2 & 5 \end{bmatrix}$; $\mathbf{b} = \begin{bmatrix} 1 \\ 0 \\ 2 \end{bmatrix}$

   (c) $A = \begin{bmatrix} 1 & -1 & 1 \\ 9 & 3 & 1 \\ 1 & 1 & 1 \end{bmatrix}$; $\mathbf{b} = \begin{bmatrix} 5 \\ 1 \\ -1 \end{bmatrix}$

   (d) $A = \begin{bmatrix} 1 & -1 & 1 \\ 1 & 1 & -1 \\ -1 & -1 & 1 \end{bmatrix}$; $\mathbf{b} = \begin{bmatrix} 2 \\ 0 \\ 0 \end{bmatrix}$

   (e) $A = \begin{bmatrix} 1 & 2 & 0 & 1 \\ 0 & 1 & 2 & 1 \\ 1 & 2 & 1 & 3 \\ 0 & 1 & 2 & 2 \end{bmatrix}$; $\mathbf{b} = \begin{bmatrix} 4 \\ 3 \\ 5 \\ 7 \end{bmatrix}$

4. 假設 $x_1 = -1, x_2 = 2, x_3 = 4, x_4 = -3$ 為非齊次線性方程組 $A\mathbf{x} = \mathbf{b}$ 的解，而齊次方程組 $A\mathbf{x} = \mathbf{0}$ 的解集合以下列式子指定之。

   $x_1 = -3r + 4s, \quad x_2 = r - s, \quad x_3 = r, \quad x_4 = s$

   (a) 試求 $A\mathbf{x} = \mathbf{0}$ 的通解的向量型。
   (b) 試求 $A\mathbf{x} = \mathbf{b}$ 的通解的向量型。

5. 對 (a)-(d) 各小題試求指定的線性方程組 $A\mathbf{x} = \mathbf{b}$ 之通解的向量型。然後利用其結果以求得 $A\mathbf{x} = \mathbf{0}$ 之通解的向量型。

   (a) $\begin{array}{r} 3x_1 + x_2 = 2 \\ 6x_1 + 2x_2 = 4 \end{array}$ (b) $\begin{array}{r} x_1 + x_2 + 2x_3 = 5 \\ x_1 + x_3 = -2 \\ 2x_1 + x_2 + 3x_3 = 3 \end{array}$

   (c) $\begin{array}{r} x_1 - 2x_2 + x_3 + x_4 = 1 \\ -x_1 + x_2 - 2x_3 + x_4 = 2 \\ -2x_2 - x_3 - x_4 = -2 \\ x_1 - 3x_2 + 3x_4 = 4 \end{array}$

   (d) $\begin{array}{r} x_1 + 2x_2 - 3x_3 + x_4 = 4 \\ -2x_1 + x_2 + 2x_3 + x_4 = -1 \\ -x_1 + 3x_2 - x_3 + 2x_4 = 3 \\ 4x_1 - 7x_2 - 5x_4 = -5 \end{array}$

6. 試求 A 的零核空間的一組基底。

   (a) $A = \begin{bmatrix} 3 & -1 & 0 \\ 6 & -2 & 0 \\ 0 & 0 & 0 \end{bmatrix}$

   (b) $A = \begin{bmatrix} 1 & -2 & 10 \\ 2 & -3 & 18 \\ 0 & -7 & 14 \end{bmatrix}$

   (c) $A = \begin{bmatrix} 1 & 4 & 5 & 2 \\ 2 & 1 & 3 & 0 \\ -1 & 3 & 2 & 2 \end{bmatrix}$

   (d) $A = \begin{bmatrix} 1 & 4 & 5 & 6 & 9 \\ 3 & -2 & 1 & 4 & -1 \\ -1 & 0 & -1 & -2 & -1 \\ 2 & 3 & 5 & 7 & 8 \end{bmatrix}$

   (e) $A = \begin{bmatrix} 1 & -3 & 2 & 2 & 1 \\ 0 & 3 & 6 & 0 & -3 \\ 2 & -3 & -2 & 4 & 4 \\ 3 & -6 & 0 & 6 & 5 \\ -2 & 9 & 2 & -4 & -5 \end{bmatrix}$

7. 下列各部分矩陣的列梯型。試以觀察法求 A

的列空間與行空間的基底。

(a) $\begin{bmatrix} 1 & 0 & 2 \\ 0 & 0 & 1 \\ 0 & 0 & 0 \end{bmatrix}$ (b) $\begin{bmatrix} 1 & -3 & 0 & 0 \\ 0 & 1 & 0 & 0 \\ 0 & 0 & 0 & 0 \\ 0 & 0 & 0 & 0 \end{bmatrix}$

(c) $\begin{bmatrix} 1 & 2 & 4 & 5 \\ 0 & 1 & -3 & 0 \\ 0 & 0 & 1 & -3 \\ 0 & 0 & 0 & 1 \\ 0 & 0 & 0 & 0 \end{bmatrix}$

(d) $\begin{bmatrix} 1 & 2 & -1 & 5 \\ 0 & 1 & 4 & 3 \\ 0 & 0 & 1 & -7 \\ 0 & 0 & 0 & 1 \end{bmatrix}$

8. 對習題 6 的各矩陣，利用將各矩陣簡化為列梯型，求 A 之列空間的一組基底。

9. 試以觀察法找一組基底給各矩陣的列空間並找一組基底給各矩陣的行空間。

(a) $\begin{bmatrix} 1 & 0 & 2 \\ 0 & 0 & 1 \\ 0 & 0 & 0 \end{bmatrix}$ (b) $\begin{bmatrix} 1 & -3 & 0 & 0 \\ 0 & 1 & 0 & 0 \\ 0 & 0 & 0 & 0 \\ 0 & 0 & 0 & 0 \end{bmatrix}$

(c) $\begin{bmatrix} 1 & 2 & 4 & 5 \\ 0 & 1 & -3 & 0 \\ 0 & 0 & 1 & -3 \\ 0 & 0 & 0 & 1 \\ 0 & 0 & 0 & 0 \end{bmatrix}$

(d) $\begin{bmatrix} 1 & 2 & -1 & 5 \\ 0 & 1 & 4 & 3 \\ 0 & 0 & 1 & -7 \\ 0 & 0 & 0 & 1 \end{bmatrix}$

10. 對習題 6 的各矩陣，求 A 之列空間的一組基底，使其完全由 A 的列向量組成。

11. 試求由下面各向量集合所生成的 R^4 之子空間的一組基底。

    (a) $(2, 4, -2, 3), (-2, -2, 2, -4),$
    $(1, 3, -1, 1)$

    (b) $(-1, 1, -2, 0), (3, 3, 6, 0), (9, 0, 0, 3)$

    (c) $(1, 1, 0, 0), (0, 0, 1, 1), (-2, 0, 2, 2),$
    $(0, -3, 0, 3)$

12. 試求下面各向量集合的子集合，使其為由各向量集合所生成之空間的基底，然後將各非基底向量表為基底向量的線性組合。

    (a) $\mathbf{v}_1 = (1, -4, 1, 1), \mathbf{v}_2 = (1, 0, -1, 1),$
    $\mathbf{v}_3 = (1, 2, -2, 1), \mathbf{v}_4 = (1, 2, 3, -2)$

    (b) $\mathbf{v}_1 = (1, -2, 0, 3), \mathbf{v}_2 = (2, -4, 0, 6),$
    $\mathbf{v}_3 = (-1, 1, 2, 0), \mathbf{v}_4 = (0, -1, 2, 3)$

    (c) $\mathbf{v}_1 = (1, -1, 5, 2), \mathbf{v}_2 = (-2, 3, 1, 0),$
    $\mathbf{v}_3 = (4, -5, 9, 4), \mathbf{v}_4 = (0, 4, 2, -3),$
    $\mathbf{v}_5 = (-7, 18, 2, -8)$

13. 試證明 $n \times n$ 階可逆矩陣 A 的列向量形成 R^n 的一組基底。

14. 建構一矩陣使其零核空間由

$$\mathbf{v}_1 = \begin{bmatrix} 1 \\ -1 \\ 3 \\ 2 \end{bmatrix} \text{ 及 } \mathbf{v}_2 = \begin{bmatrix} 2 \\ 0 \\ -2 \\ 4 \end{bmatrix}$$

的所有線性組合所組成。

15. (a) 令

$$A = \begin{bmatrix} 0 & 1 & 0 \\ 1 & 0 & 0 \\ 0 & 0 & 0 \end{bmatrix}$$

並考慮一三維空間的直角 xyz-座標系。試證明 A 的零核空間由在 z-軸上的所有點組成，而行空間由在 xy-平面上的所有的點組成 (見圖)。

(b) 試求得一 3×3 階矩陣，使其零核空間為整個 x-軸而其行空間為整個 yz-平面。

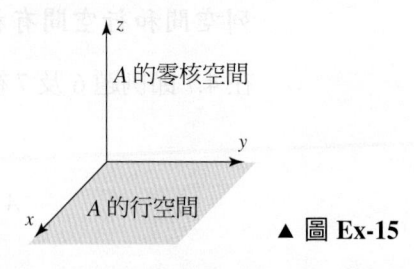

▲ 圖 Ex-15

16. 試求一個 3×3 階矩陣使其零核空間分別為
    (a) 一點 (b) 一直線 (c) 一平面

17. (a) 求零核空間為直線 $x=2t, y=-3t$ 的所有 2×2 階矩陣。
    (b) 繪出下面各矩陣的零核空間：
    $$A = \begin{bmatrix} 1 & 4 \\ 0 & 5 \end{bmatrix}, \quad B = \begin{bmatrix} 1 & 0 \\ 0 & 5 \end{bmatrix},$$
    $$C = \begin{bmatrix} 6 & 2 \\ 3 & 1 \end{bmatrix}, \quad D = \begin{bmatrix} 0 & 0 \\ 0 & 0 \end{bmatrix}$$

18. 方程式 $x_1 + x_2 + x_3 = 1$ 可被視為三個未知數一個方程式的線性方程組。將此方程式的通解表為一個特解加上對應之齊次方程組的通解。[建議：以行向量型表示向量。]

19. 設 A 及 B 為 $n \times n$ 階矩陣且 A 為可逆。試發現並證明一定理使其描述 AB 及 B 之列空間的關係。

是非題

試判斷 (a)-(j) 各敘述的真假，並驗證你的答案。

(a) $\mathbf{v}_1, \ldots, \mathbf{v}_n$ 的生成空間是行向量為 $\mathbf{v}_1, \ldots, \mathbf{v}_n$ 的矩陣之行空間。

(b) 矩陣 A 的行空間是 $A\mathbf{x} = \mathbf{b}$ 的解集合。

(c) 若 R 是 A 的簡約列梯型，則 R 中含首項 1 的行形成 A 的行空間的一組基底。

(d) 矩陣 A 的非零列向量所成的集合是 A 的列空間之一組基底。

(e) 若 A 和 B 為具有相同列空間的 $n \times n$ 階矩陣，則 A 和 B 有相同行空間。

(f) 若 E 是一個 $m \times m$ 階基本矩陣且 A 是一個 $m \times n$ 階矩陣，則 EA 的零核空間和 A 的零核空間相同。

(g) 若 E 是一個 $m \times m$ 階基本矩陣且 A 是一個 $m \times n$ 階矩陣，則 EA 的列空間和 A 的列空間相同。

(h) 若 E 是一個 $m \times m$ 階基本矩陣且 A 是一個 $m \times n$ 階矩陣，則 EA 的行空間和 A 的行空間相同。

(i) 方程組 $A\mathbf{x} = \mathbf{b}$ 是矛盾的若且唯若 $\mathbf{b}$ 不在 A 的行空間裡。

(j) 存在一個可逆矩陣 A 及一個奇異矩陣 B 使得 A 和 B 的列空間相同。

4.8 秩、零核維數與基本矩陣空間

在上一節，我們探討線性方程組與其係數矩陣的列空間、行空間及零核空間之間的關係。本節我們將關心那些空間的維數。所得的結果將提供線性方程組及其係數矩陣之間更深入的看法。

列空間和行空間有相同維數

在 4.7 節例題 6 及 7 裡，我們發現

$$A = \begin{bmatrix} 1 & -3 & 4 & -2 & 5 & 4 \\ 2 & -6 & 9 & -1 & 8 & 2 \\ 2 & -6 & 9 & -1 & 9 & 7 \\ -1 & 3 & -4 & 2 & -5 & -4 \end{bmatrix}$$

的列空間及行空間均有三個基底向量且均為三維的。這些空間具有相

同維數並不意外,而是下面定理的一個結果。

定理 4.8.1:矩陣 A 的列空間及行空間有相同維數。

證明:令 R 為 A 的簡約列梯型,由定理 4.7.4 及 4.7.6(b) 得

$$\dim(A \text{ 的列空間}) = \dim(R \text{ 的列空間})$$
$$\dim(A \text{ 的行空間}) = \dim(R \text{ 的行空間})$$

因此,只要證明 R 的列空間及行空間有相同維數即可。但 R 的列空間之維數為所有非零列的數目,而由定理 4.7.5,R 的行空間的維數為含首項 1 的行數。因為這兩個數目相同,所以列空間和行空間有相同維數。◀

秩與零核維數

矩陣之列空間、行空間及零核空間的維數是很重要的數目,使得有某些符號與術語與它相關。

定義 1:矩陣 A 的列空間及行空間的共同維數,稱為 A 的**秩** (rank) 並以 rank(A) 表示之;A 的零核空間的維數,稱為 A 的**零核維數** (nullity),並且以 nullity(A) 表示之。

> 定理 4.8.1 的證明說明 A 的秩可被解讀為 A 的任一列梯型裡首項 1 的數目。

▶ **例題 1 4×6 階矩陣的秩及零核維數**

求矩陣

$$A = \begin{bmatrix} -1 & 2 & 0 & 4 & 5 & -3 \\ 3 & -7 & 2 & 0 & 1 & 4 \\ 2 & -5 & 2 & 4 & 6 & 1 \\ 4 & -9 & 2 & -4 & -4 & 7 \end{bmatrix}$$

的秩及零核維數。

解:A 的簡約列梯型為

$$\begin{bmatrix} 1 & 0 & -4 & -28 & -37 & 13 \\ 0 & 1 & -2 & -12 & -16 & 5 \\ 0 & 0 & 0 & 0 & 0 & 0 \\ 0 & 0 & 0 & 0 & 0 & 0 \end{bmatrix} \quad (1)$$

(證之)。因為此矩陣有兩個首項 1，其列空間及行空間是二維的且 rank(A)＝2。欲求 A 的零核維數，必須先求線性方程組 $A\mathbf{x}=\mathbf{0}$ 的解空間。這個方程組可利用簡化增廣矩陣為簡約列梯型的方式求解。所得的矩陣除了一個額外的最後零行外，和 (1) 式相同，其對應的方程組為

$$x_1 - 4x_3 - 28x_4 - 37x_5 + 13x_6 = 0$$
$$x_2 - 2x_3 - 12x_4 - 16x_5 + 5x_6 = 0$$

解這些方程式的首項變數，得

$$x_1 = 4x_3 + 28x_4 + 37x_5 - 13x_6$$
$$x_2 = 2x_3 + 12x_4 + 16x_5 - 5x_6 \tag{2}$$

所以方程組的通解為

$$x_1 = 4r + 28s + 37t - 13u$$
$$x_2 = 2r + 12s + 16t - 5u$$
$$x_3 = r$$
$$x_4 = s$$
$$x_5 = t$$
$$x_6 = u$$

或行向量型為

$$\begin{bmatrix} x_1 \\ x_2 \\ x_3 \\ x_4 \\ x_5 \\ x_6 \end{bmatrix} = r \begin{bmatrix} 4 \\ 2 \\ 1 \\ 0 \\ 0 \\ 0 \end{bmatrix} + s \begin{bmatrix} 28 \\ 12 \\ 0 \\ 1 \\ 0 \\ 0 \end{bmatrix} + t \begin{bmatrix} 37 \\ 16 \\ 0 \\ 0 \\ 1 \\ 0 \end{bmatrix} + u \begin{bmatrix} -13 \\ -5 \\ 0 \\ 0 \\ 0 \\ 1 \end{bmatrix} \tag{3}$$

(3) 式右端的 4 個向量形成解空間的一基底，所以 nullity(A)＝4。

▶ **例題 2　秩的最大值**

一個非方陣的 $m \times n$ 階矩陣 A 的最大可能秩為何？

解：因為 A 的所有列向量落在 R^n 中而所有行向量落在 R^m 裡，所以 A 的列空間至多是 n-維的且行空間至多是 m-維的。因為 A 的秩是其列空間和行空間的共同維數，因此秩至多是 m 和 n 的較小值。我們將此寫為

$$\text{rank}(A) \leq \min(m, n)$$

其中 $\min(m, n)$ 是 m 和 n 的最小值。　◀

下列定理在矩陣的秩及零核維數之間建立一個重要關係。

定理 4.8.2：矩陣的維數定理
若 A 為一含 n 行的矩陣，則
$$\text{rank}(A) + \text{nullity}(A) = n \tag{4}$$

證明：因為 A 有 n 行，所以齊次線性方程組 $A\mathbf{x}=\mathbf{0}$ 有 n 個未知數 (變數)。這些變數分成兩類：即首項變數及自由變數。因此，

[首項變數個數]＋[自由變數個數]＝n

但是，首項變數的個數和 A 的簡約列梯型中首項 1 的個數相同，且此數目即為 A 的秩；而自由變數的個數和 $A\mathbf{x}=\mathbf{0}$ 通解中的參數個數相同，此個數為 A 的零核維數。此得到公式 (4)。◀

▶**例題 3　秩及零核維數的和**
矩陣
$$A = \begin{bmatrix} -1 & 2 & 0 & 4 & 5 & -3 \\ 3 & -7 & 2 & 0 & 1 & 4 \\ 2 & -5 & 2 & 4 & 6 & 1 \\ 4 & -9 & 2 & -4 & -4 & 7 \end{bmatrix}$$

有 6 行，所以
$$\text{rank}(A) + \text{nullity}(A) = 6$$
此結論和例題 1 同；在例題 1 中，我們得
$$\text{rank}(A) = 2 \quad 及 \quad \text{nullity}(A) = 4 \qquad ◀$$

下面定理，總結已得的結果，解讀秩及零核維數在齊次線性方程組的文脈裡。

定理 4.8.3：若 A 為 $m \times n$ 階矩陣，則：
(a) $\text{rank}(A) = $ 求解 $A\mathbf{x}=\mathbf{0}$ 時解當中首項變數的數目。
(b) $\text{nullity}(A) = $ 求解 $A\mathbf{x}=\mathbf{0}$ 時解當中參數的數目。

▶ **例題 4　通解的參數個數**

求 $A\mathbf{x}=\mathbf{0}$ 之通解的參數個數，其中 A 是一個秩為 3 的 5×7 階矩陣。

解：由 (4)，
$$\text{nullity}(A) = n - \text{rank}(A) = 7 - 3 = 4$$

因此，有 4 個參數。　◀

等價定理

在定理 2.3.8，我們列出和方陣可逆性等價的七個結果。我們現在加上另外八個結果以得一個單一定理，此定理總結至今我們所提到的大部分主題。

定理 4.8.4：等價敘述

若 A 為 $n \times n$ 階矩陣，則下列敘述是等價的。

(a)　A 為可逆矩陣。
(b)　$A\mathbf{x}=\mathbf{0}$ 僅有明顯解。
(c)　A 的簡約列梯型為 I_n。
(d)　A 能以基本矩陣的乘積表示。
(e)　對每一個 $n \times 1$ 階矩陣 $\mathbf{b}$，$A\mathbf{x}=\mathbf{b}$ 是相容的。
(f)　對每一個 $n \times 1$ 階矩陣 $\mathbf{b}$，$A\mathbf{x}=\mathbf{b}$ 正好僅有一解。
(g)　$\det(A) \neq 0$。
(h)　A 的所有行向量是線性獨立的。
(i)　A 的所有列向量是線性獨立的。
(j)　A 的所有行向量生成 R^n。
(k)　A 的所有列向量生成 R^n。
(l)　A 的所有行向量形成 R^n 的基底。
(m)　A 的所有列向量形成 R^n 的基底。
(n)　A 的秩為 n。
(o)　A 的零核維數為 0。

證明：由定理 4.5.4，(h) 到 (m) 的等價成立 (我們省略細節)。欲完成證明，我們將證明蘊涵鏈 (b) ⇒ (o) ⇒ (n) ⇒ (b)，以證明 (b), (n) 及 (o) 等價。

(b) ⇒ **(o)**：若 $A\mathbf{x}=\mathbf{0}$ 僅有明顯解，則該解沒有參數，所以定理 4.8.3(b) 知 nullity$(A)=0$。

(o) ⇒ **(n)**：定理 4.8.2。

(n) ⇒ **(b)**：若 A 的秩為 n，則由定理 4.8.3(a) 蘊涵 $A\mathbf{x}=\mathbf{0}$ 的通解中有 n 個首項變數 (因此沒有自由變數)。此得明顯解為唯一的可能。◀

超定及欠定方程組

在許多應用裡，線性方程組的方程式對應至必須滿足的物理限制式或條件。一般來講，多數渴望的方程組之未知數和限制式的個數相同，此類方程組經常有唯一解。不幸地，限制式及未知數的個數並不是總是相等，所以研究者經常要面對限制式多於未知數的線性方程組，稱為**超定方程組** (overdetermined systems)；或要面對限制式少於未知數的線性方程組，稱為**欠定方程組** (underdetermined systems)。下面兩個定理將幫助我們解析超定及欠定兩種方程組。

> **定理 4.8.5**：若 $A\mathbf{x}=\mathbf{b}$ 為由含 n 個未知數 m 個方程組成之相容線性方程組，且若 A 的秩為 r，則該方程組的通解含 $n-r$ 個參數。

在工程及其他應用裡，一個超定或欠定線性方程組的發生暗示一個或更多個變數在組成問題時被省略或多餘的變數被加進來。此經常導致某種不期望的物理結果。

證明：由定理 4.7.2，參數的個數和 A 的零核維數相等，由定理 4.8.2，是 $n-r$。◀

> **定理 4.8.6**：令 A 是一個 $m \times n$ 階矩陣。
> (a) **(超定情形)**。若 $m > n$，則線性方程組 $A\mathbf{x}=\mathbf{b}$ 是矛盾的對至少一個向量 $\mathbf{b}$ 在 R^n 上。
> (b) **(欠定情形)**。若 $m < n$，則對每一個 R^m 上的向量 $\mathbf{b}$，線性方程組 $A\mathbf{x}=\mathbf{b}$ 不是矛盾的就是有無窮多組解。

證明 **(a)**：假設 $m > n$，則 A 的所有行向量不能生成 R^m (因為向量個數少於 R^m 的維數)。因此，至少有一個向量 $\mathbf{b}$ 在 R^m 但不在 A 的行空間裡，且對這個 $\mathbf{b}$，由定理 4.7.1，方程組 $A\mathbf{x}=\mathbf{b}$ 是矛盾的。

證明 **(b)**：假設 $m < n$，對 R^n 上每個向量 $\mathbf{b}$ 有兩種可能：方程組 $A\mathbf{x}=\mathbf{b}$ 不是相容的就是矛盾的。若它是矛盾的，則證明完成。若它是相容

的，則定理 4.8.5 蘊涵通解有 $n-r$ 個參數，其中 $r=\text{rank}(A)$。但 $\text{rank}(A)$ 是 m 和 n 的最小值，所以

$$n - r = n - m > 0$$

此意味著通解至少有一個參數，所以有無窮多組解。◀

▶ **例題 5　超定及欠定方程組**

(a) 七個方程式五個未知數的超定方程組 $A\mathbf{x}=\mathbf{b}$ 之解為何？其中 A 有秩 $r=4$。

(b) 五個方程式七個未知數的欠定方程組 $A\mathbf{x}=\mathbf{b}$ 之解為何？其中 A 有秩 $r=4$。

解 (a)：對 R^7 上的某個向量 $\mathbf{b}$，方程組是相容的，且對任一此類向量 $\mathbf{b}$，通解中的參數個數是 $n-r=5-4=1$。

解 (b)：方程組可能是相容的或是矛盾的，但若它是相容的對 R^5 上的向量 $\mathbf{b}$，則通解有 $n-r=7-4=3$ 個參數。

▶ **例題 6　超定方程組**

線性方程組

$$\begin{aligned} x_1 - 2x_2 &= b_1 \\ x_1 - x_2 &= b_2 \\ x_1 + x_2 &= b_3 \\ x_1 + 2x_2 &= b_4 \\ x_1 + 3x_2 &= b_5 \end{aligned}$$

為超定方程組，所以它們無法對所有可能的 b_1, b_2, b_3, b_4 及 b_5 都相容。此方程式成為相容方程組的恰當條件，可以由藉高斯-喬丹消去法求解線性方程組而求得。留給讀者證明該增廣矩陣列等價

$$\begin{bmatrix} 1 & 0 & 2b_2 - b_1 \\ 0 & 1 & b_2 - b_1 \\ 0 & 0 & b_3 - 3b_2 + 2b_1 \\ 0 & 0 & b_4 - 4b_2 + 3b_1 \\ 0 & 0 & b_5 - 5b_2 + 4b_1 \end{bmatrix} \tag{5}$$

於是，該方程組成為相容方程組，若且唯若 b_1, b_2, b_3, b_4 及 b_5 滿足

$$2b_1 - 3b_2 + b_3 \qquad\qquad = 0$$
$$3b_1 - 4b_2 \qquad + b_4 \qquad = 0$$
$$4b_1 - 5b_2 \qquad\qquad + b_5 = 0$$

的條件,或解此齊次線性方程組,得

$$b_1 = 5r - 4s, \quad b_2 = 4r - 3s, \quad b_3 = 2r - s, \quad b_4 = r, \quad b_5 = s$$

其中 r 與 s 為任意值。 ◀

注釋:在上一例題中,線性方程組之係數矩陣有 $n=2$ 行且它有秩 $r=2$,因為在其簡約列梯型裡有兩個非零列。此暗示當方程組是相容的時,其通解將含 $n-r=0$ 個參數;亦即,解是唯一的。思考片刻,由 (5) 式,你可看出這個結果。

矩陣的基本空間

有六個重要的向量空間相伴矩陣 A 及其轉置矩陣 A^T:

A 的列空間	A^T 的列空間
A 的行空間	A^T 的行空間
A 的零核空間	A^T 的零核空間

然而,轉置一個矩陣是將列向量轉換成行向量,將行向量轉換成列向量,使得除了符號上的差異外,A^T 的列空間與 A 的行空間相同,而 A^T 的行空間與 A 的列空間相同。因此,上列的六個空間,僅有四個是相異的:

A 的列空間	A 的行空間
A 的零核空間	A^T 的零核空間

> 若 A 是一個 $m \times n$ 階矩陣,則 A 的列空間及零核空間是 R^n 的子空間,且 A 的行空間及 A^T 的零核空間是 R^m 的子空間。

這些向量空間稱為 A 的**基本空間** (fundamental spaces)。本節將以討論這四個子空間的相互關係作為結束。

讓我們聚焦在矩陣 A^T 上片刻。因為矩陣的列空間和行空間有相同維數,且轉置一個矩陣係將其行轉置為列且將其列轉置為行,所以下面的結果並不令人驚訝!

定理 4.8.7:若 A 是任一矩陣,則 $\mathrm{rank}(A) = \mathrm{rank}(A^T)$。

證明：
$$\text{rank}(A) = \dim(A \text{ 的列空間}) = \dim(A^T \text{ 的行空間}) = \text{rank}(A^T) \quad \blacktriangleleft$$

此結果有一些重要的應用。例如，若 A 是一個 $m \times n$ 階矩陣，則應用公式 (4) 至矩陣 A^T 且使用此矩陣有 m 行之事實，得

$$\text{rank}(A^T) + \text{nullity}(A^T) = m$$

由定理 4.8.7，其可被改寫為

$$\text{rank}(A) + \text{nullity}(A^T) = m \tag{6}$$

此為定理 4.8.2 公式 (4) 的另一種類型，可使所有四個基本空間的維數利用 A 的階數及秩來表示。明確地，若 $\text{rank}(A) = r$，則

$$\begin{aligned} \dim[\text{row}(A)] &= r & \dim[\text{col}(A)] &= r \\ \dim[\text{null}(A)] &= n - r & \dim[\text{null}(A^T)] &= m - r \end{aligned} \tag{7}$$

(7) 式中的四個公式提供矩陣階數及其四個基本空間維數之間一個代數關係式。我們下一個目標是找一個基本空間本身的幾何關係式。為此目的，記得定理 3.4.3，若 A 是一個 $m \times n$ 階矩陣，則 A 的零核空間是由那些和 A 的每一個列向量正交的向量所組成。欲更細部地來發展那個概念，我們給了下面定義。

定義 2：若 W 是 R^n 的子空間，則 R^n 中所有和 W 中每個向量正交的向量所成的集合，被稱為 W 的**正交補餘** (orthogonal complement) 且被表為 $W^\perp$。

下一個定理列出正交補餘的三個基本性質。我們將省略正式證明，因為稍後將給一個此定理的更一般版本。

定理 4.8.8：若 W 是 R^n 的一子空間，則：
(a) $W^\perp$ 是 R^n 的一子空間。
(b) W 和 $W^\perp$ 的唯一共同向量是 $\mathbf{0}$。
(c) $W^\perp$ 的正交補餘是 W。

(a) (b)

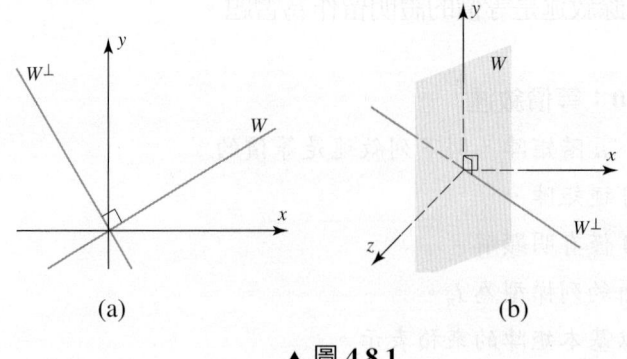

▲ 圖 4.8.1

▶ **例題 7** 正交補餘

在 R^2 上，通過原點之直線 W 的正交補餘是通過原點且和 W 垂直的直線 (圖 4.8.1a)；且在 R^3 上，通過原點的平面之正交補餘是通過原點和該平面垂直的直線 (圖 4.8.1b)。 ◀

解釋為何 $\{0\}$ 和 R^n 互為正交補餘。

基本空間之間的幾何聯結

下一個定理提供矩陣所有基本空間之間的一個幾何聯結。(a) 部分主要是定理 3.4.3 以正交餘集之語言重新敘述，而 (b)，其證明留作為習題，由 (a) 而得。此定理的主要概念如圖 4.8.2 所示。

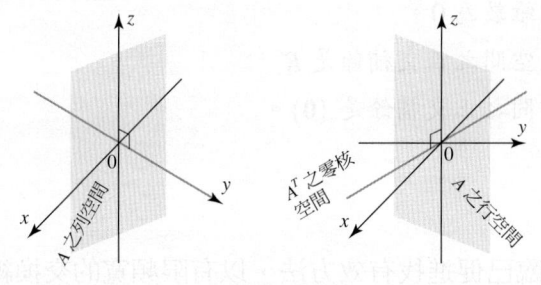

▲ 圖 4.8.2

定理 4.8.9：若 A 是一個 $m \times n$ 階矩陣，則：
(a) A 的零核空間和 A 的列空間在 R^n 上互為正交補餘。
(b) A^T 的零核空間和 A 的行空間在 R^m 上互為正交補餘。

等價定理的更多事實

我們將再加兩個敘述至定理 4.8.4，作為本節的最後結果。我們將這兩

個敘述和其餘敘述是等價的證明留作為習題。

> **定理 4.8.10：等價敘述**
> 若 A 為 $n \times n$ 階矩陣，則下列敘述是等價的。
> (a) A 為可逆矩陣。
> (b) $A\mathbf{x} = \mathbf{0}$ 僅有明顯解。
> (c) A 的簡約列梯型為 I_n。
> (d) A 能以基本矩陣的乘積表示。
> (e) 對每一個 $n \times 1$ 階矩陣 $\mathbf{b}$，$A\mathbf{x} = \mathbf{b}$ 是相容的。
> (f) 對每一個 $n \times 1$ 階矩陣 $\mathbf{b}$，$A\mathbf{x} = \mathbf{b}$ 正好僅有一解。
> (g) $\det(A) \neq 0$。
> (h) A 的所有行向量是線性獨立的。
> (i) A 的所有列向量是線性獨立的。
> (j) A 的所有行向量生成 R^n。
> (k) A 的所有列向量生成 R^n。
> (l) A 的所有行向量形成 R^n 的基底。
> (m) A 的所有列向量形成 R^n 的基底。
> (n) A 的秩為 n。
> (o) A 的零核維數為 0。
> (p) A 的零核空間之正交補餘是 R^n。
> (q) A 的列空間之正交補餘是 $\{\mathbf{0}\}$。

秩的應用

網際網路的來臨已促進找有效方法，以有限頻寬的交換線來傳輸大量數位資料的研究。數位資料通常以矩陣型儲存，且許多改進傳送速度的技巧以某種方法使用矩陣的秩。秩扮演一個角色，因為它測量矩陣中的「多餘量」，若 A 是一個秩為 k 的 $m \times n$ 階矩陣，則 $n-k$ 個行向量及 $m-k$ 個列向量可以 k 個線性獨立行或列向量來表示。許多資料壓縮格式的主要概念是以一個具較小秩的資料集，傳遞幾乎相通的資訊，來近似原始資料，並消去近似集裡的多餘向量來加速傳送時間。

概念複習

- 秩
- 零核維數
- 維數定理
- 超定方程組
- 欠定方程組
- 矩陣的基本空間
- 基本空間之間的關係
- 正交補餘
- 可逆矩陣的等價特徵

技　能

- 求一矩陣的秩及零核維數。
- 求一矩陣的列空間維數。

習題集 4.8

1. 試證明 rank(A)＝rank(A^T)。

$$A = \begin{bmatrix} 1 & 2 & 4 & 0 \\ -3 & 1 & 5 & 2 \\ -2 & 3 & 9 & 2 \end{bmatrix}$$

2. 試求下列各矩陣的秩及零核維數，並證明這些值滿足維數定理的公式 (4)。

(a) $A = \begin{bmatrix} 2 & -1 & 3 \\ 4 & -2 & 1 \\ 2 & 1 & 0 \end{bmatrix}$

(b) $A = \begin{bmatrix} 2 & 0 & -1 \\ 4 & 0 & -2 \\ 0 & 0 & 0 \end{bmatrix}$

(c) $A = \begin{bmatrix} 1 & 3 & 1 & 4 \\ 2 & 4 & 2 & 0 \\ -1 & -3 & 0 & 5 \end{bmatrix}$

(d) $A = \begin{bmatrix} 1 & 4 & 5 & 6 & 9 \\ 3 & -2 & 1 & 4 & -1 \\ -1 & 0 & -1 & -2 & -1 \\ 2 & 3 & 5 & 7 & 8 \end{bmatrix}$

(e) $A = \begin{bmatrix} 1 & -3 & 2 & 2 & 1 \\ 0 & 3 & 6 & 0 & -3 \\ 2 & -3 & -2 & 4 & 4 \\ 3 & -6 & 0 & 6 & 5 \\ -2 & 9 & 2 & -4 & -5 \end{bmatrix}$

3. 試就習題 2 各部分所得的結果求首項變數的數目，並且在不求解 $A\mathbf{x}=\mathbf{0}$ 的情況下，求解當中參數的數目。

4. 試就表中各部分的資訊求 A 的列空間、行空間、零核空間及 A^T 的零核空間的維數。

	(a)	(b)	(c)	(d)	(e)	(f)	(g)
A 的階數	3×3	3×3	3×3	5×6	6×5	4×4	6×5
rank(A)	3	2	1	2	2	0	5

5. 對下面各小題，求 A 的最大可能的秩值及最小可能的零核維數值。

(a) A 為 4×6　(b) A 為 5×5　(c) A 為 6×4

6. 若 A 為一 $m\times n$ 階矩陣，則 A 的最大可能的秩值及最小可能的零核維數值各為何？

7. 試就表中各部分的資訊判定線性方程組 $A\mathbf{x}=\mathbf{b}$ 是否相容，若是，試敘述其通解中參數的個數。

	(a)	(b)	(c)	(d)	(e)	(f)	(g)
A 的階數	3×3	3×3	3×3	5×9	5×9	4×4	6×2
rank(A)	3	2	1	2	2	0	2
rank$[A\|\mathbf{b}]$	3	3	1	2	3	0	2

8. 試就習題 7 中的各矩陣求 A 的零核維數，並判定齊次線性方程組 $A\mathbf{x}=\mathbf{0}$ 之通解中參數的個數。

9. 超定線性方程組

$$\begin{aligned} x_1 + x_2 &= b_1 \\ x_1 + 2x_2 &= b_2 \\ x_1 - x_2 &= b_3 \\ 2x_1 + 4x_2 &= b_4 \\ x_1 + 3x_2 &= b_5 \end{aligned}$$

的 b_1, b_2, b_3, b_4 和 b_5 應滿足什麼條件才能成為相容的線性方程組？

10. 令
$$A = \begin{bmatrix} a_{11} & a_{12} & a_{13} \\ a_{21} & a_{22} & a_{23} \end{bmatrix}$$

證明：A 之秩為 2 若且唯若三行列式

$$\begin{vmatrix} a_{11} & a_{12} \\ a_{21} & a_{22} \end{vmatrix}, \begin{vmatrix} a_{11} & a_{13} \\ a_{21} & a_{23} \end{vmatrix}, \begin{vmatrix} a_{12} & a_{13} \\ a_{22} & a_{23} \end{vmatrix}$$

中有一個或一個以上不為零。

11. 假設 A 為一 3×3 階矩陣，且其零核空間為三維空間上通過原點的直線，則 A 的列空間或行空間亦為通過原點的直線嗎？試解釋之。

12. 試討論 A 的秩如何隨 t 變化。

(a) $A = \begin{bmatrix} 1 & -1 & t \\ 1 & t & -1 \\ t^2 & 1 & -1 \end{bmatrix}$

(b) $A = \begin{bmatrix} t & 3 & -1 \\ 3 & 6 & -2 \\ -1 & -3 & t \end{bmatrix}$

13. 有沒有能使

$$\begin{bmatrix} 1 & 0 & 0 \\ 0 & r-2 & 2 \\ 0 & s-1 & r+2 \\ 0 & 0 & 3 \end{bmatrix}$$

的秩為 1 或 2 的 r 與 s 的值？如果有，試求解之。

14. 試利用習題 10 的結果證明在 R^3 中使矩陣

$$\begin{bmatrix} x & y & z \\ 1 & x & y \end{bmatrix}$$

的秩為 1 的點 (x, y, z) 的集合是參數方程式為 $x=t, y=t^2, z=t^3$ 的曲線。

15. 試證明若 $k\neq 0$，則 A 與 kA 有相同的秩。

16. (a) 給一個 3×3 階矩陣，其行空間為三維空間上通過原點的平面。
    (b) (a) 中之矩陣的零核空間的幾何圖形是什麼？
    (c) (a) 中之矩陣的列空間的幾何圖形是什麼？

17. (a) 若 A 為 3×5 階矩陣，則 A 的簡約列梯型之首項 1 個數至多有____個？為什麼？
    (b) 若 A 為 3×5 階矩陣，則 $A\mathbf{x}=\mathbf{0}$ 的通解之參數個數至多有____個？為什麼？
    (c) 若 A 為 5×3 階矩陣，則 A 的簡約列梯型之首項 1 個數至多有____個？為什麼？
    (d) 若 A 為 5×3 階矩陣，則 $A\mathbf{x}=\mathbf{0}$ 的通解之參數個數至多有____個？為什麼？

18. (a) 若 A 是 3×5 階矩陣，則 A 的秩至多為____？為什麼？
    (b) 若 A 是 3×5 階矩陣，則 A 的零核維數至多為____？為什麼？
    (c) 若 A 是 3×5 階矩陣，則 A^T 的秩至多為____？為什麼？
    (d) 若 A 是 3×5 階矩陣，則 A^T 的零核維數至多為____？為什麼？

19. 求矩陣 A 和 B 滿足 $\text{rank}(A)=\text{rank}(B)$，但 $\text{rank}(A^2)\neq \text{rank}(B^2)$。

20. 證明：若矩陣 A 非方陣，則不是 A 的所有列向量線性相關就是 A 的所有行向量線性相關。

是非題

試判斷 (a)-(j) 各敘述的真假，並驗證你的答案。

(a) 不是方陣的所有列向量是線性獨立就是方陣的所有行向量是線性獨立。
(b) 具有線性獨立列向量及線性獨立行向量的矩陣是方陣。
(c) 一個非零的 $m\times n$ 階矩陣的零核維數至多是 m。
(d) 加一個額外的行至一矩陣，可增加該矩陣的秩 1。
(e) 具線性相關列的方陣之零核維數至少是 1。

(f) 若 A 是方陣且 $A\mathbf{x}=\mathbf{b}$ 對某向量 $\mathbf{b}$ 是矛盾的，則 A 的零核維數是零。
(g) 若矩陣 A 的列數多於行數，則列空間的維數大於行空間的維數。
(h) 若 $\text{rank}(A^T)=\text{rank}(A)$，則 A 是方陣。
(i) 不存在 3×3 階矩陣使其列空間和零核空間均是 3-空間上的直線。
(j) 若 V 是 R^n 的子空間，且 W 是 V 的子空間，則 $W^\perp$ 是 $V^\perp$ 的一子空間。

4.9 由 R^n 至 R^m 的矩陣變換

本節中將開始研習型式為 $\mathbf{w}=F(\mathbf{x})$ 的函數，其中的自變數 $\mathbf{x}$ 為 R^n 中的向量而應變數 $\mathbf{w}$ 為 R^m 中的向量。此類函數中稱為「矩陣變換」(matrix transformations) 的特殊類別將是研習的焦點。此類變換在線性代數的研究裡是基本的，且在物理學、工程學、社會科學及各種數學分支都有重要的應用。

函數及變換

回顧**函數** (function) 是一規則，f 其使集合 A 中的每一個元素與集合 B 中的一個而且僅與一個元素發生關聯。若 f 使元素 b 與元素 a 發生關聯，則寫成

$$b=f(a)$$

並稱在 f 之下 b 為 a 的**像** (image) 或稱 $f(a)$ 為 f 在 a 的**值** (value)。集合 A 稱為 f 的**定義域** (domain)，而集合 B 稱為 f 的**對應域** (codomain) (圖 4.9.1)。定義域裡所有點的像所組成的對應域之子集合被稱是 f 的**值域** (range)。

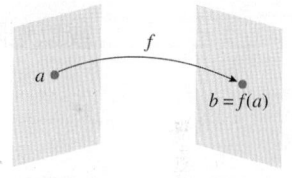

▲ 圖 4.9.1

許多常見的函數，其定義域及對應域均為實數集合，但本文我們將關心定義域及對應域為向量空間的函數。

定義 1：若 V 和 W 為向量空間，且若 f 為定義域 V 對應域 W 的函數，則我們稱 f 是一個由 V 至 W 的**變換** (transformation) 或稱 f 將 V **映** (maps) 至 W，寫成

$$f:V\to W$$

在 $V=W$ 的特殊情形，該變換被稱為 V 上的**算子** (operator)。

本節將專注於關心由 R^n 至 R^m 的變換；而將在稍後的節次裡關心

一般向量空間的變換。欲說明此類變換的發生方式，假設 $f_1, f_2, \ldots, f_m$ 為 n 個變換的實值函數，稱

$$
\begin{aligned}
w_1 &= f_1(x_1, x_2, \ldots, x_n) \\
w_2 &= f_2(x_1, x_2, \ldots, x_n) \\
&\vdots \\
w_m &= f_m(x_1, x_2, \ldots, x_n)
\end{aligned}
\tag{1}
$$

這 m 個方程式指定了 R^m 中唯一的點 $(w_1, w_2, \ldots, w_m)$ 給 R^n 中的每一個點 $(x_1, x_2, \ldots, x_n)$，因而定義了由 R^n 至 R^m 的變換。如果將此變換以 T 表示，則 $T: R^n \to R^m$，而且

$$T(x_1, x_2, \ldots, x_n) = (w_1, w_2, \ldots, w_m)$$

矩陣變換

在 (1) 式的所有方程式均為線性的特殊情形，它們可被表為

$$
\begin{aligned}
w_1 &= a_{11}x_1 + a_{12}x_2 + \cdots + a_{1n}x_n \\
w_2 &= a_{21}x_1 + a_{22}x_2 + \cdots + a_{2n}x_n \\
&\vdots \quad\quad \vdots \quad\quad \vdots \quad\quad \vdots \\
w_m &= a_{m1}x_1 + a_{m2}x_2 + \cdots + a_{mn}x_n
\end{aligned}
\tag{2}
$$

或以矩陣符號表示為

$$
\begin{bmatrix} w_1 \\ w_2 \\ \vdots \\ w_m \end{bmatrix} = \begin{bmatrix} a_{11} & a_{12} & \cdots & a_{1n} \\ a_{21} & a_{22} & \cdots & a_{2n} \\ \vdots & \vdots & & \vdots \\ a_{m1} & a_{m2} & \cdots & a_{mn} \end{bmatrix} \begin{bmatrix} x_1 \\ x_2 \\ \vdots \\ x_n \end{bmatrix}
\tag{3}
$$

或更簡潔地寫成

$$\mathbf{w} = A\mathbf{x} \tag{4}$$

雖然我們可視這個為一個線性方程組，但我們將視它為一個變換，其利用在 $\mathbf{x}$ 的左邊乘上 A，將 R^n 上的行向量 $\mathbf{x}$ 映射至 R^m 上的行向量 $\mathbf{w}$。我們稱這個為一個**矩陣變換** (matrix transformation) [或稱**矩陣算子** (martrix operator) 若 $m = n$]，且我們將它表為 $T_A : R^n \to R^m$。以這個標記，方程式 (4) 可被表為

$$\mathbf{w} = T_A(\mathbf{x}) \tag{5}$$

矩陣變換 T_A 被稱為以 A **乘之** (multiplication by A) 且矩陣 A 被稱為此變

換的**標準矩陣** (standard matrix)。

我們亦將發現偶爾可方便，將 (5) 表為圖示型

$$\mathbf{x} \xrightarrow{T_A} \mathbf{w} \tag{6}$$

讀作「T_A 將 **x** 映成 **w**」。

▶ **例題 1** R^4 至 R^3 的線性變換

矩陣變換 $T: R^4 \to R^3$ 以下列方程式定義

$$\begin{aligned} w_1 &= 2x_1 - 3x_2 + x_3 - 5x_4 \\ w_2 &= 4x_1 + x_2 - 2x_3 + x_4 \\ w_3 &= 5x_1 - x_2 + 4x_3 \end{aligned} \tag{7}$$

可以表示成矩陣的型式

$$\begin{bmatrix} w_1 \\ w_2 \\ w_3 \end{bmatrix} = \begin{bmatrix} 2 & -3 & 1 & -5 \\ 4 & 1 & -2 & 1 \\ 5 & -1 & 4 & 0 \end{bmatrix} \begin{bmatrix} x_1 \\ x_2 \\ x_3 \\ x_4 \end{bmatrix} \tag{8}$$

所以 T 的標準矩陣為

$$A = \begin{bmatrix} 2 & -3 & 1 & -5 \\ 4 & 1 & -2 & 1 \\ 5 & -1 & 4 & 0 \end{bmatrix}$$

點 (x_1, x_2, x_3, x_4) 的像可直接由定義的方程組 (7) 式計算得之，或由 (8) 式以矩陣乘法求得。例如，若

$$(x_1, x_2, x_3, x_4) = (1, -3, 0, 2)$$

則代入 (7) 式可得 $w_1 = 1, w_2 = 3, w_3 = 8$ (試驗證之) 或由 (8) 式

$$\begin{bmatrix} w_1 \\ w_2 \\ w_3 \end{bmatrix} = \begin{bmatrix} 2 & -3 & 1 & -5 \\ 4 & 1 & -2 & 1 \\ 5 & -1 & 4 & 0 \end{bmatrix} \begin{bmatrix} 1 \\ -3 \\ 0 \\ 2 \end{bmatrix} = \begin{bmatrix} 1 \\ 3 \\ 8 \end{bmatrix} \qquad ◀$$

一些符號上的問題

有時候我們想表示一個矩陣變換而不給矩陣名稱。此情形下，我們將以符號 $[T]$ 表示 $T: R^n \to R^m$ 的標準矩陣。因此，方程式

$$T(\mathbf{x}) = [T]\mathbf{x} \tag{9}$$

簡單的表示 T 是一個矩陣變換具標準矩陣 $[T]$，且在此變換下 $\mathbf{x}$ 的像是矩陣 $[T]$ 和行向量 $\mathbf{x}$ 的乘積。

矩陣變換的性質

下一個定理列出矩陣變換的四個性質，它們由矩陣乘法性質可得。

> **定理 4.9.1**：對每個矩陣 A 矩陣變換 $T_A: R^n \to R^m$ 有下面性質，對所有 R^n 上的向量 $\mathbf{u}$ 及 $\mathbf{v}$ 且對每個純量 k：
> (a) $T_A(\mathbf{0}) = \mathbf{0}$
> (b) $T_A(k\mathbf{u}) = kT_A(\mathbf{u})$ [齊性]
> (c) $T_A(\mathbf{u} + \mathbf{v}) = T_A(\mathbf{u}) + T_A(\mathbf{v})$ [可加性]
> (d) $T_A(\mathbf{u} - \mathbf{v}) = T_A(\mathbf{u}) - T_A(\mathbf{v})$

證明：這四個部分全是矩陣乘法熟悉性質的再述：

$$A\mathbf{0} = \mathbf{0}, \quad A(k\mathbf{u}) = k(A\mathbf{u}), \quad A(\mathbf{u}+\mathbf{v}) = A\mathbf{u} + A\mathbf{v}, \quad A(\mathbf{u}-\mathbf{v}) = A\mathbf{u} - A\mathbf{v} \quad \blacktriangleleft$$

由定理 4.9.1，矩陣變換將 R^n 上向量的線性組合映至 R^m 上相對應的線性組合，即

$$T_A(k_1\mathbf{u}_1 + k_2\mathbf{u}_2 + \cdots + k_r\mathbf{u}_r) = k_1 T_A(\mathbf{u}_1) + k_2 T_A(\mathbf{u}_2) + \cdots + k_r T_A(\mathbf{u}_r) \tag{10}$$

依據 n 元實數序對及 m 元實數序對視為向量或點，矩陣變換 $T_A: R^n \to R^m$ 的幾何影響是將 R^n 上的每個向量 (點) 映至 R^m 上的向量 (點) (圖 4.9.2)。

下一個定理敘述若兩個由 R^n 至 R^m 的矩陣變換在 R^n 的每個點有相同的像，則它們的矩陣必是相同的。

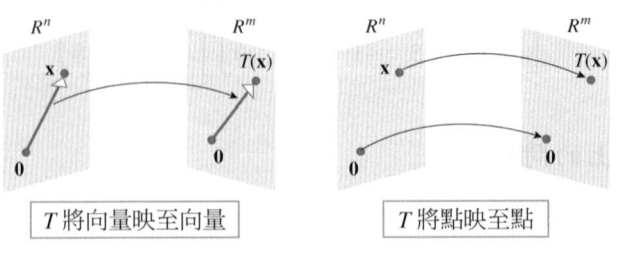

▲ 圖 4.9.2

定理 4.9.2：若 $T_A: R^n \to R^m$ 且 $T_B: R^n \to R^m$ 為矩陣變換，且若 $T_A(\mathbf{x}) = T_B(\mathbf{x})$ 對 R^n 上的每個向量 $\mathbf{x}$，則 $A = B$。

證明：欲說 $T_A(\mathbf{x}) = T_B(\mathbf{x})$ 對 R^n 上的每個向量，如同說

$$A\mathbf{x} = B\mathbf{x}$$

對 R^n 上的每個向量 $\mathbf{x}$。這是真的，尤其是，$\mathbf{x}$ 是 R^n 的標準基底 $\mathbf{e}_1, \mathbf{e}_2, \ldots, \mathbf{e}_n$ 中的任一個；亦即

$$A\mathbf{e}_j = B\mathbf{e}_j \quad (j = 1, 2, \ldots, n) \tag{11}$$

因為 $\mathbf{e}_j$ 除了第 j 個元素是 1 以外，其他每個元素均為 0，由定理 1.3.1 知 $A\mathbf{e}_j$ 是 A 的第 j 行且 $B\mathbf{e}_j$ 是 B 的第 j 行。因此，由 (11) 式知，A 和 B 的相對應行相同，因此 $A = B$。◀

▶ **例題 2　零變換**

若 0 是 $m \times n$ 階零矩陣，則

$$T_0(\mathbf{x}) = 0\mathbf{x} = \mathbf{0}$$

所以，以 0 乘之將 R^n 上的每個向量映至 R^m 上的零向量。我們稱 T_0 為由 R^n 至 R^m 的**零變換** (zero transformation)。

▶ **例題 3　恆等算子**

若 I 為 $n \times n$ 階單位矩陣，則對 R^n 中的每一向量 $\mathbf{x}$

$$T_I(\mathbf{x}) = I\mathbf{x} = \mathbf{x}$$

所以，以 I 乘之將 R^n 中的每一向量映射至向量本身。T_I 稱為 R^n 中的**恆等算子** (identity operator)。◀

一個找標準矩陣的程序

一個求由 R^n 至 R^m 的矩陣變換之標準矩陣的方法是考慮該變換對 R^n 之標準基底向量的影響。欲解釋這個概念，假設 A 是未知且

$$\mathbf{e}_1, \quad \mathbf{e}_2, \ldots, \quad \mathbf{e}_n$$

是 R^n 的標準基底向量。同時假設這些向量在變換 T_A 之下的像是

$$T_A(\mathbf{e}_1) = A\mathbf{e}_1, \quad T_A(\mathbf{e}_2) = A\mathbf{e}_2, \ldots, \quad T_A(\mathbf{e}_n) = A\mathbf{e}_n$$

由定理 1.3.1 得 $A\mathbf{e}_j$ 是 A 的所有行之一線性組合，其中逐次的係數是 $\mathbf{e}_j$ 的所有元素。但 $\mathbf{e}_j$ 的所有元素是零除了第 j 個以外，所以乘積 $A\mathbf{e}_j$ 正是矩陣 A 的第 j 行。因此，

$$A = [T_A(\mathbf{e}_1) \mid T_A(\mathbf{e}_2) \mid \cdots \mid T_A(\mathbf{e}_n)] \tag{12}$$

總之，我們有下面程序來求一個矩陣變換的標準矩陣。

求矩陣變換的標準矩陣
步驟 1. 以行型式求 R^n 標準基底向量 $\mathbf{e}_1, \mathbf{e}_2, \ldots, \mathbf{e}_n$ 的像。
步驟 2. 以步驟 1 所得的所有像逐次作為行來建構矩陣。此矩陣是變換的標準矩陣。

反射算子

有些 R^2 及 R^3 上的最基本矩陣算子是那些將每個點映至對一固定直線或一固定平面的對稱像之算子；這些算子被稱為**反射算子 (reflection operators)**。表 1 顯示對 R^2 上座標軸反射的標準矩陣，而表 2 顯示對 R^3 上平面反射的標準矩陣。在每種情形，標準矩陣係由找標準基底向量的像而得，將這些像轉成行向量並使用那些行向量作為標準矩陣的逐次行。

投影算子

將 R^2 及 R^3 上的每個點映至其在固定直線或平面上的正交投影的矩陣算子被稱為**投影算子 (projection operators)** [或稱正交投影算子 (orthogonal projection operators)]。表 3 顯示在 R^2 座標軸上之正交投影的標準矩陣，且表 4 顯示在 R^3 座標平面上之正交投影的標準矩陣。

旋轉算子

將 R^2 及 R^3 的點沿著圓弧移動的矩陣算子被稱為**旋轉算子 (rotation operators)**。讓我們考慮如何求以逆時針方向對著原點旋轉一個 θ 角來移動點的旋轉算子 $T: R^2 \to R^2$ 之標準矩陣 (圖 4.9.3)。如圖 4.9.3 所

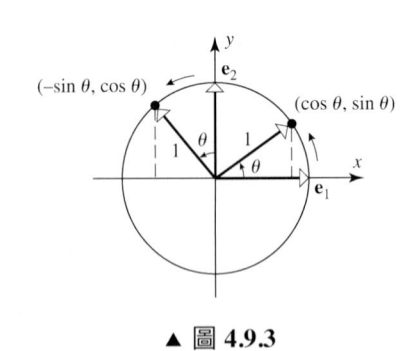

▲ 圖 4.9.3

表 1

算　子	說明圖	e_1 及 e_2 的像	標準矩陣
對 y-軸反射 $T(x, y) = (-x, y)$		$T(e_1) = T(1, 0) = (-1, 0)$ $T(e_2) = T(0, 1) = (0, 1)$	$\begin{bmatrix} -1 & 0 \\ 0 & 1 \end{bmatrix}$
對 x-軸反射 $T(x, y) = (x, -y)$		$T(e_1) = T(1, 0) = (1, 0)$ $T(e_2) = T(0, 1) = (0, -1)$	$\begin{bmatrix} 1 & 0 \\ 0 & -1 \end{bmatrix}$
對 $y = x$ 線反射 $T(x, y) = (y, x)$		$T(e_1) = T(1, 0) = (0, 1)$ $T(e_2) = T(0, 1) = (1, 0)$	$\begin{bmatrix} 0 & 1 \\ 1 & 0 \end{bmatrix}$

表 2

算　子	說明圖	e_1, e_2, e_3 的像	標準矩陣
對 xy-平面反射 $T(x, y, z) = (x, y, -z)$		$T(e_1) = T(1, 0, 0) = (1, 0, 0)$ $T(e_2) = T(0, 1, 0) = (0, 1, 0)$ $T(e_3) = T(0, 0, 1) = (0, 0, -1)$	$\begin{bmatrix} 1 & 0 & 0 \\ 0 & 1 & 0 \\ 0 & 0 & -1 \end{bmatrix}$
對 xz-平面反射 $T(x, y, z) = (x, -y, z)$		$T(e_1) = T(1, 0, 0) = (1, 0, 0)$ $T(e_2) = T(0, 1, 0) = (0, -1, 0)$ $T(e_3) = T(0, 0, 1) = (0, 0, 1)$	$\begin{bmatrix} 1 & 0 & 0 \\ 0 & -1 & 0 \\ 0 & 0 & 1 \end{bmatrix}$
對 yz-平面反射 $T(x, y, z) = (-x, y, z)$		$T(e_1) = T(1, 0, 0) = (-1, 0, 0)$ $T(e_2) = T(0, 1, 0) = (0, 1, 0)$ $T(e_3) = T(0, 0, 1) = (0, 0, 1)$	$\begin{bmatrix} -1 & 0 & 0 \\ 0 & 1 & 0 \\ 0 & 0 & 1 \end{bmatrix}$

表 3

算　子	說明圖	e_1 及 e_2 的像	標準矩陣
在 x-軸上的正交投影 $T(x, y) = (x, 0)$		$T(\mathbf{e}_1) = T(1, 0) = (1, 0)$ $T(\mathbf{e}_2) = T(0, 1) = (0, 0)$	$\begin{bmatrix} 1 & 0 \\ 0 & 0 \end{bmatrix}$
在 y-軸上的正交投影 $T(x, y) = (0, y)$		$T(\mathbf{e}_1) = T(1, 0) = (0, 0)$ $T(\mathbf{e}_2) = T(0, 1) = (0, 1)$	$\begin{bmatrix} 0 & 0 \\ 0 & 1 \end{bmatrix}$

表 4

算　子	說明圖	e_1, e_2, e_3 的像	標準矩陣
xy-平面上的正交投影 $T(x, y, z) = (x, y, 0)$		$T(\mathbf{e}_1) = T(1, 0, 0) = (1, 0, 0)$ $T(\mathbf{e}_2) = T(0, 1, 0) = (0, 1, 0)$ $T(\mathbf{e}_3) = T(0, 0, 1) = (0, 0, 0)$	$\begin{bmatrix} 1 & 0 & 0 \\ 0 & 1 & 0 \\ 0 & 0 & 0 \end{bmatrix}$
xz-平面上的正交投影 $T(x, y, z) = (x, 0, z)$		$T(\mathbf{e}_1) = T(1, 0, 0) = (1, 0, 0)$ $T(\mathbf{e}_2) = T(0, 1, 0) = (0, 0, 0)$ $T(\mathbf{e}_3) = T(0, 0, 1) = (0, 0, 1)$	$\begin{bmatrix} 1 & 0 & 0 \\ 0 & 0 & 0 \\ 0 & 0 & 1 \end{bmatrix}$
yz-平面上的正交投影 $T(x, y, z) = (0, y, z)$		$T(\mathbf{e}_1) = T(1, 0, 0) = (0, 0, 0)$ $T(\mathbf{e}_2) = T(0, 1, 0) = (0, 1, 0)$ $T(\mathbf{e}_3) = T(0, 0, 1) = (0, 0, 1)$	$\begin{bmatrix} 0 & 0 & 0 \\ 0 & 1 & 0 \\ 0 & 0 & 1 \end{bmatrix}$

示，標準基底向量的像是

$$T(\mathbf{e}_1) = T(1, 0) = (\cos\theta, \sin\theta) \quad 及 \quad T(\mathbf{e}_2) = T(0, 1) = (-\sin\theta, \cos\theta)$$

所以 T 的標準矩陣是

$$[T(\mathbf{e}_1) \mid T(\mathbf{e}_2)] = \begin{bmatrix} \cos\theta & -\sin\theta \\ \sin\theta & \cos\theta \end{bmatrix}$$

表 5

算 子	說明圖	方程式	標準矩陣
旋轉 θ 角		$w_1 = x\cos\theta - y\sin\theta$ $w_2 = x\sin\theta + y\cos\theta$	$\begin{bmatrix} \cos\theta & -\sin\theta \\ \sin\theta & \cos\theta \end{bmatrix}$

為保有共通使用，我們將這個算子表為 R_θ 且稱

$$R_\theta = \begin{bmatrix} \cos\theta & -\sin\theta \\ \sin\theta & \cos\theta \end{bmatrix} \tag{13}$$

為 R^2 的**旋轉矩陣** (rotation matrix)。若 $\mathbf{x}=(x,y)$ 是 R^2 上之一向量，且若 $\mathbf{w}=(w_1, w_2)$ 是其在旋轉下的像，則關係式 $\mathbf{w}=R_\theta\mathbf{x}$ 可被寫為分量型

$$\begin{aligned} w_1 &= x\cos\theta - y\sin\theta \\ w_2 &= x\sin\theta + y\cos\theta \end{aligned} \tag{14}$$

這些被稱為 R^2 的**旋轉方程式** (rotation equations)。這些概念被總結在表 5。

▶ **例題 4** 旋轉算子

求 $\mathbf{x}=(1,1)$ 在一個對原點旋轉 $\pi/6$ 弳 ($=30°$) 之下的像。

解：由 (13) 式及 $\theta=\pi/6$ 得

$$R_{\pi/6}\mathbf{x} = \begin{bmatrix} \frac{\sqrt{3}}{2} & -\frac{1}{2} \\ \frac{1}{2} & \frac{\sqrt{3}}{2} \end{bmatrix} \begin{bmatrix} 1 \\ 1 \end{bmatrix} = \begin{bmatrix} \frac{\sqrt{3}-1}{2} \\ \frac{1+\sqrt{3}}{2} \end{bmatrix} \approx \begin{bmatrix} 0.37 \\ 1.37 \end{bmatrix}$$

或以小括弧表示得 $R_{\pi/6}(1,1)=(0.37, 1.37)$。◀

> 在平面上，逆時針角是正的，順時針角是負的。對一個順時針角 $-\theta$ 弳做旋轉的旋轉矩陣，可由將 (12) 式中的 θ 取代為 $-\theta$ 而得。簡化後得
>
> $R_{-\theta} = \begin{bmatrix} \cos\theta & \sin\theta \\ -\sin\theta & \cos\theta \end{bmatrix}$

R^3 上的旋轉

R^3 中各向量的旋轉通常被描述和自原點射出的射線有關，此射線被稱為**旋轉軸** (axis of rotation)。由於向量環繞旋轉軸旋轉，它將掃出圓錐的某些部分 (圖 4.9.4a)。**旋轉角** (angle of rotation) 自圓錐底量測，並依沿旋轉軸面向原點觀看自觀點描述為「順時針」方向或「逆時針」方向。例如，在圖 4.9.4a 中的向量 $\mathbf{w}$ 得自將向量 $\mathbf{x}$ 繞軸 l 逆時針方向旋轉 θ 角。正如在 R^2 中，若是依逆時針方向產生的角為正值，若角依順時針方向產生則為負值。

描述一般旋轉軸最普通的方法是指定一個游走於始於原點的旋轉軸上的非零向量 **u**。對該軸逆時針方向的旋轉可依「右手法則」(圖 4.9.4b) 決定之：若右手姆指指向 **u** 的方向，則曲繞成杯狀的其他指頭指向逆時針方向。

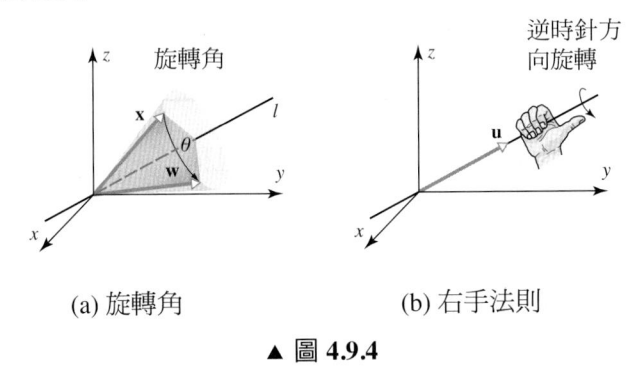

(a) 旋轉角　　　　(b) 右手法則

▲ 圖 **4.9.4**

R^3 中的**旋轉算子** (rotation operator) 為線性算子，將 R^3 中的每個向量對某旋轉軸旋轉一個固定角 θ。在表 6 中描述了 R^3 中旋轉軸為正座標軸的旋轉算子。在這些旋轉算子中的每一旋轉，都有一個分量於旋轉時維持不變，而其他分量間的關係可藉推導 (14) 式時所使用的相同程序推導得之。例如，在對 z-軸旋轉時 **x** 的 z-分量與 **w** = $T(\mathbf{x})$ 是相同的，而 x- 分量與 y-分量間的關係正如 (14) 式。這產生了表 6 中最後兩列的旋轉方程式。

為了完整性，在這裡要指出在 R^3 中對某一軸依逆時針方向旋轉 θ 角的標準矩陣，由以原點為始點的任意單位向量來決定，其型式為

$$\begin{bmatrix} a^2(1-\cos\theta)+\cos\theta & ab(1-\cos\theta)-c\sin\theta & ac(1-\cos\theta)+b\sin\theta \\ ab(1-\cos\theta)+c\sin\theta & b^2(1-\cos\theta)+\cos\theta & bc(1-\cos\theta)-a\sin\theta \\ ac(1-\cos\theta)-b\sin\theta & bc(1-\cos\theta)+a\sin\theta & c^2(1-\cos\theta)+\cos\theta \end{bmatrix} \quad (15)$$

此式的推導可在由 W. M. Newman 與 R. F. Sproull 所著，由 McGraw-Hill (New York) 在 1979 年出版的 *Principles of Interactive Computer Graphics* 一書中查得。讀者可以發現它指引著以此更一般性結果之特例的方式，推導出表 6 中的結果。

膨脹與收縮

若 k 為非負純量，則 R^2 或 R^3 上的算子 $T(\mathbf{x})=k\mathbf{x}$ 以因數 k 影響每個

表 6

算 子	說明圖	旋轉方程式	標準矩陣
對正 x-軸逆時針方向旋轉 θ 角		$w_1 = x$ $w_2 = y\cos\theta - z\sin\theta$ $w_3 = y\sin\theta + z\cos\theta$	$\begin{bmatrix} 1 & 0 & 0 \\ 0 & \cos\theta & -\sin\theta \\ 0 & \sin\theta & \cos\theta \end{bmatrix}$
對正 y-軸逆時針方向旋轉 θ 角		$w_1 = x\cos\theta + z\sin\theta$ $w_2 = y$ $w_3 = -x\sin\theta + z\cos\theta$	$\begin{bmatrix} \cos\theta & 0 & \sin\theta \\ 0 & 1 & 0 \\ -\sin\theta & 0 & \cos\theta \end{bmatrix}$
對正 z-軸逆時針方向旋轉 θ 角		$w_1 = x\cos\theta - y\sin\theta$ $w_2 = x\sin\theta + y\cos\theta$ $w_3 = z$	$\begin{bmatrix} \cos\theta & -\sin\theta & 0 \\ \sin\theta & \cos\theta & 0 \\ 0 & 0 & 1 \end{bmatrix}$

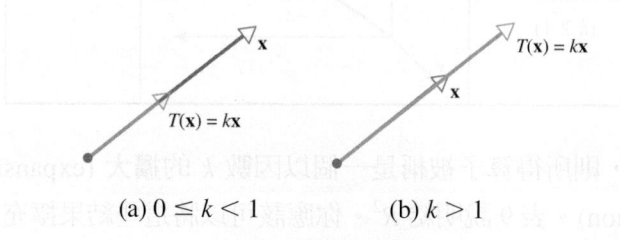

(a) $0 \leq k < 1$ (b) $k > 1$

▲ 圖 4.9.5

向量的長度之遞增或遞減。若 $0 \leq k < 1$，算子被稱為以因數 k 收縮 (contraction)；若 $k > 1$，算子被稱為以因數 k 膨脹 (dilation)(圖 4.9.5)。若 $k = 1$，則 T 是恆等算子且可被視為收縮或膨脹。表 7 和表 8 說明這些算子。

擴大與壓縮

在 R^2 或 R^3 的膨脹與收縮裡，所有座標被乘以因數 k。若座標僅有一個

表 7

算　子	說明圖 $T(x, y) = (kx, ky)$	標準基底上的影響	標準矩陣
在 R^2 上以因數 k 收縮 $(0 \leq k < 1)$			$\begin{bmatrix} k & 0 \\ 0 & k \end{bmatrix}$
在 R^2 上以因數 k 膨脹 $(k > 1)$			

表 8

算　子	說明圖 $T(x, y, z) = (kx, ky, kz)$	標準矩陣
在 R^3 上以因數 k 收縮 $(0 \leq k \leq 1)$		$\begin{bmatrix} k & 0 & 0 \\ 0 & k & 0 \\ 0 & 0 & k \end{bmatrix}$
在 R^3 上以因數 k 膨脹 $(k \geq 1)$		

被乘以 k，則所得算子被稱是一個以因數 k 的**擴大** (expansion) 或**壓縮** (compression)。表 9 說明給 R^2。你應該可以將這些結果擴充到 R^3。

變　形

型如 $T(x, y) = (x + ky, y)$ 的矩陣算子將 xy 平面上的點 (x, y) 朝平行 x 軸方向以量 ky 做平移，ky 和該點的 y 座標成比例。此算子對 x 軸上的點保持不變 (因為 $y = 0$)，但當我們離開 x 軸繼續，則平移距離增加。我們稱此算子是以因數 k 在 **x-方向**的變形。同理，一個型如 $T(x, y) = (x, y + kx)$ 的矩陣算子被稱是以因數 k 在 **y-方向**的變形。表 10 說明關於 R^2 上變形的基本資訊。

偏離角、傾斜角及搖晃角

在航空學及太空飛行學裡，飛機或太空梭對於 xyz-座標系的方向經常以**偏離角**（yaw）、**傾斜角**（pitch）及**搖晃角**（roll）等名詞來描述。例如，若有架飛機沿著 y-軸飛行且 xy-平面定義水平面，則飛機繞 z-軸旋轉的角度被稱為**偏離角**（yaw），繞 x-軸旋轉的角度被稱為**傾斜角**（pitch），而繞 y-軸旋轉的角度被稱為**搖晃角**（roll）。偏離角、傾斜角及搖晃角的某組合可由飛機繞某個由原點出來的軸線一個單一旋轉而形成。事實上，這就是太空梭調整高度的方式──它不分開執行每個旋轉；它計算某直線軸，並繞該軸旋轉以得正確方向。此類旋轉策略被用來調整天線、機頭指向天空的點，或調整機頭內作業間隔以便做外層空間對接。

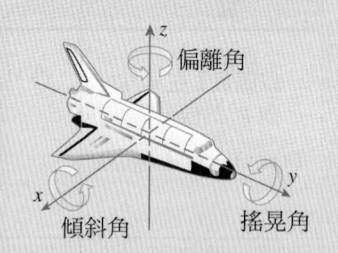

表 9

算 子	說明圖 $T(x, y) = (kx, y)$	標準基底上的影響	標準矩陣
以因數 k 在 x-方向 R^2 的壓縮 $(0 \leq k < 1)$			$\begin{bmatrix} k & 0 \\ 0 & 1 \end{bmatrix}$
以因數 k 在 x-方向 R^2 的擴大 $(k > 1)$			

算 子	說明圖 $T(x, y) = (x, ky)$	標準基底上的影響	標準矩陣
以因數 k 在 y-方向 R^2 的壓縮 $(0 \leq k < 1)$			$\begin{bmatrix} 1 & 0 \\ 0 & k \end{bmatrix}$
以因數 k 在 y-方向 R^2 的擴大 $(k > 1)$			

表 10

算子	標準基底的影響	標準矩陣
以因數 k 在 x-方向 R^2 的變形 $T(x, y) = (x + ky, y)$	(圖示：$k>0$ 與 $k<0$ 的情形)	$\begin{bmatrix} 1 & k \\ 0 & 1 \end{bmatrix}$
以因數 k 在 y-方向 R^2 的變形 $T(x, y) = (x, y + kx)$	(圖示：$k>0$ 與 $k<0$ 的情形)	$\begin{bmatrix} 1 & 0 \\ k & 1 \end{bmatrix}$

▶ **例題 5** R^2 上的一些基本矩陣算子

對各個小題，描述對應到 A 的矩陣變換，並說明其在單位正方形上的影響。

(a) $A_1 = \begin{bmatrix} 1 & 2 \\ 0 & 1 \end{bmatrix}$ (b) $A_2 = \begin{bmatrix} 2 & 0 \\ 0 & 2 \end{bmatrix}$ (c) $A_3 = \begin{bmatrix} 2 & 0 \\ 0 & 1 \end{bmatrix}$

解：將這些矩陣和表 7、表 9 及表 10 相比較，我們發現矩陣 A_1 對應一個以因數 2 在 x-方向的變形，矩陣 A_2 對應一個以因數 2 的膨脹，而 A_3 對應一個以因數 2 在 x-方向的擴大。這些算子在單位正方形上的影響顯示在圖 4.9.6 裡。 ◀

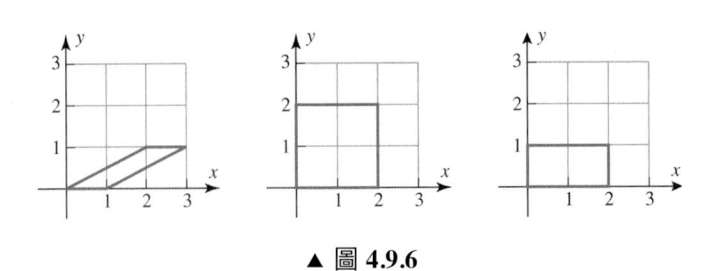

▲ 圖 4.9.6

可選擇的教材

在通過原點之直線上的正交投影

表 3 列出在 R^2 座標軸上的正交投影之標準矩陣。這些是更一般的算子

$T: R^2 \to R^2$ 之特殊情形，其中算子 T 將每一點映至其在通過原點且和正 x-軸成 θ 角之直線 L 上的正交投影 (圖 4.9.7)。在 3.3 節例題 4，我們使用該節公式 (10) 來求 R^2 標準基底向量在該直線上的正交投影。表為矩陣型，我們發現這些投影為

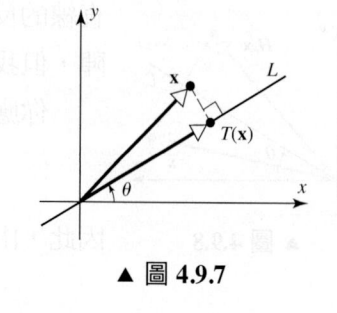

$$T(\mathbf{e}_1) = \begin{bmatrix} \cos^2\theta \\ \sin\theta\cos\theta \end{bmatrix} \quad \text{且} \quad T(\mathbf{e}_2) = \begin{bmatrix} \sin\theta\cos\theta \\ \sin^2\theta \end{bmatrix}$$

▲ 圖 4.9.7

因此，T 的標準矩陣是

$$[T] = [T(\mathbf{e}_1) \mid T(\mathbf{e}_2)] = \begin{bmatrix} \cos^2\theta & \sin\theta\cos\theta \\ \sin\theta\cos\theta & \sin^2\theta \end{bmatrix} = \begin{bmatrix} \cos^2\theta & \frac{1}{2}\sin 2\theta \\ \frac{1}{2}\sin 2\theta & \sin^2\theta \end{bmatrix}$$

保持共通使用，我們將此算子表為

$$P_\theta = \begin{bmatrix} \cos^2\theta & \sin\theta\cos\theta \\ \sin\theta\cos\theta & \sin^2\theta \end{bmatrix} = \begin{bmatrix} \cos^2\theta & \frac{1}{2}\sin 2\theta \\ \frac{1}{2}\sin 2\theta & \sin^2\theta \end{bmatrix} \qquad (16)$$

> 我們給了公式 (16) 兩個版本，因為兩者是共通使用。第一個版本僅含角 θ，而第二個版本含角 θ 及角 2θ。

▶ **例題 6** 在通過原點之直線上的正交投影

使用公式 (16)，求向量 $\mathbf{x} = (1, 5)$ 在通過原點且和 x-軸成 $\pi/6 (= 30°)$ 角的直線上之投影。

解：因為 $\sin(\pi/6) = 1/2$ 且 $\cos(\pi/6) = \sqrt{3}/2$，由 (16) 式得此投影的標準矩陣是

$$P_{\pi/6} = \begin{bmatrix} \cos^2(\pi/6) & \sin(\pi/6)\cos(\pi/6) \\ \sin(\pi/6)\cos\theta & \sin^2(\pi/6) \end{bmatrix} = \begin{bmatrix} \frac{3}{4} & \frac{\sqrt{3}}{4} \\ \frac{\sqrt{3}}{4} & \frac{1}{4} \end{bmatrix}$$

因此

$$P_{\pi/6}\mathbf{x} = \begin{bmatrix} \frac{3}{4} & \frac{\sqrt{3}}{4} \\ \frac{\sqrt{3}}{4} & \frac{1}{4} \end{bmatrix} \begin{bmatrix} 1 \\ 5 \end{bmatrix} = \begin{bmatrix} \frac{3+5\sqrt{3}}{4} \\ \frac{\sqrt{3}+5}{4} \end{bmatrix} \approx \begin{bmatrix} 2.91 \\ 1.68 \end{bmatrix}$$

或以逗號分界記法，$P_{\pi/6}(1, 5) \approx (2.91, 1.68)$。 ◀

對通過原點之直線的反射

表 1 列出對 R^2 座標軸的反射。這些是更一般的算子 $H_\theta = R^2 \to R^2$ 的特殊情形，其中算子 H_θ 將每一點映至其對通過原點且和正 x-軸成 θ 角之

直線的反射 (圖 4.9.8)。利用求標準基底向量的像，可求 H_θ 的標準矩陣，但我們將利用公式 (16) 求 P_θ 之正交投影做法，來求 H_θ 的公式。

你應可由圖 4.9.9 看出，對 R^n 上的每個向量 $\mathbf{x}$，

$$P_\theta \mathbf{x} - \mathbf{x} = \tfrac{1}{2}(H_\theta \mathbf{x} - \mathbf{x}) \qquad \text{或等價地} \qquad H_\theta \mathbf{x} = (2P_\theta - I)\mathbf{x}$$

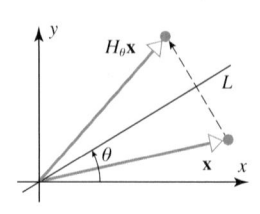

▲ 圖 4.9.8

因此，由定理 4.9.2 得

$$H_\theta = 2P_\theta - I \tag{17}$$

且因此由 (16) 式得

$$H_\theta = \begin{bmatrix} \cos 2\theta & \sin 2\theta \\ \sin 2\theta & -\cos 2\theta \end{bmatrix} \tag{18}$$

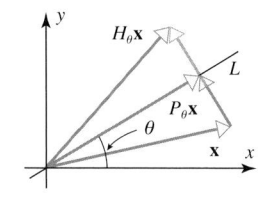

▲ 圖 4.9.9

▶ **例題 7　對通過原點之直線的反射**

求向量 $\mathbf{x}=(1,5)$ 在通過原點且和正 x-軸成 $\pi/6(=30°)$ 角之直線的反射。

解：因為 $\sin(\pi/3)=\sqrt{3}/2$ 且 $\cos(\pi/3)=1/2$，由 (18) 式得此反射的標準矩陣是

$$H_{\pi/6} = \begin{bmatrix} \cos(\pi/3) & \sin(\pi/3) \\ \sin(\pi/3) & -\cos(\pi/3) \end{bmatrix} = \begin{bmatrix} \tfrac{1}{2} & \tfrac{\sqrt{3}}{2} \\ \tfrac{\sqrt{3}}{2} & -\tfrac{1}{2} \end{bmatrix}$$

因此，

證明表 1 和表 3 之標準矩陣是 (18) 式和 (16) 式的特殊情形。

$$H_{\pi/6}\mathbf{x} = \begin{bmatrix} \tfrac{1}{2} & \tfrac{\sqrt{3}}{2} \\ \tfrac{\sqrt{3}}{2} & -\tfrac{1}{2} \end{bmatrix}\begin{bmatrix} 1 \\ 5 \end{bmatrix} = \begin{bmatrix} \tfrac{1+5\sqrt{3}}{2} \\ \tfrac{\sqrt{3}-5}{2} \end{bmatrix} \approx \begin{bmatrix} 4.83 \\ -1.63 \end{bmatrix}$$

或以逗號分界記法，$H_{\pi/6}(1,5) \approx (4.83, -1.63)$。◀

概念複習

- 函數
- 像
- 值
- 定義域
- 對應域
- 變換
- 算子
- 矩陣變換
- 矩陣算子
- 標準矩陣
- 矩陣變換的性質
- 零變換
- 恆等算子
- 反射算子
- 投影算子
- 旋轉算子
- 旋轉矩陣
- 旋轉方程式
- 3-空間上的旋轉軸
- 3-空間上的旋轉角
- 擴大算子
- 壓縮算子
- 變形
- 膨脹
- 收縮

技 能

- 求一個變換的定義域及對應域，且判斷變換是否為線性。
- 求矩陣變換的標準矩陣。
- 描述矩陣算子在 R^n 標準基底的影響。

習題集 4.9

▶對習題 1-2 各小題，求變換 $T_A(\mathbf{x}) = A\mathbf{x}$ 的定義域及對應域。◀

1. (a) A 為 3×2 階 (b) A 為 2×3 階
   (c) A 為 3×3 階 (d) A 為 1×6 階

2. (a) A 為 4×5 階 (b) A 為 5×4 階
   (c) A 為 4×4 階 (d) A 為 3×1 階

3. 若 $T(x_1, x_2) = (x_1 - x_2, 2x_1, 3x_2 + x_1)$，則 T 的定義域是 ____，T 的對應域是 ____ 且 $\mathbf{x} = (1, -2)$ 在 T 之下的像是 ____。

4. 若 $T(x_1, x_2, x_3) = (x_1 + 2x_2, x_1 - 2x_2)$，則 T 的定義域是 ____，T 的對應域是 ____ 且 $\mathbf{x} = (0, -1, 4)$ 在 T 之下的像是 ____。

5. 試求由下面各方程式所定義的變換之定義域與對應域，並判定該變換是否為線性變換。
   (a) $w_1 = 2x_1 - 3x_2 + 5x_3$
       $w_2 = 4x_1 - 6x_2 + 3x_3$
   (b) $w_1 = x_1 - 3x_2 x_3$
       $w_2 = 2x_1 x_2 - 7x_3$
   (c) $w_1 = 5x_1 - x_2 + x_3$
       $w_2 = -x_1 + x_2 + 7x_3$
       $w_3 = 2x_1 - 4x_2 - x_3$
   (d) $w_1 = x_1^2 - 3x_2 + x_3 - 2x_4$
       $w_2 = 3x_1 - 4x_2 - x_3^2 + x_4$

6. 判斷下面各個 T 是否為矩陣變換。
   (a) $T(x, y) = (2x, y)$
   (b) $T(x, y) = (-y, x)$
   (c) $T(x, y) = (2x + y, x - y)$
   (d) $T(x, y) = (x^2, y)$
   (e) $T(x, y) = (x, y + 1)$

7. 判斷下面各個 T 是否為矩陣變換。
   (a) $T(x, y, z) = (0, 0)$
   (b) $T(x, y, z, w) = (1, -1)$
   (c) $T(x, y, z) = (x - y + z, 0)$
   (d) $T(x, y, z) = (x, yz, x + y + z)$
   (e) $T(x, y, z) = (2y, x + z, -3y)$

8. 求下面各方程式所定義的變換之標準矩陣。
   (a) $w_1 = 2x_1 - 3x_2 + x_4$
       $w_2 = 3x_1 + 5x_2 - x_4$
   (b) $w_1 = 7x_1 + 2x_2 - 8x_3$
       $w_2 = -x_2 + 5x_3$
       $w_3 = 4x_1 + 7x_2 - x_3$
   (c) $w_1 = -x_1 + x_2$
       $w_2 = 3x_1 - 2x_2$
       $w_3 = 5x_1 - 7x_2$
   (d) $w_1 = x_1$
       $w_2 = x_1 + x_2$
       $w_3 = x_1 + x_2 + x_3$
       $w_4 = x_1 + x_2 + x_3 + x_4$

9. 求被定義為
   $$w_1 = 4x_1 - 3x_2 + x_3$$
   $$w_2 = 2x_1 - x_2 + 5x_3$$
   $$w_3 = x_1 + 2x_2 - 2x_3$$
   的算子 $T: R^3 \to R^3$ 之標準矩陣，接著直接代入方程式求 $T(-1, 2, 4)$ 及以矩陣乘法計算 $T(-1, 2, 4)$。

10. 求下面各公式所定義的算子之標準矩陣。
    (a) $T(x_1, x_2) = (2x_1 - x_2, x_1 + x_2)$
    (b) $T(x_1, x_2) = (x_1, x_2)$
    (c) $T(x_1, x_2, x_3) = (x_1 + 2x_2 + x_3, x_1 + 5x_2, x_3)$
    (d) $T(x_1, x_2, x_3) = (4x_1, 7x_2, -8x_3)$

11. 求下面各公式所定義的變換之標準矩陣。
    (a) $T(x_1, x_2) = (x_2, -x_1, x_1 + 3x_2, x_1 - x_2)$
    (b) $T(x_1, x_2, x_3, x_4)$
        $= (7x_1 + 2x_2 - x_3 + x_4, x_2 + x_3, -x_1)$

(c) $T(x_1, x_2, x_3) = (0, 0, 0, 0, 0)$

(d) $T(x_1, x_2, x_3, x_4) = (x_4, x_1, x_3, x_2, x_1 - x_3)$

12. 對下面各小題求 $T(\mathbf{x})$，並將答案表為矩陣型。

(a) $[T] = \begin{bmatrix} 1 & 2 \\ 3 & 4 \end{bmatrix}$; $\mathbf{x} = \begin{bmatrix} 3 \\ -2 \end{bmatrix}$

(b) $[T] = \begin{bmatrix} -1 & 2 & 0 \\ 3 & 1 & 5 \end{bmatrix}$; $\mathbf{x} = \begin{bmatrix} -1 \\ 1 \\ 3 \end{bmatrix}$

(c) $[T] = \begin{bmatrix} -2 & 1 & 4 \\ 3 & 5 & 7 \\ 6 & 0 & -1 \end{bmatrix}$; $\mathbf{x} = \begin{bmatrix} x_1 \\ x_2 \\ x_3 \end{bmatrix}$

(d) $[T] = \begin{bmatrix} -1 & 1 \\ 2 & 4 \\ 7 & 8 \end{bmatrix}$; $\mathbf{x} = \begin{bmatrix} x_1 \\ x_2 \end{bmatrix}$

13. 試使用 T 的標準矩陣來求 $T(\mathbf{x})$；然後直接計算 $T(\mathbf{x})$ 來核驗你的結果。

(a) $T(x_1, x_2) = (-3x_1 + 4x_2, x_1)$; $\mathbf{x} = (-1, 4)$

(b) $T(x_1, x_2, x_3) = (x_3, x_1 - 2x_2, 3x_1 + x_3)$; $\mathbf{x} = (2, 1, -3)$

14. 試使用矩陣乘法求 $(-1, 2)$ 對

(a) x-軸 (b) y-軸 (c) 直線 $y = x$ 的反射。

15. 試使用矩陣乘法求 $(2, -5, 3)$ 對

(a) xy-平面 (b) xz-平面 (c) yz-平面的反射。

16. 試以矩陣乘法求 $(2, -5)$ 在

(a) x-軸 (b) y-軸的正交投影。

17. 試使用矩陣乘法求 $(-2, 1, 3)$ 在

(a) xy-平面 (b) xz-平面

(c) yz-平面的正交投影。

18. 試使用矩陣乘法求向量 $(3, -4)$ 旋轉

(a) $\theta = 30°$ (b) $\theta = -60°$ (c) $\theta = 45°$

(d) $\theta = 90°$ 的像。

19. 試使用矩陣乘法求向量 $(-2, 1, 2)$ 的像，若向量

(a) 對 x-軸旋轉 $30°$ (b) 對 y-軸旋轉 $45°$

(c) 對 z-軸旋轉 $90°$

20. 試求在 R^3 中將向量對

(a) x-軸 (b) y-軸 (c) z-軸

旋轉 $-60°$ 的算子的標準矩陣。

21. 試以矩陣乘法求向量 $(-2, 1, 2)$ 的像，若向量

(a) 對 x-軸旋轉 $-30°$

(b) 對 y-軸旋轉 $-45°$

(c) 對 z-軸旋轉 $-90°$

22. 在 R^3 中 x-軸、y-軸與 z-軸上的**正交投影** (orthogonal projection) 分別定義為

$$T_1(x, y, z) = (x, 0, 0), \quad T_2(x, y, z) = (0, y, 0),$$
$$T_3(x, y, z) = (0, 0, z)$$

(a) 試證明在座標軸上的正交投影為矩陣算子，並求其標準矩陣。

(b) 試證明若 $T : R^3 \to R^3$ 為座標軸之一上的正交投影，則對每一個在 R^3 中的向量 $\mathbf{x}$，向量 $T(\mathbf{x})$ 與 $\mathbf{x} - T(\mathbf{x})$ 為正交向量。

(c) 在 T 為 x-軸上的正交投影的情況下，試繪圖顯示 $\mathbf{x}$ 與 $\mathbf{x} - T(\mathbf{x})$。

23. 使用公式 (15) 導對 R^3 之 x-軸、y-軸及 z-軸旋軸的旋轉之標準矩陣。

24. 使用公式 (15) 來求對由向量 $\mathbf{v} = (1, 1, 1)$ 所決定的軸旋轉 $\pi/2$ 弳之旋轉的標準矩陣。[注意：公式 (15) 中定義旋轉軸的向量之長度需為 1。]

25. 使用公式 (15) 來求對由向量 $\mathbf{v} = (2, 2, 1)$ 所決定的軸旋轉 $180°$ 之旋轉的標準矩陣。[注意：公式 (15) 中定義旋轉軸的向量之長度需為 1。]

26. 若 A 是 $\det(A) = 1$ 的 2×2 階矩陣，且 A 有單範正交行向量，則可以證明以 A 乘之為旋轉某個 θ 角。試證明

$$A = \begin{bmatrix} -\frac{1}{\sqrt{2}} & -\frac{1}{\sqrt{2}} \\ \frac{1}{\sqrt{2}} & -\frac{1}{\sqrt{2}} \end{bmatrix}$$

滿足前述條件並求旋轉的角度。

27. 習題 26 之結果的陳述在 R^3 中也成立。亦即，若 A 為 $\det(A) = 1$ 的 3×3 階矩陣，且 A 有單範正交行向量，則可以證明以 A 乘之為對某旋轉軸旋轉某個 θ 角之旋轉。試

使用 (15) 式證明旋轉角滿足方程式

$$\cos\theta = \frac{\text{tr}(A) - 1}{2}$$

28. 令 A 為滿足習題 27 所陳述條件的 3×3 階矩陣 (非單位矩陣)。若 $\mathbf{x}$ 為 R^3 中的任意非零向量，則當向量 $\mathbf{u}$ 的始點置於原點時，$\mathbf{u} = A\mathbf{x} + A^T\mathbf{x} + [1 - \text{tr}(A)]\mathbf{x}$ 決定了一個旋轉軸是可以證明的。[見 "*The Axis of Rotation: Analysis, Algebra, Geometry*," by Dan Kolman, *Mathematics Magazine*, Vol. 62, No. 4, Oct. 1989。]

   (a) 試證明以

   $$A = \begin{bmatrix} \frac{1}{9} & -\frac{4}{9} & \frac{8}{9} \\ \frac{8}{9} & \frac{4}{9} & \frac{1}{9} \\ -\frac{4}{9} & \frac{7}{9} & \frac{4}{9} \end{bmatrix}$$

   乘之是一個旋轉。

   (b) 求定義旋轉軸之一軸且長度為 1 的向量。

   (c) 試使用習題 27 的結果，求對 (b) 所得之軸旋轉的角度。

29. 試以文字敘述向量 $\mathbf{x}$ 被矩陣 A 來乘的幾何影響。

   (a) $A = \begin{bmatrix} 0 & 0 \\ 0 & -3 \end{bmatrix}$ (b) $A = \begin{bmatrix} 1 & 0 \\ 0 & 4 \end{bmatrix}$

30. 試以文字敘述向量 $\mathbf{x}$ 被矩陣 A 來乘的幾何影響。

   (a) $A = \begin{bmatrix} 2 & 0 \\ 0 & 3 \end{bmatrix}$ (b) $A = \begin{bmatrix} \frac{\sqrt{3}}{2} & -\frac{1}{2} \\ \frac{1}{2} & \frac{\sqrt{3}}{2} \end{bmatrix}$

31. 試以文字敘述向量 $\mathbf{x}$ 被矩陣

   $$A = \begin{bmatrix} \cos^2\theta - \sin^2\theta & -2\sin\theta\cos\theta \\ 2\sin\theta\cos\theta & \cos^2\theta - \sin^2\theta \end{bmatrix}$$

   來乘的幾何影響。

32. 若 A 乘 $\mathbf{x}$ 係將 $\mathbf{x}$ 在 xy-平面上旋轉 θ 角，則 $\mathbf{x}$ 被 A^T 來乘將會有何影響？試解釋你的理由。

33. 令 $\mathbf{x}_0$ 為 R^2 上的一個非零行向量，並假設 $T: R^2 \to R^2$ 被定義為 $T(\mathbf{x}) = \mathbf{x}_0 + R_\theta\mathbf{x}$ 的變換，其中 R_θ 為 R^2 繞原點轉 θ 角之旋轉的標準矩陣。對這個變換給一個幾何描述。它是一個矩陣變換嗎？試解釋之。

34. 一個型如 $f(x) = mx + b$ 的函數通常被稱為「線性函數」，因為 $y = mx + b$ 的圖形是一條直線。f 是 R 上的矩陣變換嗎？

35. 令 $\mathbf{x} = \mathbf{x}_0 + t\mathbf{v}$ 是 R^n 的一直線，且令 $T: R^n \to R^n$ 是 R^n 上的一矩陣算子。此直線在算子 T 之下的像是什麼樣的幾何目標？試解釋你的推理。

是非題

試判斷 (a)-(i) 各敘述的真假，並驗證你的答案。

(a) 若 A 是一個 2×3 階矩陣，則變換 T_A 的定義域是 R^2。

(b) 若 A 是一個 $m\times n$ 階矩陣，則變換 T_A 的定義域是 R^n。

(c) 若 $T: R^n \to R^m$ 且 $T(\mathbf{0}) = \mathbf{0}$，則 T 是一個矩陣變換。

(d) 若 $T: R^n \to R^m$ 且 $T(c_1\mathbf{x} + c_2\mathbf{y}) = c_1T(\mathbf{x}) + c_2T(\mathbf{y})$ 對所有純量 c_1 及 c_2 且 R^n 上所有向量 $\mathbf{x}$ 及 $\mathbf{y}$，則 T 是一個矩陣變換。

(e) 僅有一個矩陣變換 $T: R^n \to R^m$ 滿足 $T(-\mathbf{x}) = -T(\mathbf{x})$ 對 R^n 上的每個向量 $\mathbf{x}$。

(f) 僅有一個矩陣變換 $T: R^n \to R^m$ 滿足 $T(\mathbf{x} + \mathbf{y}) = -T(\mathbf{x} - \mathbf{y})$ 對 R^n 上的所有向量 $\mathbf{x}$ 及 $\mathbf{y}$。

(g) 若 $\mathbf{b}$ 是 R^n 上的一個非零向量，則 $T(\mathbf{x}) = \mathbf{x} + \mathbf{b}$ 是 R^n 上的一個矩陣算子。

(h) 矩陣 $\begin{bmatrix} \frac{1}{2} & -\frac{1}{2} \\ \frac{1}{2} & \frac{1}{2} \end{bmatrix}$ 是一個旋轉的標準矩陣。

(i) 對 2-空間座標軸反射之標準矩陣是

$\begin{bmatrix} a & 0 \\ 0 & -a \end{bmatrix}$，其中 $a = \pm 1$。

4.10 矩陣變換的性質

本節我們將討論矩陣變換的性質。例如,我們將證明,若幾個矩陣變換被逐次執行,則相同結果可由一個單一矩陣變換獲得,該矩陣變換適當選擇的話。我們將亦探測矩陣的可逆性和相對應變換的性質之間的關係。

矩陣變換的合成

假設 T_A 是一個由 R^n 至 R^k 的矩陣變換,且 T_B 是一個由 R^k 至 R^m 的矩陣變換。若 $\mathbf{x}$ 是 R^n 上一向量,則 T_A 將這個向量映至 R^k 上之向量 $T_A(\mathbf{x})$,且 T_B 映射向量 $T_A(\mathbf{x})$ 至 R^m 上之向量 $T_B(T_A(\mathbf{x}))$。此過程創造一個由 R^n 至 R^m 的變換,我們稱它為 **T_B 與 T_A** 的合成 (composition of T_B with T_A) 且以符號

$$T_B \circ T_A$$

表示,讀成「T_B 圓圈 T_A」。如圖 4.10.1 所示,公式裡的變換 T_A 先執行;亦即

$$(T_B \circ T_A)(\mathbf{x}) = T_B(T_A(\mathbf{x})) \tag{1}$$

此合成本身是一個矩陣變換,因為

$$(T_B \circ T_A)(\mathbf{x}) = T_B(T_A(\mathbf{x})) = B(T_A(\mathbf{x})) = B(A\mathbf{x}) = (BA)\mathbf{x}$$

其說明它是以 BA 乘之。此被表為公式

$$T_B \circ T_A = T_{BA} \tag{2}$$

合成可被定義給任意有限個依次的矩陣變換,這些變換的定義域及值域有適合的維數。例如,欲擴大公式 (2) 至三個因子,考慮矩陣變換

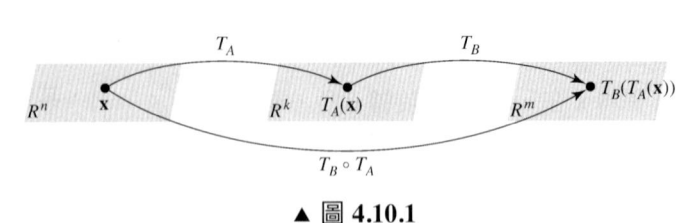

> 警語:一般來講,正如
>
> $$AB = BA$$
>
> 不為真,
>
> $$T_B \circ T_A = T_A \circ T_B$$
>
> 亦不為真。也就是說,當矩陣變換被合成時,矩陣順序位置是有關係的。

▲ 圖 4.10.1

$$T_A: R^n \to R^k, \quad T_B: R^k \to R^l, \quad T_C: R^l \to R^m$$

我們定義合成 $(T_C \circ T_B \circ T_A): R^n \to R^m$ 為

$$(T_C \circ T_B \circ T_A)(\mathbf{x}) = T_C(T_B(T_A(\mathbf{x})))$$

如同上面，可證明這是一個矩陣變換，其標準矩陣是 CBA 且

$$T_C \circ T_B \circ T_A = T_{CBA} \tag{3}$$

如 4.9 節公式 (9)，我們可使用中括弧表示一個矩陣變換而不必附加一個明確矩陣。因此，例如，公式

$$[T_2 \circ T_1] = [T_2][T_1] \tag{4}$$

是公式 (2) 的重新敘述，其敘述合成的標準矩陣是標準矩陣以適合順序的乘積。同理，

$$[T_3 \circ T_2 \circ T_1] = [T_3][T_2][T_1] \tag{5}$$

是公式 (3) 的重新敘述。

▶ **例題 1　兩個旋轉的合成**

令 $T_1: R^2 \to R^2$ 和 $T_2: R^2 \to R^2$ 均為矩陣算子，分別將各向量旋轉 θ_1 與 θ_2 角。於是下列的運算

$$(T_2 \circ T_1)(\mathbf{x}) = T_2(T_1(\mathbf{x}))$$

首先將 $\mathbf{x}$ 旋轉 θ_1 角，然後將 $T_1(\mathbf{x})$ 旋轉 θ_2 角。由此可知 $T_2 \circ T_1$ 的淨效應是將 R^2 中每個向量旋轉 $\theta_1 + \theta_2$ 角 (圖 4.10.2)。所以，這些矩陣算子的標準矩陣為

$$[T_1] = \begin{bmatrix} \cos\theta_1 & -\sin\theta_1 \\ \sin\theta_1 & \cos\theta_1 \end{bmatrix}, \quad [T_2] = \begin{bmatrix} \cos\theta_2 & -\sin\theta_2 \\ \sin\theta_2 & \cos\theta_2 \end{bmatrix},$$

$$[T_2 \circ T_1] = \begin{bmatrix} \cos(\theta_1+\theta_2) & -\sin(\theta_1+\theta_2) \\ \sin(\theta_1+\theta_2) & \cos(\theta_1+\theta_2) \end{bmatrix}$$

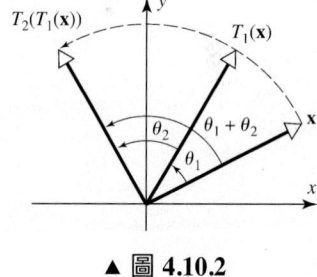

▲ 圖 4.10.2

這些矩陣應該滿足 (4) 式。藉助一些基本的三角恆等式，可加以證明如下：

$$[T_2][T_1] = \begin{bmatrix} \cos\theta_2 & -\sin\theta_2 \\ \sin\theta_2 & \cos\theta_2 \end{bmatrix} \begin{bmatrix} \cos\theta_1 & -\sin\theta_1 \\ \sin\theta_1 & \cos\theta_1 \end{bmatrix}$$

$$= \begin{bmatrix} \cos\theta_2\cos\theta_1 - \sin\theta_2\sin\theta_1 & -(\cos\theta_2\sin\theta_1 + \sin\theta_2\cos\theta_1) \\ \sin\theta_2\cos\theta_1 + \cos\theta_2\sin\theta_1 & -\sin\theta_2\sin\theta_1 + \cos\theta_2\cos\theta_1 \end{bmatrix}$$

$$= \begin{bmatrix} \cos(\theta_1+\theta_2) & -\sin(\theta_1+\theta_2) \\ \sin(\theta_1+\theta_2) & \cos(\theta_1+\theta_2) \end{bmatrix}$$

$$= [T_2 \circ T_1]$$

▶ **例題 2　合成是不可交換的**

令 $T_1 : R^2 \to R^2$ 為對直線 $y=x$ 的反射，並令 $T_2 : R^2 \to R^2$ 為在 y-軸上的正交投影。圖 4.10.3 以圖形說明 $T_1 \circ T_2$ 與 $T_2 \circ T_1$ 對向量 **x** 有不同的效應。藉證明 T_1 與 T_2 的標準矩陣不能交換，也可以得到相同的結論：

$$[T_1 \circ T_2] = [T_1][T_2] = \begin{bmatrix} 0 & 1 \\ 1 & 0 \end{bmatrix} \begin{bmatrix} 0 & 0 \\ 0 & 1 \end{bmatrix} = \begin{bmatrix} 0 & 1 \\ 0 & 0 \end{bmatrix}$$

$$[T_2 \circ T_1] = [T_2][T_1] = \begin{bmatrix} 0 & 0 \\ 0 & 1 \end{bmatrix} \begin{bmatrix} 0 & 1 \\ 1 & 0 \end{bmatrix} = \begin{bmatrix} 0 & 0 \\ 1 & 0 \end{bmatrix}$$

所以，$[T_2 \circ T_1] \neq [T_1 \circ T_2]$。

▲ 圖 4.10.3

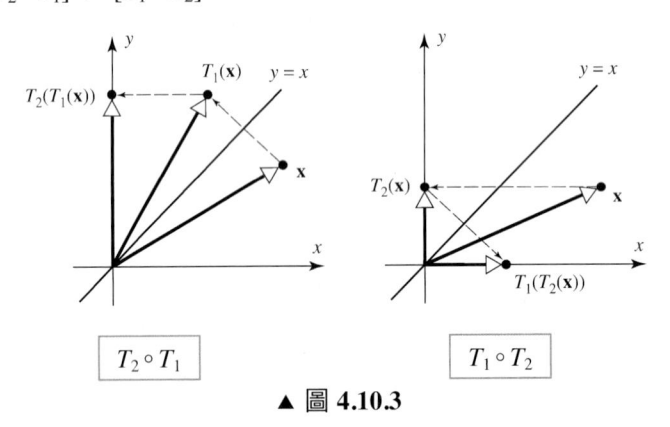

▶ **例題 3　兩個反射的合成**

令 $T_1 : R^2 \to R^2$ 為對 y-軸的反射，並且令 $T_2 : R^2 \to R^2$ 為對 x-軸的反射。在此情況下 $T_1 \circ T_2$ 與 $T_2 \circ T_1$ 相同；兩者都將每個向量 $\mathbf{x}=(x, y)$ 映射成它的負值 $-\mathbf{x}=(-x, -y)$ (圖 4.10.4)：

$$(T_1 \circ T_2)(x, y) = T_1(x, -y) = (-x, -y)$$
$$(T_2 \circ T_1)(x, y) = T_2(-x, y) = (-x, -y)$$

▲ 圖 4.10.4

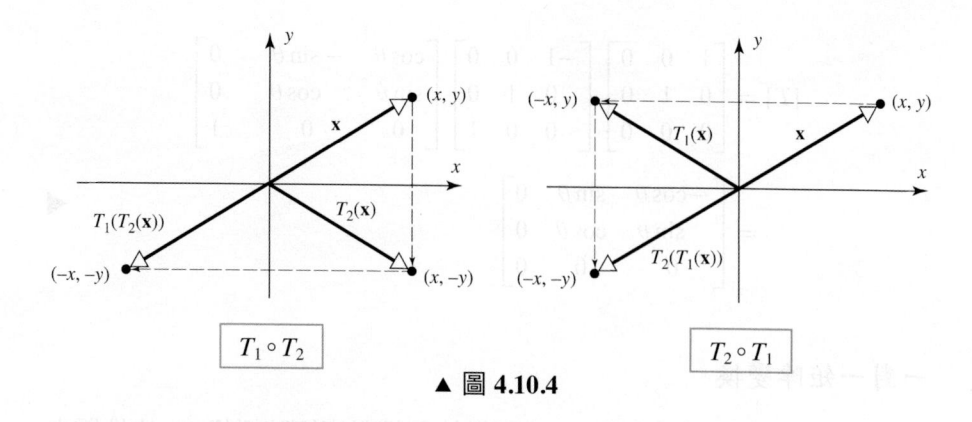

$T_1 \circ T_2$ 與 $T_2 \circ T_1$ 的相等也可以由顯示 T_1 與 T_2 的標準矩陣的交換結果獲致結論

$$[T_1 \circ T_2] = [T_1][T_2] = \begin{bmatrix} -1 & 0 \\ 0 & 1 \end{bmatrix} \begin{bmatrix} 1 & 0 \\ 0 & -1 \end{bmatrix} = \begin{bmatrix} -1 & 0 \\ 0 & -1 \end{bmatrix}$$

$$[T_2 \circ T_1] = [T_2][T_1] = \begin{bmatrix} 1 & 0 \\ 0 & -1 \end{bmatrix} \begin{bmatrix} -1 & 0 \\ 0 & 1 \end{bmatrix} = \begin{bmatrix} -1 & 0 \\ 0 & -1 \end{bmatrix}$$

在 R^2 與 R^3 中的算子 $T(\mathbf{x}) = -\mathbf{x}$ 稱為**對原點反射** (reflection about the origin)。正如先前算的顯示，R^2 中該算子的標準矩陣為

$$[T] = \begin{bmatrix} -1 & 0 \\ 0 & -1 \end{bmatrix}$$

▶**例題 4 三個變換的合成**

試求首先對 z-軸逆時針方向將向量旋轉 θ 角，然後將所得的向量對 yz-平面做反射，最後將該向量正交投影於 xy-平面的算子 $T : R^3 \to R^3$ 的標準矩陣。

解：算子 T 可以表示為合成

$$T = T_3 \circ T_2 \circ T_1$$

其中 T_1 為對 z-軸的旋轉，T_2 為對 yz-平面的反射，而 T_3 則為在 xy-平面上的投影。由 4.9 節的表 6、表 2 與表 4 可查得這些算子的標準矩陣為

$$[T_1] = \begin{bmatrix} \cos\theta & -\sin\theta & 0 \\ \sin\theta & \cos\theta & 0 \\ 0 & 0 & 1 \end{bmatrix}, \quad [T_2] = \begin{bmatrix} -1 & 0 & 0 \\ 0 & 1 & 0 \\ 0 & 0 & 1 \end{bmatrix}, \quad [T_3] = \begin{bmatrix} 1 & 0 & 0 \\ 0 & 1 & 0 \\ 0 & 0 & 0 \end{bmatrix}$$

於是，由 (5) 式，可得 T 的標準矩陣為

$$[T] = \begin{bmatrix} 1 & 0 & 0 \\ 0 & 1 & 0 \\ 0 & 0 & 0 \end{bmatrix} \begin{bmatrix} -1 & 0 & 0 \\ 0 & 1 & 0 \\ 0 & 0 & 1 \end{bmatrix} \begin{bmatrix} \cos\theta & -\sin\theta & 0 \\ \sin\theta & \cos\theta & 0 \\ 0 & 0 & 1 \end{bmatrix}$$

$$= \begin{bmatrix} -\cos\theta & \sin\theta & 0 \\ \sin\theta & \cos\theta & 0 \\ 0 & 0 & 0 \end{bmatrix} \blacktriangleleft$$

一對一矩陣變換

我們下一個目標是建立矩陣 A 的可逆性和相對應矩陣變換 T_A 的性質之間的一個聯結。

> **定義 1**：若 T_A 將在 R^n 中相異的向量 (或點) 映至 R^m 中相異的向量 (或點)，則稱矩陣變換 $T_A : R^n \to R^m$ 為**一對一** (one to one)。

(見圖 4.10.5)。此概念可以多種方法來表示。例如，你應可看出下面正是定義 1 的再敘述：

1. T_A 是一對一，若對 A 的值域中的每個向量 $\mathbf{b}$ 恰存在 R^n 上的一個向量 $\mathbf{x}$ 滿足 $T_A\mathbf{x} = \mathbf{b}$。
2. T_A 是一對一，若 $T_A(\mathbf{u}) = T_A(\mathbf{v})$ 蘊涵 $\mathbf{u} = \mathbf{v}$。

R^2 上的旋轉算子是一對一，因為不同向量旋轉相同角度有不同像 (圖 4.10.6)。對比下，R^3 在 xy 平面上的正交投影就不是一對一，因為它將同一直線上的相異點映至相同點。

下一個定理建立矩陣的可逆性及相對應矩陣變換的性質之間的一個基本關係。

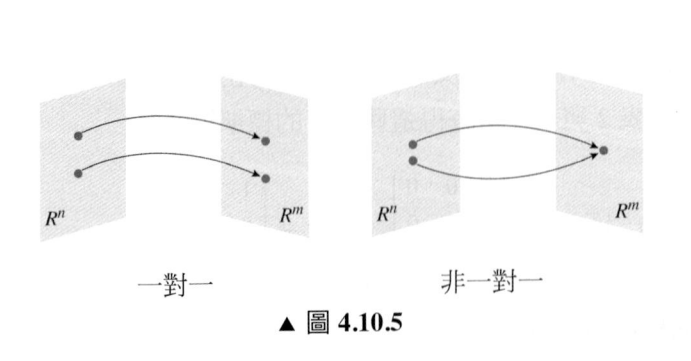

▲ 圖 4.10.5

▲ 圖 4.10.6 不同向量 $\mathbf{u}$ 及 $\mathbf{v}$ 被旋轉為相異向量 $T(\mathbf{u})$ 及 $T(\mathbf{v})$。

定理 4.10.1：若 A 是一個 $n \times n$ 階矩陣且 $T_A: R^n \to R^n$ 是相對應的矩陣算子，則下面敘述等價。
(a) A 是可逆的。
(b) T_A 的值域為 R^n。
(c) T_A 是一對一。

證明：我們將建立蘊涵鏈 (a) $\Rightarrow$ (b) $\Rightarrow$ (c) $\Rightarrow$ (a)。

(a) $\Rightarrow$ (b)：假設 A 是可逆的。由定理 4.8.10 的 (a) 及 (e)，方程組 $A\mathbf{x} = \mathbf{b}$ 是相容的對 R^n 上的每一個 $n \times 1$ 階矩陣 $\mathbf{b}$。此蘊涵 T_A 將 $\mathbf{x}$ 映至 R^n 上的任意向量 $\mathbf{b}$，其蘊涵 T_A 的值域是 R^n 全部。

(b) $\Rightarrow$ (c)：假設 T_A 的值域是 R^n。此蘊涵對 R^n 上的每個向量 $\mathbf{b}$ 存在某些向量 $\mathbf{x}$ 在 R^n 上滿足 $T_A(\mathbf{x}) = \mathbf{b}$，因此線性方程組 $A\mathbf{x} = \mathbf{b}$ 是相容的對 R^n 上的每個向量 $\mathbf{b}$。但定理 4.8.10 的 (e) 和 (f) 之等價蘊涵 $A\mathbf{x} = \mathbf{b}$ 有一唯一解對 R^n 上的每個向量 $\mathbf{b}$，因此對 T_A 值域上的每個向量 $\mathbf{b}$，恰有一向量 $\mathbf{x}$ 在 R^n 上滿足 $T_A \mathbf{x} = \mathbf{b}$。

(c) $\Rightarrow$ (a)：假設 T_A 是一對一。因此，若 $\mathbf{b}$ 是 T_A 值域上的一向量，則存在一個唯一向量 $\mathbf{x}$ 在 R^n 上滿足 $T_A(\mathbf{x}) = \mathbf{b}$。留給讀者使用習題 30 來完成證明。◀

▶**例題 5　旋轉算子的性質**

如圖 4.10.6 所示，算子 $T: R^n \to R^n$ 將 R^2 上的向量旋轉 θ 角是一對一。依據定理 4.10.1 確認 $[T]$ 是可逆的。

解：由 4.9 節表 5，T 的標準矩陣是

$$[T] = \begin{bmatrix} \cos\theta & -\sin\theta \\ \sin\theta & \cos\theta \end{bmatrix}$$

此矩陣是可逆的，因為

$$\det[T] = \begin{vmatrix} \cos\theta & -\sin\theta \\ \sin\theta & \cos\theta \end{vmatrix} = \cos^2\theta + \sin^2\theta = 1 \neq 0$$

▶**例題 6　投影算子的性質**

如圖 4.10.7 所示，算子 $T: R^n \to R^n$ 將 R^3 上的

每個向量正交投影在 xy-平面上不是一對一。
依據定理 4.10.1 確認 $[T]$ 是不可逆的。

解：由 4.9 節表 4，T 的標準矩陣是

$$[T] = \begin{bmatrix} 1 & 0 & 0 \\ 0 & 1 & 0 \\ 0 & 0 & 0 \end{bmatrix}$$

此矩陣是不可逆的，因為 $\det(T)=0$。◀

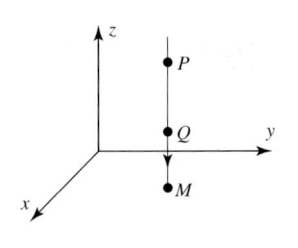

▲ 圖 4.10.7　相異兩點 P 及 Q 被映至同一點 M。

一對一矩陣算子的逆算子

若 $T_A : R^n \to R^n$ 是一個一對一矩陣算子，則由定理 4.10.1 知 A 是可逆的，矩陣算子

$$T_{A^{-1}} : R^n \to R^n$$

對應至 A^{-1}，被稱為 T_A 的**逆算子** (inverse operator) 或 (簡稱) T_A 的逆 (inverse)。此專有名詞是合適的，因為 T_A 和 $T_{A^{-1}}$ 互相取消影響，亦即若 $\mathbf{x}$ 是 R^n 上的任一向量，則

$$T_A(T_{A^{-1}}(\mathbf{x})) = AA^{-1}\mathbf{x} = I\mathbf{x} = \mathbf{x}$$
$$T_{A^{-1}}(T_A(\mathbf{x})) = A^{-1}A\mathbf{x} = I\mathbf{x} = \mathbf{x}$$

或等價的，

$$T_A \circ T_{A^{-1}} = T_{AA^{-1}} = T_I$$
$$T_{A^{-1}} \circ T_A = T_{A^{-1}A} = T_I$$

從偏重幾何的觀點來看，若 $\mathbf{w}$ 是 $\mathbf{x}$ 經 T_A 的像，則 $T_{A^{-1}}$ 將 $\mathbf{w}$ 倒返映回 $\mathbf{x}$，因為

$$T_{A^{-1}}(\mathbf{w}) = T_{A^{-1}}(T_A(\mathbf{x})) = \mathbf{x}$$

▲ 圖 4.10.8

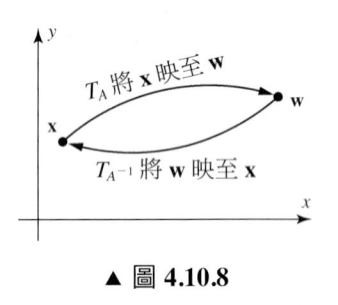

(圖 4.10.8)。

在討論例題前，先接觸有關符號的內涵是有助益的。若 $T_A : R^n \to R^n$ 是一對一矩陣算子且若 $T_{A^{-1}} : R^n \to R^n$ 是其逆，則這些算子的標準矩陣是有關係的，其關係為方程式

$$T_{A^{-1}} = T_A^{-1} \tag{6}$$

此時較樂於不給矩陣指定名字，我們將寫此方程式為

$$[T^{-1}] = [T]^{-1} \tag{7}$$

▶ **例題 7** 求 T^{-1} 的標準矩陣

令 $T: R^2 \to R^2$ 為將 R^2 中的每個向量旋轉 θ 角的算子；所以，由 4.9 節表 5 可知

$$[T] = \begin{bmatrix} \cos\theta & -\sin\theta \\ \sin\theta & \cos\theta \end{bmatrix} \tag{8}$$

從幾何上，很明顯地要解除 T 的效果必須將 R^2 中的每個向量旋轉 $-\theta$。而這正是算子 T^{-1} 的功能，因為 T^{-1} 的標準矩陣為

$$[T^{-1}] = [T]^{-1} = \begin{bmatrix} \cos\theta & \sin\theta \\ -\sin\theta & \cos\theta \end{bmatrix} = \begin{bmatrix} \cos(-\theta) & -\sin(-\theta) \\ \sin(-\theta) & \cos(-\theta) \end{bmatrix}$$

(試證明之)，其是旋轉 $-\theta$ 角的標準矩陣。

▶ **例題 8** 求 T^{-1}

試證明以方程式

$$w_1 = 2x_1 + x_2$$
$$w_2 = 3x_1 + 4x_2$$

定義的算子 $T: R^2 \to R^2$ 為一對一，並求 $T^{-1}(w_1, w_2)$。

解：這些方程式的矩陣型式為

$$\begin{bmatrix} w_1 \\ w_2 \end{bmatrix} = \begin{bmatrix} 2 & 1 \\ 3 & 4 \end{bmatrix} \begin{bmatrix} x_1 \\ x_2 \end{bmatrix}$$

所以 T 的標準矩陣為

$$[T] = \begin{bmatrix} 2 & 1 \\ 3 & 4 \end{bmatrix}$$

這個矩陣是可逆的 (所以 T 為一對一)，而 T^{-1} 的標準矩陣為

$$[T^{-1}] = [T]^{-1} = \begin{bmatrix} \frac{4}{5} & -\frac{1}{5} \\ -\frac{3}{5} & \frac{2}{5} \end{bmatrix}$$

因此

$$[T^{-1}] \begin{bmatrix} w_1 \\ w_2 \end{bmatrix} = \begin{bmatrix} \frac{4}{5} & -\frac{1}{5} \\ -\frac{3}{5} & \frac{2}{5} \end{bmatrix} \begin{bmatrix} w_1 \\ w_2 \end{bmatrix} = \begin{bmatrix} \frac{4}{5}w_1 - \frac{1}{5}w_2 \\ -\frac{3}{5}w_1 + \frac{2}{5}w_2 \end{bmatrix}$$

由此式可得

$$T^{-1}(w_1, w_2) = \left(\frac{4}{5}w_1 - \frac{1}{5}w_2, -\frac{3}{5}w_1 + \frac{2}{5}w_2\right) \quad \blacktriangleleft$$

線性的各項性質

迄今我們專注在由 R^n 至 R^m 的矩陣變換。然而，這些不是僅有的由 R^n 至 R^m 的變換。例如，若 $f_1, f_2, \ldots, f_m$ 是 n 個變數 $x_1, x_2, \ldots, x_n$ 的任意函數，則方程式

$$w_1 = f_1(x_1, x_2, \ldots, x_n)$$
$$w_2 = f_2(x_1, x_2, \ldots, x_n)$$
$$\vdots$$
$$w_m = f_m(x_1, x_2, \ldots, x_n)$$

定義一個變換 $T: R^n \to R^m$，其將向量 $\mathbf{x} = (x_1, x_2, \ldots, x_n)$ 映至向量 $(w_1, w_2, \ldots, w_m)$。但僅在這些方程式是線性時，T 才會是一個矩陣變換。我們將考慮的問題是：

> **問題**：是否存在變換 $T: R^n \to R^m$ 的代數性質可用來判斷 T 是否為一個矩陣變換？

答案由下面定理提供。

> **定理 4.10.2**：$T: R^n \to R^m$ 是一個矩陣變換若且唯若下列各關係式對 R^n 上所有向量 $\mathbf{u}$ 和 $\mathbf{v}$ 及對每個純量 k 都成立：
> (i) $T(\mathbf{u} + \mathbf{v}) = T(\mathbf{u}) + T(\mathbf{v})$ [可加性]
> (ii) $T(k\mathbf{u}) = kT(\mathbf{u})$ [齊性]

證明：若 T 是一個矩陣變換，則性質 (i) 和 (ii) 分別由定理 4.9.1 成立。

反之，假設性質 (i) 和 (ii) 成立。我們必須證明存在一個 $m \times n$ 階矩陣 A 滿足

$$T(\mathbf{x}) = A\mathbf{x}$$

對 R^n 上的每個向量 $\mathbf{x}$。作為第一步，由 4.9 節公式 (10)，可加性及齊性蘊涵

$$T(k_1 \mathbf{u}_1 + k_2 \mathbf{u}_2 + \cdots + k_r \mathbf{u}_r) = k_1 T(\mathbf{u}_1) + k_2 T(\mathbf{u}_2) + \cdots + k_r T(\mathbf{u}_r) \tag{9}$$

對所有純量 $k_1, k_2, \ldots, k_r$ 及 R^n 上的所有向量 $\mathbf{u}_1, \mathbf{u}_2, \ldots, \mathbf{u}_r$。令 A 為矩陣

$$A = [T(\mathbf{e}_1) \mid T(\mathbf{e}_2) \mid \cdots \mid T(\mathbf{e}_n)]$$

其中 $\mathbf{e}_1, \mathbf{e}_2, \ldots, \mathbf{e}_n$ 是 R^n 的標準基底向量。由定理 1.3.1，$A\mathbf{x}$ 是 A 的所有行之線性組合，其逐次係數為 $\mathbf{x}$ 的所有元素 $x_1, x_2, \ldots, x_n$。亦即，

$$A\mathbf{x} = x_1 T(\mathbf{e}_1) + x_2 T(\mathbf{e}_2) + \cdots + x_n T(\mathbf{e}_n)$$

使用 (9) 我們可改寫這個為

$$A\mathbf{x} = T(x_1 \mathbf{e}_1 + x_2 \mathbf{e}_2 + \cdots + x_n \mathbf{e}_n) = T(\mathbf{x})$$

此完成證明。◀

　　定理 4.10.2 的可加性及齊性被稱為**線性條件** (linearity conditions)，且滿足這些條件的變換被稱為**線性變換** (linear transformation)。使用這個專有名詞，定理 4.10.2 可被重述如下：

> **定理 4.10.3**：每一個由 R^n 至 R^m 的線性變換是一個矩陣變換，反之，每一個由 R^n 至 R^m 的矩陣變換是一個線性變換。

等價定理更多內容

本節最後結果，將把定理 4.10.1 的 (b) 及 (c) 加至定理 4.8.10。

> **定理 4.10.4**：等價敘述
> 若 A 為 $n \times n$ 階矩陣，則下列敘述是等價的。
> (a) A 為可逆矩陣。
> (b) $A\mathbf{x} = \mathbf{0}$ 僅有明顯解。
> (c) A 的簡約列梯型為 I_n。
> (d) A 能以基本矩陣的乘積表示。
> (e) 對每一個 $n \times 1$ 階矩陣 $\mathbf{b}$，$A\mathbf{x} = \mathbf{b}$ 是相容的。
> (f) 對每一個 $n \times 1$ 階矩陣 $\mathbf{b}$，$A\mathbf{x} = \mathbf{b}$ 正好僅有一解。
> (g) $\det(A) \neq 0$。
> (h) A 的所有行向量是線性獨立的。
> (i) A 的所有列向量是線性獨立的。
> (j) A 的所有行向量生成 R^n。
> (k) A 的所有列向量生成 R^n。
> (l) A 的所有行向量形成 R^n 的基底。

(m) A 的所有列向量形成 R^n 的基底。
(n) A 的秩為 n。
(o) A 的零核維數為 0。
(p) A 的零核空間之正交補餘是 R^n。
(q) A 的列空間之正交補餘是 $\{\mathbf{0}\}$。
(r) T_A 的值域是 R^n。
(s) T_A 是一對一。

概念複習

- 矩陣變換的合成
- 對原點的反射
- 一對一變換
- 矩陣算子的逆
- 線性條件
- 線性變換
- 可逆矩陣的等價特徵

技　能

- 求矩陣變換合成之標準矩陣。
- 判斷一矩陣算子是否為一對一；若是，則求其逆算子。
- 判斷一個變換是否為線性變換。

習題集 4.10

▶對習題 **1-2** 各題，令 T_A 及 T_B 為算子且其標準矩陣已給。求 $T_B \circ T_A$ 及 $T_A \circ T_B$ 的標準矩陣。◀

1. $A = \begin{bmatrix} 1 & -2 & 0 \\ 4 & 1 & -3 \\ 5 & 2 & 4 \end{bmatrix}$, $B = \begin{bmatrix} 2 & -3 & 3 \\ 5 & 0 & 1 \\ 6 & 1 & 7 \end{bmatrix}$

2. $A = \begin{bmatrix} 6 & 3 & -1 \\ 2 & 0 & 1 \\ 4 & -3 & 6 \end{bmatrix}$, $B = \begin{bmatrix} 4 & 0 & 4 \\ -1 & 5 & 2 \\ 2 & -3 & 8 \end{bmatrix}$

3. 令 $T_1(x_1, x_2) = (x_1 + x_2, x_1 - x_2)$ 且 $T_2(x_1, x_2) = (3x_1, 2x_1 + 4x_2)$。
   (a) 試求 T_1 及 T_2 的標準矩陣。
   (b) 試求 $T_2 \circ T_1$ 及 $T_1 \circ T_2$ 的標準矩陣。
   (c) 使用 (b) 所得之矩陣求 $T_1(T_2(x_1, x_2))$ 及 $T_2(T_1(x_1, x_2))$ 的公式。

4. 令 $T_1(x_1, x_2, x_3) = (4x_1, -2x_1 + x_2, -x_1 - 3x_2)$ 且 $T_2(x_1, x_2, x_3) = (x_1 + 2x_2, -x_3, 4x_1 - x_3)$。
   (a) 試求 T_1 及 T_2 的標準矩陣。
   (b) 試求 $T_2 \circ T_1$ 及 $T_1 \circ T_2$ 的標準矩陣。
   (c) 使用 (b) 所得之矩陣求 $T_1(T_2(x_1, x_2, x_3))$ 及 $T_2(T_1(x_1, x_2, x_3))$ 的公式。

5. 試求標準矩陣給 R^2 上所敘述的合成。
   (a) 對直線 $y = x$ 做反射，接著旋轉 $60°$。
   (b) 以因數 $k = \frac{1}{3}$ 做收縮，接著在 y-軸上做正交投影。
   (c) 對 y 軸做反射，接著以因數 $k = 4$ 做膨脹。

6. 試求下列所陳述的 R^2 中的合成算子的標準矩陣。

(a) 旋轉 60° 後緊隨的是 x-軸上的正交投影，最後是對直線 y=x 的反射。

(b) 先以因數 k=2 膨脹，隨後是旋轉 45°，再跟著對 y-軸反射。

(c) 旋轉 15° 後，再旋轉 105°，最後再旋轉 60°。

7. 試求下列所陳述的 R^3 中的合成算子的標準矩陣。

(a) 對 yz-平面反射後，緊隨在 xz-平面上的正交投影。

(b) 對 y-軸旋轉 45° 後，緊隨以因數 $k=\sqrt{2}$ 膨脹。

(c) 在 xy-平面的正交投影後，跟隨對 yz-平面反射。

8. 試求下列所陳述的 R^3 中的合成算子的標準矩陣。

(a) 先對 x-軸旋轉 30°，再對 z-軸旋轉 30°，最後以因數 $k=\frac{1}{4}$ 收縮。

(b) 先對 xy-平面反射，接著對 xz-平面反射，最後在 yz-平面上正交投影。

(c) 先對 x-軸旋轉 270°，再對 y-軸旋轉 90°，最後對 z-軸旋轉 180°。

9. 試判定是否 $T_1 \circ T_2 = T_2 \circ T_1$。

(a) $T_1 : R^2 \to R^2$ 為在 x-軸上的正交投影，而 $T_2 : R^2 \to R^2$ 為在 y-軸上的正交投影。

(b) $T_1 : R^2 \to R^2$ 為旋轉 θ_1 角，而 $T_2 : R^2 \to R^2$ 為旋轉 θ_2 角。

(c) $T_1 : R^2 \to R^2$ 為對 x-軸的反射，而 $T_2 : R^2 \to R^2$ 為對 y-軸的反射。

10. 試判定是否 $T_1 \circ T_2 = T_2 \circ T_1$。

(a) $T_1 : R^3 \to R^3$ 為以因數 k 膨脹，而 $T_2 : R^3 \to R^3$ 為對 z-軸旋轉 θ 角。

(b) $T_1 : R^3 \to R^3$ 為對 x-軸旋轉 θ_1 角，而 $T_2 : R^3 \to R^3$ 為對 z-軸旋轉 θ_2 角。

11. 以觀察判斷下列線性算子是否為一對一。

(a) R^2 中在 x-軸上的正交投影。

(b) R^2 中對 y-軸的反射。

(c) R^2 中對直線 y=x 的反射。

(d) R^2 中以因數 $k > 0$ 收縮。

(e) R^3 中對 z-軸旋轉。

(f) R^3 中對 xy-平面反射。

(g) R^3 中以因數 $k > 0$ 膨脹。

12. 試求由各方程式及用定理 4.10.4 定義的矩陣算子的標準矩陣，並判定算子是否為一對一的算子。

(a) $w_1 = 8x_1 + 4x_2$
$w_2 = 2x_1 + x_2$

(b) $w_1 = 2x_1 - 3x_2$
$w_2 = 5x_1 + x_2$

(c) $w_1 = -x_1 + 3x_2 + 2x_3$
$w_2 = 2x_1 \quad\quad + 4x_3$
$w_3 = \quad x_1 + 3x_2 + 6x_3$

(d) $w_1 = \quad x_1 + 2x_2 + 3x_3$
$w_2 = 2x_1 + 5x_2 + 3x_3$
$w_3 = \quad x_1 \quad\quad + 8x_3$

13. 試判定由各方程式組定義的矩陣算子 $T : R^2 \to R^2$ 是否為一對一。如果是，試求逆算子的標準矩陣，並求 $T^{-1}(w_1, w_2)$。

(a) $w_1 = \quad + 2x_2$
$w_2 = -x_1$

(b) $w_1 = 9x_1 + 5x_2$
$w_2 = 2x_1 - 7x_2$

(c) $w_1 = -x_2$
$w_2 = -x_1$

(d) $w_1 = 3x_1$
$w_2 = -5x_1$

14. 試判定由各方程式所定義的矩陣算子 $T : R^3 \to R^3$ 是否為一對一。如果是，試求逆算子的標準矩陣，並求 $T^{-1}(w_1, w_2, w_3)$。

(a) $w_1 = \quad x_1 - 2x_2 + 2x_3$
$w_2 = 2x_1 + \quad x_2 + x_3$
$w_3 = \quad x_1 + \quad x_2$

(b) $w_1 = \quad x_1 - 3x_2 + 4x_3$
$w_2 = -x_1 + \quad x_2 + x_3$
$w_3 = \quad - 2x_2 + 5x_3$

(c) $w_1 = \quad x_1 + 4x_2 - x_3$
$w_2 = 2x_1 + 7x_2 + x_3$
$w_3 = \quad x_1 + 3x_2$

(d) $w_1 = \quad x_1 + 2x_2 + \quad x_3$
$w_2 = -2x_1 + \quad x_2 + 4x_3$
$w_3 = \quad 7x_1 + 4x_2 - 5x_3$

15. 以視察方式決定指定的一對一矩陣算子的逆運算。

(a) R^2 中對 x-軸的反射。

(b) R^2 中旋轉 $\pi/4$ 角。
(c) R^2 中以因數 3 膨脹。
(d) R^3 中對 yz-平面反射。
(e) R^3 中以因數 1/5 收縮。

▶在習題 **16** 及 **17** 中試利用定理 4.10.2 判定 $T: R^2 \to R^2$ 是否為矩陣算子。◀

16. (a) $T(x, y) = (2x, y)$ (b) $T(x, y) = (x^2, y)$
    (c) $T(x, y) = (-y, x)$ (d) $T(x, y) = (x, 0)$

17. (a) $T(x, y) = (\cos^2 x, \sin^2 y)$
    (b) $T(x, y) = (3x - y, 5y)$
    (c) $T(x, y) = (-x, -x)$
    (d) $T(x, y) = (x + y, x - y)$

▶在習題 **18** 及 **19** 中試利用定理 4.10.2 判定 $T: R^3 \to R^2$ 是否為矩陣變換。◀

18. (a) $T(x, y, z) = (x, x + y + z)$
    (b) $T(x, y, z) = (1, 1)$

19. (a) $T(x, y, z) = (0, 0)$
    (b) $T(x, y, z) = (6x + y, x - 6y)$

20. 在下列各小題試利用定理 4.10.3 從標準基底向量的像求矩陣算子的標準矩陣。
    (a) 4.9 節表 1 在 R^2 中的反射算子。
    (b) 4.9 節表 2 在 R^3 中的反射算子。
    (c) 4.9 節表 3 在 R^2 中的投影算子。
    (d) 4.9 節表 4 在 R^3 中的投影算子。
    (e) 4.9 節表 5 在 R^2 中的旋轉算子。
    (f) 4.9 節表 8 在 R^3 中的膨脹與收縮算子。

21. 試求所給矩陣算子的標準矩陣。
    (a) $T: R^2 \to R^2$ 將向量正交投影於 x-軸，然後對 y-軸反射該向量。
    (b) $T: R^2 \to R^2$ 對直線 $y = x$ 反射某向量，然後將該向量對 x-軸反射。
    (c) $T: R^2 \to R^2$ 以因數 3 膨脹向量，再對 $y = x$ 線反射該向量，然後將它正交投影於 y-軸。

22. 試求所給矩陣算子的標準矩陣。
    (a) $T: R^3 \to R^3$ 對 xz-平面反射向量然後以因數 1/5 收縮該向量。
    (b) $T: R^3 \to R^3$ 將向量正交投影於 xz-平面然後將該向量正交投影於 xy-平面。
    (c) $T: R^3 \to R^3$ 對 xy-平面反射向量，然後對 xz-平面反射該向量，再將該向量對 yz-平面反射。

23. 令 $T_A: R^3 \to R^3$ 為以
$$A = \begin{bmatrix} 4 & -1 & 2 \\ 5 & 1 & 2 \\ 3 & 6 & -4 \end{bmatrix}$$
乘之，並令 $\mathbf{e}_1, \mathbf{e}_2$ 及 $\mathbf{e}_3$ 為 R^3 的標準基底向量，試以視察方式求下列各向量。
    (a) $T_A(\mathbf{e}_1), T_A(\mathbf{e}_2)$ 及 $T_A(\mathbf{e}_3)$
    (b) $T_A(\mathbf{e}_1 + \mathbf{e}_2 + \mathbf{e}_3)$ (c) $T_A(7\mathbf{e}_3)$

24. 試判定以 A 乘之是否為一對一矩陣變換。
    (a) $A = \begin{bmatrix} 1 & -1 \\ 2 & 0 \\ 3 & -4 \end{bmatrix}$ (b) $A = \begin{bmatrix} 1 & 2 & 3 \\ -1 & 0 & -4 \end{bmatrix}$
    (c) $A = \begin{bmatrix} 1 & 2 & 1 \\ 0 & 1 & 1 \\ 1 & 1 & 0 \\ 1 & 0 & -1 \end{bmatrix}$

25. (a) 是否一對一矩陣變換的合成仍為一對一？試驗證你的結論。
    (b) 能否將一對一矩陣變換與非一對一的矩陣變換合成為一對一的變換？試驗證你的結論。

26. 試證明在 R^2 中 $T(x, y) = (0, 0)$ 定義一矩陣算子而 $T(x, y) = (1, 1)$ 則否。

27. (a) 試證明若 $T: R^n \to R^m$ 為矩陣變換，則 $T(\mathbf{0}) = \mathbf{0}$；亦即，$T$ 將 R^n 中的零向量映至 R^m 中的零向量。
    (b) (a) 的反向不為真。找一個函數滿足 $T(\mathbf{0}) = \mathbf{0}$ 但其不是一個矩陣變換。

28. 試證明：$n \times n$ 階矩陣 A 為可逆矩陣若且唯若線性方程組 $A\mathbf{x} = \mathbf{w}$ 對在 R^n 中使該方程組為相容的每個 $\mathbf{w}$ 僅有一解。

29. 令 A 為 $n \times n$ 階矩陣滿足 $\det(A) = 0$，且令 $T: R^n \to R^n$ 是以 A 乘之。
    (a) 矩陣算子 T 的值域為何？舉一個例子說

明你的結論。
(b) 被 T 映至 $\mathbf{0}$ 的向量個數為何？
30. 證明：若矩陣變換 $T_A: R^n \to R^n$ 是一對一，則 A 是可逆。

是非題

試判斷 (a)-(f) 各敘述的真假，並驗證你的答案。

(a) 若 $T: R^n \to R^m$ 且 $T(\mathbf{0})=\mathbf{0}$，則 T 是一個矩陣變換。
(b) 若 $T: R^n \to R^m$ 且 $T(c_1\mathbf{x}+c_2\mathbf{y})=c_1T(\mathbf{x})+c_2T(\mathbf{y})$ 對所有純量 c_1 且 c_2 及 R^n 上所有向量 $\mathbf{x}$ 和 $\mathbf{y}$，則 T 是一個矩陣變換。
(c) 若 $T: R^n \to R^m$ 是一個一對一矩陣變換，則無相異向量 $\mathbf{x}$ 及 $\mathbf{y}$ 滿足 $T(\mathbf{x}-\mathbf{y})=\mathbf{0}$。
(d) 若 $T: R^n \to R^m$ 是一個矩陣變換且 $m>n$，則 T 是一對一。
(e) 若 $T: R^n \to R^m$ 是一個矩陣變換且 $m=n$，則 T 是一對一。
(f) 若 $T: R^n \to R^m$ 是一個矩陣變換且 $m<n$，則 T 是一對一。

4.11　R^2 上矩陣算子的幾何意義

在這個可選擇的節次裡，我們將稍微深入討論 R^2 上的矩陣算子。我們在本節所發展的概念對電腦繪圖有重要的應用。

區域變換

在 4.9 節，我們專注在矩陣算子對 R^2 及 R^3 上個別向量的影響。然而，了解此類算子對區域形狀的影響也是很重要的。例如，圖 4.11.1，示範著名的亞伯特愛因斯坦照片，及由 R^2 上矩陣變換所得的三張電腦生成的修飾照片。掃描原始照片，接著被數位化分解成一個像素矩形陣列。這些像素接著被如下轉換：

- 軟體 MATLAB 被用來指定座標及一個灰色層給每個像素。
- 利用矩陣乘法將像素的座標轉換。

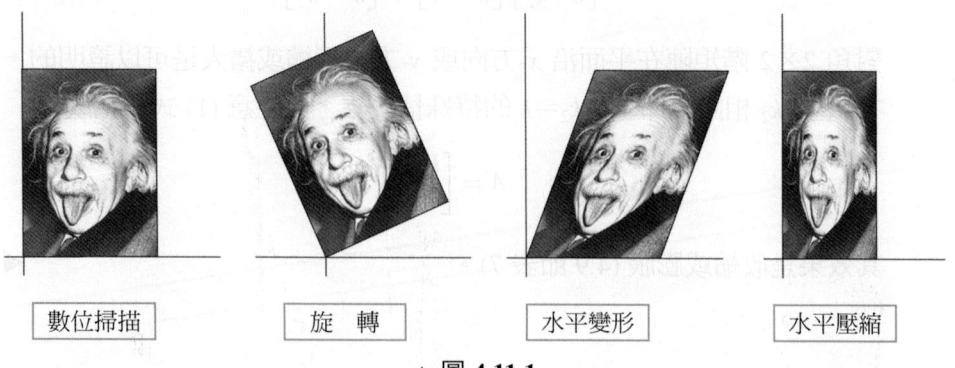

數位掃描　　旋　轉　　水平變形　　水平壓縮

▲ 圖 4.11.1

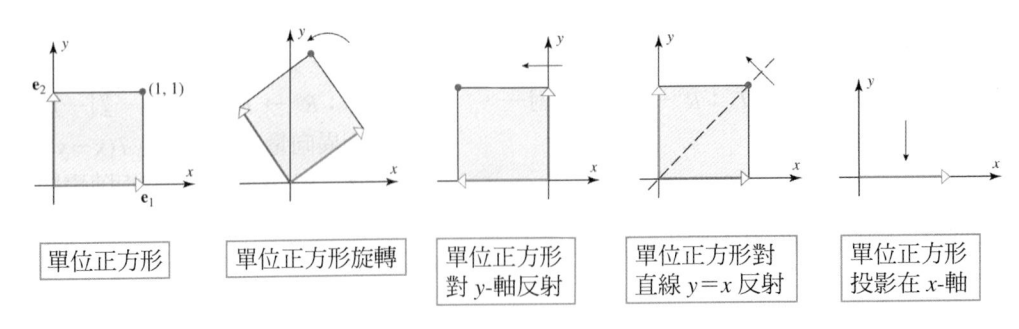

| 單位正方形 | 單位正方形旋轉 | 單位正方形對 y-軸反射 | 單位正方形對直線 $y=x$ 反射 | 單位正方形投影在 x-軸 |

▲ 圖 4.11.2

- 像素被授與它們原來的灰色層以產生轉換的照片。

矩陣算子在 R^2 的整體影響經常可由單位正方形的所有頂點 $(0, 0)$, $(1, 0)$, $(0, 1)$ 及 $(1, 1)$ 的圖像來確定 (圖 4.11.2)。表 1 說明 4.9 節所研究的一些矩陣算子對單位正方形的影響。為了更明白，我們已經將原正方形的部分及其對應之像塗黑。

▶ **例題 1　具對角矩陣的轉換**

假設 xy-平面先以因數 k_1 在 x-方向壓縮或擴大，然後在 y-方向以因數 k_2 壓縮或擴大。試求能執行兩項運算的單一矩陣算子。

解：這兩項運算的標準矩陣為

$$\begin{bmatrix} k_1 & 0 \\ 0 & 1 \end{bmatrix} \qquad \begin{bmatrix} 1 & 0 \\ 0 & k_2 \end{bmatrix}$$

x-方向壓縮 (擴大)　　　y-方向壓縮 (擴大)

於是，由 x-方向之運算緊隨著 y-方向之運算合成的標準矩陣為

$$A = \begin{bmatrix} 1 & 0 \\ 0 & k_2 \end{bmatrix} \begin{bmatrix} k_1 & 0 \\ 0 & 1 \end{bmatrix} = \begin{bmatrix} k_1 & 0 \\ 0 & k_2 \end{bmatrix} \tag{1}$$

對角 2×2 階矩陣在平面沿 x-方向或 y-方向壓縮或擴大是可以證明的。在 k_1 與 k_2 相同，即 $k_1 = k_2 = k$ 的特殊情況下，應注意 (1) 式簡化成

$$A = \begin{bmatrix} k & 0 \\ 0 & k \end{bmatrix}$$

其效果是收縮或膨脹 (4.9 節表 7)。　◀

表 1

算　子	標準矩陣	對單位正方形的影響
對 y-軸反射	$\begin{bmatrix} -1 & 0 \\ 0 & 1 \end{bmatrix}$	
對 x-軸反射	$\begin{bmatrix} 1 & 0 \\ 0 & -1 \end{bmatrix}$	
對直線 $y = x$ 反射	$\begin{bmatrix} 0 & 1 \\ 1 & 0 \end{bmatrix}$	
逆時針方向旋轉 θ 角	$\begin{bmatrix} \cos\theta & -\sin\theta \\ \sin\theta & \cos\theta \end{bmatrix}$	
以因數 k 在 x-方向壓縮	$\begin{bmatrix} k & 0 \\ 0 & 1 \end{bmatrix}$	
以因數 k 在 x-方向擴大	$\begin{bmatrix} k & 0 \\ 0 & 1 \end{bmatrix}$	
以因數 $k > 0$ 在 x-方向變形	$\begin{bmatrix} 1 & k \\ 0 & 1 \end{bmatrix}$	
以因數 $k < 0$ 在 x-方向變形	$\begin{bmatrix} 1 & 0 \\ k & 1 \end{bmatrix}$	

▶例題 2　求矩陣算子

(a) 試求在 R^2 上先以因數 2 在 x-方向變形後，再對 y=x 作反射的算子之標準矩陣。繪出單位正方形在此算子之下的圖像。

(b) 試求在 R^2 上先對 y=x 作反射後，再以因數 2 在 x-方向作變形的算子之標準。繪出單位正方形在此算子之下的圖像。

(c) 確認 (a) 和 (b) 中的變形和反射不可交換。

解 (a)：變形的標準矩陣為

$$A_1 = \begin{bmatrix} 1 & 2 \\ 0 & 1 \end{bmatrix}$$

而反射的標準矩陣為

$$A_2 = \begin{bmatrix} 0 & 1 \\ 1 & 0 \end{bmatrix}$$

所以變形後再反射的標準矩陣為

$$A_2 A_1 = \begin{bmatrix} 0 & 1 \\ 1 & 0 \end{bmatrix} \begin{bmatrix} 1 & 2 \\ 0 & 1 \end{bmatrix} = \begin{bmatrix} 0 & 1 \\ 1 & 2 \end{bmatrix}$$

解 (b)：先作反射後再作變形的標準矩陣為

$$A_1 A_2 = \begin{bmatrix} 1 & 2 \\ 0 & 1 \end{bmatrix} \begin{bmatrix} 0 & 1 \\ 1 & 0 \end{bmatrix} = \begin{bmatrix} 2 & 1 \\ 1 & 0 \end{bmatrix}$$

解 (c)：解 (a) 及解 (b) 的計算中證明 $A_1 A_2 \neq A_2 A_1$，所以標準矩陣不可交換，因此算子不可交換。由圖 4.11.3 及圖 4.11.4 亦可得相同結論，因為這兩個算子產出不同的單位正方形之像。　◀

一對一矩陣算子的幾何性質

我們現在將注意力轉向在 R^2 上的一對一矩陣算子，此算子是重要的，

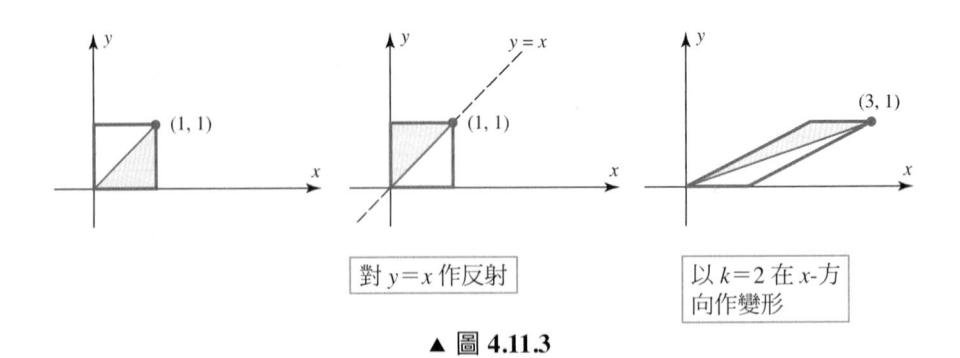

▲ 圖 4.11.3

以 $k=2$ 在 x-方向作變形

對 $y=x$ 作反射

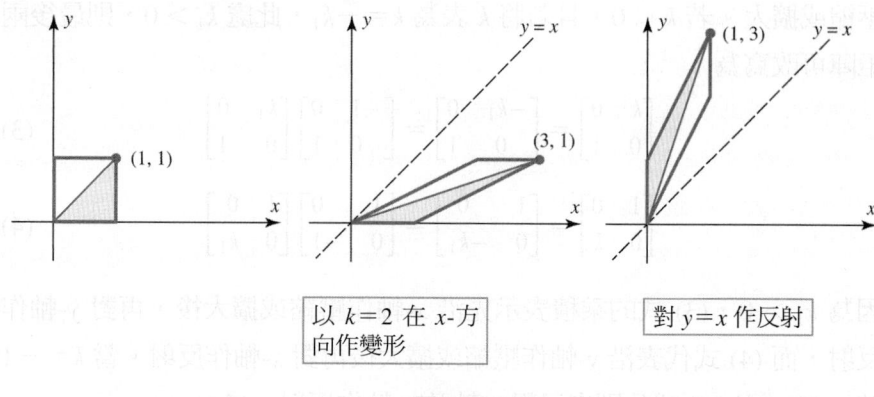

▲ 圖 4.11.4

因為它們將相異點映至相異點。由定理 4.10.4 (等價定理) 得矩陣變換 T_A 是一對一若且唯若 A 可被表為基本矩陣的乘積。因此，我們可先將矩陣 A 分解成基本矩陣的乘積來分析任意一對一變換 T_A 的影響，令

$$A = E_1 E_2 \cdots E_r$$

接著將 T_A 表為合成

$$T_A = T_{E_1 E_2 \cdots E_r} = T_{E_1} \circ T_{E_2} \circ \cdots \circ T_{E_r} \tag{2}$$

下一個定理說明對應至基本矩陣之矩陣算子的幾何影響。

定理 4.11.1：若 E 是一個基本矩陣，則 $T_E : R^2 \to R^2$ 是下面各情形之一：

(a) 沿一座標軸作變形。　　(b) 對 $y=x$ 作反射。
(c) 沿一座標軸作壓縮。　　(d) 沿一座標軸作擴大。
(e) 對一座標軸作反射。
(f) 沿一座標軸作壓縮或擴大後，再對一座標軸作反射。

證明：因為 2×2 階基本矩陣係對 2×2 階單位矩陣作一個基本列運算後所得，它必為下面各型式之一 (證明之)：

$$\begin{bmatrix} 1 & 0 \\ k & 1 \end{bmatrix}, \begin{bmatrix} 1 & k \\ 0 & 1 \end{bmatrix}, \begin{bmatrix} 0 & 1 \\ 1 & 0 \end{bmatrix}, \begin{bmatrix} k & 0 \\ 0 & 1 \end{bmatrix}, \begin{bmatrix} 1 & 0 \\ 0 & k \end{bmatrix}$$

前面兩矩陣表示沿座標軸作變形，而第三個矩陣表示對 $y=x$ 作反射。若 $k>0$，則由 $0 \le k \le 1$ 或 $k \ge 1$ 可知，最後兩個矩陣表示沿座標軸作

壓縮或擴大。若 $k < 0$，且若將 k 表為 $k = -k_1$，此處 $k_1 > 0$，則最後兩矩陣可改寫為

$$\begin{bmatrix} k & 0 \\ 0 & 1 \end{bmatrix} = \begin{bmatrix} -k_1 & 0 \\ 0 & 1 \end{bmatrix} = \begin{bmatrix} -1 & 0 \\ 0 & 1 \end{bmatrix} \begin{bmatrix} k_1 & 0 \\ 0 & 1 \end{bmatrix} \tag{3}$$

$$\begin{bmatrix} 1 & 0 \\ 0 & k \end{bmatrix} = \begin{bmatrix} 1 & 0 \\ 0 & -k_1 \end{bmatrix} = \begin{bmatrix} 1 & 0 \\ 0 & -1 \end{bmatrix} \begin{bmatrix} 1 & 0 \\ 0 & k_1 \end{bmatrix} \tag{4}$$

因為 $k_1 > 0$，(3) 式的乘積表示先沿 x-軸作壓縮或擴大後，再對 y-軸作反射，而 (4) 式代表沿 y-軸作壓縮或擴大後再對 x-軸作反射。當 $k = -1$ 時，(3) 式及 (4) 式分別表示對 y-軸及 x-軸作反射。◀

因為每一個可逆矩陣是基本矩陣的乘積，下面結果由定理 4.11.1 及公式 (2) 成立。

定理 4.11.2：若 $T_A : R^2 \to R^2$ 為以可逆矩陣 A 乘之，則 T_A 的幾何效應如同適切地作連續的變形、壓縮、擴大及反射。

▶**例題 3** 分析一矩陣算子的幾何效應

假設 k_1 與 k_2 為正值，試將對角矩陣

$$A = \begin{bmatrix} k_1 & 0 \\ 0 & k_2 \end{bmatrix}$$

以基本矩陣的乘積表示，並以壓縮與擴大描述以 A 乘之的幾何效應。

解：由例題 1 可得

$$A = \begin{bmatrix} k_1 & 0 \\ 0 & k_2 \end{bmatrix} = \begin{bmatrix} 1 & 0 \\ 0 & k_2 \end{bmatrix} \begin{bmatrix} k_1 & 0 \\ 0 & 1 \end{bmatrix}$$

此式顯示以 A 乘之具有在 x-方向以因數 k_1 壓縮或擴大，然後在 y-方向以因數 k_2 壓縮或擴大的幾何效應。

▶**例題 4** 分析一矩陣算子的幾何效應

將

$$A = \begin{bmatrix} 1 & 2 \\ 3 & 4 \end{bmatrix}$$

以基本矩陣的乘積表示，並描述以 A 乘之在變形、壓縮、擴大及反射上的幾何影響。

解：A 可依下列步驟簡化為

$$\begin{bmatrix} 1 & 2 \\ 3 & 4 \end{bmatrix} \to \begin{bmatrix} 1 & 2 \\ 0 & -2 \end{bmatrix} \to \begin{bmatrix} 1 & 2 \\ 0 & 1 \end{bmatrix} \to \begin{bmatrix} 1 & 0 \\ 0 & 1 \end{bmatrix}$$

第一列乘以 -3 加至第二列；第二列乘以 $-1/2$；第二列乘以 -2 加至第一列

先後執行此三個列運算如同在矩陣的左邊先後乘以

$$E_1 = \begin{bmatrix} 1 & 0 \\ -3 & 1 \end{bmatrix}, \quad E_2 = \begin{bmatrix} 1 & 0 \\ 0 & -\frac{1}{2} \end{bmatrix}, \quad E_3 = \begin{bmatrix} 1 & -2 \\ 0 & 1 \end{bmatrix}$$

求這些矩陣的反矩陣並利用 1.5 節的 (4) 式得

$$A = E_1^{-1} E_2^{-1} E_3^{-1} = \begin{bmatrix} 1 & 0 \\ 3 & 1 \end{bmatrix} \begin{bmatrix} 1 & 0 \\ 0 & -2 \end{bmatrix} \begin{bmatrix} 1 & 2 \\ 0 & 1 \end{bmatrix}$$

由右邊向左邊解釋並指出

$$\begin{bmatrix} 1 & 0 \\ 0 & -2 \end{bmatrix} = \begin{bmatrix} 1 & 0 \\ 0 & -1 \end{bmatrix} \begin{bmatrix} 1 & 0 \\ 0 & 2 \end{bmatrix}$$

可知以 A 乘之的效應相當於

1. 以因數 2 在 x-方向作變形。
2. 以因數 2 在 y-方向作擴大。
3. 對 x-軸作反射。
4. 以因數 3 在 y-方向作變形。 ◀

直線在矩陣算子之下的像

電腦圖學裡有許多影像是以線段連結點的方式建構出來的。下一個定理，某些部分被證明於習題裡，有助於了解矩陣算子如何轉換此類圖形。

注意：由定理4.11.3 得，若 A 是一個可逆的 2×2 階矩陣，則以 A 乘之將三角形映至三角形且將平行四邊形映至平行四邊形。

定理 4.11.3：若 $T:R^2 \to R^2$ 為以可逆矩陣乘之，則：
(a) 直線的像仍為直線。
(b) 一過原點之直線的像仍為過原點的直線。
(c) 平行直線的像亦為平行直線。
(d) 連結點 P 及 Q 的線段之像亦為連結 P 及 Q 之像的線段。
(e) 三點之像共線若且唯若三點共線。

▶ **例題 5　正方形的像**

試描繪以 $(0,0), (1,0), (1,1)$ 及 $(0,1)$ 為頂點之正方形，經以

$$A = \begin{bmatrix} -1 & 2 \\ 2 & -1 \end{bmatrix}$$

乘之後的像。

解：因為

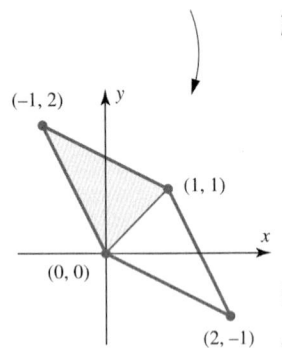

$$\begin{bmatrix} -1 & 2 \\ 2 & -1 \end{bmatrix}\begin{bmatrix} 0 \\ 0 \end{bmatrix} = \begin{bmatrix} 0 \\ 0 \end{bmatrix}, \quad \begin{bmatrix} -1 & 2 \\ 2 & -1 \end{bmatrix}\begin{bmatrix} 1 \\ 0 \end{bmatrix} = \begin{bmatrix} -1 \\ 2 \end{bmatrix}$$

$$\begin{bmatrix} -1 & 2 \\ 2 & -1 \end{bmatrix}\begin{bmatrix} 0 \\ 1 \end{bmatrix} = \begin{bmatrix} 2 \\ -1 \end{bmatrix}, \quad \begin{bmatrix} -1 & 2 \\ 2 & -1 \end{bmatrix}\begin{bmatrix} 1 \\ 1 \end{bmatrix} = \begin{bmatrix} 1 \\ 1 \end{bmatrix}$$

故其像為以 $(0,0), (-1,2), (2,-1)$ 及 $(1,1)$ 為頂點的平行四邊形 (圖 4.11.5)。

▲ 圖 4.11.5

▶ **例題 6　直線的像**

根據定理 4.11.3，可逆矩陣

$$A = \begin{bmatrix} 3 & 1 \\ 2 & 1 \end{bmatrix}$$

將直線 $y = 2x+1$ 映至一直線，求此直線的方程式。

解：令 (x, y) 為直線 $y=2x+1$ 上之一點，且令 (x', y') 為其經以 A 乘之後的像。則

$$\begin{bmatrix} x' \\ y' \end{bmatrix} = \begin{bmatrix} 3 & 1 \\ 2 & 1 \end{bmatrix}\begin{bmatrix} x \\ y \end{bmatrix} \quad \text{及} \quad \begin{bmatrix} x \\ y \end{bmatrix} = \begin{bmatrix} 3 & 1 \\ 2 & 1 \end{bmatrix}^{-1}\begin{bmatrix} x' \\ y' \end{bmatrix} = \begin{bmatrix} 1 & -1 \\ -2 & 3 \end{bmatrix}\begin{bmatrix} x' \\ y' \end{bmatrix}$$

所以

$$x = x' - y'$$
$$y = -2x' + 3y'$$

代入 $y = 2x + 1$，得

$$-2x' + 3y' = 2(x' - y') + 1$$

或等價

$$y' = \tfrac{4}{5}x' + \tfrac{1}{5}$$

於是，(x', y') 滿足

$$y = \tfrac{4}{5}x + \tfrac{1}{5}$$

此為所求的方程式。 ◀

概念複習

- 矩陣算子在單位正方形的影響
- 一對一矩陣算子的幾何性質
- 直線在矩陣算子之下的像

技　能

- 求 R^2 的幾何變換之標準矩陣。
- 描述一個可逆矩陣算子之幾何效應。
- 求單位正方形在矩陣算子之下的像。
- 求直線在矩陣算子之下的像。

習題集 4.11

1. 試求算子 $T: R^2 \to R^2$ 的標準矩陣，它將點 (x, y) 映至：
   (a) 對直線 $y = -x$ 的反射點。
   (b) 對原點的反射點。
   (c) 在 x-軸上的垂直投影。
   (d) 在 y-軸上的垂直投影。

2. 對習題 1 的每一部分，使用你剛得到的矩陣求 $T(1, 3)$。並繪出點 $(1, 3)$ 及 $T(1, 3)$，以幾何方式驗證你的答案。

3. 試求算子 $T: R^3 \to R^3$ 的標準矩陣，它將點 (x, y, z) 映至：
   (a) 對 xy-平面的反射點。
   (b) 對 xz-平面的反射點。
   (c) 對 yz-平面的反射點。

4. 對習題 3 的每一部分，試使用你剛得到的矩陣求 $T(1, 2, 1)$。並繪出向量 $(1, 2, 1)$ 及 $T(1, 2, 1)$，以幾何方式驗證你的答案。

5. 試求算子 $T: R^3 \to R^3$ 的標準矩陣，它們分別得自
   (a) 繞 z-軸以逆時針方向將每一向量旋轉 $90°$（循正 z-軸面向原點）。
   (b) 繞 x-軸以逆時針方向將每一向量旋轉 $90°$（循正 x-軸面向原點）。
   (c) 繞 y-軸以逆時針方向將每一向量旋轉 $90°$（循正 y-軸面向原點）。

6. 試畫出以 $(0, 0), (1, 0), (1, 2)$ 及 $(0, 2)$ 為頂點

的長方形經下面變換後之像：
(a) 對 x-軸作反射。
(b) 對 y-軸作反射。
(c) 以因數 $k=\frac{1}{4}$ 在 y-方向作壓縮。
(d) 以因數 $k=2$ 在 x-方向作擴大。
(e) 以因數 $k=3$ 在 x-方向作變形。
(f) 以因數 $k=2$ 在 y-方向作變形。

7. 試畫出 $(0,0), (1,0), (0,1)$ 及 $(1,1)$ 為頂點的正方形，經以

$$A = \begin{bmatrix} 0 & 2 \\ -1 & 0 \end{bmatrix}$$

乘之後的像。

8. 試求將點 (x, y) 對原點旋轉
(a) $45°$ (b) $90°$ (c) $180°$ (d) $270°$ (e) $-30°$
的矩陣。

9. 試求以
(a) 因數 $k=4$ 在 y-方向
(b) 因數 $k=-2$ 在 x-方向
作變形的矩陣。

10. 試求以
(a) 因數 $\frac{1}{3}$ 在 y-方向
(b) 因數 6 在 x-方向
作壓縮或擴大的矩陣。

11. 對下面各小題，描述以 A 乘之在 R^2 上的幾何效應。

(a) $A = \begin{bmatrix} 1 & 0 \\ 0 & \frac{1}{3} \end{bmatrix}$ (b) $A = \begin{bmatrix} 6 & 0 \\ 0 & -1 \end{bmatrix}$

(c) $A = \begin{bmatrix} 2 & 1 \\ 4 & 0 \end{bmatrix}$

12. 將下列各矩陣以基本矩陣的乘積表示，再以壓縮、擴大、反射及變形來描述以 A 乘之在 R^2 上的效應。

(a) $A = \begin{bmatrix} 2 & 0 \\ 0 & 3 \end{bmatrix}$ (b) $A = \begin{bmatrix} 1 & 4 \\ 2 & 9 \end{bmatrix}$

(c) $A = \begin{bmatrix} 0 & -2 \\ 4 & 0 \end{bmatrix}$ (d) $A = \begin{bmatrix} 1 & -3 \\ 4 & 6 \end{bmatrix}$

13. 試對下面每一部分，求執行所指定在 R^2 上之運算步驟的單一矩陣。

(a) 以因數 $\frac{1}{2}$ 在 x-方向作壓縮；再以因數 5 在 y-方向作擴大。
(b) 以因數 5 在 y-方向作擴大；再以因數 2 在 y-方向作變形。
(c) 對 $y=x$ 作反射；再以 $180°$ 角作旋轉。

14. 試對下面每一部分，求執行所指定在 R^2 上之運算步驟的單一矩陣。
(a) 對 y-軸作反射；再以因數 5 在 x-方向作擴大；然後對 $y=x$ 作反射。
(b) 以 $30°$ 角作旋轉；且以因數 -2 在 y-方向作變形；並以因數 3 在 y-方向作擴大。

15. 試由矩陣的可逆性，證明：
(a) 對 $y=x$ 作反射的逆變換，即為對 $y=x$ 作反射。
(b) 沿一軸作壓縮的逆變換，即為沿該軸作擴大。
(c) 對一軸作反射的逆變換，即為對該軸作反射。
(d) 沿一軸作變形的逆變換，即為沿該軸作變形。

16. 試求直線 $y=-4x+3$，經

$$A = \begin{bmatrix} 4 & -3 \\ 3 & -2 \end{bmatrix}$$

乘之的變換後，其像的方程式。

17. 試求直線 $y=2x$ 在 R^2 上經下列 (a) 至 (e) 部分之變換後的像方程式。
(a) 以因數 3 在 x-方向作變形。
(b) 以因數 $\frac{1}{2}$ 在 y-方向作壓縮。
(c) 對 $y=x$ 作反射。
(d) 對 y 軸作反射。
(e) 旋轉 $60°$ 角。

18. 試求在 x-方向將以 $(0,0), (2,1)$ 及 $(3,0)$ 為頂點的三角形變換為直角在原點的直角三角形之變形的矩陣。

19. (a) 證明若以矩陣

$$A = \begin{bmatrix} 4 & 2 \\ 2 & 1 \end{bmatrix}$$

乘之作變換，會將平面上的每一點映成直線 $y = \frac{1}{2}x$。

(b) 由 (a) 部分可知不共線三點 $(1, 0)$, $(0, 1)$, $(-1, 0)$ 映至一直線上。試問這是否違反定理 4.11.3？

20. 試證明定理 4.11.3(a)。[提示：平面上直線方程式為 $Ax + By + C = 0$，其中 A 及 B 不同時為零。利用例題 6 的方法證明此線經以可逆矩陣

$$\begin{bmatrix} a & b \\ c & d \end{bmatrix}$$

乘之的變換後之像，以方程式 $A'x + B'y + C = 0$ 表示，此處

$$A' = (dA - cB)/(ad - bc)$$

且

$$B' = (-bA + aB)/(ad - bc)$$

然後證明 A' 及 B' 不同時為零，而得此像為一直線。]

21. 利用習題 20 的提示，證明定理 4.11.3(b) 及 (c)。

22. 試對圖中的各部分，求算子 $T: R^3 \to R^3$ 的標準矩陣。

(a)　　(b)　　(c)

▲ 圖 Ex-22

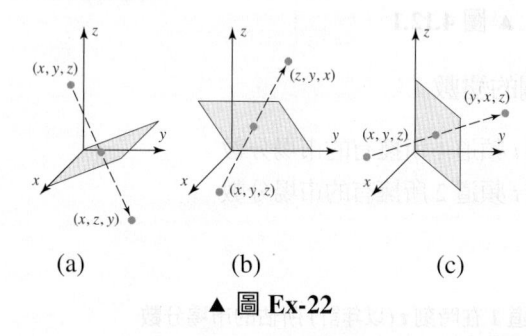

23. 在 R^3 中以因數 k 在 xy-方向所作的變形為將點 (x, y, z) 依平行於 xy-平面的方向移至新位置 $(x + kz, y + kz, z)$ (參考附圖)。

(a) 試求以因數 k 在 xy-方向作變形的標準矩陣。

(b) 你將如何定義以因數 k 在 xz-方向的變形及以因數 k 在 yz-方向的變形？試求這些線性變換的標準矩陣。

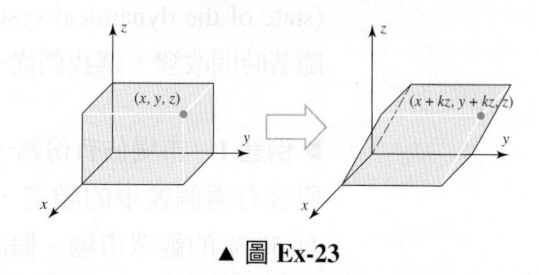

▲ 圖 Ex-23

是非題

試判斷 (a)-(g) 各敘述的真假，並驗證你的答案。

(a) 單位正方形在一個一對一矩陣算子之下的像是一個正方形。

(b) 一個 2×2 階可逆矩陣算子有一序列之變形、壓縮、擴大及反射的幾何效應。

(c) 一直線在一個一對一矩陣算子之下的像是一直線。

(d) R^2 上的每一個反射算子是它自己的逆算子。

(e) 矩陣 $\begin{bmatrix} 1 & 1 \\ 1 & -1 \end{bmatrix}$ 代表對一直線的反射。

(f) 矩陣 $\begin{bmatrix} 1 & -2 \\ 2 & 1 \end{bmatrix}$ 代表一個變形。

(g) 矩陣 $\begin{bmatrix} 1 & 0 \\ 0 & 3 \end{bmatrix}$ 代表一個擴大。

4.12 動態系統及馬可夫鏈

在本可選擇的節次裡，我們將說明如何使用矩陣方法來解析帶時間的自然科學系統行為。我們將要研究的方法已被應用到商學、生態學、

人口學、社會學及多數的自然科學。

動態系統

一個**動態系統** (dynamical system) 是一個有限變數集合，這些變數隨著時間改變。變數在某時間點的值被稱是在該時刻**變數的狀態** (state of the variable)，且由這些狀態所形成的向量被稱是在該時刻動態系統的狀態 (state of the dynamical system)。本節主要目的是解析一個動態系統如何隨著時間改變。讓我們從一個例子開始。

▶ **例題 1　市場佔有份為一動態系統**

假設有兩個競爭的頻道，頻道 1 及頻道 2，各個頻道在初始時刻均有 50% 的觀眾市場。假設在每一年期後頻道 1 搶了頻道 2 佔有份的 10%，且頻道 2 搶了頻道 1 佔有份的 20% (見圖 4.12.1)。試問在一年後各個頻道的市場佔有份為何？

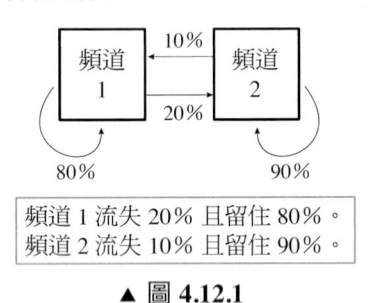

```
    10%
頻道 1 ───→ 頻道 2
      ←───
       20%
 80%        90%
```

頻道 1 流失 20% 且留住 80%。
頻道 2 流失 10% 且留住 90%。

▲ 圖 4.12.1

解：讓我們先引進和時間有關的變數

$x_1(t) = $ 在時刻 t 頻道 1 所擁有的市場分數
$x_2(t) = $ 在時刻 t 頻道 2 所擁有的市場分數

及行向量

$$\mathbf{x}(t) = \begin{bmatrix} x_1(t) \\ x_2(t) \end{bmatrix} \begin{matrix} \leftarrow \text{頻道 1 在時刻 } t \text{ (以年計) 所佔的市場分數} \\ \leftarrow \text{頻道 2 在時刻 } t \text{ (以年計) 所佔的市場分數} \end{matrix}$$

變數 $x_1(t)$ 及 $x_2(t)$ 形成一個動態系統，此動態系統在時刻 t 的狀態是向量 $\mathbf{x}(t)$。若取 $t = 0$ 為初始點，在該時刻兩頻道各擁有市場的 50%，則在該時刻的系統狀態是

$$\mathbf{x}(0) = \begin{bmatrix} x_1(0) \\ x_2(0) \end{bmatrix} = \begin{bmatrix} 0.5 \\ 0.5 \end{bmatrix} \begin{matrix} \leftarrow \text{在時刻 } t=0 \text{ 頻道 1 的市場分數} \\ \leftarrow \text{在時刻 } t=0 \text{ 頻道 2 的市場分數} \end{matrix} \quad (1)$$

現在讓我們試著求在時刻 $t=1$ (一年後) 的系統狀態。在一年期間後，頻道 1 保有當初 50% 的 80% 且得頻道 2 當初 50% 的 10%。因此，

$$x_1(1) = 0.8(0.5) + 0.1(0.5) = 0.45 \tag{2}$$

同理，頻道 2 得頻道 1 當初 50% 的 20%，且保有當初 50% 的 90%。因此，

$$x_2(1) = 0.2(0.5) + 0.9(0.5) = 0.55 \tag{3}$$

因此，在時刻 $t=1$ 的系統狀態是

$$\mathbf{x}(1) = \begin{bmatrix} x_1(1) \\ x_2(1) \end{bmatrix} = \begin{bmatrix} 0.45 \\ 0.55 \end{bmatrix} \begin{matrix} \leftarrow \text{在時刻 } t=1 \text{ 頻道 } \mathbf{1} \text{ 的市場分數} \\ \leftarrow \text{在時刻 } t=1 \text{ 頻道 } \mathbf{2} \text{ 的市場分數} \end{matrix} \tag{4}$$

▶ **例題 2** 經過五年的市場佔有份變化

追蹤例題 1 之頻道 1 及頻道 2 在經過一個五年週期後的市場佔有份。

解：欲解此問題，假設我們已經計算各個頻道在時刻 $t=k$ 的市場佔有份，且我們有興趣使用已知的 $x_1(k)$ 及 $x_2(k)$ 來計算一年後的市場佔有份 $x_1(k+1)$ 及 $x_2(k+1)$。解析方法完全同於使用來求方程式 (2) 和 (3) 的方法。經過一年期後，頻道 1 保有其初始分數 $x_1(k)$ 的 80% 且獲得頻道 2 開始分數 $x_2(k)$ 的 10%。因此，

$$x_1(k+1) = (0.8)x_1(k) + (0.1)x_2(k) \tag{5}$$

同理，頻道 2 獲得頻道 1 開始分數 $x_1(k)$ 的 20% 且保有其開始分數 $x_2(k)$ 的 90%。因此，

$$x_2(k+1) = (0.2)x_1(k) + (0.9)x_2(k) \tag{6}$$

方程式 (5) 和 (6) 可被表為矩陣型

$$\begin{bmatrix} x_1(k+1) \\ x_2(k+1) \end{bmatrix} = \begin{bmatrix} 0.8 & 0.1 \\ 0.2 & 0.9 \end{bmatrix} \begin{bmatrix} x_1(k) \\ x_2(k) \end{bmatrix} \tag{7}$$

其提供一個使用矩陣乘法由時刻 $t=k$ 的狀態計算時刻 $t=k+1$ 的狀態之法。例如，使用 (1) 和 (7) 式得

$$\mathbf{x}(1) = \begin{bmatrix} 0.8 & 0.1 \\ 0.2 & 0.9 \end{bmatrix} \mathbf{x}(0) = \begin{bmatrix} 0.8 & 0.1 \\ 0.2 & 0.9 \end{bmatrix} \begin{bmatrix} 0.5 \\ 0.5 \end{bmatrix} = \begin{bmatrix} 0.45 \\ 0.55 \end{bmatrix}$$

其和 (4) 式同。同理，

$$\mathbf{x}(2) = \begin{bmatrix} 0.8 & 0.1 \\ 0.2 & 0.9 \end{bmatrix} \mathbf{x}(1) = \begin{bmatrix} 0.8 & 0.1 \\ 0.2 & 0.9 \end{bmatrix} \begin{bmatrix} 0.45 \\ 0.55 \end{bmatrix} = \begin{bmatrix} 0.415 \\ 0.585 \end{bmatrix}$$

我們現在可繼續此過程，使用公式 (7) 由 $\mathbf{x}(2)$ 計算 $\mathbf{x}(3)$，接著由 $\mathbf{x}(3)$ 計算 $\mathbf{x}(4)$，以此類推。此得 (證明之)

$$\mathbf{x}(3) = \begin{bmatrix} 0.3905 \\ 0.6095 \end{bmatrix}, \quad \mathbf{x}(4) = \begin{bmatrix} 0.37335 \\ 0.62665 \end{bmatrix}, \quad \mathbf{x}(5) = \begin{bmatrix} 0.361345 \\ 0.638655 \end{bmatrix} \quad (8)$$

因此，五年後，頻道 1 佔市場的 36% 而頻道 2 佔市場的 64%。◀

若想要，我們可繼續對上一個例題做五年期以上的市場分析，並探討長時期的市場佔有份為何。我們使用電腦來做，並得下面的狀態向量 (捨入至小數點第六位)：

$$\mathbf{x}(10) \approx \begin{bmatrix} 0.338041 \\ 0.661959 \end{bmatrix}, \quad \mathbf{x}(20) \approx \begin{bmatrix} 0.333466 \\ 0.666534 \end{bmatrix}, \quad \mathbf{x}(40) \approx \begin{bmatrix} 0.333333 \\ 0.666667 \end{bmatrix} \quad (9)$$

所有接序的狀態向量，捨入至小數點第六位，均同於 $\mathbf{x}(40)$，所以我們看出市場佔有份最後是穩定的，其中頻道 1 大約擁有市場的 $\frac{1}{3}$ 而頻道 2 大約擁有市場的 $\frac{2}{3}$。本節稍後將解釋為何此穩定會發生。

馬可夫鏈

在許多動態系統裡，所有變數的狀態不確定知道但可被表為機率：此類動態系統被稱是**隨機過程** (stochastic processes)(由希臘字 stokastikos 而得，意思是「以猜測進行」)。隨機過程的深細研究需明確的機率定義，它是超出本課程的範圍。然而，下面的意義將足夠給我們目前的目的：

> 非正式地敘述，有確定結果的實驗或觀察的**機率** (probability) 是近似，在固定條件下重複實驗許多次，結果出現的次數之分數，重複次數愈大，描述發生之分數的機率愈正確。

例如，當我們說丟一枚公正的硬幣出現「人頭」的機率是 $\frac{1}{2}$ 時，意思是說若硬幣在固定條件下被丟許多次，則我們期待大約有一半的結果會出現人頭。機率經常被表為小數點或百分比。因此，丟一枚公正的硬幣出現人頭的機率亦可被表為 0.5 或 50%。

若一個實驗或觀察有 n 種可能出現結果,則那些結果的機率必為非負的分數且其和為 1。機率非負是因為各個機率描述一個結果在長時間的發生之分數,且和為 1 是因為它們計數所有可能的結果。例如,若某箱子內有 10 顆球,其中有一顆紅球、三顆綠球及六顆黃球,且若隨機從箱子中抽出一球,則各種結果的機率是

$$p_1 = 紅球機率 = 1/10 = 0.1$$
$$p_2 = 綠球機率 = 3/10 = 0.3$$
$$p_3 = 黃球機率 = 6/10 = 0.6$$

各個機率是一個非負小數且

$$p_1 + p_2 + p_3 = 0.1 + 0.3 + 0.6 = 1$$

在一個具有 n 種可能狀態的隨機過程,各個時刻 t 的狀態向量之型式為

$$\mathbf{x}(t) = \begin{bmatrix} x_1(t) \\ x_2(t) \\ \vdots \\ x_n(t) \end{bmatrix} \begin{matrix} 系統在狀態 \mathbf{1} 的機率 \\ 系統在狀態 \mathbf{2} 的機率 \\ \vdots \\ 系統在狀態 \mathbf{n} 的機率 \end{matrix}$$

此向量的所有元素和必為 1,因為它們計數所有 n 種可能性。一般來講,具非負元素且元素和為 1 的向量被稱是**機率向量** (probability vector)。

▶ **例題 3** 以機率觀點回到例題 1

觀察例題 1 及例題 2 的狀態向量全是機率向量。這是可預期的,因為各個狀態向量的所有元素是頻道的分數市場佔有份,且它們全數計數整個市場。實際上,我們比較喜歡將狀態向量裡的所有元素解讀為向量而非正確市場分數,因為市場資訊通常是由本質不確定的統計樣本程序而得。因此,例如,狀態向量

$$\mathbf{x}(1) = \begin{bmatrix} x_1(1) \\ x_2(1) \end{bmatrix} = \begin{bmatrix} 0.45 \\ 0.55 \end{bmatrix}$$

我們在例題 1 所解讀的頻道 1 擁有市場的 45% 而頻道 2 擁有市場的 55%,亦可被解讀為由市場隨機挑選的個人有 0.45 之機率為頻道 1 之觀眾且有 0.55 之機率為頻道 2 之觀眾。 ◀

各個行均為機率向量的方陣被稱是**隨機矩陣** (stochastic matrix)。此類矩陣通常以公式出現，敘述一個隨機過程的逐次狀態。例如，(7) 式中的狀態向量 $\mathbf{x}(k+1)$ 及 $\mathbf{x}(k)$ 被型如 $\mathbf{x}(k+1)=P\mathbf{x}(k)$ 的方程式來敘述，其中

$$P = \begin{bmatrix} 0.8 & 0.1 \\ 0.2 & 0.9 \end{bmatrix} \tag{10}$$

是一個隨機矩陣。P 的所有行向量是機率向量並不令人驚訝，因為各行的所有元素提供一個各個頻道市場一年的佔有份之分解——行 1 的所有元素傳達各年頻道 1 保有其市場佔有份的 80% 且流失 20%；而行 2 的所有元素傳達各年頻道 2 保有其市場佔有份的 90% 且流失 10%。(10) 式的所有元素亦可被視為機率：

$p_{11}=0.8=$ 頻道 1 觀眾仍為頻道 1 觀眾的機率
$p_{21}=0.2=$ 頻道 1 觀眾變為頻道 2 觀眾的機率
$p_{12}=0.1=$ 頻道 2 觀眾變為頻道 1 觀眾的機率
$p_{22}=0.9=$ 頻道 2 觀眾仍為頻道 2 觀眾的機率

例題 1 是某大型隨機過程的特殊情形，稱之為馬可夫鏈。

定義 1：一個**馬可夫鏈** (Markov Cain) 是一個動態系統，其在一連串時間區間的狀態向量是機率向量，且在逐次時間區間的狀態向量被以型如

$$\mathbf{x}(k+1) = P\mathbf{x}(k)$$

的方程式來敘述，其中 $P=[p_{ij}]$ 是一個隨機矩陣，且 p_{ij} 表若在時刻 $t=k$ 時系統是在狀態 j 而在時刻 $t=k+1$ 時系統將在狀態 i 的機率。矩陣 P 被稱是**系統的轉移矩陣** (transition matrix)。

史記：馬可夫鏈之命名是用來紀念俄羅斯數學家 A. A. Markov，一位詩愛好者，他使用馬可夫鏈來解析 Pushkin 的詩 Eugene Onegin 中的元音字母及輔音字母之轉變。馬可夫相信他的鏈之唯一應用是用來解析文學作品，所以他將會驚訝他的發現被用於現今的社會科學、量子理論及遺傳學。

Andrei Andreyevich Markov (1856–1922)

[相片：摘錄自 *Wikipedia*]

▲ 圖 4.12.2   ▲ 圖4.12.3

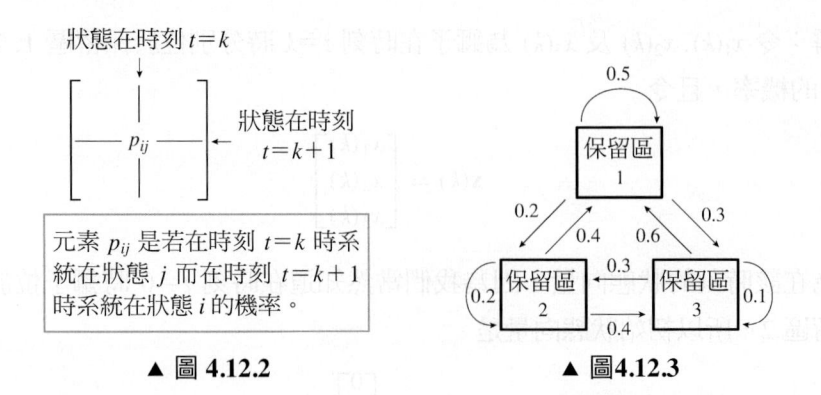

注釋：這個定義中的列指標 i 對應較晚狀態，而行指標 j 對應較早狀態。(圖 4.12.2)。

▶ 例題 4 野生動物遷徙為一個馬可夫鏈

假設一隻有標記的獅子可在三塊相鄰的野生動物保留區遷徙以尋找食物，三塊保留區為保留區 1、保留區 2 及保留區 3。基於食物資源資料，研究者結論出獅子月遷徙類型可以一個馬可夫鏈來模擬，其中轉移矩陣是

$$P = \begin{bmatrix} 0.5 & 0.4 & 0.6 \\ 0.2 & 0.2 & 0.3 \\ 0.3 & 0.4 & 0.1 \end{bmatrix} \begin{matrix} 1 \\ 2 \\ 3 \end{matrix}$$

(參見圖 4.12.3)。亦即，

$p_{11}=0.5=$當獅子在保留區 1，獅子將停留在保留區 1 的機率。
$p_{12}=0.4=$獅子由保留區 2 移動至保留區 1 的機率。
$p_{13}=0.6=$獅子由保留區 3 移動至保留區 1 的機率。
$p_{21}=0.2=$獅子由保留區 1 移動至保留區 2 的機率。
$p_{22}=0.2=$當獅子在保留區 2，獅子將停留在保留區 2 的機率。
$p_{23}=0.3=$獅子由保留區 3 移動至保留區 2 的機率。
$p_{31}=0.3=$獅子由保留區 1 移動至保留區 2 的機率。
$p_{32}=0.4=$獅子由保留區 2 移動至保留區 3 的機率。
$p_{33}=0.1=$當獅子在保留區 3 獅子將停留在保留區 3 的機率。

假設 t 是以月計且獅子在時刻 $t=0$ 時被釋放在保留區 2，試追蹤獅子在 6 個月後可能的位置。

解： 令 $x_1(k), x_2(k)$ 及 $x_3(k)$ 為獅子在時刻 $t=k$ 時分別位於保留區 1, 2 或 3 的機率，且令

$$\mathbf{x}(k) = \begin{bmatrix} x_1(k) \\ x_2(k) \\ x_3(k) \end{bmatrix}$$

為在該時刻的狀態向量，因為我們當然知道在時刻 $t=0$ 時獅子位於保留區 2，所以初始狀態向量是

$$\mathbf{x}(0) = \begin{bmatrix} 0 \\ 1 \\ 0 \end{bmatrix}$$

留給讀者證明 6 個月後的狀態向量是

$$\mathbf{x}(1) = P\mathbf{x}(0) = \begin{bmatrix} 0.400 \\ 0.200 \\ 0.400 \end{bmatrix}, \quad \mathbf{x}(2) = P\mathbf{x}(1) = \begin{bmatrix} 0.520 \\ 0.240 \\ 0.240 \end{bmatrix}, \quad \mathbf{x}(3) = P\mathbf{x}(2) = \begin{bmatrix} 0.500 \\ 0.224 \\ 0.276 \end{bmatrix}$$

$$\mathbf{x}(4) = P\mathbf{x}(3) \approx \begin{bmatrix} 0.505 \\ 0.228 \\ 0.267 \end{bmatrix}, \quad \mathbf{x}(5) = P\mathbf{x}(4) \approx \begin{bmatrix} 0.504 \\ 0.227 \\ 0.269 \end{bmatrix}, \quad \mathbf{x}(6) = P\mathbf{x}(5) \approx \begin{bmatrix} 0.504 \\ 0.227 \\ 0.269 \end{bmatrix}$$

如例題 2，此處狀態向量對時間是穩定的，大約有 0.504 的機率獅子會在保留區 1，大約 0.227 的機率獅子在保留區 2，且大約 0.269 的機率獅子在保留區 3。 ◀

馬可夫鏈利用轉移矩陣之冪次方

在具初始狀態 $\mathbf{x}(0)$ 的馬可夫鏈裡，逐次狀態向量是

$$\mathbf{x}(1) = P\mathbf{x}(0), \quad \mathbf{x}(2) = P\mathbf{x}(1), \quad \mathbf{x}(3) = P\mathbf{x}(2), \quad \mathbf{x}(4) = P\mathbf{x}(3), \ldots$$

為簡明扼要，通常以 $\mathbf{x}_k$ 來表 $\mathbf{x}(k)$，其允許我們可更簡明的將逐次狀態向量寫為

$$\mathbf{x}_1 = P\mathbf{x}_0, \quad \mathbf{x}_2 = P\mathbf{x}_1, \quad \mathbf{x}_3 = P\mathbf{x}_2, \quad \mathbf{x}_4 = P\mathbf{x}_3, \ldots \tag{11}$$

另外，這些狀態向量可利用初始狀態向量 $\mathbf{x}_0$ 表為

$$\mathbf{x}_1 = P\mathbf{x}_0, \quad \mathbf{x}_2 = P(P\mathbf{x}_0) = P^2\mathbf{x}_0, \quad \mathbf{x}_3 = P(P^2\mathbf{x}_0) = P^3\mathbf{x}_0,$$
$$\mathbf{x}_4 = P(P^3\mathbf{x}_0) = P^4\mathbf{x}_0, \ldots$$

由上得
$$\mathbf{x}_k = P^k \mathbf{x}_0 \tag{12}$$

注意：公式 (12) 可以直接計算狀態向量 $\mathbf{x}_k$ 而不必如公式 (11) 所要求的需先計算早先的狀態向量。

▶ **例題 5　直接由 $\mathbf{x}_0$ 求一狀態向量**

使用公式 (12) 求例題 2 的狀態向量 $\mathbf{x}(3)$。

解：由 (1) 和 (7) 式，初始狀態向量和轉移矩陣是

$$\mathbf{x}_0 = \mathbf{x}(0) = \begin{bmatrix} 0.5 \\ 0.5 \end{bmatrix} \quad \text{及} \quad P = \begin{bmatrix} 0.8 & 0.1 \\ 0.2 & 0.9 \end{bmatrix}$$

留給讀者計算 P^3 並證明

$$\mathbf{x}(3) = \mathbf{x}_3 = P^3 \mathbf{x}_0 = \begin{bmatrix} 0.562 & 0.219 \\ 0.438 & 0.781 \end{bmatrix} \begin{bmatrix} 0.5 \\ 0.5 \end{bmatrix} = \begin{bmatrix} 0.3905 \\ 0.6095 \end{bmatrix}$$

其和 (8) 式的結果相同。◀

馬可夫鏈的長期行為

我們已看到兩個馬可夫鏈的例子，其中狀態向量似乎在一個週期之後呈穩定狀態。因此，合理的會問是否所有馬可夫鏈均有此性質。下一個例題證明並不是如此。

▶ **例題 6　不穩定的馬可夫鏈**

矩陣

$$P = \begin{bmatrix} 0 & 1 \\ 1 & 0 \end{bmatrix}$$

是隨機的且因此可被視為某馬可夫鏈的轉移矩陣。一個簡單的計算證明 $P^2 = I$，由此得

$$I = P^2 = P^4 = P^6 = \cdots \quad \text{及} \quad P = P^3 = P^5 = P^7 = \cdots$$

因此，具初始向量 $\mathbf{x}_0$ 的馬可夫鏈之逐次狀態為

$$\mathbf{x}_0, \quad P\mathbf{x}_0, \quad \mathbf{x}_0, \quad P\mathbf{x}_0, \quad \mathbf{x}_0, \ldots$$

其為 $\mathbf{x}_0$ 和 $P\mathbf{x}_0$ 間的振盪。因此，馬可夫鏈不穩定除非 $\mathbf{x}_0$ 的兩個分量為 $\frac{1}{2}$ (證明之)。◀

數列或向量序列為穩定的明確定義被給在微積分裡；然而，此處不需要到明確的層次。非正式地敘述，我們將稱向量序列

$$\mathbf{x}_1, \quad \mathbf{x}_2, \ldots, \quad \mathbf{x}_k, \ldots$$

趨近一個極限 (limit) $\mathbf{q}$ 或收斂 (converges) 至 $\mathbf{q}$ 若 $\mathbf{x}_k$ 的所有元素可如我們喜歡的靠近向量 $\mathbf{q}$ 的所有對應元素，當 k 取得足夠大時。我們以寫 $\mathbf{x}_k \to \mathbf{q}$ 當 $k \to \infty$ 來表示。

我們在例題 6 看到某馬可夫鏈的狀態向量在所有情況未必趨近一個極限。然而，對馬可夫鏈的轉移矩陣加上一個溫和條件，我們可保證狀態向量將逼近一個極限。

> **定義 2**：隨機矩陣 P 被稱為**正則的** (regular) 若 P 或 P 的某正次冪的所有元素均為正的，且轉移矩陣為正則的馬可夫鏈被稱是**正則馬可夫鏈** (regular Markov Chain)。

▶ 例題 7　正則隨機矩陣

例題 2 及 4 的轉移矩陣是正則的，因為它們的元素均為正的。

矩陣

$$P = \begin{bmatrix} 0.5 & 1 \\ 0.5 & 0 \end{bmatrix}$$

是正則的因為

$$P^2 = \begin{bmatrix} 0.75 & 0.5 \\ 0.25 & 0.5 \end{bmatrix}$$

有正元素。例題 6 的矩陣 P 不是正則的，因為 P 和 P 的每個正次冪有某些零元素 (證明之)。　◀

下一個定理，只敘述不證明，是關於馬可夫鏈長期行為的基本結果。

> **定理 4.12.1**：若 P 是某正則馬可夫鏈的轉移矩陣，則：
> (a) 存在一個唯一的機率向量 $\mathbf{q}$ 滿足 $P\mathbf{q} = \mathbf{q}$。
> (b) 對任一初始機率向量 $\mathbf{x}_0$，狀態向量序列
>
> $$\mathbf{x}_0, \quad P\mathbf{x}_0, \ldots, \quad P^k\mathbf{x}_0, \ldots$$
>
> 收斂至 $\mathbf{q}$。

本定理中的向量 **q** 被稱是馬可夫鏈的**穩定狀態** (steady-state) 向量。它可被發現於改寫 (a) 中的方程式為

$$(I - P)\mathbf{q} = \mathbf{0}$$

然後解此方程式給 **q** 但受制於 **q** 是一個機率向量的要求。底下有一些例子。

▶ **例題 8** 重回例題 1 和 2

例題 2 中的馬可夫鏈之轉移矩陣是

$$P = \begin{bmatrix} 0.8 & 0.1 \\ 0.2 & 0.9 \end{bmatrix}$$

因為 P 的所有元素是正的，馬可夫鏈是正則的且因此有一個唯一的穩定狀態向量 **q**。欲求 **q**，我們將解方程組 $(I-P)\mathbf{q}=\mathbf{0}$，我們可將其寫為

$$\begin{bmatrix} 0.2 & -0.1 \\ -0.2 & 0.1 \end{bmatrix} \begin{bmatrix} q_1 \\ q_2 \end{bmatrix} = \begin{bmatrix} 0 \\ 0 \end{bmatrix}$$

此方程組的通解是

$$q_1 = 0.5s, \quad q_2 = s$$

(證明之)，可將其改寫為向量型

$$\mathbf{q} = \begin{bmatrix} q_1 \\ q_2 \end{bmatrix} = \begin{bmatrix} 0.5s \\ s \end{bmatrix} = \begin{bmatrix} \frac{1}{2}s \\ s \end{bmatrix} \tag{13}$$

因 **q** 為一個機率向量，我們必有

$$1 = q_1 + q_2 = \tfrac{3}{2}s$$

此蘊涵 $s = \tfrac{2}{3}$。將此值代入 (13) 式得穩定狀態向量

$$\mathbf{q} = \begin{bmatrix} \frac{1}{3} \\ \frac{2}{3} \end{bmatrix}$$

此和 (9) 式所得的數值結果一致。

▶ **例題 9** 重回例題 4

例題 4 中的馬可夫鏈之轉移矩陣是

$$P = \begin{bmatrix} 0.5 & 0.4 & 0.6 \\ 0.2 & 0.2 & 0.3 \\ 0.3 & 0.4 & 0.1 \end{bmatrix}$$

因為 P 的所有元素是正的，馬可夫鏈是正則的且因此有一個唯一的穩定狀態向量 $\mathbf{q}$。欲求 $\mathbf{q}$，我們將解方程組 $(I-P)\mathbf{q}=\mathbf{0}$，我們可將其寫為 (使用分數)

$$\begin{bmatrix} \frac{1}{2} & -\frac{2}{5} & -\frac{3}{5} \\ -\frac{1}{5} & \frac{4}{5} & -\frac{3}{10} \\ -\frac{3}{10} & -\frac{2}{5} & \frac{9}{10} \end{bmatrix} \begin{bmatrix} q_1 \\ q_2 \\ q_3 \end{bmatrix} = \begin{bmatrix} 0 \\ 0 \\ 0 \end{bmatrix} \tag{14}$$

(轉換為分數以避免本例題的捨入誤差。) 留給讀者確認係數矩陣的簡約列梯型是

$$\begin{bmatrix} 1 & 0 & -\frac{15}{8} \\ 0 & 1 & -\frac{27}{32} \\ 0 & 0 & 0 \end{bmatrix}$$

且 (14) 式的通解是

$$q_1 = \frac{15}{8}s, \quad q_2 = \frac{27}{32}s, \quad q_3 = s \tag{15}$$

因為 $\mathbf{q}$ 是一個機率向量，我們必有 $q_1+q_2+q_3=1$，由此得 $s=\frac{32}{119}$ (證明之)。將此值代進 (15) 式得穩定狀態向量。

$$\mathbf{q} = \begin{bmatrix} \frac{60}{119} \\ \frac{27}{119} \\ \frac{32}{119} \end{bmatrix} \approx \begin{bmatrix} 0.5042 \\ 0.2269 \\ 0.2689 \end{bmatrix}$$

(證明之)，其和例題 4 所得的結果一致。◀

概念複習

- 動態系統
- 一個變數的狀態
- 一個動態系統的狀態
- 隨機過程
- 機率
- 機率向量
- 隨機矩陣
- 馬可夫鏈
- 轉移矩陣
- 正則隨機矩陣
- 正則馬可夫鏈
- 穩定狀態向量

技 能

- 判斷矩陣是否為隨機。
- 由轉移矩陣及初始狀態計算狀態向量。
- 判斷隨機矩陣是否為正則的。
- 判斷馬可夫鏈是否為正則的。
- 對一正則轉移矩陣求穩定狀態向量。

習題集 4.12

▶對習題 1-2 各小題，判斷 A 是否為隨機矩陣。若 A 不是隨機的，試解釋之。◀

1. (a) $A = \begin{bmatrix} 0.2 & 0.8 \\ 0.5 & 0.5 \end{bmatrix}$

   (b) $A = \begin{bmatrix} 0.8 & 0.5 \\ 0.2 & 0.5 \end{bmatrix}$

   (c) $A = \begin{bmatrix} 1 & \frac{1}{2} & \frac{1}{3} \\ 0 & 0 & \frac{1}{3} \\ 0 & \frac{1}{2} & \frac{1}{3} \end{bmatrix}$

   (d) $A = \begin{bmatrix} \frac{1}{3} & \frac{1}{3} & \frac{1}{2} \\ \frac{1}{6} & \frac{1}{3} & -\frac{1}{2} \\ \frac{1}{2} & \frac{1}{3} & 1 \end{bmatrix}$

2. (a) $A = \begin{bmatrix} \frac{2}{3} & \frac{1}{3} \\ \frac{1}{6} & \frac{2}{3} \end{bmatrix}$

   (b) $A = \begin{bmatrix} 0.2 & 0.8 \\ 0.9 & 0.1 \end{bmatrix}$

   (c) $A = \begin{bmatrix} 0 & 0 & 0 \\ \frac{5}{6} & \frac{2}{7} & \frac{1}{3} \\ \frac{1}{6} & \frac{5}{7} & \frac{2}{3} \end{bmatrix}$

   (d) $A = \begin{bmatrix} -1 & \frac{1}{3} & \frac{1}{2} \\ 0 & \frac{1}{3} & \frac{1}{2} \\ 2 & \frac{1}{3} & 0 \end{bmatrix}$

▶對習題 3-4 各題，使用公式 (11) 和 (12) 以兩種不同方法計算狀態向量 $\mathbf{x}_4$。◀

3. $P = \begin{bmatrix} 0.1 & 0.4 \\ 0.9 & 0.6 \end{bmatrix}$; $\mathbf{x}_0 = \begin{bmatrix} 0.5 \\ 0.5 \end{bmatrix}$

4. $P = \begin{bmatrix} 0.8 & 0.5 \\ 0.2 & 0.5 \end{bmatrix}$; $\mathbf{x}_0 = \begin{bmatrix} 1 \\ 0 \end{bmatrix}$

▶對習題 5-6 各小題，判斷 P 是否為正則隨機矩陣。◀

5. (a) $P = \begin{bmatrix} \frac{1}{5} & \frac{1}{7} \\ \frac{4}{5} & \frac{6}{7} \end{bmatrix}$ (b) $P = \begin{bmatrix} \frac{1}{5} & 0 \\ \frac{4}{5} & 1 \end{bmatrix}$

   (c) $P = \begin{bmatrix} \frac{1}{5} & 1 \\ \frac{4}{5} & 0 \end{bmatrix}$

6. (a) $P = \begin{bmatrix} \frac{1}{2} & 1 \\ \frac{1}{2} & 0 \end{bmatrix}$ (b) $P = \begin{bmatrix} 1 & \frac{2}{3} \\ 0 & \frac{1}{3} \end{bmatrix}$

   (c) $P = \begin{bmatrix} \frac{3}{4} & \frac{1}{3} \\ \frac{1}{4} & \frac{2}{3} \end{bmatrix}$

▶對習題 7-10 各題，證明 P 是一個正則隨機矩陣，並對相伴之馬可夫鏈求穩定狀態向量。◀

7. $P = \begin{bmatrix} \frac{1}{4} & \frac{2}{3} \\ \frac{3}{4} & \frac{1}{3} \end{bmatrix}$ 8. $P = \begin{bmatrix} 0.2 & 0.6 \\ 0.8 & 0.4 \end{bmatrix}$

9. $P = \begin{bmatrix} \frac{1}{3} & 0 & \frac{1}{2} \\ \frac{1}{3} & \frac{1}{2} & \frac{1}{4} \\ \frac{1}{3} & \frac{1}{2} & \frac{1}{4} \end{bmatrix}$ 10. $P = \begin{bmatrix} \frac{1}{3} & \frac{1}{4} & \frac{2}{5} \\ 0 & \frac{3}{4} & \frac{2}{5} \\ \frac{2}{3} & 0 & \frac{1}{5} \end{bmatrix}$

11. 考慮某馬可夫過程，其具轉移矩陣

	狀態1	狀態2
狀態1	0.2	0.1
狀態2	0.8	0.9

(a) 元素 0.2 代表什麼？
(b) 元素 0.1 代表什麼？

(c) 若系統初始在狀態 1，則下一次觀看時系統在狀態 2 的機率為何？
(d) 若系統有 50% 的機會初始在狀態 1，則下一次觀看時系統在狀態 2 的機率為何？

12. 考慮某馬可夫過程，其具轉移矩陣

$$\begin{array}{c} \\ \text{狀態 1} \\ \text{狀態 2} \end{array} \begin{array}{cc} \text{狀態 1} & \text{狀態 2} \\ \begin{bmatrix} 0 & \frac{1}{7} \\ 1 & \frac{6}{7} \end{bmatrix} \end{array}$$

(a) 元素 $\frac{6}{7}$ 代表什麼？
(b) 元素 0 代表什麼？
(c) 若系統初始在狀態 1，則下一次觀看時系統在狀態 1 的機率為何？
(d) 若系統有 50% 的機會初始在狀態 1，則下一次觀看時系統在狀態 2 的機率為何？

13. 某天某個城市的空氣品質不是好就是壞，紀錄顯示，當某天空氣品質是好的，則有 95% 的機會隔天的空氣品質是好的，且當某天的空氣品質是壞的，則有 45% 的機會隔天的空氣品質是壞的。
(a) 求一個轉移矩陣給此現象。
(b) 若今天的空氣品質是好的，則從現在起兩天後空氣品質是好的機率為何？
(c) 若今天的空氣品質是壞的，則從現在起三天後空氣品質是壞的機率為何？
(d) 若今天有 20% 的機會空氣品質是好的，則明天空氣品質是好的機率為何？

14. 在某個實驗室的實驗裡，一隻老鼠每天可由兩種型態食物選擇一種，此兩種食物型態為型態 I 或型態 II。紀錄顯示，若老鼠某天選擇型態 I，則有 75% 的機會隔天將選擇型態 I；且若老鼠某天選擇型態 II，則有 50% 的機會隔天將選擇型態 II。
(a) 求一個轉移矩陣給此現象。
(b) 若老鼠今天選擇型態 I，則從現在起兩天老鼠選擇型態 I 的機率為何？
(c) 若老鼠今天選擇型態 II，則從現在起三天老鼠選擇型態 II 的機率為何？
(d) 若老鼠今天有 10% 的機會選擇型態 I，則明天老鼠選擇型態 I 的機率為何？

15. 假設在某初始點 (時間) 100,000 人住在某城市且 25,000 人住在其郊區。區域計劃任務決定每年城市人口的 5% 移至郊區且郊區人口的 3% 移至城市。
(a) 假設總人口保留為常數，製作一表說明一個五年期的城市人口及其郊區人口 (捨入至最近整數)。
(b) 在長期上，城市及郊區人口將如何分配？

16. 假設兩家競爭的電視站，站 1 和站 2，在某初始時刻 (時間) 每家各有 50% 的觀眾市場。假設在每個一年期後站 1 捉住 5% 的站 2 市場佔有份且站 2 捉住 10% 的站 1 市場佔有份。
(a) 製作一表說明一個五年期的各站市場佔有份。
(b) 在長期上，兩站間的市場佔有份將如何分配？

17. 假設某汽車出租代表商有三個出租位置，編號 1, 2 及 3。客戶可能由這三個位置中的任一個位置租車子且可還回車子至這三個位置中的任一個位置，紀錄說明車子被租及被還係依據下面之機率：

		租車位置		
		1	2	3
還車位置	1	$\frac{1}{10}$	$\frac{1}{5}$	$\frac{3}{5}$
	2	$\frac{4}{5}$	$\frac{3}{10}$	$\frac{1}{5}$
	3	$\frac{1}{10}$	$\frac{1}{2}$	$\frac{1}{5}$

(a) 假設某車由位置 1 租借，則在兩次租借後該車將在位置 1 的機率如何？
(b) 假設這個動態系統可被模擬為一個馬可夫鏈，求穩定狀態向量。
(c) 若出租代理商擁有 120 輛車子，則各個

位置應有多少個停車空間以使所有車子在長期時有足夠的空間？試解釋你的理由。

18. 身體特徵是子女接受自父母的基因所決定的。最簡單的情形，子女的一個特徵是決定於一對基因，一個基因遺傳自父親且另一個基因遺傳自母親。基本上，每對基因中的各個基因可呈現兩種型態中的一個，稱為**對偶基因** (alleles)，以 A 和 a 表之。此引出三種可能配對：

$$AA, \quad Aa, \quad aa$$

稱為**基因型** (genotypes)(Aa 和 aA 決定相同特徵，因此兩者無差異)。在遺傳學的研究裡證明若已知基因型的父親 (母親) 和未知基因型的隨機母親 (父親) 交配，則子女將有給予下表中的基因型機率，其可被視為一個馬可夫過程的轉移矩陣：

	父(母)親的基因型		
	AA	Aa	aa
AA	$\frac{1}{2}$	$\frac{1}{4}$	0
Aa	$\frac{1}{2}$	$\frac{1}{2}$	$\frac{1}{2}$
aa	0	$\frac{1}{4}$	$\frac{1}{2}$

子女的基因型

因此，例如，基因型 AA 的父 (母) 親隨機與未知基因型的母 (父) 親交配的子女將有 50% 的機會為 AA，50% 的機會為 Aa，而沒機會為 aa。

(a) 證明轉移矩陣是正則的。
(b) 求穩定狀態向量，並討論它的身體意義。

19. 填入隨機矩陣

$$P = \begin{bmatrix} \frac{1}{3} & \frac{1}{12} & \frac{1}{6} \\ * & \frac{1}{6} & * \\ \frac{1}{6} & * & \frac{1}{2} \end{bmatrix}$$

不見的元素並求其穩定狀態向量。

20. 若 P 是一個 $n \times n$ 階隨機矩陣，且若 M 是一個 $1 \times n$ 階矩陣且所有元素均為 1，則 MP = _____。

21. 若 P 是一個正則隨機矩陣且具穩定狀態向量 $\mathbf{q}$，說說看乘積序列

$$P\mathbf{q}, \quad P^2\mathbf{q}, \quad P^3\mathbf{q}, \ldots, \quad P^k\mathbf{q}, \ldots$$

將會是如何？當 $k \to \infty$。

22. (a) 若 P 是一個正則 $n \times n$ 階隨機矩陣具穩定狀態向量 $\mathbf{q}$，且若 $\mathbf{e}_1, \mathbf{e}_2, \ldots, \mathbf{e}_n$ 是行型的標準單位向量，說說看序列

$$P\mathbf{e}_i, \quad P^2\mathbf{e}_i, \quad P^3\mathbf{e}_i, \ldots, \quad P^k\mathbf{e}_i, \ldots$$

的行為將會是如何？當 $k \to \infty$ 對每個 $i = 1, 2, \ldots, n$。

(b) P^k 的所有行向量行為將會是如何？當 $k \to \infty$。

23. 證明兩個隨機矩陣的乘積是隨機矩陣。[提示：將乘積的每個行向量表為第一個因子的所有行向量之線性組合。]

24. 證明若 P 是一個隨機矩陣且所有元素均大於或等於 ρ，則 P^2 的所有元素均大於或等於 ρ。

是非題

試判斷 (a)-(e) 各敘述的真假，並驗證你的答案。

(a) 向量 $\begin{bmatrix} \frac{1}{3} \\ 0 \\ \frac{2}{3} \end{bmatrix}$ 是一個機率向量。

(b) 矩陣 $\begin{bmatrix} 0.2 & 1 \\ 0.8 & 0 \end{bmatrix}$ 是一個正則隨機矩陣。

(c) 轉移矩陣的所有行向量是機率向量。

(d) 具轉移矩陣 P 之馬可夫鏈的一個穩定狀態向量是線性方程組 $(I-P)\mathbf{q} = \mathbf{0}$ 的任一解。

(e) 每一個正則隨機矩陣的平方是隨機的。

第四章　補充習題

1. 令 V 為所有有序實數對所有成的集合，且考慮下面在 $\mathbf{u}=(u_1, u_2, u_3)$ 及 $\mathbf{v}=(v_1, v_2, v_3)$ 上的加法及純量乘法運算：
   $\mathbf{u}+\mathbf{v}=(u_1+v_1, u_2+v_2, u_3+v_3), \quad k\mathbf{u}=(ku_1, 0, 0)$
   (a) 計算 $\mathbf{u}+\mathbf{v}$ 及 $k\mathbf{u}$，其中 $\mathbf{u}=(3,-2,4)$，$\mathbf{v}=(1,5,-2)$，且 $k=-1$。
   (b) 以文字解釋為何 V 在加法及純量乘法下是封閉的。
   (c) 因為 V 上的加法運算是 R^3 上的標準加法運算，某些向量公理對 V 成立，因為它們已知在 R^3 成立。它們是 4.1 節定義 1 中的哪些公理？
   (d) 證明公理 7, 8 和 9 成立。
   (e) 證明公理 10 對所給運算不成立。

2. 下列各部分方程組之解空間為 R^3 的一子空間，且必為通過原點之一直線、通過原點之一平面、R^3 全部，或僅有原點。對每一方程組，判定其為何種情形。若子空間為一平面，則求其方程式；假若為一直線，則求其參數方程式。
   (a) $0x+0y+0z=0$
   (b) $2x-3y+z=0$
       $6x-9y+3z=0$
       $-4x+6y-2z=0$
   (c) $x-2y+7z=0$
       $-4x+8y+5z=0$
       $2x-4y+3z=0$
   (d) $x+4y+8z=0$
       $2x+5y+6z=0$
       $3x+y-4z=0$

3. 試求 s 為何值時
   $$x_1+x_2+sx_3=0$$
   $$x_1+sx_2+x_3=0$$
   $$sx_1+x_2+x_3=0$$
   的解空間為通過原點的直線、通過原點的平面、僅為原點，或全部的 R^3？

4. (a) 將 $(4a, a-b, a+2b)$ 表為 $(4, 1, 1)$ 及 $(0, -1, 2)$ 之線性組合。
   (b) 將 $(3a+b+3c, -a+4b-c, 2a+b+2c)$ 表為 $(3, -1, 2)$ 及 $(1, 4, 1)$ 之線性組合。
   (c) 將 $(2a-b+4c, 3a-c, 4b+c)$ 表為三個非零向量的線性組合。

5. 令 W 為由 $\mathbf{f}=\sin x$ 及 $\mathbf{g}=\cos x$ 所生成的空間。
   (a) 試證明對任意 θ 值，$\mathbf{f}_1=\sin(x+\theta)$ 及 $\mathbf{g}_1=\cos(x+\theta)$ 為 W 中之向量。
   (b) 試證明 $\mathbf{f}_1$ 及 $\mathbf{g}_1$ 為 W 之一組基底。

6. (a) 試將 $\mathbf{v}=(1, 1)$ 以兩種不同方法以 $\mathbf{v}_1=(1, -1)$, $\mathbf{v}_2=(3, 0)$, $\mathbf{v}_3=(2, 1)$ 之一線性組合表示。
   (b) 試解釋為何此種作法和定理 4.4.1 不產生矛盾。

7. 令 A 為 $n \times n$ 階矩陣，且令 $\mathbf{v}_1, \mathbf{v}_2, \ldots, \mathbf{v}_n$ 為 R^n 中表示成 $n \times 1$ 階矩陣之線性獨立向量。試求 A 必須滿足何種條件才能使得 $A\mathbf{v}_1, A\mathbf{v}_2, \ldots, A\mathbf{v}_n$ 為線性獨立？

8. 是否 P_n 的基底必須包含一個 k 次多項式，$k=0, 1, 2, \ldots, n$？試驗證你的答案。

9. 為了本習題，將西洋棋盤矩陣 (checkerboard matrix) 定義為 $A=[a_{ij}]$ 滿足
   $$a_{ij}=\begin{cases} 1 & 若\ i+j\ 為偶數 \\ 0 & 若\ i+j\ 為奇數 \end{cases}$$
   求下面各西洋棋盤矩陣的秩及零核維數。
   (a) 3×3 階的西洋棋盤矩陣
   (b) 4×4 階的西洋棋盤矩陣
   (c) $n \times n$ 階的西洋棋盤矩陣

10. 為了本習題，我們定義 X-矩陣為一方陣，且此矩陣的列數及行數均為奇數，以及除了兩個對角線上的元素均為 1 外，其他的元素均為 0。求下面各 X-矩陣的秩及零核維數。

(a) $\begin{bmatrix} 1 & 0 & 1 \\ 0 & 1 & 0 \\ 1 & 0 & 1 \end{bmatrix}$ (b) $\begin{bmatrix} 1 & 0 & 0 & 0 & 1 \\ 0 & 1 & 0 & 1 & 0 \\ 0 & 0 & 1 & 0 & 0 \\ 0 & 1 & 0 & 1 & 0 \\ 1 & 0 & 0 & 0 & 1 \end{bmatrix}$

(c) $(2n+1)\times(2n+1)$ 階的 X-矩陣

11. 試證明下列各多項式集為 P_n 的子空間並求其基底。

(a) 所有 P_n 上的多項式滿足 $p(-x)=p(x)$。

(b) 所有 P_n 上的多項式滿足 $p(0)=0$。

12. (適合已學過微積分的讀者) 試證明 P_n 上所有在 $x=0$ 有水平切線的多項式所成的集合為 P_n 的子空間，並求此子空間的基底。

13. (a) 試求一基底給由所有 3×3 對稱矩陣所成的向量空間。

(b) 試求一基底給由所有 3×3 反對稱矩陣所成的向量空間。

14. 在高等線性代數裡，我們常可見到下述關於「秩」之行列式準則的證明：矩陣 A 的秩為 r 若且唯若 A 有一些 $r\times r$ 階子矩陣具有非零行列式值，而階數大於 r 的子方陣之行列式值皆為 0。[注意：由矩陣 A 中刪掉某些行或某些列而得的矩陣即為 A 的子矩陣。矩陣 A 本身亦可被考慮為 A 的子矩陣。] 試利用此準則求下列各矩陣的秩。

(a) $\begin{bmatrix} 1 & 2 & 0 \\ 2 & 4 & -1 \end{bmatrix}$ (b) $\begin{bmatrix} 1 & 2 & 3 \\ 2 & 4 & 6 \end{bmatrix}$

(c) $\begin{bmatrix} 1 & 0 & 1 \\ 2 & -1 & 3 \\ 3 & -1 & 4 \end{bmatrix}$

(d) $\begin{bmatrix} 1 & -1 & 2 & 0 \\ 3 & 1 & 0 & 0 \\ -1 & 2 & 4 & 0 \end{bmatrix}$

15. 試利用習題 14 的結果，求下面矩陣各種可能的秩。

$\begin{bmatrix} 0 & 0 & 0 & 0 & 0 & a_{16} \\ 0 & 0 & 0 & 0 & 0 & a_{26} \\ 0 & 0 & 0 & 0 & 0 & a_{36} \\ 0 & 0 & 0 & 0 & 0 & a_{46} \\ a_{51} & a_{52} & a_{53} & a_{54} & a_{55} & a_{56} \end{bmatrix}$

16. 證明：假若 S 為向量空間 V 的一組基底，則對 V 中任意向量 $\mathbf{u}$ 與 $\mathbf{v}$ 以及純量 k，下列關係式成立。

(a) $(\mathbf{u}+\mathbf{v})_S = (\mathbf{u})_S + (\mathbf{v})_S$ (b) $(k\mathbf{u})_S = k(\mathbf{u})_S$

CHAPTER 5

特徵值與特徵向量

本章目錄　5.1　特徵值與特徵向量
　　　　　　5.2　對角化
　　　　　　5.3　複數向量空間
　　　　　　5.4　微分方程

引　　言　本章我們將集中在被稱為「特徵值」及「特徵向量」的純量族及向量族。這些名詞來自德文「eigen」，意思為「固有」、「特別的」、「特徵的」、「個別的」。基本概念首先出現在旋轉運動的研究裡，後來用來分類各種曲面，及描述某種微分方程的解。在 1900 年代的早期，它被應用至矩陣及矩陣變換，今天被應用在電腦繪圖、力學振盪、熱傳導、人口動力學、量子力學及經濟學等各種領域。

5.1 特徵值與特徵向量

本節我們將定義「特徵值」及「特徵向量」的觀念，並討論一些它們的基本性質。

特徵值與特徵向量的定義

我們以本節的主要定義開始。

> **定義 1**：若 A 為一 $n \times n$ 階矩陣，若 $A\mathbf{x}$ 為 $\mathbf{x}$ 的純量倍數，則 R^n 中之非零向量 $\mathbf{x}$ 被稱為 A (或矩陣算子 T_A) 的特徵向量 (eigenvector)；那就是對某些純量
>
> $$A\mathbf{x} = \lambda \mathbf{x}$$
>
> 這些純量 λ 稱為 A (或 T_A) 的**特徵值** (eigenvalue)，而 $\mathbf{x}$ 則稱為 A 對應 (corresponding) 至 λ 的特徵向量。

> 特徵向量非零的要求是強調避免 $A\mathbf{0}=\lambda\mathbf{0}$ 之非重要情形，因其對每一個 A 及 λ 均成立。

一般來講，向量 $\mathbf{x}$ 在由方陣 A 做乘法之下的像和 $\mathbf{x}$ 在大小及方向上均有差異。然而，當 $\mathbf{x}$ 是 A 的一個特徵向量時，由 A 做乘法，其方向不變。例如，在 R^2 與 R^3 以 A 乘之會將 A 的特徵向量 $\mathbf{x}$ (如果有) 映至通過原點與 $\mathbf{x}$ 相同的線上。視對應於 $\mathbf{x}$ 的特徵值 λ 的符號與大小，算子 $A\mathbf{x}=\lambda\mathbf{x}$ 將 $\mathbf{x}$ 以因子 λ 壓縮或拉伸，在 λ 為負值的情況下並將方向反轉 (圖 5.1.1)。

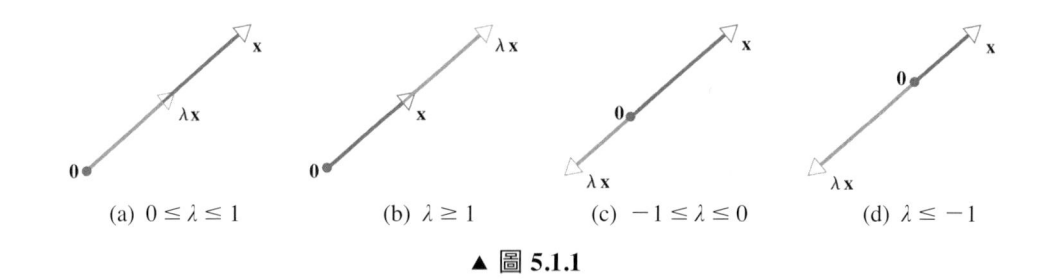

(a) $0 \leq \lambda \leq 1$ (b) $\lambda \geq 1$ (c) $-1 \leq \lambda \leq 0$ (d) $\lambda \leq -1$

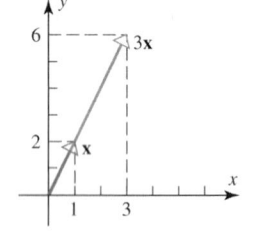

▲ 圖 5.1.1

▶ **例題 1　2×2 階矩陣的特徵向量**

向量 $\mathbf{x} = \begin{bmatrix} 1 \\ 2 \end{bmatrix}$ 為 $A = \begin{bmatrix} 3 & 0 \\ 8 & -1 \end{bmatrix}$ 對應於特徵值 $\lambda=3$ 的特徵向量，因為

$$A\mathbf{x} = \begin{bmatrix} 3 & 0 \\ 8 & -1 \end{bmatrix}\begin{bmatrix} 1 \\ 2 \end{bmatrix} = \begin{bmatrix} 3 \\ 6 \end{bmatrix} = 3\mathbf{x}$$

▲ 圖 5.1.2　在幾何上，以 A 做乘法，將向量 $\mathbf{x}$ 以因子 3 拉伸 (圖 5.1.2)。　◀

計算特徵值及特徵向量

下一個目標是求得一個一般的程序來求 $n\times n$ 階矩陣 A 的特徵值及特徵向量。我們將以求 A 的特徵值之問題開始。首先注意方程式 $A\mathbf{x}=\lambda\mathbf{x}$ 可被改寫為 $A\mathbf{x}=\lambda I\mathbf{x}$，或改寫為

$$(\lambda I - A)\mathbf{x} = 0$$

因為 λ 欲為 A 的一特徵值，此方程式必有一非零解給 $\mathbf{x}$。然而由定理 4.9.4(b) 及 (g)，此方程式有非零解若且唯若係數矩陣 $\lambda I - A$ 的行列式為零。因此，我們有下面結果。

定理 5.1.1：若 A 是一個 $n \times n$ 階矩陣，則 λ 是 A 的一個特徵值若且唯若它滿足方程式

$$\det(\lambda I - A) = 0 \tag{1}$$

此被稱為 A 的**特徵方程式** (characteristic equation)。

▶ **例題 2** 求特徵值

在例題 1，我們觀察到 $\lambda = 3$ 是矩陣 $A = \begin{bmatrix} 3 & 0 \\ 8 & -1 \end{bmatrix}$ 的一個特徵值，但並沒有解釋如何找到它。試使用特徵方程式求這個矩陣的所有特徵值。

解：由公式 (1)，A 的所有特徵值是方程式 $\det(\lambda I - A) = 0$ 的所有解，其可寫為

$$\begin{vmatrix} \lambda - 3 & 0 \\ -8 & \lambda + 1 \end{vmatrix} = 0$$

由上式得

$$(\lambda - 3)(\lambda + 1) = 0 \tag{2}$$

此證明 A 的所有特徵值是 $\lambda = 3$ 及 $\lambda = -1$。因此，除例題 1 所提的特徵值 $\lambda = 3$，我們已發現第二個特徵值 $\lambda = -1$。 ◀

當 (1) 式左邊的行列式 $\det(\lambda I - A)$ 被展開時，所得結果是一個次數為 n 的多項式 $p(\lambda)$，且被稱為 A 的**特徵多項式** (characteristic polynomial)。例如，由 (2) 式，例題 2 中 2×2 階矩陣 A 的特徵多項式是

$$p(\lambda) = (\lambda - 3)(\lambda + 1) = \lambda^2 - 2\lambda - 3$$

其為次數為 2 的多項式。一般來講，$n \times n$ 階矩陣特徵多項式為

$$p(\lambda) = \lambda^n + c_1 \lambda^{n-1} + \cdots + c_n$$

其中 λ^n 的係數為 1 (習題 17)。因為次數為 n 的多項式至多有 n 個相異根，因此方程式

$$\lambda^n + c_1 \lambda^{n-1} + \cdots + c_n = 0 \tag{3}$$

至多有 n 個相異解且因此 $n \times n$ 階矩陣至多有 n 個相異特徵值。因為這些解的某些可能為複數，所以矩陣可能有複數特徵值，甚至矩陣本身具實數元素。稍後我們將更仔細討論這個議題，但現在我們將專注在特徵值為實數的例子。

▶ **例題 3**　3×3 階矩陣的特徵值

試求

$$A = \begin{bmatrix} 0 & 1 & 0 \\ 0 & 0 & 1 \\ 4 & -17 & 8 \end{bmatrix}$$

的所有特徵值。

解：A 的特徵多項式為

$$\det(\lambda I - A) = \det \begin{bmatrix} \lambda & -1 & 0 \\ 0 & \lambda & -1 \\ -4 & 17 & \lambda - 8 \end{bmatrix} = \lambda^3 - 8\lambda^2 + 17\lambda - 4$$

因此，A 的特徵值定滿足三次方程式

$$\lambda^3 - 8\lambda^2 + 17\lambda - 4 = 0 \tag{4}$$

為求解此方程式，將先找它的整解數。利用具整係數的多項式方程式

$$\lambda^n + c_1 \lambda^{n-1} + \cdots + c_n = 0$$

> 在含大型矩陣的應用裡，經常不可能直接計算特徵方程式，所以必須使用其他方法來求特徵值。我們將於第 9 章考慮此類方法。

的所有整解數 (假若存在) 必為常數項 c_n 之因數的事實，將能簡化尋找整數解的工作。如此，(4) 式可能的整數解定為 -4 的因數，那就是，$\pm 1, \pm 2, \pm 4$。依續將它們一個個地代進 (4) 式，顯示了 $\lambda = 4$ 為其整數解。結果，$\lambda - 4$ 必為 (4) 式左邊的一個因式。以 $\lambda - 4$ 除 $\lambda^3 - 8\lambda^2 + 17\lambda - 4$，顯示 (4) 式可改寫為

$$(\lambda - 4)(\lambda^2 - 4\lambda + 1) = 0$$

於是，(4) 式其餘的解滿足二次方程式

$$\lambda^2 - 4\lambda + 1 = 0$$

可由二次公式解之。因此，A 的特徵值為

$$\lambda = 4, \quad \lambda = 2 + \sqrt{3} \quad \text{及} \quad \lambda = 2 - \sqrt{3}$$

▶ **例題 4　上三角形矩陣的特徵值**

求上三角形矩陣

$$A = \begin{bmatrix} a_{11} & a_{12} & a_{13} & a_{14} \\ 0 & a_{22} & a_{23} & a_{24} \\ 0 & 0 & a_{33} & a_{34} \\ 0 & 0 & 0 & a_{44} \end{bmatrix}$$

的所有特徵值。

解： 因為一三角形矩陣的行列式為主對角線上的所有元素的乘積 (定理 2.1.2)，得

$$\det(\lambda I - A) = \det \begin{bmatrix} \lambda - a_{11} & -a_{12} & -a_{13} & -a_{14} \\ 0 & \lambda - a_{22} & -a_{23} & -a_{24} \\ 0 & 0 & \lambda - a_{33} & -a_{34} \\ 0 & 0 & 0 & \lambda - a_{44} \end{bmatrix}$$
$$= (\lambda - a_{11})(\lambda - a_{22})(\lambda - a_{33})(\lambda - a_{44})$$

因此，特徵方程式為

$$(\lambda - a_{11})(\lambda - a_{22})(\lambda - a_{33})(\lambda - a_{44}) = 0$$

且特徵值為

$$\lambda = a_{11}, \quad \lambda = a_{22}, \quad \lambda = a_{33}, \quad \lambda = a_{44}$$

而這些值即為 A 的對角元素。　◀

下面之一般性定理即為上例的明證。

定理 5.1.2： 若 A 為一 $n \times n$ 階三角形矩陣 (上三角形、下三角形或對角)，則 A 的所有特徵值為 A 的主對角線上的所有元素。

▶ **例題 5　下三角形矩陣的特徵值**

由觀察，下三角形矩陣

> 若定理 5.1.2 早一點可用，則我們可預期例題 2 所得的結果。

$$A = \begin{bmatrix} \frac{1}{2} & 0 & 0 \\ -1 & \frac{2}{3} & 0 \\ 5 & -8 & -\frac{1}{4} \end{bmatrix}$$

的所有特徵值為 $\lambda = \frac{1}{2}$, $\lambda = \frac{2}{3}$ 及 $\lambda = -\frac{1}{4}$。 ◀

> **定理 5.1.3**：若 A 為 $n \times n$ 階矩陣，則下面各敘述等價。
> (a) λ 為 A 的一特徵值。
> (b) 方程組 $(\lambda I - A)\mathbf{x} = \mathbf{0}$ 有非明顯解。
> (c) R^n 中存在一非零向量 $\mathbf{x}$，使得 $A\mathbf{x} = \lambda \mathbf{x}$。
> (d) λ 為特徵方程式 $\det(\lambda I - A) = 0$ 的一解。

求特徵空間的特徵向量及基底

現在我們知道如何求矩陣的所有特徵值，我們將考慮求相對應之特徵的問題。因為對應至矩陣 A 之一特徵值 λ 的所有特徵向量是滿足方程式

$$(\lambda I - A)\mathbf{x} = \mathbf{0}$$

的所有非零向量，這些特徵向量是矩陣 $\lambda I - A$ 之零核空間裡的所有非零向量。我們稱這個零核空間為 A 對應至 λ 的**特徵空間** (eigenspace)。另一種敘述是，對應至特徵值 λ 的 A 之特徵空間是齊次方程組 $(\lambda I - A)\mathbf{x} = \mathbf{0}$ 的解空間。

> 注意：$\mathbf{x} = \mathbf{0}$ 在每一個特徵空間裡，即使它不是特徵向量。因此，特徵空間裡的所有非零向量是所有特徵向量。

▶ **例題 6 特徵空間的基底**

求矩陣 $A = \begin{bmatrix} 3 & 0 \\ 8 & -1 \end{bmatrix}$ 之特徵空間的基底。

解：在例題 1 中，我們發現 A 的特徵方程式是

$$(\lambda - 3)(\lambda + 1) = 0$$

由此，我們得所有特徵值為 $\lambda = 3$ 及 $\lambda = -1$。因此，有兩個 A 的特徵空間，對應至各個特徵值。

由定義，

$$\mathbf{x} = \begin{bmatrix} x_1 \\ x_2 \end{bmatrix}$$

是對應至特徵值 λ 的 A 之一個特徵向量若且唯若 $\mathbf{x}$ 是 $(\lambda I - A)\mathbf{x} = \mathbf{0}$ 的一個非明顯解，亦即

$$\begin{bmatrix} \lambda - 3 & 0 \\ -8 & \lambda + 1 \end{bmatrix} \begin{bmatrix} x_1 \\ x_2 \end{bmatrix} = \begin{bmatrix} 0 \\ 0 \end{bmatrix}$$

若 $\lambda = 3$，則此方程式變為

$$\begin{bmatrix} 0 & 0 \\ -8 & 4 \end{bmatrix} \begin{bmatrix} x_1 \\ x_2 \end{bmatrix} = \begin{bmatrix} 0 \\ 0 \end{bmatrix}$$

其通解是

$$x_1 = \tfrac{1}{2}t, \quad x_2 = t$$

(證明之) 或以矩陣型，

$$\begin{bmatrix} x_1 \\ x_2 \end{bmatrix} = \begin{bmatrix} \tfrac{1}{2}t \\ t \end{bmatrix} = t \begin{bmatrix} \tfrac{1}{2} \\ 1 \end{bmatrix}$$

因此，

$$\begin{bmatrix} \tfrac{1}{2} \\ 1 \end{bmatrix}$$

是對應至 $\lambda = 3$ 之特徵空間的一個基底。留給讀者作為習題證明 $\begin{bmatrix} 0 \\ 1 \end{bmatrix}$ 是對應至 $\lambda = -1$ 之特徵空間的一個基底。 ◀

▶ **例題 7** 特徵空間的特徵向量及基底

試求

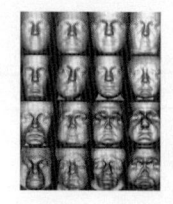

史記：許多線性代數方法被使用在計算臉部識別的浮現領域裡，研究者研究在一種族裡每個人的臉部是許多主要形狀的組合之概念。例如，分析許多臉部的三維掃描，研究者在 Rockefeller 大學得到高加索人的平均頭部形狀——被修剪過的**中庸頭** (meanhead) (圖上列左端) ——及由該形狀的一組標準變化，稱之為**固有頭** (eigenheads) (圖中的 15 張圖片)。它們之所以被如此命名，是因為它們是某種儲存數位臉部資訊之矩陣的特徵向量。臉部形狀被數學化地表為固有頭的線性組合。

[相片：摘錄自 *Courtesy Dr. Joseph Atick, Dr. Norman Redlich, and Dr. Paul Griffith*]

$$A = \begin{bmatrix} 0 & 0 & -2 \\ 1 & 2 & 1 \\ 1 & 0 & 3 \end{bmatrix}$$

的特徵空間之基底。

解：A 的特徵方程式為 $\lambda^3 - 5\lambda^2 + 8\lambda - 4 = 0$，可以分解為 $(\lambda - 1)(\lambda - 2)^2 = 0$ (證明之)。所以，A 的相異特徵值為 $\lambda = 1$ 及 $\lambda = 2$，因此 A 有兩個特徵空間。

由定義知

$$\mathbf{x} = \begin{bmatrix} x_1 \\ x_2 \\ x_3 \end{bmatrix}$$

為 A 對應於 λ 的特徵向量若且唯若 $\mathbf{x}$ 為 $(\lambda I - A)\mathbf{x} = \mathbf{0}$ 的一非明顯解，或以矩陣型，

$$\begin{bmatrix} \lambda & 0 & 2 \\ -1 & \lambda - 2 & -1 \\ -1 & 0 & \lambda - 3 \end{bmatrix} \begin{bmatrix} x_1 \\ x_2 \\ x_3 \end{bmatrix} = \begin{bmatrix} 0 \\ 0 \\ 0 \end{bmatrix} \tag{5}$$

若 $\lambda = 2$，則公式 (5) 變成

$$\begin{bmatrix} 2 & 0 & 2 \\ -1 & 0 & -1 \\ -1 & 0 & -1 \end{bmatrix} \begin{bmatrix} x_1 \\ x_2 \\ x_3 \end{bmatrix} = \begin{bmatrix} 0 \\ 0 \\ 0 \end{bmatrix}$$

使用高斯消去法解此方程組得 (證明之)

$$x_1 = -s, \quad x_2 = t, \quad x_3 = s$$

於是，A 對應於 $\lambda = 2$ 的特徵向量為型如

$$\mathbf{x} = \begin{bmatrix} -s \\ t \\ s \end{bmatrix} = \begin{bmatrix} -s \\ 0 \\ s \end{bmatrix} + \begin{bmatrix} 0 \\ t \\ 0 \end{bmatrix} = s \begin{bmatrix} -1 \\ 0 \\ 1 \end{bmatrix} + t \begin{bmatrix} 0 \\ 1 \\ 0 \end{bmatrix}$$

的非零向量。因為

$$\begin{bmatrix} -1 \\ 0 \\ 1 \end{bmatrix} \quad \text{和} \quad \begin{bmatrix} 0 \\ 1 \\ 0 \end{bmatrix}$$

為線性獨立 (為何？)，它們形成對應於 $\lambda = 2$ 的特徵空間之基底。

若 $\lambda = 1$，則 (5) 式變為

$$\begin{bmatrix} 1 & 0 & 2 \\ -1 & -1 & -1 \\ -1 & 0 & -2 \end{bmatrix} \begin{bmatrix} x_1 \\ x_2 \\ x_3 \end{bmatrix} = \begin{bmatrix} 0 \\ 0 \\ 0 \end{bmatrix}$$

解此方程組得 (證明之)

$$x_1 = -2s, \quad x_2 = s, \quad x_3 = s$$

如此，對應於 $\lambda = 1$ 的特徵向量為型如

$$\begin{bmatrix} -2s \\ s \\ s \end{bmatrix} = s \begin{bmatrix} -2 \\ 1 \\ 1 \end{bmatrix}$$

的非零向量，所以

$$\begin{bmatrix} -2 \\ 1 \\ 1 \end{bmatrix}$$

為對應於 $\lambda = 1$ 的特徵空間之基底。　◀

矩陣冪次方

一旦矩陣 A 的所有特徵值及特徵向量為已知，則求 A 的任意正整數冪的所有特徵值及特徵向量是一件頗容易的事；例如，若 λ 為 A 的特徵值而 $\mathbf{x}$ 為其相對應的特徵向量，則

$$A^2 \mathbf{x} = A(A\mathbf{x}) = A(\lambda \mathbf{x}) = \lambda(A\mathbf{x}) = \lambda(\lambda \mathbf{x}) = \lambda^2 \mathbf{x}$$

這說明 λ^2 為 A^2 的特徵值而 $\mathbf{x}$ 為其相對應的特徵向量。通常可以得到下面的結果。

定理 5.1.4：假設 k 為一正整數，λ 為矩陣 A 的特徵值，且 $\mathbf{x}$ 為一對應的特徵向量，則 λ^k 為 A^k 的特徵值且 $\mathbf{x}$ 為一對應的特徵向量。

▶ **例題 8　矩陣的冪次方**

在例題 7 已經證明了

$$A = \begin{bmatrix} 0 & 0 & -2 \\ 1 & 2 & 1 \\ 1 & 0 & 3 \end{bmatrix}$$

所有的特徵值為 $\lambda=2$ 及 $\lambda=1$，所以由定理 5.1.4，$\lambda=2^7=128$ 及 $\lambda=1^7=1$ 為 A^7 所有的特徵值。也已證明了

$$\begin{bmatrix} -1 \\ 0 \\ 1 \end{bmatrix} \quad \text{及} \quad \begin{bmatrix} 0 \\ 1 \\ 0 \end{bmatrix}$$

為 A 對應於 $\lambda=2$ 的特徵向量，所以由定理 5.1.4，它們亦為 A^7 對應於 $\lambda=2^7=128$ 的特徵向量。同理，A 對應於特徵值 $\lambda=1$ 的特徵向量

$$\begin{bmatrix} -2 \\ 1 \\ 1 \end{bmatrix}$$

也是 A^7 對應於 $\lambda=1^7=1$ 的特徵向量。 ◀

特徵值與可逆性

下一定理建立了矩陣的特徵值與可逆性之間的關係。

定理 5.1.5：方陣 A 為可逆的若且唯若 $\lambda=0$ 不是 A 的特徵值。

證明：假設 A 為 $n \times n$ 階矩陣，並先觀察 $\lambda=0$ 為特徵方程式

$$\lambda^n + c_1 \lambda^{n-1} + \cdots + c_n = 0$$

的解若且唯若常數項 c_n 為零。於是，若且唯若 $c_n \neq 0$ 即足以證明 A 為可逆的。但

$$\det(\lambda I - A) = \lambda^n + c_1 \lambda^{n-1} + \cdots + c_n$$

或在令 $\lambda=0$ 時，

$$\det(-A) = c_n \quad \text{或} \quad (-1)^n \det(A) = c_n$$

從最後一式可知 $\det(A)=0$ 若且唯若 $c_n=0$，此一結果暗示 A 為可逆的若且唯若 $c_n \neq 0$。◀

▶ **例題 9　特徵值及可逆性**

例題 7 中的矩陣 A 為可逆的，因為它的特徵值 $\lambda=1$ 與 $\lambda=2$ 都不等於零。現在將證實 $\det(A) \neq 0$ 以驗證此項結論的工作留給讀者。 ◀

更多等價定理結論

作為本節的最後結果,我們將定理 5.1.5 加至定理 4.10.4。

定理 5.1.6:等價敘述

若 A 為 $n \times n$ 階矩陣,則下面敘述都是等價的。

(a) A 為可逆矩陣。
(b) $A\mathbf{x} = \mathbf{0}$ 僅有明顯解。
(c) A 的簡約列梯型為 I_n。
(d) A 能以基本矩陣的乘積表示。
(e) $A\mathbf{x} = \mathbf{b}$ 相容於每一 $n \times 1$ 階矩陣 $\mathbf{b}$。
(f) $A\mathbf{x} = \mathbf{b}$ 對每一 $n \times 1$ 階矩陣 $\mathbf{b}$ 恰有一解。
(g) $\det(A) \neq 0$。
(h) A 的所有行向量為線性獨立的。
(i) A 的所有列向量為線性獨立的。
(j) A 的所有行向量生成 R^n。
(k) A 的所有列向量生成 R^n。
(l) A 的所有行向量形成 R^n 的基底。
(m) A 的所有列向量形成 R^n 的基底。
(n) A 的秩為 n。
(o) A 的核維數為 0。
(p) A 的零維空間的正交補餘為 R^n。
(q) A 的列空間的正交補餘為 $\{\mathbf{0}\}$。
(r) T_A 的值域是 R^n。
(s) T_A 是一對一。
(t) $\lambda = 0$ 不是 A 的特徵值。

本定理列出了到目前為止已研習的主要論題間的關聯。

概念複習

- 特徵向量
- 特徵值
- 特徵方程式
- 特徵多項式
- 特徵空間
- 等價定理

技 能

- 求矩陣的所有特徵值。
- 求矩陣特徵空間的基底。

習題集 5.1

▶ 對習題 **1-2** 各題，使用乘法以確認 **x** 是 A 的特徵向量，並求對應的特徵值。◀

1. $A = \begin{bmatrix} 8 & -9 & 4 \\ 3 & -4 & 3 \\ -3 & 3 & 1 \end{bmatrix}$; $\mathbf{x} = \begin{bmatrix} 1 \\ 2 \\ 3 \end{bmatrix}$

2. $A = \begin{bmatrix} 2 & -1 & -1 \\ -1 & 2 & -1 \\ -1 & -1 & 2 \end{bmatrix}$; $\mathbf{x} = \begin{bmatrix} 1 \\ 1 \\ 1 \end{bmatrix}$

3. 試求下面各矩陣的特徵方程式：

   (a) $\begin{bmatrix} 4 & 3 \\ 0 & -2 \end{bmatrix}$ (b) $\begin{bmatrix} 2 & -1 \\ 10 & -9 \end{bmatrix}$ (c) $\begin{bmatrix} 0 & 3 \\ 4 & 0 \end{bmatrix}$

   (d) $\begin{bmatrix} -2 & -7 \\ 1 & 2 \end{bmatrix}$ (e) $\begin{bmatrix} 0 & 0 \\ 0 & 0 \end{bmatrix}$ (f) $\begin{bmatrix} 1 & 0 \\ 0 & 1 \end{bmatrix}$

4. 試求習題 3 中各矩陣的特徵值。
5. 試求習題 3 中各矩陣的特徵空間之基底。
6. 試求下面各矩陣的特徵方程式：

   (a) $\begin{bmatrix} 5 & 1 & 3 \\ 0 & -1 & 0 \\ 0 & 1 & 2 \end{bmatrix}$ (b) $\begin{bmatrix} 0 & 6 & 12 \\ 0 & 3 & 10 \\ 0 & 0 & -2 \end{bmatrix}$

   (c) $\begin{bmatrix} -2 & 0 & 1 \\ -6 & -2 & 0 \\ 19 & 5 & -4 \end{bmatrix}$ (d) $\begin{bmatrix} -1 & 0 & 1 \\ -1 & 3 & 0 \\ -4 & 13 & -1 \end{bmatrix}$

   (e) $\begin{bmatrix} 5 & 0 & 1 \\ 1 & 1 & 0 \\ -7 & 1 & 0 \end{bmatrix}$ (f) $\begin{bmatrix} 5 & 6 & 2 \\ 0 & -1 & -8 \\ 1 & 0 & -2 \end{bmatrix}$

7. 試求習題 6 中各矩陣的特徵值。
8. 試求習題 6 中各矩陣的特徵空間之基底。
9. 試求下面各矩陣的特徵方程式：

   (a) $\begin{bmatrix} 0 & 0 & 2 & 0 \\ 1 & 0 & 1 & 0 \\ 0 & 1 & -2 & 0 \\ 0 & 0 & 0 & 1 \end{bmatrix}$ (b) $\begin{bmatrix} 10 & -9 & 0 & 0 \\ 4 & -2 & 0 & 0 \\ 0 & 0 & -2 & -7 \\ 0 & 0 & 1 & 2 \end{bmatrix}$

10. 試求習題 9 中各矩陣的特徵值。
11. 試求習題 9 中各矩陣的特徵空間之基底。
12. 試以觀察法，求下面各矩陣的特徵值。

    (a) $\begin{bmatrix} -1 & 6 \\ 0 & 5 \end{bmatrix}$ (b) $\begin{bmatrix} 3 & 0 & 0 \\ -2 & 7 & 0 \\ 4 & 8 & 1 \end{bmatrix}$

    (c) $\begin{bmatrix} -\frac{1}{3} & 0 & 0 & 0 \\ 0 & -\frac{1}{3} & 0 & 0 \\ 0 & 0 & 1 & 0 \\ 0 & 0 & 0 & \frac{1}{2} \end{bmatrix}$

13. 試求 A^7 的特徵值，其中

    $A = \begin{bmatrix} 2 & 0 & 0 & 0 \\ 3 & -1 & 0 & 0 \\ 8 & 7 & \frac{1}{2} & 0 \\ -1 & 9 & 6 & 0 \end{bmatrix}$

14. 試求 A^{25} 的特徵值及特徵空間的基底，其中

    $A = \begin{bmatrix} -1 & -2 & -2 \\ 1 & 2 & 1 \\ -1 & -1 & 0 \end{bmatrix}$

15. 令 A 為一 2×2 階矩陣，且稱通過 R^2 原點的直線在 A 之下是**不變的** (invariant)。若當 **x** 在直線上時 $A\mathbf{x}$ 亦在該直線上。若有，試求 R^2 在底下各矩陣之下不變的所有直線。

    (a) $A = \begin{bmatrix} 4 & -1 \\ 2 & 1 \end{bmatrix}$ (b) $A = \begin{bmatrix} 0 & 1 \\ -1 & 0 \end{bmatrix}$

    (c) $A = \begin{bmatrix} 2 & 3 \\ 0 & 2 \end{bmatrix}$

16. 指定 $p(\lambda)$ 為 A 的特徵多項式，試求 $\det(A)$。

    (a) $p(\lambda) = \lambda^3 - 2\lambda^2 + \lambda + 5$
    (b) $p(\lambda) = \lambda^4 - \lambda^3 + 7$

    [提示：參考定理 5.1.5 的證明。]

17. 令 A 為 $n\times n$ 階矩陣。
    (a) 試證明 A 的特徵多項式為 n 次。
    (b) 試證明其特徵多項式中 λ^n 項的係數為 1。
18. 證明 2×2 階矩陣 A 的特徵方程式為 $\lambda^2-\text{tr}(A)\lambda+\det(A)=0$，此處 $\text{tr}(A)$ 為 A 的跡數。
19. 利用習題 18 之結果，證明若
$$A=\begin{bmatrix} a & b \\ c & d \end{bmatrix}$$
則 A 的特徵方程式的解為
$$\lambda=\tfrac{1}{2}\left[(a+d)\pm\sqrt{(a-d)^2+4bc}\right]$$
試使用此結果證明 A 有
    (a) 兩個相異實特徵值，若 $(a-d)^2+4bc>0$。
    (b) 一個實特徵值，若 $(a-d)^2+4bc=0$。
    (c) 無實特徵值，若 $(a-d)^2+4bc<0$。
20. 令 A 為習題 19 之矩陣。試證明若 $b\neq 0$，則 A 對應於特徵值
$$\lambda_1=\tfrac{1}{2}\left[(a+d)+\sqrt{(a-d)^2+4bc}\right]$$
及
$$\lambda_2=\tfrac{1}{2}\left[(a+d)-\sqrt{(a-d)^2+4bc}\right]$$
的特徵向量分別為
$$\mathbf{x}_1=\begin{bmatrix}-b\\a-\lambda_1\end{bmatrix}\ \text{及}\ \mathbf{x}_2=\begin{bmatrix}-b\\a-\lambda_2\end{bmatrix}$$
21. 使用習題 18 之結果，證明若 $p(\lambda)$ 是 2×2 階矩陣 A 的特徵多項式，則 $p(A)=0$。
22. 證明：若 a, b, c 及 d 為整數且滿足 $a+b=c+d$，則
$$A=\begin{bmatrix} a & b \\ c & d \end{bmatrix}$$
有整數特徵值，亦即 $\lambda_1=a+b$ 及 $\lambda_2=a-c$。
23. 證明：若 λ 為某可逆矩陣 A 的特徵值且 $\mathbf{x}$ 為其對應的特徵向量，則 $1/\lambda$ 為 A^{-1} 的特徵值且 $\mathbf{x}$ 為其所對應的特徵向量。
24. 證明：若 λ 為 A 的特徵值，$\mathbf{x}$ 為對應的特徵向量，且 s 為一純量，則 $\lambda-s$ 為 $A-sI$ 的特徵值且 $\mathbf{x}$ 為所對應的特徵向量。
25. 證明：若 λ 是 A 的一特徵值且 $\mathbf{x}$ 為其對應的特徵向量，則對每個純量 s，$s\lambda$ 是 sA 的特徵值且 $\mathbf{x}$ 是其對應的特徵向量。
26. 試求
$$A=\begin{bmatrix} -2 & 2 & 3 \\ -2 & 3 & 2 \\ -4 & 2 & 5 \end{bmatrix}$$
之特徵空間的特徵值與基底，然後利用習題 23 及 24 的結果為下列各部分的特徵空間求特徵值與基底。
    (a) A^{-1} (b) $A-3I$ (c) $A+2I$
27. (a) 試證明若 A 為方陣，則 A 與 A^T 有相同的特徵值。[提示：注意特徵方程式 $\det(\lambda I-A)=0$。]
    (b) 試證實 A 與 A^T 不必有相同的特徵空間。[提示：利用習題 20 以證實就 2×2 階矩陣而言，A 與 A^T 有不同的特徵空間。]
28. 設矩陣 A 的特徵多項式是 $p(\lambda)=\lambda^2(\lambda+3)^3(\lambda-4)$，回答下列各問題並解釋你的理由。
    (a) A 的大小為何？
    (b) A 可逆嗎？
    (c) A 有多少個特徵值？
29. 我們已學過的特徵向量有時候被稱為**右特徵向量** (right eigenvectors) 以別於**左特徵向量** (left eigenvectors) 其為 $n\times 1$ 行向量滿足 $\mathbf{x}^T A=\mu\mathbf{x}^T$，對某些純量 μ。A 的右特徵向量及對應的特徵值 λ，若有，和 A 的左特徵向量及對應的特徵值 μ 的關係為何？

是非題

試判斷 (a)-(g) 各敘述的真假，並驗證你的答案。
(a) 若 A 是方陣且 $A\mathbf{x}=\lambda\mathbf{x}$ 對某個非零純量 λ，則 $\mathbf{x}$ 是 A 的一特徵向量。

(b) 若 λ 是矩陣 A 的一特徵值，則線性方程組 $(\lambda I - A)\mathbf{x} = \mathbf{0}$ 僅有明顯解。
(c) 若矩陣 A 的特徵多項式是 $p(\lambda) = \lambda^2 + 1$，則 A 是可逆的。
(d) 若 λ 是矩陣 A 的一特徵值，則 A 對應至 λ 的特徵空間是 A 對應至 λ 的特徵向量所成的集合。
(e) 若 0 是矩陣 A 的一特徵值，則 A^2 是奇異的。
(f) 矩陣 A 的特徵空間和 A 的簡約列梯型的特徵空間相同。
(g) 若 0 是矩陣 A 的一特徵值，則 A 的行所成的集合是線性獨立。

5.2 對角化

本節所關切的問題是尋求由某已知 $n \times n$ 階矩陣 A 的特徵向量所組成之 R^n 的基底。這些基底可用於研究 A 的幾何性質並能簡化各種涉及 A 的數值計算。這些基底在許多應用方面亦有實際的意義，本書稍後將就部分此類基底加以討論。

矩陣對角化問題

本節的第一目標是要證實下面兩個表面上看來不同的問題，其實際上卻是等價的。

> **問題 1**：給一個 $n \times n$ 階矩陣 A，是否存在可逆矩陣 P 使得 $P^{-1}AP$ 是對角矩陣？
> **問題 2**：給一個 $n \times n$ 階矩陣 A，A 是否有 n 個線性獨立向量？

相似性

出現在問題 1 的矩陣乘積 $P^{-1}AP$ 被稱是矩陣 A 的**相似變換** (similarity transformation)。此類乘積在特徵向量及特徵值的研究裡是重要的，所以我們將以一些關於它們的專有名詞開始。

> **定義 1**：A 和 B 為方陣，若存在一可逆矩陣 P 使得 $B = P^{-1}AP$ 則稱 B 相似於 A (B is similar to A)。

注意若 B 相似於 A，則 A 亦相似於 B，因為取 $Q = P^{-1}$ 我們可將 B 表為 $B = Q^{-1}AQ$。因此，我們通常稱 A 和 B 是**相似矩陣** (similar matrices)，

若它們之中一個相似於另一個。

相似不變性

相似矩陣經常有相同的性質；例如，若 A 和 B 相似，則 A 和 B 有相同的行列式值。為了解為何如此，假設

$$B = P^{-1}AP$$

因此

$$\det(B) = \det(P^{-1}AP) = \det(P^{-1})\det(A)\det(P)$$
$$= \frac{1}{\det(P)}\det(A)\det(P) = \det(A)$$

一般來講，若某性質為任意兩相似矩陣所共有，則方陣的該項性質被稱為**相似不變性** (similarity invariant) 或相似性下的不變 (invariant under similarity)。表 1 列舉一些重要的相似不變性。表 1 中某些結果的證明將留作為習題。

以相似語文來表示，上面所提的問題 1 等價於詢問矩陣 A 是否相似於一個對角矩陣。若是，對角矩陣將有 A 的所有相似不變性，但將有一個較簡型，可更容易分析及處理。此重要概念有一些相伴的專有名詞。

▲ 表 1　相似不變性

性　質	敘　述
行列式	A 和 $P^{-1}AP$ 有相同的行列式。
可逆性	A 為可逆若且唯若 $P^{-1}AP$ 為可逆。
秩	A 和 $P^{-1}AP$ 有相同的秩。
核維數	A 和 $P^{-1}AP$ 有相同的核維數。
跡數	A 和 $P^{-1}AP$ 有相同的跡數。
特徵多項式	A 和 $P^{-1}AP$ 有相同的特徵多項式。
特徵值	A 和 $P^{-1}AP$ 有相同的特徵值。
特徵空間維數	若 λ 為 A 和 $P^{-1}AP$ 的一特徵值，則 A 對應至 λ 的特徵空間及 $P^{-1}AP$ 對應至 λ 的特徵空間有相同的維度。

> **定義 2**：方陣 A 被稱為**可對角化的** (diagonalizable)，若它相似於某對角矩陣；亦即，若存在一個可逆矩陣 P 使得 $P^{-1}AP$ 是對角的，此時矩陣 P 被稱為**對角化 A** (diagonalize A)。

下面的定理證明上面所提的問題 1 及問題 2 實際上是相同數學問題的兩種不同型。

> **定理 5.2.1**：若 A 為一 $n \times n$ 階矩陣，則下面敘述互為等價：
> (a) A 為可對角化的。
> (b) A 有 n 個線性獨立的特徵向量。

定理 5.2.1(b) 等價於存在一組由 A 的特徵向量所組成的基底 R^n。

證明 (a) ⇒ (b)：因為 A 被假設為可對角化的，故存在可逆矩陣 P 及對角矩陣滿足 $P^{-1}AP = D$，或等價地

$$AP = PD \tag{1}$$

若將 P 的所有行向量表為 $\mathbf{p}_1, \mathbf{p}_2, \ldots, \mathbf{p}_n$，且若假設 D 的所有對角元素為 $\lambda_1, \lambda_2, \ldots, \lambda_n$，則由 1.3 節公式 (6)，(1) 式的左端可被表為

$$AP = A[\mathbf{p}_1 \quad \mathbf{p}_2 \quad \cdots \quad \mathbf{p}_n] = [A\mathbf{p}_1 \quad A\mathbf{p}_2 \quad \cdots \quad A\mathbf{p}_n]$$

且如 1.7 節例題 1 之後的建議，(1) 式的右端可被表為

$$PD = [\lambda_1 \mathbf{p}_1 \quad \lambda_2 \mathbf{p}_2 \quad \cdots \quad \lambda_n \mathbf{p}_n]$$

因此，由 (1) 式得

$$A\mathbf{p}_1 = \lambda_1 \mathbf{p}_1, \quad A\mathbf{p}_2 = \lambda_2 \mathbf{p}_2, \ldots, \quad A\mathbf{p}_n = \lambda_n \mathbf{p}_n \tag{2}$$

因為 P 為可逆，由定理 5.1.6，它的行向量 $\mathbf{p}_1, \mathbf{p}_2, \ldots, \mathbf{p}_n$ 是線性獨立的 (且因此非零)。因此，由 (2) 式，這 n 個行向量是 A 的特徵向量。

證明 (b) ⇒ (a)：假設 A 有 n 個線性獨立特徵向量 $\mathbf{p}_1, \mathbf{p}_2, \ldots, \mathbf{p}_n$ 且 $\lambda_1, \lambda_2, \ldots, \lambda_n$ 是相對應的特徵值。若令

$$P = [\mathbf{p}_1 \quad \mathbf{p}_2 \quad \cdots \quad \mathbf{p}_n]$$

且若令 D 為對角矩陣有 $\lambda_1, \lambda_2, \ldots, \lambda_n$ 為逐次的對角元素，則

$$AP = A[\mathbf{p}_1 \quad \mathbf{p}_2 \quad \cdots \quad \mathbf{p}_n] = [A\mathbf{p}_1 \quad A\mathbf{p}_2 \quad \cdots \quad A\mathbf{p}_n]$$
$$= [\lambda_1 \mathbf{p}_1 \quad \lambda_2 \mathbf{p}_2 \quad \cdots \quad \lambda_n \mathbf{p}_n] = PD$$

因為 P 的所有行向量是線性獨立，由定理 5.1.6 得 P 是可逆的，所以前一個方程式可被改寫為 $P^{-1}AP = D$，其證明 A 是可對角化的。◀

矩陣對角化的程序

前一個定理保證了含 n 個線性獨立特徵向量的 $n \times n$ 階矩陣 A 可以對角化，而其證明則提供了下列對角化 A 的方法。

對角化矩陣的程序

步驟 1. 以找 n 個線性獨立特徵向量來確信矩陣確定是可對角化的。處理此點的方法之一是對每個特徵空間找一組基底且將這些基底向量併成一個單一集合 S。若這個集合少於 n 個向量，則此矩陣是不可對角化。

步驟 2. 以 S 的所有向量作為行向量，形成矩陣 $P = [p_1 \quad p_2 \quad \cdots \quad p_n]$。

步驟 3. 矩陣 $P^{-1}AP$ 將為對角的且以對應至特徵向量 $\mathbf{p}_1, \mathbf{p}_2, \ldots, \mathbf{p}_n$ 的特徵值 $\lambda_1, \lambda_2, \ldots, \lambda_n$ 依次為其對角元素。

▶ **例題 1 求矩陣 P 來對角化矩陣 A**

試求矩陣 P 以對角化

$$A = \begin{bmatrix} 0 & 0 & -2 \\ 1 & 2 & 1 \\ 1 & 0 & 3 \end{bmatrix}$$

解： 由前一節的例題 7，可知 A 的特徵方程式為

$$(\lambda - 1)(\lambda - 2)^2 = 0$$

並可求得特徵空間的基底為

$$\lambda = 2: \quad \mathbf{p}_1 = \begin{bmatrix} -1 \\ 0 \\ 1 \end{bmatrix}, \quad \mathbf{p}_2 = \begin{bmatrix} 0 \\ 1 \\ 0 \end{bmatrix}; \quad \lambda = 1: \quad \mathbf{p}_3 = \begin{bmatrix} -2 \\ 1 \\ 1 \end{bmatrix}$$

總共有三個基底向量，所以 A 是可對角化的，且

$$P = \begin{bmatrix} -1 & 0 & -2 \\ 0 & 1 & 1 \\ 1 & 0 & 1 \end{bmatrix}$$

對角化 A。為了驗證，讀者可證明

$$P^{-1}AP = \begin{bmatrix} 1 & 0 & 2 \\ 1 & 1 & 1 \\ -1 & 0 & -1 \end{bmatrix} \begin{bmatrix} 0 & 0 & -2 \\ 1 & 2 & 1 \\ 21 & 0 & 3 \end{bmatrix} \begin{bmatrix} -1 & 0 & -2 \\ 0 & 1 & 1 \\ 1 & 0 & 1 \end{bmatrix} = \begin{bmatrix} 2 & 0 & 0 \\ 0 & 2 & 0 \\ 0 & 0 & 1 \end{bmatrix} \blacktriangleleft$$

一般來講，P 之各行的順序不太重要。因為 $P^{-1}AP$ 的第 i 個對角元素為 P 的第 i 個行向量的特徵值。改變 P 中行的位置只是改變 $P^{-1}AP$ 之對角線上特徵值的位置。因此，若前例題中寫成

$$P = \begin{bmatrix} -1 & -2 & 0 \\ 0 & 1 & 1 \\ 1 & 1 & 0 \end{bmatrix}$$

將可得到

$$P^{-1}AP = \begin{bmatrix} 2 & 0 & 0 \\ 0 & 1 & 0 \\ 0 & 0 & 2 \end{bmatrix}$$

▶ **例題 2　不可對角化的矩陣**

試求矩陣 P 以對角化

$$A = \begin{bmatrix} 1 & 0 & 0 \\ 1 & 2 & 0 \\ -3 & 5 & 2 \end{bmatrix}$$

解：A 的特徵多項式為

$$\det(\lambda I - A) = \begin{vmatrix} \lambda-1 & 0 & 0 \\ -1 & \lambda-2 & 0 \\ 3 & -5 & \lambda-2 \end{vmatrix} = (\lambda-1)(\lambda-2)^2$$

所以其特徵方程式為

$$(\lambda-1)(\lambda-2)^2 = 0$$

可知 A 的特徵值為 $\lambda=1$ 與 $\lambda=2$。而特徵空間的基底向量為

$$\lambda = 1: \quad \mathbf{p}_1 = \begin{bmatrix} \frac{1}{8} \\ -\frac{1}{8} \\ 1 \end{bmatrix}; \qquad \lambda = 2: \quad \mathbf{p}_2 = \begin{bmatrix} 0 \\ 0 \\ 1 \end{bmatrix}$$

由於 A 為 3×3 階矩陣而總共只有兩個基底向量，所以 A 是不可對角化的。

另解：若僅對判定矩陣是否可對角化感到興趣，而不關心是否真的求得對角化矩陣 P，則無須計算特徵空間的基底；僅須求得特徵空間的維數即可。例如，對應於 $\lambda = 1$ 的特徵空間為下列方程式組的解空間

$$\begin{bmatrix} 0 & 0 & 0 \\ -1 & -1 & 0 \\ 3 & -5 & -1 \end{bmatrix} \begin{bmatrix} x_1 \\ x_2 \\ x_3 \end{bmatrix} = \begin{bmatrix} 0 \\ 0 \\ 0 \end{bmatrix}$$

因為係數矩陣的秩為 2 (證明之)，由定理 4.8.2，該矩陣的零核維數為 1，且因此對應至 $\lambda = 1$ 的特徵空間是一維的。

對應於 $\lambda = 2$ 的特徵空間為方程式組

$$\begin{bmatrix} 1 & 0 & 0 \\ -1 & 0 & 0 \\ 3 & -5 & 0 \end{bmatrix} \begin{bmatrix} x_1 \\ x_2 \\ x_3 \end{bmatrix} = \begin{bmatrix} 0 \\ 0 \\ 0 \end{bmatrix}$$

的解空間。其係數矩陣的秩也是 2 且零核維數為 1 (證明之)，所以對應於 $\lambda = 2$ 的特徵空間也是一維的。因為特徵空間產生的基底量總數為 2，所以 A 不能對角化。◀

例題 1 中的一項假設是 P 的行向量由 A 的不同特徵空間的基底向量組成，是線性獨立的。下面定理即針對此一問題，其證明留在本節末。

定理 5.2.2：若 $\mathbf{v}_1, \mathbf{v}_2, \ldots, \mathbf{v}_k$ 為矩陣 A 對應於相異特徵值 $\lambda_1, \lambda_2, \ldots, \lambda_k$ 的特徵向量，則 $\{\mathbf{v}_1, \mathbf{v}_2, \ldots, \mathbf{v}_k\}$ 為線性獨立的集合。

注釋：定理 5.2.2 為一特殊情況，更一般化結果是：假設 $\lambda_1, \lambda_2, \ldots, \lambda_k$ 為相異的特徵值，並且在每一對應的特徵空間選出一個線性獨立集合，然後若將所有的這些向量合併成一個單獨的集合，其結果仍然是一

個線性獨立的集合。例如，若從一個特徵空間選出三個線性獨立的向量，並從另一個特徵空間選出二個線性獨立的向量，則五個向量合併形成一個線性獨立的集合。其證明從略。

作為定理 5.2.2 的結果，可得到下列重要的結論。

定理 5.2.3：若 $n \times n$ 階矩陣 A 有 n 個相異的特徵值，則 A 可以對角化。

證明：若 $\mathbf{v}_1, \mathbf{v}_2, \ldots, \mathbf{v}_n$ 為對應於相異特徵值 $\lambda_1, \lambda_2, \ldots, \lambda_n$ 的特徵向量，則依定理 5.2.2，$\mathbf{v}_1, \mathbf{v}_2, \ldots, \mathbf{v}_n$ 為線性獨立的。於是依定理 5.2.1，A 是可以對角化的。◀

▶**例題 3　使用定理 5.2.3**

前節的例題 3 中已經看到

$$A = \begin{bmatrix} 0 & 1 & 0 \\ 0 & 0 & 1 \\ 4 & -17 & 8 \end{bmatrix}$$

有三個相異特徵值 $\lambda = 4, \lambda = 2 + \sqrt{3}, \lambda = 2 - \sqrt{3}$。所以，$A$ 可以對角化且對某可逆矩陣 P，

$$P^{-1}AP = \begin{bmatrix} 4 & 0 & 0 \\ 0 & 2 + \sqrt{3} & 0 \\ 0 & 0 & 2 - \sqrt{3} \end{bmatrix}$$

若有需要，矩陣 P 可利用本節例題 1 所展示的方法求得。◀

▶**例題 4　三角形矩陣的對角化**

由定理 5.1.2 可知三角形矩陣的特徵值為其主對角線上的元素，所以在主對角線上具有相異元素的三角形矩陣可以對角化。例如

$$A = \begin{bmatrix} -1 & 2 & 4 & 0 \\ 0 & 3 & 1 & 7 \\ 0 & 0 & 5 & 8 \\ 0 & 0 & 0 & -2 \end{bmatrix}$$

為可對角化的矩陣，其特徵值為 $\lambda_1 = -1, \lambda_2 = 3, \lambda_3 = 5, \lambda_4 = -2$。 ◀

計算矩陣的冪次方

有許多應用需計算方陣 A 的高冪次方。接著我們將顯示若 A 恰巧是可對角化的，則先對角化 A 可簡化計算。

首先，假設 A 是可對角化的 $n \times n$ 階矩陣且 P 對角化 A，且

$$P^{-1}AP = \begin{bmatrix} \lambda_1 & 0 & \cdots & 0 \\ 0 & \lambda_2 & \cdots & 0 \\ \vdots & \vdots & & \vdots \\ 0 & 0 & \cdots & \lambda_n \end{bmatrix} = D$$

平方此方程式的兩端得

$$(P^{-1}AP)^2 = \begin{bmatrix} \lambda_1^2 & 0 & \cdots & 0 \\ 0 & \lambda_2^2 & \cdots & 0 \\ \vdots & \vdots & & \vdots \\ 0 & 0 & \cdots & \lambda_n^2 \end{bmatrix} = D^2$$

我們可改寫此方程式的左邊為

$$(P^{-1}AP)^2 = P^{-1}APP^{-1}AP = P^{-1}AIAP = P^{-1}A^2P$$

由此我們得關係式 $P^{-1}A^2P = D^2$。更一般地，若 k 是一個正整數，則一個相似的計算將證明

$$P^{-1}A^kP = D^k = \begin{bmatrix} \lambda_1^k & 0 & \cdots & 0 \\ 0 & \lambda_2^k & \cdots & 0 \\ \vdots & \vdots & & \vdots \\ 0 & 0 & \cdots & \lambda_n^k \end{bmatrix}$$

其可改寫為

$$A^k = PD^kP^{-1} = P \begin{bmatrix} \lambda_1^k & 0 & \cdots & 0 \\ 0 & \lambda_2^k & \cdots & 0 \\ \vdots & \vdots & & \vdots \\ 0 & 0 & \cdots & \lambda_n^k \end{bmatrix} P^{-1} \quad (3)$$

注意計算此公式的右邊僅含三個矩陣乘法及 D 的所有對角元素的冪次方。對大型的矩陣及 λ 的高冪次方，這個確實比直接計算 A^k 有較少的計算。

公式 (3) 揭示提高可對角化矩陣 A 至一正整數冪次方影響提高其特徵值至該冪次方。

▶例題 5　矩陣的冪次方

試利用 (3) 式求 A^{13}，其中

$$A = \begin{bmatrix} 0 & 0 & -2 \\ 1 & 2 & 1 \\ 1 & 0 & 3 \end{bmatrix}$$

解：例題 1 已經證明了矩陣 A 能以

$$P = \begin{bmatrix} -1 & 0 & -2 \\ 0 & 1 & 1 \\ 1 & 0 & 1 \end{bmatrix}$$

對角化，且

$$D = P^{-1}AP = \begin{bmatrix} 2 & 0 & 0 \\ 0 & 2 & 0 \\ 0 & 0 & 1 \end{bmatrix}$$

因此，由 (3) 式

$$A^{13} = PD^{13}P^{-1} = \begin{bmatrix} -1 & 0 & -2 \\ 0 & 1 & 1 \\ 1 & 0 & 1 \end{bmatrix} \begin{bmatrix} 2^{13} & 0 & 0 \\ 0 & 2^{13} & 0 \\ 0 & 0 & 1^{13} \end{bmatrix} \begin{bmatrix} 1 & 0 & 2 \\ 1 & 1 & 1 \\ -1 & 0 & -1 \end{bmatrix} \quad (4)$$

$$= \begin{bmatrix} -8190 & 0 & -16382 \\ 8191 & 8192 & 8191 \\ 8191 & 0 & 16383 \end{bmatrix}$$ ◀

注釋：由上例的方法，可知大部分的工作是對角化 A。一旦對角化工作完成，即可用來求 A 的任何冪次方。因此，為求 A^{1000}，僅需將 (4) 式中的指數由 13 改為 1000 即可。

矩陣冪次方的特徵值

一旦任一方陣 A 的所有特徵值及特徵向量已被發現，則求 A 的任一正整數冪次方的所有特徵值及特徵向量是一件簡單的事。例如，若 λ 是 A 的一特徵值且 **x** 是其相對應的特徵向量，則

$$A^2\mathbf{x} = A(A\mathbf{x}) = A(\lambda\mathbf{x}) = \lambda(A\mathbf{x}) = \lambda(\lambda\mathbf{x}) = \lambda^2\mathbf{x}$$

其證明不僅 λ^2 是 A^2 的一特徵值且 **x** 是其相對應的特徵向量。一般來講，我們有下面結果。

定理 5.2.4：若 λ 是方陣 A 的一特徵值且 $\mathbf{x}$ 是其相對應的特徵向量，且若 k 是任一正整數，則 λ^k 是 A^k 的一特徵值且 $\mathbf{x}$ 是其相對應的特徵向量。

定理 5.2.4 裡，對角化不是需要的。

習題中有一些使用此定理的問題。

幾何重數與代數重數

定理 5.2.3 並未完全處置對角化問題，因為它僅保證具 n 個相異特徵值的方陣是可對角化的，但不能排除可能存在少於 n 個相異特徵值的可對角化矩陣之可能性。下一例題揭示確實有此情形。

▶ **例題 6　定理 5.2.3 的逆命題是錯誤的**
考慮矩陣

$$I = \begin{bmatrix} 1 & 0 & 0 \\ 0 & 1 & 0 \\ 0 & 0 & 1 \end{bmatrix} \quad 及 \quad J = \begin{bmatrix} 1 & 1 & 0 \\ 0 & 1 & 1 \\ 0 & 0 & 1 \end{bmatrix}$$

由定理 5.1.2，兩個矩陣均僅有一個相異特徵值，即 $\lambda = 1$，且因此僅有一個特徵空間。留給讀者解特徵方程式

$$(\lambda I - I)\mathbf{x} = \mathbf{0} \quad 及 \quad (\lambda J - I)\mathbf{x} = \mathbf{0}$$

其中 $\lambda = 1$ 且證明 I 的特徵空間是三維的 (R^3 全部) 且 J 的特徵空間是一維的，由

$$\mathbf{x} = \begin{bmatrix} 1 \\ 0 \\ 0 \end{bmatrix}$$

的所有純量倍數所組成。此證明定理 5.2.3 的逆命題是錯誤的，因為我們已得兩個具少於三個相異特徵值的 3×3 階矩陣，其中一個是可對角化的而另兩個則否。 ◀

完全離題去研究可對角化性留待高等課程，但將會涉及一個對較完整地了解可對角化性很重要的定理。若 λ_0 為 A 的特徵值，則對應於 λ_0 的特徵空間的維數不能超過在 A 的特徵多項式中出現 $\lambda - \lambda_0$ 因子型式

的次數是可以證明的。例如，在例題 1 與 2 中其特徵多項式為

$$(\lambda - 1)(\lambda - 2)^2$$

於是對應於 $\lambda = 1$ 之特徵空間最多(正確值)為一維，而對應於 $\lambda = 2$ 的特徵空間最多二維。在例題 1 中對應於 $\lambda = 2$ 的特徵空間實際上是二維，導致具有可對角化性，而例題 2 中對應於 $\lambda = 2$ 的特徵空間僅有一維，導致其不可對角化。

有某些專有名詞與這些概念有關。若 λ_0 為某 $n \times n$ 階矩陣 A 的特徵值，則對應於 λ_0 的特徵空間的維數為 λ_0 的**幾何重數** (geometric multiplicity)，而 $\lambda - \lambda_0$ 以因子的型式出現於 A 的特徵多項式中的次數則稱為 λ_0 的**代數重數** (algebraic multiplicity)。下列定理僅陳述而不證明，它總結了前面的討論。

定理 5.2.5：幾何重數與代數重數
若 A 為方陣，則：
(a) 對 A 的每個特徵值，其幾何重數少於或等於其代數重數。
(b) A 為可對角化矩陣若且唯若其每個特徵值的幾何重數等於代數重數。

可選擇的教材

我們將以可選擇的定理 5.2.2 之證明完結本節。

定理 5.2.2 之證明：令 $\mathbf{v}_1, \mathbf{v}_2, \ldots, \mathbf{v}_k$ 為 A 對應於相異特徵值 $\lambda_1, \lambda_2, \ldots, \lambda_k$ 的特徵向量。先假設 $\mathbf{v}_1, \mathbf{v}_2, \ldots, \mathbf{v}_k$ 為線性相關且得結果是矛盾的，然後得到 $\mathbf{v}_1, \mathbf{v}_2, \ldots, \mathbf{v}_k$ 為線性獨立的結論。

由於依定義有個特徵向量不為零，$\{\mathbf{v}_1\}$ 為線性獨立的。令 r 為使 $\{\mathbf{v}_1, \mathbf{v}_2, \ldots, \mathbf{v}_r\}$ 為線性獨立集合的最大整數。因為已經假設 $\{\mathbf{v}_1, \mathbf{v}_2, \ldots, \mathbf{v}_k\}$ 為線性相關，r 應滿足 $1 \leq r < k$。此外，依 r 的定義，$\{\mathbf{v}_1, \mathbf{v}_2, \ldots, \mathbf{v}_{r+1}\}$ 為線性相關。於是，有不全部為零的係數 $c_1, c_2, \ldots, c_{r+1}$，使得

$$c_1\mathbf{v}_1 + c_2\mathbf{v}_2 + \cdots + c_{r+1}\mathbf{v}_{r+1} = \mathbf{0} \tag{5}$$

在 (5) 式的兩端都以 A 乘之並利用

$$A\mathbf{v}_1 = \lambda_1\mathbf{v}_1, \quad A\mathbf{v}_2 = \lambda_2\mathbf{v}_2, \ldots, \quad A\mathbf{v}_{r+1} = \lambda_{r+1}\mathbf{v}_{r+1}$$

可得

$$c_1\lambda_1\mathbf{v}_1 + c_2\lambda_2\mathbf{v}_2 + \cdots + c_{r+1}\lambda_{r+1}\mathbf{v}_{r+1} = \mathbf{0} \tag{6}$$

在 (5) 式兩端均以 λ_{r+1} 乘之，並從 (6) 式中減去所得的方程式可得

$$c_1(\lambda_1 - \lambda_{r+1})\mathbf{v}_1 + c_2(\lambda_2 - \lambda_{r+1})\mathbf{v}_2 + \cdots + c_r(\lambda_r - \lambda_{r+1})\mathbf{v}_r = \mathbf{0}$$

因為 $\{\mathbf{v}_1, \mathbf{v}_2, \ldots, \mathbf{v}_r\}$ 為線性獨立的集合，此方程式暗示

$$c_1(\lambda_1 - \lambda_{r+1}) = c_2(\lambda_2 - \lambda_{r+1}) = \cdots = c_r(\lambda_r - \lambda_{r+1}) = 0$$

因為 $\lambda_1, \lambda_2, \ldots, \lambda_{r+1}$ 為相異特徵值，可知

$$c_1 = c_2 = \cdots = c_r = 0 \tag{7}$$

將這些值代入 (5) 式得到

$$c_{r+1}\mathbf{v}_{r+1} = \mathbf{0}$$

因為特徵向量 $\mathbf{v}_{r+1}$ 不為零，可知

$$c_{r+1} = 0 \tag{8}$$

(7) 和 (8) 兩式與 $c_1, c_2, \ldots, c_{r+1}$ 均不為零的事實相牴觸，而完成了證明。◀

概念複習

- 相似變換
- 相似不變性
- 相似矩陣
- 可對角化矩陣
- 幾何重數
- 代數重數

技　能

- 判斷方陣 A 是否可對角化。
- 對角化方陣 A。
- 使用相似性求矩陣的冪次方。
- 求特徵值的幾何重數及代數重數。

習題集 5.2

▶對習題 1-4 各題，證明 A 和 B 不是相似矩陣。◀

1. $A = \begin{bmatrix} 2 & 1 \\ 3 & 4 \end{bmatrix}, B = \begin{bmatrix} 2 & 0 \\ 3 & 3 \end{bmatrix}$

2. $A = \begin{bmatrix} 4 & -1 \\ 2 & 4 \end{bmatrix}, B = \begin{bmatrix} 4 & 1 \\ 2 & 4 \end{bmatrix}$

3. $A = \begin{bmatrix} 4 & 2 & 0 \\ 2 & 1 & 0 \\ 1 & 1 & 7 \end{bmatrix}, B = \begin{bmatrix} 0 & 3 & 4 \\ 0 & 7 & 2 \\ 0 & 0 & 4 \end{bmatrix}$

4. $A = \begin{bmatrix} 1 & 0 & 1 \\ 2 & 0 & 2 \\ 3 & 0 & 3 \end{bmatrix}, B = \begin{bmatrix} 1 & 1 & 0 \\ 2 & 2 & 0 \\ 0 & 1 & 1 \end{bmatrix}$

5. 令 A 為特徵方程式為 $\lambda^2(\lambda-1)(\lambda-2)^3=0$ 的 6×6 階矩陣。試問 A 的各特徵空間的可能維數為若干？

6. 令
$$A = \begin{bmatrix} 4 & 0 & 1 \\ 2 & 3 & 2 \\ 1 & 0 & 4 \end{bmatrix}$$

   (a) 試求 A 的特徵值。
   (b) 試就每個特徵值 λ 求矩陣 $\lambda I - A$。
   (c) A 是否可對角化？試為你的推論提出說明。

▶對習題 7-11 各題，使用習題 6 之方法，判斷各矩陣是否可對角化？◀

7. $\begin{bmatrix} 4 & 0 \\ -2 & 4 \end{bmatrix}$
8. $\begin{bmatrix} 2 & -3 \\ 1 & -1 \end{bmatrix}$
9. $\begin{bmatrix} 6 & 3 & 1 \\ 0 & 3 & 1 \\ 0 & 0 & 9 \end{bmatrix}$

10. $\begin{bmatrix} -1 & 0 & 1 \\ -1 & 3 & 0 \\ -4 & 13 & -1 \end{bmatrix}$
11. $\begin{bmatrix} 2 & -1 & 0 & 1 \\ 0 & 2 & 1 & -1 \\ 0 & 0 & 3 & 2 \\ 0 & 0 & 0 & 3 \end{bmatrix}$

▶對習題 12-15 各題，找一個矩陣 P 來對角化 A，並計算 $P^{-1}AP$。◀

12. $A = \begin{bmatrix} -14 & 12 \\ -20 & 17 \end{bmatrix}$
13. $A = \begin{bmatrix} 5 & 7 \\ 0 & -3 \end{bmatrix}$

14. $A = \begin{bmatrix} 1 & 0 & 0 \\ 0 & 1 & 1 \\ 0 & 1 & 1 \end{bmatrix}$
15. $A = \begin{bmatrix} 2 & 0 & -2 \\ 0 & 3 & 0 \\ 0 & 0 & 3 \end{bmatrix}$

▶對習題 16-21 各題，求矩陣 A 每個特徵值的幾何及代數重數，並判斷 A 是否可對角化？若 A 是可對角化，則求矩陣 P 來對角化 A，並求 $P^{-1}AP$。◀

16. $A = \begin{bmatrix} 19 & -9 & -6 \\ 25 & -11 & -9 \\ 17 & -9 & -4 \end{bmatrix}$
17. $A = \begin{bmatrix} 1 & 0 & 9 \\ 0 & 0 & 0 \\ 0 & 0 & 1 \end{bmatrix}$

18. $A = \begin{bmatrix} 5 & 0 & 0 \\ 1 & 5 & 0 \\ 0 & 1 & 5 \end{bmatrix}$
19. $A = \begin{bmatrix} 1 & 2 & -2 \\ -3 & 4 & 0 \\ -3 & 1 & 3 \end{bmatrix}$

20. $A = \begin{bmatrix} -2 & 0 & 0 & 0 \\ 0 & -2 & 0 & 0 \\ 0 & 0 & 3 & 0 \\ 0 & 0 & 1 & 3 \end{bmatrix}$

21. $A = \begin{bmatrix} -2 & 0 & 0 & 0 \\ 0 & -2 & 5 & -5 \\ 0 & 0 & 3 & 0 \\ 0 & 0 & 0 & 3 \end{bmatrix}$

22. 試使用例題 5 的方法求 A^{10}，其中
$$A = \begin{bmatrix} 2 & 3 \\ 0 & -1 \end{bmatrix}$$

23. 試使用例題 5 的方法求 A^{11}，其中
$$A = \begin{bmatrix} -1 & 0 & 1 \\ 0 & 2 & 0 \\ 0 & -3 & 1 \end{bmatrix}$$

24. 若
$$A = \begin{bmatrix} 1 & -2 & 8 \\ 0 & -1 & 0 \\ 0 & 0 & -1 \end{bmatrix}$$

求下列各冪次方：
(a) A^{1000} (b) A^{-1000} (c) A^{2301} (d) A^{-2301}

25. 求 A^n，若 n 為一正整數且
$$A = \begin{bmatrix} 3 & -1 & 0 \\ -1 & 2 & -1 \\ 0 & -1 & 3 \end{bmatrix}$$

26. 令
$$A = \begin{bmatrix} a & b \\ c & d \end{bmatrix}$$
試證明：
(a) A 為可對角化的，若 $(a-d)^2 + 4bc > 0$。
(b) A 為不可對角化的，若 $(a-d)^2 + 4bc < 0$。[提示：參考 5.1 節習題 19。]

27. 若習題 26 中的矩陣 A 為可對角化的，試求對角化 A 的矩陣 P。[提示：參考 5.1 節習題 20。]

28. 證明相似矩陣有相同的秩。

29. 證明相似矩陣有相同的核維數。

30. 證明相似矩陣有相同的跡數。

31. 證明若 A 是可對角化的，則 A^k 亦是可對角化的，對每個正整數 k。

32. 證明若 A 為可對角化矩陣，則 A 的秩為 A 的非零特徵值之個數。

33. 設方陣 A 的特徵多項式為
$$p(\lambda) = (\lambda-1)(\lambda-3)^2(\lambda-4)^3$$
回答下面各問題並解釋你的理由。
(a) A 的所有特徵空間及維數為何？
(b) 若 A 可對角化，則 A 的所有特徵空間之維數為何？
(c) 若 $\{\mathbf{v}_1, \mathbf{v}_2, \mathbf{v}_3\}$ 為 A 的特徵向量所成的線性獨立集合，且均對應至 A 的同一特徵值，則此特徵值有何特性？

34. 本題將引導你完成一個 $n \times n$ 階矩陣 A 的特徵值之代數重數大於或等於幾何重數的證明。為此目的，假設 λ_0 是一個幾何重數為 k 的特徵值。

(a) 證明存在一組基底 $B = \{\mathbf{u}_1, \mathbf{u}_2, \ldots, \mathbf{u}_n\}$ 給 R^n，其中 B 的前 k 個向量形成一組基底給對應至 λ_0 之特徵空間。

(b) 令 P 為以 B 的所有向量為行的矩陣。證明乘積 AP 可被表為
$$AP = P \begin{bmatrix} \lambda_0 I_k & X \\ O & Y \end{bmatrix}$$
[提示：比較兩端的前 k 個行向量。]

(c) 使用 (b) 之結果證明 A 相似於
$$C = \begin{bmatrix} \lambda_0 I_k & X \\ O & Y \end{bmatrix}$$
因此，A 和 C 有相同的特徵多項式。

(d) 考慮 $\det(\lambda I - C)$，證明 A 的特徵多項式 (且因此 A) 含因子 $(\lambda - \lambda_0)$ 至少 k 次，因而證明 λ_0 的代數重數大於或等於幾何重數 k。

是非題

試判斷 (a)-(h) 各敘述的真假，並驗證你的答案。

(a) 每個方陣相似於本身。
(b) 若矩陣 A, B 和 C 滿足 A 相似於 B 且 B 相似於 C，則 A 相似於 C。
(c) 若 A 和 B 為相似的可逆矩陣，則 A^{-1} 和 B^{-1} 相似。
(d) 若 A 是可對角化的，則存在一個唯一矩陣 P 滿足 $P^{-1}AP$ 是對角的。
(e) 若 A 是可對角化的且可逆，則 A^{-1} 是可對角化的。
(f) 若 A 是可對角化的，則 A^T 是可對角化的。
(g) 若存在一組由 $n \times n$ 階矩陣 A 之特徵向量所組成的基底，則 A 是可對角化的。
(h) 若矩陣 A 的每個特徵值有代數重數 1，則 A 是可對角化的。

5.3 複數向量空間

因為任一方陣的特徵方程式可有複數解,複數特徵值及特徵向量的觀念自然產生,甚至矩陣的元素為實數。本節我們將討論這個概念並應用我們的結果更深入的來研究對稱矩陣。複數主要部分的複習將出現在本書之末。

複習複數

回顧若 $z=a+bi$ 是一個複數,則:

- $\text{Re}(z)=a$ 及 $\text{Im}(z)=b$ 分別被稱為 z 的**實部** (real part) 及 z 的**虛部** (imaginary poart),
- $|z|=\sqrt{a^2+b^2}$ 被稱為 z 的**模數** (modulus) [或稱絕對值 (absolute value)],
- $\bar{z}=a-bi$ 被稱為 z 的**共軛複數** (complex conjugate),
- $z\bar{z}=a^2+b^2=|z|^2$
- 圖 5.3.1 的角 ϕ 被稱為 z 的**幅角** (argument),
- $\text{Re}(z)=|z|\cos\phi$
- $\text{Im}(z)=|z|\sin\phi$
- $z=|z|(\cos\phi+i\sin\phi)$ 被稱為 z 的**極式** (polar form)。

▲ 圖 5.3.1

複數特徵值

在 5.1 節的公式 (3) 裡,我們觀察到一般 $n\times n$ 階矩陣 A 的特徵方程式為

$$\lambda^n+c_1\lambda^{n-1}+\cdots+c_n=0 \tag{1}$$

其中 λ 的最高冪次項的係數為 1。至今我們僅討論 (1) 式之解為實數的矩陣。然而,具實元素之矩陣 A 的特徵方程式可能有虛根;例如,矩陣

$$A=\begin{bmatrix}-2 & -1 \\ 5 & 2\end{bmatrix}$$

的特徵方程式是

$$\begin{vmatrix}\lambda+2 & 1 \\ -5 & \lambda-2\end{vmatrix}=\lambda^2+1=0$$

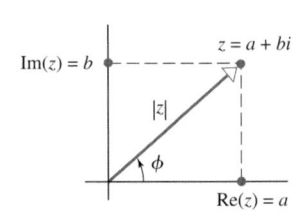

其有虛根 $\lambda=i$ 及 $\lambda=-i$。欲處理這個狀況，我們將需要探討複數向量空間的觀念及一些相關概念。

C^n 上的向量

純量被允許為複數的向量空間被稱為**複數向量空間** (complex vector space)。本節我們將僅關心下面之實數向量空間 R^n 的複數一般化。

> **定義 1**：若 n 是一個正整數，則一個 **n 元複數序對** (complex n-tuple) 是一個 n 個複數的序列 $(v_1, v_2, \ldots, v_n)$。所有 n 元複數序對所成的集合被稱為**複數 n-空間** (complex n-space) 且被表為 C^n。純量是複數，且加法、減法及純量乘法的運算係以分量方式執行。

使用在 n 元實數序對的專有名詞應用在 n 元複數序對不變。因此，若 $v_1, v_2, \ldots, v_n$ 是複數，則我們稱 $\mathbf{v}=(v_1, v_2, \ldots, v_n)$ 為 C^n 上的**向量** (vector) 且 $v_1, v_2, \ldots, v_n$ 為其**分量** (components)。一些 C^3 上的向量例子如：

$$\mathbf{u} = (1+i, -4i, 3+2i), \quad \mathbf{v} = (0, i, 5), \quad \mathbf{w} = \left(6-\sqrt{2}i, 9+\tfrac{1}{2}i, \pi i\right)$$

每個 C^n 上的向量

$$\mathbf{v} = (v_1, v_2, \ldots, v_n) = (a_1+b_1 i, a_2+b_2 i, \ldots, a_n+b_n i)$$

可被分成**實部** (real parts) 及**虛部** (imaginary parts) 如

$$\mathbf{v} = (a_1, a_2, \ldots, a_n) + i(b_1, b_2, \ldots, b_n)$$

其亦可被表為

$$\mathbf{v} = \text{Re}(\mathbf{v}) + i\,\text{Im}(\mathbf{v})$$

其中

$$\text{Re}(\mathbf{v}) = (a_1, a_2, \ldots, a_n) \quad \text{且} \quad \text{Im}(\mathbf{v}) = (b_1, b_2, \ldots, b_n)$$

向量

$$\bar{\mathbf{v}} = (\bar{v}_1, \bar{v}_2, \ldots, \bar{v}_n) = (a_1-b_1 i, a_2-b_2 i, \ldots, a_n-b_n i)$$

被稱為 $\mathbf{v}$ 的**共軛複數** (complex conjugate) 且可以 $\text{Re}(\mathbf{v})$ 及 $\text{Im}(\mathbf{v})$ 表為

$$\bar{\mathbf{v}} = (a_1, a_2, \ldots, a_n) - i(b_1, b_2, \ldots, b_n) = \text{Re}(\mathbf{v}) - i\,\text{Im}(\mathbf{v}) \tag{2}$$

所以 R^n 上所有向量可被視為 C^n 上虛部為零的向量；或 C^n 上之向量 $\mathbf{v}$ 在 R^n 上若且唯若 $\bar{\mathbf{v}} = \mathbf{v}$。

本節我們亦需考慮具複數元素的矩陣,所以我們稱元素為實數的矩陣為**實數矩陣** (real matrix) 且稱元素為複數的矩陣為**複數矩陣** (complex matrix)。實數矩陣上所有標準運算應用在複數矩陣不變,且所有熟悉的矩陣性質亦持續成立。

若 A 是一個複數矩陣,則 Re(A) 和 Im(A) 係由 A 的所有元素之實部及虛部所形成的矩陣,且 $\overline{A}$ 係由 A 中每個元素的共軛複數所形成的。

▶**例題 1** 向量與矩陣的實部和虛部

令

$$\mathbf{v} = (3+i, -2i, 5) \quad \text{且} \quad A = \begin{bmatrix} 1+i & -i \\ 4 & 6-2i \end{bmatrix}$$

則

$$\overline{\mathbf{v}} = (3-i, 2i, 5), \quad \text{Re}(\mathbf{v}) = (3, 0, 5), \quad \text{Im}(\mathbf{v}) = (1, -2, 0)$$

$$\overline{A} = \begin{bmatrix} 1-i & i \\ 4 & 6+2i \end{bmatrix}, \quad \text{Re}(A) = \begin{bmatrix} 1 & 0 \\ 4 & 6 \end{bmatrix}, \quad \text{Im}(A) = \begin{bmatrix} 1 & -1 \\ 0 & -2 \end{bmatrix}$$

$$\det(A) = \begin{vmatrix} 1+i & -i \\ 4 & 6-2i \end{vmatrix} = (1+i)(6-2i) - (-i)(4) = 8+8i \quad ◀$$

共軛複數的代數性質

下兩個定理列出本節所需的一些複數向量及矩陣的性質。部分證明留作為習題。

定理 5.3.1:若 $\mathbf{u}$ 和 $\mathbf{v}$ 為 C^n 上的向量,且若 k 是純量,則:

(a) $\overline{\overline{\mathbf{u}}} = \mathbf{u}$
(b) $\overline{k\mathbf{u}} = \overline{k}\,\overline{\mathbf{u}}$
(c) $\overline{\mathbf{u}+\mathbf{v}} = \overline{\mathbf{u}} + \overline{\mathbf{v}}$
(d) $\overline{\mathbf{u}-\mathbf{v}} = \overline{\mathbf{u}} - \overline{\mathbf{v}}$

定理 5.3.2:若 A 是一個 $m \times k$ 階複數矩陣且 B 是一個 $k \times n$ 階複數矩陣,則:

(a) $\overline{\overline{A}} = A$
(b) $\overline{(A^T)} = (\overline{A})^T$
(c) $\overline{AB} = \overline{A}\,\overline{B}$

複數歐幾里德內積

下面定義將點積及範數之觀念擴大至 C^n。

定義 2：若 $\mathbf{u} = (u_1, u_2, \ldots, u_n)$ 且 $\mathbf{v} = (v_1, v_2, \ldots, v_n)$ 為 C^n 上之向量，則 $\mathbf{u}$ 和 $\mathbf{v}$ 的**複數歐幾里德內積** (complex Euclidean inner product) [亦被稱為**複數點積** (complex dot product)] 記為 $\mathbf{u} \cdot \mathbf{v}$ 且被定義為

$$\mathbf{u} \cdot \mathbf{v} = u_1 \bar{v}_1 + u_2 \bar{v}_2 + \cdots + u_n \bar{v}_n \tag{3}$$

我們亦定義 C^n 上的**歐幾里德範數** (Euclidean norm) 為

$$\|\mathbf{v}\| = \sqrt{\mathbf{v} \cdot \mathbf{v}} = \sqrt{|v_1|^2 + |v_2|^2 + \cdots + |v_n|^2} \tag{4}$$

(3) 式的共軛複數確保 $\|\mathbf{v}\|$ 是實數，因為沒有他們，(4) 式的量值 $\mathbf{v} \cdot \mathbf{v}$ 可能為虛數。

如同實數情形，我們稱 $\mathbf{v}$ 為 C^n 上的**單位向量** (unit vector) 若 $\|\mathbf{v}\| = 1$，且稱兩向量 $\mathbf{u}$ 和 $\mathbf{v}$ 為**正交的** (orthogonal) 若 $\mathbf{u} \cdot \mathbf{v} = 0$。

▶ **例題 2** 複數歐幾里德內積及範數

求 $\mathbf{u} \cdot \mathbf{v}, \mathbf{v} \cdot \mathbf{u}, \|\mathbf{u}\|$ 及 $\|\mathbf{v}\|$ 其中

$$\mathbf{u} = (1+i, i, 3-i) \quad 且 \quad \mathbf{v} = (1+i, 2, 4i)$$

解：

$$\begin{aligned}
\mathbf{u} \cdot \mathbf{v} &= (1+i)(\overline{1+i}) + i(\bar{2}) + (3-i)(\overline{4i}) \\
&= (1+i)(1-i) + 2i + (3-i)(-4i) = -2 - 10i \\
\mathbf{v} \cdot \mathbf{u} &= (1+i)(\overline{1+i}) + 2(\bar{i}) + (4i)(\overline{3-i}) \\
&= (1+i)(1-i) - 2i + 4i(3+i) = -2 + 10i \\
\|\mathbf{u}\| &= \sqrt{|1+i|^2 + |i|^2 + |3-i|^2} = \sqrt{2+1+10} = \sqrt{13} \\
\|\mathbf{v}\| &= \sqrt{|1+i|^2 + |2|^2 + |4i|^2} = \sqrt{2+4+16} = \sqrt{22}
\end{aligned}$$

◀

回顧 3.2 節表 1，若 $\mathbf{u}$ 和 $\mathbf{v}$ 為 R^n 上的行向量，則它們的點積可被表為

$$\mathbf{u} \cdot \mathbf{v} = \mathbf{u}^T \mathbf{v} = \mathbf{v}^T \mathbf{u}$$

C^n 上的類比公式為 (證明之)

$$\mathbf{u} \cdot \mathbf{v} = \mathbf{u}^T \bar{\mathbf{v}} = \bar{\mathbf{v}}^T \mathbf{u} \tag{5}$$

例題 2 揭示 R^n 上點積及 C^n 上複數點積的主要差異。對 R^n 上的點

積，我們總是有 **v・u**＝**u・v**(對稱性)，但對複數點積，對應的關係式
為 $\mathbf{u} \cdot \mathbf{v} = \overline{\mathbf{v} \cdot \mathbf{u}}$，其被稱是它的**反對稱** (antisymmetry) 性質。下一個定理
是定理 3.2.2 的一個類比。

定理 5.3.3：若 **u**, **v** 及 **w** 為 C^n 上的向量，且 k 是純量，則複數歐幾
里德內積有下面性質：

(a)　$\mathbf{u} \cdot \mathbf{v} = \overline{\mathbf{v} \cdot \mathbf{u}}$ 　　　　　　　　　　　　　　　　　　　　[反對稱性]

(b)　$\mathbf{u} \cdot (\mathbf{v} + \mathbf{w}) = \mathbf{u} \cdot \mathbf{v} + \mathbf{u} \cdot \mathbf{w}$ 　　　　　　　　　　[分配性]

(c)　$k(\mathbf{u} \cdot \mathbf{v}) = (k\mathbf{u}) \cdot \mathbf{v}$ 　　　　　　　　　　　　　　　　[齊性]

(d)　$\mathbf{u} \cdot k\mathbf{v} = \overline{k}(\mathbf{u} \cdot \mathbf{v})$ 　　　　　　　　　　　　　　　　[反齊性]

(e)　$\mathbf{v} \cdot \mathbf{v} \geq 0$ 且 $\mathbf{v} \cdot \mathbf{v} = 0$ 若且唯若 $\mathbf{v} = \mathbf{0}$。　　　　　[正性]

本定理的 (c) 和 (d) 敘述某純量乘上一個複數歐幾里德內積可和第一個
向量乘在一起，而要將這個純量和第二個向量乘在一起，你必須先取
這個純量的共軛複數。我們將證明 (d)，而將其他留作為習題。

證明 (d)：

$$k(\mathbf{u} \cdot \mathbf{v}) = k(\overline{\mathbf{v} \cdot \mathbf{u}}) = \overline{\overline{k}\,(\mathbf{v} \cdot \mathbf{u})} = \overline{\overline{k}\,(\mathbf{v} \cdot \mathbf{u})} = \overline{(\overline{k}\mathbf{v}) \cdot \mathbf{u}} = \mathbf{u} \cdot (\overline{k}\mathbf{v})$$

欲完成證明，以 $\overline{k}$ 代替 k，且使用 $\overline{\overline{k}} = k$ 的事實。◀

C^n 上的向量概念

> R^n 是 C^n 的子空間嗎？試解釋之。

除了複數純量的使用，線性組合、線性獨立、子空間、生成、基底及
維數的觀念在 C^n 不變。

定義給複數矩陣的特徵值及特徵向量跟給實數矩陣的完全一樣。
若 A 是一個具複數元素的 $n \times n$ 階矩陣，則特徵方程式 $\det(\lambda I - A) = 0$
的複數根被稱為 A 的**複數特徵值** (complex eigenvalues)。如同在實數的
情形，λ 是 A 的一個複數特徵值若且唯若存在一個非零向量 **x** 在 C^n 滿
足 $A\mathbf{x} = \lambda \mathbf{x}$。每個這樣的 **x** 被稱為 A 對應至 λ 的**複數特徵向量** (complex
eigenvector)。A 對應至 λ 的複數特徵向量是線性方程組 $(\lambda I - A)\mathbf{x} = \mathbf{0}$ 的
非零解，且所有此種解所成的集合是 C^n 的子空間，被稱為 A 對應至 λ
的**特徵空間** (eigenspace)。

下一個定理敘述若一個實數矩陣有複數特徵值，則那些特徵值及

它們對應的特徵向量呈共軛對。

定理 5.3.4：若 λ 是 $n\times n$ 階實數矩陣 A 的一個特徵值，且若 $\mathbf{x}$ 是一個對應的特徵向量，則 $\bar{\lambda}$ 亦是 A 的一個特徵值，且 $\bar{\mathbf{x}}$ 是一個對應的特徵向量。

證明：因為 λ 是 A 的一個特徵值且 $\mathbf{x}$ 是一個對應的特徵向量，我們有

$$\overline{A\mathbf{x}} = \overline{\lambda\mathbf{x}} = \bar{\lambda}\bar{\mathbf{x}} \tag{6}$$

然而，$\bar{A} = A$，因為 A 有實數元素，所以由定理 5.3.2(c) 得

$$\overline{A\mathbf{x}} = \overline{A}\bar{\mathbf{x}} = A\bar{\mathbf{x}} \tag{7}$$

方程式 (6) 和 (7) 一起蘊涵

$$A\bar{\mathbf{x}} = \overline{A\mathbf{x}} = \bar{\lambda}\bar{\mathbf{x}}$$

其中 $\bar{\mathbf{x}} \neq \mathbf{0}$ (為何？)；此告訴我們 $\bar{\lambda}$ 是 A 的一個特徵值且 $\bar{\mathbf{x}}$ 是一個特徵向量。◀

▶ **例題 3　複數特徵值及特徵向量**

求 $A = \begin{bmatrix} -2 & -1 \\ 5 & 2 \end{bmatrix}$ 的所有特徵值及所有特徵空間的基底。

解：A 的特徵多項式是

$$\begin{vmatrix} \lambda+2 & 1 \\ -5 & \lambda-2 \end{vmatrix} = \lambda^2 + 1 = (\lambda - i)(\lambda + i)$$

所以 A 的所有特徵值是 $\lambda=i$ 及 $\lambda=-i$。注意這些特徵值是共軛複數，如定理 5.3.4 所保證的。欲求特徵向量，我們必須解方程組

$$\begin{bmatrix} \lambda+2 & 1 \\ -5 & \lambda-2 \end{bmatrix} \begin{bmatrix} x_1 \\ x_2 \end{bmatrix} = \begin{bmatrix} 0 \\ 0 \end{bmatrix}$$

其中 $\lambda=i$ 且接著解 $\lambda=-i$ 的情形。以 $\lambda=i$，此方程組變為

$$\begin{bmatrix} i+2 & 1 \\ -5 & i-2 \end{bmatrix} \begin{bmatrix} x_1 \\ x_2 \end{bmatrix} = \begin{bmatrix} 0 \\ 0 \end{bmatrix} \tag{8}$$

我們可使用高斯-喬丹消去法將增廣矩陣

$$\begin{bmatrix} i+2 & 1 & 0 \\ -5 & i-2 & 0 \end{bmatrix} \quad (9)$$

化為簡約列梯型來解這個方程組，雖然複數算術有點冗長。此處有一個較簡單的方法是先觀察 (9) 式的簡約列梯型必有一零列，因為 (8) 式有非明顯解。因此，(9) 式的每一列必為另一列的某純量倍數；因此，將第二列乘上某合適的倍數加至第一列，可使第一列成為零列。依此，我們可簡單地將第一列的所有元素設為零，接著互換列，並將新的第一列乘上 $(-\frac{1}{5})$，可得簡約列梯型

$$\begin{bmatrix} 1 & \frac{2}{5} - \frac{1}{5}i & 0 \\ 0 & 0 & 0 \end{bmatrix}$$

因此，方程組的一般解是

$$x_1 = \left(-\frac{2}{5} + \frac{1}{5}i\right)t, \quad x_2 = t$$

此告訴我們對應至 $\lambda = i$ 的特徵空間是一維的且由基底向量

$$\mathbf{x} = \begin{bmatrix} -\frac{2}{5} + \frac{1}{5}i \\ 1 \end{bmatrix} \quad (10)$$

的所有複數純量倍數所組成。做一檢查，讓我們確認 $A\mathbf{x} = i\mathbf{x}$。我們得

$$A\mathbf{x} = \begin{bmatrix} -2 & -1 \\ 5 & 2 \end{bmatrix} \begin{bmatrix} -\frac{2}{5} + \frac{1}{5}i \\ 1 \end{bmatrix} = \begin{bmatrix} -2\left(-\frac{2}{5} + \frac{1}{5}i\right) - 1 \\ 5\left(-\frac{2}{5} + \frac{1}{5}i\right) + 2 \end{bmatrix} = \begin{bmatrix} -\frac{1}{5} - \frac{2}{5}i \\ i \end{bmatrix} = i\mathbf{x}$$

我們可以相同方法求得一組基底給對應至 $\lambda = -i$ 的特徵空間，但此工作是不必要的，因為定理 5.3.4 蘊涵

$$\bar{\mathbf{x}} = \begin{bmatrix} -\frac{2}{5} - \frac{1}{5}i \\ 1 \end{bmatrix} \quad (11)$$

必為此特徵空間的一組基底。下面計算確認 $\bar{\mathbf{x}}$ 是 A 對應至 $\lambda = -i$ 的一個特徵向量：

$$A\bar{\mathbf{x}} = \begin{bmatrix} -2 & -1 \\ 5 & 2 \end{bmatrix} \begin{bmatrix} -\frac{2}{5} - \frac{1}{5}i \\ 1 \end{bmatrix}$$
$$= \begin{bmatrix} -2\left(-\frac{2}{5} - \frac{1}{5}i\right) - 1 \\ 5\left(-\frac{2}{5} - \frac{1}{5}i\right) + 2 \end{bmatrix} = \begin{bmatrix} -\frac{1}{5} + \frac{2}{5}i \\ -i \end{bmatrix} = -i\bar{\mathbf{x}} \quad ◀$$

因為接下來的幾個例子將含具實數元素的 2×2 階矩陣，討論一些關於此類矩陣之特徵值的一般結果是有用的。首先觀察矩陣

$$A = \begin{bmatrix} a & b \\ c & d \end{bmatrix}$$

的特徵多項式是

$$\det(\lambda I - A) = \begin{vmatrix} \lambda - a & -b \\ -c & \lambda - d \end{vmatrix} = (\lambda - a)(\lambda - d) - bc$$
$$= \lambda^2 - (a+d)\lambda + (ad - bc)$$

我們可利用 A 的跡數和行列式將特徵多項式表為

$$\det(\lambda I - A) = \lambda^2 - \text{tr}(A)\lambda + \det(A) \tag{12}$$

由此得 A 的特徵方程式是

$$\lambda^2 - \text{tr}(A)\lambda + \det(A) = 0 \tag{13}$$

回顧代數，若 $ax^2 + bx + c = 0$ 是一個含實數係數的二次方程式，則判別式 (discriminant) $b^2 - 4ac$ 決定根的本質：

$$b^2 - 4ac > 0 \quad \text{[兩個相異實根]}$$
$$b^2 - 4ac = 0 \quad \text{[一個重複的實根]}$$
$$b^2 - 4ac < 0 \quad \text{[兩個共軛複數根]}$$

將這個應用至 (13) 式，其中 $a=1$, $b=-\text{tr}(A)$ 且 $c=\det(A)$，得下面定理。

定理 5.3.5：若 A 是一個具實數元素的 2×2 階矩陣，則 A 的特徵方程式是 $\lambda^2 - \text{tr}(A)\lambda + \det(A) = 0$ 且
(a) A 有兩個相異的實數特徵值若 $\text{tr}(A)^2 - 4\det(A) > 0$；

史記：Olga Taussky-Todd 是矩陣分析方面的女開拓者之一，且是第一位成為加州理工學院教授的女士。二次世界大戰期間，她工作於倫敦國立物理實驗室，且被指派研究超音速飛機的顫動。在該實驗室期間，她實現某種 6×6 階複數矩陣之特徵值的某些結果可被用來回答顫動問題的主要問題，否則將需吃力的計算。二次大戰後，Olga Taussky-Todd 繼續從事矩陣相關主題的研究，且幫忙引導許多矩陣上有名的但不相干的結果成為相干的主題，我們現在稱為矩陣理論。

Olga Taussky-Todd
(1906–1995)

[相片：摘錄自 *Courtesy of the Archives, California Institute of Technology*]

(b) A 有一個重複的實數特徵值若 $\text{tr}(A)^2 - 4\det(A) = 0$；

(c) A 有兩個共軛複數特徵值若 $\text{tr}(A)^2 - 4\det(A) < 0$。

▶ **例題 4** **2×2 階矩陣的特徵值**

對下面各小題，使用公式 (13) 之特徵方程式求各矩陣的所有特徵值。

(a) $A = \begin{bmatrix} 2 & 2 \\ -1 & 5 \end{bmatrix}$ (b) $A = \begin{bmatrix} 0 & -1 \\ 1 & 2 \end{bmatrix}$ (c) $A = \begin{bmatrix} 2 & 3 \\ -3 & 2 \end{bmatrix}$

解 (a)：我們有 $\text{tr}(A) = 7$ 且 $\det(A) = 12$，所以 A 的特徵方程式是

$$\lambda^2 - 7\lambda + 12 = 0$$

因式分解，得 $(\lambda - 4)(\lambda - 3) = 0$，所以 A 的所有特徵值是 $\lambda = 4$ 及 $\lambda = 3$。

解 (b)：我們有 $\text{tr}(A) = 2$ 且 $\det(A) = 1$，所以 A 的特徵方程式是

$$\lambda^2 - 2\lambda + 1 = 0$$

因式分解此方程式，得 $(\lambda - 1)^2 = 0$，所以 $\lambda = 1$ 是 A 的唯一特徵值；它有代數重數 2。

解 (c)：我們有 $\text{tr}(A) = 4$ 且 $\det(A) = 13$，所以 A 的特徵方程式是

$$\lambda^2 - 4\lambda + 13 = 0$$

使用二次公式解此方程式得

$$\lambda = \frac{4 \pm \sqrt{(-4)^2 - 4(13)}}{2} = \frac{4 \pm \sqrt{-36}}{2} = 2 \pm 3i$$

因此，A 的所有特徵值是 $\lambda = 2 + 3i$ 及 $\lambda = 2 - 3i$。 ◀

對稱矩陣有實數特徵值

下一個結果，關心實數對稱矩陣的所有特徵值，在許多應用方面是重要的。其證明的關鍵點是將實數對稱矩陣考慮為複數矩陣，所有元素的虛部均為零。

定理 5.3.6：若 A 是一個實數對稱矩陣，則 A 有實數特徵值。

證明：假設 λ 是 A 的一個特徵值且 $\mathbf{x}$ 是一個對應的特徵向量，其中我們允許 λ 是複數且 $\mathbf{x}$ 在 C^n 上的可能性。因此，

$$Ax = \lambda x$$

其中 $x \neq 0$。若我們將此方程式的兩端乘上 $\bar{x}^T$ 且利用

$$\bar{x}^T Ax = \bar{x}^T(\lambda x) = \lambda(\bar{x}^T x) = \lambda(x \cdot x) = \lambda \|x\|^2$$

則我們得

$$\lambda = \frac{\bar{x}^T Ax}{\|x\|^2}$$

因為這個表示式的分母是實數,利用證明

$$\overline{\bar{x}^T Ax} = \bar{x}^T Ax \tag{14}$$

我們可證明 λ 是實數。但 A 是對稱的且有實數元素,所以由 (14) 式的第二個等式及共軛性質得

$$\overline{\bar{x}^T Ax} = \overline{\bar{x}}^T \overline{Ax} = x^T \overline{Ax} = (\overline{Ax})^T x = (\bar{A}\bar{x})^T x = (A\bar{x})^T x = \bar{x}^T A^T x = \bar{x}^T Ax \quad \blacktriangleleft$$

複數特徵值的幾何意義

下一個定理是了解 2×2 階實數矩陣的複數特徵值之幾何意義的關鍵。

定理 5.3.7:實數矩陣

$$C = \begin{bmatrix} a & -b \\ b & a \end{bmatrix} \tag{15}$$

的所有特徵值為 $\lambda = a \pm bi$。若 a 和 b 不全為零,則此矩陣可被分解為

$$\begin{bmatrix} a & -b \\ b & a \end{bmatrix} = \begin{bmatrix} |\lambda| & 0 \\ 0 & |\lambda| \end{bmatrix} \begin{bmatrix} \cos\phi & -\sin\phi \\ \sin\phi & \cos\phi \end{bmatrix} \tag{16}$$

其中 ϕ 是由正 x-軸至連結原點和點 (a, b) 之射線的角(圖 5.3.2)。

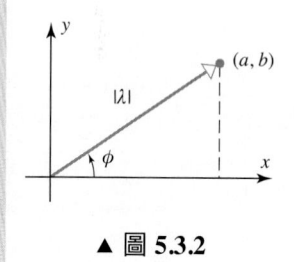

▲ 圖 5.3.2

在幾何上,此定理敘述以 (15) 式之矩陣相乘可被視為先旋轉 ϕ 角再以因子 $|\lambda|$ 做比例(圖 5.3.3)。

證明:C 的特徵方程式是 $(\lambda - a)^2 + b^2 = 0$(證明之),由此得 C 的所有特徵值是 $\lambda = a \pm bi$。假設 a 和 b 不全為零,令 ϕ 為由正 x-軸至連結原點至點 (a, b) 之射線的角。角 ϕ 是特徵值 $\lambda = a + bi$ 的幅角,所以由圖 5.3.2 得

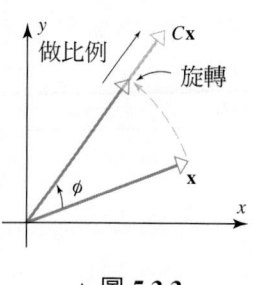

▲ 圖 5.3.3

$$a = |\lambda|\cos\phi \quad 且 \quad b = |\lambda|\sin\phi$$

由上式，(15) 式的矩陣可被寫為

$$\begin{bmatrix} a & -b \\ b & a \end{bmatrix} = \begin{bmatrix} |\lambda| & 0 \\ 0 & |\lambda| \end{bmatrix} \begin{bmatrix} \frac{a}{|\lambda|} & -\frac{b}{|\lambda|} \\ \frac{b}{|\lambda|} & \frac{a}{|\lambda|} \end{bmatrix} = \begin{bmatrix} |\lambda| & 0 \\ 0 & |\lambda| \end{bmatrix} \begin{bmatrix} \cos\phi & -\sin\phi \\ \sin\phi & \cos\phi \end{bmatrix} \blacktriangleleft$$

下一個定理，其證明被考慮在習題裡，證明每一個具複數特徵值的 2×2 階實數矩陣相似於型如 (15) 式的矩陣。

定理 5.3.8：令 A 是一個具複數特徵值 $\lambda = a \pm bi$ (其中 $b \neq 0$) 的 2×2 階實數矩陣。若 $\mathbf{x}$ 是 A 對應至 $\lambda = a - bi$ 的一個特徵向量，則矩陣 $P = [\text{Re}(\mathbf{x}) \quad \text{Im}(\mathbf{x})]$ 是可逆的且

$$A = P \begin{bmatrix} a & -b \\ b & a \end{bmatrix} P^{-1} \tag{17}$$

▶ **例題 5**　使用複數特徵值做矩陣分解

使用特徵值 $\lambda = -i$ 分解例題 3 的矩陣為 (17) 式之型式，其中對應的特徵向量被給在 (11) 式。

解：為和定理 5.3.8 的記號一致，讓我們將 (11) 式中對應至 $\lambda = -i$ 的特徵向量表為 $\mathbf{x}$ (而非以前的 $\bar{\mathbf{x}}$)。對這個 λ 及 $\mathbf{x}$，我們有

$$a = 0, \quad b = 1, \quad \text{Re}(\mathbf{x}) = \begin{bmatrix} -\frac{2}{5} \\ 1 \end{bmatrix}, \quad \text{Im}(\mathbf{x}) = \begin{bmatrix} -\frac{1}{5} \\ 0 \end{bmatrix}$$

因此，

$$P = [\text{Re}(\mathbf{x}) \quad \text{Im}(\mathbf{x})] = \begin{bmatrix} -\frac{2}{5} & -\frac{1}{5} \\ 1 & 0 \end{bmatrix}$$

所以 A 可被分解成型如 (17) 式

$$\begin{bmatrix} -2 & -1 \\ 5 & 2 \end{bmatrix} = \begin{bmatrix} -\frac{2}{5} & -\frac{1}{5} \\ 1 & 0 \end{bmatrix} \begin{bmatrix} 0 & -1 \\ 1 & 0 \end{bmatrix} \begin{bmatrix} 0 & 1 \\ -5 & -2 \end{bmatrix}$$

你可將右邊乘開來以確信之。　◀

定理 5.3.8 的幾何意義

欲明白定理 5.3.8 的幾何意義，讓我們將 (16) 式右端的矩陣分別表為 S 及 R_ϕ，並使用 (16) 式將 (17) 式改寫為

$$A = PSR_\phi P^{-1} = P \begin{bmatrix} |\lambda| & 0 \\ 0 & |\lambda| \end{bmatrix} \begin{bmatrix} \cos\phi & -\sin\phi \\ \sin\phi & \cos\phi \end{bmatrix} P^{-1} \qquad (18)$$

若我們將 P 視為由基底 $B = [\text{Re}(\mathbf{x}), \text{Im}(\mathbf{x})]$ 至標準基底的轉移矩陣，則 (18) 式告訴我們計算一個乘積 $A\mathbf{x}_0$，可分成三步驟來進行：

步驟 1. 利用乘積 $P^{-1}\mathbf{x}_0$，將 $\mathbf{x}_0$ 由標準座標映至 B-座標。
步驟 2. 利用乘積 $SR_\phi P^{-1}\mathbf{x}_0$，旋轉向量 $P^{-1}\mathbf{x}_0$ 並做比例。
步驟 3. 將旋轉過並做過比例的向量映回標準座標以得
$$A\mathbf{x}_0 = PSR_\phi P^{-1}\mathbf{x}_0 \text{。}$$

冪序列

在許多問題裡面，吾人感興趣的是逐次的應用一個矩陣變換，對一個明確的向量有何影響？例如，若 A 是某算子在 R^n 上的標準矩陣且 $\mathbf{x}_0$ 是 R^n 上的某固定向量，則吾人可能對冪序列

$$\mathbf{x}_0, \quad A\mathbf{x}_0, \quad A^2\mathbf{x}_0, \ldots, \quad A^k\mathbf{x}_0, \ldots$$

的行為感到興趣。例如，若

$$A = \begin{bmatrix} \frac{1}{2} & \frac{3}{4} \\ -\frac{3}{5} & \frac{11}{10} \end{bmatrix} \quad \text{且} \quad \mathbf{x}_0 = \begin{bmatrix} 1 \\ 1 \end{bmatrix}$$

則藉由電腦或計算器的幫助，吾人可證明冪序列的前四項為

$$\mathbf{x}_0 = \begin{bmatrix} 1 \\ 1 \end{bmatrix}, \quad A\mathbf{x}_0 = \begin{bmatrix} 1.25 \\ 0.5 \end{bmatrix}, \quad A^2\mathbf{x}_0 = \begin{bmatrix} 1.0 \\ -0.2 \end{bmatrix}, \quad A^3\mathbf{x}_0 = \begin{bmatrix} 0.35 \\ -0.82 \end{bmatrix}$$

藉由 MATLAB 或一個電腦代數系統的幫助，吾人可證明若前 100 項被繪為有序數對 (x, y)，則如圖 5.3.4a 所示，所有點沿著橢圓路徑移動。

欲了解為何所有點沿著一個橢圓路徑移動，我們將需要檢視 A 的特徵值及特徵向量。留給讀者證明 A 的所有特徵值為 $\lambda = \frac{4}{5} \pm \frac{3}{5}i$ 且對應的特徵向量為

416　初等線性代數與應用

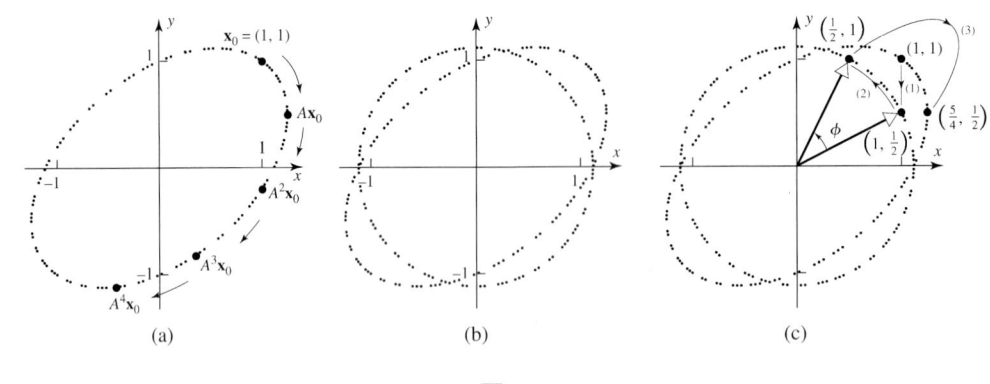

▲ 圖 5.3.4

$$\lambda_1 = \tfrac{4}{5} - \tfrac{3}{5}i: \quad \mathbf{v}_1 = \left(\tfrac{1}{2} + i, 1\right) \quad 及 \quad \lambda_2 = \tfrac{4}{5} + \tfrac{3}{5}i: \quad \mathbf{v}_2 = \left(\tfrac{1}{2} - i, 1\right)$$

若我們取 $\lambda = \lambda_1 = \tfrac{4}{5} - \tfrac{3}{5}i$ 且 (17) 式的 $\mathbf{x} = \mathbf{v}_1 = \left(\tfrac{1}{2} + i, 1\right)$ 並使用 $|\lambda| = 1$ 的事實，則我們得到分解

$$\underbrace{\begin{bmatrix} \tfrac{1}{2} & \tfrac{3}{4} \\ -\tfrac{3}{5} & \tfrac{11}{10} \end{bmatrix}}_{A} = \underbrace{\begin{bmatrix} \tfrac{1}{2} & 1 \\ 1 & 0 \end{bmatrix}}_{P} \underbrace{\begin{bmatrix} \tfrac{4}{5} & -\tfrac{3}{5} \\ \tfrac{3}{5} & \tfrac{4}{5} \end{bmatrix}}_{R_\phi} \underbrace{\begin{bmatrix} 0 & 1 \\ 1 & -\tfrac{1}{2} \end{bmatrix}}_{P^{-1}} \tag{19}$$

其中 R_ϕ 是一個對著原點旋轉 ϕ 角的旋轉，其正切函數值是

$$\tan\phi = \frac{\sin\phi}{\cos\phi} = \frac{3/5}{4/5} = \frac{3}{4} \qquad (\phi = \tan^{-1}\tfrac{3}{4} \approx 36.9°)$$

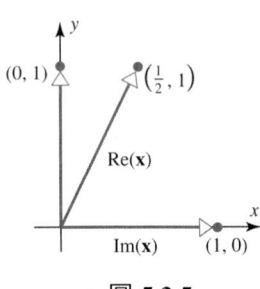

▲ 圖 5.3.5

(19) 式的矩陣 P 是由基底 $B = \{\text{Re}(\mathbf{x}), \text{Im}(\mathbf{x})\} = \{\left(\tfrac{1}{2}, 1\right), (1, 0)\}$ 至標準基底的轉移矩陣，且 P^{-1} 是由標準基底至基底 B 的轉移矩陣 (圖 5.3.5)。其次，若 n 是一個正整數，則 (19) 式蘊涵

$$A^n \mathbf{x}_0 = (PR_\phi P^{-1})^n \mathbf{x}_0 = PR_\phi^n P^{-1} \mathbf{x}_0$$

所以計算 $A^n \mathbf{x}_0$，可先將 $\mathbf{x}_0$ 映至 B-座標的點 $P^{-1}\mathbf{x}_0$，再乘以 R_ϕ^n 將此點繞著原點旋轉 $n\phi$ 角，接著再以 P 乘以 $R_\phi^n P^{-1}\mathbf{x}_0$ 將所得的點映回標準座標。我們現在可看出在幾何上所發生的：在 B-座標裡，每次乘以 A 將導致點 $P^{-1}\mathbf{x}_0$ 向前前進 ϕ 角，因此繞著原點跑了一個圓形軌跡。然而，基底 B 是斜的 (非垂直)，所以當圓形軌跡上所有的點被轉換回標準基底，影響是 $A^n\mathbf{x}_0$ 將圓形軌跡扭曲成橢圓形軌跡 (圖 5.3.4b)。底下是

第一步的計算(逐次的步驟被展示在圖 5.3.4c 裡):

$$\begin{bmatrix} \frac{1}{2} & \frac{3}{4} \\ -\frac{3}{5} & \frac{11}{10} \end{bmatrix} \begin{bmatrix} 1 \\ 1 \end{bmatrix} = \begin{bmatrix} \frac{1}{2} & 1 \\ 1 & 0 \end{bmatrix} \begin{bmatrix} \frac{4}{5} & -\frac{3}{5} \\ \frac{3}{5} & \frac{4}{5} \end{bmatrix} \begin{bmatrix} 0 & 1 \\ 1 & -\frac{1}{2} \end{bmatrix} \begin{bmatrix} 1 \\ 1 \end{bmatrix}$$

$$= \begin{bmatrix} \frac{1}{2} & 1 \\ 1 & 0 \end{bmatrix} \begin{bmatrix} \frac{4}{5} & -\frac{3}{5} \\ \frac{3}{5} & \frac{4}{5} \end{bmatrix} \begin{bmatrix} 1 \\ \frac{1}{2} \end{bmatrix} \quad [\mathbf{x}_0 \text{ 被映至 B-座標}]$$

$$= \begin{bmatrix} \frac{1}{2} & 1 \\ 1 & 0 \end{bmatrix} \begin{bmatrix} \frac{1}{2} \\ 1 \end{bmatrix} \quad [\text{點 } (1, \tfrac{1}{2}) \text{ 被旋轉 } \phi \text{ 角}]$$

$$= \begin{bmatrix} \frac{5}{4} \\ \frac{1}{2} \end{bmatrix} \quad [\text{點 } (\tfrac{1}{2}, 1) \text{ 被映至標準座標}]$$

概念複習

- z 的實部
- z 的虛部
- z 的模數
- z 的共軛複數
- z 的幅角
- z 的極式
- 複數向量空間
- n 元複數序對
- 複數 n-空間
- 實數矩陣
- 複數矩陣
- 複數歐幾里德內積
- C^n 上的歐幾里德範數
- 反對稱性
- 複數特徵值
- 複數特徵向量
- C^n 上的特徵空間
- 判別式

技 能

- 求一個複數矩陣或向量的實部、虛部及共軛複數。
- 求一個複數矩陣的行列式。
- 求複數內積及複數向量的範數。
- 求複數矩陣的所有特徵值及特徵空間的基底。
- 分解一個具複數特徵值的 2×2 階實數矩陣為一個比例矩陣及一個旋轉矩陣的乘積。

習題集 5.3

▶對習題 **1-2** 各題,求 $\bar{\mathbf{u}}$, $\text{Re}(\mathbf{u})$, $\text{Im}(\mathbf{u})$ 及 $\|\mathbf{u}\|$。◀

1. $\mathbf{u} = (3i, 1-4i, 2+i)$ **2.** $\mathbf{u} = (6, 1+4i, 6-2i)$

▶對習題 **3-4** 各題,證明 $\mathbf{u}$, $\mathbf{v}$ 及 k 滿足定理 5.3.1。◀

3. $\mathbf{u} = (3+i, 2+2i, -5i)$, $\mathbf{v} = (1-i, 3, 1+i)$, $k = 2i$

4. $\mathbf{u} = (6, 1+4i, 6-2i)$, $\mathbf{v} = (4, 3+2i, i-3)$, $k = -i$

5. 解方程式 $2\mathbf{x} - 3i\mathbf{u} = \bar{\mathbf{v}}$ 給 $\mathbf{x}$,其中 $\mathbf{u}$ 和 $\mathbf{v}$ 為習題 3 的向量。

6. 解方程式 $(1+i)\mathbf{x} + 2\mathbf{u} = \bar{\mathbf{v}}$ 給 $\mathbf{x}$，其中 $\mathbf{u}$ 和 $\mathbf{v}$ 為習題 4 的向量。

▶對習題 **7-8**，求 $\bar{A}$, Re(A), Im(A), det(A) 及 tr(A)。◀

7. $A = \begin{bmatrix} 1+3i & 2 \\ 4+i & -3i \end{bmatrix}$ 8. $A = \begin{bmatrix} 4i & 2-3i \\ 2+3i & 1 \end{bmatrix}$

9. 令 A 為習題 7 的矩陣。確認若 $B = (3i, 2+i)$ 被寫為行型，則 A 和 B 有定理 5.3.2 所敘述的性質。

10. 令 A 為習題 8 的矩陣，且令 B 為矩陣
$$B = \begin{bmatrix} 5i \\ 1-4i \end{bmatrix}$$
確認這些矩陣有定理 5.3.2 所敘述的性質。

▶對習題 **11-12** 各題，計算 $\mathbf{u} \cdot \mathbf{v}, \mathbf{u} \cdot \mathbf{w}$ 及 $\mathbf{v} \cdot \mathbf{w}$，並證明所有向量滿足公式 (5) 及定理 5.3.3 之 (a), (b) 及 (c)。◀

11. $\mathbf{u} = (3i, 2+2i, 5), \mathbf{v} = (1+i, 4-i, 1+i),$
    $\mathbf{w} = (3, 5i, -3i), k = 3i$

12. $\mathbf{u} = (1+i, 4, 3i), \mathbf{v} = (3, -4i, 2+3i),$
    $\mathbf{w} = (1-i, 4i, 4-5i), k = 1+i$

13. 計算 $\overline{(\mathbf{u} \cdot \bar{\mathbf{v}}) - \overline{\mathbf{w} \cdot \mathbf{u}}}$，其中 $\mathbf{u}, \mathbf{v}$ 及 $\mathbf{w}$ 為習題 11 的向量。

14. 計算 $\overline{(i\mathbf{u} \cdot \mathbf{w})} + (\|\mathbf{u}\|\mathbf{v}) \cdot \mathbf{u}$，其中 $\mathbf{u}, \mathbf{v}$ 及 $\mathbf{w}$ 為習題 12 的向量。

▶對習題 **15-18** 各題，求 A 的所有特徵值及特徵空間的基底。◀

15. $A = \begin{bmatrix} 4 & -5 \\ 1 & 0 \end{bmatrix}$ 16. $A = \begin{bmatrix} -1 & -5 \\ 4 & 7 \end{bmatrix}$

17. $A = \begin{bmatrix} 3 & -5 \\ 2 & -3 \end{bmatrix}$ 18. $A = \begin{bmatrix} 8 & 6 \\ -3 & 2 \end{bmatrix}$

▶習題 **19-22** 各題，每個矩陣 C 有 (15) 式之型式。定理 5.3.7 蘊涵 C 是一個以因子 $|\lambda|$ 做比例的比例矩陣及旋轉 ϕ 角的旋轉矩陣之乘積。求 $|\lambda|$ 及 ϕ，其中 $-\pi < \phi \leq \pi$。◀

19. $C = \begin{bmatrix} 1 & -1 \\ 1 & 1 \end{bmatrix}$ 20. $C = \begin{bmatrix} 0 & 5 \\ -5 & 0 \end{bmatrix}$

21. $C = \begin{bmatrix} 1 & \sqrt{3} \\ -\sqrt{3} & 1 \end{bmatrix}$ 22. $C = \begin{bmatrix} \sqrt{2} & \sqrt{2} \\ -\sqrt{2} & \sqrt{2} \end{bmatrix}$

▶對習題 **23-26** 各題，找一個可逆矩陣 P 及一個型如 (15) 式的矩陣 C 滿足 $A = PCP^{-1}$。◀

23. $A = \begin{bmatrix} 7 & 5 \\ -1 & 5 \end{bmatrix}$ 24. $A = \begin{bmatrix} 4 & -5 \\ 1 & 0 \end{bmatrix}$

25. $A = \begin{bmatrix} 8 & 6 \\ -3 & 2 \end{bmatrix}$ 26. $A = \begin{bmatrix} 5 & -2 \\ 1 & 3 \end{bmatrix}$

27. 求所有複數純量 k，若有，滿足 $\mathbf{u}$ 和 $\mathbf{v}$ 在 C^3 上正交。
    (a) $\mathbf{u} = (3i, 1, i), \mathbf{v} = (-i, 5i, k)$
    (b) $\mathbf{u} = (k, k, 1+i), \mathbf{v} = (1, -1, 1-i)$

28. 證明若 A 是一個 $n \times n$ 階實數矩陣，且 $\mathbf{x}$ 是 C^n 上的一個行向量，則 Re($A\mathbf{x}$) = A(Re($\mathbf{x}$)) 且 Im($A\mathbf{x}$) = A(Im($\mathbf{x}$))。

29. 矩陣
$$\sigma_1 = \begin{bmatrix} 0 & 1 \\ 1 & 0 \end{bmatrix}, \quad \sigma_2 = \begin{bmatrix} 0 & -i \\ i & 0 \end{bmatrix}, \quad \sigma_3 = \begin{bmatrix} 1 & 0 \\ 0 & -1 \end{bmatrix}$$
被稱為 **Pauli** 自旋矩陣 (Pauli spin matrices)，被使用在量子力學研究質點自旋。**Dirac** 矩陣 (Dirac matrices)，亦被使用在量子力學理，係以 Pauli 自旋矩陣及 2×2 階單位矩陣表之為
$$\beta = \begin{bmatrix} I_2 & 0 \\ 0 & -I_2 \end{bmatrix}, \quad \alpha_x = \begin{bmatrix} 0 & \sigma_1 \\ \sigma_1 & 0 \end{bmatrix},$$
$$\alpha_y = \begin{bmatrix} 0 & \sigma_2 \\ \sigma_2 & 0 \end{bmatrix}, \quad \alpha_z = \begin{bmatrix} 0 & \sigma_3 \\ \sigma_3 & 0 \end{bmatrix}$$

(a) 證明 $\beta^2 = \alpha_x^2 = \alpha_y^2 = \alpha_z^2$。

(b) 滿足 $AB = -BA$ 的矩陣 A 和 B 被稱為反交換 (anticommutative)。證明 Dirac 矩陣是反交換的。

30. 若 k 是一個實數純量且 $\mathbf{v}$ 是 R^n 上之向量，則定理 3.2.1 敘述 $\|k\mathbf{v}\| = |k|\|\mathbf{v}\|$。若 k 是一個複數純量且 $\mathbf{v}$ 是 C^n 上之向量，此關係式是否亦為真？驗證你的答案。

31. 證明定理 5.3.1(c)。

32. 證明定理 5.3.2。

33. 證明若 **u** 和 **v** 是 C^n 上的向量，則

$$\mathbf{u}\cdot\mathbf{v} = \frac{1}{4}\|\mathbf{u}+\mathbf{v}\|^2 - \frac{1}{4}\|\mathbf{u}-\mathbf{v}\|^2$$
$$+ \frac{i}{4}\|\mathbf{u}+i\mathbf{v}\|^2 - \frac{i}{4}\|\mathbf{u}-i\mathbf{v}\|^2$$

34. 由定理 5.3.7，旋轉矩陣

$$R_\phi = \begin{bmatrix} \cos\phi & -\sin\phi \\ \sin\phi & \cos\phi \end{bmatrix}$$

的所有特徵值是 $\lambda = \cos\phi \pm i\sin\phi$。證明若 **x** 是對應至任一特徵值的特徵向量，則 Re(**x**) 和 Im(**x**) 是正交的且有相同長度。[注意：此暗示 $P = [\text{Re}(\mathbf{x}) | \text{Im}(\mathbf{x})]$ 是某正交矩陣的純量倍數。]

35. 本題的兩小題將引導你完成定理 5.3.8 的證明。

    (a) 為簡化記法，令

    $$M = \begin{bmatrix} a & -b \\ b & a \end{bmatrix}$$

    且令 **u** = Re(**x**) 及 **v** = Im(**x**)，所以 $P = [\mathbf{u}|\mathbf{v}]$。證明關係式 $A\mathbf{x} = \lambda\mathbf{x}$ 蘊涵

    $$A\mathbf{x} = (a\mathbf{u} + b\mathbf{v}) + i(-b\mathbf{u} + a\mathbf{v})$$

    且由此方程式的實部和實部相等及虛部和虛部相等，證明

    $$AP = [A\mathbf{u}|A\mathbf{v}] = [a\mathbf{u}+b\mathbf{v}|-b\mathbf{u}+a\mathbf{v}]$$
    $$= PM$$

    (b) 證明 P 是可逆的，因此完成證明，因為 (a) 之結果蘊涵 $A = PMP^{-1}$。[提示：若 P 不可逆，則它的某個行向量是另一個行向量的純量倍數，稱 $\mathbf{v} = c\mathbf{u}$。將它代入 (a) 中所得之方程式 $A\mathbf{u} = a\mathbf{u} + b\mathbf{v}$ 及 $A\mathbf{v} = -b\mathbf{u} + a\mathbf{v}$ 並證明 $(1+c^2)b\mathbf{u} = \mathbf{0}$。最後，證明此得到矛盾，因此證明 P 是可逆的。]

36. 在本題，你將證明柯西-史瓦茲不等式的複數類比。

    (a) 證明：若 k 是一個複數，且 **u** 和 **v** 是 C^n 上的向量，則

    $$(\mathbf{u} - k\mathbf{v})\cdot(\mathbf{u} - k\mathbf{v})$$
    $$= \mathbf{u}\cdot\mathbf{u} - \bar{k}(\mathbf{u}\cdot\mathbf{v}) - k\overline{(\mathbf{u}\cdot\mathbf{v})} + k\bar{k}(\mathbf{v}\cdot\mathbf{v})$$

    (b) 使用 (a) 之結果證明

    $$0 \leq \mathbf{u}\cdot\mathbf{u} - \bar{k}(\mathbf{u}\cdot\mathbf{v}) - k\overline{(\mathbf{u}\cdot\mathbf{v})} + k\bar{k}(\mathbf{v}\cdot\mathbf{v})$$

    (c) 取 (b) 中的 $k = (\mathbf{u}\cdot\mathbf{v})/(\mathbf{v}\cdot\mathbf{v})$ 證明

    $$|\mathbf{u}\cdot\mathbf{v}| \leq \|\mathbf{u}\|\|\mathbf{v}\|$$

是非題

試判斷 (a)-(f) 各敘述的真假，並驗證你的答案。

(a) 有一個 5×5 階實數矩陣沒有實數特徵值。

(b) 2×2 階複數矩陣的所有特徵值是方程式 $\lambda^2 - \text{tr}(A)\lambda + \det(A) = 0$ 的所有解。

(c) 有相同複數特徵值且每個特徵值有相同代數重數的矩陣有相同跡數。

(d) 若 λ 是實數矩陣 A 的一個複數特徵值且 **v** 是其對應之複數特徵向量，則 $\bar{\lambda}$ 是 A 的一個複數特徵值且 $\bar{\mathbf{v}}$ 是 A 對應至 $\bar{\lambda}$ 的複數特徵向量。

(e) 複數對稱矩陣的每個特徵值均是實數。

(f) 若一個 2×2 階實數矩陣 A 有複數特徵值且 $\mathbf{x}_0$ 是 R^2 上的向量，則向量 $\mathbf{x}_0, A\mathbf{x}_0, A^2\mathbf{x}_0, \ldots, A^n\mathbf{x}_0, \ldots$ 位在某個橢圓上。

5.4 微分方程

許多物理學、化學、生物學、工程學及經濟學的定律被以「微分方程」來描述——亦即，含函數及其導函數的方程式。本節將展示一個方法可應用線性代數、特徵值及特徵向量來解微分方程組。微積分是本節的預備知識。

專有名詞

回顧微積分，**微分方程式** (differential equation) 是一個含未知數及其導函數的方程式。微分方程式的**階數** (order) 是方程式所含的最高階導函數的階數。最簡單的微分方程式是一階微分方程式

$$y' = ay \tag{1}$$

其中 $y = f(x)$ 是一個待決定的未知可微分函數，$y' = dy/dx$ 是其導函數，且 a 是一個常數。跟多數的微分方程式一樣，此方程式有無限多解；它們是型如

$$y = ce^{ax} \tag{2}$$

的函數，其中 c 為任意常數。由計算 $y' = cae^{ax} = ay$ 知此型式的每個函數均是 (1) 式的解且這些解是僅有的解將被證明在習題裡。根據此點，我們稱 (2) 式是 (1) 式的**通解** (general solution)。例如，微分方程式 $y' = 5y$ 的通解是

$$y = ce^{5x} \tag{3}$$

經常，一個實際問題引出某微分方程式加上某些條件可使我們由通解中得到一個特別解。例如，若我們需要方程式 $y' = 5y$ 的解 (3) 式滿足另加的條件

$$y(0) = 6 \tag{4}$$

(亦即，$x = 0$ 時 $y = 6$)，則加這些值代進 (3) 式，我們得 $6 = ce^0 = c$，由此，我們得

$$y = 6e^{5x}$$

是 $y' = 5y$ 滿足 (4) 式的唯一解。

一個如 (4) 式之條件，其明確通解在某點的值，被稱為**初始條件**

(initial condition)，且解一個受制於初始條件的微分方程式之問題被稱為**初始值問題** (initial-value problem)。

一階線性方程式組

本節將關心解型如

$$\begin{aligned}
y_1' &= a_{11}y_1 + a_{12}y_2 + \cdots + a_{1n}y_n \\
y_2' &= a_{21}y_1 + a_{22}y_2 + \cdots + a_{2n}y_n \\
&\vdots \\
y_n' &= a_{n1}y_1 + a_{n2}y_2 + \cdots + a_{nn}y_n
\end{aligned} \tag{5}$$

的微分方程組，其中 $y_1=f_1(x), y_2=f_2(x), \ldots, y_n=f_n(x)$ 為待解之函數，且所有 a_{ij} 為常數。以矩陣記法，(5) 式可被寫為

$$\begin{bmatrix} y_1' \\ y_2' \\ \vdots \\ y_n' \end{bmatrix} = \begin{bmatrix} a_{11} & a_{12} & \cdots & a_{1n} \\ a_{21} & a_{22} & \cdots & a_{2n} \\ \vdots & \vdots & & \vdots \\ a_{n1} & a_{n2} & \cdots & a_{nn} \end{bmatrix} \begin{bmatrix} y_1 \\ y_2 \\ \vdots \\ y_n \end{bmatrix}$$

或更簡潔地寫為

$$\mathbf{y}' = A\mathbf{y} \tag{6}$$

> 型如 (5) 式的微分方程組被稱為**一階線性方程組** (first-order linear system)。

其中符號 $\mathbf{y}'$ 表微分 y 的每個分量後所得的向量。

▶ 例題 1　具初始條件的線性方程組之解

(a) 將下面方程組寫成矩陣型：

$$\begin{aligned}
y_1' &= 3y_1 \\
y_2' &= -2y_2 \\
y_3' &= 5y_3
\end{aligned} \tag{7}$$

(b) 解此方程組。
(c) 求滿足初始條件 $y_1(0)=1, y_2(0)=4$ 及 $y_3(0)=-2$ 的方程組之解。

解 (a)：

$$\begin{bmatrix} y_1' \\ y_2' \\ y_3' \end{bmatrix} = \begin{bmatrix} 3 & 0 & 0 \\ 0 & -2 & 0 \\ 0 & 0 & 5 \end{bmatrix} \begin{bmatrix} y_1 \\ y_2 \\ y_3 \end{bmatrix} \tag{8}$$

或

$$\mathbf{y}' = \begin{bmatrix} 3 & 0 & 0 \\ 0 & -2 & 0 \\ 0 & 0 & 5 \end{bmatrix} \mathbf{y} \tag{9}$$

解 (b)：因為 (7) 式的每個方程式僅含一個未知函數，我們可個別解方程式。由 (2) 式，這些解是

$$y_1 = c_1 e^{3x}$$
$$y_2 = c_2 e^{-2x}$$
$$y_3 = c_3 e^{5x}$$

或以矩陣記法，

$$\mathbf{y} = \begin{bmatrix} y_1 \\ y_2 \\ y_3 \end{bmatrix} = \begin{bmatrix} c_1 e^{3x} \\ c_2 e^{-2x} \\ c_3 e^{5x} \end{bmatrix} \tag{10}$$

解 (c)：由已知初始條件，我們得

$$1 = y_1(0) = c_1 e^0 = c_1$$
$$4 = y_2(0) = c_2 e^0 = c_2$$
$$-2 = y_3(0) = c_3 e^0 = c_3$$

所以滿足這些條件的解是

$$y_1 = e^{3x}, \quad y_2 = 4e^{-2x}, \quad y_3 = -2e^{5x}$$

或以矩陣記法，

$$\mathbf{y} = \begin{bmatrix} y_1 \\ y_2 \\ y_3 \end{bmatrix} = \begin{bmatrix} e^{3x} \\ 4e^{-2x} \\ -2e^{5x} \end{bmatrix} \blacktriangleleft$$

利用對角化求解

因為例題 1 的每個方程式僅含一個未知函數，所以例題 1 容易被解，其矩陣公式，$\mathbf{y}' = A\mathbf{y}$，有一個對角係數矩陣 A [公式 (9)]。當方程組的某些或全部含多於一個未知函數時，將產生更複雜的情況，因為此時係數矩陣不是對角的。現在讓我們考慮我們可如何解此一方程組。

解係數矩陣 A 非對角之方程組 $\mathbf{y}' = A\mathbf{y}$ 的基本概念是藉由型如 $\mathbf{y} = P\mathbf{u}$ 的方程式引進一個和未知向量 $\mathbf{y}$ 有關的新未知向量 $\mathbf{u}$，其中 P 是一個可逆矩陣其對角化 A。當然，此一矩陣可能存在或可能不存在，但若

其存在，則我們可將方程式 $\mathbf{y}'=A\mathbf{y}$ 改寫為

$$P\mathbf{u}' = A(P\mathbf{u})$$

或改寫為

$$\mathbf{u}' = (P^{-1}AP)\mathbf{u}$$

因為 P 被假設用來對角化 A，此方程式具有型式

$$\mathbf{u}' = D\mathbf{u}$$

其中 D 是對角的。我們現在可使用例題 1 的方法來解此方程式給 $\mathbf{u}$，且使用關係式 $\mathbf{y}=P\mathbf{u}$ 藉由矩陣乘法而得 $\mathbf{y}$。

總之，我們有下面解方程組 $\mathbf{y}'=A\mathbf{y}$ 的程序，其中 A 是可對角化的。

解 $\mathbf{y}'=A\mathbf{y}$ 的程序，若 A 是可對角化的。

步驟 1. 求對角化 A 的矩陣 P。

步驟 2. 代表 $\mathbf{y}=P\mathbf{u}$ 及 $\mathbf{y}'=P\mathbf{u}'$ 以得新的「對角方程組」$\mathbf{u}'=D\mathbf{u}$，其中 $D=P^{-1}AP$。

步驟 3. 解 $\mathbf{u}'=D\mathbf{u}$。

步驟 4. 由方程式 $\mathbf{y}=P\mathbf{u}$ 決定 $\mathbf{y}$。

▶ **例題 2** 使用對角化求解

(a) 解方程組

$$\begin{aligned} y_1' &= y_1 + y_2 \\ y_2' &= 4y_1 - 2y_2 \end{aligned}$$

(b) 求滿足初始條件 $y_1(0)=1, y_2(0)=6$ 的解。

解 (a)：此方程組的係數矩陣是

$$A = \begin{bmatrix} 1 & 1 \\ 4 & -2 \end{bmatrix}$$

如 5.2 節所討論的，A 可被任一矩陣 P 來對角化，其中 P 的行是 A 的線性獨立特徵向量。因為

$$\det(\lambda I - A) = \begin{vmatrix} \lambda-1 & -1 \\ -4 & \lambda+2 \end{vmatrix} = \lambda^2 + \lambda - 6 = (\lambda+3)(\lambda-2)$$

A 的所有特徵值是 $\lambda=2$ 及 $\lambda=-3$。由定義，

$$\mathbf{x} = \begin{bmatrix} x_1 \\ x_2 \end{bmatrix}$$

是 A 對應至 λ 的特徵向量若且唯若 $\mathbf{x}$ 是

$$\begin{bmatrix} \lambda-1 & -1 \\ -4 & \lambda+2 \end{bmatrix} \begin{bmatrix} x_1 \\ x_2 \end{bmatrix} = \begin{bmatrix} 0 \\ 0 \end{bmatrix}$$

的一個非明顯解。若 $\lambda=2$，此方程組變為

$$\begin{bmatrix} 1 & -1 \\ -4 & 4 \end{bmatrix} \begin{bmatrix} x_1 \\ x_2 \end{bmatrix} = \begin{bmatrix} 0 \\ 0 \end{bmatrix}$$

解此方程組得 $x_1=t, x_2=t$，所以

$$\begin{bmatrix} x_1 \\ x_2 \end{bmatrix} = \begin{bmatrix} t \\ t \end{bmatrix} = t \begin{bmatrix} 1 \\ 1 \end{bmatrix}$$

因此，

$$\mathbf{p}_1 = \begin{bmatrix} 1 \\ 1 \end{bmatrix}$$

是對應至 $\lambda=2$ 之特徵空間的一組基底。同理，你可證明

$$\mathbf{p}_2 = \begin{bmatrix} -\frac{1}{4} \\ 1 \end{bmatrix}$$

是對應至 $\lambda=-3$ 之特徵空間的一組基底。因此，

$$P = \begin{bmatrix} 1 & -\frac{1}{4} \\ 1 & 1 \end{bmatrix}$$

對角化 A，且

$$D = P^{-1}AP = \begin{bmatrix} 2 & 0 \\ 0 & -3 \end{bmatrix}$$

因此，如上述之程序的步驟 2，代替

$$\mathbf{y} = P\mathbf{u} \quad 及 \quad \mathbf{y}' = P\mathbf{u}'$$

得「對角方程組」

$$\mathbf{u}' = D\mathbf{u} = \begin{bmatrix} 2 & 0 \\ 0 & -3 \end{bmatrix} \mathbf{u} \quad 或 \quad \begin{matrix} u_1' = 2u_1 \\ u_2' = -3u_2 \end{matrix}$$

由 (2) 式，此方程組的解是

$$u_1 = c_1 e^{2x} \\ u_2 = c_2 e^{-3x}$$ 或 $\mathbf{u} = \begin{bmatrix} c_1 e^{2x} \\ c_2 e^{-3x} \end{bmatrix}$

所以方程式 $\mathbf{y} = P\mathbf{u}$ 得解 $\mathbf{y}$，

$$\mathbf{y} = \begin{bmatrix} y_1 \\ y_2 \end{bmatrix} = \begin{bmatrix} 1 & -\frac{1}{4} \\ 1 & 1 \end{bmatrix} \begin{bmatrix} c_1 e^{2x} \\ c_2 e^{-3x} \end{bmatrix} = \begin{bmatrix} c_1 e^{2x} - \frac{1}{4} c_2 e^{-3x} \\ c_1 e^{2x} + c_2 e^{-3x} \end{bmatrix}$$

或

$$y_1 = c_1 e^{2x} - \frac{1}{4} c_2 e^{-3x} \\ y_2 = c_1 e^{2x} + c_2 e^{-3x} \tag{11}$$

解 (b)：若將已知條件代進 (11) 式，得

$$c_1 - \frac{1}{4} c_2 = 1 \\ c_1 + c_2 = 6$$

解此方程組，得 $c_1 = 2, c_2 = 4$，所以由 (11) 式，滿足初始條件的解是

$$y_1 = 2e^{2x} - e^{-3x} \\ y_2 = 2e^{2x} + 4e^{-3x}$$ ◀

注釋：請謹記在心，例題 2 的方法可行，是因為方程組的係數矩陣可被對角化。若不是如此，將需要其他方法。這些將在微分方程的書裡討論。

概念複習

- 微分方程式
- 微分方程式的階數
- 通解
- 特別解
- 初始條件
- 初始值問題
- 一階線性方程組

技 能

- 求線性微分方程組的矩陣型。
- 利用對角化求線性微分方程組的通解。
- 求滿足初始條件的線性微分方程組的特別解。

習題集 5.4

1. (a) 解方程組
$$y_1' = 2y_1 - 3y_2$$
$$y_2' = -4y_1 + y_2$$
   (b) 求滿足初始條件 $y_1(0)=0, y_2(0)=0$ 的解。

2. (a) 解方程組
$$y_1' = y_1$$
$$y_2' = -2y_1 - 4y_2$$
   (b) 求滿足條件 $y_1(0)=10, y_2(0)=5$ 的解。

3. (a) 解方程組
$$y_1' = 4y_1 + y_3$$
$$y_2' = -2y_1 + y_2$$
$$y_3' = -2y_1 + y_3$$
   (b) 求滿足初始條件 $y_1(0)=-1, y_2(0)=1, y_3(0)=0$ 的解。

4. (a) 解方程組
$$y_1' = 3y_1 + y_2 + y_3$$
$$y_2' = y_1 + 3y_2 + y_3$$
$$y_3' = y_1 + y_2 + 3y_3$$

5. 證明 $y'=ay$ 的每個解之型式為 $y=ce^{ax}$。
   [提示：令 $y=f(x)$ 為方程式的一解，並證明 $f(x)e^{-ax}$ 是常數。]

6. 證明若 A 是可對角化且
$$\mathbf{y} = \begin{bmatrix} y_1 \\ y_2 \\ \vdots \\ y_n \end{bmatrix}$$
   是方程組 $\mathbf{y}'=A\mathbf{y}$ 的一解，則每個 y_i 是 $e^{\lambda_1 x}$, $e^{\lambda_2 x}, \ldots, e^{\lambda_n x}$ 的一線性組合，其中 $\lambda_1, \lambda_2, \ldots, \lambda_n$ 是 A 的所有特徵值。

7. 有時候可能將一個具常係數的單一高階線性微分方程式先化為一個方程組再使用本節之法解之。對微分方程式 $y''-7y'+6y=0$，證明代替 $y_1=y$ 及 $y_2=y'$ 得方程組
$$y_1' = y_2$$
$$y_2' = -6y_1 + 7y_2$$
   解此方程組，並使用這個結果解原來的微分方程式。

8. 使用習題 7 的程序解 $y''+y'-12y=0$。

9. 解釋你如何使用習題 7 的程序來解 $y'''-6y''+11y'-6y=0$。使用你的程序解此方程式。

10. (a) 將 (11) 式改寫成矩陣型，證明例題 2 的方程組之解可被表為
$$\mathbf{y} = c_1 e^{2x} \begin{bmatrix} 1 \\ 1 \end{bmatrix} + c_2 e^{-3x} \begin{bmatrix} -\frac{1}{4} \\ 1 \end{bmatrix}$$
    此被稱為方程組的**通解** (general solution)。
    (b) 注意在 (a) 中，第一項的向量是對應至特徵值 $\lambda_1=2$ 的特徵向量，而第二項的向量是對應至特徵值 $\lambda_2=-3$ 的特徵向量。這是下面一般結果的特殊情形：

> **定理**：若方程組 $\mathbf{y}'=A\mathbf{y}$ 的係數矩陣 A 是可對角化的，則方程組的通解可被表為
> $$\mathbf{y} = c_1 e^{\lambda_1 x}\mathbf{x}_1 + c_2 e^{\lambda_2 x}\mathbf{x}_2 + \cdots + c_n e^{\lambda_n x}\mathbf{x}_n$$
> 其中 $\lambda_1, \lambda_2, \ldots, \lambda_n$ 是 A 的所有特徵值，且 $\mathbf{x}_i$ 是 A 對應至 λ_i 的特徵向量。

以例題 2 前面的四個步驟程序證明這個結果，其中
$$D = \begin{bmatrix} \lambda_1 & 0 & \cdots & 0 \\ 0 & \lambda_2 & \cdots & 0 \\ \vdots & \vdots & & \vdots \\ 0 & 0 & \cdots & \lambda_n \end{bmatrix} \text{ 且 } P=[\mathbf{x}_1 \mid \mathbf{x}_2 \mid \cdots \mid \mathbf{x}_n]$$

11. 考慮微分方程組 $\mathbf{y}'=A\mathbf{y}$，其中 A 是一個

2×2 階矩陣。$a_{11}, a_{12}, a_{21}, a_{22}$ 的值為何可使分量解 $y_1(t), y_2(t)$ 趨近零,當 $t \to \infty$?尤其是,A 的行列式及跡數必為如何可讓此發生?

12. 解不可對角化的方程組
$$y_1' = y_1 + y_2$$
$$y_2' = y_2$$

是非題

試判斷 (a)-(e) 各敘述的真假,並驗證你的答案。

(a) 每一個微分方程組 $\mathbf{y}' = A\mathbf{y}$ 有一解。
(b) 若 $\mathbf{x}' = A\mathbf{x}$ 且 $\mathbf{y}' = A\mathbf{y}$,則 $\mathbf{x} = \mathbf{y}$。
(c) 若 $\mathbf{x}' = A\mathbf{x}$ 且 $\mathbf{y}' = A\mathbf{y}$,則 $(c\mathbf{x} + d\mathbf{y})' = A(c\mathbf{x} + d\mathbf{y})$ 對所有純量 c 和 d。
(d) 若 A 是一個具相異實數特徵值的方陣,則可能利用對角化來解 $\mathbf{x}' = A\mathbf{x}$。
(e) 若 A 和 P 是相似矩陣,則 $\mathbf{y}' = A\mathbf{y}$ 和 $\mathbf{u}' = P\mathbf{u}$ 有相同的解。

第五章 補充習題

1. (a) 試證明若 $0 < \theta < \pi$,則
$$A = \begin{bmatrix} \cos\theta & -\sin\theta \\ \sin\theta & \cos\theta \end{bmatrix}$$
沒有實數特徵值且沒有實數特徵向量。
   (b) 試為 (a) 之結果作幾何解釋。

2. 求
$$A = \begin{bmatrix} 0 & 1 & 0 \\ 0 & 0 & 1 \\ k^3 & -3k^2 & 3k \end{bmatrix}$$
的所有特徵值。

3. (a) 試證明若 D 為主對角線上皆為非負元素的一對角矩陣,則存在一矩陣 S 滿足 $S^2 = D$。
   (b) 試證明若 A 為具有非負特徵值的可對角化矩陣,則存在能滿足 $S^2 = A$ 的矩陣 S。
   (c) 試求一矩陣 S 滿足 $S^2 = A$,若
$$A = \begin{bmatrix} 1 & 3 & 1 \\ 0 & 4 & 5 \\ 0 & 0 & 9 \end{bmatrix}$$

4. 證明:若 A 為一方陣,則 A 及 A^T 有相同的特徵多項式。

5. 證明:若 A 為一方陣且 $p(\lambda) = \det(\lambda I - A)$ 為 A 的特徵多項式,則 $p(\lambda)$ 中 λ^{n-1} 項的係數即為 A 之跡數的負值。

6. 證明:若 $b \neq 0$,則
$$A = \begin{bmatrix} a & b \\ 0 & a \end{bmatrix}$$
不為可對角化的。

7. 在高等線性代數裡已經證明凱利-哈密爾頓定理 (Cayley-Hamilton Theorem),此定理敘述一方陣 A 滿足其特徵方程式;那就是,若
$$c_0 + c_1\lambda + c_2\lambda^2 + \cdots + c_{n-1}\lambda^{n-1} + \lambda^n = 0$$
為 A 的特徵方程式,則
$$c_0 I + c_1 A + c_2 A^2 + \cdots + c_{n-1} A^{n-1} + A^n = 0$$
證明此結果,對

(a) $A = \begin{bmatrix} 3 & 6 \\ 1 & 2 \end{bmatrix}$ (b) $A = \begin{bmatrix} 0 & 1 & 0 \\ 0 & 0 & 1 \\ 1 & -3 & 3 \end{bmatrix}$

▶習題 **8-10**,使用習題 7 所敘述的凱利-哈密爾頓定理。◀

8. (a) 利用 5.1 節習題 18 對 2×2 階矩陣證明凱利-哈密爾頓定理。
   (b) 對 $n \times n$ 階可對角化矩陣證明凱利-哈密爾頓定理。

9. 凱利-哈密爾頓定理提供了計算矩陣冪次方

的有效方法。例如，若 A 為一 2×2 階矩陣，其特徵方程式為

$$c_0 + c_1\lambda + \lambda^2 = 0$$

則

$$c_0 I + c_1 A + A^2 = 0$$

所以

$$A^2 = -c_1 A - c_0 I$$

同乘 A 得 $A^3 = -c_1 A^2 - c_0 A$，其利用 A^2 及 A 表示 A^3，且同乘 A^2 得 $A^4 = -c_1 A^3 - c_0 A^2$，其利用 A^3 及 A^2 表示 A^4。繼續此法，我們可先後求出 A 的冪次方，可利用其較低冪次的各項來表示。試使用此過程，求 A^2, A^3, A^4 及 A^5，其中

$$A = \begin{bmatrix} 3 & 6 \\ 1 & 2 \end{bmatrix}$$

10. 試使用前題之法求 A^3 及 A^4，若

$$A = \begin{bmatrix} 0 & 1 & 0 \\ 0 & 0 & 1 \\ 1 & -3 & 3 \end{bmatrix}$$

11. 試求矩陣

$$A = \begin{bmatrix} c_1 & c_2 & \cdots & c_n \\ c_1 & c_2 & \cdots & c_n \\ \vdots & \vdots & & \vdots \\ c_1 & c_2 & \cdots & c_n \end{bmatrix}$$

的所有特徵值。

12. (a) 在 5.1 節習題 17，證明了若 A 為 $n\times n$ 階矩陣，則 A 之特徵多項式裡 λ^n 項的係數為 1。[一多項式具有此性質被稱為**首一多項式** (monic)。] 證明矩陣

$$\begin{bmatrix} 0 & 0 & 0 & \cdots & 0 & -c_0 \\ 1 & 0 & 0 & \cdots & 0 & -c_1 \\ 0 & 1 & 0 & \cdots & 0 & -c_2 \\ \vdots & \vdots & \vdots & & \vdots & \vdots \\ 0 & 0 & 0 & \cdots & 1 & -c_{n-1} \end{bmatrix}$$

的特徵多項式為 $p(\lambda) = c_0 + c_1\lambda + \cdots + c_{n-1}\lambda + \lambda^n$。此說明了每一個首一多項式為某一矩陣的特徵多項式。此例中的矩陣被稱為 $p(\lambda)$ 的**友矩陣** (companion matrix)。[提示：求此類問題的所有行列式，利用將第二列乘上某一倍數加至第一列，使得第一行的最上端元素為零，再利用沿第一行做餘因子展開。]

(b) 試求特徵多項式為 $p(\lambda) = 1 - 2\lambda + \lambda^2 + 3\lambda^3 + \lambda^4$ 的矩陣。

13. 若對某些正整數 n 其 $A^n = 0$，則方陣 A 稱為**零冪** (nilpotent)。試問零冪矩陣的特徵值為何？

14. 證明：若 A 為 $n\times n$ 階矩陣，其中 n 為奇數，則 A 至少有一個實數特徵值。

15. 試求含特徵值 $\lambda = 0, 1$ 與 -1 而對應的特徵向量分別為

$$\begin{bmatrix} 0 \\ 1 \\ -1 \end{bmatrix}, \quad \begin{bmatrix} 1 \\ -1 \\ 1 \end{bmatrix}, \quad \begin{bmatrix} 0 \\ 1 \\ 1 \end{bmatrix}$$

的 3×3 階矩陣。

16. 假設某 4×4 階矩陣有特徵值 $\lambda_1 = 1, \lambda_2 = -2, \lambda_3 = 3$ 及 $\lambda_4 = -3$。

(a) 試利用 5.1 節習題 16 以求得 $\det(A)$。

(b) 試利用習題 5 以求 $\operatorname{tr}(A)$。

17. 令 A 為能滿足 $A^3 = A$ 的方陣，則 A 的特徵值有何性質？

18. (a) 解方程組

$$\begin{aligned} y_1' &= y_1 + 3y_2 \\ y_2' &= 2y_1 + 4y_2 \end{aligned}$$

(b) 求滿足初始條件 $y_1(0) = 5$ 及 $y_2(0) = 6$ 的解。

CHAPTER 6

內積空間

本章目錄
6.1 內 積
6.2 內積空間上的角度及正交性
6.3 葛蘭-史密特法；QR-分解
6.4 最佳近似；最小平方法
6.5 最小平方擬合數據
6.6 函數近似；富立爾級數

引　　言　在第 3 章，我們定義了 R^n 上向量的點積，且使用該概念定義長度、角度、距離及正交性的觀念。本章我們將一般化這些概念以便它們可應用於任意向量空間，而不僅是 R^n。我們亦將討論這些概念的許多種應用。

6.1 內　積

本節我們將使用 R^n 上點積的最重要性質作為公理，其若被某向量空間 V 上的所有向量滿足，將可使我們擴大長度、距離、角度及垂直的觀念至一般向量空間。

一般內積

在 3.2 節定義 4，我們定義了 R^n 上兩個向量的點積，且在定理 3.2.2，我們列出此類乘積的四個基本性質。本節首要目標是使用那四個性質作為公理，將點積的觀念擴大至一般向量空間。我們給了下面定義。

定義 1：實數向量空間 V 上的**內積** (inner product) 為伴隨一實數 $\langle \mathbf{u}, \mathbf{v} \rangle$ 的函數，其中 $\mathbf{u}$ 及 $\mathbf{v}$ 為 V 中之一對向量。並依對 V 中的所有向量 $\mathbf{u}$, $\mathbf{v}$ 及 $\mathbf{w}$ 和所有純量 k 能滿足下列公理的方式定義之。

(1) $\langle \mathbf{u}, \mathbf{v} \rangle = \langle \mathbf{v}, \mathbf{u} \rangle$ 　　　　　　　　　　　　　[對稱公理]

429

注意：定義 1 僅應用至實數向量空間。在複數向量空間上的內積定義被給在習題裡。因為此刻起我們較少需要複數向量空間，所有討論的向量空間均為實數，即使某些定理對複數向量空間亦成立。

(2) $\langle \mathbf{u}+\mathbf{v}, \mathbf{w}\rangle = \langle \mathbf{u}, \mathbf{w}\rangle + \langle \mathbf{v}, \mathbf{w}\rangle$ [加法公理]
(3) $\langle k\mathbf{u}, \mathbf{v}\rangle = k\langle \mathbf{u}, \mathbf{v}\rangle$ [齊性公理]
(4) $\langle \mathbf{v}, \mathbf{v}\rangle \geq 0$ 且 $\langle \mathbf{v}, \mathbf{v}\rangle = 0$ 若且唯若 $\mathbf{v}=\mathbf{0}$ [正性公理]

一個具有內積的實數向量空間被稱為**實數內積空間** (real inner product space)。

因為實數內積空間的所有公理係基於點積的性質，這些內積空間公理將自動滿足，假若我們定義 R^n 上的兩個向量 **u** 和 **v** 的內積為

$$\langle \mathbf{u}, \mathbf{v}\rangle = \mathbf{u} \cdot \mathbf{v} = u_1 v_1 + u_2 v_2 + \cdots + u_n v_n$$

這個內積被公稱為 R^n 上的**歐幾里德內積** (Euclidean inner product) [或稱**標準內積** (standard inner product)] 以區別其他可能定義在 R^n 上的內積。我們稱具有歐幾里德內積的 R^n 為**歐幾里德 n-空間** (Euclidean-n-space)。

如同在 R^n 上所定義的點積，內積可被用來定義一般內積空間上的範數及距離觀念。回憶 3.2 節的公式 (11) 和 (19)，若 **u** 和 **v** 為歐幾里德 n-空間上之向量，則範數和距離可以點積表為

$$\|\mathbf{v}\| = \sqrt{\mathbf{v}\cdot\mathbf{v}} \quad \text{及} \quad d(\mathbf{u}, \mathbf{v}) = \|\mathbf{u}-\mathbf{v}\| = \sqrt{(\mathbf{u}-\mathbf{v})\cdot(\mathbf{u}-\mathbf{v})}$$

由這些公式激發我們給了下面定義。

定義 2：若 V 為一實數內積空間，則 V 上之向量 **v** 的**範數** (norm) 或**長度** (length) 被表為 $\|\mathbf{v}\|$ 且被定義為

$$\|\mathbf{v}\| = \sqrt{\langle \mathbf{v}, \mathbf{v}\rangle}$$

且兩向量之間的**距離** (distance) 被表為 $d(\mathbf{u}, \mathbf{v})$ 且被定義為

$$d(\mathbf{u}, \mathbf{v}) = \|\mathbf{u}-\mathbf{v}\| = \sqrt{\langle \mathbf{u}-\mathbf{v}, \mathbf{u}-\mathbf{v}\rangle}$$

範數為 1 的向量被稱是**單位向量** (unit vector)。

下一個定理，僅敘述不證明，說明實數內積空間上的範數及距離有許多你期待的性質。

定理 6.1.1：若 **u** 和 **v** 為實數內積空間 V 上的向量，且若 k 為一純量，則：
(a) $\|\mathbf{v}\| \geq 0$，等號成立若且唯若 $\mathbf{v}=\mathbf{0}$。
(b) $\|k\mathbf{v}\| = |k|\|\mathbf{v}\|$。
(c) $d(\mathbf{u}, \mathbf{v}) = d(\mathbf{v}, \mathbf{u})$。
(d) $d(\mathbf{u}, \mathbf{v}) \geq 0$，等號成立若且唯若 $\mathbf{u}=\mathbf{v}$。

雖然歐幾里德內積是 R^n 上最重要的內積，但在各類應用中常期望以不同方式加權各項來修正歐幾里德內積。更明確地說，若

$$w_1, w_2, \ldots, w_n$$

為正實數，並稱為**權數** (weight)，且若 $\mathbf{u}=(u_1, u_2, \ldots, u_n)$ 及 $\mathbf{v}=(v_1, v_2, \ldots, v_n)$ 為 R^n 上之向量，則可證明公式

$$\langle \mathbf{u}, \mathbf{v} \rangle = w_1 u_1 v_1 + w_2 u_2 v_2 + \cdots + w_n u_n v_n \tag{1}$$

定義 R^n 上之一內積，並稱以 $w_1, w_2, \ldots, w_n$ 為權數的加權歐幾里德內積 (weighted Euclidean inner product with weights $w_1, w_2, \ldots, w_n$)。

▶ **例題 1** 加權歐幾里德內積

若 $\mathbf{u}=(u_1, u_2)$ 及 $\mathbf{v}=(v_1, v_2)$ 為 R^2 中之向量，試驗證加權歐幾里德內積

$$\langle \mathbf{u}, \mathbf{v} \rangle = 3u_1 v_1 + 2u_2 v_2 \tag{2}$$

滿足四個內積公理。

解：
公理 1：互換公式 (2) 中的 **u** 和 **v** 不改變右邊的和，所以 $\langle \mathbf{u}, \mathbf{v} \rangle = \langle \mathbf{v}, \mathbf{u} \rangle$。
公理 2：若 $\mathbf{w}=(w_1, w_2)$，則

$$\begin{aligned}\langle \mathbf{u}+\mathbf{v}, \mathbf{w} \rangle &= 3(u_1+v_1)w_1 + 2(u_2+v_2)w_2 \\ &= 3(u_1 w_1 + v_1 w_1) + 2(u_2 w_2 + v_2 w_2) \\ &= (3u_1 w_1 + 2u_2 w_2) + (3v_1 w_1 + 2v_2 w_2) \\ &= \langle \mathbf{u}, \mathbf{w} \rangle + \langle \mathbf{v}, \mathbf{w} \rangle\end{aligned}$$

公理 3：$\begin{aligned}\langle k\mathbf{u}, \mathbf{v} \rangle &= 3(ku_1)v_1 + 2(ku_2)v_2 \\ &= k(3u_1 v_1 + 2u_2 v_2) \\ &= k\langle \mathbf{u}, \mathbf{v} \rangle\end{aligned}$

注意：標準歐幾里德內積是加權歐幾里德內積的特殊情形，其中所有權數均為 1。

在例題 1 中，我們使用有下標的 w 表示向量 **w** 的所有分量，而非權數。公式 (2) 中的權數為 3 和 2。

公理 4：$\langle \mathbf{v}, \mathbf{v} \rangle = 3(v_1 v_1) + 2(v_2 v_2) = 3v_1^2 + 2v_2^2 \geq 0$，等號成立若且唯若 $v_1 = v_2 = 0$，亦即，若且唯若 $\mathbf{v} = \mathbf{0}$。 ◀

加權歐幾里德內積的應用

為了說明產生加權歐幾里德內積的一種方式，假設某物理實驗能產生任意的 n 個可能的數值

$$x_1, x_2, \ldots, x_n$$

且一系列的重複該實驗 m 次，使得這些值以不同的頻率出現，亦即 x_1 出現 f_1 次，x_2 出現 f_2 次，並依此類推。因為該實驗總共重複 m 次，所以

$$f_1 + f_2 + \cdots + f_n = m$$

於是，觀察值的**算術平均值** (arithmetic average) 或平均值 (mean) (以 $\bar{x}$ 表示) 為

$$\bar{x} = \frac{f_1 x_1 + f_2 x_2 + \cdots + f_n x_n}{f_1 + f_2 + \cdots + f_n} = \frac{1}{m}(f_1 x_1 + f_2 x_2 + \cdots + f_n x_n) \tag{3}$$

若令

$$\mathbf{f} = (f_1, f_2, \ldots, f_n)$$
$$\mathbf{x} = (x_1, x_2, \ldots, x_n)$$
$$w_1 = w_2 = \cdots = w_n = 1/m$$

則 (3) 式能以加權歐幾里德內積表示為

$$\bar{x} = \langle \mathbf{f}, \mathbf{x} \rangle = w_1 f_1 x_1 + w_2 f_2 x_2 + \cdots + w_n f_n x_n$$

▶例題 2　使用加權歐幾里德內積

範數及距離視選用的內積而定，這非常重要應牢記在心中。若內積改變，則向量間的範數及距離亦隨之改變。例如，在具歐幾里德內積的 R^2 上有向量 $\mathbf{u} = (1, 0)$ 及 $\mathbf{v} = (0, 1)$，則得

$$\|\mathbf{u}\| = \sqrt{1^2 + 0^2} = 1$$

而

$$d(\mathbf{u}, \mathbf{v}) = \|\mathbf{u} - \mathbf{v}\| = \|(1, -1)\| = \sqrt{1^2 + (-1)^2} = \sqrt{2}$$

然而，若將內積改變為加權歐幾里德內積

$$\langle \mathbf{u}, \mathbf{v} \rangle = 3u_1 v_1 + 2u_2 v_2$$

則可得

$$\|\mathbf{u}\| = \langle \mathbf{u}, \mathbf{u}\rangle^{1/2} = [3(1)(1) + 2(0)(0)]^{1/2} = \sqrt{3}$$

及

$$d(\mathbf{u}, \mathbf{v}) = \|\mathbf{u} - \mathbf{v}\| = \langle (1, -1), (1, -1)\rangle^{1/2}$$
$$= [3(1)(1) + 2(-1)(-1)]^{1/2} = \sqrt{5}$$ ◀

內積空間上的單位圓及單位球

若 V 為一內積空間，則能滿足條件

$$\|\mathbf{u}\| = 1$$

的所有 V 中的點集合，以 V 中的**單位球** (unit sphere) 或 V 中的**單位圓** (unit circle) 稱之。

▶ **例題 3** R^2 上不尋常的單位圓

(a) 利用歐幾里德內積 $\langle \mathbf{u}, \mathbf{v}\rangle = u_1v_1 + u_2v_2$，在 R^2 上以 xy-座標系來描述單位圓。

(b) 利用加權歐幾里德內積 $\langle \mathbf{u}, \mathbf{v}\rangle = \frac{1}{9}u_1v_1 + \frac{1}{4}u_2v_2$，在 R^2 上以 xy-座標系來描述單位圓。

解 (a)：若 $\mathbf{u} = (x, y)$，則 $\|\mathbf{u}\| = \langle \mathbf{u}, \mathbf{u}\rangle^{1/2} = \sqrt{x^2 + y^2}$，所以單位圓方程式為 $\sqrt{x^2 + y^2} = 1$，兩邊平方得

$$x^2 + y^2 = 1$$

正如同所預期的，此方程式的圖形為圓心在原點半徑為 1 的圓 (圖 6.1.1a)。

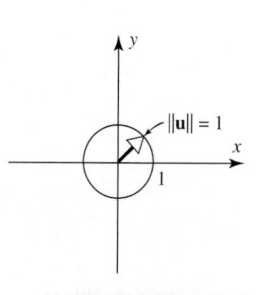

(a) 使用標準歐幾里德內積的單位圓

解 (b)：若 $\mathbf{u} = (x, y)$，則 $\|\mathbf{u}\| = \langle \mathbf{u}, \mathbf{u}\rangle^{1/2} = \sqrt{\frac{1}{9}x^2 + \frac{1}{4}y^2}$，所以單位圓方程式為 $\sqrt{\frac{1}{9}x^2 + \frac{1}{4}y^2} = 1$，兩邊平方得

$$\frac{x^2}{9} + \frac{y^2}{4} = 1$$

此方程式的圖形為橢圓 (圖 6.1.1b)。 ◀

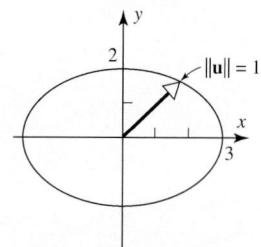

(b) 使用加權歐幾里德內積的單位圓

▲ 圖 6.1.1

注釋：似乎有點奇怪，上一例子中的第二部分，「單位圓」變成有橢圓形狀。這將有更多意義，假若你以代數方式 ($\|\mathbf{u}\| = 1$) 而非幾何方式

來思考一般向量空間的圓和球。幾何上發生改變是因為範數，不是歐幾里德，有改變空間形狀的效應，我們習慣用「歐幾里德眼」來看空間。

由矩陣生成的內積

歐幾里德內積及加權歐幾里德內積是 R^n 上一個一般內積族的特例，此內積族被稱為**矩陣內積** (matrix inner products)。欲定義此內積族，令 $\mathbf{u}$ 及 $\mathbf{v}$ 為 R^n 上的向量且被表為行型，且令 A 是一個可逆的 $n \times n$ 階矩陣。可證明出 (習題 31) 若 $\mathbf{u} \cdot \mathbf{v}$ 是 R^n 上的歐幾里德內積，則公式

$$\langle \mathbf{u}, \mathbf{v} \rangle = A\mathbf{u} \cdot A\mathbf{v} \tag{4}$$

亦定義一個內積，此內積被稱為 R^n 上由 A 生成之內積 (inner product on R^n generated by A)。

回憶 3.2 節表 1，若 $\mathbf{u}$ 和 $\mathbf{v}$ 為行型，則 $\mathbf{u} \cdot \mathbf{v}$ 可被寫為 $\mathbf{v}^T\mathbf{u}$ 型，因此公式 (4) 可被表為

$$\langle \mathbf{u}, \mathbf{v} \rangle = (A\mathbf{v})^T A\mathbf{u}$$

或等價地被表為

$$\langle \mathbf{u}, \mathbf{v} \rangle = \mathbf{v}^T A^T A \mathbf{u} \tag{5}$$

▶**例題 4　矩陣生成加權歐幾里德內積**

標準歐幾里德及加權歐幾里德是矩陣內積的例子。R^n 上的標準歐幾里德內積是由 $n \times n$ 階單位矩陣所生成的，因為將 $A = I$ 代入公式 (4) 得

$$\langle \mathbf{u}, \mathbf{v} \rangle = I\mathbf{u} \cdot I\mathbf{v} = \mathbf{u} \cdot \mathbf{v}$$

且加權歐幾里德內積

$$\langle \mathbf{u}, \mathbf{v} \rangle = w_1 u_1 v_1 + w_2 u_2 v_2 + \cdots + w_n u_n v_n \tag{6}$$

是由矩陣

$$A = \begin{bmatrix} \sqrt{w_1} & 0 & 0 & \cdots & 0 \\ 0 & \sqrt{w_2} & 0 & \cdots & 0 \\ \vdots & \vdots & \vdots & & \vdots \\ 0 & 0 & 0 & \cdots & \sqrt{w_n} \end{bmatrix} \tag{7}$$

所生成的。此可由下列步驟看出，首先觀察 $A^T A$ 是 $n \times n$ 階對角矩陣，

其對角元素是權數 $w_1, w_2, \ldots, w_n$ 且接著觀察 (5) 式簡化至 (6) 式當 A 是公式 (7) 的矩陣時。

▶ **例題 5** 例題 1 的修正

例題 1 所討論的加權歐幾里德內積 $\langle \mathbf{u}, \mathbf{v} \rangle = 3u_1v_1 + 2u_2v_2$ 是 R^2 上由

$$A = \begin{bmatrix} \sqrt{3} & 0 \\ 0 & \sqrt{2} \end{bmatrix}$$ 所生成的內積。 ◀

> 每一個具正對角元素的對角矩陣生成一個加權內積，為何？

其他內積例子

迄今，我們僅考慮 R^n 上的內積例子。我們現在考慮稍早曾討論的其他種向量空間上的內積例子。

▶ **例題 6** M_{nn} 上的內積

若 U 和 V 為 $n \times n$ 階矩陣，則公式

$$\langle U, V \rangle = \mathrm{tr}(U^T V) \tag{8}$$

定義向量空間 M_{nn} 上的一個內積 (見 1.3 節定義 8 跡數的定義)。此可由確認四個內積空間公理成立來證明，但你可由計算 (8) 式看出為何？式中對 2×2 階矩陣

$$U = \begin{bmatrix} u_1 & u_2 \\ u_3 & u_4 \end{bmatrix} \quad \text{及} \quad V = \begin{bmatrix} v_1 & v_2 \\ v_3 & v_4 \end{bmatrix}$$

得

$$\langle U, V \rangle = \mathrm{tr}(U^T V) = u_1 v_1 + u_2 v_2 + u_3 v_3 + u_v v_4$$

其正是兩個矩陣相對應元素的點積。例如，若

$$U = \begin{bmatrix} 1 & 2 \\ 3 & 4 \end{bmatrix} \quad \text{及} \quad V = \begin{bmatrix} -1 & 0 \\ 3 & 2 \end{bmatrix}$$

則

$$\langle U, V \rangle = 1(-1) + 2(0) + 3(3) + 4(2) = 16$$

矩陣 U 對於這個內積的範數是

$$\|U\| = \langle U, U \rangle^{1/2} = \sqrt{u_1^2 + u_2^2 + u_3^2 + u_4^2}$$

▶ **例題 7** P_n 上的標準內積

若
$$\mathbf{p} = a_0 + a_1 x + \cdots + a_n x^n \quad \text{及} \quad \mathbf{q} = b_0 + b_1 x + \cdots + b_n x^n$$

為 P_n 上的多項式，則下面公式定義 P_n 上的一個內積 (證明之)，我們稱它為此空間上的**標準內積** (standard inner product)：

$$\langle \mathbf{p}, \mathbf{q} \rangle = a_0 b_0 + a_1 b_1 + \cdots + a_n b_n \tag{9}$$

多項式 $\mathbf{p}$ 對此內積的範數是

$$\|\mathbf{p}\| = \sqrt{\langle \mathbf{p}, \mathbf{p} \rangle} = \sqrt{a_0^2 + a_1^2 + \cdots + a_n^2}$$

▶ **例題 8** P_n 上的估算內積

若
$$\mathbf{p} = p(x) = a_0 + a_1 x + \cdots + a_n x^n \quad \text{及} \quad \mathbf{q} = q(x) = b_0 + b_1 x + \cdots + b_n x^n$$

為 P_n 上的多項式，且若 $x_0, x_1, \ldots, x_n$ 為相異實數 [稱**樣本點** (sample points)]，則公式

$$\langle \mathbf{p}, \mathbf{q} \rangle = p(x_0) q(x_0) + p(x_1) q(x_1) + \cdots + p(x_n) q(x_n) \tag{10}$$

定義 P_n 上的一個內積，稱之為在 $x_0, x_1, \ldots, x_n$ 的**估算內積** (evaluation inner product)。在代數上來講，此可被視為 R^n 上 n-元實數序對

$$(p(x_0), p(x_1), \ldots, p(x_n)) \quad \text{及} \quad (q(x_0), q(x_1), \ldots, q(x_n))$$

的點積，因此前三個內積公理由點積的性質成立。第四個內積公理由下面事實成立，即

$$\langle \mathbf{p}, \mathbf{p} \rangle = [p(x_0)]^2 + [p(x_1)]^2 + \cdots + [p(x_n)]^2 \geq 0$$

且等號成立若且唯若

$$p(x_0) = p(x_1) = \cdots = p(x_n) = 0$$

但次數小於或等於 n 的非零多項式至多有 n 個相異根，所以必為 $\mathbf{p} = \mathbf{0}$。此證明了第四個內積公理成立。

多項式 $\mathbf{p}$ 對估算內積的範數是

$$\|\mathbf{p}\| = \sqrt{\langle \mathbf{p}, \mathbf{p} \rangle} = \sqrt{[p(x_0)]^2 + [p(x_1)]^2 + \cdots + [p(x_n)]^2} \tag{11}$$

▶ **例題 9** 執行估算內積

令 P_2 在點 $x_0=-2$, $x_1=0$ 及 $x_2=2$ 有估算內積。計算 $\langle \mathbf{p}, \mathbf{q} \rangle$ 及 $\|\mathbf{p}\|$，其中 $\mathbf{p}=p(x)=x^2$ 且 $\mathbf{q}=q(x)=1+x$。

解：由 (10) 式及 (11) 式得

$$\langle \mathbf{p}, \mathbf{q} \rangle = p(-2)q(-2) + p(0)q(0) + p(2)q(2) = (4)(-1) + (0)(1) + (4)(3) = 8$$

$$\|\mathbf{p}\| = \sqrt{[p(x_0)]^2 + [p(x_1)]^2 + [p(x_2)]^2} = \sqrt{[p(-2)]^2 + [p(0)]^2 + [p(2)]^2}$$
$$= \sqrt{4^2 + 0^2 + 4^2} = \sqrt{32} = 4\sqrt{2}$$

適合已學過微積分的讀者

▶ **例題 10** $C[a,b]$ 上的內積

令 $\mathbf{f}=f(x)$ 及 $\mathbf{g}=g(x)$ 為 $C[a,b]$ 上的兩個函數，且定義

$$\langle \mathbf{f}, \mathbf{g} \rangle = \int_a^b f(x)g(x)\,dx \tag{12}$$

我們將以證明在 $C[a,b]$ 上，四個內積公理對 $\mathbf{f}=f(x), \mathbf{g}=g(x)$ 及 $\mathbf{h}=h(x)$ 均成立，來證明 (6) 式定義了 $C[a,b]$ 上的內積。

1. $\langle \mathbf{f}, \mathbf{g} \rangle = \int_a^b f(x)g(x)\,dx = \int_a^b g(x)f(x)\,dx = \langle \mathbf{g}, \mathbf{f} \rangle$

   此證明了公理 1 成立。

2. $\langle \mathbf{f}+\mathbf{g}, \mathbf{h} \rangle = \int_a^b (f(x)+g(x))h(x)\,dx$
   $$= \int_a^b f(x)h(x)\,dx + \int_a^b g(x)h(x)\,dx$$
   $$= \langle \mathbf{f}, \mathbf{h} \rangle + \langle \mathbf{g}, \mathbf{h} \rangle$$

   此證明了公理 2 成立。

3. $\langle k\mathbf{f}, \mathbf{g} \rangle = \int_a^b kf(x)g(x)\,dx = k\int_a^b f(x)g(x)\,dx = k\langle \mathbf{f}, \mathbf{g} \rangle$

   此證明了公理 3 成立。

4. 若 $\mathbf{f}=f(x)$ 為 $C[a,b]$ 上的任意函數，則

$$\langle \mathbf{f}, \mathbf{f} \rangle = \int_a^b f^2(x)\,dx \geq 0 \tag{13}$$

因為對區間 $[a,b]$ 上的所有 x，$f^2(x) \geq 0$。更而因為 f 在 $[a,b]$ 上連續，

公式 (13) 的等號成立若且唯若函數 f 在 $[a, b]$ 上恆等於 0，亦即若且唯若 $\mathbf{f}=\mathbf{0}$；且此證明了公理 4 成立。

適合已學過微積分的讀者

▶ **例題 11** $C[a, b]$ 上向量的範數

若 $C[a, b]$ 有如例題 10 所定義的內積，則函數 $\mathbf{f}=f(x)$ 對於這個內積的範數為

$$\|\mathbf{f}\| = \langle \mathbf{f}, \mathbf{f} \rangle^{1/2} = \sqrt{\int_a^b f^2(x)\,dx} \tag{14}$$

且此空間上的單位球係由 $C[a, b]$ 上所有滿足 $\|\mathbf{f}\|=1$ 的函數 $\mathbf{f}$ 所組成，兩邊平方得

$$\int_a^b f^2(x)\,dx = 1$$

◀

注釋：因為多項式是連續函數，向量空間 P_n 是 $C[a, b]$ 的一個子空間。因此，公式 (12) 定義 P_n 上的一個內積。

注釋：回顧微積分中的說法，一曲線 $y=f(x)$ 在區間 $[a, b]$ 的弧長以公式

$$L = \int_a^b \sqrt{1+[f'(x)]^2}\,dx \tag{15}$$

求得。總之，請勿將此弧長觀念和 $\|\mathbf{f}\|$ 搞混，當 $\mathbf{f}$ 為 $C[a, b]$ 上的一向量時，$\|\mathbf{f}\|$ 表 $\mathbf{f}$ 的長度 (或範數)，(14) 式及 (15) 式是頗不相同的。

內積的代數性質

下一個定理列出內積的一些代數性質，其由內積公理可得。此結果是定理 3.2.3 的一般化，定理 3.2.3 僅應用至 R^n 上的點積。

定理 6.1.2：若 $\mathbf{u}, \mathbf{v}$ 及 $\mathbf{w}$ 為實數內積空間 V 上的向量，且若 k 為一純量，則：
(a) $\langle \mathbf{0}, \mathbf{v} \rangle = \langle \mathbf{v}, \mathbf{0} \rangle = 0$
(b) $\langle \mathbf{u}, \mathbf{v}+\mathbf{w} \rangle = \langle \mathbf{u}, \mathbf{v} \rangle + \langle \mathbf{u}, \mathbf{w} \rangle$

(c) $\langle \mathbf{u}, \mathbf{v} - \mathbf{w} \rangle = \langle \mathbf{u}, \mathbf{v} \rangle - \langle \mathbf{u}, \mathbf{w} \rangle$
(d) $\langle \mathbf{u} - \mathbf{v}, \mathbf{w} \rangle = \langle \mathbf{u}, \mathbf{w} \rangle - \langle \mathbf{v}, \mathbf{w} \rangle$
(e) $k \langle \mathbf{u}, \mathbf{v} \rangle = \langle \mathbf{u}, k\mathbf{v} \rangle$

證明：此處將只證明 (b) 部分，而將其他各部分留作習題。

$$\begin{aligned}
\langle \mathbf{u}, \mathbf{v} + \mathbf{w} \rangle &= \langle \mathbf{v} + \mathbf{w}, \mathbf{u} \rangle && \text{[由對稱性]} \\
&= \langle \mathbf{v}, \mathbf{u} \rangle + \langle \mathbf{w}, \mathbf{u} \rangle && \text{[由加法性]} \\
&= \langle \mathbf{u}, \mathbf{v} \rangle + \langle \mathbf{u}, \mathbf{w} \rangle && \text{[由對稱性]} \quad \blacktriangleleft
\end{aligned}$$

下面例題展示如何利用定理 6.1.2 及其所定義的內積性質來執行內積的代數計算。當你讀完此例後，將發現此例引導你證明各步驟。

▶ **例題 12　內積之計算**

$$\begin{aligned}
\langle \mathbf{u} - 2\mathbf{v}, 3\mathbf{u} + 4\mathbf{v} \rangle &= \langle \mathbf{u}, 3\mathbf{u} + 4\mathbf{v} \rangle - \langle 2\mathbf{v}, 3\mathbf{u} + 4\mathbf{v} \rangle \\
&= \langle \mathbf{u}, 3\mathbf{u} \rangle + \langle \mathbf{u}, 4\mathbf{v} \rangle - \langle 2\mathbf{v}, 3\mathbf{u} \rangle - \langle 2\mathbf{v}, 4\mathbf{v} \rangle \\
&= 3\langle \mathbf{u}, \mathbf{u} \rangle + 4\langle \mathbf{u}, \mathbf{v} \rangle - 6\langle \mathbf{v}, \mathbf{u} \rangle - 8\langle \mathbf{v}, \mathbf{v} \rangle \\
&= 3\|\mathbf{u}\|^2 + 4\langle \mathbf{u}, \mathbf{v} \rangle - 6\langle \mathbf{u}, \mathbf{v} \rangle - 8\|\mathbf{v}\|^2 \\
&= 3\|\mathbf{u}\|^2 - 2\langle \mathbf{u}, \mathbf{v} \rangle - 8\|\mathbf{v}\|^2
\end{aligned}\quad \blacktriangleleft$$

概念複習

- 內積公理
- 歐幾里德內積
- 歐幾里德 n-空間
- 加權歐幾里德內積
- 單位圓 (球)
- 矩陣內積
- 內積空間上的範數
- 內積空間上兩向量間的距離
- 內積的例子
- 內積的性質

技　能

- 計算兩向量的內積。
- 求向量的範數。
- 求兩向量間的距離。
- 證明一已知公式定義一個內積。
- 利用說明至少有一個內積空間公理不成立，證明一已知公式無法定義一個內積。

習題集 6.1

1. 令 $\langle \mathbf{u}, \mathbf{v} \rangle$ 為 R^2 上的歐幾里德內積，且令 $\mathbf{u}=(1, 1), \mathbf{v}=(3, 2), \mathbf{w}=(-1, 0)$ 及 $k=5$，計算下面各式。
   (a) $\langle \mathbf{v}, \mathbf{w} \rangle$ (b) $\langle k\mathbf{u}, \mathbf{v} \rangle$ (c) $\langle \mathbf{u}+\mathbf{v}, \mathbf{w} \rangle$
   (d) $\|\mathbf{u}\|$ (e) $d(\mathbf{u}, \mathbf{v})$ (f) $\|\mathbf{u}-k\mathbf{v}\|$

2. 以加權歐幾里德內積 $\langle \mathbf{u}, \mathbf{v}\rangle=2u_1v_1+3u_2v_2$ 重做習題 1。

3. 令 $\langle \mathbf{u}, \mathbf{v} \rangle$ 為 R^2 上的歐幾里德內積，且令 $\mathbf{u}=(3, -2), \mathbf{v}=(4, 5), \mathbf{w}=(-1, 6)$ 及 $k=-4$，試驗證
   (a) $\langle \mathbf{u}, \mathbf{v} \rangle = \langle \mathbf{v}, \mathbf{u} \rangle$
   (b) $\langle \mathbf{u}+\mathbf{v}, \mathbf{w} \rangle = \langle \mathbf{u}, \mathbf{w} \rangle + \langle \mathbf{v}, \mathbf{w} \rangle$
   (c) $\langle \mathbf{u}, \mathbf{v}+\mathbf{w} \rangle = \langle \mathbf{u}, \mathbf{v} \rangle + \langle \mathbf{u}, \mathbf{w} \rangle$
   (d) $\langle k\mathbf{u}, \mathbf{v} \rangle = k\langle \mathbf{u}, \mathbf{v} \rangle = \langle \mathbf{u}, k\mathbf{v} \rangle$
   (e) $\langle \mathbf{0}, \mathbf{v} \rangle = \langle \mathbf{v}, \mathbf{0} \rangle = 0$

4. 以加權歐幾里德內積 $\langle \mathbf{u}, \mathbf{v}\rangle=4u_1v_1+5u_2v_2$ 重做習題 3。

5. 令 $\langle \mathbf{u}, \mathbf{v} \rangle$ 為 R^2 上由 $\begin{bmatrix} 2 & 1 \\ 1 & 1 \end{bmatrix}$ 所生成的內積，且令 $\mathbf{u}=(2, 1), \mathbf{v}=(-1, 1), \mathbf{w}=(0, -1)$ 計算下面各式。
   (a) $\langle \mathbf{u}, \mathbf{v} \rangle$ (b) $\langle \mathbf{v}, \mathbf{w} \rangle$ (c) $\langle \mathbf{u}, \mathbf{v}+\mathbf{w} \rangle$
   (d) $\|\mathbf{u}\|$ (e) $d(\mathbf{v}, \mathbf{w})$ (f) $\|\mathbf{v}-\mathbf{w}\|^2$

6. 對 R^2 上由 $\begin{bmatrix} 0 & -1 \\ 2 & 1 \end{bmatrix}$ 所生成的內積，重做習題 5。

7. 利用例題 6 的內積，計算 $\langle \mathbf{u}, \mathbf{v} \rangle$。
   (a) $\mathbf{u} = \begin{bmatrix} 3 & -2 \\ 4 & 8 \end{bmatrix}$, $\mathbf{v} = \begin{bmatrix} -1 & 3 \\ 1 & 1 \end{bmatrix}$
   (b) $\mathbf{u} = \begin{bmatrix} 1 & 2 \\ -3 & 5 \end{bmatrix}$, $\mathbf{v} = \begin{bmatrix} 4 & 6 \\ 0 & 8 \end{bmatrix}$

8. 利用例題 7 的內積，計算 $\langle \mathbf{p}, \mathbf{q} \rangle$。
   (a) $\mathbf{p} = 3-x+2x^2$, $\mathbf{q} = 2-4x^2$
   (b) $\mathbf{p} = -5+2x+x^2$, $\mathbf{q} = 3+2x-4x^2$

9. (a) 使用公式 (4) 證明 $\langle \mathbf{u}, \mathbf{v} \rangle = 9u_1v_1+4u_2v_2$ 為由 A 所生成之 R^2 上的內積，其中
   $$A = \begin{bmatrix} 3 & 0 \\ 0 & 2 \end{bmatrix}$$
   (b) 使用 (a) 中之內積計算 $\langle \mathbf{u}, \mathbf{v} \rangle$，若 $\mathbf{u}=(-3, 2), \mathbf{v}=(1, 7)$。

10. (a) 使用公式 (4) 證明
    $$\langle \mathbf{u}, \mathbf{v} \rangle = 10u_1v_1-7u_2v_1-7u_1v_2+5u_2v_2$$
    為由 A 所生成之 R^2 上的內積，其中
    $$A = \begin{bmatrix} 3 & -2 \\ -1 & 1 \end{bmatrix}$$
    (b) 使用 (a) 中之內積計算 $\langle \mathbf{u}, \mathbf{v} \rangle$，若 $\mathbf{u}=(0, -3)$ 及 $\mathbf{v}=(6, 2)$。

11. 令 $\mathbf{u}=(u_1, u_2), \mathbf{v}=(v_1, v_2)$，試求生成下列所示 R^2 上之內積的矩陣。
    (a) $\langle \mathbf{u}, \mathbf{v} \rangle = 3u_1v_1+5u_2v_2$
    (b) $\langle \mathbf{u}, \mathbf{v} \rangle = 4u_1v_1+6u_2v_2$

12. 令 P_2 有例題 7 的內積，求下面各小題之 $\|\mathbf{p}\|$。
    (a) $\mathbf{p} = -2+3x+2x^2$
    (b) $\mathbf{p} = 4-3x^2$

13. 令 M_{22} 有例題 6 的內積，求下面各小題之 $\|A\|$。
    (a) $A = \begin{bmatrix} 5 & 3 \\ 2 & -6 \end{bmatrix}$ (b) $A = \begin{bmatrix} 0 & 0 \\ 0 & 0 \end{bmatrix}$

14. 令 P_2 有例題 7 的內積，求 $d(\mathbf{p}, \mathbf{q})$ 若 $\mathbf{p}=x+3x^2$ 且 $\mathbf{q}=2-x+4x^2$。

15. 令 M_{22} 有例題 6 的內積，求 $d(A, B)$。
    (a) $A = \begin{bmatrix} 2 & 6 \\ 9 & 4 \end{bmatrix}$, $B = \begin{bmatrix} -4 & 7 \\ 1 & 6 \end{bmatrix}$
    (b) $A = \begin{bmatrix} -2 & 4 \\ 1 & 0 \end{bmatrix}$, $B = \begin{bmatrix} -5 & 1 \\ 6 & 2 \end{bmatrix}$

16. 令 P_2 有例題 9 的內積，且令 $\mathbf{p}=1+x+x^2$ 且 $\mathbf{q}=1-2x$，計算下面各式。
    (a) $\langle \mathbf{p}, \mathbf{q} \rangle$ (b) $\|\mathbf{p}\|$ (c) $d(\mathbf{p}, \mathbf{q})$

17. 令 P_3 有在樣本點 $x_0=2, x_1=-1, x_2=0, x_3=1$ 的估算內積，求 $\langle \mathbf{p}, \mathbf{q} \rangle$ 及 $\|\mathbf{p}\|$，其中 $\mathbf{p}=$

$x+x^3$ 且 $\mathbf{q}=1+x^2$。

18. 對底下各小題，使用所給的 R^2 上內積，求 $\|\mathbf{w}\|$，其中 $\mathbf{w}=(-1, 3)$。
    (a) 歐幾里德內積。
    (b) 加權歐幾里德內積 $\langle \mathbf{u}, \mathbf{v}\rangle = 3u_1v_1 + 2u_2v_2$，其中 $\mathbf{u}=(u_1, u_2)$ 且 $\mathbf{v}=(v_1, v_2)$。
    (c) 由矩陣 $A = \begin{bmatrix} 1 & 2 \\ -1 & 3 \end{bmatrix}$ 所生成的內積。

19. 使用習題 18 的所有內積，求 $d(\mathbf{u}, \mathbf{v})$，其中 $\mathbf{u}=(-1, 2)$，且 $\mathbf{v}=(2, 5)$。

20. 假設向量 $\mathbf{u}, \mathbf{v}$ 及 $\mathbf{w}$ 滿足
    $\langle\mathbf{u}, \mathbf{v}\rangle = 2$, $\langle\mathbf{v}, \mathbf{w}\rangle = -3$, $\langle\mathbf{u}, \mathbf{w}\rangle = 5$
    $\|\mathbf{u}\| = 1$, $\|\mathbf{v}\| = 2$, $\|\mathbf{w}\| = 7$

    計算下列各式
    (a) $\langle\mathbf{u}+\mathbf{v}, \mathbf{v}+\mathbf{w}\rangle$
    (b) $\langle 2\mathbf{v}-\mathbf{w}, 3\mathbf{u}+2\mathbf{w}\rangle$
    (c) $\langle\mathbf{u}-\mathbf{v}-2\mathbf{w}, 4\mathbf{u}+\mathbf{v}\rangle$
    (d) $\|\mathbf{u}+\mathbf{v}\|$
    (e) $\|2\mathbf{w}-\mathbf{v}\|$
    (f) $\|\mathbf{u}-2\mathbf{v}+4\mathbf{w}\|$

21. 使用下面各內積，試繪 R^2 上的單位圓。
    (a) $\langle\mathbf{u}, \mathbf{v}\rangle = \frac{1}{4}u_1v_1 + \frac{1}{16}u_2v_2$
    (b) $\langle\mathbf{u}, \mathbf{v}\rangle = 2u_1v_1 + u_2v_2$

22. 求一 R^2 上的加權歐幾里德內積，使在其上的單位圓如同圖所示的橢圓。

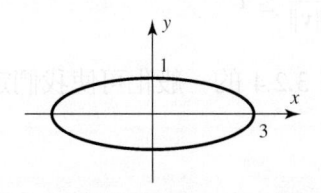

▲ 圖 Ex-22

23. 令 $\mathbf{u}=(u_1, u_2)$, $\mathbf{v}=(v_1, v_2)$，試由驗證內積公理成立證明下列為 R^2 上之內積。
    (a) $\langle\mathbf{u}, \mathbf{v}\rangle = 3u_1v_1 + 5u_2v_2$
    (b) $\langle\mathbf{u}, \mathbf{v}\rangle = 4u_1v_1 + u_2v_1 + u_1v_2 + 4u_2v_2$

24. 令 $\mathbf{u}=(u_1, u_2, u_3)$ 及 $\mathbf{v}=(v_1, v_2, v_3)$，判定下列何者為 R^3 上之內積？至於不為內積的，請指出哪些公理不成立。
    (a) $\langle\mathbf{u}, \mathbf{v}\rangle = u_1v_1 + u_3v_3$
    (b) $\langle\mathbf{u}, \mathbf{v}\rangle = u_1^2v_1^2 + u_2^2v_2^2 + u_3^2v_3^2$
    (c) $\langle\mathbf{u}, \mathbf{v}\rangle = 2u_1v_1 + u_2v_2 + 4u_3v_3$
    (d) $\langle\mathbf{u}, \mathbf{v}\rangle = u_1v_1 - u_2v_2 + u_3v_3$

25. 證明下面等式對任何內積空間均成立。
    $$\|\mathbf{u}+\mathbf{v}\|^2 + \|\mathbf{u}-\mathbf{v}\|^2 = 2\|\mathbf{u}\|^2 + 2\|\mathbf{v}\|^2$$

26. 證明下面等式對任何內積空間均成立。
    $$\langle\mathbf{u}, \mathbf{v}\rangle = \tfrac{1}{4}\|\mathbf{u}+\mathbf{v}\|^2 - \tfrac{1}{4}\|\mathbf{u}-\mathbf{v}\|^2$$

27. 令 $U = \begin{bmatrix} u_1 & u_2 \\ u_3 & u_4 \end{bmatrix}$ 及 $V = \begin{bmatrix} v_1 & v_2 \\ v_3 & v_4 \end{bmatrix}$。

    證明 $\langle U, V\rangle = u_1v_1 + u_2v_3 + u_3v_2 + u_4v_4$ 不為 M_{22} 上之內積。

28. (適合已學過微積分的讀者) 令向量空間 P_2 有內積
    $$\langle \mathbf{p}, \mathbf{q}\rangle = \int_{-1}^{1} p(x)q(x)\,dx$$
    (a) 對 $\mathbf{p}=1, \mathbf{p}=x$ 及 $\mathbf{p}=x^2$，求 $\|\mathbf{p}\|$。
    (b) 求 $d(\mathbf{p}, \mathbf{q})$，其中 $\mathbf{p}=1$ 且 $\mathbf{q}=x$。

29. (適合已學過微積分的讀者) 對底下各小題，使用 P_3 上內積
    $$\langle \mathbf{p}, \mathbf{q}\rangle = \int_{-1}^{1} p(x)q(x)\,dx$$

    計算 $\langle\mathbf{p}, \mathbf{q}\rangle$。
    (a) $\mathbf{p} = 1 - x^2 + 3x^3$, $\mathbf{q} = 2 - x$
    (b) $\mathbf{p} = x - 5x^3$, $\mathbf{q} = 2 + 8x^2$

30. (適合已學過微積分的讀者) 對底下各小題，使用 $C[0, 1]$ 上內積
    $$\langle \mathbf{f}, \mathbf{g}\rangle = \int_{0}^{1} f(x)g(x)\,dx$$

    計算 $\langle\mathbf{f}, \mathbf{g}\rangle$。
    (a) $\mathbf{f} = \cos 2\pi x$, $\mathbf{g} = \sin 2\pi x$
    (b) $\mathbf{f} = x$, $\mathbf{g} = e^x$
    (c) $\mathbf{f} = \tan \frac{\pi}{4}x$, $\mathbf{g} = 1$

31. 證明公式 (4) 定義 R^n 上的一個內積。

32. 複數向量空間的定義被給在 4.1 節的第一個邊際筆記裡。複數向量空間上的**複數內**

積 (complex inner product) 等同定義 1 除了純量允許為複數外，且公理 1 被取代為 $\langle \mathbf{u}, \mathbf{v} \rangle = \overline{\langle \mathbf{v}, \mathbf{u} \rangle}$。剩下的公理未變。具有複數內積的複數向量空間被稱是**複數內積空間** (complex inner product space)。證明若 V 是一個複數內積空間，則 $\langle \mathbf{u}, k\mathbf{v} \rangle = \bar{k} \langle \mathbf{u}, \mathbf{v} \rangle$。

是非題

試判斷 (a)-(g) 各敘述的真假，並驗證你的答案。

(a) R^2 的點積是一個加權內積的例子。
(b) 兩個向量的內積不可能是負實數。
(c) $\langle \mathbf{u}, \mathbf{v} + \mathbf{w} \rangle = \langle \mathbf{v}, \mathbf{u} \rangle + \langle \mathbf{w}, \mathbf{u} \rangle$。
(d) $\langle k\mathbf{u}, k\mathbf{v} \rangle = k^2 \langle \mathbf{u}, \mathbf{v} \rangle$。
(e) 若 $\langle \mathbf{u}, \mathbf{v} \rangle = 0$，則 $\mathbf{u} = \mathbf{0}$ 或 $\mathbf{v} = \mathbf{0}$。
(f) 若 $\|\mathbf{v}\|^2 = 0$，則 $\mathbf{u} = \mathbf{0}$。
(g) 若 A 是一個 $n \times n$ 階矩陣，則 $\langle \mathbf{u}, \mathbf{v} \rangle = A\mathbf{u} \cdot A\mathbf{v}$ 定義 R^n 上的一個內積。

6.2　內積空間上的角度及正交性

在 3.2 節，我們定義了 R^n 上向量間「夾角」的觀念。本節我們將此概念擴大至一般向量空間。此將使我們亦可擴大正交性觀念，因此，建置基礎給許多新的應用。

柯西-史瓦茲不等式

回顧 3.2 節公式 (20)，R^n 上兩向量 $\mathbf{u}$ 和 $\mathbf{v}$ 間的夾角 θ 是

$$\theta = \cos^{-1}\left(\frac{\mathbf{u} \cdot \mathbf{v}}{\|\mathbf{u}\|\|\mathbf{v}\|}\right) \tag{1}$$

我們確定這個公式是有效的，因為由柯西-史瓦茲不等式 (定理 3.2.4) 得

$$-1 \leq \frac{\mathbf{u} \cdot \mathbf{v}}{\|\mathbf{u}\|\|\mathbf{v}\|} \leq 1 \tag{2}$$

滿足反餘弦函數可被定義。下面定理 3.2.4 的一般化可使我們定義任意實數內積空間上兩向量的夾角。

定理 6.2.1：柯西-史瓦茲不等式

若 $\mathbf{u}$ 及 $\mathbf{v}$ 為一實向量空間上之向量，則

$$|\langle \mathbf{u}, \mathbf{v} \rangle| \leq \|\mathbf{u}\|\|\mathbf{v}\| \tag{3}$$

證明：首先提醒讀者，此處之證明依賴一項不是那麼容易得到的巧妙技巧。

在 $\mathbf{u} = \mathbf{0}$ 的情形，(3) 式的兩端相等，因為 $\langle \mathbf{u}, \mathbf{v} \rangle$ 及 $\|\mathbf{u}\|$ 均為零。

因此，我們僅需考慮 $\mathbf{u} \neq \mathbf{0}$ 的情形。在這假設下，令
$$a = \langle \mathbf{u}, \mathbf{u} \rangle, \quad b = 2\langle \mathbf{u}, \mathbf{v} \rangle, \quad c = \langle \mathbf{v}, \mathbf{v} \rangle$$
且令 t 為任意實數。因為正性公理敘述任意向量和本身的內積是非負的，得
$$0 \leq \langle t\mathbf{u} + \mathbf{v}, t\mathbf{u} + \mathbf{v} \rangle = \langle \mathbf{u}, \mathbf{u} \rangle t^2 + 2\langle \mathbf{u}, \mathbf{v} \rangle t + \langle \mathbf{v}, \mathbf{v} \rangle$$
$$= at^2 + bt + c$$

此不等式顯示二次多項式 $at^2 + bt + c$ 之根不是無實根就是有重複實根。因此，它的判別式定滿足 $b^2 - 4ac \leq 0$，利用向量 $\mathbf{u}$ 及 $\mathbf{v}$ 表示係數 a, b 及 c 得 $4\langle \mathbf{u}, \mathbf{v} \rangle^2 - 4\langle \mathbf{u}, \mathbf{u} \rangle \langle \mathbf{v}, \mathbf{v} \rangle \leq 0$；或等價地
$$\langle \mathbf{u}, \mathbf{v} \rangle^2 \leq \langle \mathbf{u}, \mathbf{u} \rangle \langle \mathbf{v}, \mathbf{v} \rangle$$
兩端取平方根，並利用 $\langle \mathbf{u}, \mathbf{u} \rangle$ 與 $\langle \mathbf{v}, \mathbf{v} \rangle$ 為非負值的事實，可得
$$|\langle \mathbf{u}, \mathbf{v} \rangle| \leq \langle \mathbf{u}, \mathbf{u} \rangle^{1/2} \langle \mathbf{v}, \mathbf{v} \rangle^{1/2} \quad \text{或等價於} \quad |\langle \mathbf{u}, \mathbf{v} \rangle| \leq \|\mathbf{u}\| \|\mathbf{v}\|$$
而完成證明。◂

下面兩個柯西-史瓦茲不等式的替代型有助於知道：
$$\langle \mathbf{u}, \mathbf{v} \rangle^2 \leq \langle \mathbf{u}, \mathbf{u} \rangle \langle \mathbf{v}, \mathbf{v} \rangle \tag{4}$$
$$\langle \mathbf{u}, \mathbf{v} \rangle^2 \leq \|\mathbf{u}\|^2 \|\mathbf{v}\|^2 \tag{5}$$

第一個公式由定理 6.2.1 的證明裡可得到，而第二個公式是第一個公式的變形。

向量間的夾角

下一個目標是定義所謂的實數內積空間上向量間的「夾角」。第一步，我們留給讀者使用柯西-史瓦茲不等式證明
$$-1 \leq \frac{\langle \mathbf{u}, \mathbf{v} \rangle}{\|\mathbf{u}\| \|\mathbf{v}\|} \leq 1 \tag{6}$$

在此情形，存在一個唯一角 θ (弳度量) 滿足
$$\cos \theta = \frac{\langle \mathbf{u}, \mathbf{v} \rangle}{\|\mathbf{u}\| \|\mathbf{v}\|} \quad 及 \quad 0 \leq \theta \leq \pi \tag{7}$$
(圖 6.2.1)。此可使我們定義 $\mathbf{u}$ 和 $\mathbf{v}$ 的夾角 θ (angle θ between $\mathbf{u}$ and $\mathbf{v}$) 為

$$\theta = \cos^{-1}\left(\frac{\langle \mathbf{u}, \mathbf{v}\rangle}{\|\mathbf{u}\|\|\mathbf{v}\|}\right) \tag{8}$$

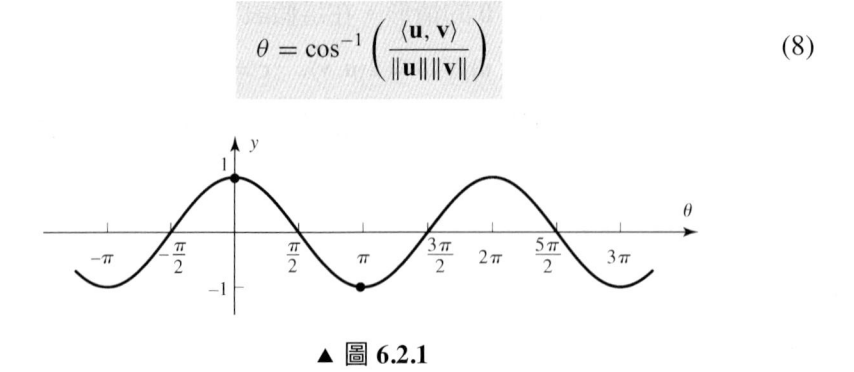

▲ 圖 6.2.1

▶ **例題 1** R^4 上兩向量夾角的餘弦

令 R^4 有歐幾里德內積。求向量 $\mathbf{u}=(4,3,1,-2)$ 及 $\mathbf{v}=(-2,1,2,3)$ 間之夾角的餘弦函數值。

解：下列各值留給讀者來證實

$$\|\mathbf{u}\| = \sqrt{30}, \quad \|\mathbf{v}\| = \sqrt{18} \quad \text{且} \quad \langle \mathbf{u}, \mathbf{v}\rangle = -9$$

所以

$$\cos\theta = \frac{\langle \mathbf{u}, \mathbf{v}\rangle}{\|\mathbf{u}\|\|\mathbf{v}\|} = -\frac{9}{\sqrt{30}\sqrt{18}} = -\frac{3}{2\sqrt{15}} \qquad ◀$$

一般內積空間上長度及距離的性質

在 3.2 節，我們使用點積將長度和距離的觀念擴大至 R^n 且證明許多熟悉的定理仍然成立 (見定理 3.2.5、3.2.6 及 3.2.7)。只要將這些定理的證明做些微調，我們可證明它們在任一實數內積空間上仍然成立。例如，底下是定理 3.2.5 (三角不等式) 的一般化。

定理 6.2.2：若 $\mathbf{u}, \mathbf{v}$ 及 $\mathbf{w}$ 為實數內積空間 V 上的向量，且若 k 是任一純量，則：

(a) $\|\mathbf{u}+\mathbf{v}\| \leq \|\mathbf{u}\| + \|\mathbf{v}\|$ [向量的三角不等式]

(b) $d(\mathbf{u},\mathbf{v}) \leq d(\mathbf{u},\mathbf{w}) + d(\mathbf{w},\mathbf{v})$ [距離的三角不等式]

證明 (a)：

$$\|\mathbf{u}+\mathbf{v}\|^2 = \langle \mathbf{u}+\mathbf{v}, \mathbf{u}+\mathbf{v}\rangle$$
$$= \langle \mathbf{u},\mathbf{u}\rangle + 2\langle \mathbf{u},\mathbf{v}\rangle + \langle \mathbf{v},\mathbf{v}\rangle$$

$$\leq \langle \mathbf{u}, \mathbf{u}\rangle + 2|\langle \mathbf{u}, \mathbf{v}\rangle| + \langle \mathbf{v}, \mathbf{v}\rangle \quad \text{[絕對值性質]}$$
$$\leq \langle \mathbf{u}, \mathbf{u}\rangle + 2\|\mathbf{u}\|\|\mathbf{v}\| + \langle \mathbf{v}, \mathbf{v}\rangle \quad \text{[由 (3) 式]}$$
$$= \|\mathbf{u}\|^2 + 2\|\mathbf{u}\|\|\mathbf{v}\| + \|\mathbf{v}\|^2$$
$$= (\|\mathbf{u}\| + \|\mathbf{v}\|)^2$$

取平方根得 $\|\mathbf{u} + \mathbf{v}\| \leq \|\mathbf{u}\| + \|\mathbf{v}\|$。

證明 **(b)**：和定理 3.2.5(b) 的證明同。◀

正交性

雖然例題 1 是一個有用的數學練習，但僅是偶爾需要計算非 R^2 及 R^3 的向量空間之夾角。在一般向量空間上一個最感興趣的問題是確定向量夾角是否為 $\pi/2$。你可從公式 (8) 看出若 $\mathbf{u}$ 和 $\mathbf{v}$ 為非零向量，則它們之間的夾角是 $\theta = \pi/2$ 若且唯若 $\langle \mathbf{u}, \mathbf{v}\rangle = 0$。根據此點，我們給了下面定義 (它是可行的，即使一個向量為零或兩個向量均為零)。

定義 1：在內積空間中兩向量 $\mathbf{u}$ 和 $\mathbf{v}$ 稱為**正交** (orthogonal) 若 $\langle \mathbf{u}, \mathbf{v}\rangle = 0$。

如下面例子所示，正交性和內積有關，對不同的內積，兩向量對某個內積可能是正交的，但對另一內積則不是。

▶ **例題 2　正交性和內積有關**

向量 $\mathbf{u} = (1, 1)$ 和 $\mathbf{v} = (1, -1)$ 對 R^2 上的歐幾里德內積是正交的，因為
$$\mathbf{u} \cdot \mathbf{v} = (1)(1) + (1)(-1) = 0$$
然而，對於加權歐幾里德內積 $\langle \mathbf{u}, \mathbf{v}\rangle = 3u_1v_1 + 2u_2v_2$，它們不是正交的，因為
$$\langle \mathbf{u}, \mathbf{v}\rangle = 3(1)(1) + 2(1)(-1) = 1 \neq 0$$

▶ **例題 3　M_{22} 上的正交向量**

若 M_{22} 有如前節例題 6 所給的內積，則矩陣
$$U = \begin{bmatrix} 1 & 0 \\ 1 & 1 \end{bmatrix} \quad \text{及} \quad V = \begin{bmatrix} 0 & 2 \\ 0 & 0 \end{bmatrix}$$
為正交，因為

$$\langle U, V \rangle = 1(0) + 0(2) + 1(0) + 1(0) = 0$$

適合已學過微積分的讀者

▶ **例題 4** P_2 上的正交向量

令 P_2 具有內積，

$$\langle \mathbf{p}, \mathbf{q} \rangle = \int_{-1}^{1} p(x)q(x)\,dx$$

並令 $\mathbf{p} = x$ 及 $\mathbf{q} = x^2$，則

$$\|\mathbf{p}\| = \langle \mathbf{p}, \mathbf{p} \rangle^{1/2} = \left[\int_{-1}^{1} xx\,dx\right]^{1/2} = \left[\int_{-1}^{1} x^2\,dx\right]^{1/2} = \sqrt{\frac{2}{3}}$$

$$\|\mathbf{q}\| = \langle \mathbf{q}, \mathbf{q} \rangle^{1/2} = \left[\int_{-1}^{1} x^2 x^2\,dx\right]^{1/2} = \left[\int_{-1}^{1} x^4\,dx\right]^{1/2} = \sqrt{\frac{2}{5}}$$

$$\langle \mathbf{p}, \mathbf{q} \rangle = \int_{-1}^{1} xx^2\,dx = \int_{-1}^{1} x^3\,dx = 0$$

因為 $\langle \mathbf{p}, \mathbf{q} \rangle = 0$，向量 $\mathbf{p} = x$ 及 $\mathbf{q} = x^2$ 對於所指定的內積為正交的。 ◀

在 3.3 節已證明了歐幾里德 n-空間中向量的畢氏定理，下列定理將該結果推廣至任何內積空間中的向量。

定理 6.2.3：一般化的畢氏定理

若 $\mathbf{u}$ 及 $\mathbf{v}$ 在某內積空間裡為兩正交的向量，則

$$\|\mathbf{u} + \mathbf{v}\|^2 = \|\mathbf{u}\|^2 + \|\mathbf{v}\|^2$$

證明：$\mathbf{u}$ 與 $\mathbf{v}$ 的正交性暗示 $\langle \mathbf{u}, \mathbf{v} \rangle = 0$，所以

$$\|\mathbf{u} + \mathbf{v}\|^2 = \langle \mathbf{u} + \mathbf{v}, \mathbf{u} + \mathbf{v} \rangle = \|\mathbf{u}\|^2 + 2\langle \mathbf{u}, \mathbf{v} \rangle + \|\mathbf{v}\|^2$$
$$= \|\mathbf{u}\|^2 + \|\mathbf{v}\|^2 \quad ◀$$

適合已學過微積分的讀者

▶ **例題 5** P_2 上的畢氏定理

在例題 4，已經證明了 $\mathbf{p} = x$ 及 $\mathbf{q} = x^2$ 對於 P_2 上的內積

$$\langle \mathbf{p}, \mathbf{q} \rangle = \int_{-1}^{1} p(x)q(x)\,dx$$

是正交的。由定理 6.2.3 得

$$\|\mathbf{p}+\mathbf{q}\|^2 = \|\mathbf{p}\|^2 + \|\mathbf{q}\|^2$$

因此，由例題 4 的演算，可知

$$\|\mathbf{p}+\mathbf{q}\|^2 = \left(\sqrt{\frac{2}{3}}\right)^2 + \left(\sqrt{\frac{2}{5}}\right)^2 = \frac{2}{3} + \frac{2}{5} = \frac{16}{15}$$

以直接積分來檢視其結果

$$\|\mathbf{p}+\mathbf{q}\|^2 = \langle \mathbf{p}+\mathbf{q}, \mathbf{p}+\mathbf{q} \rangle = \int_{-1}^{1} (x+x^2)(x+x^2)\,dx$$
$$= \int_{-1}^{1} x^2\,dx + 2\int_{-1}^{1} x^3\,dx + \int_{-1}^{1} x^4\,dx = \frac{2}{3} + 0 + \frac{2}{5} = \frac{16}{15} \blacktriangleleft$$

正交補餘

在 4.8 節我們定義了一個正交補餘的觀念給 R^n 的子空間，並使用該定義建立矩陣所有基本空間之幾何聯結。下一個定義將該概念延伸至一般內積空間。

> **定義 2**：若 W 是內積空間 V 的一子空間，則 V 上所有和 W 上每個向量正交的向量所成的集合稱為 W 的**正交補餘** (orthogonal complement of W) 且以符號 $W^\perp$ 表之。

定理 4.8.8 敘述 R^n 上正交補餘的三個性質。下一個定理將該定理的 (a) 和 (b) 一般化至一般的內積空間。

> **定理 6.2.4**：若 W 是內積空間 V 上的一子空間，則：
> (a) $W^\perp$ 是 V 的一子空間。
> (b) $W \cap W^\perp = \{\mathbf{0}\}$。

證明 (a)：集合 $W^\perp$ 至少含零向量，因為 $\langle \mathbf{0}, \mathbf{w} \rangle = 0$ 對 W 上每個向量 $\mathbf{w}$。因此，剩下僅需證明 $W^\perp$ 在加法及純量乘法之下是封閉的。欲處理這個，假設 $\mathbf{u}$ 和 $\mathbf{v}$ 為 $W^\perp$ 上的向量，所以對每個向量 $\mathbf{w}$ 在 W 上，我們有 $\langle \mathbf{u}, \mathbf{w} \rangle = 0$ 且 $\langle \mathbf{v}, \mathbf{w} \rangle = 0$。由內積的加法及齊性公理得

$$\langle \mathbf{u}+\mathbf{v}, \mathbf{w} \rangle = \langle \mathbf{u}, \mathbf{w} \rangle + \langle \mathbf{v}, \mathbf{w} \rangle = 0+0 = 0$$
$$\langle k\mathbf{u}, \mathbf{w} \rangle = k\langle \mathbf{u}, \mathbf{w} \rangle = k(0) = 0$$

其證明 $\mathbf{u}+\mathbf{v}$ 和 $k\mathbf{u}$ 在 $W^{\perp}$ 上。

證明 (b)：若 $\mathbf{v}$ 是同時在 W 及 $W^{\perp}$ 上的任一向量，則 $\mathbf{v}$ 和本身正交；亦即 $\langle \mathbf{v}, \mathbf{v} \rangle = 0$。由內積的正性公理得 $\mathbf{v} = \mathbf{0}$。◀

下一個定理，僅敘述不證明，一般化定理 4.8.8(c)。但此定理僅應用至有限維內積空間，儘管定理 6.2.5 沒有這個限制。

定理 6.2.5 蘊涵有限維內積空間裡的正交補餘是成對出現的，當中一個正交至另一個 (圖 6.2.2)。

定理 6.2.5：若 W 是有限維內積空間 V 的一子空間，則 $W^{\perp}$ 的正交補餘是 W；亦即

$$(W^{\perp})^{\perp} = W$$

在 4.8 節矩陣的所有基本空間的研究裡，我們證明了矩陣的列空間和零核空間是互為正交補餘，對於 R^n 上的歐幾里德內積 (定理 4.8.9)。下一個例題利用了這個事實。

▶ **例題 6 正交補餘的基底**

令 W 為 R^6 的子空間，由下列向量所生成

$$\mathbf{w}_1 = (1, 3, -2, 0, 2, 0), \quad \mathbf{w}_2 = (2, 6, -5, -2, 4, -3),$$
$$\mathbf{w}_3 = (0, 0, 5, 10, 0, 15), \quad \mathbf{w}_4 = (2, 6, 0, 8, 4, 18)$$

試求 W 之正交補餘的一組基底。

解：空間 W 和矩陣

$$A = \begin{bmatrix} 1 & 3 & -2 & 0 & 2 & 0 \\ 2 & 6 & -5 & -2 & 4 & -3 \\ 0 & 0 & 5 & 10 & 0 & 15 \\ 2 & 6 & 0 & 8 & 4 & 18 \end{bmatrix}$$

的列空間相同。因為 A 的列空間和零核空間互為正交補餘，我們的問題簡化為求一組基底給這個矩陣的零核空間。在 4.7 節例題 4，我們證明

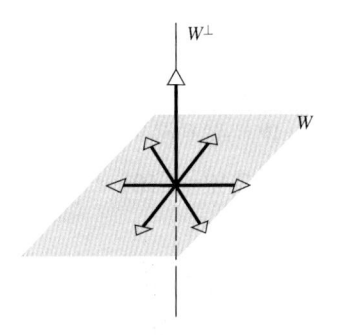

▲ 圖 6.2.2　W 上的每個向量和 $W^{\perp}$ 上的每個向量正交；反之亦然。

$$\mathbf{v}_1 = \begin{bmatrix} -3 \\ 1 \\ 0 \\ 0 \\ 0 \\ 0 \end{bmatrix}, \quad \mathbf{v}_2 = \begin{bmatrix} -4 \\ 0 \\ -2 \\ 1 \\ 0 \\ 0 \end{bmatrix}, \quad \mathbf{v}_3 = \begin{bmatrix} -2 \\ 0 \\ 0 \\ 0 \\ 1 \\ 0 \end{bmatrix}$$

形成一組基底給這個零核空間。將這些向量表為小括弧型 (和 $\mathbf{w}_1, \mathbf{w}_2, \mathbf{w}_3$ 及 $\mathbf{w}_4$ 的相配)，我們得基底向量

$$\mathbf{v}_1 = (-3, 1, 0, 0, 0, 0), \quad \mathbf{v}_2 = (-4, 0, -2, 1, 0, 0), \quad \mathbf{v}_3 = (-2, 0, 0, 0, 1, 0)$$

讀者可能需要藉計算必要的點積證實這些向量正交於 $\mathbf{w}_1, \mathbf{w}_2, \mathbf{w}_3$ 與 $\mathbf{w}_4$ 作為驗證。 ◀

概念複習

- 柯西-史瓦茲不等式
- 向量間夾角
- 正交向量
- 正交補餘

技　能

- 求內積空間上兩向量間的夾角。
- 判斷內積空間上兩向量是否正交。
- 求一組基底給內積空間的子空間之正交補餘。

習題集 6.2

1. 令 R^2, R^3 及 R^4 有歐幾里德內積。對底下各小題，求 $\mathbf{u}$ 和 $\mathbf{v}$ 之夾角的餘弦函數值。

(a) $\mathbf{u} = (-2, 1)$, $\mathbf{v} = (3, 1)$

(b) $\mathbf{u} = (-1, 0)$, $\mathbf{v} = (3, 8)$

(c) $\mathbf{u} = (1, 2, 3)$, $\mathbf{v} = (4, 4, -4)$

(d) $\mathbf{u} = (4, 1, 8)$, $\mathbf{v} = (1, 0, -3)$

(e) $\mathbf{u} = (0, -1, 1, 0)$, $\mathbf{v} = (3, -3, 3, -3)$

(f) $\mathbf{u} = (2, 1, 7, -1)$, $\mathbf{v} = (4, 0, 0, 0)$

2. 令 P_2 有 6.1 節例題 7 的內積，求 $\mathbf{p}$ 和 $\mathbf{q}$ 之夾角的餘弦函數值。

(a) $\mathbf{p} = -1 + 5x + 2x^2$, $\mathbf{q} = 2 + 4x - 9x^2$

(b) $\mathbf{p} = x - x^2$, $\mathbf{q} = 7 + 3x + 3x^2$

3. 令 M_{22} 有 6.1 節例題 6 的內積，求 A 和 B 之夾角的餘弦函數值。

(a) $A = \begin{bmatrix} 2 & 4 \\ 4 & 2 \end{bmatrix}$, $B = \begin{bmatrix} 0 & 1 \\ 0 & -2 \end{bmatrix}$

(b) $A = \begin{bmatrix} 1 & 2 \\ 3 & 1 \end{bmatrix}$, $B = \begin{bmatrix} 1 & 0 \\ 2 & 2 \end{bmatrix}$

4. 決定下列各向量在歐幾里德內積之下是否正交。

(a) $\mathbf{u} = (2, 1, 3)$, $\mathbf{v} = (-1, -4, 2)$

(b) $\mathbf{u} = (0, 1, -3)$, $\mathbf{v} = (3, -1, 0)$

(c) $\mathbf{u} = (u_1, u_2, u_3)$, $\mathbf{v} = (0, 0, 0)$

(d) $\mathbf{u} = (4, 1, 2, 1)$, $\mathbf{v} = (-1, 1, 1, 1)$

(e) $\mathbf{u} = (1, 5, 2, -2)$, $\mathbf{v} = (-2, 1, 0, 3)$

(f) $\mathbf{u} = (a, b)$, $\mathbf{v} = (-b, a)$

5. 試證在習題 2 的內積下，$\mathbf{p}=1-x+2x^2$ 和 $\mathbf{q}=2x+x^2$ 正交。

6. 在習題 3 之內積下，試決定下列何者和矩陣 $A=\begin{bmatrix} 2 & 1 \\ -1 & 3 \end{bmatrix}$ 正交。

   (a) $\begin{bmatrix} -3 & 0 \\ 0 & 2 \end{bmatrix}$ (b) $\begin{bmatrix} 1 & 1 \\ 0 & -1 \end{bmatrix}$

   (c) $\begin{bmatrix} 0 & 0 \\ 0 & 0 \end{bmatrix}$ (d) $\begin{bmatrix} 2 & 1 \\ 5 & 2 \end{bmatrix}$

7. 是否存在純量 k 及 l 使得 $\mathbf{u}=(k, 3, 2)$, $\mathbf{v}=(-3, 1, l)$ 及 $\mathbf{w}=(-5, 5, 1)$ 在歐幾里德內積下是互相正交的？

8. 令 R^3 具有歐幾里德內積且假設 $\mathbf{u}=(1, 1, -1)$ 及 $\mathbf{v}=(6, 7, -15)$。求 k 值以滿足 $\|k\mathbf{u}+\mathbf{v}\|=13$。

9. 令 R^3 具有歐幾里德內積。試決定 k 值使得 $\mathbf{u}$ 及 $\mathbf{v}$ 為正交的。

   (a) $\mathbf{u}=(1, 4, 2)$, $\mathbf{v}=(3, -2, k)$
   (b) $\mathbf{u}=(k, -2, 4)$, $\mathbf{v}=(k, k, -2)$

10. 令 R^4 具有歐幾里德內積。試求和向量 $\mathbf{u}=(2, 1, -4, 0)$, $\mathbf{v}=(-1, -1, 2, 2)$ 及 $\mathbf{w}=(3, 2, 5, 4)$ 正交的兩單位向量。

11. 試使用歐幾里德內積，驗證下列各向量滿足柯西-史瓦茲不等式。

    (a) $\mathbf{u}=(3, 2)$, $\mathbf{v}=(4, -1)$
    (b) $\mathbf{u}=(-3, 1, 0)$, $\mathbf{v}=(2, -1, 3)$
    (c) $\mathbf{u}=(-4, 2, 1)$, $\mathbf{v}=(8, -4, -2)$
    (d) $\mathbf{u}=(0, -2, 2, 1)$, $\mathbf{v}=(-1, -1, 1, 1)$

12. 對下面各小題，試驗證柯西-史瓦茲不等式對下列已知向量成立。

    (a) $\mathbf{u}=(-2, 1)$, $\mathbf{v}=(1, 0)$，使用 6.1 節例題 1 中所示的內積。
    (b) $U=\begin{bmatrix} -1 & 2 \\ 6 & 1 \end{bmatrix}$, $V=\begin{bmatrix} 1 & 0 \\ 3 & 3 \end{bmatrix}$，使用 6.1 節例題 6 中所示的內積。
    (c) $\mathbf{p}=-1+2x+x^2$ 及 $\mathbf{q}=2-4x^2$，使用 6.1 節例題 7 中所示的內積。

13. 令 R^4 具有歐幾里德內積，且令 $\mathbf{u}=(-1, 1,$ $0, 2)$。試求決定向量 $\mathbf{u}$ 是否正交於由向量 $\mathbf{w}_1=(0, 0, 0, 0)$, $\mathbf{w}_2=(1, -1, 3, 0)$ 及 $\mathbf{w}_3=(4, 0, 9, 2)$ 所生成的空間。

▶對習題 14-15，假設 R^n 具有歐幾里德內積。◀

14. 令 W 為 R^2 中方程式為 $y=-x/3$ 的直線，試求 $W^\perp$ 的方程式。

15. (a) 令 W 為 R^3 中方程式為 $2x-y-4z=0$ 的平面。試求 $W^\perp$ 的參數方程式。
    (b) 令 W 為 R^3 中參數方程式為 $x=2t, y=-5t, z=4t$ 的直線，試求 $W^\perp$ 的方程式。
    (c) 令 W 為 R^3 中兩平面方程式 $x-y-z=0$ 及 $x+2y+z=0$ 之交集，試求 $W^\perp$ 的方程式。

16. 投一組基底給由下列各向量所生成之 R^n 的子空間的正交補餘。

    (a) $\mathbf{v}_1=(2, 1, 3)$, $\mathbf{v}_2=(-1, -4, 2)$, $\mathbf{v}_3=(4, -5, 13)$
    (b) $\mathbf{v}_1=(0, 2, 1)$, $\mathbf{v}_2=(4, 0, -3)$, $\mathbf{v}_3=(6, 1, -4)$
    (c) $\mathbf{v}_1=(3, 0, 1, -2)$, $\mathbf{v}_2=(-1, -2, -2, 1)$, $\mathbf{v}_3=(4, 2, 3, -3)$
    (d) $\mathbf{v}_1=(1, 4, 5, 6, 9)$, $\mathbf{v}_2=(3, -2, 1, 4, -1)$, $\mathbf{v}_3=(-1, 0, -1, -2, -1)$, $\mathbf{v}_4=(2, 3, 5, 7, 8)$

17. 令 V 為一內積空間，試證明若 $\mathbf{u}$ 及 $\mathbf{v}$ 為 V 上之正交單位向量，則 $\|\mathbf{u}-\mathbf{v}\|=\sqrt{2}$。

18. 令 V 為一內積空間，試證明若 $\mathbf{w}$ 同時和 $\mathbf{u}_1$ 及 $\mathbf{u}_2$ 正交，則對所有純量 k_1, k_2，它也與 $k_1\mathbf{u}_1+k_2\mathbf{u}_2$ 正交。解釋此結果在具有歐幾里德內積之 $V=R^3$ 上的幾何意義。

19. 令 V 為一內積空間。證明若 $\mathbf{w}$ 和 $\mathbf{u}_1, \mathbf{u}_2, \ldots, \mathbf{u}_r$ 之每一個向量正交，則它也與 $\text{span}\{\mathbf{u}_1, \mathbf{u}_2, \ldots, \mathbf{u}_r\}$ 裡的每一個向量正交。

20. 令 $\{\mathbf{v}_1, \mathbf{v}_2, \ldots, \mathbf{v}_r\}$ 為內積空間 V 之一基底。證明零向量為 V 中和所有的基底向量正交的唯一向量。

21. 令 $\{\mathbf{w}_1, \mathbf{w}_2, \ldots, \mathbf{w}_k\}$ 為 V 之子空間 W 的一組基底。試證 $W^\perp$ 包含了 V 中所有與每一基底正交的向量。

22. 證明下面定理 6.2.3 的一般化。若 $\mathbf{v}_1, \mathbf{v}_2, \ldots , \mathbf{v}_r$ 為內積空間 V 中之兩兩正交的向量，則
$$\|\mathbf{v}_1+\mathbf{v}_2+\cdots+\mathbf{v}_r\|^2 = \|\mathbf{v}_1\|^2+\|\mathbf{v}_2\|^2+\cdots+\|\mathbf{v}_r\|^2$$

23. 證明：若 $\mathbf{u}$ 與 $\mathbf{v}$ 為 $n\times 1$ 階矩陣而 A 為一 $n\times n$ 階矩陣，
$$(\mathbf{v}^T A^T A \mathbf{u})^2 \leq (\mathbf{u}^T A^T A \mathbf{u})(\mathbf{v}^T A^T A \mathbf{v})$$

24. 利用柯西-史瓦茲不等式證明對所有的實數 a, b 及 θ，
$$(a\cos\theta+b\sin\theta)^2 \leq a^2+b^2$$

25. 證明：若 $w_1, w_2, \ldots, w_n$ 為正實數且 $\mathbf{u}=(u_1, u_2, \ldots, u_n)$ 與 $\mathbf{v}=(v_1, v_2, \ldots, v_n)$ 為 R^n 中之任意二向量，則
$$|w_1 u_1 v_1 + w_2 u_2 v_2 + \cdots + w_n u_n v_n|$$
$$\leq (w_1 u_1^2 + w_2 u_2^2 + \cdots + w_n u_n^2)^{1/2}$$
$$(w_1 v_1^2 + w_2 v_2^2 + \cdots + w_n v_n^2)^{1/2}$$

26. 證明柯西-史瓦茲不等式裡之等號成立若且唯若 $\mathbf{u}$ 與 $\mathbf{v}$ 為線性相關。

27. 試使用向量方法證明內接於一圓的三角形，若以圓之直徑為其一邊時，則此三角形為直角三角形。[提示：在圖形裡，利用 $\mathbf{u}$ 及 $\mathbf{v}$ 表示向量 $\overrightarrow{AB}$ 及 $\overrightarrow{BC}$]。

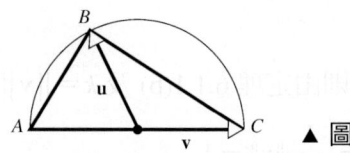

▲ 圖 Ex-27

28. 對於歐幾里德內積，向量 $\mathbf{u}=(1, \sqrt{3})$ 及 $\mathbf{v}=(-1, \sqrt{3})$ 的範數為 2，且其間之夾角為 $60°$（見圖）。試求一加權歐幾里德內積使得 $\mathbf{u}$ 及 $\mathbf{v}$ 在此內積之下為兩正交的單位向量。

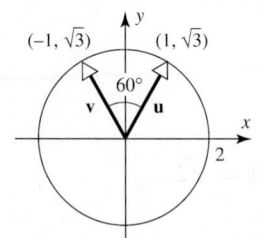

▲ 圖 Ex-28

29. (適合已學過微積分的讀者) 令 $f(x)$ 及 $g(x)$ 為在 $[0, 1]$ 上連續的函數。證明

(a) $\left[\int_0^1 f(x)g(x)\,dx\right]^2$
$$\leq \left[\int_0^1 f^2(x)\,dx\right]\left[\int_0^1 g^2(x)\,dx\right]$$

(b) $\left[\int_0^1 [f(x)+g(x)]^2\,dx\right]^{1/2}$
$$\leq \left[\int_0^1 f^2(x)\,dx\right]^{1/2} + \left[\int_0^1 g^2(x)\,dx\right]^{1/2}$$

[提示：使用柯西-史瓦茲不等式。]

30. (適合已學過微積分的讀者) 令 $C[0, \pi]$ 具有內積
$$\langle \mathbf{f}, \mathbf{g} \rangle = \int_0^\pi f(x)g(x)\,dx$$
且令 $\mathbf{f}_n = \cos nx$ $(n=0, 1, 2, \ldots)$。證明假若 $k \neq l$，則 $\mathbf{f}_k$ 及 $\mathbf{f}_l$ 各別對於指定的內積為正交的。

31. (a) 令 W 為 R^2 上 xy-座標系之直線 $y=x$，試描述子空間 $W^\perp$。

(b) 令 W 為 R^3 上 xyz-座標系的 y 軸，試描述子空間 $W^\perp$。

(c) 令 W 為 R^3 上 xyz-座標系的 yz-平面，試描述子空間 $W^\perp$。

32. 證明公式 (4) 成立對內積空間 V 上的所有非零向量 $\mathbf{u}$ 和 $\mathbf{v}$。

是非題

試判斷 (a)-(f) 各敘述的真假，並驗證你的答案。

(a) 若 $\mathbf{u}$ 和子空間 W 上的每個向量正交，則 $\mathbf{u}=\mathbf{0}$。

(b) 若 $\mathbf{u}$ 是同時在 W 和 $W^\perp$ 的向量，則 $\mathbf{u}=\mathbf{0}$。

(c) 若 $\mathbf{u}$ 和 $\mathbf{v}$ 是 $W^\perp$ 上的向量，則 $\mathbf{u}+\mathbf{v}$ 是在 $W^\perp$ 上。

(d) 若 $\mathbf{u}$ 是 $W^\perp$ 上之一向量，且 k 是一個實數，則 $k\mathbf{u}$ 是在 $W^\perp$ 上。

(e) 若 $\mathbf{u}$ 和 $\mathbf{v}$ 是正交的，則 $|\langle \mathbf{u}, \mathbf{v} \rangle| = \|\mathbf{u}\|\,\|\mathbf{v}\|$。

(f) 若 $\mathbf{u}$ 和 $\mathbf{v}$ 是正交的，則 $\|\mathbf{u}+\mathbf{v}\| = \|\mathbf{u}\| + \|\mathbf{v}\|$。

6.3 葛蘭-史密特法；QR-分解

在涉及向量空間的許多問題中，問題的解法容許自由地選擇該空間中任意且合適的基底。在內積空間中問題的求解常常可以藉選用一組使向量彼此正交的基底而大大地簡化。本節將介紹如何獲得此類基底。

正交及單範正交集

回顧 6.2 節內積空間上兩向量被稱為正交，若它們的內積是零。下面定義將正交性的觀念延伸到內積空間上的向量集。

> **定義 1**：在內積空間上含兩個或更多個向量之集合被稱為**正交** (orthogonal) 若集合裡的每兩個相異向量是正交的。每個向量的範數均為 1 的正交集被稱是**單範正交** (orthonormal)。

▶ **例題 1** R^3 上的正交集合

令
$$\mathbf{u}_1 = (0, 1, 0), \quad \mathbf{u}_2 = (1, 0, 1), \quad \mathbf{u}_3 = (1, 0, -1)$$

並假設 R^3 具有歐幾里德內積，則 $S = \{\mathbf{u}_1, \mathbf{u}_2, \mathbf{u}_3\}$ 為正交的，因為 $\langle \mathbf{u}_1, \mathbf{u}_2 \rangle = \langle \mathbf{u}_1, \mathbf{u}_3 \rangle = \langle \mathbf{u}_2, \mathbf{u}_3 \rangle = 0$。 ◀

若 $\mathbf{v}$ 為某內積空間裡的非零向量，則由定理 6.1.1(b) 及 $k = \|\mathbf{v}\|$ 得

$$\left\| \frac{1}{\|\mathbf{v}\|} \mathbf{v} \right\| = \left| \frac{1}{\|\mathbf{v}\|} \right| \|\mathbf{v}\| = \frac{1}{\|\mathbf{v}\|} \|\mathbf{v}\| = 1$$

此種對非零向量 $\mathbf{v}$ 乘以其長度之倒數而獲得範數為 1 之向量的方法，稱為 $\mathbf{v}$ 的**正規化** (normalizing)。非零向量的正交集合總是能經由正規化此集合中之每一向量而轉換為單範正交集合。

▶ **例題 2** 構造單範正交集合

例題 1 中各向量的歐幾里德範數為

$$\|\mathbf{u}_1\| = 1, \quad \|\mathbf{u}_2\| = \sqrt{2}, \quad \|\mathbf{u}_3\| = \sqrt{2}$$

接著，將 $\mathbf{u}_1, \mathbf{u}_2$ 及 $\mathbf{u}_3$ 正規化得

$$\mathbf{v}_1 = \frac{\mathbf{u}_1}{\|\mathbf{u}_1\|} = (0, 1, 0), \quad \mathbf{v}_2 = \frac{\mathbf{u}_2}{\|\mathbf{u}_2\|} = \left(\frac{1}{\sqrt{2}}, 0, \frac{1}{\sqrt{2}}\right),$$
$$\mathbf{v}_3 = \frac{\mathbf{u}_3}{\|\mathbf{u}_3\|} = \left(\frac{1}{\sqrt{2}}, 0, -\frac{1}{\sqrt{2}}\right)$$

經由證明

$$\langle \mathbf{v}_1, \mathbf{v}_2 \rangle = \langle \mathbf{v}_1, \mathbf{v}_3 \rangle = \langle \mathbf{v}_2, \mathbf{v}_3 \rangle = 0 \quad \text{與} \quad \|\mathbf{v}_1\| = \|\mathbf{v}_2\| = \|\mathbf{v}_3\| = 1$$

證明 $S = \{\mathbf{v}_1, \mathbf{v}_2, \mathbf{v}_3\}$ 為單範正交的工作留給讀者完成之。◀

R^2 上任兩個非零垂直向量是線性獨立的，因為沒有一個是另一個的純量倍數；R^3 上任三個非零相互垂直向量是線性獨立，因為沒有一個位在另兩個的平面上 (因此不能被表為另兩個的線性組合)。下一定理一般化這些觀察。

定理 6.3.1：若 $S = \{\mathbf{v}_1, \mathbf{v}_2, \ldots, \mathbf{v}_n\}$ 是某內積空間上非零向量所組成的正交集，則 S 是線性獨立。

證明：假設

$$k_1 \mathbf{v}_1 + k_2 \mathbf{v}_2 + \cdots + k_n \mathbf{v}_n = \mathbf{0} \tag{1}$$

欲展示 $S = \{\mathbf{v}_1, \mathbf{v}_2, \ldots, \mathbf{v}_n\}$ 是線性獨立，我們必須證明 $k_1 = k_2 = \cdots = k_n = 0$。

對每個 $\mathbf{v}_i$ 在 S 上，由 (1) 式得

$$\langle k_1 \mathbf{v}_1 + k_2 \mathbf{v}_2 + \cdots + k_n \mathbf{v}_n, \mathbf{v}_i \rangle = \langle \mathbf{0}, \mathbf{v}_i \rangle = 0$$

或等價地

$$k_1 \langle \mathbf{v}_1, \mathbf{v}_i \rangle + k_2 \langle \mathbf{v}_2, \mathbf{v}_i \rangle + \cdots + k_n \langle \mathbf{v}_n, \mathbf{v}_i \rangle = 0$$

由 S 的正交性得 $\langle \mathbf{v}_j, \mathbf{v}_i \rangle = 0$ 當 $j \neq i$，所以此方程式簡化為

$$k_i \langle \mathbf{v}_i, \mathbf{v}_i \rangle = 0$$

因為 S 上的所有向量被假設為非零，由內積的正性公理得 $\langle \mathbf{v}_i, \mathbf{v}_i \rangle \neq 0$。因此，之前方程式蘊涵方程式 (1) 的每個 k_i 是零，其是我們想證明的。◀

內積空間中，由單範正交向量所組成的基底，被稱為**單範正交基**

底 (orthonormal basis)；而由正交向量所組成的基底，被稱為**正交基底** (orthogonal basis)。一個熟悉的單範正交基底的例子是具有歐幾里德內積之 R^n 的標準基底：

$$\mathbf{e}_1 = (1, 0, 0, \ldots, 0), \quad \mathbf{e}_2 = (0, 1, 0, \ldots, 0), \ldots, \quad \mathbf{e}_n = (0, 0, 0, \ldots, 1)$$

▶ **例題 3 單範正交基底**

在例題 2 裡，我們證明向量

$$\mathbf{v}_1 = (0, 1, 0), \quad \mathbf{v}_2 = \left(\frac{1}{\sqrt{2}}, 0, \frac{1}{\sqrt{2}}\right) \quad \text{及} \quad \mathbf{v}_3 = \left(\frac{1}{\sqrt{2}}, 0, -\frac{1}{\sqrt{2}}\right)$$

在 R^3 的歐幾里德內積之下，形成一個單範正交集。由定理 6.3.1，這些向量形成一個線性獨立集合，且因為 R^3 是三維的，由定理 4.5.4，$S = \{\mathbf{v}_1, \mathbf{v}_2, \mathbf{v}_3\}$ 是 R^3 的一組單範正交基底。 ◀

> 因為單範正交集是正交的，且因為其向量是非零 (範數為 1)，由定理 6.3.1，每一個單範正交集是線性獨立。

相對於單範正交基底的座標

將向量 **u** 表為基底向量

$$S = \{\mathbf{v}_1, \mathbf{v}_2, \ldots, \mathbf{v}_n\}$$

的線性組合方法之一是將向量方程式

$$\mathbf{u} = c_1\mathbf{v}_1 + c_2\mathbf{v}_2 + \cdots + c_n\mathbf{v}_n$$

轉換為一個線性方程組並解所有係數 $c_1, c_2, \ldots, c_n$。然而，若基底恰巧是正交的或單範正交的，則下一個定理證明所有係數可由更簡單的計算適合的內積而得。

定理 6.3.2

(a) 若 $S = \{\mathbf{v}_1, \mathbf{v}_2, \ldots, \mathbf{v}_n\}$ 是內積空間 V 上的一組正交基底，且若 **u** 是 V 上的任一向量，則

$$\mathbf{u} = \frac{\langle \mathbf{u}, \mathbf{v}_1 \rangle}{\|\mathbf{v}_1\|^2}\mathbf{v}_1 + \frac{\langle \mathbf{u}, \mathbf{v}_2 \rangle}{\|\mathbf{v}_2\|^2}\mathbf{v}_2 + \cdots + \frac{\langle \mathbf{u}, \mathbf{v}_n \rangle}{\|\mathbf{v}_n\|^2}\mathbf{v}_n \tag{2}$$

(b) 若 $S = \{\mathbf{v}_1, \mathbf{v}_2, \ldots, \mathbf{v}_n\}$ 是內積空間 V 上的一組單範正交基底，且若 **u** 是 V 上的任一向量，則

$$\mathbf{u} = \langle \mathbf{u}, \mathbf{v}_1 \rangle \mathbf{v}_1 + \langle \mathbf{u}, \mathbf{v}_2 \rangle \mathbf{v}_2 + \cdots + \langle \mathbf{u}, \mathbf{v}_n \rangle \mathbf{v}_n \tag{3}$$

證明 (a)：因為 $S=\{\mathbf{v}_1, \mathbf{v}_2, \ldots, \mathbf{v}_n\}$ 是 V 的一組基底，V 上每一個向量 $\mathbf{u}$ 可被表為

$$\mathbf{u} = c_1\mathbf{v}_1 + c_2\mathbf{v}_2 + \cdots + c_n\mathbf{v}_n$$

我們將證明

$$c_i = \frac{\langle \mathbf{u}, \mathbf{v}_i \rangle}{\|\mathbf{v}_i\|^2} \tag{4}$$

$i=1, 2, \ldots, n$，來完成證明。欲處理這個，首先觀察

$$\langle \mathbf{u}, \mathbf{v}_i \rangle = \langle c_1\mathbf{v}_1 + c_2\mathbf{v}_2 + \cdots + c_n\mathbf{v}_n, \mathbf{v}_i \rangle$$
$$= c_1\langle \mathbf{v}_1, \mathbf{v}_i \rangle + c_2\langle \mathbf{v}_2, \mathbf{v}_i \rangle + \cdots + c_n\langle \mathbf{v}_n, \mathbf{v}_i \rangle$$

因為 S 是一個正交集，最後一個等式的所有內積為零除了第 i 個以外，所以我們有

$$\langle \mathbf{u}, \mathbf{v}_i \rangle = c_i\langle \mathbf{v}_i, \mathbf{v}_i \rangle = c_i\|\mathbf{v}_i\|^2$$

解此方程式的 c_i 可得 (4) 式，此完成證明。

證明 (b)：此時，$\|\mathbf{v}_1\| = \|\mathbf{v}_2\| = \cdots = \|\mathbf{v}_n\| = 1$，所以公式 (2) 簡化為公式 (3)。◀

使用 4.4 節定義 2 的專有名詞及記法，由定理 6.3.2，V 上向量 $\mathbf{u}$ 相對於正交基底 $S=\{\mathbf{v}_1, \mathbf{v}_2, \ldots, \mathbf{v}_n\}$ 的座標向量是

$$(\mathbf{u})_S = \left(\frac{\langle \mathbf{u}, \mathbf{v}_1 \rangle}{\|\mathbf{v}_1\|^2}, \frac{\langle \mathbf{u}, \mathbf{v}_2 \rangle}{\|\mathbf{v}_2\|^2}, \ldots, \frac{\langle \mathbf{u}, \mathbf{v}_n \rangle}{\|\mathbf{v}_n\|^2} \right) \tag{5}$$

且相對於單範正交基底 $S=\{\mathbf{v}_1, \mathbf{v}_2, \ldots, \mathbf{v}_n\}$ 的座標向量是

$$(\mathbf{u})_S = (\langle \mathbf{u}, \mathbf{v}_1 \rangle, \langle \mathbf{u}, \mathbf{v}_2 \rangle, \ldots, \langle \mathbf{u}, \mathbf{v}_n \rangle) \tag{6}$$

▶ **例題 4** 相對於單範正交基底的座標向量

令

$$\mathbf{v}_1 = (0, 1, 0), \quad \mathbf{v}_2 = \left(-\tfrac{4}{5}, 0, \tfrac{3}{5}\right), \quad \mathbf{v}_3 = \left(\tfrac{3}{5}, 0, \tfrac{4}{5}\right)$$

很容易地即可看出 $S=\{\mathbf{v}_1, \mathbf{v}_2, \mathbf{v}_3\}$ 為具有歐幾里德內積的 R^3 的單範正交基底。將向量 $\mathbf{u}=(1, 1, 1)$ 以 S 中向量的線性組合表示，並求座標向量 $(\mathbf{u})_S$。

解：留給讀者證明

$$\langle \mathbf{u}, \mathbf{v}_1 \rangle = 1, \quad \langle \mathbf{u}, \mathbf{v}_2 \rangle = -\frac{1}{5} \quad \text{且} \quad \langle \mathbf{u}, \mathbf{v}_3 \rangle = \frac{7}{5}$$

因此，由定理 6.3.2

$$\mathbf{u} = \mathbf{v}_1 - \frac{1}{5}\mathbf{v}_2 + \frac{7}{5}\mathbf{v}_3$$

亦即，

$$(1, 1, 1) = (0, 1, 0) - \frac{1}{5}\left(-\frac{4}{5}, 0, \frac{3}{5}\right) + \frac{7}{5}\left(\frac{3}{5}, 0, \frac{4}{5}\right)$$

相對於 S，$\mathbf{u}$ 的座標向量為

$$(\mathbf{u})_S = (\langle \mathbf{u}, \mathbf{v}_1 \rangle, \langle \mathbf{u}, \mathbf{v}_2 \rangle, \langle \mathbf{u}, \mathbf{v}_3 \rangle) = \left(1, -\frac{1}{5}, \frac{7}{5}\right)$$

▶**例題 5** 由正交基底得單範正交基底

(a) 證明向量

$$\mathbf{w}_1 = (0, 2, 0), \quad \mathbf{w}_2 = (3, 0, 3), \quad \mathbf{w}_3 = (-4, 0, 4)$$

在歐幾里德內積之下形成 R^3 的一組正交基底，並利用正規化每個向量，使用該基底找一組單範正交基底。

(b) 將向量 $\mathbf{u} = (1, 2, 4)$ 表為 (a) 中所得之單範正交基底的線性組合。

解 (a)：所給向量形成一個正交集合，因為

$$\langle \mathbf{w}_1, \mathbf{w}_2 \rangle = 0, \quad \langle \mathbf{w}_1, \mathbf{w}_3 \rangle = 0, \quad \langle \mathbf{w}_2, \mathbf{w}_3 \rangle = 0$$

由定理 6.3.1，這些向量是線性無關，因此由定理 4.5.4，形成 R^3 的一組基底。留給讀者計算 $\mathbf{w}_1, \mathbf{w}_2$ 及 $\mathbf{w}_3$ 的範數，可得單範正交基底

$$\mathbf{v}_1 = \frac{\mathbf{w}_1}{\|\mathbf{w}_1\|} = (0, 1, 0), \quad \mathbf{v}_2 = \frac{\mathbf{w}_2}{\|\mathbf{w}_2\|} = \left(\frac{1}{\sqrt{2}}, 0, \frac{1}{\sqrt{2}}\right),$$

$$\mathbf{v}_3 = \frac{\mathbf{w}_3}{\|\mathbf{w}_3\|} = \left(-\frac{1}{\sqrt{2}}, 0, \frac{1}{\sqrt{2}}\right)$$

解 (b)：由公式 (3) 得

$$\mathbf{u} = \langle \mathbf{u}, \mathbf{v}_1 \rangle \mathbf{v}_1 + \langle \mathbf{u}, \mathbf{v}_2 \rangle \mathbf{v}_2 + \langle \mathbf{u}, \mathbf{v}_3 \rangle \mathbf{v}_3$$

留給讀者確認

$$\langle \mathbf{u}, \mathbf{v}_1 \rangle = (1, 2, 4) \cdot (0, 1, 0) = 2$$

$$\langle \mathbf{u}, \mathbf{v}_2 \rangle = (1, 2, 4) \cdot \left(\frac{1}{\sqrt{2}}, 0, \frac{1}{\sqrt{2}}\right) = \frac{5}{\sqrt{2}}$$

$$\langle \mathbf{u}, \mathbf{v}_3 \rangle = (1, 2, 4) \cdot \left(-\frac{1}{\sqrt{2}}, 0, \frac{1}{\sqrt{2}}\right) = \frac{3}{\sqrt{2}}$$

因此，

$$(1, 2, 4) = 2(0, 1, 0) + \frac{5}{\sqrt{2}}\left(\frac{1}{\sqrt{2}}, 0, \frac{1}{\sqrt{2}}\right) + \frac{3}{\sqrt{2}}\left(-\frac{1}{\sqrt{2}}, 0, \frac{1}{\sqrt{2}}\right) \blacktriangleleft$$

正交投影

許多應用問題最好是利用正交或單範正交向量來解。此類基底基本上是來自一些簡單基底 (稱標準基底)，再將該基底轉換成正交或單範正交基底。欲解釋如何做，我們需要一些關於正交投影的預備概念。

在 3.3 節，我們證明了投影定理 (見定理 3.3.2)，其處理將一個 R^n 上的向量 **u** 分解成兩向量 $\mathbf{w}_1$ 和 $\mathbf{w}_2$ 之和的問題，其中 $\mathbf{w}_1$ 是 **u** 在某個非零向量 **a** 上的正交投影而 $\mathbf{w}_2$ 正交於 $\mathbf{w}_1$ (圖 3.3.2)。該結果是下面更一般化定理的特殊情形。

定理 6.3.3：投影定理

若 W 為內積空間 V 的一有限維子空間，則 V 上的每一向量 **u** 均可被唯一地表示為

$$\mathbf{u} = \mathbf{w}_1 + \mathbf{w}_2 \tag{7}$$

此處的 $\mathbf{w}_1$ 在 W 中而 $\mathbf{w}_2$ 在於 $W^\perp$ 中。

公式 (7) 的向量 $\mathbf{w}_1$ 和 $\mathbf{w}_2$ 一般被表為

$$\mathbf{w}_1 = \text{proj}_W \mathbf{u} \quad \text{及} \quad \mathbf{w}_2 = \text{proj}_{W^\perp} \mathbf{u} \tag{8}$$

它們分別被稱為 **u** 在 W 上的正交投影 (orthogonal projection of **u** on W) 及 **u** 在 $W^\perp$ 上的正交投影 (orthogonal projection of **u** on $W^\perp$)。向量 $\mathbf{w}_2$ 亦被稱為 **u** 正交於 W 的分向量 (component of **u** orthogonal to W)。使用 (8) 式的記法，公式 (7) 可被表為

$$\mathbf{u} = \text{proj}_W \mathbf{u} + \text{proj}_{W^\perp} \mathbf{u} \tag{9}$$

(圖 6.3.1)。更而，因為 $\text{proj}_{W^\perp} \mathbf{u} = \mathbf{u} - \text{proj}_W \mathbf{u}$，公式 (9) 亦可被表為

$$\mathbf{u} = \text{proj}_W \mathbf{u} + (\mathbf{u} - \text{proj}_W \mathbf{u}) \tag{10}$$

下一個定理提供計算正交投影的公式。

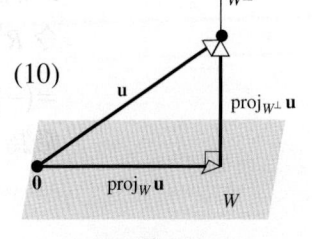

▲ 圖 6.3.1

定理 6.3.4：令 W 為內積空間 V 的一有限維子空間。

(a) 若 $\{\mathbf{v}_1, \mathbf{v}_2, \ldots, \mathbf{v}_r\}$ 為 W 的一正交基底，且 $\mathbf{u}$ 為 V 中之任意向量，則

$$\operatorname{proj}_W \mathbf{u} = \frac{\langle \mathbf{u}, \mathbf{v}_1 \rangle}{\|\mathbf{v}_1\|^2}\mathbf{v}_1 + \frac{\langle \mathbf{u}, \mathbf{v}_2 \rangle}{\|\mathbf{v}_2\|^2}\mathbf{v}_2 + \cdots + \frac{\langle \mathbf{u}, \mathbf{v}_r \rangle}{\|\mathbf{v}_r\|^2}\mathbf{v}_r \tag{11}$$

(b) 若 $\{\mathbf{v}_1, \mathbf{v}_2, \ldots, \mathbf{v}_r\}$ 為 W 的一單範正交基底，而 $\mathbf{u}$ 為 V 中之任意向量，則

$$\operatorname{proj}_W \mathbf{u} = \langle \mathbf{u}, \mathbf{v}_1 \rangle \mathbf{v}_1 + \langle \mathbf{u}, \mathbf{v}_2 \rangle \mathbf{v}_2 + \cdots + \langle \mathbf{u}, \mathbf{v}_r \rangle \mathbf{v}_r \tag{12}$$

證明 (a)：由定理 6.3.3，向量 $\mathbf{u}$ 可被表為 $\mathbf{u} = \mathbf{w}_1 + \mathbf{w}_2$，其中 $\mathbf{w}_1 = \operatorname{proj}_W \mathbf{u}$ 在 W 上且 $\mathbf{w}_2$ 在 $W^\perp$ 上；且由定理 6.3.2 分向量 $\operatorname{proj}_W \mathbf{u} = \mathbf{w}_1$ 可使用 W 的基底向量表為

$$\operatorname{proj}_W \mathbf{u} = \mathbf{w}_1 = \frac{\langle \mathbf{w}_1, \mathbf{v}_1 \rangle}{\|\mathbf{v}_1\|^2}\mathbf{v}_1 + \frac{\langle \mathbf{w}_1, \mathbf{v}_2 \rangle}{\|\mathbf{v}_2\|^2}\mathbf{v}_2 + \cdots + \frac{\langle \mathbf{w}_1, \mathbf{v}_r \rangle}{\|\mathbf{v}_r\|^2}\mathbf{v}_r \tag{13}$$

因為 $\mathbf{w}_2$ 正交於 W，得

$$\langle \mathbf{w}_2, \mathbf{v}_1 \rangle = \langle \mathbf{w}_2, \mathbf{v}_2 \rangle = \cdots = \langle \mathbf{w}_2, \mathbf{v}_r \rangle = 0$$

所以我們可將 (13) 式改寫為

$$\operatorname{proj}_W \mathbf{u} = \mathbf{w}_1 = \frac{\langle \mathbf{w}_1 + \mathbf{w}_2, \mathbf{v}_1 \rangle}{\|\mathbf{v}_1\|^2}\mathbf{v}_1 + \frac{\langle \mathbf{w}_1 + \mathbf{w}_2, \mathbf{v}_2 \rangle}{\|\mathbf{v}_2\|^2}\mathbf{v}_2 + \cdots + \frac{\langle \mathbf{w}_1 + \mathbf{w}_2, \mathbf{v}_r \rangle}{\|\mathbf{v}_r\|^2}\mathbf{v}_r$$

或等價地改寫為

$$\operatorname{proj}_W \mathbf{u} = \mathbf{w}_1 = \frac{\langle \mathbf{u}, \mathbf{v}_1 \rangle}{\|\mathbf{v}_1\|^2}\mathbf{v}_1 + \frac{\langle \mathbf{u}, \mathbf{v}_2 \rangle}{\|\mathbf{v}_2\|^2}\mathbf{v}_2 + \cdots + \frac{\langle \mathbf{u}, \mathbf{v}_r \rangle}{\|\mathbf{v}_r\|^2}\mathbf{v}_r$$

證明 (b)：此時，$\|\mathbf{v}_1\| = \|\mathbf{v}_2\| = \cdots = \|\mathbf{v}_r\| = 1$，所以公式 (13) 簡化為公式 (12)。◀

▶ **例題 6　計算投影**

令 R^3 具有歐幾里德內積，且令 W 為由單範正交向量 $\mathbf{v}_1 = (0, 1, 0)$ 及 $\mathbf{v}_2 = (-\frac{4}{5}, 0, \frac{3}{5})$ 所生的子空間。則由 (12) 式，$\mathbf{u} = (1, 1, 1)$ 在 W 上的正交投影為

$$\begin{aligned}\operatorname{proj}_W \mathbf{u} &= \langle \mathbf{u}, \mathbf{v}_1 \rangle \mathbf{v}_1 + \langle \mathbf{u}, \mathbf{v}_2 \rangle \mathbf{v}_2 \\ &= (1)(0, 1, 0) + \left(-\tfrac{1}{5}\right)\left(-\tfrac{4}{5}, 0, \tfrac{3}{5}\right)\end{aligned}$$

所以 R^3 的一單範正交基底為

$$\mathbf{q}_1 = \frac{\mathbf{v}_1}{\|\mathbf{v}_1\|} = \left(\frac{1}{\sqrt{3}}, \frac{1}{\sqrt{3}}, \frac{1}{\sqrt{3}}\right), \quad \mathbf{q}_2 = \frac{\mathbf{v}_2}{\|\mathbf{v}_2\|} = \left(-\frac{2}{\sqrt{6}}, \frac{1}{\sqrt{6}}, \frac{1}{\sqrt{6}}\right),$$

$$\mathbf{q}_3 = \frac{\mathbf{v}_3}{\|\mathbf{v}_3\|} = \left(0, -\frac{1}{\sqrt{2}}, \frac{1}{\sqrt{2}}\right)$$

◀

注釋：在上一例題中，我們在最末使用正規化，將正交基底轉換成單範正交基底。另一種方法是，在獲得每個正交基底向量時，即刻將它正規化，因而一步一步得到一組單範正交基底。然而，此法會產生較多平方根運算的小小缺陷。一個更有用的變通是在各個步驟先「量化」正交基底向量以消去某些分數。例如，上面的步驟 2 之後，可乘以 3 以得 $(-2, 1, 1)$ 作為第二個正交基底向量。因而簡化步驟 3 的計算。

適合已學過微積分的讀者

▶ **例題 8 Legendre 多項式**

令向量空間 P_2 有內積

$$\langle \mathbf{p}, \mathbf{q} \rangle = \int_{-1}^{1} p(x)q(x)\, dx$$

試應用葛蘭-史密特法將 P_2 的標準基底 $\{1, x, x^2\}$ 轉換成正交基底 $\{\phi_1(x), \phi_2(x), \phi_3(x)\}$。

Erhardt Schmidt (1875–1959)

史記：史密特是一位德國數學家，他在 Göttingen 大學跟隨數學界的巨人之一 David Hilbert 學習並得到博士學位。他的大半生均在柏林大學教書，他在許多數學領域做了重大貢獻，值得一提的是，他將一些 Hilbert 的各種概念整理成一般概念，人稱 Hilbert 空間——一個研究無限維向量空間的基本概念。他於 1907 年第一次將他的史密特法發表於積分方程的學報上。

[相片：摘錄自 *Archives of the Mathematisches Forschungsinst*]

Jorgen Pederson Gram (1850–1916)

史記：葛蘭是一位丹麥精算師。葛蘭的早年教育在私人興辦的鄉村學校。他在 Hafnia 壽險公司任職時，得到數學博士學位，他在 Hafnia 專精於意外保險數學。在他的博士論文裡對葛蘭-史密特法的貢獻首次列式。葛蘭後來轉移興趣於抽象數學，並從丹麥皇家科學學會得到金質獎章認可他的成就。他的一生對於應用數學的興趣從未改變，然而，他亦有許多有關丹麥森林管理的論文。

[相片：摘錄自 *Wikipedia*]

步驟 2.　　$\mathbf{v}_2 = \mathbf{u}_2 - \dfrac{\langle \mathbf{u}_2, \mathbf{v}_1 \rangle}{\|\mathbf{v}_1\|^2} \mathbf{v}_1$

步驟 3.　　$\mathbf{v}_3 = \mathbf{u}_3 - \dfrac{\langle \mathbf{u}_3, \mathbf{v}_1 \rangle}{\|\mathbf{v}_1\|^2} \mathbf{v}_1 - \dfrac{\langle \mathbf{u}_3, \mathbf{v}_2 \rangle}{\|\mathbf{v}_2\|^2} \mathbf{v}_2$

步驟 4.　　$\mathbf{v}_4 = \mathbf{u}_4 - \dfrac{\langle \mathbf{u}_4, \mathbf{v}_1 \rangle}{\|\mathbf{v}_1\|^2} \mathbf{v}_1 - \dfrac{\langle \mathbf{u}_4, \mathbf{v}_2 \rangle}{\|\mathbf{v}_2\|^2} \mathbf{v}_2 - \dfrac{\langle \mathbf{u}_4, \mathbf{v}_3 \rangle}{\|\mathbf{v}_3\|^2} \mathbf{v}_3$
⋮

(繼續 r 個步驟)

可選擇的步驟。欲轉換正交基底為單範正交基底 $\{\mathbf{q}_1, \mathbf{q}_2, \ldots, \mathbf{q}_r\}$，正規化正交基底向量。

▶ **例題 7** 使用葛蘭-史密特法

考慮具有歐幾里德內積的向量空間 R^3。應用葛蘭-史密特法將基底

$$\mathbf{u}_1 = (1, 1, 1), \quad \mathbf{u}_2 = (0, 1, 1), \quad \mathbf{u}_3 = (0, 0, 1)$$

轉換為正交基底 $\{\mathbf{v}_1, \mathbf{v}_2, \mathbf{v}_3\}$，再將所有正交向量正規化，以得一單範正交基底 $\{\mathbf{q}_1, \mathbf{q}_2, \mathbf{q}_3\}$。

解：

步驟 1.　　$\mathbf{v}_1 = \mathbf{u}_1 = (1, 1, 1)$

步驟 2.　　$\mathbf{v}_2 = \mathbf{u}_2 - \operatorname{proj}_{W_1} \mathbf{u}_2 = \mathbf{u}_2 - \dfrac{\langle \mathbf{u}_2, \mathbf{v}_1 \rangle}{\|\mathbf{v}_1\|^2} \mathbf{v}_1$

　　　　　$= (0, 1, 1) - \dfrac{2}{3}(1, 1, 1) = \left(-\dfrac{2}{3}, \dfrac{1}{3}, \dfrac{1}{3}\right)$

步驟 3.　　$\mathbf{v}_3 = \mathbf{u}_3 - \operatorname{proj}_{W_2} \mathbf{u}_3 = \mathbf{u}_3 - \dfrac{\langle \mathbf{u}_3, \mathbf{v}_1 \rangle}{\|\mathbf{v}_1\|^2} \mathbf{v}_1 - \dfrac{\langle \mathbf{u}_3, \mathbf{v}_2 \rangle}{\|\mathbf{v}_2\|^2} \mathbf{v}_2$

　　　　　$= (0, 0, 1) - \dfrac{1}{3}(1, 1, 1) - \dfrac{1/3}{2/3}\left(-\dfrac{2}{3}, \dfrac{1}{3}, \dfrac{1}{3}\right)$

　　　　　$= \left(0, -\dfrac{1}{2}, \dfrac{1}{2}\right)$

因此

$$\mathbf{v}_1 = (1, 1, 1), \quad \mathbf{v}_2 = \left(-\dfrac{2}{3}, \dfrac{1}{3}, \dfrac{1}{3}\right), \quad \mathbf{v}_3 = \left(0, -\dfrac{1}{2}, \dfrac{1}{2}\right)$$

形成了 R^3 的一正交基底。這些向量的範數為

$$\|\mathbf{v}_1\| = \sqrt{3}, \quad \|\mathbf{v}_2\| = \dfrac{\sqrt{6}}{3}, \quad \|\mathbf{v}_3\| = \dfrac{1}{\sqrt{2}}$$

$\mathbf{v}_2$。利用 (11) 式：

$$\mathbf{v}_2 = \mathbf{u}_2 - \text{proj}_{W_1}\mathbf{u}_2 = \mathbf{u}_2 - \frac{\langle \mathbf{u}_2, \mathbf{v}_1 \rangle}{\|\mathbf{v}_1\|^2}\mathbf{v}_1$$

當然，若 $\mathbf{v}_2 = \mathbf{0}$，則 $\mathbf{v}_2$ 不是基底向量。但此種狀況不可能發生。因為若 $\mathbf{v}_2 = \mathbf{0}$，則由上式得

$$\mathbf{u}_2 = \frac{\langle \mathbf{u}_2, \mathbf{v}_1 \rangle}{\|\mathbf{v}_1\|^2}\mathbf{v}_1 = \frac{\langle \mathbf{u}_2, \mathbf{v}_1 \rangle}{\|\mathbf{u}_1\|^2}\mathbf{u}_1$$

此暗示 $\mathbf{u}_2$ 為 $\mathbf{u}_1$ 的倍數，而與基底 $S = \{\mathbf{u}_1, \mathbf{u}_2, \ldots, \mathbf{u}_n\}$ 的線性獨立性矛盾。

步驟 3. 為構造同時和 $\mathbf{v}_1$ 及 $\mathbf{v}_2$ 正交的向量 $\mathbf{v}_3$，我們計算與 $\mathbf{v}_1$ 及 $\mathbf{v}_2$ 所生成的空間 W_2 正交的 $\mathbf{u}_3$ 之分量 (圖 6.3.4)。由 (11) 式

$$\mathbf{v}_3 = \mathbf{u}_3 - \text{proj}_{W_2}\mathbf{u}_3 = \mathbf{u}_3 - \frac{\langle \mathbf{u}_3, \mathbf{v}_1 \rangle}{\|\mathbf{v}_1\|^2}\mathbf{v}_1 - \frac{\langle \mathbf{u}_3, \mathbf{v}_2 \rangle}{\|\mathbf{v}_2\|^2}\mathbf{v}_2$$

正如步驟 2 所示，$\{\mathbf{u}_1, \mathbf{u}_2, \ldots, \mathbf{u}_n\}$ 的線性獨立性保證 $\mathbf{v}_3 \neq \mathbf{0}$，我們把細節留作為習題。

步驟 4. 為欲構造同時和 $\mathbf{v}_1$，$\mathbf{v}_2$ 及 $\mathbf{v}_3$ 正交的向量 $\mathbf{v}_4$，我們計算和由 $\mathbf{v}_1$，$\mathbf{v}_2$ 及 $\mathbf{v}_3$ 所成的空間 W_3 正交的 $\mathbf{u}_4$ 之分量。由 (11) 式

$$\mathbf{v}_4 = \mathbf{u}_4 - \text{proj}_{W_3}\mathbf{u}_4 = \mathbf{u}_4 - \frac{\langle \mathbf{u}_4, \mathbf{v}_1 \rangle}{\|\mathbf{v}_1\|^2}\mathbf{v}_1 - \frac{\langle \mathbf{u}_4, \mathbf{v}_2 \rangle}{\|\mathbf{v}_2\|^2}\mathbf{v}_2 - \frac{\langle \mathbf{u}_4, \mathbf{v}_3 \rangle}{\|\mathbf{v}_3\|^2}\mathbf{v}_3$$

繼續此種方法，經過 r 個步驟後，我們將得一個正交向量集 $\{\mathbf{v}_1, \mathbf{v}_2, \ldots, \mathbf{v}_r\}$。因為正交集合是線性獨立的，此集合將是 r-維空間 W 的一組正交基底。正規化這些基底向量，我們可得一組單範正交基底。◀

以上證明裡所給的一步步建構正交 (或單範正交) 基底的方法稱為**葛蘭-史密特法** (Gram-Schmidt process)。為參照方便，我們提供下面所有步驟的總結。

葛蘭-史密特法

欲轉換基底 $\{\mathbf{u}_1, \mathbf{u}_2, \ldots, \mathbf{u}_r\}$ 為正交基底 $\{\mathbf{v}_1, \mathbf{v}_2, \ldots, \mathbf{v}_r\}$，執行下面計算：

步驟 1. $\mathbf{v}_1 = \mathbf{u}_1$

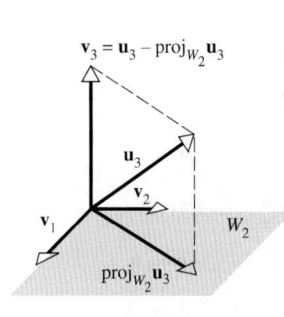

▲ 圖 6.3.4

$$= \left(\tfrac{4}{25}, 1, -\tfrac{3}{25}\right)$$

u 正交於 W 的分向量為

$$\text{proj}_{W^\perp} \mathbf{u} = \mathbf{u} - \text{proj}_W \mathbf{u} = (1, 1, 1) - \left(\tfrac{4}{25}, 1, -\tfrac{3}{25}\right) = \left(\tfrac{21}{25}, 0, \tfrac{28}{25}\right)$$

觀察 $\text{proj}_{W^\perp} \mathbf{u}$ 同時正交於 $\mathbf{v}_1$ 及 $\mathbf{v}_2$，所以此向量正交於由 $\mathbf{v}_1$ 及 $\mathbf{v}_2$ 所生成的空間 W 上之每一向量。 ◀

正交投影的幾何意義

若 W 是內積空間 V 上的一個一維子空間，稱 span{**a**}，則公式 (11) 僅有一項

$$\text{proj}_W \mathbf{u} = \frac{\langle \mathbf{u}, \mathbf{a} \rangle}{\|\mathbf{a}\|^2} \mathbf{a}$$

當 V 是 R^3 且具有歐幾里德內積時，這恰是 3.3 節的公式 (10)，**u** 在 **a** 方向上的正交投影。此建議我們可將 (11) 式想像為在「座標軸」上之正交投影和，座標軸係由子空間 W 的基底向量來決定 (圖 6.3.2)。

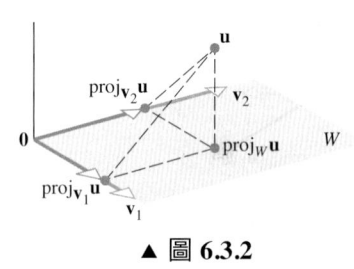

▲ 圖 6.3.2

葛蘭-史密特法

前面已經了解單範正交基底擁有多樣且有用的性質。下一個定理是本節的主要結論，它顯示每一非零的有限維向量空間都有單範正交基底。此定理的證明極為重要，因為它提供一種演算法或方法，以便將任意基底轉換成單範正交基底。

定理 6.3.5：每一非零有限維內積空間有一單範正交基底。

證明：令 W 為任意非零有限維內積空間，且令 $\{\mathbf{u}_1, \mathbf{u}_2, \ldots, \mathbf{u}_r\}$ 為 W 上之任意基底。因為可將該正交基底內的各向量正規化為 W 的單範正交基底，只要證明 W 有一正交基底即可。下面一系列步驟將產生 W 的正交基底 $\{\mathbf{v}_1, \mathbf{v}_2, \ldots, \mathbf{v}_r\}$。

步驟 1. 令 $\mathbf{v}_1 = \mathbf{u}_1$。

步驟 2. 如圖 6.3.3 所示，可藉計算正交於和由 $\mathbf{v}_2$ 所生成之空間 W_1 的 $\mathbf{u}_2$ 之分量以求得與 $\mathbf{v}_1$ 正交的向量

▲ 圖 6.3.3

解：取 $\mathbf{u}_1 = 1, \mathbf{u}_2 = x$ 及 $\mathbf{u}_3 = x^2$。

步驟 1. $\mathbf{v}_1 = \mathbf{u}_1 = 1$

步驟 2. 我們有

$$\langle \mathbf{u}_2, \mathbf{v}_1 \rangle = \int_{-1}^{1} x\, dx = 0$$

所以

$$\mathbf{v}_2 = \mathbf{u}_2 - \frac{\langle \mathbf{u}_2, \mathbf{v}_1 \rangle}{\|\mathbf{v}_1\|^2} \mathbf{v}_1 = \mathbf{u}_2 = x$$

步驟 3. 我們有

$$\langle \mathbf{u}_3, \mathbf{v}_1 \rangle = \int_{-1}^{1} x^2\, dx = \frac{x^3}{3}\Big]_{-1}^{1} = \frac{2}{3}$$

$$\langle \mathbf{u}_3, \mathbf{v}_2 \rangle = \int_{-1}^{1} x^3\, dx = \frac{x^4}{4}\Big]_{-1}^{1} = 0$$

$$\|\mathbf{v}_1\|^2 = \langle \mathbf{v}_1, \mathbf{v}_1 \rangle = \int_{-1}^{1} 1\, dx = x\Big]_{-1}^{1} = 2$$

所以

$$\mathbf{v}_3 = \mathbf{u}_3 - \frac{\langle \mathbf{u}_3, \mathbf{v}_1 \rangle}{\|\mathbf{v}_1\|^2} \mathbf{v}_1 - \frac{\langle \mathbf{u}_3, \mathbf{v}_2 \rangle}{\|\mathbf{v}_2\|^2} \mathbf{v}_2 = x^2 - \frac{1}{3}$$

因此，我們已得正交基底 $\{\phi_1(x), \phi_2(x), \phi_3(x)\}$，其中

$$\phi_1(x) = 1, \quad \phi_2(x) = x, \quad \phi_3(x) = x^2 - \frac{1}{3} \qquad \blacktriangleleft$$

注釋：前一例題中的正交基底向量經常被量化使得三個函數在 $x = 1$ 時，函數值均為 1。所得多項式為

$$1, \quad x, \quad \frac{1}{2}(3x^2 - 1)$$

其為著名的前三個 **Legendre 多項式** (Legendre polynomials)，它們在許多應用裡扮演著重要角色。量化不影響正交性。

將單範正交集合擴大為單範正交基底

回顧定理 4.5.5(b)，有限維向量空間的線性獨立集合可由加上適合的向

量擴大為一組基底。下一個定理是有限維內積空間上正交及單範正交集合的一個類比結果。

> **定理 6.3.6**：若 W 是一個有限維內積空間，則：
> (a) W 上每一個由非零向量所組成的正交集合可被擴大為 W 的一組正交基底。
> (b) W 上的每一個單範正交集合可被擴大為 W 的一組單範正交基底。

我們將證明 (b) 而將 (a) 留作為習題。

證明 **(b)**：假設 $S = \{\mathbf{v}_1, \mathbf{v}_2, \ldots, \mathbf{v}_s\}$ 是 W 上的一個單範正交向量集合。定理 4.5.5(b) 告訴我們可將 S 擴大為某基底

$$S' = \{\mathbf{v}_1, \mathbf{v}_2, \ldots, \mathbf{v}_s, \mathbf{v}_{s+1}, \ldots, \mathbf{v}_k\}$$

給 W。若我們現在應用葛蘭-史密特法到集合 S'，則向量 $\mathbf{v}_1, \mathbf{v}_2, \ldots, \mathbf{v}_s$ 將不影響，因為它們已是單範正交，且所得集合

$$S'' = \{\mathbf{v}_1, \mathbf{v}_2, \ldots, \mathbf{v}_s, \mathbf{v}_{s+1}, \ldots, \mathbf{v}_k\}$$

將是 W 的一組單範正交基底。◀

可選擇的教材

QR-分解

最近幾年，一個基於葛蘭-史密特法的數值演算法，著名的 **QR-分解** (*QR-decomposition*)，已逐漸被重視為許多數值演算法的數學基礎，包括計算大型矩陣的特徵值之數值演算法。此類演算法在處理線性代數數值方面的書籍中都有討論。然而，我們將在此討論一些重要概念。我們以下面問題開始。

> **問題**：若 A 為具有線性獨立行向量的 $m \times n$ 階矩陣，而 Q 為由 A 的行向量應用葛蘭-史密特程序所得的矩陣，如果 A 與 Q 之間存在某種關係，會是什麼樣的關係？

為了解決此一問題，假設 A 的行向量為 $\mathbf{u}_1, \mathbf{u}_2, \ldots, \mathbf{u}_n$，且 Q 的單範正交行向量為 $\mathbf{q}_1, \mathbf{q}_2, \ldots, \mathbf{q}_n$。因此，$A$ 和 Q 可被寫為

$$A = [\mathbf{u}_1 \mid \mathbf{u}_2 \mid \cdots \mid \mathbf{u}_n] \quad 且 \quad Q = [\mathbf{q}_1 \mid \mathbf{q}_2 \mid \cdots \mid \mathbf{q}_n]$$

由定理 6.3.2(b) 可知 $\mathbf{u}_1, \mathbf{u}_2, \ldots, \mathbf{u}_n$ 能以 $\mathbf{q}_1, \mathbf{q}_2, \ldots, \mathbf{q}_n$ 表示成

$$\begin{aligned}
\mathbf{u}_1 &= \langle \mathbf{u}_1, \mathbf{q}_1 \rangle \mathbf{q}_1 + \langle \mathbf{u}_1, \mathbf{q}_2 \rangle \mathbf{q}_2 + \cdots + \langle \mathbf{u}_1, \mathbf{q}_n \rangle \mathbf{q}_n \\
\mathbf{u}_2 &= \langle \mathbf{u}_2, \mathbf{q}_1 \rangle \mathbf{q}_1 + \langle \mathbf{u}_2, \mathbf{q}_2 \rangle \mathbf{q}_2 + \cdots + \langle \mathbf{u}_2, \mathbf{q}_n \rangle \mathbf{q}_n \\
&\vdots \\
\mathbf{u}_n &= \langle \mathbf{u}_n, \mathbf{q}_1 \rangle \mathbf{q}_1 + \langle \mathbf{u}_n, \mathbf{q}_2 \rangle \mathbf{q}_2 + \cdots + \langle \mathbf{u}_n, \mathbf{q}_n \rangle \mathbf{q}_n
\end{aligned}$$

回顧在 1.3 節 (例題 9) 中矩陣乘積的第 j 行向量為第一因子之所有行向量的線性組合，其中係數取自第二因子的第 j 行，可知這些關係能以矩陣的型式

$$[\mathbf{u}_1 \mid \mathbf{u}_2 \mid \cdots \mid \mathbf{u}_n] = [\mathbf{q}_1 \mid \mathbf{q}_2 \mid \cdots \mid \mathbf{q}_n] \begin{bmatrix} \langle \mathbf{u}_1, \mathbf{q}_1 \rangle & \langle \mathbf{u}_2, \mathbf{q}_1 \rangle & \cdots & \langle \mathbf{u}_n, \mathbf{q}_1 \rangle \\ \langle \mathbf{u}_1, \mathbf{q}_2 \rangle & \langle \mathbf{u}_2, \mathbf{q}_2 \rangle & \cdots & \langle \mathbf{u}_n, \mathbf{q}_2 \rangle \\ \vdots & \vdots & & \vdots \\ \langle \mathbf{u}_1, \mathbf{q}_n \rangle & \langle \mathbf{u}_2, \mathbf{q}_n \rangle & \cdots & \langle \mathbf{u}_n, \mathbf{q}_n \rangle \end{bmatrix}$$

表示或更簡潔地寫成

$$A = QR \tag{14}$$

其中 R 是乘積中的第二個因子。然而，就 $j \geq 2$ 而言，向量 $\mathbf{q}_j$ 正交於 $\mathbf{u}_1, \mathbf{u}_2, \ldots, \mathbf{u}_{j-1}$ 為葛蘭-史密特程序的性質；於是，所有在 R 的主對角線以下的元素均為零

$$R = \begin{bmatrix} \langle \mathbf{u}_1, \mathbf{q}_1 \rangle & \langle \mathbf{u}_2, \mathbf{q}_1 \rangle & \cdots & \langle \mathbf{u}_n, \mathbf{q}_1 \rangle \\ 0 & \langle \mathbf{u}_2, \mathbf{q}_2 \rangle & \cdots & \langle \mathbf{u}_n, \mathbf{q}_2 \rangle \\ \vdots & \vdots & & \vdots \\ 0 & 0 & \cdots & \langle \mathbf{u}_n, \mathbf{q}_n \rangle \end{bmatrix} \tag{15}$$

R 的對角元素為非零使得 R 成為可逆的證明則留作習題。因此，(14) 式為將 A 因式分解成具有單範正交行向量的矩陣 Q 與可逆的上三角形矩陣的乘積。因而將 (14) 式稱為 A 的 **QR-分解** (QR-decomposition of A)。總之，可以得到下列的定理。

在數值線性代數裡，通稱具線性獨立行的矩陣有**滿行秩** (full column rank)。

定理 6.3.7：*QR*-分解

若 A 為含線性獨立的行向量的 $m \times n$ 階矩陣，則 A 可以分解為

$$A = QR$$

其中 Q 為含單範正交行向量的 $m \times n$ 階矩陣，而 R 為 $n \times n$ 階的可逆上三角形矩陣。

回顧定理 5.1.6 (等價定理)，一方陣有線性獨立行向量若且唯若它是可逆的。因此，由前一個定理知，每一個可逆矩陣有一個 *QR*-分解。

▶ **例題 9** 3×3 階矩陣的 *QR*-分解

試求矩陣 A 的 *QR*-分解，其中

$$A = \begin{bmatrix} 1 & 0 & 0 \\ 1 & 1 & 0 \\ 1 & 1 & 1 \end{bmatrix}$$

解：A 的行向量為

$$\mathbf{u}_1 = \begin{bmatrix} 1 \\ 1 \\ 1 \end{bmatrix}, \quad \mathbf{u}_2 = \begin{bmatrix} 0 \\ 1 \\ 1 \end{bmatrix}, \quad \mathbf{u}_3 = \begin{bmatrix} 0 \\ 0 \\ 1 \end{bmatrix}$$

對這些行向量應用葛蘭-史密特法並正規化行向量，可得單範正交向量 (見例題 7)

$$\mathbf{q}_1 = \begin{bmatrix} \frac{1}{\sqrt{3}} \\ \frac{1}{\sqrt{3}} \\ \frac{1}{\sqrt{3}} \end{bmatrix}, \quad \mathbf{q}_2 = \begin{bmatrix} -\frac{2}{\sqrt{6}} \\ \frac{1}{\sqrt{6}} \\ \frac{1}{\sqrt{6}} \end{bmatrix}, \quad \mathbf{q}_3 = \begin{bmatrix} 0 \\ -\frac{1}{\sqrt{2}} \\ \frac{1}{\sqrt{2}} \end{bmatrix}$$

並由 (15) 式可得矩陣 R 為

$$R = \begin{bmatrix} \langle \mathbf{u}_1, \mathbf{q}_1 \rangle & \langle \mathbf{u}_2, \mathbf{q}_1 \rangle & \langle \mathbf{u}_3, \mathbf{q}_1 \rangle \\ 0 & \langle \mathbf{u}_2, \mathbf{q}_2 \rangle & \langle \mathbf{u}_3, \mathbf{q}_2 \rangle \\ 0 & 0 & \langle \mathbf{u}_3, \mathbf{q}_3 \rangle \end{bmatrix} = \begin{bmatrix} \frac{3}{\sqrt{3}} & \frac{2}{\sqrt{3}} & \frac{1}{\sqrt{3}} \\ 0 & \frac{2}{\sqrt{6}} & \frac{1}{\sqrt{6}} \\ 0 & 0 & \frac{1}{\sqrt{2}} \end{bmatrix}$$

所以，A 的 *QR*-分解為

$$\begin{bmatrix} 1 & 0 & 0 \\ 1 & 1 & 0 \\ 1 & 1 & 1 \end{bmatrix} = \begin{bmatrix} \frac{1}{\sqrt{3}} & -\frac{2}{\sqrt{6}} & 0 \\ \frac{1}{\sqrt{3}} & \frac{1}{\sqrt{6}} & -\frac{1}{\sqrt{2}} \\ \frac{1}{\sqrt{3}} & \frac{1}{\sqrt{6}} & \frac{1}{\sqrt{2}} \end{bmatrix} \begin{bmatrix} \frac{3}{\sqrt{3}} & \frac{2}{\sqrt{3}} & \frac{1}{\sqrt{3}} \\ 0 & \frac{2}{\sqrt{6}} & \frac{1}{\sqrt{6}} \\ 0 & 0 & \frac{1}{\sqrt{2}} \end{bmatrix}$$

$$A \qquad = \qquad Q \qquad\qquad R$$

◀ 證明例題 9 中的矩陣 Q 有性質 $QQ^T = I$，並證明具單範正交行向量的每一個 $m \times n$ 階矩陣有此性質。

概念複習

- 正交及單範正交集合
- 正交投影
- QR-分解
- 正規化一向量
- 葛蘭-史密特法

技　能

- 判斷向量集合是否為正交 (或為單範正交)。
- 計算某向量對一正交 (或單範正交) 基底的座標。
- 求某向量至一子空間的正交投影。
- 使用葛蘭-史密特法建構一正交 (或單範正交) 基底給一內積空間。
- 求一可逆矩陣的 QR-分解。

習題集 6.3

1. 令 R^2 具有歐幾里德內積，下列何者可形成一正交集合？

   (a) $(4, 0)$, $(0, -3)$

   (b) $\left(\frac{1}{\sqrt{2}}, -\frac{1}{\sqrt{2}}\right)$, $\left(\frac{1}{\sqrt{2}}, \frac{1}{\sqrt{2}}\right)$

   (c) $(2, 2)$, $\left(-\frac{1}{2}, -\frac{1}{2}\right)$

   (d) $(-3, 1)$, $(0, 0)$

2. 習題 1 中何者可對 R^2 上的歐幾里德內積形成一單範正交集合？

3. 令 R^3 具有歐幾里德內積，下列何者形成一正交集合？

   (a) $\left(0, \frac{1}{\sqrt{2}}, -\frac{1}{\sqrt{2}}\right)$, $\left(-\frac{1}{\sqrt{3}}, \frac{1}{\sqrt{3}}, \frac{1}{\sqrt{3}}\right)$, $\left(0, \frac{1}{\sqrt{2}}, \frac{1}{\sqrt{2}}\right)$

   (b) $\left(\frac{2}{3}, -\frac{2}{3}, \frac{1}{3}\right)$, $\left(\frac{2}{3}, \frac{1}{3}, -\frac{2}{3}\right)$, $\left(\frac{1}{3}, \frac{2}{3}, \frac{2}{3}\right)$

   (c) $(1, 0, 1)$, $\left(-\frac{1}{\sqrt{3}}, \frac{1}{\sqrt{3}}, -\frac{1}{\sqrt{3}}\right)$, $(-1, 0, 1)$

   (d) $\left(\frac{1}{\sqrt{6}}, \frac{1}{\sqrt{6}}, -\frac{2}{\sqrt{6}}\right)$, $\left(\frac{1}{\sqrt{2}}, -\frac{1}{\sqrt{2}}, 0\right)$

4. 習題 3 中何者可對 R^3 上的歐幾里德內積形成一單範正交集合？

5. 令 P_2 具有 6.1 節例題 7 之內積，下列何者形成一單範正交集合？

   (a) $p_1(x) = -\frac{1}{3} + \frac{2}{3}x + \frac{2}{3}x^2$,

   $p_2(x) = \frac{2}{3} - \frac{1}{3}x + \frac{2}{3}x^2$,

   $p_3(x) = \frac{2}{3} + \frac{2}{3}x + \frac{1}{3}x^2$

   (b) $p_1(x) = 1$, $p_2(x) = \frac{1}{\sqrt{2}}x + \frac{1}{\sqrt{2}}x^2$,

   $p_3(x) = x^2$

6. 令 M_{22} 具有 6.1 節例題 6 之內積，下列何者形成一單範正交集合？

(a) $\begin{bmatrix} 0 & 0 \\ 0 & 1 \end{bmatrix}, \begin{bmatrix} -\frac{1}{3} & \frac{2}{3} \\ -\frac{2}{3} & 0 \end{bmatrix}, \begin{bmatrix} -\frac{2}{3} & \frac{1}{3} \\ \frac{2}{3} & 0 \end{bmatrix}, \begin{bmatrix} \frac{2}{3} & \frac{2}{3} \\ \frac{1}{3} & 0 \end{bmatrix}$

(b) $\begin{bmatrix} 1 & 0 \\ 0 & 0 \end{bmatrix}, \begin{bmatrix} 0 & 1 \\ 0 & 0 \end{bmatrix}, \begin{bmatrix} 0 & 0 \\ 1 & 1 \end{bmatrix}, \begin{bmatrix} 0 & 0 \\ 1 & -1 \end{bmatrix}$

7. 試證明下面各向量集合對歐幾里德內積是正交的；再正規化各向量，使其成為一單範正交集合。

(a) $(2, 3), (-6, 4)$

(b) $(1, -1, 0), (3, 3, 0), (0, 0, 2)$

(c) $(\frac{1}{5}, \frac{1}{5}, \frac{1}{5}), (-\frac{1}{2}, \frac{1}{2}, 0), (\frac{1}{3}, \frac{1}{3}, -\frac{2}{3})$

8. 證明向量集合 $\{(1, 0), (0, 1)\}$ 在 R^2 上內積 $\langle \mathbf{u}, \mathbf{v} \rangle = 4u_1v_1 + u_2v_2$ 之下是正交的；並正規化這兩個向量，將其轉換成一單範正交集合。

9. 試證明向量

$$\mathbf{v}_1 = (-\tfrac{3}{5}, \tfrac{4}{5}, 0), \quad \mathbf{v}_2 = (\tfrac{4}{5}, \tfrac{3}{5}, 0), \quad \mathbf{v}_3 = (0, 0, 1)$$

形成具有歐幾里德內積 R^3 的一單範正交基底；並使用定理 6.3.2(b) 將下列各向量以 $\mathbf{v}_1, \mathbf{v}_2$ 及 $\mathbf{v}_3$ 的線性組合表示。

(a) $(2, 1, -1)$ (b) $(1, 3, 4)$ (c) $(\tfrac{1}{7}, -\tfrac{3}{7}, \tfrac{5}{7})$

10. 若 R^4 具有歐幾里德內積，試證明

$$\mathbf{v}_1 = (1, -1, 2, -1), \quad \mathbf{v}_2 = (-2, 2, 3, 2),$$
$$\mathbf{v}_3 = (1, 2, 0, -1), \quad \mathbf{v}_4 = (1, 0, 0, 1)$$

為 R^4 的一正交基底；並使用定理 6.3.2(a)，將下列各向量以 $\mathbf{v}_1, \mathbf{v}_2, \mathbf{v}_3$ 及 $\mathbf{v}_4$ 的線性組合表示。

(a) $(1, -1, 1, -1)$

(b) $(\sqrt{2}, -3\sqrt{2}, 5\sqrt{2}, -\sqrt{2})$

(c) $(-\tfrac{1}{3}, \tfrac{2}{3}, -\tfrac{1}{3}, \tfrac{4}{3})$

11. (a) 若 R^4 具有歐幾里德內積，試證明

$$\mathbf{v}_1 = (1, -2, 3, -4), \quad \mathbf{v}_2 = (2, 1, -4, -3),$$
$$\mathbf{v}_3 = (-3, 4, 1, -2), \quad \mathbf{v}_4 = (4, 3, 2, 1)$$

為 R^4 的一正交基底。

(b) 使用定理 6.3.2(a)，將 $\mathbf{u} = (-1, 2, 3, 7)$ 表為 (a) 中所有向量的線性組合。

▶習題 **12-13**，在歐幾里德內積之下，一組單範正交基底被給。使用定理 6.3.2(b)，求 $\mathbf{w}$ 對該基底的座標向量。◀

12. (a) $\mathbf{w} = (3, 7); \mathbf{u}_1 = (\tfrac{1}{\sqrt{2}}, -\tfrac{1}{\sqrt{2}}),$

$\mathbf{u}_2 = (\tfrac{1}{\sqrt{2}}, \tfrac{1}{\sqrt{2}})$

(b) $\mathbf{w} = (-1, 0, 2); \mathbf{u}_1 = (\tfrac{2}{3}, -\tfrac{2}{3}, \tfrac{1}{3}),$

$\mathbf{u}_2 = (\tfrac{2}{3}, \tfrac{1}{3}, -\tfrac{2}{3}), \mathbf{u}_3 = (\tfrac{1}{3}, \tfrac{2}{3}, \tfrac{2}{3})$

13. (a) $\mathbf{w} = (2, 0, 5); \mathbf{u}_1 = (\tfrac{2}{3}, \tfrac{1}{3}, \tfrac{2}{3}),$

$\mathbf{u}_2 = (\tfrac{1}{3}, \tfrac{2}{3}, -\tfrac{2}{3}), \mathbf{u}_3 = (\tfrac{2}{3}, -\tfrac{2}{3}, -\tfrac{1}{3})$

(b) $\mathbf{w} = (-1, 1, 2); \mathbf{u}_1 = (\tfrac{3}{\sqrt{11}}, \tfrac{1}{\sqrt{11}}, \tfrac{1}{\sqrt{11}}),$

$\mathbf{u}_2 = (-\tfrac{1}{\sqrt{6}}, \tfrac{2}{\sqrt{6}}, \tfrac{1}{\sqrt{6}}),$

$\mathbf{u}_3 = (-\tfrac{1}{\sqrt{66}}, -\tfrac{4}{\sqrt{66}}, \tfrac{7}{\sqrt{66}})$

▶習題 **14-15**，對於歐幾里德內積，所給向量是正交的。求 $\text{proj}_W \mathbf{x}$，其中 $\mathbf{x} = (1, 2, 0, -2)$ 且 W 是由所給向量所生成的 R^4 之子空間。◀

14. (a) $\mathbf{v}_1 = (1, 1, 1, 1), \mathbf{v}_2 = (1, 1, -1, -1)$

(b) $\mathbf{v}_1 = (0, 1, -4, -1), \mathbf{v}_2 = (3, 5, 1, 1)$

15. (a) $\mathbf{v}_1 = (1, -1, -1, 1), \mathbf{v}_2 = (1, 1, 1, 1),$

$\mathbf{v}_3 = (1, 1, -1, -1)$

(b) $\mathbf{v}_1 = (0, 1, -4, -1), \mathbf{v}_2 = (3, 5, 1, 1),$

$\mathbf{v}_3 = (1, 0, 1, -4)$

▶習題 **16-17**，對於歐幾里德內積，所給向量是單範正交的。使用定理 6.3.4(b)，求 $\text{proj}_W \mathbf{x}$，其中 $\mathbf{x} = (1, 2, 0, -1)$ 且 W 是由所給向量所生成的 R^4 之子空間。◀

16. (a) $\mathbf{v}_1 = (0, \tfrac{1}{\sqrt{18}}, -\tfrac{4}{\sqrt{18}}, -\tfrac{1}{\sqrt{18}}),$

$\mathbf{v}_2 = (\tfrac{1}{2}, \tfrac{5}{6}, \tfrac{1}{6}, \tfrac{1}{6})$

(b) $\mathbf{v}_1 = (\tfrac{1}{2}, \tfrac{1}{2}, \tfrac{1}{2}, \tfrac{1}{2}), \mathbf{v}_2 = (\tfrac{1}{2}, \tfrac{1}{2}, -\tfrac{1}{2}, -\tfrac{1}{2})$

17. (a) $\mathbf{v}_1 = (0, \tfrac{1}{\sqrt{18}}, -\tfrac{4}{\sqrt{18}}, -\tfrac{1}{\sqrt{18}}),$

$$\mathbf{v}_2 = \left(\frac{1}{2}, \frac{5}{6}, \frac{1}{6}, \frac{1}{6}\right)$$
$$\mathbf{v}_3 = \left(\frac{1}{\sqrt{18}}, 0, \frac{1}{\sqrt{18}}, -\frac{4}{\sqrt{18}}\right)$$

(b) $\mathbf{v}_1 = \left(\frac{1}{2}, \frac{1}{2}, \frac{1}{2}, \frac{1}{2}\right)$, $\mathbf{v}_2 = \left(\frac{1}{2}, \frac{1}{2}, -\frac{1}{2}, -\frac{1}{2}\right)$,
$\mathbf{v}_3 = \left(\frac{1}{2}, -\frac{1}{2}, \frac{1}{2}, -\frac{1}{2}\right)$

18. 在 4.9 節例題 6，我們求得向量 $\mathbf{x} = (1, 5)$ 在通過原點且與正 x-軸成 $\pi/6$ 弳角之直線上的正交投影。使用定理 6.3.4 解相同問題。

19. 求 W 上的向量 $\mathbf{w}_1$ 及 $W^\perp$ 上的向量 $\mathbf{w}_2$ 使得 $\mathbf{x} = \mathbf{w}_1 + \mathbf{w}_2$，其中 $\mathbf{x}$ 和 W 被給在
   (a) 習題 14(a)   (b) 習題 15(a)

20. 求 W 上的向量 $\mathbf{w}_1$ 及 $W^\perp$ 上的向量 $\mathbf{w}_2$ 使得 $\mathbf{x} = \mathbf{w}_1 + \mathbf{w}_2$，其中 $\mathbf{x}$ 和 W 被給在
   (a) 習題 16(a)   (b) 習題 17(a)

21. 令 R^2 具有歐幾里德內積。試使用葛蘭-史密特法，將基底 $\{\mathbf{u}_1, \mathbf{u}_2\}$ 轉換為單範正交基底。分別將兩組基底繪在 xy-平面上。
   (a) $\mathbf{u}_1 = (1, -3)$, $\mathbf{u}_2 = (2, 2)$
   (b) $\mathbf{u}_1 = (1, 0)$, $\mathbf{u}_2 = (3, -5)$

22. 令 R^3 具有歐幾里德內積。試使用葛蘭-史密特法，將基底 $\{\mathbf{u}_1, \mathbf{u}_2, \mathbf{u}_3\}$ 轉換為單範正交基底。
   (a) $\mathbf{u}_1 = (1, 1, 1)$, $\mathbf{u}_2 = (-1, 1, 0)$, $\mathbf{u}_3 = (1, 2, 1)$
   (b) $\mathbf{u}_1 = (1, 0, 0)$, $\mathbf{u}_2 = (3, 7, -2)$, $\mathbf{u}_3 = (0, 4, 1)$

23. 令 R^4 具有歐幾里德內積。試使用葛蘭-史密特法，將基底 $\{\mathbf{u}_1, \mathbf{u}_2, \mathbf{u}_3, \mathbf{u}_4\}$ 轉換為單範正交基底。
   $\mathbf{u}_1 = (0, 2, 1, 0)$, $\mathbf{u}_2 = (1, -1, 0, 0)$,
   $\mathbf{u}_3 = (1, 2, 0, -1)$, $\mathbf{u}_4 = (1, 0, 0, 1)$

24. 令 R^3 具有歐幾里德內積。試求由 $(1, 0, -1)$, $(-1, 1, 3)$, $(0, 1, 2)$ 所生成的子空間之單範正交基底。

25. 令 R^3 具有內積
$$\langle \mathbf{u}, \mathbf{v} \rangle = u_1 v_1 + 2 u_2 v_2 + 3 u_3 v_3$$
試使用葛蘭-史密特法將 $\mathbf{u}_1 = (1, 1, 1)$, $\mathbf{u}_2 = (1, 1, 0)$, $\mathbf{u}_3 = (1, 0, 0)$ 轉換為單範正交基底。

26. 令 R^3 具有歐幾里德內積。由向量 $\mathbf{u}_1 = \left(\frac{4}{5}, 0, -\frac{3}{5}\right)$ 及 $\mathbf{u}_2 = (0, 1, 0)$ 所生成的 R^3 之子空間為一通過原點的平面。試將 $\mathbf{w} = (1, 2, 3)$ 表為 $\mathbf{w} = \mathbf{w}_1 + \mathbf{w}_2$ 的型式，此處 $\mathbf{w}_1$ 處於該平面上且 $\mathbf{w}_2$ 垂直於此平面。

27. 以 $\mathbf{u}_1 = (1, 0, -1)$ 及 $\mathbf{u}_2 = (3, 1, 0)$ 重做習題 26。

28. 令 R^4 具有歐幾里德內積。試將 $\mathbf{w} = (-1, 2, 6, 0)$ 以 $\mathbf{w} = \mathbf{w}_1 + \mathbf{w}_2$ 的型式表示，此處 $\mathbf{w}_1$ 屬於由 $\mathbf{u}_1 = (-1, 0, 1, 2)$ 及 $\mathbf{u}_2 = (0, 1, 0, 1)$ 所生成的空間 W 且 $\mathbf{w}_2$ 則正交於 W。

29. 試求下列各矩陣的 QR-分解。

(a) $\begin{bmatrix} 2 & 1 \\ -1 & 2 \end{bmatrix}$ (b) $\begin{bmatrix} 0 & 1 \\ 2 & 1 \\ 0 & 1 \end{bmatrix}$ (c) $\begin{bmatrix} 1 & 1 \\ -2 & 1 \\ 2 & 1 \end{bmatrix}$

(d) $\begin{bmatrix} 1 & 0 & 2 \\ 0 & 1 & 1 \\ 1 & 2 & 0 \end{bmatrix}$ (e) $\begin{bmatrix} 1 & 2 & 1 \\ 1 & 1 & 1 \\ 0 & 3 & 1 \end{bmatrix}$

(f) $\begin{bmatrix} 1 & 0 & 1 \\ -1 & 1 & 1 \\ 1 & 0 & 1 \\ -1 & 1 & 1 \end{bmatrix}$

30. 在定理 6.3.5 的證明之步驟 3 裡曾提到「$\{\mathbf{u}_1, \mathbf{u}_2, \ldots, \mathbf{u}_n\}$ 的線性獨立性保證 $\mathbf{v}_3 \neq \mathbf{0}$」，試證明此敘述。

31. 試證明 (15) 式中 R 的對角元素都不為零。

32. (適合已學過微積分的讀者) 使用定理 6.3.2 (a)，將下面多項式表為前三個 Legendre 多項式 (見例題 8 後的注釋) 的線性組合。
   (a) $1 + x + 4x^2$ (b) $2 - 7x^2$ (c) $4 + 3x$

33. (適合已學過微積分的讀者) 令 P_2 具有內積
$$\langle \mathbf{p}, \mathbf{q} \rangle = \int_0^1 p(x) q(x)\, dx$$
應用葛蘭-史密特法將標準基底 $S = \{1, x, x^2\}$ 轉換為單範正交基底。

34. 求 R^2 上的一對向量 $\mathbf{x}$ 及 $\mathbf{y}$，使其在內積 $\langle \mathbf{u}, \mathbf{v} \rangle = 3 u_1 v_1 + 2 u_2 v_2$ 之下是單範正交的，但在歐幾里德內積之下非單範正交。

是非題

試判斷 (a)-(f) 各敘述的真假，並驗證你的答案。

(a) 內積空間上每個線性獨立向量集合是正交的。

(b) 內積空間上每個正交向量集合是線性獨立的。

(c) 在歐幾里德內積下，R^3 的每一個非明顯子空間均有一組單範正交基底。

(d) 每個非零有限維內積空間有一組單範正交基底。

(e) $\text{proj}_W \mathbf{x}$ 跟 W 上的每一個向量正交。

(f) 若 A 是一個具有非零行列式的 $n \times n$ 階矩陣，則 A 有一 QR-分解。

6.4 最佳近似；最小平方法

本節我們將考慮不能完全被解的線性方程組，此方程組的近似解是需要的。此類方程組經常發生在應用方面，其中因量測誤差「微擾」相容方程組的所有係數而產生矛盾方程組。

線性方程組的最小平方解

假設 $A\mathbf{x}=\mathbf{b}$ 是一個含 m 個方程式 n 個未知數的矛盾線性方程組，其中我們懷疑矛盾是由於 A 的所有係數之量測誤差所導致的。因為沒有恰當解是可能的，我們將尋找一個向量 $\mathbf{x}$ 使得 $\mathbf{x}$ 儘可能地「靠近正確解」，亦即在 R^m 上之歐幾里德內積下，最小化 $\|\mathbf{b}-A\mathbf{x}\|$。你可將 $A\mathbf{x}$ 想像為 $\mathbf{b}$ 的一個近似且 $\|\mathbf{b}-A\mathbf{x}\|$ 為近似誤差——誤差愈小，近似愈佳。此引出下面問題。

> **最小平方問題**：給一個含 m 個方程式 n 個未知數的線性方程組，找一個向量 $\mathbf{x}$ 使其在 R^m 上之歐幾里德內積下最小化 $\|\mathbf{b}-A\mathbf{x}\|$。我們稱 $\mathbf{x}$ 為方程組的**最小平方解** (least squares solution)，稱 $\mathbf{b}-A\mathbf{x}$ 為**最小平方誤差向量** (least squares error vector)，且稱 $\|\mathbf{b}-A\mathbf{x}\|$ 為**最小平方誤差** (least squares error)。

為明白上面的專門用語，假設 $\mathbf{b}-A\mathbf{x}$ 的矩陣型是

$$\mathbf{b}-A\mathbf{x} = \begin{bmatrix} e_1 \\ e_2 \\ \vdots \\ e_m \end{bmatrix}$$

「最小平方解」這個名詞來自最小化 $\|\mathbf{b}-A\mathbf{x}\|$ 亦是最小化 $\|\mathbf{b}-A\mathbf{x}\|^2 = e_1^2 + e_2^2 + \cdots + e_m^2$ 的事實。

最佳近似

假設 $\mathbf{b}$ 是 R^3 上的一固定向量，我們想要一個向量 $\mathbf{w}$ 來近似，$\mathbf{w}$ 需位在 R^3 的某子空間 W 上。除非 $\mathbf{b}$ 恰巧在 W 上，則此一近似將導致一個「誤差向量」$\mathbf{b}-\mathbf{w}$，其不等於 $\mathbf{0}$，不管 $\mathbf{w}$ 如何被選 (圖 6.4.1a)。然而，選擇

$$\mathbf{w} = \text{proj}_W \mathbf{b}$$

可使誤差向量的長度

$$\|\mathbf{b}-\mathbf{w}\| = \|\mathbf{b}-\text{proj}_W \mathbf{b}\|$$

儘可能的小 (圖 6.4.1b)。

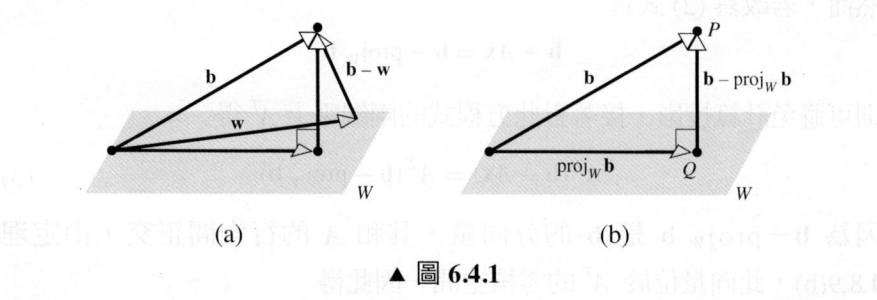

(a)　　　　　　　　　　(b)

▲ 圖 6.4.1

這些幾何概念建議下面的一般定理。

定理 6.4.1：最佳近似定理

若 W 為某內積空間 V 的有限維子空間，而且若 $\mathbf{b}$ 為 V 中的向量，則 $\text{proj}_W \mathbf{b}$ 為由 W 對 $\mathbf{b}$ 的**最佳近似** (best approximation)，意即對 W 中的每個不同於 $\text{proj}_W \mathbf{b}$ 的向量 $\mathbf{w}$

$$\|\mathbf{b}-\text{proj}_W \mathbf{b}\| < \|\mathbf{b}-\mathbf{w}\|$$

證明：對 W 中的每個 $\mathbf{w}$ 都可以寫成

$$\mathbf{b} - \mathbf{w} = (\mathbf{b} - \text{proj}_W \mathbf{b}) + (\text{proj}_W \mathbf{b} - \mathbf{w}) \tag{1}$$

但 $\text{proj}_W \mathbf{b} - \mathbf{w}$ 為 W 中兩向量的差，也在 W 中；而 $\mathbf{b} - \text{proj}_W \mathbf{b}$ 正交於 W，使得 (1) 式中右端的兩項彼此正交。於是依畢氏定理 (定理 6.2.3) 式，得

$$\|\mathbf{b} - \mathbf{w}\|^2 = \|\mathbf{b} - \text{proj}_W \mathbf{b}\|^2 + \|\text{proj}_W \mathbf{b} - \mathbf{w}\|^2$$

因為 $\mathbf{w} \neq \text{proj}_W \mathbf{b}$，則右端的第二項將為正值，因此

$$\|\mathbf{b} - \text{proj}_W \mathbf{b}\|^2 < \|\mathbf{b} - \mathbf{w}\|^2$$

因為範數是非負的，由不等式性質得

$$\|\mathbf{b} - \text{proj}_W \mathbf{b}\| < \|\mathbf{b} - \mathbf{w}\| \quad \blacktriangleleft$$

線性方程組的最小平方解

求 $A\mathbf{x} = \mathbf{b}$ 的最小平方解方法之一是計算在矩陣 A 的行空間 W 上的正交投影 $\text{proj}_W \mathbf{b}$，且接著解方程式

$$A\mathbf{x} = \text{proj}_W \mathbf{b} \tag{2}$$

然而，若改寫 (2) 式為

$$\mathbf{b} - A\mathbf{x} = \mathbf{b} - \text{proj}_W \mathbf{b}$$

則可避免計算投影，接著對此方程式的兩端乘上 A^T 得

$$A^T(\mathbf{b} - A\mathbf{x}) = A^T(\mathbf{b} - \text{proj}_W \mathbf{b}) \tag{3}$$

因為 $\mathbf{b} - \text{proj}_W \mathbf{b}$ 是 $\mathbf{b}$ 的分向量，其和 A 的行空間正交，由定理 4.8.9(b)，此向量位於 A^T 的零核空間，因此得

$$A^T(\mathbf{b} - \text{proj}_W \mathbf{b}) = \mathbf{0}$$

因此，(3) 式簡化為

$$A^T(\mathbf{b} - A\mathbf{x}) = \mathbf{0}$$

其可被改寫為

$$A^T A \mathbf{x} = A^T \mathbf{b} \tag{4}$$

稱此式為伴隨 $A\mathbf{x} = \mathbf{b}$ 的**正規方程式** (normal equation) 或**正規方程組** (normal system)。當視為線性方程組時，個別方程式被稱伴隨 $A\mathbf{x} = \mathbf{b}$ 的**正規方程式** (normal equation)。

總之，我們已建立了下面結果。

> 若線性方程組是相容的，則其正確解和其最小平方解相同，此時誤差是零。

定理 6.4.2：對任意的線性方程組 $A\mathbf{x} = \mathbf{b}$ 而言，其伴隨正規方程組

$$A^T A \mathbf{x} = A^T \mathbf{b} \tag{5}$$

是相容的，且 (5) 式的所有的解都是 $A\mathbf{x} = \mathbf{b}$ 的最小平方解。此外，

若 W 為 A 的行空間，且 $\mathbf{x}$ 為 $A\mathbf{x}=\mathbf{b}$ 的任意的最小平方解，則在 W 上 $\mathbf{b}$ 的正交投影為

$$\text{proj}_W \mathbf{b} = A\mathbf{x} \tag{6}$$

▶ **例題 1　最小平方解**

(a) 求線性方程組

$$\begin{aligned} x_1 - x_2 &= 4 \\ 3x_1 + 2x_2 &= 1 \\ -2x_1 + 4x_2 &= 3 \end{aligned}$$

的最小平方解

(b) 求誤差向量及誤差。

解 (a)：將方程組表為矩陣型 $A\mathbf{x}=\mathbf{b}$ 較為方便，其中

$$A = \begin{bmatrix} 1 & -1 \\ 3 & 2 \\ -2 & 4 \end{bmatrix} \quad \text{且} \quad \mathbf{b} = \begin{bmatrix} 4 \\ 1 \\ 3 \end{bmatrix}$$

得

$$A^T A = \begin{bmatrix} 1 & 3 & -2 \\ -1 & 2 & 4 \end{bmatrix} \begin{bmatrix} 1 & -1 \\ 3 & 2 \\ -2 & 4 \end{bmatrix} = \begin{bmatrix} 14 & -3 \\ -3 & 21 \end{bmatrix}$$

$$A^T \mathbf{b} = \begin{bmatrix} 1 & 3 & -2 \\ -1 & 2 & 4 \end{bmatrix} \begin{bmatrix} 4 \\ 1 \\ 3 \end{bmatrix} = \begin{bmatrix} 1 \\ 10 \end{bmatrix}$$

所以正規型 $A^T A \mathbf{x} = A^T \mathbf{b}$ 是

$$\begin{bmatrix} 14 & -3 \\ -3 & 21 \end{bmatrix} \begin{bmatrix} x_1 \\ x_2 \end{bmatrix} = \begin{bmatrix} 1 \\ 10 \end{bmatrix}$$

解此方程組得一個唯一的最小平方解，即

$$x_1 = \tfrac{17}{95}, \quad x_2 = \tfrac{143}{285}$$

解 (b)：誤差向量為

$$\mathbf{b} - A\mathbf{x} = \begin{bmatrix} 4 \\ 1 \\ 3 \end{bmatrix} - \begin{bmatrix} 1 & -1 \\ 3 & 2 \\ -2 & 4 \end{bmatrix} \begin{bmatrix} \tfrac{17}{95} \\ \tfrac{143}{285} \end{bmatrix} = \begin{bmatrix} 4 \\ 1 \\ 3 \end{bmatrix} - \begin{bmatrix} -\tfrac{92}{285} \\ \tfrac{439}{285} \\ \tfrac{95}{57} \end{bmatrix} = \begin{bmatrix} \tfrac{1232}{285} \\ -\tfrac{154}{285} \\ \tfrac{4}{3} \end{bmatrix}$$

且誤差是

$$\|\mathbf{b} - A\mathbf{x}\| \approx 4.556$$

▶ **例題 2** 子空間上的正交投影

試求在由向量

$$\mathbf{u}_1 = (3, 1, 0, 1), \quad \mathbf{u}_2 = (1, 2, 1, 1), \quad \mathbf{u}_3 = (-1, 0, 2, -1)$$

所生成的 R^4 之子空間上，向量 $\mathbf{u}=(-3,-3,8,9)$ 的正交投影。

解：經由先使用葛蘭-史密特程序將 $\{\mathbf{u}_1, \mathbf{u}_2, \mathbf{u}_3\}$ 轉換成單範正交基底，然後應用 6.3 節例題 6 所使用的方法即可求解此一問題。然而，下列的方法更具效率。

由 $\mathbf{u}_1, \mathbf{u}_2$ 與 $\mathbf{u}_3$ 所生成的 R^4 之子空間 W 為矩陣

$$A = \begin{bmatrix} 3 & 1 & -1 \\ 1 & 2 & 0 \\ 0 & 1 & 2 \\ 1 & 1 & -1 \end{bmatrix}$$

的行空間，所以，若 $\mathbf{u}$ 以行向量表示，可藉求方程組 $A\mathbf{x}=\mathbf{u}$ 的最小平方解，然後由該最小平方解計算 $\text{proj}_W \mathbf{u} = A\mathbf{x}$ 來求解 $\mathbf{u}$ 在 W 上的正交投影。其計算程序如下：方程組 $A\mathbf{x}=\mathbf{u}$ 為

$$\begin{bmatrix} 3 & 1 & -1 \\ 1 & 2 & 0 \\ 0 & 1 & 2 \\ 1 & 1 & -1 \end{bmatrix} \begin{bmatrix} x_1 \\ x_2 \\ x_3 \end{bmatrix} = \begin{bmatrix} -3 \\ -3 \\ 8 \\ 9 \end{bmatrix}$$

所以，

$$A^T A = \begin{bmatrix} 3 & 1 & 0 & 1 \\ 1 & 2 & 1 & 1 \\ -1 & 0 & 2 & -1 \end{bmatrix} \begin{bmatrix} 3 & 1 & -1 \\ 1 & 2 & 0 \\ 0 & 1 & 2 \\ 1 & 1 & -1 \end{bmatrix} = \begin{bmatrix} 11 & 6 & -4 \\ 6 & 7 & 0 \\ -4 & 0 & 6 \end{bmatrix}$$

$$A^T \mathbf{u} = \begin{bmatrix} 3 & 1 & 0 & 1 \\ 1 & 2 & 1 & 1 \\ -1 & 0 & 2 & -1 \end{bmatrix} \begin{bmatrix} -3 \\ -3 \\ 8 \\ 9 \end{bmatrix} = \begin{bmatrix} -3 \\ 8 \\ 10 \end{bmatrix}$$

在此情況下正規方程組 $A^T A \mathbf{x} = A^T \mathbf{u}$ 為

$$\begin{bmatrix} 11 & 6 & -4 \\ 6 & 7 & 0 \\ -4 & 0 & 6 \end{bmatrix} \begin{bmatrix} x_1 \\ x_2 \\ x_3 \end{bmatrix} = \begin{bmatrix} -3 \\ 8 \\ 10 \end{bmatrix}$$

解此方程組可得 $A\mathbf{x}=\mathbf{u}$ 的最小平方解

$$\mathbf{x} = \begin{bmatrix} x_1 \\ x_2 \\ x_3 \end{bmatrix} = \begin{bmatrix} -1 \\ 2 \\ 1 \end{bmatrix}$$

(試證明之),所以

$$\text{proj}_W \mathbf{u} = A\mathbf{x} = \begin{bmatrix} 3 & 1 & -1 \\ 1 & 2 & 0 \\ 0 & 1 & 2 \\ 1 & 1 & -1 \end{bmatrix} \begin{bmatrix} -1 \\ 2 \\ 1 \end{bmatrix} = \begin{bmatrix} -2 \\ 3 \\ 4 \\ 0 \end{bmatrix}$$

或以逗號分界記法表示,$\text{proj}_W \mathbf{u}=(-2,3,4,0)$。 ◀

最小平方解的唯一性

一般來講,線性方程組的最小平方解是不唯一的。雖然例題 1 的線性方程組有一個唯一的最小平方解,但僅發生在方程組的係數矩陣恰巧滿足保證唯一的某些條件,下一個定理將說明那些條件。

定理 6.4.3:若 A 是一個 $m \times n$ 階矩陣,則下面各敘述是等價的。
(a) A 有線性獨立行向量。
(b) $A^T A$ 是可逆的。

證明:我們將證明 (a) ⇒ (b),而將 (b) ⇒ (a) 的證明留作為習題。

(a) ⇒ (b):假設 A 有線性獨立的行向量。矩陣 $A^T A$ 的階數為 $n \times n$,所以我們可以證明線性方程組 $A^T A\mathbf{x}=\mathbf{0}$ 僅有明顯解來證明這個矩陣是可逆的。但若 $\mathbf{x}$ 是此方程組的任一解,則 $A\mathbf{x}$ 位於 A^T 的零核空間裡,且亦位於 A 的行空間裡。由定理 4.8.9(b),這些空間是互為正交補餘,所以定理 6.2.4(b) 蘊涵 $A\mathbf{x}=\mathbf{0}$。但 A 被假設為有線性獨立行向量,所以由定理 1.3.1,$\mathbf{x}=\mathbf{0}$。 ◀

下一個定理是定理 6.4.2 與定理 6.4.3 的直接結果，它提供一個顯公式給線性方程組的最小平方解，其中方程組的係數矩陣有線性獨立行向量。

> 試著使用公式 (7) 解例題 1 的 (a) 部分問題作為練習。

定理 6.4.4：若 A 為含線性獨立行向量的 $m \times n$ 階矩陣，則對每一 $m \times 1$ 階矩陣 $\mathbf{b}$ 而言，線性方程組 $A\mathbf{x}=\mathbf{b}$ 有唯一的最小平方解。該解為

$$\mathbf{x} = (A^T A)^{-1} A^T \mathbf{b} \tag{7}$$

此外，若 W 為 A 的行空間，則 $\mathbf{b}$ 在 W 上的正交投影為

$$\text{proj}_W \mathbf{b} = A\mathbf{x} = A(A^T A)^{-1} A^T \mathbf{b} \tag{8}$$

可選擇的教材

QR-分解在最小平方問題上的角色

公式 (7) 和 (8) 具理論使用，但並不太適合數值計算。實際上，$A\mathbf{x}=\mathbf{b}$ 的最小平方解典型地以變型的高斯消去法來解正規方程式而得，或使用 *QR*-分解及下面定理來求。

定理 6.4.5：若 A 是一個 $m \times n$ 階矩陣且具有線性獨立行向量，且若 $A = QR$ 是 A 的一個 *QR*-分解（見定理 6.3.7），則對 R^m 上的每個 $\mathbf{b}$，方程組 $A\mathbf{x}=\mathbf{b}$ 有一個唯一的最小平方解且被給為

$$\mathbf{x} = R^{-1} Q^T \mathbf{b} \tag{9}$$

這個定理的證明及其用法的討論可在許多有關線性代數數值方法的書裡找到。然而，你可將 $A = QR$ 代入 (7) 式並使用 $Q^T Q = I$ 的事實來得到公式 (9)，即

$$\begin{aligned}
\mathbf{x} &= ((QR)^T (QR))^{-1} (QR)^T \mathbf{b} \\
&= (R^T Q^T Q R)^{-1} (QR)^T \mathbf{b} \\
&= R^{-1} (R^T)^{-1} R^T Q^T \mathbf{b} \\
&= R^{-1} Q^T \mathbf{b}
\end{aligned}$$

在 R^m 子空間上的正交投影

在 4.8 節，我們揭示如何計算在 R^3 直角座標系之座標軸上的投影，並求通過 R^3 原點之直線上的正交投影。我們現在將考慮求在 R^m 子空間上之正交投影的問題。我們以下面定義開始。

> **定義 1**：若 W 為 R^m 的子空間，則將 R^m 上每個向量 **x** 映至其在 W 上的正交投影 $\text{proj}_W \mathbf{x}$ 之線性變換 $P : R^m \to W$ 稱為 R^m 在 W 上的正交投影 (orthogonal projection of R^m on W)。

由 (7) 式可知變換 P 的標準矩陣是

$$[P] = A(A^T A)^{-1} A^T \tag{10}$$

其中 A 係由 W 的任一組基底作為向量建構而成。

▶ **例題 3** 在直線上之正交投影的標準矩陣

我們在 4.9 節公式 (16) 裡，證明了

$$P_\theta = \begin{bmatrix} \cos^2\theta & \sin\theta\cos\theta \\ \sin\theta\cos\theta & \sin^2\theta \end{bmatrix}$$

是在通過 R^2 原點且和正 x-軸夾 θ 角之直線 W 上的正交投影之標準矩陣。試使用公式 (10) 來導這個結果。

解：A 的所有行向量可由 W 的任一組基底形成。因為 W 是一維的，我們可取 $\mathbf{w} = (\cos\theta, \sin\theta)$ 為基底向量 (圖 6.4.2)，所以

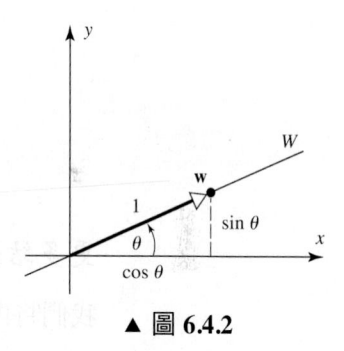

$$A = \begin{bmatrix} \cos\theta \\ \sin\theta \end{bmatrix}$$

▲ 圖 6.4.2

留給讀者證明 $A^T A$ 是 1×1 階的單位矩陣。因此，公式 (10) 簡化為

$$[P] = A(A^T A)^{-1} A^T = AA^T = \begin{bmatrix} \cos\theta \\ \sin\theta \end{bmatrix} \begin{bmatrix} \cos\theta & \sin\theta \end{bmatrix}$$

$$= \begin{bmatrix} \cos^2\theta & \sin\theta\cos\theta \\ \sin\theta\cos\theta & \sin^2\theta \end{bmatrix} = P_\theta \qquad ◀$$

最小平方法的另一個觀點

回顧定理 4.8.9，一個 $m\times n$ 階矩陣 A 的零核空間和列空間是互為正交

補餘。同樣地，A^T 的零核空間和 A 的行空間亦是正交補餘。因此，給一個線性方程組 $A\mathbf{x}=\mathbf{b}$，其中 A 是一個 $m\times n$ 階矩陣，投影定理 (定理 6.3.3) 告訴我們，向量 $\mathbf{x}$ 和 $\mathbf{b}$ 各個可被分成正交項的和

$$\mathbf{x} = \mathbf{x}_{\text{row}(A)} + \mathbf{x}_{\text{null}(A)} \quad 及 \quad \mathbf{b} = \mathbf{b}_{\text{null}(A^T)} + \mathbf{b}_{\text{col}(A)}$$

其中 $\mathbf{x}_{\text{row}(A)}$ 和 $\mathbf{x}_{\text{null}(A)}$ 是 $\mathbf{x}$ 在 A 的列空間和 A 的零核空間的正交投影，而 $\mathbf{b}_{\text{null}(A)}$ 和 $\mathbf{b}_{\text{col}(A)}$ 是 $\mathbf{b}$ 在 A^T 的零核空間和 A 的行空間之正交投影。

在圖 6.4.3 裡，我們以 R^n 及 R^m 上的垂直線表示 A 的基本空間，其中我們標示出 $\mathbf{x}$ 和 $\mathbf{b}$ 的正交投影。(當然，這僅示圖像，因為基本空間未必是一維的。) 圖中顯示 $A\mathbf{x}$ 是 A 的行空間中的一點且傳達 $\mathbf{b}_{\text{col}(A)}$ 是 col(A) 上最靠近 $\mathbf{b}$ 的點。此說明 $A\mathbf{x}=\mathbf{b}$ 的最小平方解是方程式 $A\mathbf{x}=\mathbf{b}_{\text{col}(A)}$ 的正確解。

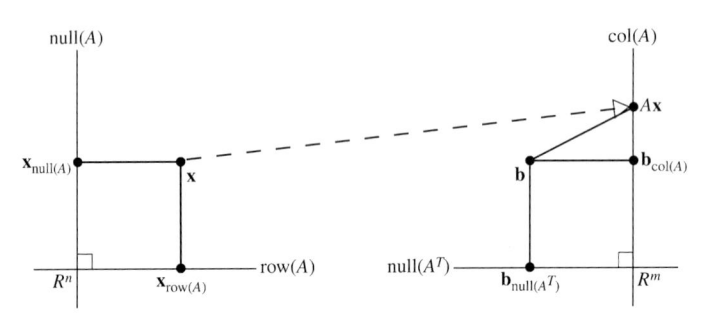

▲ 圖 6.4.3

更多結果在等價定理上

我們將再加另一項結論至定理 5.1.6，作為本節主要部分的最後結果。

定理 6.4.6：等價敘述

若 A 為 $n\times n$ 階矩陣，則下列各敘述是等價的。

(a) A 為可逆的。　　　　　　　(b) $A\mathbf{x}=\mathbf{0}$ 僅有明顯解。
(c) A 的簡約列梯型為 I_n。　　(d) A 能以基本矩陣的乘積表示。
(e) 對每一 $n\times 1$ 階矩陣 $\mathbf{b}$，$A\mathbf{x}=\mathbf{b}$ 是相容的。
(f) 對每一 $n\times 1$ 階矩陣 $\mathbf{b}$，$A\mathbf{x}=\mathbf{b}$ 正好有一解。
(g) $\det(A) \neq 0$　　　　　　　(h) A 的行向量是線性獨立的。
(i) A 的列向量是線性獨立的。　(j) A 的行向量生成 R^n。

(k) A 的列向量生成 R^n。　　(l) A 的行向量形成 R^n 的基底。
(m) A 的列向量形成 R^n 的基底。　(n) A 的秩為 n。
(o) A 的核維數為 0。
(p) A 的零核空間的正交補餘為 R^n。
(q) A 的列空間的正交補餘為 $\{\mathbf{0}\}$。
(r) T_A 的定義域為 R^n。　　(s) T_A 為一對一。
(t) $\lambda=0$ 不是 A 的特徵值。　(u) A^TA 為可逆的。

(u) 部分的證明可由本定理的 (h) 及定理 6.4.3 應用至方陣而得。

可選擇的教材

我們現在已有證明定理 6.3.3 所需要的所有要素，其中 V 是向量空間 R^m。

定理 6.3.3 的證明：我們將 $W=\{\mathbf{0}\}$ 的情形留作為習題，所以假設 $W\neq\{\mathbf{0}\}$。令 $\{\mathbf{v}_1, \mathbf{v}_2, \ldots, \mathbf{v}_k\}$ 是 W 的任一組基底，且以這些基底向量依次作為行向量以形成 $m\times k$ 階矩陣 M。此使 W 為 M 的行空間且因此使 $W^\perp$ 為 M^T 的零核空間。我們將以證明 R^m 上的每個向量 $\mathbf{u}$ 可恰被一種方法表為

$$\mathbf{u} = \mathbf{w}_1 + \mathbf{w}_2$$

來完成證明，其中 $\mathbf{w}_1$ 在 M 的行空間裡且 $M^T\mathbf{w}_2=\mathbf{0}$。然而，欲說 $\mathbf{w}_1$ 在 M 的行空間裡等同說 $\mathbf{w}_1=M\mathbf{x}$ 對 R^m 上的某個向量 $\mathbf{x}$，且欲說 $M^T\mathbf{w}_2=\mathbf{0}$ 等同說 $M^T(\mathbf{u}-\mathbf{w}_1)=\mathbf{0}$。因此，若我們能證明方程式

$$M^T(\mathbf{u} - M\mathbf{x}) = \mathbf{0} \tag{11}$$

有一個唯一解給 $\mathbf{x}$，則 $\mathbf{w}_1=M\mathbf{x}$ 且 $\mathbf{w}_2=\mathbf{x}-\mathbf{w}_1$ 將是唯一滿足需求的向量。欲處理這個，讓我們改寫 (11) 式為

$$M^TM\mathbf{x} = M^T\mathbf{u}$$

因為矩陣 M 有線性獨立的行向量，由定理 6.4.6 得 M^TM 是可逆的，且因此方程式有一個唯一解，因而完成證明。◂

概念複習

- 最小平方問題
- 最小平方解
- 最小平方誤差向量
- 最小平方誤差
- 最佳近似
- 正規方程式
- 正交投影

技　能

- 求線性方程組的最小平方解。
- 求線性方程組之最小平方解相伴之誤差及誤差向量。
- 使用本節所發展的技巧計算正交投影。
- 求正交投影的標準矩陣。

習題集 6.4

1. 試求指定的線性方程組的正規方程組。

(a) $\begin{bmatrix} 1 & -1 \\ 2 & 3 \\ 4 & 5 \end{bmatrix} \begin{bmatrix} x_1 \\ x_2 \end{bmatrix} = \begin{bmatrix} 2 \\ -1 \\ 5 \end{bmatrix}$

(b) $\begin{bmatrix} 2 & -1 & 0 \\ 3 & 1 & 2 \\ -1 & 4 & 5 \\ 1 & 2 & 4 \end{bmatrix} \begin{bmatrix} x_1 \\ x_2 \\ x_3 \end{bmatrix} = \begin{bmatrix} -1 \\ 0 \\ 1 \\ 2 \end{bmatrix}$

▶對習題 2-4 各題，求線性方程式 $A\mathbf{x}=\mathbf{b}$ 的最小平方解。◀

2. (a) $A = \begin{bmatrix} 1 & -1 \\ 2 & 3 \\ 4 & 5 \end{bmatrix}$; $\mathbf{b} = \begin{bmatrix} 2 \\ -1 \\ 5 \end{bmatrix}$

(b) $A = \begin{bmatrix} 2 & -2 \\ 1 & 1 \\ 3 & 1 \end{bmatrix}$; $\mathbf{b} = \begin{bmatrix} 2 \\ -1 \\ 1 \end{bmatrix}$

3. (a) $A = \begin{bmatrix} 1 & 2 \\ 1 & 1 \\ 2 & 0 \end{bmatrix}$; $\mathbf{b} = \begin{bmatrix} 3 \\ 2 \\ 1 \end{bmatrix}$

(b) $A = \begin{bmatrix} 1 & 1 & 0 \\ -2 & 1 & 1 \\ 1 & 0 & 1 \\ -1 & -1 & 1 \end{bmatrix}$; $\mathbf{b} = \begin{bmatrix} 2 \\ 1 \\ 2 \\ 1 \end{bmatrix}$

4. (a) $A = \begin{bmatrix} 3 & 2 & -1 \\ 1 & -4 & 3 \\ 1 & 10 & -7 \end{bmatrix}$; $\mathbf{b} = \begin{bmatrix} 2 \\ -2 \\ 1 \end{bmatrix}$

(b) $A = \begin{bmatrix} 2 & 0 & -1 \\ 1 & -2 & 2 \\ 2 & -1 & 0 \\ 0 & 1 & -1 \end{bmatrix}$; $\mathbf{b} = \begin{bmatrix} 0 \\ 6 \\ 0 \\ 6 \end{bmatrix}$

▶對習題 5-6 各題，求由最小平方解 $\mathbf{x}$ 所得的最小平方誤差向量 $\mathbf{e}=\mathbf{b}-A\mathbf{x}$ 並證明其正交於 A 的行空間。◀

5. (a) A 和 $\mathbf{b}$ 如習題 3(a)。
(b) A 和 $\mathbf{b}$ 如習題 3(b)。

6. (a) A 和 $\mathbf{b}$ 如習題 4(a)。
(b) A 和 $\mathbf{b}$ 如習題 4(b)。

7. 求 $A\mathbf{x}=\mathbf{b}$ 的所有最小平方解，並確認所有解有相同的誤差向量。計算最小平方誤差。

(a) $A = \begin{bmatrix} 1 & -2 \\ 2 & -4 \\ 3 & -6 \end{bmatrix}$; $\mathbf{b} = \begin{bmatrix} 4 \\ 2 \\ 1 \end{bmatrix}$

(b) $A = \begin{bmatrix} 1 & 3 \\ -2 & -6 \\ 3 & 9 \end{bmatrix}$; $\mathbf{b} = \begin{bmatrix} 1 \\ 0 \\ 1 \end{bmatrix}$

(c) $A = \begin{bmatrix} -1 & 3 & 2 \\ 2 & 1 & 3 \\ 0 & 1 & 1 \end{bmatrix}$; $\mathbf{b} = \begin{bmatrix} 7 \\ 0 \\ -7 \end{bmatrix}$

8. 試求在由 $\mathbf{v}_1$ 與 $\mathbf{v}_2$ 生成的 R^3 的子空間上，$\mathbf{u}$ 的正交投影。

   (a) $\mathbf{u} = (1, 2, 3)$; $\mathbf{v}_1 = (2, 1, 0)$, $\mathbf{v}_2 = (-1, 1, 0)$

   (b) $\mathbf{u} = (1, -6, 1)$; $\mathbf{v}_1 = (-1, 2, 1)$, $\mathbf{v}_2 = (2, 2, 4)$

9. 試求在由 $\mathbf{v}_1$, $\mathbf{v}_2$ 與 $\mathbf{v}_3$ 所生成的 R^4 的子空間上，$\mathbf{u}$ 的正交投影。

   (a) $\mathbf{u} = (1, -1, 3, 1)$; $\mathbf{v}_1 = (1, 2, 1, 1)$, $\mathbf{v}_2 = (0, 1, 1, 0)$, $\mathbf{v}_3 = (2, 1, 2, 1)$

   (b) $\mathbf{u} = (-2, 0, 2, 4)$; $\mathbf{v}_1 = (1, 1, 3, 0)$, $\mathbf{v}_2 = (-2, -1, -2, 1)$, $\mathbf{v}_3 = (-3, -1, 1, 3)$

10. 試求在齊次線性方程組
$$\begin{aligned} x_1 + x_2 + x_3 &= 0 \\ 2x_2 + x_3 + x_4 &= 0 \end{aligned}$$
的解空間上，$\mathbf{u} = (5, 6, 7, 2)$ 的正交投影。

11. 對各小題求 $\det(A^T A)$，並應用定理 6.4.3 判斷 A 是否有線性獨立的行向量。

    (a) $A = \begin{bmatrix} 1 & 0 & -1 \\ 2 & 1 & 2 \\ 3 & 1 & -1 \end{bmatrix}$

    (b) $A = \begin{bmatrix} 2 & -1 & 3 \\ 0 & 1 & 1 \\ -1 & 0 & -2 \\ 4 & -5 & 3 \end{bmatrix}$

12. 試使用 (10) 式與例題 3 的方法求 $P: R^2 \to R^2$ 映至

    (a) x-軸 (b) y-軸

    上的正交投影的標準矩陣。[注意：請將你所得的結果與 4.9 節的表 3 比較。]

13. 試使用 (10) 式與例題 3 的方法求 $P: R^3 \to R^3$ 映至

    (a) xy-平面 (b) yz-平面

    上的正交投影的標準矩陣。[注意：請將你所得的結果與 4.9 節的表 4 比較。]

14. 證明若 $\mathbf{w} = (a, b, c)$ 是一個非零向量，則 R^3 映至線性生成 $\{\mathbf{w}\}$ 的正交投影之標準矩陣是

$$P = \frac{1}{a^2 + b^2 + c^2} \begin{bmatrix} a^2 & ab & ac \\ ab & b^2 & bc \\ ac & bc & c^2 \end{bmatrix}$$

15. 令 W 為含方程式 $3x - 4y + z = 0$ 的平面。

    (a) 試求 W 的一組基底。

    (b) 利用 (10) 式以求得映至 W 上的正交投影的標準矩陣。

    (c) 利用 (b) 所得的矩陣求得 $P_0(x_0, y_0, z_0)$ 點在 W 上的正交投影。

    (d) 試求 $P_0(2, 1, -1)$ 點與平面 W 間的距離，並利用定理 3.3.4 核對你的結果。

16. 令 W 為含參數方程式
$$x = 2t, \quad y = -t, \quad z = 4t$$
的直線，

    (a) 試求 W 的一組基底。

    (b) 利用 (10) 式以求得映至 W 上的正交投影的標準矩陣。

    (c) 利用在 (b) 所得的矩陣求得 $P_0(x_0, y_0, z_0)$ 點映至 W 上的正交投影。

    (d) 試求在點 $P_0(2, 1, -3)$ 與 W 線間的距離。

17. 在 R^3，考慮由方程式
$$x = -1, \quad y = t, \quad z = -t$$
所給的直線 l 及由方程式
$$x = 2s, \quad y = 1 + s, \quad z = s$$
所給的直線 m。令 P 為 l 上一點，且令 Q 為 m 上一點。利用最小化平方距離 $\|P - Q\|^2$，求最小化直線間距離的 t 和 s 之值。

18. 試證明：若 A 有線性獨立的行空間，而且若 $A\mathbf{x} = \mathbf{b}$ 是相容的，則 $A\mathbf{x} = \mathbf{b}$ 的最小平方解與 $A\mathbf{x} = \mathbf{b}$ 的正確解相同。

19. 試證明：若 A 有線性獨立的行空間，而且 $\mathbf{b}$ 正交於 A 的行空間，則 $A\mathbf{x} = \mathbf{b}$ 的最小平方解為 $\mathbf{x} = \mathbf{0}$。

20. 令 $P: R^m \to W$ 為 R^m 映至子空間 W 的正交投影。

    (a) 試證明 $[P]^2 = [P]$。

(b) 在 (a) 的結果對 $P \circ P$ 暗示了什麼？
(c) 試證明 [P] 是對稱的。

21. 令 A 為 $m \times n$ 階矩陣具有線性獨立的列向量。試求 R^n 的正交投影映至 A 的列空間的標準矩陣。[提示：由 (6) 式著手。]

22. 證明定理 6.4.3 的蘊涵 (b) $\Rightarrow$ (a)。

是非題

試判斷 (a)-(h) 各敘述的真假，並驗證你的答案。

(a) 若 A 是一個 $m \times n$ 階矩陣，則 $A^T A$ 是方陣。
(b) 若 $A^T A$ 是可逆的，則 A 是可逆的。
(c) 若 A 是可逆的，則 $A^T A$ 是可逆的。
(d) 若 $A\mathbf{x} = \mathbf{b}$ 是一個相容的線性方程組，則 $A^T A \mathbf{x} = A^T \mathbf{b}$ 亦是相容的。
(e) 若 $A\mathbf{x} = \mathbf{b}$ 是一個矛盾的線性方程組，則 $A^T A \mathbf{x} = A^T \mathbf{b}$ 亦是矛盾的。
(f) 每個線性方程組有一個最小平方解。
(g) 每個線性方程組有一個唯一最小平方解。
(h) 若 A 是一個 $m \times n$ 階矩陣且具有線性獨立行且 $\mathbf{b}$ 在 R^m 上，則 $A\mathbf{x} = \mathbf{b}$ 有一個唯一的最小平方解。

6.5 最小平方擬合數據

本節將使用內積空間上的正交投影，求得在平面中對一組實驗數據點以直線或多項式曲線擬合的技巧。

以曲線擬合數據

實驗工作的共同問題是如何利用曲線「擬合」平面中對應於由不同實驗所得各點的 x, y 值，例如

$$(x_1, y_1), (x_2, y_2), \ldots, (x_n, y_n)$$

以獲得兩變數 x 與 y 之間的數學關係式 $y = f(x)$。

無論是以理論上之考慮作基礎或僅依據點之分佈雛型，都能決定用進行擬合之曲線的一般型式 $y = f(x)$。一些可能之曲線為 (參考圖 6.5.1)

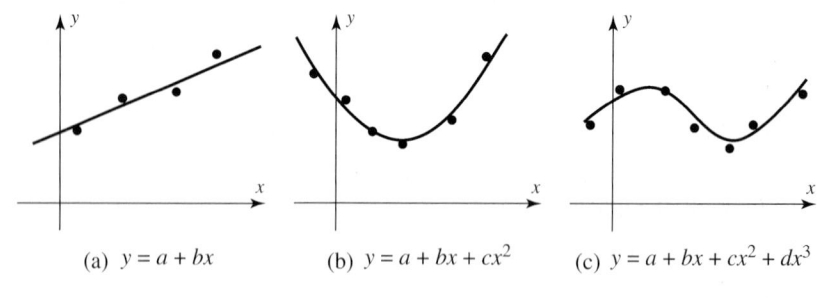

(a) $y = a + bx$ (b) $y = a + bx + cx^2$ (c) $y = a + bx + cx^2 + dx^3$

▲ 圖 6.5.1

(a) 直線：$y=a+bx$
(b) 二次多項式：$y=a+bx+cx^2$
(c) 三次多項式：$y=a+bx+cx^2+dx^3$

由於各點皆是實驗所得，「誤差」自是難免，因而求得通過所有各點之曲線幾乎不可能。因此，應選取「最」能滿足數據的曲線 (藉由決定其係數)。首先考慮最簡單且最普通的情形：對數據點進行直線擬合。

直線之最小平方擬合

假設想以直線 $y=a+bx$ 擬合實驗所得的各點

$$(x_1, y_1), (x_2, y_2), \ldots, (x_n, y_n)$$

若數據點皆位於同一直線上，則此直線將通過所有 n 點且未知係數 a 及 b 將滿足

$$y_1 = a + bx_1$$
$$y_2 = a + bx_2$$
$$\vdots$$
$$y_n = a + bx_n$$

此方程組可用矩陣表示為

$$\begin{bmatrix} 1 & x_1 \\ 1 & x_2 \\ \vdots & \vdots \\ 1 & x_n \end{bmatrix} \begin{bmatrix} a \\ b \end{bmatrix} = \begin{bmatrix} y_1 \\ y_2 \\ \vdots \\ y_n \end{bmatrix}$$

或更簡潔地表示為

$$M\mathbf{v} = \mathbf{y} \quad (1)$$

其中

$$\mathbf{y} = \begin{bmatrix} y_1 \\ y_2 \\ \vdots \\ y_n \end{bmatrix}, \quad M = \begin{bmatrix} 1 & x_1 \\ 1 & x_2 \\ \vdots & \vdots \\ 1 & x_n \end{bmatrix}, \quad \mathbf{v} = \begin{bmatrix} a \\ b \end{bmatrix} \quad (2)$$

若各數據點並不位於同一直線上，則無法求得完全滿足 (1) 式的係數 a 與 b；也就是方程組是矛盾的。在此情況下應該尋求最小平方解

$$\mathbf{v} = \mathbf{v}^* = \begin{bmatrix} a^* \\ b^* \end{bmatrix}$$

係數取自最小平方解的直線 $y = a^* + b^*x$，稱為對數據的**迴歸線** (regression line) 或**最小平方直線擬合** (least squares straight line fit)。為說明這個術語，回顧 (1) 式的最小平方解為最小化

$$\|\mathbf{y} - M\mathbf{v}\| \tag{3}$$

若以分量來表示 (3) 式的平方，可得

$$\|\mathbf{y} - M\mathbf{v}\|^2 = (y_1 - a - bx_1)^2 + (y_2 - a - bx_2)^2 + \cdots + (y_n - a - bx_n)^2 \tag{4}$$

現在若令

$$d_1 = |y_1 - a - bx_1|, \quad d_2 = |y_2 - a - bx_2|, \ldots, \quad d_n = |y_n - a - bx_n|$$

則 (4) 式能以

$$\|\mathbf{y} - M\mathbf{v}\|^2 = d_1^2 + d_2^2 + \cdots + d_n^2 \tag{5}$$

表示。如圖 6.5.2 所示，d_i 可以解釋為直線 $y = a + bx$ 及數據點 (x_i, y_i) 間的垂直距離。此距離即為得自 $y = a + bx$ 對數據點的不完全擬合在點 (x_i, y_i) 處的「誤差」量度，假設 x_i 為已知且所有誤差是 y_i 的測量所產生的。因為 (3) 式及 (5) 式均以同一向量 $\mathbf{v}^*$ 最小化，最小平方直線將這些估計誤差 d_i 的平方和最小化，因此稱之為最小平方直線擬合。

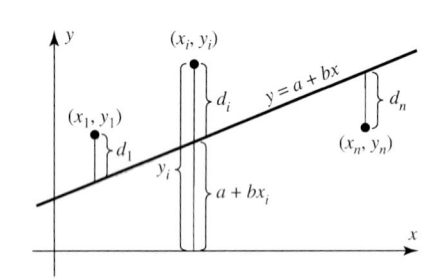

▲ 圖 **6.5.2** d_i 為最小平方直線擬合的垂直誤差量度。

正規方程式

回顧定理 6.4.2 可知 (1) 式的最小平方解能以求解伴隨正規方程組

$$M^T M \mathbf{v} = M^T \mathbf{y}$$

求得，此方程式稱為**正規方程式** (normal equations)。

在習題中將證明 M 的行向量為線性獨立的向量，若且唯若 n 個數

據點不在與 xy-平面垂直的同一直線上。在此情況下由定理 6.4.4 可知最小平方解是唯一的,且可由

$$\mathbf{v}^* = (M^TM)^{-1}M^T\mathbf{y}$$

求得。總而言之,可得到下面的定理。

定理 6.5.1:最小平方解的唯一性

令 $(x_1, y_1), (x_2, y_2), \ldots, (x_n, y_n)$ 為一個、兩個或更多數據點的集合,且不全在一垂直線上,且令

$$M = \begin{bmatrix} 1 & x_1 \\ 1 & x_2 \\ \vdots & \vdots \\ 1 & x_n \end{bmatrix} \quad \text{及} \quad \mathbf{y} = \begin{bmatrix} y_1 \\ y_2 \\ \vdots \\ y_n \end{bmatrix}$$

則對所有的數據點有唯一的最小平方直線擬合

$$y = a^* + b^*x$$

存在。此外,

$$\mathbf{v}^* = \begin{bmatrix} a^* \\ b^* \end{bmatrix}$$

可由公式

$$\mathbf{v}^* = (M^TM)^{-1}M^T\mathbf{y} \tag{6}$$

求得。這表示,$\mathbf{v}=\mathbf{v}^*$ 為正規方程式

$$M^TM\mathbf{v} = M^T\mathbf{y} \tag{7}$$

的唯一解。

▶**例題 1 最小平方直線擬合**

求對四點 $(0,1), (1,3), (2,4)$ 及 $(3,4)$ 作最小平方直線擬合 (參考圖 6.5.3)。

解:由題意知

$$M = \begin{bmatrix} 1 & 0 \\ 1 & 1 \\ 1 & 2 \\ 1 & 3 \end{bmatrix}, \quad M^TM = \begin{bmatrix} 4 & 6 \\ 6 & 14 \end{bmatrix},$$

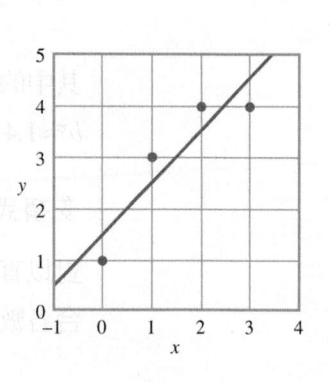

▲ 圖 6.5.3

及
$$(M^TM)^{-1} = \frac{1}{10}\begin{bmatrix} 7 & -3 \\ -3 & 2 \end{bmatrix}$$

$$\mathbf{v}^* = (M^TM)^{-1}M^T\mathbf{y} = \frac{1}{10}\begin{bmatrix} 7 & -3 \\ -3 & 2 \end{bmatrix}\begin{bmatrix} 1 & 1 & 1 & 1 \\ 0 & 1 & 2 & 3 \end{bmatrix}\begin{bmatrix} 1 \\ 3 \\ 4 \\ 4 \end{bmatrix} = \begin{bmatrix} 1.5 \\ 1 \end{bmatrix}$$

故所求直線為 $y = 1.5 + x$。

▶**例題 2　彈簧常數**

物理學中，虎克定律說明「均勻彈簧的長度 x 乃作用力 y 的線性函數」。若將虎克定律以數學式 $y = a + bx$ 表示，則係數 b 稱為**彈簧常數** (spring constant)。假設有某自然長度為 6.1 吋 (即 $y=0$ 時 $x=6.1$) 的彈簧，分別以 2 磅力、4 磅力及 6 磅力作用其上而將此彈簧拉長，若各力分別將此彈簧拉長至 7.6 吋、8.7 吋及 10.4 吋 (見圖 6.5.4)，試求此彈簧的彈簧常數。

解：由題意可知

$$M = \begin{bmatrix} 1 & 6.1 \\ 1 & 7.6 \\ 1 & 8.7 \\ 1 & 10.4 \end{bmatrix}, \quad \mathbf{y} = \begin{bmatrix} 0 \\ 2 \\ 4 \\ 6 \end{bmatrix}$$

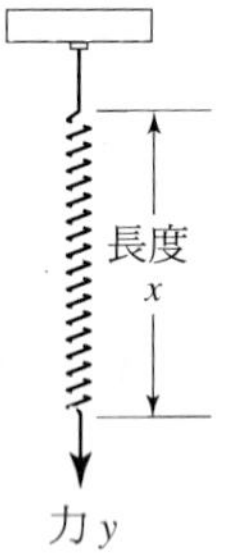

x_i	y_i
6.1	0
7.6	2
8.7	4
10.4	6

而

$$\mathbf{v}^* = \begin{bmatrix} a^* \\ b^* \end{bmatrix} = (M^TM)^{-1}M^T\mathbf{y} \approx \begin{bmatrix} -8.6 \\ 1.4 \end{bmatrix}$$

▲圖 6.5.4

其中的數值已捨入成一位小數。因此，彈簧常數的估計值為 $b^* \approx 1.4$ 磅／吋。　◀

多項式的最小平方擬合

對以直線擬合各數據點的技巧描述，使得以任意規定次數的多項式擬合各數據點顯得容易。現在企圖以固定為 m 次的多項式

$$y = a_0 + a_1x + \cdots + a_mx^m \tag{8}$$

擬合 n 個數據點

$$(x_1, y_1), (x_2, y_2), \ldots, (x_n, y_n)$$

將此 n 個 x 及 y 值分別代入 (8) 式，則可得 n 個方程式

$$\begin{aligned} y_1 &= a_0 + a_1 x_1 + \cdots + a_m x_1^m \\ y_2 &= a_0 + a_1 x_2 + \cdots + a_m x_2^m \\ &\vdots \\ y_n &= a_0 + a_1 x_n + \cdots + a_m x_n^m \end{aligned}$$

或以矩陣式表示為

$$\mathbf{y} = M\mathbf{v} \tag{9}$$

其中

$$\mathbf{y} = \begin{bmatrix} y_1 \\ y_2 \\ \vdots \\ y_n \end{bmatrix}, \quad M = \begin{bmatrix} 1 & x_1 & x_1^2 & \cdots & x_1^m \\ 1 & x_2 & x_2^2 & \cdots & x_2^m \\ \vdots & \vdots & \vdots & & \vdots \\ 1 & x_n & x_n^2 & \cdots & x_n^m \end{bmatrix}, \quad \mathbf{v} = \begin{bmatrix} a_0 \\ a_1 \\ \vdots \\ a_m \end{bmatrix} \tag{10}$$

與先前一樣，正規方程式

$$M^T M \mathbf{v} = M^T \mathbf{y}$$

的解決定多項式的數，向量 $\mathbf{v}$ 極小化

$$\|\mathbf{y} - M\mathbf{v}\|$$

保證 $M^T M$ 之可逆性的條件將在習題裡 (習題 7) 討論。若 $M^T M$ 為可逆的，則正規方程式有唯一解 $\mathbf{v} = \mathbf{v}^*$，且此解為

$$\mathbf{v}^* = (M^T M)^{-1} M^T \mathbf{y} \tag{11}$$

▶ **例題 3** 二次曲線擬合數據

依據牛頓第二運動定律，接近地球表面之物體墜落距離係依方程式

$$s = s_0 + v_0 t + \tfrac{1}{2} g t^2 \tag{12}$$

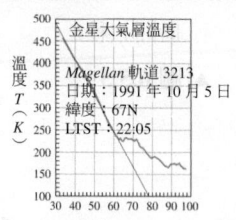

史記：在 1991 年 10 月 5 日，Magellan 太空船進入金星的大氣層且傳送以 kelvins (K) 為溫標的溫度 T 及以公里 (km) 計的高度，直到它的訊號在一個大約 34 公里的高度消失。除了最初不穩定的訊號，數據被強烈建議為一個線性關係，所以一個最小平方直線擬合被用在數據的線性部分以得方程式

$$T = 737.5 - 8.125 h$$

令 $h = 0$ 於方程式裡，金星的表面溫度被估計為 $T \approx 737.5$ K。

計算，此處

s ＝相對於某固定點落下之垂直位移
s_0 ＝初位移 ($t=0$ 時)
v_0 ＝初速度 ($t=0$ 時)
g ＝地球表面之重力加速度

由方程式 (12)，某重體在未知初位移及初速度的情況下釋放，並測量該重體由某固定參考點之下降距離數次。假設某實驗室執行 g 值的評估。假設在時間 $t=0.1, 0.2, 0.3, 0.4$ 及 0.5 秒時，分別測得重體由參考點下降之位移為 $s=-0.18, 0.31, 1.03, 2.48$ 及 3.73 呎。試利用這些數據求 g 的近似值。

解：本題可使用二次曲線

$$s = a_0 + a_1 t + a_2 t^2 \tag{13}$$

擬合五個數據點：

$$(.1, -0.18), \quad (.2, 0.31), \quad (.3, 1.03), \quad (.4, 2.48), \quad (.5, 3.73)$$

來解。適當的調整記法，(10) 式中的矩陣 M 和 $\mathbf{y}$ 為

$$M = \begin{bmatrix} 1 & t_1 & t_1^2 \\ 1 & t_2 & t_2^2 \\ 1 & t_3 & t_3^2 \\ 1 & t_4 & t_4^2 \\ 1 & t_5 & t_5^2 \end{bmatrix} = \begin{bmatrix} 1 & .1 & .01 \\ 1 & .2 & .04 \\ 1 & .3 & .09 \\ 1 & .4 & .16 \\ 1 & .5 & .25 \end{bmatrix}, \quad \mathbf{y} = \begin{bmatrix} s_1 \\ s_2 \\ s_3 \\ s_4 \\ s_5 \end{bmatrix} = \begin{bmatrix} -0.18 \\ 0.31 \\ 1.03 \\ 2.48 \\ 3.73 \end{bmatrix}$$

因此，由 (11) 式

$$\mathbf{v}^* = \begin{bmatrix} a_0^* \\ a_1^* \\ a_2^* \end{bmatrix} = (M^T M)^{-1} M^T \mathbf{y} \doteq \begin{bmatrix} -0.40 \\ 0.35 \\ 16.1 \end{bmatrix}$$

由 (12) 及 (13) 式可得 $a_2 = \frac{1}{2}g$，因此

$$g = 2a_2^* = 2(16.1) = 32.2 \text{ 呎／秒}^2$$

若需要，我們亦可估計初位移及初重力速度。

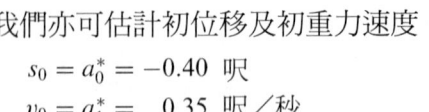

$$s_0 = a_0^* = -0.40 \text{ 呎}$$
$$v_0 = a_1^* = 0.35 \text{ 呎／秒}$$

▲ 圖 6.5.5

見圖 6.5.5，我們已繪製五個數據點及近似多項式。 ◀

概念複習

- 最小平方直線擬合
- 迴歸線
- 最小平方多項式擬合

技　能

- 對一組數據點進行最小平方直線擬合。
- 對一組數據點進行最小平方多項式擬合。
- 使用本節技巧解應用問題。

習題集 6.5

1. 試對 $(0, 0), (2, -1)$ 及 $(3, 4)$ 三點進行最小平方直線擬合。

2. 試對 $(0, 1), (2, 0), (3, 1)$ 及 $(3, 2)$ 四點進行最小平方直線擬合。

3. 試求擬合 $(1, 6), (2, 1), (-1, 5)$ 及 $(-2, 2)$ 四點的最佳二次多項式。

4. 試求擬合 $(-1, -14), (0, -5), (1, -4), (2, 1)$ 及 $(3, 22)$ 五點的最佳三次多項式。

5. 試證明 (2) 式中之矩陣 M 具有線性獨立的行若且唯若在 $x_1, x_2, \ldots, x_n$ 各數中至少有兩個數是相異的。

6. 試證明 (10) 式中 $n \times (m+1)$ 階矩陣 M 之各行皆為線性獨立的，若 $n > m$ 且在 $x_1, x_2, \ldots, x_n$ 各數中至少有 $m+1$ 個數是相異的。[提示：次數為 m 的非零多項式至多有 m 個相異根。]

7. 令 M 為 (10) 式中的矩陣，試使用習題 6 的結果，證明 (10) 式中之矩陣 $M^T M$ 為可逆的，若 $n > m$ 且在 $x_1, x_2, \ldots, x_n$ 各數中至少有 $m+1$ 個數是相異的。

8. 某快速擴展的商店業主發現本年度前五個月的銷售額 (以千計) 分別為 $3.0、$3.5、$5.0、$6.2 及 $7.5。他將這些數據標示於圖紙上，並臆測本年度其餘月份之銷售曲線能以二次多項式來近似。試對銷售曲線進行最小平方二次多項式擬合，並依據所得之擬合曲線推測十二月份的銷售額。

9. 某公司得到下面關於全體員工中業務代表的人數和年銷售額的數據關係：

業務代表人數	5	10	15	20	25	30
年銷售額 (百萬)	3.4	4.3	5.2	6.1	7.2	8.3

試解釋為何你可使用最小平方法來估計 45 位業務代表的年銷售額，且討論你正在做的假設。(你不必執行真正的計算。)

10. 導航機是一種實驗的、輕量的、遠端引航的、具太陽能的航空器，被 NASA 使用在一序列的實驗，以判斷應用太陽能做長程高空飛行的可行性。1997 年 8 月導航機記錄附表的相同高度 H 及溫度 T 的資料。證明線性模型可用來繪數據，並求最佳擬合的最小平方直線 $H = H_0 + kT$。

表 Ex-10

高度 H (仟呎)	15	20	25	30	35	40	45
溫度 T (°C)	4.4	-5.9	-16.1	-27.6	-39.8	-50.2	-62.9

11. 以 $X = 1/x$ 代替，找一條形如 $y = a + (b/x)$ 的曲線來最佳擬合數據 $(1, 4), (2, 3), (4, 2)$。在同一個座標系，繪出曲線及數據點。

是非題

試判斷 (a)-(d) 各敘述的真假，並驗證你的答案。

(a) 每一組數據點有一個唯一的最小平方直線

擬合。
(b) 若數據點 $(x_1, y_1), (x_2, y_2), \ldots, (x_n, y_n)$ 不共線，則 (1) 式是一個矛盾方程組。
(c) 若 $y = a + bx$ 是對數據點 $(x_1, y_1), (x_2, y_2), \ldots, (x_n, y_n)$ 的最小平方直線擬合，則

$d_i = |y_i - (a + bx_i)|$ 是最小值對每個 $1 \leq i \leq n$。

(d) 若 $y = a + bx$ 是對數據點 $(x_1, y_1), (x_2, y_2), \ldots, (x_n, y_n)$ 的最小平方直線擬合，則 $\sum_{i=1}^{n} = |y_i - (a + bx_i)|^2$ 是最小值。

6.6 函數近似；富立爾級數

本節中將使用內積空間上的正交投影所得的結果，求解以較簡單的函數來近似指定函數的問題。此類問題在許多的工程及科學的應用中出現。

最佳近似

本節中將研究的所有問題，為下面一般問題的特殊情形。

> 近似問題：對在 $[a, b]$ 上為連續的指定函數 f，僅利用取自 $C[a, b]$ 的特定子空間 W 中的函數求得「最佳的可能近似」。

下面是一些此類問題的例子：

(a) 在 $[0, 1]$ 上求得如 $a_0 + a_1 x + a_2 x^2$ 型式的多項式作為 e^x 的最佳可能近似。

(b) 在 $[-1, 1]$ 上求得如 $a_0 + a_1 e^x + a_2 e^{2x} + a_3 e^{3x}$ 型式的函數作為 $\sin \pi x$ 的最佳可能近似。

(c) 在 $[0, 2\pi]$ 上求得如 $a_0 + a_1 \sin x + a_2 \sin 2x + b_1 \cos x + b_2 \cos 2x$ 型式的函數作為 x 的最佳可能近似。

在首例中 W 是由 $1, x$ 與 x^2 所生成的 $C[0, 1]$ 的子空間；第二個例子中 W 是由 $1, e^x, e^{2x}$ 與 e^{3x} 所生成的 $C[-1, 1]$ 的子空間；第三例的 W 是由 $1, \sin x, \sin 2x, \cos x$ 與 $\cos 2x$ 所生成 $C[0, 2\pi]$ 的子空間。

誤差量度

為求解這個問題，必須使所謂的「在 $[a, b]$ 上的最佳可能近似」的數學意義更精確些。也就是必須有精準的方法來量測在 $[a, b]$ 上一個連續函

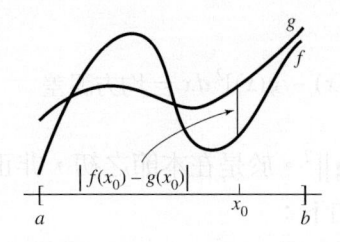

▲ 圖 6.6.1　f 和 g 在 x_0 的偏差。

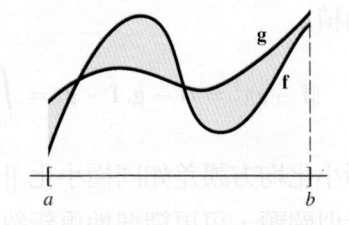

▲ 圖 6.6.2　f 和 g 的圖形之間在 $[a, b]$ 上的面積測量 g 近似 f 的誤差。

數以另一個函數近似時所導致的誤差。若想以 $g(x)$ 來近似 $f(x)$，且若僅考慮近似在某單點 x_0 的誤差，則自然地將誤差定義為

$$\text{誤差} = |f(x_0) - g(x_0)|$$

有時候以 f 與 g 在 x_0 的**偏差** (deviation)（圖 6.6.1）稱呼之。然而，目前所關切的誤差是在整個區間 $[a, b]$ 上求近似，而非在一單點。問題是一個近似在區間的某個部分可能有小的偏差，而在另一個部分可能有大的偏差。整體誤差的可能量度之一是在整個區間上對偏差 $|f(x) - g(x)|$ 做積分，且定義在整個區間上的誤差為

$$\text{誤差} = \int_a^b |f(x) - g(x)|\, dx \tag{1}$$

就幾何學而言，(1) 式為在區間 $[a, b]$ 上介於 $f(x)$ 及 $g(x)$ 間之圖形的面積（圖 6.6.2）；面積愈大，則誤差愈大。

雖然 (1) 式是自然的且有幾何意義的，絕對值符號的出現在計算上是夠煩人的，所以大部分的數學家及科學家一般多喜愛下面另一種誤差量度，稱之為**均方誤差** (mean square error)。

$$\text{均方誤差} = \int_a^b [f(x) - g(x)]^2\, dx$$

由於平方的緣故，均方誤差強調了大的誤差，而且均方誤差有額外的優點，它允許將內積空間的理論帶入近似問題裡。為了了解如何帶入，假設以取自 $C[a, b]$ 的子空間 W 的函數 **g** 近似 $[a, b]$ 上的連續函數 **f**，並假設 $C[a, b]$ 上的內積為

$$\langle \mathbf{f}, \mathbf{g} \rangle = \int_a^b f(x) g(x)\, dx$$

由此內積

$$\|\mathbf{f} - \mathbf{g}\|^2 = \langle \mathbf{f} - \mathbf{g}, \mathbf{f} - \mathbf{g} \rangle = \int_a^b [f(x) - g(x)]^2 \, dx = 均方誤差$$

所以極小化均方誤差如同極小化 $\|\mathbf{f} - \mathbf{g}\|^2$。於是在本節之初，非正式提出的近似問題，可更精準地重新敘述如下：

最小平方近似

> **最小平方近似問題**：令 $\mathbf{f}$ 為在區間 $[a, b]$ 上的連續函數，令 $C[a, b]$ 具有內積
>
> $$\langle \mathbf{f}, \mathbf{g} \rangle = \int_a^b f(x) g(x) \, dx$$
>
> 且令 W 為 $C[a, b]$ 中的有限維子空間。求得 W 中的某個函數 $\mathbf{g}$ 以極小化
>
> $$\|\mathbf{f} - \mathbf{g}\|^2 = \int_a^b [f(x) - g(x)]^2 \, dx$$

因為 $\|\mathbf{f} - \mathbf{g}\|^2$ 及 $\|\mathbf{f} - \mathbf{g}\|$ 以同一函數 $\mathbf{g}$ 極小化，上一問題相當於尋找 W 中的函數 $\mathbf{g}$ 使其和 $\mathbf{f}$ 最接近。而由定理 6.4.1，可知 $\mathbf{g} = \mathrm{proj}_W \mathbf{f}$ 即為此類函數 (圖 6.6.3)。因此，我們有下面的結果。

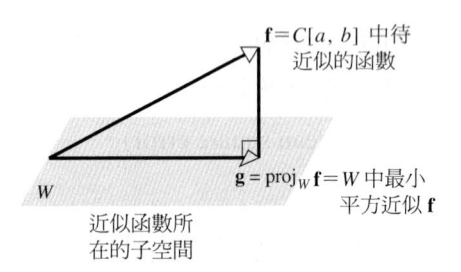

▲ 圖 6.6.3

> **定理 6.6.1**：若 $\mathbf{f}$ 為在 $[a, b]$ 上的連續函數，且 W 為 $C[a, b]$ 的有限維子空間，則 W 中最小化均方誤差
>
> $$\int_a^b [f(x) - g(x)]^2 \, dx$$

的函數 g 為 g＝proj$_W$ f，即 f 在 W 上的垂直投影，以

$$\langle \mathbf{f}, \mathbf{g} \rangle = \int_a^b f(x)g(x)\,dx$$

為內積。函數 g＝proj$_W$ f 稱為 W 中對 f 的**最小平方近似** (least squares approximation)。

富立爾級數

型式如

$$T(x) = c_0 + c_1 \cos x + c_2 \cos 2x + \cdots + c_n \cos nx \\ + d_1 \sin x + d_2 \sin 2x + \cdots + d_n \sin nx \qquad (2)$$

的函數稱為**三角多項式** (trigonometric polynomial)；若 c_n 及 d_n 不同時為零，則稱 $T(x)$ 的**階數** (order) 為 n。例如，

$$T(x) = 2 + \cos x - 3\cos 2x + 7 \sin 4x$$

為一階數為 4 的三角多項式，其中

$$c_0 = 2, \quad c_1 = 1, \quad c_2 = -3, \quad c_3 = 0, \quad c_4 = 0, \\ d_1 = 0, \quad d_2 = 0, \quad d_3 = 0, \quad d_4 = 7$$

明顯地，由 (2) 式可知階數為 n 或較 n 為小的三角多項式為

$$1, \;\cos x, \;\cos 2x, \ldots, \cos nx, \;\sin x, \;\sin 2x, \ldots, \sin nx \qquad (3)$$

的各種可能之線性組合。此 $2n+1$ 個函數為線性獨立且對任意區間 $[a, b]$，此 $2n+1$ 個函數形成了 $C[a, b]$ 的一個 $(2n+1)$ 維子空間的一個基底是可以證明的。

現在要考慮以階數為 n 或較 n 為小的三角多項式在區間 $[0, 2\pi]$ 上近似一連續函數 $f(x)$ 的問題。正如先前提及的，W 中對 f 的最小平方近似即為 f 在 W 上的垂直投影。為了求此垂直投影，必須為 W 尋找一組單範正交基底 $\mathbf{g}_0, \mathbf{g}_1, \ldots, \mathbf{g}_{2n}$。其後，由公式

$$\text{proj}_W \mathbf{f} = \langle \mathbf{f}, \mathbf{g}_0 \rangle \mathbf{g}_0 + \langle \mathbf{f}, \mathbf{g}_1 \rangle \mathbf{g}_1 + \cdots + \langle \mathbf{f}, \mathbf{g}_{2n} \rangle \mathbf{g}_{2n} \qquad (4)$$

[見定理 6.3.4(b)]，即可計算在 W 上的正交投影。W 的一組正交基底可藉對 (3) 式中的基底應用葛蘭-史密特程序，利用內積

$$\langle \mathbf{f}, \mathbf{g} \rangle = \int_0^{2\pi} f(x)g(x)\,dx$$

而產生，此得單範正交基底 (見習題 6)

$$\mathbf{g}_0 = \frac{1}{\sqrt{2\pi}}, \quad \mathbf{g}_1 = \frac{1}{\sqrt{\pi}}\cos x, \ldots, \quad \mathbf{g}_n = \frac{1}{\sqrt{\pi}}\cos nx,$$
$$\mathbf{g}_{n+1} = \frac{1}{\sqrt{\pi}}\sin x, \ldots, \quad \mathbf{g}_{2n} = \frac{1}{\sqrt{\pi}}\sin nx \tag{5}$$

若引介符號

$$a_0 = \frac{2}{\sqrt{2\pi}}\langle \mathbf{f}, \mathbf{g}_0 \rangle, \quad a_1 = \frac{1}{\sqrt{\pi}}\langle \mathbf{f}, \mathbf{g}_1 \rangle, \ldots, \quad a_n = \frac{1}{\sqrt{\pi}}\langle \mathbf{f}, \mathbf{g}_n \rangle$$
$$b_1 = \frac{1}{\sqrt{\pi}}\langle \mathbf{f}, \mathbf{g}_{n+1} \rangle, \ldots, \quad b_n = \frac{1}{\sqrt{\pi}}\langle \mathbf{f}, \mathbf{g}_{2n} \rangle \tag{6}$$

再將 (5) 式代入 (4) 式得

$$\text{proj}_W \mathbf{f} = \frac{a_0}{2} + [a_1 \cos x + \cdots + a_n \cos nx] + [b_1 \sin x + \cdots + b_n \sin nx] \tag{7}$$

其中

$$a_0 = \frac{2}{\sqrt{2\pi}}\langle \mathbf{f}, \mathbf{g}_0 \rangle = \frac{2}{\sqrt{2\pi}} \int_0^{2\pi} f(x)\frac{1}{\sqrt{2\pi}}\,dx = \frac{1}{\pi}\int_0^{2\pi} f(x)\,dx$$

$$a_1 = \frac{1}{\sqrt{\pi}}\langle \mathbf{f}, \mathbf{g}_1 \rangle = \frac{1}{\sqrt{\pi}} \int_0^{2\pi} f(x)\frac{1}{\sqrt{\pi}}\cos x\,dx = \frac{1}{\pi}\int_0^{2\pi} f(x)\cos x\,dx$$

$$\vdots$$

$$a_n = \frac{1}{\sqrt{\pi}}\langle \mathbf{f}, \mathbf{g}_n \rangle = \frac{1}{\sqrt{\pi}} \int_0^{2\pi} f(x)\frac{1}{\sqrt{\pi}}\cos nx\,dx = \frac{1}{\pi}\int_0^{2\pi} f(x)\cos nx\,dx$$

$$b_1 = \frac{1}{\sqrt{\pi}}\langle \mathbf{f}, \mathbf{g}_{n+1} \rangle = \frac{1}{\sqrt{\pi}} \int_0^{2\pi} f(x)\frac{1}{\sqrt{\pi}}\sin x\,dx = \frac{1}{\pi}\int_0^{2\pi} f(x)\sin x\,dx$$

$$\vdots$$

$$b_n = \frac{1}{\sqrt{\pi}}\langle \mathbf{f}, \mathbf{g}_{2n} \rangle = \frac{1}{\sqrt{\pi}} \int_0^{2\pi} f(x)\frac{1}{\sqrt{\pi}}\sin nx\,dx = \frac{1}{\pi}\int_0^{2\pi} f(x)\sin nx\,dx$$

簡言之，

$$a_k = \frac{1}{\pi}\int_0^{2\pi} f(x)\cos kx\,dx, \quad b_k = \frac{1}{\pi}\int_0^{2\pi} f(x)\sin kx\,dx \tag{8}$$

$a_0, a_1, \ldots, a_n, b_1, \ldots, b_n$ 稱為 **f** 的**富立爾係數** (Fourier coefficients)。

▶ **例題 1** 最小平方近似

試求 $f(x) = x$ 在 $[0, 2\pi]$ 上的最小平方近似，以

(a) 階數為 2 或較小的三角多項式；

(b) 階數為 n 或較小的三角多項式。

解 (a)：

$$a_0 = \frac{1}{\pi} \int_0^{2\pi} f(x)\, dx = \frac{1}{\pi} \int_0^{2\pi} x\, dx = 2\pi \tag{9a}$$

對 $k = 1, 2, \ldots$，利用分部積分公式得 (證明之)

$$a_k = \frac{1}{\pi} \int_0^{2\pi} f(x) \cos kx\, dx = \frac{1}{\pi} \int_0^{2\pi} x \cos kx\, dx = 0 \tag{9b}$$

$$b_k = \frac{1}{\pi} \int_0^{2\pi} f(x) \sin kx\, dx = \frac{1}{\pi} \int_0^{2\pi} x \sin kx\, dx = -\frac{2}{k} \tag{9c}$$

於是，以階數為 2 或更小的三角多項式在 $[0, 2\pi]$ 上對 x 的最小平方近似為

$$x \approx \frac{a_0}{2} + a_1 \cos x + a_2 \cos 2x + b_1 \sin x + b_2 \sin 2x$$

或由 (9a), (9b) 及 (9c) 式得

$$x \approx \pi - 2 \sin x - \sin 2x$$

解 (b)：以階數為 n 或更小的三角多項式在 $[0, 2\pi]$ 上對 x 最小平方近似為

$$x \approx \frac{a_0}{2} + [a_1 \cos x + \cdots + a_n \cos nx] + [b_1 \sin x + \cdots + b_n \sin nx]$$

或由 (9a), (9b) 及 (9c) 式得

$$x \approx \pi - 2\left(\sin x + \frac{\sin 2x}{2} + \frac{\sin 3x}{3} + \cdots + \frac{\sin nx}{n}\right)$$

史記：富立爾是一位法國數學家及物理學家，他研究熱擴散問題時發現了富立爾級數及許多相關概念。這是數學史上產生最大影響的發現之一；它是許多數學研究領域的基石。富立爾，在法國大革命期間是一位政治活動家。在革命恐怖時期，他在監獄花了許多時間來為許多受害者辯護。他後來為拿破崙所寵愛且被授予男爵及伯爵。

Jean Baptiste Fourier (1768–1830)

[相片：摘錄自 *The Granger Collection, New York*]

▲ 圖 6.6.4

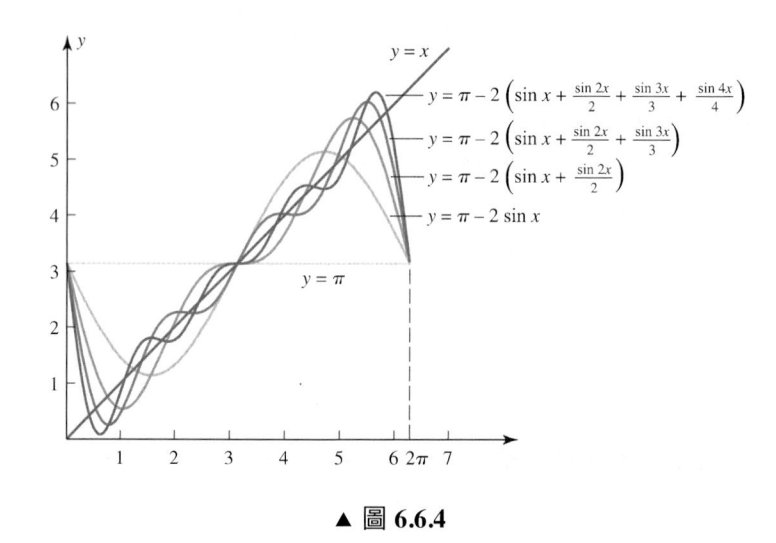

$y = x$ 和這些近似函數的幾個圖形展示於圖 6.6.4。

很自然地可以預期，當最小平方近似

$$f(x) \approx \frac{a_0}{2} + \sum_{k=1}^{n}(a_k \cos kx + b_k \sin kx)$$

的項數增加時，均方誤差會減小。當 $n \to +\infty$ 時，$C[0, 2\pi]$ 上的函數 f 的均方誤差將趨近至零是可以證明的；它可以

$$f(x) = \frac{a_0}{2} + \sum_{k=1}^{\infty}(a_k \cos kx + b_k \sin kx)$$

來表示。此方程式的右端稱為 f 在區間 $[0, 2\pi]$ 上的**富立爾級數** (Fourier series)。此類級數在工程學上、科學上及數學上極為重要。◀

概念複習

- 函數的近似
- 均方誤差
- 最小平方近似
- 三角多項式
- 富立爾係數
- 富立爾級數

技　能

- 求函數的最小平方近似。
- 求函數的最小平方近似之均方誤差。
- 計算函數的富立爾級數。

習題集 6.6

1. 試求 $f(x)=1-x$ 在區間 $[0, 2\pi]$ 上的最小平方近似，以
   (a) 階數為 2 或更小的三角多項式。
   (b) 階數為 n 或更小的三角多項式。

2. 試求 $f(x)=x^2$ 在區間 $[0, 2\pi]$ 上的最小平方近似，以
   (a) 階數為 3 或更小的三角多項式。
   (b) 階數為 n 或更小的三角多項式。

3. (a) 試求 $1+x$ 在區間 $[0, 1]$ 上，型如 $a+be^x$ 之函數的最小平方近似。
   (b) 試求此近似的均方誤差。

4. (a) 試求 e^x 在區間 $[0, 1]$ 上，以型如 a_0+a_1x 之多項式的最小平方近似。
   (b) 試求此近似的均方誤差。

5. (a) 試求 $\cos \pi x$ 在區間 $[-1, 1]$ 上，以型式與 $a_0+a_1x+a_2x^2$ 相似之多項式的最小平方近似。
   (b) 試求此近似的均方誤差。

6. 試對 (3) 式的基底使用葛蘭-史密特法得單範正交基底 (5) 式。

7. 試求 (9a), (9b) 及 (9c) 式的積分。

8. 試求 $f(x)=\pi-x$ 在區間 $[0, 2\pi]$ 上的富立爾級數。

9. 求 $f(x)=0, 0 \leq x < \pi$ 及 $f(x)=1, \pi \leq x \leq 2\pi$ 在區間 $[0, 2\pi]$ 的富立爾級數。

10. $\cos(3x)$ 的富立爾級數為何？

是非題

試判斷 (a)-(e) 各敘述的真假，並驗證你的答案。

(a) 若 $C[a, b]$ 上的某函數 $\mathbf{f}$ 由函數 $\mathbf{g}$ 來近似，則均方誤差等於 $f(x)$ 和 $g(x)$ 在區間 $[a, b]$ 上圖形之間的面積。

(b) 給一個 $C[a, b]$ 的有限維子空間 W，函數 $\mathbf{g} = \text{proj}_W \mathbf{f}$ 極小化均方誤差。

(c) $\{1, \cos x, \sin x, \cos 2x, \sin 2x\}$ 是向量空間 $C[0, 2\pi]$ 的一個正交子集合，其中內積為 $\langle \mathbf{f}, \mathbf{g} \rangle = \int_0^{2\pi} f(x) g(x) \, dx$。

(d) $\{1, \cos x, \sin x, \cos 2x, \sin 2x\}$ 是向量空間 $C[0, 2\pi]$ 的一個單範正交子集合，其中內積為 $\langle \mathbf{f}, \mathbf{g} \rangle = \int_0^{2\pi} f(x) g(x) \, dx$。

(e) $\{1, \cos x, \sin x, \cos 2x, \sin 2x\}$ 是 $C[0, 2\pi]$ 的一個線性獨立子集合。

第六章 補充習題

1. 令 R^4 具有歐幾里德內積，
   (a) 試求 R^4 上之一向量，使其正交於 $\mathbf{u}_1 = (1, 0, 0, 0)$ 及 $\mathbf{u}_4 = (0, 0, 0, 1)$ 且和 $\mathbf{u}_2 = (0, 1, 0, 0)$ 及 $\mathbf{u}_3 = (0, 0, 1, 0)$ 之夾角相等。
   (b) 試求長度為 1 的一向量 $\mathbf{x} = (x_1, x_2, x_3, x_4)$，使其和上面的 $\mathbf{u}_1$ 及 $\mathbf{u}_4$ 正交，且滿足 $\mathbf{x}$ 和 $\mathbf{u}_2$ 之夾角的餘弦值等於 $\mathbf{x}$ 和 $\mathbf{u}_3$ 之夾角的餘弦值的兩倍。

2. 證明：若 $\langle \mathbf{u}, \mathbf{v} \rangle$ 是 R^n 上的歐幾里德內積，且若 A 是一個 $n \times n$ 階矩陣，則
$$\langle \mathbf{u}, A\mathbf{v} \rangle = \langle A^T\mathbf{u}, \mathbf{v} \rangle$$
[提示：利用 $\langle \mathbf{u}, \mathbf{v} \rangle = \mathbf{u} \cdot \mathbf{v} = \mathbf{v}^T\mathbf{u}$。]

3. 令 M_{22} 有內積 $\langle U, V \rangle = \text{tr}(U^TV) = \text{tr}(V^TU)$，其被定義在 6.1 節例題 6 裡，試描述下面各子空間的正交補餘。
   (a) 所有對角矩陣所成的子空間。
   (b) 所有對稱矩陣所成的子空間。

4. 令 $A\mathbf{x} = \mathbf{0}$ 為一含 n 個未知數 m 個方程式之方程組，證明

$$\mathbf{x} = \begin{bmatrix} x_1 \\ x_2 \\ \vdots \\ x_n \end{bmatrix}$$

為此方程組的解若且唯若依 R^n 上的歐幾里德內積，向量 $\mathbf{x}=(x_1, x_2, \ldots, x_n)$ 和 A 的每一列向量正交。

5. 使用柯西-史瓦茲不等式，證明假若 $a_1, a_2, \ldots, a_n$ 為正實數，則
$$(a_1 + a_2 + \cdots + a_n)\left(\frac{1}{a_1} + \frac{1}{a_2} + \cdots + \frac{1}{a_n}\right) \geq n^2$$

6. 證明假若 $\mathbf{x}$ 及 $\mathbf{y}$ 為一內積空間的向量，且 c 為任意純量，則
$$\|c\mathbf{x}+\mathbf{y}\|^2 = c^2\|\mathbf{x}\|^2 + 2c\langle\mathbf{x},\mathbf{y}\rangle + \|\mathbf{y}\|^2$$

7. 令 R^3 具有歐幾里德內積，求長度為 1，且和三向量 $\mathbf{u}_1=(1,1,-1), \mathbf{u}_2=(-2,-1,2)$ 及 $\mathbf{u}_3=(-1,0,1)$ 皆正交的兩向量。

8. 試求 R^n 上之一加權歐幾里德內積以使得下述向量形成一單範正交集合。
$$\mathbf{v}_1 = (1, 0, 0, \ldots, 0)$$
$$\mathbf{v}_2 = (0, \sqrt{2}, 0, \ldots, 0)$$
$$\mathbf{v}_3 = (0, 0, \sqrt{3}, \ldots, 0)$$
$$\vdots$$
$$\mathbf{v}_n = (0, 0, 0, \ldots, \sqrt{n})$$

9. 是否存在一個 R^2 上的加權歐幾里德內積使得向量 $(1,2)$ 與 $(3,-1)$ 形成單範正交集合，試驗證你的答案。

10. 若 $\mathbf{u}$ 與 $\mathbf{v}$ 為內積空間 V 中的向量，則 $\mathbf{u}, \mathbf{v}$ 及 $\mathbf{u}-\mathbf{v}$ 可被視為 V 中之「三角形」的各邊（見圖）。試證任意這樣的三角形，餘弦定理皆成立；亦即 $\|\mathbf{u}-\mathbf{v}\|^2 = \|\mathbf{u}\|^2 + \|\mathbf{v}\|^2 - 2\|\mathbf{u}\|\|\mathbf{v}\|\cos\theta$，其中 θ 為 $\mathbf{u}$ 與 $\mathbf{v}$ 的夾角。

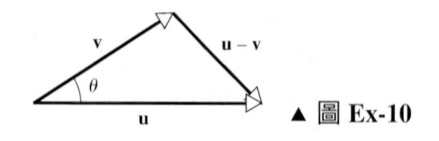

▲ 圖 Ex-10

11. (a) R^3 中，向量 $(k,0,0), (0,k,0)$ 及 $(0,0,k)$ 形成對角線為 (k,k,k) 之立方體的三邊，如圖 3.2.6 所示。同理，R^n 中的向量
$$(k,0,0,\ldots,0), (0,k,0,\ldots,0), \ldots, (0,0,0,\ldots,k)$$
可當作對角線為 $(k,k,k,\ldots,k)$ 之「立方體」的邊。試證上述的每一個邊與對角線的夾角皆為 θ，其中 $\cos\theta = 1/\sqrt{n}$。
   (b) (適合已學過微積分的讀者) 當 R^n 的維度趨近 $+\infty$ 時，(a) 中的角 θ 將會如何變化？

12. 令 $\mathbf{u}$ 與 $\mathbf{v}$ 為某內積空間中的向量。
   (a) 證明 $\|\mathbf{u}\| = \|\mathbf{v}\|$ 若且唯若 $\mathbf{u}+\mathbf{v}$ 與 $\mathbf{u}-\mathbf{v}$ 正交。
   (b) (a) 的結果在具有歐幾里德內積之 R^2 上的幾何意義為何？

13. 令 $\mathbf{u}$ 為內積空間 V 中的向量，且令 $\{\mathbf{v}_1, \mathbf{v}_2, \ldots, \mathbf{v}_n\}$ 為 V 之單範正交基底。證明：若 α_i 為 $\mathbf{u}$ 與 $\mathbf{v}_i$ 的夾角，則
$$\cos^2\alpha_1 + \cos^2\alpha_2 + \cdots + \cos^2\alpha_n = 1$$

14. 證明：若 $\langle\mathbf{u},\mathbf{v}\rangle_1$ 與 $\langle\mathbf{u},\mathbf{v}\rangle_2$ 為向量空間 V 上的兩個內積，則 $\langle\mathbf{u},\mathbf{v}\rangle = \langle\mathbf{u},\mathbf{v}\rangle_1 + \langle\mathbf{u},\mathbf{v}\rangle_2$ 亦為 V 上的內積。

15. 試證明定理 6.2.5。

16. 證明：若 A 有線性獨立行向量，且若 b 正交於 A 的行空間，則 $A\mathbf{x}=\mathbf{b}$ 的最小平方解是 $\mathbf{x}=\mathbf{0}$。

17. 是否存在任何的 s 值使得 $x_1=1$ 及 $x_2=2$ 是下面線性方程組的最小平方解？
$$\begin{aligned} x_1 - x_2 &= 1 \\ 2x_1 + 3x_2 &= 1 \\ 4x_1 + 5x_2 &= s \end{aligned}$$
試解釋你的理由。

18. 證明若 p 和 q 為相異正整數，則函數 $f(x)=\sin px$ 和 $g(x)=\sin qx$ 在內積
$$\langle\mathbf{f},\mathbf{g}\rangle = \int_0^{2\pi} f(x)g(x)\,dx$$

之下是正交的。

19. 證明若 p 和 q 為正整數，則函數 $f(x)=\cos px$ 和 $g(x)=\sin qx$ 在內積

$$\langle \mathbf{f}, \mathbf{g} \rangle = \int_0^{2\pi} f(x)g(x)\,dx$$

之下是正交的。

CHAPTER 7

對角化及二次型

本章目錄
- 7.1 正交矩陣
- 7.2 正交對角化
- 7.3 二次型
- 7.4 使用二次型的最佳化
- 7.5 赫米頓、么正及正規矩陣

引　言　在 5.2 節，我們發現保證 $n \times n$ 階矩陣對角化的條件，但我們並沒有考慮哪一類別的矩陣可確實滿足那些條件。本章我們將證明每一個對稱矩陣是可對角化的。這是一個極為重要的結果，因為有許多應用以某種主要的方式使用它。

7.1 正交矩陣

本節將考慮一種矩陣族，此族中矩陣之逆矩陣可由轉置而得。此類矩陣出現在許多應用裡，且如同轉移矩陣產生，當某單範正交基底被改變至另一個單範正交基底時。

正交矩陣

我們以下面定義開始。

> 回顧定理 1.6.3，若 (1) 式中的任一乘積成立時，則另一乘積亦成立。因此，A 是正交的，若不是 $AA^T = I$ 就是 $A^T A = I$。

定義 1：方陣 A 被稱為**正交的** (orthogonal) 若其轉置矩陣和其逆矩陣相同時，亦即，若

$$A^{-1} = A^T$$

或等價地，若

$$AA^T = A^T A = I \tag{1}$$

501

▶ **例題 1　3×3 階正交矩陣**

矩陣
$$A = \begin{bmatrix} \frac{3}{7} & \frac{2}{7} & \frac{6}{7} \\ -\frac{6}{7} & \frac{3}{7} & \frac{2}{7} \\ \frac{2}{7} & \frac{6}{7} & -\frac{3}{7} \end{bmatrix}$$

為正交的，因為

$$A^T A = \begin{bmatrix} \frac{3}{7} & -\frac{6}{7} & \frac{2}{7} \\ \frac{2}{7} & \frac{3}{7} & \frac{6}{7} \\ \frac{6}{7} & \frac{2}{7} & -\frac{3}{7} \end{bmatrix} \begin{bmatrix} \frac{3}{7} & \frac{2}{7} & \frac{6}{7} \\ -\frac{6}{7} & \frac{3}{7} & \frac{2}{7} \\ \frac{2}{7} & \frac{6}{7} & -\frac{3}{7} \end{bmatrix} = \begin{bmatrix} 1 & 0 & 0 \\ 0 & 1 & 0 \\ 0 & 0 & 1 \end{bmatrix}$$

▶ **例題 2　旋轉及反射矩陣是正交的**

回顧 4.9 節表 5，R^2 中逆時針旋轉 θ 角的標準矩陣為

$$A = \begin{bmatrix} \cos\theta & -\sin\theta \\ \sin\theta & \cos\theta \end{bmatrix}$$

這個矩陣對任何 θ 角都是正交的，因為

$$A^T A = \begin{bmatrix} \cos\theta & \sin\theta \\ -\sin\theta & \cos\theta \end{bmatrix} \begin{bmatrix} \cos\theta & -\sin\theta \\ \sin\theta & \cos\theta \end{bmatrix} = \begin{bmatrix} 1 & 0 \\ 0 & 1 \end{bmatrix}$$

留給讀者證明 4.9 節表 1 及表 2 的反射矩陣及該節表 6 的旋轉矩陣均是正交的。　◀

觀察例題 1 與例題 2 中的正交矩陣，其列向量與行向量對歐幾里德內積都形成單範正交集合。它是下面定理的一個結果。

定理 7.1.1：對 $n \times n$ 階 A 矩陣而言，下列各敘述是等價的。
(a) A 為正交矩陣。
(b) A 的所有列向量在 R^n 中對歐幾里德內積形成單範正交集合。
(c) A 的所有行向量在 R^n 中對歐幾里德內積形成單範正交集合。

證明：此處將證明 (a) 與 (b) 等價，而將 (a) 與 (c) 等價的證明留作習題。

(a) ⇔ (b)：矩陣乘積 AA^T 的第 i 列與第 j 行的元素為 A 的第 i 列向量與 A^T 的第 j 行向量的點乘積 [見 1.3 節公式 (5)]。但是，除型式有所差異

外，A^T 的第 j 行向量正是 A 的第 j 列向量。於是，若 A 的列向量為 $\mathbf{r}_1$, $\mathbf{r}_2, \ldots, \mathbf{r}_n$，則矩陣乘積 AA^T 可以表示成

$$AA^T = \begin{bmatrix} \mathbf{r}_1 \cdot \mathbf{r}_1 & \mathbf{r}_1 \cdot \mathbf{r}_2 & \cdots & \mathbf{r}_1 \cdot \mathbf{r}_n \\ \mathbf{r}_2 \cdot \mathbf{r}_1 & \mathbf{r}_2 \cdot \mathbf{r}_2 & \cdots & \mathbf{r}_2 \cdot \mathbf{r}_n \\ \vdots & \vdots & & \vdots \\ \mathbf{r}_n \cdot \mathbf{r}_1 & \mathbf{r}_n \cdot \mathbf{r}_2 & \cdots & \mathbf{r}_n \cdot \mathbf{r}_n \end{bmatrix}$$

[見 3.2 節公式 (28)]。所以，$AA^T = I$ 若且唯若

$$\mathbf{r}_1 \cdot \mathbf{r}_1 = \mathbf{r}_2 \cdot \mathbf{r}_2 = \cdots = \mathbf{r}_n \cdot \mathbf{r}_n = 1$$

而

$$\mathbf{r}_i \cdot \mathbf{r}_j = 0 \quad \text{若} \quad i \neq j$$

此一結果成立若且唯若 $\{\mathbf{r}_1, \mathbf{r}_2, \ldots, \mathbf{r}_n\}$ 為 R^n 中的單範正交集合。◀

下面定理列出了正交矩陣另外三個基本性質。其證明非常直接，留給讀者自行完成。

> **警語**：正交矩陣是具單範正交列及單範正交行的矩陣——不僅是正交列及行正交行。

定理 7.1.2：
(a) 正交矩陣的逆矩陣為正交矩陣。
(b) 正交矩陣的乘積為正交矩陣。
(c) 若 A 為正交矩陣，則 $\det(A) = 1$ 或 $\det(A) = -1$。

▶ **例題 3** 正交矩陣 A 之 $\det(A) = \pm 1$

矩陣

$$A = \begin{bmatrix} \frac{1}{\sqrt{2}} & \frac{1}{\sqrt{2}} \\ -\frac{1}{\sqrt{2}} & \frac{1}{\sqrt{2}} \end{bmatrix}$$

為正交矩陣，因為其列 (或行) 向量在具歐幾里德內積的 R^2 中形成單範正交集合。$\det(A) = 1$ 的證明則留給讀者去完成，且將兩列互換則產生了 $\det(A) = -1$ 的正交矩陣。◀

正交矩陣作為線性算子

由例題 2 中觀察到在 R^2 與 R^3 中的基本反射與旋轉算子的標準矩陣均為正交矩陣。下一個定理將有助於說明為何如此。

> **定理 7.1.3**：若 A 為 $n \times n$ 階矩陣，則下列各敘述是等價的。
> (a) A 為正交矩陣。
> (b) 對所有在 R^n 中的 $\mathbf{x}$ 而言，$\|A\mathbf{x}\| = \|\mathbf{x}\|$。
> (c) 對所有在 R^n 中的 $\mathbf{x}$ 與 $\mathbf{y}$ 而言，$A\mathbf{x} \cdot A\mathbf{y} = \mathbf{x} \cdot \mathbf{y}$。

證明：此處將依序證明 (a) $\Rightarrow$ (b) $\Rightarrow$ (c) $\Rightarrow$ (a) 的涵義。

(a) $\Rightarrow$ (b)：假設 A 為正交矩陣，所以 $A^T A = I$。由 3.2 節 (26) 式可知

$$\|A\mathbf{x}\| = (A\mathbf{x} \cdot A\mathbf{x})^{1/2} = (\mathbf{x} \cdot A^T A\mathbf{x})^{1/2} = (\mathbf{x} \cdot \mathbf{x})^{1/2} = \|\mathbf{x}\|$$

(b) $\Rightarrow$ (c)：假設對所有 R^n 中的 $\mathbf{x}$ 而言，$\|A\mathbf{x}\| = \|\mathbf{x}\|$。由定理 3.2.7 可知

$$A\mathbf{x} \cdot A\mathbf{y} = \tfrac{1}{4}\|A\mathbf{x} + A\mathbf{y}\|^2 - \tfrac{1}{4}\|A\mathbf{x} - A\mathbf{y}\|^2 = \tfrac{1}{4}\|A(\mathbf{x}+\mathbf{y})\|^2 - \tfrac{1}{4}\|A(\mathbf{x}-\mathbf{y})\|^2$$
$$= \tfrac{1}{4}\|\mathbf{x}+\mathbf{y}\|^2 - \tfrac{1}{4}\|\mathbf{x}-\mathbf{y}\|^2 = \mathbf{x} \cdot \mathbf{y}$$

(c) $\Rightarrow$ (a)：假設對所有在 R^n 中的 $\mathbf{x}$ 與 $\mathbf{y}$ 而言，$A\mathbf{x} \cdot A\mathbf{y} = \mathbf{x} \cdot \mathbf{y}$。由 3.2 節 (26) 式可知

$$\mathbf{x} \cdot \mathbf{y} = \mathbf{x} \cdot A^T A\mathbf{y}$$

此式可以改寫成 $\mathbf{x} \cdot (A^T A\mathbf{y} - \mathbf{y}) = 0$ 或改寫為

$$\mathbf{x} \cdot (A^T A - I)\mathbf{y} = 0$$

由於此項結果對在 R^n 中所有的 $\mathbf{x}$ 都成立，尤其特別是若 $\mathbf{x} = (A^T A - I)\mathbf{y}$ 成立，則

$$(A^T A - I)\mathbf{y} \cdot (A^T A - I)\mathbf{y} = 0$$

因此，由內積的正性公理得

$$(A^T A - I)\mathbf{y} = \mathbf{0}$$

因為此方程式被 R^n 上的每個向量 $\mathbf{y}$ 滿足，所以 $A^T A - I$ 必為零矩陣 (為何？)，且因此 $A^T A = I$。所以，A 是正交的。◀

當從矩陣變換的觀點來考慮時，定理 7.1.3 有一個有用的幾何意義：若 A 是一個正交矩陣且 $T_A: R^n \rightarrow R^n$ 是以 A 相乘，則我們稱 T_A 是 R^n 上的**正交算子** (orthogonal operator)。由定理 7.1.3 的 (a) 及 (b)，得 R^n 上的所有正交算子就是那些將所有向量之長度保留不變的算子。欲解

釋為何,在例題 2 裡,我們發現 R^2 及 R^3 的基本反射與旋轉的標準矩陣是為正交的。

定理 7.1.3 的 (a) 及 (c) 蘊涵正交算子保有兩向量間之夾角不變。

單範正交基底的變換

內積空間的單範正交基底是好用的,因為,如下一個定理,許多熟悉的公式對此類基底均成立。我們將證明留作為習題。

定理 7.1.4:若 S 為某 n-維內積空間 V 上的單範正交基底,且若

$$(\mathbf{u})_S = (u_1, u_2, \ldots, u_n) \quad 及 \quad (\mathbf{v})_S = (v_1, v_2, \ldots, v_n)$$

則:
(a) $\|\mathbf{u}\| = \sqrt{u_1^2 + u_2^2 + \cdots + u_n^2}$
(b) $d(\mathbf{u}, \mathbf{v}) = \sqrt{(u_1 - v_1)^2 + (u_2 - v_2)^2 + \cdots + (u_n - v_n)^2}$
(c) $\langle \mathbf{u}, \mathbf{v} \rangle = u_1 v_1 + u_2 v_2 + \cdots + u_n v_n$

注釋:定理 7.1.4 的三個部分可被表為

$$\|\mathbf{u}\| = \|(\mathbf{u})_S\| \qquad d(\mathbf{u}, \mathbf{v}) = d((\mathbf{u})_S, (\mathbf{v})_S) \qquad \langle \mathbf{u}, \mathbf{v} \rangle = \langle (\mathbf{u})_S, (\mathbf{v})_S \rangle$$

其中各等號的左邊分別是在 V 上內積之下的範數、距離及內積,而各等號的右邊是在 R^n 上的歐幾里德內積之下運算的。

內積空間上單範正交基底間的轉移在幾何上及各種應用上有特殊的重要性。下一個定理,其證明留至本節末,考慮此種型態的轉移。

定理 7.1.5:令 V 是一個有限維內積空間。若 P 是由 V 的某一單範正交基底至 V 的另一個單範正交基底的轉移矩陣,則 P 是一個正交矩陣。

▶ **例題 4　2-空間的座標軸旋轉**

在許多問題裡,指定直角 xy-座標系且經由對原點,依逆時鐘方向對此 xy-座標系旋轉 θ 角,而得新 $x'y'$-座標系。當完成此項工作後,平面上的每個 Q 點皆有兩組座標:對於 xy-座標系的座標 (x, y),及對於 $x'y'$-座標系的座標 (x', y') (圖 7.1.1a)。

▲ 圖 7.1.1

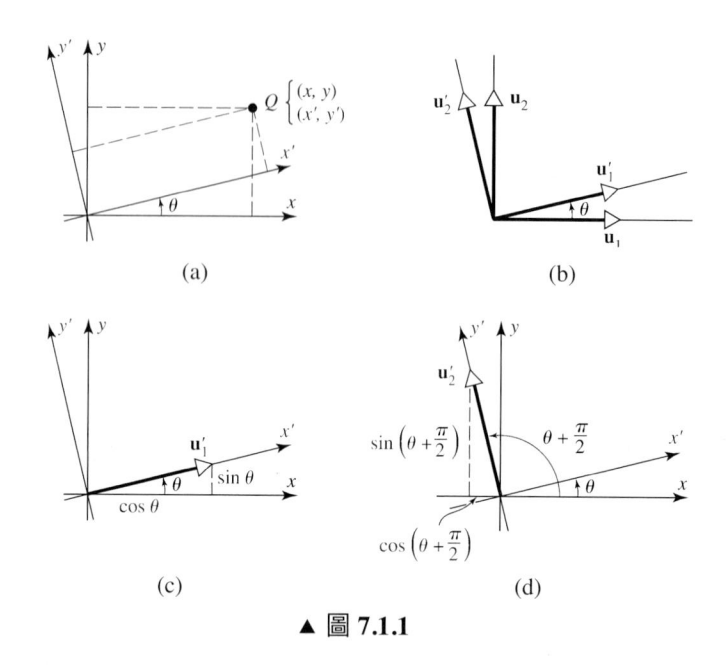

利用引入沿著正 x 及 y 軸的單位向量 $\mathbf{u}_1$ 及 $\mathbf{u}_2$ 和沿著正 x' 及 y' 軸的單位向量 $\mathbf{u}'_1$ 及 $\mathbf{u}'_2$，可將此旋轉視為由舊基底 $B = \{\mathbf{u}_1, \mathbf{u}_2\}$ 至新基底 $B' = \{\mathbf{u}'_1, \mathbf{u}'_2\}$ 的變換 (圖 7.1.1b)。於是，Q 點的新座標 (x', y') 與舊座標 (x, y) 間的關係將為

$$\begin{bmatrix} x' \\ y' \end{bmatrix} = P^{-1} \begin{bmatrix} x \\ y \end{bmatrix} \tag{2}$$

此處 P 為由 B' 變換成 B 的轉移矩陣。為了求 P，必須決定新基底向量 $\mathbf{u}'_1$ 及 $\mathbf{u}'_2$ 對於舊基底的座標矩陣。如圖 7.1.1c 所示的，$\mathbf{u}'_1$ 在舊基底上的分量為 $\cos\theta$ 及 $\sin\theta$，所以

$$[\mathbf{u}'_1]_B = \begin{bmatrix} \cos\theta \\ \sin\theta \end{bmatrix}$$

同理，由圖 7.1.1d 所示的，$\mathbf{u}'_2$ 在舊基底上的分量為 $\cos(\theta+\pi/2) = -\sin\theta$ 且 $\sin(\theta+\pi/2) = \cos\theta$，所以

$$[\mathbf{u}'_2]_B = \begin{bmatrix} -\sin\theta \\ \cos\theta \end{bmatrix}$$

如此，由 B' 變換成 B 的轉移矩陣為

$$P = \begin{bmatrix} \cos\theta & -\sin\theta \\ \sin\theta & \cos\theta \end{bmatrix} \tag{3}$$

由觀察可知，正如所預期的，P 為正交矩陣，因為 B 與 B' 為單範正交基底。於是

$$P^{-1} = P^T = \begin{bmatrix} \cos\theta & \sin\theta \\ -\sin\theta & \cos\theta \end{bmatrix}$$

於是，(2) 式變為

$$\begin{bmatrix} x' \\ y' \end{bmatrix} = \begin{bmatrix} \cos\theta & \sin\theta \\ -\sin\theta & \cos\theta \end{bmatrix} \begin{bmatrix} x \\ y \end{bmatrix} \tag{4}$$

或等價地

$$\begin{aligned} x' &= x\cos\theta + y\sin\theta \\ y' &= -x\sin\theta + y\cos\theta \end{aligned} \tag{5}$$

有時候這些方程式被稱為 R^2 的**旋轉方程式** (rotation equations)。

▶ **例題 5　2-空間的座標軸旋轉**

使用 R^2 的旋轉方程式 (4) 式，求點 $Q(2, 1)$ 的新座標，若直角座標系的座標軸被旋轉 $\theta = \pi/4$ 角。

解：因為

$$\sin\frac{\pi}{4} = \cos\frac{\pi}{4} = \frac{1}{\sqrt{2}}$$

(4) 式變為

$$\begin{bmatrix} x' \\ y' \end{bmatrix} = \begin{bmatrix} \frac{1}{\sqrt{2}} & \frac{1}{\sqrt{2}} \\ -\frac{1}{\sqrt{2}} & \frac{1}{\sqrt{2}} \end{bmatrix} \begin{bmatrix} x \\ y \end{bmatrix}$$

因此，假若點 Q 的舊座標為 $(x, y) = (2, -1)$，則

$$\begin{bmatrix} x' \\ y' \end{bmatrix} = \begin{bmatrix} \frac{1}{\sqrt{2}} & \frac{1}{\sqrt{2}} \\ -\frac{1}{\sqrt{2}} & \frac{1}{\sqrt{2}} \end{bmatrix} \begin{bmatrix} 2 \\ -1 \end{bmatrix} = \begin{bmatrix} \frac{1}{\sqrt{2}} \\ -\frac{3}{\sqrt{2}} \end{bmatrix}$$

所以 Q 的新座標為 $(x', y') = \left(\frac{1}{\sqrt{2}}, -\frac{3}{\sqrt{2}}\right)$。　◀

注釋：由觀察可知 (4) 式中的係數矩陣與將 R^2 的向量旋轉 $-\theta$ 之線性運算子 (4.9 節表 5) 的標準矩陣相同。這是可以預期的，因此座標軸旋轉 θ 角而 R^2 的向量維持固定與將向量旋轉 $-\theta$ 而座標軸維持固定有相同的效果。

▶ **例題 6** 　應用至 3-空間的座標軸旋轉

假設某直角 xyz-座標系繞著它的 z 軸以逆時鐘方向 (俯視正 z 軸) 旋轉一角度 θ (圖 7.1.2)。若沿正 x, y 及 z 軸引入單位向量 $\mathbf{u}_1, \mathbf{u}_2$ 及 $\mathbf{u}_3$，並沿正 x', y' 及 z' 軸引入單位向量 $\mathbf{u}'_1, \mathbf{u}'_2$ 及 $\mathbf{u}'_3$，則可將此旋轉視為由舊基底 $B = \{\mathbf{u}_1, \mathbf{u}_2, \mathbf{u}_3\}$ 至新基底 $B' = \{\mathbf{u}'_1, \mathbf{u}'_2, \mathbf{u}'_3\}$ 的變換。由例題 4 來看，明顯可知

$$[\mathbf{u}'_1]_B = \begin{bmatrix} \cos\theta \\ \sin\theta \\ 0 \end{bmatrix} \quad 且 \quad [\mathbf{u}'_2]_B = \begin{bmatrix} -\sin\theta \\ \cos\theta \\ 0 \end{bmatrix}$$

此外，因為 $\mathbf{u}'_3$ 將於正 z' 軸上延伸至 1 單位。

$$[\mathbf{u}'_3]_B = \begin{bmatrix} 0 \\ 0 \\ 1 \end{bmatrix}$$

於是，由 B' 至 B 的轉移矩陣為

$$P = \begin{bmatrix} \cos\theta & -\sin\theta & 0 \\ \sin\theta & \cos\theta & 0 \\ 0 & 0 & 1 \end{bmatrix}$$

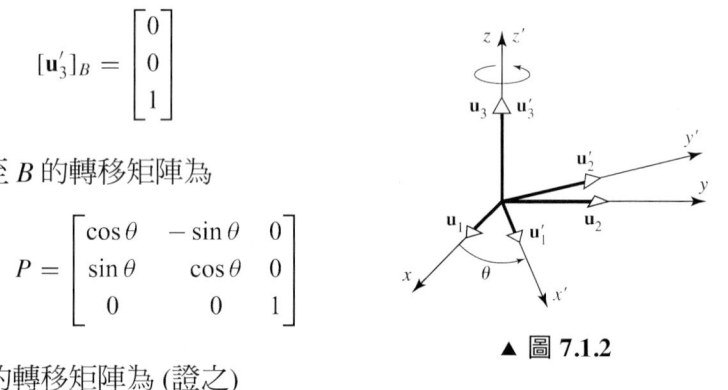

▲ **圖 7.1.2**

而由 B 至 B' 的轉移矩陣為 (證之)

$$P^{-1} = \begin{bmatrix} \cos\theta & \sin\theta & 0 \\ -\sin\theta & \cos\theta & 0 \\ 0 & 0 & 1 \end{bmatrix}$$

因此，Q 點的舊座標 (x, y, z) 和其新座標 (x', y', z') 的關係為

$$\begin{bmatrix} x' \\ y' \\ z' \end{bmatrix} = \begin{bmatrix} \cos\theta & \sin\theta & 0 \\ -\sin\theta & \cos\theta & 0 \\ 0 & 0 & 1 \end{bmatrix} \begin{bmatrix} x \\ y \\ z \end{bmatrix} \quad ◀$$

可選擇的教材

我們以定理 7.1.5 的證明作為本節的結束。

定理 7.1.5 的證明：假設 V 為 n-維的內積空間，而 P 為由單範正交基底 B' 變換至單範正交基底 B 的轉移矩陣。我們將以符號 $\|\ \|_V$ 表在 V 內積

之下的範數來區分在 R^n 歐幾里德內積之下的範數，其被表為 $\|\ \|$。

想證明 P 為正交矩陣，我們將利用定理 7.1.3 並證明對 R^n 中的每個向量 $\mathbf{x}$，$\|P\mathbf{x}\| = \|\mathbf{x}\|$。第一步，回顧定理 7.1.4(a)，對 V 的任意單範正交基底，V 中任意向量 $\mathbf{u}$ 的範數與它在 R^n 中之座標向量對於歐幾里德內積的範數是相同的。亦即

$$\|\mathbf{u}\|_V = \|[\mathbf{u}]_{B'}\| = \|[\mathbf{u}]_B\|$$

或

$$\|\mathbf{u}\|_V = \|[\mathbf{u}]_{B'}\| = \|P[\mathbf{u}]_{B'}\| \tag{6}$$

現在令 $\mathbf{x}$ 為 R^n 中的任意向量，並令 $\mathbf{u}$ 為 V 中的向量，其相對於基底 B' 的座標向量為 $\mathbf{x}$；也就是，$[\mathbf{u}]_{B'} = \mathbf{x}$。於是，由 (6) 式可知

$$\|\mathbf{u}\| = \|\mathbf{x}\| = \|P\mathbf{x}\|$$

此式證明了 P 是正交矩陣。◀

> 回顧 $(\mathbf{u})_S$ 係以逗號分界型來表示座標向量，而 $[\mathbf{u}]_S$ 係以行型來表示座標向量。

概念複習

- 正交矩陣
- 正交算子
- 正交矩陣的性質
- 正交算子的幾何性質
- 由某單範正交基底至另一個單範正交基底之轉移矩陣的性質

技 能

- 能確認一個正交矩陣。
- 知道正交矩陣行列式的可能值。
- 求由座標軸旋轉所得之點的新座標。

習題集 7.1

1. (a) 試分別以計算 $A^T A$，利用定理 7.1.1(b)，及利用定理 7.1.1(c) 等三種不同方法，證明矩陣

$$A = \begin{bmatrix} \frac{3}{5} & 0 & \frac{4}{5} \\ \frac{4}{5} & 0 & -\frac{3}{5} \\ 0 & 1 & 0 \end{bmatrix}$$

是正交的。

(b) 求 (a) 之矩陣 A 的逆矩陣。

2. (a) 證明矩陣

$$A = \begin{bmatrix} \frac{1}{3} & \frac{2}{3} & \frac{2}{3} \\ \frac{2}{3} & -\frac{2}{3} & \frac{1}{3} \\ -\frac{2}{3} & -\frac{1}{3} & \frac{2}{3} \end{bmatrix}$$

是正交的。

(b) 令 $T: R^3 \to R^3$ 且以 (a) 之矩陣 A 做乘法。求 $T(\mathbf{x})$，其中 $\mathbf{x} = (1, -3, 4)$，並使用 R^3 上的歐幾里德內積，證明 $\|T(\mathbf{x})\| = \|\mathbf{x}\|$。

3. 試判斷下列各矩陣中哪些是正交矩陣，並對那些正交矩陣求逆矩陣。

(a) $\begin{bmatrix} 0 & 1 \\ 1 & 0 \end{bmatrix}$

(b) $\begin{bmatrix} \frac{1}{\sqrt{2}} & -\frac{1}{\sqrt{2}} \\ \frac{1}{\sqrt{2}} & \frac{1}{\sqrt{2}} \end{bmatrix}$

(c) $\begin{bmatrix} \frac{1}{\sqrt{2}} & 0 & \frac{1}{\sqrt{2}} \\ 1 & 0 & 0 \\ 0 & 1 & 0 \end{bmatrix}$

(d) $\begin{bmatrix} \frac{1}{2} & \frac{1}{2} & \frac{1}{2} & \frac{1}{2} \\ -\frac{1}{\sqrt{2}} & \frac{1}{\sqrt{2}} & 0 & 0 \\ 0 & 0 & \frac{1}{\sqrt{2}} & -\frac{1}{\sqrt{2}} \\ -\frac{1}{2} & -\frac{1}{2} & \frac{1}{2} & \frac{1}{2} \end{bmatrix}$

(e) $\begin{bmatrix} \frac{1}{2} & \frac{1}{2} & \frac{1}{2} & \frac{1}{2} \\ \frac{1}{2} & -\frac{5}{6} & \frac{1}{6} & \frac{1}{6} \\ \frac{1}{2} & \frac{1}{6} & \frac{1}{6} & -\frac{5}{6} \\ \frac{1}{2} & \frac{1}{6} & -\frac{5}{6} & \frac{1}{6} \end{bmatrix}$

(f) $\begin{bmatrix} 0 & \frac{1}{\sqrt{2}} & 0 & \frac{1}{\sqrt{2}} \\ 0 & \frac{1}{\sqrt{2}} & 0 & -\frac{1}{\sqrt{2}} \\ \frac{\sqrt{3}}{2} & 0 & \frac{1}{2} & 0 \\ \frac{1}{2} & 0 & -\frac{\sqrt{3}}{2} & 0 \end{bmatrix}$

4. 證明若 A 是正交的，則 A^T 是正交的。

5. 試證明 4.9 節表 1 及表 2 中的反射矩陣為正交矩陣。

6. 令一直角 $x'y'$-座標系為由一直角 xy-座標系以逆時針方向旋轉角度 $\theta = 3\pi/4$ 後所得。
   (a) 求 xy-座標為 $(1, -3)$ 之點的 $x'y'$-座標。
   (b) 求 $x'y'$-座標為 $(2, 4)$ 之點的 xy-座標。

7. 重做習題 6，$\theta = \pi/3$。

8. 令直角 $x'y'z'$-座標系得自直角 xyz-座標系繞 z 軸 (俯視 z 軸) 依逆時針方向旋轉一角度 $\theta = \pi/4$。
   (a) 求 xyz-座標為 $(-1, 2, 5)$ 之點的 $x'y'z'$-座標。
   (b) 求 $x'y'z'$-座標為 $(1, 6, -3)$ 之點的 xyz-座標。

9. 重做習題 8，以逆時針方向繞 y 軸 (沿正 y 軸向原點方向看) 旋轉 $\theta = \pi/6$。

10. 重做習題 8，以逆時針方向繞 x 軸 (沿正 x 軸往原點方向看) 旋轉 $\theta = 3\pi/4$。

11. (a) 直角 $x'y'z'$-座標得自將直角 xyz-座標系依逆時針方向繞 y 軸旋轉 θ 角 (沿正 y 軸往原點方向看)，試求滿足

$$\begin{bmatrix} x' \\ y' \\ z' \end{bmatrix} = A \begin{bmatrix} x \\ y \\ z \end{bmatrix}$$

的矩陣 A，此處 (x, y, z) 及 (x', y', z') 分別為同一個點在 xyz 及 $x'y'z'$-座標系裡的座標。

(b) 依繞 x 軸旋轉，重做 (a)。

12. 直角 $x''y''z''$-座標系得自先將直角座標系 xyz-依逆時針方向繞 z 軸 (對正 z 軸往下看) 旋轉 $60°$ 後得到座標系 $x'y'z'$，且再令座標系 $x'y'z'$ 依逆時針方向繞 y' 軸 (沿正 y' 軸往原點看) 旋轉 $45°$。試求滿足

$$\begin{bmatrix} x'' \\ y'' \\ z'' \end{bmatrix} = A \begin{bmatrix} x \\ y \\ z \end{bmatrix}$$

的矩陣 A，此處 (x, y, z) 及 (x'', y'', z'') 分別為同一點在座標系 xyz 及 $x''y''z''$-上的座標。

13. 為了使矩陣

$$\begin{bmatrix} a+b & b-a \\ a-b & b+a \end{bmatrix}$$

為正交矩陣，a 與 b 必須滿足什麼條件？

14. 試證明 2×2 階正交矩陣 A 的型式為下列二種可能的型式之一

$$A = \begin{bmatrix} \cos\theta & -\sin\theta \\ \sin\theta & \cos\theta \end{bmatrix} \quad \text{或} \quad A = \begin{bmatrix} \cos\theta & \sin\theta \\ \sin\theta & -\cos\theta \end{bmatrix}$$

其中 $0 \leq \theta < 2\pi$。[提示：由一般的 2×2 階矩陣 $A = (a_{ij})$ 著手，並利用其行向量在 R^2 中形成單範正交集合的事實。]

15. (a) 試利用習題 14 的結果證明以 2×2 階正交矩陣乘之，其效果若非旋轉就是旋轉後接著對 x-軸反射。

(b) 試證明若 $\det(A)=1$ 則以 A 乘之的效果為旋轉，而若 $\det(A)=-1$ 則為旋轉後緊接著反射。

16. 試利用習題 15 的結果判定以 A 乘之的效果是旋轉或旋轉後緊接著反射。在各情況下試求其旋轉的角度。

    (a) $A = \begin{bmatrix} \frac{\sqrt{3}}{2} & \frac{1}{2} \\ -\frac{1}{2} & \frac{\sqrt{3}}{2} \end{bmatrix}$
    (b) $A = \begin{bmatrix} -\frac{1}{\sqrt{2}} & -\frac{1}{\sqrt{2}} \\ -\frac{1}{\sqrt{2}} & \frac{1}{\sqrt{2}} \end{bmatrix}$

17. 求 a, b 及 c 使得矩陣

    $$\begin{bmatrix} a & \frac{1}{\sqrt{2}} & -\frac{1}{\sqrt{2}} \\ b & \frac{1}{\sqrt{6}} & \frac{1}{\sqrt{6}} \\ c & \frac{1}{\sqrt{3}} & \frac{1}{\sqrt{3}} \end{bmatrix}$$

    是正交的。a, b 及 c 之值是否唯一？試解釋之。

18. 習題 15 的結果有個 3×3 階正交矩陣的類比：可以證明若 $\det(A)=1$ 以 3×3 階正交矩陣 A 乘之的效果是對某座標軸旋轉。而若 $\det(A)=-1$，則為對某座標軸旋轉後對某座標平面反射。試判定以 A 乘之為旋轉或旋轉後緊跟著反射。

    (a) $A = \begin{bmatrix} \frac{3}{7} & \frac{2}{7} & \frac{6}{7} \\ -\frac{6}{7} & \frac{3}{7} & \frac{2}{7} \\ \frac{2}{7} & \frac{6}{7} & -\frac{3}{7} \end{bmatrix}$

    (b) $A = \begin{bmatrix} \frac{2}{7} & \frac{3}{7} & \frac{6}{7} \\ \frac{3}{7} & -\frac{6}{7} & \frac{2}{7} \\ \frac{6}{7} & \frac{2}{7} & -\frac{3}{7} \end{bmatrix}$

19. 試利用習題 18 的結果與定理 7.1.2(b) 部分證明旋轉的組合能以對某適宜的軸作單一的旋轉獲得。

20. 試證明定理 7.1.1 中的陳述 (a) 與陳述 (c) 是等價的。

21. 一個 R^2 上的線性算子被稱為**剛體** (rigid) 算子。若其不改變向量的長度，且被稱為**保角** (angle preserving) 若其不改變兩非零向量間的夾角。

    (a) 命名兩個不同型態的剛體線性算子。
    (b) 命名兩個不同型態的保角線性算子。
    (c) R^2 是否存在線性算子為剛體但非保角？是否存在保角但非剛體的線性算子？試驗證你的答案。

是非題

試判斷 (a)-(h) 各敘述的真假，並驗證你的答案。

(a) 矩陣 $\begin{bmatrix} 1 & 0 \\ 0 & 1 \\ 0 & 0 \end{bmatrix}$ 是正交的。

(b) 矩陣 $\begin{bmatrix} 1 & -2 \\ 2 & 1 \end{bmatrix}$ 是正交的。

(c) $m\times n$ 階矩陣 A 是正交的若 $A^T A = I$。

(d) 其行形成正交集的方陣是正交的。

(e) 每個正交矩陣是可逆的。

(f) 若 A 是一個正交矩陣，則 A^2 是正交的且 $(\det A)^2 = 1$。

(g) 正交矩陣的每個特徵值之絕對值為 1。

(h) 若 A 是方陣且 $\|A\mathbf{u}\| = 1$ 對所有單位向量 $\mathbf{u}$，則 A 是正交的。

7.2 正交對角化

本節將關心對角化一個對稱矩陣 A 的問題。如我們即將看到的，這個問題和求一組由 A 的特徵向量所組成的單範正交基底給 R^n 的問題有密切的關係。這種型態的問題是重要的，因為許多應用方面的矩陣是對稱的。

正交對角化問題

在 5.2 節定義 1 中，我們定義了兩個方陣 A 和 B 是相似的若存在一個可逆矩陣 P 滿足 $P^{-1}AP=B$。本節我們將關心特殊情形，即可能找一個正交矩陣 P 使得此關係亦成立。

我們以下面定義開始。

> **定義 1**：若 A 和 B 是方陣，則稱 A 和 B 是**正交相似** (orthogonal similar)，若存在一個正交矩陣 P 滿足 $P^TAP=B$。

若 A 是正交相似至某對角矩陣，即

$$P^TAP = D$$

則稱 A 為**可正交對角化** (orthogonally diagonalizable) 且稱 P **正交對角化** (orthogonally diagonalizes) A。

本節第一個目標是決定一矩陣必須滿足什麼條件方可成為可正交對角化的。第一步，可觀察正交對角化一個非對稱的矩陣是無希望的。欲知為何如此，假設

$$P^TAP = D \tag{1}$$

其中 P 是正交矩陣且 D 是對角矩陣。(1) 式的左邊乘上 P，右邊乘上 P^T，則由 $PP^T=P^TP=I$，我們可改寫此方程式為

$$A = PDP^T \tag{2}$$

現在轉置此方程式的兩端並利用對角矩陣和其轉置矩陣相同的事實，得

$$A^T = (PDP^T)^T = (P^T)^TD^TP^T = PDP^T = A$$

所以 A 必是對稱的。

正交對角化性的條件

下一個定理證明每個對稱矩陣事實上是可對角化的。這個定理和本節剩餘部分，正交意味在 R^n 歐幾里德內積之下的正交。

> **定理 7.2.1**：若 A 為 $n\times n$ 階矩陣，則下面各敘述互為等價。
> (a) A 為可正交對角化的。
> (b) A 有含 n 個特徵向量的單範正交集合。
> (c) A 為對稱的。

證明 (a) $\Rightarrow$ (b)：因為 A 為可正交對角化的，會有個正交矩陣 P 使得 $P^{-1}AP$ 為對角化的。如定理 5.2.1 的證明所示，P 的 n 個行向量為 A 的特徵向量。因為 P 為正交的，這些行向量均為單範正交的向量，所以，A 有 n 個單範正交的特徵向量。

(b) $\Rightarrow$ (a)：假設 A 有含 n 個特徵向量 $\{\mathbf{p}_1, \mathbf{p}_2, \ldots, \mathbf{p}_n\}$ 的單範正交集合。如定理 5.2.1 之證明所示，以這些特徵向量作為行向量的矩陣 P 可對角化 A。因為這些特徵向量為單範正交的，P 為正交的，因而正交對角化 A。

(a) $\Rightarrow$ (c)：在 (a) $\Rightarrow$ (b) 的證明中，已證明了可正交對角化的 $n\times n$ 階矩陣 A 能以 $n\times n$ 階矩陣 P 來正交對角化，而 P 的所有行向量係由 A 的某單範正交特徵向量集合所形成的。令 D 為對角矩陣，

$$D = P^T A P$$

於是

$$A = P D P^T$$

因此

$$A^T = (PDP^T)^T = PD^TP^T = PDP^T = A$$

這證明了 A 是對稱的。

(c) $\Rightarrow$ (a)：此部分的證明超出本書的程度而予以省略。◀

對稱矩陣的性質

次一個目標是設計尋求正交對角化對稱矩陣的程序，但在著手之前需要有關對稱矩陣之特徵值及特徵向量的準則定理。

> **定理 7.2.2**：若 A 為對稱矩陣，則
> (a) A 的所有特徵值均為實數。
> (b) 取自不同特徵空間的特徵向量均為正交向量。

(a) 部分的證明需要與複數向量空間有關的結果，將在 7.5 節中討論。

證明 (b)：令 $\mathbf{v}_1$ 與 $\mathbf{v}_2$ 為對應於矩陣 A 之相異特徵值 λ_1 與 λ_2 的特徵向量。現在要證明 $\mathbf{v}_1 \cdot \mathbf{v}_2 = 0$。此項證明涉及由 $A\mathbf{v}_1 \cdot \mathbf{v}_2$ 的表示式著手的技巧。從 3.2 節的 (26) 式與 A 的對稱性可知

$$A\mathbf{v}_1 \cdot \mathbf{v}_2 = \mathbf{v}_1 \cdot A^T\mathbf{v}_2 = \mathbf{v}_1 \cdot A\mathbf{v}_2 \tag{3}$$

但 $\mathbf{v}_1$ 為對應於 λ_1 的 A 的特徵向量，而 $\mathbf{v}_2$ 為對應於 λ_2 的 A 的特徵向量，所以由 (3) 式得

$$\lambda_1 \mathbf{v}_1 \cdot \mathbf{v}_2 = \mathbf{v}_1 \cdot \lambda_2 \mathbf{v}_2$$

也可以改寫成

$$(\lambda_1 - \lambda_2)(\mathbf{v}_1 \cdot \mathbf{v}_2) = 0 \tag{4}$$

但 $\lambda_1 - \lambda_2 \neq 0$，因為假設 λ_1 與 λ_2 為相異特徵值。於是由 (4) 式可知 $\mathbf{v}_1 \cdot \mathbf{v}_2 = 0$。◀

定理 7.2.2 得到下面正交對角化對稱矩陣的程序。

正交對角化一個 $n \times n$ 階對稱矩陣：
步驟 1. 找一組基底給 A 的每一個特徵空間。
步驟 2. 應用葛蘭-史密特法至每一組基底以得一組單範正交基底給每個特徵空間。
步驟 3. 以步驟 2 所構造出來的基底向量作為行向量，形成矩陣 P。此矩陣將正交地對角化 A，且 $D = P^T A P$ 之主對角線上的所有特徵值將和 P 上它們所對應的特徵向量相同順位。

注釋：此過程的證明應該是很清楚的。定理 7.2.2 保證由不同特徵空間提出的特徵向量彼此正交，葛蘭-史密特法之應用亦保證由相同特徵空間所得的特徵向量為單範正交的。於是，由此過程所得的整個特徵向量集合為單範正交集合。

▶ **例題 1　正交對角化對稱矩陣**

試求正交矩陣 P 以對角化

$$A = \begin{bmatrix} 4 & 2 & 2 \\ 2 & 4 & 2 \\ 2 & 2 & 4 \end{bmatrix}$$

解：留給讀者證明 A 的特徵方程式為

$$\det(\lambda I - A) = \det \begin{bmatrix} \lambda - 4 & -2 & -2 \\ -2 & \lambda - 4 & -2 \\ -2 & -2 & \lambda - 4 \end{bmatrix} = (\lambda - 2)^2 (\lambda - 8) = 0$$

所以，A 的相異特徵值為 $\lambda = 2$ 及 $\lambda = 8$。利用 7.1 節例題 5 所使用的方法，可證明出

$$\mathbf{u}_1 = \begin{bmatrix} -1 \\ 1 \\ 0 \end{bmatrix} \quad \text{及} \quad \mathbf{u}_2 = \begin{bmatrix} -1 \\ 0 \\ 1 \end{bmatrix} \tag{5}$$

形成了對應於 $\lambda = 2$ 之特徵空間的一組基底。對 $\{\mathbf{u}_1, \mathbf{u}_2\}$ 使用葛蘭-史密特法得單範正交特徵向量 (證明之)：

$$\mathbf{v}_1 = \begin{bmatrix} -\frac{1}{\sqrt{2}} \\ \frac{1}{\sqrt{2}} \\ 0 \end{bmatrix} \quad \text{及} \quad \mathbf{v}_2 = \begin{bmatrix} -\frac{1}{\sqrt{6}} \\ -\frac{1}{\sqrt{6}} \\ \frac{2}{\sqrt{6}} \end{bmatrix} \tag{6}$$

對應於 $\lambda = 8$ 的特徵空間有

$$\mathbf{u}_3 = \begin{bmatrix} 1 \\ 1 \\ 1 \end{bmatrix}$$

為其之一組基底。對 $\{\mathbf{u}_3\}$ 應用葛蘭-史密特法 (亦即正規化 $\mathbf{u}_3$) 得

$$\mathbf{v}_3 = \begin{bmatrix} \frac{1}{\sqrt{3}} \\ \frac{1}{\sqrt{3}} \\ \frac{1}{\sqrt{3}} \end{bmatrix}$$

最後，使用 $\mathbf{v}_1, \mathbf{v}_2$ 及 $\mathbf{v}_3$ 作為行向量，可得

$$P = \begin{bmatrix} -\frac{1}{\sqrt{2}} & -\frac{1}{\sqrt{6}} & \frac{1}{\sqrt{3}} \\ \frac{1}{\sqrt{2}} & -\frac{1}{\sqrt{6}} & \frac{1}{\sqrt{3}} \\ 0 & \frac{2}{\sqrt{6}} & \frac{1}{\sqrt{3}} \end{bmatrix}$$

其正交對角化 A。做一檢查，留給讀者確認

$$P^T A P = \begin{bmatrix} -\frac{1}{\sqrt{2}} & \frac{1}{\sqrt{2}} & 0 \\ -\frac{1}{\sqrt{6}} & -\frac{1}{\sqrt{6}} & \frac{2}{\sqrt{6}} \\ \frac{1}{\sqrt{3}} & \frac{1}{\sqrt{3}} & \frac{1}{\sqrt{3}} \end{bmatrix} \begin{bmatrix} 4 & 2 & 2 \\ 2 & 4 & 2 \\ 2 & 2 & 4 \end{bmatrix} \begin{bmatrix} -\frac{1}{\sqrt{2}} & -\frac{1}{\sqrt{6}} & \frac{1}{\sqrt{3}} \\ \frac{1}{\sqrt{2}} & -\frac{1}{\sqrt{6}} & \frac{1}{\sqrt{3}} \\ 0 & \frac{2}{\sqrt{6}} & \frac{1}{\sqrt{3}} \end{bmatrix} = \begin{bmatrix} 2 & 0 & 0 \\ 0 & 2 & 0 \\ 0 & 0 & 8 \end{bmatrix}$$

◀

譜分解

若 A 是一對稱矩陣，其可被

$$P = [\mathbf{u}_1 \quad \mathbf{u}_2 \quad \cdots \quad \mathbf{u}_n]$$

正交對角化且若 $\lambda_1, \lambda_2, \ldots, \lambda_n$ 是 A 的所有特徵值分別對應至單位特徵向量 $\mathbf{u}_1, \mathbf{u}_2, \ldots, \mathbf{u}_n$，則我們知道 $D = P^T A P$，其中 D 是以所有特徵值擺在對角線位置的對角矩陣。因此，A 可被表為

$$A = PDP^T = [\mathbf{u}_1 \quad \mathbf{u}_2 \quad \cdots \quad \mathbf{u}_n] \begin{bmatrix} \lambda_1 & 0 & \cdots & 0 \\ 0 & \lambda_2 & \cdots & 0 \\ \vdots & \vdots & \ddots & \vdots \\ 0 & 0 & \cdots & \lambda_n \end{bmatrix} \begin{bmatrix} \mathbf{u}_1^T \\ \mathbf{u}_2^T \\ \vdots \\ \mathbf{u}_n^T \end{bmatrix}$$

$$= [\lambda_1 \mathbf{u}_1 \quad \lambda_2 \mathbf{u}_2 \quad \cdots \quad \lambda_n \mathbf{u}_n] \begin{bmatrix} \mathbf{u}_1^T \\ \mathbf{u}_2^T \\ \vdots \\ \mathbf{u}_n^T \end{bmatrix}$$

乘開來，我們得到公式

$$A = \lambda_1 \mathbf{u}_1 \mathbf{u}_1^T + \lambda_2 \mathbf{u}_2 \mathbf{u}_2^T + \cdots + \lambda_n \mathbf{u}_n \mathbf{u}_n^T \tag{7}$$

其被稱為 A 的**譜分解** (spectral decomposition)*。

---

*譜分解一詞來自矩陣 A 的所有特徵值所成的集合，有時候被稱為 A 的譜 (spectrum)。特徵值分解一詞來自 Dan Kalman 教授，他在一篇名為 "A Singularly Valuable Decomposition: The SVD of a Matrix," *The College Mathematics Journal*, Vol. 27, No. 1, January 1996 的論文裡引用這個專有名詞。

注意在 A 的譜分解的各項裡均有型式 $\lambda \mathbf{u}\mathbf{u}^T$，其中 $\mathbf{u}$ 是 A 的一個單位向量，其為行向量型，而 λ 是 A 對應至 $\mathbf{u}$ 的一特徵值。因為 $\mathbf{u}$ 的階數為 $n \times 1$，得乘積 $\mathbf{u}\mathbf{u}^T$ 的階數為 $n \times n$。可證明出 (雖然我們不證明) $\mathbf{u}\mathbf{u}^T$ 是 R^n 在由向量 $\mathbf{u}$ 所生成的子空間上之正交投影的標準矩陣。接受此論述，A 的譜分解告知，向量 $\mathbf{x}$ 在以對稱矩陣 A 做乘法之下的像，可由將 $\mathbf{x}$ 正交投影在由 A 的所有特徵向量所決定的直線 (一維子空間) 上，接著再以所有特徵值來量化那些投影，再將量化的投影加起來而得。底下是一個例子。

▶ **例題 2** 譜分解的幾何意義

矩陣
$$A = \begin{bmatrix} 1 & 2 \\ 2 & -2 \end{bmatrix}$$

有特徵值 $\lambda_1 = -3$ 及 $\lambda_2 = 2$ 具相對應的特徵向量

$$\mathbf{x}_1 = \begin{bmatrix} 1 \\ -2 \end{bmatrix} \quad \text{及} \quad \mathbf{x}_2 = \begin{bmatrix} 2 \\ 1 \end{bmatrix}$$

(證明之)。正規化這些基底向量，得

$$\mathbf{u}_1 = \frac{\mathbf{x}_1}{\|\mathbf{x}_1\|} = \begin{bmatrix} \frac{1}{\sqrt{5}} \\ -\frac{2}{\sqrt{5}} \end{bmatrix} \quad \text{及} \quad \mathbf{u}_2 = \frac{\mathbf{x}_2}{\|\mathbf{x}_2\|} = \begin{bmatrix} \frac{2}{\sqrt{5}} \\ \frac{1}{\sqrt{5}} \end{bmatrix}$$

所以 A 的一個譜分解是

$$\begin{bmatrix} 1 & 2 \\ 2 & -2 \end{bmatrix} = \lambda_1 \mathbf{u}_1 \mathbf{u}_1^T + \lambda_2 \mathbf{u}_2 \mathbf{u}_2^T$$

$$= (-3) \begin{bmatrix} \frac{1}{\sqrt{5}} \\ -\frac{2}{\sqrt{5}} \end{bmatrix} \begin{bmatrix} \frac{1}{\sqrt{5}} & -\frac{2}{\sqrt{5}} \end{bmatrix} + (2) \begin{bmatrix} \frac{2}{\sqrt{5}} \\ \frac{1}{\sqrt{5}} \end{bmatrix} \begin{bmatrix} \frac{2}{\sqrt{5}} & \frac{1}{\sqrt{5}} \end{bmatrix}$$

$$= (-3) \begin{bmatrix} \frac{1}{5} & -\frac{2}{5} \\ -\frac{2}{5} & \frac{4}{5} \end{bmatrix} + (2) \begin{bmatrix} \frac{4}{5} & \frac{2}{5} \\ \frac{2}{5} & \frac{1}{5} \end{bmatrix} \tag{8}$$

其中，如上面提到的，(8) 式右邊的 2×2 階矩陣分別是正交投影映至對應至 $\lambda_1 = -3$ 及 $\lambda_2 = 2$ 的子空間上之標準矩陣。

現在讓我們來看，關於向量 $\mathbf{x} = (1, 1)$ 在由 A 做乘法之下的像，此

譜分解告訴我們什麼。將 **x** 寫為行向量型，得

$$A\mathbf{x} = \begin{bmatrix} 1 & 2 \\ 2 & -2 \end{bmatrix} \begin{bmatrix} 1 \\ 1 \end{bmatrix} = \begin{bmatrix} 3 \\ 0 \end{bmatrix} \qquad (9)$$

且由 (8) 式得

$$A\mathbf{x} = \begin{bmatrix} 1 & 2 \\ 2 & -2 \end{bmatrix} \begin{bmatrix} 1 \\ 1 \end{bmatrix} = (-3) \begin{bmatrix} \frac{1}{5} & -\frac{2}{5} \\ -\frac{2}{5} & \frac{4}{5} \end{bmatrix} \begin{bmatrix} 1 \\ 1 \end{bmatrix} + (2) \begin{bmatrix} \frac{4}{5} & \frac{2}{5} \\ \frac{2}{5} & \frac{1}{5} \end{bmatrix} \begin{bmatrix} 1 \\ 1 \end{bmatrix}$$

$$= (-3) \begin{bmatrix} -\frac{1}{5} \\ \frac{2}{5} \end{bmatrix} + (2) \begin{bmatrix} \frac{6}{5} \\ \frac{3}{5} \end{bmatrix}$$

$$= \begin{bmatrix} \frac{3}{5} \\ -\frac{6}{5} \end{bmatrix} + \begin{bmatrix} \frac{12}{5} \\ \frac{6}{5} \end{bmatrix} = \begin{bmatrix} 3 \\ 0 \end{bmatrix} \qquad (10)$$

公式 (9) 及 (10) 提供兩個不同方法來觀看向量 (1, 1) 在由 A 做乘法之下的像：公式 (9) 直接告訴我們此向量的像是 (3, 0)，公式 (10) 告訴我們此像亦可由將 (1, 1) 投影至對應 $\lambda_1 = -3$ 及 $\lambda_2 = 2$ 的特徵空間而得向量 $\left(-\frac{1}{5}, \frac{2}{5}\right)$ 及 $\left(\frac{6}{5}, \frac{3}{5}\right)$，接著以特徵值做量化得 $\left(\frac{3}{5}, -\frac{6}{5}\right)$ 及 $\left(\frac{12}{5}, \frac{6}{5}\right)$，且再將這些向量相加 (見圖 7.2.1)。◀

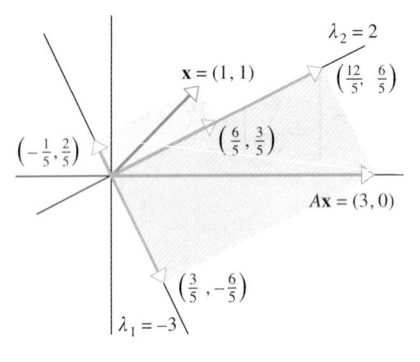

▲ 圖 **7.2.1**

不可對角化案例

若 A 是一個不可正交對角化的 $n \times n$ 階矩陣，它仍可能達成 $P^T A P$ 之相當簡化型，若適當的選擇正交矩陣 P。我們將考慮兩個定理 (不證明) 來說明此點。首先，歸功於德國數學家 Isaai Schur，敘述每個方陣 A 是正交相似於一個上三角形矩陣，其中 A 的所有特徵值落在此上三角形

矩陣的主對角線上。

> **定理 7.2.3：Schur's 定理**
> 若 A 是一個具實數元素及實數特徵值的 $n \times n$ 階矩陣，則存在一個正交矩陣 P 使得 $P^T A P$ 是型如
> $$P^T A P = \begin{bmatrix} \lambda_1 & \times & \times & \cdots & \times \\ 0 & \lambda_2 & \times & \cdots & \times \\ 0 & 0 & \lambda_3 & \cdots & \times \\ \vdots & \vdots & \vdots & \ddots & \vdots \\ 0 & 0 & 0 & \cdots & \lambda_n \end{bmatrix} \quad (11)$$
> 的上三角形矩陣，其中 $\lambda_1, \lambda_2, \ldots, \lambda_n$ 是矩陣 A 的所有特徵值且依據重數重複出現。

一般將 (11) 式的上三角形矩陣表為 S (紀念 Suhur)，此時方程式可被改寫為

$$A = P S P^T \quad (12)$$

其被稱為 A 的 **Schur** 分解 (Schur decomposition)。

下一個定理，歸功於德國數學家及工程師 Karl Hessenberg (1904-1959)，敘述每個具實數元素的方陣是正交相似於一個在第一個下**對角線** (subdiagonal) 之下的每個元素均為零的矩陣 (圖 7.2.2)。此類矩陣被稱為上 **Hessenberg** 型 (upper Hessenberg form)。

▲ 圖 7.2.2

史記：德國數學家 Issai Schur 的一生是一位悲傷的提醒者，係因納粹警察在 1930 年代對猶太知識份子的影響。Schur 是一位卓越的數學家及廣受歡迎的演講者，他吸引許多學生及研究者到柏林大學，那裡是他工作及教書的地方。他的演講有時候吸引許多學生以致需要歌劇院的眼鏡由後排看他。Schur 的生活在納粹管理之下愈來愈困難，且在禁止非亞利安人擁有「為民服務」工作的法令之下，他於 1933 年 4 月份被強迫由大學「退休」。許多尊敬他、喜歡他的學生和同事提出強烈的抗議，但並未擊退 1935 年他的解職令。Schur 認為自己是一位忠誠的德國人，無法理解從納粹手裡所受的迫害和屈辱。他於 1939 年離開德國至巴勒斯坦，一個破產的人，缺少財源，他必須賣掉他所鍾愛的數學書籍且生活窮困直到 1941 年過世。

Issai Schur
(1875–1941)

[相片：摘錄自 *Courtesy Electronic Publishing Services, Inc., New York City*]

定理 7.2.4：Hessenberg's 定理

若 A 是一個 $n \times n$ 階矩陣，則存在一個正交矩陣 P 滿足 $P^T A P$ 是型如

$$P^T A P = \begin{bmatrix} \times & \times & \cdots & \times & \times & \times \\ \times & \times & \cdots & \times & \times & \times \\ 0 & \times & \ddots & \times & \times & \times \\ \vdots & \vdots & \ddots & \vdots & \vdots & \vdots \\ 0 & 0 & \cdots & \times & \times & \times \\ 0 & 0 & \cdots & 0 & \times & \times \end{bmatrix} \quad (13)$$

的矩陣。

注意：不像 (11) 式，(13) 式中的所有對角元素通常不是 A 的所有特徵值。

一般將 (13) 式的上 Hessenberg 矩陣表為 H (紀念 Hessenberg)，此時方程式可被改寫為

$$A = PHP^T \quad (14)$$

其被稱為 A 的上 **Hessenberg 分解** (upper Hessenberg decomposition)。

註釋：在許多數值演算法裡，初始矩陣首先被轉換成上 Hessenberg 型以減少演算法後續的計算量。許多電腦軟體已建有指令求 Schur 及 Hessenberg 分解。

概念複習

- 正交相似矩陣
- 可正交對角化矩陣
- 譜分解 (或特徵值分解)
- Schur 分解
- 下對角線
- 上 Hessenberg 型
- 上 Hessenberg 分解

技　能

- 能辨認可正交對角化矩陣。
- 知道對稱矩陣的所有特徵值是實數。
- 知道由對稱矩陣之不同特徵空間所取的特徵向量是正交的。
- 能正交對角化對稱矩陣。
- 能求對稱矩陣的譜分解。
- 知道 Schur 定理的敘述。
- 知道 Hessenberg 定理的敘述。

習題集 7.2

1. 試求所給之對稱矩陣的特徵方程式，然後以觀察方式判定特徵空間的維數。

   (a) $\begin{bmatrix} 2 & 6 \\ 6 & 18 \end{bmatrix}$
   (b) $\begin{bmatrix} 1 & -2 & 2 \\ -2 & 1 & -2 \\ 2 & -2 & 1 \end{bmatrix}$

   (c) $\begin{bmatrix} 1 & 0 & 1 \\ 0 & 1 & 0 \\ 1 & 0 & 1 \end{bmatrix}$
   (d) $\begin{bmatrix} 2 & 2 & 2 \\ 2 & 2 & -2 \\ 2 & -2 & 2 \end{bmatrix}$

   (e) $\begin{bmatrix} 0 & 3 & 0 & 0 \\ 3 & 0 & 0 & 0 \\ 0 & 0 & 0 & 3 \\ 0 & 0 & 3 & 0 \end{bmatrix}$
   (f) $\begin{bmatrix} 0 & 0 & 2 & -1 \\ 0 & 0 & -1 & 2 \\ 2 & -1 & 0 & 0 \\ -1 & 2 & 0 & 0 \end{bmatrix}$

▶對習題 2-9，試求一矩陣 P 使其正交對角化 A 且決定 $P^{-1}AP$。◀

2. $\begin{bmatrix} 4 & 2 \\ 2 & 4 \end{bmatrix}$

3. $A = \begin{bmatrix} 1 & -12 \\ -12 & -6 \end{bmatrix}$

4. $\begin{bmatrix} -7 & 24 \\ 24 & 7 \end{bmatrix}$

5. $A = \begin{bmatrix} 3 & 0 & 1 \\ 0 & 2 & 0 \\ 1 & 0 & 3 \end{bmatrix}$

6. $\begin{bmatrix} 1 & 1 & 0 \\ 1 & 1 & 0 \\ 0 & 0 & 0 \end{bmatrix}$

7. $A = \begin{bmatrix} 2 & -1 & -1 \\ -1 & 2 & -1 \\ -1 & -1 & 2 \end{bmatrix}$

8. $\begin{bmatrix} 4 & 2 & 0 & 0 \\ 2 & 4 & 0 & 0 \\ 0 & 0 & 0 & 0 \\ 0 & 0 & 0 & 0 \end{bmatrix}$

9. $A = \begin{bmatrix} 6 & -2 & 0 & 0 \\ -2 & 3 & 0 & 0 \\ 0 & 0 & 6 & -2 \\ 0 & 0 & -2 & 3 \end{bmatrix}$

10. 假設 $b \neq 0$，試求能正交對角化

    $\begin{bmatrix} a & b \\ b & a \end{bmatrix}$

    的矩陣。

11. 試證明若 A 為任意 $m \times n$ 階矩陣，則 $A^T A$ 有由 n 個特徵向量所組成的單範正交集合。

12. (a) 試證明若 $\mathbf{v}$ 為任意 $n \times 1$ 階矩陣且 I 為 $n \times n$ 階單位矩陣，則 $I - \mathbf{v}\mathbf{v}^T$ 為可正交對角化。

    (b) 試求一矩陣 P 來正交對角化 $I - \mathbf{v}\mathbf{v}^T$，若

    $\mathbf{v} = \begin{bmatrix} 1 \\ 0 \\ 1 \end{bmatrix}$

13. 利用 5.1 節習題 19 的結果，並以 2×2 階矩陣證明定理 7.2.2(a)。

14. 是否存在一個具特徵值 $\lambda_1 = -1, \lambda_2 = 3, \lambda_3 = 7$ 及其對應的特徵向量

    $\begin{bmatrix} 0 \\ 1 \\ -1 \end{bmatrix}, \begin{bmatrix} 1 \\ 0 \\ 0 \end{bmatrix}, \begin{bmatrix} 0 \\ 1 \\ 1 \end{bmatrix}$

    之 3×3 階對稱矩陣？若存在，求此一矩陣；若不存在，試解釋為何。

15. 定理 7.2.2(b) 的逆命題是否為真？試解釋之。

16. 試求下面各矩陣的譜分解。

    (a) $\begin{bmatrix} 4 & 2 \\ 2 & 4 \end{bmatrix}$
    (b) $\begin{bmatrix} -7 & 24 \\ 24 & 7 \end{bmatrix}$

    (c) $\begin{bmatrix} -3 & 1 & 2 \\ 1 & -3 & 2 \\ 2 & 2 & 0 \end{bmatrix}$
    (d) $\begin{bmatrix} 3 & 0 & 1 \\ 0 & 2 & 0 \\ 1 & 0 & 3 \end{bmatrix}$

17. 證明若 A 是一個對稱正交矩陣，則 1 和 -1 是唯一可能的特徵值。

18. (a) 試求一 3×3 階對稱矩陣使其特徵值是 $\lambda_1 = -1, \lambda_2 = 3, \lambda_3 = 7$ 及其對應的特徵向量是 $\mathbf{v}_1 = (0, 1, -1), \mathbf{v}_2 = (1, 0, 0), \mathbf{v}_3 = (0, 1, 1)$。

    (b) 是否存在一個具特徵值 $\lambda_1 = -1, \lambda_2 = 3, \lambda_3 = 7$ 及其對應的特徵向量 $\mathbf{v}_1 = (0, 1, -1), \mathbf{v}_2 = (1, 0, 0), \mathbf{v}_3 = (0, 1, 1)$ 之 3×3 階對稱矩陣？解釋你的理由。

19. 令 A 是一個可對角化矩陣且具有取自不同特徵空間之特徵向量是正交的。A 必是對稱的嗎？試解釋你的理由。

20. 證明：若 $\{\mathbf{u}_1, \mathbf{u}_2, \ldots, \mathbf{u}_n\}$ 是 R^n 的一組單範正交基底，且若 A 可被表為
$$A = c_1\mathbf{u}_1\mathbf{u}_1^T + c_2\mathbf{u}_2\mathbf{u}_2^T + \cdots + c_n\mathbf{u}_n\mathbf{u}_n^T$$
則 A 是對稱的且有特徵值 $c_1, c_2, \ldots, c_n$。

21. 本習題將建立矩陣 A 是可正交對角化的若且唯若它是對稱的。我們已證明一個可正交對角化的矩陣是對稱的。比較困難的是證明對稱矩陣 A 是可正交對角化的。我們將以兩個步驟來進行：首先我們將證明 A 是可對角化的，接著以該結果證明 A 是可正交對角化的。

(a) 假設 A 是一個對稱的 $n \times n$ 階矩陣。證明 A 是可對角化的方法之一是證明每一個特徵值 λ_0 的幾何重數等於代數重數。為此目的，假設 λ_0 的幾何重數是 k，令 $B_0 = \{\mathbf{u}_1, \mathbf{u}_2, \ldots, \mathbf{u}_k\}$ 是一組基底給對應 λ_0 的特徵空間，將此基底擴大至單範正交基底 $B = \{\mathbf{u}_1, \mathbf{u}_2, \ldots, \mathbf{u}_n\}$ 給 R^n，且令 P 為以 B 的所有向量作為行的矩陣。如 5.2 節習題 34(b) 所證明的，乘積 AP 可被寫為
$$AP = P\begin{bmatrix} \lambda_0 I_k & X \\ 0 & Y \end{bmatrix}$$
使用 B 是一組單範正交基底的事實，證明 $X = 0$ [一個 $n \times (n-k)$ 階的零矩陣]。

(b) 由 (a) 部分和 5.2 節習題 34(c)，知 A 和
$$C = \begin{bmatrix} \lambda_0 I_k & 0 \\ 0 & Y \end{bmatrix}$$
有相同的特徵多項式。使用這個事實及 5.2 節習題 34(d)，證明 λ_0 的代數重數和 λ_0 的幾何重數相同。此建立 A 是可對角化的。

(c) 使用定理 7.2.2(b) 及 A 是可對角化的事實，證明 A 是正交可對角化的。

是非題

試判斷 (a)-(g) 各敘述的真假，並驗證你的答案。

(a) 若 A 為一方陣，則 AA^T 及 A^TA 是可正交對角化的。

(b) 若 $\mathbf{v}_1$ 及 $\mathbf{v}_2$ 取自某對稱矩陣的不同特徵空間，則 $\|\mathbf{v}_1 + \mathbf{v}_2\|^2 = \|\mathbf{v}_1\|^2 + \|\mathbf{v}_2\|^2$。

(c) 每個正交矩陣是可正交對角化的。

(d) 若 A 是可逆的且正交對角化，則 A^{-1} 是可正交對角化。

(e) 正交矩陣的每個特徵值的絕對值 1。

(f) 若 A 是一個 $n \times n$ 階可正交對角化矩陣，則存在一組由 A 的特徵向量所組成的單範正交基底給 R^n。

(g) 若 A 是可正交對角化，則 A 有實數特徵值。

7.3 二次型

本節我們將使用矩陣方法來研究多變數的實數值函數，其中各項不是某變數的平方就是兩個變數的乘積。此類函數在許多應用上出現，包括幾何學、力學系統振盪、統計學及電子工程學。

二次型的定義

型如
$$a_1x_1 + a_2x_2 + \cdots + a_nx_n$$

的表示式經常出現在線性方程式及線性方程組的研究裡。若 $a_1, a_2, \ldots,$ a_n 被視為常數時,則此表示式是一個 n 個變數 $x_1, x_2, \ldots, x_n$ 的實數值函數,且被稱是 R^n 上的**線性型** (liner form)。在線性型裡的所有變數均是一次冪且沒有變數乘積。本節我們將關心 R^n 上的**二次型** (quadratic forms),其函數型如

$$a_1 x_1^2 + a_2 x_2^2 + \cdots + a_n x_n^2 + (\text{所有型如 } a_k x_i x_j \text{ 的可能項,其中 } x_i \neq x_j)$$

型如 $a_k x_i x_j$ 的所有項均被稱為**叉積項** (cross product terms)。通常將含 $x_i x_j$ 的所有叉積項和含 $x_j x_i$ 的所有叉積項合在一起以避免重複。因此,R^2 上的一般二次型將被表為

$$a_1 x_1^2 + a_2 x_2^2 + 2 a_3 x_1 x_2 \tag{1}$$

而 R^3 上的一般二次型將被表為

$$a_1 x_1^2 + a_2 x_2^2 + a_3 x_3^2 + 2 a_4 x_1 x_2 + 2 a_5 x_1 x_3 + 2 a_6 x_2 x_3 \tag{2}$$

若如往常,我們不區分數 a 及 1×1 階矩陣 $[a]$,且令 $\mathbf{x}$ 為變數的行向量,則 (1) 式和 (2) 式可被表為如下的矩陣型

$$\begin{bmatrix} x_1 & x_2 \end{bmatrix} \begin{bmatrix} a_1 & a_3 \\ a_3 & a_2 \end{bmatrix} \begin{bmatrix} x_1 \\ x_2 \end{bmatrix} = \mathbf{x}^T A \mathbf{x}$$

$$\begin{bmatrix} x_1 & x_2 & x_3 \end{bmatrix} \begin{bmatrix} a_1 & a_4 & a_5 \\ a_4 & a_2 & a_6 \\ a_5 & a_6 & a_3 \end{bmatrix} \begin{bmatrix} x_1 \\ x_2 \\ x_3 \end{bmatrix} = \mathbf{x}^T A \mathbf{x}$$

(證明之)。注意在這些公式裡的矩陣 A 是對稱的,其對角元素是所有平方項的係數,而非對角上元素則是所有叉積項之係數的一半。一般來講,若 A 是一個對稱的 $n \times n$ 階矩陣且 $\mathbf{x}$ 是一個 $n \times 1$ 階變數行向量,則我們稱函數

$$Q_A(\mathbf{x}) = \mathbf{x}^T A \mathbf{x} \tag{3}$$

為**伴隨 A 的二次型** (quadratic form associated with A)。若方便時,(3) 式可被以點積記法表示為

$$\mathbf{x}^T A \mathbf{x} = \mathbf{x} \cdot A \mathbf{x} = A \mathbf{x} \cdot \mathbf{x} \tag{4}$$

當 A 是一個對角矩陣時,二次型 $\mathbf{x}^T A \mathbf{x}$ 沒有叉積項;例如,若 A 有

對角元素 $\lambda_1, \lambda_2, \ldots, \lambda_n$，則

$$\mathbf{x}^T A \mathbf{x} = \begin{bmatrix} x_1 & x_2 & \cdots & x_n \end{bmatrix} \begin{bmatrix} \lambda_1 & 0 & \cdots & 0 \\ 0 & \lambda_2 & \cdots & 0 \\ \vdots & \vdots & \ddots & \vdots \\ 0 & 0 & \cdots & \lambda_n \end{bmatrix} \begin{bmatrix} x_1 \\ x_2 \\ \vdots \\ x_n \end{bmatrix} = \lambda_1 x_1^2 + \lambda_2 x_2^2 + \cdots + \lambda_n x_n^2$$

▶**例題 1　將二次型表為矩陣記法**

對各小題，將二次型表為矩陣記法 $\mathbf{x}^T A \mathbf{x}$，其中 A 是對稱的。

(a) $2x^2 + 6xy - 5y^2$　　　(b) $x_1^2 + 7x_2^2 - 3x_3^2 + 4x_1x_2 - 2x_1x_3 + 8x_2x_3$

解：A 的所有對角元素是所有平方項的係數，則所有非對角元素是所有叉積項的係數之半，所以

$$2x^2 + 6xy - 5y^2 = \begin{bmatrix} x & y \end{bmatrix} \begin{bmatrix} 2 & 3 \\ 3 & -5 \end{bmatrix} \begin{bmatrix} x \\ y \end{bmatrix}$$

$$x_1^2 + 7x_2^2 - 3x_3^2 + 4x_1x_2 - 2x_1x_3 + 8x_2x_3 = \begin{bmatrix} x_1 & x_2 & x_3 \end{bmatrix} \begin{bmatrix} 1 & 2 & -1 \\ 2 & 7 & 4 \\ -1 & 4 & -3 \end{bmatrix} \begin{bmatrix} x_1 \\ x_2 \\ x_3 \end{bmatrix}$$
◀

二次型裡的變數變換

有三種重要的問題出現在二次型的應用裡：

問題 1　若 $\mathbf{x}^T A \mathbf{x}$ 是 R^2 或 R^3 上的一個二次型，則什麼樣的曲線或曲面可被表為方程式 $\mathbf{x}^T A \mathbf{x} = k$？

問題 2　若 $\mathbf{x}^T A \mathbf{x}$ 是 R^n 上的一個二次型，則 A 必須滿足什麼條件，可使 $\mathbf{x}^T A \mathbf{x}$ 有正值對 $\mathbf{x} \neq \mathbf{0}$？

問題 3　若 $\mathbf{x}^T A \mathbf{x}$ 是 R^n 上的一個二次型，則若 $\mathbf{x}$ 受限滿足 $\|\mathbf{x}\| = 1$，其最大值及最小值為何？

本節將考慮前兩個問題，第三個問題將留至下一節討論。

許多解這些問題的方法係基於以代替法

$$\mathbf{x} = P\mathbf{y} \tag{5}$$

來簡化二次型 $\mathbf{x}^T A \mathbf{x}$，其利用新變數 $y_1, y_2, \ldots, y_n$ 來表示變數 $x_1, x_2, \ldots, x_n$。若 P 是可逆的，則稱 (5) 式是**變數變換** (change of variable)，而若 P

是正交的，則稱 (5) 式是**變數正交變換** (orthogonal change of variable)。

若我們在二次型 $\mathbf{x}^T A \mathbf{x}$ 做變數變換 $\mathbf{x} = P\mathbf{y}$，則我們得

$$\mathbf{x}^T A \mathbf{x} = (P\mathbf{y})^T A (P\mathbf{y}) = \mathbf{y}^T P^T A P \mathbf{y} = \mathbf{y}^T (P^T A P) \mathbf{y} \tag{6}$$

因為矩陣 $B = P^T A P$ 是對稱的 (證明之)，變數變換的影響是得到一個含變數 $y_1, y_2, \ldots, y_n$ 的新二次型 $\mathbf{y}^T B \mathbf{y}$。尤其是，若選擇 P 來正交對角化 A，則新的二次型將為 $\mathbf{y}^T D \mathbf{y}$，其中 D 是一個對角矩陣，且 A 的所有特徵值在其主對角線上；亦即

$$\mathbf{x}^T A \mathbf{x} = \mathbf{y}^T D \mathbf{y} = \begin{bmatrix} y_1 & y_2 & \cdots & y_n \end{bmatrix} \begin{bmatrix} \lambda_1 & 0 & \cdots & 0 \\ 0 & \lambda_2 & \cdots & 0 \\ \vdots & \vdots & \ddots & \vdots \\ 0 & 0 & \cdots & \lambda_n \end{bmatrix} \begin{bmatrix} y_1 \\ y_2 \\ \vdots \\ y_n \end{bmatrix}$$

$$= \lambda_1 y_1^2 + \lambda_2 y_2^2 + \cdots + \lambda_n y_n^2$$

因此，我們有下面結果，稱為**主軸定理** (principal axes theorem)。

定理 7.3.1：主軸定理

若 A 是一個對稱的 $n \times n$ 階矩陣，則存在一個變數正交變換，將二次型 $\mathbf{x}^T A \mathbf{x}$ 轉換成不具叉積項的二次型 $\mathbf{y}^T D \mathbf{y}$。明確地，若 P 正交對角化 A，則在二次型裡做變數變換 $\mathbf{x} = P\mathbf{y}$ 得二次型

$$\mathbf{x}^T A \mathbf{x} = \mathbf{y}^T D \mathbf{y} = \lambda_1 y_1^2 + \lambda_2 y_2^2 + \cdots + \lambda_n y_n^2$$

其中 $\lambda_1, \lambda_2, \ldots, \lambda_n$ 為 A 的所有特徵值，且其對應的特徵向量形成 P 的逐次行。

▶ **例題 2** 主軸定理之例

求一個變數正交變換來消去二次型 $Q = x_1^2 - x_3^2 - 4x_1 x_2 + 4x_2 x_3$ 的叉積項，並利用新變數表示 Q。

解：二次型可以矩陣記法表為

$$Q = \mathbf{x}^T A \mathbf{x} = \begin{bmatrix} x_1 & x_2 & x_3 \end{bmatrix} \begin{bmatrix} 1 & -2 & 0 \\ -2 & 0 & 2 \\ 0 & 2 & -1 \end{bmatrix} \begin{bmatrix} x_1 \\ x_2 \\ x_3 \end{bmatrix}$$

矩陣 A 的特徵方程式是

$$\begin{vmatrix} \lambda - 1 & 2 & 0 \\ 2 & \lambda & -2 \\ 0 & -2 & \lambda + 1 \end{vmatrix} = \lambda^3 - 9\lambda = \lambda(\lambda + 3)(\lambda - 3) = 0$$

所以特徵值是 $\lambda = 0, -3, 3$。留給讀者證明，這些特徵空間的單範正交基底是

$$\lambda = 0: \begin{bmatrix} \frac{2}{3} \\ \frac{1}{3} \\ \frac{2}{3} \end{bmatrix}, \quad \lambda = -3: \begin{bmatrix} -\frac{1}{3} \\ -\frac{2}{3} \\ \frac{2}{3} \end{bmatrix}, \quad \lambda = 3: \begin{bmatrix} -\frac{2}{3} \\ \frac{2}{3} \\ \frac{1}{3} \end{bmatrix}$$

因此，消去叉積項的代換 $\mathbf{x} = P\mathbf{y}$ 是

$$\begin{bmatrix} x_1 \\ x_2 \\ x_3 \end{bmatrix} = \begin{bmatrix} \frac{2}{3} & -\frac{1}{3} & -\frac{2}{3} \\ \frac{1}{3} & -\frac{2}{3} & \frac{2}{3} \\ \frac{2}{3} & \frac{2}{3} & \frac{1}{3} \end{bmatrix} \begin{bmatrix} y_1 \\ y_2 \\ y_3 \end{bmatrix}$$

此產生新二次型

$$Q = \mathbf{y}^T (P^T A P) \mathbf{y} = \begin{bmatrix} y_1 & y_2 & y_3 \end{bmatrix} \begin{bmatrix} 0 & 0 & 0 \\ 0 & -3 & 0 \\ 0 & 0 & 3 \end{bmatrix} \begin{bmatrix} y_1 \\ y_2 \\ y_3 \end{bmatrix} = -3y_2^2 + 3y_3^2$$

其中無叉積項。 ◀

注釋：若 A 是一個對稱的 $n \times n$ 階矩陣，則二次型 $\mathbf{x}^T A \mathbf{x}$ 是一個實數值函數，其值域是 $\mathbf{x}^T A \mathbf{x}$ 的所可能值所成的集合，其中 $\mathbf{x}$ 跑遍整個 R^n。可證明出變數正交變換 $\mathbf{x} = P\mathbf{y}$ 不改變二次型的值域；亦即 $\mathbf{x}^T A \mathbf{x}$ 的所有可能值所成的集合，其中 $\mathbf{x}$ 跑遍整個 R^n，和 $\mathbf{y}^T (P^T A P) \mathbf{y}$ 的所有可能值所成的集合，其中 $\mathbf{y}$ 跑遍整個 R^n，相等。

二次型的幾何意義

回顧一個圓錐曲線 (conic section) 或二次曲線 (conic) 是一條曲線，其係由一平面切一個雙圓錐體而得 (圖 7.3.1)。最重要的圓錐曲線是橢圓、雙曲線及拋物線，其係由切平面不通過頂點而得。圓是橢圓的特殊情形，其係當切平面垂直圓錐體的對稱軸而得。若切平面通過頂點，所得的交集被稱是退化圓錐曲線 (degenerate conic)。可能的退化圓錐曲線是一點、一雙相交直線或一直線。

[圓] [橢圓] [拋物線] [雙曲線]

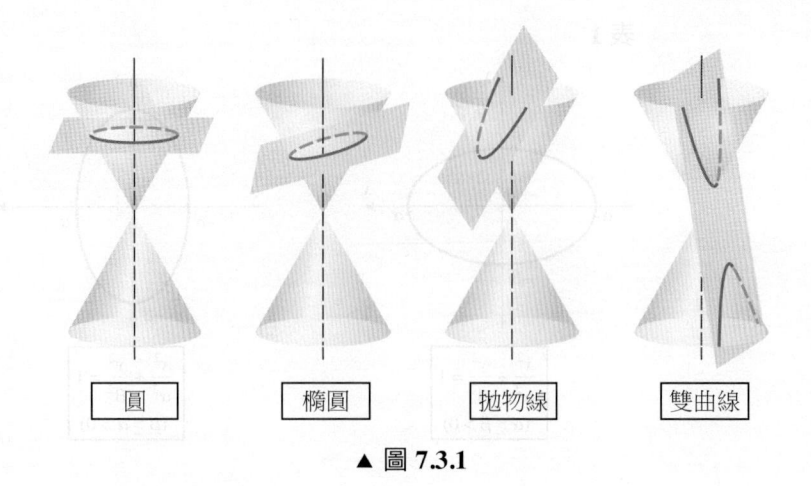

▲ 圖 7.3.1

R^2 上的二次型自然出現在圓錐曲線的研究裡。例如，在解析幾何裡，方程式型如

$$ax^2 + 2bxy + cy^2 + dx + ey + f = 0 \tag{7}$$

其中 a, b 及 c 不全為零，代表一圓錐曲線*。若 (7) 式中的 $d=e=0$，則沒有線性項，所以方程式變為

$$ax^2 + 2bxy + cy^2 + f = 0 \tag{8}$$

且被稱表示一條**中心二次曲線** (central conic)。這些包括圓、橢圓及雙曲線，但不包含拋物線。更而，若 (8) 式中 $b=0$，則沒有叉積項 (即含 xy 之項)，且方程式

$$ax^2 + cy^2 + f = 0 \tag{9}$$

被稱表示一條**在標準位置的中心二次曲線** (central conic in standard position)。此型態最重要的二次曲線展示於表 1。

若將方程式 (8) 和 (9) 的常數項 f 移至右邊且令 $k=-f$，則我們可將這些方程式改寫為矩陣型

$$\begin{bmatrix} x & y \end{bmatrix} \begin{bmatrix} a & b \\ b & c \end{bmatrix} \begin{bmatrix} x \\ y \end{bmatrix} = k \quad \text{及} \quad \begin{bmatrix} x & y \end{bmatrix} \begin{bmatrix} a & 0 \\ 0 & c \end{bmatrix} \begin{bmatrix} x \\ y \end{bmatrix} = k \tag{10}$$

第一個式子對應至方程式 (8)，其中有一叉積項 $2bxy$，而第二個式子對應至方程式 (9)，其中沒有叉積項。在幾何上，叉積項的存在表示二次

---

*我們亦必須允許無實數值 x 和 y 滿足方程式的可能性，例如 $x^2+y^2+1=0$。此時稱方程式**沒有圖形** (no graph) 或有一個**空圖** (an empty graph)。

表 1

$$\frac{x^2}{\alpha^2}+\frac{y^2}{\beta^2}=1$$
$(\alpha \geq \beta > 0)$

$$\frac{x^2}{\alpha^2}+\frac{y^2}{\beta^2}=1$$
$(\beta \geq \alpha > 0)$

旋轉出標準位置的中心二次曲線

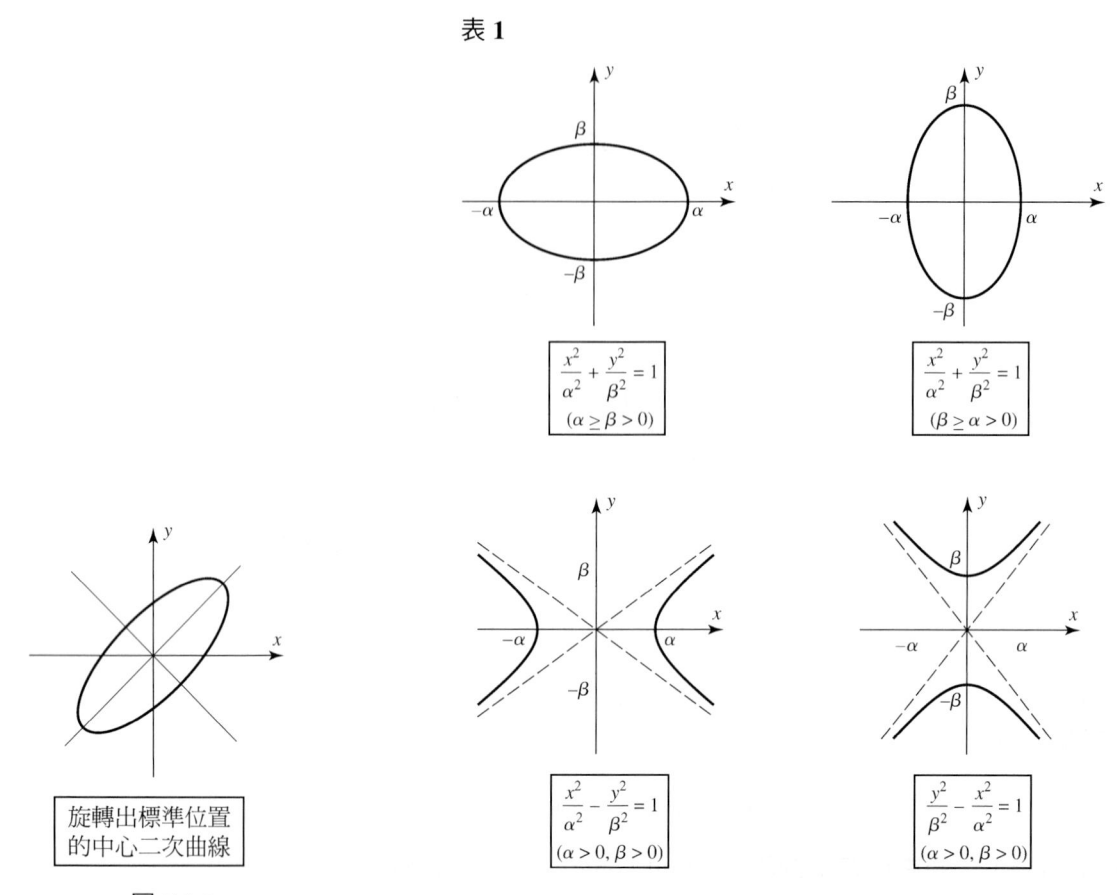

$$\frac{x^2}{\alpha^2}-\frac{y^2}{\beta^2}=1$$
$(\alpha > 0, \beta > 0)$

$$\frac{y^2}{\beta^2}-\frac{x^2}{\alpha^2}=1$$
$(\alpha > 0, \beta > 0)$

▲ 圖 7.3.2

型的圖形是繞原點旋轉，如圖 7.3.2。(10) 式中的方程式在三維的類比是

$$\begin{bmatrix} x & y & z \end{bmatrix} \begin{bmatrix} a & d & e \\ d & b & f \\ e & f & c \end{bmatrix} \begin{bmatrix} x \\ y \\ z \end{bmatrix} = k \text{ 及 } \begin{bmatrix} x & y & z \end{bmatrix} \begin{bmatrix} a & 0 & 0 \\ 0 & b & 0 \\ 0 & 0 & c \end{bmatrix} \begin{bmatrix} x \\ y \\ z \end{bmatrix} = k \quad (11)$$

若 a, b 及 c 不全為零，則這些方程式在 R^3 的圖形被稱為**在標準位置的中心二次曲面** (central quadrics in standard position)。

確認圓錐曲線

我們現在已可考慮稍早提出三個問題中的第一個問題，確認含兩個或三個變數的方程式 $\mathbf{x}^T A \mathbf{x} = k$ 所代表的曲線或曲面。我們將專注在兩變數的情形。我們注意上面之方程式型如

$$ax^2 + 2bxy + cy^2 + f = 0 \tag{12}$$

表一條中心二次曲線。若 $b=0$，則該二次曲線在標準位置，且若 $b\neq 0$，它是旋轉過了。以一個二次型表方程式，可易於確認在標準位置的中心二次曲線。例如，方程式

$$9x^2 + 16y^2 - 144 = 0$$

可被改寫為

$$\frac{x^2}{16} + \frac{y^2}{9} = 1$$

比較表 1，其是如圖 7.3.3 所示的橢圓。

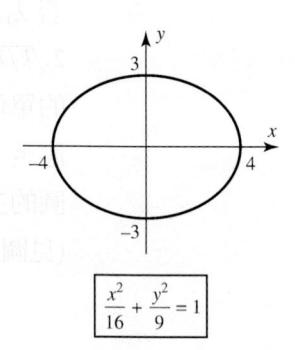

▲ 圖 7.3.3

若一條中心二次曲線旋轉出標準位置，則它可由先旋轉座標軸以便將它擺進標準位置，接著再以表 1 的一個二次型來配對所得的方程式來確認。欲找一個旋轉來消去方程式

$$ax^2 + 2bxy + cy^2 = k \tag{13}$$

中的叉積項，將此方程式表為矩陣型

$$\mathbf{x}^T A \mathbf{x} = \begin{bmatrix} x & y \end{bmatrix} \begin{bmatrix} a & b \\ b & c \end{bmatrix} \begin{bmatrix} x \\ y \end{bmatrix} = k \tag{14}$$

將較為方便，且找一個變數變換

$$\mathbf{x} = P\mathbf{x}'$$

來對角化 A 且滿足 $\det(P)=1$。因為在 7.1 節例題 4，我們見過轉移矩陣

$$P = \begin{bmatrix} \cos\theta & -\sin\theta \\ \sin\theta & \cos\theta \end{bmatrix} \tag{15}$$

將直角座標系的 xy-軸旋轉一個角度 θ，我們的問題簡化為求 θ 來對角化 A，因而消去 (13) 式中的叉積項。若我們取這個變數變換，則在 $x'y'$-座標系，方程式 (14) 將變為

$$\mathbf{x}'^T D \mathbf{x}' = \begin{bmatrix} x' & y' \end{bmatrix} \begin{bmatrix} \lambda_1 & 0 \\ 0 & \lambda_2 \end{bmatrix} \begin{bmatrix} x' \\ y' \end{bmatrix} = k \tag{16}$$

其中 λ_1 和 λ_2 為 A 的特徵值。二次曲線可由 (16) 式寫為型如

$$\lambda_1 x'^2 + \lambda_2 y'^2 = k \tag{17}$$

來確認且執行必要的代數運算以表 1 的某個標準型來符合它。例如，若 λ_1, λ_2 及 k 為正的，則 (17) 式表一個橢圓，其中 x'-方向的軸長是 $2\sqrt{k/\lambda_1}$，y'-方向的軸長是 $2\sqrt{k/\lambda_2}$。P 的第一個行向量，其為對應至 λ_1 的單位特徵向量，是沿著正 x'-軸方向；而 P 的第二個行向量，其為對應至 λ_2 的單位特徵向量，是沿著 y'-軸方向的單位向量。這些被稱為橢圓的**主軸** (principal axes)，其解釋為何定理 7.3.1 被稱是「主軸定理」(見圖 7.3.4)。

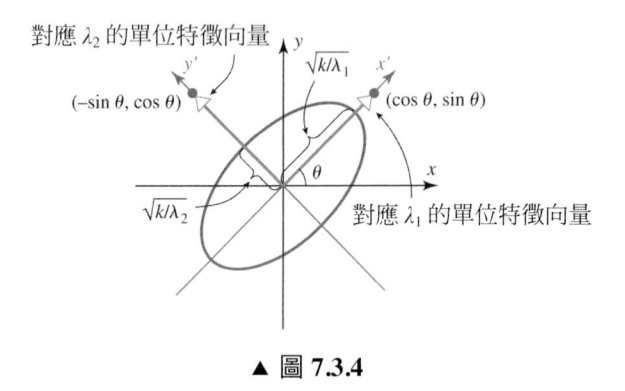

▲ 圖 7.3.4

▶**例題 3** 利用消去叉積項來確認二次曲線

(a) 利用旋轉座標軸將二次曲線擺在標準位置，來確認方程式為
$5x^2 - 4xy + 8y^2 - 36 = 0$ 的二次曲線。

(b) 求 (a) 中旋軸 xy-軸的角度 θ。

解 (a)：已知方程式可被寫為矩陣型

$$\mathbf{x}^T A \mathbf{x} = 36$$

其中

$$A = \begin{bmatrix} 5 & -2 \\ -2 & 8 \end{bmatrix}$$

A 的特徵值多項式是

$$\begin{vmatrix} \lambda - 5 & 2 \\ 2 & \lambda - 8 \end{vmatrix} = (\lambda - 4)(\lambda - 9)$$

所以特徵值是 $\lambda = 4$ 及 $\lambda = 9$。留給讀者證明特徵空間的單範正交基底是

$$\lambda = 4: \begin{bmatrix} \frac{2}{\sqrt{5}} \\ \frac{1}{\sqrt{5}} \end{bmatrix}, \quad \lambda = 9: \begin{bmatrix} -\frac{1}{\sqrt{5}} \\ \frac{2}{\sqrt{5}} \end{bmatrix}$$

因此，A 可被

$$P = \begin{bmatrix} \frac{2}{\sqrt{5}} & -\frac{1}{\sqrt{5}} \\ \frac{1}{\sqrt{5}} & \frac{2}{\sqrt{5}} \end{bmatrix} \tag{18}$$

正交對角化。此外，$\det(P)=1$，所以我們確信代替法 $\mathbf{x}=P\mathbf{x}'$ 執行一個座標軸旋轉。由 (16) 式，在 $x'y'$-座標系二次曲線的方程式是

> 若出現 $\det(P)$ $=-1$，則互換行來變號。

$$[x'\ y'] \begin{bmatrix} 4 & 0 \\ 0 & 9 \end{bmatrix} \begin{bmatrix} x' \\ y' \end{bmatrix} = 36$$

其可寫為

$$4x'^2 + 9y'^2 = 36 \quad \text{或} \quad \frac{x'^2}{9} + \frac{y'^2}{4} = 1$$

我們現在可由表 1 看出二次曲線是一個橢圓，其在 x'-方向的軸長 $2\alpha = 6$，在 y'-方向的軸長是 $2\beta = 4$。

解 (b)：由 (15) 式得

$$P = \begin{bmatrix} \frac{2}{\sqrt{5}} & -\frac{1}{\sqrt{5}} \\ \frac{1}{\sqrt{5}} & \frac{2}{\sqrt{5}} \end{bmatrix} = \begin{bmatrix} \cos\theta & -\sin\theta \\ \sin\theta & \cos\theta \end{bmatrix}$$

其蘊涵

$$\cos\theta = \frac{2}{\sqrt{5}}, \quad \sin\theta = \frac{1}{\sqrt{5}}, \quad \tan\theta = \frac{\sin\theta}{\cos\theta} = \frac{1}{2}$$

因此，$\theta = \tan^{-1}\frac{1}{2} \approx 26.6°$（圖 7.3.5）。

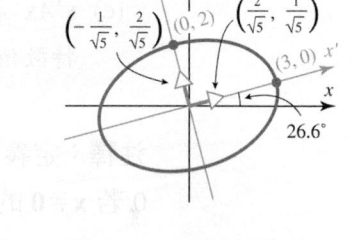

▲ 圖 7.3.5

注釋：在習題裡，將要求讀者證明若 $b \neq 0$，則方程式

$$ax^2 + 2bxy + cy^2 = k$$

的叉積項可由旋轉 θ 角來消去，θ 滿足

$$\cot 2\theta = \frac{a-c}{2b} \tag{19}$$

留給讀者確認此和上一例題的 (b) 一致。

正定二次型

我們現在考慮稍早所提的兩個問題中的第二個問題，決定對所有非零

的 **x** 滿足 $\mathbf{x}^T A \mathbf{x} > 0$ 的條件。我們將馬上解釋為何這是重要的，但先來介紹一些專有名詞。

> 定義 1 的專有名詞亦可應用至矩陣 A；亦即，A 是正定的、負定的或不定的，依據伴隨的二次型是否有該性質。

定義 1：二次型 $\mathbf{x}^T A \mathbf{x}$ 被稱為
正定的 (positive definite) 若 $\mathbf{x}^T A \mathbf{x} > 0$ 對 $\mathbf{x} \neq \mathbf{0}$。
負定的 (negative definite) 若 $\mathbf{x}^T A \mathbf{x} < 0$ 對 $\mathbf{x} \neq \mathbf{0}$。
不定的 (indefinite) 若 $\mathbf{x}^T A \mathbf{x}$ 兼具正值與負值。

下一個定理，其證明留至本節末，提供一個方法使用特徵值來判斷 A 及其伴隨的二次型 $\mathbf{x}^T A \mathbf{x}$ 是否為正定的、負定的或不定的。

定理 7.3.2：若 A 是一個對稱矩陣，則：
(a) $\mathbf{x}^T A \mathbf{x}$ 是正定的若且唯若 A 的所有特徵值皆為正數。
(b) $\mathbf{x}^T A \mathbf{x}$ 是負定的若且唯若 A 的所有特徵值皆為負數。
(c) $\mathbf{x}^T A \mathbf{x}$ 是不定的若且唯若 A 至少有一個正特徵值且至少有一個負特徵值。

注釋：定義 1 的三種分類並未出清所有的可能性。例如，滿足 $\mathbf{x}^T A \mathbf{x} \geq 0$ 若 $\mathbf{x} \neq \mathbf{0}$ 的二次型被稱為**半正定的** (positive semidefinite)，而滿足 $\mathbf{x}^T A \mathbf{x} \leq 0$ 若 $\mathbf{x} \neq \mathbf{0}$ 的二次型被稱為**半負定的** (negative semidefinite)。每一個正定型是半正定的，但反之不成立，且每一個負定型是半負定的，但反之亦不成立 (為何？)。適當的調整定理 7.3.2 的證明，我們可證明 $\mathbf{x}^T A \mathbf{x}$ 是半正定的若且唯若 A 的所有特徵值皆是非負的，且 $\mathbf{x}^T A \mathbf{x}$ 是半負定的若且唯若 A 的所有特徵值皆是非正的。

▶**例題 4　正定二次型**

通常不太可能由對稱矩陣 A 的所有元素之符號來判斷矩陣是否為正定的、負定的或不定的。例如，矩陣

$$A = \begin{bmatrix} 3 & 1 & 1 \\ 1 & 0 & 2 \\ 1 & 2 & 0 \end{bmatrix}$$

的所有元素均為非負的，但此矩陣是不定的，因為其特徵值是 $\lambda=1, 4,-2$ (證明之)。另一種方法可看出，讓我們將二次型展開為

$$\mathbf{x}^T A \mathbf{x} = [x_1 \ x_2 \ x_3] \begin{bmatrix} 3 & 1 & 1 \\ 1 & 0 & 2 \\ 1 & 2 & 0 \end{bmatrix} \begin{bmatrix} x_1 \\ x_2 \\ x_3 \end{bmatrix} = 3x_1^2 + 2x_1x_2 + 2x_1x_3 + 4x_2x_3$$

> 正定及負定矩陣是可逆的，為何？

我們現在可看出，例如

$$\mathbf{x}^T A \mathbf{x} = 4 \quad 若 \quad x_1 = 0, \quad x_2 = 1, \quad x_3 = 1$$

且

$$\mathbf{x}^T A \mathbf{x} = -4 \quad 若 \quad x_1 = 0, \quad x_2 = 1, \quad x_3 = -1 \quad \blacktriangleleft$$

使用特徵值分類圓錐曲線

若 $\mathbf{x}^T B \mathbf{x} = k$ 是某圓錐曲線的方程式，且若 $k \neq 0$，則我們可除以 k 並改寫方程式為

$$\mathbf{x}^T A \mathbf{x} = 1 \tag{20}$$

其中 $A = (1/k)B$。若我們現在旋轉座標軸來消去方程式中的叉積項 (若有)，則圓錐曲線在新座標系的方程式將為

$$\lambda_1 x'^2 + \lambda_2 y'^2 = 1 \tag{21}$$

其中 λ_1 及 λ_2 為 A 的特徵值。以此方程式來表示的圓錐曲線之特別型態係依據特徵值 λ_1 及 λ_2 的符號。例如，你將可從 (21) 式看出：

· $\mathbf{x}^T A \mathbf{x} = 1$ 表一橢圓若 $\lambda_1 > 0$ 且 $\lambda_2 > 0$。
· $\mathbf{x}^T A \mathbf{x} = 1$ 無圖形若 $\lambda_1 < 0$ 且 $\lambda_2 < 0$。
· $\mathbf{x}^T A \mathbf{x} = 1$ 表一雙曲線若 λ_1 及 λ_2 有相異符號。

在橢圓情形，方程式 (21) 可被改寫為

$$\frac{x'^2}{(1/\sqrt{\lambda_1})^2} + \frac{y'^2}{(1/\sqrt{\lambda_2})^2} = 1 \tag{22}$$

所以橢圓的軸長為 $2/\sqrt{\lambda_1}$ 及 $2/\sqrt{\lambda_2}$ (圖 7.3.6)。

下一個定理是此討論及定理 7.3.2 的立刻結果。

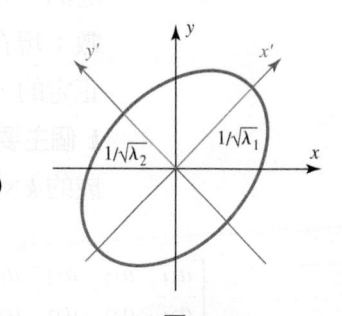

▲ 圖 7.3.6

定理 7.3.3：若 A 是一個對稱的 2×2 階矩陣，則：
(a) $\mathbf{x}^T A\mathbf{x}=1$ 表一橢圓若 A 是正定的。
(b) $\mathbf{x}^T A\mathbf{x}=1$ 無圖形若 A 是負定的。
(c) $\mathbf{x}^T A\mathbf{x}=1$ 表一雙曲線若 A 是不定的。

在例題 3 中，我們執行了一個旋轉，證明方程式

$$5x^2 - 4xy + 8y^2 - 36 = 0$$

為一個橢圓且長軸長為 6，短軸為 4。此結論亦可如下獲得，即改寫方程式為

$$\tfrac{5}{36}x^2 - \tfrac{1}{9}xy + \tfrac{2}{9}y^2 = 1$$

並證明伴隨矩陣

$$A = \begin{bmatrix} \tfrac{5}{36} & -\tfrac{1}{18} \\ -\tfrac{1}{18} & \tfrac{2}{9} \end{bmatrix}$$

有特徵值 $\lambda_1 = \tfrac{1}{9}$ 及 $\lambda_2 = \tfrac{1}{4}$。這些特徵值均是正的，所以矩陣 A 是正定的，因而方程式表一橢圓。此外，由 (21) 式得橢圓的軸長為 $2/\sqrt{\lambda_1}=6$ 及 $2/\sqrt{\lambda_2}=4$，其和例題 3 一致。

確認正定矩陣

正定矩陣在應用方面是最重要的對稱矩陣，所以多學一點它們是有益處的。我們已知道一個對稱矩陣是正定的，若且唯若其特徵值均為正數；現在我們將給一個檢驗法，其可被用來判斷一個對稱矩陣是否為正定的，而不必求所有特徵值。為此目的，我們定義 $n\times n$ 階矩陣的**第 k 個主要子矩陣** (kth principal submatrix) 為由 A 的前 k 列及前 k 行所組成的 $k\times k$ 階子矩陣。例如，4×4 階矩陣的所有主要子矩陣如下：

$$\begin{bmatrix} a_{11} & a_{12} & a_{13} & a_{14} \\ a_{21} & a_{22} & a_{23} & a_{24} \\ a_{31} & a_{32} & a_{33} & a_{34} \\ a_{41} & a_{42} & a_{43} & a_{44} \end{bmatrix} \begin{bmatrix} a_{11} & a_{12} & a_{13} & a_{14} \\ a_{21} & a_{22} & a_{23} & a_{24} \\ a_{31} & a_{32} & a_{33} & a_{34} \\ a_{41} & a_{42} & a_{43} & a_{44} \end{bmatrix} \begin{bmatrix} a_{11} & a_{12} & a_{13} & a_{14} \\ a_{21} & a_{22} & a_{23} & a_{24} \\ a_{31} & a_{32} & a_{33} & a_{34} \\ a_{41} & a_{42} & a_{43} & a_{44} \end{bmatrix} \begin{bmatrix} a_{11} & a_{12} & a_{13} & a_{14} \\ a_{21} & a_{22} & a_{23} & a_{24} \\ a_{31} & a_{32} & a_{33} & a_{34} \\ a_{41} & a_{42} & a_{43} & a_{44} \end{bmatrix}$$

第一主要子矩陣　　第二主要子矩陣　　第三主要子矩陣　　第四主要子矩陣

下一個定理，僅敘述不證明，提供一個判斷測試以確認一個對稱矩陣是否為正定的。

> **定理 7.3.4**：對稱矩陣 A 是正定的若且唯若每一個主要子矩陣的行列式是正的。

▶ **例題 5　主要子矩陣**

矩陣

$$A = \begin{bmatrix} 2 & -1 & -3 \\ -1 & 2 & 4 \\ -3 & 4 & 9 \end{bmatrix}$$

為正定的，因為行列式

$$|2| = 2, \quad \begin{vmatrix} 2 & -1 \\ -1 & 2 \end{vmatrix} = 3, \quad \begin{vmatrix} 2 & -1 & -3 \\ -1 & 2 & 4 \\ -3 & 4 & 9 \end{vmatrix} = 1$$

皆為正值。因此，可以保證 A 的所有特徵值皆為正數且對所有 $\mathbf{x} \neq \mathbf{0}$，$\mathbf{x}^T A \mathbf{x} > 0$ 皆成立。　◀

可選擇的教材

我們以可選擇的定理 7.3.2 之證明來結束本節。

定理 7.3.2(a) 及 (b) 的證明：由主軸定理 (定理 7.3.1)，存在一個變數正交變換 $\mathbf{x} = P\mathbf{y}$ 滿足

$$\mathbf{x}^T A \mathbf{x} = \mathbf{y}^T D \mathbf{y} = \lambda_1 y_1^2 + \lambda_2 y_2^2 + \cdots + \lambda_n y_n^2 \tag{23}$$

其中所有 λ 值是 A 的所有特徵值。此外，由 P 的可逆性得 $\mathbf{y} \neq \mathbf{0}$ 若且唯若 $\mathbf{x} \neq \mathbf{0}$，所以 $\mathbf{x}^T A \mathbf{x}$ 的值 ($\mathbf{x} \neq \mathbf{0}$) 和 $\mathbf{y}^T D \mathbf{y}$ 的值 ($\mathbf{y} \neq \mathbf{0}$) 相同。因此，由 (23) 式得 $\mathbf{x}^T A \mathbf{x} > 0$ 對 $\mathbf{x} \neq \mathbf{0}$ 若且唯若方程式中所有 λ 值是正的，且 $\mathbf{x}^T A \mathbf{x} < 0$ 對 $\mathbf{x} \neq \mathbf{0}$ 若且唯若所有 λ 值是負的。此證明 (a) 及 (b)。

證明 (c)：假若 A 至少有一個正特徵值且至少有一個負特徵值，且為明確點，假設 (23) 式中的 $\lambda_1 > 0$ 且 $\lambda_2 < 0$。則

$$\mathbf{x}^T A \mathbf{x} > 0 \quad \text{若} \quad y_1 = 1 \text{ 且所有其他 } y \text{ 值為零}$$

且

$$\mathbf{x}^T A \mathbf{x} < 0 \quad 若 \quad y_2 = 1 \text{ 且所有其他 } y \text{ 值為零}$$

其證明 $\mathbf{x}^T A \mathbf{x}$ 是不定的。反之，若 $\mathbf{x}^T A \mathbf{x} > 0$ 對某些 $\mathbf{x}$，則 $\mathbf{y}^T D \mathbf{y} > 0$ 對某些 $\mathbf{y}$，所以 (23) 式中至少有一個 λ 必為正的。同理，若 $\mathbf{x}^T A \mathbf{x} < 0$ 對某些 $\mathbf{x}$，則 $\mathbf{y}^T D \mathbf{y} < 0$ 對某些 $\mathbf{y}$，所以 (23) 式中至少有一個 λ 必為負的，此完成證明。◀

概念複習

- 線性型
- 二次型
- 叉積項
- 二次型伴隨一矩陣
- 變數變換
- 變數正交變換
- 主軸定理
- 圓錐曲線
- 退化圓錐曲線
- 中心二次曲線
- 中心二次曲線的標準位置
- 中心二次曲線的標準型
- 中心二次曲面
- 橢圓主軸
- 正定二次型
- 負定二次型
- 不定二次型
- 半正定二次型
- 半負定二次型
- 主要子矩陣

技　能

- 將二次型表為矩陣記法 $\mathbf{x}^T A \mathbf{x}$，其中 A 為對稱矩陣。
- 找一個變數正交變換來消去二次型的叉積項，並以新變數表示二次型。
- 利用旋轉座標軸將圓錐曲線擺在標準位置之法確認方程式所代表的圓錐曲線，並求旋轉角。
- 使用特徵值確認圓錐曲線。
- 分類矩陣及二次型為正定的、負定的、不定的、半正定的或半負定的。

習題集 7.3

▶對習題 **1-2** 各小題，將二次型表為矩陣記法 $\mathbf{x}^T A \mathbf{x}$，其中 A 是對稱矩陣。◀

1. (a) $5x_1^2 - 3x_2^2$ (b) $9x_1^2 + x_2^2 - 4x_1 x_2$
  (c) $6x_1^2 + 4x_2^2 - 7x_3^2 - 2x_1 x_2 + 4x_1 x_3 + x_2 x_3$

2. (a) $5x_1^2 + 5x_1 x_2$ (b) $-7x_1 x_2$
  (c) $x_1^2 + x_2^2 - 3x_3^2 - 5x_1 x_2 + 9x_1 x_3$

▶對習題 **3-4** 各題，不使用矩陣找一公式給二次型。◀

3. $\begin{bmatrix} x & y \end{bmatrix} \begin{bmatrix} 4 & -1 \\ -1 & 3 \end{bmatrix} \begin{bmatrix} x \\ y \end{bmatrix}$

4. $\begin{bmatrix} x_1 & x_2 & x_3 \end{bmatrix} \begin{bmatrix} -2 & \frac{7}{2} & 1 \\ \frac{7}{2} & 0 & 6 \\ 1 & 6 & 3 \end{bmatrix} \begin{bmatrix} x_1 \\ x_2 \\ x_3 \end{bmatrix}$

▶對習題 **5-8** 各題，找一變數正交變換來消去二次型 Q 的叉積項，並以新變數表示 Q。◀

5. $Q = -x_1^2 - x_2^2 - 6x_1 x_2$

6. $Q = 5x_1^2 + 2x_2^2 + 4x_3^2 + 4x_1 x_2$

7. $Q = 2x_1^2 + 2x_2^2 + 2x_3^2 + 4x_1 x_2$

8. $Q = 2x_1^2 + 5x_2^2 + 5x_3^2 + 4x_1x_2 - 4x_1x_3 - 8x_2x_3$

▶對習題 9-10 各小題，將二次方程式表為矩陣型 $\mathbf{x}^T A\mathbf{x} + K\mathbf{x} + f = 0$，其中 $\mathbf{x}^T A\mathbf{x}$ 是伴隨二次型且 K 是某合適矩陣。◀

9. (a) $2x^2 + xy + x - 6y + 2 = 0$
   (b) $y^2 + 7x - 8y - 5 = 0$
10. (a) $x^2 - xy + 5x + 8y - 3 = 0$
    (b) $5xy = 8$

▶對習題 11-12 各小題，確認方程式所代表的圓錐曲線。◀

11. (a) $2x^2 - 2y^2 = 20$ (b) $5x^2 + 3y^2 - 15 = 0$
    (c) $7y^2 - 2x = 0$ (d) $x^2 + y^2 - 25 = 0$
12. (a) $4x^2 + 9y^2 = 1$ (b) $4x^2 - 5y^2 = 20$
    (c) $-x^2 = 2y$ (d) $x^2 - 3 = -y^2$

▶對習題 13-16 各題，利用旋轉座標軸將圓錐曲線擺在標準位置之法確認方程式所代表的圓錐曲線。求圓錐曲線在旋軸座標的方程式，並求旋轉角。◀

13. $x^2 - 4xy - 2y^2 + 8 = 0$
14. $5x^2 + 4xy + 5y^2 = 9$
15. $2x^2 - 12xy - 3y^2 - 7 = 0$
16. $x^2 + xy + y^2 = \frac{1}{2}$

▶對習題 17-18 各小題，以視察法判斷各矩陣是否為正定的、負定的、不定的、半正定的或半負定的。◀

17. (a) $\begin{bmatrix} 3 & 0 \\ 0 & -5 \end{bmatrix}$ (b) $\begin{bmatrix} 0 & 0 \\ 0 & -5 \end{bmatrix}$ (c) $\begin{bmatrix} 3 & 0 \\ 0 & 5 \end{bmatrix}$
    (d) $\begin{bmatrix} 3 & 0 \\ 0 & 0 \end{bmatrix}$ (e) $\begin{bmatrix} -3 & 0 \\ 0 & -5 \end{bmatrix}$

18. (a) $\begin{bmatrix} 2 & 0 \\ 0 & -5 \end{bmatrix}$ (b) $\begin{bmatrix} -2 & 0 \\ 0 & -5 \end{bmatrix}$ (c) $\begin{bmatrix} 2 & 0 \\ 0 & 5 \end{bmatrix}$
    (d) $\begin{bmatrix} 0 & 0 \\ 0 & -5 \end{bmatrix}$ (e) $\begin{bmatrix} 2 & 0 \\ 0 & 0 \end{bmatrix}$

▶對習題 19-24 各題，分類各二次型為正定的、負定的、不定的、半正定的或半負定的。◀

19. $3x_1^2 - 4x_2^2$ 20. $-x_1^2 - 3x_2^2$ 21. $2x_1^2 + 7x_2^2$
22. $-(x_1 - x_2)^2$ 23. $(4x_1 - x_2)^2$ 24. x_1x_2

▶對習題 25-26 各小題，先使用定理 7.3.2 再使用定理 7.3.4 證明矩陣 A 是正定的。◀

25. (a) $A = \begin{bmatrix} 5 & -2 \\ -2 & 5 \end{bmatrix}$ (b) $A = \begin{bmatrix} 2 & -1 & 0 \\ -1 & 2 & 0 \\ 0 & 0 & 5 \end{bmatrix}$

26. (a) $A = \begin{bmatrix} 2 & 1 \\ 1 & 2 \end{bmatrix}$ (b) $A = \begin{bmatrix} 3 & -1 & 0 \\ -1 & 2 & -1 \\ 0 & -1 & 3 \end{bmatrix}$

▶對習題 27-28 各題，求所有 k 值以滿足二次型是正定的。◀

27. $5x_1^2 + x_2^2 + kx_3^2 + 4x_1x_2 - 2x_1x_3 - 2x_2x_3$
28. $3x_1^2 + x_2^2 + 2x_3^2 - 2x_1x_3 + 2kx_2x_3$
29. 令 $\mathbf{x}^T A\mathbf{x}$ 為含變數 $x_1, x_2, \ldots, x_n$ 的二次型，且定義 $T: R^n \to R$ 為 $T(\mathbf{x}) = \mathbf{x}^T A\mathbf{x}$。
    (a) 證明 $T(\mathbf{x} + \mathbf{y}) = T(\mathbf{x}) + 2\mathbf{x}^T A\mathbf{y} + T(\mathbf{y})$
    (b) 證明 $T(c\mathbf{x}) = c^2 T(\mathbf{x})$
30. 將二次型 $(c_1 x_1 + c_2 x_2 + \cdots + c_n x_n)^2$ 表為矩陣記法 $\mathbf{x}^T A\mathbf{x}$，其中 A 是對稱的。
31. 在統計學裡
    $$\bar{x} = \frac{1}{n}(x_1 + x_2 + \cdots + x_n)$$
    和
    $$s_x^2 = \frac{1}{n-1}\left[(x_1 - \bar{x})^2 + (x_2 - \bar{x})^2 + \cdots + (x_n - \bar{x})^2\right]$$
    分別被稱為 $\mathbf{x} = (x_1, x_2, \ldots, x_n)$ 樣本平均數 (sample mean) 及樣本變異數 (sample variance)。
    (a) 將二次型 s_x^2 表為矩陣記法 $\mathbf{x}^T A\mathbf{x}$，其中 A 是對稱的。
    (b) s_x^2 是否為正定二次型？試解釋之。
32. 型如 $ax^2 + by^2 + cz^2 = 1$，其中 a, b 和 c 是正數的方程式在 xyz-座標系的圖形是一個曲面，且被稱是在標準位置的中心橢圓曲面 (central ellipsoid in standard position) (參見附圖)。這是 xy-平面上橢圓 $ax^2 + by^2 = 1$ 的三維一般化。橢圓曲面 $ax^2 + by^2 + cz^2 = 1$ 和三

座標軸的交集決定三條線段，此三條線段被稱是橢圓曲面的**軸** (axes)。若一中心橢圓曲面被繞著原點旋轉，使得兩個或更多個軸不跟任一座標軸重合，則所得方程式將有一個或更多個叉積項。

(a) 證明方程式

$$\tfrac{4}{3}x^2 + \tfrac{4}{3}y^2 + \tfrac{4}{3}z^2 + \tfrac{4}{3}xy + \tfrac{4}{3}xz + \tfrac{4}{3}yz = 1$$

表示一個橢圓曲面，並求其所有軸的長。[建議：將方程式寫為 $\mathbf{x}^T A \mathbf{x} = 1$，並做一個變數正交變換以消去叉積項。]

(b) 若欲令方程式 $\mathbf{x}^T A \mathbf{x} = 1$ 表示一個橢圓曲面，對稱的 3×3 階矩陣 A 必有何性質？

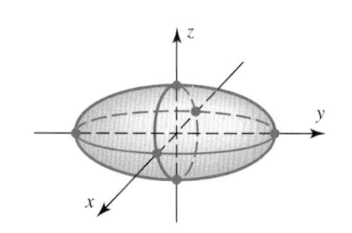

▲ 圖 Ex-32

33. 欲使 $\mathbf{x}^T A \mathbf{x} = 1$ 表示一個圓，對稱的 2×2 階矩陣 A 必有何性質？

34. 證明：若 $b \neq 0$，利用旋轉座標軸 θ 角，其中 θ 滿足

$$\cot 2\theta = \frac{a-c}{2b}$$

則二次型 $ax^2 + 2bxy + cy^2$ 可被消去叉積項。

35. 證明若 A 是一個 $n \times n$ 階對稱矩陣滿足所有特徵值是非負的，則 $\mathbf{x}^T A \mathbf{x} \geq 0$ 對 R^n 上所有非零的 $\mathbf{x}$。

是非題

試判斷 (a)-(l) 各敘述的真假，並驗證你的答案。

(a) 具正定特徵值的對稱矩陣是正定的。
(b) $x_1^2 - x_2^2 + x_3^2 + 4x_1 x_2 x_3$ 是一個二次型。
(c) $(x_1 - 3x_2)^2$ 是一個二次型。
(d) 正定矩陣是可逆的。
(e) 對稱矩陣不是正定的、負定的，就是不定的。
(f) 若 A 是正定的，則 $-A$ 是負定的。
(g) 對 R^n 上的所有 $\mathbf{x}$，$\mathbf{x} \cdot \mathbf{x}$ 是一個二次型。
(h) 若 $\mathbf{x}^T A \mathbf{x}$ 是一個正定二次型，則 $\mathbf{x}^T A^{-1} \mathbf{x}$ 亦是。
(i) 若 A 是僅有正特徵值的矩陣，則 $\mathbf{x}^T A \mathbf{x}$ 是一個正定二次型。
(j) 若 A 是具正元素且 $\det(A) > 0$ 的 2×2 階對稱矩陣，則 A 是正定的。
(k) 若 $\mathbf{x}^T A \mathbf{x}$ 是一個無叉積項的二次型，則 A 是一個對角矩陣。
(l) 若 $\mathbf{x}^T A \mathbf{x}$ 是一個含二個變數的正定二次型，且 $c \neq 0$，則方程式 $\mathbf{x}^T A \mathbf{x} = c$ 的圖形是一個橢圓。

7.4 使用二次型的最佳化

二次型出現在許多問題裡，其中某些數量的極大值或極小值是需要的。本節我們將討論此類型的一些問題。

受制極值問題

本節首要目標是考慮求二次型 $\mathbf{x}^T A \mathbf{x}$ 在制限條件 $\|\mathbf{x}\| = 1$ 之下的極大值及極小值問題。此類問題出現在廣泛的應用裡。

當 $\mathbf{x}^T A\mathbf{x}$ 是 R^2 上的一個二次型時，欲從幾何觀點來看此問題，可視 $z=\mathbf{x}^T A\mathbf{x}$ 為某曲面在直角 xyz-座標系的方程式，且視 $\|\mathbf{x}\|=1$ 為圓心在 xy-平面之原點的單位圓。在幾何上，求 $\mathbf{x}^T A\mathbf{x}$ 在制限條件 $\|\mathbf{x}\|=1$ 之下的極大值和極小值等同於找曲面和由圓所決定的直圓柱面之交集的最高點及最低點 (圖 7.4.1)。

下一個定理，證明留至本節末，是解此類問題的主要結果。

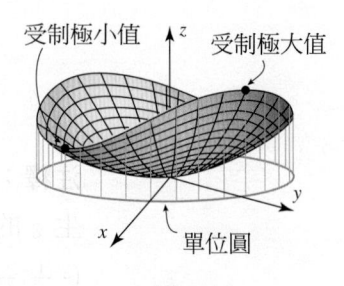

▲ 圖 **7.4.1**

定理 7.4.1：受制極值定理
若 A 為一個對稱的 $n \times n$ 階矩陣且其特徵值依遞減順序為 $\lambda_1 \geq \lambda_2 \geq \cdots \geq \lambda_n$。則：
(a) 二次型 $\mathbf{x}^T A\mathbf{x}$ 在滿足 $\|\mathbf{x}\|=1$ 的向量集合上有一極大值及一極小值；
(b) (a) 中所得的極大值發生在對應至特徵值 λ_1 的某單位向量；
(c) (a) 中所得的極小值發生在對應至特徵值 λ_n 的某單位向量。

注釋：上述定理中的條件 $\|\mathbf{x}\|=1$ 被稱為一個**制限** (constraint)，且 $\mathbf{x}^T A\mathbf{x}$ 受制於制限的極大值及極小值被稱為**受制極值** (constrained extremum)。方便的話，此制限亦可被表為 $\mathbf{x}^T \mathbf{x}=1$ 或被表為 $x_1^2+x_2^2+\cdots+x_n^2=1$。

▶ **例題 1　求受制極值**

求二次型 $z=5x^2+5y^2+4xy$ 在制限 $x^2+y^2=1$ 之下的極大值及極小值。

解：二次型可被以矩陣記法表為

$$z = 5x^2 + 5y^2 + 4xy = \mathbf{x}^T A\mathbf{x} = \begin{bmatrix} x & y \end{bmatrix} \begin{bmatrix} 5 & 2 \\ 2 & 5 \end{bmatrix} \begin{bmatrix} x \\ y \end{bmatrix}$$

留給讀者證明 A 的特徵值是 $\lambda_1=7$ 及 $\lambda_2=3$ 且其對應特徵向量是

$$\lambda_1 = 7: \begin{bmatrix} 1 \\ 1 \end{bmatrix}, \quad \lambda_2 = 3: \begin{bmatrix} -1 \\ 1 \end{bmatrix}$$

正規化這些特徵向量得

$$\lambda_1 = 7: \begin{bmatrix} \frac{1}{\sqrt{2}} \\ \frac{1}{\sqrt{2}} \end{bmatrix}, \quad \lambda_2 = 3: \begin{bmatrix} -\frac{1}{\sqrt{2}} \\ \frac{1}{\sqrt{2}} \end{bmatrix} \qquad (1)$$

因此，受制極值為

受制極大值：$z=7$ 在 $(x, y)=\left(\frac{1}{\sqrt{2}}, \frac{1}{\sqrt{2}}\right)$

受制極小值：$z=3$ 在 $(x, y)=\left(-\frac{1}{\sqrt{2}}, \frac{1}{\sqrt{2}}\right)$ ◀

註釋：因為 (1) 式中的特徵向量之負值亦是單位特徵向量，它們亦產生 z 的極大值及極小值；亦即，受制極大值 $z=7$ 亦發生在點 $(x, y)=\left(-\frac{1}{\sqrt{2}}, -\frac{1}{\sqrt{2}}\right)$，且受制極小值 $z=3$ 在 $(x, y)=\left(\frac{1}{\sqrt{2}}, -\frac{1}{\sqrt{2}}\right)$。

▶ **例題 2　受制極值問題**

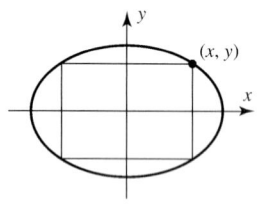

一矩形被內接於橢圓 $4x^2+9y^2=36$，如圖 7.4.2 所示。使用特徵值方法求非負的 x 和 y 使得內接矩形有最大面積。

解：內接矩形的面積 z 被給為 $z=4xy$，所以本問題變為極大化二次型 $z=4xy$ 在制限 $4x^2+9y^2=36$ 之下。在此問題裡，制限方程式的圖形是一個橢圓而非如定理 7.4.1 中所需要的單位圓，但我們可修改這個問題，即改寫制限為

▲ **圖 7.4.2**　一矩形內接於橢圓 $4x^2+9y^2=36$

$$\left(\frac{x}{3}\right)^2+\left(\frac{y}{2}\right)^2=1$$

並定義新變數 x_1 及 y_1 滿足方程式

$$x=3x_1 \quad 及 \quad y=2y_1$$

此可使我們改寫問題為：

$$\text{極大化 } z=4xy=24x_1y_1$$

受制於制限

$$x_1^2+y_1^2=1$$

欲解此問題，我們寫二次型 $z=24x_1y_1$ 為

$$z=\mathbf{x}^T A \mathbf{x}=\begin{bmatrix} x_1 & y_1 \end{bmatrix}\begin{bmatrix} 0 & 12 \\ 12 & 0 \end{bmatrix}\begin{bmatrix} x_1 \\ y_1 \end{bmatrix}$$

留給讀者證明 A 的最大特徵值是 $\lambda=12$ 且唯一對應的具非負元素之單位特徵向量是

$$\mathbf{x}=\begin{bmatrix} x_1 \\ y_1 \end{bmatrix}=\begin{bmatrix} \frac{1}{\sqrt{2}} \\ \frac{1}{\sqrt{2}} \end{bmatrix}$$

因此，最大面積是 $z=12$ 且發生在

$$x = 3x_1 = \frac{3}{\sqrt{2}} \quad 及 \quad y = 2y_1 = \frac{2}{\sqrt{2}}$$ ◀

受限極值及等高線

一個想像兩個變數函數 $f(x, y)$ 之行為的有用方法是考慮在 xy-平面上沿著 $f(x, y)$ 為常數之曲線。這些曲線的方程式為

$$f(x, y) = k$$

且被稱為 f 的**等高線** (level curves)(圖 7.4.3)。尤其是，R^2 上的二次型 $\mathbf{x}^T A \mathbf{x}$ 的等高線之方程式為

$$\mathbf{x}^T A \mathbf{x} = k \tag{2}$$

所以 $\mathbf{x}^T A \mathbf{x}$ 受制於制限 $\|\mathbf{x}\| = 1$ 的極大值及極小值是滿足 (2) 之圖形和單位圓相交的 k 之最大值及最小值。基本上，這些 k 值產生和單位圓相接觸的等高線 (圖 7.4.4)，且等高線剛接觸的點座標產生在制限 $\|\mathbf{x}\| = 1$ 之下極大化或極小化 $\mathbf{x}^T A \mathbf{x}$ 的向量。

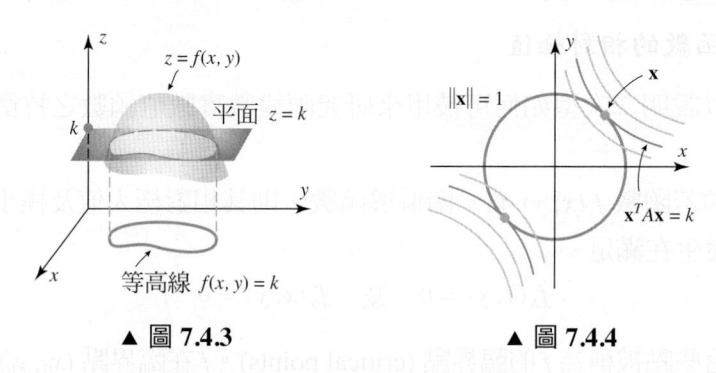

▲ 圖 7.4.3　　　　　　▲ 圖 7.4.4

▶ **例題 3** 使用等高線重做例題 1

在例題 1(及其後續之註釋)，我們發現了二次型

$$z = 5x^2 + 5y^2 + 4xy$$

在制限 $x^2 + y^2 = 1$ 之下的極大值及極小值。我們證明受制極大值是 $z = 7$，且其發生在點

$$(x, y) = \left(\frac{1}{\sqrt{2}}, \frac{1}{\sqrt{2}}\right) \quad 及 \quad (x, y) = \left(-\frac{1}{\sqrt{2}}, -\frac{1}{\sqrt{2}}\right) \tag{3}$$

而受制極小值是 $z = 3$，且其發生在點

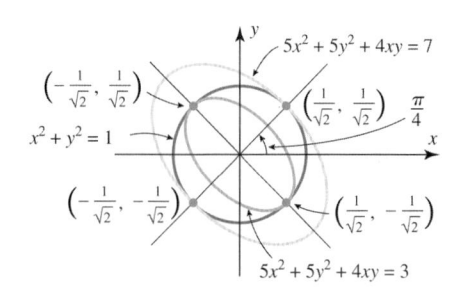

▲ 圖 7.4.5

$$(x, y) = \left(-\frac{1}{\sqrt{2}}, \frac{1}{\sqrt{2}}\right) \quad \text{及} \quad (x, y) = \left(\frac{1}{\sqrt{2}}, -\frac{1}{\sqrt{2}}\right) \tag{4}$$

在幾何上，此意味著等高線 $5x^2+5y^2+4xy=7$ 應僅和單位圓接觸在 (3) 式中的點，且等高線 $5x^2+5y^2+4xy=3$ 應僅和單位圓接觸在 (4) 式中的點。所有這些和圖 7.4.5 一致。 ◀

適合已學過微積分的讀者

兩變數函數的相對極值

我們將以說明二次型如何可被用來研究兩變數實數值函數之特徵來結束本節。

回顧若函數 $f(x, y)$ 有一階偏導函數，則其相對極大值及極小值，若有，發生在滿足

$$f_x(x, y) = 0 \quad \text{及} \quad f_y(x, y) = 0$$

的點。這些點被稱為 f 的**臨界點** (critical points)。f 在臨界點 (x_0, y_0) 的明確行為由

$$D(x, y) = f(x, y) - f(x_0, y_0) \tag{5}$$

在點 (x, y) 的符號來決定，其中 (x, y) 靠近但不等於 (x_0, y_0)：

- 若 $D(x, y) > 0$ 在足夠靠近但不等於 (x_0, y_0) 的點 (x, y)，則 $f(x_0, y_0) < f(x, y)$ 在這些點，且稱 f 在 (x_0, y_0) 有一個**相對極小值** (relative minimum)(圖 7.4.6a)。

- 若 $D(x, y) < 0$ 在足夠靠近但不等於 (x_0, y_0) 的點 (x, y)，則 $f(x_0, y_0) > f(x, y)$ 在這些點，且稱 f 在 (x_0, y_0) 有一個**相對極大值** (relative maximum)(圖 7.4.6b)。

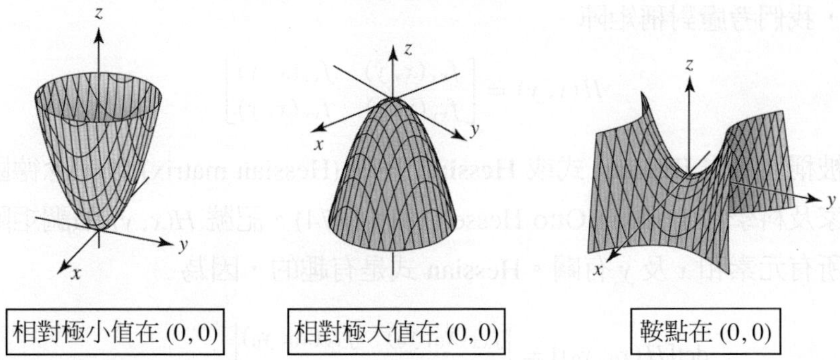

(a) 相對極小值在 (0,0)
(b) 相對極大值在 (0,0)
(c) 鞍點在 (0,0)

▲ 圖 7.4.6

- 若 $D(x, y)$ 在以 (x_0, y_0) 為圓心的圓內同時有正值及負值，則存在任意靠近 (x_0, y_0) 的點 (x, y) 使得 $f(x_0, y_0) < f(x, y)$，且存在任意靠近 (x_0, y_0) 的點 (x, y) 使得 $f(x_0, y_0) > f(x, y)$。在此情形，我們稱 f 在 (x_0, y_0) 有一個**鞍點** (saddle point)(圖 7.4.6c)。

一般來講，直接決定 (5) 式的符號是困難的。然而，下一個定理，證明在微積分裡，可使用導數來解析臨界點。

定理 7.4.2：二階導數檢驗法

假設 (x_0, y_0) 是 $f(x, y)$ 的一個臨界點且 f 在以 (x_0, y_0) 為圓心的某圓形區域上有連續二階偏導函數，則：

(a) f 在 (x_0, y_0) 有一個相對極小值若

$$f_{xx}(x_0, y_0)f_{yy}(x_0, y_0) - f_{xy}^2(x_0, y_0) > 0 \quad \text{且} \quad f_{xx}(x_0, y_0) > 0$$

(b) f 在 (x_0, y_0) 有一個相對極大值若

$$f_{xx}(x_0, y_0)f_{yy}(x_0, y_0) - f_{xy}^2(x_0, y_0) > 0 \quad \text{且} \quad f_{xx}(x_0, y_0) < 0$$

(c) f 在 (x_0, y_0) 有一個鞍點若

$$f_{xx}(x_0, y_0)f_{yy}(x_0, y_0) - f_{xy}^2(x_0, y_0) < 0$$

(d) 此檢驗法無法判斷若

$$f_{xx}(x_0, y_0)f_{yy}(x_0, y_0) - f_{xy}^2(x_0, y_0) = 0$$

此處我們的興趣是如何使用對稱矩陣的性質來重寫這個定理。為此目

的，我們考慮對稱矩陣

$$H(x, y) = \begin{bmatrix} f_{xx}(x, y) & f_{xy}(x, y) \\ f_{xy}(x, y) & f_{yy}(x, y) \end{bmatrix}$$

其被稱為 f 的 **Hessian** 式或 **Hessian** 矩陣 (Hessian matrix) 以紀念德國數學家及科學家 Ludwig Otto Hesse (1811-1874)。記號 $H(x, y)$ 強調矩陣中的所有元素和 x 及 y 有關。Hessian 式是有趣的，因為

$$\det[H(x_0, y_0)] = \begin{vmatrix} f_{xx}(x_0, y_0) & f_{xy}(x_0, y_0) \\ f_{xy}(x_0, y_0) & f_{yy}(x_0, y_0) \end{vmatrix}$$
$$= f_{xx}(x_0, y_0) f_{yy}(x_0, y_0) - f_{xy}^2(x_0, y_0)$$

是出現在定理 7.4.2 的表示式。我們現在可將二階導數檢驗法重寫如下。

定理 7.4.3：二階導數檢驗法的 Hessian 型

假設 (x_0, y_0) 是 $f(x, y)$ 的一個臨界點且 f 在以 (x_0, y_0) 為圓心的某圓形區域上有連續二階偏導函數。若 $H(x_0, y_0)$ 是 f 在 (x_0, y_0) 的 Hessian 式，則：

(a) f 在 (x_0, y_0) 有一個相對極小值若 $H(x_0, y_0)$ 是正定的。
(b) f 在 (x_0, y_0) 有一個相對極大值若 $H(x_0, y_0)$ 是負定的。
(c) f 在 (x_0, y_0) 有一個鞍點若 $H(x_0, y_0)$ 是不定的。
(d) 其他情形此檢驗法無法判斷。

我們將證明 (a)。其他部分的證明留作習題。

證明 **(a)**：若 $H(x_0, y_0)$ 是正定的，則定理 7.3.4 蘊涵 $H(x_0, y_0)$ 的主要子矩陣有正的行列式。因此，

$$\det[H(x_0, y_0)] = \begin{vmatrix} f_{xx}(x_0, y_0) & f_{xy}(x_0, y_0) \\ f_{xy}(x_0, y_0) & f_{yy}(x_0, y_0) \end{vmatrix}$$
$$= f_{xx}(x_0, y_0) f_{yy}(x_0, y_0) - f_{xy}^2(x_0, y_0) > 0$$

且

$$\det[f_{xx}(x_0, y_0)] = f_{xx}(x_0, y_0) > 0$$

所以，由定理 7.4.2(a)，f 在 (x_0, y_0) 有一個相對極小值。◀

▶ **例題 4** 使用 Hessian 式分類相對極值

求函數
$$f(x, y) = \tfrac{1}{3}x^3 + xy^2 - 8xy + 3$$
的所有臨界點並使用 Hessian 矩陣在臨界點的所有特徵值，若有，來判斷臨界點中何者是相對極大點、相對極小點或鞍點。

解：欲求臨界點及 Hessian 矩陣，我們將需要計算 f 的一階及二階偏導函數。這些導函數是

$$f_x(x, y) = x^2 + y^2 - 8y, \quad f_y(x, y) = 2xy - 8x, \quad f_{xy}(x, y) = 2y - 8$$
$$f_{xx}(x, y) = 2x, \qquad\qquad f_{yy}(x, y) = 2x$$

因此，Hessian 矩陣是

$$H(x, y) = \begin{bmatrix} f_{xx}(x, y) & f_{xy}(x, y) \\ f_{xy}(x, y) & f_{yy}(x, y) \end{bmatrix} = \begin{bmatrix} 2x & 2y - 8 \\ 2y - 8 & 2x \end{bmatrix}$$

欲求臨界點，令 f_x 及 f_y 均等於零。此得方程式

$$f_x(x, y) = x^2 + y^2 - 8y = 0 \quad \text{及} \quad f_y(x, y) = 2xy - 8x = 2x(y - 4) = 0$$

解第二個方程式得 $x=0$ 或 $y=4$。將 $x=0$ 代進第一個方程式並解 y 得 $y=0$ 或 $y=8$；將 $y=4$ 代進第一個方程式並解 x 得 $x=4$ 或 $x=-4$。因此，我們有 4 個臨界點：

$$(0, 0), \quad (0, 8), \quad (4, 4), \quad (-4, 4)$$

計算在這些臨界點的 Hessian 矩陣得

$$H(0, 0) = \begin{bmatrix} 0 & -8 \\ -8 & 0 \end{bmatrix}, \quad H(0, 8) = \begin{bmatrix} 0 & 8 \\ 8 & 0 \end{bmatrix}$$

$$H(4, 4) = \begin{bmatrix} 8 & 0 \\ 0 & 8 \end{bmatrix}, \quad H(-4, 4) = \begin{bmatrix} -8 & 0 \\ 0 & -8 \end{bmatrix}$$

留給讀者求這些矩陣的所有特徵值並導出下面穩定點的分類：

臨界點 (x_0, y_0)	λ_1	λ_2	分　類
$(0, 0)$	8	-8	鞍點
$(0, 8)$	8	-8	鞍點
$(4, 4)$	8	8	相對極小值
$(-4, 4)$	-8	-8	相對極大值

◀

可選擇的教材

我們以一個可選擇的定理 7.4.1 之證明來結束本節。

定理 7.4.1 證明：證明的第一步是證明 $A\mathbf{x}$ 有受制極大值及極小值對 $\|\mathbf{x}\|=1$。因為 A 是對稱的，主軸定理 (定理 7.3.1) 蘊涵存在一個變數正交變換 $\mathbf{x}=P\mathbf{y}$ 滿足

$$\mathbf{x}^T A \mathbf{x} = \lambda_1 y_1^2 + \lambda_2 y_2^2 + \cdots + \lambda_n y_n^2 \tag{6}$$

其中 $\lambda_1, \lambda_2, \ldots, \lambda_n$ 是 A 的特徵值。假設 $\|\mathbf{x}\|=1$ 且 P 的所有行向量 (其為 A 的單位特徵向量) 有被依序排列使得

$$\lambda_1 \geq \lambda_2 \geq \cdots \geq \lambda_n \tag{7}$$

因為矩陣 P 是正交的，乘以 P 長度保留，所以 $\|\mathbf{y}\|=\|\mathbf{x}\|=1$；亦即，

$$y_1^2 + y_2^2 + \cdots + y_n^2 = 1$$

由此方程式及 (7) 式得

$$\lambda_n = \lambda_n(y_1^2 + y_2^2 + \cdots + y_n^2) \leq \lambda_1 y_1^2 + \lambda_2 y_2^2 + \cdots + \lambda_n y_n^2$$
$$\leq \lambda_1(y_1^2 + y_2^2 + \cdots + y_n^2) = \lambda_1$$

且因此由 (6) 式得

$$\lambda_n \leq \mathbf{x}^T A \mathbf{x} \leq \lambda_1$$

此證明對 $\|\mathbf{x}\|=1$，$\mathbf{x}^T A \mathbf{x}$ 的所有值介於 A 的最大及最小特徵值之間。現在令 $\mathbf{x}$ 為對應至 λ_1 的某單位特徵向量。則

$$\mathbf{x}^T A \mathbf{x} = \mathbf{x}^T(\lambda_1 \mathbf{x}) = \lambda_1 \mathbf{x}^T \mathbf{x} = \lambda_1 \|\mathbf{x}\|^2 = \lambda_1$$

其證明 $\mathbf{x}^T A \mathbf{x}$ 有 λ_1 為一個受制極大值且此極大值發生若 $\mathbf{x}$ 是 A 對應至 λ_1 的一單位特徵向量。同理，若 $\mathbf{x}$ 是對應至 λ_n 的一單位特徵向量，則

$$\mathbf{x}^T A \mathbf{x} = \mathbf{x}^T(\lambda_n \mathbf{x}) = \lambda_n \mathbf{x}^T \mathbf{x} = \lambda_n \|\mathbf{x}\|^2 = \lambda_n$$

所以 $\mathbf{x}^T A \mathbf{x}$ 有 λ_n 為一個受制極小值且此極小值發生，若 $\mathbf{x}$ 是 A 對應至 λ_n 的一單位特徵向量。此證明完成。◀

概念複習

- 制限
- 受制極值
- 等高線
- 臨界點
- 相對極小值
- 相對極大值
- 鞍點
- 二階導數檢驗法
- Hessian 矩陣

技　能

- 求二次型在某制限之下的極大值及極小值。
- 求兩變數實數值函數的所有臨界點，並使用在所有臨界點的 Hessian 矩陣之特徵值分類它們為相對極大點、相對極小點或為鞍點。

習題集 7.4

▶對習題 1-4 各題，求各二次型在制限 $x^2+y^2=1$ 之下的極大值及極小值，並決定產生極大值及極小值的 x 和 y 之值。◀

1. $7x^2-3y^2$　2. xy　3. $4x^2+2y^2$　4. $5x^2+5xy$

▶對習題 5-6 各題，求各二次型在制限 $x^2+y^2+z^2=1$ 之下的極大值及極小值，並決定產生極大值及極小值的 x 和 y 及 z 之值。◀

5. $x^2-3y^2+8z^2$　6. $x^2+2y^2+z^2+2xy+2yz$

7. 使用例題 2 的方法求 xy 在制限 $4x^2+8y^2=16$ 之下的極大值及極小值。

8. 使用例題 2 的方法求 $x^2+2xy+y^2$ 在制限 $x^2+4y^2=4$ 之下的極大值及極小值。

▶對習題 9-10 各題，繪對應至各二次型的單位圓及等高線。證明單位圓和每一條等高線恰相交於 2 處，請標出交點，並證明受制極值發生在那些交點。◀

9. $5x^2-y^2$　10. xy

11. (a) 證明函數 $f(x,y)=x^3-y^3+3xy$ 有臨界點 $(0,0)$ 及 $(1,-1)$。

(b) 使用二階導數檢驗法的 Hessian 型證明 f 在 $(0,0)$ 有一鞍點且在 $(1,-1)$ 有一相對極小值。

12. (a) 證明函數 $f(x,y)=x^3-6xy-y^3$ 有臨界點 $(0,0)$ 及 $(-2,2)$。

(b) 使用二階導數檢驗法的 Hessian 型證明 f 在 $(-2,2)$ 有一相對極大值且在 $(0,0)$ 有一鞍點。

▶對習題 13-16 各題，求 f 的所有臨界點，若有，試分類它們為相對極大點、相對極小點或鞍點。◀

13. $f(x,y)=x^4-y^4-4xy$
14. $f(x,y)=x^3-3xy+y^3$
15. $f(x,y)=6(x+1)^2+y^2-(x+1)^2y$
16. $f(x,y)=x^3+y^3-3x-3y$

17. 中心在原點且其邊平行座標軸的矩形被內接於橢圓 $16x^2+y^2=16$，使用例題 2 的方法，求產生具最大面積之內接矩形的非負 x 及 y 之值。

18. 假設在金屬盤上點 (x,y) 的溫度是 $T(x,y)=4x^2-4xy+y^2$。一隻螞蟻走在盤上，循著圓心在原點半徑為 5 的圓上走。試問螞蟻遇到的最高溫度及最低溫度為何？

19. (a) 證明函數
$$f(x,y)=x^4+y^4 \text{ 及 } g(x,y)=x^4-y^4$$
有一臨界點在 $(0,0)$，但二階導數檢驗法在該點無法判斷。

(b) 給一個合理的論述證明 f 在 $(0,0)$ 有相對極小值且 g 在 $(0,0)$ 有一個鞍點。

20. 假設某個二次型 $f(x,y)$ 的 Hessain 矩陣是

$$H = \begin{bmatrix} 2 & 4 \\ 4 & 2 \end{bmatrix}$$

試問 f 的臨界點之位置及類別如何？

21. 假設 A 是一個 $n \times n$ 階對稱矩陣且

$$q(\mathbf{x}) = \mathbf{x}^T A \mathbf{x}$$

其中 $\mathbf{x}$ 是 R^n 上之向量且被表為行型。若 $\mathbf{x}$ 是對應至 A 之一特徵值 λ 的一個單位特徵向量，則 q 的值為何？

22. 證明：若 $\mathbf{x}^T A \mathbf{x}$ 是一個二次型且在制限 $\|\mathbf{x}\| = 1$ 之下的極小值及極大值分別為 m 及 M，則對在區間 $m \leq c \leq M$ 的每個數 c，存在一個單位向量 $\mathbf{x}_c$ 滿足 $\mathbf{x}_c^T A \mathbf{x}_c = c$。[提示：對 $m < M$ 的情形，令 $\mathbf{u}_m$ 及 $\mathbf{u}_M$ 為 A 的單位特徵向量滿足 $\mathbf{u}_m^T A \mathbf{u}_m = m$ 及 $\mathbf{u}_M^T A \mathbf{u}_M = M$，且令

$$\mathbf{x}_c = \sqrt{\frac{M-c}{M-m}} \mathbf{u}_m + \sqrt{\frac{c-m}{M-m}} \mathbf{u}_M$$

證明 $\mathbf{x}_c^T A \mathbf{x}_c = c$。]

是非題

試判斷 (a)-(e) 各敘述的真假，並驗證你的答案。

(a) 二次型必不是有極大值就是極小值。

(b) 二次型 $\mathbf{x}^T A \mathbf{x}$ 在制限 $\|\mathbf{x}\| = 1$ 之下的極大值發生在對應至 A 之最大特徵值的一個單位向量。

(c) 具連續二階偏導函數的函數 f 之 Hessian 矩陣是一個對稱矩陣。

(d) 若 (x_0, y_0) 是函數 f 的一臨界點且 f 在 (x_0, y_0) 之 Hessian 式是 0，則 f 在 (x_0, y_0) 沒有相對極大值也沒有相對極小值。

(e) 若 A 是一個對稱矩陣且 $\det A < 0$，則 $\mathbf{x}^T A \mathbf{x}$ 在制限 $\|\mathbf{x}\| = 1$ 之下的極小值是負的。

7.5 赫米頓、么正及正規矩陣

我們知道每一個實數對稱矩陣是可正交對角化的，且實數對稱矩陣是唯一可正交對角化矩陣。本節我們將考慮複數矩陣的可對角化問題。

赫米頓及么正矩陣

轉置運算對複數矩陣而言比對實數矩陣較沒那麼重要。一個對複數矩陣更有用的運算在下一個定義裡提供。

> **定義 1**：若 A 是一個複數矩陣，則 A 的**共軛轉置** (conjugate transpose)，表為 A^*，被定義為
> $$A^* = \overline{A}^T \tag{1}$$

注釋：因為定理 5.3.2(b) 敘述 $\overline{(A^T)} = (\overline{A})^T$，執行計算 $A^* = (\overline{A})^T$ 的轉置

---

* 以紀念法國數學家 Charles Hermite (1822-1901)。

及共軛運算順序無關。更而，當 A 有實數元素時，我們有 $A^* = (\overline{A})^T = A^T$，所以對實數矩陣，$A^*$ 和 A^T 同。

▶ **例題 1** 共軛轉置

求矩陣

$$A = \begin{bmatrix} 1+i & -i & 0 \\ 2 & 3-2i & i \end{bmatrix}$$

的共軛轉置 A^*。

解：我們有

$$\overline{A} = \begin{bmatrix} 1-i & i & 0 \\ 2 & 3+2i & -i \end{bmatrix} \quad \text{且因此} \quad A^* = \overline{A}^T = \begin{bmatrix} 1-i & 2 \\ i & 3+2i \\ 0 & -i \end{bmatrix} \quad \blacktriangleleft$$

下一個定理，部分被給為習題，證明共軛轉置運算的基本代數性質和轉置運算 (比較定理 1.4.8) 的代數性質類似。

定理 7.5.1：若 k 是一個複數純量，且若 A, B 及 C 是複數矩陣，其階數滿足所敘述的運算可被執行，則：

(a) $(A^*)^* = A$ (b) $(A+B)^* = A^* + B^*$

(c) $(A-B)^* = A^* - B^*$ (d) $(kA)^* = \overline{k}A^*$

(e) $(AB)^* = B^*A^*$

註釋：注意 5.3 節公式 (5) 的關係式 $\mathbf{u} \cdot \mathbf{v} = \overline{\mathbf{v}}^T \mathbf{u}$ 可以共軛轉置表為

$$\mathbf{u} \cdot \mathbf{v} = \mathbf{v}^* \mathbf{u} \tag{2}$$

我們現在準備定義兩種新的矩陣族，其對在 C^n 上對角化的研究是重要的。

定義 2：方陣 A 被稱為**么正的** (unitary) 若

$$A^{-1} = A^* \tag{3}$$

且被稱為**赫米頓*** (Hermitian) 若

$$A^* = A \tag{4}$$

注意：么正矩陣亦可被定義為複數方陣 A 滿足
$$AA^* = A^*A = I$$

若 A 是一個實數矩陣，則 $A^* = A^T$，此時 (3) 式變為 $A^{-1} = A^T$ 且 (4) 式變為 $A^T = A$。因此，么正矩陣是實數正交矩陣的複數一般化，而赫米頓矩陣為實數對稱矩陣的複數一般化。

▶ **例題 2　辨認赫米頓矩陣**

赫米頓矩陣易於辨認，因為它們的對角元素是實數 (為何？)，且以主對角線為對稱軸的對稱元素是複數共軛。因此，例如，我們可以視察法分辨

$$A = \begin{bmatrix} 1 & i & 1+i \\ -i & -5 & 2-i \\ 1-i & 2+i & 3 \end{bmatrix}$$

是赫米頓。　◀

實數對稱矩陣有實數特徵值的事實是下面關於赫米頓矩陣更一般化結果的特殊情形，其證明留作為習題。

定理 7.5.2：赫米頓矩陣的所有特徵值均是實數。

取自實數對稱矩陣不同特徵空間的特徵向量是正交的事實，是下面關於赫米頓矩陣更一般化結果的特殊情形。

定理 7.5.3：若 A 是一個赫米頓矩陣，則取自不同特徵空間的特徵向量是正交的。

證明：令 $\mathbf{v}_1$ 及 $\mathbf{v}_2$ 為 A 對應至相異特徵值 λ_1 及 λ_2 的特徵向量。使用公式 (2) 及 $\lambda_1 = \overline{\lambda}_1, \lambda_2 = \overline{\lambda}_2$ 且 $A = A^*$ 的事實，我們可寫

$$\begin{aligned} \lambda_1(\mathbf{v}_2 \cdot \mathbf{v}_1) &= (\lambda_1 \mathbf{v}_1)^* \mathbf{v}_2 = (A\mathbf{v}_1)^* \mathbf{v}_2 = (\mathbf{v}_1^* A^*)\mathbf{v}_2 \\ &= (\mathbf{v}_1^* A)\mathbf{v}_2 = \mathbf{v}_1^*(A\mathbf{v}_2) \\ &= \mathbf{v}_1^*(\lambda_2 \mathbf{v}_2) = \lambda_2(\mathbf{v}_1^* \mathbf{v}_2) = \lambda_2(\mathbf{v}_2 \cdot \mathbf{v}_1) \end{aligned}$$

此蘊涵 $(\lambda_1 - \lambda_2)(\mathbf{v}_2 \cdot \mathbf{v}_1) = 0$ 且因此 $\mathbf{v}_2 \cdot \mathbf{v}_1 = 0$ (因為 $\lambda_1 \neq \lambda_2$)。　◀

▶ **例題 3** 赫米頓矩陣的特徵值及特徵向量

確認赫米頓矩陣

$$A = \begin{bmatrix} 2 & 1+i \\ 1-i & 3 \end{bmatrix}$$

有實數特徵值且取自不同特徵空間的特徵向量是正交的。

解：A 的特徵多項式是

$$\begin{aligned}\det(\lambda I - A) &= \begin{vmatrix} \lambda - 2 & -1-i \\ -1+i & \lambda - 3 \end{vmatrix} \\ &= (\lambda - 2)(\lambda - 3) - (-1-i)(-1+i) \\ &= (\lambda^2 - 5\lambda + 6) - 2 = (\lambda - 1)(\lambda - 4)\end{aligned}$$

所以 A 的所有特徵值是 $\lambda = 1$ 及 $\lambda = 4$，其為實數。A 的特徵空間基底可由解線性方程組

$$\begin{bmatrix} \lambda - 2 & -1-i \\ -1+i & \lambda - 3 \end{bmatrix} \begin{bmatrix} x_1 \\ x_2 \end{bmatrix} = \begin{bmatrix} 0 \\ 0 \end{bmatrix}$$

而得，其中 $\lambda = 1$ 及 $\lambda = 4$。留給讀者證明這些方程組的通解是

$$\lambda = 1: \begin{bmatrix} x_1 \\ x_2 \end{bmatrix} = t \begin{bmatrix} -1-i \\ 1 \end{bmatrix} \quad \text{且} \quad \lambda = 4: \begin{bmatrix} x_1 \\ x_2 \end{bmatrix} = t \begin{bmatrix} \frac{1}{2}(1+i) \\ 1 \end{bmatrix}$$

因此，這些特徵空間的基底是

$$\lambda = 1: \mathbf{v}_1 = \begin{bmatrix} -1-i \\ 1 \end{bmatrix} \quad \text{且} \quad \lambda = 4: \mathbf{v}_2 = \begin{bmatrix} \frac{1}{2}(1+i) \\ 1 \end{bmatrix}$$

向量 $\mathbf{v}_1$ 及 $\mathbf{v}_2$ 是正交的因為

$$\mathbf{v}_1 \cdot \mathbf{v}_2 = (-1-i)\left(\overline{\tfrac{1}{2}(1+i)}\right) + (1)(1) = \tfrac{1}{2}(-1-i)(1-i) + 1 = 0$$

且因此它們的所有純量倍數亦是正交的。 ◀

么正矩陣通常不易以視察法辨認。然而，下面為定理 7.1.1 及定理 7.1.3 的類比，部分被證明在習題裡，提供一個不必計算其逆矩陣之法來確認矩陣是否為么正。

定理 7.5.4：若 A 是一個具複數元素 $n \times n$ 階矩陣，則下面是等價的。

(a) A 是么正的。
(b) $\|A\mathbf{x}\| = \|\mathbf{x}\|$ 對所有 C^n 上的 $\mathbf{x}$。
(c) $A\mathbf{x} \cdot A\mathbf{y} = \mathbf{x} \cdot \mathbf{y}$ 對所有 C^n 上的 $\mathbf{x}$ 及 $\mathbf{y}$。
(d) A 的所有行向量在具複數歐里德內積的 C^n 上形成一個單範正交集。
(e) A 的所有列向量在具複數歐里德內積的 C^n 上形成一個單範正交集。

▶**例題 4　么正矩陣**

使用定理 7.5.4 證明

$$A = \begin{bmatrix} \frac{1}{2}(1+i) & \frac{1}{2}(1+i) \\ \frac{1}{2}(1-i) & \frac{1}{2}(-1+i) \end{bmatrix}$$

是么正的，並求 A^{-1}。

解：我們將證明列向量

$$\mathbf{r}_1 = \begin{bmatrix} \frac{1}{2}(1+i) & \frac{1}{2}(1+i) \end{bmatrix} \quad 及 \quad \mathbf{r}_2 = \begin{bmatrix} \frac{1}{2}(1-i) & \frac{1}{2}(-1+i) \end{bmatrix}$$

是單範正交。相關計算是

$$\|\mathbf{r}_1\| = \sqrt{\left|\tfrac{1}{2}(1+i)\right|^2 + \left|\tfrac{1}{2}(1+i)\right|^2} = \sqrt{\tfrac{1}{2} + \tfrac{1}{2}} = 1$$

$$\|\mathbf{r}_2\| = \sqrt{\left|\tfrac{1}{2}(1-i)\right|^2 + \left|\tfrac{1}{2}(-1+i)\right|^2} = \sqrt{\tfrac{1}{2} + \tfrac{1}{2}} = 1$$

$$\mathbf{r}_1 \cdot \mathbf{r}_2 = \left(\tfrac{1}{2}(1+i)\right)\left(\overline{\tfrac{1}{2}(1-i)}\right) + \left(\tfrac{1}{2}(1+i)\right)\left(\overline{\tfrac{1}{2}(-1+i)}\right)$$

$$= \left(\tfrac{1}{2}(1+i)\right)\left(\tfrac{1}{2}(1+i)\right) + \left(\tfrac{1}{2}(1+i)\right)\left(\tfrac{1}{2}(-1-i)\right) = \tfrac{1}{2}i - \tfrac{1}{2}i = 0$$

因為我們現在知道 A 是么正的，得

$$A^{-1} = A^* = \begin{bmatrix} \frac{1}{2}(1-i) & \frac{1}{2}(1+i) \\ \frac{1}{2}(1-i) & \frac{1}{2}(-1-i) \end{bmatrix}$$

你可證明 $AA^* = A^*A = I$ 來確認此結果是對的。◀

么正對角化

因為么正矩陣是實數正交矩陣的複數類比，下面定義是實數矩陣正交對角化的自然一般化。

> **定義 3**：複數矩陣 A 被稱為可么正對角化 (unitarily diagonalizable) 若存在一個么正矩陣 P 滿足 $P^*AP=D$ 是一個複數對角矩陣。任何此類矩陣 P 被稱為么正對角化 (unitarily diagonalize) A。

回顧實數對稱 $n\times n$ 階矩陣 A 有一個 n 個特徵向量組成的單範正交集，且可由 A 的特徵向量組成的一單範正交集作為行向量的任一 $n\times n$ 階矩陣來正交對角化。底下是該結果的複數類比。

> **定理 7.5.5**：每一個 $n\times n$ 階赫米頓矩陣 A 有一個由 n 個特徵向量所組成的單範正交集，且可由任一 $n\times n$ 階矩陣 P 來么正對角化，P 的行向量形成一個 A 的特徵向量的單範正交集。

么正對角化一個赫米頓矩陣 A 的過程完全相同於正交對角化一個對稱矩陣：

么正對角化一個赫米頓矩陣

步驟 1. 對 A 的每一個特徵空間找一組基底。

步驟 2. 應用葛蘭-史密特法至每一組基底以得單範正交基底給特徵空間。

步驟 3. 以步驟 2 所得的基底向量為行向量形成矩陣 P，P 將是一個么正矩陣 (定理 7.5.4) 且將么正對角化 A。

▶ **例題 5** 赫米頓矩陣的么正對角化

找一矩陣 P 來么正對角化赫米頓矩陣

$$A = \begin{bmatrix} 2 & 1+i \\ 1-i & 3 \end{bmatrix}$$

解：在例題 3 中證出 A 的所有特徵值是 $\lambda=1$ 及 $\lambda=4$ 且對應的特徵空

間基底為

$$\lambda = 1: \mathbf{v}_1 = \begin{bmatrix} -1-i \\ 1 \end{bmatrix} \quad 及 \quad \lambda = 4: \mathbf{v}_2 = \begin{bmatrix} \frac{1}{2}(1+i) \\ 1 \end{bmatrix}$$

因為每一個特徵空間僅有一個基底向量，葛蘭-史密特法僅是正規化這些基底向量。留給讀者證明

$$\mathbf{p}_1 = \frac{\mathbf{v}_1}{\|\mathbf{v}_1\|} = \begin{bmatrix} \frac{-1-i}{\sqrt{3}} \\ \frac{1}{\sqrt{3}} \end{bmatrix} \quad 且 \quad \mathbf{p}_2 = \frac{\mathbf{v}_2}{\|\mathbf{v}_2\|} = \begin{bmatrix} \frac{1+i}{\sqrt{6}} \\ \frac{2}{\sqrt{6}} \end{bmatrix}$$

因此，A 被矩陣

$$P = [\mathbf{p}_1 \quad \mathbf{p}_2] = \begin{bmatrix} \frac{-1-i}{\sqrt{3}} & \frac{1+i}{\sqrt{6}} \\ \frac{1}{\sqrt{3}} & \frac{2}{\sqrt{6}} \end{bmatrix}$$

么正對角化。雖然有一點冗長，但你可證明

$$P^*AP = \begin{bmatrix} \frac{-1+i}{\sqrt{3}} & \frac{1}{\sqrt{3}} \\ \frac{1-i}{\sqrt{6}} & \frac{2}{\sqrt{6}} \end{bmatrix} \begin{bmatrix} 2 & 1+i \\ 1-i & 3 \end{bmatrix} \begin{bmatrix} \frac{-1-i}{\sqrt{3}} & \frac{1+i}{\sqrt{6}} \\ \frac{1}{\sqrt{3}} & \frac{2}{\sqrt{6}} \end{bmatrix} = \begin{bmatrix} 1 & 0 \\ 0 & 4 \end{bmatrix}$$

來檢查這個結果。 ◀

反對稱及反赫米頓矩陣

在 1.7 節習題 37 裡，我們定義了一個具實數元素的方陣為**反對稱** (skew-symmetric) 若 $A^T = -A$。反對稱矩陣在主對角線上必為零 (為何？)，且每個非主對角線上元素跟以主對角線為對稱軸的鏡射像值差個負號。底下是一個例子。

$$A = \begin{bmatrix} 0 & 1 & -2 \\ -1 & 0 & 4 \\ 2 & -4 & 0 \end{bmatrix} \quad \text{[反對稱]}$$

留給讀者確認 $A^T = -A$。

反對稱矩陣的複數類比是滿足 $A^* = -A$ 的矩陣。此類矩陣被稱為**反赫米頓** (skew-Hermitian)。

因為反赫米頓矩陣 A 具有性質

$$A^* = \overline{A}^T = -A$$

A 在主對角線上必為零或為純虛數 (為何？) 且每個非主對角線上元素的複數共軛跟以主角線為對稱軸的鏡射像值差個負號，底下是一個例子。

$$A = \begin{bmatrix} i & 1-i & 5 \\ -1-i & 2i & i \\ -5 & i & 0 \end{bmatrix} \quad \text{[反赫米頓]}$$

正規矩陣

赫米頓矩陣享有許多，但並非全部，實數對稱矩陣的性質。例如，我們知道實數對稱矩陣是可正交對角化且赫米頓矩陣是可么正對角化。然而，實數對稱矩陣為僅有的可正交對角化矩陣，而赫米頓矩陣無法組成完整的可么正對角化複數矩陣族；亦即，存在可么正對角化矩陣，但它不是赫米頓。明確地講，可證明出一個複數方陣 A 是可么正對角化若且唯若

$$AA^* = A^*A \tag{5}$$

具有此性質的矩陣被稱為**正規的** (normal)。正規矩陣在複數情形含括赫米頓、反赫米頓及么正矩陣，且在實數情形包括對稱、反對稱及正交矩陣。非零反對稱矩陣是特別有興趣，因為它們是不可正交對角化但可么正對角化的實數矩陣例子。

特徵值的比較

我們已看到赫米頓矩陣有實數特徵值。在習題裡我們將要求你證明反赫米頓矩陣的所有特徵值不是零就是純虛數 (實部為零) 且么正矩陣的所有特徵值的模數為 1。這些概念展示於圖 7.5.1。

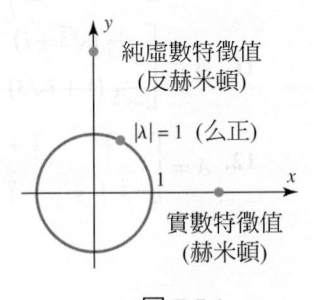

▲ 圖 7.5.1

概念複習

- 共軛轉置
- 么正矩陣
- 赫米頓矩陣
- 可么正對角化矩陣
- 反對稱矩陣
- 反赫米頓矩陣
- 正規矩陣

技　能

- 求矩陣的共軛轉置。
- 能確認赫米頓矩陣。
- 求么正矩陣的逆矩陣。
- 找一么正矩陣來對角化赫米頓矩陣。

習題集 7.5

▶對習題 1-2 各題，求 A^*。◀

1. $A = \begin{bmatrix} 2+i & 1 \\ 2 & -3i \\ 0 & 1+5i \end{bmatrix}$

2. $A = \begin{bmatrix} 2i & 1-i & -1+i \\ 4 & 5-7i & -i \end{bmatrix}$

▶對習題 3-4 各題，將數填入 × 的位置，使得 A 是赫米頓。◀

3. $A = \begin{bmatrix} 3 & \times & \times \\ 3+2i & -2 & \times \\ 7 & 1-5i & 6 \end{bmatrix}$

4. $A = \begin{bmatrix} 2 & 0 & 3+5i \\ \times & -4 & -i \\ \times & \times & 6 \end{bmatrix}$

▶對習題 5-6 各小題，證明 A 不是赫米頓，不管 × 位置的值為何。◀

5. (a) $A = \begin{bmatrix} 2 & \times & 3-7i \\ \times & 1+i & 2i \\ 3+7i & \times & 0 \end{bmatrix}$

   (b) $A = \begin{bmatrix} 2 & 4+i & \times \\ -4+i & -1 & \times \\ \times & \times & \times \end{bmatrix}$

6. (a) $A = \begin{bmatrix} 1 & 1+i & \times \\ 1+i & 7 & \times \\ 6-2i & \times & 0 \end{bmatrix}$

   (b) $A = \begin{bmatrix} 1 & \times & 3+5i \\ \times & 3 & 1-i \\ 3-5i & \times & 2+i \end{bmatrix}$

▶對習題 7-8 各題，證明赫米頓矩陣 A 的所有特徵值是實數且取自不同特徵空間的特徵向量是正交的 (見定理 7.5.3)。◀

7. $A = \begin{bmatrix} 5 & 1-3i \\ 1+3i & 2 \end{bmatrix}$ 8. $A = \begin{bmatrix} 0 & 2i \\ -2i & 2 \end{bmatrix}$

▶對習題 9-12 各題，證明 A 是么正，並求 A^{-1}。◀

9. $A = \begin{bmatrix} \frac{4}{5} & \frac{3i}{5} \\ -\frac{3i}{5} & -\frac{4}{5} \end{bmatrix}$ 10. $A = \begin{bmatrix} \frac{1}{\sqrt{3}} & -\frac{1-i}{\sqrt{3}} \\ \frac{1+i}{\sqrt{3}} & \frac{1}{\sqrt{3}} \end{bmatrix}$

11. $A = \begin{bmatrix} \frac{1}{2\sqrt{2}}(\sqrt{3}+i) & \frac{1}{2\sqrt{2}}(1-i\sqrt{3}) \\ \frac{1}{2\sqrt{2}}(1+i\sqrt{3}) & \frac{1}{2\sqrt{2}}(i-\sqrt{3}) \end{bmatrix}$

12. $A = \begin{bmatrix} \frac{6}{7} & \frac{2}{7}+\frac{3i}{7} \\ -\frac{2}{7}+\frac{3i}{7} & \frac{6}{7} \end{bmatrix}$

▶對習題 13-18 各題，找一么正矩陣 P 來對角化赫米頓矩陣 A，並決定 $P^{-1}AP$。◀

13. $A = \begin{bmatrix} 9 & 12i \\ -12i & 16 \end{bmatrix}$ 14. $A = \begin{bmatrix} 3 & -i \\ i & 3 \end{bmatrix}$

15. $A = \begin{bmatrix} 6 & 2+2i \\ 2-2i & 4 \end{bmatrix}$ 16. $A = \begin{bmatrix} 0 & 3+i \\ 3-i & -3 \end{bmatrix}$

17. $A = \begin{bmatrix} 5 & 0 & 0 \\ 0 & -1 & -1+i \\ 0 & -1-i & 0 \end{bmatrix}$

18. $A = \begin{bmatrix} 2 & \frac{1}{\sqrt{2}}i & -\frac{1}{\sqrt{2}}i \\ -\frac{1}{\sqrt{2}}i & 2 & 0 \\ \frac{1}{\sqrt{2}}i & 0 & 2 \end{bmatrix}$

▶對習題 19-20 各題，將數填入 × 的位置，使得 A 是反赫米頓。◀

19. $A = \begin{bmatrix} -i & \times & \times \\ 2+5i & 0 & \times \\ 1 & 4-6i & 3i \end{bmatrix}$

20. $A = \begin{bmatrix} 0 & 0 & 3-5i \\ \times & 0 & -i \\ \times & \times & 0 \end{bmatrix}$

▶對習題 21-22 各題，證明 A 不是反赫米頓，不管 × 位置的值為何。◀

21. (a) $A = \begin{bmatrix} 3i & \times & 2-i \\ \times & \times & 4 \\ 2+i & -4 & 0 \end{bmatrix}$

(b) $A = \begin{bmatrix} 0 & 0 & 2-3i \\ 0 & 7 & 1 \\ -2-3i & -1 & \times \end{bmatrix}$

22. (a) $A = \begin{bmatrix} i & \times & 2-3i \\ \times & 0 & 1+i \\ 2+3i & -1-i & \times \end{bmatrix}$

(b) $A = \begin{bmatrix} 0 & -i & 4+7i \\ \times & 0 & \times \\ -4-7i & \times & 1 \end{bmatrix}$

▶對習題 23-24 各題，證明反赫米頓矩陣 A 的所有特徵值是純虛數。◀

23. $A = \begin{bmatrix} i & 1-i \\ -1-i & 0 \end{bmatrix}$ 24. $A = \begin{bmatrix} 0 & 3i \\ 3i & 0 \end{bmatrix}$

▶對習題 25-26 各題，證明 A 是正規的。◀

25. $A = \begin{bmatrix} 1+2i & 2+i & -2-i \\ 2+i & 1+i & -i \\ -2-i & -i & 1+i \end{bmatrix}$

26. $A = \begin{bmatrix} 2+2i & i & 1-i \\ i & -2i & 1-3i \\ 1-i & 1-3i & -3+8i \end{bmatrix}$

27. 證明矩陣
$$A = \frac{1}{\sqrt{2}} \begin{bmatrix} e^{i\theta} & e^{-i\theta} \\ ie^{i\theta} & -ie^{-i\theta} \end{bmatrix}$$
是么正對所有 θ 值。[注意：見附錄 B 公式 (17) 給 $e^{i\theta}$ 的定義。]

28. 證明反赫米頓矩陣的主對角線上每個元素不是零就是純虛數。

29. 令 A 是具複數元素的任一 $n \times n$ 階矩陣，且定義矩陣 B 和 C 為
$$B = \frac{1}{2}(A+A^*) \quad 且 \quad C = \frac{1}{2i}(A-A^*)$$
(a) 證明 B 和 C 為赫米頓。
(b) 證明 $A = B+iC$ 且 $A^* = B-iC$。
(c) B 和 C 必須滿足什麼條件使得 A 是正規的？

30. 證明若 A 是一個具複數元素的 $n \times n$ 階矩陣，且若 $\mathbf{u}$ 和 $\mathbf{v}$ 為 C^n 上的向量並被以行型表示，則
$$A\mathbf{u} \cdot \mathbf{v} = \mathbf{u} \cdot A^*\mathbf{v} \quad 且 \quad \mathbf{u} \cdot A\mathbf{v} = A^*\mathbf{u} \cdot \mathbf{v}$$

31. 證明若 A 是一個么正矩陣，則 A^* 亦是。

32. 證明反赫米頓矩陣的所有特徵值不是零就是純虛數。

33. 證明么正矩陣的所有特徵值之模數均為 1。

34. 證明若 $\mathbf{u}$ 是 C^n 上的一個非零向量且被表為

行型，則 $P=\mathbf{uu}^*$ 是赫米頓。

35. 證明若 $\mathbf{u}$ 是 C^n 上的一單位向量且被表為行型，則 $H=I-2\mathbf{uu}^*$ 是赫米頓且是么正。

36. 矩陣 A 同時是赫米頓及么正，則 A 的逆矩陣為何？

37. 找一個同時為赫米頓及么正的 2×2 階矩陣且其元素不全為實數。

38. 下面矩陣在什麼條件下是正規的？

$$A = \begin{bmatrix} a & 0 & 0 \\ 0 & 0 & c \\ 0 & b & 0 \end{bmatrix}$$

39. 乘以習題 34 及 35 的矩陣 $P=\mathbf{uu}^*$ 及 $H=I-2\mathbf{uu}^*$ 的幾何意義是什麼？

40. 證明若 A 是一個可逆矩陣，則 A^* 是可逆的，且 $(A^*)^{-1}=(A^{-1})^*$。

41. (a) 證明 $\det(\overline{A})=\overline{\det(A)}$。
    (b) 使用 (a) 之結果及方陣和其轉置矩陣有相同行列式之事實證明 $\det(A^*)=\overline{\det(A)}$。

42. 使用習題 41 之 (b) 證明：
    (a) 若 A 是赫米頓，則 $\det(A)$ 是實數。
    (b) 若 A 是么正，則 $|\det(A)|=1$。

43. 使用轉置及複數共軛的性質證明定理 7.5.1 的 (a) 及 (e)。

44. 使用轉置及複數共軛的性質證明定理 7.5.1 的 (b) 及 (d)。

45. 證明一個具複數元素的 $n\times n$ 階是么正若且唯若 A 的所有行形成 C^n 上的一個單範正交集。

46. 證明赫米頓矩陣的所有特徵值是實數。

是非題

試判斷 (a)-(e) 各敘述的真假，並驗證你的答案。

(a) 矩陣 $\begin{bmatrix} 0 & i \\ i & 2 \end{bmatrix}$ 是赫米頓。

(b) 矩陣 $\begin{bmatrix} -\frac{i}{\sqrt{2}} & \frac{i}{\sqrt{6}} & \frac{i}{\sqrt{3}} \\ 0 & -\frac{i}{\sqrt{6}} & \frac{i}{\sqrt{3}} \\ \frac{i}{\sqrt{2}} & \frac{i}{\sqrt{6}} & \frac{i}{\sqrt{3}} \end{bmatrix}$ 是么正。

(c) 么正矩陣的共軛轉置是么正。

(d) 每一個可么正對角化的矩陣是赫米頓。

(e) 反赫米頓矩陣的正整數冪次方是反赫米頓。

第七章　補充習題

1. 證明每個矩陣是正交的，並求其逆矩陣。

    (a) $\begin{bmatrix} \frac{3}{5} & -\frac{4}{5} \\ \frac{4}{5} & \frac{3}{5} \end{bmatrix}$
    (b) $\begin{bmatrix} \frac{4}{5} & 0 & -\frac{3}{5} \\ -\frac{9}{25} & \frac{4}{5} & -\frac{12}{25} \\ \frac{12}{25} & \frac{3}{5} & \frac{16}{25} \end{bmatrix}$

2. 證明：若 Q 是一個正交矩陣，則 Q 的每個元素和其餘因子同若 $\det(Q)=1$，且是其餘因子的負倍數若 $\det(Q)=-1$。

3. 證明若 A 是一個正定對稱矩陣，且若 $\mathbf{u}$ 和 $\mathbf{v}$ 為 R^n 上行型的向量，則

$$\langle \mathbf{u}, \mathbf{v} \rangle = \mathbf{u}^T A \mathbf{v}$$

是 R^n 上的一個內積。

4. 求對稱矩陣

$$\begin{bmatrix} 3 & 2 & 2 \\ 2 & 3 & 2 \\ 2 & 2 & 3 \end{bmatrix}$$

的特徵多項式及特徵空間的維數。

5. 找一矩陣 P 來正交對角化

$$A = \begin{bmatrix} 1 & 0 & 1 \\ 0 & 1 & 0 \\ 1 & 0 & 1 \end{bmatrix}$$

並決定對角矩陣 $D=P^TAP$。

6. 將各二次型表為矩陣記法 $\mathbf{x}^T A \mathbf{x}$。

    (a) $-4x_1^2 + 16x_2^2 - 15x_1x_2$
    (b) $9x_1^2 - x_2^2 + 4x_3^2 + 6x_1x_2 - 8x_1x_3 + x_2x_3$

7. 分類二次型
$$x_1^2 - 3x_1x_2 + 4x_2^2$$
為正定、負正定、不定、半正定或半負定。

8. 找一個變數正交變換來消去各二次型的叉積項，並以新變數表示二次型。
   (a) $-3x_1^2 + 5x_2^2 + 2x_1x_2$
   (b) $-5x_1^2 + x_2^2 - x_3^2 + 6x_1x_3 + 4x_1x_2$

9. 確認各方程式所代表的圓錐曲線之類型。
   (a) $y - x^2 = 0$ (b) $3x - 11y^2 = 0$

10. 找一么正矩陣 U 來對角化
$$A = \begin{bmatrix} 1 & 1 & 0 \\ 0 & 1 & 1 \\ 1 & 0 & 1 \end{bmatrix}$$
並求對角矩陣 $D = U^{-1}AU$。

11. 證明：若 U 為一 $n \times n$ 階么正矩陣，且
$$|z_1| = |z_2| = \cdots = |z_n| = 1$$
則乘積
$$U \begin{bmatrix} z_1 & 0 & 0 & \cdots & 0 \\ 0 & z_2 & 0 & \cdots & 0 \\ \vdots & \vdots & \vdots & & \vdots \\ 0 & 0 & 0 & \cdots & z_n \end{bmatrix}$$
亦為么正矩陣。

12. 假設 $A^* = -A$。
    (a) 證明 iA 為赫米頓。
    (b) 證明 A 為可么正對角化且有純虛數之特徵值。

CHAPTER 8

線性變換

本章目錄
- 8.1 一般線性變換
- 8.2 同構變換
- 8.3 合成及逆變換
- 8.4 一般線性變換的矩陣
- 8.5 相似性

引　　言　在 4.9 與 4.10 節已經研習了由 R^n 至 R^m 的線性變換。本章將定義並研習從任意向量空間 V 至任意向量空間 W 的線性變換。本章所得到的結果在物理、工程及各種數學分支上都有重要的應用。

8.1 一般線性變換

迄今我們所研習的線性變換集中在由 R^n 至 R^m 的變換。本節我們將把注意力轉向含一般向量空間的線性變換。我們將說明此類變換產生的方法，並將建立一個一般 n-維向量空間和 R^n 間的基本關係。

定義及專有名詞

在 4.9 節我們定義了矩陣變換 $T_A: R^n \to R^m$ 為型如

$$T_A(\mathbf{x}) = A\mathbf{x}$$

的映射，其中 A 為一個 $m \times n$ 階矩陣。我們接續在定理 4.10.2 及 4.10.3 建立矩陣變換明確的是由 R^n 至 R^m 的線性變換，亦即，線性變換滿足線性性質

$$T(\mathbf{u} + \mathbf{v}) = T(\mathbf{u}) + T(\mathbf{v}) \quad \text{及} \quad T(k\mathbf{u}) = kT(\mathbf{u})$$

我們將以這兩個性質作為出發點來定義更一般的線性變換。

> **定義 1**：若 $T: V \to W$ 為由向量空間 V 變換至向量空間 W 的函數，則稱 T 為由 V 至 W 的**線性變換** (linear transformation)。若對 V 中所有的向量 **u** 與 **v** 及所有的純量 k，下面兩性質成立：
>
> (i)　$T(k\mathbf{u}) = kT(\mathbf{u})$　　　　　　[齊性]
>
> (ii)　$T(\mathbf{u} + \mathbf{v}) = T(\mathbf{u}) + T(\mathbf{v})$　　　[可加性]
>
> 在 $V = W$ 的特殊情況下，線性變換 T 被稱為在向量空間 V 上的**線性算子** (linear operator)。

　　線性變換 $T: V \to W$ 的齊性及可加性可被組合使用來證明若 $\mathbf{v}_1$ 及 $\mathbf{v}_2$ 為 V 上的向量且 k_1 及 k_2 為任意純量，則

$$T(k_1\mathbf{v}_1 + k_2\mathbf{v}_2) = k_1 T(\mathbf{v}_1) + k_2 T(\mathbf{v}_2)$$

更一般性地，若 $\mathbf{v}_1, \mathbf{v}_2, \ldots, \mathbf{v}_r$ 為 V 上的向量且 $k_1, k_2, \ldots, k_r$ 為任意純量，則

$$T(k_1\mathbf{v}_1 + k_2\mathbf{v}_2 + \cdots + k_r\mathbf{v}_r) = k_1 T(\mathbf{v}_1) + k_2 T(\mathbf{v}_2) + \cdots + k_r T(\mathbf{v}_r) \tag{1}$$

下一個定理是定理 4.9.1(a) 及 (d) 的類比。

> **定理 8.1.1**：若 $T: V \to W$ 是一個線性變換，則：
> (a) $T(\mathbf{0}) = \mathbf{0}$。
> (b) $T(\mathbf{u} - \mathbf{v}) = T(\mathbf{u}) - T(\mathbf{v})$，對 V 上的所有 **u** 及 **v**。

> 使用定理 8.1.1 的兩個部分證明 $T(-\mathbf{v}) = -\mathbf{v}$ 對所有在 V 上的 **v**。

證明：令 **u** 為 V 上的任一向量。因為 $0\mathbf{u} = \mathbf{0}$，由定義 1 中的齊性得

$$T(\mathbf{0}) = T(0\mathbf{u}) = 0T(\mathbf{u}) = \mathbf{0}$$

此證明 (a)。

將 $T(\mathbf{u} - \mathbf{v})$ 改寫為

$$\begin{aligned} T(\mathbf{u} - \mathbf{v}) &= T\big(\mathbf{u} + (-1)\mathbf{v}\big) \\ &= T(\mathbf{u}) + (-1)T(\mathbf{v}) \\ &= T(\mathbf{u}) - T(\mathbf{v}) \end{aligned}$$

證明了 (b)。留給讀者驗證各個步驟。◀

▶ 例題 1　矩陣變換

因為一般線性變換的定義基於矩陣變換的齊性及可加性，所以矩陣變換 $T_A：R^n → R^m$ 亦是一個線性變換，此時 $V = R^n$ 且 $W = R^m$。

▶ 例題 2　零變換

令 V 及 W 為任意兩向量空間。映射 $T：V → W$ 對每一在 V 中的 $\mathbf{v}$ 滿足 $T(\mathbf{v}) = \mathbf{0}$，為一線性變換，並稱為**零變換** (zero transformation)。為明瞭 T 為線性的，由觀察

$$T(\mathbf{u} + \mathbf{v}) = \mathbf{0}, \quad T(\mathbf{u}) = \mathbf{0}, \quad T(\mathbf{v}) = \mathbf{0} \quad 且 \quad T(k\mathbf{u}) = \mathbf{0}$$

因此，

$$T(\mathbf{u} + \mathbf{v}) = T(\mathbf{u}) + T(\mathbf{v}) \quad 且 \quad T(k\mathbf{u}) = kT(\mathbf{u})$$

▶ 例題 3　恆等算子

令 V 為任意向量空間。映射 $I：V → V$ 定義 $I(\mathbf{v}) = \mathbf{v}$ 被稱為 V 上的**恆等算子** (identity operator)。I 為線性的證明，留給讀者作為習題。

▶ 例題 4　膨脹及收縮算子

若 V 是一個向量空間且 k 是任一純量，則映射 $T：V → V$ 被給為 $T(\mathbf{x}) = k\mathbf{x}$ 是 V 上的一個線性算子，因為若 c 是任一純量且若 $\mathbf{u}$ 及 $\mathbf{v}$ 是 V 上的任意向量，則

$$T(c\mathbf{u}) = k(c\mathbf{u}) = c(k\mathbf{u}) = cT(\mathbf{u})$$
$$T(\mathbf{u} + \mathbf{v}) = k(\mathbf{u} + \mathbf{v}) = k\mathbf{u} + k\mathbf{v} = T(\mathbf{u}) + T(\mathbf{v})$$

若 $0 < k < 1$，則稱 T 為 V 以因數 k **收縮** (contraction)，且若 $k > 1$，則稱 T 是 V 以因數 k **膨脹** (dilation) (圖 8.1.1)。

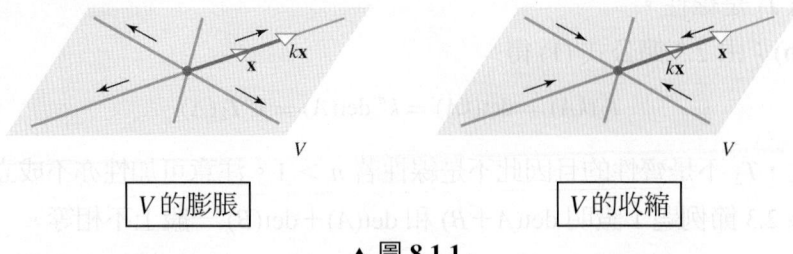

| V 的膨脹 | V 的收縮 |

▲ 圖 8.1.1

▶ 例題 5　由 P_n 至 P_{n+1} 的線性變換

令 $\mathbf{p} = p(x) = c_0 + c_1 x + \cdots + c_n x^n$ 為 P_n 上的多項式，且定義變換 $T：P_n →$

P_{n+1} 為

$$T(\mathbf{p}) = T(p(x)) = xp(x) = c_0 x + c_1 x^2 + \cdots + c_n x^{n+1}$$

此變換是線性的，因為對任一純量 k 及 P_n 上任意多項式 $\mathbf{p}_1$ 及 $\mathbf{p}_2$ 我們有

$$T(k\mathbf{p}) = T(kp(x)) = x(kp(x)) = k(xp(x)) = kT(\mathbf{p})$$

及

$$\begin{aligned} T(\mathbf{p}_1 + \mathbf{p}_2) &= T(p_1(x) + p_2(x)) = x(p_1(x) + p_2(x)) \\ &= xp_1(x) + xp_2(x) = T(\mathbf{p}_1) + T(\mathbf{p}_2) \end{aligned}$$

▶ **例題 6　利用內積的線性算子**

令 V 為一內積空間，且令 $\mathbf{v}_0$ 為 V 上的任意固定向量。令 $T : V \to R$ 為變換

$$T(\mathbf{x}) = \langle \mathbf{x}, \mathbf{v}_0 \rangle$$

其將向量 $\mathbf{x}$ 映至 $\mathbf{x}$ 和 $\mathbf{v}_0$ 之內積。此變換是線性的，因為若 k 是任一純量，且若 $\mathbf{u}$ 和 $\mathbf{v}$ 是 V 上的任意向量，則由內積性質得

$$T(k\mathbf{u}) = \langle k\mathbf{u}, \mathbf{v}_0 \rangle = k \langle \mathbf{u}, \mathbf{v}_0 \rangle = kT(\mathbf{u})$$
$$T(\mathbf{u} + \mathbf{v}) = \langle \mathbf{u} + \mathbf{v}, \mathbf{v}_0 \rangle = \langle \mathbf{u}, \mathbf{v}_0 \rangle + \langle \mathbf{v}, \mathbf{v}_0 \rangle = T(\mathbf{u}) + T(\mathbf{v})$$

▶ **例題 7　矩陣空間上的變換**

令 M_{nn} 為 $n \times n$ 階矩陣的向量空間。判斷各小題的變換是否為線性。

(a) $T_1(A) = A^T$　　　(b) $T_2(A) = \det(A)$

解 (a)：由定理 1.4.8(b) 及 (d) 得

$$T_1(kA) = (kA)^T = kA^T = kT_1(A)$$
$$T_1(A + B) = (A + B)^T = A^T + B^T = T_1(A) + T_1(B)$$

所以 T_1 是線性。

解 (b)：由 2.3 節公式 (1) 得

$$T_2(kA) = \det(kA) = k^n \det(A) = k^n T_2(A)$$

因此，T_2 不是齊性的且因此不是線性若 $n > 1$。注意可加性亦不成立，因為 2.3 節例題 1 證明 $\det(A+B)$ 和 $\det(A)+\det(B)$ 一般上不相等。

▶ **例題 8　平移不是線性**

定理 8.1.1(a) 敘述線性變換將 **0** 映射至 **0**。此性質有助於確認變換不是

線性的。例如，若 $\mathbf{x}_0$ 是 R^2 上的一個固定非零向量，則變換

$$T(\mathbf{x}) = \mathbf{x} + \mathbf{x}_0$$

以平行 $\mathbf{x}_0$ 的方向將各點 $\mathbf{x}$ 平移 $\|\mathbf{x}_0\|$ 距離 (圖 8.1.2)。此不可能是線性變換因為 $T(\mathbf{0}) = \mathbf{x}_0$，所以 T 不會將 $\mathbf{0}$ 映射至 $\mathbf{0}$。

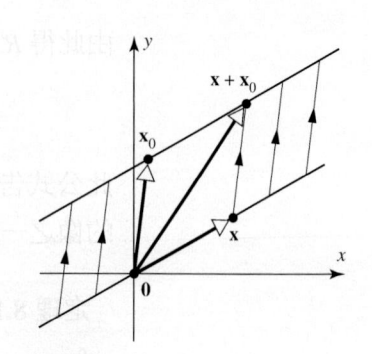

▲ 圖 8.1.2　$T(\mathbf{x}) = \mathbf{x} + \mathbf{x}_0$ 將各點 $\mathbf{x}$ 沿著平行 $\mathbf{x}_0$ 的直線平移 $\|\mathbf{x}_0\|$ 距離。

▶ **例題 9　計值變換**

令 V 是 $F(-\infty, \infty)$ 的子空間，令

$$x_1, x_2, \ldots, x_n$$

為相異實數，且令 $T: V \to R^n$ 為變換

$$T(f) = \bigl(f(x_1), f(x_2), \ldots, f(x_n)\bigr) \quad (2)$$

其伴隨 f 在 $x_1, x_2, \ldots, x_n$ 的 n 元序函數值。我們稱此變換為 V 上在 $x_1, x_2, \ldots, x_n$ 的**計值變換** (evaluation transformation)。因此，例如，若

$$x_1 = -1, \quad x_2 = 2, \quad x_3 = 4$$

且若 $f(x) = x^2 - 1$，則

$$T(f) = \bigl(f(x_1), f(x_2), f(x_3)\bigr) = (0, 3, 15)$$

(2) 式的計值變換是線性的，因為若 k 是任一純量，且若 f 和 g 是 V 上的任意函數，則

$$\begin{aligned}
T(kf) &= \bigl((kf)(x_1), (kf)(x_2), \ldots, (kf)(x_n)\bigr) \\
&= \bigl(kf(x_1), kf(x_2), \ldots, kf(x_n)\bigr) \\
&= k\bigl(f(x_1), f(x_2), \ldots, f(x_n)\bigr) = kT(f)
\end{aligned}$$

且

$$\begin{aligned}
T(f + g) &= \bigl((f+g)(x_1), (f+g)(x_2), \ldots, (f+g)(x_n)\bigr) \\
&= \bigl(f(x_1) + g(x_1), f(x_2) + g(x_2), \ldots, f(x_n) + g(x_n)\bigr) \\
&= \bigl(f(x_1), f(x_2), \ldots, f(x_n)\bigr) + \bigl(g(x_1), g(x_2), \ldots, g(x_n)\bigr) \\
&= T(f) + T(g)
\end{aligned}$$

◀

由基底向量的像求線性變換

在 4.10 節公式 (11) 見過若 $T: R^n \to R^m$ 是一個矩陣變換，稱以 A 乘之，且若 $\mathbf{e}_1, \mathbf{e}_2, \ldots, \mathbf{e}_n$ 為 R^n 的標準基底向量，則 A 可被表為

$$A = [T(\mathbf{e}_1) \mid T(\mathbf{e}_2) \mid \ldots \mid T(\mathbf{e}_n)]$$

由此得 R^n 上任一向量 $\mathbf{v}=(c_1, c_2, \ldots, c_n)$ 在以 A 乘之之下的像可被表為

$$T(\mathbf{v}) = c_1 T(\mathbf{e}_1) + c_2 T(\mathbf{e}_2) + \cdots + c_n T(\mathbf{e}_n)$$

此公式告訴我們對一矩陣變換，任一向量的像可被表為標準基底向量的像之一線性組合。這是下面更一般結果的特殊情形。

> **定理 8.1.2**：令 $T: V \to W$ 是一線性變換，其中 V 是有限維。若 $S = \{\mathbf{v}_1, \mathbf{v}_2, \ldots, \mathbf{v}_n\}$ 是 V 的一組基底，則 V 上的任一向量 $\mathbf{v}$ 的像可被表為
>
> $$T(\mathbf{v}) = c_1 T(\mathbf{v}_1) + c_2 T(\mathbf{v}_2) + \cdots + c_n T(\mathbf{v}_n) \tag{3}$$
>
> 其中 $c_1, c_2, \ldots, c_n$ 是將 $\mathbf{v}$ 表為 S 中所有向量之線性組合的係數。

證明：將 $\mathbf{v}$ 表為 $\mathbf{v} = c_1 \mathbf{v}_1 + c_2 \mathbf{v}_2 + \cdots + c_n \mathbf{v}_n$ 並使用 T 的線性。◀

▶ **例題 10** 求基底向量的像

考慮 R^3 的基底 $S = \{\mathbf{v}_1, \mathbf{v}_2, \mathbf{v}_3\}$，其中

$$\mathbf{v}_1 = (1, 1, 1), \quad \mathbf{v}_2 = (1, 1, 0), \quad \mathbf{v}_3 = (1, 0, 0)$$

並且令 $T: R^3 \to R^2$ 為使得

$$T(\mathbf{v}_1) = (1, 0), \quad T(\mathbf{v}_2) = (2, -1), \quad T(\mathbf{v}_3) = (4, 3)$$

的線性變換，試求 $T(x_1, x_2, x_3)$ 的公式，並利用該公式計算 $T(2, -3, 5)$。

解：首先將 $\mathbf{x} = (x_1, x_2, x_3)$ 以 $\mathbf{v}_1, \mathbf{v}_2$ 及 $\mathbf{v}_3$ 的線性組合表示，寫成

$$(x_1, x_2, x_3) = c_1(1, 1, 1) + c_2(1, 1, 0) + c_3(1, 0, 0)$$

然後令對應分量相等，可得

$$\begin{aligned} c_1 + c_2 + c_3 &= x_1 \\ c_1 + c_2 &= x_2 \\ c_1 &= x_3 \end{aligned}$$

由此可得 $c_1 = x_3, c_2 = x_2 - x_3, c_3 = x_1 - x_2$，使得

$$\begin{aligned}(x_1, x_2, x_3) &= x_3(1, 1, 1) + (x_2 - x_3)(1, 1, 0) + (x_1 - x_2)(1, 0, 0) \\ &= x_3 \mathbf{v}_1 + (x_2 - x_3) \mathbf{v}_2 + (x_1 - x_2) \mathbf{v}_3\end{aligned}$$

於是

$$T(x_1, x_2, x_3) = x_3 T(\mathbf{v}_1) + (x_2 - x_3)T(\mathbf{v}_2) + (x_1 - x_2)T(\mathbf{v}_3)$$
$$= x_3(1, 0) + (x_2 - x_3)(2, -1) + (x_1 - x_2)(4, 3)$$
$$= (4x_1 - 2x_2 - x_3, 3x_1 - 4x_2 + x_3)$$

由公式可得
$$T(2, -3, 5) = (9, 23)$$

適合已學過微積分的讀者

▶ **例題 11**　由 $C^1(-\infty, \infty)$ 至 $F(-\infty, \infty)$ 的線性變換

令 $V = C^1(-\infty, \infty)$ 為具有在 $(-\infty, \infty)$ 上首階導數連續之函數的向量空間，並令 $W = F(-\infty, \infty)$ 為定義於 $(-\infty, \infty)$ 上之所有實函數的向量空間。令 $D: V \to W$ 為將函數 $\mathbf{f} = f(x)$ 映射至其導數的變換；也就是

$$D(\mathbf{f}) = f'(x)$$

由微分的性質，可知

$$D(\mathbf{f} + \mathbf{g}) = D(k\mathbf{f}) = kD(\mathbf{f}) \quad \text{且} \quad D(\mathbf{f}) + D(\mathbf{g})$$

所以，D 為線性變換。

適合已學過微積分的讀者

▶ **例題 12**　積分變換

令 $V = C(-\infty, \infty)$ 為在 $(-\infty, \infty)$ 上具有連續函數的向量空間，並令 $W = C^1(-\infty, \infty)$ 為在 $(-\infty, \infty)$ 上具有連續的首階導數之函數的向量空間。令 $J: V \to W$ 為將 f 在 V 上映射至

$$J(f) = \int_0^x f(t)\, dt$$

的變換，例如，若 $f(x) = x^2$，則

$$J(f) = \int_0^x t^2\, dt = \left.\frac{t^3}{3}\right]_0^x = \frac{x^3}{3}$$

變換 $J: V \to W$ 是線性的，因為若 k 是任意常數，且若 f 和 g 為 V 上任意函數，則積分性質蘊涵

$$J(kf) = \int_0^x kf(t)\,dt = k\int_0^x f(t)\,dt = kJ(f)$$
$$J(f+g) = \int_0^x (f(t)+g(t))\,dt = \int_0^x f(t)\,dt + \int_0^x g(t)\,dt = J(f) + J(g) \quad \blacktriangleleft$$

核集與值域

回顧若 A 為 $m \times n$ 階矩陣，則 A 的零核空間由在 R^n 中所有使得 $A\mathbf{x} = \mathbf{0}$ 的向量 $\mathbf{x}$ 組成，而由定理 4.7.1 可知 A 的行空間由在 R^m 中所有的向量 $\mathbf{b}$ 組成，因為其中至少有個 R^n 中的向量 $\mathbf{x}$ 能使得 $A\mathbf{x} = \mathbf{b}$。由矩陣變換的觀點來看，A 的零核空間由 R^n 中以 A 乘之將映射成 $\mathbf{0}$ 的所有向量所組成，而組成 A 的行空間的所有 R^m 中的向量為 R^n 中至少一個向量經以 A 乘之的像。下列定義延伸此一觀念至一般線性變換。

> **定義 2**：若 $T: V \to W$ 為線性變換，則 V 中經 T 映射成 $\mathbf{0}$ 的向量所成之集合稱為 T 的**核集** (kernel)；並以 $\ker(T)$ 表示。在 W 中為 V 中至少一個向量經 T 變換之像的向量所成的集合稱為 T 的**值域** (range)，並以 $R(T)$ 表示之。

▶ **例題 13　矩陣變換的核集及值域**

若 $T_A : R^n \to R^m$ 為以 $m \times n$ 階矩陣 A 乘之，則由前面所討論的定義可知，T_A 的核集為 T 的零核空間，而 T_A 的值域為 A 的行空間。

▶ **例題 14　零變換的核集及值域**

令 $T: V \to W$ 為零變換。因為 T 將 V 上的每一向量映成 $\mathbf{0}$，可知 $\ker(T) = V$。而且，因為 $\mathbf{0}$ 為 V 上之向量在 T 之下的唯一像點，所以 $R(T) = \{\mathbf{0}\}$。

▶ **例題 15　恆等算子的核集及值域**

令 $I: V \to V$ 為恆等變換。因為對 V 中所有的向量，$I(\mathbf{v}) = \mathbf{v}$，$V$ 中的每一向量為某向量 (本身) 的像點；因此 $R(I) = V$。因為 $\mathbf{0}$ 是唯一滿足 I 將其映成 $\mathbf{0}$ 的向量，所以 $\ker(I) = \{\mathbf{0}\}$。

▶ **例題 16** 正交投影的核集及值域

如圖 8.1.3a 所示，由 T 映至 $\mathbf{0}=(0, 0, 0)$ 的所有點就是在 z 軸上的點，所以 $\ker(T)$ 是型如 $(0, 0, z)$ 的點所成的集合。如圖 8.1.3b 所示，T 將 R^3 上的點映至 xy-平面，其中 xy-平面上的每個點是在 xy-平面上方的垂直線上的每個點的像。因此，$R(T)$ 是型如 $(x, y, 0)$ 的點所成的集合。

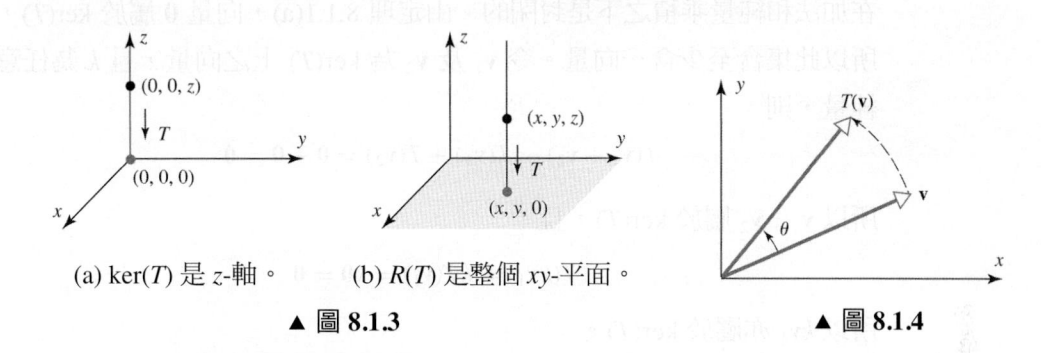

(a) $\ker(T)$ 是 z-軸。 (b) $R(T)$ 是整個 xy-平面。

▲ 圖 8.1.3 ▲ 圖 8.1.4

▶ **例題 17** 旋轉變換的核集及值域

令 $T : R^2 \to R^2$ 為將 xy-平面上每一向量旋轉 θ 角的線性算子 (圖 8.1.4)。因為 xy-平面上的每一向量可由將某向量旋轉 θ 角後獲得，可知 $R(T) = R^2$。而且，可以旋轉至 $\mathbf{0}$ 向量的唯一向量為 $\mathbf{0}$。所以 $\ker(T) = \{\mathbf{0}\}$。

適合已學過微積分的讀者

▶ **例題 18** 微分變換的核集

令 $V = C^1(-\infty, \infty)$ 為在 $(-\infty, \infty)$ 上具有連續的一階導數之函數的向量空間，令 $W = F(-\infty, \infty)$ 為定義在 $(-\infty, \infty)$ 上的所有實函數的向量空間，並且令 $D : V \to W$ 為微分變換 $D(\mathbf{f}) = f'(x)$，則 D 的核集為 V 中導數為 0 之函數的集合。由微積分可知，這是在 $(-\infty, \infty)$ 上的定值函數的集合。 ◀

核集及值域的性質

上面各例中，$\ker(T)$ 及 $R(T)$ 均為子空間。在例題 14, 15 及 17 中，它們為零空間或為全向量空間。在例題 16，核集為過原點的直線而值域為過原點的平面，兩者均為 R^3 的子空間。所有這些結果是下面一般性定理的結果。

> **定理 8.1.3**：若 $T: V \to W$ 為一線性變換，則：
> (a) T 的核集為 V 的一子空間。
> (b) T 的值域為 W 的一子空間。

證明 **(a)**：為了證明 $\ker(T)$ 為一子空間，必須證明它至少含一向量而且在加法和純量乘積之下是封閉的。由定理 8.1.1(a)，向量 $\mathbf{0}$ 屬於 $\ker(T)$，所以此集合至少含一向量。令 $\mathbf{v}_1$ 及 $\mathbf{v}_2$ 為 $\ker(T)$ 上之向量，且 k 為任意純量，則

$$T(\mathbf{v}_1 + \mathbf{v}_2) = T(\mathbf{v}_1) + T(\mathbf{v}_2) = \mathbf{0} + \mathbf{0} = \mathbf{0}$$

所以 $\mathbf{v}_1 + \mathbf{v}_2$ 屬於 $\ker(T)$，且

$$T(k\mathbf{v}_1) = kT(\mathbf{v}_1) = k\mathbf{0} = \mathbf{0}$$

所以 $k\mathbf{v}_1$ 亦屬於 $\ker(T)$。

證明 **(b)**：欲證明 $R(T)$ 是 W 的子空間，必須證明它至少有一個向量且在加法及純量乘法之下是封閉的。然而，它至少含 W 的零向量，因為由定理 8.1.1(a) 知 $T(\mathbf{0}) = \mathbf{0}$。欲證明它在加法及純量乘法之下是封閉的，我們必須證明若 $\mathbf{w}_1$ 及 $\mathbf{w}_2$ 為 $R(T)$ 上的向量，且若 k 為任一純量，則存在向量 $\mathbf{a}$ 和 $\mathbf{b}$ 屬於 V 滿足

$$T(\mathbf{a}) = \mathbf{w}_1 + \mathbf{w}_2 \quad \text{及} \quad T(\mathbf{b}) = k\mathbf{w}_1 \tag{4}$$

但 $\mathbf{w}_1$ 和 $\mathbf{w}_2$ 在 $R(T)$ 上告訴我們存在向量 $\mathbf{v}_1$ 及 $\mathbf{v}_2$ 在 V 上滿足

$$T(\mathbf{v}_1) = \mathbf{w}_1 \quad \text{及} \quad T(\mathbf{v}_2) = \mathbf{w}_2$$

下面計算證明向量 $\mathbf{a} = \mathbf{v}_1 + \mathbf{v}_2$ 及 $\mathbf{b} = k\mathbf{v}_1$ 滿足 (4) 式的方程式且完成證明：

$$T(\mathbf{a}) = T(\mathbf{v}_1 + \mathbf{v}_2) = T(\mathbf{v}_1) + T(\mathbf{v}_2) = \mathbf{w}_1 + \mathbf{w}_2$$
$$T(\mathbf{b}) = T(k\mathbf{v}_1) = kT(\mathbf{v}_1) = k\mathbf{w}_1 \blacktriangleleft$$

適合已學過微積分的讀者

▶ **例題 19　應用至微分方程式**

型如

$$y'' + \omega^2 y = 0 \quad (\omega \text{ 是一個正的常數}) \tag{5}$$

的微分方程式出現在振盪的研究裡。此方程式在區間 $(-\infty, \infty)$ 上的所

有解所成的集合是線性變換 $D: C^2(-\infty, \infty) \to C(-\infty, \infty)$ 的核集，其中

$$D(y) = y'' + \omega^2 y$$

在微分方程的標準教科書裡證明核集是 $C^2(-\infty, \infty)$ 的二維子空間，所以若我們可找到兩個 (5) 式的線性獨立解，則所有其他解可被表為這兩個向量的線性組合。留給讀者利用微分來確認

$$y_1 = \cos \omega x \quad 及 \quad y_2 = \sin \omega x$$

是 (5) 式的解。這兩個函數是線性獨立，因為沒有一個是另一個的純量倍數，因此

$$y = c_1 \cos \omega x + c_2 \sin \omega x \tag{6}$$

是 (5) 式的一個「通解」，意味每一種 c_1 和 c_2 的選擇產生一個解，且每個解是這個型式。 ▶

線性變換的秩及核維數

在 4.8 節定義 1 我們定義了 $m \times n$ 階矩陣的秩及零核維數觀念，在定理 4.8.2，稱之為維數定理，我們證明了秩及零核維數之和是 n。接著我們將證明此結果是線性變換更一般化結果之特殊情形。我們以下面定義開始。

定義 3：令 $T: V \to W$ 是一線性變換。若 T 的值域是有限維，則其維數被稱是 T 的秩 (rank of T)，且若 T 的核集是有限維，則其維數被稱是 T 的核維數 (nullity of T)。T 的秩以 rank(T) 表之且 T 的核維數以 nullity(T) 表之。

下一個定理，其證明是可選擇的，一般化定理 4.8.2。

定理 8.1.4：線性變換的維數定理

若 $T: V \to W$ 是由 n-維向量空間 V 映至向量空間 W 的線性變換，則

$$\text{rank}(T) + \text{nullity}(T) = n \tag{7}$$

在 A 是 $m \times n$ 階矩陣且 $T_A: R^n \to R^m$ 是以 A 做乘法的特殊情形，T_A 的核集是 A 的零核空間，且 T_A 的值域是 A 的行空間。因此，由定理 8.1.4 得

$$\text{rank}(T_A) + \text{nullity}(T_A) = n$$

可選擇的教材

定理 8.1.4 的證明：此處必須證明的是

$$\dim(R(T)) + \dim(\ker(T)) = n$$

我們將證明 $1 \leq \dim(\ker(T)) < n$ 的情形。$\dim(\ker(T))=0$ 及 $\dim(\ker(T))=n$ 之情況則留給讀者作為習題。假設 $\dim(\ker(T))=r$，且令 $\mathbf{v}_1, \ldots, \mathbf{v}_r$ 為核集的基底。因為 $\{\mathbf{v}_1, \ldots, \mathbf{v}_r\}$ 為線性獨立，定理 4.5.5(b) 敘述存在 $n-r$ 個向量 $\mathbf{v}_{r+1}, \ldots, \mathbf{v}_n$，使 $\{\mathbf{v}_1, \ldots, \mathbf{v}_r, \mathbf{v}_{r+1}, \ldots, \mathbf{v}_n\}$ 為 V 的基底。為了完成此證明，將先證明 $S=\{T(\mathbf{v}_{r+1}), \ldots, T(\mathbf{v}_n)\}$ 裡的 $n-r$ 個向量成為 T 之值域的基底，然後可知

$$\dim(R(T)) + \dim(\ker(T)) = (n-r) + r = n$$

首先證明 S 生成 T 之值域。若 $\mathbf{b}$ 為 T 的值域中任意向量，則對某些 V 中之向量 $\mathbf{v}$，$\mathbf{b}=T(\mathbf{v})$。因為 $\{\mathbf{v}_1, \ldots, \mathbf{v}_r, \mathbf{v}_{r+1}, \ldots, \mathbf{v}_n\}$ 為 V 的基底，$\mathbf{v}$ 可以寫成

$$\mathbf{v} = c_1\mathbf{v}_1 + \cdots + c_r\mathbf{v}_r + c_{r+1}\mathbf{v}_{r+1} + \cdots + c_n\mathbf{v}_n$$

因為 $\mathbf{v}_1, \ldots, \mathbf{v}_r$ 屬於 T 之核集，$T(\mathbf{v}_1)=\cdots=T(\mathbf{v}_r)=\mathbf{0}$，所以

$$\mathbf{b} = T(\mathbf{v}) = c_{r+1}T(\mathbf{v}_{r+1}) + \cdots + c_nT(\mathbf{v}_n)$$

於是，S 生成 T 的值域。

最後，須證明 S 為一線性獨立集合且成為 T 之值域的基底。假設 S 中之向量的某些線性組合為零；也就是

$$k_{r+1}T(\mathbf{v}_{r+1}) + \cdots + k_nT(\mathbf{v}_n) = \mathbf{0} \tag{8}$$

而必須證明 $k_{r+1}=\cdots=k_n=0$。因為 T 為線性，(8) 式可重寫為

$$T(k_{r+1}\mathbf{v}_{r+1} + \cdots + k_n\mathbf{v}_n) = \mathbf{0}$$

它說明了 $k_{r+1}\mathbf{v}_{r+1}+\cdots+k_n\mathbf{v}_n$ 屬於 T 的核集。因此此向量可寫成核集的基底向量 $\{\mathbf{v}_1, \ldots, \mathbf{v}_r\}$ 的線性組合，令其為

於是，
$$k_1\mathbf{v}_1 + \cdots + k_r\mathbf{v}_r - k_{r+1}\mathbf{v}_{r+1} - \cdots - k_n\mathbf{v}_n = \mathbf{0}$$

因為 $\{\mathbf{v}_1, \ldots, \mathbf{v}_r\}$ 為線性獨立，所有 k 皆為零；尤其是，$k_{r+1} = \cdots = k_n = 0$，因此完成了本證明。◀

$$k_{r+1}\mathbf{v}_{r+1} + \cdots + k_n\mathbf{v}_n = k_1\mathbf{v}_1 + \cdots + k_r\mathbf{v}_r$$

概念複習

- 線性變換
- 線性算子
- 零變換
- 恆等算子
- 收縮
- 膨脹
- 計算變換
- 核集
- 值域
- 秩
- 核維數

技　能

- 判斷函數是否為線性變換。
- 已知 T 在 V 之一組基底之值，找一個公式給線性變換 $T : V \to W$。
- 找一組基底給線性變換的核集。
- 找一組基底給線性變換的值域。
- 求線性變換的秩。
- 求線性變換的核維數。

習題集 8.1

1. 試使用本節指定的線性算子定義以證實由公式 $T(x_1, x_2) = (4x_1 - x_2, x_1 + 2x_2)$ 指定的函數 $T : R^2 \to R^2$ 為一線性算子。

2. 試使用本節指定的線性變換定義以證實由公式 $T(x_1, x_2, x_3) = (x_1 + x_2 - x_3, x_1 - 2x_3)$ 指定的函數 $T : R^3 \to R^2$ 為一線性變換。

▶對習題 3-8 各題，判斷各函數是否為線性變換？試驗證你的答案。◀

3. $T : M_{22} \to M_{23}$，其中 B 為固定的 2×3 矩陣而 $T(A) = AB$。

4. $T : M_{nn} \to R$，其中 $T(A) = \text{tr}(A)$。

5. $F : M_{mn} \to M_{nm}$，其中 $F(A) = A^T$。

6. $T : M_{22} \to R$，其中

   (a) $T\left(\begin{bmatrix} a & b \\ c & d \end{bmatrix}\right) = 3a - 4b + c - d$

   (b) $T\left(\begin{bmatrix} a & b \\ c & d \end{bmatrix}\right) = a^2 + b^2$

7. $T : P_2 \to P_2$，其中

   (a) $T(a_0 + a_1 x + a_2 x^2) = a_0 + a_1(x+1) + a_2(x+1)^2$

   (b) $T(a_0 + a_1 x + a_2 x^2) = (a_0 + 1) + (a_1 + 1)x + (a_2 + 1)x^2$

8. $T : M_{22} \to R$，其中

   (a) $T(f(x)) = 1 + f(x)$　(b) $T(f(x)) = f(x+1)$

9. 考慮 R^2 的基底 $S = \{\mathbf{v}_1, \mathbf{v}_2\}$，其中 $\mathbf{v}_1 = (1, 1)$ 而 $\mathbf{v}_2 = (1, 0)$，並令 $T : R^2 \to R^2$ 為使

$T(\mathbf{v}_1)=(1,-2)$ 及 $T(\mathbf{v}_2)=(-4,1)$ 的線性算子，試求 $T(x_1,x_2)$ 的表示式並使用該式求 $T(5,-3)$。

10. 考慮 R^2 的基底 $S=\{\mathbf{v}_1,\mathbf{v}_2\}$，其中 $\mathbf{v}_1=(-2,1)$ 及 $\mathbf{v}_2=(1,3)$，且令 $T:R^2\to R^3$ 為使 $T(\mathbf{v}_1)=(-1,2,0)$ 及 $T(\mathbf{v}_2)=(0,-3,5)$ 的線性變換，試求 $T(x_1,x_2)$ 的表示式並利用該式求 $T(2,-3)$。

11. 考慮 $S=\{\mathbf{v}_1,\mathbf{v}_2\}$ 為 R^2 的基底，其中 $\mathbf{v}_1=(1,0)$ 及 $\mathbf{v}_2=(1,1)$，且令 $T:R^2\to R^2$ 為線性算子滿足

$$T(\mathbf{v}_1)=(-1,2) \quad \text{及} \quad T(\mathbf{v}_2)=(2,-3)$$

試求 $T(x_1,x_2)$ 的表示式並利用該式求 $T(5,-3)$。

12. 考慮 R^3 的基底 $S=\{\mathbf{v}_1,\mathbf{v}_2,\mathbf{v}_3\}$，其中 $\mathbf{v}_1=(1,2,1), \mathbf{v}_2=(2,9,0), \mathbf{v}_3=(3,3,4)$，且令 $T:R^3\to R^2$ 為使

$$T(\mathbf{v}_1)=(1,0), T(\mathbf{v}_2)=(-1,1), T(\mathbf{v}_3)=(0,1)$$

的線性變換，試求 $T(x_1,x_2,x_3)$ 的表示式並利用該式求 $T(7,13,7)$。

13. 考慮 R^3 的基底 $S=\{\mathbf{v}_1,\mathbf{v}_2,\mathbf{v}_3\}$，其中 $\mathbf{v}_1=(1,1,1), \mathbf{v}_2=(1,1,0), \mathbf{v}_3=(1,0,0)$，並令 $T:R^3\to R^3$ 為線性算子滿足

$$T(\mathbf{v}_1)=(-1,2,4), T(\mathbf{v}_2)=(0,3,2),$$
$$T(\mathbf{v}_3)=(1,5,-1)$$

試求 $T(x_1,x_2,x_3)$ 的表示式並利用該式求 $T(2,4,-1)$。

14. 令 $T:R^2\to R^2$ 為線性算子且表示式為

$$T(x,y)=(2x-y,-8x+4y)$$

試問下面向量何者在 $R(T)$ 裡？
(a) $(1,-4)$ (b) $(5,0)$ (c) $(-3,12)$

15. 令 $\mathbf{v}_1, \mathbf{v}_2$ 與 $\mathbf{v}_3$ 為向量空間 V 中的向量，而 $T:V\to R^3$ 為一線性變換滿足

$$T(\mathbf{v}_1)=(2,-1,4), T(\mathbf{v}_2)=(-3,2,1),$$
$$T(\mathbf{v}_3)=(0,5,1)$$

試求 $T(3\mathbf{v}_1-2\mathbf{v}_2+\mathbf{v}_3)$。

16. 令 $T:R^2\to R^2$ 為線性算子且表示式為

$$T(x,y)=(x-3y,-2x+6y)$$

試問下面向量何者在 $R(T)$ 裡？
(a) $(1,-2)$ (b) $(3,1)$ (c) $(-2,4)$

17. 令 $T:R^2\to R^2$ 為習題 16 所給的線性算子，下面向量何者在 $\ker(T)$ 裡？
(a) $(1,-3)$ (b) $(3,1)$ (c) $(-6,-2)$

18. 令 $T:P_2\to P_3$ 為一線性變換，且定義 $T(p(x))=xp(x)$，則下列何者屬於 $\ker(T)$？
(a) x^2 (b) 0 (c) $1+x$

19. 令 $T:P_2\to P_3$ 為習題 18 的線性變換，則下列何者屬於 $R(T)$？
(a) $x+x^2$ (b) $1+x$ (c) $3-x^2$

20. 試求下列各線性變換之核集的基底。
(a) 習題 16 的線性算子。
(b) 習題 18 的線性變換。
(c) 習題 19 的線性變換。

21. 試求下列各值域的基底。
(a) 習題 16 的線性算子。
(b) 習題 18 的線性變換。
(c) 習題 19 的線性變換。

22. 對下列各小題證明維數定理的 (7) 式。
(a) 習題 16 的線性算子。
(b) 習題 18 的線性變換。
(c) 習題 19 的線性變換。

▶習題 23-26，令 T 以指定之矩陣 A 乘之，試求
(a) T 值域之基底。 (b) T 之核集的基底。
(c) T 之秩和核維數。(d) A 之秩及核維數。◀

23. $A = \begin{bmatrix} 1 & -1 & 3 \\ 5 & 6 & -4 \\ 7 & 4 & 2 \end{bmatrix}$

24. $A = \begin{bmatrix} 2 & 0 & -1 \\ 4 & 0 & -2 \\ 20 & 0 & 0 \end{bmatrix}$

25. $A = \begin{bmatrix} 1 & 0 & 3 \\ 1 & 2 & 4 \\ 1 & 8 & 25 \end{bmatrix}$

26. $A = \begin{bmatrix} 1 & 4 & 5 & 0 & 9 \\ 3 & -2 & 1 & 0 & -1 \\ -1 & 0 & -1 & 0 & -1 \\ 2 & 3 & 5 & 1 & 8 \end{bmatrix}$

27. 描述下列各小題的值域及零核空間。
    (a) 在 xz-平面上的正交投影。
    (b) 在 yz-平面上的正交投影。
    (c) 在含直線 $y=x$ 的平面上的正交投影。

28. 令 V 為任意向量空間，且令 $T: V \to V$，以 $T(\mathbf{v}) = 3\mathbf{v}$ 定義之。
    (a) 求 T 之核集。 (b) 求 T 之值域。

29. 對底下各部分，利用已知結果求線性變換 T 的核維數。
    (a) $T: R^5 \to R^7$ 之秩為 3。
    (b) $T: P_4 \to P_3$ 之秩為 1。
    (c) $T: R^6 \to R^3$ 之值域為 R^3。
    (d) $T: M_{22} \to M_{22}$ 之秩為 3。

30. 令 A 為一 7×6 階矩陣滿足 $A\mathbf{x} = \mathbf{0}$ 僅有明顯解，且令 $T: R^6 \to R^7$ 以 A 作乘法，求 T 之秩及核維數。

31. 令 A 為一 5×7 階矩陣且其秩為 4。
    (a) $A\mathbf{x} = \mathbf{0}$ 之解空間的維數為何？
    (b) 對 R^5 上之所有向量 $\mathbf{b}$，$A\mathbf{x} = \mathbf{b}$ 是不為相容的？試解釋之。

32. 令 $T: R^3 \to W$ 為由 R^3 映至任意向量空間的線性變換。給 ker(T) 一個幾何描述。

33. 令 $T: V \to R^3$ 為由任意向量空間映至 R^3 的線性變換。給 ker(T) 一個幾何描述。

34. 令 $T: R^3 \to R^3$ 為以 $\begin{bmatrix} 1 & 3 & 4 \\ 3 & 4 & 7 \\ -2 & 2 & 0 \end{bmatrix}$ 乘之，試
    (a) 證明 T 之核集為通過原點之直線並求此直線的參數方程式。
    (b) 證明 T 之值域為通過原點之平面並求其方程式。

35. (a) 試證明若 a_1, a_2, b_1 及 b_2 為任意純量，則公式
    $$F(x, y) = (a_1 x + b_1 y, a_2 x + b_2 y)$$
    定義 R^2 上的線性算子。
    (b) 公式 $F(x, y) = (a_1 x^2 + b_1 y^2, a_2 x^2 + b_2 y^2)$ 可定義 R^2 上的線性算子嗎？試解釋之。

36. 令 $\{\mathbf{v}_1, \mathbf{v}_2, \ldots, \mathbf{v}_n\}$ 為向量空間 V 上之一基底，且令 $T: V \to W$ 為一線性變換，證明若
    $$T(\mathbf{v}_1) = T(\mathbf{v}_2) = \cdots = T(\mathbf{v}_n) = \mathbf{0}$$
    則 T 為一零變換。

37. 令 $\{\mathbf{v}_1, \mathbf{v}_2, \ldots, \mathbf{v}_n\}$ 為向量空間 V 上之一基底，且令 $T: V \to V$ 為線性變換，證明若
    $$T(\mathbf{v}_1) = \mathbf{v}_1, T(\mathbf{v}_2) = \mathbf{v}_2, \ldots, T(\mathbf{v}_n) = \mathbf{v}_n$$
    則 T 為一恆等變換。

38. 對正整數 $n > 1$，令 $T: M_{nn} \to R$ 是定義為 $T(A) = \mathrm{tr}(A)$ 的線性變換，其中 A 為具實元素的 $n \times n$ 矩陣。試決定 ker(T) 的維數。

39. 證明：若 $\{\mathbf{v}_1, \mathbf{v}_2, \ldots, \mathbf{v}_n\}$ 為 V 之基底，且 $\mathbf{w}_1, \mathbf{w}_2, \ldots, \mathbf{w}_n$ 為 W 中之向量，不必是相異的。則存在一線性變換 $T: V \to W$，使
    $$T(\mathbf{v}_1) = \mathbf{w}_1, T(\mathbf{v}_2) = \mathbf{w}_2, \ldots, T(\mathbf{v}_n) = \mathbf{w}_n$$

40. (適合已學過微積分的讀者) 令 $V = C[a, b]$ 為在 $[a, b]$ 上連續的函數所成的向量空間，且令 $T: V \to V$ 定義為
    $$T(\mathbf{f}) = 5f(x) + 3 \int_a^x f(t)\, dt$$
    的變換，試問 T 是否為一線性算子？

41. (適合已學過微積分的讀者) 令 $D: P_3 \to P_2$ 為 $D(\mathbf{p}) = p'(x)$ 之微分變換。試描述 D 之核集。

42. (適合已學過微積分的讀者) 令 $J: P_1 \to R$ 為 $J(\mathbf{p}) = \int_{-1}^{1} p(x)\, dx$ 之積分變換。試描述 J 之核集。

43. (適合已學過微積分的讀者) 令 V 為在區間 $(-\infty, \infty)$ 上具各階連續導函數的實數值函數所成的向量空間，且令 $W = F(-\infty, \infty)$ 為定義在 $(-\infty, \infty)$ 上的實數值函數所成的向量空間。

(a) 找一個線性變換 $T: V \to W$ 使其核集為 P_3。

(b) 找一個線性變換 $T: V \to W$ 使其核集為 P_n。

44. 若 A 是一個 $m \times n$ 階矩陣，且若線性方程組 $A\mathbf{x}=\mathbf{b}$ 是相容的對 R^m 上的每個向量 $\mathbf{b}$，則 $T_A: R^n \to R^m$ 的值域為何？

是非題

試判斷 (a)-(i) 各敘述的真假，並驗證你的答案。

(a) 若 $T(c_1\mathbf{v}_1 + c_2\mathbf{v}_2) = c_1 T(\mathbf{v}_1) + c_2 T(\mathbf{v}_2)$ 對所有向量 $\mathbf{v}_1$ 及 $\mathbf{v}_2$ 在 V 上及所有純量 c_1 及 c_2，則 T 是一個線性變換。

(b) 若 $\mathbf{v}$ 是 V 上的一個非零向量，則恰存在一個線性變換 $T: V \to W$ 滿足 $T(-\mathbf{v}) = -T(\mathbf{v})$。

(c) 恰存在一個線性變換 $T: V \to W$ 滿足 $T(\mathbf{u}+\mathbf{v}) = T(\mathbf{u}-\mathbf{v})$ 對 V 上的所有向量 $\mathbf{u}$ 和 $\mathbf{v}$。

(d) 若 $\mathbf{v}_0$ 是 V 上的非零向量，則公式 $T(\mathbf{v}) = \mathbf{v}_0 + \mathbf{v}$ 定義一個在 V 上的線性算子。

(e) 線性變換的核集是一個向量空間。

(f) 線性變換的值域是一個向量空間。

(g) 若 $T: P_6 \to M_{22}$ 是一個線性變換，則 T 的核維數是 3。

(h) 函數 $T: M_{22} \to R$ 被定義為 $T(A) = \det(A)$ 是一個線性變換。

(i) 被定義為
$$T(A) = \begin{bmatrix} 1 & 3 \\ 2 & 6 \end{bmatrix} A$$
之線性變換 $T: M_{22} \to M_{22}$ 的秩為 1。

8.2 同構變換

本節我們將建立實數有限維向量空間和歐幾里德空間 R^n 之間的一個基本聯結。此聯結不僅理論重要且有實際應用，它允許我們可以 R^n 上的向量來執行一般向量空間上之向量計算。

一對一及映成

雖然本書裡的許多定理專注考慮向量空間 R^n，但不盡如此。如我們將證明的，向量空間 R^n 是所有實數 n-維向量空間的「母親」，任意此類空間在表示向量的記法不同於 R^n 外，在其代數結構是一樣的。欲解釋涵義，我們將需要兩個定義，第一個是 4.10 節定義 1 的一般化 (見圖 8.2.1)。

> **定義 1**：若 $T: V \to W$ 是一個由向量空間 V 映至向量空間 W 的線性變換，則 T 被稱是**一對一** (one-to-one) 若 T 將 V 中的相異向量映至 W 中的相異向量。

一對一。V 中相異向量在 W 中有相異像。

非一對一。V 中存在相異向量有相同像。

映成 W。W 中的每個向量是 V 中某些向量的像。

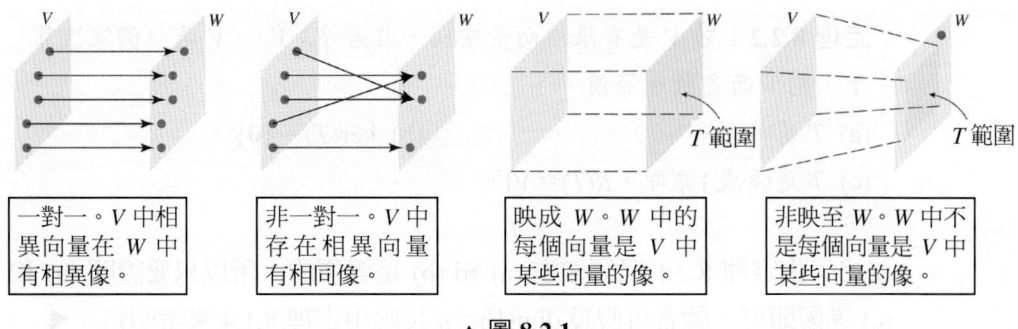

非映至 W。W 中不是每個向量是 V 中某些向量的像。

▲ 圖 8.2.1

定義 2：若 $T:V\to W$ 是一個由向量空間 V 映至向量空間 W 的線性變換，則 T 被稱為**映成 (onto)** [或**映成 W (onto-W)**] 若 W 中的每個向量是 V 中至少一個向量的像。

下一個定理提供一個有用的方法，即檢視核集以判斷線性變換是否為一對一。

定理 8.2.1：若 $T:V\to W$ 是一個線性變換，則下面各敘述等價。
(a) T 是一對一。　　　　　(b) $\ker(T)=\{\mathbf{0}\}$。

證明 (a) $\Rightarrow$ (b)：因為 T 是線性的，由定理 8.1.1(a) 知 $T(\mathbf{0})=\mathbf{0}$。因為 T 是一對一。V 中沒有其他向量可被映至 $\mathbf{0}$，所以 $\ker(T)=\{\mathbf{0}\}$。
(b) $\Rightarrow$ (a)：假設 $\ker(T)=\{\mathbf{0}\}$。若 $\mathbf{u}$ 和 $\mathbf{v}$ 為 V 中相異向量，則 $\mathbf{u}-\mathbf{v}\neq\mathbf{0}$。此蘊涵 $T(\mathbf{u}-\mathbf{v})\neq\mathbf{0}$，否則 $\ker(T)$ 將包含一個非零向量。因為 T 是線性的，得

$$T(\mathbf{u})-T(\mathbf{v})=T(\mathbf{u}-\mathbf{v})\neq\mathbf{0}$$

所以 T 映射 V 中相異向量至 W 中相異向量且因此是一對一。◀

在 V 是有限維的且 T 是 V 上的線性算子之情形，則可加第三個敘述至定理 8.2.1。

> **定理 8.2.2**：若 V 是有限維向量空間，且若 $T: V \to V$ 是一個線性算子，則下面各敘述等價。
> (a) T 是一對一。　　　　　　(b) $\ker(T) = \{\mathbf{0}\}$。
> (c) T 是映成 [亦即，$R(T) = V$]。

證明：由定理 8.2.1 已經知道 (a) 和 (b) 是等價的，所以只要證明 (b) 和 (c) 等價即可。讀者可假設 $\dim(V) = n$ 且應用定理 8.1.4 來證明它。◀

▶ **例題 1　膨脹和收縮是一對一且映成**

證明若 V 是一個有限維向量空間且 c 是任意非零純量，則線性算子 $T: V \to V$ 被定義為 $T(\mathbf{v}) = c\mathbf{v}$ 是一對一且映成。

解：算子 T 是映成 (且因此為一對一)，因為若 $\mathbf{v}$ 是 V 上任意向量，則向量 $\mathbf{v}$ 是向量 $(1/c)\mathbf{v}$ 的像。

▶ **例題 2　矩陣算子**

若 $T_A: R^n \to R^n$ 是矩陣算子 $T_A(\mathbf{x}) = A\mathbf{x}$，則由定理 5.1.6 的 (r) 及 (s) 知 T_A 是一對一且映成且唯若 A 是可逆。

▶ **例題 3　移位算子**

令 $V = R^\infty$ 為 4.1 節例題 3 所討論的數列空間，且考慮在 V 上的線性「移位算子」定義為

$$T_1(u_1, u_2, \ldots, u_n, \ldots) = (0, u_1, u_2, \ldots, u_n, \ldots)$$
$$T_2(u_1, u_2, \ldots, u_n, \ldots) = (u_2, u_3, \ldots, u_n, \ldots)$$

(a) 證明 T_1 是一對一但非映成。

(b) 證明 T_2 是映成但非一對一。

解 (a)：算子 T_1 是一對一因為 R^∞ 上的相異數列明顯有相異像。例如，此算子非映成因為 R^∞ 上無向量映至數列 $(1, 0, 0, \ldots, 0, \ldots)$。

解 (b)：算子 T_2 不是一對一，因為，例如向量 $(1, 0, 0, \ldots, 0, \ldots)$ 及 $(2, 0, 0, \ldots, 0, \ldots)$ 兩者同時映至 $(0, 0, 0, \ldots, 0, \ldots)$。此算子是映成因為每個可能的實數數列以適合的選擇 $u_2, u_3, \ldots, u_n, \ldots$ 可得。

為何例題 3 和定理 8.2.2 不矛盾？

▶ **例題 4** 一對一且映成的基本變換

線性變換 $T_1: P_3 \to R^4$ 及 $T_2: M_{22} \to R^4$ 被定義為

$$T_1(a + bx + cx^2 + dx^3) = (a, b, c, d)$$

$$T_2\left(\begin{bmatrix} a & b \\ c & d \end{bmatrix}\right) = (a, b, c, d)$$

兩者均為一對一且映成 (以它們的核集僅含零向量證明之)。

▶ **例題 5** 一對一線性變換

令 $T: P_n \to P_{n+1}$ 為在 8.1 節例題 5 所討論的線性變換，

$$T(\mathbf{p}) = T(p(x)) = xp(x)$$

若

$$\mathbf{p} = p(x) = c_0 + c_1 x + \cdots + c_n x^n \quad \text{與} \quad \mathbf{q} = q(x) = d_0 + d_1 x + \cdots + d_n x^n$$

為相異的多項式，則它們之間至少有一項係數不同。於是，

$$T(\mathbf{p}) = c_0 x + c_1 x^2 + \cdots + c_n x^{n+1} \quad \text{與} \quad T(\mathbf{q}) = d_0 x + d_1 x^2 + \cdots + d_n x^{n+1}$$

也至少會有一項係數不同。因此，T 為一對一變換，因為它將相異的多項式 $\mathbf{p}$ 與 $\mathbf{q}$ 映射成相異的多項式 $T(\mathbf{p})$ 與 $T(\mathbf{q})$。

適合已學過微積分的讀者

▶ **例題 6** 非一對一的線性變換

令

$$D: C^1(-\infty, \infty) \to F(-\infty, \infty)$$

為在 8.1 節例題 11 中所討論的微分變換。此一變換不是一對一變換，因為它將不同常數項的各函數映射成相同的函數。例如，

$$D(x^2) = D(x^2 + 1) = 2x$$ ◀

維數及線性變換

在習題裡，我們將要求讀者證明下面關於線性變換 $T: V \to W$ 的兩個重要事實，其中 V 和 W 是有限維的。

1. 若 $\dim(W) < \dim(V)$，則 T 不可能為一對一。
2. 若 $\dim(V) < \dim(W)$，則 T 不可能為映成。

非正式的敘述，若一個線性變換將一個「較大的」空間映至一個「較小的」空間，則在「較大的」空間裡有某些點必有相同的像；且若一個線性變換將一個「較小的」空間映至一個「較大的」空間，則在「較大的」空間裡必有點不是「較小的」空間上任意點的像。

注釋：這些觀察告訴我們，例如，任意由 R^3 至 R^2 的線性變換必將 R^3 上的某些相異點映至 R^2 上的相同點，且它亦告訴我們沒有將 R^2 映至 R^3 全部的線性變換。

同構變構

下一個定理為本節主要結果鋪路。

> **定義 3**：若線性變換 $T: V \to W$ 是一對一且映成，則 T 被稱為**同構變換** (isomorphism)，且向量空間 V 和 W 被稱為**同構** (isomorphic)。

「isomorphic」這個字來自希臘字「iso」，意思是「相等的」，且「morphe」意思是「型」。這個專有名詞是合適的，因為，如我們馬上解釋，同構向量空間有相同「代數型」即使它們可能由不同物件組成。欲說明這個概念，檢視表 1，其中證明了同構變換

$$a_0 + a_1 x + a_2 x^2 \xrightarrow{T} (a_0, a_1, a_2)$$

如何對上 P_2 及 R^3 上的向量運算。

表 1

P_2 上運算	R^3 上運算
$3(1 - 2x + 3x^2) = 3 - 6x + 9x^2$	$3(1, -2, 3) = (3, -6, 9)$
$(2 + x - x^2) + (1 - x + 5x^2) = 3 + 4x^2$	$(2, 1, -1) + (1, -1, 5) = (3, 0, 4)$
$(4 + 2x + 3x^2) - (2 - 4x + 3x^2) = 2 + 6x$	$(4, 2, 3) - (2, -4, 3) = (2, 6, 0)$

下一個定理，是線性代數裡最重要的結果之一，揭示向量空間 R^n 的基本重要性。

> **定理 8.2.3**：每一個實數 n-維向量空間同構於 R^n。

證明：令 V 為實數 n-維向量空間。欲證明 V 同構於 R^n，我們必須找一個線性變換 $T: V \to R^n$ 是一對一且映成。為達此目的，令

$$\mathbf{v}_1, \mathbf{v}_2, \ldots, \mathbf{v}_n$$

為 V 的任意基底，令

$$\mathbf{u} = k_1\mathbf{v}_1 + k_2\mathbf{v}_2 + \cdots + k_n\mathbf{v}_n \tag{1}$$

為 V 上向量 $\mathbf{u}$ 之基底向量線性組合表示式，且定義變換 $T: V \to R^n$ 為

$$T(\mathbf{u}) = (k_1, k_2, \ldots, k_n) \tag{2}$$

> 定理 8.2.3 告訴我們一個實數 n-維向量空間和 R^n 在記法上可能不同，但它們的代數結構相同。

我們將證明 T 是同構函數 (線性，一對一且映成)。欲證明線性，令 $\mathbf{u}$ 及 $\mathbf{v}$ 為 V 上的向量，令 c 為純量，且令

$$\mathbf{u} = k_1\mathbf{v}_1 + k_2\mathbf{v}_2 + \cdots + k_n\mathbf{v}_n \quad \text{及} \quad \mathbf{v} = d_1\mathbf{v}_1 + d_2\mathbf{v}_2 + \cdots + d_n\mathbf{v}_n \tag{3}$$

為 $\mathbf{u}$ 及 $\mathbf{v}$ 之基底向量線性組合表示式。則由 (1) 式得

$$\begin{aligned}T(c\mathbf{u}) &= T(ck_1\mathbf{v}_1 + ck_2\mathbf{v}_2 + \cdots + ck_n\mathbf{v}_n) \\&= (ck_1, ck_2, \ldots, ck_n) \\&= c(k_1, k_2, \ldots, k_n) = cT(\mathbf{u})\end{aligned}$$

且由 (2) 式得

$$\begin{aligned}T(\mathbf{u} + \mathbf{v}) &= T\big((k_1 + d_1)\mathbf{v}_1 + (k_2 + d_2)\mathbf{v}_2 + \cdots + (k_n + d_n)\mathbf{v}_n\big) \\&= (k_1 + d_1, k_2 + d_2, \ldots, k_n + d_n) \\&= (k_1, k_2, \ldots, k_n) + (d_1, d_2, \ldots, d_n) \\&= T(\mathbf{u}) + T(\mathbf{v})\end{aligned}$$

其證明 T 是線性的。欲證明 T 是一對一，我們必須證明若 $\mathbf{u}$ 和 $\mathbf{v}$ 是 V 上相異向量，則它們在 R^n 上的像亦相異。但若 $\mathbf{u} \neq \mathbf{v}$，且若 $\mathbf{u}$ 和 $\mathbf{v}$ 之基底向量表示式如 (3) 式，則至少必有一個 i 使得 $k_i \neq d_i$。因此，

$$T(\mathbf{u}) = (k_1, k_2, \ldots, k_n) \neq (d_1, d_2, \ldots, d_n) = T(\mathbf{v})$$

其證明 $\mathbf{u}$ 和 $\mathbf{v}$ 在 T 之下有相異像。最後，變換 T 是映成，因為若

$$\mathbf{w} = (k_1, k_2, \ldots, k_n)$$

是 R^n 上任一向量，則由 (2) 式得 $\mathbf{w}$ 是向量

$$\mathbf{u} = k_1\mathbf{v}_1 + k_2\mathbf{v}_2 + \cdots + k_n\mathbf{v}_n$$

在 T 之下的像。◀

注釋：注意前面證明裡的公式 (2) 之同構函數 T 是座標映射

$$\mathbf{u} \xrightarrow{T} (k_1, k_2, \ldots, k_n) = (\mathbf{u})_S$$

將 $\mathbf{u}$ 映至其對基底 $S = \{\mathbf{v}_1, \mathbf{v}_2, \ldots, \mathbf{v}_n\}$ 的座標向量。因為向量空間 V 通常有許多組基底，所以 V 和 R^n 之間通常有許多同構函數，各個不同基底得不同同構函數。

▶ **例題 7** 由 P_{n-1} 至 R^n 的自然同構變換

留給讀者證明由 P_{n-1} 至 R^n 之映射

$$a_0 + a_1 x + \cdots + a_{n-1} x^{n-1} \xrightarrow{T} (a_0, a_1, \ldots, a_{n-1})$$

是一對一，映成且線性。其被稱由 P_{n-1} 至 R^n 的**自然同構變換** (natural isomorphism)，因為如下面計算證明，它將 P_{n-1} 的自然基底 $\{1, x, x^2, \ldots, x^{n-1}\}$ 映至 R^n 的標準基底：

$$\begin{array}{lcl}
1 = 1 + 0x + 0x^2 + \cdots + 0x^{n-1} & \xrightarrow{T} & (1, 0, 0, \ldots, 0) \\
x = 0 + x + 0x^2 + \cdots + 0x^{n-1} & \xrightarrow{T} & (0, 1, 0, \ldots, 0) \\
\vdots & \vdots & \vdots \\
x^{n-1} = 0 + 0x + 0x^2 + \cdots + x^{n-1} & \xrightarrow{T} & (0, 0, 0, \ldots, 1)
\end{array}$$

▶ **例題 8** 由 M_{22} 至 R^4 的自然同構變換

矩陣

$$E_1 = \begin{bmatrix} 1 & 0 \\ 0 & 0 \end{bmatrix}, \quad E_2 = \begin{bmatrix} 0 & 1 \\ 0 & 0 \end{bmatrix}, \quad E_3 = \begin{bmatrix} 0 & 0 \\ 1 & 0 \end{bmatrix}, \quad E_4 = \begin{bmatrix} 0 & 0 \\ 0 & 1 \end{bmatrix}$$

形成 2×2 階矩陣所成的向量空間 M_{22} 之一組基底。首先將 M_{22} 上的矩陣 A 利用基底向量表為

$$A = \begin{bmatrix} a_1 & a_2 \\ a_3 & a_4 \end{bmatrix} = a_1 \begin{bmatrix} 1 & 0 \\ 0 & 0 \end{bmatrix} + a_2 \begin{bmatrix} 0 & 1 \\ 0 & 0 \end{bmatrix} + a_3 \begin{bmatrix} 0 & 0 \\ 1 & 0 \end{bmatrix} + a_4 \begin{bmatrix} 0 & 0 \\ 0 & 1 \end{bmatrix}$$

來建構同構變換 $T: M_{22} \to R^4$ 且定義 T 為

$$T(A) = (a_1, a_2, a_3, a_4)$$

因此，例如，

$$\begin{bmatrix} 1 & -3 \\ 4 & 6 \end{bmatrix} \xrightarrow{T} (1, -3, 4, 6)$$

更一般性地，此概念可被用來證明具實數元素之 $m \times n$ 階矩陣所成的向

(e) $T: R^2 \to R^3$,其中
$T(x, y) = (x-y, y-x, 2x-2y)$
(f) $T: R^3 \to R^2$,其中
$T(x, y, z) = (x+y+z, x-y-z)$

2. 習題 1 中的各變換何者是映成？

3. 對各小題,判斷以 A 乘之的線性變換是否為一對一？

(a) $A = \begin{bmatrix} 1 & -3 & 2 \\ -2 & 6 & -4 \end{bmatrix}$

(b) $A = \begin{bmatrix} 1 & 3 & 5 & 7 \\ -1 & 3 & 0 & 0 \\ 1 & 15 & 15 & 21 \end{bmatrix}$

(c) $A = \begin{bmatrix} 2 & 5 \\ -1 & 3 \\ 2 & 4 \end{bmatrix}$

4. 習題 3 中的各變換何者是映成？

5. 如附圖所示,令 $T: R^2 \to R^2$ 為在直線 $y=x$ 上的正交投影。
(a) 求 T 的核集。
(b) T 是一對一嗎？試驗證你的結論。

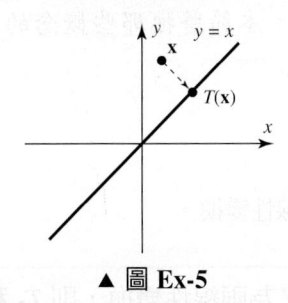

▲ 圖 Ex-5

6. 如附圖所示,令 $T: R^2 \to R^2$ 為將各點對 y-軸做鏡射的線性算子。
(a) 求 T 的核集。
(b) T 是一對一嗎？試驗證你的結論。

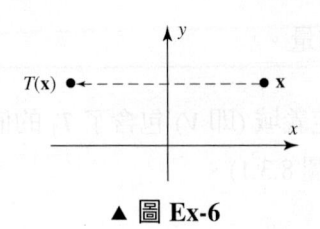

▲ 圖 Ex-6

7. 對各小題,使用所給的資料,判斷線性變換 T 是否為一對一？
(a) $T: R^m \to R^m$, nullity$(T) = 1$
(b) $T: R^n \to R^n$, rank$(T) = n$
(c) $T: R^m \to R^n$, $n < m$
(d) $T: R^n \to R^n$, $R(T) = R^n$

8. 對各小題,判斷線性變換 T 是否為一對一？
(a) $T: P_2 \to P_3$,其中
$T(a_0 + a_1 x + a_2 x^2) = x(a_0 + a_1 x + a_2 x^2)$
(b) $T: P_2 \to P_2$,其中 $T(p(x)) = p(x+1)$

9. 證明：若 V 和 W 是有限維向量空間滿足 $\dim(W) < \dim(V)$,則沒有一對一線性變換 $T: V \to W$。

10. 證明：存在一個由 V 至 W 的映成線性變換唯若 $\dim(V) \geq \dim(W)$。

11. (a) 在所有 3×3 對稱矩陣所成的向量空間和 R^6 間找一個同構變換。
(b) 在所有 2×2 矩陣所成的向量空間和 R^4 間找兩個相異的同構變換。
(c) 在次數至多為 3 且滿足 $p(0) = 0$ 的所有多項式所成的向量空間和 R^3 間找一個同構變換。
(d) 在向量空間 span$\{1, \sin(x), \cos(x)\}$ 和 R^3 間找一個同構變換。

12. (適合已學過微積分的讀者) 令 $J: P_1 \to R$ 是積分變換 $J(\mathbf{p}) = \int_{-1}^{1} p(x)\, dx$。判斷 J 是否為一對一？試驗證你的答案。

13. (適合已學過微積分的讀者) 令 V 為向量空間 $C^1[0, 1]$ 且令 $T: V \to R$ 被定義為
$T(\mathbf{f}) = f(0) + 2f'(0) + 3f'(1)$
證明 T 是一個線性變換。判斷 T 是否為一對一？並驗證你的答案。

14. (適合已學過微積分的讀者) 設計一個方法給使用矩陣乘法來微分向量空間 span$\{1, \sin(x), \cos(x), \sin(2x), \cos(2x)\}$ 中的函數。使用你的方法求 $3 - 4\sin(x) + \sin(2x) + 5\cos(2x)$ 的導

15. 公式 $T(a, b, c) = ax^2 + bx + c$ 是否定義一個由 R^3 至 P_2 的一對一線性變換？試解釋你的理由。

16. 令 E 為一個固定的 2×2 階基本矩陣。公式 $T(A) = EA$ 是否定義一個在 M_{22} 上的一對一線性算子？試解釋你的理由。

17. 令 $\mathbf{a}$ 為 R^3 上的一個固定向量。公式 $T(\mathbf{v}) = \mathbf{a} \times \mathbf{v}$ 是否定義一個在 R^3 上的一對一線性算子？試解釋你的理由。

18. 證明內積空間同構變換保留角度及距離──亦即，V 上 $\mathbf{u}$ 和 $\mathbf{v}$ 的夾角等於在 W 上 $T(\mathbf{u})$ 和 $T(\mathbf{v})$ 的夾角，且 $\|\mathbf{u}-\mathbf{v}\|_V = \|T(\mathbf{u})-T(\mathbf{v})\|_W$。

19. 內積空間同構變換是否將單範正交集映至單範正交集？試驗證你的答案。

20. 在 P_5 及 M_{23} 間找一個內積空間同構變換。

是非題

試判斷 (a)-(f) 各敘述的真假，並驗證你的答案。

(a) 向量空間 R^2 和 P_2 同構。

(b) 若線性變換 $T: P_3 \to P_3$ 的核集是 $\{\mathbf{0}\}$，則 T 是一個同構變換。

(c) 由 M_{33} 至 P_9 的每個線性變換是一個同構變換。

(d) 存在一個在 M_{23} 的子空間和 R^4 同構。

(e) 存在一個 2×2 階矩陣 P 滿足 $T: M_{22} \to M_{22}$ 被定義為 $T(A) = AP - PA$ 是一個同構變換。

(f) 存在一個線性變換 $T: P_4 \to P_4$ 滿足 T 的核集同構於 T 的值域。

8.3 合成及逆變換

4.10 節討論過矩陣變換的合成及其逆。本節將把那些概念的某些擴大至一般線性變換。

線性變換的合成

下一個定義將 4.10 節公式 (1) 擴大至一般線性變換。

> **定義 1**：若 $T_1: U \to V$ 和 $T_2: V \to W$ 為兩線性變換，則 T_2 和 T_1 的**合成變換** (composition of T_2 with T_1)，以 $T_2 \circ T_1$ (讀作「T_2 圓圈 T_1」) 表示，是以公式
>
> $$(T_2 \circ T_1)(\mathbf{u}) = T_2(T_1(\mathbf{u})) \qquad (1)$$
>
> 定義的函數，此處的 $\mathbf{u}$ 為 U 上的向量。

注意：「和 (with)」這個字建立合成中運算的順序。T_2 和 T_1 的合成是
$(T_2 \circ T_1)(\mathbf{u}) = T_2(T_1(\mathbf{u}))$
而 T_1 和 T_2 的合成是
$(T_1 \circ T_2)(\mathbf{u}) = T_1(T_2(\mathbf{u}))$

注釋：觀察此定義，它必須是 T_2 的定義域 (即 V) 包含了 T_1 的值域。此項要求對 $T_2(T_1(\mathbf{u}))$ 有意義且很重要 (圖 8.3.1)。

量空間 M_{mn} 同構於 R^{mn}。

適合已學過微積分的讀者

▶ **例題 9** 以矩陣乘法做微分

考慮在次數小於等於 3 之多項式所成的向量空間上之微分變換 $D: P_3 \to P_2$。若我們分別以自然同構函數將 P_3 及 P_2 映至 R^4 及 R^3，則變換 D 產生一個對應的由 R^4 至 R^3 的矩陣變換。明確地，導函數變換

$$a_0 + a_1 x + a_2 x^2 + a_3 x^3 \xrightarrow{D} a_1 + 2a_2 x + 3a_3 x^2$$

產生矩陣變換

$$\begin{bmatrix} 0 & 1 & 0 & 0 \\ 0 & 0 & 2 & 0 \\ 0 & 0 & 0 & 3 \end{bmatrix} \begin{bmatrix} a_0 \\ a_1 \\ a_2 \\ a_3 \end{bmatrix} = \begin{bmatrix} a_1 \\ 2a_2 \\ 3a_3 \end{bmatrix}$$

因此，例如，導函數

$$\frac{d}{dx}(2 + x + 4x^2 - x^3) = 1 + 8x - 3x^2$$

可被計算為矩陣乘積

$$\begin{bmatrix} 0 & 1 & 0 & 0 \\ 0 & 0 & 2 & 0 \\ 0 & 0 & 0 & 3 \end{bmatrix} \begin{bmatrix} 2 \\ 1 \\ 4 \\ -1 \end{bmatrix} = \begin{bmatrix} 1 \\ 8 \\ -3 \end{bmatrix}$$

此概念有助於建構數值演算法來執行導函數計算。 ◀

內積空間同構變換

若 V 是一個實數 n-維內積空間，V 和 R^n 均有，加上它們的代數結構，來自它們個別內積的幾何結構。因此，合理的要求是否存在一個由 V 至 R^n 的同構變換可保留幾何結構及代數結構。例如，我們希望 V 上的正交向量映至 R^n 上正交向量，且我們希望 V 上的單範正交集合映至 R^n 上對應的單範正交集合。

為使一個同構變換保留幾何結構，明顯地必須保留內積，因為長度、角度及正交性的觀念均基於內積。因此，若 V 和 W 是內積空間，則我們稱同構變換 $T: V \to W$ 為**內積空間同構變換** (inner product space isomorphism) 若

$$\langle T(\mathbf{u}), T(\mathbf{v}) \rangle = \langle \mathbf{u}, \mathbf{v} \rangle$$

可證明出若 V 是任意實數 n-維內積空間且 R^n 有歐幾里德內積 (點積)，則存在一個由 V 至 R^n 的內積空間同構變換。在此一同構變換之下，內積空間 V 和 R^n 有相同的代數及幾何結構。在此意義之下，每一個 n-維內積空間是具歐幾里德內積之 R^n 的一個「副本」，它們之間僅差異於表示向量的記法而已。

▶ **例題 10　內積空間同構變換**

令 R^n 為 n 元實數序對以逗號分界記法，令 M_n 為 $n \times 1$ 階實數矩陣所成的向量空間，令 R^n 具有歐幾里德內積 $\langle \mathbf{u}, \mathbf{v} \rangle = \mathbf{u} \cdot \mathbf{v}$，且令 M_n 有內積 $\langle \mathbf{u}, \mathbf{v} \rangle = \mathbf{u}^T \mathbf{v}$，其中 $\mathbf{u}$ 和 $\mathbf{v}$ 被表為行型。映射 $T = R^n \to M_n$ 被定義為

$$(v_1, v_2, \ldots, v_n) \xrightarrow{T} \begin{bmatrix} v_1 \\ v_2 \\ \vdots \\ v_n \end{bmatrix}$$

是一個內積空間同構變換，所以內積空間 R^n 和內積空間 M_n 間的差異主要是記法，這個事實在本書已使用過好幾次。　◀

概念複習

- 一對一
- 映成
- 同構變換
- 同構向量空間
- 自然同構變換
- 內積空間同構變換

技　能

- 判斷線性變換是否為一對一。
- 判斷線性變換是否為映成。
- 判斷線性變換是否為同構變換。

習題集 8.2

1. 對各小題，求 ker(T)，並判斷線性變換是否為一對一？
   (a) $T: R^2 \to R^2$，其中 $T(x, y) = (2y, 3x)$
   (b) $T: R^2 \to R^2$，其中 $T(x, y) = (5x - y, 0)$
   (c) $T: R^3 \to R^2$，其中 $T(x, y, z) = (x + y, x - z)$
   (d) $T: R^2 \to R^3$，其中 $T(x, y) = (y, x, x - y)$

▲ 圖 8.3.1　T_2 和 T_1 的合成。

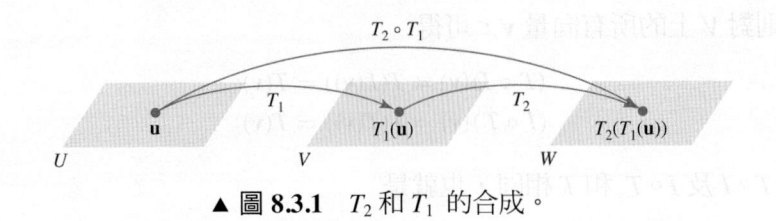

第一個定理說明了兩個線性變換的合成亦為線性變換。

定理 8.3.1：若 $T_1: U \to V$ 和 $T_2: V \to W$ 為兩線性變換，則 $(T_2 \circ T_1): U \to W$ 亦為線性變換。

證明：若 **u** 及 **v** 為 U 上之向量且 c 為一純量，則由 (1) 式及 T_1 和 T_2 的線性，得

$$(T_2 \circ T_1)(\mathbf{u} + \mathbf{v}) = T_2(T_1(\mathbf{u} + \mathbf{v})) = T_2(T_1(\mathbf{u}) + T_1(\mathbf{v}))$$
$$= T_2(T_1(\mathbf{u})) + T_2(T_1(\mathbf{v}))$$
$$= (T_2 \circ T_1)(\mathbf{u}) + (T_2 \circ T_1)(\mathbf{v})$$

且

$$(T_2 \circ T_1)(c\mathbf{u}) = T_2(T_1(c\mathbf{u})) = T_2(cT_1(\mathbf{u}))$$
$$= cT_2(T_1(\mathbf{u})) = c(T_2 \circ T_1)(\mathbf{u})$$

所以，$T_2 \circ T_1$ 滿足線性變換的兩個性質。◀

▶ **例題 1**　線性變換的合成

令 $T_1: P_1 \to P_2$ 和 $T_2: P_2 \to P_2$ 為兩線性變換且分別滿足

$$T_1(p(x)) = xp(x) \quad 及 \quad T_2(p(x)) = p(2x + 4)$$

則合成函數 $(T_2 \circ T_1): P_1 \to P_2$ 滿足

$$(T_2 \circ T_1)(p(x)) = T_2(T_1(p(x))) = T_2(xp(x)) = (2x+4)p(2x+4)$$

尤其是，若 $p(x) = c_0 + c_1 x$，則

$$(T_2 \circ T_1)(p(x)) = (T_2 \circ T_1)(c_0 + c_1 x) = (2x+4)(c_0 + c_1(2x+4))$$
$$= c_0(2x+4) + c_1(2x+4)^2$$

▶ **例題 2**　和恆等算子的合成

若 $T: V \to V$ 為一線性算子，且若 $I: V \to V$ 為恆等算子 (8.1 節例題

3)，則對 V 上的所有向量 $\mathbf{v}$，可得

$$(T \circ I)(\mathbf{v}) = T(I(\mathbf{v})) = T(\mathbf{v})$$
$$(I \circ T)(\mathbf{v}) = I(T(\mathbf{v})) = T(\mathbf{v})$$

因而 $T \circ I$ 及 $I \circ T$ 和 T 相同，也就是

$$T \circ I = T \quad \text{及} \quad I \circ T = T \quad \blacktriangleleft \tag{2}$$

如圖 8.3.2 所示，合成可被定義給兩個以上的線性變換。例如，若

$$T_1: U \to V, \quad T_2: V \to W \quad \text{及} \quad T_3: W \to Y$$

為線性變換，則合成函數 $T_3 \circ T_2 \circ T_1$ 為

$$(T_3 \circ T_2 \circ T_1)(\mathbf{u}) = T_3(T_2(T_1(\mathbf{u}))) \tag{3}$$

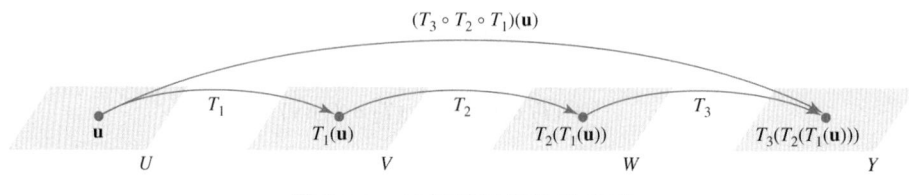

▲ 圖 8.3.2　三個線性變換的合成。

逆線性變換

在定理 4.10.1 裡證明了矩陣算子 $T_A: R^n \to R^n$ 是一對一若且唯若矩陣 A 是可逆的，其中逆算子是 $T_{A^{-1}}$。我們接著證明了若 $\mathbf{w}$ 是向量 $\mathbf{x}$ 在算子 T_A 之下的像，則 $\mathbf{x}$ 是向量 $\mathbf{w}$ 在 $T_{A^{-1}}$ 之下的像 (見圖 4.10.8)。我們下一個目標是將可逆性的觀念擴大至一般線性變換。

回顧若 $T: V \to W$ 為線性變換，則 T 的值域以 $R(T)$ 表示，為 W 的子空間，且此子空間係由 V 上之向量經 T 變換的映像所組成的。若 T 為一對一，則 V 上的每一向量 $\mathbf{v}$ 在 $R(T)$ 上有唯一的像點 $\mathbf{w} = T(V)$。映像向量的唯一性，容許定義稱為 **T 的逆變換** (inverse of T) 的一個新函數，並以 T^{-1} 表示，以將 $\mathbf{w}$ 映回 $\mathbf{v}$ (圖 8.3.3)。

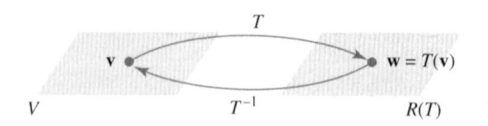

▲ 圖 8.3.3　T 的逆變換將 $T(\mathbf{v})$ 映回 $\mathbf{v}$。

$T^{-1}: R(T) \to V$ 為一線性變換是可以證明的 (習題 19)。而且由 T^{-1} 的定義，我們有

$$T^{-1}(T(\mathbf{v})) = T^{-1}(\mathbf{w}) = \mathbf{v} \tag{4}$$

$$T(T^{-1}(\mathbf{w})) = T(\mathbf{v}) = \mathbf{w} \tag{5}$$

所以 T 和 T^{-1} 當連續應用時，可互相消去對方的影響。

注釋：指出若 $T: V \to W$ 為一對一線性變換，則 T^{-1} 的定義域為 T 的值域是很重要的。該值域有可能是也可能不是整個 W。然而，在 $T: V \to V$ 為一對一線性算子且 V 是 n-維的特殊情況下，則由定理 8.2.2 可知 T 必為映成，所以 T^{-1} 的定義域為整個 V。

▶ **例題 3** 逆變換

在 8.2 節例題 5 中已經證明線性變換 $T: P_n \to P_{n+1}$ 以

$$T(\mathbf{p}) = T(p(x)) = xp(x)$$

指定之，為一對一的變換；所以 T 有逆變換。此處 T 的值域非整個 P_{n+1}；而是由常數項為零的多項式組成的 P_{n+1} 的子空間。從 T 的公式：

$$T(c_0 + c_1 x + \cdots + c_n x^n) = c_0 x + c_1 x^2 + \cdots + c_n x^{n+1}$$

來看這是很明顯的。由此可知 $T^{-1}: R(T) \to P_n$ 可由公式

$$T^{-1}(c_0 x + c_1 x^2 + \cdots + c_n x^{n+1}) = c_0 + c_1 x + \cdots + c_n x^n$$

求得。例如，在 $n \geq 3$ 的情況下

$$T^{-1}(2x - x^2 + 5x^3 + 3x^4) = 2 - x + 5x^2 + 3x^3$$

▶ **例題 4** 逆變換

令 $T: R^3 \to R^3$ 為以公式

$$T(x_1, x_2, x_3) = (3x_1 + x_2, -2x_1 - 4x_2 + 3x_3, 5x_1 + 4x_2 - 2x_3)$$

定義的線性算子，試判定 T 是否為一對一的算子，若是，試求 $T^{-1}(x_1, x_2, x_3)$。

解：由 4.9 節公式 (12)，T 的標準矩陣為

$$[T] = \begin{bmatrix} 3 & 1 & 0 \\ -2 & -4 & 3 \\ 5 & 4 & -2 \end{bmatrix}$$

(試證明之)。這是個可逆矩陣,而由 4.10 節的 (7) 式,T^{-1} 的標準矩陣為

$$[T^{-1}] = [T]^{-1} = \begin{bmatrix} 4 & -2 & -3 \\ -11 & 6 & 9 \\ -12 & 7 & 10 \end{bmatrix}$$

從而可知

$$T^{-1}\left(\begin{bmatrix} x_1 \\ x_2 \\ x_3 \end{bmatrix}\right) = [T^{-1}]\begin{bmatrix} x_1 \\ x_2 \\ x_3 \end{bmatrix} = \begin{bmatrix} 4 & -2 & -3 \\ -11 & 6 & 9 \\ -12 & 7 & 10 \end{bmatrix}\begin{bmatrix} x_1 \\ x_2 \\ x_3 \end{bmatrix}$$

$$= \begin{bmatrix} 4x_1 - 2x_2 - 3x_3 \\ -11x_1 + 6x_2 + 9x_3 \\ -12x_1 + 7x_2 + 10x_3 \end{bmatrix}$$

將此結果以橫式的符號表示可得

$$T^{-1}(x_1, x_2, x_3) = (4x_1 - 2x_2 - 3x_3, -11x_1 + 6x_2 + 9x_3, -12x_1 + 7x_2 + 10x_3) \blacktriangleleft$$

一對一線性變換的合成

下一定理顯示一對一線性變換的合成變換為一對一的變換,也顯示了合成變換的逆變換與個別線性變換的逆變換間的關係。

定理 8.3.2:若 $T_1: U \to V$ 和 $T_2: V \to W$ 均為一對一線性變換,則:
(a) $T_2 \circ T_1$ 為一對一變換。
(b) $(T_2 \circ T_1)^{-1} = T_1^{-1} \circ T_2^{-1}$。

證明 **(a)**:現在先證明 $T_2 \circ T_1$ 將 U 中的相異向量映射成 W 中的相異向量。由於 T_1 為一對一的變換,只要 **u** 與 **v** 為 U 中的相異向量,則在 V 中 $T_1(\mathbf{u})$ 與 $T_1(\mathbf{v})$ 為相異向量。此項結果與 T_2 為一對一變換的事實暗示

$$T_2(T_1(\mathbf{u})) \quad \text{與} \quad T_2(T_1(\mathbf{v}))$$

也是相異的向量,這些向量也能寫成

$$(T_2 \circ T_1)(\mathbf{u}) \quad 與 \quad (T_2 \circ T_1)(\mathbf{v})$$

所以 $T_2 \circ T_1$ 將 $\mathbf{u}$ 與 $\mathbf{v}$ 映射成 W 的相異向量。

證明 (b)：現在要證明對在 $T_2 \circ T_1$ 的值域中的每個向量 $\mathbf{w}$ 而言

$$(T_2 \circ T_1)^{-1}(\mathbf{w}) = (T_1^{-1} \circ T_2^{-1})(\mathbf{w})$$

為達成目的，令

$$\mathbf{u} = (T_2 \circ T_1)^{-1}(\mathbf{w}) \tag{6}$$

所以眼前的目標是證明

$$\mathbf{u} = (T_1^{-1} \circ T_2^{-1})(\mathbf{w})$$

但由 (6) 式可知

$$(T_2 \circ T_1)(\mathbf{u}) = \mathbf{w}$$

或等價於

$$T_2(T_1(\mathbf{u})) = \mathbf{w}$$

現在對此式的兩端取 T_2^{-1}，然後對所得的式子兩端再取 T_1^{-1} 且使用 (4) 可得 (證之)

$$\mathbf{u} = T_1^{-1}(T_2^{-1}(\mathbf{w}))$$

或等價於

$$\mathbf{u} = (T_1^{-1} \circ T_2^{-1})(\mathbf{w}) \blacktriangleleft$$

總而言之，定理 8.3.2(b) 陳述的是合成變換的逆變換為以個別逆變換依逆序合成的變換。此一結果可以延伸至三個或更多線性變換的合成變換；例如，

$$(T_3 \circ T_2 \circ T_1)^{-1} = T_1^{-1} \circ T_2^{-1} \circ T_3^{-1} \tag{7}$$

在 T_A, T_B 與 T_C 為 R^n 上之矩陣算子的特殊情況下，(7) 式可以寫成

$$(T_C \circ T_B \circ T_A)^{-1} = T_A^{-1} \circ T_B^{-1} \circ T_C^{-1}$$

我們亦可將其寫為

$$(T_{CBA})^{-1} = T_{A^{-1}B^{-1}C^{-1}} \tag{8}$$

注意：公式 (8) 的兩端之下標順序。

概念複習

- 線性變換的合成
- 線性變換的逆變換

技　能

- 求兩線性變換之合成變換的定義域及值域。
- 求兩個線性變換的合成變換。
- 判斷線性變換是否有逆變換。
- 求線性變換的逆變換。

習題集 8.3

1. 對各小題，判斷合成變換 $(T_2 \circ T_1)$ 是否有定義，若是，則求 $(T_2 \circ T_1)$ 的定義域及對應域，並求 $T_2 \circ T_1$。

    (a) $T_1(x, y) = (3y, 2x)$,
    $T_2(x, y) = (x - 2y, x + y)$

    (b) $T_1(x, y, z) = (y - z, x)$,
    $T_2(x, y) = (x, y, x - y)$

    (c) $T_1(x, y) = (x + y, y - x, x - y)$,
    $T_2(x, y) = (y, x + y, 2x)$

    (d) $T_1(x, y) = (4x, -y)$,
    $T_2(x, y) = (-x, 4y, x - 4y)$

2. 求 $(T_3 \circ T_2 \circ T_1)(x, y)$。

    (a) $T_1(x, y) = (-2y, 3x, x - 2y)$,
    $T_2(x, y, z) = (y, z, x)$,
    $T_3(x, y, z) = (x + z, y - z)$

    (b) $T_1(x, y) = (x + y, y, -x)$,
    $T_2(x, y, z) = (0, x + y + z, 3y)$,
    $T_3(x, y, z) = (3x + 2y, 4z - x - 3y)$

3. 令 $T_1 : M_{22} \to R$ 及 $T_2 : M_{22} \to M_{22}$ 為以 $T_1(A) = \operatorname{tr}(A)$ 及 $T_2(A) = A^T$ 所指定的線性變換。

    (a) 試求 $(T_1 \circ T_2)(A)$，其中 $A = \begin{bmatrix} a & b \\ c & d \end{bmatrix}$。

    (b) 能不能求得 $(T_1 \circ T_2)(A)$？試說明之。

4. 令 $T_1 : P_n \to P_n$ 及 $T_2 : P_n \to P_n$ 為以 $T_1(p(x)) = p(x+2)$ 及 $T_2(p(x)) = p(x-2)$ 指定的線性算子。試求 $(T_1 \circ T_2)(p(x))$ 及 $(T_2 \circ T_1)(p(x))$。

5. 令 $T_1 : V \to V$ 為膨脹 $T_1(\mathbf{v}) = 4\mathbf{v}$。試求線性算子 $T_2 : V \to V$ 使得 $T_1 \circ T_2 = I$ 及 $T_2 \circ T_1 = I$。

6. 假設線性變換 $T_1 : P_2 \to P_2$ 及 $T_2 : P_2 \to P_3$ 指定為 $T_1(p(x)) = p(x+1)$ 及 $T_2(p(x)) = xp(x)$ 兩式。試求 $(T_2 \circ T_1)(a_0 + a_1 x + a_2 x^2)$。

7. 令 $q_0(x)$ 是次數為 m 的固定多項式，且以公式 $T(p(x)) = p(q_0(x))$ 定義函數 T 使其定義域為 P_n。證明 T 為一線性變換。

8. 試使用 (3) 式所定義的 $T_3 \circ T_2 \circ T_1$，證明

    (a) $T_3 \circ T_2 \circ T_1$ 為一線性變換。

    (b) $T_3 \circ T_2 \circ T_1 = (T_3 \circ T_2) \circ T_1$。

    (c) $T_3 \circ T_2 \circ T_1 = T_3 \circ (T_2 \circ T_1)$。

9. 令 $T : R^3 \to R^3$ 為 R^3 映成 yz-平面的正交投影。證明 $T \circ T = T$。

10. 對各小題，令 $T : R^2 \to R^2$ 為以 A 乘之，試決定 T 是否有逆變換，若有，則求
    $$T^{-1}\left(\begin{bmatrix} x_1 \\ x_2 \end{bmatrix}\right)$$

    (a) $A = \begin{bmatrix} 4 & 8 \\ -3 & -6 \end{bmatrix}$
    (b) $A = \begin{bmatrix} 3 & 1 \\ 5 & 2 \end{bmatrix}$

    (c) $A = \begin{bmatrix} 2 & 5 \\ 2 & 6 \end{bmatrix}$

11. 對各小題，令 $T : R^3 \to R^3$ 為以 A 乘之，試決定 T 是否有逆變換；若有，則求
    $$T^{-1}\left(\begin{bmatrix} x_1 \\ x_2 \\ x_3 \end{bmatrix}\right)$$

(a) $A = \begin{bmatrix} 1 & 2 & 1 \\ 2 & 1 & 2 \\ 1 & 1 & 1 \end{bmatrix}$ (b) $A = \begin{bmatrix} 1 & 3 & 1 \\ 1 & 1 & 1 \\ -1 & 1 & 0 \end{bmatrix}$

(c) $A = \begin{bmatrix} 2 & 6 & 10 \\ 0 & 1 & -1 \\ 2 & 4 & 6 \end{bmatrix}$

(d) $A = \begin{bmatrix} 1 & -1 & 1 \\ 0 & 2 & -1 \\ 2 & 3 & 0 \end{bmatrix}$

12. 對下列各小題，試判定線性算子 $T: R^n \to R^n$ 是否為一對一；若是，則求 $T^{-1}(x_1, x_2, \ldots, x_n)$。
    (a) $T(x_1, x_2, \ldots, x_n) = (0, x_1, x_2, \ldots, x_{n-1})$
    (b) $T(x_1, x_2, \ldots, x_n) = (x_n, x_{n-1}, \ldots, x_2, x_1)$
    (c) $T(x_1, x_2, \ldots, x_n) = (x_2, x_3, \ldots, x_n, x_1)$

13. 令 $T: R^n \to R^n$ 為線性算子且定義為
    $$T(x_1, x_2, \ldots, x_n) = (a_1 x_1, a_2 x_2, \ldots, a_n x_n)$$
    其中 $a_1, \ldots, a_n$ 為常數。
    (a) 在什麼條件下 T 有逆變換？
    (b) 假設 (a) 的條件成立，求 $T^{-1}(x_1, x_2, \ldots, x_n)$。

14. 令 $T_1: R^2 \to R^2$ 及 $T_2: R^2 \to R^2$ 為由公式
    $$T_1(x, y) = (x + 3y, x - 3y)$$
    與 $$T_2(x, y) = (2x - y, 2x + y)$$
    指定的線性算子。
    (a) 試證明 T_1 與 T_2 均為一對一。
    (b) 試求 $T_1^{-1}(x, y), T_2^{-1}(x, y)$ 與 $(T_2 \circ T_1)^{-1}(x, y)$ 的公式。
    (c) 試證明 $(T_2 \circ T_1)^{-1} = T_1^{-1} \circ T_2^{-1}$。

15. 令 $T_1: P_2 \to P_3$ 及 $T_2: P_3 \to P_3$ 為由公式
    $$T_1(p(x)) = xp(x) \quad 與 \quad T_2(p(x)) = p(x+1)$$
    所指定的線性變換。
    (a) 試求 $T_1^{-1}(p(x)), T_2^{-1}(p(x))$ 與 $(T_2 \circ T_1)^{-1}(p(x))$ 的公式。
    (b) 試證明 $(T_2 \circ T_1)^{-1} = T_1^{-1} \circ T_2^{-1}$。

16. 令 $T_A: R^3 \to R^3, T_B: R^3 \to R^3$ 及 $T_C: R^3 \to R^3$ 分別為對 xy-平面、對 xz-平面與對 yz-平面的反射。試對這些線性算子證明 (8) 式成立。

17. 令 $T: P_1 \to R^2$ 為以公式
    $$T(p(x)) = (p(0), p(1))$$
    定義的函數。
    (a) 試求 $T(2-x)$。
    (b) 試證明 T 為線性變換。
    (c) 試證明 T 為一對一。
    (d) 試求 $T^{-1}(3, 5)$，並繪出其圖形。

18. 令 $T: R^2 \to R^2$ 為以公式 $T(x, y) = (x + ky, -y)$ 指定的線性算子。試證明 T 對每個實數值的 k 為一對一，而且 $T^{-1} = T$。

19. 試證明若 $T: V \to W$ 為一對一線性變換，則 $T^{-1}: R(T) \to V$ 為一對一線性變換。

▶對習題 20-21，決定是否 $T_1 \circ T_2 = T_2 \circ T_1$。◀

20. (a) $T_1: R^2 \to R^2$ 是在 x-軸上的正交投影，且 $T_2: R^2 \to R^2$ 是在 y-軸上的正交投影。
    (b) $T_1: R^2 \to R^2$ 是繞原點 θ_1 角的旋轉，且 $T_2: R^2 \to R^2$ 是繞原點 θ_2 角的旋轉。
    (c) $T_1: R^3 \to R^3$ 是繞 x-軸 θ_1 角的旋轉，且 $T_2: R^3 \to R^3$ 是繞 z-軸 θ_2 角的旋轉。

21. (a) $T_1: R^2 \to R^2$ 是對 x-軸的反射，且 $T_2: R^2 \to R^2$ 是對 y-軸的反射。
    (b) $T_1: R^2 \to R^2$ 是在 x-軸上的正交投影，且 $T_2: R^2 \to R^2$ 是繞 θ 角的逆時針旋轉。
    (c) $T_1: R^3 \to R^3$ 是一個以因子 k 的膨脹，且 $T_2: R^3 \to R^3$ 是繞 z-軸 θ 角的逆時針旋轉。

22. (適合已學過微積分的讀者) 令
    $$D(\mathbf{f}) = f'(x) \quad 及 \quad J(\mathbf{f}) = \int_0^x f(t)\, dt$$
    為 8.1 節例題 11 及 12 的線性變換，求 $(J \circ D)(\mathbf{f})$，其中
    (a) $\mathbf{f}(x) = x^2 + 3x + 2$
    (b) $\mathbf{f}(x) = \sin x$

(c) $\mathbf{f}(x)=e^x+3$

23. **(適合已學過微積分的讀者)** 微積分基本定理蘊涵積分和微分在某種意義上是互為反運算。定義變換 $D:P_n \to P_{n-1}$ 為 $D(p(x))=p'(x)$，且定義 $J:P_{n-1} \to P_n$ 為

$$J(p(x)) = \int_0^x p(t)\, dt$$

(a) 證明 D 和 J 為線性變換。
(b) 試解釋為何 J 不是 D 的逆變換。
(c) 我們能限制 D 和 J 的定義域及 (或) 對應域，使得它們是互為逆線性變換嗎？

是非題

試判斷 (a)-(f) 各敘述的真假，並驗證你的答案。

(a) 兩個線性變換的合成亦是線性變換。
(b) 若 $T_1:V \to V$ 且 $T_2:V \to V$ 為任兩個線性算子，則 $T_1 \circ T_2 = T_2 \circ T_1$。
(c) 線性變換的逆變換是一個線性變換。
(d) 若線性變換 T 有一個逆，則 T 的核集是零子空間。
(e) 若 $T:R^2 \to R^2$ 是映成 x-軸的正交投影，則 $T^{-1}:R^2 \to R^2$ 將 x-軸上的各點映成至垂直 x-軸的直線。
(f) 若 $T_1:U \to V$ 且 $T_2:V \to W$ 為線性變換，且若 T_1 不是一對一，則 $T_2 \circ T_1$ 亦不是一對一。

8.4 一般線性變換的矩陣

本節我們將證明由 n-維向量空間 V 至任意 m-維向量空間 W 的一般線性變換可以一個合適的由 R^n 及 R^m 的矩陣變換來執行。此概念被使用在電腦計算裡，因為電腦已良置執行矩陣計算。

線性變換的矩陣

假設 V 為 n-維向量空間，W 是 m-維向量空間，且 $T:V \to W$ 是一個線性變換。進一步假設 B 是 V 的一組基底，B' 是 W 的一組基底，且對每個向量 $\mathbf{x}$ 在 V 上，$\mathbf{x}$ 及 $T(\mathbf{x})$ 的座標矩陣分別為 $[\mathbf{x}]_B$ 及 $[T(\mathbf{x})]_{B'}$ (圖 8.4.1)。

我們的目標是找一個 $m \times n$ 階矩陣 A 滿足以 A 乘之可將向量 $[\mathbf{x}]_B$ 映至 $[T(\mathbf{x})]_{B'}$，對每個 $\mathbf{x}$ 屬於 V (圖 8.4.2a)。若能如此，則如圖 8.4.2b 所

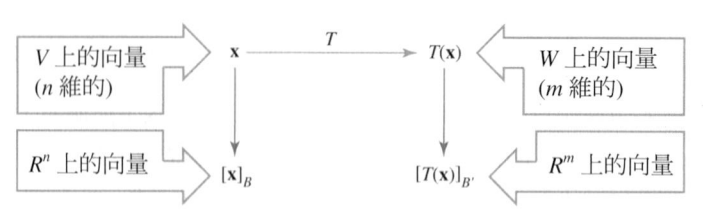

▲ 圖 8.4.1

▲ 圖 8.4.2

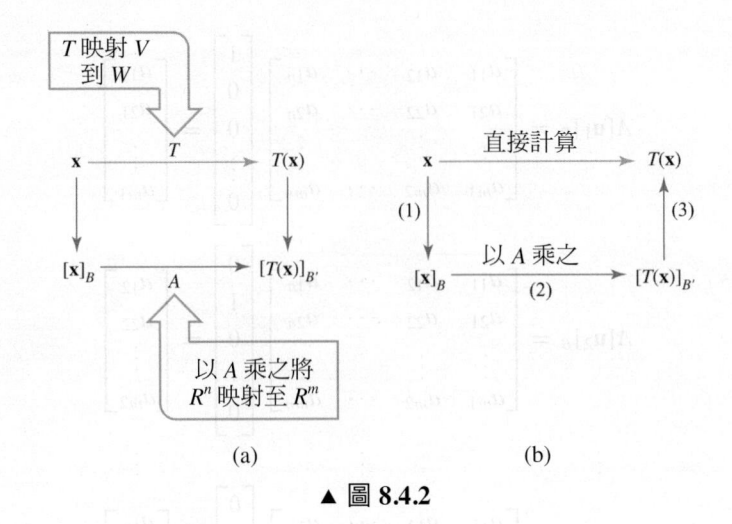

示，我們將能使用矩陣乘法及下面非直接程序來執行線性變換 T：

非直接求 $T(\mathbf{x})$

步驟 1. 計算座標向量 $[\mathbf{x}]_B$。

步驟 2. 以 A 乘 $[\mathbf{x}]_B$ 的左邊來得 $[T(\mathbf{x})]_{B'}$。

步驟 3. 由座標向量 $[T(\mathbf{x})]_{B'}$ 重新建構 $T(\mathbf{x})$。

執行此計畫的關鍵是找一個 $m \times n$ 階矩陣 A 滿足

$$A[\mathbf{x}]_B = [T(\mathbf{x})]_{B'} \tag{1}$$

為此目的，令 $B = \{\mathbf{u}_1, \mathbf{u}_2, \cdots, \mathbf{u}_n\}$ 是一組基底給 n-維空間 V 且 $B' = \{\mathbf{v}_1, \mathbf{v}_2, \cdots, \mathbf{v}_m\}$ 是一組基底給 m-維空間 W。因為方程式 (1) 對 V 上的所有向量必成立，特別地，它對 B 上的所有基底向量必成立；亦即，

$$A[\mathbf{u}_1]_B = [T(\mathbf{u}_1)]_{B'}, \quad A[\mathbf{u}_2]_B = [T(\mathbf{u}_2)]_{B'}, \ldots, A[\mathbf{u}_n]_B = [T(\mathbf{u}_n)]_{B'} \tag{2}$$

但因

$$[\mathbf{u}_1]_B = \begin{bmatrix} 1 \\ 0 \\ 0 \\ \vdots \\ 0 \end{bmatrix}, \quad [\mathbf{u}_2]_B = \begin{bmatrix} 0 \\ 1 \\ 0 \\ \vdots \\ 0 \end{bmatrix}, \ldots, [\mathbf{u}_n]_B = \begin{bmatrix} 0 \\ 0 \\ 0 \\ \vdots \\ 1 \end{bmatrix}$$

所以

$$A[\mathbf{u}_1]_B = \begin{bmatrix} a_{11} & a_{12} & \cdots & a_{1n} \\ a_{21} & a_{22} & \cdots & a_{2n} \\ \vdots & \vdots & & \vdots \\ a_{m1} & a_{m2} & \cdots & a_{mn} \end{bmatrix} \begin{bmatrix} 1 \\ 0 \\ 0 \\ \vdots \\ 0 \end{bmatrix} = \begin{bmatrix} a_{11} \\ a_{21} \\ \vdots \\ a_{m1} \end{bmatrix}$$

$$A[\mathbf{u}_2]_B = \begin{bmatrix} a_{11} & a_{12} & \cdots & a_{1n} \\ a_{21} & a_{22} & \cdots & a_{2n} \\ \vdots & \vdots & & \vdots \\ a_{m1} & a_{m2} & \cdots & a_{mn} \end{bmatrix} \begin{bmatrix} 0 \\ 1 \\ 0 \\ \vdots \\ 0 \end{bmatrix} = \begin{bmatrix} a_{12} \\ a_{22} \\ \vdots \\ a_{m2} \end{bmatrix}$$

$$\vdots$$

$$A[\mathbf{u}_n]_B = \begin{bmatrix} a_{11} & a_{12} & \cdots & a_{1n} \\ a_{21} & a_{22} & \cdots & a_{2n} \\ \vdots & \vdots & & \vdots \\ a_{m1} & a_{m2} & \cdots & a_{mn} \end{bmatrix} \begin{bmatrix} 0 \\ 0 \\ 0 \\ \vdots \\ 1 \end{bmatrix} = \begin{bmatrix} a_{1n} \\ a_{2n} \\ \vdots \\ a_{mn} \end{bmatrix}$$

將這些結果代入 (2) 式,可得

$$[T(\mathbf{u}_1)]_{B'}, \quad \begin{bmatrix} a_{12} \\ a_{22} \\ \vdots \\ a_{m2} \end{bmatrix} = [T(\mathbf{u}_2)]_{B'}, \ldots, \begin{bmatrix} a_{1n} \\ a_{2n} \\ \vdots \\ a_{mn} \end{bmatrix} = [T(\mathbf{u}_n)]_{B'}$$

這顯示 A 的各行依次為

$$T(\mathbf{u}_1), T(\mathbf{u}_2), \ldots, T(\mathbf{u}_n)$$

相對於基底 B' 的座標矩陣。因此,完成圖 8.4.2a 之連結的矩陣 A 是

$$A = \begin{bmatrix} [T(\mathbf{u}_1)]_{B'} \mid [T(\mathbf{u}_2)]_{B'} \mid \cdots \mid [T(\mathbf{u}_n)]_{B'} \end{bmatrix} \tag{3}$$

我們稱 A 為 **T** 相對於基底 **B** 及 **B'** 的矩陣 (the matrix for T relative to the bases B and B') 且以符號 $[T]_{B',B}$ 表之。使用這個記法,公式 (3) 可被寫為

$$[T]_{B',B} = \begin{bmatrix} [T(\mathbf{u}_1)]_{B'} \mid [T(\mathbf{u}_2)]_{B'} \mid \cdots \mid [T(\mathbf{u}_n)]_{B'} \end{bmatrix} \tag{4}$$

且由 (1) 式,此矩陣有性質

$$[T]_{B',B}[\mathbf{x}]_B = [T(\mathbf{x})]_{B'} \tag{5}$$

留作為習題證明當 $T_A: R^n \to R^m$ 是以 A 乘之，且 B 和 B' 分別是 R^n 及 R^m 的標準基底時，則

$$[T]_{B',B} = A \qquad (6)$$

注釋：在符號 $[T]_{B',B}$ 裡，右下標為 T 的定義域的基底，而左下標為 T 的像空間的基底 (圖 8.4.3)。此外，觀察式 (5) 的下標 B 似乎被消掉 (圖 8.4.4)。

▲ 圖 8.4.3

$[T]_{B',B}[\mathbf{x}]_B = [T(\mathbf{x})]_{B'}$

▲ 圖 8.4.4

▶ **例題 1　線性變換的矩陣**

令 $T: P_1 \to P_2$ 為一線性變換，且定義

$$T(p(x)) = xp(x)$$

求 T 相對於基底

$$B = \{\mathbf{u}_1, \mathbf{u}_2\} \quad 及 \quad B' = \{\mathbf{v}_1, \mathbf{v}_2, \mathbf{v}_3\}$$

的矩陣，此處

$$\mathbf{u}_1 = 1, \quad \mathbf{u}_2 = x; \quad \mathbf{v}_1 = 1, \quad \mathbf{v}_2 = x, \quad \mathbf{v}_3 = x^2$$

解：由 T 的指定式，可得

$$T(\mathbf{u}_1) = T(1) = (x)(1) = x$$
$$T(\mathbf{u}_2) = T(x) = (x)(x) = x^2$$

由觀察，可確定 $T(\mathbf{u}_1)$ 及 $T(\mathbf{u}_2)$ 對 B' 的座標矩陣分別為

$$[T(\mathbf{u}_1)]_{B'} = \begin{bmatrix} 0 \\ 1 \\ 0 \end{bmatrix}, \quad [T(\mathbf{u}_2)]_{B'} = \begin{bmatrix} 0 \\ 0 \\ 1 \end{bmatrix}$$

於是，T 相對於 B 及 B' 的矩陣為

$$[T]_{B',B} = \left[[T(\mathbf{u}_1)]_{B'} \mid [T(\mathbf{u}_2)]_{B'} \right] = \begin{bmatrix} 0 & 0 \\ 1 & 0 \\ 0 & 1 \end{bmatrix}$$

▶ **例題 2　三步驟程序**

令 $T: P_1 \to P_2$ 為例題 1 的線性變換，且使用下圖所描述的三步驟程序來執行計算

$$T(a + bx) = x(a + bx) = ax + bx^2$$

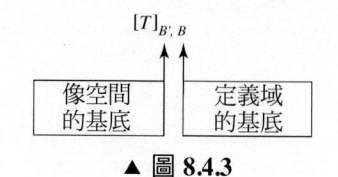

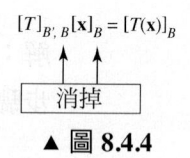

$$\begin{array}{ccc}
\mathbf{x} & \xrightarrow{\text{直接計算}} & T(\mathbf{x}) \\
{\scriptstyle (1)}\downarrow & & \uparrow{\scriptstyle (3)} \\
[\mathbf{x}]_B & \xrightarrow[(2)]{\text{以 }[T]_{B',B}\text{ 乘之}} & [T(\mathbf{x})]_{B'}
\end{array}$$

解：

步驟 1. $\mathbf{x} = a + bx$ 相對於基底 $B = \{1, x\}$ 的座標矩陣是

$$[\mathbf{x}]_B = \begin{bmatrix} a \\ b \end{bmatrix}$$

步驟 2. 以例題 1 所發現的矩陣 $[T]_{B',B}$ 乘以 $[\mathbf{x}]_B$ 得

$$[T]_{B',B}[\mathbf{x}]_B = \begin{bmatrix} 0 & 0 \\ 1 & 0 \\ 0 & 1 \end{bmatrix} \begin{bmatrix} a \\ b \end{bmatrix} = \begin{bmatrix} 0 \\ a \\ b \end{bmatrix} = [T(\mathbf{x})]_{B'}$$

雖然例題 2 是簡單的，但它所展示的程式可應用至大型複雜的問題。

步驟 3. 由 $[T(\mathbf{x})]_{B'}$ 重建 $T(\mathbf{x}) = T(a+bx)$ 得

$$T(a+bx) = 0 + ax + bx^2 = ax + bx^2$$

▶ **例題 3　線性變換的矩陣**

令 $T : R^2 \to R^3$ 為定義如下的線性變換

$$T\left(\begin{bmatrix} x_1 \\ x_2 \end{bmatrix}\right) = \begin{bmatrix} x_2 \\ -5x_1 + 13x_2 \\ -7x_1 + 16x_2 \end{bmatrix} = \begin{bmatrix} 0 & 1 \\ -5 & 13 \\ -7 & 16 \end{bmatrix} \begin{bmatrix} x_1 \\ x_2 \end{bmatrix}$$

求 T 相對於 R^2 之基底 $B = \{\mathbf{u}_1, \mathbf{u}_2\}$ 及 R^3 之基底 $B' = \{\mathbf{v}_1, \mathbf{v}_2, \mathbf{v}_3\}$ 的矩陣，此處

$$\mathbf{u}_1 = \begin{bmatrix} 3 \\ 1 \end{bmatrix}, \quad \mathbf{u}_2 = \begin{bmatrix} 5 \\ 2 \end{bmatrix}; \quad \mathbf{v}_1 = \begin{bmatrix} 1 \\ 0 \\ -1 \end{bmatrix}, \quad \mathbf{v}_2 = \begin{bmatrix} -1 \\ 2 \\ 2 \end{bmatrix}, \quad \mathbf{v}_3 = \begin{bmatrix} 0 \\ 1 \\ 2 \end{bmatrix}$$

解： 由 T 的定義可知

$$T(\mathbf{u}_1) = \begin{bmatrix} 1 \\ -2 \\ -5 \end{bmatrix}, \quad T(\mathbf{u}_2) = \begin{bmatrix} 2 \\ 1 \\ -3 \end{bmatrix}$$

將此二向量以 $\mathbf{v}_1, \mathbf{v}_2$ 及 $\mathbf{v}_3$ 的線性組合表示，則為 (驗證之)：

$$T(\mathbf{u}_1) = \mathbf{v}_1 - 2\mathbf{v}_3, \quad T(\mathbf{u}_2) = 3\mathbf{v}_1 + \mathbf{v}_2 - \mathbf{v}_3$$

因此

$$[T(\mathbf{u}_1)]_{B'} = \begin{bmatrix} 1 \\ 0 \\ -2 \end{bmatrix}, \quad [T(\mathbf{u}_2)]_{B'} = \begin{bmatrix} 3 \\ 1 \\ -1 \end{bmatrix}$$

故所求之矩陣為

$$[T]_{B',B} = \bigl[[T(\mathbf{u}_1)]_{B'} \mid [T(\mathbf{u}_2)]_{B'}\bigr] = \begin{bmatrix} 1 & 3 \\ 0 & 1 \\ -2 & -1 \end{bmatrix} \quad \blacktriangleleft$$

注釋：例題 3 說明一個固定的線性變換通常有多個表示式，每個基於所選擇的基底。此時矩陣

$$[T] = \begin{bmatrix} 0 & 1 \\ -5 & 13 \\ -7 & 16 \end{bmatrix} \quad \text{及} \quad [T]_{B',B} = \begin{bmatrix} 1 & 3 \\ 0 & 1 \\ -2 & -1 \end{bmatrix}$$

兩者均為 T 的表示式，第一個矩陣相對於 R^2 及 R^3 的標準基底，第二個矩陣相對於例題中所敘述的基底 B 及 B'。

線性算子的矩陣

在 $V = W$ (所以 $T: V \to V$ 為線性算子) 的特殊情況下，通常於構造 T 的矩陣時取 $B = B'$。在此情況下，則所得之矩陣被稱為 **T 對基底 B 的矩陣** (matrix for T with respect to the basis B)。符號上，以 $[T]_B$ 取代 $[T]_{B',B}$。若 $B = \{\mathbf{u}_1, \mathbf{u}_2, \ldots, \mathbf{u}_n\}$，則 (4) 式及 (5) 式變為

$$[T]_B = \bigl[[T(\mathbf{u}_1)]_B \mid [T(\mathbf{u}_2)]_B \mid \cdots \mid [T(\mathbf{u}_n)]_B\bigr] \tag{7}$$

$$[T]_B[\mathbf{x}]_B = [T(\mathbf{x})]_B \tag{8}$$

當 $T: R^n \to R^n$ 是一個矩陣算子，稱以 A 乘之，且 B 是 R^n 的標準基底時，則公式 (7) 簡化為

$$[T]_B = A \tag{9}$$

非正式地談，公式 (7) 和 (8) 敘述 T 的矩陣，當以 $\mathbf{x}$ 的座標向量乘之時，產生 $T(\mathbf{x})$ 的座標向量。

恆等算子的矩陣

回顧恆等算子 $I: V \to V$ 將 V 上的每個向量映至本身，亦即，$I(\mathbf{x}) = \mathbf{x}$ 對每個向量 $\mathbf{x}$ 在 V 上。下一個例子說明若 V 是 n-維的，則 I 對於 V 的任意基底之矩陣是 $n \times n$ 階單位矩陣。

▶ **例題 4** 恆等算子的矩陣

若 $B = \{\mathbf{u}_1, \mathbf{u}_2, \ldots, \mathbf{u}_n\}$ 為有限維向量空間 V 的任意基底，且 $I: V \to V$ 為 V 中的恆等算子，則

$$I(\mathbf{u}_1) = \mathbf{u}_1, \quad I(\mathbf{u}_2) = \mathbf{u}_2, \ldots, \quad I(\mathbf{u}_n) = \mathbf{u}_n$$

因此，

$$[I]_B = \begin{bmatrix} 1 & 0 & \cdots & 0 \\ 0 & 1 & \cdots & 0 \\ 0 & 0 & \cdots & 0 \\ \vdots & \vdots & & \vdots \\ 0 & 0 & \cdots & 1 \end{bmatrix} = I$$

$\qquad\qquad\quad\uparrow\qquad\uparrow\qquad\quad\uparrow$
$\qquad\qquad [I(\mathbf{u}_1)]_B\;\;[I(\mathbf{u}_2)]_B\;\;[I(\mathbf{u}_n)]_B$

▶ **例題 5** P_2 的線性算子

令 $T: P_2 \to P_2$ 為線性算子，並定義為

$$T(p(x)) = p(3x - 5)$$

亦即，$T(c_0 + c_1 x + c_2 x^2) = c_0 + c_1(3x - 5) + c_2(3x - 5)^2$。

(a) 試求對基底 $B = \{1, x, x^2\}$ 的 $[T]_B$。
(b) 試使用間接法求 $T(1 + 2x + 3x^2)$。
(c) 試以直接計算 $T(1 + 2x + 3x^2)$ 來檢查 (b) 的結果。

解 (a)：由 T 的公式

$$T(1) = 1, \quad T(x) = 3x - 5, \quad T(x^2) = (3x - 5)^2 = 9x^2 - 30x + 25$$

所以，

$$[T(1)]_B = \begin{bmatrix} 1 \\ 0 \\ 0 \end{bmatrix}, \quad [T(x)]_B = \begin{bmatrix} -5 \\ 3 \\ 0 \end{bmatrix}, \quad [T(x^2)]_B = \begin{bmatrix} 25 \\ -30 \\ 9 \end{bmatrix}$$

因此，
$$[T]_B = \begin{bmatrix} 1 & -5 & 25 \\ 0 & 3 & -30 \\ 0 & 0 & 9 \end{bmatrix}$$

解 (b)：

步驟 1. $\mathbf{p} = 1 + 2x + 3x^2$ 對基底 $B = \{1, x, x^2\}$ 的座標矩陣是

$$[\mathbf{p}]_B = \begin{bmatrix} 1 \\ 2 \\ 3 \end{bmatrix}$$

步驟 2. 以 (a) 所得的矩陣 $[T]_B$ 乘 $[\mathbf{p}]_B$ 得

$$[T]_B[\mathbf{p}]_B = \begin{bmatrix} 1 & -5 & 25 \\ 0 & 3 & -30 \\ 0 & 0 & 9 \end{bmatrix} \begin{bmatrix} 1 \\ 2 \\ 3 \end{bmatrix} = \begin{bmatrix} 66 \\ -84 \\ 27 \end{bmatrix} = [T(\mathbf{p})]_B$$

步驟 3. 由 $[T(\mathbf{p})]_B$ 重建 $T(\mathbf{p}) = T(1 + 2x + 3x^2)$ 得

$$T(1 + 2x + 3x^2) = 66 - 84x + 27x^2$$

解 (c)： 由直接計算

$$\begin{aligned} T(1 + 2x + 3x^2) &= 1 + 2(3x - 5) + 3(3x - 5)^2 \\ &= 1 + 6x - 10 + 27x^2 - 90x + 75 \\ &= 66 - 84x + 27x^2 \end{aligned}$$

此式和 (b) 的結果一致。◀

合成及逆變換的矩陣

我們將提兩個定理而不證明來結束本節，它們是 4.10 節之 (4) 式和 (7) 式的一般化。

定理 8.4.1： 若 $T_1 : U \to V$ 與 $T_2 : V \to W$ 為線性變換，且若 B, B'' 及 B' 分別為 U, V 及 W 的基底，則

$$[T_2 \circ T_1]_{B', B} = [T_2]_{B', B''}[T_1]_{B'', B} \tag{10}$$

定理 8.4.2：若 $T: V \to V$ 為一線性算子，且若 B 為 V 的基底，則下面各敘述等價。
(a) T 為一對一。
(b) $[T]_B$ 為可逆的。
而且，當這兩個等價條件成立時，則
$$[T^{-1}]_B = [T]_B^{-1} \tag{11}$$

註釋：在 (10) 式，內下標 B'' (中間空間 V 的基底) 似乎已被消掉，僅剩下合成函數之定義域的基底及像空間的基底作為下標 (圖 8.4.5)。內下標的消去提示 (10) 式可延伸至三個線性變換的合成 (圖 8.4.6)。

$$[T_3 \circ T_2 \circ T_1]_{B',B} = [T_3]_{B',B'''}[T_2]_{B''',B''}[T_1]_{B'',B} \tag{12}$$

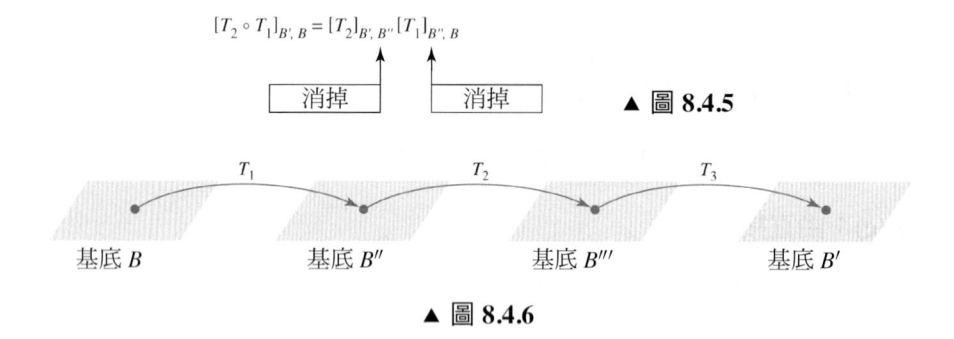

$[T_2 \circ T_1]_{B',B} = [T_2]_{B',B''}[T_1]_{B'',B}$

消掉　消掉

▲ 圖 8.4.5

T_1　T_2　T_3

基底 B　基底 B''　基底 B'''　基底 B'

▲ 圖 8.4.6

下列例題說明了定理 8.4.1。

▶ **例題 6　合成變換**

令 $T_1: P_1 \to P_2$ 為線性變換，且定義為

$$T_1(p(x)) = xp(x)$$

且令 $T_2: P_1 \to P_2$ 為線性算子，且定義為

$$T_2(p(x)) = p(3x - 5)$$

則合成變換 $(T_2 \circ T_1): P_1 \to P_2$ 將指定為

$$(T_2 \circ T_1)(p(x)) = T_2(T_1(p(x))) = T_2(xp(x)) = (3x - 5)p(3x - 5)$$

因此，若 $p(x) = c_0 + c_1 x$，則

$$(T_2 \circ T_1)(c_0 + c_1 x) = (3x - 5)(c_0 + c_1(3x - 5))$$
$$= c_0(3x - 5) + c_1(3x - 5)^2 \qquad (13)$$

在本例中，P_1 扮演定理 8.4.1 的 U 之角色，而 P_2 扮演 V 和 W 的角色；因此可在 (10) 式中取 $B' = B''$，以使公式簡化為

$$[T_2 \circ T_1]_{B',B} = [T_2]_{B'}[T_1]_{B',B} \qquad (14)$$

現在選擇 $B = \{1, x\}$ 為 P_1 的基底，且 $B' = \{1, x, x^2\}$ 為 P_2 的基底。在例題 1 及 5 已證明了

$$[T_1]_{B',B} = \begin{bmatrix} 0 & 0 \\ 1 & 0 \\ 0 & 1 \end{bmatrix} \quad \text{及} \quad [T_2]_{B'} = \begin{bmatrix} 1 & -5 & 25 \\ 0 & 3 & -30 \\ 0 & 0 & 9 \end{bmatrix}$$

因此，由 (14) 式得

$$[T_2 \circ T_1]_{B',B} = \begin{bmatrix} 1 & -5 & 25 \\ 0 & 3 & -30 \\ 0 & 0 & 9 \end{bmatrix} \begin{bmatrix} 0 & 0 \\ 1 & 0 \\ 0 & 1 \end{bmatrix} = \begin{bmatrix} -5 & 25 \\ 3 & -30 \\ 0 & 9 \end{bmatrix} \qquad (15)$$

以直接利用 (4) 式計算 $[T_2 \circ T_1]_{B',B}$ 來做驗證。因為 $B = \{1, x\}$，由 (4) 式及 $\mathbf{u}_1 = 1, \mathbf{u}_2 = x$，得

$$[T_2 \circ T_1]_{B',B} = \left[[(T_2 \circ T_1)(1)]_{B'} \mid [(T_2 \circ T_1)(x)]_{B'} \right] \qquad (16)$$

由 (13) 式得

$$(T_2 \circ T_1)(1) = 3x - 5 \quad \text{及} \quad (T_2 \circ T_1)(x) = (3x - 5)^2 = 9x^2 - 30x + 25$$

因為 $B' = \{1, x, x^2\}$，由上式可得

$$[(T_2 \circ T_1)(1)]_{B'} = \begin{bmatrix} -5 \\ 3 \\ 0 \end{bmatrix} \quad \text{及} \quad [(T_2 \circ T_1)(x)]_{B'} = \begin{bmatrix} 25 \\ -30 \\ 9 \end{bmatrix}$$

代進 (16) 式，得

$$[T_2 \circ T_1]_{B',B} = \begin{bmatrix} -5 & 25 \\ 3 & -30 \\ 0 & 9 \end{bmatrix}$$

此式和 (15) 式一致。 ◀

概念複習

- 線性變換對於基底的矩陣
- 線性算子對於一基底的矩陣
- 三步驟程序求 $T(\mathbf{x})$

技　能

- 求線性變換 $T: V \to W$ 對於 V 和 W 基底的矩陣。
- 對一線性變換 $T: V \to W$ 使用 T 對於 V 和 W 基底的矩陣求 $T(\mathbf{x})$。

習題集 8.4

1. 令 $T: P_2 \to P_3$ 為一線性變換，且定義為 $T(p(x)) = xp(x)$。

   (a) 試求 T 對標準基底
   $$B = \{\mathbf{u}_1, \mathbf{u}_2, \mathbf{u}_3\} \text{ 及 } B' = \{\mathbf{v}_1, \mathbf{v}_2, \mathbf{v}_3, \mathbf{v}_4\}$$
   的矩陣，其中
   $$\mathbf{u}_1 = 1, \quad \mathbf{u}_2 = x, \quad \mathbf{u}_3 = x^2$$
   $$\mathbf{v}_1 = 1, \quad \mathbf{v}_2 = x, \quad \mathbf{v}_3 = x^2, \quad \mathbf{v}_4 = x^3$$

   (b) 試證明 (a) 中所得的矩陣 $[T]_{B',B}$ 對 P_2 中的每一向量 $\mathbf{x} = c_0 + c_1 x + c_2 x^2$ 能滿足 (5) 式。

2. 令 $T: P_2 \to P_1$ 為一線性變換，且定義為
   $$T(a_0 + a_1 x + a_2 x^2) = 3a_1 + (2a_0 - a_2)x$$

   (a) 試求 T 對 P_2 及 P_1 的標準基底 $B = \{1, x, x^2\}$ 及 $B' = \{1, x\}$ 的矩陣。

   (b) 試證明 (a) 中所得的矩陣 $[T]_{B',B}$ 對 P_2 中的每一向量 $\mathbf{x} = c_0 + c_1 x + c_2 x^2$ 能滿足 (5) 式。

3. 令 $T: P_2 \to P_2$ 為線性算子，且定義為
   $$T(a_0 + a_1 x + a_2 x^2) = a_0 + a_1(x-1) + a_2(x-1)^2$$

   (a) 試求 T 對 P_2 之標準基底 $B = \{1, x, x^2\}$ 的矩陣。

   (b) 試證明 (a) 中所得的矩陣 $[T]_B$ 對 P_2 中的每一向量 $\mathbf{x} = a_0 + a_1 x + a_2 x^2$ 能滿足 (8) 式。

4. 令 $T: R^2 \to R^2$ 為線性算子，且定義為
   $$T\left(\begin{bmatrix} x_1 \\ x_2 \end{bmatrix}\right) = \begin{bmatrix} x_1 - x_2 \\ x_1 + x_2 \end{bmatrix}$$
   且令 $B = \{\mathbf{u}_1, \mathbf{u}_2\}$ 為基底，其中
   $$\mathbf{u}_1 = \begin{bmatrix} 1 \\ -1 \end{bmatrix} \text{ 及 } \mathbf{u}_2 = \begin{bmatrix} 0 \\ 1 \end{bmatrix}$$

   (a) 試求 $[T]_B$。

   (b) 試證明 (8) 式對每一 R^2 上的向量 $\mathbf{x}$ 成立。

5. 令 $T: R^2 \to R^3$ 定義為
   $$T\left(\begin{bmatrix} x_1 \\ x_2 \end{bmatrix}\right) = \begin{bmatrix} -x_2 \\ 0 \\ 2x_1 + x_2 \end{bmatrix}$$

   (a) 求 T 對基底 $B = \{\mathbf{u}_1, \mathbf{u}_2\}$ 及 $B' = \{\mathbf{v}_1, \mathbf{v}_2, \mathbf{v}_3\}$ 的矩陣 $[T]_{B',B}$，此處
   $$\mathbf{u}_1 = \begin{bmatrix} 1 \\ 2 \end{bmatrix}, \quad \mathbf{u}_2 = \begin{bmatrix} 2 \\ -1 \end{bmatrix}$$
   $$\mathbf{v}_1 = \begin{bmatrix} 1 \\ 1 \\ 1 \end{bmatrix}, \quad \mathbf{v}_2 = \begin{bmatrix} 2 \\ 2 \\ 0 \end{bmatrix}, \quad \mathbf{v}_3 = \begin{bmatrix} 3 \\ 0 \\ 0 \end{bmatrix}$$

   (b) 試證明 (5) 式對每一 R^2 上的向量成立。

6. 令線性算子 $T: R^3 \to R^3$ 被定義為
   $$T(x_1, x_2, x_3) = (x_2 - x_3, x_1 + x_2, x_3 - x_2)$$

   (a) 試求 T 對基底 $B = \{\mathbf{v}_1, \mathbf{v}_2, \mathbf{v}_3\}$ 的矩陣，此處
   $$\mathbf{v}_1 = (1, 0, 1), \quad \mathbf{v}_2 = (0, 1, 1), \quad \mathbf{v}_3 = (1, 1, 0)$$

(b) 試證明 (8) 式對每一 R^3 上的向量 $\mathbf{x}=(x_1, x_2, x_3)$ 成立。

7. 令 $T: P_2 \to P_2$ 為線性算子，且定義為 $T(p(x))=p(2x+1)$，亦即，
$$T(c_0+c_1x+c_2x^2) = c_0+c_1(2x+1)+c_2(2x+1)^2$$
(a) 試對基底 $B=\{1, x, x^2\}$ 求 $[T]_B$。
(b) 使用例題 2 所示的三步驟程序計算 $T(2-3x+4x^2)$。
(c) 試以直接計算 $T(2-3x+4x^2)$ 來核驗 (b) 所得的結果。

8. 令 $T: P_2 \to P_3$ 為線性變換，且定義為 $T(p(x))=xp(x-3)$，亦即，
$$T(c_0+c_1x+c_2x^2) = x(c_0+c_1(x-3)+c_2(x-3)^2)$$
(a) 試對基底 $B=\{1, x, x^2\}$ 及 $B'=\{1, x, x^2, x^3\}$，求 $[T]_{B',B}$。
(b) 使用例題 2 所示的三步驟程序計算 $T(1+x-x^2)$。
(c) 試以直接計算 $T(1+x-x^2)$ 來核驗 (b) 中所得的結果。

9. 令 $\mathbf{v}_1 = \begin{bmatrix} 2 \\ -1 \end{bmatrix}$ 且 $\mathbf{v}_2 = \begin{bmatrix} 1 \\ -1 \end{bmatrix}$，且令
$A = \begin{bmatrix} 3 & 2 \\ -2 & 1 \end{bmatrix}$ 為 $T: R^2 \to R^2$ 對基底 $B=\{\mathbf{v}_1, \mathbf{v}_2\}$ 的矩陣。試求
(a) $[T(\mathbf{v}_1)]_B$ 及 $[T(\mathbf{v}_2)]_B$。
(b) $T(\mathbf{v}_1)$ 及 $T(\mathbf{v}_2)$。
(c) $T\left(\begin{bmatrix} x_1 \\ x_2 \end{bmatrix}\right)$ 的定義式。
(d) 利用 (c) 所得的定義式計算 $T\left(\begin{bmatrix} 1 \\ 1 \end{bmatrix}\right)$。

10. 令 $A = \begin{bmatrix} 3 & -2 & 1 & 0 \\ 1 & 6 & 2 & 1 \\ -3 & 0 & 7 & 1 \end{bmatrix}$ 為 $T: R^4 \to R^3$ 對基底 $B=\{\mathbf{v}_1, \mathbf{v}_2, \mathbf{v}_3, \mathbf{v}_4\}$ 及 $B'=\{\mathbf{w}_1, \mathbf{w}_2, \mathbf{w}_3\}$ 的矩陣，此處
$\mathbf{v}_1 = \begin{bmatrix} 0 \\ 1 \\ 1 \\ 1 \end{bmatrix}, \mathbf{v}_2 = \begin{bmatrix} 2 \\ 1 \\ -1 \\ -1 \end{bmatrix}, \mathbf{v}_3 = \begin{bmatrix} 1 \\ 4 \\ -1 \\ 2 \end{bmatrix}, \mathbf{v}_4 = \begin{bmatrix} 6 \\ 9 \\ 4 \\ 2 \end{bmatrix}$

$\mathbf{w}_1 = \begin{bmatrix} 0 \\ 8 \\ 8 \end{bmatrix}, \mathbf{w}_2 = \begin{bmatrix} -7 \\ 8 \\ 1 \end{bmatrix}, \mathbf{w}_3 = \begin{bmatrix} -6 \\ 9 \\ 1 \end{bmatrix}$

(a) 試求 $[T(\mathbf{v}_1)]_{B'}, [T(\mathbf{v}_2)]_{B'}, [T(\mathbf{v}_3)]_{B'}$ 及 $[T(\mathbf{v}_4)]_{B'}$。
(b) 試求 $T(\mathbf{v}_1), T(\mathbf{v}_2), T(\mathbf{v}_3)$ 及 $T(\mathbf{v}_4)$。
(c) 試求 $T\left(\begin{bmatrix} x_1 \\ x_2 \\ x_3 \\ x_4 \end{bmatrix}\right)$ 的定義式。
(d) 試利用 (c) 中所得的定義式計算 $T\left(\begin{bmatrix} 2 \\ 2 \\ 0 \\ 0 \end{bmatrix}\right)$。

11. 令 $A = \begin{bmatrix} 2 & 0 & -1 \\ 1 & 3 & 5 \\ 0 & -2 & 6 \end{bmatrix}$ 為 $T: P_2 \to P_2$ 對基底 $B=\{\mathbf{v}_1, \mathbf{v}_2, \mathbf{v}_3\}$ 的矩陣，此處 $\mathbf{v}_1 = 2-2x^2$，$\mathbf{v}_2 = 1+2x+2x^2$, $\mathbf{v}_3 = 3x+x^2$，試求
(a) $[T(\mathbf{v}_1)]_B, [T(\mathbf{v}_2)]_B$ 及 $[T(\mathbf{v}_3)]_B$。
(b) $T(\mathbf{v}_1), T(\mathbf{v}_2)$ 及 $T(\mathbf{v}_3)$。
(c) $T(a_0+a_1x+a_2x^2)$ 的定義式。
(d) 試利用 (c) 所得的定義式計算 $T(1+x^2)$。

12. 令 $T_1: P_1 \to P_2$ 為一線性變換，且定義為
$$T_1(p(x)) = xp(x)$$
且令 $T_2: P_2 \to P_2$ 為一線性算子，且定義為
$$T_2(p(x)) = p(2x+1)$$
令 $B=\{1, x\}$ 及 $B'=\{1, x, x^2\}$ 為 P_1 及 P_2 的標準基底。
(a) 試求 $[T_2 \circ T_1]_{B',B}, [T_2]_{B'}, [T_1]_{B',B}$。
(b) 試敘述一公式來描述 (a) 中矩陣間的關係。
(c) 試證明 (a) 的矩陣滿足你在 (b) 所敘述的公式。

13. 令 $T_1: P_1 \to P_2$ 為一線性變換，且定義為
$$T_1(c_0+c_1x) = 2c_0-3c_1x$$
且令 $T_2: P_2 \to P_3$ 為一線性變換，且定義為

$$T_2(c_0 + c_1 x + c_2 x^2) = 3c_0 x + 3c_1 x^2 + 3c_2 x^3$$

令 $B = \{1, x\}$, $B'' = \{1, x, x^2\}$,
$B' = \{1, x, x^2, x^3\}$。

(a) 試求 $[T_2 \circ T_1]_{B', B}$, $[T_2]_{B', B''}$ 及 $[T_1]_{B'', B}$。

(b) 敘述一公式來描述 (a) 中矩陣間的關係。

(c) 試證明 (a) 中的矩陣滿足你在 (b) 中所敘述的公式。

14. 試證明若 $T: V \to W$ 為零變換，則 T 對 V 及 W 的任何基底的矩陣為一零矩陣。

15. 試證明若 $T: V \to V$ 為 V 的收縮或膨脹 (8.1 節例題 4)，則 T 對 V 的任意基底的矩陣為單位矩陣的正純量倍數。

16. 令 $B = \{\mathbf{v}_1, \mathbf{v}_2, \mathbf{v}_3, \mathbf{v}_4\}$ 為向量空間 V 之基底。試求線性算子 $T: V \to V$ 對 B 的矩陣，其中 $T(\mathbf{v}_1) = \mathbf{v}_2$, $T(\mathbf{v}_2) = \mathbf{v}_3$, $T(\mathbf{v}_3) = \mathbf{v}_4$, $T(\mathbf{v}_4) = \mathbf{v}_1$。

17. 試證明：若 B 與 B' 分別為 R^n 與 R^m 的標準基底，則線性變換 $T: R^n \to R^m$ 對基底 B 與 B' 的矩陣即為 T 的標準矩陣。

18. (適合已學過微積分的讀者) 令 $D: P_2 \to P_2$ 為微分算子 $D(\mathbf{p}) = p'(x)$，在 (a) 及 (b) 部分求 D 對基底 $B = \{\mathbf{p}_1, \mathbf{p}_2, \mathbf{p}_3\}$ 的矩陣。

(a) $\mathbf{p}_1 = 1$, $\mathbf{p}_2 = x$, $\mathbf{p}_3 = x^2$。

(b) $\mathbf{p}_1 = 3$, $\mathbf{p}_2 = 3 + 2x$, $\mathbf{p}_3 = 3 + 2x - 6x^2$。

(c) 試利用 (a) 之矩陣，計算 $D(6 - 6x + 24x^2)$。

(d) 試利用 (b) 之矩陣，計算 $D(6 - 6x + 24x^2)$。

19. (適合已學過微積分的讀者) 在底下各小題，$B = \{\mathbf{f}_1, \mathbf{f}_2, \mathbf{f}_3\}$ 為定義在實數線上的實值函數所成的向量空間之子空間 V 的基底。試求微分算子 $D: V \to V$ 對 B 的矩陣。

(a) $\mathbf{f}_1 = 1$, $\mathbf{f}_2 = \sin x$, $\mathbf{f}_3 = \cos x$。

(b) $\mathbf{f}_1 = 1$, $\mathbf{f}_2 = e^x$, $\mathbf{f}_3 = e^{2x}$。

(c) $\mathbf{f}_1 = e^{2x}$, $\mathbf{f}_2 = xe^{2x}$, $\mathbf{f}_3 = x^2 e^{2x}$。

(d) 使用 (c) 之矩陣，計算 $D(3e^{2x} - 4xe^{2x} + 8x^2 e^{2x})$。

20. 令 V 為四維向量空間且具基底 B 且令 W 為七維向量空間且具基底 B'。令 $T: V \to W$ 為線性變換。試分別確認包含如圖四個角之向量的向量空間。

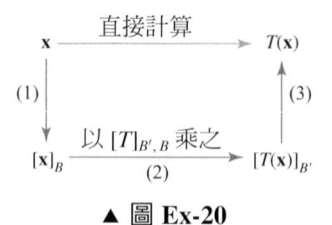

```
    x  ——直接計算——→  T(x)
    |                    |
   (1)                  (3)
    ↓                    ↓
  [x]_B ——以[T]_{B',B}乘之——→ [T(x)]_{B'}
              (2)
```

▲ 圖 Ex-20

21. 填填看：

(a) $[T_2 \circ T_1]_{B', B} = [T_2]\underline{\quad}[T_1]_{B'', B}$。

(b) $[T_3 \circ T_2 \circ T_1]_{B', B} = [T_3]\underline{\quad}[T_2]_{B'', B''}[T_1]_{B'', B}$。

是非題

試判斷 (a)-(e) 各敘述的真假，並驗證你的答案。

(a) 若線性變換 $T: V \to W$ 對於 V 和 W 的某基底之矩陣是 $\begin{bmatrix} 2 & 4 \\ 0 & 3 \end{bmatrix}$，則存在非零向量 $\mathbf{x}$ 在 V 上滿足 $T(\mathbf{x}) = 2\mathbf{x}$。

(b) 若線性變換 $T: V \to W$ 對於 V 和 W 的某基底之矩陣是 $\begin{bmatrix} 2 & 4 \\ 0 & 3 \end{bmatrix}$，則存在非零向量 $\mathbf{x}$ 在 V 上滿足 $T(\mathbf{x}) = 4\mathbf{x}$。

(c) 若線性變換 $T: V \to W$ 對於 V 和 W 的某基底之矩陣是 $\begin{bmatrix} 1 & 4 \\ 2 & 3 \end{bmatrix}$，則 T 是一對一。

(d) 若 $S: V \to V$ 且 $T: V \to V$ 是線性算子且 B 是 V 的一組基底，則 $S \circ T$ 對 B 的矩陣是 $[T]_B [S]_B$。

(e) 若 $T: V \to V$ 是一個可逆線性算子且 B 是 V 的一組基底，則 T^{-1} 對 B 的矩陣是 $[T]_B^{-1}$。

8.5 相似性

線性算子 $T: V \to V$ 的矩陣依所選擇的 V 的基底而定。線性代數的基本問題之一即為選擇 V 的基底，使 T 的矩陣儘可能的簡單。例如，對角或三角形矩陣。在本節將研究這個問題。

線性算子的簡單型矩陣

標準基底未必為線性算子產生最簡單型的矩陣。例如，考慮矩陣算子 $T: R^2 \to R^2$ 之標準矩陣為

$$[T] = \begin{bmatrix} 1 & 1 \\ -2 & 4 \end{bmatrix} \tag{1}$$

且視 $[T]$ 為 T 對於 R^2 之標準基底 $B = \{\mathbf{e}_1, \mathbf{e}_2\}$ 的矩陣。讓我們比較這個矩陣和 T 對於 R^2 之基底 $B' = \{\mathbf{u}'_1, \mathbf{u}'_2\}$ 之矩陣，其中

$$\mathbf{u}'_1 = \begin{bmatrix} 1 \\ 1 \end{bmatrix}, \quad \mathbf{u}'_2 = \begin{bmatrix} 1 \\ 2 \end{bmatrix} \tag{2}$$

因為

$$T(\mathbf{u}'_1) = \begin{bmatrix} 1 & 1 \\ -2 & 4 \end{bmatrix} \begin{bmatrix} 1 \\ 1 \end{bmatrix} = \begin{bmatrix} 2 \\ 2 \end{bmatrix} = 2\mathbf{u}'_1 \quad \text{且} \quad T(\mathbf{u}'_2) = \begin{bmatrix} 1 & 1 \\ -2 & 4 \end{bmatrix} \begin{bmatrix} 1 \\ 2 \end{bmatrix} = \begin{bmatrix} 3 \\ 6 \end{bmatrix} = 3\mathbf{u}'_2$$

得

$$[T(\mathbf{u}'_1)]_{B'} = \begin{bmatrix} 2 \\ 0 \end{bmatrix} \quad \text{且} \quad [T(\mathbf{u}'_2)]_{B'} = \begin{bmatrix} 0 \\ 3 \end{bmatrix}$$

所以 T 對於基底 B' 的矩陣是

$$[T]_{B'} = \big[\, [T(\mathbf{u}'_1)]_{B'} \mid [T(\mathbf{u}'_2)]_{B'} \,\big] = \begin{bmatrix} 2 & 0 \\ 0 & 3 \end{bmatrix}$$

此矩陣，是對角的，比 $[T]$ 更簡單型，清楚地傳達算子 T 以因子 2 量化 $\mathbf{u}'_1$ 且以因子 3 量化 $\mathbf{u}'_2$，但由 $[T]$ 無法立刻獲得資訊。

在更進階的線性代數課程裡的主要主題之一是決定「最簡單的可能矩陣型」，此矩陣可經選擇適當的基底由線性算子求得。有時候可能得到一對角矩陣 (如上例)；有時候得到三角形矩陣或其他類型的矩陣。本文將僅觸及這個主題。

尋求一基底以使此運算子 $T: V \to V$ 的矩陣為可能最簡單型的問題，可藉由首先找到 T 對任意基底的矩陣，基本上是標準基底，然後

再使用某種方法改變基底，以簡化矩陣的方式來解決。在介紹此概念之前，複習一些關於改變基底的觀念將會很有用。

轉移矩陣的新觀點

回顧 4.6 節的 (7) 式和 (8) 式，可知若 $B=\{\mathbf{u}_1, \mathbf{u}_2, \ldots, \mathbf{u}_n\}$ 及 $B'=\{\mathbf{u}'_1, \mathbf{u}'_2, \ldots, \mathbf{u}'_n\}$ 為向量空間 V 的基底，則由 B 至 B' 的轉移矩陣及由 B' 至 B 的轉移矩陣為

$$P_{B \to B'} = \left[[\mathbf{u}_1]_{B'} \mid [\mathbf{u}_2]_{B'} \mid \cdots \mid [\mathbf{u}_n]_{B'} \right] \tag{3}$$

$$P_{B' \to B} = \left[[\mathbf{u}'_1]_B \mid [\mathbf{u}'_2]_B \mid \cdots \mid [\mathbf{u}'_n]_B \right] \tag{4}$$

其中矩陣 $P_{B \to B'}$ 和 $P_{B' \to B}$ 互為逆矩陣。我們亦在該節的公式 (9) 和 (10) 證明若 $\mathbf{v}$ 是 V 上的任意向量，則

$$P_{B \to B'}[\mathbf{v}]_B = [\mathbf{v}]_{B'} \tag{5}$$

$$P_{B' \to B}[\mathbf{v}]_{B'} = [\mathbf{v}]_B \tag{6}$$

下一個定理證明 (3) 式和 (4) 式的轉移矩陣可被視為恆等算子的矩陣。

定理 8.5.1：若 B 及 B' 為一有限維向量空間 V 的基底，若 $I: V \to V$ 為恆等算子，則

$$P_{B \to B'} = [I]_{B', B} \quad \text{且} \quad P_{B' \to B} = [I]_{B, B'}$$

證明：假設 $B=\{\mathbf{u}_1, \mathbf{u}_2, \ldots, \mathbf{u}_n\}$ 及 $B'=\{\mathbf{u}'_1, \mathbf{u}'_2, \ldots, \mathbf{u}'_n\}$ 為 V 的基底。因為對 V 中所有的 $\mathbf{v}$，$I(\mathbf{v})=\mathbf{v}$。所以由 8.4 節 (4) 式得

$$\begin{aligned} [I]_{B', B} &= \left[[I(\mathbf{u}_1)]_{B'} \mid [I(\mathbf{u}_2)]_{B'} \mid \cdots \mid [I(\mathbf{u}_n)]_{B'} \right] \\ &= \left[[\mathbf{u}_1]_{B'} \mid [\mathbf{u}_2]_{B'} \mid \cdots \mid [\mathbf{u}_n]_{B'} \right] \\ &= P_{B \to B'} \quad \text{[上面的公式 (3)]} \end{aligned}$$

$[I]_{B, B'} = P_{B' \to B}$ 之證明類似。◀

改變基底對線性算子矩陣的影響

現在可以來討論本節的主要問題了。

問題：若 B 和 B' 為一有限維向量空間 V 的兩基底，且若 $T: V \to V$ 為一線性算子，則矩陣 $[T]_B$ 及 $[T]_{B'}$ 的關係為何？

這個問題的答案可由考慮三個 V 上的線性算子之合成 (圖 8.5.1) 獲得。

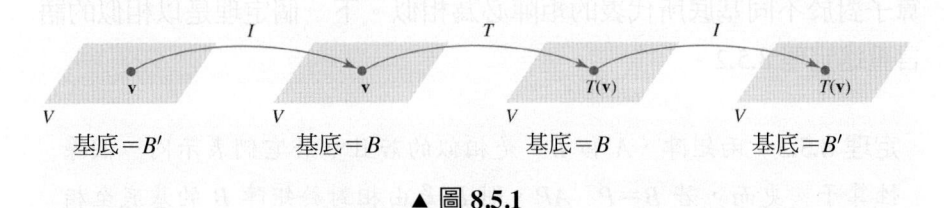

▲ 圖 8.5.1

上圖中，$\mathbf{v}$ 首先以恆等算子映至本身，然後以 T 映至 $T(\mathbf{v})$，再由恆等算子將 $T(\mathbf{v})$ 映至 $T(\mathbf{v})$ 本身。合成過程中所有的四個向量空間完全一樣 (當然為 V)；然而，空間的基底改變。因為初始向量為 $\mathbf{v}$ 且最終向量為 $T(\mathbf{v})$，所以合成變換和 T 同；亦即

$$T = I \circ T \circ I \tag{7}$$

若，如圖 8.5.1 所示，第一個及最終的向量空間之基底為 B'，且中間兩個向量空間的基底為 B，則由 8.4 節 (7) 式及 (12) 式 (適當地改變基底的名字) 得

$$[T]_{B',B'} = [I \circ T \circ I]_{B',B'} = [I]_{B',B}[T]_{B,B}[I]_{B,B'} \tag{8}$$

或以較簡單的符號

$$[T]_{B'} = [I]_{B',B}[T]_B[I]_{B,B'} \tag{9}$$

進一步使用定理 8.5.1 我們可簡化這個公式，將它改寫為

$$[T]_{B'} = P_{B \to B'}[T]_B P_{B' \to B} \tag{10}$$

總結上述，可得下面的定理。

定理 8.5.2：令 $T: V \to V$ 為在有限維向量空間 V 上的線性算子，且令 B 及 B' 為 V 的基底，則

$$[T]_{B'} = P^{-1}[T]_B P \tag{11}$$

此處 $P = P_{B' \to B}$ 且 $P^{-1} = P_{B \to B'}$。

$[T]_{B'} = P_{B \to B'} [T]_B P_{B' \to B}$

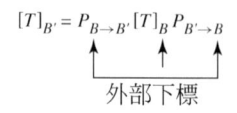

外部下標

▲ 圖 8.5.2

警告：當使用定理 8.5.2 時，很容易忘記是 $P = P_{B' \to B}$ (正確) 還是 $P = P_{B \to B'}$ (不正確)。使用圖 8.5.2 也許有幫助，且觀看轉移矩陣的外部下標和它們所圍矩陣的下標相同。

在 5.2 節定義 1 的專有名詞裡，定理 8.5.2 告訴我們，同一個線性算子對於不同基底所代表的矩陣必為相似。下一個定理是以相似的語言重述定理 8.5.2。

定理 8.5.3：兩矩陣，A 和 B，是相似的若且唯若它們表示同一個線性算子。更而，若 $B = P^{-1}AP$，則 P 是由相對於矩陣 B 的基底至相對於矩陣 A 的基底之轉移矩陣。

▶ **例題 1** 相似矩陣表示相同線性算子

本節初證明了矩陣

$$C = \begin{bmatrix} 1 & 1 \\ -2 & 4 \end{bmatrix} \quad \text{及} \quad D = \begin{bmatrix} 2 & 0 \\ 0 & 3 \end{bmatrix}$$

表示相同線性算子 $T: R^2 \to R^2$。找一矩陣 P 滿足 $D = P^{-1}CP$ 來證明這兩矩陣是相似的。

解：我們需要找轉移矩陣

$$P = P_{B' \to B} = \begin{bmatrix} [\mathbf{u}'_1]_B \mid [\mathbf{u}'_2]_B \end{bmatrix}$$

其中 $B' = \{\mathbf{u}'_1, \mathbf{u}'_2\}$ 是 R^2 的基底且被給為 (2) 式，而 $B = \{\mathbf{e}_1, \mathbf{e}_2\}$ 是 R^2 的標準基底。以視察法可看出

$$\mathbf{u}'_1 = \mathbf{e}_1 + \mathbf{e}_2$$
$$\mathbf{u}'_2 = \mathbf{e}_1 + 2\mathbf{e}_2$$

且由此得

$$[\mathbf{u}'_1]_B = \begin{bmatrix} 1 \\ 1 \end{bmatrix} \quad \text{及} \quad [\mathbf{u}'_2]_B = \begin{bmatrix} 1 \\ 2 \end{bmatrix}$$

因此，

$$P = P_{B' \to B} = \begin{bmatrix} [\mathbf{u}'_1]_B \mid [\mathbf{u}'_2]_B \end{bmatrix} = \begin{bmatrix} 1 & 1 \\ 1 & 2 \end{bmatrix}$$

留給讀者證明

$$P^{-1} = \begin{bmatrix} 2 & -1 \\ -1 & 1 \end{bmatrix}$$

且因此得

$$\underset{D}{\begin{bmatrix} 2 & 0 \\ 0 & 3 \end{bmatrix}} = \underset{P^{-1}}{\begin{bmatrix} 2 & -1 \\ -1 & 1 \end{bmatrix}} \underset{C}{\begin{bmatrix} 1 & 1 \\ -2 & 4 \end{bmatrix}} \underset{P}{\begin{bmatrix} 1 & 1 \\ 1 & 2 \end{bmatrix}}$$ ◀

相似不變性

回顧 5.2 節，方陣的某個性質被稱為**相似不變性**，若該性質被所有相似矩陣所共有。該節的表 1 (重製於下)，列出最重要的相似不變性。由定理 8.5.3 知，兩矩陣是相似的若且唯若它們表示同一線性算子 $T: V \to V$，得若 B 和 B' 是 V 的基底，則 $[T]_B$ 的每一個相似不變性亦是 $[T]_{B'}$ 的相似不變性，其中 B' 是 V 的任意其他基底。例如，對任兩基底 B 和 B'，必有

$$\det([T]_B) = \det([T]_{B'})$$

由此方程式得行列式值和 T 有關，但跟用來得 T 之矩陣的特別基底無關。因此，行列式可被視為線性算子 T 的一個性質：事實上，若 V 是有限維向量空間，則我們可定義**線性算子 T 的行列式** (determinant of the linear operator T) 為

$$\det(T) = \det([T]_B) \tag{12}$$

此處 B 是 V 的任意基底。

▶ **例題 2　線性算子的行列式**

在本節之初，我們已證明矩陣

表 1　相似不變性

性　質	敘　述
行列式	A 和 $P^{-1}AP$ 有相同的行列式。
可逆性	A 為可逆若且唯若 $P^{-1}AP$ 為可逆。
秩	A 和 $P^{-1}AP$ 有相同的秩。
核維數	A 和 $P^{-1}AP$ 有相同的核維數。
跡數	A 和 $P^{-1}AP$ 有相同的跡數。
特徵多項式	A 和 $P^{-1}AP$ 有相同特徵多項式。
特徵值	A 和 $P^{-1}AP$ 有相同特徵值。
特徵空間維數	若 λ 為 A 和 $P^{-1}AP$ 的一特徵值，則 A 對應列 λ 的特徵空間及 $P^{-1}AP$ 對應列 λ 的特徵空間有相同的維度。

$$[T] = \begin{bmatrix} 1 & 1 \\ -2 & 4 \end{bmatrix} \quad \text{及} \quad [T]_{B'} = \begin{bmatrix} 2 & 0 \\ 0 & 3 \end{bmatrix}$$

在對於不同基底之下表示同一個線性算子，第一個矩陣係對於 R^2 的標準基底 $B = \{\mathbf{e}_1, \mathbf{e}_2\}$ 且第二個矩陣係對於基底 $B' = \{\mathbf{u}'_1, \mathbf{u}'_2\}$，其中

$$\mathbf{u}'_1 = \begin{bmatrix} 1 \\ 1 \end{bmatrix}, \quad \mathbf{u}'_2 = \begin{bmatrix} 1 \\ 2 \end{bmatrix}$$

此意味 $[T]$ 和 $[T]_{B'}$ 必為相似矩陣且因此必有相同之相似不變性。尤其是，它們必有相同的行列式。留給讀者證明

$$\det[T] = \begin{vmatrix} 1 & 1 \\ -2 & 4 \end{vmatrix} = 6 \quad \text{且} \quad \det[T]_{B'} = \begin{vmatrix} 2 & 0 \\ 0 & 3 \end{vmatrix} = 6$$

▶ **例題 3** 特徵空間的特徵值及基底

定義線性算子 $T : P_2 \to P_2$ 為

$$T(a + bx + cx^2) = -2c + (a + 2b + c)x + (a + 3c)x^2$$

試求其所有特徵值及特徵空間的基底。

解：留給讀者證明 T 對標準基底 $B = \{1, x, x^2\}$ 的矩陣為

$$[T]_B = \begin{bmatrix} 0 & 0 & -2 \\ 1 & 2 & 1 \\ 1 & 0 & 3 \end{bmatrix}$$

(試證明之)。T 的所有特徵值為 $\lambda = 1$ 及 $\lambda = 2$ (5.1 節例題 7)。而且，由該例題可知對應於 $\lambda = 2$ 的 $[T]_B$ 之特徵空間有一組基底 $\{\mathbf{u}_1, \mathbf{u}_2\}$，其中

$$\mathbf{u}_1 = \begin{bmatrix} -1 \\ 0 \\ 1 \end{bmatrix}, \quad \mathbf{u}_2 = \begin{bmatrix} 0 \\ 1 \\ 0 \end{bmatrix}$$

而對應於 $\lambda = 1$ 的 $[T]_B$ 之特徵空間有基底 $\{\mathbf{u}_3\}$，其中

$$\mathbf{u}_3 = \begin{bmatrix} -2 \\ 1 \\ 1 \end{bmatrix}$$

矩陣 $\mathbf{u}_1, \mathbf{u}_2$ 及 $\mathbf{u}_3$ 分別為

$$\mathbf{p}_1 = -1 + x^2, \quad \mathbf{p}_2 = x, \quad \mathbf{p}_3 = -2 + x + x^2$$

對 B 的坐標矩陣。因此，T 對應於 $\lambda=2$ 的特徵空間有一組基底

$$\{\mathbf{p}_1, \mathbf{p}_2\} = \{-1+x^2, x\}$$

對應於 $\lambda=1$ 的特徵空間有基底

$$\{\mathbf{p}_3\} = \{-2+x+x^2\}$$

讀者可藉 T 的定義式，證明

$$T(\mathbf{p}_1) = 2\mathbf{p}_1, \quad T(\mathbf{p}_2) = 2\mathbf{p}_2 \quad 及 \quad T(\mathbf{p}_3) = \mathbf{p}_3$$

作為驗證。◀

概念複習

- 代表同一線性算子之矩陣的相似性
- 相似不變
- 線性算子的行列式

技　能

- 證明代表同一線性算子的兩矩陣是相似的，並求轉移矩陣 P 使得 $B=P^{-1}AP$。
- 求在有限維向量空間上之線性算子的特徵空間之特徵值及基底。

習題集 8.5

▶對習題 1-7 的各題，求 T 對基底 B 的矩陣，並使用定理 8.5.2 來計算 T 對於基底 B' 的矩陣。◀

1. $T: R^2 \to R^2$，定義

$$T\left(\begin{bmatrix} x_1 \\ x_2 \end{bmatrix}\right) = \begin{bmatrix} 3x_1 - x_2 \\ x_1 \end{bmatrix}$$

$B=\{\mathbf{u}_1, \mathbf{u}_2\}$ 及 $B'=\{\mathbf{v}_1, \mathbf{v}_2\}$，此處

$$\mathbf{u}_1 = \begin{bmatrix} 1 \\ 0 \end{bmatrix}, \quad \mathbf{u}_2 = \begin{bmatrix} 0 \\ 1 \end{bmatrix}; \quad \mathbf{v}_1 = \begin{bmatrix} 1 \\ -3 \end{bmatrix}, \quad \mathbf{v}_2 = \begin{bmatrix} 3 \\ 0 \end{bmatrix}$$

2. $T: R^2 \to R^2$，定義

$$T\left(\begin{bmatrix} x_1 \\ x_2 \end{bmatrix}\right) = \begin{bmatrix} x_1 + 7x_2 \\ 3x_1 - 4x_2 \end{bmatrix}$$

$B=\{\mathbf{u}_1, \mathbf{u}_2\}$ 及 $B'=\{\mathbf{v}_1, \mathbf{v}_2\}$，此處

$$\mathbf{u}_1 = \begin{bmatrix} 1 \\ 4 \end{bmatrix}, \quad \mathbf{u}_2 = \begin{bmatrix} 2 \\ -2 \end{bmatrix}; \quad \mathbf{v}_1 = \begin{bmatrix} 2 \\ 1 \end{bmatrix}, \quad \mathbf{v}_2 = \begin{bmatrix} -1 \\ 1 \end{bmatrix}$$

3. $T: R^2 \to R^2$ 為對原點繞 $45°$ 的旋轉；B 及 B' 為習題 1 的基底。

4. $T: R^3 \to R^3$，定義

$$T\left(\begin{bmatrix} x_1 \\ x_2 \\ x_3 \end{bmatrix}\right) = \begin{bmatrix} x_1 + 2x_2 - x_3 \\ -x_2 \\ x_1 + 7x_3 \end{bmatrix}$$

B 為 R^3 的標準基底，而 $B'=\{\mathbf{v}_1, \mathbf{v}_2, \mathbf{v}_3\}$，此處

$$\mathbf{v}_1 = \begin{bmatrix} 1 \\ 0 \\ 0 \end{bmatrix}, \quad \mathbf{v}_2 = \begin{bmatrix} 1 \\ 1 \\ 0 \end{bmatrix}, \quad \mathbf{v}_3 = \begin{bmatrix} 1 \\ 1 \\ 1 \end{bmatrix}$$

5. $T: R^3 \to R^3$ 為在 xy-平面上的垂直投影；B 及 B' 為習題 4 的基底。

6. $T: R^2 \to R^2$，定義 $T(\mathbf{x})=4\mathbf{x}$；$B$ 及 B' 為習題 2 的基底。

7. $T: P_1 \to P_1$，定義 $T(a_0 + a_1 x) = a_0 + a_1(x+1)$；$B = \{\mathbf{p}_1, \mathbf{p}_2\}$，且 $B' = \{\mathbf{q}_1, \mathbf{q}_2\}$，此處 $\mathbf{p}_1 = 6 + 3x$，$\mathbf{p}_2 = 10 + 2x$，$\mathbf{q}_1 = 2$，$\mathbf{q}_2 = 3 + 2x$。

8. 求 $\det(T)$。
   (a) $T: R^2 \to R^2$，
   $T(x_1, x_2) = (3x_1 - 4x_2, -x_1 + 7x_2)$
   (b) $T: R^3 \to R^3$，
   $T(x_1, x_2, x_3) = (x_1 - x_2, x_2 - x_3, x_3 - x_1)$
   (c) $T: P_2 \to P_2$，$T(p(x)) = p(x-1)$

9. 證明下面為相似不變。
   (a) 秩　(b) 核維數　(c) 可逆性

10. 令 $T: P_4 \to P_4$ 為以 $T(p(x)) = p(3x-2)$ 指定的線性算子。
    (a) 試求 T 對某一方便基底的矩陣，然後使用該矩陣來求 T 的秩及核維數。
    (b) 試使用 (a) 的結果以判定 T 是否為一對一。

11. 對下列各小題，試求得 R^2 上的基底使得 T 的矩陣為對角矩陣。
    (a) $T\left(\begin{bmatrix} x_1 \\ x_2 \end{bmatrix}\right) = \begin{bmatrix} 3x_1 - 2x_2 \\ -x_1 + 4x_2 \end{bmatrix}$
    (b) $T\left(\begin{bmatrix} x_1 \\ x_2 \end{bmatrix}\right) = \begin{bmatrix} 2x_1 + 5x_2 \\ x_1 - 2x_2 \end{bmatrix}$

12. 對下列各小題，試求得 R^3 上的基底使得 T 的矩陣為對角矩陣。
    (a) $T\left(\begin{bmatrix} x_1 \\ x_2 \\ x_3 \end{bmatrix}\right) = \begin{bmatrix} -2x_1 + x_2 - x_3 \\ x_1 - 2x_2 - x_3 \\ -x_1 - x_2 - 2x_3 \end{bmatrix}$
    (a) $T\left(\begin{bmatrix} x_1 \\ x_2 \\ x_3 \end{bmatrix}\right) = \begin{bmatrix} -x_2 + x_3 \\ -x_1 + x_3 \\ x_1 + x_2 \end{bmatrix}$
    (c) $T\left(\begin{bmatrix} x_1 \\ x_2 \\ x_3 \end{bmatrix}\right) = \begin{bmatrix} 4x_1 + x_3 \\ 2x_1 + 3x_2 + 2x_3 \\ x_1 + 4x_3 \end{bmatrix}$

13. 令 $T: P_2 \to P_2$ 定義為
    $T(a_0 + a_1 x + a_2 x^2) = (2a_0 - a_1 + 3a_2)$
    $+ (4a_0 - 5a_1)x + (a_1 + 2a_2)x^2$
    (a) 求 T 的所有特徵值。
    (b) 求 T 的特徵空間的基底。

14. 令 $T: M_{22} \to M_{22}$ 定義為
    $T\left(\begin{bmatrix} a & b \\ c & d \end{bmatrix}\right) = \begin{bmatrix} 2b & a+b \\ c-2b & d \end{bmatrix}$
    (a) 求 T 的所有特徵值。
    (b) 求 T 的特徵空間的基底。

15. 令 λ 為線性算子 $T: V \to V$ 的特徵值。證明 T 對應於 λ 的特徵向量為 $\lambda I - T$ 之核集中的非零向量。

16. (a) 試證明若 A 及 B 為兩相似矩陣，則 A^2 及 B^2 亦為相似。更一般化地說，證明 A^k 及 B^k 互為相似，此處 k 為任意正整數。
    (b) 若 A^2 和 B^2 相似，則 A 和 B 必相似嗎？試解釋之。

17. 令 C 及 D 為 $m \times n$ 階矩陣，且令 $B = \{\mathbf{v}_1, \mathbf{v}_1, \cdots, \mathbf{v}_n\}$ 為向量空間 V 的基底。試證明若對所有的 $\mathbf{x} \in V$，$C[\mathbf{x}]_B = D[\mathbf{x}]_B$，則 $C = D$。

18. 找兩個不相似的非零 2×2 階矩陣，並解釋它們為何不相似。

19. 驗證各個步驟來完成下面證明。
    假設：A 和 B 為兩相似矩陣。
    結論：A 和 B 有相同特徵多項式。
    證明：
    (1) $\det(\lambda I - B) = \det(\lambda I - P^{-1}AP)$
    (2) $\quad = \det(\lambda P^{-1}P - P^{-1}AP)$
    (3) $\quad = \det(P^{-1}(\lambda I - A)P)$
    (4) $\quad = \det(P^{-1}) \det(\lambda I - A) \det(P)$
    (5) $\quad = \det(P^{-1}) \det(P) \det(\lambda I - A)$
    (6) $\quad = \det(\lambda I - A)$

20. 若 A 和 B 為兩相似矩陣，稱 $B = P^{-1}AP$，則習題 19 證明 A 和 B 有相同之特徵值。假設 λ 為它們共同的特徵值之一，且 $\mathbf{x}$ 為對應 λ 的 A 之特徵向量。你能否找到一個對應 λ 的 B 之特徵向量，並以 $\lambda, \mathbf{x}$ 及 P 來表之。

21. 既然 R^n 的標準基底是如此簡單，為何仍需使用其他基底來表示一線性算子？

22. 證明跡數是一個相似不變的。

是非題

試判斷 (a)-(h) 各敘述的真假，並驗證你的答案。

(a) 矩陣不可能相似於自己。
(b) 若 A 相似於 B，且 B 相似於 C，則 A 相似於 C。
(c) 若 A 和 B 相似且 B 是奇異的，則 A 是奇異的。
(d) 若 A 和 B 是可逆的且相似，則若 A^{-1} 和 B^{-1} 是相似的。
(e) 若 $T_1 : R^n \to R^n$ 且 $T_2 : R^n \to R^n$ 是線性算子，且若 $[T_1]_{B',B} = [T_2]_{B',B}$ 對於 R^n 的兩組基底 B 及 B'，則 $T_1(\mathbf{x}) = T_2(\mathbf{x})$ 對 R^n 上的每個向量 $\mathbf{x}$。
(f) 若 $T_1 : R^n \to R^n$ 是一線性算子，且若 $[T_1]_B = [T_1]_{B'}$ 對於 R^n 的兩組基底 B 及 B'，則 $B = B'$。
(g) 若 $T : R^n \to R^n$ 是一線性算子，且若 $[T]_B = I_n$ 對於 R^n 的某基底 B，則 T 是 R^n 上的恆等算子。
(h) 若 $T : R^n \to R^n$ 是一線性算子，且若 $[T]_{B',B} = I_n$ 對於 R^n 的兩組基底 B 及 B'，則 T 是 R^n 上的恆等算子。

第八章　補充習題

1. 令 A 為一 $n \times n$ 階矩陣，B 為一非零的 $n \times 1$ 階矩陣，且 $\mathbf{x}$ 為 R^n 上的向量，但以矩陣符號表示。$T(\mathbf{x}) = A\mathbf{x} + B$ 是否為 R^n 上的線性算子？試證明你的答案。

2. 令
$$A = \begin{bmatrix} \cos\theta & -\sin\theta \\ \sin\theta & \cos\theta \end{bmatrix}$$

   (a) 證明
$$A^2 = \begin{bmatrix} \cos 2\theta & -\sin 2\theta \\ \sin 2\theta & \cos 2\theta \end{bmatrix} \text{ 且 } A^3 = \begin{bmatrix} \cos 3\theta & -\sin 3\theta \\ \sin 3\theta & \cos 3\theta \end{bmatrix}$$

   (b) 基於 (a) 中之答案，猜猜對任意正整數 n，矩陣 A^n 的型式。
   (c) 由考慮 $T : R^2 \to R^2$ 的幾何意義，其中 T 係以 A 乘之來考慮 (b) 所得之結果的幾何意義。

3. 令 $T : V \to V$ 定義為 $T(\mathbf{v}) = \|\mathbf{v}\|\mathbf{v}$。證明 T 在 V 上不是線性算子。

4. 令 $\mathbf{v}_1, \mathbf{v}_2, \ldots, \mathbf{v}_m$ 為 R^n 上之固定向量，且令 $T : R^n \to R^m$ 定義為 $T(\mathbf{x}) = (\mathbf{x} \cdot \mathbf{v}_1, \mathbf{x} \cdot \mathbf{v}_2, \ldots, \mathbf{x} \cdot \mathbf{v}_m)$，此處 $\mathbf{x} \cdot \mathbf{v}_i$ 為 R^n 上歐幾里德內積。

   (a) 證明 T 為一線性變換。
   (b) 證明以向量 $\mathbf{v}_1, \mathbf{v}_2, \ldots, \mathbf{v}_m$ 為列的矩陣，即為 T 的標準矩陣。

5. 令 $\{\mathbf{e}_1, \mathbf{e}_2, \mathbf{e}_3, \mathbf{e}_4\}$ 為 R^4 的標準矩陣，而 $T : R^4 \to R^3$ 為線性變換，滿足
$$T(\mathbf{e}_1) = (1, 2, 1), \quad T(\mathbf{e}_2) = (0, 1, 0),$$
$$T(\mathbf{e}_3) = (1, 3, 0), \quad T(\mathbf{e}_4) = (1, 1, 1)$$

   (a) 求 T 之值域及核集的基底。
   (b) 求 T 之秩及核維數。

6. 假設 R^3 中的向量以 1×3 階向量表示，並且以
$$T([x_1 \ x_2 \ x_3]) = [x_1 \ x_2 \ x_3] \begin{bmatrix} -1 & 2 & 4 \\ 3 & 0 & 1 \\ 2 & 2 & 5 \end{bmatrix}$$
定義 $T : R^3 \to R^3$。

   (a) 試求 T 的核集的基底。
   (b) T 的值域的基底。

7. 令 $B = \{\mathbf{v}_1, \mathbf{v}_2, \mathbf{v}_3, \mathbf{v}_4\}$ 為向量空間 V 的基底，而 $T : V \to V$ 為一線性算子能滿足
$$T(\mathbf{v}_1) = \mathbf{v}_1 + \mathbf{v}_2 + \mathbf{v}_3 + 3\mathbf{v}_4$$
$$T(\mathbf{v}_2) = \mathbf{v}_1 - \mathbf{v}_2 + 2\mathbf{v}_3 + 2\mathbf{v}_4$$
$$T(\mathbf{v}_3) = 2\mathbf{v}_1 - 4\mathbf{v}_2 + 5\mathbf{v}_3 + 3\mathbf{v}_4$$
$$T(\mathbf{v}_4) = -2\mathbf{v}_1 + 6\mathbf{v}_2 - 6\mathbf{v}_3 - 2\mathbf{v}_4$$

   (a) 試求 T 的秩及核維數。

(b) 試判定 T 是否為一對一。

8. 令 V 及 W 為向量空間，T, T_1 及 T_2 為由 V 至 W 的線性變換，而 k 為純量。新變換 $T_1 + T_2$ 及 kT 的定義依下式為之

$$(T_1 + T_2)(\mathbf{x}) = T_1(\mathbf{x}) + T_2(\mathbf{x})$$
$$(kT)(\mathbf{x}) = k(T(\mathbf{x}))$$

(a) 試證明 $(T_1 + T_2): V \to W$ 及 $kT: V \to W$ 為線性變換。
(b) 試證明所有由 V 至 W 之線性變換所成的集合具有 (a) 之運算時，此集合形成向量空間。

9. 令 A 及 B 為兩相似矩陣，試證明：
   (a) A^T 及 B^T 互為相似。
   (b) 若 A 及 B 皆為可逆的，則 A^{-1} 和 B^{-1} 互為相似。

10. (**Fredholm 交替定理**) 令 $T: V \to V$ 為 n-維向量空間 V 上的線性算子。試證明下面敘述僅有一個成立：
    (i) 對所有在 V 中的向量 **b**，方程式 $T(\mathbf{x}) = \mathbf{b}$ 有一解。
    (ii) T 的核維數 > 0。

11. 令 $T: M_{22} \to M_{22}$ 為定義如下的線性算子

$$T(X) = \begin{bmatrix} 1 & 1 \\ 0 & 0 \end{bmatrix} X + X \begin{bmatrix} 0 & 0 \\ 1 & 1 \end{bmatrix}$$

試求 T 的秩及核維數。

12. 試證明：若 A 與 B 為相似矩陣，且 B 與 C 為相似矩陣，則 A 與 C 亦為相似矩陣。

13. 令 $T: M_{22} \to M_{22}$ 為一線性算子，其定義為 $L(M) = M^T$。試求 L 對 M_{22} 之標準基底的矩陣。

14. 令 $B = \{\mathbf{u}_1, \mathbf{u}_2, \mathbf{u}_3\}$ 與 $B' = \{\mathbf{v}_1, \mathbf{v}_2, \mathbf{v}_3\}$ 為向量空間 V 的基底，且令

$$P = \begin{bmatrix} 2 & -1 & 3 \\ 1 & 1 & 4 \\ 0 & 1 & 2 \end{bmatrix}$$

是由 B' 至 B 的轉移矩陣。

(a) 試將 $\mathbf{v}_1, \mathbf{v}_2, \mathbf{v}_3$ 以 $\mathbf{u}_1, \mathbf{u}_2, \mathbf{u}_3$ 的線性組合表示之。
(b) 試將 $\mathbf{u}_1, \mathbf{u}_2, \mathbf{u}_3$ 以 $\mathbf{v}_1, \mathbf{v}_2, \mathbf{v}_3$ 的線性組合表示之。

15. 令 $B = \{\mathbf{u}_1, \mathbf{u}_2, \mathbf{u}_3\}$ 為向量空間 V 的基底且 $T: V \to V$ 為一線性算子，使

$$[T]_B = \begin{bmatrix} -3 & 4 & 7 \\ 1 & 0 & -2 \\ 0 & 1 & 0 \end{bmatrix}$$

試求 $[T]_{B'}$，其中 $B' = \{\mathbf{v}_1, \mathbf{v}_2, \mathbf{v}_3\}$ 為 V 的基底，其定義為

$$\mathbf{v}_1 = \mathbf{u}_1, \quad \mathbf{v}_2 = \mathbf{u}_1 + \mathbf{u}_2, \quad \mathbf{v}_3 = \mathbf{u}_1 + \mathbf{u}_2 + \mathbf{u}_3$$

16. 證明矩陣

$$\begin{bmatrix} 1 & 1 \\ -1 & 4 \end{bmatrix} \text{ 與 } \begin{bmatrix} 2 & 1 \\ 1 & 3 \end{bmatrix}$$

是相似的，但

$$\begin{bmatrix} 3 & 1 \\ -6 & -2 \end{bmatrix} \text{ 與 } \begin{bmatrix} -1 & 2 \\ 1 & 0 \end{bmatrix}$$

則不是。

17. 假設 $T: V \to V$ 是一線性算子而 B 是 V 的一基底，使得對 V 中的任意向量 **x** 滿足

$$[T(\mathbf{x})]_B = \begin{bmatrix} x_1 - x_2 + x_3 \\ x_2 \\ x_1 - x_3 \end{bmatrix} \text{ 若 } [\mathbf{x}]_B = \begin{bmatrix} x_1 \\ x_2 \\ x_3 \end{bmatrix}$$

試求 $[T]_B$。

18. 令 $T: V \to V$ 為線性算子。證明 T 為一對一若且唯若 $\det(T) \neq 0$。

19. (適合已學過微積分的讀者)
    (a) 試證明若 $\mathbf{f} = f(x)$ 為二次可微分，則函數 $D: C^2(-\infty, \infty) \to F(-\infty, \infty)$ 被定義為 $D(\mathbf{f}) = f''(x)$ 是一個線性變換。
    (b) 試求 D 之核集的基底。
    (c) 試證明滿足方程式 $D(\mathbf{f}) = f(x)$ 的函數形成 $C^2(-\infty, \infty)$ 的二維子空間，並求該子空間的基底。

20. 令 $T: P_2 \to R^3$ 為一函數且被定義為

$$T(p(x)) = \begin{bmatrix} p(-1) \\ p(0) \\ p(1) \end{bmatrix}$$

(a) 試求 $T(x^2+5x+6)$。
(b) 試證明 T 為線性變換。
(c) 試證明 T 為一對一。
(d) 試求 $T^{-1}(0,3,0)$。
(e) 畫出 (d) 中之多項式的圖形。

21. 令 x_1, x_2 及 x_3 為三個不同實數滿足
$$x_1 < x_2 < x_3$$
且令 $T: P_2 \to R^3$ 為一函數且定義為
$$T(p(x)) = \begin{bmatrix} p(x_1) \\ p(x_2) \\ p(x_3) \end{bmatrix}$$

(a) 試證明 T 為線性變換。
(b) 試證明 T 為一對一。
(c) 試證明若 a_1, a_2 及 a_3 為任意實數,則
$$T^{-1}\left(\begin{bmatrix} a_1 \\ a_2 \\ a_3 \end{bmatrix}\right) = a_1 P_1(x) + a_2 P_2(x) + a_3 P_3(x)$$

此處
$$P_1(x) = \frac{(x-x_2)(x-x_3)}{(x_1-x_2)(x_1-x_3)}$$
$$P_2(x) = \frac{(x-x_1)(x-x_3)}{(x_2-x_1)(x_2-x_3)}$$
$$P_3(x) = \frac{(x-x_1)(x-x_2)}{(x_3-x_1)(x_3-x_2)}$$

(d) 函數 $a_1 P_1(x) + a_2 P_2(x) + a_3 P_3(x)$ 的圖形和點 $(x_1, a_1), (x_2, a_2)$ 及 (x_3, a_3) 的關係為何?

22. (適合已學過微積分的讀者) 令 $p(x)$ 及 $q(x)$ 為連續函數,且令 V 為由所有兩次可微分函數所成的 $C(-\infty, \infty)$ 的子空間。定義 $L: V \to V$ 為
$$L(y(x)) = y''(x) + p(x)y'(x) + q(x)y(x)$$

(a) 試證明 L 為線性算子。
(b) 考慮 $p(x)=0$ 及 $q(x)=1$ 的特殊情形。試證明對所有的實數值 c_1 及 c_2,函數
$$\phi(x) = c_1 \sin x + c_2 \cos x$$
在 L 的零核空間裡。

23. (適合已學過微積分的讀者) 令 $D: P_n \to P_n$ 為微分算子,$D(\mathbf{p}) = \mathbf{p}'$。證明 D 對基底 $B = \{1, x, x^2, \cdots, x^n\}$ 的矩陣為
$$\begin{bmatrix} 0 & 1 & 0 & 0 & \cdots & 0 \\ 0 & 0 & 2 & 0 & \cdots & 0 \\ 0 & 0 & 0 & 3 & \cdots & 0 \\ \vdots & & & & & \vdots \\ 0 & 0 & 0 & 0 & \cdots & n \\ 0 & 0 & 0 & 0 & \cdots & 0 \end{bmatrix}$$

24. (適合已學過微積分的讀者) 我們可以證明對任意實數 c,向量
$$1, \quad x-c, \quad \frac{(x-c)^2}{2!}, \cdots, \frac{(x-c)^n}{n!}$$
形成 P_n 的一個基底。試求習題 23 的微分算子對此基底的矩陣。

25. (適合已學過微積分的讀者) 令 $J: P_n \to P_{n+1}$ 為定義如下的積分變換
$$J(\mathbf{p}) = \int_0^x (a_0 + a_1 t + \cdots + a_n t^n)\, dt$$
$$= a_0 x + \frac{a_1}{2} x^2 + \cdots + \frac{a_n}{n+1} x^{n+1}$$

其中 $\mathbf{p} = a_0 + a_1 x + \cdots + a_n x^n$。試求 T 對 P_n 及 P_{n+1} 之標準基底的矩陣。

CHAPTER 9

數值方法

本章目錄
9.1 *LU*-分解
9.2 冪方法
9.3 網路搜尋引擎
9.4 線性方程組各種解法之比較
9.5 奇異值分解
9.6 使用奇異值分解的資料壓縮

引　　言　本章關心線性代數的「數值方法」，一個研究領域，其包含解大型線性方程組之技巧及求各種數值近似值。詳細討論演算法及技巧議題並不是我們的目標，因為已有許多很不錯的書討論那些題材。而我們所關心的是介紹一些基本概念並探討重要的當代應用，這些應用重重倚賴數值概念——奇異值分解及資料壓縮。計算設備有如 MATLAB、*Mathematica* 或 Maple，被推薦至 9.2 節至 9.6 節。

9.1　*LU*-分解

迄今，我們專注兩個解線性方程組的方法：高斯消去法 (簡化為列梯型) 及高斯-喬丹消去法 (簡化為簡約列梯型)。而這些方法對本書中小型問題是好的，但它們不適合解大型問題，其中計算捨入誤差、記憶體使用及速率被考慮。本節我們將討論一個解含 n 個方程式 n 個未知數之線性方程組的方法，此法係基於將係數矩陣分解成下三角形矩陣及上三角形矩陣的乘積。此法，稱之為「*LU*-分解」，是許多常使用的演算法之基礎。

利用分解法解線性方程組

本節首要目標是說明如何利用分解係數矩陣 A 為乘積

$$A = LU \tag{1}$$

來解一個含 n 個方程式 n 個未知數的線性方程組,其中 L 是下三角形且 U 是上三角形。一旦我們了解如何處理此點,我們將討論如何來得分解本身。

假設我們已得到 (1) 式之分解,線性方程組 $A\mathbf{x}=\mathbf{b}$ 可由下面程序來解,此程序叫做 **LU-分解** (LU-decomposition)。

LU-分解法:

步驟 1. 重寫方程組 $A\mathbf{x}=\mathbf{b}$ 為

$$LU\mathbf{x} = \mathbf{b} \tag{2}$$

步驟 2. 以

$$U\mathbf{x} = \mathbf{y} \tag{3}$$

定義一個新的 $n \times 1$ 階矩陣 $\mathbf{y}$。

步驟 3. 使用 (3) 式改寫 (2) 式為 $L\mathbf{y}=\mathbf{b}$ 並解此方程組的 $\mathbf{y}$。

步驟 4. 將 $\mathbf{y}$ 代入 (3) 式並解 $\mathbf{x}$。

此程序,說明於圖 9.1.1,以一雙線性方程組

$$U\mathbf{x} = \mathbf{y}$$
$$L\mathbf{y} = \mathbf{b}$$

代替單一線性方程組 $A\mathbf{x}=\mathbf{b}$,且逐次解此雙方程組。然而,這兩方程組均有三角形係數矩陣,因而解此兩方程組的計算量少於直接解原始方程組的計算量。

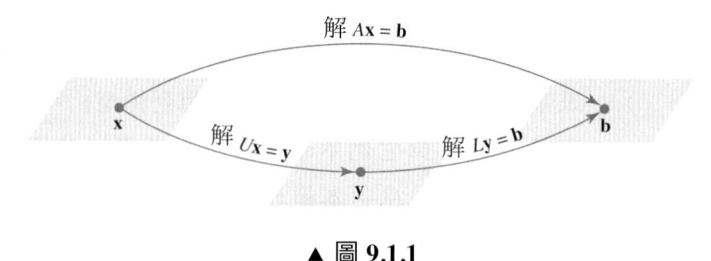

▲ 圖 9.1.1

史記:1979 年,一個重要的機器無關之線性代數程式資料庫,被稱為 LINPACK,被發展於 Argonne 國家實驗室。該資料庫裡有許多程式使用本節即將研習的分解法。LINPACK 程序的變化被使用於許多電腦程式,包含 MATLAB、*Mathematica* 及 Maple。

▶ **例題 1** 以 *LU*-分解法解 $A\mathbf{x} = \mathbf{b}$

本節稍後將導出分解

$$\begin{bmatrix} 2 & 6 & 2 \\ -3 & -8 & 0 \\ 4 & 9 & 2 \end{bmatrix} = \begin{bmatrix} 2 & 0 & 0 \\ -3 & 1 & 0 \\ 4 & -3 & 7 \end{bmatrix} \begin{bmatrix} 1 & 3 & 1 \\ 0 & 1 & 3 \\ 0 & 0 & 1 \end{bmatrix} \qquad (4)$$

$$\quad A \qquad\qquad = \qquad L \qquad\qquad U$$

使用此結果解線性方程組

$$\begin{bmatrix} 2 & 6 & 2 \\ -3 & -8 & 0 \\ 4 & 9 & 2 \end{bmatrix} \begin{bmatrix} x_1 \\ x_2 \\ x_3 \end{bmatrix} = \begin{bmatrix} 2 \\ 2 \\ 3 \end{bmatrix}$$

$$\quad A \qquad\qquad \mathbf{x} \;\;=\;\; \mathbf{b}$$

由 (4) 式，我們可改寫此方程組為

$$\begin{bmatrix} 2 & 0 & 0 \\ -3 & 1 & 0 \\ 4 & -3 & 7 \end{bmatrix} \begin{bmatrix} 1 & 3 & 1 \\ 0 & 1 & 3 \\ 0 & 0 & 1 \end{bmatrix} \begin{bmatrix} x_1 \\ x_2 \\ x_3 \end{bmatrix} = \begin{bmatrix} 2 \\ 2 \\ 3 \end{bmatrix} \qquad (5)$$

$$\quad L \qquad\qquad U \qquad\qquad \mathbf{x} \;\;=\;\; \mathbf{b}$$

如上面步驟 2 所明述的，讓我們以方程式

$$\begin{bmatrix} 1 & 3 & 1 \\ 0 & 1 & 3 \\ 0 & 0 & 1 \end{bmatrix} \begin{bmatrix} x_1 \\ x_2 \\ x_3 \end{bmatrix} = \begin{bmatrix} y_1 \\ y_2 \\ y_3 \end{bmatrix} \qquad (6)$$

$$\quad U \qquad\qquad \mathbf{x} \;\;=\;\; \mathbf{y}$$

定義 y_1, y_2 及 y_3，此允許我們改寫 (5) 式為

$$\begin{bmatrix} 2 & 0 & 0 \\ -3 & 1 & 0 \\ 4 & -3 & 7 \end{bmatrix} \begin{bmatrix} y_1 \\ y_2 \\ y_3 \end{bmatrix} = \begin{bmatrix} 2 \\ 2 \\ 3 \end{bmatrix} \qquad (7)$$

$$\quad L \qquad\qquad \mathbf{y} \;\;=\;\; \mathbf{b}$$

或改寫為

$$2y_1 \qquad\qquad\quad = 2$$
$$-3y_1 + y_2 \qquad\;\; = 2$$
$$4y_1 - 3y_2 + 7y_3 = 3$$

此方程組可以一程序來解，其類似倒回代換法，除了以由上往下解方程式代替由下往上解方程式外。此程序，被稱為**向前代換法** (forward substitution)，得

$$y_1 = 1, \quad y_2 = 5, \quad y_3 = 2$$

(證明之)。如上面步驟 4 所述，我們將這些值代進 (6) 式，得線性方程組

$$\begin{bmatrix} 1 & 3 & 1 \\ 0 & 1 & 3 \\ 0 & 0 & 1 \end{bmatrix} \begin{bmatrix} x_1 \\ x_2 \\ x_3 \end{bmatrix} = \begin{bmatrix} 1 \\ 5 \\ 2 \end{bmatrix}$$

或等價地為

$$\begin{aligned} x_1 + 3x_2 + x_3 &= 1 \\ x_2 + 3x_3 &= 5 \\ x_3 &= 2 \end{aligned}$$

以倒回代換法解此方程組為

$$x_1 = 2, \quad x_2 = -1, \quad x_3 = 2$$

(證明之)。 ◂

求 *LU*-分解

在 A 被分解成下三角形及上三角形矩陣後，例題 1 變得明朗，方程組 $A\mathbf{x} = \mathbf{b}$ 可以一個向前代換法及一個倒回代換法解之。我們現在將說明如何得到此類分解。我們以一些專有名詞開始。

> **定義 1**：方陣 A 的分解為 $A = LU$，其中 L 是下三角形且 U 是上三角形，被稱為 *A* 的 ***LU*-分解** (*LU*-decomposition of *A* 或 *LU*-factorization of *A*)。

Alan Mathison Turing
(1912–1954)

史記：雖然稍早已知道這些概念，普及化 *LU*-分解之數學公式績效經常是歸功於英國數學家 Alan Turing，以肯定他於 1948 年在這個主題上的努力。Turing，20 世紀偉大的天才之一，他是人工智慧領域的開創者。他在該領域的許多成就之一，是在建構此一機器的實際科技成熟前，發展了內部程式電腦的概念。二次大戰期間，Turing 被英國政府在 Bletchley Park 的 Code and Cypher 學校秘密招募幫助破解 Nazi Enigma 密碼；是 Turing 的統計方法提供了突破。身為卓越的數學家之外，Turing 是位世界級的賽跑選手，他成功地在奧林匹克級的競賽中比賽。悲傷的是，Turing 是同性戀，於 1952 年被試著以觸犯妨礙風化來認罪，違反英國當時現行法令之罪。沮喪的是，他在 41 歲時以吃一顆加了少量氰化物的蘋果自殺。

[相片：摘錄自 *Time & Life Pictures/Getty Images*, *Inc.*]

並不是每個方陣均有一個 LU-分解。然而，我們將看到若方陣 A 可以不執行任何列交換的高斯消去法來簡化為列梯型，則 A 將有一個 LU-分解，雖然它可能不唯一。欲知為何如此，假設 A 已被使用一序列的列運算簡化為列梯型 U 而不含列交換。我們知道由定理 1.5.1，這些運算可經由在矩陣 A 的左邊乘以一序列合適的基本矩陣；亦即，存在基本矩陣 $E_1, E_2, ..., E_k$ 滿足

$$E_k \cdots E_2 E_1 A = U \tag{8}$$

因為基本矩陣是可逆的，我們可以解 (8) 式的 A 為

$$A = E_1^{-1} E_2^{-1} \cdots E_k^{-1} U$$

或更簡明地為

$$A = LU \tag{9}$$

其中

$$L = E_1^{-1} E_2^{-1} \cdots E_k^{-1} \tag{10}$$

我們現在有所有要素來證明下面結果。

定理 9.1.1：若 A 是可不經由任何列交換之高斯消去法簡化為列梯型 U 的方陣，則 A 可以分解為 A=LU，其中 L 是下三角形矩陣。

證明：令 L 和 U 分別為公式 (10) 和 (8) 的矩陣。矩陣 U 是上三角形，因為它是方陣的一個列梯型 (所以主對角線底下所有元素全為零)。欲證明 L 是下三角形，只要證明 (10) 式右邊的各個因子均為下三角形即可，因為由定理 1.7.1(b) 得 L 本身是下三角形。因為列交換被排除，每個 E_j 不是由單位矩陣的某列乘上某個倍數後加至下面一列而得，就是由單位矩陣某列乘上某非零純量而得。不管是哪一種情形，所得矩陣 E_j 是下三角形且由定理 1.7.1(d) E_j^{-1} 亦是下三角形。此完成了證明。◂

▶ **例題 2**　*LU-分解*
求 A 的 LU-分解。

$$A = \begin{bmatrix} 2 & 6 & 2 \\ -3 & -8 & 0 \\ 4 & 9 & 2 \end{bmatrix}$$

解：欲求得 LU-分解 $A=LU$，先使用高斯消去法將 A 簡化為列梯型 U，然後再利用 (10) 式計算 L。其步驟如下：

簡化為列梯型	列運算	對應至列運算的基本矩陣	基本矩陣的逆矩陣
$\begin{bmatrix} 2 & 6 & 2 \\ -3 & -8 & 0 \\ 4 & 9 & 2 \end{bmatrix}$			
步驟 1	$\frac{1}{2} \times$ 第一列	$E_1 = \begin{bmatrix} \frac{1}{2} & 0 & 0 \\ 0 & 1 & 0 \\ 0 & 0 & 1 \end{bmatrix}$	$E_1^{-1} = \begin{bmatrix} 2 & 0 & 0 \\ 0 & 1 & 0 \\ 0 & 0 & 1 \end{bmatrix}$
$\begin{bmatrix} 1 & 3 & 1 \\ -3 & -8 & 0 \\ 4 & 9 & 2 \end{bmatrix}$			
步驟 2	$(3 \times$ 第一列$) +$ 第二列	$E_2 = \begin{bmatrix} 1 & 0 & 0 \\ 3 & 1 & 0 \\ 0 & 0 & 1 \end{bmatrix}$	$E_2^{-1} = \begin{bmatrix} 1 & 0 & 0 \\ -3 & 1 & 0 \\ 0 & 0 & 1 \end{bmatrix}$
$\begin{bmatrix} 1 & 3 & 1 \\ 0 & 1 & 3 \\ 4 & 9 & 2 \end{bmatrix}$			
步驟 3	$(-4 \times$ 第一列$) +$ 第三列	$E_3 = \begin{bmatrix} 1 & 0 & 0 \\ 0 & 1 & 0 \\ -4 & 0 & 1 \end{bmatrix}$	$E_3^{-1} = \begin{bmatrix} 1 & 0 & 0 \\ 0 & 1 & 0 \\ 4 & 0 & 1 \end{bmatrix}$
$\begin{bmatrix} 1 & 3 & 1 \\ 0 & 1 & 3 \\ 0 & -3 & -2 \end{bmatrix}$			
步驟 4	$(3 \times$ 第二列$) +$ 第三列	$E_4 = \begin{bmatrix} 1 & 0 & 0 \\ 0 & 1 & 0 \\ 0 & 3 & 1 \end{bmatrix}$	$E_4^{-1} = \begin{bmatrix} 1 & 0 & 0 \\ 0 & 1 & 0 \\ 0 & -3 & 1 \end{bmatrix}$
$\begin{bmatrix} 1 & 3 & 1 \\ 0 & 1 & 3 \\ 0 & 0 & 7 \end{bmatrix}$			
步驟 5	$\frac{1}{7} \times$ 第三列	$E_5 = \begin{bmatrix} 1 & 0 & 0 \\ 0 & 1 & 0 \\ 0 & 0 & \frac{1}{7} \end{bmatrix}$	$E_5^{-1} = \begin{bmatrix} 1 & 0 & 0 \\ 0 & 1 & 0 \\ 0 & 0 & 7 \end{bmatrix}$

$$\begin{bmatrix} 1 & 3 & 1 \\ 0 & 1 & 3 \\ 0 & 0 & 1 \end{bmatrix} = U$$

並由 (10) 式得

$$L = \begin{bmatrix} 2 & 0 & 0 \\ 0 & 1 & 0 \\ 0 & 0 & 1 \end{bmatrix} \begin{bmatrix} 1 & 0 & 0 \\ -3 & 1 & 0 \\ 0 & 0 & 1 \end{bmatrix} \begin{bmatrix} 1 & 0 & 0 \\ 0 & 1 & 0 \\ 4 & 0 & 1 \end{bmatrix} \begin{bmatrix} 1 & 0 & 0 \\ 0 & 1 & 0 \\ 0 & -3 & 1 \end{bmatrix} \begin{bmatrix} 1 & 0 & 0 \\ 0 & 1 & 0 \\ 0 & 0 & 7 \end{bmatrix}$$

$$= \begin{bmatrix} 2 & 0 & 0 \\ -3 & 1 & 0 \\ 4 & -3 & 7 \end{bmatrix}$$

所以

$$\begin{bmatrix} 2 & 6 & 2 \\ -3 & -8 & 0 \\ 4 & 9 & 2 \end{bmatrix} = \begin{bmatrix} 2 & 0 & 0 \\ -3 & 1 & 0 \\ 4 & -3 & 7 \end{bmatrix} \begin{bmatrix} 1 & 3 & 1 \\ 0 & 1 & 3 \\ 0 & 0 & 1 \end{bmatrix}$$

為 A 的 LU-分解。 ◀

簿 記

如例題 2 所示，建構 LU-分解時大部分的操作花費於計算 L。然而，藉著在將 A 簡化為 U 的過程中小心地做些簿記工作，可將這些計算工作省略。

由於假設將 A 簡化為 U 時不需要作任何列交換，因此求解過程中只包括兩種類型的運算：以非零常數乘某列以及將某一列乘一非零常數後加至另一列，前一種運算是用來引入首項 1，後一種運算是用來將首項 1 下方元素簡化為零。

例題 2 中，步驟 1 需要一個 $\frac{1}{2}$ 的乘數用來引入第一列的首項 1，且步驟 5 需要一個 $\frac{1}{7}$ 的乘數用來引進第三列的首項 1。沒有乘數需要用來引入第二列的首項 1，因為在步驟 2 末它已是一個 1，但為方便起見，讓我們說乘數為 1。將這些乘數和 L 的逐個對角元素比較，我們見到這些對角元素恰是被用來建構 U 的所有乘數的倒數：

$$L = \begin{bmatrix} ② & 0 & 0 \\ -3 & ① & 0 \\ 4 & -3 & ⑦ \end{bmatrix} \quad (11)$$

例題 2 中亦看出，欲引入零至第一列的首項 1 下方，我們使用運算

第一列乘 3 後加至第二列

第一列乘 -4 後加至第三列

且欲引入零至第二列的首項 1 下方，我們使用運算

第二列乘 3 後加至第三列

現在注意 (12) 式 L 之對角線下方位置的元素是 U 中對應位置簡化為零時所用乘數的負值。

$$L = \begin{bmatrix} 2 & 0 & 0 \\ -3 & 1 & 0 \\ 4 & -3 & 7 \end{bmatrix} \tag{12}$$

此建議下面用於建構方陣 A 之 LU-分解的程序，假設此矩陣不需列交換可被簡化為列梯型。

建構 LU-分解的程序：

步驟 1. 使用不做任何列交換之高斯消去法，將 A 簡化為列梯型 U，並保留引入各列首項 1 所用的乘數，以及簡化各首項 1 下方元素為零所用的乘數。

步驟 2. 在 L 之對角線上各個位置，填上 U 中對應位置引入首項 1 時所用乘數的倒數。

步驟 3. 在 L 之對角線下方各個位置，填上 U 中對應位置簡化為零時所用乘數的負值。

步驟 4. 形成分解 $A=LU$。

▶ **例題 3 建構 LU-分解**

求

$$A = \begin{bmatrix} 6 & -2 & 0 \\ 9 & -1 & 1 \\ 3 & 7 & 5 \end{bmatrix}$$

的 LU-分解。

解： 我們將簡化 A 為一個列梯型 U，並在各個步驟填入 L 的一個元素，以配合上面的 4 步驟程序。

$$A = \begin{bmatrix} 6 & -2 & 0 \\ 9 & -1 & 1 \\ 3 & 7 & 5 \end{bmatrix}$$

$\bullet$ 表示 L 的未知元素。

$$\begin{bmatrix} \textcircled{1} & -\frac{1}{3} & 0 \\ 9 & -1 & 1 \\ 3 & 7 & 5 \end{bmatrix} \leftarrow 乘數 = \frac{1}{6}$$

$$\begin{bmatrix} 6 & 0 & 0 \\ \bullet & \bullet & 0 \\ \bullet & \bullet & \bullet \end{bmatrix}$$

$$\begin{bmatrix} 1 & -\frac{1}{3} & 0 \\ \textcircled{0} & 2 & 1 \\ \textcircled{0} & 8 & 5 \end{bmatrix} \begin{matrix} \leftarrow 乘數 = -9 \\ \leftarrow 乘數 = -3 \end{matrix}$$

$$\begin{bmatrix} 6 & 0 & 0 \\ 9 & \bullet & 0 \\ 3 & \bullet & \bullet \end{bmatrix}$$

$$\begin{bmatrix} 1 & -\frac{1}{3} & 0 \\ 0 & \textcircled{1} & \frac{1}{2} \\ 0 & 8 & 5 \end{bmatrix} \leftarrow 乘數 = \frac{1}{2}$$

$$\begin{bmatrix} 6 & 0 & 0 \\ 9 & 2 & 0 \\ 3 & \bullet & \bullet \end{bmatrix}$$

$$\begin{bmatrix} 1 & -\frac{1}{3} & 0 \\ 0 & 1 & \frac{1}{2} \\ 0 & \textcircled{0} & 1 \end{bmatrix} \leftarrow 乘數 = -8$$

$$\begin{bmatrix} 6 & 0 & 0 \\ 9 & 2 & 0 \\ 3 & 8 & \bullet \end{bmatrix}$$

$$U = \begin{bmatrix} 1 & -\frac{1}{3} & 0 \\ 0 & 1 & \frac{1}{2} \\ 0 & 0 & \textcircled{1} \end{bmatrix} \leftarrow 乘數 = 1 \qquad L = \begin{bmatrix} 6 & 0 & 0 \\ 9 & 2 & 0 \\ 3 & 8 & 1 \end{bmatrix}$$

此處沒有真正的運算被執行，因為第三列已有首項 1。

因此，我們已建構 LU-分解

$$A = LU = \begin{bmatrix} 6 & 0 & 0 \\ 9 & 2 & 0 \\ 3 & 8 & 1 \end{bmatrix} \begin{bmatrix} 1 & -\frac{1}{3} & 0 \\ 0 & 1 & \frac{1}{2} \\ 0 & 0 & 1 \end{bmatrix}$$

留給讀者利用因子相乘來確認這個最後結果。 ◀

LU-分解不唯一

若沒有另加的限制條件，則 LU-分解並不是唯一的。例如，若

$$A = LU = \begin{bmatrix} l_{11} & 0 & 0 \\ l_{21} & l_{22} & 0 \\ l_{31} & l_{32} & l_{33} \end{bmatrix} \begin{bmatrix} 1 & u_{12} & u_{13} \\ 0 & 1 & u_{23} \\ 0 & 0 & 1 \end{bmatrix}$$

且 L 之對角線上元素皆不為零，則可將左邊因子對角線上的元素轉移至右邊因子的對角線上，亦即

$$A = \begin{bmatrix} 1 & 0 & 0 \\ l_{21}/l_{11} & 1 & 0 \\ l_{31}/l_{11} & l_{32}/l_{22} & 1 \end{bmatrix} \begin{bmatrix} l_{11} & 0 & 0 \\ 0 & l_{22} & 0 \\ 0 & 0 & l_{33} \end{bmatrix} \begin{bmatrix} 1 & u_{12} & u_{13} \\ 0 & 1 & u_{23} \\ 0 & 0 & 1 \end{bmatrix}$$

$$= \begin{bmatrix} 1 & 0 & 0 \\ l_{21}/l_{11} & 1 & 0 \\ l_{31}/l_{11} & l_{32}/l_{22} & 1 \end{bmatrix} \begin{bmatrix} l_{11} & l_{11}u_{12} & l_{11}u_{13} \\ 0 & l_{22} & l_{22}u_{23} \\ 0 & 0 & l_{33} \end{bmatrix}$$

此即為 A 的另一個 LU-分解。

LDU 分解

我們已描述過的計算 LU-分解的方法可能產生一個「非對稱」, 矩陣 U 有 1 在主對角線上而 L 不必。然而, 若喜歡有 1 在下三角形因子的主對角線上, 則我們可「移轉」L 的對角元素至一個對角矩陣 D 並記 L 為

$$L = L'D$$

其中 L' 是一個主對角線全為 1 的下三角形矩陣。例如, 主對角線全非零的一般 3×3 階下三角形矩陣可被分解為

$$\underbrace{\begin{bmatrix} a_{11} & 0 & 0 \\ a_{21} & a_{22} & 0 \\ a_{31} & a_{32} & a_{33} \end{bmatrix}}_{L} = \underbrace{\begin{bmatrix} 1 & 0 & 0 \\ a_{21}/a_{11} & 1 & 0 \\ a_{31}/a_{11} & a_{32}/a_{22} & 1 \end{bmatrix}}_{L'} \underbrace{\begin{bmatrix} a_{11} & 0 & 0 \\ 0 & a_{22} & 0 \\ 0 & 0 & a_{33} \end{bmatrix}}_{D}$$

注意 L' 的所有行係由 L 之相對應行的每個元素除以該行的對角線元素而得。因此, 例如, 我們可改寫 (4) 式為

$$\begin{bmatrix} 2 & 6 & 2 \\ -3 & -8 & 0 \\ 4 & 9 & 2 \end{bmatrix} = \begin{bmatrix} 2 & 0 & 0 \\ -3 & 1 & 0 \\ 4 & -3 & 7 \end{bmatrix} \begin{bmatrix} 1 & 3 & 1 \\ 0 & 1 & 3 \\ 0 & 0 & 1 \end{bmatrix}$$

$$= \begin{bmatrix} 1 & 0 & 0 \\ -\frac{3}{2} & 1 & 0 \\ 2 & -3 & 1 \end{bmatrix} \begin{bmatrix} 2 & 0 & 0 \\ 0 & 1 & 0 \\ 0 & 0 & 7 \end{bmatrix} \begin{bmatrix} 1 & 3 & 1 \\ 0 & 1 & 3 \\ 0 & 0 & 1 \end{bmatrix}$$

我們可證明若 A 是一方陣且可不需經列交換而被簡化為列梯型, 則 A 可被唯一分解為

$$A = LDU$$

其中 L 是一個主對角上全為 1 的下三角形矩陣, D 是一個對角矩陣,

且 U 是一主對角線上全為 1 的上三角形矩陣。此被稱為 A 的 **LDU-分解** (LDU-decomposition of A 或 LDU-factorization of A)。

PLU-分解

許多解線性方程組的電腦演算法執行列交換以減少捨入誤差，在該情形下，LU-分解無法保證存在。然而，可能可以「先處理」係數矩陣 A 使得列交換執行在計算 LU-分解之前來處理這個問題。更明白點，此概念是以乘以一序列產生列交換的基本矩陣來造一個矩陣 Q [稱排列矩陣 (permutation matrix)]，接著再計算乘積 QA。可不需經列交換而將此乘積簡化為列梯型，所以保證有一個 LU-分解

$$QA = LU \tag{13}$$

因為矩陣 Q 是可逆的 (Q 是基本矩陣的乘積)，方程組 $A\mathbf{x}=\mathbf{b}$ 及 $QA\mathbf{x}=Q\mathbf{b}$ 有相同解。但由 (13) 式後者方程組可被改寫為 $LU\mathbf{x}=Q\mathbf{b}$ 且因此可使用 LU-分解解之。

方程式 (13) 式通常被表為

$$A = PLU \tag{14}$$

其中 $P=Q^{-1}$。此被稱為 A 的 **PLU-分解** (PLU-decomposition of A 或 PLU-factorization of A)。

概念複習

- LU-分解
- LDU-分解
- PLU-分解

技　能

- 判斷一方陣是否有一 LU-分解。
- 求方陣的 LU-分解。
- 使用 LU-分解法解線性方程組。
- 求方陣的 LDU-分解。
- 求方陣的 PLU-分解。

習題集 9.1

1. 試使用例題 1 的方法及 LU-分解

$$\begin{bmatrix} 2 & -4 \\ 3 & -2 \end{bmatrix} = \begin{bmatrix} 2 & 0 \\ 3 & 4 \end{bmatrix} \begin{bmatrix} 1 & -2 \\ 0 & 1 \end{bmatrix}$$

解方程組

$$2x_1 - 4x_2 = -4$$
$$3x_1 - 2x_2 = 2$$

2. 試使用例題 1 的方法及 LU-分解

$$\begin{bmatrix} 3 & -6 & -3 \\ 2 & 0 & 6 \\ -4 & 7 & 4 \end{bmatrix} = \begin{bmatrix} 3 & 0 & 0 \\ 2 & 4 & 0 \\ -4 & -1 & 2 \end{bmatrix} \begin{bmatrix} 1 & -2 & -1 \\ 0 & 1 & 2 \\ 0 & 0 & 1 \end{bmatrix}$$

解方程組

$$3x_1 - 6x_2 - 3x_3 = -3$$
$$2x_1 \phantom{{}-6x_2} + 6x_3 = -22$$
$$-4x_1 + 7x_2 + 4x_3 = 3$$

▶對習題 3-10 各題，求係數矩陣的 LU-分解，然後使用例題 1 的方法解方程組。◀

3. $\begin{bmatrix} 5 & 10 \\ 1 & 3 \end{bmatrix} \begin{bmatrix} x_1 \\ x_2 \end{bmatrix} = \begin{bmatrix} -5 \\ -3 \end{bmatrix}$

4. $\begin{bmatrix} -5 & -10 \\ 6 & 5 \end{bmatrix} \begin{bmatrix} x_1 \\ x_2 \end{bmatrix} = \begin{bmatrix} -10 \\ 19 \end{bmatrix}$

5. $\begin{bmatrix} 2 & 4 & -2 \\ 6 & 0 & 3 \\ 4 & 2 & 4 \end{bmatrix} \begin{bmatrix} x_1 \\ x_2 \\ x_3 \end{bmatrix} = \begin{bmatrix} 4 \\ 15 \\ 6 \end{bmatrix}$

6. $\begin{bmatrix} -3 & 12 & -6 \\ 1 & -2 & 2 \\ 0 & 1 & 1 \end{bmatrix} \begin{bmatrix} x_1 \\ x_2 \\ x_3 \end{bmatrix} = \begin{bmatrix} -33 \\ 7 \\ -1 \end{bmatrix}$

7. $\begin{bmatrix} 1 & 4 & 3 \\ -1 & -1 & 3 \\ 2 & 9 & 8 \end{bmatrix} \begin{bmatrix} x_1 \\ x_2 \\ x_3 \end{bmatrix} = \begin{bmatrix} 4 \\ 8 \\ 12 \end{bmatrix}$

8. $\begin{bmatrix} -1 & -3 & -4 \\ 3 & 10 & -10 \\ -2 & -4 & 11 \end{bmatrix} \begin{bmatrix} x_1 \\ x_2 \\ x_3 \end{bmatrix} = \begin{bmatrix} -6 \\ -3 \\ 9 \end{bmatrix}$

9. $\begin{bmatrix} -2 & 0 & -2 & 2 \\ 2 & 1 & 1 & 0 \\ 1 & 2 & 0 & 1 \\ 0 & 1 & -3 & 7 \end{bmatrix} \begin{bmatrix} x_1 \\ x_2 \\ x_3 \\ x_4 \end{bmatrix} = \begin{bmatrix} 4 \\ -6 \\ -3 \\ -10 \end{bmatrix}$

10. $\begin{bmatrix} 2 & -4 & 0 & 0 \\ 1 & 2 & 12 & 0 \\ 0 & -1 & -4 & -5 \\ 0 & 0 & 2 & 11 \end{bmatrix} \begin{bmatrix} x_1 \\ x_2 \\ x_3 \\ x_4 \end{bmatrix} = \begin{bmatrix} 8 \\ 0 \\ 1 \\ 0 \end{bmatrix}$

11. 令

$$A = \begin{bmatrix} 4 & 4 & 0 \\ 8 & 6 & 2 \\ -4 & -10 & 8 \end{bmatrix}$$

(a) 試求 A 的 LU-分解。

(b) 試將 A 表為 $A = L_1 D U_1$，其中 L_1 是主對角線上元素皆為 1 的下三角形矩陣，U_1 是上三角形矩陣，D 是對角矩陣。

(c) 試將 A 表為 $A = L_2 U_2$，其中 L_2 是主對角線上元素皆為 1 的下三角形矩陣，U_2 是上三角形矩陣。

▶對習題 12-13 各題，求 A 的 LDU-分解。◀

12. $A = \begin{bmatrix} 2 & 4 \\ -4 & 1 \end{bmatrix}$

13. $A = \begin{bmatrix} 3 & -12 & 6 \\ 0 & 2 & 0 \\ 6 & -28 & 13 \end{bmatrix}$

14. (a) 試證明矩陣 $\begin{bmatrix} 0 & 1 \\ 1 & 0 \end{bmatrix}$ 沒有 LU-分解。

(b) 求此矩陣的 PLU-分解。

▶對習題 15-16 各題，使用已給的 A 之 PLU-分解，將 $A\mathbf{x} = \mathbf{b}$ 改寫為 $P^{-1}A\mathbf{x} = P^{-1}\mathbf{b}$ 來解線性方程組 $A\mathbf{x} = \mathbf{b}$，並使用 LU-分解解此方程組。◀

15. $\mathbf{b} = \begin{bmatrix} 2 \\ 1 \\ 5 \end{bmatrix}$；$A = \begin{bmatrix} 0 & 1 & 4 \\ 1 & 2 & 2 \\ 3 & 1 & 3 \end{bmatrix}$；

$$A = \begin{bmatrix} 0 & 1 & 0 \\ 1 & 0 & 0 \\ 0 & 0 & 1 \end{bmatrix} \begin{bmatrix} 1 & 0 & 0 \\ 0 & 1 & 0 \\ 3 & -5 & 1 \end{bmatrix} \begin{bmatrix} 1 & 2 & 2 \\ 0 & 1 & 4 \\ 0 & 0 & 17 \end{bmatrix}$$
$$= PLU$$

16. $\mathbf{b} = \begin{bmatrix} 3 \\ 0 \\ 6 \end{bmatrix}$; $A = \begin{bmatrix} 4 & 1 & 2 \\ 0 & 2 & 1 \\ 8 & 1 & 8 \end{bmatrix}$;

$$A = \begin{bmatrix} 1 & 0 & 0 \\ 0 & 0 & 1 \\ 0 & 1 & 0 \end{bmatrix} \begin{bmatrix} 1 & 0 & 0 \\ 2 & 1 & 0 \\ 0 & -2 & 1 \end{bmatrix} \begin{bmatrix} 4 & 1 & 2 \\ 0 & -1 & 4 \\ 0 & 0 & 9 \end{bmatrix}$$
$$= PLU$$

▶對習題 **17-18** 各題，求 A 的 PLU-分解，並使用它及利用習題 15 及 16 之法解線性方程組 $A\mathbf{x} = \mathbf{b}$。◀

17. $A = \begin{bmatrix} 5 & 15 & 0 \\ 2 & 6 & 1 \\ 0 & 5 & 0 \end{bmatrix}$; $\mathbf{b} = \begin{bmatrix} 0 \\ 2 \\ 5 \end{bmatrix}$

18. $A = \begin{bmatrix} 0 & 3 & -2 \\ 1 & 1 & 4 \\ 2 & 2 & 5 \end{bmatrix}$; $\mathbf{b} = \begin{bmatrix} 7 \\ 5 \\ -2 \end{bmatrix}$

19. 令

$$A = \begin{bmatrix} a & b \\ c & d \end{bmatrix}$$

(a) 試證明：若 $a \neq 0$，則 A 有唯一的 LU-分解，且 L 之主對角線的元素皆為 1。

(b) 試求 (a) 的 LU-分解。

20. 令 $A\mathbf{x} = \mathbf{b}$ 為含 n 個未知數 n 個方程式之線性方程組，並假設 A 為不需作任何列交換而可簡化為列梯型的可逆矩陣。當使用例題 1 的方法解此方程組時，試問需要多少次的加法與乘法運算？[注意：將減法算作加法，除法算作乘法。]

21. 證明：若 A 是任意 $n \times n$ 階矩陣，則 A 可因子分解為 $A = PLU$，其中 L 是下三角形矩陣，U 是上三角形矩陣，P 是 I_n 經由適當的列交換而得者。[提示：令 A 的列梯型為 U，並先執行 A 簡化為 U 所需的列交換。]

是非題

試判斷 (a)-(e) 各敘述的真假，並驗證你的答案。

(a) 每個方陣有一個 LU-分解。

(b) 若方陣 A 是列等價至一個上三角形矩陣 U，則 A 有一個 LU-分解。

(c) 若 $L_1, L_2, \ldots, L_k$ 是 $n \times n$ 階下三角形矩陣，則乘積 $L_1, L_2, \ldots, L_k$ 是下三角形。

(d) 若方陣 A 有一個 LU-分解，則 A 有一個唯一的 LDU-分解。

(e) 每個方陣有一個 PLU-分解。

9.2 冪方法

理論上，方陣的所有特徵值可以解特徵方程式求之。然而，此程序有許多計算困難以致在應用上幾乎從未使用。本節我們將討論一個演算法，其可被用來以最大絕對值近似特徵值及其對應的特徵向量。此特別特徵值及其對應的特徵向量是重要的，因為它們自然產生在許多迭代過程裡。本節我們將研究的方法，最近已被用來創造網路搜尋引擎，例如 Google。我們將於本節裡討論此應用。

冪方法

有許多應用將 R^n 上的某個向量 $\mathbf{x}_0$ 重複被一個 $n \times n$ 階矩陣 A 來乘，產生一個序列

$$\mathbf{x}_0, \quad A\mathbf{x}_0, \quad A^2\mathbf{x}_0, \ldots, \quad A^k\mathbf{x}_0, \ldots$$

我們稱此型式的序列為**由 A 產生的冪序列** (power sequence generated by A)。本節我們將關心冪序列的收斂且此序列如何可被用來近似特徵值及特徵向量。為此目的，我們給了下面定義。

> **定義 1**：若矩陣 A 的相異特徵值是 $\lambda_1, \lambda_2, \ldots, \lambda_k$，且若 $|\lambda_1|$ 大於 $|\lambda_2|$，$\ldots, |\lambda_k|$，則稱 λ_1 是 A 的**優勢特徵值** (dominant eigenvalue)。對應至優勢特徵值的任一特徵向量被稱為 A 的一個**優勢特徵向量** (dominant eigenvector)。

▶ **例題 1　優勢特徵值**

某些矩陣有優勢特徵值而某些沒有。例如，一矩陣的相異特徵值為

$$\lambda_1 = -4, \quad \lambda_2 = -2, \quad \lambda_3 = 1, \quad \lambda_4 = 3$$

則 $\lambda_1 = -4$ 是優勢的，因為 $|\lambda_1| = -4$ 大於其他所有特徵值的絕對值；但若某矩陣的相異特徵值是

$$\lambda_1 = 7, \quad \lambda_2 = -7, \quad \lambda_3 = -2, \quad \lambda_4 = 5$$

則 $|\lambda_1| = |\lambda_2| = 7$，所以沒有特徵值其絕對值大於所有其他特徵值的絕對值。　◀

關於冪序列收斂的最重要定理應用至具 n 個線性獨立特徵向量的 $n \times n$ 階矩陣 (例如，對稱矩陣)，所以本節將侷限在此情況討論。

> **定理 9.2.1**：令 A 是一個對稱的 $n \times n$ 階矩陣且具一個正的[*]優勢特徵值 λ。若 $\mathbf{x}_0$ 是 R^n 上的一單位向量且不正交於對應至 λ 的特徵空間，則單範冪序列

---

[*] 若優勢特徵值非正，序列 (2) 將仍收斂至優勢特徵值，但序列 (1) 可能不收斂至一個明確的優勢特徵向量，因為出現交錯 (見習題 11)。當然，(1) 式的各項將緊密近似某優勢特徵向量，對足夠大的 k 值。

$$\mathbf{x}_0, \quad \mathbf{x}_1 = \frac{A\mathbf{x}_0}{\|A\mathbf{x}_0\|}, \quad \mathbf{x}_2 = \frac{A\mathbf{x}_1}{\|A\mathbf{x}_1\|}, \ldots, \mathbf{x}_k = \frac{A\mathbf{x}_{k-1}}{\|A\mathbf{x}_{k-1}\|}, \ldots \quad (1)$$

收斂至一個單位優勢特徵向量，且序列

$$A\mathbf{x}_1 \cdot \mathbf{x}_1, \quad A\mathbf{x}_2 \cdot \mathbf{x}_2, \quad A\mathbf{x}_3 \cdot \mathbf{x}_3, \ldots, A\mathbf{x}_k \cdot \mathbf{x}_k, \ldots \quad (2)$$

收斂至優勢特徵值 λ。

注釋：在習題裡，我們將要求讀者證明 (1) 式亦可被表為

$$\mathbf{x}_0, \quad \mathbf{x}_1 = \frac{A\mathbf{x}_0}{\|A\mathbf{x}_0\|}, \quad \mathbf{x}_2 = \frac{A^2\mathbf{x}_0}{\|A^2\mathbf{x}_0\|}, \ldots, \mathbf{x}_k = \frac{A^k\mathbf{x}_0}{\|A^k\mathbf{x}_0\|}, \ldots \quad (3)$$

此型態之冪序列表示各個迭代以出發向量 $\mathbf{x}_0$ 來表示，而非以它的前一者來表示。

我們將不證明定理 9.2.1，我們可以 2×2 的情形做幾何論述，其中 A 是具相異特徵值 λ_1 及 λ_2 的對稱矩陣，其中一個特徵值是優勢的。欲明確點，假設 λ_1 是優勢的且

$$\lambda_1 > \lambda_2 > 0$$

因為我們假設 A 是對稱的且有相異特徵值，由定理 7.2.2 知對應至 λ_1 及 λ_2 的特徵空間是通過原點的垂直直線。因此，假設 $\mathbf{x}_0$ 是一個單位向量且不正交於對應至 λ_1 的特徵空間，蘊涵 $\mathbf{x}_0$ 不在對應至 λ_2 的特徵空間。欲知 $\mathbf{x}_0$ 乘以 A 的幾何效應，將 $\mathbf{x}_0$ 分解成和

$$\mathbf{x}_0 = \mathbf{v}_0 + \mathbf{w}_0 \quad (4)$$

是有益的，其中 $\mathbf{v}_0$ 和 $\mathbf{w}_0$ 分別是 $\mathbf{x}_0$ 在 λ_1 及 λ_2 的特徵空間上之正交投影（圖 9.2.1a）。

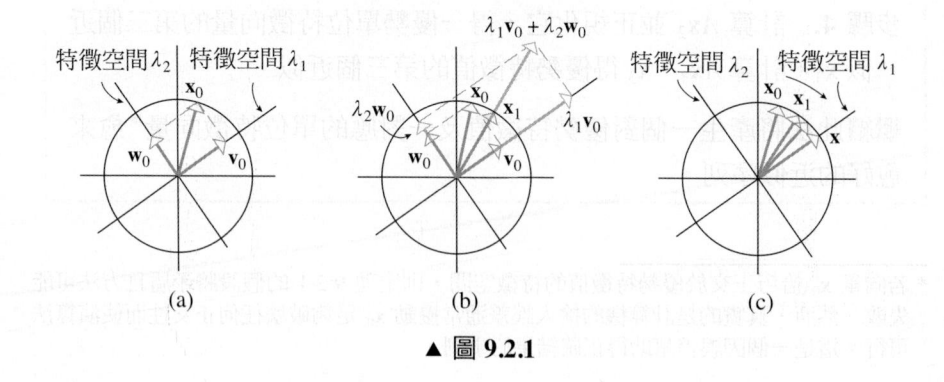

▲ 圖 9.2.1

此可將 $A\mathbf{x}_0$ 表為

$$A\mathbf{x}_0 = A\mathbf{v}_0 + A\mathbf{w}_0 = \lambda_1 \mathbf{v}_0 + \lambda_2 \mathbf{w}_0 \tag{5}$$

其告訴我們以 A 乘 $\mathbf{x}_0$ 分別以 λ_1 及 λ_2 來「量化」(4) 式中的 $\mathbf{v}_0$ 及 $\mathbf{w}_0$。然而，λ_1 大於 λ_2，所以在 $\mathbf{v}_0$ 方向上的量化比在 $\mathbf{w}_0$ 方向上的量化大。因此，以 A 乘 $\mathbf{x}_0$ 將 $\mathbf{x}_0$「拉」向 λ_1 的特徵空間，且正規化產生一個向量 $\mathbf{x}_1 = A\mathbf{x}_0 / \|A\mathbf{x}_0\|$，其位在單位圓上且比 $\mathbf{x}_0$ 更靠近 λ_1 的特徵空間 (圖 9.2.1 b)。同理，以 A 乘 $\mathbf{x}_1$ 且正規化產生一單位向量 $\mathbf{x}_2$，其比 $\mathbf{x}_1$ 更靠近 λ_1 的特徵空間。因此，似乎是合理的，重複乘以 A 並正規化，將產生向量 $\mathbf{x}_k$ 序列且均位在單位圓上並收斂至位在 λ_1 特徵空間上的一單位向量 $\mathbf{x}$ (圖 9.2.1c)。此外，若 $\mathbf{x}_k$ 收斂至 $\mathbf{x}$，則亦似乎合理的，$A\mathbf{x}_k \cdot \mathbf{x}_k$ 將收斂至

$$A\mathbf{x} \cdot \mathbf{x} = \lambda_1 \mathbf{x} \cdot \mathbf{x} = \lambda_1 \|\mathbf{x}\|^2 = \lambda_1$$

其為 A 的優勢特徵值。

以歐幾里德量化的冪方法

定理 9.2.1 提供我們一個演算法來近似對稱矩陣 A 的優勢特徵值及一個對應的單位特徵向量，倘若優勢特徵值是正的。此演算法，被稱為**以歐幾里德量化的冪方法** (power method with Euclidean scaling)，如下：

> **以歐幾里德量化的冪方法：**
> **步驟 1.** 選一個任意非零向量並正規化它，若需要，以得一單位向量 $\mathbf{x}_0$。
> **步驟 2.** 計算 $A\mathbf{x}_0$ 並正規化它，得一優勢單位特徵向量的第一個近似 $\mathbf{x}_1$。計算 $A\mathbf{x}_1 \cdot \mathbf{x}_1$ 得優勢特徵值的第一個近似。
> **步驟 3.** 計算 $A\mathbf{x}_1$ 並正規化它，得一優勢單位特徵向量的第二個近似 $\mathbf{x}_2$。計算 $A\mathbf{x}_2 \cdot \mathbf{x}_2$ 得優勢特徵值的第二個近似。
> **步驟 4.** 計算 $A\mathbf{x}_2$ 並正規化它，得一優勢單位特徵向量的第三個近似 $\mathbf{x}_3$。計算 $A\mathbf{x}_3 \cdot \mathbf{x}_3$ 得優勢特徵值的第三個近似。
>
> 繼續此法將產生一個對優勢特徵值及一對應的單位特徵向量*愈來愈好的近似序列。

---

* 若向量 $\mathbf{x}_0$ 恰巧正交於優勢特徵值的特徵空間，則定理 9.2.1 的假設將矛盾且方法可能失敗。然而，真實的是計算機的捨入誤差通常擾動 $\mathbf{x}_0$ 足夠破壞任何正交性而使演算法可行。這是一個因誤差幫助得正確結果的事例。

▶ **例題 2** 以歐幾里德量化的冪方法

應用以歐幾里德量化的冪方法至

$$A = \begin{bmatrix} 3 & 2 \\ 2 & 3 \end{bmatrix} \quad \text{及} \quad \mathbf{x}_0 = \begin{bmatrix} 1 \\ 0 \end{bmatrix}$$

停止在 $\mathbf{x}_5$ 並將所得的近似值和正確的優勢特徵值及特徵向量做比較。

解：留給讀者證明 A 的特徵值是 $\lambda = 1$ 及 $\lambda = 5$ 且對應至優勢特徵值 $\lambda = 5$ 的特徵空間是參數方程式 $x_1 = t, x_2 = t$ 所表示的直線，可將它寫為向量型

$$\mathbf{x} = t \begin{bmatrix} 1 \\ 1 \end{bmatrix} \tag{6}$$

令 $t = 1/\sqrt{2}$ 得單範優勢特徵向量

$$\mathbf{v}_1 = \begin{bmatrix} \frac{1}{\sqrt{2}} \\ \frac{1}{\sqrt{2}} \end{bmatrix} \approx \begin{bmatrix} 0.707106781187\ldots \\ 0.707106781187\ldots \end{bmatrix} \tag{7}$$

現在讓我們來看看當我們使用以單位向量 $\mathbf{x}_0$ 出發的冪方法狀況為何。

$$A\mathbf{x}_0 = \begin{bmatrix} 3 & 2 \\ 2 & 3 \end{bmatrix} \begin{bmatrix} 1 \\ 0 \end{bmatrix} = \begin{bmatrix} 3 \\ 2 \end{bmatrix} \qquad \mathbf{x}_1 = \frac{A\mathbf{x}_0}{\|A\mathbf{x}_0\|} = \frac{1}{\sqrt{13}} \begin{bmatrix} 3 \\ 2 \end{bmatrix} \approx \frac{1}{3.60555} \begin{bmatrix} 3 \\ 2 \end{bmatrix} \approx \begin{bmatrix} 0.83205 \\ 0.55470 \end{bmatrix}$$

$$A\mathbf{x}_1 \approx \begin{bmatrix} 3 & 2 \\ 2 & 3 \end{bmatrix} \begin{bmatrix} 0.83205 \\ 0.55470 \end{bmatrix} \approx \begin{bmatrix} 3.60555 \\ 3.32820 \end{bmatrix} \qquad \mathbf{x}_2 = \frac{A\mathbf{x}_1}{\|A\mathbf{x}_1\|} \approx \frac{1}{4.90682} \begin{bmatrix} 3.60555 \\ 3.32820 \end{bmatrix} \approx \begin{bmatrix} 0.73480 \\ 0.67828 \end{bmatrix}$$

$$A\mathbf{x}_2 \approx \begin{bmatrix} 3 & 2 \\ 2 & 3 \end{bmatrix} \begin{bmatrix} 0.73480 \\ 0.67828 \end{bmatrix} \approx \begin{bmatrix} 3.56097 \\ 3.50445 \end{bmatrix} \qquad \mathbf{x}_3 = \frac{A\mathbf{x}_2}{\|A\mathbf{x}_2\|} \approx \frac{1}{4.99616} \begin{bmatrix} 3.56097 \\ 3.50445 \end{bmatrix} \approx \begin{bmatrix} 0.71274 \\ 0.70143 \end{bmatrix}$$

$$A\mathbf{x}_3 \approx \begin{bmatrix} 3 & 2 \\ 2 & 3 \end{bmatrix} \begin{bmatrix} 0.71274 \\ 0.70143 \end{bmatrix} \approx \begin{bmatrix} 3.54108 \\ 3.52976 \end{bmatrix} \qquad \mathbf{x}_4 = \frac{A\mathbf{x}_3}{\|A\mathbf{x}_3\|} \approx \frac{1}{4.99985} \begin{bmatrix} 3.54108 \\ 3.52976 \end{bmatrix} \approx \begin{bmatrix} 0.70824 \\ 0.70597 \end{bmatrix}$$

$$A\mathbf{x}_4 \approx \begin{bmatrix} 3 & 2 \\ 2 & 3 \end{bmatrix} \begin{bmatrix} 0.70824 \\ 0.70597 \end{bmatrix} \approx \begin{bmatrix} 3.53666 \\ 3.53440 \end{bmatrix} \qquad \mathbf{x}_5 = \frac{A\mathbf{x}_4}{\|A\mathbf{x}_4\|} \approx \frac{1}{4.99999} \begin{bmatrix} 3.53666 \\ 3.53440 \end{bmatrix} \approx \begin{bmatrix} 0.70733 \\ 0.70688 \end{bmatrix}$$

$$\lambda^{(1)} = (A\mathbf{x}_1) \cdot \mathbf{x}_1 = (A\mathbf{x}_1)^T \mathbf{x}_1 \approx \begin{bmatrix} 3.60555 & 3.32820 \end{bmatrix} \begin{bmatrix} 0.83205 \\ 0.55470 \end{bmatrix} \approx 4.84615$$

$$\lambda^{(2)} = (A\mathbf{x}_2) \cdot \mathbf{x}_2 = (A\mathbf{x}_2)^T \mathbf{x}_2 \approx \begin{bmatrix} 3.56097 & 3.50445 \end{bmatrix} \begin{bmatrix} 0.73480 \\ 0.67828 \end{bmatrix} \approx 4.99361$$

$$\lambda^{(3)} = (A\mathbf{x}_3) \cdot \mathbf{x}_3 = (A\mathbf{x}_3)^T \mathbf{x}_3 \approx \begin{bmatrix} 3.54108 & 3.52976 \end{bmatrix} \begin{bmatrix} 0.71274 \\ 0.70143 \end{bmatrix} \approx 4.99974$$

$$\lambda^{(4)} = (A\mathbf{x}_4) \cdot \mathbf{x}_4 = (A\mathbf{x}_4)^T \mathbf{x}_4 \approx \begin{bmatrix} 3.53666 & 3.53440 \end{bmatrix} \begin{bmatrix} 0.70824 \\ 0.70597 \end{bmatrix} \approx 4.99999$$

> $\lambda^{(5)}$（第五個近似）恰巧產生五位小數正確。一般來講，n 次迭代未必產生 n 位小數正確。

$$\lambda^{(5)} = (A\mathbf{x}_5) \cdot \mathbf{x}_5 = (A\mathbf{x}_5)^T \mathbf{x}_5 \approx \begin{bmatrix} 3.53576 & 3.53531 \end{bmatrix} \begin{bmatrix} 0.70733 \\ 0.70688 \end{bmatrix} \approx 5.00000$$

因此，$\lambda^{(5)}$ 近似優勢特徵值正確至小數點第五位且 $\mathbf{x}_5$ 近似 (7) 式之優勢特徵向量正確至小數點第三位。◀

以最大元素量化的冪方法

冪方法有一個變形，其中之迭代，不是每個步驟正規化，而是量化使得最大元素為 1。欲描述此方法，可將向量 $\mathbf{x}$ 的所有元素之最大絕對值表為 $\max(\mathbf{x})$。因此，例如，若

$$\mathbf{x} = \begin{bmatrix} 5 \\ 3 \\ -7 \\ 2 \end{bmatrix}$$

則 $\max(\mathbf{x}) = 7$。我們將需要下面定理 9.2.1 之變形。

定理 9.2.2：令 A 是一具有正的優勢*特徵值 λ 之 $n \times n$ 階對稱矩陣。若 $\mathbf{x}_0$ 是 R^n 上一個非零向量且不正交於對應 λ 的特徵空間，則序列

$$\mathbf{x}_0, \quad \mathbf{x}_1 = \frac{A\mathbf{x}_0}{\max(A\mathbf{x}_0)}, \quad \mathbf{x}_2 = \frac{A\mathbf{x}_1}{\max(A\mathbf{x}_1)}, \ldots, \mathbf{x}_k = \frac{A\mathbf{x}_{k-1}}{\max(A\mathbf{x}_{k-1})}, \ldots \quad (8)$$

收斂至一個對應 λ 的特徵向量，且序列

$$\frac{A\mathbf{x}_1 \cdot \mathbf{x}_1}{\mathbf{x}_1 \cdot \mathbf{x}_1}, \quad \frac{A\mathbf{x}_2 \cdot \mathbf{x}_2}{\mathbf{x}_2 \cdot \mathbf{x}_2}, \quad \frac{A\mathbf{x}_3 \cdot \mathbf{x}_3}{\mathbf{x}_3 \cdot \mathbf{x}_3}, \ldots, \frac{A\mathbf{x}_k \cdot \mathbf{x}_k}{\mathbf{x}_k \cdot \mathbf{x}_k}, \ldots \quad (9)$$

收斂至 λ。

注釋：習題裡將要求讀者證明 (8) 式可被寫為另一種型式

$$\mathbf{x}_0, \quad \mathbf{x}_1 = \frac{A\mathbf{x}_0}{\max(A\mathbf{x}_0)}, \quad \mathbf{x}_2 = \frac{A^2\mathbf{x}_0}{\max(A^2\mathbf{x}_0)}, \ldots, \mathbf{x}_k = \frac{A^k\mathbf{x}_0}{\max(A^k\mathbf{x}_0)}, \ldots \quad (10)$$

其表示所有迭代以初始向量 $\mathbf{x}_0$ 表示。

---

* 定理 9.2.1，若優勢特徵值非正時，序列 (9) 將仍收斂至優勢特徵值，但序列 (8) 可能不收斂至一個明確的優勢特徵向量。然而，(8) 式中的各項將緊密近似某個優勢特徵向量，對足夠大的 k 值。

我們將省略定理 9.2.2 的證明，但若我們接受 (8) 式收斂至 A 的一個特徵向量，則不難看出為何 (9) 式收斂至優勢特徵值。為此目的，我們注意到 (9) 式中各項的型式為

$$\frac{A\mathbf{x} \cdot \mathbf{x}}{\mathbf{x} \cdot \mathbf{x}} \tag{11}$$

其被稱為 A 的一個**雷利商** (Rayleigh quotient)。當 λ 是 A 的一特徵值且 $\mathbf{x}$ 是一個對應的特徵向量，則雷利商是

$$\frac{A\mathbf{x} \cdot \mathbf{x}}{\mathbf{x} \cdot \mathbf{x}} = \frac{\lambda \mathbf{x} \cdot \mathbf{x}}{\mathbf{x} \cdot \mathbf{x}} = \frac{\lambda(\mathbf{x} \cdot \mathbf{x})}{\mathbf{x} \cdot \mathbf{x}} = \lambda$$

因此，若 $\mathbf{x}_k$ 收斂至一優勢特徵向量 $\mathbf{x}$，則似乎合理得

$$\frac{A\mathbf{x}_k \cdot \mathbf{x}_k}{\mathbf{x}_k \cdot \mathbf{x}_k} \quad \text{收斂至} \quad \frac{A\mathbf{x} \cdot \mathbf{x}}{\mathbf{x} \cdot \mathbf{x}} = \lambda$$

其為優勢特徵值。

定理 9.2.2 產生下面演算法，稱之為**以最大元素量化的冪方法** (power method with maximum entry scaling)。

以最大元素量化的冪方法：

步驟 1. 選一個任意非零向量 $\mathbf{x}_0$。

步驟 2. 計算 $A\mathbf{x}_0$ 並將它乘以因子 $1/\max(A\mathbf{x}_0)$ 以得一優勢特徵向量的第一個近似 $\mathbf{x}_1$。計算 $\mathbf{x}_1$ 的雷利商以得優勢特徵值的第一個近似。

步驟 3. 計算 $A\mathbf{x}_1$ 並以因子 $1/\max(A\mathbf{x}_1)$ 來量化它以得一優勢特徵向量的第二個近似 $\mathbf{x}_2$。計算 $\mathbf{x}_2$ 的雷利商以得優勢特徵值的第二個近似。

步驟 4. 計算 $A\mathbf{x}_2$ 並以因子 $1/\max(A\mathbf{x}_2)$ 來量化它以得一優勢特徵向量的第三個近似 $\mathbf{x}_3$。計算 $\mathbf{x}_3$ 的雷利商以得優勢特徵值的第三個近似。

繼續此法將產生一個愈來愈佳的優勢特徵值及一個對應特徵向量之近似。

▶ **例題 3** 使用最大元素量化重做例題 2

使用最大元素量化的冪方法至

$$A = \begin{bmatrix} 3 & 2 \\ 2 & 3 \end{bmatrix} \quad \text{且} \quad \mathbf{x}_0 = \begin{bmatrix} 1 \\ 0 \end{bmatrix}$$

停止在 $\mathbf{x}_5$ 並將對正確值所得的近似值和例題 2 所得的近似值做比較。

解：我們留給讀者確認

$$A\mathbf{x}_0 = \begin{bmatrix} 3 & 2 \\ 2 & 3 \end{bmatrix} \begin{bmatrix} 1 \\ 0 \end{bmatrix} = \begin{bmatrix} 3 \\ 2 \end{bmatrix} \qquad \mathbf{x}_1 = \frac{A\mathbf{x}_0}{\max(A\mathbf{x}_0)} = \frac{1}{3} \begin{bmatrix} 3 \\ 2 \end{bmatrix} \approx \begin{bmatrix} 1.00000 \\ 0.66667 \end{bmatrix}$$

$$A\mathbf{x}_1 \approx \begin{bmatrix} 3 & 2 \\ 2 & 3 \end{bmatrix} \begin{bmatrix} 1.00000 \\ 0.66667 \end{bmatrix} \approx \begin{bmatrix} 4.33333 \\ 4.00000 \end{bmatrix} \qquad \mathbf{x}_2 = \frac{A\mathbf{x}_1}{\max(A\mathbf{x}_1)} \approx \frac{1}{4.33333} \begin{bmatrix} 4.33333 \\ 4.00000 \end{bmatrix} \approx \begin{bmatrix} 1.00000 \\ 0.92308 \end{bmatrix}$$

$$A\mathbf{x}_2 \approx \begin{bmatrix} 3 & 2 \\ 2 & 3 \end{bmatrix} \begin{bmatrix} 1.00000 \\ 0.92308 \end{bmatrix} \approx \begin{bmatrix} 4.84615 \\ 4.76923 \end{bmatrix} \qquad \mathbf{x}_3 = \frac{A\mathbf{x}_2}{\max(A\mathbf{x}_2)} \approx \frac{1}{4.84615} \begin{bmatrix} 4.84615 \\ 4.76923 \end{bmatrix} \approx \begin{bmatrix} 1.00000 \\ 0.98413 \end{bmatrix}$$

$$A\mathbf{x}_3 \approx \begin{bmatrix} 3 & 2 \\ 2 & 3 \end{bmatrix} \begin{bmatrix} 1.00000 \\ 0.98413 \end{bmatrix} \approx \begin{bmatrix} 4.96825 \\ 4.95238 \end{bmatrix} \qquad \mathbf{x}_4 = \frac{A\mathbf{x}_3}{\max(A\mathbf{x}_3)} \approx \frac{1}{4.96825} \begin{bmatrix} 4.96825 \\ 4.95238 \end{bmatrix} \approx \begin{bmatrix} 1.00000 \\ 0.99681 \end{bmatrix}$$

$$A\mathbf{x}_4 \approx \begin{bmatrix} 3 & 2 \\ 2 & 3 \end{bmatrix} \begin{bmatrix} 1.00000 \\ 0.99681 \end{bmatrix} \approx \begin{bmatrix} 4.99361 \\ 4.99042 \end{bmatrix} \qquad \mathbf{x}_5 = \frac{A\mathbf{x}_4}{\max(A\mathbf{x}_4)} \approx \frac{1}{4.99361} \begin{bmatrix} 4.99361 \\ 4.99042 \end{bmatrix} \approx \begin{bmatrix} 1.00000 \\ 0.99936 \end{bmatrix}$$

$$\lambda^{(1)} = \frac{A\mathbf{x}_1 \cdot \mathbf{x}_1}{\mathbf{x}_1 \cdot \mathbf{x}_1} = \frac{(A\mathbf{x}_1)^T \mathbf{x}_1}{\mathbf{x}_1^T \mathbf{x}_1} \approx \frac{7.00000}{1.44444} \approx 4.84615$$

$$\lambda^{(2)} = \frac{A\mathbf{x}_2 \cdot \mathbf{x}_2}{\mathbf{x}_2 \cdot \mathbf{x}_2} = \frac{(A\mathbf{x}_2)^T \mathbf{x}_2}{\mathbf{x}_2^T \mathbf{x}_2} \approx \frac{9.24852}{1.85207} \approx 4.99361$$

$$\lambda^{(3)} = \frac{A\mathbf{x}_3 \cdot \mathbf{x}_3}{\mathbf{x}_3 \cdot \mathbf{x}_3} = \frac{(A\mathbf{x}_3)^T \mathbf{x}_3}{\mathbf{x}_3^T \mathbf{x}_3} \approx \frac{9.84203}{1.96851} \approx 4.99974$$

$$\lambda^{(4)} = \frac{A\mathbf{x}_4 \cdot \mathbf{x}_4}{\mathbf{x}_4 \cdot \mathbf{x}_4} = \frac{(A\mathbf{x}_4)^T \mathbf{x}_4}{\mathbf{x}_4^T \mathbf{x}_4} \approx \frac{9.96808}{1.99362} \approx 4.99999$$

$$\lambda^{(5)} = \frac{A\mathbf{x}_5 \cdot \mathbf{x}_5}{\mathbf{x}_5 \cdot \mathbf{x}_5} = \frac{(A\mathbf{x}_5)^T \mathbf{x}_5}{\mathbf{x}_5^T \mathbf{x}_5} \approx \frac{9.99360}{1.99872} \approx 5.00000$$

以歐幾里德量化的冪方法產生一個逼近一個單位優勢特徵向量的序列，而最大元素量化產生一個逼近一個最大分量為1的特徵向量之序列。

史記：英國數學物理學家 John Rayleigh 於 1904 年贏得諾貝爾物理學獎，肯定他發現惰性氣體氫。Rayleigh 亦在聲學及光學方面做了基本發現，且他在波現象的成就使得他能夠第一個具體地解釋為何天空是藍色的。

[相片：摘錄自 *The Granger Collection, New York*]

John William Strutt Rayleigh
(1842–1919)

因此，$\lambda^{(5)}$ 近似優勢特徵值正確至小數點第五位且 $\mathbf{x}_5$ 逼近近似特徵向量

$$\mathbf{x} = \begin{bmatrix} 1 \\ 1 \end{bmatrix}$$

其為 (6) 式中取 $t=1$。 ◀

收斂速率

若 A 是一個對稱矩陣且其相異特徵值可被安排滿足

$$|\lambda_1| > |\lambda_2| \geq |\lambda_3| \geq \cdots \geq |\lambda_k|$$

則雷利商收斂至優勢特徵值 λ_1 的「速率」和比值 $|\lambda_1|/|\lambda_2|$ 有關；亦即，當這個比值靠近 1 時，收斂是緩慢的，而這個比值大時，收斂是快速的。比值愈大，收斂愈快速。例如，若 A 是一個 2×2 階對稱矩陣，則比值 $|\lambda_1|/|\lambda_2|$ 愈大，圖 9.2.1 中的 λ_1 及 λ_2 之量化影響間的差異愈大，且因此乘以 A 的愈大影響力將所有迭代拉向 λ_1 的特徵空間。事實上，例題 3 的快速收斂係由於 $|\lambda_1|/|\lambda_2|=5/1=5$ 這個事實，其被認為是一個大的速率。在速率靠近 1 時，冪方法的收斂可能很慢所以必須使用其他方法。

停止程序

若 λ 是優勢特徵值的正確值，且若一個冪方法在第 k 個迭代產生近似 $\lambda^{(k)}$，則我們稱

$$\left| \frac{\lambda - \lambda^{(k)}}{\lambda} \right| \tag{12}$$

為 $\lambda^{(k)}$ 的**相對誤差** (relative error)。若被表為百分比，則它被稱為 $\lambda^{(k)}$ 的**百分比誤差** (percentage error)。例如，若 $\lambda=5$ 且三次迭代後的近似是 $\lambda^{(3)}=5.1$，則

$$\lambda^{(3)} \text{ 的相對誤差} = \left| \frac{\lambda - \lambda^{(3)}}{\lambda} \right| = \left| \frac{5 - 5.1}{5} \right| = |-0.02| = 0.02$$

$$\lambda^{(3)} \text{ 的百分比誤差} = 0.02 \times 100\% = 2\%$$

在應用上，我們通常知道優勢特徵值可以忍受的相對誤差 E，所以一旦近似特徵值的相對誤差小於 E 則停止計算迭代。然而，在計算

(12) 式的相對誤差時，有個問題是特徵值 λ 未知。欲克服此問題，通常以 $\lambda^{(k)}$ 來估計 λ 且停止計算當

$$\left|\frac{\lambda^{(k)} - \lambda^{(k-1)}}{\lambda^{(k)}}\right| < E \tag{13}$$

(13) 式左邊的量被稱為 $\lambda^{(k)}$ 的**估計相對誤差** (estimated relative error) 且它的百分比型被稱為 $\lambda^{(k)}$ 的**估計百分比誤差** (estimated percentage error)。

▶ **例題 4　估計相對誤差**

對例題 3 的所有計算，求最小的 k 值使得 $\lambda^{(k)}$ 的估計百分比誤差小於 0.1%。

解：例題 3 的所有近似之估計百分比誤差如下：

	近似	相對誤差	百分比誤差
$\lambda^{(2)}$:	$\left\|\dfrac{\lambda^{(2)} - \lambda^{(1)}}{\lambda^{(2)}}\right\| \approx \left\|\dfrac{4.99361 - 4.84615}{4.99361}\right\|$	≈ 0.02953	$= 2.953\%$
$\lambda^{(3)}$:	$\left\|\dfrac{\lambda^{(3)} - \lambda^{(2)}}{\lambda^{(3)}}\right\| \approx \left\|\dfrac{4.99974 - 4.99361}{4.99974}\right\|$	≈ 0.00123	$= 0.123\%$
$\lambda^{(4)}$:	$\left\|\dfrac{\lambda^{(4)} - \lambda^{(3)}}{\lambda^{(4)}}\right\| \approx \left\|\dfrac{4.99999 - 4.99974}{4.99999}\right\|$	≈ 0.00005	$= 0.005\%$
$\lambda^{(5)}$:	$\left\|\dfrac{\lambda^{(5)} - \lambda^{(4)}}{\lambda^{(5)}}\right\| \approx \left\|\dfrac{5.00000 - 4.99999}{5.00000}\right\|$	≈ 0.00000	$= 0\%$

因此，$\lambda^{(4)} = 4.99999$ 是滿足估計百分比誤差小於 0.1% 的第一個近似。 ◀

注釋：決定何時停止一個迭代過程的法則被稱為**停止程序** (stopping procedure)。在習題裡，我們將討論基於優勢特徵向量而非優勢特徵值的冪方法之停止程序。

概念複習

- 冪序列
- 優勢特徵值
- 優勢特徵向量
- 以歐幾里德量化的冪方法
- 雷利商
- 以最大元素量化的冪方法
- 相對誤差
- 百分比誤差
- 估計相對誤差
- 估計百分比誤差
- 停止程序

技　能

- 確認矩陣的優勢特徵值。
- 使用本節所描述的冪方法近似一個優勢特徵向量。
- 求冪方法相伴的估計相對誤差及估計百分比誤差。

習題集 9.2

▶習題 1-2 各題，已知矩陣的所有相異特徵值。判斷 A 是否有一個優勢特徵值，若有，則求之。◀

1. (a) $\lambda_1 = -3, \ \lambda_2 = -1, \ \lambda_3 = 0, \ \lambda_4 = 2$
   (b) $\lambda_1 = 4, \ \lambda_2 = -3, \ \lambda_3 = -4, \ \lambda_4 = 1$
2. (a) $\lambda_1 = 1, \ \lambda_2 = 0, \ \lambda_3 = -3, \ \lambda_4 = 2$
   (b) $\lambda_1 = -3, \ \lambda_2 = -2, \ \lambda_3 = -1, \ \lambda_4 = 3$

▶習題 3-4 各題，應用以歐幾里德量化的冪方法至 A，以 $\mathbf{x}_0$ 開始並停止在 $\mathbf{x}_4$。比較對優勢特徵值之正確值及相對應的單位特徵量所得之近似。◀

3. $A = \begin{bmatrix} -14 & 12 \\ -20 & 17 \end{bmatrix}; \ \mathbf{x}_0 = \begin{bmatrix} 0 \\ 1 \end{bmatrix}, \ \mathbf{x}_1 \approx \begin{bmatrix} 0.5766 \\ 0.8169 \end{bmatrix},$
   $\mathbf{x}_2 \approx \begin{bmatrix} 0.5920 \\ 0.8058 \end{bmatrix}, \ \mathbf{x}_3 \approx \begin{bmatrix} 0.5965 \\ 0.8025 \end{bmatrix}, \ \mathbf{x}_4 \approx \begin{bmatrix} 0.5984 \\ 0.8011 \end{bmatrix}$

4. $A = \begin{bmatrix} 7 & -2 & 0 \\ -2 & 6 & -2 \\ 0 & -2 & 5 \end{bmatrix}; \ \mathbf{x}_0 = \begin{bmatrix} 1 \\ 0 \\ 0 \end{bmatrix}$

▶習題 5-6 各題，應用以最大元素量化的冪方法至 A，以 $\mathbf{x}_0$ 開始並停止在 $\mathbf{x}_4$。比較對優勢特徵值之正確值及對應的量化特徵向量所得之近似。◀

5. $A = \begin{bmatrix} 3 & -1 \\ -1 & 3 \end{bmatrix}; \ \mathbf{x}_0 = \begin{bmatrix} 0 \\ 1 \end{bmatrix}, \ \mathbf{x}_1 = \begin{bmatrix} -0.333 \\ 1 \end{bmatrix},$
   $\mathbf{x}_2 = \begin{bmatrix} -0.6 \\ 1 \end{bmatrix}, \ \mathbf{x}_3 = \begin{bmatrix} -0.778 \\ 1 \end{bmatrix}, \ \mathbf{x}_4 = \begin{bmatrix} -0.882 \\ 1 \end{bmatrix}$

6. $A = \begin{bmatrix} 3 & 2 & 2 \\ 2 & 2 & 0 \\ 2 & 0 & 4 \end{bmatrix}; \ \mathbf{x}_0 = \begin{bmatrix} 1 \\ 1 \\ 1 \end{bmatrix}$

7. 令
   $$A = \begin{bmatrix} 2 & -1 \\ -1 & 2 \end{bmatrix}; \ \mathbf{x}_0 = \begin{bmatrix} 1 \\ 0 \end{bmatrix}$$
   (a) 使用以最大元素量化的冪方法近似 A 的一優勢特徵向量。以 $\mathbf{x}_0$ 開始，所有計算捨入誤差至小數點第 3 位，且 3 次迭代後停止。
   (b) 使用 (a) 的結果及雷利商近似 A 的優勢特徵值。
   (c) 求近似在 (a) 及 (b) 的特徵向量及特徵值之正確值。
   (d) 求優勢特徵值近似中的百分比誤差。

8. 重做習題 7，其中
   $$A = \begin{bmatrix} 2 & 1 & 0 \\ 1 & 2 & 0 \\ 0 & 0 & 10 \end{bmatrix}; \ \mathbf{x}_0 = \begin{bmatrix} 1 \\ 1 \\ 1 \end{bmatrix}$$

▶習題 9-10 各題，已知一個有優勢特徵值的矩陣 A 及一個序列 $\mathbf{x}_0, A\mathbf{x}_0, \ldots, A^5\mathbf{x}_0$。使用公式 (9) 及 (10) 來近似優勢特徵值及一個對應的特徵向量。◀

9. $A = \begin{bmatrix} 4 & 2 \\ 2 & 4 \end{bmatrix}; \ \mathbf{x}_0 = \begin{bmatrix} 1 \\ 0 \end{bmatrix}, \ A\mathbf{x}_0 = \begin{bmatrix} 4 \\ 2 \end{bmatrix},$
   $A^2\mathbf{x}_0 = \begin{bmatrix} 20 \\ 16 \end{bmatrix}, \ A^3\mathbf{x}_0 = \begin{bmatrix} 112 \\ 104 \end{bmatrix}, \ A^4\mathbf{x}_0 = \begin{bmatrix} 656 \\ 640 \end{bmatrix},$
   $A^5\mathbf{x}_0 = \begin{bmatrix} 3904 \\ 3872 \end{bmatrix}$

10. $A = \begin{bmatrix} 4 & 2 \\ 2 & 4 \end{bmatrix}; \ \mathbf{x}_0 = \begin{bmatrix} 0 \\ 1 \end{bmatrix}, \ A\mathbf{x}_0 = \begin{bmatrix} 2 \\ 4 \end{bmatrix},$
    $A^2\mathbf{x}_0 = \begin{bmatrix} 16 \\ 20 \end{bmatrix}, \ A^3\mathbf{x}_0 = \begin{bmatrix} 104 \\ 112 \end{bmatrix}, \ A^4\mathbf{x}_0 = \begin{bmatrix} 640 \\ 656 \end{bmatrix},$

$$A^5\mathbf{x}_0 = \begin{bmatrix} 3872 \\ 3904 \end{bmatrix}$$

11. 考慮矩陣

$$A = \begin{bmatrix} -1 & 0 \\ 0 & 0 \end{bmatrix} \quad \text{及} \quad \mathbf{x}_0 = \begin{bmatrix} a \\ b \end{bmatrix}$$

其中 $\mathbf{x}_0$ 是一個單位向量且 $a \neq 0$。證明即使矩陣 A 是對稱的且有一個優勢特徵值，定理 9.2.1 中的冪序列 (1) 不收斂。此證明該定理中優勢特徵值是正的需要是必要的。

12. 使用以歐幾里德量化的冪方法來近似 A 的優勢特徵值及一對應特徵向量。選擇你自己的出發向量，並停止在當特徵值近似的估計百分比誤差小於 0.1%。

(a) $\begin{bmatrix} 4 & -3 & 0 \\ -3 & 4 & 0 \\ 0 & 0 & 2 \end{bmatrix}$

(b) $\begin{bmatrix} 1 & 0 & 1 & 1 \\ 0 & 2 & -1 & 1 \\ 1 & -1 & 4 & 1 \\ 1 & 1 & 1 & 8 \end{bmatrix}$

13. 重做習題 12，但此次停止在當兩個連續特徵向量近似間所有對應元素差的絕對值小於 0.01。

14. 使用最大元素量化重做習題 12。

15. 證明：若 A 是一個非零的 $n \times n$ 階矩陣，則 $A^T A$ 及 AA^T 有正的優勢特徵值。

16. (給熟悉數學歸納法的讀者) 令 A 為一個 $n \times n$ 階矩陣，令 $\mathbf{x}_0$ 為 R^n 的一個單位向量，且定義序列 $\mathbf{x}_1, \mathbf{x}_2, \ldots, \mathbf{x}_k, \ldots$ 為

$$\mathbf{x}_1 = \frac{A\mathbf{x}_0}{\|A\mathbf{x}_0\|}, \quad \mathbf{x}_2 = \frac{A\mathbf{x}_1}{\|A\mathbf{x}_1\|}, \ldots, \quad \mathbf{x}_k = \frac{A\mathbf{x}_{k-1}}{\|A\mathbf{x}_{k-1}\|}, \ldots$$

以數學歸納法證明 $\mathbf{x}_k = A^k \mathbf{x}_0 / \|A^k \mathbf{x}_0\|$。

17. (給熟悉數學歸納法的讀者) 令 A 為一個 $n \times n$ 階矩陣，令 $\mathbf{x}_0$ 為 R^n 上的一個非零向量，且定義序列 $\mathbf{x}_1, \mathbf{x}_2, \ldots, \mathbf{x}_k, \ldots$ 為

$$\mathbf{x}_1 = \frac{A\mathbf{x}_0}{\max(A\mathbf{x}_0)}, \quad \mathbf{x}_2 = \frac{A\mathbf{x}_1}{\max(A\mathbf{x}_1)}, \ldots,$$

$$\mathbf{x}_k = \frac{A\mathbf{x}_{k-1}}{\max(A\mathbf{x}_{k-1})}, \ldots$$

以數學歸納法證明

$$\mathbf{x}_k = \frac{A^k \mathbf{x}_0}{\max(A^k \mathbf{x}_0)}$$

9.3 網路搜尋引擎

早期的網路搜尋引擎工作在於檢視關鍵字及各頁面的詞語以及所貼文件的標題。今天最受歡迎的搜尋引擎使用基於冪方法的演算法來分析文件間的超聯結 (引文出處)。本節我們將討論其中使用冪方法的方式。

Google，最被廣為使用搜尋網路的引擎，於 1996 年由 Larry Page 及 Sergey Brin 發展出來的，他們兩位同是史丹佛大學的研究生。Google 使用一個名為 **PageRank 演算法** (PageRank algorithm) 的程式來分析文件間互相引用的相關位置。它給每一個位置指定一個 **PageRank 分數** (PageRank score)，儲存這些分數為一個矩陣，並使用該矩陣之優勢特徵向量的所有分量來建立所有位置的相關重要性來搜尋。

Google 以使用一個標準的基於主題搜尋引擎開始來找一個含相關頁面之位置的初始集合 S_0。因為文字可能有多種意義，集合 S_0 基本上將含不相關位置且遺漏其他相關性。為彌補這個，集合 S_0 被擴大為一個較大的集合 S，擴大之法是將 S_0 的所有位置中的所有頁面所引用的位置加入。強調的假設是 S 將包含有關於搜尋的重要位置。此過程被重複許多次來精確搜尋資訊，往後亦是如此。

欲更明確點，假設搜尋集合 S 含 n 個位置，且定義 S 的**毗鄰矩陣** (adjacency matrix) 為 $n \times n$ 階矩陣 $A = [a_{ij}]$，其中

$$a_{ij} = 1 \text{ 若位置 } i \text{ 引用位置 } j$$
$$a_{ij} = 0 \text{ 若位置 } i \text{ 不引用位置 } j$$

我們將假設無位置引用自己，所以 A 的所有對角線元素將全為零。

▶ **例題 1　毗鄰矩陣**

底下是一個具四個位置的搜尋集合之毗鄰矩陣：

$$A = \begin{bmatrix} 0 & 0 & 1 & 1 \\ 1 & 0 & 0 & 0 \\ 1 & 0 & 0 & 1 \\ 1 & 1 & 1 & 0 \end{bmatrix} \begin{matrix} 1 \\ 2 \\ 3 \\ 4 \end{matrix} \quad \text{執行引用的位置} \tag{1}$$

其中行上方標示「被引用位置　1　2　3　4」。

因此，位置 1 引用位置 3 及 4，位置 2 引用位置 1，且依此繼續。　◀

在搜尋過程中，一個位置可扮演兩個基本角色——這個位置可能是一個**中心** (hub)，意即它引用許多其他位置，或可能是一個**權威** (authority)，意即它被引用許多其他位置。一個已知位置基本上同時有中心及權威性質，它將同時引用及被引用。

一般來講，若 A 是 n 個位置的毗鄰矩陣，則 A 的所有的行和測度所有位置的權威方面，而 A 的所有的列和測度它們的中心方面。例

史記：名詞 google 是 googol 這個字的變形，googol 代表 10^{100} 這個數 (1 後面跟 100 個零)，這個名詞是由美國數學家 Edward Kasner (1878-1955) 於 1938 年所發明的，且故事的發生是當 Kasner 問他 8 歲的侄兒對一個真的大數給一個名字時——他的侄兒回應「googol」。Kasner 繼續定義一個 googol plex 為 10^{googol} (1 後面接 googol 個零)。

如，(1) 式中之矩陣的各行和是 3, 1, 2 及 2，意味著位置 1 被 3 個其他位置引用，位置 2 被一個其他位置引用，且依此繼續。同理，(1) 式中的矩陣之各列和是 2, 1, 2 及 3，所以位置 1 引用兩個其他位置，位置 2 引用一個其他位置，且依此繼續。

根據此點，若 A 是一個毗鄰矩陣，則我們稱 A 的各列和所成的向量 $\mathbf{h}_0$ 為 A 的**初始中心向量** (initial hub vector)，而稱 A 的各行和所成的向量 $\mathbf{a}_0$ 為 A 的**初始權威向量** (initial authority vector)。另一種說法，我們可將 $\mathbf{a}_0$ 想像為 A^T 之各列和所成的向量，將使計算變為更方便。中心向量的所有元素被稱為**中心權重** (hub weights)，而權威向量的所有元素被稱是**權威權重** (authority weights)。

▶ **例題 2** 毗鄰矩陣的初始中心及權威向量

求例題 1 之毗鄰矩陣 A 的初始中心及權威向量。

解：A 的各列和產生初始中心向量

$$\mathbf{h}_0 = \begin{bmatrix} 2 \\ 1 \\ 2 \\ 3 \end{bmatrix} \begin{matrix} 位置\ 1 \\ 位置\ 2 \\ 位置\ 3 \\ 位置\ 4 \end{matrix} \tag{2}$$

且 A^T 的各列和 (A 的行和) 產生初始權威向量

$$\mathbf{a}_0 = \begin{bmatrix} 3 \\ 1 \\ 2 \\ 2 \end{bmatrix} \begin{matrix} 位置\ 1 \\ 位置\ 2 \\ 位置\ 3 \\ 位置\ 4 \end{matrix} \tag{3}$$

◀

例題 2 中的計數連結建議位置 4 是主要的中心而位置 1 是最大的權威。然而，計數連結無法告知全部：例如，若位置 1 被考慮為最大的權威似乎是合理的，則更多的權重將被給至連結該位置的中心，且若位置 4 被考慮為一個主要的核心，則更多的權重將被給至它所連結的位置。因此，搜尋過程中在中心和權威之間有個互動，需要被考量。根據此點，一旦搜尋引擎已計算初始權威向量 $\mathbf{a}_0$，接著使用該向量的資訊來創造新的中心及權威向量 $\mathbf{h}_1$ 及 $\mathbf{a}_1$ 使用公式

$$\mathbf{h}_1 = \frac{A\mathbf{a}_0}{\|A\mathbf{a}_0\|} \quad \text{及} \quad \mathbf{a}_1 = \frac{A^T\mathbf{h}_1}{\|A^T\mathbf{h}_1\|} \tag{4}$$

這些公式的分子處理權重，且正規化控制所有元素的大小。欲了解分子如何完成加權，觀看乘積 $A\mathbf{a}_0$ 是 A 的所有行向量的一線性組合且係數取自 $\mathbf{a}_0$。例如，以例題 1 的毗鄰矩陣及例題 2 所計算的權威向量，我們有

$$A\mathbf{a}_0 = \begin{bmatrix} \overset{1}{0} & \overset{2}{0} & \overset{3}{1} & \overset{4}{1} \\ 1 & 0 & 0 & 0 \\ 1 & 0 & 0 & 1 \\ 1 & 1 & 1 & 0 \end{bmatrix} \begin{bmatrix} 3 \\ 1 \\ 2 \\ 2 \end{bmatrix} = 3\begin{bmatrix} 0 \\ 1 \\ 1 \\ 1 \end{bmatrix} + 1\begin{bmatrix} 0 \\ 0 \\ 0 \\ 1 \end{bmatrix} + 2\begin{bmatrix} 1 \\ 0 \\ 0 \\ 1 \end{bmatrix} + 2\begin{bmatrix} 1 \\ 0 \\ 1 \\ 0 \end{bmatrix} = \begin{bmatrix} 4 \\ 3 \\ 5 \\ 6 \end{bmatrix} \begin{matrix} 位置\,1 \\ 位置\,2 \\ 位置\,3 \\ 位置\,4 \end{matrix}$$

（被引用的位置）

因此，我們看到對每個被引用的位置之連結被以在 $\mathbf{a}_0$ 中的權威值來加權。欲控制所有元素的大小，搜尋引擎正規化 $A\mathbf{a}_0$ 來產生更新的中心向量

$$\mathbf{h}_1 = \frac{A\mathbf{a}_0}{\|A\mathbf{a}_0\|} = \frac{1}{\sqrt{86}}\begin{bmatrix} 4 \\ 3 \\ 5 \\ 6 \end{bmatrix} \approx \begin{bmatrix} 0.43133 \\ 0.32350 \\ 0.53916 \\ 0.64700 \end{bmatrix} \begin{matrix} 位置\,1 \\ 位置\,2 \\ 位置\,3 \\ 位置\,4 \end{matrix} \quad 新的中心加權$$

使用公式 (4)，新的中心向量 $\mathbf{h}_1$ 現在可被用來更新權威向量。乘積 $A^T\mathbf{h}_1$ 執行加權，且正規化控制大小：

（執行引用的位置）

$$A^T\mathbf{h}_1 \approx \begin{bmatrix} \overset{1}{0} & \overset{2}{1} & \overset{3}{1} & \overset{4}{1} \\ 0 & 0 & 0 & 1 \\ 1 & 0 & 0 & 1 \\ 1 & 0 & 1 & 0 \end{bmatrix} \begin{bmatrix} 0.43133 \\ 0.32350 \\ 0.53916 \\ 0.64700 \end{bmatrix}$$

$$\approx 0.43133\begin{bmatrix} 0 \\ 0 \\ 1 \\ 1 \end{bmatrix} + 0.32350\begin{bmatrix} 1 \\ 0 \\ 0 \\ 0 \end{bmatrix} + 0.53916\begin{bmatrix} 1 \\ 0 \\ 0 \\ 1 \end{bmatrix} + 0.64700\begin{bmatrix} 1 \\ 1 \\ 1 \\ 0 \end{bmatrix} \approx \begin{bmatrix} 1.50966 \\ 0.64700 \\ 1.07833 \\ 0.97049 \end{bmatrix} \begin{matrix} 位置\,1 \\ 位置\,2 \\ 位置\,3 \\ 位置\,4 \end{matrix}$$

$$\mathbf{a}_1 = \frac{A^T\mathbf{h}_1}{\|A^T\mathbf{h}_1\|} \approx \frac{1}{2.19142}\begin{bmatrix} 1.50966 \\ 0.64700 \\ 1.07833 \\ 0.97049 \end{bmatrix} \approx \begin{bmatrix} 0.68889 \\ 0.29524 \\ 0.49207 \\ 0.44286 \end{bmatrix} \begin{matrix} 位置\,1 \\ 位置\,2 \\ 位置\,3 \\ 位置\,4 \end{matrix} \quad 新的權威加權$$

一旦更新的中心及權威向量 $\mathbf{h}_1$ 及 $\mathbf{a}_1$ 被獲得，搜尋引擎重複過程並計算逐次的中心及權威向量，因此產生相互關聯的序列

$$\mathbf{h}_1 = \frac{A\mathbf{a}_0}{\|A\mathbf{a}_0\|}, \quad \mathbf{h}_2 = \frac{A\mathbf{a}_1}{\|A\mathbf{a}_1\|}, \quad \mathbf{h}_3 = \frac{A\mathbf{a}_2}{\|A\mathbf{a}_2\|}, \quad \ldots, \quad \mathbf{h}_k = \frac{A\mathbf{a}_{k-1}}{\|A\mathbf{a}_{k-1}\|}, \ldots \tag{5}$$

$$\mathbf{a}_0, \quad \mathbf{a}_1 = \frac{A^T\mathbf{h}_1}{\|A^T\mathbf{h}_1\|}, \quad \mathbf{a}_2 = \frac{A^T\mathbf{h}_2}{\|A^T\mathbf{h}_2\|}, \quad \mathbf{a}_3 = \frac{A^T\mathbf{h}_3}{\|A^T\mathbf{h}_3\|}, \quad \ldots, \quad \mathbf{a}_k = \frac{A^T\mathbf{h}_k}{\|A^T\mathbf{h}_k\|}, \ldots \tag{6}$$

然而，這兩個各是一個偽裝的冪序列。例如，我們將 $\mathbf{h}_k$ 的表示式代進 $\mathbf{a}_k$ 的表示式，則我們得

$$\mathbf{a}_k = \frac{A^T\mathbf{h}_k}{\|A^T\mathbf{h}_k\|} = \frac{A^T\left(\frac{A\mathbf{a}_{k-1}}{\|A\mathbf{a}_{k-1}\|}\right)}{\left\|A^T\left(\frac{A\mathbf{a}_{k-1}}{\|A\mathbf{a}_{k-1}\|}\right)\right\|} = \frac{(A^TA)\mathbf{a}_{k-1}}{\|(A^TA)\mathbf{a}_{k-1}\|}$$

此意味著我們可改寫 (6) 式為

$$\mathbf{a}_0, \quad \mathbf{a}_1 = \frac{(A^TA)\mathbf{a}_0}{\|(A^TA)\mathbf{a}_0\|}, \quad \mathbf{a}_2 = \frac{(A^TA)\mathbf{a}_1}{\|(A^TA)\mathbf{a}_1\|}, \quad \ldots, \quad \mathbf{a}_k = \frac{(A^TA)\mathbf{a}_{k-1}}{\|(A^TA)\mathbf{a}_{k-1}\|}, \ldots \tag{7}$$

同理，我們可改寫 (5) 式為

$$\mathbf{h}_1 = \frac{A\mathbf{a}_0}{\|A\mathbf{a}_0\|}, \quad \mathbf{h}_2 = \frac{(AA^T)\mathbf{h}_1}{\|(AA^T)\mathbf{h}_1\|}, \quad \ldots, \quad \mathbf{h}_k = \frac{(AA^T)\mathbf{h}_{k-1}}{\|(AA^T)\mathbf{h}_{k-1}\|}, \ldots \tag{8}$$

注釋：9.2 節習題 15 裡，讀者被要求證明 A^TA 及 AA^T 兩者皆有正的優勢特徵值。正是這種情形，定理 9.2.1 確證 (7) 和 (8) 分別收斂至 A^TA 和 AA^T 的優勢特徵向量。那些特徵向量的所有元素是權威及中心權重，Google 使用它們以中心及權威的重要順位來排列搜尋位置。

▶ **例題 3 一個等級程序**

假設一個搜尋引擎產生 10 個網路位置於它的搜尋集合裡且這些位置的毗鄰矩陣是

第九章 數值方法 647

被引用的位置

$$A = \begin{bmatrix} 0 & 1 & 0 & 0 & 1 & 0 & 0 & 1 & 0 & 0 \\ 0 & 0 & 0 & 0 & 1 & 0 & 0 & 0 & 0 & 0 \\ 0 & 0 & 0 & 0 & 1 & 0 & 0 & 0 & 0 & 0 \\ 0 & 0 & 0 & 0 & 0 & 1 & 1 & 0 & 0 & 0 \\ 0 & 0 & 0 & 0 & 0 & 0 & 1 & 0 & 0 & 0 \\ 0 & 1 & 1 & 1 & 1 & 0 & 0 & 1 & 0 & 1 \\ 0 & 0 & 0 & 0 & 0 & 0 & 0 & 0 & 1 \\ 0 & 0 & 0 & 0 & 1 & 0 & 0 & 0 & 0 & 0 \\ 0 & 0 & 0 & 0 & 0 & 1 & 0 & 0 & 0 & 0 \\ 0 & 0 & 0 & 0 & 0 & 1 & 0 & 0 & 0 & 0 \end{bmatrix} \begin{matrix} 1 \\ 2 \\ 3 \\ 4 \\ 5 \\ 6 \\ 7 \\ 8 \\ 9 \\ 10 \end{matrix}$$ 執行引用的位置

使用公式 (7) 依權威的遞減順位排列所有位置。

解：我們將取 $\mathbf{a}_0$ 為正規化的 A 的行和向量，且接著計算 (7) 式中的迭代直到權威向量似乎是穩定。留給讀者證明

$$\mathbf{a}_0 = \frac{1}{\sqrt{54}} \begin{bmatrix} 0 \\ 2 \\ 1 \\ 1 \\ 5 \\ 3 \\ 1 \\ 3 \\ 0 \\ 2 \end{bmatrix} \approx \begin{bmatrix} 0 \\ 0.27217 \\ 0.13608 \\ 0.13608 \\ 0.68041 \\ 0.40825 \\ 0.13608 \\ 0.40825 \\ 0 \\ 0.27217 \end{bmatrix}$$

且

$$(A^T A)\mathbf{a}_0 \approx \begin{bmatrix} 0 & 0 & 0 & 0 & 0 & 0 & 0 & 0 & 0 & 0 \\ 0 & 2 & 1 & 1 & 2 & 0 & 0 & 2 & 0 & 1 \\ 0 & 1 & 1 & 1 & 1 & 0 & 0 & 1 & 0 & 1 \\ 0 & 1 & 1 & 1 & 1 & 0 & 0 & 1 & 0 & 1 \\ 0 & 2 & 1 & 1 & 5 & 0 & 0 & 2 & 0 & 1 \\ 0 & 0 & 0 & 0 & 0 & 3 & 1 & 0 & 0 & 0 \\ 0 & 0 & 0 & 0 & 0 & 1 & 1 & 0 & 0 & 0 \\ 0 & 2 & 1 & 1 & 2 & 0 & 0 & 3 & 0 & 1 \\ 0 & 0 & 0 & 0 & 0 & 0 & 0 & 0 & 0 & 0 \\ 0 & 1 & 1 & 1 & 1 & 0 & 0 & 1 & 0 & 2 \end{bmatrix} \begin{bmatrix} 0 \\ 0.27217 \\ 0.13608 \\ 0.13608 \\ 0.68041 \\ 0.40825 \\ 0.13608 \\ 0.40825 \\ 0 \\ 0.27217 \end{bmatrix} \approx \begin{bmatrix} 0 \\ 3.26599 \\ 1.90516 \\ 1.90516 \\ 5.30723 \\ 1.36083 \\ 0.54433 \\ 3.67423 \\ 0 \\ 2.17732 \end{bmatrix}$$

因此，

$$\mathbf{a}_1 = \frac{(A^T A)\mathbf{a}_0}{\|(A^T A)\mathbf{a}_0\|} \approx \frac{1}{8.15362} \begin{bmatrix} 0 \\ 3.26599 \\ 1.90516 \\ 1.90516 \\ 5.30723 \\ 1.36083 \\ 0.54433 \\ 3.67423 \\ 0 \\ 2.17732 \end{bmatrix} \approx \begin{bmatrix} 0 \\ 0.40056 \\ 0.23366 \\ 0.23366 \\ 0.65090 \\ 0.16690 \\ 0.06676 \\ 0.45063 \\ 0 \\ 0.26704 \end{bmatrix}$$

繼續此法得下面權威迭代：

$\mathbf{a}_0 \quad \mathbf{a}_1 = \frac{(A^T A)\mathbf{a}_0}{\|(A^T A)\mathbf{a}_0\|} \quad \mathbf{a}_2 = \frac{(A^T A)\mathbf{a}_1}{\|(A^T A)\mathbf{a}_1\|} \quad \mathbf{a}_3 = \frac{(A^T A)\mathbf{a}_2}{\|(A^T A)\mathbf{a}_2\|} \quad \mathbf{a}_4 = \frac{(A^T A)\mathbf{a}_3}{\|(A^T A)\mathbf{a}_3\|} \cdots \mathbf{a}_9 = \frac{(A^T A)\mathbf{a}_8}{\|(A^T A)\mathbf{a}_8\|} \quad \mathbf{a}_{10} = \frac{(A^T A)\mathbf{a}_9}{\|(A^T A)\mathbf{a}_9\|}$

$\mathbf{a}_0$	$\mathbf{a}_1$	$\mathbf{a}_2$	$\mathbf{a}_3$	$\mathbf{a}_4$	$\mathbf{a}_9$	$\mathbf{a}_{10}$	
0	0	0	0	0	0	0	位置 1
0.27217	0.40056	0.41652	0.41918	0.41973	0.41990	0.41990	位置 2
0.13608	0.23366	0.24917	0.25233	0.25309	0.25337	0.25337	位置 3
0.13608	0.23366	0.24917	0.25233	0.25309	0.25337	0.25337	位置 4
0.68041	0.65090	0.63407	0.62836	0.62665	0.62597	0.62597	位置 5
0.40825	0.16690	0.06322	0.02372	0.00889	0.00007	0.00002	位置 6
0.13608	0.06676	0.02603	0.00981	0.00368	0.00003	0.00001	位置 7
0.40825	0.45063	0.46672	0.47050	0.47137	0.47165	0.47165	位置 8
0	0	0	0	0	0	0	位置 9
0.27217	0.26704	0.27892	0.28300	0.28416	0.28460	0.28460	位置 10

$\mathbf{a}_9$ 和 $\mathbf{a}_{10}$ 間的小改變建議迭代已穩定靠近 $A^T A$ 的一個優勢特徵向量。由 $\mathbf{a}_{10}$ 中所有元素，我們結論出位置 1, 6, 7 和 9 可能和搜尋無關且其他位置應被搜尋且依遞減重要性順位為

位置 5，位置 8，位置 2，位置 10，位置 3 和 4 (平手) ◀

概念複習

- 毗鄰矩陣
- 中心向量
- 權威向量
- 中心加權
- 權威加權

技　能

- 求一個毗鄰矩陣的初始中心及權威向量。
- 使用例題 3 之法排列位置。

習題集 9.3

▶對習題 1-2 各題，求所給的毗鄰矩陣 A 的初始中心及權威向量。◀

1. $A = \begin{bmatrix} 1 & 0 & 1 \\ 1 & 1 & 0 \\ 0 & 0 & 1 \end{bmatrix} \begin{matrix} 1 \\ 2 \\ 3 \end{matrix}$ 執行引用的位置

   被引用的位置：1 2 3

2. $A = \begin{bmatrix} 1 & 1 & 1 & 0 \\ 1 & 0 & 0 & 0 \\ 0 & 1 & 1 & 1 \\ 1 & 0 & 0 & 0 \end{bmatrix} \begin{matrix} 1 \\ 2 \\ 3 \\ 4 \end{matrix}$ 執行引用的位置

   被引用的位置：1 2 3 4

▶對習題 3-4 各題，求更新的中心及權威向量 h_1 及 a_1 給毗鄰矩陣 A。◀

3. 習題 1 的矩陣。
4. 習題 2 的矩陣。

▶習題 5-8 各題，給定一個網路搜尋引擎的毗鄰矩陣。使用例題 3 之法依權威的遞減順位排列所有位置。◀

5. $A = \begin{bmatrix} 1 & 1 & 0 & 1 \\ 0 & 0 & 1 & 1 \\ 0 & 1 & 0 & 1 \\ 1 & 1 & 1 & 0 \end{bmatrix} \begin{matrix} 1 \\ 2 \\ 3 \\ 4 \end{matrix}$ 執行引用的位置

   被引用的位置：1 2 3 4

6. $A = \begin{bmatrix} 1 & 0 & 0 & 0 \\ 0 & 0 & 0 & 1 \\ 0 & 0 & 0 & 0 \\ 0 & 0 & 1 & 1 \end{bmatrix} \begin{matrix} 1 \\ 2 \\ 3 \\ 4 \end{matrix}$ 執行引用的位置

   被引用的位置：1 2 3 4

7. $A = \begin{bmatrix} 0 & 0 & 1 & 1 & 0 \\ 0 & 0 & 1 & 1 & 1 \\ 0 & 1 & 0 & 1 & 0 \\ 0 & 0 & 0 & 1 & 0 \\ 1 & 0 & 0 & 0 & 0 \end{bmatrix} \begin{matrix} 1 \\ 2 \\ 3 \\ 4 \\ 5 \end{matrix}$ 執行引用的位置

   被引用的位置：1 2 3 4 5

8.
   被引用的位置：1 2 3 4 5 6 7 8 9 10

   $A = \begin{bmatrix} 0 & 0 & 1 & 1 & 1 & 0 & 0 & 0 & 0 & 0 \\ 0 & 1 & 0 & 0 & 0 & 1 & 1 & 0 & 0 & 0 \\ 1 & 0 & 0 & 1 & 0 & 0 & 0 & 1 & 0 & 0 \\ 1 & 1 & 1 & 1 & 1 & 1 & 1 & 1 & 1 & 1 \\ 0 & 0 & 0 & 0 & 1 & 0 & 0 & 0 & 1 & 0 \\ 1 & 1 & 1 & 0 & 1 & 1 & 0 & 0 & 0 & 1 \\ 0 & 0 & 0 & 0 & 0 & 1 & 1 & 0 & 1 & 1 \\ 0 & 1 & 0 & 1 & 0 & 1 & 0 & 1 & 1 & 1 \\ 0 & 0 & 0 & 0 & 1 & 0 & 1 & 0 & 0 & 0 \\ 0 & 0 & 1 & 1 & 0 & 1 & 1 & 0 & 0 & 0 \end{bmatrix} \begin{matrix} 1 \\ 2 \\ 3 \\ 4 \\ 5 \\ 6 \\ 7 \\ 8 \\ 9 \\ 10 \end{matrix}$ 執行引用的位置

9.4 線性方程組各種解法之比較

有句格言：「時間就是金錢。」這句話尤其在工業上是金玉良言，其中解一個線性方程組的費用通常是由電腦執行所需要的運算時所需的時間來決定。基本上是決定在電腦處理器的速度及演算法所需要的運算次數。因此，選擇正確的演算法在工業上或研究上有重要的財務內涵。本節我們將討論一些影響解大型線性方程組之演算法選擇的因素。

解一線性方程組的浮點運算及費用

在電腦術語裡，兩個實數上的一個運算 (＋，－，＊，÷) 被稱為一個 **flop**，此字為「浮點運算」(floating-point operation)* 的首字母縮拼詞。解一個問題所需的 flop 總數，被稱是解的**費用** (cost)，提供一個方便的方法來作為解問題之各種演算法的選擇。當需要時，浮點運算的費用可被轉換為時間或金錢的單位，假若電腦處理器的速度及電腦運算的財務方面為已知時。例如，許多當今的個人電腦能執行每秒超過 10 gigaflops 的運算 (1 gigaflop＝10^9 flops)。因此，一個花費 1,000,000 flops 的演算法可在 0.0001 秒之內完成。

欲說明費用 (以 flop 計) 如何可被計算，讓我們計數利用高斯-喬丹消去法解一個線性方程組所需的 flop 次數。為此目的，我們需要下面前 n 個正整數和的公式及前 n 個正整數平方和的公式：

$$1 + 2 + 3 + \cdots + n = \frac{n(n+1)}{2} \tag{1}$$

$$1^2 + 2^2 + 3^2 + \cdots + n^2 = \frac{n(n+1)(2n+1)}{6} \tag{2}$$

令 $A\mathbf{x} = \mathbf{b}$ 為含 n 個未知數 n 個方程式將被以高斯消去法 (或以回代之高斯消去法) 解之。為簡便計，讓我們假設 A 是可逆的且不需做列交換可將增廣矩陣 $[A | \mathbf{b}]$ 簡約為列梯型。附圖及解析提供一個方便的方法來計數在第一列引進首項 1 及在首項 1 底下為零所需要的運算次數。在我們的運算計數裡，我們將除法和乘法歸併為「乘法」，且將加法和減法歸併為「加法」。

步驟 1. 需要 n 個 flop (乘法) 來引進首項 1 至第一列。

---

* 在電腦裡，實數被以數值近似來儲存，稱之為**浮點數** (floating-point numbers)。在以 10 為底時，一個浮點數的型式為 $\pm .d_1 d_2 \ldots d_n \times 10^m$，其中 m 是整數，稱之為**尾數** (mantissa)，且 n 是小數點右邊的數字個數。n 值隨著電腦而變。在某些文獻上，flop 這個字被用來作為處理速度的量測且代表「每秒的浮點運算」。我們將它視為一個計算單位。

$$\begin{bmatrix} 1 & \times & \times & \cdots & \times & \times & | & \times \\ \bullet & \bullet & \bullet & \cdots & \bullet & \bullet & | & \bullet \\ \bullet & \bullet & \bullet & \cdots & \bullet & \bullet & | & \bullet \\ \vdots & \vdots & \vdots & & \vdots & \vdots & | & \vdots \\ \bullet & \bullet & \bullet & \cdots & \bullet & \bullet & | & \bullet \\ \bullet & \bullet & \bullet & \cdots & \bullet & \bullet & | & \bullet \end{bmatrix}$$

$$\begin{bmatrix} \times\text{表正要計算的量} \\ \bullet\text{表不作計算的量} \\ \text{增廣矩陣大小是 } n\times(n+1) \end{bmatrix}$$

步驟 2. 需要 n 個乘法及 n 個加法來引進一個零至首項 1 底下，且首項 1 之下有 $n-1$ 個列，所以首項 1 之下全引進零需要的 flop 次數為 $2n(n-1)$。

$$\begin{bmatrix} 1 & \bullet & \bullet & \cdots & \bullet & \bullet & | & \bullet \\ 0 & \times & \times & \cdots & \times & \times & | & \times \\ 0 & \times & \times & \cdots & \times & \times & | & \times \\ \vdots & \vdots & \vdots & & \vdots & \vdots & | & \vdots \\ 0 & \times & \times & \cdots & \times & \times & | & \times \\ 0 & \times & \times & \cdots & \times & \times & | & \times \end{bmatrix}$$

第 1 行：合計步驟 1 及 2，第 1 行所需的 flop 次數是

$$n + 2n(n-1) = 2n^2 - n$$

第 2 行：第 2 行的程序和第 1 行同，只是處理時少一列且少一行。因此，引進首項 1 至第 2 列及首項 1 之下全為零所需的 flop 次數可將計數第 1 行的 flop 中之 n 改為 $n-1$ 即可得。因此，第 2 行所需的 flop 次數為

$$2(n-1)^2 - (n-1)$$

第 3 行：同第 2 行之法，第 3 行所需的 flop 次數是

$$2(n-2)^2 - (n-2)$$

所有行總計：模式現在應該清楚了。創造 n 個首項 1 及相伴的零所需的 flop 總次數是

$$(2n^2 - n) + [2(n-1)^2 - (n-1)] + [2(n-2)^2 - (n-2)] + \cdots + (2-1)$$

我們可將其改寫為

$$2[n^2 + (n-1)^2 + \cdots + 1] - [n + (n-1) + \cdots + 1]$$

或應用公式 (1) 及 (2) 得

$$2\frac{n(n+1)(2n+1)}{6} - \frac{n(n+1)}{2} = \frac{2}{3}n^3 + \frac{1}{2}n^2 - \frac{1}{6}n$$

接著，讓我們計數完成回代所需的運算次數。

第 n 行：將第 n 行首項 1 以上引進零需 $n-1$ 個乘法及 $n-1$ 個加法，所以該行所需的 flop 總次數是 $2(n-1)$。

$$\begin{bmatrix} 1 & \bullet & \bullet & \cdots & \bullet & 0 \\ 0 & 1 & \bullet & \cdots & \bullet & 0 \\ 0 & 0 & 1 & \cdots & \bullet & 0 \\ \vdots & \vdots & \vdots & & \vdots & \vdots \\ 0 & 0 & 0 & \cdots & 1 & 0 \\ 0 & 0 & 0 & \cdots & 0 & 1 \end{bmatrix} \begin{array}{|c} \times \\ \times \\ \times \\ \vdots \\ \times \\ \bullet \end{array}$$

第 $(n-1)$ 行：如同步驟 1 的程序，除了少一列需處理外。因此，第 $(n-1)$ 行所需的 flop 次數是 $2(n-2)$。

$$\begin{bmatrix} 1 & \bullet & \bullet & \cdots & 0 & 0 \\ 0 & 1 & \bullet & \cdots & 0 & 0 \\ 0 & 0 & 1 & \cdots & 0 & 0 \\ \vdots & \vdots & \vdots & & \vdots & \vdots \\ 0 & 0 & 0 & \cdots & 1 & 0 \\ 0 & 0 & 0 & \cdots & 0 & 1 \end{bmatrix} \begin{array}{|c} \times \\ \times \\ \times \\ \vdots \\ \bullet \\ \bullet \end{array}$$

第 $(n-2)$ 行：以第 $(n-1)$ 行的論述，第 $(n-2)$ 行所需的 flop 次數是 $2(n-3)$。

總計：模式現在應該清楚了。完成回代的 flop 總次數是

$$2(n-1) + 2(n-2) + 2(n-3) + \cdots + 2(n-n) = 2[n^2 - (1 + 2 + \cdots + n)]$$

使用公式 (1)，可將其改寫為

$$2\left(n^2 - \frac{n(n+1)}{2}\right) = n^2 - n$$

總之，我們已證明對高斯-喬丹消去法的向前相及倒回相分別是

$$\text{向前相的 flop 次數} = \tfrac{2}{3}n^3 + \tfrac{1}{2}n^2 - \tfrac{1}{6}n \qquad (3)$$

$$\text{倒回相的 flop 次數} = n^2 - n \tag{4}$$

因此，使用高斯-喬丹消去法解一線性方程組的總費用是

$$\text{雙相的總 flop 次數} = \tfrac{2}{3}n^3 + \tfrac{3}{2}n^2 - \tfrac{7}{6}n \tag{5}$$

解大型線性方程組的費用估計

多項式有一個特性，自變數值大時，最高冪次方的項對多項式的值做主要的貢獻。因此，對大型的線性方程組，我們可使用 (3) 和 (4) 式來近似向前相及倒回相的 flop 次數。

$$\text{向前相的 flop 次數} \approx \tfrac{2}{3}n^3 \tag{6}$$

$$\text{倒回相的 flop 次數} \approx n^2 \tag{7}$$

此證明對大型方程組，執行向前相比倒回相更貴。事實上，向前相及倒回相間的費用差可能非常大，如下一個例子所示。

▶ **例題 1** 解一大型線性方程組的費用

使用每秒可執行 10 gigaflops 的電腦，解一個含 10,000 個未知數 10,000 ($=10^4$) 個方程式之方程組，試近似高斯-喬丹消去法的向前相及倒回相所需的時間。

解：所給的方程組之 $n = 10^4$，所以由 (6) 和 (7) 式，向前相及倒回相所需的 gigaflops 次數分別是

$$\text{向前相 gigaflops 次數} \approx \tfrac{2}{3}n^3 \times 10^{-9} = \tfrac{2}{3}(10^4)^3 \times 10^{-9} = \tfrac{2}{3} \times 10^3$$

$$\text{倒回相 gigaflops 次數} \approx n^2 \times 10^{-9} = (10^4)^2 \times 10^{-9} = 10^{-1}$$

因此，以 10 gigaflops/s，向前相及倒回相的執行時間分別是

$$\text{向前相的時間} \approx \left(\tfrac{2}{3} \times 10^3\right) \times 10^{-1}\ \text{s} \approx 66.67\ \text{s}$$

$$\text{倒回相的時間} \approx (10^{-1}) \times 10^{-1}\ \text{s} \approx 0.01\ \text{s}$$

◀

留給讀者作為習題來確認表 1 的結果。

選一個演算法來解方程組的考量

對一個含 n 個未知數 n 個方程式之單一線性方程組 $A\mathbf{x} = \mathbf{b}$，LU-分解及

高斯-喬丹消去法在簿記上雖然不一樣，但兩者有相同的 flop 次數。因此，沒有一個方法比另一個方法有費用利益。然而，LU-分解有其他利益來選它：

- 高斯-喬丹消去法及高斯消去法兩者均使用增廣矩陣 $[A\,|\,\mathbf{b}]$，所以 $\mathbf{b}$ 必須已知。在對比上，LU-分解僅使用矩陣 A，所以一旦分解為已知，右邊需要多少個它就可以被使用多少次，一次一個。
- 用來解 $A\mathbf{x}=\mathbf{b}$ 的 LU-分解可被用來求 A^{-1}，若需要的話，增加一點額外工作。
- 對大型線性方程組，電腦的記憶體是受高度重視的。我們可摒棄儲存 U 的主對角線上或主對角線下的 1 和 0，因為由 U 的型式，那些元素為已知。記憶體空間可用來儲存 L 的所有元素，因此減少解方程組所需的記憶體容量。
- 若 A 是一個大型矩陣且大部分元素為零，且若非零元素集中在主對角線附近的「帶狀區」，則有技巧可用來減少 LU-分解的費用，因而 LU-分解比高斯-喬丹消去法好。

表 1

對大值 n 的 $n \times n$ 階矩陣 A 的近似費用	
演算法	Flops 費用
高斯-喬丹消去法 (向前相)	$\approx \frac{2}{3}n^3$
高斯-喬丹消去法 (倒回相)	$\approx n^2$
A 的 LU-分解	$\approx \frac{2}{3}n^3$
向前代換解 $L\mathbf{y}=\mathbf{b}$	$\approx n^2$
倒回代換解 $U\mathbf{x}=\mathbf{y}$	$\approx n^2$
簡約 $[A\,|\,I]$ 為 $[I\,|\,A^{-1}]$ 以求 A^{-1}	$\approx 2n^3$
計算 $A^{-1}\mathbf{b}$	$\approx 2n^3$

高斯消去法的 flops 費用和高斯-喬丹消去法的向前相之 flops 費用同。

概念複習

- flop (浮點運算)
- 前 n 個正整數和公式
- 前 n 個正整數平方和公式
- 以各種方法解大型方程組的 flops 費用
- 以列簡約求逆矩陣的 flops 費用
- 選一個演算法解大型方程組時需考慮的問題

技　能

- 求以高斯-喬丹消去法解一線性方程組的費用。
- 近似執行高斯-喬丹消去法的向前相及倒回相所需的時間。
- 近似求矩陣的 LU-分解所需的時間。
- 近似求可逆矩陣之逆矩陣所需的時間。

習題集 9.4

1. 某種電腦每秒可執行 10 gigaflops。使用公式 (5) 求使用高斯-喬丹消去法解方程組所需的時間。
   (a) 含 1000 個未知數 1000 個方程式的方程組。
   (b) 含 10,000 個未知數 10,000 個方程式的方程組。
   (c) 含 100,000 個未知數 100,000 個方程式的方程組。

2. 某種電腦每秒可執行 100 gigaflops。使用公式 (5) 求使用高斯-喬丹消去法解方程組所需的時間。
   (a) 含 10,000 個未知數 10,000 個方程式的方程組。
   (b) 含 100,000 個未知數 100,000 個方程式的方程組。
   (c) 含 1,000,000 個未知數 1,000,000 個方程式的方程組。

3. 現今個人電腦每秒可執行 70 gigaflops。使用表 1 估計對可逆的 $10,000 \times 10,000$ 階矩陣 A 執行下面運算所需的時間。
   (a) 執行高斯-喬丹消去法的向前相。
   (b) 執行高斯-喬丹消去法的倒回相。
   (c) A 的 LU-分解。
   (d) 以簡約 $[A\,|\,I]$ 為 $[I\,|\,A^{-1}]$ 之法求 A^{-1}。

4. IBM Roadrunner 電腦每秒操作速率可超過 1 個 petaflop (1 petaflop $= 10^{15}$ flops)。使用表 1 估計對可逆的 $100{,}000 \times 100{,}000$ 階矩陣 A 執行下面的運算所需的時間。
   (a) 執行高斯-喬丹消去法的向前相。
   (b) 執行高斯-喬丹消去法的倒回相。
   (c) A 的 LU-分解。
   (d) 以簡約 $[A\,|\,I]$ 為 $[I\,|\,A^{-1}]$ 之法求 A^{-1}。

5. (a) 使用每秒可執行 1 gigaflop 的電腦，對一個含 100,000 個未知數 100,000 個方程式的方程組執行高斯-喬丹消去法的向前相，試近以所需要的時間。以倒回相做同一件事。(見表 1。)
   (b) 欲在少於 0.5 秒內求一個 $10{,}000 \times 10{,}000$ 階矩陣之 LU-分解，則電腦每秒必須執行多少 gigaflops？(見表 1。)

6. 欲在少於 0.5 秒內求一個 $100{,}000 \times 100{,}000$ 階矩陣之逆矩陣，則電腦每秒必須執行多少 teraflops？(1 teraflop $= 10^{12}$ flops。)

▶習題 **7-10** 各題，A 和 B 為 $n \times n$ 階矩陣且 c 為一實數。◀

7. 計算 cA 需多少 flops？
8. 計算 $A+B$ 需多少 flops？

9. 計算 AB 需多少 flops？

10. 若 A 是對角矩陣且 k 為正整數，則計算 A^k 需多少 flops？

11. 若 A 和 B 為 $n \times n$ 階上三角形矩陣，則計算 AB 需多少 flops？

9.5 奇異值分解

本節我們將討論 $n \times n$ 階矩陣之對角化理論至一般 $m \times n$ 階矩陣的延伸。本節將要發展的結果可應用至壓縮、儲存及數位資訊的傳遞，且形成許多最佳計算演算法的基底，而這些演算法現今被廣泛使用來解線性方程組。

方陣的分解

我們在 7.2 節公式 (2) 見到每個對稱矩陣 A 可被表為

$$A = PDP^T \tag{1}$$

其中 P 是 A 的特徵向量所形成的 $n \times n$ 階正交矩陣，且 D 是對角矩陣其對角元素是對應至 P 之所有行向量的所有特徵值。本節將稱 (1) 式為 A 的**特徵值分解** (eigenvalue decomposition) (縮寫為 A 的 EVD)。

若一個 $n \times n$ 階矩陣 A 是非對稱的，則它沒有特徵值分解，但它有一個 **Hessenberg 分解** (Hessenberg decomposition)

$$A = PHP^T$$

其中 P 是一個正交矩陣且 H 是上 Hessenberg 型 (定理 7.2.4)。更而，若 A 有實數特徵值，則它有一個 **Schur 分解** (Schur decomposition)

$$A = PSP^T$$

其中 P 是一個正交矩陣且 S 是上三角型 (定理 7.2.3)。

特徵值、Hessenberg 及 Schur 分解在數值演算法上是重要的，不僅因為矩陣 D, H 及 S 之型式比 A 較簡單，且因為出現在這些分解中的正交矩陣不會擴大捨入誤差。欲知為何如此，假設 $\hat{\mathbf{x}}$ 為元素已知的一個行向量，且

$$\mathbf{x} = \hat{\mathbf{x}} + \mathbf{e}$$

是捨入誤差出現在 $\hat{\mathbf{x}}$ 的所有元素後所得的向量。若 P 是一個正交矩陣，則正交變換的保長性質蘊涵

$$\|P\mathbf{x} - P\hat{\mathbf{x}}\| = \|\mathbf{x} - \hat{\mathbf{x}}\| = \|\mathbf{e}\|$$

其告訴我們以 $P\mathbf{x}$ 近似 $P\hat{\mathbf{x}}$ 的誤差和以 $\mathbf{x}$ 近似 $\hat{\mathbf{x}}$ 的誤差相等。

我們有兩條主要路徑可依循來找一般方陣 A 的其他種分解；我們可尋找型如

$$A = PJP^{-1}$$

的分解，其中 P 是可逆但未必正交，或我們可尋找型如

$$A = U\Sigma V^T$$

的分解，其中 U 和 V 是正交的但未必相同。第一個路徑導出的分解中 J 不是對角的就是某種區塊對角矩陣，稱之為 **Jordan 標準型** (Jordan canonical form) 以紀念法國數學家 Camille Jordan (見第 661 頁)。Jordan 標準型，我們將不在本書討論，是重要的理論及應用，但它們在數值上較不重要，因為由於 P 缺乏正交性導致捨入困難。本節我們將專注在第二個路徑。

奇異值

因為型如 $A^T A$ 的矩陣乘積在我們的工作裡扮演一個重要的角色，我們將以兩個關於它們的基本定理開始。

> **定理 9.5.1**：若 A 是一個 $m \times n$ 階矩陣，則：
> (a) A 和 $A^T A$ 有相同的零核空間。
> (b) A 和 $A^T A$ 有相同的列空間。
> (c) A 和 $A^T A$ 有相同的行空間。
> (d) A 和 $A^T A$ 有相同的秩。

我們將證明 (a) 而將其餘證明留作為習題。

證明 (a)：我們必須證明 $A\mathbf{x} = \mathbf{0}$ 的每一個解是 $A^T A\mathbf{x} = \mathbf{0}$ 的一解，且反之亦然。若 $\mathbf{x}_0$ 是 $A\mathbf{x} = \mathbf{0}$ 的任一解，則 $\mathbf{x}_0$ 亦是 $A^T A\mathbf{x} = \mathbf{0}$ 的一解，因為

$$A^T A\mathbf{x}_0 = A^T(A\mathbf{x}_0) = A^T \mathbf{0} = \mathbf{0}$$

反之，若 $\mathbf{x}_0$ 是 $A^TA\mathbf{x}=\mathbf{0}$ 的任一解，則 $\mathbf{x}_0$ 在 A^TA 的零核空間裡，且由定理 4.8.10(q)，$\mathbf{x}_0$ 正交至 A^TA 之列空間裡的所有向量。然而，A^TA 是對稱的，所以 $\mathbf{x}_0$ 亦正交至 A^TA 之行空間裡的所有向量。特別地，$\mathbf{x}_0$ 必正交至向量 $(A^TA)\mathbf{x}_0$；亦即，

$$\mathbf{x}_0 \cdot (A^TA)\mathbf{x}_0 = 0$$

使用 3.2 節表 1 中的第一個公式及轉置運算的性質，我們可將其改寫為

$$\mathbf{x}_0^T(A^TA)\mathbf{x}_0 = (A\mathbf{x}_0)^T(A\mathbf{x}_0) = (A\mathbf{x}_0)\cdot(A\mathbf{x}_0) = \|A\mathbf{x}_0\|^2 = 0$$

其蘊涵 $A\mathbf{x}_0=\mathbf{0}$，因此證明 $\mathbf{x}_0$ 是 $A\mathbf{x}_0=\mathbf{0}$ 的一解。◀

定理 9.5.2：若 A 是一個 $m\times n$ 階矩陣，則：
(a) A^TA 是可正交對角化。
(b) A^TA 的所有特徵值皆非負。

證明 (a)：矩陣 A^TA 是對稱的，由定理 7.2.1 知是可正交對角化。

證明 (b)：因為 A^TA 是可正交對角化，存在一組由 A^TA 的特徵向量所組成的單範正交基底給 R^n，稱之為 $\{\mathbf{v}_1, \mathbf{v}_2, \ldots, \mathbf{v}_n\}$。若令 $\lambda_1, \lambda_2, \ldots, \lambda_n$ 為對應的特徵值，則對 $1\leq i\leq n$ 我們有

$$\|A\mathbf{v}_i\|^2 = A\mathbf{v}_i \cdot A\mathbf{v}_i = \mathbf{v}_i \cdot A^TA\mathbf{v}_i \text{ [3.2 節公式 (26)]}$$
$$= \mathbf{v}_i \cdot \lambda_i\mathbf{v}_i = \lambda_i(\mathbf{v}_i\cdot\mathbf{v}_i) = \lambda_i\|\mathbf{v}_i\|^2 = \lambda_i$$

由此關係式得 $\lambda_i \geq 0$。◀

本節將假設 A^TA 的所有特徵值被命名且滿足
$$\lambda_1 \geq \lambda_2 \geq \cdots \geq \lambda_n \geq 0$$
且因此
$$\sigma_1 \geq \sigma_2 \geq \cdots \geq \sigma_n \geq 0$$

定義 1：若 A 是一個 $m\times n$ 階矩陣，且若 $\lambda_1, \lambda_2, \ldots, \lambda_n$ 是 A^TA 的所有特徵值，則

$$\sigma_1 = \sqrt{\lambda_1}, \quad \sigma_2 = \sqrt{\lambda_2}, \ldots, \quad \sigma_n = \sqrt{\lambda_n}$$

這些數值被稱是 A 的**奇異值** (singular values)。

▶ **例題 1** 奇異值

求矩陣

的所有奇異值。

$$\begin{bmatrix} 1 & 1 \\ 0 & 1 \\ 1 & 0 \end{bmatrix}$$

解：第一步求矩陣

$$A^T A = \begin{bmatrix} 1 & 0 & 1 \\ 1 & 1 & 0 \end{bmatrix} \begin{bmatrix} 1 & 1 \\ 0 & 1 \\ 1 & 0 \end{bmatrix} = \begin{bmatrix} 2 & 1 \\ 1 & 2 \end{bmatrix}$$

的所有特徵值。$A^T A$ 的特徵多項式是

$$\lambda^2 - 4\lambda + 3 = (\lambda - 3)(\lambda - 1)$$

所以 $A^T A$ 的所有特徵值是 $\lambda_1 = 3$ 及 $\lambda_2 = 1$，A 的所有奇異值依遞減序為

$$\sigma_1 = \sqrt{\lambda_1} = \sqrt{3}, \quad \sigma_2 = \sqrt{\lambda_2} = 1$$ ◀

奇異值分解

在轉向本節主要結果之前，我們發現將「主對角線」的觀念擴大至非方陣是有益處的。我們定義一個 $m \times n$ 階矩陣的**主對角線** (main diagonal) 為圖 9.5.1 所示的元素線——它由左上角出發且對角延伸至能多遠就多遠。我們將稱主對角線上所有元素為**對角元素** (diagonal entries)。

我們現在可以來考慮本節的主要結果了，其關心一個因式分解一般 $m \times n$ 階矩陣 A 的具體方法。此分解，稱之為**奇異值分解** (singular value decomposition)(簡稱 SVD)。將被給為兩種型式，簡明型著重主要概念，而擴大型描述細節。證明在本節末。

主對角線

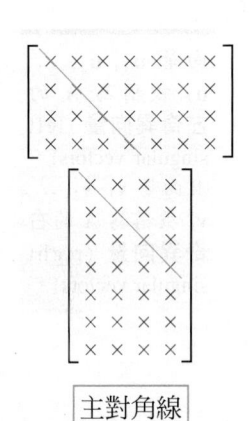

▲ 圖 9.5.1

定理 9.5.3：奇異值分解

若 A 是一個 $m \times n$ 階矩陣，則 A 可被表為型如

$$A = U\Sigma V^T$$

其中 U 和 V 為正交矩陣，Σ 是對角線為 A 的所有奇異值且其他元素為零的 $m \times n$ 階矩陣。

定理 9.5.4：奇異值分解 (擴大型)

若 A 是一個秩為 k 的 $m \times n$ 階矩陣，則 A 可被分解為

$$A = U\Sigma V^T$$

$$= [\mathbf{u}_1 \; \mathbf{u}_2 \; \cdots \; \mathbf{u}_k \,|\, \mathbf{u}_{k+1} \; \cdots \; \mathbf{u}_m] \begin{bmatrix} \begin{array}{cccc} \sigma_1 & 0 & \cdots & 0 \\ 0 & \sigma_2 & \cdots & 0 \\ \vdots & \vdots & \ddots & \vdots \\ 0 & 0 & \cdots & \sigma_k \end{array} & 0_{k \times (n-k)} \\ \hline 0_{(m-k) \times k} & 0_{(m-k) \times (n-k)} \end{bmatrix} \begin{bmatrix} \mathbf{v}_1^T \\ \mathbf{v}_2^T \\ \vdots \\ \mathbf{v}_k^T \\ \mathbf{v}_{k+1}^T \\ \vdots \\ \mathbf{v}_n^T \end{bmatrix}$$

其中 U, Σ 及 V 分別為 $m \times m$ 階、$m \times n$ 階及 $n \times n$ 階，且

(a) $V = [\mathbf{v}_1, \mathbf{v}_2, \ldots, \mathbf{v}_n]$ 正交對角化 $A^T A$。

(b) Σ 的非零對角元素是 $\sigma_1 = \sqrt{\lambda_1}, \sigma_2 = \sqrt{\lambda_2}, \ldots, \sigma_k = \sqrt{\lambda_k}$，其中 $\lambda_1, \lambda_2, \ldots, \lambda_k$ 是 $A^T A$ 對應至 V 的所有行向量之非零特徵值。

(c) V 的所有行向量被依序排列使得 $\sigma_1 \geq \sigma_2 \geq \cdots \geq \sigma_k > 0$。

(d) $\mathbf{u}_i = \dfrac{A\mathbf{v}_i}{\|A\mathbf{v}_i\|} = \dfrac{1}{\sigma_i} A\mathbf{v}_i \quad (i = 1, 2, \ldots, k)$

(e) $\{\mathbf{u}_1, \mathbf{u}_2, \ldots, \mathbf{u}_k\}$ 是 $\mathrm{col}(A)$ 的一組單範正交基底。

(f) $\{\mathbf{u}_1, \mathbf{u}_2, \ldots, \mathbf{u}_k\}$ 的擴充 $\{\mathbf{u}_1, \mathbf{u}_2, \ldots, \mathbf{u}_k, \mathbf{u}_{k+1}, \mathbf{u}_2, \ldots, \mathbf{u}_m\}$ 為 R^m 的一組單範正交基底。

向量 $\mathbf{u}_1, \mathbf{u}_2, \ldots, \mathbf{u}_k$ 被稱為 A 的左奇異向量 (left singular vectors)，且向量 $\mathbf{v}_1, \mathbf{v}_2, \ldots, \mathbf{v}_k$ 被稱為 A 的右奇異向量 (right singular vectors)。

▶ **例題 2** 非方陣 A 之奇異值分解

求矩陣

$$A = \begin{bmatrix} 1 & 1 \\ 0 & 1 \\ 1 & 0 \end{bmatrix}$$

史記：奇異值一詞出自英裔數學家 Harry Bateman，他於 1908 年發表的一篇研究論文裡使用這個名詞。Bateman 於 1910 年移民至美國，任教於 John Hopkins 大學的 Bryn Mawr 學院，最後任教於加州理工學院。有趣的是，他於 1913 年得到 John Hopkins Ph. D 學位時，他已是發表 60 篇論文的傑出數學家。

Harry Bateman (1882–1946)

[相片：摘錄自 *Courtesy of the Archivers, California Institute of Technology*]

的奇異值分解。

解：我們在例題 1 證明了 A^TA 的所有特徵值為 $\lambda_1=3$ 及 $\lambda_2=1$ 且對應的 A 之奇異值為 $\sigma_1=\sqrt{3}$ 且 $\sigma_2=1$。留給讀者證明

$$\mathbf{v}_1 = \begin{bmatrix} \frac{\sqrt{2}}{2} \\ \frac{\sqrt{2}}{2} \end{bmatrix} \quad \text{及} \quad \mathbf{v}_2 = \begin{bmatrix} \frac{\sqrt{2}}{2} \\ -\frac{\sqrt{2}}{2} \end{bmatrix}$$

分別為對應至 λ_1 及 λ_2 的特徵向量，且 $V=[\mathbf{v}_1 | \mathbf{v}_2]$ 正交對角化 A^TA。由定理 9.5.4(d)，向量

$$\mathbf{u}_1 = \frac{1}{\sigma_1}A\mathbf{v}_1 = \frac{\sqrt{3}}{3}\begin{bmatrix} 1 & 1 \\ 0 & 1 \\ 1 & 0 \end{bmatrix}\begin{bmatrix} \frac{\sqrt{2}}{2} \\ \frac{\sqrt{2}}{2} \end{bmatrix} = \begin{bmatrix} \frac{\sqrt{6}}{3} \\ \frac{\sqrt{6}}{6} \\ \frac{\sqrt{6}}{6} \end{bmatrix}$$

$$\mathbf{u}_2 = \frac{1}{\sigma_2}A\mathbf{v}_2 = (1)\begin{bmatrix} 1 & 1 \\ 0 & 1 \\ 1 & 0 \end{bmatrix}\begin{bmatrix} \frac{\sqrt{2}}{2} \\ -\frac{\sqrt{2}}{2} \end{bmatrix} = \begin{bmatrix} 0 \\ -\frac{\sqrt{2}}{2} \\ \frac{\sqrt{2}}{2} \end{bmatrix}$$

為 U 的三個行向量中的兩個。注意，如所預期的 $\mathbf{u}_1$ 和 $\mathbf{u}_2$ 是單範正交。我們可將集合 $\{\mathbf{u}_1, \mathbf{u}_2\}$ 擴充為 R^3 的一組單範正交基底。然而，若先將 $\mathbf{u}_1$ 及 $\mathbf{u}_2$ 乘上合適純量以移去凌亂的根號，則計算將更容易些。因此，我們將找一個單位向量 $\mathbf{u}_3$ 使其正交於

史記：奇異值分解理論可追溯為五個人的努力：義大利數學家 Eugenio Beltrami、法國數學家 Camille Jordan、英國數學家 James Sylvester (見第 43 頁) 及德國數學家 Erhard Schmidt 和數學家 Herman Weyl。新近，美國數學家 Gene Golub 的開拓努力得到一個穩定且有效率的演算法來計算它。Beltrami 和 Jordan 是此分解法的先驅——Beltrami 於 1873 年對具相異奇異值之實數可逆矩陣給了一個證明。接著，Jordan 精緻了理論並消去 Beltrami 所給的不必要限制。Sylvestor，明顯的不熟悉 Beltrami 和 Jordan 的作品，於 1889 年再次發現這個結果並推薦其重要性。Schmidt 是首位證明奇異值分解可被用來以另一個較低秩的矩陣來近似一個矩陣，且如此做，他將此分解法由數學的奇特性轉換為一個重要的實際工具。Weyl 證明在誤差內如何找較低秩之近似。

[相片：摘錄自 *Wikipedia* (*Beltrami*); *The Granger Collection*, *New York* (*Jordan*); *Courtesy Electronic Publishing Services*, *Inc.*, *New York City* (*Weyl*); *Wikipedia* (*Golub*)]

Eugenio Beltrami (1835–1900)
Camille Jordan (1838–1922)
Herman Klaus Weyl (1885–1955)
Gene H. Golub (1932–   )

$$\sqrt{6}\,\mathbf{u}_1 = \begin{bmatrix} 2 \\ 1 \\ 1 \end{bmatrix} \quad \text{及} \quad \sqrt{2}\,\mathbf{u}_2 = \begin{bmatrix} 0 \\ -1 \\ 1 \end{bmatrix}$$

欲滿足這兩個正交條件，向量 $\mathbf{u}_3$ 必為齊次線性方程組

$$\begin{bmatrix} 2 & 1 & 1 \\ 0 & -1 & 1 \end{bmatrix} \begin{bmatrix} x_1 \\ x_2 \\ x_3 \end{bmatrix} = \begin{bmatrix} 0 \\ 0 \\ 0 \end{bmatrix}$$

的一解。留給讀者證明此方程組的通解是

$$\begin{bmatrix} x_1 \\ x_2 \\ x_3 \end{bmatrix} = t \begin{bmatrix} -1 \\ 1 \\ 1 \end{bmatrix}$$

正規化右邊向量得

$$\mathbf{u}_3 = \begin{bmatrix} -\frac{1}{\sqrt{3}} \\ \frac{1}{\sqrt{3}} \\ \frac{1}{\sqrt{3}} \end{bmatrix}$$

因此，A 的奇異值分解是

$$\underbrace{\begin{bmatrix} 1 & 1 \\ 0 & 1 \\ 1 & 0 \end{bmatrix}}_{A} = \underbrace{\begin{bmatrix} \frac{\sqrt{6}}{3} & 0 & -\frac{1}{\sqrt{3}} \\ \frac{\sqrt{6}}{6} & -\frac{\sqrt{2}}{2} & \frac{1}{\sqrt{3}} \\ \frac{\sqrt{6}}{6} & \frac{\sqrt{2}}{2} & \frac{1}{\sqrt{3}} \end{bmatrix}}_{U} \underbrace{\begin{bmatrix} \sqrt{3} & 0 \\ 0 & 1 \\ 0 & 0 \end{bmatrix}}_{\Sigma} \underbrace{\begin{bmatrix} \frac{\sqrt{2}}{2} & \frac{\sqrt{2}}{2} \\ \frac{\sqrt{2}}{2} & -\frac{\sqrt{2}}{2} \end{bmatrix}}_{V^T}$$

你可將右邊的矩陣乘開以確認此等式的正確性。◀

可選擇的教材

我們以定理 9.5.4 一個可選擇的證明來結束本節。

定理 9.5.4 證明：為符號簡便性，我們將以 A 為 $n \times n$ 階矩陣的情形來證明本定理。欲修飾 $m \times n$ 階矩陣的論證，你僅需依據 $m > n$ 或 $n > m$ 來做符號調整。

矩陣 $A^T A$ 是對稱的，所以它有一個特徵值分解

$$A^T A = VDV^T$$

其中

$$V = [\mathbf{v}_1 \mid \mathbf{v}_2 \mid \cdots \mid \mathbf{v}_n]$$

的所有行向量是 A^TA 的單位向量，且 D 是一個對角矩陣其逐次對角元素 $\lambda_1, \lambda_2, \ldots, \lambda_n$ 是 A^TA 的所有特徵值依次對應至 V 的所有行向量。因為 A 被假設秩為 k，由定理 9.5.1 得 A^TA 的秩亦為 k。亦可得 D 的秩為 k，因為它相似 A^TA 且秩是一個相似不變性。因此，D 可被表為型如

$$D = \begin{bmatrix} \lambda_1 & & & & & & 0 \\ & \lambda_2 & & & & & \\ & & \ddots & & & & \\ & & & \lambda_k & & & \\ & & & & 0 & & \\ & & & & & \ddots & \\ 0 & & & & & & 0 \end{bmatrix} \quad (2)$$

其中 $\lambda_1 \geq \lambda_2 \geq \cdots \geq \lambda_k > 0$。現在讓我們考慮像向量集合

$$\{A\mathbf{v}_1, A\mathbf{v}_2, \ldots, A\mathbf{v}_n\} \quad (3)$$

這是一個正交集，因為若 $i \neq j$，則 $\mathbf{v}_i$ 和 $\mathbf{v}_j$ 的正交性蘊涵

$$A\mathbf{v}_i \cdot A\mathbf{v}_j = \mathbf{v}_i \cdot A^TA\mathbf{v}_j = \mathbf{v}_i \cdot \lambda_j \mathbf{v}_j = \lambda_j(\mathbf{v}_i \cdot \mathbf{v}_j) = 0$$

此外，(3) 式裡的前 k 個向量非零，因為我們在定理 9.5.2(b) 裡證明了 $\|A\mathbf{v}_i\|^2 = \lambda_i$ 對 $i = 1, 2, \ldots, n$，且我們已假設 (2) 式中前 k 個對角元素均為正。因此，

$$S = \{A\mathbf{v}_1, A\mathbf{v}_2, \ldots, A\mathbf{v}_k\}$$

是 A 的行空間中非零向量的一個正交集合。但 A 的行空間之維數為 k 因為

$$\text{rank}(A) = \text{rank}(A^TA) = k$$

且因此 S 是一個 k 個向量的線性獨立集，必為 $\text{col}(A)$ 的一個正交基底。若我們現在正規化 S 中的所有向量，我們將得一個單範正交基底 $\{\mathbf{u}_1, \mathbf{u}_2, \ldots, \mathbf{u}_k\}$ 給 $\text{col}(A)$，其中

$$\mathbf{u}_i = \frac{A\mathbf{v}_i}{\|A\mathbf{v}_i\|} = \frac{1}{\sqrt{\lambda_i}} A\mathbf{v}_i \quad (1 \leq i \leq k)$$

或，等價地，其中

$$A\mathbf{v}_1 = \sqrt{\lambda_1}\mathbf{u}_1 = \sigma_1\mathbf{u}_1, \quad A\mathbf{v}_2 = \sqrt{\lambda_2}\mathbf{u}_2 = \sigma_2\mathbf{u}_2, \quad \ldots, \quad A\mathbf{v}_k = \sqrt{\lambda_k}\mathbf{u}_k = \sigma_k\mathbf{u}_k$$
(4)

由定理 6.3.6，我們可將它擴充為一個單範正交基底

$$\{\mathbf{u}_1, \mathbf{u}_2, \ldots, \mathbf{u}_k, \mathbf{u}_{k+1}, \ldots, \mathbf{u}_n\}$$

給 R^n。現在令 U 為正交矩陣

$$U = \begin{bmatrix} \mathbf{u}_1 & \mathbf{u}_2 & \cdots & \mathbf{u}_k & \mathbf{u}_{k+1} & \cdots & \mathbf{u}_n \end{bmatrix}$$

且令 Σ 為對角矩陣

$$\Sigma = \begin{bmatrix} \sigma_1 & & & & & & 0 \\ & \sigma_2 & & & & & \\ & & \ddots & & & & \\ & & & \sigma_k & & & \\ & & & & 0 & & \\ & & & & & \ddots & \\ 0 & & & & & & 0 \end{bmatrix}$$

由 (4) 式，且 $A\mathbf{v}_i = 0$ 對 $i > k$，得

$$\begin{aligned} U\Sigma &= [\sigma_1\mathbf{u}_1 \quad \sigma_2\mathbf{u}_2 \quad \cdots \quad \sigma_k\mathbf{u}_k \quad 0 \quad \cdots \quad 0] \\ &= [A\mathbf{v}_1 \quad A\mathbf{v}_2 \quad \cdots \quad A\mathbf{v}_k \quad A\mathbf{v}_{k+1} \quad \cdots \quad A\mathbf{v}_n] \\ &= AV \end{aligned}$$

我們可使用 V 的正交性將其改寫為 $A = U\Sigma V^T$。 ◀

概念複習

- 特徵值分解
- Hessenberg 分解
- Schur 分解
- 捨入誤差的擴大
- A 和 A^TA 的共同性質
- A^TA 是可正交對角化
- A^TA 的特徵值是非負的
- 奇異值
- 非方陣的對角元素
- 奇異值分解

技　能

- 求 $m \times n$ 階矩陣的所有奇異值。
- 求 $m \times n$ 階矩陣的奇異值分解。

習題集 9.5

▶對習題 1-4 各題，求 A 的所有相異奇異值。◀

1. $A = \begin{bmatrix} 4 & 0 & 3 \end{bmatrix}$

2. $A = \begin{bmatrix} 5 & 0 \\ 0 & 2 \end{bmatrix}$

3. $A = \begin{bmatrix} 2 & -1 \\ 1 & 2 \end{bmatrix}$

4. $A = \begin{bmatrix} \sqrt{2} & 0 \\ 1 & \sqrt{2} \end{bmatrix}$

▶對習題 5-12 各題，求 A 的奇異值分解。◀

5. $A = \begin{bmatrix} 1 & -1 \\ 1 & 1 \end{bmatrix}$

6. $A = \begin{bmatrix} -3 & 0 \\ 0 & -4 \end{bmatrix}$

7. $A = \begin{bmatrix} 2 & -1 \\ -2 & 1 \end{bmatrix}$

8. $A = \begin{bmatrix} 3 & 3 \\ 3 & 3 \end{bmatrix}$

9. $A = \begin{bmatrix} 2 & 1 \\ 4 & 2 \\ 4 & 2 \end{bmatrix}$

10. $A = \begin{bmatrix} 4 & 0 & 3 \\ 0 & 0 & 5 \end{bmatrix}$

11. $A = \begin{bmatrix} 1 & 0 \\ 1 & 1 \\ -1 & 1 \end{bmatrix}$

12. $A = \begin{bmatrix} -1 & 4 \\ -2 & 2 \\ -2 & -4 \end{bmatrix}$

13. 證明：若 A 是一個 $m \times n$ 階矩陣，則 $A^T A$ 和 AA^T 有相同秩。

14. 使用定理 9.5.1(a) 及 A 和 $A^T A$ 有 n 個行的事實，證明定理 9.5.1(d)。

15. (a) 首先證明 $\text{row}(A^T A)$ 是 $\text{row}(A)$ 的一子空間，證明定理 9.5.1(b)。
    (b) 使用定理 9.5.1(b) 證明定理 9.5.1(c)。

16. 令 $T : R^n \to R^m$ 為一線性變換，其標準矩陣 A 有奇異值分解 $A = U\Sigma V^T$，且令 $B = \{\mathbf{v}_1, \mathbf{v}_2, \ldots, \mathbf{v}_n\}$ 及 $B' = \{\mathbf{u}_1, \mathbf{u}_2, \ldots, \mathbf{u}_m\}$ 分別為 V 和 U 的行向量。證明 $\Sigma = [T]_{B', B}$。

17. 證明 $A^T A$ 的所有奇異值是 A 的所有奇異值平方。

18. 證明若 $A = U\Sigma V^T$ 是 A 的一奇異值分解，則 U 可正交對角化 AA^T。

是非題

試判斷 (a)-(g) 各敘述的真假，並驗證你的答案。

(a) 若 A 是一個 $m \times n$ 階矩陣，則 $A^T A$ 是一個 $m \times m$ 階矩陣。

(b) 若 A 是一個 $m \times m$ 階矩陣，則 $A^T A$ 是一個對稱矩陣。

(c) 若 A 是一個 $m \times n$ 階矩陣，則 $A^T A$ 的所有特徵值是正實數。

(d) 若 A 是一個 $n \times n$ 階矩陣，則 A 是可正交對角化。

(e) 若 A 是一個 $m \times n$ 階矩陣，則 $A^T A$ 是可正交對角化。

(f) $A^T A$ 的所有特徵值是 A 的所有奇異值。

(g) 每一個 $m \times n$ 階矩陣有一個奇異值分解。

9.6 使用奇異值分解的資料壓縮

大量的數位資料之有效傳送及儲存已成為科技世界的一個主要問題。本節我們將討論奇異值分解在壓縮數位資料中所扮演的角色，使得數位資料可被傳送更快及儲存空間較少。我們將假設你已讀了 9.5 節。

簡約奇異值分解

代數上，定理 9.5.4 中矩陣 Σ 的所有零列及零行是多餘的，可將表示式 $U\Sigma V^T$ 使用該公式中的分割及區塊相乘將其乘開後消去。含零區塊為因

子的乘積可拋棄，留下

$$A = \begin{bmatrix} \mathbf{u}_1 & \mathbf{u}_2 & \cdots & \mathbf{u}_k \end{bmatrix} \begin{bmatrix} \sigma_1 & 0 & \cdots & 0 \\ 0 & \sigma_2 & \cdots & 0 \\ \vdots & \vdots & \ddots & \vdots \\ 0 & 0 & \cdots & \sigma_k \end{bmatrix} \begin{bmatrix} \mathbf{v}_1^T \\ \mathbf{v}_2^T \\ \vdots \\ \mathbf{v}_k^T \end{bmatrix} \quad (1)$$

其被稱為 A 的**簡約奇異值分解** (reduced singular value decomposition)。本書將把 (1) 式右邊的矩陣分別表為 U_1, Σ_1 及 V_1^T，並將此方程式寫為

$$A = U_1 \Sigma_1 V_1^T \quad (2)$$

注意 U_1, Σ_1 及 V_1^T 的大小分別為 $m \times k, k \times k$ 及 $k \times n$，且矩陣 Σ_1 是可逆的，因為其對角元素是正的。

若我們使用行-列法將 (1) 式的右邊乘開，則我們得

$$A = \sigma_1 \mathbf{u}_1 \mathbf{v}_1^T + \sigma_2 \mathbf{u}_2 \mathbf{v}_2^T + \cdots + \sigma_k \mathbf{u}_k \mathbf{v}_k^T \quad (3)$$

其被稱為 A 的**簡約奇異值展開式** (reduced singular value expansion)。此結果可應用至所有矩陣，而譜分解 [7.2 節公式 (7)] 僅可應用至對稱矩陣。

注釋：可證明出 $m \times n$ 階矩陣 M 有秩 1 若且唯若它可被分解為 $M = \mathbf{u}\mathbf{v}^T$，其中 $\mathbf{u}$ 是 R^m 的一個行向量且 V 是 R^n 的一個行向量，因此，一個簡約奇異值分解將秩為 k 的矩陣 A 表為 k 個秩為 1 的矩陣之線性組合。

▶ **例題 1　簡約奇異值分解**
求矩陣

$$A = \begin{bmatrix} 1 & 1 \\ 0 & 1 \\ 1 & 0 \end{bmatrix}$$

的一簡約奇異值分解及一簡約奇異值展開式。
解：在 9.5 節例題 2 裡，我們找到奇異值分解

$$\begin{bmatrix} 1 & 1 \\ 0 & 1 \\ 1 & 0 \end{bmatrix} = \begin{bmatrix} \frac{\sqrt{6}}{3} & 0 & -\frac{1}{\sqrt{3}} \\ \frac{\sqrt{6}}{6} & -\frac{\sqrt{2}}{2} & \frac{1}{\sqrt{3}} \\ \frac{\sqrt{6}}{6} & \frac{\sqrt{2}}{2} & \frac{1}{\sqrt{3}} \end{bmatrix} \begin{bmatrix} \sqrt{3} & 0 \\ 0 & 1 \\ 0 & 0 \end{bmatrix} \begin{bmatrix} \frac{\sqrt{2}}{2} & \frac{\sqrt{2}}{2} \\ \frac{\sqrt{2}}{2} & -\frac{\sqrt{2}}{2} \end{bmatrix} \qquad (4)$$

$$A \quad = \quad U \quad\quad \Sigma \quad\quad V^T$$

因為 A 有秩 2 (證明之)，由 (1) 式且 $k=2$ 得 A 對應至 (4) 式的簡約奇異值分解是

$$\begin{bmatrix} 1 & 1 \\ 0 & 1 \\ 1 & 0 \end{bmatrix} = \begin{bmatrix} \frac{\sqrt{6}}{3} & 0 \\ \frac{\sqrt{6}}{6} & -\frac{\sqrt{2}}{2} \\ \frac{\sqrt{6}}{6} & \frac{\sqrt{2}}{2} \end{bmatrix} \begin{bmatrix} \sqrt{3} & 0 \\ 0 & 1 \end{bmatrix} \begin{bmatrix} \frac{\sqrt{2}}{2} & \frac{\sqrt{2}}{2} \\ \frac{\sqrt{2}}{2} & -\frac{\sqrt{2}}{2} \end{bmatrix}$$

此產生簡約奇異值展開式

$$\begin{bmatrix} 1 & 1 \\ 0 & 1 \\ 1 & 0 \end{bmatrix} = \sigma_1 \mathbf{u}_1 \mathbf{v}_1^T + \sigma_2 \mathbf{u}_2 \mathbf{v}_2^T = \sqrt{3} \begin{bmatrix} \frac{\sqrt{6}}{3} \\ \frac{\sqrt{6}}{6} \\ \frac{\sqrt{6}}{6} \end{bmatrix} \begin{bmatrix} \frac{\sqrt{2}}{2} & \frac{\sqrt{2}}{2} \end{bmatrix} + (1) \begin{bmatrix} 0 \\ -\frac{\sqrt{2}}{2} \\ \frac{\sqrt{2}}{2} \end{bmatrix} \begin{bmatrix} \frac{\sqrt{2}}{2} & -\frac{\sqrt{2}}{2} \end{bmatrix}$$

$$= \sqrt{3} \begin{bmatrix} \frac{\sqrt{3}}{3} & \frac{\sqrt{3}}{3} \\ \frac{\sqrt{3}}{6} & \frac{\sqrt{3}}{6} \\ \frac{\sqrt{3}}{6} & \frac{\sqrt{3}}{6} \end{bmatrix} + (1) \begin{bmatrix} 0 & 0 \\ -\frac{1}{2} & \frac{1}{2} \\ \frac{1}{2} & -\frac{1}{2} \end{bmatrix}$$

注意展開式裡的所有矩陣秩均為 1，如所預期的。 ◀

資料壓縮及影像處理

奇異值分解可被用來「壓縮」視覺資訊以減少它所需要的儲存空間及加速它的電子傳送。壓縮一個視覺影像的第一步是將它表為一個數值矩陣，當需要時，由此矩陣視覺影像可被復原。

史記：1924 年，美國聯邦調查局 (FBI) 開始搜集指紋和掌紋，且至今已有超過 3 千萬此種紋路已建檔。欲減少儲存費用，FBI 開始和 Los Alamos 的國家實驗室、國家標準局及其他團體合作，於 1993 年基於壓縮法設計行列來儲存數位型的點。左方圖形顯示一個原始指紋及由以 26：1 的比例壓縮的數位資料重造的指紋。

原始的　重造的

例如，一張黑白照可被掃描為一個矩形像素 (點) 陣列，並被儲存為一個矩陣 A，其儲存法係依據像素的灰色層次對每個像素指定一個數值。若 256 個不同灰色層次被使用 (0＝白色至 255＝黑色)，則矩陣內的元素將是介於 0 到 255 間的整數。利用印出或展示所有像素及它們所指定的灰色層次，相片可由矩陣 A 復原。

若矩陣 A 的階數為 $m \times n$，則我們可將 mn 個元素逐一儲存。另一個程序是計算簡約奇異值分解

$$A = \sigma_1 \mathbf{u}_1 \mathbf{v}_1^T + \sigma_2 \mathbf{u}_2 \mathbf{v}_2^T + \cdots + \sigma_k \mathbf{u}_k \mathbf{v}_k^T \tag{5}$$

其中 $\sigma_1 \geq \sigma_2 \geq \cdots \geq \sigma_k$，且儲存所有 $\sigma, \mathbf{u}$ 及 $\mathbf{v}$。當需要時，矩陣 A (且因此它所代表的影像) 可由 (5) 式重造。因為每一個 $\mathbf{u}_j$ 有 m 個元素且每個 $\mathbf{v}_j$ 有 n 個元素，此法需儲存空間給

$$km + kn + k = k(m + n + 1)$$

個數。然而，假設奇異值 $\sigma_{r+1}, \ldots, \sigma_k$ 是足夠小到可將 (5) 式中的對應項丟掉，產生一個可接受的近似

$$A_r = \sigma_1 \mathbf{u}_1 \mathbf{v}_1^T + \sigma_2 \mathbf{u}_2 \mathbf{v}_2^T + \cdots + \sigma_r \mathbf{u}_r \mathbf{v}_r^T \tag{6}$$

給 A 及 A 所代表的影像。我們稱 (6) 式為 A 的秩 r 近似 (rank r approximation of A)。此矩陣所需要的儲存空間僅給

$$rm + rn + r = r(m + n + 1)$$

個數，比較需要 mn 個數來給 A 一個元素一個元素儲存。例如，1000×1000 階矩陣 A 的秩 100 近似僅需儲存

$$100(1000 + 1000 + 1) = 200{,}100$$

個數，比較需要 1,000,000 個數來一個一個儲存 A 的元素——幾乎 80%

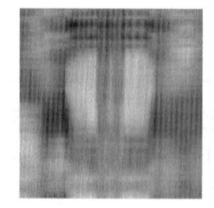

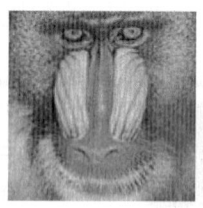

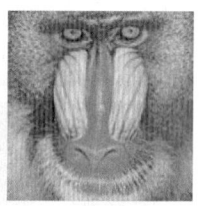

| 秩 4 | 秩 10 | 秩 20 | 秩 50 | 秩 128 |

▲ 圖 9.6.1

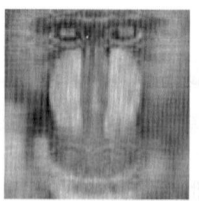

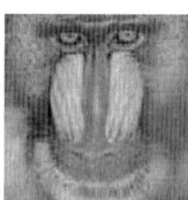

壓縮。

圖 9.6.1 顯示利用 (6) 式所得的數位狒狒影像的一些近似。

概念複習

- 簡約奇異值分解
- 簡約奇異值展開式
- 一個近似的秩

技　能

- 求 $m \times n$ 階矩陣的簡約奇異值分解。
- 求 $m \times n$ 階矩陣的簡約奇異值展開式。

習題集 9.6

▶對習題 1-4 各題，求 A 的一簡約奇異值分解。[注意：每個矩陣出現在習題集 9.5 裡，當時你被要求求它的 (未簡約) 奇異值分解。]◀

1. $A = \begin{bmatrix} 2 & 1 \\ 4 & 2 \\ 4 & 2 \end{bmatrix}$
2. $A = \begin{bmatrix} 4 & 0 & 3 \\ 0 & 0 & 5 \end{bmatrix}$
3. $A = \begin{bmatrix} 1 & 0 \\ 1 & 1 \\ -1 & 1 \end{bmatrix}$
4. $A = \begin{bmatrix} -1 & 4 \\ -2 & 2 \\ -2 & -4 \end{bmatrix}$

▶對習題 5-8 各題，求 A 的一簡約奇異值展開式。◀

5. 習題 1 的矩陣 A。
6. 習題 2 的矩陣 A。
7. 習題 3 的矩陣 A。
8. 習題 4 的矩陣 A。
9. 假設 A 是一個 200×500 階矩陣。多少個數必須儲存於 A 的秩 100 近似？將此數和 A 的元素個數做比較。

是非題

試判斷 (a)-(c) 各敘述的真假，並驗證你的答案。假設 $U_1 \Sigma_1 V_1^T$ 是一個秩為 k 的 $m \times n$ 階矩陣的一簡約奇異值分解。

(a) U_1 的階數為 $m \times k$。
(b) Σ_1 的階數為 $k \times k$。
(c) V_1 的階數為 $k \times n$。

第九章　補充習題

1. 試求 $A = \begin{bmatrix} -6 & 2 \\ 6 & 0 \end{bmatrix}$ 的一 LU 分解。
2. 試求習題 1 的矩陣 A 之 LDU 分解。
3. 試求 $A = \begin{bmatrix} 2 & 4 & 6 \\ 1 & 4 & 7 \\ 1 & 3 & 7 \end{bmatrix}$ 的一 LU 分解。
4. 試求習題 3 的矩陣 A 之 LDU 分解。
5. 令 $A = \begin{bmatrix} 2 & 1 \\ 1 & 2 \end{bmatrix}$ 及 $\mathbf{x}_0 = \begin{bmatrix} 1 \\ 0 \end{bmatrix}$。

   (a) 確認 A 的優勢特徵值，並求對應的具正元素之優勢單位特徵向量 $\mathbf{v}$。
   (b) 應用具歐幾里德量化的冪方法至 A 及 $\mathbf{x}_0$，停止在 $\mathbf{x}_5$。將你的 $\mathbf{x}_5$ 和 (a) 中所得的特徵向量 $\mathbf{v}$ 做比較。

(c) 應用具最大元素量化的冪方法至 A 及 $\mathbf{x}_0$，停止在 $\mathbf{x}_5$。將你的結果和特徵向量 $\begin{bmatrix} 1 \\ 1 \end{bmatrix}$ 做比較。

6. 考慮對稱矩陣
$$A = \begin{bmatrix} 0 & 1 \\ 1 & 0 \end{bmatrix}$$
討論對一個一般的非零向量 $\mathbf{x}_0$ 做歐幾里德量化的冪序列
$$\mathbf{x}_0, \quad \mathbf{x}_1, \ldots, \quad \mathbf{x}_k, \ldots$$
的行為。你所觀察的行為發生在矩陣將是如何？

7. 假設對稱矩陣 A 有相異特徵值 $\lambda_1 = 8$, $\lambda_2 = 1.4$, $\lambda_3 = 2.3$ 及 $\lambda_4 = -8.1$，則雷利商的收斂性如何？

8. 試求 $A = \begin{bmatrix} 1 & 1 \\ 1 & 1 \end{bmatrix}$ 的一奇異值分解。

9. 試求 $A = \begin{bmatrix} 1 & 1 \\ 0 & 0 \\ 1 & 1 \end{bmatrix}$ 的一奇異值分解。

10. 試求習題 9 之矩陣 A 的一簡約奇異值分解及一簡約奇異值展開式。

11. 試求奇異值分解為
$$A = \begin{bmatrix} \frac{1}{2} & \frac{1}{2} & \frac{1}{2} & \frac{1}{2} \\ \frac{1}{2} & -\frac{1}{2} & -\frac{1}{2} & \frac{1}{2} \\ \frac{1}{2} & -\frac{1}{2} & \frac{1}{2} & -\frac{1}{2} \\ \frac{1}{2} & \frac{1}{2} & -\frac{1}{2} & -\frac{1}{2} \end{bmatrix} \begin{bmatrix} 24 & 0 & 0 \\ 0 & 12 & 0 \\ 0 & 0 & 0 \\ 0 & 0 & 0 \end{bmatrix} \begin{bmatrix} \frac{2}{3} & -\frac{1}{3} & \frac{2}{3} \\ \frac{2}{3} & \frac{2}{3} & -\frac{1}{3} \\ -\frac{1}{3} & \frac{2}{3} & \frac{2}{3} \end{bmatrix}$$
的矩陣之簡約奇異值分解。

12. 正交相似矩陣有相同的奇異值嗎？驗證你的答案。

13. 若 P 是 R^n 映成至一子空間 W 的正交投影之標準矩陣，則 P 的奇異值為何？

CHAPTER 10

線性代數之應用

本章目錄
- 10.1　通過特定點建構曲線與曲面
- 10.2　幾何線性規劃
- 10.3　線性代數的最早應用
- 10.4　三次仿樣插值法
- 10.5　馬可夫鏈
- 10.6　圖形理論
- 10.7　對局論
- 10.8　黎昂迪夫經濟模型
- 10.9　森林管理
- 10.10　電腦繪圖
- 10.11　平衡溫度分佈
- 10.12　電腦斷層攝影
- 10.13　碎形集合
- 10.14　混　沌
- 10.15　密碼通訊
- 10.16　基因上的應用
- 10.17　特定年齡人口成長
- 10.18　動物群體之收穫
- 10.19　應用於人體聽覺之最小平方模型
- 10.20　變形與形態

引　言　本章包含 20 個線性代數應用。每個應用均單獨出現在獨自的章節裡，所以若需要時可移去某些章節或重排章節順序。每個主題均先列出所需的線性代數預備知識。

　　本章的主要目標是呈現線性代數的應用，所以證明部分經常被省略。若需其他領域的結果時，我們將清楚地敘述這些結果及動機，但通常不證明它們。

10.1 通過特定點建構曲線與曲面

本節的目的是介紹行列式建構通過特定點之直線、圓,以及一般二次曲線 (圓錐曲線) 的技巧。此種程序亦可用於三維空間中,建構通過特定點之平面與球面。

> **預備知識**:線性方程組
> 行列式
> 解析幾何

下面定理是由定理 2.3.8 而得。

> **定理 10.1.1**:方程式數目與未知數數目相同之齊次線性方程組具有一非明顯解若且唯若此方程組之係數矩陣的行列式值為 0。

現在說明如何使用上述結果以求得通過特定點之曲線或曲面的方程式。

通過兩點的直線

假設指定平面上相異的兩點 (x_1, y_1) 及 (x_2, y_2),則必有唯一的一條直線

$$c_1 x + c_2 y + c_3 = 0 \tag{1}$$

通過此兩點 (見圖 10.1.1)。注意,(1) 式中係數 c_1, c_2 及 c_3 不全為 0,且除非以某常數相乘,否則這些係數必為唯一。因 (x_1, y_1) 及 (x_2, y_2) 位於直線上,將它們代入 (1) 式中可得兩個方程式

$$c_1 x_1 + c_2 y_1 + c_3 = 0 \tag{2}$$
$$c_1 x_2 + c_2 y_2 + c_3 = 0 \tag{3}$$

▲ 圖 10.1.1

現在將 (1), (2) 及 (3) 式放在一起並改寫為

$$x c_1 + y c_2 + c_3 = 0$$
$$x_1 c_1 + y_1 c_2 + c_3 = 0$$
$$x_2 c_1 + y_2 c_2 + c_3 = 0$$

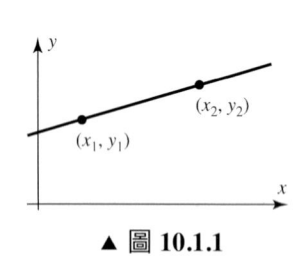

則形成係數皆為 c_1, c_2, c_3 之三個方程式的齊次線性方程組。因為 c_1, c_2 及 c_3 不全為 0，故知此方程組有一非明顯解，所以方程組之行列式必為 0，亦即

$$\begin{vmatrix} x & y & 1 \\ x_1 & y_1 & 1 \\ x_2 & y_2 & 1 \end{vmatrix} = 0 \tag{4}$$

使得直線上的每一點 (x, y) 皆滿足 (4) 式；反之，滿足 (4) 式的每一點 (x, y) 必位於直線上亦能證明。

▶ **例題 1　直線方程式**

試求通過點 $(2, 1)$ 及 $(3, 7)$ 之直線方程式。

解：將此兩點的座標 $(2, 1), (3, 7)$ 代入 (4) 式可得

$$\begin{vmatrix} x & y & 1 \\ 2 & 1 & 1 \\ 3 & 7 & 1 \end{vmatrix} = 0$$

將上述行列式沿第一列作餘因子展開式，則得

$$-6x + y + 11 = 0$$

◀

通過三點的圓

若平面上有不共線的三點 $(x_1, y_1), (x_2, y_2)$ 及 (x_3, y_3)，則由解析幾何知必有唯一的圓，

$$c_1(x^2 + y^2) + c_2 x + c_3 y + c_4 = 0 \tag{5}$$

通過此三點 (見圖 10.1.2)。將上述三點之座標代入 (5) 式中，可得下面三個方程式

$$c_1(x_1^2 + y_1^2) + c_2 x_1 + c_3 y_1 + c_4 = 0 \tag{6}$$
$$c_1(x_2^2 + y_2^2) + c_2 x_2 + c_3 y_2 + c_4 = 0 \tag{7}$$
$$c_1(x_3^2 + y_3^2) + c_2 x_3 + c_3 y_3 + c_4 = 0 \tag{8}$$

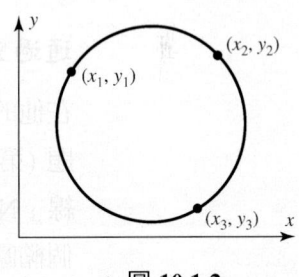

▲ 圖 10.1.2

如前所述，(5) 式至 (8) 式形成對 c_1, c_2, c_3 及 c_4 具有一非明顯解之齊次線性方程組，因此，其係數矩陣的行列式值為 0，即

$$\begin{vmatrix} x^2+y^2 & x & y & 1 \\ x_1^2+y_1^2 & x_1 & y_1 & 1 \\ x_2^2+y_2^2 & x_2 & y_2 & 1 \\ x_3^2+y_3^2 & x_3 & y_3 & 1 \end{vmatrix} = 0 \qquad (9)$$

此即為圓方程式之行列式型式。

▶**例題 2　圓方程式**

求通過相異三點 $(1,7), (6,2)$ 及 $(4,6)$ 的圓方程式。

解：將上述三點的座標值代入 (9) 式中，則得

$$\begin{vmatrix} x^2+y^2 & x & y & 1 \\ 50 & 1 & 7 & 1 \\ 40 & 6 & 2 & 1 \\ 52 & 4 & 6 & 1 \end{vmatrix} = 0$$

此行列式可化簡為

$$10(x^2+y^2) - 20x - 40y - 200 = 0$$

上式可改寫為標準型

$$(x-1)^2 + (y-2)^2 = 5^2$$

此即為圓心 $(1,2)$，半徑為 5 的圓。　◀

通過五點的一般圓錐曲線

在他的作品 *Principia Mathematica* 裡，Issac Newton 提出並解了下面問題 (第一冊，命題 22，問題 14)：「欲描述一個通過五已知點的圓錐曲線」Newton 以幾何方式解了這個問題，如圖 10.1.3 所示，其中他以一個橢圓通過點 A, B, D, P, C；然而，本節之法亦可被應用。

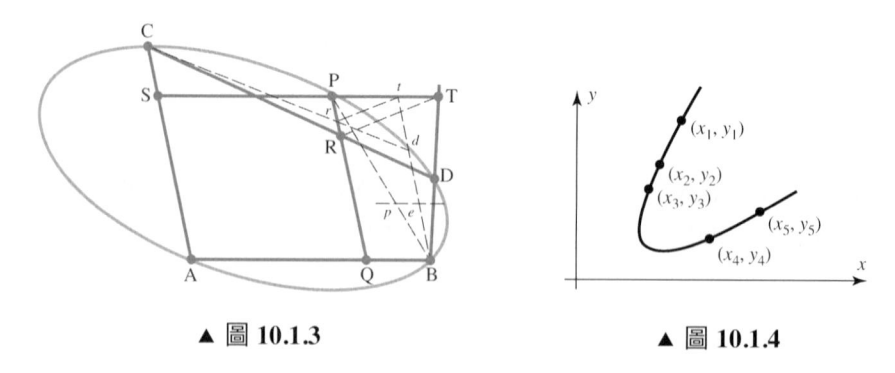

▲ 圖 10.1.3

▲ 圖 10.1.4

平面上之圓錐曲線 (包括拋物線、雙曲線、橢圓及此三類曲線的退化型) 的一般方程式已知為

$$c_1 x^2 + c_2 xy + c_3 y^2 + c_4 x + c_5 y + c_6 = 0$$

此方程式含有六個係數。若選取這六個係數中不為零的任意係數遍除各係數，則方程式的係數可簡化為五個。因此，只需要決定五個係數值即可，使得只要有平面上相異的五個點即已足夠決定此圓錐曲線之方程式 (見圖 10.1.4)。如前所述，此方程式可用行列式型式表示如下 (參考習題 7)：

$$\begin{vmatrix} x^2 & xy & y^2 & x & y & 1 \\ x_1^2 & x_1 y_1 & y_1^2 & x_1 & y_1 & 1 \\ x_2^2 & x_2 y_2 & y_2^2 & x_2 & y_2 & 1 \\ x_3^2 & x_3 y_3 & y_3^2 & x_3 & y_3 & 1 \\ x_4^2 & x_4 y_4 & y_4^2 & x_4 & y_4 & 1 \\ x_5^2 & x_5 y_5 & y_5^2 & x_5 & y_5 & 1 \end{vmatrix} = 0 \tag{10}$$

▶ **例題 3　軌道方程式**

有位天文學家想要得到一顆小行星繞太陽運轉的軌道。因此，他在該小行星的軌道面上建立以太陽為原點的笛卡兒座標系，並沿座標軸以天文單位標示測量值 (1 天文單位＝地球至太陽的平均距離＝9300 萬哩)。依據克卜勒第一定律，此小行星的運行軌道必為橢圓形，因此該天文學家分別於五個不同時點測得小行星軌道的座標值，此五個座標值如下所示：

$(8.025, 8.310)$, $(10.170, 6.355)$, $(11.202, 3.212)$, $(10.736, 0.375)$, $(9.092, -2.267)$

試求小行星運行軌道之方程式。

解：將上述五點的座標值代入 (10) 式中且小數點取至第三位得

$$\begin{vmatrix} x^2 & xy & y^2 & x & y & 1 \\ 64.401 & 66.688 & 69.056 & 8.025 & 8.310 & 1 \\ 103.429 & 64.630 & 40.386 & 10.170 & 6.355 & 1 \\ 125.485 & 35.981 & 10.317 & 11.202 & 3.212 & 1 \\ 115.262 & 4.026 & 0.141 & 10.736 & 0.375 & 1 \\ 82.664 & -20.612 & 5.139 & 9.092 & -2.267 & 1 \end{vmatrix} = 0$$

此一行列式沿第一列的餘因子展開式為

$$386.802x^2 - 102.895xy + 446.029y^2 - 2476.443x - 1427.998y - 17109.375 = 0$$

圖 10.1.5 所示即為通過上述五點測量值的正確軌道圖形。 ◀

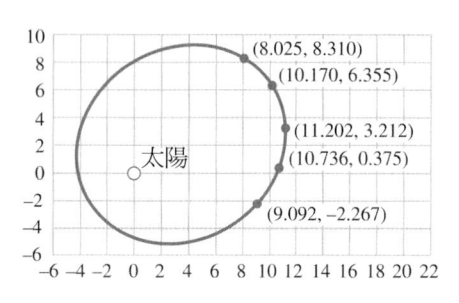

▲ 圖 **10.1.5**

空間中三點決定一平面

習題 8 中，將會要求讀者證明：三維空間中方程式為

$$c_1x + c_2y + c_3z + c_4 = 0$$

之平面，若通過非共線的三點 $(x_1, y_1, z_1), (x_2, y_2, z_2)$ 及 (x_3, y_3, z_3)，則可用行列式方程式表示為

$$\begin{vmatrix} x & y & z & 1 \\ x_1 & y_1 & z_1 & 1 \\ x_2 & y_2 & z_2 & 1 \\ x_3 & y_3 & z_3 & 1 \end{vmatrix} = 0 \tag{11}$$

▶ **例題 4** 平面方程式

通過非共線的三點 $(1, 1, 0), (2, 0, -1)$ 及 $(2, 9, 2)$ 的平面方程式為

$$\begin{vmatrix} x & y & z & 1 \\ 1 & 1 & 0 & 1 \\ 2 & 0 & -1 & 1 \\ 2 & 9 & 2 & 1 \end{vmatrix} = 0$$

上述行列式可化簡為

$$2x - y + 3z - 1 = 0$$ ◀

通過空間中四點的球面

習題 9 中，將會要求讀者證明：三維空間中方程式為

$$c_1(x^2 + y^2 + z^2) + c_2x + c_3y + c_4z + c_5 = 0$$

之球面，若通過非共平面的四點 (x_1, y_1, z_1), (x_2, y_2, z_2), (x_3, y_3, z_3) 及 (x_4, y_4, z_4)，則可用行列式方程式表示為

$$\begin{vmatrix} x^2+y^2+z^2 & x & y & z & 1 \\ x_1^2+y_1^2+z_1^2 & x_1 & y_1 & z_1 & 1 \\ x_2^2+y_2^2+z_2^2 & x_2 & y_2 & z_2 & 1 \\ x_3^2+y_3^2+z_3^2 & x_3 & y_3 & z_3 & 1 \\ x_4^2+y_4^2+z_4^2 & x_4 & y_4 & z_4 & 1 \end{vmatrix} = 0 \qquad (12)$$

▶ **例題 5　球面方程式**

通過非共平面四點 $(0, 3, 2), (1, -1, 1), (2, 1, 0)$ 及 $(5, 1, 3)$ 之球面方程式為

$$\begin{vmatrix} x^2+y^2+z^2 & x & y & z & 1 \\ 13 & 0 & 3 & 2 & 1 \\ 3 & 1 & -1 & 1 & 1 \\ 5 & 2 & 1 & 0 & 1 \\ 35 & 5 & 1 & 3 & 1 \end{vmatrix} = 0$$

上述行列式可化簡為

$$x^2 + y^2 + z^2 - 4x - 2y - 6z + 5 = 0$$

若以標準形表示，則為

$$(x-2)^2 + (y-1)^2 + (z-3)^2 = 9 \qquad ◀$$

習題集 10.1

1. 試求通過下列各點之直線方程式。
   (a) $(1, -1), (2, 2)$　　(b) $(0, 1), (1, -1)$
2. 試求通過下列各點之圓方程式。
   (a) $(2, 6), (2, 0), (5, 3)$
   (b) $(2, -2), (3, 5), (-4, 6)$
3. 試求通過點 $(0, 0), (0, -1), (2, 0), (2, -5)$ 及 $(4, -1)$ 之圓錐曲線方程式。
4. 試求通過下列各點之三維空間中的平面方程式。
   (a) $(1, 1, -3), (1, -1, 1), (0, -1, 2)$
   (b) $(2, 3, 1), (2, -1, -1), (1, 2, 1)$

5. (a) 修改 (11) 式使其所決定的平面通過原點且和通過三個不共線點的平面平行。
   (b) 求分別對應到習題 4(a) 及 4(b) 的三點，(a) 中所描述的兩個平面。
6. 試求通過下列各點之三維空間中的球面方程式。
   (a) $(1, 2, 3), (-1, 2, 1), (1, 0, 1), (1, 2, -1)$
   (b) $(0, 1, -2), (1, 3, 1), (2, -1, 0), (3, 1, -1)$
7. 試證明 (10) 式乃是通過平面上相異五點之二次曲線方程式。
8. 試證明 (11) 式乃是三維空間中，通過非共

線三點之平面方程式。
9. 試證明 (12) 式乃是三維空間中，通過非共平面四點之球面方程式。
10. 方程式為
$$c_1 y + c_2 x^2 + c_3 x + c_4 = 0$$

之拋物線，若其通過平面上非共線的三點時，試求其行列式方程式。
11. 若三相異點共線，則 (9) 式將變為什麼？
12. 若三相異點共線，則 (11) 式將變為什麼？
13. 若四點相異共線，則 (12) 式將變為什麼？

10.1 科技習題

下面這些習題是被設計為需使用科技裝備來解的問題。基本上，這些裝備為 MATLAB, *Mathematica*, Maple, Derive 或 Mathcad，亦可能為其他型態的線性代數軟體或具有線性代數內涵的科學計算器。對每個習題，你在使用你的特別裝備時，需先閱讀相關文件。這些習題的主要目標是讓你熟練你的科技裝備。一旦你精通這些習題裡的技巧，將可以使用你的科技裝備來解許多一般習題集的問題。

T1 二次曲面的一般方程式為
$$a_1 x^2 + a_2 y^2 + a_3 z^2 + a_4 xy + a_5 xz \\ + a_6 yz + a_7 x + a_8 y + a_9 z + a_{10} = 0$$

給曲面上的九個點，則這九點可能可決定此曲面方程式。

(a) 證明若曲面上九點分別為 (x_i, y_i), $i = 1, 2, 3, \ldots, 9$，且若它們唯一決定這個曲面方程式，則曲面方程式可被表為下面之行列式型式

$$\begin{vmatrix} x^2 & y^2 & z^2 & xy & xz & yz & x & y & z & 1 \\ x_1^2 & y_1^2 & z_1^2 & x_1 y_1 & x_1 z_1 & y_1 z_1 & x_1 & y_1 & z_1 & 1 \\ x_2^2 & y_2^2 & z_2^2 & x_2 y_2 & x_2 z_2 & y_2 z_2 & x_2 & y_2 & z_2 & 1 \\ x_3^2 & y_3^2 & z_3^2 & x_3 y_3 & x_3 z_3 & y_3 z_3 & x_3 & y_3 & z_3 & 1 \\ x_4^2 & y_4^2 & z_4^2 & x_4 y_4 & x_4 z_4 & y_4 z_4 & x_4 & y_4 & z_4 & 1 \\ x_5^2 & y_5^2 & z_5^2 & x_5 y_5 & x_5 z_5 & y_5 z_5 & x_5 & y_5 & z_5 & 1 \\ x_6^2 & y_6^2 & z_6^2 & x_6 y_6 & x_6 z_6 & y_6 z_6 & x_6 & y_6 & z_6 & 1 \\ x_7^2 & y_7^2 & z_7^2 & x_7 y_7 & x_7 z_7 & y_7 z_7 & x_7 & y_7 & z_7 & 1 \\ x_8^2 & y_8^2 & z_8^2 & x_8 y_8 & x_8 z_8 & y_8 z_8 & x_8 & y_8 & z_8 & 1 \\ x_9^2 & y_9^2 & z_9^2 & x_9 y_9 & x_9 z_9 & y_9 z_9 & x_9 & y_9 & z_9 & 1 \end{vmatrix} = 0$$

(b) 使用 (a) 的結果，試決定通過點 $(1, 2, 3)$, $(2, 1, 7)$, $(0, 4, 6)$, $(3, -1, 4)$, $(3, 0, 11)$, $(-1, 5, 8)$, $(9, -8, 3)$, $(4, 5, 3)$ 及 $(-2, 6, 10)$ 的二次曲面方程式。

T2 (a) 在 n-維歐幾里德空間 R^n 上的超平面之方程式為
$$a_1 x_1 + a_2 x_2 + a_3 x_3 + \cdots + a_n x_n + a_{n+1} = 0$$

其中 a_i, $i = 1, 2, 3, \ldots, n+1$ 為不全為零的常數，且 x_i, $i = 1, 2, 3, \ldots, n$ 均為變數滿足
$$(x_1, x_2, x_3, \ldots, x_n) \in R^n$$

點 $\quad (x_{10}, x_{20}, x_{30}, \ldots, x_{n0}) \in R^n$

位在超平面上，若
$$a_1 x_{10} + a_2 x_{20} + a_3 x_{30} + \cdots + a_n x_{n0} + a_{n+1} = 0$$

給此超平面上 n 個點 $(x_{1i}, x_{2i}, x_{3i}, \ldots, x_{ni})$, $i = 1, 2, 3, \ldots, n$，且此幾點唯一決定此超平面方程式。試證明此超平面方程式可被表為下面之行列式型式

$$\begin{vmatrix} x_1 & x_2 & x_3 & \cdots & x_n & 1 \\ x_{11} & x_{21} & x_{31} & \cdots & x_{n1} & 1 \\ x_{12} & x_{22} & x_{32} & \cdots & x_{n2} & 1 \\ x_{13} & x_{23} & x_{33} & \cdots & x_{n3} & 1 \\ \vdots & \vdots & \vdots & \ddots & \vdots & \vdots \\ x_{1n} & x_{2n} & x_{3n} & \cdots & x_{nn} & 1 \end{vmatrix} = 0$$

(b) 試決定在 R^9 上通過下面九點的超平面方程式。

(1, 2, 3, 4, 5, 6, 7, 8, 9)　(2, 3, 4, 5, 6, 7, 8, 9, 1)
(3, 4, 5, 6, 7, 8, 9, 1, 2)　(4, 5, 6, 7, 8, 9, 1, 2, 3)
(5, 6, 7, 8, 9, 1, 2, 3, 4)　(6, 7, 8, 9, 1, 2, 3, 4, 5)
(7, 8, 9, 1, 2, 3, 4, 5, 6)　(8, 9, 1, 2, 3, 4, 5, 6, 7)
(9, 1, 2, 3, 4, 5, 6, 7, 8)

10.2　幾何線性規劃

本節中描述求含兩變數之線性表示式，承受一組線性約束的最大化或最小化的幾何技巧。

> **預備知識：**線性方程組
> 　　　　　　線性不等式

線性規劃

自從 1940 年代後期喬治・丹吉 (George Dantzig) 的先驅研究以來，線性規劃理論的研究已經大為擴展。目前線性規劃廣泛地應用於工業上與科學上的問題中。本節中將展現一種簡單的線性規劃問題的幾何求解方法。現在就從一些範例著手。

▶ **例題 1　最大收入**

某糖果製造商有 130 磅的櫻桃夾心巧克力及 170 磅薄荷夾心巧克力的存貨。他決定以兩種混合的方式出售。混合之一含一半的櫻桃與一半的薄荷，售價為每磅 $2.00。而另一種混合將含 1/3 的櫻桃與 2/3 的薄荷，售價為每磅 $1.25。為了得到最大的收入，該糖果製造商每種混合各應準備多少磅？

數學列式：令一半櫻桃一半薄荷的混合為混合 A，並令 x_1 為此一混合將準備的磅數。令 1/3 櫻桃 2/3 薄荷的混合為混合 B，並令 x_2 為該混合將準備的磅數。因為混合 A 每磅售 $2.00 而混合 B 每磅售 $1.25，銷售總額 z (以美元計) 將是

$$z = 2.00x_1 + 1.25x_2$$

由於每磅混合 A 含 1/2 磅櫻桃，而每磅混合 B 中含 1/3 磅櫻桃，在兩種

混合中所含櫻桃的總磅數為

$$\tfrac{1}{2}x_1 + \tfrac{1}{3}x_2$$

同樣地，因為每磅混合 A 中含 1/2 磅薄荷，而每磅混合 B 中含 2/3 磅薄荷，因此兩種混合中所使用的薄荷的總磅數為

$$\tfrac{1}{2}x_1 + \tfrac{2}{3}x_2$$

由於製造商最多可以使用 130 磅的櫻桃與 170 磅的薄荷，所以

$$\tfrac{1}{2}x_1 + \tfrac{1}{3}x_2 \le 130$$
$$\tfrac{1}{2}x_1 + \tfrac{2}{3}x_2 \le 170$$

此外，因為 x_1 與 x_2 不能為負值，必須是

$$x_1 \ge 0 \quad \text{與} \quad x_2 \ge 0$$

因此，該問題可以列成如下的數學問題：試求使

$$z = 2.00x_1 + 1.25x_2$$

有最大值的 x_1 與 x_2 值，且承受下列拘束

$$\tfrac{1}{2}x_1 + \tfrac{1}{3}x_2 \le 130$$
$$\tfrac{1}{2}x_1 + \tfrac{2}{3}x_2 \le 170$$
$$x_1 \ge 0$$
$$x_2 \ge 0$$

本節稍後將展示如何以幾何的方法求解此一型式的問題。

▶ **例題 2　最大利息**

某婦人有將近 $10,000 投資。她的經紀人建議投資於 A 與 B 兩種債券。債券 A 風險較大，年利率 10%，債券 B 較安全，年利率 7%。經過一番考慮，她決定對債券 A 最多投資 $6,000，對債券 B 最少投資 $2,000，而且對 A 的投資額不少於對 B 的投資額。為了得到最多的年息，她應如何處理這 $10,000 的投資。

數學列式：令 x_1 為投資於債券 A 的金額，並令 x_2 為投資於債券 B 的金額。由於投資於債券 A 的每一美元每年賺進 $.10，而投資於債券 B 的每一美元每年賺進 $.07，由兩債券每年賺進的總美元數為

$$z = .10x_1 + .07x_2$$

所施予的拘束條件可列成如下的數學式：

投資額不超過 $10,000： $x_1 + x_2 \leq 10,000$
債券 A 最多投資 $6,000： $x_1 \leq 6000$
債券 B 最少投資 $2,000： $x_2 \geq 2000$
對 A 的投資額不少於對 B 的投資額： $x_1 \geq x_2$

另外有 x_1 與 x_2 不為負值的隱含假設：

$$x_1 \geq 0 \quad \text{與} \quad x_2 \geq 0$$

於是，這個問題的完整數學列式如下，試求使

$$z = .10x_1 + .07x_2$$

有最大值的 x_1 與 x_2 值，並承受下列的拘束

$$x_1 + x_2 \leq 10,000$$
$$x_1 \leq 6000$$
$$x_2 \geq 2000$$
$$x_1 - x_2 \geq 0$$
$$x_1 \geq 0$$
$$x_2 \geq 0$$

▶ **例題 3　最小成本**

某學生希望設計出儘可能經濟的玉米片與牛乳的早餐組合。以他所吃的其他食物為基準，他決定早餐必須能提供他至少 9 克的蛋白質，至少 1/3 每日推薦容許值 (recommended daily allowance, RDA) 的維他命 D，及至少 1/4 RDA 的鈣質。他從牛乳與玉米片的容器上找到下列有關營養的資訊：

	牛乳 ($\frac{1}{2}$ 杯)	玉米片 (1 盎斯)
成　本	7.5 美分	5.0 美分
蛋白質	4 克	2 克
維他命 D	$\frac{1}{8}$ RDA	$\frac{1}{10}$ RDA
鈣　質	$\frac{1}{6}$ RDA	無

為了不使他的混合物水分太多或太乾，這個學生決定自行限制混合物

中每杯牛乳含 1 到 3 盎斯的玉米片。為了使他的早餐成本最低，牛乳與玉米片的使用量應為若干？

數學列式：令 x_1 為牛乳的使用量 (以 1/2 杯為單位)，並且令 x_2 為玉米片的使用量 (以 1 盎斯為單位)。則若 z 為以美分為單位的早餐成本，可以寫成下列的數學式

早餐成本：	$z = 7.5x_1 + 5.0x_2$
至少 9 克的蛋白質：	$4x_1 + 2x_2 \geq 9$
至少 $\frac{1}{3}$ RDA 的維他命 D：	$\frac{1}{8}x_1 + \frac{1}{10}x_2 \geq \frac{1}{3}$
至少 $\frac{1}{4}$ RDA 的鈣質：	$\frac{1}{6}x_1 \geq \frac{1}{4}$
每杯牛乳 (2 倍的 $\frac{1}{2}$ 杯) 至少 1 盎斯玉米片：	$\frac{x_2}{x_1} \geq \frac{1}{2}$ (或 $x_1 - 2x_2 \leq 0$)
每杯牛乳 (2 倍的 $\frac{1}{2}$ 杯) 至多 3 盎斯玉米片：	$\frac{x_2}{x_1} \leq \frac{3}{2}$ (或 $3x_1 - 2x_2 \geq 0$)

與前面的例題相似，這個問題也有隱含的假設 $x_1 \geq 0$ 與 $x_2 \geq 0$。於是這個問題的完整數學列式如下，試求使

$$z = 7.5x_1 + 5.0x_2$$

有最小值的 x_1 與 x_2 的值，並承受下列的拘束

$$4x_1 + 2x_2 \geq 9$$
$$\tfrac{1}{8}x_1 + \tfrac{1}{10}x_2 \geq \tfrac{1}{3}$$
$$\tfrac{1}{6}x_1 \geq \tfrac{1}{4}$$
$$x_1 - 2x_2 \leq 0$$
$$3x_1 - 2x_2 \geq 0$$
$$x_1 \geq 0$$
$$x_2 \geq 0$$

◀

線性規劃問題的幾何解法

前面三個例題都是下列問題的特例。

問題：試求使

$$z = c_1x_1 + c_2x_2 \tag{1}$$

有最大值或最小值的 x_1 與 x_2 的值，並承受下列拘束：

$$\begin{array}{c} a_{11}x_1 + a_{12}x_2 \ (\leq)(\geq)(=) \ b_1 \\ a_{21}x_1 + a_{22}x_2 \ (\leq)(\geq)(=) \ b_2 \\ \vdots \qquad \vdots \qquad \vdots \\ a_{m1}x_1 + a_{m2}x_2 \ (\leq)(\geq)(=) \ b_m \end{array} \tag{2}$$

與

$$x_1 \geq 0, \qquad x_2 \geq 0 \tag{3}$$

在 (2) 式的 m 個條件中每個條件可能使用 $\leq$, $\geq$ 或 $=$ 三種符號之一。

以上的問題稱為含兩變數的**一般線性規劃問題** (general linear programming problem)。(1) 式中的線性函數 z 稱為**目標函數** (objective function)。(2) 式與 (3) 式稱為**拘束** (constraints)；尤其是 (3) 式稱為對變數 x_1 與 x_2 的**非負性拘束** (nonnegativity constraint)。

現在即將展示如何以圖解法求解含兩個變數的線性規劃問題。能滿足所有拘束的一對 (x_1, x_2) 值稱為**可行解** (feasible solution)。所有可行解的集合決定了 x_1x_2-平面上的一個子集合，稱為**可行域** (feasible region)。而求得能使目標函數有最大值的可行解正是此處所希望的。這個解稱為**最佳解** (optimal solution)。

為了考察線性規劃問題的可行域須得指出具有

$$a_{i1}x_1 + a_{i2}x_2 = b_i$$

型式的拘束在 x_1x_2-平面上定義了一條線，然而型式為

$$a_{i1}x_1 + a_{i2}x_2 \leq b_i \quad \text{或} \quad a_{i1}x_1 + a_{i2}x_2 \geq b_i$$

的拘束則定義了含邊界線

$$a_{i1}x_1 + a_{i2}x_2 = b_i$$

的半平面。因此，可行域總是為有限數目直線與半平面的交集。例如，例題 1 中的四項拘束

$$\begin{array}{r} \frac{1}{2}x_1 + \frac{1}{3}x_2 \leq 130 \\ \frac{1}{2}x_1 + \frac{2}{3}x_2 \leq 170 \\ x_1 \geq 0 \\ x_2 \geq 0 \end{array}$$

定義了圖 10.2.1a, b, c 與 d 所顯示的半平面。因此，這個問題的可行域為前述四個半平面的交集，如圖 10.2.1e 所示。

▲ 圖 10.2.1

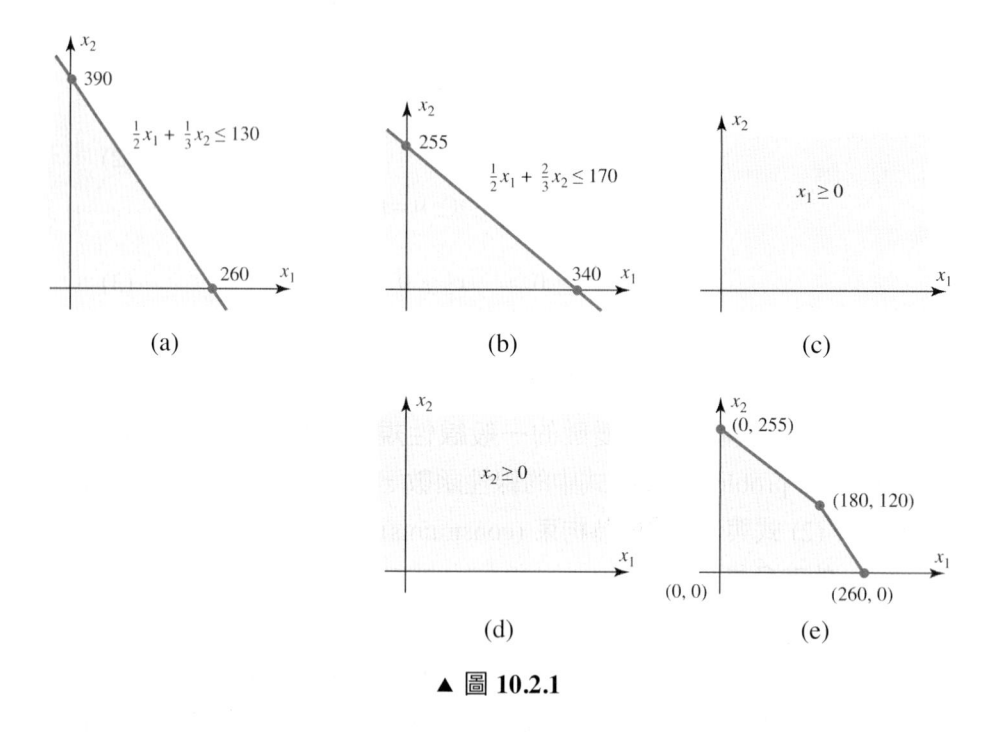

線性規劃問題的可行域具有由有限數目的直線線段組成的邊界是可以證明的。如果可行域能以一個夠大的圓予以包圍，則稱為**有界的** (bounded) (圖 10.2.1e)；否則稱為**無界的** (unbounded) (圖 10.2.5)。若可行域是空的 (不含任何點)，則那些拘束是矛盾的，而該線性規劃問題無解 (圖 10.2.6)。

由兩直線邊界線段相交的可行域上的那些點稱為**頂點** (extreme point)。[它們也稱為**角點** (corner point) 或**頂點** (vertex point)。] 例如，由例題 1 之可行域的圖 10.2.1e 中可看出四個頂點：

$$(0, 0), \quad (0, 255), \quad (180, 120), \quad (260, 0) \tag{4}$$

可行域頂點的重要性可由下列定理展現之。

定理 10.2.1：最大值及最小值

若線性規劃問題的可行域不是空的，而且是有界的，則目標函數將可獲得最大值與最小值，而且這些值發生於該可行域的頂點。若可行域是無界的，則該目標函數有可能或不可能獲得最大值或最小值；然而，若它獲得最大值或最小值，也將發生於某個頂點。

圖 10.2.2 提示了本定理的證明之後的概念。因為線性規劃問題的目標函數

$$z = c_1x_1 + c_2x_2$$

為 x_1 與 x_2 的線性函數，它的準位曲線 (曲線上的 z 維持定值的曲線) 為直線。當沿著與準位曲線垂直的方向移動，目標函數值將單調地增加或減少。因此在有界的可行域中，z 的各最大值與最小值必然發生於頂點。如圖 10.2.2 所指出者。

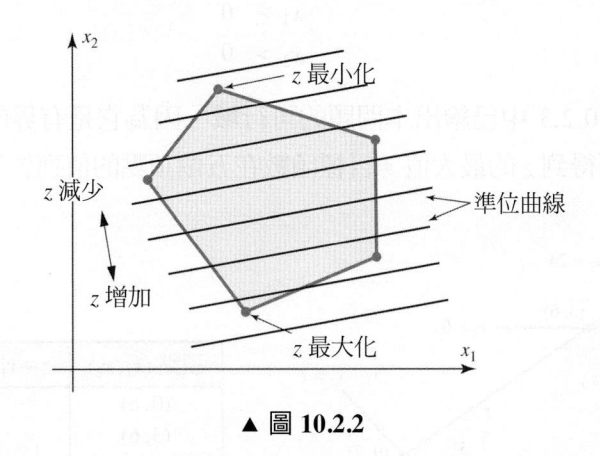

▲ 圖 10.2.2

接下來的一些例題將利用定理 10.2.1 以求解數則線性規劃問題，並說明這些解可能發生的變異。

▶ 例題 4　例題 1 再探討

由圖 10.2.1e 可看出例題 1 的可行域是有界的。結果依定理 10.2.1 目標函數

$$z = 2.00x_1 + 1.25x_2$$

可在頂點獲得最大值與最小值。四個頂點與其對應的 z 值列於下表中。

頂點 (x_1, x_2)	$z = 2.00x_1 + 1.25x_2$ 之值
(0, 0)	0
(0, 255)	318.75
(180, 120)	510.00
(260, 0)	520.00

由表中可看到 z 的最大值為 520.00，對應於最佳解的是頂點 (260, 0)。所以當生產 260 磅混合 A 及不生產混合 B 時，糖果商可以得到最大銷售額 $520。

▶ **例題 5**　使用定理 10.2.1

試求使

$$z = x_1 + 3x_2$$

有最大值的 x_1 與 x_2 值，並承受下列拘束

$$\begin{aligned} 2x_1 + 3x_2 &\leq 24 \\ x_1 - x_2 &\leq 7 \\ x_2 &\leq 6 \\ x_1 &\geq 0 \\ x_2 &\geq 0 \end{aligned}$$

解：在圖 10.2.3 中已繪出本問題的可行域。因為它是有界的，在五個頂點之一可得到 z 的最大值。目標函數在五個頂點的值列於下表中。

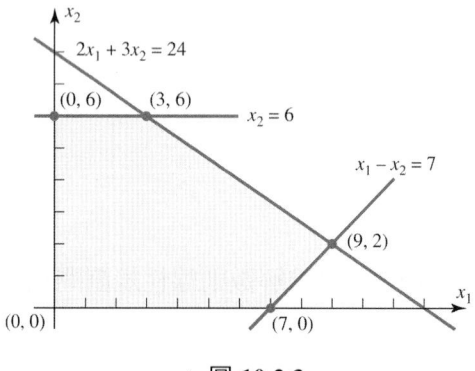

頂點 (x_1, x_2)	$z = x_1 + 3x_2$ 之值
$(0, 6)$	18
$(3, 6)$	21
$(9, 2)$	15
$(7, 0)$	7
$(0, 0)$	0

▲ 圖 10.2.3

由此表可知 z 的最大值為 21，發生於 $x_1 = 3, x_2 = 6$ 處。

▶ **例題 6**　使用定理 10.2.1

試求使

$$z = 4x_1 + 6x_2$$

有最大值的 x_1 與 x_2 值，並承受下列拘束

$$\begin{aligned} 2x_1 + 3x_2 &\leq 24 \\ x_1 - x_2 &\leq 7 \\ x_2 &\leq 6 \\ x_1 &\geq 0 \\ x_2 &\geq 0 \end{aligned}$$

解：本問題的拘束與例題 5 的拘束完全相同，所以可行域也如圖 10.2.3

所指定的。在各頂點的目標函數值列於下表中：

頂點 (x_1, x_2)	$z = 4x_1 + 6x_2$ 之值
(0, 6)	36
(3, 6)	48
(9, 2)	48
(7, 0)	28
(0, 0)	0

由表中可見目標函數在相鄰的兩個頂點，(3, 6) 與 (9, 2) 得到最大值 48。這顯示線性規劃問題的最佳解不必是唯一的。正如在習題 10 中要求讀者證明的，若在相鄰的兩頂點有相同的值，則它在連接兩頂點的直線邊界線段上所有的點都有相同的值。所以在本例中在連接兩頂點 (3, 6) 與 (9, 2) 的直線線段上所有的點都可得到 z 的最大值。

▶ **例題 7** 可行域為一直線

試求使

$$z = 2x_1 - x_2$$

有最小值的 x_1 與 x_2 值，並承受下列的拘束

$$2x_1 + 3x_2 = 12$$
$$2x_1 - 3x_2 \geq 0$$
$$x_1 \geq 0$$
$$x_2 \geq 0$$

解：圖 10.2.4 中已經繪出本問題的可行域。由於拘束之一為相等拘束，可行域是具有兩頂點的直線線段。在兩頂點的 z 值列於下表中。

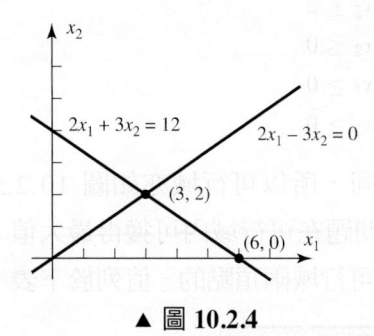

▲ 圖 10.2.4

頂點 (x_1, x_2)	$z = 2x_1 - x_2$ 之值
(3, 2)	4
(6, 0)	12

z 的最小值為 4，發生於 $x_1 = 3$ 與 $x_2 = 2$。

▶ **例題 8** 使用定理 **10.2.1**

試求使
$$z = 2x_1 + 5x_2$$
有最大值的 x_1 與 x_2 值，並承受下列拘束

$$\begin{aligned} 2x_1 + x_2 &\geq 8 \\ -4x_1 + x_2 &\leq 2 \\ 2x_1 - 3x_2 &\leq 0 \\ x_1 &\geq 0 \\ x_2 &\geq 0 \end{aligned}$$

▲ 圖 **10.2.5**

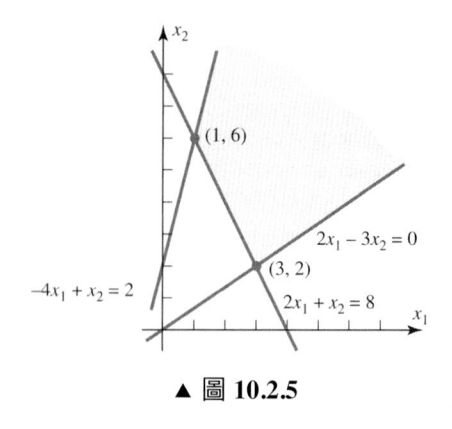

解：本線性規劃問題的可行域如圖 10.2.5 所示。因為它是無界的，定理 10.2.1 無法保證它可得到最大值。事實上可以很容易地看出可行域含 x_1 與 x_2 的任意大的正值，該目標函數

$$z = 2x_1 + 5x_2$$

可以有任意大的正值。本問題無最佳解，取而代之的是該問題有**無界解** (unbounded solution)。

▶ **例題 9** 使用定理 **10.2.1**

試求使
$$z = -5x_1 + x_2$$
有最大值的 x_1 與 x_2 值，並承受下列拘束

$$\begin{aligned} 2x_1 + x_2 &\geq 8 \\ -4x_1 + x_2 &\leq 2 \\ 2x_1 - 3x_2 &\leq 0 \\ x_1 &\geq 0 \\ x_2 &\geq 0 \end{aligned}$$

解：上述的拘束與例題 8 的拘束相同，所以可行域亦如圖 10.2.5 所示。在習題 11 中將要求讀者證實本問題在可行域內可獲得最大值。依定理 10.2.1 最大值必然得自頂點。該可行域兩頂點的 z 值列於下表。

頂點 (x_1, x_2)	$z = -5x_1 + x_2$ 之值
(1, 6)	1
(3, 2)	−13

在頂點 $x_1=1$，$x_2=6$ 處得到 z 的最大值 1。

▶ **例題 10　矛盾拘束**

試求使
$$z = 3x_1 - 8x_2$$
有最大值的 x_1 與 x_2 值，並承受下列拘束
$$\begin{aligned} 2x_1 - x_2 &\le 4 \\ 3x_1 + 11x_2 &\le 33 \\ 3x_1 + 4x_2 &\ge 24 \\ x_1 &\ge 0 \\ x_2 &\ge 0 \end{aligned}$$

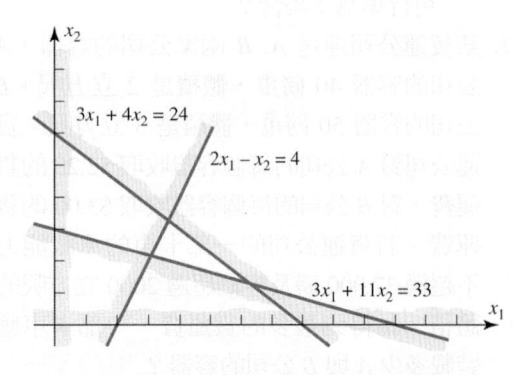

▲ 圖 10.2.6　在所有五個以陰影標示的半平面中，沒有共同的點。

解：正如圖 10.2.6 所看到的，由五則拘束所定義的五個半平面的交集為空集。本線性規劃問題無可行解，因為各拘束間有矛盾。◀

習題集 10.2

1. 試求使
$$z = 3x_1 + 2x_2$$
有最大值的 x_1 與 x_2 值，並承受下列拘束
$$\begin{aligned} 2x_1 + 3x_2 &\le 6 \\ 2x_1 - x_2 &\ge 0 \\ x_1 &\le 2 \\ x_2 &\le 1 \\ x_1 &\ge 0 \\ x_2 &\ge 0 \end{aligned}$$

2. 試求使
$$z = 3x_1 - 5x_2$$
有最小值的 x_1 與 x_2 值，並承受下列拘束
$$\begin{aligned} 2x_1 - x_2 &\le -2 \\ 4x_1 - x_2 &\ge 0 \\ x_2 &\le 3 \\ x_1 &\ge 0 \\ x_2 &\ge 0 \end{aligned}$$

3. 試求使
$$z = -3x_1 + 2x_2$$
有最小值的 x_1 與 x_2 值，並承受下列拘束
$$\begin{aligned} 3x_1 - x_2 &\ge -5 \\ -x_1 + x_2 &\ge 1 \\ 2x_1 + 4x_2 &\ge 12 \\ x_1 &\ge 0 \\ x_2 &\ge 0 \end{aligned}$$

4. 試解例題 2 中所提出的線性規劃問題。

5. 試解例題 3 中所提出的線性規劃問題。

6. 例題 5 中的拘束式 $x_1 - x_2 \le 7$ 被稱是**不束縛的** (nonbinding)，因為它可被由問題中移走而不影響解。同樣的，拘束式 $x_2 \le 6$ 被稱是**束縛的** (binding)，因為移走它將改變解。

(a) 剩下的拘束式中哪些是不束縛的？哪些是束縛的？

(b) 不束縛拘束式 $x_1 - x_2 \le 7$ 的右邊應為何值可使這個拘束式變為束縛的？什麼值將使可行集為空集合？

(c) 束縛拘束式 $x_2 \le 6$ 的右邊應為何值可使

這個拘束式變為不束縛的？什麼值將使可行集為空集合？

7. 某貨運公司運送 A, B 兩家公司的容器，A 公司的容器 40 磅重，體積是 2 立方呎。B 公司的容器 50 磅重，體積是 3 立方呎。貨運公司對 A 公司的每個容器收取 $2.20 的貨運費，對 B 公司的每個容器收取 $3.00 的貨運費。若貨運公司的一部卡車的承載能力不超過 37,000 磅及容納超過 2000 立方呎的體積。為得到最多的貨運費，一部卡車應裝載多少 A 與 B 公司的容器？

8. 若卡車公司提高 A 公司的容器運送費用為 $2.50，試重解習題 7。

9. 某製造商使用 A 與 B 兩種成分製作各種雞飼料。每一種雞飼料至少含 10 盎斯營養成分 N_1，至少 8 盎斯營養成分 N_2，及至少 12 盎斯營養成分 N_3。每磅 A 成分中含 2 盎斯 N_1、2 盎斯 N_2 及 6 盎斯 N_3。每磅 B 成分中含 5 盎斯 N_1、3 盎斯 N_2 及 4 盎斯 N_3。若 A 成分的成本是每磅 8 美分，B 成分的成本為每磅 9 美分，為了使成本最低，製造商在每種飼料中應如何搭配這兩種成分？

10. 若線性規劃問題的目標函數在相鄰的兩頂點有相同的值，試證明它在連接這兩個極點的直線線段上的所有各點都有相同的值。[提示：若 (x'_1, x'_2) 與 (x''_1, x''_2) 為平面中的任意兩個點，點 (x_1, x_2) 將落在連接這兩點的直線線段上，若

$$x_1 = tx'_1 + (1-t)x''_1$$

及

$$x_2 = tx'_2 + (1-t)x''_2$$

其中 t 為在 [0, 1] 區間中的數。]

11. 試證明例題 10 的目標函數在可行的集合中可得到最大值。[提示：檢視目標函數的準位曲線。]

10.2 科技習題

下面這些習題是被設計為需使用科技裝備來解的問題。基本上，這些裝備為 MATLAB, *Mathematica*, Maple, Derive 或 Mathcad，亦可能為其他型態的線性代數軟體或具有線性代數內涵的科學計算器。對每個習題，你在使用你的特別裝備時，需先閱讀相關文件。這些習題的主要目標是讓你熟練你的科技裝備。一旦你精通這些習題裡的技巧，將可以使用你的科技裝備來解許多一般習題集的問題。

T1. 考慮由 $0 \leq x, 0 \leq y$ 及由不等式

$$x\cos\left(\frac{(2k+1)\pi}{4n}\right) + y\sin\left(\frac{(2k+1)\pi}{4n}\right) \leq \cos\left(\frac{\pi}{4n}\right)$$

$k = 0, 1, 2, \ldots, n-1$，所組成的可行區域。試求最大化目標函數

$$z = 3x + 4y$$

假設 (a) $n=1$, (b) $n=2$, (c) $n=3$, (d) $n=4$, (e) $n=5$, (f) $n=6$, (g) $n=7$, (h) $n=8$, (i) $n=9$, (j) $n=10$ 及 (k) $n=11$。(l) 接著，最大化目標函數，使用非線性可行域 $0 \leq x, 0 \leq y$ 及

$$x^2 + y^2 \leq 1$$

(m) 令 (a) 到 (b) 的結果作為 z_{max} 序列，則此序列值是否收斂至 (l) 所得之值？試解釋之。

T2. 令目標函數為 $z = x + y$，重做習題 T1。

10.3 線性代數的最早應用

線性方程組可被發現於許多古文明的最早作品裡。在本節我們例舉一些他們曾經解過的問題。

> **預備知識**：線性方程組

早期文明的實際問題是土地的丈量、貨物的分配，諸如小麥和牲口等資源追蹤分組，及徵稅和遺產計算。在許多情形裡，這些問題引出線性方程組，因為線性是能存在多種變數間的最簡單關係之一。本節將提出五個古文明的例子，說明他們如何使用及解線性方程組。我們將例題限定在西元 500 年以前。這些例子早先由伊斯蘭／阿拉伯數學家所發展的代數領域，此領域最後，於 19 世紀，引出現在稱之為線性代數的數學分支。

▶ **例題 1　埃及 (大約西元前 1650 年)**

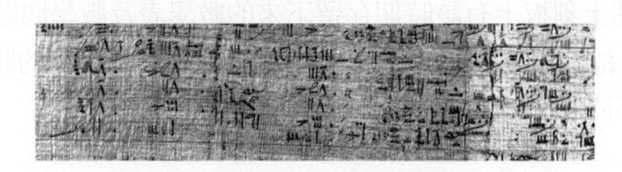

Ahmes 紙莎草紙上的問題 40

Ahmes (或 Rhind) 紙莎草紙是關於古埃及數學多數資訊的源頭。這張 5 米長的紙莎草紙含有 84 個簡短數學問題，並含有它們的解，且大約於西元前 1650 年開始。此紙莎草紙上的問題 40 如下：

> 將 100 hekats 的大麥以等差數列分給五個人，使得兩個最小的和是三個最大的和的七分之一。

令 a 為任一人所得的最小數，且令 d 為等差數列中各項間公差，則其他 4 人分別得到 $a+d, a+2d, a+3d$ 及 $a+4d$ hekats。此問題的兩個條件得

$$a + (a+d) + (a+2d) + (a+3d) + (a+4d) = 100$$
$$\tfrac{1}{7}[(a+2d)+(a+3d)+(a+4d)] = a+(a+d)$$

此兩方程式可簡化為下面含兩個未知數的兩方程式之方程組

$$\begin{aligned} 5a + 10d &= 100 \\ 11a - 2d &= 0 \end{aligned} \tag{1}$$

紙莎草紙上所描述的解法是著名的試位法 (false position) 或假設 (false assumption)。此法以假設某些方便的 a 值開始 (此時 $a=1$)，將 a 值代進第二個方程式，得 $d=11/2$。將 $a=1$ 及 $d=11/2$ 代進第一個方程式的左邊得 60，而右邊是 100。將 a 的初始值乘以 100/60 來調整 a 的初始值得正確值 $a=5/3$。將 $a=5/3$ 代進第二個方程式得 $d=55/6$，所這五人所得的大麥量分別為 10/6, 65/6, 120/6, 175/6, 230/6 hekats。像這樣猜一個未知數且稍後調整猜值的技巧在當時被許多文明所使用。

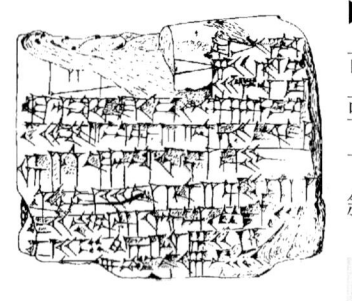

▶ **例題 2　巴比倫 (西元前 1900-1600 年)**

古巴比倫帝國於西元前 1900 年及西元前 1600 年間強盛於美索不達米亞。許多黏土刻板上有該時期存留下來的數學表及數學問題，其中的一個 (被定名為 Ca MLA 1950) 含有下面問題。由於刻板的狀況，問題敘述有點不清，但刻板上的圖及解說明問題如下：

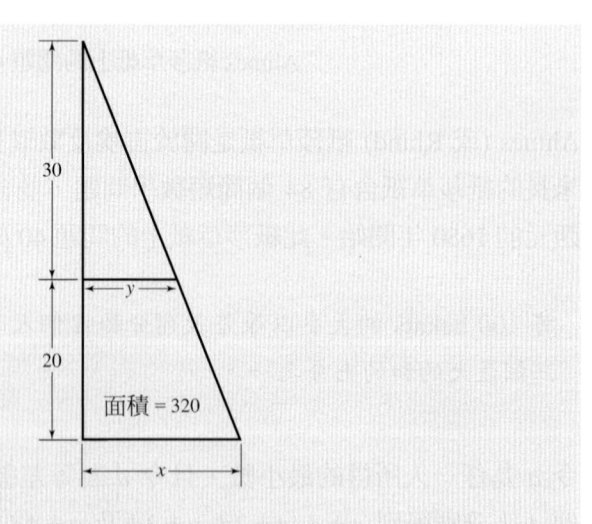

巴比倫黏土刻板
Ca MLA 1950

以一條平行直角三角形某股的直線，將此直角三角形切出一個面積為 320 平方單位的梯形。三角形的另一股長為 50 單位，且梯形的高度是 20 單位，則梯形的上底及下底長各為多少？

令 x 為梯形的下底長且 y 為其上底長。梯形面積是其高乘上上下底之平均，所以 $20\left(\frac{x+y}{2}\right) = 320$。利用相似三角形，我們亦有 $\frac{x}{50} = \frac{y}{30}$。刻板上的解使用這些關係而產生線性方程組

$$\frac{1}{2}(x+y) = 16$$
$$\frac{1}{2}(x-y) = 4$$

(2)

加減此兩方程式得解 $x = 20$ 且 $y = 12$。

▶ **例題 3　中國 (西元 263 年)**

在中國數學史上最重要的專著是九章算術或「數學藝術的九章」。此專著含有 246 個問題及其解，最後由劉徽於西元 263 年彙編而成。然而，該書之內容至少可追溯至西元前 2 世紀漢代之初。該書九章中的第八章，標題為「陣列的計算方法」，有 18 個文字題，那些題目導出含 3 到 6 個未知數的線性方程組。該章所描述的一般解法幾乎等同於 19 世紀在歐洲由 Carl Friedrich Gauss (參見第 19 頁) 所發展的高斯消去法。第 8 章的第一個問題如下：

> 有三種等級的穀物，三束上等穀物、二束中等穀物及一束下等穀物合計有 39 份量。二束上等穀物、三束中等穀物及一束下等穀物合計有 34 份量。另一束上等穀物、二束中等穀物及三束下等穀物合計有 26 份量。試問每束各等級穀物中含有多少份量的穀物？

中國符號九章算術

令 x, y 及 z 分別為每束上等、中等及下等穀物的份量，則由問題之條件引出下面含三個未知數三個方程式的方程組：

$$3x + 2y + z = 39$$
$$2x + 3y + z = 34$$
$$x + 2y + 3z = 26$$

(3)

九章算術中所描述的解是以擺在一算盤中之方形格中適當數目的籌來表示各方程式的所有係數。正係數以黑色籌來表示，而負係數則以紅色籌來表示，且對應到零係數的方格則令其為空白。算盤之擺法係將各方程式的所有係數以行呈現，且第一方程式擺在右邊第一行：

1	2	3
2	3	2
3	1	1
26	34	39

接著各方格裡籌的數目被調整以完成下面兩個步驟：(1) 第二行乘以 3 倍減去第三行的 2 倍，且 (2) 第一行乘以 3 倍減去第三行。所得結果為下面之陣列：

		3
4	5	2
8	1	1
39	24	39

接著，第一行的 5 倍減去第二行的 4 倍，得

		3
	5	2
36	1	1
99	24	39

此最後之陣列等價性方程組

$$3x + 2y + z = 39$$
$$5y + z = 24$$
$$36z = 99$$

使用等價的倒回代換法解此三角形方程組得 $x = 37/4$, $y = 17/4$ 及 $z = 11/4$。

▶ **例題 4 希臘 (西元前三世紀)**

中世紀前以來最著名的線性方程組或許是阿基米德著名的群牛問題的第一部分。此問題據推測是由阿基米德提出來向他的同事埃拉托色尼斯 (Eratosthenes) 挑戰的。從古代至今沒有解答，甚至不知道這兩位幾何學家中是否有推解過它。

阿基米德
西元前 287-212

假若你是聰明有智慧的，陌生人 O，請計算太陽的牛數，它們曾經被放牧於西西里島的 Thrinacian 的原野上，依不同顏色分成四個牧群，一群是乳白色，一群是亮黑色，第三群是黃色，而最後一群是花色。各群中公牛的數目依據下面比例：白公牛等於黑公牛的 1/2 加 1/3，再加上全部黃公牛，而黑公牛等於花公牛的 1/4 加 1/5，再加上全部黃公牛。進一步觀察剩下的公牛，發現花公牛等於白公牛的 1/6 加 1/7，再加上全部黃公牛。各群中母牛的數目比例如下：白母牛等於整群黑牛 (含公牛及母牛) 的 1/3 加 1/4，而黑母牛等於整群花牛 (含公牛及母牛) 的 1/4 加 1/5。花母牛等於整群黃牛 (含公牛及母牛) 的 1/5 加 1/6。最後黃母牛等於整群白牛 (含公牛及母牛) 的 1/6 加 1/7。若你能正確告之，陌生人 O、太陽的牛數，分別依據顏色給出公牛和母牛的數目，你將不被稱為無特別技巧的或是無知的，但你尚未被納入智慧者中。

這問題的八個變數被慣例的指派為

W＝白公牛數　　　w＝白母牛數
B＝黑公牛數　　　b＝黑母牛數
Y＝黃公牛數　　　y＝黃母牛數
D＝花公牛數　　　d＝花母牛數

此問題現可被敘述為下面之含八個未知數的七個齊次方程式：

1. $W = (\frac{1}{2} + \frac{1}{3})B + Y$　（白公牛等於黑公牛的 $\frac{1}{2}$ 加 $\frac{1}{3}$，再加整群黃公牛。）
2. $B = (\frac{1}{4} + \frac{1}{5})D + Y$　（黑公牛等於花公牛的 $\frac{1}{4}$ 加 $\frac{1}{5}$，再加整群黃公牛。）
3. $D = (\frac{1}{6} + \frac{1}{7})W + Y$　（花公牛等於白公牛的 $\frac{1}{6}$ 加 $\frac{1}{7}$，再加整群黃公牛。）
4. $w = (\frac{1}{3} + \frac{1}{4})(B + b)$　（白母牛等於整群黑牛 (含公牛及母牛) 的 $\frac{1}{3}$ 加 $\frac{1}{4}$。）
5. $b = (\frac{1}{4} + \frac{1}{5})(D + d)$　（黑母牛等於整群花牛 (含公牛及母牛) 的 $\frac{1}{4}$ 加 $\frac{1}{5}$。）
6. $d = (\frac{1}{5} + \frac{1}{6})(Y + y)$　（花母牛等於整群黃牛 (含公牛及母牛) 的 $\frac{1}{5}$ 加 $\frac{1}{6}$。）
7. $y = (\frac{1}{6} + \frac{1}{7})(W + w)$　（黃母牛等於整群白牛 (含公牛及母牛) 的 $\frac{1}{6}$ 加 $\frac{1}{7}$。）

如我們要求讀者於習題裡證明，此方程組有無限多組解，其解之型式為

$$W = 10,366,482k$$
$$B = 7,460,514k$$
$$Y = 4,149,387k$$
$$D = 7,358,060k$$
$$w = 7,206,360k \quad (4)$$
$$b = 4,893,246k$$
$$y = 5,439,213k$$
$$d = 3,515,820k$$

Bakhshali 手稿的斷片 III-5-3v

其中 k 為任一實數。$k=1, 2, \ldots$ 給出此問題無限多個正整數解。

▶ **例題 5** 印度 (西元 4 世紀)

Bakhshali 手稿是大約西元 4 世紀古印度數學的作品,雖然它的一些題材來自許多世紀以前。它由大約 70 片的白樺木樹皮所組成,內含有數學問題及其解。許多它的問題被稱是同等化問題且引出線性方程組。一個在斷片上的此類問題被示於下:

> 某位商人有 7 匹 asava 馬,第二位商人有 9 匹 haya 馬,且第三位商人有 10 匹駱駝。若每位商人給出 2 隻動物,使每位其他商人各得一隻,則他們的動物總值將相等。求每隻動物的價錢及每位商人所擁有的動物總值?

令 x 為一隻 asava 馬的價錢,令 y 是一隻 haya 馬的價錢,令 z 是一隻駱駝的價錢,且令 K 是每位商人所擁有的動物總值。則這問題的條件引出下面方程組:

$$\begin{aligned} 5x + y + z &= K \\ x + 7y + z &= K \\ x + y + 8z &= K \end{aligned} \quad (5)$$

手稿中所描述的解法是先將這三方程式的兩邊減去 $(x+y+z)$ 得 $4x=6y=7z=K-(x+y+z)$。這說明若價錢 x, y 和 z 是整數,則 $K-(x+y+z)$ 必為可被 4, 6 和 7 整除的整數。手稿取這三數的乘積,或 168,給 $K-(x+y+z)$,此得 $x=42, y=28$ 且 $z=24$ 為價錢,且 $K=262$ 為總值。(參見習題 6 給此問題更多解。) ◀

習題集 10.3

1. 下面是由荷馬詩集奧德賽第 12 冊中幾行有關阿基米德群牛問題的敘述：

   > 你將登上三角形小島，
   > 在那裡有許多太陽牛被飼養，
   > 及肥胖的羊群。在被飼養的每群中
   > 有 50 頭牛，且它們的群數為 7；
   > 且肥胖的羊群中的羊數和牛數相同。

   最後一行表示所有羊群中的羊數和所有牛群中的牛數相同。屬於太陽神的牛和羊的總數是多少？(這在荷馬時代是一個困難的問題。)

2. 解下面 Bakhshali 手稿中的問題。
   (a) B 的財產是 A 的 2 倍；C 的財產是 A 和 B 之和的 3 倍；D 的財產是 A, B 和 C 之和的 4 倍。A, B, C, D 的財產總和是 300，則 A 的財產為多少？
   (b) B 給的禮物是 A 的 2 倍；C 給的禮物是 B 的 3 倍；D 給的禮物是 C 的 4 倍。他們所給的總禮物是 132。則 A 的禮物是多少？

3. 巴比倫刻板上的一個問題要求一個矩形的長和寬，其中長和寬的和是 10，而長加 1/4 寬等於 7。刻板上的解由下面四個敘述所組成：

   > 7 乘以 4 得 28
   > 28 減 10 得 18
   > 18 的 1/3 為 6，即為矩形的長
   > 10 減 6 得 4，即為矩形的寬

   試解釋這些步驟如何引出答案。

4. 下面兩個問題取自「九章算術」，使用例題 3 所描述的陣列法解它們。
   (a) 五頭牛及兩隻羊值 10 個單位，且兩頭牛及五隻羊值 8 個單位，則每頭牛和每隻羊的價錢各為何？
   (b) 有三種穀物。穀粒分別以二束、三束及四束藏之，這三級穀物不足以得一整個份量。然而，假若我們分別加一束第二級、一束第三級及一束第一級給它們，則穀粒在各情形將可成滿份量。則不同等級的各束中含有多少個穀粒份量？

5. (a) 部分中問題是著名的「Thymaridas 花」，其出名在西元前 4 世紀的畢達哥拉斯之後。
   (a) 給 n 個數 $a_1, a_2, \ldots, a_n$ 於下面線性方程組中來解 $x_1, x_2, \ldots, x_n$：
   $$x_1 + x_2 + \cdots + x_n = a_1$$
   $$x_1 + x_2 = a_2$$
   $$x_1 + x_3 = a_3$$
   $$\vdots$$
   $$x_1 + x_n = a_n$$
   (b) 確認此習題集中的某一問，其擬合 (a) 中的類型，並使用你的通解解它。

6. 對例題 5 的 Bakhshali 手稿：
   (a) 將 (5) 式表為一個含四個未知數 (x, y, z, K) 三個方程式的齊次方程組，並證明解集合有一個任意參數。
   (b) 求最小解使得四個變數均為正整數。
   (c) 證明例題 5 的解被包含於你的所有解之中。

7. 解下面三則短詩上的問題，其出現在「希臘名詩選集」上，此詩選集係由大約西元 500 年一位名叫 Metrodorus 所編輯的。46 個數學問題中的某些問題相信在西元前 600 年之遠。[在解 (a) 和 (c) 之前，你必須將問題公式化。]
   (a) 我希望我兩個兒子接收我所擁有的一千個金幣，但讓婚生的兒子分得的 1/5，超過非婚生兒子分得的 1/4 有 10 個金幣。

(b) 給我一個重 60 麥納 (古希臘之重量單位) 的王冠，其由金和黃銅，再加上錫及加工過的鐵合成的。讓金和黃銅組成 2/3，金和錫共佔 3/4，且金和鐵佔 3/5。告訴我，你應加入多少金、多少黃銅、多少錫及多少鐵，使得整個王冠重 60 麥納？

(c) 第一個人：我有第二位有的及第三位有的 1/3。第二個人：我有第三位有的及第一位有的 1/3。第三個人：我有 10 麥納及第二位有的 1/3。

10.3 科技習題

下面這些習題是被設計為需使用科技裝備來解的問題。基本上，這些裝備為MATLAB，*Mathematica*, Maple, Derive 或 Mathcad，亦可能為其他型態的線性代數軟體或具有線性代數內涵的科學計算器。對每個習題，你在使用你的特別裝備時，需先閱讀相關文件。這些習題的主要目標是讓你熟練你的科技裝備。一旦你精通這些習題裡的技巧，將可以使用你的科技裝備來解許多一般習題集的問題。

T1 (a) 使用一個符號代數方程式解阿基米德的群牛問題。

(b) 群牛問題有第二部分，其中加上兩個額外條件。第一個條件是「當白公牛和黑公牛混在一起，牠們緊密地站在一起，深度和寬度相等。」此要求 $W+B$ 是一個平方數，即為 1, 4, 9, 16, 25 等等。證明此要求 (4) 式的 k 值被限制如下：

$$k = 4,456,749 r^2, \quad r = 1, 2, 3, \ldots$$

並求滿足此第二條件的牛最小總數。

注釋：群牛問題的第二部分之第二個條件是「當黃公牛和花公牛聚成一群，牠們所站的方法是牠們的數目由一開始，逐漸慢慢加大直到完成一個三角形圖案。」此要求 $Y+D$ 是一個三角形——亦即，一個形如 1, 1+2, 1+2+3, 1+2+3+4, ... 的數。群牛問題的最後部分一直未被完全解出，直到 1965 年使用電腦才發現牛的最小數有 206,545 位數滿足這個條件。

T2 下面問題取自「九章算術」且決定一個含六個未知數五個方程式的齊次線性方程組。證明此方程組有無限多解，且求一解使得井的深度及五條繩子的長度為最小可能的正整數。

假設有五個家庭共享一口井，且假設
A 繩的 2 倍比井深少一個 B 繩長。
B 繩的 3 倍比井深少一個 C 繩長。
C 繩的 4 倍比井深少一個 D 繩長。
D 繩的 5 倍比井深少一個 E 繩長。
E 繩的 6 倍比井深少一個 A 繩長。

10.4 三次仿樣插值法

本節中，將以一個製圖輔助器充當數學問題的物理模型以求得通過平面上特定點集合之曲線。曲線之參數可經由求解線性方程組決定之。

> 預備知識：線性方程組
> 　　　　　矩陣代數
> 　　　　　微分學

曲線擬合

對平面上特定數據點進行曲線擬合，是分析實驗數據、探查各變數間之關係，以及進行設計工作時常常會遭遇到的問題。一個普遍存在的應用是在電腦及印表機格式的設計及描述方面，例如 PostScript™ 及 TrueType™ 格式 (圖 10.4.1)。在圖 10.4.2 中標出 xy-平面上的七個點，並於圖 10.4.4 中繪出一條平滑曲線通過這七個點。以一曲線通過平面上一組點的程序，被稱為對這些點的**插值** (interpolate)，該曲線被稱為這些點的**插值曲線** (interpolatiog curve)。圖 10.4.4 中的插值曲線是使用製圖仿樣 (圖 10.4.3) 繪成的。此製圖輔助器包括一薄且富彈性的木條 (或其他材料)，將此木條彎曲，使其通過所欲插值的點，然後用重錘固定其位置，如此即可畫出所求的插值曲線。如此的繪圖仿樣將充當本節所討論有關插值數學定理的物理模型。

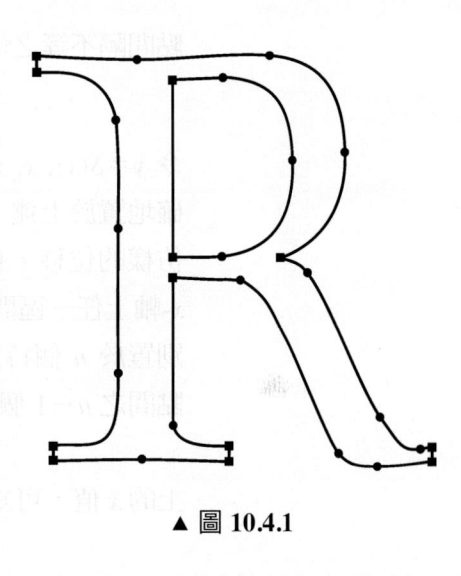

▲ 圖 10.4.1

問題的陳述

假設在 xy-平面上指定 n 個點

$$(x_1, y_1), (x_2, y_2), \ldots, (x_n, y_n)$$

並希望以「性質良好」的插值曲線連接這些點 (圖 10.4.5)。為方便計，在 x-方向選取間隔相等的點，雖然所得的結果能夠很容易地推廣到各

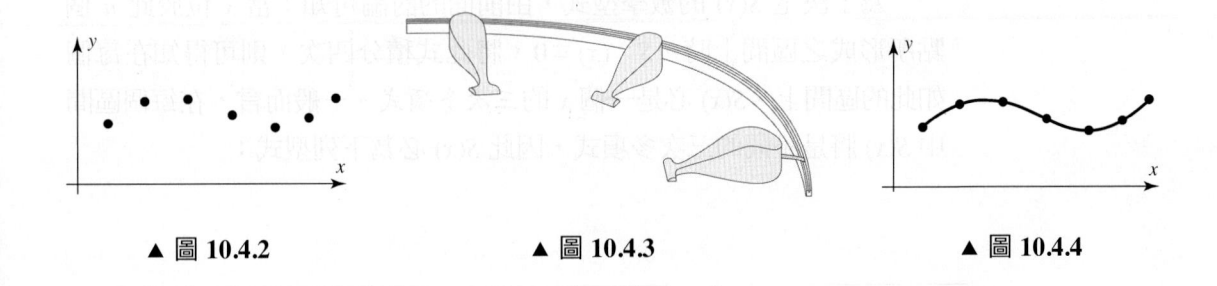

▲ 圖 10.4.2

▲ 圖 10.4.3

▲ 圖 10.4.4

▲ 圖 10.4.5

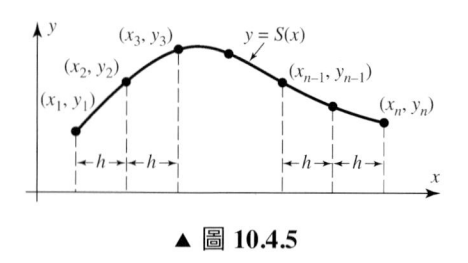

點間隔不等之情形。若令各點在 x-座標的相同間距為 h，則可得

$$x_2 - x_1 = x_3 - x_2 = \cdots = x_n - x_{n-1} = h$$

令 $y = S(x)$, $x_1 \le x \le x_n$ 表示所求的插值曲線。當固定位置的重錘係正確地置於上述 n 個點上時，假設此一曲線描述插值上述 n 個點之製圖仿樣的位移。依據線性樑理論可知：對無外力作用的樑而言，其沿著 x-軸上任一區間之位移的四階導數為 0。若將製圖仿樣視為薄樑，且分別置於 n 個特定點上的重錘是作用於樑上僅有的外力，則對位於 n 個點間之 n−1 個開區間

$$(x_1, x_2), (x_2, x_3), \ldots, (x_{n-1}, x_n)$$

上的 x 值，可知

$$S^{(iv)}(x) \equiv 0 \tag{1}$$

此外，也需要由線性樑理論所得的結果，說明只受外力作用的樑，其位移必擁有一階、二階連續導數。在以製圖仿樣建構插值曲線 $y = S(x)$ 之情況中，這表示對 $x_1 \le x \le x_n$ 的 x 而言，$S(x)$, $S'(x)$ 及 $S''(x)$ 都必為連續的。

$S''(x)$ 是連續的條件，能夠使得製圖仿樣產生一條令人滿意的曲線，正如其導致連續曲率一般。一般肉眼能夠感知曲率的突然改變——即 $S''(x)$ 的不連續性——但卻無法辨識出較高階導數的突然改變。因此 $S''(x)$ 為連續的是可察覺插值曲線為單一的平滑曲線，而不是由分開的曲線段相接而成所需的最低的條件。

為了決定 $S(x)$ 的數學型式，由前面的討論可知：當 x 位於此 n 個點所形成之區間上時，$S^{(iv)}(x) \equiv 0$，將此式積分四次，則可得知在每個如此的區間上，$S(x)$ 必是一個 x 的三次多項式。一般而言，在每個區間中 $S(x)$ 將是不同的三次多項式，因此 $S(x)$ 必為下列型式：

$$S(x) = \begin{cases} S_1(x), & x_1 \leq x \leq x_2 \\ S_2(x), & x_2 \leq x \leq x_3 \\ \vdots \\ S_{n-1}(x), & x_{n-1} \leq x \leq x_n \end{cases} \tag{2}$$

其中 $S_1(x), S_2(x), \ldots, S_{n-1}(x)$ 皆為三次多項式。為方便計,將 (2) 式寫成下列型式

$$\begin{aligned}
S_1(x) &= a_1(x-x_1)^3 + b_1(x-x_1)^2 + c_1(x-x_1) + d_1, & x_1 \leq x \leq x_2 \\
S_2(x) &= a_2(x-x_2)^3 + b_2(x-x_2)^2 + c_2(x-x_2) + d_2, & x_2 \leq x \leq x_3 \\
&\vdots \\
S_{n-1}(x) &= a_{n-1}(x-x_{n-1})^3 + b_{n-1}(x-x_{n-1})^2 \\
&\quad + c_{n-1}(x-x_{n-1}) + d_{n-1}, & x_{n-1} \leq x \leq x_n
\end{aligned} \tag{3}$$

式中所有的 a_i, b_i, c_i 及 d_i 等 $4n-4$ 個係數必須決定出,始能完整地指定 $S(x)$。若選擇這些係數使得 $S(x)$ 在插值平面上 n 個特定點的 $S(x), S'(x)$ 及 $S''(x)$ 皆為連續的,則所得之插值曲線一般被稱為**三次仿樣** (cubic spline)。

三次仿樣公式之推導

由 (2) 式與 (3) 式,可知

$$\begin{aligned}
S(x) = S_1(x) &= a_1(x-x_1)^3 + b_1(x-x_1)^2 + c_1(x-x_1) + d_1, & x_1 \leq x \leq x_2 \\
S(x) = S_2(x) &= a_2(x-x_2)^3 + b_2(x-x_2)^2 + c_2(x-x_2) + d_2, & x_2 \leq x \leq x_3 \\
\vdots \quad & \quad \vdots \\
S(x) = S_{n-1}(x) &= a_{n-1}(x-x_{n-1})^3 + b_{n-1}(x-x_{n-1})^2 \\
&\quad + c_{n-1}(x-x_{n-1}) + d_{n-1}, & x_{n-1} \leq x \leq x_n
\end{aligned} \tag{4}$$

因此

$$\begin{aligned}
S'(x) = S_1'(x) &= 3a_1(x-x_1)^2 + 2b_1(x-x_1) + c_1, & x_1 \leq x \leq x_2 \\
S'(x) = S_2'(x) &= 3a_2(x-x_2)^3 + 2b_2(x-x_2) + c_2, & x_2 \leq x \leq x_3 \\
\vdots \quad & \quad \vdots \\
S'(x) = S_{n-1}'(x) &= 3a_{n-1}(x-x_{n-1})^2 + 2b_{n-1}(x-x_{n-1}) + c_{n-1}, & x_{n-1} \leq x \leq x_n
\end{aligned} \tag{5}$$

且

$$\begin{aligned} S''(x) = S_1''(x) = 6a_1(x-x_1) + 2b_1, &\quad x_1 \le x \le x_2 \\ S''(x) = S_2''(x) = 6a_2(x-x_2) + 2b_2, &\quad x_2 \le x \le x_3 \\ \vdots \quad \vdots & \\ S''(x) = S_{n-1}''(x) = 6a_{n-1}(x-x_{n-1}) + 2b_{n-1}, &\quad x_{n-1} \le x \le x_n \end{aligned} \tag{6}$$

現在使用這些方程式以及下列四項三次仿樣之性質，以已知座標 $y_1, y_2, \ldots, y_n$ 表示出未知係數 a_i, b_i, c_i, d_i，其中 $i=1, 2, \ldots, n-1$。

1. $S(x)$ 插值 (x_i, y_i), $i=1, 2, \ldots, n$ 各點。

因為 $S(x)$ 插值 (x_i, y_i), $i=1, 2, \ldots, n$ 各點，故可得

$$S(x_1) = y_1, \quad S(x_2) = y_2, \quad \ldots, \quad S(x_n) = y_n \tag{7}$$

由 (7) 式的前 $n-1$ 個方程式以及 (4) 式，可得

$$\begin{aligned} d_1 &= y_1 \\ d_2 &= y_2 \\ &\vdots \\ d_{n-1} &= y_{n-1} \end{aligned} \tag{8}$$

由 (7) 式的最後一個方程式、(4) 式的最後一個方程式，以及 $x_n - x_{n-1} = h$，可得

$$a_{n-1}h^3 + b_{n-1}h^2 + c_{n-1}h + d_{n-1} = y_n \tag{9}$$

2. $S(x)$ 在 $[x_1, x_n]$ 上連續。

因為當 $x_1 \le x \le x_n$ 時，$S(x)$ 為連續的，故對集合 $x_2, x_3, \ldots, x_{n-1}$ 中的每一點 x_i，必須是

$$S_{i-1}(x_i) = S_i(x_i), \quad i = 2, 3, \ldots, n-1 \tag{10}$$

否則 $S_{i-1}(x)$ 與 $S_i(x)$ 的圖形將不會在該點重合以形成一條連續曲線。當我們應用插值性質 $S_i(x_i) = y_i$，由 (10) 式 $S_{i-1}(x_i) = y_i$, $i=1, 2, 3, \ldots, n-1$ 或由 (4) 式可知

$$\begin{aligned} a_1 h^3 + b_1 h^2 + c_1 h + d_1 &= y_2 \\ a_2 h^3 + b_2 h^2 + c_2 h + d_2 &= y_3 \\ &\vdots \\ a_{n-2} h^3 + b_{n-2} h^2 + c_{n-2} h + d_{n-2} &= y_{n-1} \end{aligned} \tag{11}$$

3. $S'(x)$ 在 $[x_1, x_n]$ 上連續。

因為當 $x_1 \le x \le x_n$ 時，$S'(x)$ 為連續的，可知

$$S_{i-1}'(x_i) = S_i'(x_i), \quad i = 2, 3, \ldots, n-1$$

或由 (5) 式得
$$3a_1h^2 + 2b_1h + c_1 = c_2$$
$$3a_2h^2 + 2b_2h + c_2 = c_3$$
$$\vdots$$
$$3a_{n-2}h^2 + 2b_{n-2}h + c_{n-2} = c_{n-1} \qquad (12)$$

4. $S''(x)$ 在 $[x_1, x_n]$ 上連續。

因為當 $x_1 \leq x \leq x_n$ 時，$S''(x)$ 為連續的，可知
$$S''_{i-1}(x_i) = S''_i(x_i), \qquad i = 2, 3, \ldots, n-1$$

或由 (6) 式得
$$6a_1h + 2b_1 = 2b_2$$
$$6a_2h + 2b_2 = 2b_3$$
$$\vdots$$
$$6a_{n-2}h + 2b_{n-2} = 2b_{n-1} \qquad (13)$$

(8), (9), (11), (12) 及 (13) 式建構了含有 $4n-4$ 個未知數 a_i, b_i, c_i, d_i，$i = 1, 2, \ldots, n-1$，$4n-6$ 個線性方程式之線性方程組。因此，需額外添加兩個方程式才能唯一地決定這些係數。然而，在獲得這兩個新增的方程式之前，可使用新的未知數值
$$M_1 = S''(x_1), \quad M_2 = S''(x_2), \ldots, \quad M_n = S''(x_n)$$

取代這些未知係數 a_i, b_i, c_i, d_i，再加上已知數值
$$y_1, y_2, \ldots, y_n$$

如此即可簡化現存的方程組。例如，依據 (6) 式可得
$$M_1 = 2b_1$$
$$M_2 = 2b_2$$
$$\vdots$$
$$M_{n-1} = 2b_{n-1}$$

所以
$$b_1 = \tfrac{1}{2}M_1, \quad b_2 = \tfrac{1}{2}M_2, \ldots, \quad b_{n-1} = \tfrac{1}{2}M_{n-1}$$

再者，由 (8) 式可知
$$d_1 = y_1, \quad d_2 = y_2, \ldots, \quad d_{n-1} = y_{n-1}$$

也能以 M_i 及 y_i 取代 a_i 及 c_i 的表示式導出，此部分留作習題。其最後結如下所示：

定理 10.4.1：立方仿樣插值

指定 n 點 $(x_1, y_1), (x_2, y_2), \ldots, (x_n, y_n)$ 且 $x_{i+1} - x_i = h$, $i = 1, 2, \ldots, n-1$，則這些點的插值三次仿樣，

$$S(x) = \begin{cases} a_1(x-x_1)^3 + b_1(x-x_1)^2 + c_1(x-x_1) + d_1, & x_1 \leq x \leq x_2 \\ a_2(x-x_2)^3 + b_2(x-x_2)^2 + c_2(x-x_2) + d_2, & x_2 \leq x \leq x_3 \\ \quad \vdots \\ a_{n-1}(x-x_{n-1})^3 + b_{n-1}(x-x_{n-1})^2 \\ \qquad + c_{n-1}(x-x_{n-1}) + d_{n-1}, & x_{n-1} \leq x \leq x_n \end{cases}$$

的係數為

$$\begin{aligned} a_i &= (M_{i+1} - M_i)/6h \\ b_i &= M_i/2 \\ c_i &= (y_{i+1} - y_i)/h - [(M_{i+1} + 2M_i)h/6] \\ d_i &= y_i \end{aligned} \tag{14}$$

對 $i = 1, 2, \ldots, n-1$，其中 $M_i = S''(x_i)$, $i = 1, 2, \ldots, n$。

依據此結果，可知數值 $M_1, M_2, \ldots, M_n$ 唯一地決定該三次仿樣。欲求得這些數值，可將 (14) 式中有關 a_i, b_i 及 c_i 的等式代入 (12) 式中。經過一些化簡程序後，可得

$$\begin{aligned} M_1 + 4M_2 + M_3 &= 6(y_1 - 2y_2 + y_3)/h^2 \\ M_2 + 4M_3 + M_4 &= 6(y_2 - 2y_3 + y_4)/h^2 \\ &\vdots \\ M_{n-2} + 4M_{n-1} + M_n &= 6(y_{n-2} - 2y_{n-1} + y_n)/h^2 \end{aligned} \tag{15}$$

或以矩陣表示為：

$$\begin{bmatrix} 1 & 4 & 1 & 0 & \cdots & 0 & 0 & 0 & 0 \\ 0 & 1 & 4 & 1 & \cdots & 0 & 0 & 0 & 0 \\ 0 & 0 & 1 & 4 & \cdots & 0 & 0 & 0 & 0 \\ \vdots & \vdots & \vdots & \vdots & & \vdots & \vdots & \vdots & \vdots \\ 0 & 0 & 0 & 0 & \cdots & 4 & 1 & 0 & 0 \\ 0 & 0 & 0 & 0 & \cdots & 1 & 4 & 1 & 0 \\ 0 & 0 & 0 & 0 & \cdots & 0 & 1 & 4 & 1 \end{bmatrix} \begin{bmatrix} M_1 \\ M_2 \\ M_3 \\ M_4 \\ \vdots \\ M_{n-3} \\ M_{n-2} \\ M_{n-1} \\ M_n \end{bmatrix} = \frac{6}{h^2} \begin{bmatrix} y_1 - 2y_2 + y_3 \\ y_2 - 2y_3 + y_4 \\ y_3 - 2y_4 + y_5 \\ \vdots \\ y_{n-4} - 2y_{n-3} + y_{n-2} \\ y_{n-3} - 2y_{n-2} + y_{n-1} \\ y_{n-2} - 2y_{n-1} + y_n \end{bmatrix}$$

這是在 $n-2$ 個方程式中含有 n 個未知數 $M_1, M_2, \ldots, M_n$ 的線性方程組。因此，仍需兩個額外的方程式，以唯一地決定 $M_1, M_2, \ldots, M_n$。其理由是對指定各點的插值三次仿樣有無限多，所以僅是因為沒有足夠的條件以求得唯一的通過各指定點的三次仿樣。下面將討論指定這兩個添加條件，以獲得通過這些點唯一的三次仿樣之三種可行方法 (習題中另提供兩種方法)。這三種方法已彙總整理於表 1 中。

表 1

自然仿樣	端點處，仿樣的二階導數為 0。	$M_1 = 0$ $M_n = 0$	$\begin{bmatrix} 4 & 1 & 0 & \cdots & 0 & 0 & 0 \\ 1 & 4 & 1 & \cdots & 0 & 0 & 0 \\ \vdots & \vdots & \vdots & & \vdots & \vdots & \vdots \\ 0 & 0 & 0 & \cdots & 1 & 4 & 1 \\ 0 & 0 & 0 & \cdots & 0 & 1 & 4 \end{bmatrix} \begin{bmatrix} M_2 \\ M_3 \\ \vdots \\ M_{n-2} \\ M_{n-1} \end{bmatrix} = \frac{6}{h^2} \begin{bmatrix} y_1 - 2y_2 + y_3 \\ y_2 - 2y_3 + y_4 \\ \vdots \\ y_{n-2} - 2y_{n-1} + y_n \end{bmatrix}$
拋物抽出仿樣	在第一個及最後一個區間上，仿樣為一條拋物曲線。	$M_1 = M_2$ $M_n = M_{n-1}$	$\begin{bmatrix} 5 & 1 & 0 & \cdots & 0 & 0 & 0 \\ 1 & 4 & 1 & \cdots & 0 & 0 & 0 \\ \vdots & \vdots & \vdots & & \vdots & \vdots & \vdots \\ 0 & 0 & 0 & \cdots & 1 & 4 & 1 \\ 0 & 0 & 0 & \cdots & 0 & 1 & 5 \end{bmatrix} \begin{bmatrix} M_2 \\ M_3 \\ \vdots \\ M_{n-2} \\ M_{n-1} \end{bmatrix} = \frac{6}{h^2} \begin{bmatrix} y_1 - 2y_2 + y_3 \\ y_2 - 2y_3 + y_4 \\ \vdots \\ y_{n-2} - 2y_{n-1} + y_n \end{bmatrix}$
三次抽出仿樣	在前二個及最後二個區間上，仿樣為單一的三次曲線。	$M_1 = 2M_2 - M_3$ $M_n = 2M_{n-1} - M_{n-2}$	$\begin{bmatrix} 6 & 0 & 0 & \cdots & 0 & 0 & 0 \\ 1 & 4 & 1 & \cdots & 0 & 0 & 0 \\ \vdots & \vdots & \vdots & & \vdots & \vdots & \vdots \\ 0 & 0 & 0 & \cdots & 1 & 4 & 1 \\ 0 & 0 & 0 & \cdots & 0 & 0 & 6 \end{bmatrix} \begin{bmatrix} M_2 \\ M_3 \\ \vdots \\ M_{n-2} \\ M_{n-1} \end{bmatrix} = \frac{6}{h^2} \begin{bmatrix} y_1 - 2y_2 + y_3 \\ y_2 - 2y_3 + y_4 \\ \vdots \\ y_{n-2} - 2y_{n-1} + y_n \end{bmatrix}$

自然仿樣

可以附加的二個最簡單數學條件為

$$M_1 = M_n = 0$$

將這兩個條件與 (15) 式合併，可產生一個 $M_1, M_2, \ldots, M_n$ 的 $n \times n$ 階線性方程組，若以矩陣表示，則為

$$\begin{bmatrix} 1 & 0 & 0 & 0 & \cdots & 0 & 0 & 0 \\ 1 & 4 & 1 & 0 & \cdots & 0 & 0 & 0 \\ 0 & 1 & 4 & 1 & \cdots & 0 & 0 & 0 \\ \vdots & \vdots & \vdots & \vdots & & \vdots & \vdots & \vdots \\ 0 & 0 & 0 & 0 & \cdots & 1 & 4 & 1 \\ 0 & 0 & 0 & 0 & \cdots & 0 & 0 & 1 \end{bmatrix} \begin{bmatrix} M_1 \\ M_2 \\ M_3 \\ \vdots \\ M_{n-1} \\ M_n \end{bmatrix} = \frac{6}{h^2} \begin{bmatrix} 0 \\ y_1 - 2y_2 + y_3 \\ y_2 - 2y_3 + y_4 \\ \vdots \\ y_{n-2} - 2y_{n-1} + y_n \\ 0 \end{bmatrix}$$

為了計算方便，可將此方程組中的 M_1 及 M_n 消去而寫成

$$\begin{bmatrix} 4 & 1 & 0 & 0 & \cdots & 0 & 0 & 0 \\ 1 & 4 & 1 & 0 & \cdots & 0 & 0 & 0 \\ 0 & 1 & 4 & 1 & \cdots & 0 & 0 & 0 \\ \vdots & \vdots & \vdots & \vdots & & \vdots & \vdots & \vdots \\ 0 & 0 & 0 & 0 & \cdots & 1 & 4 & 1 \\ 0 & 0 & 0 & 0 & \cdots & 0 & 1 & 4 \end{bmatrix} \begin{bmatrix} M_2 \\ M_3 \\ M_4 \\ \vdots \\ M_{n-2} \\ M_{n-1} \end{bmatrix} = \frac{6}{h^2} \begin{bmatrix} y_1 - 2y_2 + y_3 \\ y_2 - 2y_3 + y_4 \\ y_3 - 2y_4 + y_5 \\ \vdots \\ y_{n-3} - 2y_{n-2} + y_{n-1} \\ y_{n-2} - 2y_{n-1} + y_n \end{bmatrix} \quad (16)$$

以及

$$M_1 = 0 \quad (17)$$
$$M_n = 0 \quad (18)$$

於是，上面 $(n-2) \times (n-2)$ 階線性方程組可求解 $n-2$ 個係數 $M_2, M_3, \ldots, M_{n-1}$，而 M_1 及 M_n 則由 (17) 及 (18) 式決定。

物理學上，自然仿樣是對仿樣兩端，在插值點上自然地延伸未加限制所得的插值曲線。位於插值點外部之仿樣尾端部分將落在直線路徑上，此促使 $S''(x)$ 在端點 x_1 及 x_n 消失而導致數學條件 $M_1 = M_n = 0$。

自然仿樣有促使插值曲線在端點漸趨平坦的傾向，這也許不是所期望的。當然，若需要 $S''(x)$ 在端點消失，則必須使用自然仿樣。

拋物抽出仿樣

加於此仿樣型態的兩個額外限制為

$$M_1 = M_2 \quad (19)$$
$$M_n = M_{n-1} \quad (20)$$

若使用這兩個方程式消去 (15) 式中的 M_1 及 M_n 可以得到一組 $M_2, M_3, \ldots, M_{n-1}$ 的 $(n-2) \times (n-2)$ 階線性方程組

$$\begin{bmatrix} 5 & 1 & 0 & 0 & \cdots & 0 & 0 & 0 \\ 1 & 4 & 1 & 0 & \cdots & 0 & 0 & 0 \\ 0 & 1 & 4 & 1 & \cdots & 0 & 0 & 0 \\ \vdots & \vdots & \vdots & \vdots & & \vdots & \vdots & \vdots \\ 0 & 0 & 0 & 0 & \cdots & 1 & 4 & 1 \\ 0 & 0 & 0 & 0 & \cdots & 0 & 1 & 5 \end{bmatrix} \begin{bmatrix} M_2 \\ M_3 \\ M_4 \\ \vdots \\ M_{n-2} \\ M_{n-1} \end{bmatrix} = \frac{6}{h^2} \begin{bmatrix} y_1 - 2y_2 + y_3 \\ y_2 - 2y_3 + y_4 \\ y_3 - 2y_4 + y_5 \\ \vdots \\ y_{n-3} - 2y_{n-2} + y_{n-1} \\ y_{n-2} - 2y_{n-1} + y_n \end{bmatrix} \quad (21)$$

一旦這 $n-2$ 個值決定後，M_1 及 M_n 可依據 (19) 及 (20) 式求得。

由 (14) 式知 $M_1 = M_2$ 蘊涵 $a_1 = 0$ 及 $M_n = M_{n-1}$ 蘊涵 $a_{n-1} = 0$。因

此，由 (3) 式可知在兩端區間 $[x_1, x_2]$ 及 $[x_{n-1}, x_n]$ 上的仿樣公式不具三次項。故如其名稱所建議的，拋物抽出仿樣在兩端區間上簡化為一條拋物曲線。

三次抽出仿樣

對此仿樣型態，應附加兩個額外條件

$$M_1 = 2M_2 - M_3 \tag{22}$$

$$M_n = 2M_{n-1} - M_{n-2} \tag{23}$$

使用這兩個方程式消去 (15) 式中的 M_1 及 M_n，可得下列 $M_2, M_3, \ldots, M_{n-1}$ 的 $(n-2)\times(n-2)$ 階線性方程組

$$\begin{bmatrix} 6 & 0 & 0 & 0 & \cdots & 0 & 0 & 0 \\ 1 & 4 & 1 & 0 & \cdots & 0 & 0 & 0 \\ 0 & 1 & 4 & 1 & \cdots & 0 & 0 & 0 \\ \vdots & \vdots & \vdots & \vdots & & \vdots & \vdots & \vdots \\ 0 & 0 & 0 & 0 & \cdots & 1 & 4 & 1 \\ 0 & 0 & 0 & 0 & \cdots & 0 & 0 & 6 \end{bmatrix} \begin{bmatrix} M_2 \\ M_3 \\ M_4 \\ \vdots \\ M_{n-2} \\ M_{n-1} \end{bmatrix} = \frac{6}{h^2} \begin{bmatrix} y_1 - 2y_2 + y_3 \\ y_2 - 2y_3 + y_4 \\ y_3 - 2y_4 + y_5 \\ \vdots \\ y_{n-3} - 2y_{n-2} + y_{n-1} \\ y_{n-2} - 2y_{n-1} + y_n \end{bmatrix} \tag{24}$$

求解此方程組得到 $M_2, M_3, \ldots, M_{n-1}$ 後，可依據 (22) 及 (23) 式得到 M_1 及 M_n。

若將 (22) 式改寫為

$$M_2 - M_1 = M_3 - M_2$$

則由 (14) 式可得 $a_1 = a_2$。因為在 $[x_1, x_2]$ 上 $S'''(x) = 6a_1$ 而在 $[x_2, x_3]$ 上 $S'''(x) = 6a_2$，故知在區間 $[x_1, x_3]$ 上，$S'''(x)$ 是固定的。因此，$S(x)$ 在區間 $[x_1, x_3]$ 上包含單一的三次曲線，而不是在 x_2 相接的兩條相異的三次曲線。[欲了解此點，可對 $S'''(x)$ 積分三次。] 依相似的分析顯示，在最後兩個區間上，$S(x)$ 亦由單一的三次曲線組成。

然而自然仿樣產生之插值曲線在端點處趨於平坦，三次抽出仿樣規則具有相反的傾向：產生的插值曲線於端點處具有顯著的曲率。假若此二特性皆非所求，則拋物抽出仿樣是為合理的折衷方法。

▶ **例題 1** 使用拋物抽出仿樣

當水的溫度比冰點高一點點時，水達到最大密度為眾所周知。表 2 取

表 2

溫度 (°C)	密度 (g/cm³)
−10	.99815
0	.99987
10	.99973
20	.99823
30	.99567

自 *Handbook of Chemistry and Physics* (CRC 出版，2009)，列示了由 $-10°C$ 至 $30°C$ 的五個等間隔溫度之水的密度 (單位為 g/cm³)。試使用一拋物抽出仿樣插值這五個溫度-密度測量值，並利用求得此三次仿樣在該溫度範圍內的最大值來決定水的最大密度。在習題中，將要求讀者使用自然仿樣及三次抽出仿樣插值這些數據點，以完成類似的計算程序。

設定
$$x_1 = -10, \quad y_1 = .99815$$
$$x_2 = 0, \quad y_2 = .99987$$
$$x_3 = 10, \quad y_3 = .99973$$
$$x_4 = 20, \quad y_4 = .99823$$
$$x_5 = 30, \quad y_5 = .99567$$

則
$$6[y_1 - 2y_2 + y_3]/h^2 = -.0001116$$
$$6[y_2 - 2y_3 + y_4]/h^2 = -.0000816$$
$$6[y_3 - 2y_4 + y_5]/h^2 = -.0000636$$

因此，拋物抽出仿樣之線性方程組 (21) 變為

$$\begin{bmatrix} 5 & 1 & 0 \\ 1 & 4 & 1 \\ 0 & 1 & 5 \end{bmatrix} \begin{bmatrix} M_2 \\ M_3 \\ M_4 \end{bmatrix} = \begin{bmatrix} -.0001116 \\ -.0000816 \\ -.0000636 \end{bmatrix}$$

解此方程組可得
$$M_2 = -.00001973$$
$$M_3 = -.00001293$$
$$M_4 = -.00001013$$

再由 (19) 及 (20) 式得
$$M_1 = M_2 = -.00001973$$
$$M_5 = M_4 = -.00001013$$

依據 (14) 式解係數 a_i, b_i, c_i 及 d_i。因此，所求的插值拋物抽出仿樣可以表示為

$$S(x) = \begin{cases} -.00000987(x+10)^2 + .0002707(x+10) + .99815, & -10 \leq x \leq 0 \\ .000000113(x-0)^3 - .00000987(x-0)^2 + .0000733(x-0) + .99987, & 0 \leq x \leq 10 \\ .000000047(x-10)^3 - .00000647(x-10)^2 - .0000900(x-10) + .99973, & 10 \leq x \leq 20 \\ -.00000507(x-20)^2 - .0002053(x-20) + .99823, & 20 \leq x \leq 30 \end{cases}$$

此仿樣繪示於圖 10.4.6。由圖 10.4.6 可看出最大值係位於區間 [0, 10] 上。為求得此最大值，可令區間 [0, 10] 上的 $S'(x)$ 等於 0：

$$S'(x) = .000000339x^2 - .0000197x + .0000733 = 0$$

此二次方程式在區間 [0, 10] 上的根為 $x = 3.99$（至三位有效數位）且對應此 x 值，$S(3.99) = 1.00001$。因此，依據所得的插值估計，當溫度達 $3.99°C$ 時，水的最大密度為 1.00001 g/cm^3。此與在 $3.98°C$ 時獲得實驗的最大密度 1.00000 g/cm^3 極為接近。 ◀

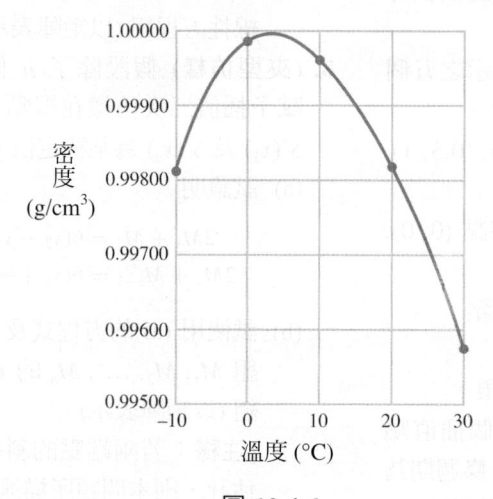

▲ 圖 10.4.6

附 註

三次仿樣以及它們的一般化，除了可產生極佳的插值曲線外，對數值積分與微分、微分與積分方程式之數值解，以及最佳化理論都極有用。

習題集 10.4

1. 試推導定理 10.4.1 的 (14) 式中關於 a_i 與 c_i 的表示式。

2. 下面六點
   (0, .00000), (.2, .19867), (.4, .38942),
   (.6, .56464), (.8, .71736), (1.0, .84147)
   位於 $y = \sin x$ 的圖形上，此處 x 以弧度表示。

   (a) 試求在 $.4 \le x \le .6$ 區間上插值此六點的拋物抽出仿樣。計算過程中，正確到小數點第五位。

   (b) 利用 (a) 所得之仿樣，計算 $S(.5)$，並求出 $S(.5)$ 相對於「正確」值 $\sin(.5) = .47943$ 的百分誤差。

3. 下面五點

   (0, 1), (1, 7), (2, 27), (3, 79), (4, 181)

   位於單一的三次曲線上。
   (a) 本節所述三種三次仿樣型態 (自然、拋物抽出及三次抽出) 中，何者將與包含上述五點之單一三次曲線完全一致？
   (b) 決定 (a) 所選之三次仿樣，並驗證其為插值這五點的單一三次曲線。

4. 使用自然仿樣插值例題 1 所示之五個數據點，並重複例題 1 的計算程序。

5. 使用三次抽出仿樣插值例題 1 所示之五個數據點，並重複例題 1 的計算程序。

6. 考慮 $y = \sin(\pi x)$ 圖形上五點 $(0, 0), (0.5, 1), (1, 0), (1.5, -1)$ 及 $(2, 0)$。
   (a) 使用一個自然仿樣來插值數據點 $(0, 0), (0.5, 1)$ 及 $(1, 0)$。
   (b) 使用一個自然仿樣來插值數據點 $(0.5, 1), (1, 0)$ 及 $(1, 5, -1)$。
   (c) 試解釋 (b) 中結果的不尋常現象。

7. **(週期仿樣)** 若已知或者希望 n 個插值點 $(x_1, y_1), (x_2, y_2), \ldots, (x_n, y_n)$ 位於一條週期為 $x_n - x_1$ 之週期曲線的單循環上，則插值三次仿樣 $S(x)$ 必須滿足

$$S(x_1) = S(x_n)$$
$$S'(x_1) = S'(x_n)$$
$$S''(x_1) = S''(x_n)$$

   (a) 證明這三個週期性條件必須是

$$y_1 = y_n$$
$$M_1 = M_n$$
$$4M_1 + M_2 + M_{n-1} = 6(y_{n-1} - 2y_1 + y_2)/h^2$$

   (b) 利用 (a) 的方程式及 (15) 式，建構一組 $M_1, M_2, \ldots, M_{n-1}$ 的 $(n-1) \times (n-1)$ 階線性方程組 (以矩陣表示)。

8. **(夾型仿樣)** 假設除了 n 個插值點外，並賦予插值三次仿樣在端點 x_1 及 x_n 的斜率 $S'(x_1)$ 及 $S'(x_n)$ 為某特定值 y_1' 及 y_n'。
   (a) 試證明

$$2M_1 + M_2 = 6(y_2 - y_1 - hy_1')/h^2$$
$$2M_n + M_{n-1} = 6(y_{n-1} - y_n + hy_n')/h^2$$

   (b) 試使用 (a) 的方程式及 (15) 式，建構一組 $M_1, M_2, \ldots, M_n$ 的 $n \times n$ 階線性方程組 (以矩陣表示)。

   [**注釋**：若兩端點的斜率為已知或可以估計，則本問題所描述的夾型仿樣是插值工作中最精確的仿樣型式。]

10.4 科技習題

下面這些習題是被設計為需使用科技裝備來解的問題。基本上，這些裝備為 MATLAB, *Mathematica*, Maple, Derive 或 Mathcad，亦可能為其他型態的線性代數軟體或具有線性代數內涵的科學計算器。對每個習題，你在使用你的特別裝備時，需先閱讀相關文件。這些習題的主要目標是讓你熟練你的科技裝備。一旦你精通這些習題裡的技巧，將可以使用你的科技裝備來解許多一般習題集的問題。

T1 在解自然立方仿樣問題時，必須解係數矩陣為

$$A_n = \begin{bmatrix} 4 & 1 & 0 & \cdots & 0 & 0 & 0 \\ 1 & 4 & 1 & \cdots & 0 & 0 & 0 \\ \vdots & \vdots & \vdots & \ddots & \vdots & \vdots & \vdots \\ 0 & 0 & 0 & \cdots & 1 & 4 & 1 \\ 0 & 0 & 0 & \cdots & 0 & 1 & 4 \end{bmatrix}$$

的方程組。若我們可提出上述矩陣的逆矩陣公式，則將容易得自然立方仿樣問題的解。本題及下一個習題將使用電腦來發現這個公式。首先決定 A_n 之行列式的表示式，並以符號 D_n 表之。給

$$A_1 = [4] \quad 及 \quad A_2 = \begin{bmatrix} 4 & 1 \\ 1 & 4 \end{bmatrix}$$

得
$$D_1 = \det(A_1) = \det[4] = 4$$
及
$$D_2 = \det(A_2) = \det\begin{bmatrix} 4 & 1 \\ 1 & 4 \end{bmatrix} = 15$$

(a) 使用行列式的餘因子展開式證明
$$D_n = 4D_{n-1} - D_{n-2}, n = 3, 4, 5, \ldots$$

例如
$$D_3 = 4D_2 - D_1 = 4(15) - 4 = 56$$
$$D_4 = 4D_3 - D_2 = 4(56) - 15 = 209$$

以此類推。試使用電腦，對 $5 \leq n \leq 10$ 檢驗這個結果。

(b) 利用 $D_n = 4D_{n-1} - D_{n-2}$ 及 $D_{n-1} = D_{n-1}$，得矩陣型

$$\begin{bmatrix} D_n \\ D_{n-1} \end{bmatrix} = \begin{bmatrix} 4 & -1 \\ 1 & 0 \end{bmatrix} \begin{bmatrix} D_{n-1} \\ D_{n-2} \end{bmatrix}$$

證明

$$\begin{bmatrix} D_n \\ D_{n-1} \end{bmatrix} = \begin{bmatrix} 4 & -1 \\ 1 & 0 \end{bmatrix}^{n-2} \begin{bmatrix} D_2 \\ D_1 \end{bmatrix} = \begin{bmatrix} 4 & -1 \\ 1 & 0 \end{bmatrix}^{n-2} \begin{bmatrix} 15 \\ 4 \end{bmatrix}$$

(c) 使用 5.2 節之法及電腦證明

$$\begin{bmatrix} 4 & -1 \\ 1 & 0 \end{bmatrix}^{n-2}$$

$$= \frac{\begin{bmatrix} (2+\sqrt{3})^{n-1} - (2-\sqrt{3})^{n-1} & (2-\sqrt{3})^{n-2} - (2+\sqrt{3})^{n-2} \\ (2+\sqrt{3})^{n-2} - (2-\sqrt{3})^{n-2} & (2-\sqrt{3})^{n-3} - (2+\sqrt{3})^{n-3} \end{bmatrix}}{2\sqrt{3}}$$

因此，$D_n = \dfrac{(2+\sqrt{3})^{n+1} - (2-\sqrt{3})^{n+1}}{2\sqrt{3}}$

$n = 1, 2, 3, \ldots$

(d) 使用電腦，對 $1 \leq n \leq 10$ 檢驗這個結果。

T2 本題決定一個由 D_k 計算 A_n^{-1} 的公式，$k = 0, 1, 2, 3, \ldots, n$。假設 D_0 被定義為 1。

(a) 使用電腦計算 A_k^{-1}，$k = 1, 2, 3, 4$ 及 5。

(b) 由 (a) 之結果，探討下面之猜測
$$A_n^{-1} = [\alpha_{ij}]$$
其中 $\alpha_{ij} = \alpha_{ji}$ 且
$$\alpha_{ij} = (-1)^{i+j} \left(\frac{D_{n-j} D_{i-1}}{D_n} \right)$$
則 $i \leq j$。

(c) 使用 (b) 之結果，求 A_7^{-1}，並和由電腦解出之結果做比較。

10.5　馬可夫鏈

本節描述系統由某狀態轉移至另一狀態的一般模型，並將其應用至具體的問題上。

預備知識：線性方程組
矩陣
直觀之極限概念

馬可夫過程

假設某物理或數學系統在經歷一轉變過程後，於任何時刻將處於某有限數目狀態之一。例如，某時刻台北市的天氣狀況必是下面三種可能

狀態之一：晴天、陰天、雨天。再者，曾先生可能處於下列四種情緒狀態之一：喜、怒、哀、樂。假設如此的系統係隨時間而由某狀態變化至另一狀態，並且於排定的時刻觀察此系統當時的狀態。若該系統於任意觀察時刻之確實狀態無法確切決定，但卻可經由知曉先前觀察系統的狀態而推導出指定狀態發生的機率，則此變化過程稱為**馬可夫鏈** (Markov chain) 或**馬可夫過程** (Markov process)。

> **定義 1**：若某馬可夫鏈有以 $1, 2, \ldots, k$ 標示的 k 種可能狀態，則系統在某一觀察時處於 i 狀態，而其前一次的狀態是 j 的機率以 p_{ij} 表示，並稱 p_{ij} 為由狀態 j 至狀態 i 的**轉移機率** (transition probability)。矩陣 $P = [p_{ij}]$ 則稱為**馬可夫鏈轉移矩陣** (transition matrix for the Markov chain)。

例如，在具有三種狀態的馬可夫鏈中，其轉移矩陣為

$$\begin{array}{c} \text{前一情況} \\ \begin{array}{ccc} 1 & 2 & 3 \end{array} \\ \begin{bmatrix} p_{11} & p_{12} & p_{13} \\ p_{21} & p_{22} & p_{23} \\ p_{31} & p_{32} & p_{33} \end{bmatrix} \begin{array}{l} 1\ \text{新} \\ 2\ \text{情} \\ 3\ \text{況} \end{array} \end{array}$$

在此矩陣中，元素 p_{32} 係表示系統將由狀態 2 變化至狀態 3 的機率；元素 p_{11} 係表示若系統前一次是在狀態 1 而這一次仍將停留在狀態 1 的機率，並依此類推。

▶ **例題 1　馬可夫鏈的轉移矩陣**

某轎車出租經紀人擁有三處出租據點，分別標示以 1, 2, 3。顧客可由任意出租據點租用轎車並且可在任意出租據點歸還轎車。依據經驗判斷，該經紀人求出顧客根據下述機率歸還轎車至各個出租據點：

$$\begin{array}{c} \text{出租據點} \\ \begin{array}{ccc} 1 & 2 & 3 \end{array} \\ \begin{bmatrix} .8 & .3 & .2 \\ .1 & .2 & .6 \\ .1 & .5 & .2 \end{bmatrix} \begin{array}{l} 1\ \text{還} \\ 2\ \text{車} \\ 3\ \text{據點} \end{array} \end{array}$$

此矩陣是將系統視為馬可夫鏈時的轉移矩陣。依據此轉移矩陣，由據點 3 出租之轎車將在據點 2 返還的機率是 0.6，由據點 1 出租之轎車將在據點 1 返還的機率是 0.8，...，依此類推。

▶ **例題 2　馬可夫鏈的轉移矩陣**
根據捐贈紀錄，某大學的校友會發現：捐款給年度聯誼基金的校友中有 80% 在下一年度將會做相同的捐獻，而不捐款的校友中有 30% 在下一年度將會捐款給年度聯誼基金。此情形可視為具有兩種狀態的馬可夫鏈：狀態 1 對應於每一年都捐獻的校友，狀態 2 對應於當年不作捐獻的校友。其轉移矩陣為

$$P = \begin{bmatrix} .8 & .3 \\ .2 & .7 \end{bmatrix}$$ ◀

由上述例題中，馬可夫鏈有「每一行之元素和等於 1」的性質。此一性質並非偶然。設若 $P = [p_{ij}]$ 是任意具有 k 種狀態之馬可夫鏈的轉移矩陣，則對每一 j，必有

$$p_{1j} + p_{2j} + \cdots + p_{kj} = 1 \tag{1}$$

因為若在某觀察點時，系統處於狀態 j，則下一次觀察時系統將會處於 k 種可能狀態之一。

具有性質 (1) 的矩陣稱為**隨機矩陣** (stochastic matrix)、**機率矩陣** (probability matrix) 或**馬可夫矩陣** (Markov matrix)。由上述的討論可知馬可夫鏈的轉移矩陣必是隨機矩陣。

在馬可夫鏈中，於任意觀察時間，系統之狀態通常無法很確定地決定出來，但通常最佳的方式是明示每一種可能狀態會發生的機率。例如，對具有三種狀態的馬可夫鏈，描述於某觀察時間系統的可能狀態，一般而言其定義如下，可用行向量

$$\mathbf{x} = \begin{bmatrix} x_1 \\ x_2 \\ x_3 \end{bmatrix}$$

表示，其中 x_1 是系統處於狀態 1 的機率，x_2 是系統處於狀態 2 的機率，x_3 是系統處於狀態 3 的機率。

> **定義 2**：在具有 k 種狀態的馬可夫鏈中，某觀察時間的**狀態向量** (state vector) 是一行向量 $\mathbf{x}$，且 $\mathbf{x}$ 的第 i 分量 x_i 為該系統當時處於第 i 狀態的機率。

由觀察發現馬可夫鏈的任一狀態向量中的元素都不為負值，且其和為 1。(何故？) 具有此性質的行向量稱為**機率向量** (probability vector)。

現在假設已知一馬可夫鏈於某初始觀察時間的狀態向量 $\mathbf{x}^{(0)}$，則依據下列定理，

$$\mathbf{x}^{(1)}, \mathbf{x}^{(2)}, \ldots, \mathbf{x}^{(n)}, \ldots$$

可以定出在後繼觀察時間的狀態向量。

> **定理 10.5.1**：若 P 為馬可夫鏈的轉移矩陣且 $\mathbf{x}^{(n)}$ 是於第 n 觀察時刻的狀態向量，則 $\mathbf{x}^{(n+1)} = P\mathbf{x}^{(n)}$。

此定理的證明將使用到機率理論，此處予以省略。依定理 10.5.1 可得

$$\begin{aligned}
\mathbf{x}^{(1)} &= P\mathbf{x}^{(0)} \\
\mathbf{x}^{(2)} &= P\mathbf{x}^{(1)} = P^2\mathbf{x}^{(0)} \\
\mathbf{x}^{(3)} &= P\mathbf{x}^{(2)} = P^3\mathbf{x}^{(0)} \\
&\vdots \\
\mathbf{x}^{(n)} &= P\mathbf{x}^{(n-1)} = P^n\mathbf{x}^{(0)}
\end{aligned}$$

依此方式，任意的 $\mathbf{x}^{(n)}$ 皆可利用初始狀態向量 $\mathbf{x}^{(0)}$ 與轉移矩陣 P 求得，其中 $n = 1, 2, \ldots$。

▶ **例題 3　續例題 2**

例題 2 的轉移矩陣為

$$P = \begin{bmatrix} .8 & .3 \\ .2 & .7 \end{bmatrix}$$

現在欲建構畢業後第一年不作捐贈的應屆畢業生未來可能有的捐贈紀錄。對此類畢業生，系統開始時當然是在狀態 2，因此其初始狀態向量為

$$\mathbf{x}^{(0)} = \begin{bmatrix} 0 \\ 1 \end{bmatrix}$$

依據定理 10.5.1，可得

$$\mathbf{x}^{(1)} = P\mathbf{x}^{(0)} = \begin{bmatrix} .8 & .3 \\ .2 & .7 \end{bmatrix} \begin{bmatrix} 0 \\ 1 \end{bmatrix} = \begin{bmatrix} .3 \\ .7 \end{bmatrix}$$

$$\mathbf{x}^{(2)} = P\mathbf{x}^{(1)} = \begin{bmatrix} .8 & .3 \\ .2 & .7 \end{bmatrix} \begin{bmatrix} .3 \\ .7 \end{bmatrix} = \begin{bmatrix} .45 \\ .55 \end{bmatrix}$$

$$\mathbf{x}^{(3)} = P\mathbf{x}^{(2)} = \begin{bmatrix} .8 & .3 \\ .2 & .7 \end{bmatrix} \begin{bmatrix} .45 \\ .55 \end{bmatrix} = \begin{bmatrix} .525 \\ .475 \end{bmatrix}$$

因此，三年後該屆畢業生 (校友) 會捐贈的機率為 0.525。超過三年的狀態向量如下所示 (計算至小數第三位)：

$$\mathbf{x}^{(4)} = \begin{bmatrix} .563 \\ .438 \end{bmatrix}, \quad \mathbf{x}^{(5)} = \begin{bmatrix} .581 \\ .419 \end{bmatrix}, \quad \mathbf{x}^{(6)} = \begin{bmatrix} .591 \\ .409 \end{bmatrix}, \quad \mathbf{x}^{(7)} = \begin{bmatrix} .595 \\ .405 \end{bmatrix}$$

$$\mathbf{x}^{(8)} = \begin{bmatrix} .598 \\ .402 \end{bmatrix}, \quad \mathbf{x}^{(9)} = \begin{bmatrix} .599 \\ .401 \end{bmatrix}, \quad \mathbf{x}^{(10)} = \begin{bmatrix} .599 \\ .401 \end{bmatrix}, \quad \mathbf{x}^{(11)} = \begin{bmatrix} .600 \\ .400 \end{bmatrix}$$

對所有 n 大於 11 者，可得

$$\mathbf{x}^{(n)} = \begin{bmatrix} .600 \\ .400 \end{bmatrix}$$

(計算至小數第三位)。易言之，隨觀察次數的增加，該狀態向量將收斂至一固定向量 (此點將在稍後再進行討論)。

▶ **例題 4** 續例題 1

例題 1 中的轉移矩陣為

$$\begin{bmatrix} .8 & .3 & .2 \\ .1 & .2 & .6 \\ .1 & .5 & .2 \end{bmatrix}$$

若某輛轎車最初係由據點 2 租出，則其初始狀態向量為

$$\mathbf{x}^{(0)} = \begin{bmatrix} 0 \\ 1 \\ 0 \end{bmatrix}$$

使用此向量及定理 10.5.1，可得表 1 所列之後繼狀態向量。
對所有大於 11 的 n 值，其狀態向量皆等於 $\mathbf{x}^{(11)}$ (算至小數第三位)。

由此例中讀者應能發現兩件事。第一，不須知曉顧客租用轎車的時間長短，亦即，馬可夫過程中兩觀察時刻間之時間週期並不需要固

表 1

$x^{(n)}$ \ n	0	1	2	3	4	5	6	7	8	9	10	11
$x_1^{(n)}$	0	.300	.400	.477	.511	.533	.544	.550	.553	.555	.556	.557
$x_2^{(n)}$	1	.200	.370	.252	.261	.240	.238	.233	.232	.231	.230	.230
$x_3^{(n)}$	0	.500	.230	.271	.228	.227	.219	.217	.215	.214	.214	.213

定的。第二，隨著 n 值的增大，狀態向量將趨近某固定向量，恰如前例所示。◀

▶ **例題 5　使用定理 10.5.1**

某交通警察的任務是維持圖中八處十字路口的交通秩序，如圖 10.5.1 所示。依據規定，她受命必須在一處十字路口停留一小時後始能決定是否再度在該十字路口執勤或換到鄰近的十字路口。為了避免建立固定模式，上司吩咐該警察選擇新的執勤位置時應在隨機基礎上，使每一可能的選擇機率都相等。例如，若她是在十字路口 5 執勤，則她下一個執勤位置將是 2, 4, 5 及 8 中的一個，且每個機率都是 1/4。另外並假設該警察每天開始執勤時所站的位置是前一天勤務執行完畢時所站的位置。此一馬可夫鏈的轉移矩陣為

$$\begin{array}{c} \text{原 位 置} \\ \begin{array}{cccccccc} 1 & 2 & 3 & 4 & 5 & 6 & 7 & 8 \end{array} \\ \begin{bmatrix} \frac{1}{3} & \frac{1}{3} & 0 & \frac{1}{5} & 0 & 0 & 0 & 0 \\ \frac{1}{3} & \frac{1}{3} & 0 & 0 & \frac{1}{4} & 0 & 0 & 0 \\ 0 & 0 & \frac{1}{3} & \frac{1}{5} & 0 & \frac{1}{3} & 0 & 0 \\ \frac{1}{3} & 0 & \frac{1}{3} & \frac{1}{5} & \frac{1}{4} & 0 & \frac{1}{4} & 0 \\ 0 & \frac{1}{3} & 0 & \frac{1}{5} & \frac{1}{4} & 0 & 0 & \frac{1}{3} \\ 0 & 0 & \frac{1}{3} & 0 & 0 & \frac{1}{3} & \frac{1}{4} & 0 \\ 0 & 0 & 0 & \frac{1}{5} & 0 & \frac{1}{3} & \frac{1}{4} & \frac{1}{3} \\ 0 & 0 & 0 & 0 & \frac{1}{4} & 0 & \frac{1}{4} & \frac{1}{3} \end{bmatrix} \begin{array}{c} 1 \\ 2 \\ 3 \\ 4 \\ 5 \\ 6 \\ 7 \\ 8 \end{array} \end{array}$$ 新位置

▲ 圖 10.5.1

若該交通警察開始執勤時所站的位置是十字路口 5，隨時間一小時一小時地流逝，她的可能執勤位置可得自表 2 的狀態向量。對所有大於 22 的 n 值，其狀態向量都等於 $\mathbf{x}^{(22)}$（計算至小數第三位）。故正如前兩個例題所示，隨著 n 值的增大，狀態向量將趨近於某固定向量。◀

表 2

n \ $x^{(n)}$	0	1	2	3	4	5	10	15	20	22
$x_1^{(n)}$	0	.000	.133	.116	.130	.123	.113	.109	.108	.107
$x_2^{(n)}$	0	.250	.146	.163	.140	.138	.115	.109	.108	.107
$x_3^{(n)}$	0	.000	.050	.039	.067	.073	.100	.106	.107	.107
$x_4^{(n)}$	0	.250	.113	.187	.162	.178	.178	.179	.179	.179
$x_5^{(n)}$	1	.250	.279	.190	.190	.168	.149	.144	.143	.143
$x_6^{(n)}$	0	.000	.000	.050	.056	.074	.099	.105	.107	.107
$x_7^{(n)}$	0	.000	.133	.104	.131	.125	.138	.142	.143	.143
$x_8^{(n)}$	0	.250	.146	.152	.124	.121	.108	.107	.107	.107

狀態向量的極限行為

在前面三個例子中已經觀察到隨著觀察次數的增加，其狀態向量漸漸趨近於某一固定向量。現在要詢問是否馬可夫鏈的狀態向量總是趨近某一固定向量。經由一個簡單的例題將說明此情況並不一定會成立。

▶ **例題 6** 兩個狀態向量間的系統振動

令

$$P = \begin{bmatrix} 0 & 1 \\ 1 & 0 \end{bmatrix} \quad \text{及} \quad \mathbf{x}^{(0)} = \begin{bmatrix} 1 \\ 0 \end{bmatrix}$$

因為 $P^2 = I$ 及 $P^3 = P$，因此可得到

$$\mathbf{x}^{(0)} = \mathbf{x}^{(2)} = \mathbf{x}^{(4)} = \cdots = \begin{bmatrix} 1 \\ 0 \end{bmatrix}$$

及

$$\mathbf{x}^{(1)} = \mathbf{x}^{(3)} = \mathbf{x}^{(5)} = \cdots = \begin{bmatrix} 0 \\ 1 \end{bmatrix}$$

此系統在二狀態向量 $\begin{bmatrix} 1 \\ 0 \end{bmatrix}$ 與 $\begin{bmatrix} 0 \\ 1 \end{bmatrix}$ 間不定地振動，因此不趨近於任一固定向量。 ◀

然而，如果在轉移矩陣上加上一項溫和條件，則可證明將會趨近一固定極限狀態。下列的定義即描述此條件。

> **定義 3**：若存在一整數冪使其每一元素均為正數，則轉移矩陣是正則的 (regular)。

於是，對一個正則轉移矩陣 P，存在有某一整數 m 使得 P^m 中的每一元素均為正數。例題 1 及 2 中的轉移矩陣即是 $m=1$ 時的情況。例題 5 中 P^4 的每一個元素均為正數。因此，這三例題中的轉移矩陣是正則的。

受正則轉移矩陣支配的馬可夫鏈，稱為**正則馬可夫鏈** (regular Markovchain)。稍後將看到每一正則馬可夫鏈有一固定狀態向量 $\mathbf{q}$，使得對任意選取的 $\mathbf{x}^{(0)}$ 當 n 增大時，$P^n\mathbf{x}^{(0)}$ 將趨近於 $\mathbf{q}$。這是馬可夫鏈理論中最重要的結果。

定理 10.5.2：P^n 的行為當 $n \to \infty$

若 P 為一正則轉移矩陣，則當 $n \to \infty$ 時，

$$P^n \to \begin{bmatrix} q_1 & q_1 & \cdots & q_1 \\ q_2 & q_2 & \cdots & q_2 \\ \vdots & \vdots & & \vdots \\ q_k & q_k & \cdots & q_k \end{bmatrix}$$

其中 q_i 是使 $q_1+q_2+\cdots+q_k=1$ 的正數。

此處省略此定理的證明。我們提供你一本更專門的教材，例如 J. Kemeny 及 J. Snell 所著的 *Finite Markov Chains* (New York: Springer-Verlag, 1976)。

若設定

$$Q = \begin{bmatrix} q_1 & q_1 & \cdots & q_1 \\ q_2 & q_2 & \cdots & q_2 \\ \vdots & \vdots & & \vdots \\ q_k & q_k & \cdots & q_k \end{bmatrix} \quad \text{且} \quad \mathbf{q} = \begin{bmatrix} q_1 \\ q_2 \\ \vdots \\ q_k \end{bmatrix}$$

則 Q 是一轉移矩陣，而 Q 中的每一行都等於機率向量 $\mathbf{q}$。Q 具有下列性質：若 $\mathbf{x}$ 為任意機率向量，則

$$Q\mathbf{x} = \begin{bmatrix} q_1 & q_1 & \cdots & q_1 \\ q_2 & q_2 & \cdots & q_2 \\ \vdots & \vdots & & \vdots \\ q_k & q_k & \cdots & q_k \end{bmatrix} \begin{bmatrix} x_1 \\ x_2 \\ \vdots \\ x_k \end{bmatrix} = \begin{bmatrix} q_1 x_1 + q_1 x_2 + \cdots + q_1 x_k \\ q_2 x_1 + q_2 x_2 + \cdots + q_2 x_k \\ \vdots \\ q_k x_1 + q_k x_2 + \cdots + q_k x_k \end{bmatrix}$$

$$= (x_1 + x_2 + \cdots + x_k) \begin{bmatrix} q_1 \\ q_2 \\ \vdots \\ q_k \end{bmatrix} = (1)\mathbf{q} = \mathbf{q}$$

亦即，Q 可將任意機率向量 $\mathbf{x}$ 變換為固定機率向量 $\mathbf{q}$。因此可得到下面的定理。

> **定理 10.5.3**：$P^n \mathbf{x}$ 的行為當 $n \to \infty$
> 若 P 為正則轉移矩陣而 $\mathbf{x}$ 為任意機率向量，則當 $n \to \infty$ 時，
>
> $$P^n \mathbf{x} \to \begin{bmatrix} q_1 \\ q_2 \\ \vdots \\ q_k \end{bmatrix} = \mathbf{q}$$
>
> 此處 $\mathbf{q}$ 是與 n 無關的某固定機率向量，而 $\mathbf{q}$ 的每一元素都是正數。

由於定理 10.5.2 指出當 $n \to \infty$ 時，$P^n \to Q$，所以這項結論是成立的。這蘊涵當 $n \to \infty$ 時，$P^n \mathbf{x} \to Q\mathbf{x} = \mathbf{q}$。於是，對一正則馬可夫鏈，該系統始終趨近於一固定狀態向量 $\mathbf{q}$。向量 $\mathbf{q}$ 即稱為正則馬可夫鏈的**穩定狀態向量** (steady-state vector)。

對具有許多狀態的系統而言，通常計算穩定狀態向量 $\mathbf{q}$ 最有效率的方法是對某一大的 n 值去計算 $P^n \mathbf{x}$。下面三個例題即是說明此程序。由於三個例題都是正則馬可夫鏈，因此收斂於一穩定狀態向量是可確定的。另一種計算穩定狀態向量的方法是利用下列定理。

> **定理 10.5.4**：穩定狀態向量
> 某正則轉移矩陣 P 的穩定狀態向量 $\mathbf{q}$ 乃是滿足方程式 $P\mathbf{q}=\mathbf{q}$ 的唯一機率向量。

為了說明此定理，考慮恆等式 $PP^n = P^{n+1}$。依據定理 10.5.2，當 $n \to \infty$

時，P^n 與 P^{n+1} 皆趨近於 Q。因此，可得 $PQ=Q$。此矩陣方程式的任意一行皆可由 $P\mathbf{q}=\mathbf{q}$ 求得。為了證明 $\mathbf{q}$ 是滿足 $P\mathbf{q}=\mathbf{q}$ 的唯一機率向量，假設 $\mathbf{r}$ 是使 $P\mathbf{r}=\mathbf{r}$ 的另一機率向量，因此對 $n=1, 2, \ldots$ 而言，$P^n\mathbf{r}=\mathbf{r}$ 亦成立，令 $n \to \infty$，則由定理 10.5.3 可導得 $\mathbf{q}=\mathbf{r}$。

定理 10.5.4 亦可表示成：齊次線性方程組

$$(I - P)\mathbf{q} = \mathbf{0}$$

有唯一的向量解 $\mathbf{q}$，$\mathbf{q}$ 中的元素都不為負數並使得 $q_1+q_2+\cdots+q_k=1$。下面三個例題中，可應用此技巧於穩定狀態向量的計算上。

▶ **例題 7**　續例題 2

例題 2 中的轉移矩陣為

$$P = \begin{bmatrix} .8 & .3 \\ .2 & .7 \end{bmatrix}$$

因此線性方程組 $(I-P)\mathbf{q}=\mathbf{0}$ 即是

$$\begin{bmatrix} .2 & -.3 \\ -.2 & .3 \end{bmatrix} \begin{bmatrix} q_1 \\ q_2 \end{bmatrix} = \begin{bmatrix} 0 \\ 0 \end{bmatrix} \tag{2}$$

展開此方程組可得單一獨立方程式

$$.2q_1 - .3q_2 = 0$$

或移項後可得

$$q_1 = 1.5q_2$$

因此，若令 $q_2=s$，則 (2) 式的一般解可表為

$$\mathbf{q} = s \begin{bmatrix} 1.5 \\ 1 \end{bmatrix}$$

此處 s 為任意常數。為了使得 $\mathbf{q}$ 成為一機率向量，我們令 $s=1/(1.5+1)=.4$，因此

$$\mathbf{q} = \begin{bmatrix} .6 \\ .4 \end{bmatrix}$$

即為本題之正則馬可夫鏈的穩定狀態向量。此意味經過一段長時間後，校友中有 60% 每年將捐款給校友聯誼基金，其他 40% 將不作捐獻。因而發現此處的 $\mathbf{q}$ 與例題 3 的計算結果完全相同。

▶ **例題 8** 續例題 1

例題 1 中的轉移矩陣為

$$P = \begin{bmatrix} .8 & .3 & .2 \\ .1 & .2 & .6 \\ .1 & .5 & .2 \end{bmatrix}$$

因此線性方程組 $(I-P)\mathbf{q}=\mathbf{0}$ 即是

$$\begin{bmatrix} .2 & -.3 & -.2 \\ -.1 & .8 & -.6 \\ -.1 & -.5 & .8 \end{bmatrix} \begin{bmatrix} q_1 \\ q_2 \\ q_3 \end{bmatrix} = \begin{bmatrix} 0 \\ 0 \\ 0 \end{bmatrix}$$

其係數矩陣的簡約列梯形為 (試驗證之)

$$\begin{bmatrix} 1 & 0 & -\frac{34}{13} \\ 0 & 1 & -\frac{14}{13} \\ 0 & 0 & 0 \end{bmatrix}$$

故原方程組相當於方程組

$$q_1 = \left(\frac{34}{13}\right)q_3$$
$$q_2 = \left(\frac{14}{13}\right)q_3$$

令 $q_3 = s$，則上述線性方程組的一般解為

$$\mathbf{q} = s \begin{bmatrix} \frac{34}{13} \\ \frac{14}{13} \\ 1 \end{bmatrix}$$

為了使得 $\mathbf{q}$ 成為一機率向量，我們令

$$s = \frac{1}{\frac{34}{13} + \frac{14}{13} + 1} = \frac{13}{61}$$

因此，此系統的穩定狀態向量為

$$\mathbf{q} = \begin{bmatrix} \frac{34}{61} \\ \frac{14}{61} \\ \frac{13}{61} \end{bmatrix} = \begin{bmatrix} .5573\ldots \\ .2295\ldots \\ .2131\ldots \end{bmatrix}$$

此與表 1 所得數值完全相同。$\mathbf{q}$ 中的三個元素分別表示轎車將返還至據點 1, 2 及 3 的長期機率。因此若該轎車出租經紀人擁有 1,000 輛出租

轎車，則他應該設計他的設備使據點 1 至少擁有 558 個停車位，據點 2 至少擁有 230 個停車位，及據點 3 至少擁有 214 個停車位。

▶ **例題 9** 續例題 5

此處不打算列示所有計算步驟，僅單單說出線性方程組 $(I-P)\mathbf{q}=\mathbf{0}$ 的唯一機率向量解為

$$\mathbf{q}=\begin{bmatrix}\frac{3}{28}\\ \frac{3}{28}\\ \frac{3}{28}\\ \frac{5}{28}\\ \frac{4}{28}\\ \frac{3}{28}\\ \frac{4}{28}\\ \frac{3}{28}\end{bmatrix}=\begin{bmatrix}.1071\ldots\\ .1071\ldots\\ .1071\ldots\\ .1785\ldots\\ .1428\ldots\\ .1071\ldots\\ .1428\ldots\\ .1071\ldots\end{bmatrix}$$

此向量的每一元素分別表示在經過一段長時間後，該交通警察在各個十字路口執勤的時間比例。因此，若該警察的目標是在各個十字路口皆執勤相同比例的時間，則若執勤位置係依據相同機率隨機移動的策略顯然不是最佳的策略 (參考習題 5)。◀

習題集 10.5

1. 就轉移矩陣

$$P=\begin{bmatrix}.4 & .5\\ .6 & .5\end{bmatrix}$$

   (a) 試對 $n=1, 2, 3, 4, 5$，計算 $\mathbf{x}^{(n)}$，若 $\mathbf{x}^{(0)}=\begin{bmatrix}1\\ 0\end{bmatrix}$。

   (b) 試說明 P 何以是正則的，並求 P 的穩定狀態向量。

2. 考慮轉移矩陣

$$P=\begin{bmatrix}.2 & .1 & .7\\ .6 & .4 & .2\\ .2 & .5 & .1\end{bmatrix}$$

   (a) 試計算 $\mathbf{x}^{(1)}$, $\mathbf{x}^{(2)}$ 及 $\mathbf{x}^{(3)}$ 至小數第三位，

   若

$$\mathbf{x}^{(0)}=\begin{bmatrix}0\\ 0\\ 1\end{bmatrix}$$

   (b) 試說明 P 何以是正則的，並求出 P 的穩定狀態向量。

3. 試求下列各正則轉移矩陣的穩定狀態向量：

   (a) $\begin{bmatrix}\frac{1}{3} & \frac{3}{4}\\ \frac{2}{3} & \frac{1}{4}\end{bmatrix}$ (b) $\begin{bmatrix}.81 & .26\\ .19 & .74\end{bmatrix}$ (c) $\begin{bmatrix}\frac{1}{3} & \frac{1}{2} & 0\\ \frac{1}{3} & 0 & \frac{1}{4}\\ \frac{1}{3} & \frac{1}{2} & \frac{3}{4}\end{bmatrix}$

4. 設 P 為轉移矩陣

$$\begin{bmatrix}\frac{1}{2} & 0\\ \frac{1}{2} & 1\end{bmatrix}$$

(a) 試證明 P 不是正則的。
(b) 試證明隨著 n 的增大，對任意的初始狀態向量 $\mathbf{x}^{(0)}$，$P^n\mathbf{x}^{(0)}$ 將趨近於 $\begin{bmatrix} 0 \\ 1 \end{bmatrix}$。
(c) 試說明定理 10.5.3 的哪些結論對此轉移矩陣的穩定狀態向量是無效的。

5. 試證明：若 P 為一 $k \times k$ 階正則轉移矩陣，且 P 中每一行的元素和都等於 1，則 P 之穩定狀態向量的每一元素值都等於 $1/k$。

6. 試證明轉移矩陣
$$P = \begin{bmatrix} 0 & \frac{1}{2} & \frac{1}{2} \\ \frac{1}{2} & \frac{1}{2} & 0 \\ \frac{1}{2} & 0 & \frac{1}{2} \end{bmatrix}$$
是正則的，並使用習題 5 求 P 的穩定狀態向量。

7. 老王擁有兩種情緒狀態：快樂或悲傷。假若某一天他處於快樂狀態，則隔天仍舊處於快樂狀態的機率為 4/5；但若處於悲傷狀態，則隔天仍處於悲傷狀態的機率為 1/3；試問經過一段長時間後，在某一天遇到老王時，他正處於快樂的機率為何？

8. 某一國家將領土劃分成三個行政區域，根據統計資料，每年區域 1 的居民有 5% 遷徙至區域 2，亦有 5% 遷徙至區域 3；區域 2 的居民有 15% 遷徙至區域 1，有 10% 遷徙至區域 3；區域 3 的居民有 10% 遷徙至區域 1，有 5% 遷徙至區域 2。試問經過一段長時間後，三區域的人口百分比將各為何？

10.5 科技習題

下面這些習題是被設計為需使用科技裝備來解的問題。基本上，這些裝備為MATLAB, *Mathematica*, Maple, Derive 或 Mathcad，亦可能為其他型態的線性代數軟體或具有線性代數內涵的科學計算器。對每個習題，你在使用你的特別裝備時，需先閱讀相關文件。這些習題的主要目標是讓你熟練你的科技裝備。一旦你精通這些習題裡的技巧，將可以使用你的科技裝備來解許多一般習題集的問題。

T1 考慮轉移矩陣序列
$$\{P_2, P_3, P_4, \ldots\}$$
其中
$$P_2 = \begin{bmatrix} 0 & \frac{1}{2} \\ 1 & \frac{1}{2} \end{bmatrix}, \quad P_3 = \begin{bmatrix} 0 & 0 & \frac{1}{3} \\ 0 & \frac{1}{2} & \frac{1}{3} \\ 1 & \frac{1}{2} & \frac{1}{3} \end{bmatrix},$$

$$P_4 = \begin{bmatrix} 0 & 0 & 0 & \frac{1}{4} \\ 0 & 0 & \frac{1}{3} & \frac{1}{4} \\ 0 & \frac{1}{2} & \frac{1}{3} & \frac{1}{4} \\ 1 & \frac{1}{2} & \frac{1}{3} & \frac{1}{4} \end{bmatrix}, \quad P_5 = \begin{bmatrix} 0 & 0 & 0 & 0 & \frac{1}{5} \\ 0 & 0 & 0 & \frac{1}{4} & \frac{1}{5} \\ 0 & 0 & \frac{1}{3} & \frac{1}{4} & \frac{1}{5} \\ 0 & \frac{1}{2} & \frac{1}{3} & \frac{1}{4} & \frac{1}{5} \\ 1 & \frac{1}{2} & \frac{1}{3} & \frac{1}{4} & \frac{1}{5} \end{bmatrix}$$

以此類推。
(a) 使用電腦以計算這四個矩陣的平方，證明每個矩陣是正則的。
(b) 計算 P_k 的 100 次方，其中 $k=2, 3, 4, 5$，證明定理 10.5.2，接著做一猜測給 P_k^n 的極限值當 $n \to \infty$，對所有 $k=2, 3, 4, \ldots$。
(c) 證明你在 (b) 中所發現的極限矩陣之共同行 $\mathbf{q}_k$ 滿足方程式 $P_k\mathbf{q}_k = \mathbf{q}_k$，如定理 10.5.4 所要求的。

T2 一隻老鼠被放在有九個隔間的箱子裡，如圖所示。假設老鼠進出每個隔間門或停留在隔間裡的機會均等。

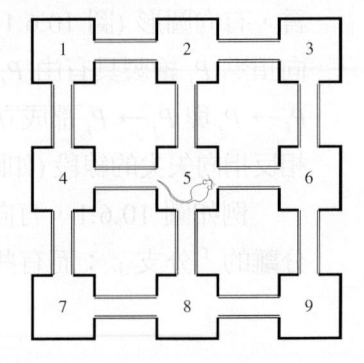

▲ 圖 Ex-T2

(a) 對此問題構造 9×9 階轉移矩陣，並證明此矩陣為正則的。
(b) 試決定此矩陣的穩定狀態向量。
(c) 使用對稱理論證明這個問題僅需使用一個 3×3 階矩陣即可解之。

10.6 圖形理論

本節將介紹集合中各成員間之關係的矩陣表示法，並使用矩陣算術以分析這些關係。

> 預備知識：矩陣乘法與加法

集合成員間的關係

成員數目有限，且各成員間存在某種關係的集合，其例難以數計。例如，集合中可能含人、動物、國家、公司、運動團隊或城市的總集；而此類中兩成員，A 與 B 間的關係可能是 A 員宰制 B 員，動物 A 以動物 B 為食，國家 A 軍事援助國家 B，國家 A 銷售其產品至國家 B，運動團隊 A 慣常地擊敗運動團隊 B，或城市 A 有直飛城市 B 的航線。

現在將展示有向圖形理論 (directed graphy theory) 如何使用於類似前述各例的數學模式的關係中。

有向圖形

有向圖形 (directed graph) 為元素 $\{P_1, P_2, \ldots, P_n\}$，再合併有限的相異元素的有序對 (P_i, P_j)，而且無重複之有序對的總集的有限集合。該集合中的各元素稱為**頂點** (vertices)，而各有序對稱為有向圖形的**有向稜** (directed edge)。本書用符號 $P_i \to P_j$ [讀成「P_i 向 P_j 連結」(P_i is connected to P_j)] 以顯示有向稜 (P_i, P_j) 屬於該有向圖形。就幾何上而言，有向圖形 (圖 10.6.1) 可藉在平面中以點代表頂點，並以自頂點 P_i 向頂點 P_j 繪製具有由 P_i 指向 P_j 之矢尖的線段或弧線予以視覺化。若 $P_i \to P_j$ 與 $P_j \to P_i$ 都成立，記為 $(P_i \leftrightarrow P_j)$，可在 P_i 與 P_j 間繪一具有兩相反指向矢尖的線段 (如圖中的 P_2 與 P_3 間所示者)。

例如圖 10.6.1，有向圖形可能有僅由一些頂點本身相連結而成的分離的「分支」；而有些頂點，例如 P_5，可能不與其他任何頂點相連

▲ 圖 10.6.1　　　　　　　　　　　　　　　▲ 圖 10.6.2

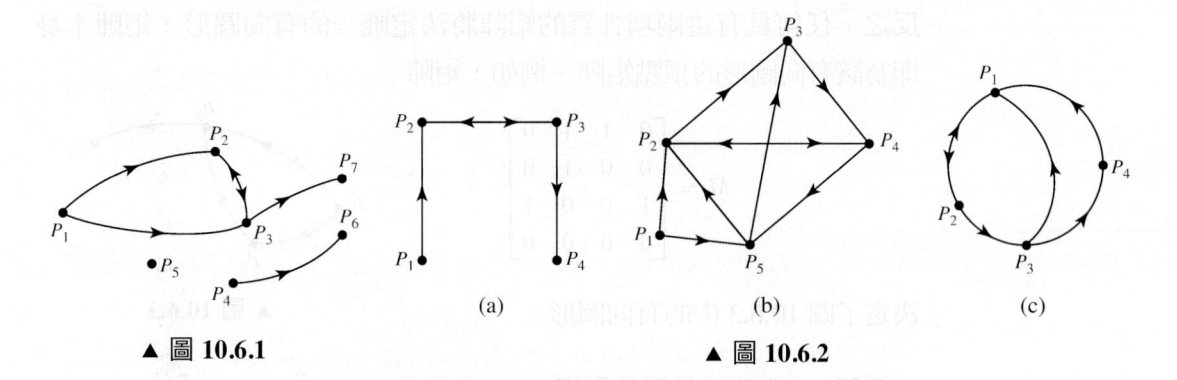

結。而且，因為有向圖形中不容許 $P_i \to P_i$，單一頂點不能以未通過任意其他頂點的單一弧線與本身相連結。

圖 10.6.2 中是另外三個有向圖形範例的表示圖。具有 n 個頂點的有向圖形可使用稱為有向圖形之**頂點矩陣** (vertex matrix) 的 $n \times n$ 階矩陣 $M = [m_{ij}]$ 與之相伴。該矩陣的各元素定義為，對 $i, j = 1, 2, \ldots, n$

$$m_{ij} = \begin{cases} 1, & \text{若 } P_i \to P_j \\ 0, & \text{其他情況} \end{cases}$$

對圖 10.6.2 中的有向圖形，其對應的頂點矩陣如下：

圖 10.6.2a： $M = \begin{bmatrix} 0 & 1 & 0 & 0 \\ 0 & 0 & 1 & 0 \\ 0 & 1 & 0 & 1 \\ 0 & 0 & 0 & 0 \end{bmatrix}$

圖 10.6.2b： $M = \begin{bmatrix} 0 & 1 & 0 & 0 & 1 \\ 0 & 0 & 1 & 1 & 0 \\ 0 & 0 & 0 & 1 & 0 \\ 0 & 1 & 0 & 0 & 1 \\ 0 & 1 & 1 & 0 & 0 \end{bmatrix}$

圖 10.6.2c： $M = \begin{bmatrix} 0 & 1 & 0 & 0 \\ 1 & 0 & 1 & 0 \\ 1 & 0 & 0 & 1 \\ 1 & 0 & 0 & 0 \end{bmatrix}$

依它們的定義，頂點矩陣具有下列兩項性質：
(i) 所有的元素非 0 即 1。
(ii) 所有的對角元素均為零。

反之，任何具有這兩項性質的矩陣將決定唯一的有向圖形，矩陣本身即為該有向圖形的頂點矩陣。例如，矩陣

$$M = \begin{bmatrix} 0 & 1 & 1 & 0 \\ 0 & 0 & 1 & 0 \\ 1 & 0 & 0 & 1 \\ 0 & 0 & 0 & 0 \end{bmatrix}$$

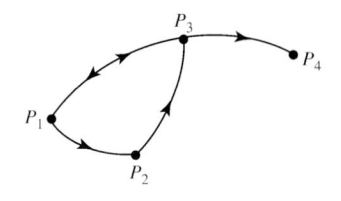

決定了圖 10.6.3 中的有向圖形。

▲ 圖 10.6.3

▶ 例題 1　家庭成員間的影響

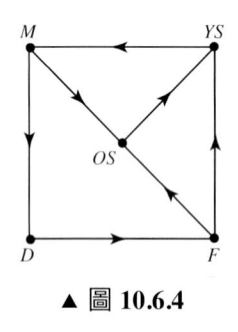

某家庭由母親、父親、女兒及兩個兒子組成。該家庭的各成員彼此間以下列方式產生影響力或權威：母親能影響女兒與大兒子；父親能影響兩個兒子；女兒能影響父親；大兒子能影響小兒子；小兒子能影響母親。此處將使用以組成家庭的五個成員為頂點的有向圖形作為該家庭之影響模式的模型。若家庭成員 A 影響家庭成員 B，可寫成 $A \to B$。圖 10.6.4 為所得到的有向圖形，其中以明顯的字母標示五個家庭中的成員。該有向圖形的頂點矩陣為

▲ 圖 10.6.4

$$\begin{array}{c} \\ M \\ F \\ D \\ OS \\ YS \end{array} \begin{array}{c} \begin{matrix} M & F & F & OS & YS \end{matrix} \\ \begin{bmatrix} 0 & 0 & 1 & 1 & 0 \\ 0 & 0 & 0 & 1 & 1 \\ 0 & 1 & 0 & 0 & 0 \\ 0 & 0 & 0 & 0 & 1 \\ 1 & 0 & 0 & 0 & 0 \end{bmatrix} \end{array}$$

▶ 例題 2　頂點矩陣：棋盤上行走

西洋棋中，騎士在棋盤上行走的路徑為「L」形。若以圖 10.6.5 所示之棋盤而言，騎士所行的路徑可能為先橫行二格後再縱走一格，或先縱走二格後再橫行一格，因此，若由圖 10.6.5 所示棋盤的中心位置，騎士可到達圖 10.6.5 中陰影所示的八個位置。假設限制騎士僅能處於圖 10.6.6 所示之九格棋盤上。若以 $i \to j$ 表示騎士可能由位置 i 走至位置 j，則圖 10.6.7 展示的有向圖形即為騎士在九格之限制下可能採行的走法。圖 10.6.8「所示」為圖 10.6.7 的另一種表示法。

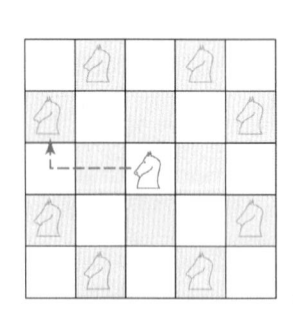

▲ 圖 10.6.5

　　本題有向圖形之頂點矩陣為

$$M = \begin{bmatrix} 0 & 0 & 0 & 0 & 0 & 1 & 0 & 1 & 0 \\ 0 & 0 & 0 & 0 & 0 & 0 & 1 & 0 & 1 \\ 0 & 0 & 0 & 1 & 0 & 0 & 0 & 1 & 0 \\ 0 & 0 & 1 & 0 & 0 & 0 & 0 & 0 & 1 \\ 0 & 0 & 0 & 0 & 0 & 0 & 0 & 0 & 0 \\ 1 & 0 & 0 & 0 & 0 & 0 & 1 & 0 & 0 \\ 0 & 1 & 0 & 0 & 0 & 1 & 0 & 0 & 0 \\ 1 & 0 & 1 & 0 & 0 & 0 & 0 & 0 & 0 \\ 0 & 1 & 0 & 1 & 0 & 0 & 0 & 0 & 0 \end{bmatrix}$$

◀ 圖 10.6.6

▲ 圖 10.6.7

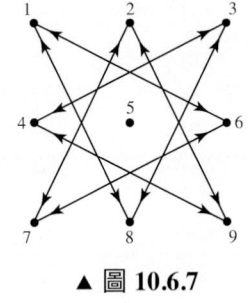

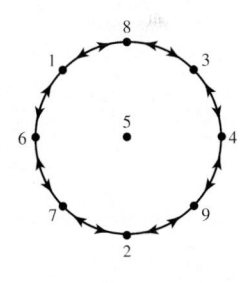

▲ 圖 10.6.8

例題 1 中，父親無法直接影響母親，亦即 $F \rightarrow M$ 不成立，但他能影響小兒子，而小兒子又能影響母親，將此項關係用 $F \rightarrow YS \rightarrow M$ 表示，並稱其為由 F 到 M 的 **2-步連結** (2-step connection)。同理，$M \rightarrow D$ 為**單步連結** (1-step connection)，$F \rightarrow OS \rightarrow YS \rightarrow M$ 為 **3-步連結** (3-step connection) 等等。現在即將針對此定義，考慮任意有向圖形中由頂點 P_i 至另一頂點 P_j 之所有可能 r-步連結 ($r=1, 2, ...$) 的數目 (也包含 P_i 及 P_j 為同一頂點的情形)。P_i 及 P_j 之單步連結的數目，單純地為 m_{ij}，亦即，由 P_i 至 P_j 的單步連結是 0 或 1 完全視 m_{ij} 是 0 或 1 而定。至於 2-步連結，將考慮頂點矩陣的平方。若令 M^2 的第 (i,j) 元素為 $m_{ij}^{(2)}$，則可得

$$m_{ij}^{(2)} = m_{i1}m_{1j} + m_{i2}m_{2j} + \cdots + m_{in}m_{nj} \tag{1}$$

上式中，若 $m_{i1}=m_{1j}=1$，則由 P_i 至 P_j 有一個 2-步連結 $P_i \rightarrow P_1 \rightarrow P_j$；但若 m_{i1} 或 m_{1j} 中有一個為零，則由 P_i 至 P_j 的 2-步連結便不成立。因此，$P_i \rightarrow P_1 \rightarrow P_j$ 是一個 2-步連結若且唯若 $m_{i1}m_{1j}=1$。同理，對任意的 $k=1, 2, ..., n$，$P_i \rightarrow P_k \rightarrow P_j$ 是一個由 P_i 至 P_j 的 2-步連結若且唯若 (1) 式中等號右邊的 $m_{ik}m_{kj}$ 項為 1；否則將為 0。故 (1) 式等號右邊各項的和即為由 P_i 至 P_j 之 2-步連結的總數目。

同樣地，也可以求得由 P_i 至 P_j 之 3-、4-、...、n-步連結的總數目。因此其結果可整理為下述定理。

定理 10.6.1：假設有向圖形的頂點矩陣為 M，且 M^r 的第 (i, j) 元素為 $m_{ij}^{(r)}$ 時，則 $m_{ij}^{(r)}$ 即為由 P_i 至 P_j 之 r-步連結的數目。

▶例題 3　使用定理 10.6.1

圖 10.6.9 所示為聯絡城市 P_1, P_2, P_3 及 P_4 間的航運略圖，若將此圖視為一有向圖形，則其頂點矩陣為

$$M = \begin{bmatrix} 0 & 1 & 1 & 0 \\ 1 & 0 & 1 & 0 \\ 1 & 0 & 0 & 1 \\ 0 & 1 & 1 & 0 \end{bmatrix}$$

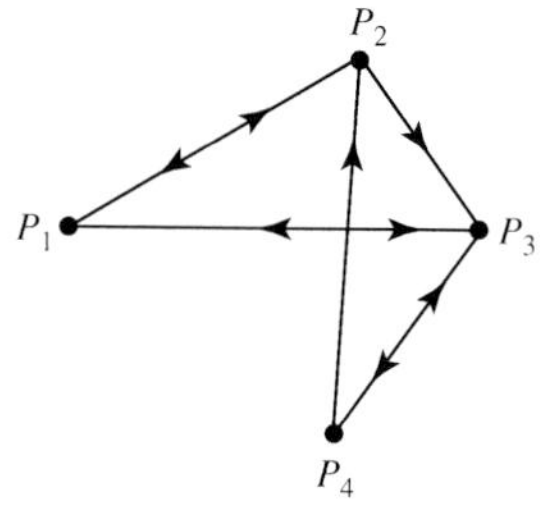

因此可得

$$M^2 = \begin{bmatrix} 2 & 0 & 1 & 1 \\ 1 & 1 & 1 & 1 \\ 0 & 2 & 2 & 0 \\ 2 & 0 & 1 & 1 \end{bmatrix} \quad \text{及} \quad M^3 = \begin{bmatrix} 1 & 3 & 3 & 1 \\ 2 & 2 & 3 & 1 \\ 4 & 0 & 2 & 2 \\ 1 & 3 & 3 & 1 \end{bmatrix}$$

▲ 圖 10.6.9

若現在要探討的是由城市 P_4 至城市 P_3 的連結，則我們可應用定理 10.6.1 來求連結的數目。因 $m_{43}=1$，故有一個單步連結；又因 $m_{43}^{(2)}=1$，故亦有一個 2-步連結；再者，因 $m_{43}^{(3)}=3$，故亦有三個 3-步連結。為驗證此結果，分析圖 10.6.9 如下：

由 P_4 至 P_3 的單步連結：　$P_4 \to P_3$
由 P_4 至 P_3 的 2-步連結：　$P_4 \to P_2 \to P_3$
由 P_4 至 P_3 的 3-步連結：　$P_4 \to P_3 \to P_4 \to P_3$
　　　　　　　　　　　　　　　$P_4 \to P_2 \to P_1 \to P_3$
　　　　　　　　　　　　　　　$P_4 \to P_3 \to P_1 \to P_3$　◀

糾　集

日常用語中，「糾集」一詞意味「由一群志同道合者 (通常是三人或三人以上) 所組成彼此輔助而排斥外人之派系」。在圖形理論中，糾集則有更精確的意義。

定義 1：某有向圖形的某個子集若滿足下述三個條件，則該子集被稱為**糾集** (clique)。

(i) 該子集中至少包含三個頂點。

(ii) 該子集中各頂點 P_i 及 P_j 的組對，$P_i \to P_j$ 及 $P_j \to P_i$ 同時成立。

(iii) 該子集要儘可能地大，亦即，不可能再加入其他的頂點至此子集而仍滿足條件 (ii)。

此定義暗示糾集是有向圖形中各頂點間能完全「聯絡」的最大子集。例如，若有向圖形中的頂點代表城市，且 $P_i \to P_j$ 表示有客機由城市 P_i 飛抵城市 P_j，則在一糾集中，任意兩個城市間皆有客機往來飛行。

▶ **例題 4　含兩個糾集的有向圖形**

圖 10.6.10 所示的有向圖形有兩個糾集

$$\{P_1, P_2, P_3, P_4\} \quad \text{及} \quad \{P_3, P_4, P_6\}$$

本例題說明一有向圖形可能擁有數個糾集，且一個頂點可能同時隸屬於數個糾集。　◀

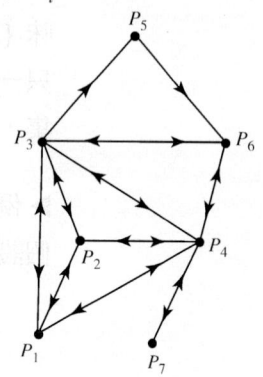

▲ 圖 10.6.10

對簡單的有向圖形，糾集可利用觀察法看出來，但若是一個大而複雜的有向圖形，則觀察法便失去效用，因此需要有系統的程序以偵測糾集。為此目的，將對應於指定的有向圖形之矩陣 $S = [s_{ij}]$ 定義如下：

$$s_{ij} = \begin{cases} 1, & \text{若 } P_i \leftrightarrow P_j \\ 0, & \text{其他情況} \end{cases}$$

矩陣 S 所決定的有向圖形與已知有向圖形相同，只是將指定的有向圖形中僅具有單向箭頭的有向稜刪除而已。例如，若原本的有向圖形如圖 10.6.11a 所示，則以 S 為頂點矩陣的有向圖形即如圖 10.6.11b 所示。矩陣 S 亦可由原有向圖形的頂點矩陣 M 改寫而得，只須將 M 中 $m_{ij} = m_{ji} = 1$ 者設定為 $s_{ij} = 1$，其他情形則設定為 $s_{ij} = 0$ 即可。

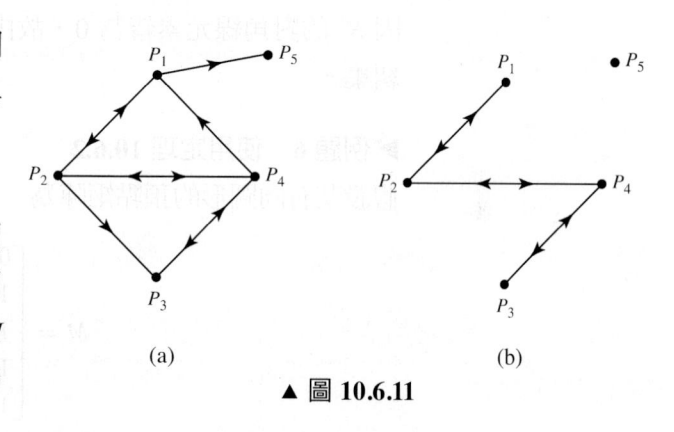

(a)　　　(b)

▲ 圖 10.6.11

下列的定理利用矩陣 S，有助於辨識糾集。此定理對辨認糾集極具功效。

定理 10.6.2：辨認糾集

令 $s_{ij}^{(3)}$ 為 S^3 的第 (i,j) 元素，則頂點 P_i 屬於某一糾集若且唯若 $s_{ii}^{(3)} \neq 0$。

證明：若 $s_{ii}^{(3)} \neq 0$，則由 S 所決定之有向圖形中至少存在一個由 P_i 至其

自身的 3-步連結。現設此連結為 $P_i \to P_j \to P_k \to P_i$。因在 S 的有向圖形中，所有的有向稜皆為雙向的，故可得到 $P_i \leftrightarrow P_j \leftrightarrow P_k \leftrightarrow P_i$，此意味 $\{P_i, P_j, P_k\}$ 為一糾集或一糾集的子集。當 P_i 至其自身的 3-步連結不只一個時，則 P_i 必同時屬於數個糾集。逆向的陳述，「若 P_i 屬於某糾集，則 $s_{ij}^{(3)} \neq 0$」，可依類似的方式證明。◀

▶**例題 5** 使用定理 10.6.2

假設某有向圖形的頂點矩陣 M 為

$$M = \begin{bmatrix} 0 & 1 & 1 & 1 \\ 1 & 0 & 1 & 0 \\ 0 & 1 & 0 & 1 \\ 1 & 0 & 0 & 0 \end{bmatrix}$$

則

$$S = \begin{bmatrix} 0 & 1 & 0 & 1 \\ 1 & 0 & 1 & 0 \\ 0 & 1 & 0 & 0 \\ 1 & 0 & 0 & 0 \end{bmatrix} \quad 及 \quad S^3 = \begin{bmatrix} 0 & 3 & 0 & 2 \\ 3 & 0 & 2 & 0 \\ 0 & 2 & 0 & 1 \\ 2 & 0 & 1 & 0 \end{bmatrix}$$

因 S^3 的對角線元素皆為 0，故由定理 10.6.2 可知有向圖形中沒有形成糾集。

▶**例題 6** 使用定理 10.6.2

假設某有向圖形的頂點矩陣為

$$M = \begin{bmatrix} 0 & 1 & 0 & 1 & 1 \\ 1 & 0 & 0 & 1 & 0 \\ 1 & 1 & 0 & 1 & 0 \\ 1 & 1 & 0 & 0 & 0 \\ 1 & 0 & 0 & 1 & 0 \end{bmatrix}$$

則

$$S = \begin{bmatrix} 0 & 1 & 0 & 1 & 1 \\ 1 & 0 & 0 & 1 & 0 \\ 0 & 0 & 0 & 0 & 0 \\ 1 & 1 & 0 & 0 & 0 \\ 1 & 0 & 0 & 0 & 0 \end{bmatrix} \quad 及 \quad S^3 = \begin{bmatrix} 2 & 4 & 0 & 4 & 3 \\ 4 & 2 & 0 & 3 & 1 \\ 0 & 0 & 0 & 0 & 0 \\ 4 & 3 & 0 & 2 & 1 \\ 3 & 1 & 0 & 1 & 0 \end{bmatrix}$$

因 S^3 的對角線元素中 $s_{11}^{(3)}, s_{22}^{(3)}, s_{44}^{(3)}$ 不為 0，故知其有向圖形中的頂點 P_1，P_2 及 P_4 屬於某些糾集。但因一個糾集至少必須包含三個頂點，故本題

之有向圖形只形成一個糾集，即 $\{P_1, P_2, P_4\}$。 ◀

優勢-有向圖形

在許多人類團體或動物群中，常存在有「尊卑順序」或團體之二成員間有優勢關係，亦即，團體中的任意二成員 A 與 B 間，若不是 A 支配 B 則為 B 支配 A，且兩者不能同時成立。以 $P_i \to P_j$ 之有向圖形代表 P_i 支配 P_j，則上述的關係意指對所有的相異組對，若不是 $P_i \to P_j$ 則為 $P_j \to P_i$，且兩者不能同時成立。一般而言，可以有下列的定義。

> **定義 2：優勢-有向圖形** (dominance-directed graph) 為使得任意相異頂點 P_i 與 P_j 的組對 (pair)，若非 $P_i \to P_j$ 即 $P_j \to P_i$ 但不能同時成立的有向圖形。

一擁有 n 支球隊的聯盟進行循環賽時，每一支球隊皆須與其他球隊比賽一場，且每一場比賽一定要分出勝負，即為滿足上面定義之有向圖形的例子。若以 $P_i \to P_j$ 表示 P_i 隊與 P_j 隊交手時，P_i 擊潰 P_j，則很明顯地可看出本例滿足優勢-有向圖形的定義。因此之故，優勢-有向圖形有時亦被稱作**競賽圖** (tournaments)。

圖 10.6.12 所示三個優勢-有向圖形分別包括三個、四個及五個頂點。在此三圖中，用圓圈圈出的頂點具有下述有趣的性質：由每個此類頂點至圖中其他任一頂點若不是單步連結則為 2-步連結。若以此三圖當作競賽圖時，這些頂點 (球隊) 即表示「有實力的」球隊，這些球隊若不是打敗對手，便是打敗曾經勝過指定對手的其他球隊。現在介紹下列定理並加以證明，此定理保證任一優勢-有向圖形至少有一頂點具有此處所述的性質。

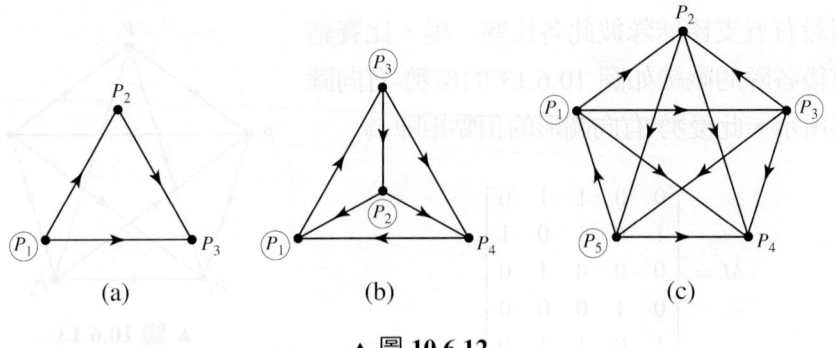

▲ 圖 10.6.12

定理 10.6.3：優勢-有向圖形的連結

任一優勢-有向圖形中至少存在一頂點，由該頂點有一單步或 2-步連結至其他任意頂點。

證明：考慮某優勢-有向圖形中至其他頂點的單步連結與 2-步連結之總數為最大的頂點 (亦可能有數點)，重新賦予各頂點號碼並設該頂點為 P_1。假設存在某頂點 P_i，使得由 P_1 至 P_i 沒有單步或 2-步連結存在，則 $P_1 \to P_i$ 不成立，所以由優勢-有向圖形的定義可知 $P_i \to P_1$ 必成立。其次，令 P_k 為滿足 $P_1 \to P_k$ 之任意頂點。則 $P_k \to P_i$ 不能成立，因為若成立，則 $P_1 \to P_k \to P_i$ 將是 P_1 至 P_i 的 2-步連結，於是 $P_i \to P_k$ 必然成立。亦即，P_i 到與 P_1 以單步連結的所有頂點有單步連結，而 P_i 到與 P_1 以 2-步連結的所有頂點也是 2-步連結。但除此之外，尚有 $P_i \to P_1$，這表示 P_i 擁有的單步與 2-步連結的總數必大於 P_1，此與本證明的前提相矛盾。故頂點 P_i 不存在。亦即，P_1 至其他頂點必有一單步連結或 2-步連結。本定理得證。◀

此一證明顯示對其他頂點具有總數最多的單步與 2-步連結的頂點，會擁有定理中所陳述的性質。有一種使用頂點矩陣 M 及其平方 M^2 來求此類頂點的簡易方法：因為 M 中第 i 列各元素的和即為由 P_i 至其他頂點之單步連結的總數，且 M^2 中第 i 列各元素的和亦為由 P_i 至其他頂點之 2-步連結的總數，因此，矩陣 $A = M + M^2$ 中第 i 列元素的和即為由 P_i 至其他頂點之單步與 2-步連結的總數。易言之，矩陣 $A = M + M^2$ 中各列之元素和為最大者，可確認具有定理 10.6.3 所述性質的頂點。

▶ **例題 7** 使用定理 10.6.3

假設有五支棒球隊彼此各比賽一場，比賽結束後各隊的戰績如圖 10.6.13 的優勢-有向圖形所示。此優勢-有向圖形的頂點矩陣為

$$M = \begin{bmatrix} 0 & 0 & 1 & 1 & 0 \\ 1 & 0 & 1 & 0 & 1 \\ 0 & 0 & 0 & 1 & 0 \\ 0 & 1 & 0 & 0 & 0 \\ 1 & 0 & 1 & 1 & 0 \end{bmatrix}$$

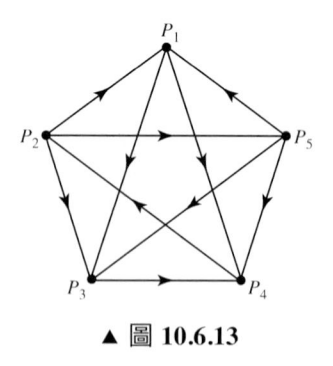

▲ 圖 10.6.13

因此

$$A = M + M^2 = \begin{bmatrix} 0 & 0 & 1 & 1 & 0 \\ 1 & 0 & 1 & 0 & 1 \\ 0 & 0 & 0 & 1 & 0 \\ 0 & 1 & 0 & 0 & 0 \\ 1 & 0 & 1 & 1 & 0 \end{bmatrix} + \begin{bmatrix} 0 & 1 & 0 & 1 & 0 \\ 1 & 0 & 2 & 3 & 0 \\ 0 & 1 & 0 & 0 & 0 \\ 1 & 0 & 1 & 0 & 1 \\ 0 & 1 & 1 & 2 & 0 \end{bmatrix} = \begin{bmatrix} 0 & 1 & 1 & 2 & 0 \\ 2 & 0 & 3 & 3 & 1 \\ 0 & 1 & 0 & 1 & 0 \\ 1 & 1 & 1 & 0 & 1 \\ 1 & 1 & 2 & 3 & 0 \end{bmatrix}$$

A 中各列之和為：

第一列元素和＝4

第二列元素和＝9

第三列元素和＝2

第四列元素和＝4

第五列元素和＝7

因第二列元素和最大，頂點 P_2 至其他頂點必有單步連結或 2-步連結，由圖 10.6.13 即可很明顯地看出。◀

前面已非正式地暗示，若一頂點至其他頂點的單步連結與 2-步連結之總數為最大時，此頂點即為「有實力的」頂點。此觀念正式定義如下。

> **定義 3**：一優勢-有向圖形中，一個頂點所具之**實力** (power) 即為該頂點至其他頂點之單步與 2-步連結的總數。易言之，頂點 P_i 所具之實力即為矩陣 $A = M + M^2$ 中第 i 列的元素和，此處 M 為有向圖形的頂點矩陣。

▶ **例題 8　續例題 7**

現在依據各隊的實力，替例題 7 中的五支棒球隊排名次。由例題 7 中各列元素和之計算，可得

P_1 隊的實力＝4

P_2 隊的實力＝9

P_3 隊的實力＝2

P_4 隊的實力＝4

P_5 隊的實力＝7

故依據各隊的實力，五支球隊的名次如下所示：

P_2(第一名)，P_5(第二名)，P_1 與 P_4(同為第三名)，P_3(第五名)　◀

習題集 10.6

1. 試依據圖 Ex-1 所示的有向圖形，寫出各小題的頂點矩陣。

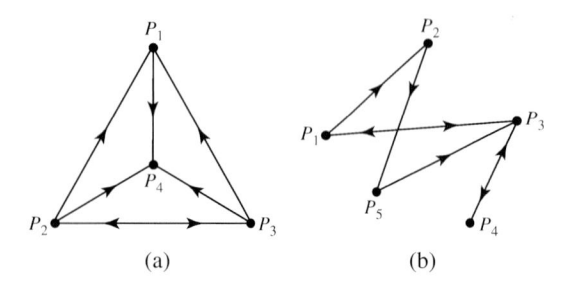

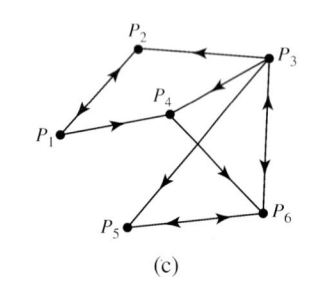

▲ 圖 Ex-1

2. 試依據下列各小題的頂點矩陣，畫出與其對應的有向圖形。

(a) $\begin{bmatrix} 0 & 1 & 1 & 0 \\ 1 & 0 & 0 & 0 \\ 0 & 0 & 0 & 1 \\ 1 & 0 & 1 & 0 \end{bmatrix}$
(b) $\begin{bmatrix} 0 & 0 & 1 & 0 & 0 \\ 1 & 0 & 0 & 0 & 1 \\ 0 & 1 & 0 & 1 & 1 \\ 0 & 0 & 0 & 0 & 0 \\ 1 & 1 & 1 & 0 & 0 \end{bmatrix}$

(c) $\begin{bmatrix} 0 & 1 & 0 & 1 & 0 & 1 \\ 1 & 0 & 0 & 0 & 1 & 0 \\ 0 & 0 & 0 & 0 & 0 & 0 \\ 1 & 1 & 0 & 0 & 1 & 0 \\ 0 & 0 & 0 & 1 & 0 & 1 \\ 0 & 1 & 0 & 0 & 1 & 0 \end{bmatrix}$

3. 假設某有向圖形的頂點矩陣 M 為

$$\begin{bmatrix} 0 & 1 & 1 & 1 \\ 1 & 0 & 0 & 0 \\ 0 & 1 & 0 & 1 \\ 0 & 1 & 1 & 0 \end{bmatrix}$$

(a) 畫出與 M 對應的有向圖形。
(b) 使用定理 10.6.1，求出由頂點 P_1 至頂點 P_2 之單步、2-步及 3-步連結的數目。並如例題 3 列出每個連結以驗證你所得的答案。
(c) 重複 (b)，求 P_1 至 P_4 的單步、2-步及 3-步連結。

4. (a) 對例題 1 的頂點矩陣，計算矩陣乘積 $M^T M$。
(b) 證明 $M^T M$ 的第 k 個對角元素是影響第 k 個家庭成員的家庭成員數。為何為真？
(c) 找一個類似解釋給 $M^T M$ 的非對角元素值。

5. 使用觀察法，找出下列圖形中各有向圖形所可能擁有的糾集。

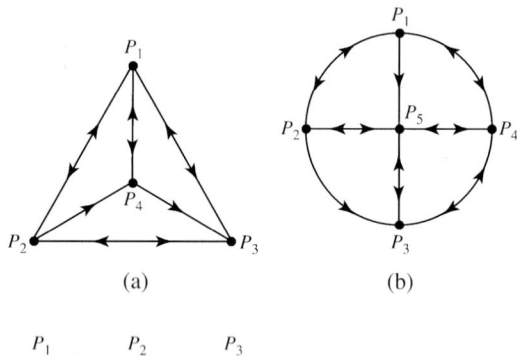

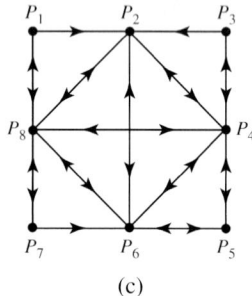

▲ 圖 Ex-5

6. 對下列各頂點矩陣，使用定理 10.6.2 求與之對應之有向圖形所可能擁有的糾集。

(a) $\begin{bmatrix} 0 & 1 & 0 & 1 & 0 \\ 1 & 0 & 1 & 0 & 1 \\ 0 & 1 & 0 & 1 & 1 \\ 1 & 0 & 0 & 0 & 1 \\ 1 & 0 & 1 & 1 & 0 \end{bmatrix}$

(b) $\begin{bmatrix} 0 & 1 & 0 & 1 & 1 & 0 \\ 1 & 0 & 1 & 0 & 1 & 1 \\ 0 & 1 & 0 & 1 & 0 & 1 \\ 1 & 0 & 1 & 0 & 1 & 1 \\ 0 & 1 & 0 & 1 & 0 & 0 \\ 0 & 0 & 1 & 1 & 1 & 0 \end{bmatrix}$

7. 試寫出圖中所示之優勢-有向圖形的頂點矩陣，並求各頂點所具之實力。

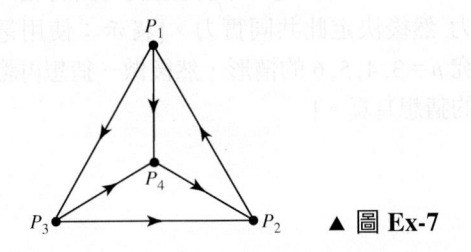

▲ 圖 **Ex-7**

8. 五支棒球隊彼此各比賽一場，比賽結束後各隊的戰績如下所示：

A 擊敗 B, C, D
B 擊敗 C, E
C 擊敗 D, E
D 擊敗 B
E 擊敗 A, D

試依據上述資料畫出優勢-有向圖形及頂點矩陣，並依據各隊的實力排列名次。

10.6 科技習題

下面這些習題是被設計為需使用科技裝備來解的問題。基本上，這些裝備為 MATLAB、*Mathematica*、Maple、Derive 或 Mathcad，亦可能為其他型態的線性代數軟體或具有線性代數內涵的科學計算器。對每個習題，你在使用你的特別裝備時，需先閱讀相關文件。這些習題的主要目標是讓你熟練你的科技裝備。一旦你精通這些習題裡的技巧，將可以使用你的科技裝備來解許多一般習題集的問題。

T1 有 n 個頂點之圖形滿足每個頂點均和其他每個頂點相連，則此圖形之頂點矩陣為

$$M_n = \begin{bmatrix} 0 & 1 & 1 & 1 & 1 & \cdots & 1 \\ 1 & 0 & 1 & 1 & 1 & \cdots & 1 \\ 1 & 1 & 0 & 1 & 1 & \cdots & 1 \\ 1 & 1 & 1 & 0 & 1 & \cdots & 1 \\ 1 & 1 & 1 & 1 & 0 & \cdots & 1 \\ \vdots & \vdots & \vdots & \vdots & \vdots & \ddots & \vdots \\ 1 & 1 & 1 & 1 & 1 & \cdots & 0 \end{bmatrix}$$

本題我們將發展一個求 M_n^k 的公式，其中第 (i, j) 元素等於由 P_i 至 P_j 之 k-步連結的數目。

(a) 使用電腦計算八個矩陣 M_n^k 對 $n = 2, 3$ 及 $k = 2, 3, 4, 5$。

(b) 使用 (a) 之結果及對稱理論證明 M_n^k 可被表為

$$M_n^k = \begin{bmatrix} 0 & 1 & 1 & 1 & 1 & \cdots & 1 \\ 1 & 0 & 1 & 1 & 1 & \cdots & 1 \\ 1 & 1 & 0 & 1 & 1 & \cdots & 1 \\ 1 & 1 & 1 & 0 & 1 & \cdots & 1 \\ 1 & 1 & 1 & 1 & 0 & \cdots & 1 \\ \vdots & \vdots & \vdots & \vdots & \vdots & \ddots & \vdots \\ 1 & 1 & 1 & 1 & 1 & \cdots & 0 \end{bmatrix}^k$$

$$= \begin{bmatrix} \alpha_k & \beta_k & \beta_k & \beta_k & \beta_k & \cdots & \beta_k \\ \beta_k & \alpha_k & \beta_k & \beta_k & \beta_k & \cdots & \beta_k \\ \beta_k & \beta_k & \alpha_k & \beta_k & \beta_k & \cdots & \beta_k \\ \beta_k & \beta_k & \beta_k & \alpha_k & \beta_k & \cdots & \beta_k \\ \beta_k & \beta_k & \beta_k & \beta_k & \alpha_k & \cdots & \beta_k \\ \vdots & \vdots & \vdots & \vdots & \vdots & \ddots & \vdots \\ \beta_k & \beta_k & \beta_k & \beta_k & \beta_k & \cdots & \alpha_k \end{bmatrix}$$

(c) 利用 $M_n^k = M_n M_n^{k-1}$ 的事實，證明

$$\begin{bmatrix} \alpha_k \\ \beta_k \end{bmatrix} = \begin{bmatrix} 0 & n-1 \\ 1 & n-2 \end{bmatrix} \begin{bmatrix} \alpha_{k-1} \\ \beta_{k-1} \end{bmatrix}$$

其中

$$\begin{bmatrix} \alpha_1 \\ \beta_1 \end{bmatrix} = \begin{bmatrix} 0 \\ 1 \end{bmatrix}$$

(d) 使用 (c)，證明

$$\begin{bmatrix} \alpha_k \\ \beta_k \end{bmatrix} = \begin{bmatrix} 0 & n-1 \\ 1 & n-2 \end{bmatrix}^{k-1} \begin{bmatrix} 0 \\ 1 \end{bmatrix}$$

(e) 使用 5.2 節的方法計算

$$\begin{bmatrix} 0 & n-1 \\ 1 & n-2 \end{bmatrix}^{k-1}$$

因而可得 α_k 及 β_k 的表示式，最後證明

$$M_n^k = \left(\frac{(n-1)^k - (-1)^k}{n}\right) U_n + (-1)^k I_n$$

其中 U_n 為元素均為 1 的 $n \times n$ 階矩陣，而 I_n 為 $n \times n$ 單位矩陣。

(f) 證明對所有 $n > 2$，有向圖形的頂點均屬於糾集。

T2 考慮有 n 個選手 (分別標為 $a_1, a_2, a_3, \ldots, a_n$) 的圓形競賽圖，其中 a_1 打敗 a_2、a_2 打敗 a_3、a_3 打敗 a_4、$\ldots$、a_{n-1} 打敗 a_n 及 a_n 打敗 a_1。計算每個選手的「實力」，證明他們均具有相同的實力 然後決定此共同實力。[提示：使用電腦研究 $n = 3, 4, 5, 6$ 的情形，然後做一猜想再證明你的猜想為真。]

10.7 對局論

本節討論在一般對局中兩位彼此競爭的對手，各自選擇適當的策略以達到擊敗對方的目的。各對手的最佳策略可依特定的情況利用矩陣技巧求得。

> **預備知識**：矩陣乘法
> 　　　　　　基本機率概念

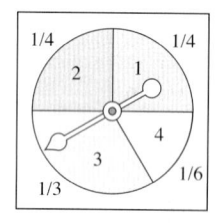

對局論

為了引介對局論的基本概念，首先討論二人對局的嘉年華式賭局。此處將稱參與者之一為玩家 R，另一位為玩家 C，且令玩家二人各擁有一付輪盤 (如圖 10.7.1 所示)。為了容易分辨起見，稱呼玩家 R 所擁有的輪盤為列-輪盤，玩家 C 所擁有的輪盤為行-輪盤。其中，列-輪盤被分割成三個區域並分別標示上數字 1, 2 及 3，行-輪盤被分割成四個區域且分別標示上數字 1, 2, 3 及 4。此二輪盤各個分割區域所佔輪盤面積比例如圖中所示。賭賽開始進行時，二玩家先轉動各自輪盤中的指針，並讓指針隨機地停止 (即不加人為外力)。每一指針停止處分割區標示的數字，稱為該玩家的移步。因此，玩家 R 有三個可能的移步，玩家 C 有四個可能的移步。玩家 C 即依每位玩家所得的移步，按照表 1 所示

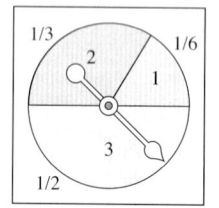

金額支付給玩家 R。

表 1　給玩家 R 的支付

		玩家 C 的移步			
		1	**2**	**3**	**4**
玩家 R 的移步	**1**	\$3	\$5	–\$2	–\$1
	2	–\$2	\$4	–\$3	–\$4
	3	\$6	–\$5	\$0	\$3

例如，若列-輪盤的指針停在區域 1 (玩家 R 的移步為 1)，而行-輪盤的指針停在區域 2 (玩家 C 的移步為 2)，則玩家 C 必須支付 \$5 給玩家 R。表 1 中有某些位置所示的金額為負值，此即表示玩家 C 支付負的金額給玩家 R，亦即，玩家 R 必須支付正的金額給玩家 C。例如，假若列-輪盤移步為 2，行-輪盤移步為 4，則根據表 1，玩家 R 須支付 \$4 給玩家 C。依此規則，表中元素為正者即表示 R 贏 C 輸，元素為負者即表示 R 輸 C 贏。

上面的對局中，玩家無法控制指針的移步，各移步皆決定於各人的運氣。然而，若各玩家皆可決定各自的移步，則每人一定希望知道在長期對局下，他們能預期在賭局中的輸贏的機率。(本節稍後將討論這個問題，並考慮一個玩家能藉改變賭盤的分割而控制其移步的更複雜的情況。)

兩人零和矩陣對局

上面所述對局是**兩人零和矩陣對局** (two-person zero-sum matrix game) 的一個例子。零和一詞意味贏家所贏的錢，亦即，贏 (正) 與輸 (負) 之和為零。矩陣對局一詞是用以描述兩人對局中兩玩家各具有有限的移步，且各移步對所顯示的輸贏結果可用圖表或矩陣表示出來 (如表 1)。

在一般的兩人零和矩陣對局中，令玩家 R 有 m 個可能移步，玩家 C 有 n 個可能移步。於進行對局時，每個玩家各得一個他可能得到的移步之一，並依據所出現之移步對，玩家 C 支付賭金給玩家 R。因此對 $i = 1, 2, \ldots, m$ 及 $j = 1, 2, \ldots, n$，可令

a_{ij}＝玩家 C 對玩家 R 的支付，若玩家 R 的移步為 i，玩家 C 的移步為 j

上述的「支付」並不侷限於金錢，只要是能以數值表示的任意商品皆可當作支付的單位。如前所述，若元素 a_{ij} 為負，則表示玩家 C 由玩家 R 處獲得 $|a_{ij}|$ 之支付。現在若將此 mn 個可能的支付整理成 $m \times n$ 階矩陣型式，則為

$$A = \begin{bmatrix} a_{11} & a_{12} & \cdots & a_{1n} \\ a_{21} & a_{22} & \cdots & a_{2n} \\ \vdots & \vdots & & \vdots \\ a_{m1} & a_{m2} & \cdots & a_{mn} \end{bmatrix}$$

此矩陣稱為對局的**支付矩陣** (payoff matrix)。

對局時，各玩家獲得的移步取決於機率。例如，在引介中討論的輪盤賭局中，各個分割區域佔輪盤面積的比例，即為玩家得到對應於該區域的移步的機率。因此，由圖 10.7.1 可知玩家 R 得移步 2 的機率為 1/3，玩家 C 得移步 2 的機率為 1/4。為不失一般性，現將其定義如下：

p_i＝玩家 R 得移步 i 的機率 ($i = 1, 2, \ldots, m$)
q_j＝玩家 C 得移步 j 的機率 ($j = 1, 2, \ldots, n$)

由此定義可得

$$p_1 + p_2 + \cdots + p_m = 1$$

及

$$q_1 + q_2 + \cdots + q_n = 1$$

利用機率 p_i 與 q_j 構成兩向量

$$\mathbf{p} = \begin{bmatrix} p_1 & p_2 & \cdots & p_m \end{bmatrix} \quad \text{與} \quad \mathbf{q} = \begin{bmatrix} q_1 \\ q_2 \\ \vdots \\ q_n \end{bmatrix}$$

列向量 **p** 稱為**玩家 R 的策略** (strategy of player R)，而行向量 **q** 稱為**玩家 C 的策略** (strategy of player C)。由圖 10.7.1，可得早先嘉年華賭局的

$$\mathbf{p} = \begin{bmatrix} \frac{1}{6} & \frac{1}{3} & \frac{1}{2} \end{bmatrix} \quad \text{及} \quad \mathbf{q} = \begin{bmatrix} \frac{1}{4} \\ \frac{1}{4} \\ \frac{1}{3} \\ \frac{1}{6} \end{bmatrix}$$

根據機率理論，若玩家 R 得移步 i 的機率為 p_i，而且與玩家 C 得移步 j 的機率為 q_j 無關，則對任一對局，玩家 R 得移步 i 而玩家 C 得移步 j 的機率即為 $p_i q_j$。由於出現「移步對」(i, j) 時須支付 a_{ij} 給玩家 R，因此對任一對局，支付 a_{ij} 給玩家 R 的機率亦為 $p_i q_j$。若將各個可能支付與對應的機率相乘後加總，則可得表示式

$$a_{11}p_1q_1 + a_{12}p_1q_2 + \cdots + a_{1n}p_1q_n + a_{21}p_2q_1 + \cdots + a_{mn}p_mq_n \tag{1}$$

此式即為支付給玩家 R 的加權平均值 各支付皆以對應之發生機率作為權數。在機率理論中，此加權平均值稱為玩家 C 對玩家 R 的**期望支付** (expected payoff)。若經多次對局，則每次對局支付給玩家 R 的長程平均支付可依此式求得是可以證明的。此期望支付以 $E(\mathbf{p}, \mathbf{q})$ 標示，強調它是依兩玩家所採用策略而來。由支付矩陣 A 的定義及策略 $\mathbf{p}$ 及 $\mathbf{q}$，可將期望支付以矩陣符號表示為

$$E(\mathbf{p}, \mathbf{q}) = [p_1 \quad p_2 \quad \cdots \quad p_m] \begin{bmatrix} a_{11} & a_{12} & \cdots & a_{1n} \\ a_{21} & a_{22} & \cdots & a_{2n} \\ \vdots & \vdots & & \vdots \\ a_{m1} & a_{m2} & \cdots & a_{mn} \end{bmatrix} \begin{bmatrix} q_1 \\ q_2 \\ \vdots \\ q_n \end{bmatrix} = \mathbf{p}A\mathbf{q} \tag{2}$$

因為 $E(\mathbf{p}, \mathbf{q})$ 為玩家 C 對玩家 R 的期望支付，故而 $-E(\mathbf{p}, \mathbf{q})$ 即表示玩家 R 對玩家 C 的期望支付。

▶ **例題 1**　玩家 R 的期望支付

由前面所述的嘉年華式對局，可得

$$E(\mathbf{p}, \mathbf{q}) = \mathbf{p}A\mathbf{q} = \begin{bmatrix} \frac{1}{6} & \frac{1}{3} & \frac{1}{2} \end{bmatrix} \begin{bmatrix} 3 & 5 & -2 & -1 \\ -2 & 4 & -3 & -4 \\ 6 & -5 & 0 & 3 \end{bmatrix} \begin{bmatrix} \frac{1}{4} \\ \frac{1}{4} \\ \frac{1}{3} \\ \frac{1}{6} \end{bmatrix} = \frac{13}{72} = .1805\ldots$$

因此就長期對局之觀點而言，每一回合對局玩家 R 皆能期望由玩家 C 手中贏得平均 18 美分的賭金。　◀

至目前為止所討論的狀況為每位玩家僅依先期決定策略。底下將考慮兩玩家可各自變更其策略的更繁雜情況。就以前述的嘉年華式對局為例，此處將允許兩位玩家可改變各個分割區域佔輪盤面積的比

例，因而可操縱各個移步的機率，這種問題性質的本質上的改變，將確實地觸及對局論的領域。各玩家並不能確知對手會採取何種策略是可以了解的。並假設各玩家將會採取最好的策略而且對手亦明白此點，則玩家 R 將會企圖選取某一策略 $\mathbf{p}$ 以使得當對手 C 採取最好的策略 $\mathbf{q}$ 時，R 能獲得最大 $E(\mathbf{p}, \mathbf{q})$ 值。同理，玩家 C 亦會企圖選取某一策略 $\mathbf{q}$ 以使得當對手 R 採取最好的策略 $\mathbf{p}$ 時，C 能獲得最小 $E(\mathbf{p}, \mathbf{q})$ 值。為了了解如此選擇確屬可行，須先介紹下面定理，此定理被稱為**兩人零和對局的基本定理** (Fundamental Theorem of Two-Person Zero-Sum Games)。(此定理的證明會運用到線性規劃理論觀念，此處予以省略。)

定理 10.7.1：零和對局的基本定理

對所有的策略 $\mathbf{p}$ 及 $\mathbf{q}$ 必然存在策略 $\mathbf{p}^*$ 與 $\mathbf{q}^*$，使得

$$E(\mathbf{p}^*, \mathbf{q}) \geq E(\mathbf{p}^*, \mathbf{q}^*) \geq E(\mathbf{p}, \mathbf{q}^*) \tag{3}$$

皆成立。

本定理中的策略 $\mathbf{p}^*$ 與 $\mathbf{q}^*$ 分別是玩家 R 與 C 的最佳可能策略。為了了解為何如此，令 $v = E(\mathbf{p}^*, \mathbf{q}^*)$。因此不等式 (3) 的左邊可改寫為

$$E(\mathbf{p}^*, \mathbf{q}) \geq v \quad \text{對所有策略 } \mathbf{q}$$

此即表示若玩家 R 採取策略 $\mathbf{p}^*$，則不論玩家 C 採取的策略 $\mathbf{q}$ 為何，玩家 C 對玩家 R 的期望支付將不會小於 v。然而，玩家 R 亦不可能得到比 v 大的期望支付。為知其緣由，假設玩家 R 選擇的某策略 $\mathbf{p}^{**}$，使

$$E(\mathbf{p}^{**}, \mathbf{q}) > v \quad \text{對所有策略 } \mathbf{q}$$

則，尤其是

$$E(\mathbf{p}^{**}, \mathbf{q}^*) > v$$

但此式與 (3) 式右邊的不等式 [即 $v \geq E(\mathbf{p}^{**}, \mathbf{q}^*)$] 相矛盾。因此，玩家 R 所能採行的最佳作為是避免他可獲得的期望支付小於 v。同理，玩家 C 所能採行的最佳作為是確保玩家 R 的期望支付不超過 v，這可藉由採取策略 $\mathbf{q}^*$ 而達成。

基於以上的討論，可得下列的定義。

定義 1：若策略 $\mathbf{p}^*$ 與 $\mathbf{q}^*$ 可使得

$$E(\mathbf{p}^*, \mathbf{q}) \geq E(\mathbf{p}^*, \mathbf{q}^*) \geq E(\mathbf{p}, \mathbf{q}^*) \tag{4}$$

對所有的策略 $\mathbf{p}$ 及 $\mathbf{q}$ 皆成立，則
(i)　$\mathbf{p}^*$ 稱為玩家 R 的最佳策略 (optimal strategy for player R)。
(ii)　$\mathbf{q}^*$ 稱為玩家 C 的最佳策略 (optimal strategy for player C)。
(iii) $v = E(\mathbf{p}^*, \mathbf{q}^*)$ 稱為對局值 (value)。

由此定義的字義可知最佳策略並不需要是唯一的，而實際情形亦是如此，此問題留給讀者證明 (參考習題 2)。然而，可證明一對局中任兩組最佳策略會導致相同的值 v。亦即，若 $\mathbf{p}^*, \mathbf{q}^*$ 與 $\mathbf{p}^{**}, \mathbf{q}^{**}$ 為兩組最佳策略，則

$$E(\mathbf{p}^*, \mathbf{q}^*) = E(\mathbf{p}^{**}, \mathbf{q}^{**}) \tag{5}$$

因此對局的值，即為兩玩家各採取最佳策略時，玩家 C 對玩家 R 的期望支付。

為求得最佳策略，必須求得能滿足不等式 (4) 之向量 $\mathbf{p}^*$ 及 $\mathbf{q}^*$，通常它們能以線性規劃的技巧解得。下面將討論可用更基本的技巧解得最佳策略之特例。

我們現在介紹下面的定義。

定義 2：支付矩陣 A 的元素 a_{rs}，將稱為**鞍點** (saddle point)，若
(i)　a_{rs} 為同列元素中最小者，且
(ii)　a_{rs} 為同行元素中最大者。
支付矩陣中有鞍點的對局被稱為**嚴格限定的** (strictly determined)。

例如，下面支付矩陣中以陰影罩住的元素即為該支付矩陣的鞍點：

$$\begin{bmatrix} 3 & 1 \\ -4 & 0 \end{bmatrix}, \quad \begin{bmatrix} 30 & -50 & -5 \\ 60 & 90 & 75 \\ -10 & 60 & -30 \end{bmatrix}, \quad \begin{bmatrix} 0 & -3 & 5 & -9 \\ 15 & -8 & -2 & 10 \\ 7 & 10 & 6 & 9 \\ 6 & 11 & -3 & 2 \end{bmatrix}$$

若一矩陣有一鞍點 a_{rs}，則兩玩家的最佳策略如下所示：

$$\mathbf{p}^* = [0 \quad 0 \quad \cdots \quad \underset{\underset{\text{第 } r \text{ 個元素}}{\uparrow}}{1} \quad \cdots \quad 0], \qquad \mathbf{q}^* = \begin{bmatrix} 0 \\ 0 \\ \vdots \\ 1 \\ \vdots \\ 0 \end{bmatrix} \leftarrow \text{第 } s \text{ 個元素}$$

亦即，玩家 R 的最佳策略永遠是選擇移步 r，玩家 C 的最佳策略永遠是選擇移步 s。像這樣只選擇一個移步的策略，稱為**純策略** (pure strategy)；若有數個移步可選擇時，則稱為**混合策略** (mixed strategy)。為了證明上述純策略是最佳的，讀者可驗證下面三個方程式 (參考習題 6)：

$$E(\mathbf{p}^*, \mathbf{q}^*) = \mathbf{p}^* A \mathbf{q}^* = a_{rs} \tag{6}$$

$$E(\mathbf{p}^*, \mathbf{q}) = \mathbf{p}^* A \mathbf{q} \geq a_{rs} \quad \text{對任一策略 } \mathbf{q} \tag{7}$$

$$E(\mathbf{p}, \mathbf{q}^*) = \mathbf{p} A \mathbf{q}^* \leq a_{rs} \quad \text{對任一策略 } \mathbf{p} \tag{8}$$

(6), (7), (8) 式若合併為一，則得

$$E(\mathbf{p}^*, \mathbf{q}) \geq E(\mathbf{p}^*, \mathbf{q}^*) \geq E(\mathbf{p}, \mathbf{q}^*)$$

此即為 (4) 式，故 **p*** 與 **q*** 為最佳策略。

由 (6) 式可知一嚴格限定之對局的值即為鞍點 a_{rs} 的值。雖然支付矩陣可能同時擁有數個鞍點，但因對局的值是唯一的，故可確信各鞍點的值必相等。

▶**例題 2**　最高收視率的最佳策略

兩家彼此競爭的電視網 R 與 C 分別計畫在同一時段推出長達一小時的電視節目。其中 R 視有三個企畫案可茲選擇，C 視有四個企畫案可茲選擇。由於彼此不知對方要推出哪個節目，提供他們預估各個企畫案配對後收視率的分佈情形。兩家電視網要求同一家收視調查公司提供他們這些企畫案所有可能配對的收視率分佈。該收視調查公司完成的收視率調查如表 2 所示，表中元素 (i, j) 表示 R 視推出節目 i 對抗 C 視節目 j 時，R 視所得的收視率。若欲獲得最高收視率，兩家電視臺各應推出什麼節目？

解：將表 2 中各元素值減掉 50，則成下面矩陣

$$\begin{bmatrix} 10 & -30 & -20 & 5 \\ 0 & 25 & -5 & 10 \\ 20 & -5 & -15 & -20 \end{bmatrix}$$

表 2　R 視的收視率

		C 視節目			
		1	2	3	4
R 視節目	1	60	20	30	55
	2	50	75	45	60
	3	70	45	35	30

此即為兩人零和對局中開始時兩電視網各擁有 50% 收視率的支付矩陣，矩陣中元素 (i, j) 表示節目 i 與 j 對抗時，C 視輸給 R 視的收視率。很容易地可看出元素

$$a_{23} = -5$$

為支付矩陣的鞍點。因此，R 視的最佳策略是推出節目 2，而 C 視的最佳策略即為推出節目 3。其結果為 R 視獲得 45% 的收視率，而 C 視的收視率為 55%。 ◂

2×2 階矩陣對局

另一種情況是當兩玩家各僅有兩個可能可茲選擇的移步時，最佳策略使用簡易計算即可求得。在此情況的支付矩陣為 2×2 階矩陣

$$A = \begin{bmatrix} a_{11} & a_{12} \\ a_{21} & a_{22} \end{bmatrix}$$

若對局是嚴格限定的，則 A 的四個元素中至少有一個是鞍點，如此即可應用上面討論的技巧決定出兩玩家的最佳策略。但若對局不是嚴格限定的，則先計算任意策略 $\mathbf{p}$ 與 $\mathbf{q}$ 的期望支付：

$$E(\mathbf{p}, \mathbf{q}) = \mathbf{p}A\mathbf{q} = \begin{bmatrix} p_1 & p_2 \end{bmatrix} \begin{bmatrix} a_{11} & a_{12} \\ a_{21} & a_{22} \end{bmatrix} \begin{bmatrix} q_1 \\ q_2 \end{bmatrix}$$
$$= a_{11}p_1q_1 + a_{12}p_1q_2 + a_{21}p_2q_1 + a_{22}p_2q_2 \tag{9}$$

因為

$$p_1 + p_2 = 1 \quad \text{及} \quad q_1 + q_2 = 1 \tag{10}$$

故將 $p_2 = 1 - p_1$ 及 $q_2 = 1 - q_1$ 代入 (9) 式，可得

$$E(\mathbf{p}, \mathbf{q}) = a_{11}p_1q_1 + a_{12}p_1(1-q_1) + a_{21}(1-p_1)q_1 + a_{22}(1-p_1)(1-q_1) \quad (11)$$

若將上式重新整理，則可寫為

$$E(\mathbf{p}, \mathbf{q}) = [(a_{11} + a_{22} - a_{12} - a_{21})p_1 - (a_{22} - a_{21})]q_1 + (a_{12} - a_{22})p_1 + a_{22} \quad (12)$$

檢驗 q_1 項的係數，可知若設

$$p_1 = p_1^* = \frac{a_{22} - a_{21}}{a_{11} + a_{22} - a_{12} - a_{21}} \quad (13)$$

則其係數為 0，且 (12) 式可化簡為

$$E(\mathbf{p}^*, \mathbf{q}) = \frac{a_{11}a_{22} - a_{12}a_{21}}{a_{11} + a_{22} - a_{12} - a_{21}} \quad (14)$$

(14) 式與 $\mathbf{q}$ 無關；亦即，若玩家 R 採取由 (13) 式決定的策略，則不論玩家 C 採取何種策略，皆不能改變期望支付。

同理，若玩家 C 所採取的策略為

$$q_1 = q_1^* = \frac{a_{22} - a_{12}}{a_{11} + a_{22} - a_{12} - a_{21}} \quad (15)$$

則代入 (12) 式可得

$$E(\mathbf{p}, \mathbf{q}^*) = \frac{a_{11}a_{22} - a_{12}a_{21}}{a_{11} + a_{22} - a_{12} - a_{21}} \quad (16)$$

(14) 式與 (16) 式證明

$$E(\mathbf{p}^*, \mathbf{q}) = E(\mathbf{p}^*, \mathbf{q}^*) = E(\mathbf{p}, \mathbf{q}^*) \quad (17)$$

對所有的策略 $\mathbf{p}$ 及 $\mathbf{q}$ 皆成立。因此，由 (13), (15) 及 (10) 式所決定的策略即分別為玩家 R 與 C 的最佳策略。故而可得下述結論。

定理 10.7.2：2×2 階矩陣對局的最佳策略

對一非嚴格限定的 2×2 階對局而言，玩家 R 與 C 的最佳策略分別為

$$\mathbf{p}^* = \begin{bmatrix} \dfrac{a_{22} - a_{21}}{a_{11} + a_{22} - a_{12} - a_{21}} & \dfrac{a_{11} - a_{12}}{a_{11} + a_{22} - a_{12} - a_{21}} \end{bmatrix}$$

及

$$\mathbf{q}^* = \begin{bmatrix} \dfrac{a_{22} - a_{12}}{a_{11} + a_{22} - a_{12} - a_{21}} \\ \dfrac{a_{11} - a_{21}}{a_{11} + a_{22} - a_{12} - a_{21}} \end{bmatrix}$$

對局值為
$$v = \frac{a_{11}a_{22} - a_{12}a_{21}}{a_{11} + a_{22} - a_{12} - a_{21}}$$

為了使前述定理更加完整，還需要證明向量 **p*** 與 **q*** 中的元素值必介於 0 與 1 之間。此證明留作習題 (習題 8)。

(17) 式因它暗示任何一位對局者能藉選擇他或她的最佳策略迫使期望支付成為對局值，而與對手選擇哪一種策略無關而受到關注。通常這並不正確，因為在各對局中的兩對局者都擁有多於 2 的移步。

▶ **例題 3** 使用定理 10.7.2

美國聯邦政府計畫對其人民施行預防接種，以抗禦引發流行性感冒的某種濾過性病毒。該濾過性病毒已知有兩種類型，但尚不清楚各類型所佔的比例。假若現已研究開發出兩種疫苗，且經試驗後，證明疫苗 1 對類型 1 有 85% 的功效，對類型 2 有 70% 的功效；疫苗 2 對類型 1 有 60% 的功效，對類型 2 有 90% 的功效。試問美國聯邦政府應採用何種預防接種策略？

解：問題可視為兩人對局，其中玩家 R (聯邦政府) 欲使得支付 (對濾過性病毒有抵抗力的人數比例) 儘可能的大，而玩家 C (濾過性病毒) 則欲使支付儘可能的小。本題的支付矩陣為

$$\begin{array}{c} \text{病毒類型} \\ \begin{array}{cc} 1 & 2 \end{array} \\ \begin{array}{c} \text{疫 1} \\ \text{苗 2} \end{array} \begin{bmatrix} .85 & .70 \\ .60 & .90 \end{bmatrix} \end{array}$$

因上列矩陣沒有鞍點，故應用定理 10.7.2，其結果為

$$p_1^* = \frac{a_{22} - a_{21}}{a_{11} + a_{22} - a_{12} - a_{21}} = \frac{.90 - .60}{.85 + .90 - .70 - .60} = \frac{.30}{.45} = \frac{2}{3}$$

$$p_2^* = 1 - p_1^* = 1 - \frac{2}{3} = \frac{1}{3}$$

$$q_1^* = \frac{a_{22} - a_{12}}{a_{11} + a_{22} - a_{12} - a_{21}} = \frac{.90 - .70}{.85 + .90 - .70 - .60} = \frac{.20}{.45} = \frac{4}{9}$$

$$q_2^* = 1 - q_1^* = 1 - \frac{4}{9} = \frac{5}{9}$$

$$v = \frac{a_{11}a_{22} - a_{12}a_{21}}{a_{11} + a_{22} - a_{12} - a_{21}} = \frac{(.85)(.90) - (.70)(.60)}{.85 + .90 - .70 - .60} = \frac{.345}{.45} = .7666\ldots$$

因此，聯邦政府的最佳策略為：$\frac{2}{3}$ 的人民接種疫苗 1，$\frac{1}{3}$ 的人民接種疫苗 2。如此即能保證約有 76.7% 的人民可抗拒濾過性病毒的侵襲，與兩類型病毒的分佈情形無關。

反之，若濾過性病毒之分佈情形為 $\frac{4}{9}$ 類型 1，$\frac{5}{9}$ 類型 2，則亦能導致 76.7% 的相同結果，與聯邦政府所採行的策略無關 (見習題 7)。 ◀

習題集 10.7

1. 假設某對局的支付矩陣為

$$A = \begin{bmatrix} -4 & 6 & -4 & 1 \\ 5 & -7 & 3 & 8 \\ -8 & 0 & 6 & -2 \end{bmatrix}$$

(a) 若玩家 R 及 C 分別採取策略

$$\mathbf{p} = \begin{bmatrix} \frac{1}{2} & 0 & \frac{1}{2} \end{bmatrix} \quad \text{及} \quad \mathbf{q} = \begin{bmatrix} \frac{1}{4} \\ \frac{1}{4} \\ \frac{1}{4} \\ \frac{1}{4} \end{bmatrix}$$

試問此對局的期望支付為何？

(b) 若玩家 C 繼續 (a) 的策略，則玩家 R 應採行何種策略才能使其期望支付為最大？

(c) 若玩家 R 繼續 (a) 的策略，則玩家 C 應採行何種策略才能使他的期望支付為最小？

2. 試舉例證明最佳策略並不是唯一的。例如，尋求具有數個相等鞍點的支付矩陣。

3. 對具有下面支付矩陣之嚴格限定對局，試求兩玩家的最佳策略，並求該對局值。

(a) $\begin{bmatrix} 5 & 2 \\ 7 & 3 \end{bmatrix}$
(b) $\begin{bmatrix} -3 & -2 \\ 2 & 4 \\ -4 & 1 \end{bmatrix}$
(c) $\begin{bmatrix} 2 & -2 & 0 \\ -6 & 0 & -5 \\ 5 & 2 & 3 \end{bmatrix}$
(d) $\begin{bmatrix} -3 & 2 & -1 \\ -2 & -1 & 5 \\ -4 & 1 & 0 \\ -3 & 4 & 6 \end{bmatrix}$

4. 對具有下面支付矩陣之 2×2 階對局，求兩玩家的最佳策略，並求該對局值。

(a) $\begin{bmatrix} 6 & 3 \\ -1 & 4 \end{bmatrix}$
(b) $\begin{bmatrix} 40 & 20 \\ -10 & 30 \end{bmatrix}$
(c) $\begin{bmatrix} 3 & 7 \\ -5 & 4 \end{bmatrix}$

(d) $\begin{bmatrix} 3 & 5 \\ 5 & 2 \end{bmatrix}$
(e) $\begin{bmatrix} 7 & -3 \\ -5 & -2 \end{bmatrix}$

5. 玩家 R 有兩張牌：黑 A 與紅 4，玩家 C 亦有兩張牌：黑 2 與紅 3。對局的方式為兩玩家各出一張牌。若所出的兩張牌同色，玩家 C 應付給玩家 R 二牌點數和之金額；若兩張牌顏色相異，玩家 R 應付給玩家 C 二牌點數和之金額。試問兩玩家的最佳策略為何？並求此對局值。

6. 證明 (6), (7) 及 (8) 式。

7. 證明例題 3 最後一段敘述。

8. 證明定理 10.7.2 中最佳策略 $\mathbf{p}^*$ 及 $\mathbf{q}^*$ 之各元素的值介位於 0 與 1 之間。

10.7 科技習題

下面這些習題是被設計為需使用科技裝備來解的問題。基本上，這些裝備為 MATLAB, *Mathematica*, Maple, Derive 或 Mathcad，亦可能為其他型態的線性代數軟體或具有線性代數內涵的科學計算器。對每個習題，你在使用你的特別裝備時，需先閱讀相關文件。這些習題的主要目標是讓你熟練你的科技裝備。一旦你精通這些習題裡的技巧，將可以使用你的科技裝備來解許多一般習題集的問題。

T1 考慮一個有兩個玩家的對局，其中每個玩家可決定 n 個不同步 ($n > 1$)。若玩家 R 的第 i 步及玩家 C 的第 j 步滿足 $i+j$ 是偶數，則 C 需給 R \$1。若 $i+j$ 是奇數，則 R 需付 C \$1。假設這兩個玩家有相同之策略，亦即，$\mathbf{p}_n = [\rho_i]_{1 \times n}$ 及 $\mathbf{q}_n = [\rho_i]_{n \times 1}$，其中 $\rho_1 + \rho_2 + \rho_3 + \cdots + \rho_n = 1$。使用電腦證明

$$E(\mathbf{p}_2, \mathbf{q}_2) = (\rho_1 - \rho_2)^2$$
$$E(\mathbf{p}_3, \mathbf{q}_3) = (\rho_1 - \rho_2 + \rho_3)^2$$
$$E(\mathbf{p}_4, \mathbf{q}_4) = (\rho_1 - \rho_2 + \rho_3 - \rho_4)^2$$
$$E(\mathbf{p}_5, \mathbf{q}_5) = (\rho_1 - \rho_2 + \rho_3 - \rho_4 + \rho_5)^2$$

使用這些結果，證明一般給玩家 R 的期望支付為

$$E(\mathbf{p}_n, \mathbf{q}_n) = \left(\sum_{j=1}^{n}(-1)^{j+1}\rho_j\right)^2 \geq 0$$

此證明在長時間之下，玩家 R 將不會輸。

T2 考慮一個有兩個玩家的對局，其中每個玩家可決定 n 個不同步 ($n > 1$)。若兩個玩家下相同步，則玩家 C 付玩家 R \$$(n-1)$。然而，若兩個玩家下不同步，則玩家 R 付玩家 C \$1。假設兩個玩家有相同之策略，亦即 $\mathbf{p}_n = [\rho_i]_{1 \times n}$ 及 $\mathbf{q}_n = [\rho_i]_{n \times 1}$，其中 $\rho_1 + \rho_2 + \rho_3 + \cdots + \rho_n = 1$。使用電腦證明

$$E(\mathbf{p}_2, \mathbf{q}_2) = \tfrac{1}{2}(\rho_1 - \rho_1)^2 + \tfrac{1}{2}(\rho_1 - \rho_2)^2 + \tfrac{1}{2}(\rho_2 - \rho_1)^2 + \tfrac{1}{2}(\rho_2 - \rho_2)^2$$

$$E(\mathbf{p}_3, \mathbf{q}_3) = \tfrac{1}{2}(\rho_1 - \rho_1)^2 + \tfrac{1}{2}(\rho_1 - \rho_2)^2 + \tfrac{1}{2}(\rho_1 - \rho_3)^2 + \tfrac{1}{2}(\rho_2 - \rho_1)^2 + \tfrac{1}{2}(\rho_2 - \rho_2)^2 + \tfrac{1}{2}(\rho_2 - \rho_3)^2 + \tfrac{1}{2}(\rho_3 - \rho_1)^2 + \tfrac{1}{2}(\rho_3 - \rho_2)^2 + \tfrac{1}{2}(\rho_3 - \rho_3)^2$$

$$E(\mathbf{p}_4, \mathbf{q}_4) = \tfrac{1}{2}(\rho_1 - \rho_1)^2 + \tfrac{1}{2}(\rho_1 - \rho_2)^2 + \tfrac{1}{2}(\rho_1 - \rho_3)^2 + \tfrac{1}{2}(\rho_1 - \rho_4)^2 + \tfrac{1}{2}(\rho_2 - \rho_1)^2 + \tfrac{1}{2}(\rho_2 - \rho_2)^2 + \tfrac{1}{2}(\rho_2 - \rho_3)^2 + \tfrac{1}{2}(\rho_2 - \rho_4)^2 + \tfrac{1}{2}(\rho_3 - \rho_1)^2 + \tfrac{1}{2}(\rho_3 - \rho_2)^2 + \tfrac{1}{2}(\rho_3 - \rho_3)^2 + \tfrac{1}{2}(\rho_3 - \rho_4)^2 + \tfrac{1}{2}(\rho_4 - \rho_1)^2 + \tfrac{1}{2}(\rho_4 - \rho_2)^2 + \tfrac{1}{2}(\rho_4 - \rho_3)^2 + \tfrac{1}{2}(\rho_4 - \rho_4)^2$$

使用這些結果，證明一般給玩家 R 的期望支付為

$$E(\mathbf{p}_n, \mathbf{q}_n) = \frac{1}{2}\sum_{i=1}^{n}\sum_{j=1}^{n}(\rho_i - \rho_j)^2 \geq 0$$

此證明在長時間之下，玩家 R 將不會輸。

10.8 黎昂迪夫經濟模型

本節討論經濟體系中的兩個線性模型。與非負值矩陣有關的某些結論將用以判定平衡的價格結構以及供需的平衡。

> **預備知識**：線性方程組
> 　　　　　矩陣

經濟體系

以矩陣理論描述經濟體系中價格、供給 (產出) 以及需求間相互關係非常成功。本節中,將以黎昂迪夫 (Wassily Leontief) 的理論作基礎,探討兩個簡單模型。這兩個相異但卻相關的模型為:封閉 (或投入-產出) 模型及開放 (或生產) 模型。每個模型中,將給予某些經濟參數以描述所考慮的經濟體系中各「企業」個體彼此間的相互關係。應用矩陣理論,可以計算為了滿足所求的經濟目標的某些其他參數如物價水準或產出水準。

黎昂迪夫封閉 (投入-產出) 模型

首先提出一個簡單例子,然後進行此模型之一般理論的介紹。

▶ 例題 1 投入-產出模型

有三位屋主——一位木匠、一位電氣工及一位鉛管工——同意群策群力整修他們各自擁有的房屋,並且同意每人如下表所示工作 10 天。

	工作執行者		
	木 匠	電氣工	鉛管工
在木匠家工作的天數	2	1	6
在電氣工家工作的天數	4	5	1
在鉛管工家工作的天數	4	4	3

為了納稅目的,他們三人必須彼此支付每日工作酬勞,即使在自己家中工作也不能例外。他們正常的每日工資大約 $100,但他們同意調整工資以使得每位屋主皆可達到收支相抵,亦即,收入金額與支出金額相等。因此可假設

$p_1 =$ 木匠的每日工資
$p_2 =$ 電氣工的每日工資
$p_3 =$ 鉛管工的每日工資

欲滿足每位屋主都達到收支相抵之「平衡」條件,必須每位屋主在 10 天之工作期的

總支出 = 總收入

例如，木匠需支付 $2p_1+p_2+6p_3$ 以整修自己的房屋，但同時亦有 10 天的工作收入$10p_1$。其平衡方程式如下面的第一個方程式：

$$2p_1 + p_2 + 6p_3 = 10p_1$$
$$4p_1 + 5p_2 + p_3 = 10p_2$$
$$4p_1 + 4p_2 + 3p_3 = 10p_3$$

其餘兩個方程式則為電氣工及鉛管工的平衡方程式。若將上述三個方程式皆除以 10 且以矩陣型式表示，則為

$$\begin{bmatrix} .2 & .1 & .6 \\ .4 & .5 & .1 \\ .4 & .4 & .3 \end{bmatrix} \begin{bmatrix} p_1 \\ p_2 \\ p_3 \end{bmatrix} = \begin{bmatrix} p_1 \\ p_2 \\ p_3 \end{bmatrix} \tag{1}$$

(1) 式經過移項整理後，可得齊次方程組

$$\begin{bmatrix} .8 & -.1 & -.6 \\ -.4 & .5 & -.1 \\ -.4 & -.4 & .7 \end{bmatrix} \begin{bmatrix} p_1 \\ p_2 \\ p_3 \end{bmatrix} = \begin{bmatrix} 0 \\ 0 \\ 0 \end{bmatrix}$$

解此方程組可得 (驗證之)

$$\begin{bmatrix} p_1 \\ p_2 \\ p_3 \end{bmatrix} = s \begin{bmatrix} 31 \\ 32 \\ 36 \end{bmatrix}$$

其中 s 為任意常數。此常數是一比例因子，其值可由屋主依實際需要加以設定。例如，他們可設定 $s=3$ 以使得各人的每日工資──$93, $96 及 $108 ── 皆接近於 $100。 ◀

此例題說明了在一封閉經濟體系中，黎昂迪夫投入-產出模型的顯著特色。基本方程式 (1) 的係數矩陣中，每一行的元素和皆為 1，此對應於每位屋主勞力之「產出」，係依照各行元素所示之比例完全分配予各位屋主的事實。該問題的核心便是要決定這些產出的適當「價格」，以使得整個體系處於平衡狀態，也就是使得每位屋主的總花費等於他或她的總收入。

在一般經濟模型中，考慮一個擁有有限「企業」個體之經濟體系，此處分別以企業 1、企業 2、……、企業 k 表示各企業個體。經過一固定週期的生產過程後，各企業個體皆能由這 k 個企業個體先期決定

的方式依照「產出」某數量的商品或勞務。一個重要的問題即是要求出這 k 種產物適當的交換「價格」，以使得每一企業個體的總支出等於總收入。如此的價格結構即表示該經濟體系達到平衡狀態。

在經過某固定生產週期後，假設

p_i ＝企業 i 總產出物的交換價格

e_{ij} ＝企業 i 向企業 j 購買的商品佔企業 j 總產出的比例

其中 $i, j = 1, 2, \ldots, k$。依定義，可得

(i) $p_i \geq 0, \quad i = 1, 2, \ldots, k$
(ii) $e_{ij} \geq 0, \quad i, j = 1, 2, \ldots, k$
(iii) $e_{1j} + e_{2j} + \cdots + e_{kj} = 1, \quad j = 1, 2, \ldots, k$

利用這些數值，可以建構**價格向量** (price vector)

$$\mathbf{p} = \begin{bmatrix} p_1 \\ p_2 \\ \vdots \\ p_k \end{bmatrix}$$

及**交換矩陣** (exchange matrix) 或**投入-產出矩陣** (input-output matrix)

$$E = \begin{bmatrix} e_{11} & e_{12} & \cdots & e_{1k} \\ e_{21} & e_{22} & \cdots & e_{2k} \\ \vdots & \vdots & & \vdots \\ e_{k1} & e_{k2} & \cdots & e_{kk} \end{bmatrix}$$

由上面條件 (iii) 可知，交換矩陣中各行的元素之和皆等於 1。

正如例題 1，若欲使得各個企業個體的支出等於收入，下列矩陣方程式一定要成立 [參考 (1) 式]：

$$E\mathbf{p} = \mathbf{p} \tag{2}$$

或

$$(I - E)\mathbf{p} = \mathbf{0} \tag{3}$$

(3) 式係價格向量 **p** 的齊次線性方程組。(3) 式會有一非明顯解若且唯若其係數矩陣 $I - E$ 的行列式值等於零。在習題 7 中，將要求讀者證明對任意交換矩陣 E，(3) 式有一非明顯解。因此，(3) 式必有價格向量 **p** 之非明顯解。

事實上，欲使前述的經濟模型具有意義，並不僅僅要求 (3) 式有 **p**

之非明顯解一項而已，尚需要 k 種產出物的價格 p_i 一定不為負值，將此條件表示成 $\mathbf{p} \geq 0$。(通常若 A 為任意矩陣或向量，則符號 $A \geq 0$ 即表示 A 中的任一元素皆不為負；符號 $A > 0$ 表示 A 中每一元素皆大於 0；同理，$A \geq B$ 意味 $A - B \geq 0$，$A > B$ 意味 $A - B > 0$。) 為了證明 (3) 式中有 $\mathbf{p} \geq 0$ 之非明顯解比僅僅證明 (3) 式有非明顯解困難多了，但此敘述為真。因此下列定理僅述明此事實而不予證明。

定理 10.8.1：若 E 為一交換矩陣，則 $E\mathbf{p} = \mathbf{p}$ 必有所含各元素均不為負值的非明顯解 $\mathbf{p}$。

現在來考慮幾則此一定理的簡單範例。

▶ **例題 2　使用定理 10.8.1**
令
$$E = \begin{bmatrix} \frac{1}{2} & 0 \\ \frac{1}{2} & 1 \end{bmatrix}$$
則 $(I - E)\mathbf{p} = \mathbf{0}$ 即為
$$\begin{bmatrix} \frac{1}{2} & 0 \\ -\frac{1}{2} & 0 \end{bmatrix} \begin{bmatrix} p_1 \\ p_2 \end{bmatrix} = \begin{bmatrix} 0 \\ 0 \end{bmatrix}$$
其通解為
$$\mathbf{p} = s \begin{bmatrix} 0 \\ 1 \end{bmatrix}$$
其中 s 為任意常數。故對任一 $s > 0$，可得非明顯解 $\mathbf{p} \geq 0$。

▶ **例題 3　使用定理 10.8.1**
令
$$E = \begin{bmatrix} 1 & 0 \\ 0 & 1 \end{bmatrix}$$
則 $(I - E)\mathbf{p} = \mathbf{0}$ 有一般解
$$\mathbf{p} = s \begin{bmatrix} 1 \\ 0 \end{bmatrix} + t \begin{bmatrix} 0 \\ 1 \end{bmatrix}$$
其中 s 與 t 為獨立的任意常數。故對任一 $s \geq 0$ 及 $t \geq 0$ (但不能同時為 0)，可得非明顯解 $\mathbf{p} \geq 0$。　◀

例題 2 指出在某些情況，兩價格之一必須為零始能滿足平衡條件。例題 3 指出有數組可茲利用的價格結構。但這兩個例題均無法描述彼此相互依賴之經濟結構。下列的定理將提供足夠的條件以排除上述兩情形。

> **定理 10.8.2**：E 為一交換矩陣，若對某些整數 m，E^m 的所有元素都為正，則 $(I-E)\mathbf{p}=\mathbf{0}$ 恰有一組線性獨立解，且可經由選擇使解集合中的所有元素都為正。

本定理之證明省略。已讀過 10.5 節馬可夫鏈的讀者應會發現，本定理在本質上與定理 10.5.4 相同，本節所稱的交換矩陣即是 10.5 節中的隨機或馬可夫矩陣。

▶ **例題 4　使用定理 10.8.2**

例題 1 的交換矩陣為

$$E = \begin{bmatrix} .2 & .1 & .6 \\ .4 & .5 & .1 \\ .4 & .4 & .3 \end{bmatrix}$$

由於 $E > 0$，當 $m=1$ 時，定理 10.8.2 的條件式 $E^m > 0$ 成立。因此，可保證 $(I-E)\mathbf{p}=\mathbf{0}$ 恰有一組線性獨立解，且可經由選擇使得 $\mathbf{p} > 0$。本例中，可求得

$$\mathbf{p} = \begin{bmatrix} 31 \\ 32 \\ 36 \end{bmatrix}$$

即為所求之解。　　◀

黎昂迪夫開放 (生產) 模型

在開放模型中，企業個體的產出物非但可供維持企業間正常操作所需外，且尚有多餘部分可滿足外界的需求，與封閉模型中，k 家企業的產出物僅在他們之間分配的情況正好相反。在封閉模型中，企業個體產出物的量是固定的，其目的便是決定各產出物的價格，以達到平衡，即總支出等於總收入。在開放模型中，產出物的價格是固定的，目的則是在滿足外界需求的情況下，決定出企業個體的產出水準。此處將

在產出物價格固定之前提下，用產出物的經濟價值作為產出水準的量測單位。為嚴謹起見，在經過某固定週期後，令

- x_i = 企業 i 總產出物的貨幣價值
- d_i = 企業 i 需提供予外界需求產出物的貨幣價值
- c_{ij} = 企業 j 為生產其一貨幣單位產出物時，企業 i 所供給產出物的貨幣價值

利用這些數值，可定義**生產向量** (production vector)

$$\mathbf{x} = \begin{bmatrix} x_1 \\ x_2 \\ \vdots \\ x_k \end{bmatrix}$$

需求向量 (demand vector)

$$\mathbf{d} = \begin{bmatrix} d_1 \\ d_2 \\ \vdots \\ d_k \end{bmatrix}$$

及**消費矩陣** (consumption matrix)

$$C = \begin{bmatrix} c_{11} & c_{12} & \cdots & c_{1k} \\ c_{21} & c_{22} & \cdots & c_{2k} \\ \vdots & \vdots & & \vdots \\ c_{k1} & c_{k2} & \cdots & c_{kk} \end{bmatrix}$$

依據個別之特性，可得

$$\mathbf{x} \geq 0, \quad \mathbf{d} \geq 0 \quad 且 \quad C \geq 0$$

由 c_{ij} 與 x_j 的定義，可知數值

$$c_{i1}x_1 + c_{i2}x_2 + \cdots + c_{ik}x_k$$

所有 k 家企業生產向量 $\mathbf{x}$ 所指定的總產值所需之企業 i 產出物之值。因為此數值即是行向量 $C\mathbf{x}$ 的第 i 個元素，因此可以更進一步地說：行向量

$$\mathbf{x} - C\mathbf{x}$$

的第 i 個元素即是企業 i 為滿足外界所需之超額產出物的貨幣價值。依前面之定義，外界需求之企業 i 的產出物的貨幣價值為需求向量 $\mathbf{d}$ 的 i 個元素，因此，可得到下面等式

$$\mathbf{x} - C\mathbf{x} = \mathbf{d}$$

或

$$(I - C)\mathbf{x} = \mathbf{d} \tag{4}$$

為正好供需平衡，沒有浮額或短缺的情形發生。因此，若已知 C 與 $\mathbf{d}$，則欲達成的目標是求得一組滿足 (4) 式的生產向量 $\mathbf{x} \geq 0$。

▶ **例題 5　某鎮的生產向量**

某鎮有三家主要企業：一家煤礦公司、一座火力發電廠及一家當地的鐵路公司。若煤礦公司開採 $1 煤礦，需要購買 $.25 電力以供應設備所需，另須支付 $.25 的運輸費用。火力發電廠欲生產 $1 的電力，需要 $.65 的煤作燃料、$.05 的電力以操作輔助設備，及 $.05 的運送費用。而欲獲得 $1 的運輸收入，鐵路公司需要 $.55 的煤作燃料、$.10 的電力以發動輔助設備。某個星期，煤礦公司收到鄰鎮 $50,000 煤的訂單，火力發電廠亦收到鄰鎮 $25,000 電力的訂單，鐵路公司則無外來的需求。試問該星期內，上述三家企業各應生產多少商品 (或勞務) 始恰能滿足該鎮與鄰鎮的需求？

解：在該星期內，令

$$x_1 = 煤礦公司總產出值$$
$$x_2 = 火力發電廠總產出值$$
$$x_3 = 當地鐵路局總產出值$$

由題意知此經濟體系的消費矩陣為

$$C = \begin{bmatrix} 0 & .65 & .55 \\ .25 & .05 & .10 \\ .25 & .05 & 0 \end{bmatrix}$$

線性方程組 $(I-C)\mathbf{x}=\mathbf{d}$ 則為

$$\begin{bmatrix} 1.00 & -.65 & -.55 \\ -.25 & .95 & -.10 \\ -.25 & -.05 & 1.00 \end{bmatrix} \begin{bmatrix} x_1 \\ x_2 \\ x_3 \end{bmatrix} = \begin{bmatrix} 50,000 \\ 25,000 \\ 0 \end{bmatrix}$$

因上式的係數矩陣為可逆的，故其解為

$$\mathbf{x} = (I-C)^{-1}\mathbf{d} = \frac{1}{503} \begin{bmatrix} 756 & 542 & 470 \\ 220 & 690 & 190 \\ 200 & 170 & 630 \end{bmatrix} \begin{bmatrix} 50,000 \\ 25,000 \\ 0 \end{bmatrix} = \begin{bmatrix} 102,087 \\ 56,163 \\ 28,330 \end{bmatrix}$$

因此，煤礦公司總產出物應為 $102,087，火力發電廠總產出物為 $56,163，當地鐵路局總產出物應為 $28,330。◀

現在考慮 (4) 式：

$$(I - C)\mathbf{x} = \mathbf{d}$$

若方陣 $I-C$ 為可逆的，則上式可寫為

$$\mathbf{x} = (I - C)^{-1}\mathbf{d} \tag{5}$$

此外，若矩陣 $(I-C)^{-1}$ 僅具有非負值元素，則可以保證對任意的 $\mathbf{d} \geq 0$，(5) 式有 $\mathbf{x}$ 的唯一非負解。這是一個特殊的需求情況，因其意味外界需求可獲得滿足。用於描述此情況的術語如下面定義：

> **定義 1**：若 $(I-C)^{-1}$ 存在且 $(I-C)^{-1} \geq 0$，則消費矩陣 C 稱為**可生產的** (productive)。

現在考慮幾個能保證消費矩陣是可生產的簡易判別準則。第一個準則為下列定理：

> **定理 10.8.3：可生產的消費矩陣**
> 消費矩陣 C 是可生產的，若且唯若存在某些生產向量 $\mathbf{x} \geq \mathbf{0}$ 使得 $\mathbf{x} \geq C\mathbf{x}$。

此定理的證明留作習題 (習題 9)。條件式 $\mathbf{x} > C\mathbf{x}$ 意味有某可行的生產計畫，使各家企業的生產大於他們的消費。

定理 10.8.3 有兩個有趣的系理。假設 C 中各列的元素和小於 1。若

$$\mathbf{x} = \begin{bmatrix} 1 \\ 1 \\ \vdots \\ 1 \end{bmatrix}$$

則 $C\mathbf{x}$ 為一行向量，其各元素即是 C 中各列元素之和。因此，$\mathbf{x} > C\mathbf{x}$ 且定理 10.8.3 的條件亦獲得滿足。因而可以得到下列系理：

> **系理 10.8.4**：一消費矩陣是可生產的，若且唯若其各列元素的和都小於 1。

正如在習題 8 中要求讀者證明的，此系理導致下列的結果：

> **系理 10.8.5**：一消費矩陣是可生產的，若且唯若其各行元素的和都小於 1。

回顧消費矩陣組成元素之定義，可知 C 的第 j 行元素和，即為企業 j 用以生產單位價值之產出物所需的所有 k 家企業產出物的總產出值。因此若各行的元素和小於 1，則稱企業 j 為**有利潤的** (profitable)。易言之，系理 10.8.5 說明「一消費矩陣是可生產的，若經濟體系中所有 k 家企業皆為有利潤的。」

▶**例題 6　使用系理 10.8.5**

例題 5 的消費矩陣

$$C = \begin{bmatrix} 0 & .65 & .55 \\ .25 & .05 & .10 \\ .25 & .05 & 0 \end{bmatrix}$$

中每一行的元素和都小於 1，因此三家企業都是有利潤的。故由系理 10.8.5 可知，消費矩陣 C 為可生產的。此結果亦可由例題的計算結果得到證明，像 $(I-C)^{-1} > 0$ 即表示此結果。　◀

習題集 10.8

1. 針對下列各交換矩陣，求滿足平衡條件 (3) 的非負值價格向量。

   (a) $\begin{bmatrix} \frac{1}{2} & \frac{1}{3} \\ \frac{1}{2} & \frac{2}{3} \end{bmatrix}$
   (b) $\begin{bmatrix} \frac{1}{2} & 0 & \frac{1}{2} \\ \frac{1}{3} & 0 & \frac{1}{2} \\ \frac{1}{6} & 1 & 0 \end{bmatrix}$

   (c) $\begin{bmatrix} .35 & .50 & .30 \\ .25 & .20 & .30 \\ .40 & .30 & .40 \end{bmatrix}$

2. 使用定理 10.8.3 及其系理，證明下列各消費矩陣是可生產的。

   (a) $\begin{bmatrix} .8 & .1 \\ .3 & .6 \end{bmatrix}$
   (b) $\begin{bmatrix} .70 & .30 & .25 \\ .20 & .40 & .25 \\ .05 & .15 & .25 \end{bmatrix}$

   (c) $\begin{bmatrix} .7 & .3 & .2 \\ .1 & .4 & .3 \\ .2 & .4 & .1 \end{bmatrix}$

3. 使用定理 10.8.2，證明交換矩陣為

   $$E = \begin{bmatrix} 0 & .2 & .5 \\ 1 & .2 & .5 \\ 0 & .6 & 0 \end{bmatrix}$$

之封閉經濟體系僅有一個線性獨立價格向量。

4. 三位毗鄰而居者在後院皆有一塊菜圃，鄰居 A 種植番茄，鄰居 B 種植玉蜀黍，鄰居 C 種植萵苣。三位鄰居同意依下述比例彼此分配所生產的農作物：A 得 $\frac{1}{2}$ 番茄、$\frac{1}{3}$ 玉蜀黍及 $\frac{1}{4}$ 萵苣；B 得 $\frac{1}{3}$ 番茄、$\frac{1}{3}$ 玉蜀黍及 $\frac{1}{4}$ 萵苣；C 得 $\frac{1}{6}$ 番茄、$\frac{1}{3}$ 玉蜀黍及 $\frac{1}{2}$ 萵苣。試問若欲滿足封閉經濟之平衡條件，各農作物應設定何種價格？此處假設農作物的最低價格為 $100。

5. 三位工程師——一位土木工程師 (CE)、一位電子工程師 (EE) 及一位機械工程師 (ME)——各擁有一家顧問公司。由於他們接受諮詢的項目極廣，故而需要彼此相互購買部分服務。CE 每賺得之 \$1 中，他須購買 EE 的服務 \$.10 及 ME 服務 \$.30；EE 每賺得之 \$1 中，他須購買 CE 的服務 \$.20 及 ME 的服務 \$.40；ME 每賺得之 \$1 中，他須購買 CE 的服務 \$.30 及 EE 的服務 \$.40。若某一星期中，CE 接受外界的諮詢預約 \$500，EE 接受外界的諮詢預約 \$700，ME 接受外界的諮詢預約 \$600。試問該星期內，每位工程師各可賺得多少諮詢所得？

6. (a) 假設企業 i 的產出需求 d_i 增加一個單位。試解釋為何矩陣 $(I-C)^{-1}$ 的第 i 行即是對生產向量 **x** 必須做的增加量，以滿足增加的需求。

   (b) 參考例題 5，利用 (a) 的結果，試求煤礦公司產出值的增加量，以滿足火力發電廠的產出值增加一個單位的需求。

7. 利用交換矩陣 E 中各行的元素和都為 1 的事實，證明 $I-E$ 中各行的元素和都為零。並利用此結果，證明 $I-E$ 的行列式值為 0，而 $(I-E)\mathbf{p}=\mathbf{0}$ 的 **p** 有非明顯解。

8. 證明系理 10.8.5 是由系理 10.8.4 所導致的結果。[提示：利用對任一可逆矩陣 A，$(A^T)^{-1}=(A^{-1})^T$。]

9. (適合已學過微積分之讀者) 試依下述步驟證明定理 10.8.3：

   (a) 證明定理中的必要條件，亦即，證明若 C 是一可生產的消費矩陣，則必存在一向量 $\mathbf{x} \geq 0$ 使得 $\mathbf{x} > C\mathbf{x}$。

   (b) 依下述步驟證明定理中的充分條件：

   步驟 1. 證明若存在一向量 $\mathbf{x}^* \geq 0$ 使 $C\mathbf{x}^* < \mathbf{x}^*$，則 $\mathbf{x}^* > 0$。

   步驟 2. 證明存在一數 λ 使 $0 < \lambda < 1$ 及 $C\mathbf{x}^* < \lambda \mathbf{x}^*$。

   步驟 3. 證明 $C^n\mathbf{x}^* < \lambda^n \mathbf{x}^*$，其中 $n=1, 2, \ldots$。

   步驟 4. 證明當 $n \to \infty$ 時，$C^n \to 0$。

   步驟 5. 利用將下式展開以證明
   $(I-C)(I+C+C^2+\cdots+C^{n-1}) = I-C^n$
   其中 $n=1, 2, \ldots$。

   步驟 6. 令步驟 5 中的 $n \to \infty$，證明無限之矩陣和
   $$S = I + C + C^2 + \cdots$$
   存在，且 $(I-C)S=I$。

   步驟 7. 證明 $S \geq 0$ 且 $S=(I-C)^{-1}$。

   步驟 8. 證明 C 為一可生產的消費矩陣。

10.8 科技習題

下面這些習題是被設計為需使用科技裝備來解的問題。基本上，這些裝備為MATLAB，*Mathematica*, Maple, Derive 或 Mathcad，亦可能為其他型態的線性代數軟體或具有線性代數內涵的科學計算器。對每個習題，你在使用你的特別裝備時，需先閱讀相關文件。這些習題的主要目標是讓你熟練你的科技裝備。一旦你精通這些習題裡的技巧，將可以使用你的科技裝備來解許多一般習題集的問題。

T1 考慮一序列的交換矩陣 $\{E_2, E_3, E_4, E_5, \ldots, E_n\}$，其中

$$E_2 = \begin{bmatrix} 0 & \frac{1}{2} \\ 1 & \frac{1}{2} \end{bmatrix}, \quad E_3 = \begin{bmatrix} 0 & \frac{1}{2} & \frac{1}{3} \\ 1 & 0 & \frac{1}{3} \\ 0 & \frac{1}{2} & \frac{1}{3} \end{bmatrix},$$

$$E_4 = \begin{bmatrix} 0 & \frac{1}{2} & \frac{1}{3} & \frac{1}{4} \\ 1 & 0 & \frac{1}{3} & \frac{1}{4} \\ 0 & \frac{1}{2} & 0 & \frac{1}{4} \\ 0 & 0 & \frac{1}{3} & \frac{1}{4} \end{bmatrix}, \quad E_5 = \begin{bmatrix} 0 & \frac{1}{2} & \frac{1}{3} & \frac{1}{4} & \frac{1}{5} \\ 1 & 0 & \frac{1}{3} & \frac{1}{4} & \frac{1}{5} \\ 0 & \frac{1}{2} & 0 & \frac{1}{4} & \frac{1}{5} \\ 0 & 0 & \frac{1}{3} & 0 & \frac{1}{5} \\ 0 & 0 & 0 & \frac{1}{4} & \frac{1}{5} \end{bmatrix}$$

以此類推。使用電腦證明 $E_2^2 > 0_2$, $E_3^3 > 0_3$, $E_4^4 > 0_4$, $E_5^5 > 0_5$，做一個猜想：即雖然 $E_n^n > 0_n$ 成立，但 $E_n^k > 0_n$ 不成立，對 $k = 1, 2, 3, \ldots, n-1$。其次，使用電腦決定向量 $\mathbf{p}_n$ 使 $E_n \mathbf{p}_n = \mathbf{p}_n$ (對 $n = 2, 3, 4, 5, 6$)，並檢視自己能否找出一個模型可讓你容易的由 $\mathbf{p}_n$ 計算 $\mathbf{p}_{n+1}$。首先由

$$\mathbf{p}_7 = \begin{bmatrix} 2520 \\ 3360 \\ 1890 \\ 672 \\ 175 \\ 36 \\ 7 \end{bmatrix}$$

構造 $\mathbf{p}_8$ 來測試你的模型，然後檢驗是否 $E_8 \mathbf{p}_8 = \mathbf{p}_8$。

T2 考慮一個有 n ($n > 1$) 個企業的開放生產模型。為了生產 \$1 的自己產物，第 j 個企業必須付 \$(1/n) 給第 i 個企業的產物 (對所有 $i \neq j$)，但第 j 個企業不必付錢給自己的產物 (對所有 $j = 1, 2, 3, \ldots, n$)。構造出消費矩陣 C_n，證明此矩陣是可生產的，且決定 $(I_n - C_n)^{-1}$ 的表示式。在決定 $(I_n - C_n)^{-1}$ 的表示式時，可使用電腦研究 $n = 2, 3, 4$ 及 5 的情形，然後做一猜想並證明你的猜想為真。[提示：若 $F_n = [1]_{n \times n}$ (亦即每個元素均為 1 的 $n \times n$ 矩陣)，首先證明

$$F_n^2 = nF_n$$

然後利用 n, I_n 及 F_n 來表示你的 $(I_n - C_n)^{-1}$ 值。]

10.9 森林管理

本節討論依樹木高度分成不同等級的森林管理的矩陣模型。於不同高度等級的樹木具有不同經濟價值時，計算週期性收穫的最佳可維持報酬。

預備知識：矩陣運算

最佳可維持報酬

本節的目的是介紹森林的樹木以樹高分等級的可維持收穫量的簡化模型。此處假設樹木的經濟價值決定於砍伐出售時樹木的高度。開始時，有一個不同樹高的分配。在經過某段成長期後，砍伐某些樹木 (高度不必相同) 出售，而未遭砍伐樹木的高度結構將與原來森林的高度結構相同，使得此森林的收穫量得以維持。稍後將看到有許多此類可維持的收穫量，而希望求得所有砍伐下來的樹木的總經濟價值儘可能地大，亦即，決定森林的**最佳可維持報酬** (optimal sustainable yield)，此即意味不用伐盡森林的樹木而能繼續獲得之最大報酬。

模 型

假設某森林業者擁有一片洋松林，年復一年，該業者將洋松出售以作為聖誕樹。每年十二月，業者砍伐某些洋松出售，且每當砍伐一樹後，立即在砍伐處種下一棵樹苗。因此該片洋松林的洋松總量永遠保持不變。(此簡化模型中，不計兩次砍伐間樹木死亡的數目，而假設每棵樹苗植下後能順利生長，直到遭砍伐出售為止。)

在樹木市場上，不同高度的樹木擁有不同的經濟價值。假設有 n 種不同價格等級對應到某些高度區間，如表 1 及圖 10.9.1 所示。第 1 級包括高度屬於區間 $[0, h_1)$ 的樹苗，但這些樹苗尚無經濟價值。第 n 級包括高度大於或等於 h_{n-1} 的樹木。

假設 x_i $(i=1, 2, ..., n)$ 表示每次收穫後所剩餘屬於第 i 級之樹木的樹量。利用這些數量構成行向量，並稱其為**未收穫向量** (nonharvest

表 1

等　級	價位 (元)	高度區間
1 (樹苗)	無	$[0, h_1)$
2	p_2	$[h_1, h_2)$
3	p_3	$[h_2, h_3)$
⋮	⋮	⋮
$n-1$	p_{n-1}	$[h_{n-2}, h_{n-1})$
n	p_n	$[h_{n-1},)$

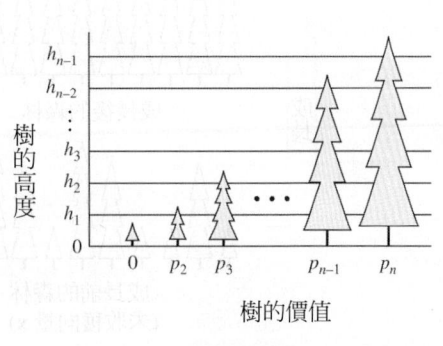

▲ 圖 10.9.1

vector)：

$$\mathbf{x} = \begin{bmatrix} x_1 \\ x_2 \\ \vdots \\ x_n \end{bmatrix}$$

對一項可維持產量政策，每一次收穫後，森林將會回到以未收穫向量 **x** 表示之固定結構。問題重點之一是求出這些使得可維持產量是可能的那些未收穫向量 **x**。

因為森林中樹木總量是固定的，可令其為 s：

$$x_1 + x_2 + \cdots + x_n = s \tag{1}$$

其中 s 是事先依可茲利用的土地面積以及每棵樹所需要的生存空間來決定的。依據圖 10.9.2，會有下列情況：每次收穫後，森林結構如向量 **x** 所示。在兩收穫期之間，樹木成長而產生新的結構；收穫時，依各等級砍伐某些數量的樹木；最後，重新植入樹種以取代每株已砍伐的樹木，使得森林回復結構 **x**。

首先考慮收穫期之間森林樹木的成長：在這段期間，一棵原本屬於第 i 級的樹木，可能會長高而達到另一較高等級，也可能會受某些因素之干擾而仍維持在同一等級。為此定義成長參數 g_i 如下 (其中 $i = 1, 2, \ldots, n-1$)：

$g_i =$ 在一成長期內，由第 i 級長高到第 $(i+1)$ 級的比例

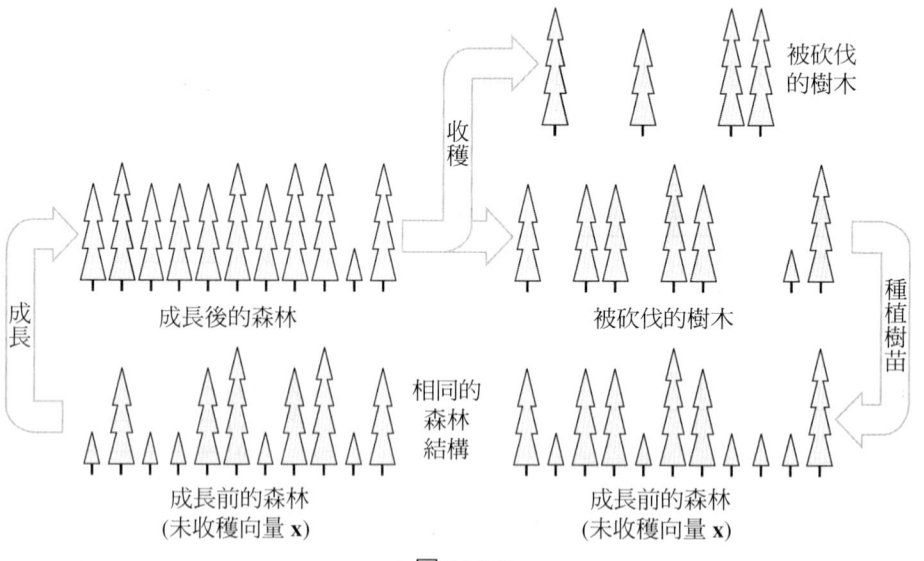

▲ 圖 10.9.2

為了簡化問題的複雜性，假設在一個成長期內，一棵樹至多僅能長高到高一級的等級。依此假設，可得

$1 - g_i =$ 在一個成長期內，屬於第 i 等級的樹木仍然停留在 i 等級的比例

利用此 $n-1$ 個成長參數，可以構成下列 $n \times n$ 階成長矩陣 (growth matrix)：

$$G = \begin{bmatrix} 1-g_1 & 0 & 0 & \cdots & 0 \\ g_1 & 1-g_2 & 0 & \cdots & 0 \\ 0 & g_2 & 1-g_3 & \cdots & 0 \\ \vdots & \vdots & \vdots & & \vdots \\ 0 & 0 & 0 & \cdots & 1-g_{n-1} & 0 \\ 0 & 0 & 0 & \cdots & g_{n-1} & 1 \end{bmatrix} \tag{2}$$

因為向量 **x** 的元素係表示在某一成長期前，分別屬於各等級之樹木的數量，故讀者可驗證出向量

$$G\mathbf{x} = \begin{bmatrix} (1-g_1)x_1 \\ g_1 x_1 + (1-g_2)x_2 \\ g_2 x_2 + (1-g_3)x_3 \\ \vdots \\ g_{n-2} x_{n-2} + (1-g_{n-1})x_{n-1} \\ g_{n-1} x_{n-1} + x_n \end{bmatrix} \tag{3}$$

中各元素係表示經過某一成長期後，分別屬於各等級之樹木的數量。

現假設收穫時，砍伐第 i 級樹木 y_i ($i=1, 2, \ldots, n$) 棵，則行向量

$$\mathbf{y} = \begin{bmatrix} y_1 \\ y_2 \\ \vdots \\ y_n \end{bmatrix}$$

將稱為**收穫向量** (harvest vector)。因此，各個收穫期所砍伐的樹木量則以

$$y_1 + y_2 + \cdots + y_n$$

表示，此數量亦為每次收穫後，新加入第一級的樹量 (即新植樹苗的數量)。若定義 $n \times n$ 階**取代矩陣** (replacement matrix) 為：

$$R = \begin{bmatrix} 1 & 1 & \cdots & 1 \\ 0 & 0 & \cdots & 0 \\ \vdots & \vdots & & \vdots \\ 0 & 0 & \cdots & 0 \end{bmatrix} \tag{4}$$

則行向量

$$R\mathbf{y} = \begin{bmatrix} y_1 + y_2 + \cdots + y_n \\ 0 \\ 0 \\ \vdots \\ 0 \end{bmatrix} \tag{5}$$

表示每一收穫期後，新植樹苗的高度結構。

　　了解上面所述的術語與代表符號後，已做好寫出下列述明可維持的收穫政策的方程式的準備：

$$\begin{bmatrix} 某成長期末 \\ 的森林結構 \end{bmatrix} - [\,收穫(砍伐)\,] + [\,新種植樹苗\,] = \begin{bmatrix} 某成長期初 \\ 的森林結構 \end{bmatrix}$$

若以數學式表示，則為

$$G\mathbf{x} - \mathbf{y} + R\mathbf{y} = \mathbf{x}$$

此方程式可改寫為

$$(I - R)\mathbf{y} = (G - I)\mathbf{x} \tag{6}$$

或更仔細地寫成

$$\begin{bmatrix} 0 & -1 & -1 & \cdots & -1 & -1 \\ 0 & 1 & 0 & \cdots & 0 & 0 \\ 0 & 0 & 1 & \cdots & 0 & 0 \\ \vdots & \vdots & \vdots & & \vdots & \vdots \\ 0 & 0 & 0 & \cdots & 1 & 0 \\ 0 & 0 & 0 & \cdots & 0 & 1 \end{bmatrix} \begin{bmatrix} y_1 \\ y_2 \\ y_3 \\ \vdots \\ y_{n-1} \\ y_n \end{bmatrix}$$

$$= \begin{bmatrix} -g_1 & 0 & 0 & \cdots & 0 & 0 \\ g_1 & -g_2 & 0 & \cdots & 0 & 0 \\ 0 & g_2 & -g_3 & \cdots & 0 & 0 \\ \vdots & \vdots & \vdots & & \vdots & \vdots \\ 0 & 0 & 0 & \cdots & -g_{n-1} & 0 \\ 0 & 0 & 0 & \cdots & g_{n-1} & 0 \end{bmatrix} \begin{bmatrix} x_1 \\ x_2 \\ x_3 \\ \vdots \\ x_{n-1} \\ x_n \end{bmatrix}$$

通常將 (6) 式稱作**可維持的收穫條件** (sustainable harvesting condition)。任意能滿足此矩陣方程式並使得 $x_1+x_2+\cdots+x_n=s$ 成立的非負向量 **x** 與 **y** 即可決定出此森林的可維持的收穫政策。注意，若 $y_1>0$，則表示森林業者將以新的樹苗取代無經濟價值的樹苗。由於沒有這麼做的意圖，因此假設：

$$y_1 = 0 \tag{7}$$

依此假設，可驗證 (6) 式是下列方程式集合形成的矩陣：

$$\begin{aligned} y_2 + y_3 + \cdots + y_n &= g_1 x_1 \\ y_2 &= g_1 x_1 - g_2 x_2 \\ y_3 &= g_2 x_2 - g_3 x_3 \\ &\vdots \\ y_{n-1} &= g_{n-2} x_{n-2} - g_{n-1} x_{n-1} \\ y_n &= g_{n-1} x_{n-1} \end{aligned} \tag{8}$$

注意：(8) 式中的第一個方程式是其餘 $n-1$ 個方程式的和。

由定義知 $y_i \geq 0$，其中 $i=2,3,\ldots,n$，故由 (8) 式可得

$$g_1 x_1 \geq g_2 x_2 \geq \cdots \geq g_{n-1} x_{n-1} \geq 0 \tag{9}$$

反之，若 **x** 為滿足 (9) 式的非負值行向量，則 (7) 與 (8) 式定義一非負值行向量 **y**，此外，**x** 及 **y** 能滿足 (6) 式的可維持的收穫條件。易言之，非負值行向量 **x** 能決定可維持收穫的森林結構的充要條件為 **x** 的各元素滿足 (9) 式。

最佳可維持的報酬

由上述討論可知，砍伐 y_i 棵第 i 級 ($i=2,3,\ldots,n$) 樹木，而每棵第 i 級樹木皆具有經濟價值 p_i，因此收穫時的總報酬 Yld 為

$$Yld = p_2 y_2 + p_3 y_3 + \cdots + p_n y_n \tag{10}$$

若將 (8) 式中各個 y_i 值代入 (10) 式，則可得

$$Yld = p_2 g_1 x_1 + (p_3 - p_2) g_2 x_2 + \cdots + (p_n - p_{n-1}) g_{n-1} x_{n-1} \tag{11}$$

合併 (11), (1) 及 (9) 式，可將極大化森林維持收穫的各種可能政策的總報酬問題敘述如下：

> **問題**：求可極大化
> $$Yld = p_2 g_1 x_1 + (p_3 - p_2) g_2 x_2 + \cdots + (p_n - p_{n-1}) g_{n-1} x_{n-1}$$
> 之非負數值 $x_1, x_2, \ldots, x_n$，並承受下列的拘束條件：
> $$x_1 + x_2 + \cdots + x_n = s$$
> 及
> $$g_1 x_1 \geq g_2 x_2 \geq \cdots \geq g_{n-1} x_{n-1} \geq 0$$

如上列公式所示，本問題屬於線性規劃領域。然而，現在將藉實際提出一項可維持政策而不使用線性規劃理論來證明下列的結果。

> **定理 10.9.1：最佳可維持的報酬**
> 藉砍伐屬於某特定高度等級之所有樹木，而不砍伐其他等級之樹木，將可獲得最佳可維持報酬。

首先令

Yld_k＝砍伐並出售所有第 k 級樹木(不砍伐其他等級的樹木) 所得之報酬

對 $k=2, 3, \ldots, n$ 而言，Yld_k 的最大值，即是最佳可維持酬勞，且 k 值表示為獲得最佳可維持酬勞而需完全砍伐的樹高等級。因為除了第 k 等級外，沒有其他等級的樹木被砍伐，故可得

$$y_2 = y_3 = \cdots = y_{k-1} = y_{k+1} = \cdots = y_n = 0 \tag{12}$$

此外，由於所有第 k 等級的樹木都被砍伐，所以 k 等級的樹木一根也未留下，而且高於 k 等級的樹木也未曾存在，因此，

$$x_k = x_{k+1} = \cdots = x_n = 0 \tag{13}$$

將 (12) 與 (13) 式代入可維持收穫條件 (8)，則得

$$\begin{aligned} y_k &= g_1 x_1 \\ 0 &= g_1 x_1 - g_2 x_2 \\ 0 &= g_2 x_2 - g_3 x_3 \\ &\vdots \\ 0 &= g_{k-2} x_{k-2} - g_{k-1} x_{k-1} \\ y_k &= g_{k-1} x_{k-1} \end{aligned} \tag{14}$$

(14) 式亦可寫為
$$y_k = g_1 x_1 = g_2 x_2 = \cdots = g_{k-1} x_{k-1} \tag{15}$$
由上式知
$$\begin{aligned} x_2 &= g_1 x_1 / g_2 \\ x_3 &= g_1 x_1 / g_3 \\ &\vdots \\ x_{k-1} &= g_1 x_1 / g_{k-1} \end{aligned} \tag{16}$$

若將 (13) 及 (16) 式代入
$$x_1 + x_2 + \cdots + x_n = s$$
[即 (1) 式] 中並解 x_1，於是得到
$$x_1 = \frac{s}{1 + \frac{g_1}{g_2} + \frac{g_1}{g_3} + \cdots + \frac{g_1}{g_{k-1}}} \tag{17}$$

欲求報酬 Yld_k，則合併 (10), (12), (15) 及 (17) 式可得
$$\begin{aligned} Yld_k &= p_2 y_2 + p_3 y_3 + \cdots + p_n y_n \\ &= p_k y_k \\ &= p_k g_1 x_1 \\ &= \frac{p_k s}{\frac{1}{g_1} + \frac{1}{g_2} + \cdots + \frac{1}{g_{k-1}}} \end{aligned} \tag{18}$$

(18) 式是依對任意的 $k = 2, 3, \ldots, n$ 的已知成長與經濟參數來決定 Yld_k。故最佳可維持報酬可由下面的結果求得。

定理 10.9.2：求最佳可維持報酬

最佳可維持報酬為
$$\frac{p_k s}{\frac{1}{g_1} + \frac{1}{g_2} + \cdots + \frac{1}{g_{k-1}}}$$
的最大值，其中 $k = 2, 3, \ldots, n$。k 所對應的值即為將要完全砍伐的樹高等級數。

習題 4 中，將要求讀者證明：最佳可維持報酬的未收穫向量 **x** 為

$$\mathbf{x} = \frac{s}{\dfrac{1}{g_1} + \dfrac{1}{g_2} + \cdots + \dfrac{1}{g_{k-1}}} \begin{bmatrix} 1/g_1 \\ 1/g_2 \\ \vdots \\ 1/g_{k-1} \\ 0 \\ 0 \\ \vdots \\ 0 \end{bmatrix} \qquad (19)$$

定理 10.9.2 蘊涵並不需要將最高價格等級的樹木全部砍伐。而考慮必須將成長參數 g_i 加入，始能決定出最佳可維持報酬。

▶ **例題 1　使用定理 10.9.2**

一片位於蘇格蘭島的蘇格蘭松樹林，其松樹的生長期為六年。其成長矩陣如下所示 (請參考 M. B. Usher, "A Matrix Approach to the Management of Renewable Resources, with Special Reference to Selection Forests." *Journal of Applied Ecology*, vol. 3, 1966, pp. 355-367)：

$$G = \begin{bmatrix} .72 & 0 & 0 & 0 & 0 & 0 \\ .28 & .69 & 0 & 0 & 0 & 0 \\ 0 & .31 & .75 & 0 & 0 & 0 \\ 0 & 0 & .25 & .77 & 0 & 0 \\ 0 & 0 & 0 & .23 & .63 & 0 \\ 0 & 0 & 0 & 0 & .37 & 1.00 \end{bmatrix}$$

假設最高五個等級的樹木價格分別為

$$p_2 = \$50, \qquad p_3 = \$100, \qquad p_4 = \$150, \qquad p_5 = \$200, \qquad p_6 = \$250$$

請問應完全砍伐何種等級的松樹始能獲得最佳可維持報酬？並求出報酬之數額。

解：由矩陣 G，我們可得

$$g_1 = .28, \qquad g_2 = .31, \qquad g_3 = .25, \qquad g_4 = .23, \qquad g_5 = .37$$

將上列數據代入 (18) 式，則得

$$Yld_2 = 50s/(.28^{-1}) = 14.0s$$
$$Yld_3 = 100s/(.28^{-1} + .31^{-1}) = 14.7s$$
$$Yld_4 = 150s/(.28^{-1} + .31^{-1} + .25^{-1}) = 13.9s$$
$$Yld_5 = 200s/(.28^{-1} + .31^{-1} + .25^{-1} + .23^{-1}) = 13.2s$$

$$Yld_6 = 250s/(.28^{-1} + .31^{-1} + .25^{-1} + .23^{-1} + .37^{-1}) = 14.0s$$

由此可看出 Yld_3 是上面五個數值中的最大者，故由定理 10.9.2 可知，第 3 等級的樹木應每隔六年全數砍伐一次以獲得最大化可維持報酬。對應的最佳可維持報酬為 $14.7s$，其中 s 代表松樹林的松樹總量。 ◀

習題集 10.9

1. 某座森林將林中樹木依高度分成三個等級，且其成長矩陣為

$$G = \begin{bmatrix} \frac{1}{2} & 0 & 0 \\ \frac{1}{2} & \frac{1}{3} & 0 \\ 0 & \frac{2}{3} & 1 \end{bmatrix}$$

若第 2 級樹木的價格為 \$30，第 3 級樹木的價格為 \$50。請問應完全砍伐哪一等級的樹木始能獲得最佳可維持報酬？若林中共有樹木 1000 棵，則最佳報酬應為何？

2. 例題 1 中，第 5 等級之樹木價格應提高到何種水準，才能成為獲得最佳可維持報酬完全砍伐的樹木等級？

3. 例題 1 中，價格 $p_2 : p_3 : p_4 : p_5 : p_6$ 之比例應為何，才能使得報酬 Yld_k 全部相同，$k = 2, 3, 4, 5, 6$？(在此情況，任何一種可維持收穫政策都能夠產生相同的最佳可維持報酬。)

4. 若對應於定理 10.9.2 所述之最佳可維持收穫政策的未收穫向量為 $\mathbf{x}$，試導出 (19) 式。

5. 就定理 10.9.2 所述之最佳可維持收穫政策而言，每次收穫時，應由森林中砍伐多少棵樹木？

6. 若成長矩陣 G 中各個成長參數 $g_1, g_2, \ldots, g_{n-1}$ 皆相等，試問價格 $p_2 : p_3 : \cdots : p_n$ 之比例應為何，才能使得任一種可維持收穫政策都是一個最佳可維持收穫政策？(參考習題 3。)

10.9 科技習題

下面這些習題是被設計為需使用科技裝備來解的問題。基本上，這些裝備為 MATLAB, *Mathematica*, Maple, Derive 或 Mathcad，亦可能為其他型態的線性代數軟體或具有線性代數內涵的科學計算器。對每個習題，你在使用你的特別裝備時，需先閱讀相關文件。這些習題的主要目標是讓你熟練你的科技裝備。一旦你精通這些習題裡的技巧，將可以使用你的科技裝備來解許多一般習題集的問題。

T1 一個特殊森林的成長參數為

$$g_i = \frac{1}{i}$$

$i = 1, 2, 3, \ldots, n-1$，其中 n (高度等級的總數) 可被選為所需要的大。假設一棵樹的價值在第 k 個高度區間為

$$p_k = a(k-1)^\rho$$

其中 a 為常數 (以美元為單元) 且 ρ 為參數滿足 $1 \leq \rho \leq 2$。

(a) 報酬 Yld_k 為

(b) 對
$$\rho = 1.0, \quad 1.1, \quad 1.2, \quad 1.3, \quad 1.4, \quad 1.5,$$
$$1.6, \quad 1.7, \quad 1.8, \quad 1.9$$

使用電腦決定應完全被砍伐的等級數,且決定每一個情形的最佳可維持的報酬。確信在你的計算過程中 k 僅允許為整數。

(c) 重複 (b) 之計算,其中
$$\rho = 1.91, \quad 1.92, \quad 1.93, \quad 1.94, \quad 1.95,$$
$$1.96, \quad 1.97, \quad 1.98, \quad 1.99$$

(d) 證明若 $\rho = 2$,則最佳可維持的報酬從未大於 $2as$。

(e) 將 (b) 及 (c) 中的 k 值和 $1/(2-\rho)$ 做比較,並使用微積分知識解釋為何?
$$k \simeq \frac{1}{2-\rho}$$

T2 一特殊森林的成長參數為
$$g_i = \frac{1}{2^i}$$

$i = 1, 2, 3, \ldots, n-1$,其中 n (高度等級的總數) 可被選為所需要的大。假設一棵樹的價值在第 k 個高度區間為
$$p_k = a(k-1)^\rho$$

其中 a 為常數 (以美元計) 且 ρ 為參數滿足 $1 \le \rho$。

(a) 證明報酬 Yld_k 為
$$Yld_k = \frac{a(k-1)^\rho s}{2^k - 2}$$

(b) 對
$$\rho = 1, \quad 2, \quad 3, \quad 4, \quad 5, \quad 6, \quad 7, \quad 8, \quad 9, \quad 10$$

使用電腦決定應完全被砍伐的級數以得最佳報酬,且對每一種情形決定最佳可維持的報酬。確信在你的計算過程中 k 僅被允許為整數。

(c) 將 (b) 中所得的 k 值和 $1 + \rho/\ln(2)$ 做比較,並使用微積分知識解釋為何?
$$k \simeq 1 + \frac{\rho}{\ln(2)}$$

$$Yld_k = \frac{2a(k-1)^{\rho-1}s}{k}$$

10.10 電腦繪圖

本節假設某三維物體的視圖顯現於電視螢幕上,並將展示如何利用矩陣代數以獲得該物體經旋轉、平移及改變比例尺後的新視圖。

> **預備知識:**解析幾何
> 　　　　　　矩陣代數

三維物體的視覺

假設需要由電視螢幕呈現各不同的視圖以觀察三維物體,並設該物體是由有限數量的線段所構成。例如,考慮圖 10.10.1 所示六底邊的斜截正稜錐體。首先引入 xyz-座標系,如圖 10.10.1 所示,將座標原點設定在螢幕的中心點處,並將設定 xy-平面與螢幕平面重合。因而,觀察者由電視螢幕僅能觀察到該三維物體在二維的 xy-平面上的投影圖。

第十章　線性代數之應用　769

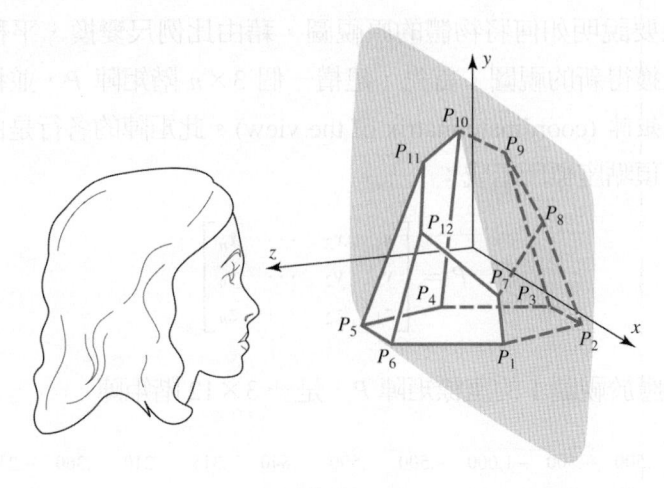

▲ 圖 10.10.1

在 xyz-座標系中，決定物體視圖之各線段的端點 $P_1, P_2, \ldots, P_n$ 皆具有特定座標，例如

$$(x_1, y_1, z_1), \quad (x_2, y_2, z_2), \ldots, \quad (x_n, y_n, z_n)$$

這些座標與那兩個座標需以直線段連接的規定將儲存於螢幕顯示系統的記憶體內。例如，圖 10.10.1 中斜截稜錐體的 12 個頂點的座標如下所示 (螢幕係 4 單位寬 ×3 單位高)：

P_1: $(1.000, -.800, .000)$, $\quad$ P_2: $(.500, -.800, -.866)$,
P_3: $(-.500, -.800, -.866)$, $\quad$ P_4: $(-1.000, -.800, .000)$,
P_5: $(-.500, -.800, .866)$, $\quad$ P_6: $(.500, -.800, .866)$,
P_7: $(.840, -.400, .000)$, $\quad$ P_8: $(.315, .125, -.546)$,
P_9: $(-.210, .650, -.364)$, $\quad$ P_{10}: $(-.360, .800, .000)$,
P_{11}: $(-.210, .650, .364)$, $\quad$ P_{12}: $(.315, .125, .546)$

此 12 個頂點以下列的 18 條直線段成對地互相連接，此處 $P_i \leftrightarrow P_j$ 表示 P_i 與 P_j 連結成一線段：

$P_1 \leftrightarrow P_2$, $\quad$ $P_2 \leftrightarrow P_3$, $\quad$ $P_3 \leftrightarrow P_4$, $\quad$ $P_4 \leftrightarrow P_5$, $\quad$ $P_5 \leftrightarrow P_6$, $\quad$ $P_6 \leftrightarrow P_1$,
$P_7 \leftrightarrow P_8$, $\quad$ $P_8 \leftrightarrow P_9$, $\quad$ $P_9 \leftrightarrow P_{10}$, $\quad$ $P_{10} \leftrightarrow P_{11}$, $\quad$ $P_{11} \leftrightarrow P_{12}$, $\quad$ $P_{12} \leftrightarrow P_7$,
$P_1 \leftrightarrow P_7$, $\quad$ $P_2 \leftrightarrow P_8$, $\quad$ $P_3 \leftrightarrow P_9$, $\quad$ $P_4 \leftrightarrow P_{10}$, $\quad$ $P_5 \leftrightarrow P_{11}$, $\quad$ $P_6 \leftrightarrow P_{12}$

視圖 1 中顯示了在螢幕上將會呈現的 18 條線段。應該指出的是由螢幕顯示系統繪圖時，只需要 x-座標及 y-座標。因為螢幕僅僅顯示出物體在 xy-平面的投影圖而已。然而，z-座標仍須保留以供往後討論各類轉換之需要。

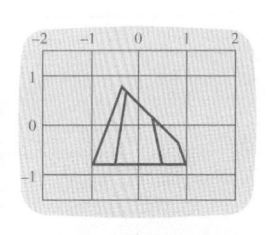

▲ 視圖 1

現在要說明如何將物體的原視圖，藉由比例尺變換、平移或旋轉等技巧以獲得新的視圖。首先，建構一個 $3 \times n$ 階矩陣 P，並稱其為視圖的座標矩陣 (coordinate matrix of the view)。此矩陣的各行是由某個圖形的 n 個頂點座標所組成：

$$P = \begin{bmatrix} x_1 & x_2 & \cdots & x_n \\ y_1 & y_2 & \cdots & y_n \\ z_1 & z_2 & \cdots & z_n \end{bmatrix}$$

例如，對應於視圖 1 的座標矩陣 P，是一 3×12 階矩陣

$$\begin{bmatrix} 1.000 & .500 & -.500 & -1.000 & -.500 & .500 & .840 & .315 & -.210 & -.360 & -.210 & .315 \\ -.800 & -.800 & -.800 & -.800 & -.800 & -.800 & -.400 & .125 & .650 & .800 & .650 & .125 \\ .000 & -.866 & -.866 & .000 & .866 & .866 & .000 & -.546 & -.364 & .000 & .364 & .546 \end{bmatrix}$$

稍後將說明如何將一個視圖的座標矩陣 P，變換為對應於該物體新視圖的新座標矩陣 P'。進行轉換時，各線段會隨著其端點之移動跟著移動。依此方式，每一個座標矩陣可唯一地決定一個視圖。

比例尺轉換

首先要討論的是比例尺轉換，亦即，沿著 x, y 及 z 方向，分別以因子 α, β 及 γ 改變一圖形的比例尺。此轉換意味：原視圖上某點 $P_i(x_i, y_i, z_i)$ 經過上述標度轉換後，將移至新視圖上新點 $P_i'(\alpha x_i, \beta y_i, \gamma z_i)$。比例尺變換具有將單位正方體轉換成一大小為 $\alpha \times \beta \times \gamma$ 之長方體的效果 (參考圖 10.10.2)。若以數式表示，比例尺轉換可用矩陣乘法完成如下。定義 3×3 階矩陣

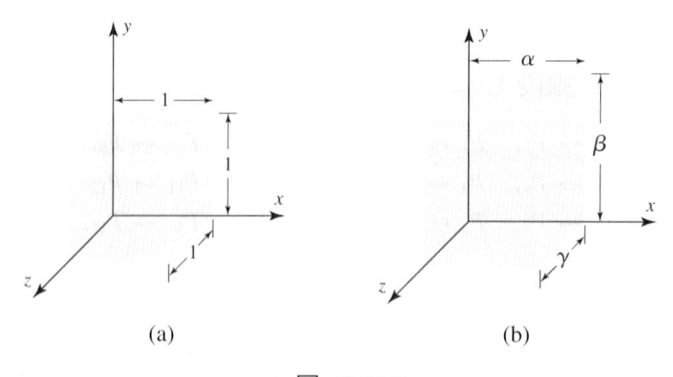

▲ 圖 10.10.2

$$S = \begin{bmatrix} \alpha & 0 & 0 \\ 0 & \beta & 0 \\ 0 & 0 & \gamma \end{bmatrix}$$

若原視圖上某點 P_i 以行向量表示為

$$\begin{bmatrix} x_i \\ y_i \\ z_i \end{bmatrix}$$

則轉換後之對應點 P_i' 若以行向量表示，則為

$$\begin{bmatrix} x_i' \\ y_i' \\ z_i' \end{bmatrix} = \begin{bmatrix} \alpha & 0 & 0 \\ 0 & \beta & 0 \\ 0 & 0 & \gamma \end{bmatrix} \begin{bmatrix} x_i \\ y_i \\ z_i \end{bmatrix}$$

一般而言，倘若使用以原視圖中所有 n 個點作為行的座標矩陣 P，則這 n 個點可同時進行轉換以產生新視圖的座標矩陣 P'，其方法如下所示：

$$SP = \begin{bmatrix} \alpha & 0 & 0 \\ 0 & \beta & 0 \\ 0 & 0 & \gamma \end{bmatrix} \begin{bmatrix} x_1 & x_2 & \cdots & x_n \\ y_1 & y_2 & \cdots & y_n \\ z_1 & z_2 & \cdots & z_n \end{bmatrix}$$

$$= \begin{bmatrix} \alpha x_1 & \alpha x_2 & \cdots & \alpha x_n \\ \beta y_1 & \beta y_2 & \cdots & \beta y_n \\ \gamma z_1 & \gamma z_2 & \cdots & \gamma z_n \end{bmatrix} = P'$$

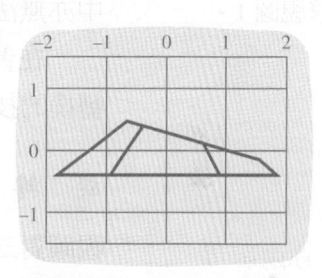

然後將所得的新座標矩陣輸入螢幕顯示系統，即可繪出物體的新視圖。例如，視圖 2 即是將視圖 1 的比例尺設定為 $\alpha = 1.8, \beta = 0.5, \gamma = 3.0$ 所得之圖形。注意，沿著 z-軸的比例尺變換 $\gamma = 3.0$ 在視圖 2 中無法看到，這是因為由螢幕中只能觀察到物體於 xy-平面上的投影圖而已。

▲ 視圖 2 將視圖 1 標度為 $\alpha = 1.8, \beta = 0.5, \gamma = 3.0$。

平 移

接著考慮平移轉換，亦即將螢幕上的物體由原位置移至新位置。參考圖 10.10.3，假設想改變已存在視圖使得圖上座標為 (x_i, y_i, z_i) 的各點 P_i 移至座標為 $(x_i + x_0, y_i + y_0, z_i + z_0)$ 的新點 P_i'，則向量

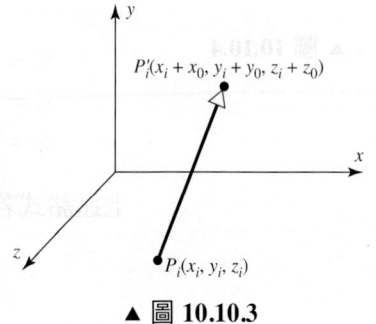

▲ 圖 10.10.3

$$\begin{bmatrix} x_0 \\ y_0 \\ z_0 \end{bmatrix}$$

稱為此轉換的**平移向量** (translation vector)。藉著定義一 $3 \times n$ 階矩陣 T 為：

$$T = \begin{bmatrix} x_0 & x_0 & \cdots & x_0 \\ y_0 & y_0 & \cdots & y_0 \\ z_0 & z_0 & \cdots & z_0 \end{bmatrix}$$

則以座標矩陣 P 所決定的原視圖中的所有 n 個點，可依據矩陣加法方程式：

$$P' = P + T$$

平移。座標矩陣 P' 指出 n 個點的新座標。例如，若希望依據平移向量

$$\begin{bmatrix} 1.2 \\ 0.4 \\ 1.7 \end{bmatrix}$$

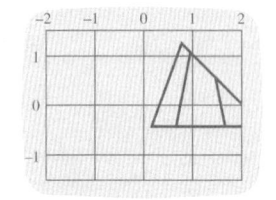

▲ 視圖 3 以 $x_0 = 1.2$, $y_0 = 0.4$, $z_0 = 1.7$ 平移視圖 1。

平移視圖 1，則可得視圖 3。再次指出，沿 z-軸的平移 $z_0 = 1.7$ 在視圖 3 中亦無法觀察得到。

在習題 7 中，將介紹一種利用矩陣乘法而非以矩陣加法完成平移轉換的技巧。

旋　轉

視圖對三個座標軸之一旋轉是一種更複雜的轉換。先由討論 z-軸 (即垂直於螢幕的軸) 旋轉 θ 角著手：已知原視圖上一點 $P_i(x_i, y_i, z_i)$，而希望計算出旋轉後 P_i 的對應點 $P'_i(x'_i, y'_i, z'_i)$。參考圖 10.10.4 並運用一些三角學，讀者應能導出下面關係式：

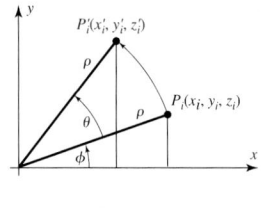

▲ 圖 10.10.4

$$x'_i = \rho \cos(\phi + \theta) = \rho \cos\phi \cos\theta - \rho \sin\phi \sin\theta = x_i \cos\theta - y_i \sin\theta$$
$$y'_i = \rho \sin(\phi + \theta) = \rho \cos\phi \sin\theta + \rho \sin\phi \cos\theta = x_i \sin\theta + y_i \cos\theta$$
$$z'_i = z_i$$

上述諸式若以矩陣型式表示，則為

$$\begin{bmatrix} x'_i \\ y'_i \\ z'_i \end{bmatrix} = \begin{bmatrix} \cos\theta & -\sin\theta & 0 \\ \sin\theta & \cos\theta & 0 \\ 0 & 0 & 1 \end{bmatrix} \begin{bmatrix} x_i \\ y_i \\ z_i \end{bmatrix}$$

繞 x-軸旋轉

$$\begin{bmatrix} 1 & 0 & 0 \\ 0 & \cos\theta & -\sin\theta \\ 0 & \sin\theta & \cos\theta \end{bmatrix}$$

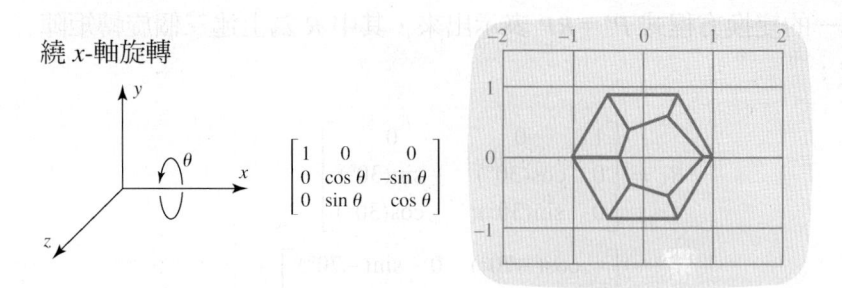

▲ 視圖 4　視圖 1 繞 x-軸旋轉 90°。

繞 y-軸旋轉

$$\begin{bmatrix} \cos\theta & 0 & \sin\theta \\ 0 & 1 & 0 \\ -\sin\theta & 0 & \cos\theta \end{bmatrix}$$

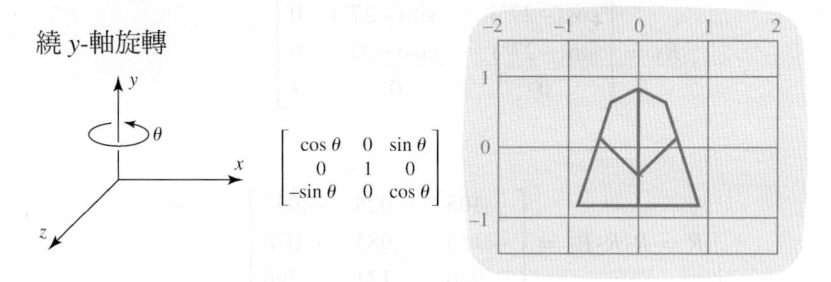

▲ 視圖 5　視圖 1 繞 y-軸旋轉 90°。

繞 z-軸旋轉

$$\begin{bmatrix} \cos\theta & -\sin\theta & 0 \\ \sin\theta & \cos\theta & 0 \\ 0 & 0 & 1 \end{bmatrix}$$

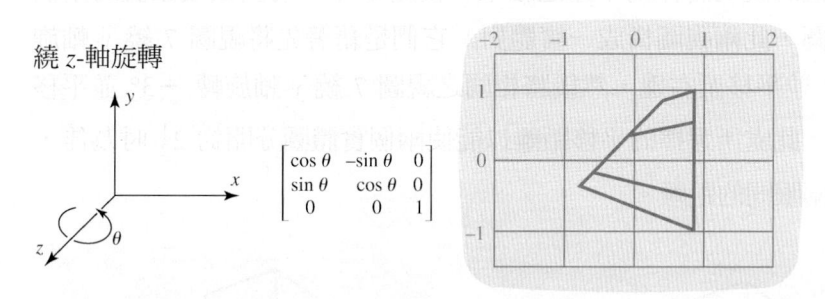

▲ 視圖 6　視圖 1 繞 z-軸旋轉 90°。

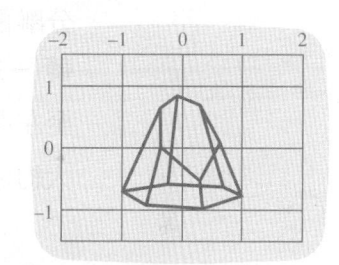

▲ 視圖 7　斜截稜錐體之斜視圖。

若以 R 表示上列方程式中的 3×3 階矩陣，則依據矩陣方程式

$$P' = RP$$

可求得旋轉後之視圖的座標矩陣 P'。

　　繞 x-軸及 y-軸的旋轉亦可以類似方式求得，其旋轉矩陣分別列示於視圖 4、5 及 6 中。這些斜截稜錐體圖形的新視圖係分別繞 x-軸、y-軸及 z-軸旋轉 90° 而得。

　　綜合對三座標軸之旋轉，可以獲得物體之斜視圖。例如，首先將視圖 1 繞 x-軸旋轉 30°，然後繞 y-軸旋轉 −70°，最後繞 z-軸旋轉 −27°，則可得視圖 7 所示之斜視圖。若以數學式表示，上述三種接續旋轉亦

可用單一的變換方程式 $P'=RP$ 表示出來，其中 R 為上述三個旋轉矩陣的乘積：

$$R_1 = \begin{bmatrix} 1 & 0 & 0 \\ 0 & \cos(30°) & -\sin(30°) \\ 0 & \sin(30°) & \cos(30°) \end{bmatrix}$$

$$R_2 = \begin{bmatrix} \cos(-70°) & 0 & \sin(-70°) \\ 0 & 1 & 0 \\ -\sin(-70°) & 0 & \cos(-70°) \end{bmatrix}$$

$$R_3 = \begin{bmatrix} \cos(-27°) & -\sin(-27°) & 0 \\ \sin(-27°) & \cos(-27°) & 0 \\ 0 & 0 & 1 \end{bmatrix}$$

亦即

$$R = R_3 R_2 R_1 = \begin{bmatrix} .305 & -.025 & -.952 \\ -.155 & .985 & -.076 \\ .940 & .171 & .296 \end{bmatrix}$$

下面的說明將作為本節之結束。視圖 8 中，有斜截稜錐體的兩個分離視圖，此兩視圖構成一實體對。它們是藉著先將視圖 7 繞 y-軸旋轉 $-3°$ 並平移至右邊，然後將相同之視圖 7 繞 y-軸旋轉 $+3°$ 並平移至左邊。此處所選擇的平移距離以能使兩個實體圖分開約 $2\frac{1}{2}$ 吋為佳，大約是兩眼間的距離。

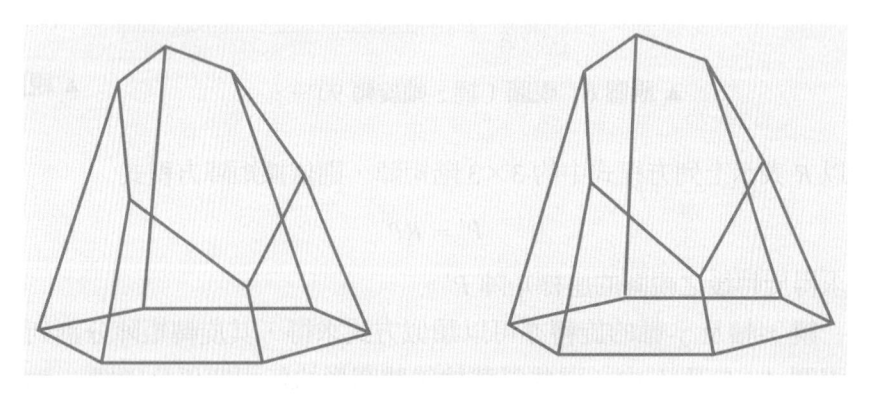

▲ **視圖 8** 斜截稜錐體之立體視圖。先將課本擺在距離眼睛 1 呎處，並將視線集中於遠方的物體上，然後將視線轉移至視圖 8，不重調焦距，則兩實體視圖亦可合併起來以達到所欲求的效果，而顯現該圖的三維性。

習題集 10.10

1. 視圖 9 是頂點為 $(0, 0, 0), (1, 0, 0), (1, 1, 0)$ 及 $(0, 1, 0)$ 的正方形視圖。
   (a) 試求視圖 9 的座標矩陣為何？
   (b) 若在 x-軸方向以因數 $1\frac{1}{2}$，在 y-軸方向以因數 $\frac{1}{2}$ 作比例尺變換後，視圖 9 的座標矩陣又將為何？並簡略繪出經比例尺轉換後之視圖。
   (c) 若以下面向量
   $$\begin{bmatrix} -2 \\ -1 \\ 3 \end{bmatrix}$$
   作平移後，視圖 9 的座標矩陣將為何？並簡略繪出標度後之視圖。
   (d) 若將視圖 9 繞 z-軸旋轉 $-30°$ 後，視圖 9 的座標矩陣將為何？並簡略繪出旋轉後之視圖。

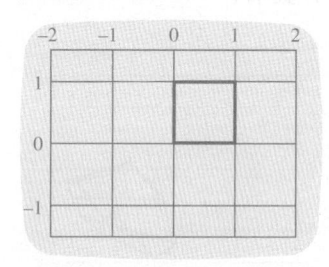

   ▲ 視圖 9　頂點為 $(0, 0, 0)$, $(1, 0, 0), (1, 1, 0)$ 及 $(0, 1, 0)$ 的正方形 (習題 1 及 2)。

2. (a) 若視圖 9 的座標矩陣以矩陣
   $$\begin{bmatrix} 1 & \frac{1}{2} & 0 \\ 0 & 1 & 0 \\ 0 & 0 & 1 \end{bmatrix}$$
   相乘，其結果為視圖 10 的座標矩陣。如此的轉換稱為「相對於 y-軸座標，在 x-軸方向以因數 $\frac{1}{2}$ 變形。」試證在上述變換下，原座標為 (x_i, y_i, z_i) 的點其新座標為 $(x_i + \frac{1}{2}y_i, y_i, z_i)$。
   (b) 試求正方形變形後 (視圖 10) 的四個頂點座標為何？

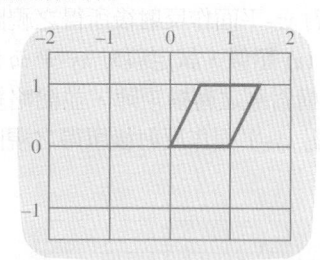

   ▲ 視圖 10　相對於 y-軸座標，在 x-軸方向以因數 $\frac{1}{2}$ 將視圖 9 變形 (習題 2)。

   (c) 矩陣
   $$\begin{bmatrix} 1 & 0 & 0 \\ .6 & 1 & 0 \\ 0 & 0 & 1 \end{bmatrix}$$
   決定一相對於 x-座標，在 y-方向以因數 0.6 變形 (參考視圖 11)。試繪出視圖 9 經此變形變換後所得之視圖，並求出四頂點的新座標。

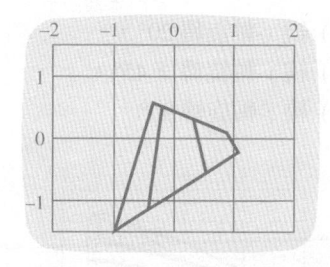

   ▲ 視圖 11　相對於 x-軸座標，在 y-軸方向以因數 0.6 將視圖 9 變形 (習題 2)。

3. (a) 定義對 xz-平面作反射為將點 (x_i, y_i, z_i) 對應到點 $(x_i, -y_i, z_i)$ 的轉換 (參考視圖 12)。若 P 及 P' 分別表示某視圖的座標矩陣及對 xz-平面作反射後之座標矩陣,試求使 $P' = MP$ 的矩陣 M。

   (b) 與 (a) 類似,試定義對 yz-平面作反射且建構對應之轉換矩陣,並簡略繪出視圖 1 對 yz-平面作反射後所得之視圖。

   (c) 與 (a) 類似,試定義對 xy-平面作反射且建構對應之轉換矩陣,並簡略繪出視圖 1 對 xy-平面作反射後所得之視圖。

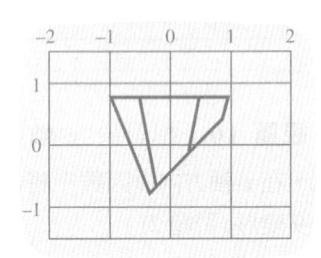

▲ 視圖 12　將視圖 1 對 xz-平面作反射 (習題 3)。

4. (a) 視圖 13 係視圖 1 經下述五種轉換後所得的視圖。

   (1) 在 x-方向以因數 $\frac{1}{2}$,y-方向以因數 2,z-方向以因數 $\frac{1}{3}$ 作比例尺變換。

   (2) 在 x-軸方向平移 $\frac{1}{2}$ 單位。

   (3) 繞 x-軸旋轉 $20°$。

   (4) 繞 y-軸旋轉 $-45°$。

   (5) 繞 z-軸旋轉 $90°$。

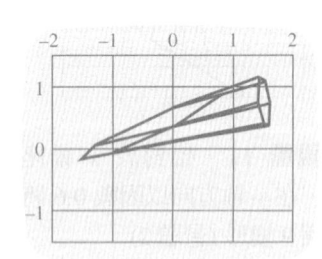

   試建構上述五種轉換矩陣 M_1, M_2, M_3, M_4 及 M_5。

   (b) 若 P 為視圖 1 的座標矩陣而 P' 為視圖 13 的座標矩陣,試以 M_1, M_2, M_3, M_4, M_5 及 P 表示 P'。

5. (a) 視圖 14 係視圖 1 經下述七種轉換後所得的視圖。

   (1) 在 x-方向以因數 0.3,y-方向以因數 0.5 作比例尺轉換。

   (2) 繞 x-軸旋轉 $45°$。

   (3) 在 x-軸方向平移 1 單位。

   (4) 繞 y-軸旋轉 $35°$。

   (5) 繞 z-軸旋轉 $-45°$。

   (6) 在 z-方向平移 1 單位。

   (7) 在 x-方向以因數 2 作比例尺轉換。

   試建構上述七種轉換矩陣 $M_1, M_2, \ldots, M_7$。

   (b) 若 P 為視圖 1 的座標矩陣,且 P' 為視圖 14 的座標矩陣,試以 $M_1, M_2, \ldots, M_7$ 及 P 表示 P'。

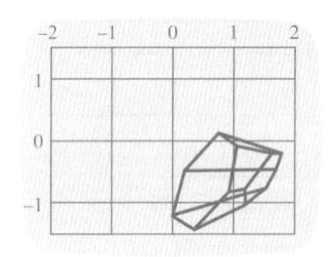

▲ 視圖 13　將視圖 1 作比例尺轉換、平移及旋轉 (習題 4)。

▲ 視圖 14　將視圖 1 標度轉換、平移及旋轉 (習題 5)。

6. 假設將一個座標矩陣為 P 之視圖對通過原點並以 α 及 β 二角 (參考圖 Ex-6 所示) 限定之軸旋轉 θ 角。若 P' 為旋轉後視圖的座標矩陣,試求旋轉矩陣 R_1, R_2, R_3, R_4 及 R_5,使

$$P' = R_5 R_4 R_3 R_2 R_1 P$$

[提示:所求之旋轉可由下面五個步驟完成:

(1) 對 y-軸旋轉 β 角。

(2) 對 z-軸旋轉 α 角。
(3) 對 y-軸旋轉 θ 角。
(4) 對 z-軸旋轉 $-\alpha$ 角。
(5) 對 y-軸旋轉 $-\beta$ 角。]

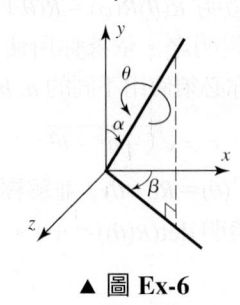

▲ 圖 Ex-6

7. 本習題說明以矩陣乘法而非矩陣加法的技巧，將點 (x_i, y_i, z_i) 平移至點 $(x_i+x_0, y_i+y_0, z_i+z_0)$。
   (a) 令點 (x_i, y_i, z_i) 相伴行向量
   $$\mathbf{v}_i = \begin{bmatrix} x_i \\ y_i \\ z_i \\ 1 \end{bmatrix}$$
   且令點 $(x_i+x_0, y_i+y_0, z_i+z_0)$ 相伴行向量
   $$\mathbf{v}'_i = \begin{bmatrix} x_i + x_0 \\ y_i + y_0 \\ z_i + z_0 \\ 1 \end{bmatrix}$$
   試求一 4×4 階矩陣 M，使 $\mathbf{v}'_i = M\mathbf{v}_i$。
   (b) 試求能將點 $(4, -2, 3)$ 平移至點 $(-1, 7, 0)$ 的 4×4 階矩陣 M。

8. 對視圖 4、5 及 6 的三個旋轉矩陣，試證明
   $$R^{-1} = R^T$$
   [具有此性質的矩陣稱為**正交矩陣** (orthogonal matrix)。參考 7.1 節。]

10.10　科技習題

下面這些習題是被設計為需使用科技裝備來解的問題。基本上，這些裝備為 MATLAB、*Mathematica*、Maple、Derive 或 Mathcad，亦可能為其他型態的線性代數軟體或具有線性代數內涵的科學計算器。對每個習題，你在使用你的特別裝備時，需先閱讀相關文件。這些習題的主要目標是讓你熟練你的科技裝備。一旦你精通這些習題裡的技巧，將可以使用你的科技裝備來解許多一般習題集的問題。

T1 令 (a, b, c) 為平面 $ax+by+cz=0$ 的單位法線向量，且令 $\mathbf{r}=(x, y, z)$ 為一向量。可證明出來向量 $\mathbf{r}$ 通過上述平面的鏡像之座標為 $\mathbf{r}_m = (x_m, y_m, z_m)$，其中

$$\begin{bmatrix} x_m \\ y_m \\ z_m \end{bmatrix} = M \begin{bmatrix} x \\ y \\ z \end{bmatrix}$$

且

$$M = I - 2\mathbf{nn}^T = \begin{bmatrix} 1 & 0 & 0 \\ 0 & 1 & 0 \\ 0 & 0 & 1 \end{bmatrix} - 2 \begin{bmatrix} a \\ b \\ c \end{bmatrix} [a \ b \ c]$$

(a) 證明 $M^2 = I$ 並解釋物理原因。[提示：利用 (a, b, c) 為單位向量證明 $\mathbf{n}^T\mathbf{n} = 1$。]
(b) 使用電腦證明 $\det(M) = -1$。
(c) M 的特徵向量滿足方程式

$$\begin{bmatrix} x_m \\ y_m \\ z_m \end{bmatrix} = M \begin{bmatrix} x \\ y \\ z \end{bmatrix} = \lambda \begin{bmatrix} x \\ y \\ z \end{bmatrix}$$

因此，這些特徵向量之方向不受平面鏡射之影響。使用電腦決定 M 的特徵向量及特徵值，並給一個物理論證來支持你的答案。

T2 向量 $\mathbf{v}=(x, y, z)$ 繞一軸以 θ 角旋轉，而該旋轉軸上有單位向量 (a, b, c)，因此形成旋轉向量 $\mathbf{v}_R=(x_R, y_R, z_R)$。可證明

$$\begin{bmatrix} x_R \\ y_R \\ z_R \end{bmatrix} = R(\theta) \begin{bmatrix} x \\ y \\ z \end{bmatrix}$$

且

$$R(\theta) = \cos(\theta) \begin{bmatrix} 1 & 0 & 0 \\ 0 & 1 & 0 \\ 0 & 0 & 1 \end{bmatrix}$$

$$+ (1-\cos(\theta)) \begin{bmatrix} a \\ b \\ c \end{bmatrix} \begin{bmatrix} a & b & c \end{bmatrix}$$

$$+ \sin(\theta) \begin{bmatrix} 0 & -c & b \\ c & 0 & -a \\ -b & a & 0 \end{bmatrix}$$

(a) 使用電腦證明 $R(\theta)R(\varphi) = R(\theta + \varphi)$，並給一物理理由說明之。依據你所使用的電腦型式，也許你必須使用不同的 a, b 值及

$$c = \sqrt{1 - a^2 - b^2}$$

(b) 試證明 $R^{-1}(\theta) = R(-\theta)$，並解釋原因。
(c) 使用電腦證明 $\det(R(\theta)) = +1$。

10.11 平衡溫度分佈

本節尋求指定環繞梯形平板邊緣溫度時，板中的平衡溫度分佈。此問題將簡化為求解一組線性方程式，且描述解此方程式組的迭代技巧。本節亦描述這個問題的「漫步」處理法。

> **預備知識：** 線性方程組
> 　　　　　　 矩陣
> 　　　　　　 極限的直觀概念

邊界數據

假設指定兩面絕熱之薄梯形板 (如圖 10.11.1a)，並已知平板四個邊的溫度。例如，假設各邊溫度分別為固定的 0°, 0°, 1° 及 2° (如圖所示)。在經過一段時間後，梯形板內的溫度將趨於穩定。本節的目的即是決定板內各點的平衡溫度分佈。正如即將看到的，內部的平衡完全取決於**邊界數據** (boundary data)，亦即，梯形板邊緣的溫度。

平衡溫度分佈於藉由連接等溫點所得之曲線而顯現出來，此曲線稱為溫度分佈之**等溫線** (isotherm)。圖 10.11.1b 中，將使用本節稍後導出的資料畫出某些等溫線。

雖然本節中的計算皆係針對圖 10.11.1 所示之梯形薄板，但所應用的技巧卻能夠很容易地推廣到各種形狀的平板，也可以推廣到尋求立體內部的溫度問題。事實上，此處所謂的「平板」也可以是其實體的

第十章 線性代數之應用

▲ 圖 10.11.1

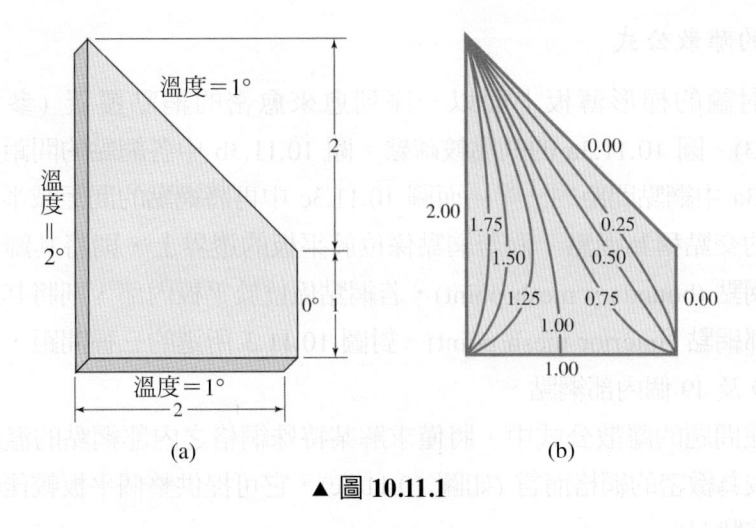

橫截面，若垂直於該橫截面的熱流是可忽略的。例如，圖 10.11.1 亦可表示水壩的橫截面。該水壩暴露於三種不同溫度狀況：其底部是土地溫度，一邊是水的溫度，另一邊是空氣溫度。為了確定水壩所承受的熱應力，必須了解水壩內的溫度分佈。

其次，將考慮賦予所尋求之溫度分佈特性的熱力學原理。

平均值性質

有許多方法可獲得此一問題的數學模型。此處所使用的方法乃是基於下列的平衡溫度的性質。

> **定理 10.11.1：平均值性質**
> 假設某平板處於熱平衡狀態且令 P 為平板內一點。若 C 是平板上以 P 為圓心的任意圓，則點 P 的溫度即是 C 圓上溫度的平均值 (圖 10.11.2)。

此性質是某分子運動基本定律的結果，此處不打算加以推導。基本上，此性質述明在平衡狀態下，熱能之分佈將盡可能符合邊界條件。平均值性質能唯一地決定一平板的平衡溫度分佈是可以證明的。

不幸地，依據平均值性質以決定平衡溫度分佈並不是一件容易的事。然而，若只侷限於求平板上有限點集的溫度，則此問題將簡化為求解線性方程組的問題。接下來將研究此種想法。

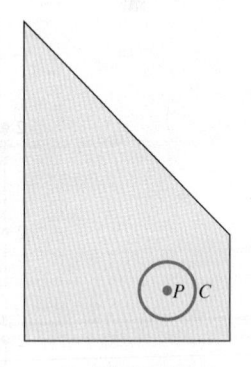

▲ 圖 10.11.2

問題的離散公式

在所討論的梯形薄板上面以一序列愈來愈密的網點覆蓋 (參考圖 10.11.3)。圖 10.11.3a 的網點較疏鬆。圖 10.11.3b 中各網點的間距是圖 10.11.3a 中網點間距的一半。而圖 10.11.3c 中再將網點的間距減半。各網線的交點稱為網點。假若網點係位於平板的邊界上，則將其歸類為**邊界網點** (boundary mesh point)，若網點係位於平板內部，則將其歸類為**內部網點** (interior mesh point)。對圖 10.11.3 所選的三種間距，分別有 1, 9 及 49 個內部網點。

在問題的離散公式中，將僅求解某特殊網格之內部網點的溫度。就一較為緻密的網格而言 (如圖 10.11.3c)，它可提供整個平板較佳的溫度分佈狀況。

至於邊界網點的溫度，則由已知邊界數據供給 (圖 10.11.3 中已在各邊界網點旁標上所對應的溫度)。至於內部網點的溫度，將應用下列平均值性質的離散說法。

定理 10.11.2：離散平均值性質
對任一內部網點，其溫度為四個相鄰網點的平均溫度。

此離散說法對正確平均值性質是合理的近似。但因其僅是近似，故它僅提供內部網點溫度的近似值。然而，當網點密度增加時，此近似將變得愈來愈接近正確值。事實上，當網點間距趨近於 0 時，此近似將趨近於正確溫度分佈。在高等數值分析中已經證實為事實。現在利用

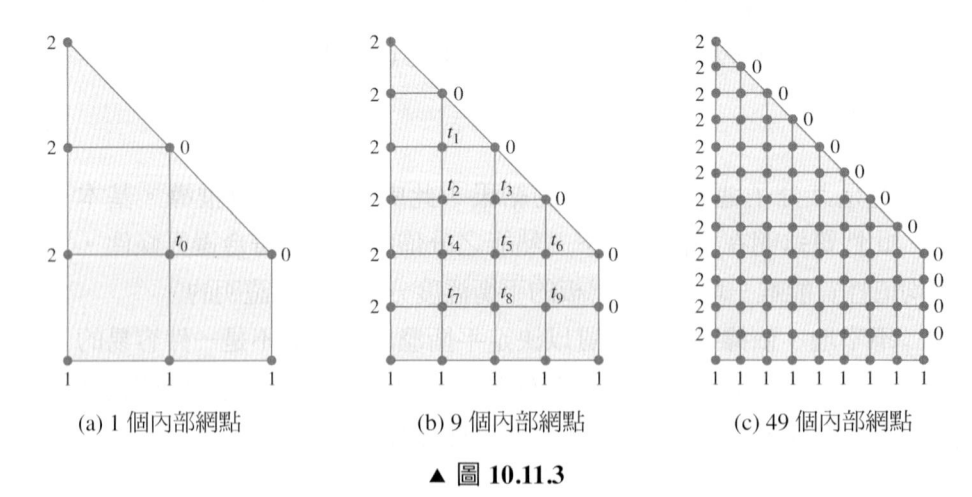

(a) 1 個內部網點　　(b) 9 個內部網點　　(c) 49 個內部網點

▲ 圖 10.11.3

圖 10.11.3 所示的三種網點間距，計算各個內部網點的近似溫度以說明此收斂性。

圖 10.11.3 的情況 (a) 極為簡單，因為只有一個內部網點。假若令 t_0 為該網點的溫度，則依據定理 10.11.2 立即可得

$$t_0 = \tfrac{1}{4}(2 + 1 + 0 + 0) = 0.75$$

在圖 10.11.3 的情況 (b) 中，$t_1, t_2, \ldots, t_9$ 代表九個內部網點的溫度，如圖 10.11.3b 所示 (其順序不具特殊意義)。再依定理 10.11.2 逐一計算九個網點的溫度，可得下列方程式：

$$\begin{aligned}
t_1 &= \tfrac{1}{4}(t_2 + 2 + 0 + 0) \\
t_2 &= \tfrac{1}{4}(t_1 + t_3 + t_4 + 2) \\
t_3 &= \tfrac{1}{4}(t_2 + t_5 + 0 + 0) \\
t_4 &= \tfrac{1}{4}(t_2 + t_5 + t_7 + 2) \\
t_5 &= \tfrac{1}{4}(t_3 + t_4 + t_6 + t_8) \\
t_6 &= \tfrac{1}{4}(t_5 + t_9 + 0 + 0) \\
t_7 &= \tfrac{1}{4}(t_4 + t_8 + 1 + 2) \\
t_8 &= \tfrac{1}{4}(t_5 + t_7 + t_9 + 1) \\
t_9 &= \tfrac{1}{4}(t_6 + t_8 + 1 + 0)
\end{aligned} \qquad (1)$$

這是一個含有九個未知數的九個線性方程式的方程組，因此可將其改寫為矩陣型式

$$\mathbf{t} = M\mathbf{t} + \mathbf{b} \qquad (2)$$

其中

$$\mathbf{t} = \begin{bmatrix} t_1 \\ t_2 \\ t_3 \\ t_4 \\ t_5 \\ t_6 \\ t_7 \\ t_8 \\ t_9 \end{bmatrix}, \quad M = \begin{bmatrix} 0 & \tfrac{1}{4} & 0 & 0 & 0 & 0 & 0 & 0 & 0 \\ \tfrac{1}{4} & 0 & \tfrac{1}{4} & \tfrac{1}{4} & 0 & 0 & 0 & 0 & 0 \\ 0 & \tfrac{1}{4} & 0 & 0 & \tfrac{1}{4} & 0 & 0 & 0 & 0 \\ 0 & \tfrac{1}{4} & 0 & 0 & \tfrac{1}{4} & 0 & \tfrac{1}{4} & 0 & 0 \\ 0 & 0 & \tfrac{1}{4} & \tfrac{1}{4} & 0 & \tfrac{1}{4} & 0 & \tfrac{1}{4} & 0 \\ 0 & 0 & 0 & 0 & \tfrac{1}{4} & 0 & 0 & 0 & \tfrac{1}{4} \\ 0 & 0 & 0 & \tfrac{1}{4} & 0 & 0 & 0 & \tfrac{1}{4} & 0 \\ 0 & 0 & 0 & 0 & \tfrac{1}{4} & 0 & \tfrac{1}{4} & 0 & \tfrac{1}{4} \\ 0 & 0 & 0 & 0 & 0 & \tfrac{1}{4} & 0 & \tfrac{1}{4} & 0 \end{bmatrix}, \quad \mathbf{b} = \begin{bmatrix} \tfrac{1}{2} \\ \tfrac{1}{2} \\ 0 \\ \tfrac{1}{2} \\ 0 \\ 0 \\ \tfrac{3}{4} \\ \tfrac{1}{4} \\ \tfrac{1}{4} \end{bmatrix}$$

為了求解 (2) 式，將其改寫為

$$(I - M)\mathbf{t} = \mathbf{b}$$

因此只要矩陣 $(I-M)$ 為可逆的，則 $\mathbf{t}$ 的解為

$$\mathbf{t} = (I-M)^{-1}\mathbf{b} \tag{3}$$

由於矩陣 $(I-M)$ 的確為可逆的，故其解為

$$\mathbf{t} = \begin{bmatrix} 0.7846 \\ 1.1383 \\ 0.4719 \\ 1.2967 \\ 0.7491 \\ 0.3265 \\ 1.2995 \\ 0.9014 \\ 0.5570 \end{bmatrix} \tag{4}$$

圖 10.11.4 所示，即是已在九個內部網點上分別標示其溫度的平板圖。

至於圖 10.11.3 的情況 (c)，可重複相同的程序。首先，依據某一規則分別以 $t_1, t_2, \ldots , t_{49}$ 代表 49 個內部網點的溫度。例如，由頂端開始，然後每一列由左至右逐一標示。應用離散平均值性質 (定理 10.11.2) 至每一個內部網點，則可得一個含有 49 個未知數的 49 個線性方程式之方程組：

$$\begin{aligned} t_1 &= \tfrac{1}{4}(t_2 + 2 + 0 + 0) \\ t_2 &= \tfrac{1}{4}(t_1 + t_3 + t_4 + 2) \\ &\vdots \\ t_{48} &= \tfrac{1}{4}(t_{41} + t_{47} + t_{49} + 1) \\ t_{49} &= \tfrac{1}{4}(t_{42} + t_{48} + 0 + 1) \end{aligned} \tag{5}$$

若以矩陣型式表示，(5) 式則為

$$\mathbf{t} = M\mathbf{t} + \mathbf{b}$$

其中 $\mathbf{t}$ 與 $\mathbf{b}$ 均為具有 49 個元素的行向量，M 為一 49×49 階矩陣。正如 (3) 式，$\mathbf{t}$ 的解為

$$\mathbf{t} = (I-M)^{-1}\mathbf{b} \tag{6}$$

圖 10.11.5 中，列出根據 (6) 式所求得之 49 個內部網點的溫度。圖中用未加陰影覆蓋的 9 個溫度，即是圖 10.11.4 中求得之 9 個內部網點溫度的對應位置。在表 1 中，我們針對圖 10.11.4 所示三種不同間距的網點。比較這 9 個相同網點的溫度。

▲ 圖 10.11.4

表 1

	相同網點的溫度		
	情況 (a)	情況 (b)	情況 (c)
t_1	—	0.7846	0.8048
t_2	—	1.1383	1.1533
t_3	—	0.4719	0.4778
t_4	—	1.2967	1.3078
t_5	0.7500	0.7491	0.7513
t_6	—	0.3265	0.3157
t_7	—	1.2995	1.3042
t_8	—	0.9014	0.9032
t_9	—	0.5570	0.5554

▲ 圖 10.11.5

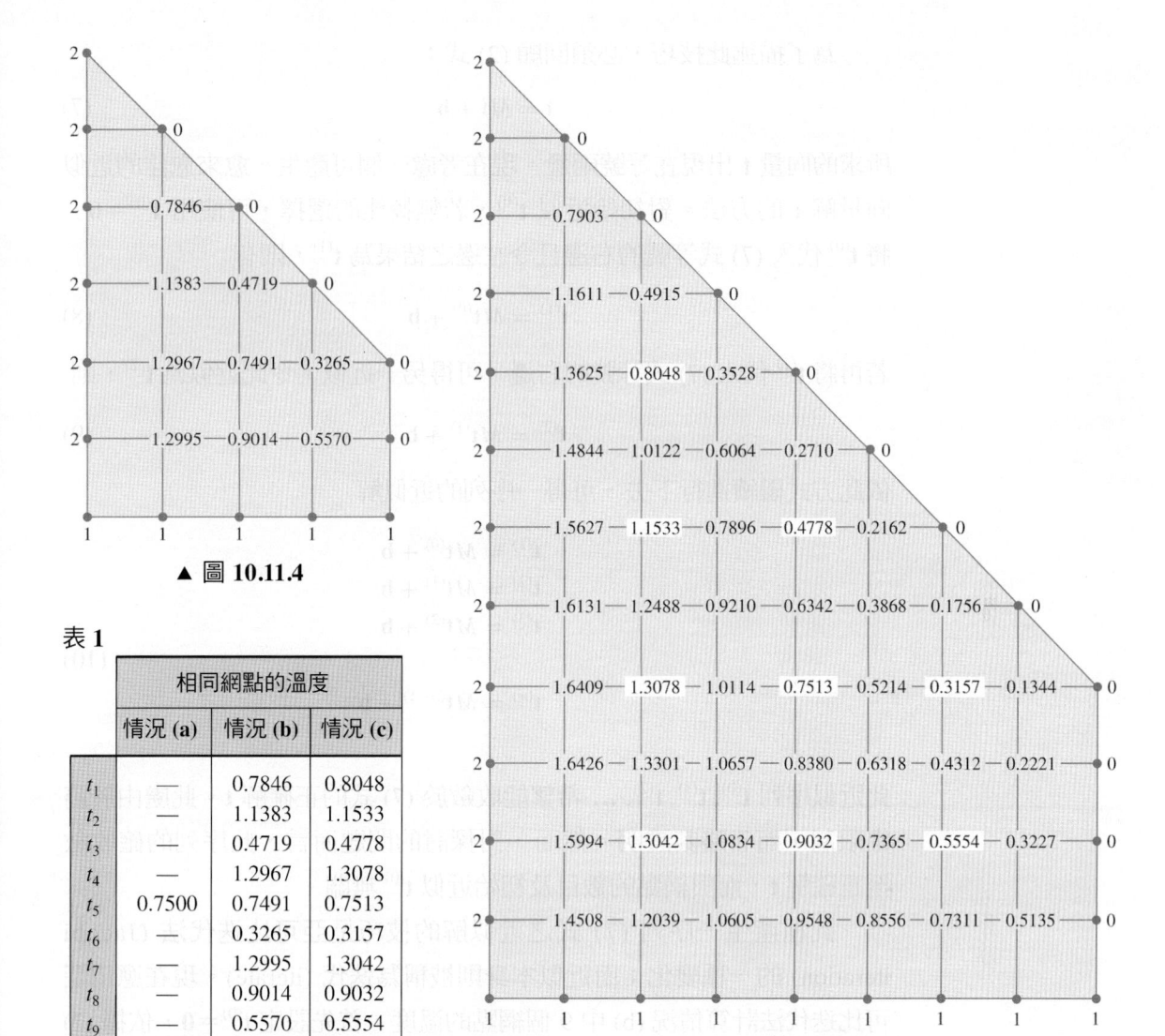

　　由於當網點間距愈來愈小時，離散問題之溫度將愈來愈趨近於正確值。因此，即使沒有表 1 的資料可茲比較，亦能推測出情況 (c) 所得的 9 個溫度會比情況 (b) 所得者更接近正確值。

數值技巧

欲求出圖 10.11.3c 的 49 個溫度，必須求解一個含有 49 個未知數之線性方程組。但若對更緻密的網格而言，其線性方程組可能含有上百個甚至上千個未知數。對如此大的方程組，應用正確演算法求解可能不切實際，因此現在將討論一種求解大型方程組之數值技巧。

為了描述此技巧，必須回顧 (2) 式：

$$\mathbf{t} = M\mathbf{t} + \mathbf{b} \tag{7}$$

所求的向量 $\mathbf{t}$ 出現在等號兩邊。現在考慮一個可產生一愈來愈佳的近似向量解 $\mathbf{t}$ 的方法。對初始近似 $\mathbf{t}^{(0)}$，若無較佳的選擇，可使用 $\mathbf{t}^{(0)} = \mathbf{0}$。將 $\mathbf{t}^{(0)}$ 代入 (7) 式等號的右邊且令左邊之結果為 $\mathbf{t}^{(1)}$，則有

$$\mathbf{t}^{(1)} = M\mathbf{t}^{(0)} + \mathbf{b} \tag{8}$$

若再將 $\mathbf{t}^{(1)}$ 代入 (7) 式等號的右邊，可得另一近似。令此近似為 $\mathbf{t}^{(2)}$，則

$$\mathbf{t}^{(2)} = M\mathbf{t}^{(1)} + \mathbf{b} \tag{9}$$

依此方式繼續進行下去，可得一序列的近似解

$$\begin{aligned}
\mathbf{t}^{(1)} &= M\mathbf{t}^{(0)} + \mathbf{b} \\
\mathbf{t}^{(2)} &= M\mathbf{t}^{(1)} + \mathbf{b} \\
\mathbf{t}^{(3)} &= M\mathbf{t}^{(2)} + \mathbf{b} \\
&\vdots \\
\mathbf{t}^{(n)} &= M\mathbf{t}^{(n-1)} + \mathbf{b} \\
&\vdots
\end{aligned} \tag{10}$$

此近似序列 $\mathbf{t}^{(0)}, \mathbf{t}^{(1)}, \mathbf{t}^{(2)}, \ldots$ 希望能收斂於 (7) 式的正確解 $\mathbf{t}$。此處由於篇幅限制，而省略其證明。然而，對探討的問題而言，此序列的確收斂至正確解 $\mathbf{t}$，而與網點的數目及初始近似 $\mathbf{t}^{(0)}$ 無關。

此種產生一序列 (7) 式之近似解的技巧是**亞可比迭代法** (Jacobi iteration) 的一種變化；而近似本身則被稱為**迭代** (iterate)。現在應用亞可比迭代法計算情況 (b) 中 9 個網點的溫度。首先設定 $\mathbf{t}^{(0)} = \mathbf{0}$，依據 (2) 式可得

$$\mathbf{t}^{(1)} = M\mathbf{t}^{(0)} + \mathbf{b} = M\mathbf{0} + \mathbf{b} = \mathbf{b} = \begin{bmatrix} .5000 \\ .5000 \\ .0000 \\ .5000 \\ .0000 \\ .0000 \\ .7500 \\ .2500 \\ .2500 \end{bmatrix}$$

$$\mathbf{t}^{(2)} = M\mathbf{t}^{(1)} + \mathbf{b}$$

$$= \begin{bmatrix} 0 & \frac{1}{4} & 0 & 0 & 0 & 0 & 0 & 0 & 0 \\ \frac{1}{4} & 0 & \frac{1}{4} & \frac{1}{4} & 0 & 0 & 0 & 0 & 0 \\ 0 & \frac{1}{4} & 0 & 0 & \frac{1}{4} & 0 & 0 & 0 & 0 \\ 0 & \frac{1}{4} & 0 & 0 & \frac{1}{4} & 0 & \frac{1}{4} & 0 & 0 \\ 0 & 0 & \frac{1}{4} & \frac{1}{4} & 0 & \frac{1}{4} & 0 & \frac{1}{4} & 0 \\ 0 & 0 & 0 & 0 & \frac{1}{4} & 0 & 0 & 0 & \frac{1}{4} \\ 0 & 0 & 0 & \frac{1}{4} & 0 & 0 & 0 & \frac{1}{4} & 0 \\ 0 & 0 & 0 & 0 & \frac{1}{4} & 0 & \frac{1}{4} & 0 & \frac{1}{4} \\ 0 & 0 & 0 & 0 & 0 & \frac{1}{4} & 0 & \frac{1}{4} & 0 \end{bmatrix} \begin{bmatrix} .5000 \\ .5000 \\ .0000 \\ .5000 \\ .0000 \\ .0000 \\ .7500 \\ .2500 \\ .2500 \end{bmatrix} + \begin{bmatrix} .5000 \\ .5000 \\ .0000 \\ .5000 \\ .0000 \\ .0000 \\ .7500 \\ .2500 \\ .2500 \end{bmatrix} = \begin{bmatrix} .6250 \\ .7500 \\ .1250 \\ .8125 \\ .1875 \\ .0625 \\ .9375 \\ .5000 \\ .3125 \end{bmatrix}$$

其他迭代為

$$\mathbf{t}^{(3)} = \begin{bmatrix} 0.6875 \\ 0.8906 \\ 0.2344 \\ 0.9688 \\ 0.3750 \\ 0.1250 \\ 1.0781 \\ 0.6094 \\ 0.3906 \end{bmatrix}, \quad \mathbf{t}^{(10)} = \begin{bmatrix} 0.7791 \\ 1.1230 \\ 0.4573 \\ 1.2770 \\ 0.7236 \\ 0.3131 \\ 1.2848 \\ 0.8827 \\ 0.5446 \end{bmatrix}, \quad \mathbf{t}^{(20)} = \begin{bmatrix} 0.7845 \\ 1.1380 \\ 0.4716 \\ 1.2963 \\ 0.7486 \\ 0.3263 \\ 1.2992 \\ 0.9010 \\ 0.5567 \end{bmatrix}, \quad \mathbf{t}^{(30)} = \begin{bmatrix} 0.7846 \\ 1.1383 \\ 0.4719 \\ 1.2967 \\ 0.7491 \\ 0.3265 \\ 1.2995 \\ 0.9014 \\ 0.5570 \end{bmatrix}$$

第 30 次迭代後的所有迭代值計算至小數第四位的結果都等於 $\mathbf{t}^{(30)}$。因此 $\mathbf{t}^{(30)}$ 是計算至小數第四位的正確解。此與前面 (4) 式所得的結果是一致的。

若將亞可比迭代法應用於含有 49 個未知數之方程組 (5)，則在第 119 次迭代後所得的迭代值計算至小數第四位都等於 $\mathbf{t}^{(119)}$。因此，$\mathbf{t}^{(119)}$ 將能提供情況 (c) 的 49 個溫度正確值至小數第四位。

蒙地卡羅技巧

本節中將描述所謂的**蒙地卡羅技巧** (Monte Carlo technique)。此技巧可應用於在不必計算其他內部網點溫度的情況下，計算出某一內部網點的溫度。首先須定義一沿著網格之**離散漫步** (discrete random walk)。其定義為：一條沿著連接一系列網點之網線的有向路徑 (參考圖

10.11.6),使離開每一網點所行之方向是隨機選取的。亦即,離開每一網點之四個可行方向的機率是相等的。

利用漫步的定義,可依據下面性質求出某特定內部網點的溫度。

> **定理 10.11.3:漫步性質**
> 假設 $W_1, W_2, ..., W_n$ 係以某特定內部網點為起點之一系列漫步,並令 $t_1^*, t_2^*, ..., t_n^*$ 分別表示此系列各漫步最先碰到之邊界網點的溫度。則當漫步路徑數 n 無限地增加,這些邊界溫度之平均 $(t_1^* + t_2^* + \cdots + t_n^*)/n$ 將趨近於該特定內部網點的溫度。

此性質是網點溫度所滿足的離散平均值性質的一個結論。漫步性質的證明將應用到機率理論,此處予以省略。

表 2 列出了為計算圖 10.11.6 所示 9 個網點之情況 (b) 的 t_5 溫度,而由大量計算機產生之漫步所得的結果。表中第一行列示漫步路徑數 n;第二行列示沿著對應之漫步最先碰到之邊界點的溫度 t_n^*;最末一行列示沿著 n 條漫步路徑所碰到之邊界溫度的累積平均值。因此,經過 1000 次漫步後可得近似 $t_5 \approx 0.7550$。將此值與前面所得的正確值 $t_5 = 0.7491$ 作比較,可以看出其收斂速度極為緩慢。

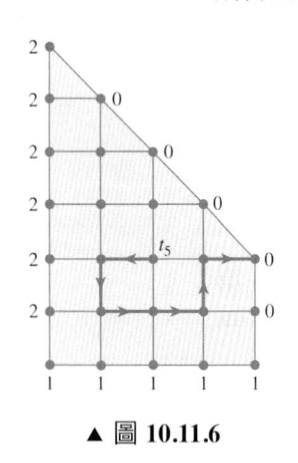

▲ 圖 10.11.6

表 2

n	t_n^*	$(t_1^* + \cdots + t_n^*)/n$
1	1	1.0000
2	2	1.5000
3	1	1.3333
4	0	1.0000
5	2	1.2000
6	0	1.0000
7	2	1.1429
8	0	1.0000
9	2	1.1111
10	0	1.0000

n	t_n^*	$(t_1^* + \cdots + t_n^*)/n$
20	1	0.9500
30	0	0.8000
40	0	0.8250
50	2	0.8400
100	0	0.8300
150	1	0.8000
200	0	0.8050
250	1	0.8240
500	1	0.7860
1000	0	0.7550

習題集 10.11

1. 某圓盤狀的平板,其左半圓周的邊界溫度為 $0°$,右半圓周的邊界溫度為 $1°$。現以具有四個內部網點的網格覆蓋其上 (見圖 Ex-1)。
   (a) 試使用離散平均值性質,寫出決定四個內部網點之近似溫度的 4×4 階線性方程組 $\mathbf{t} = M\mathbf{t} + \mathbf{b}$。
   (b) 試求解 (a) 的線性方程組。
   (c) 對 (a) 的線性方程組,試使用亞可比迭代法 (用 $\mathbf{t}^{(0)} = \mathbf{0}$),求 $\mathbf{t}^{(1)}, \mathbf{t}^{(2)}, \mathbf{t}^{(3)}, \mathbf{t}^{(4)}$ 及 $\mathbf{t}^{(5)}$,並求「誤差向量」$\mathbf{t}^{(5)} - \mathbf{t}$ 為何?其中 $\mathbf{t}$ 為 (b) 中所得之解。
   (d) 依據某進階方法,可求得圖中四個網點的正確溫度 (正確至小數點第 4 位) 為 $t_1 = t_3 = 0.2871$ 及 $t_2 = t_4 = 0.7129$。試求 (b) 中所得各值的百分誤差。

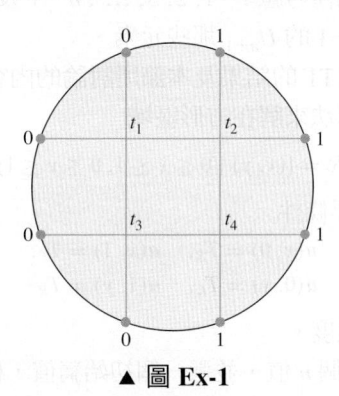

   ▲ 圖 Ex-1

2. 試使用定理 10.11.1,求習題 1 所示圓盤中心點的正確平衡溫度。

3. 計算圖 10.11.3 的情況 (b) [(2) 式] 的前二個迭代 $\mathbf{t}^{(1)}$ 及 $\mathbf{t}^{(2)}$,此處選擇初始迭代

   $\mathbf{t}^{(0)} = [1\ 1\ 1\ 1\ 1\ 1\ 1\ 1\ 1]^T$

4. 圖 Ex-4a (重繪如下) 所示的漫步可用 6 個箭號描述為

   $\leftarrow \downarrow \rightarrow \rightarrow \uparrow \rightarrow$

   標示出沿路徑離開一系列網點的方向。圖 Ex-4b 所示是由計算機產生在 10×10 陣列中以隨機方式排列的箭號。使用這些箭號如表 2 一樣決定漫步的近似溫度 t_5,其程序為:
   (1) 依據你家電話號碼的最後兩位數,以最後一數指定列,以另一數指定行。
   (2) 依行與列的號碼找出陣列中 (1) 的箭號。
   (3) 以此箭號為起點,就像看書般 (由左至右及由上往下) 在箭號陣列中移動。由圖 Ex-4a 中標示 t_5 的點開始,使用此箭號序列以指定方向序列,由一網點移至另一網點,直到碰到邊界網點才停止,並記錄該邊界網點的溫度。如此便完成你的第一次漫步。(若你已到達陣列末尾,則請轉移至左上端點繼續移動。)
   (4) 回到內部網點 t_5 並以你離開時的箭號作為起點,繼續進行另一次漫步。依此方式,直到你完成 10 次漫步並記錄 10 個邊界溫度後停止。
   (5) 計算你所記錄之 10 個邊界溫度的平均值 (正確值 $t_5 = 0.7491$)。

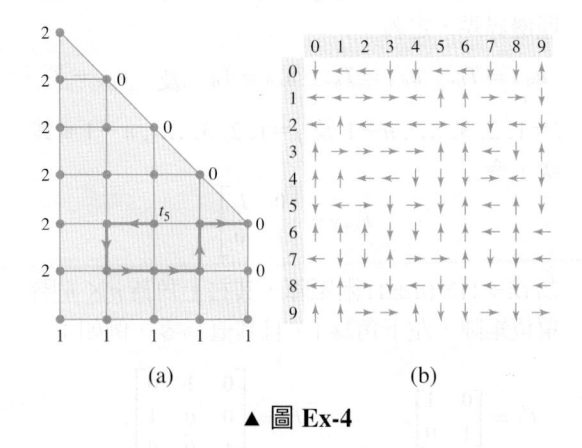

   (a)   (b)

   ▲ 圖 Ex-4

10.11 科技習題

下面這些習題是被設計為需使用科技裝備來解的問題。基本上，這些裝備為 MATLAB, *Mathematica*, Maple, Derive 或 Mathcad，亦可能為其他型態的線性代數軟體或具有線性代數內涵的科學計算器。對每個習題，你在使用你的特別裝備時，需先閱讀相關文件。這些習題的主要目標是讓你熟練你的科技裝備。一旦你精通這些習題裡的技巧，將可以使用你的科技裝備來解許多一般習題集的問題。

T1 假設我們有正方形區域

$$\mathcal{R} = \{(x, y) \mid 0 \leq x \leq 1, 0 \leq y \leq 1\}$$

且假設平衡溫度分佈 $u(x, y)$ 在區域邊界的值為 $u(x, 0) = T_B$, $u(x, 1) = T_T$, $u(0, y) = T_L$ 及 $u(1, y) = T_R$。假設該區域被分割成 $(n+1) \times (n+1)$ 個網格，分割之法為含

$$x_i = \frac{i}{n} \quad \text{及} \quad y_j = \frac{j}{n}$$

$i = 0, 1, 2, \ldots, n$ 及 $j = 0, 1, 2, \ldots, n$。若內部網點的溫度被標示為

$$u_{i,j} = u(x_i, y_j) = u(i/n, j/n)$$

則證明

$$u_{i,j} = \tfrac{1}{4}(u_{i-1,j} + u_{i+1,j} + u_{i,j-1} + u_{i,j+1})$$

$i = 1, 2, 3, \ldots, n-1$ 及 $j = 1, 2, 3, \ldots, n-1$。欲處理邊界點，定義

$$u_{0,j} = T_L, \quad u_{n,j} = T_R, \quad u_{i,0} = T_B \quad \text{及} \quad u_{i,n} = T_T$$

$i = 1, 2, 3, \ldots, n-1$ 及 $j = 1, 2, 3, \ldots, n-1$。其次，令

$$F_{n+1} = \begin{bmatrix} 0 & I_n \\ 1 & 0 \end{bmatrix}$$

為 $(n+1) \times (n+1)$ 階矩陣，其右上角為 $n \times n$ 階單位矩陣，左下角為 1，且其值為零。例如：

$$F_2 = \begin{bmatrix} 0 & 1 \\ 1 & 0 \end{bmatrix}, \qquad F_3 = \begin{bmatrix} 0 & 1 & 0 \\ 0 & 0 & 1 \\ 1 & 0 & 0 \end{bmatrix},$$

$$F_4 = \begin{bmatrix} 0 & 1 & 0 & 0 \\ 0 & 0 & 1 & 0 \\ 0 & 0 & 0 & 1 \\ 1 & 0 & 0 & 0 \end{bmatrix}, \quad F_5 = \begin{bmatrix} 0 & 1 & 0 & 0 & 0 \\ 0 & 0 & 1 & 0 & 0 \\ 0 & 0 & 0 & 1 & 0 \\ 0 & 0 & 0 & 0 & 1 \\ 1 & 0 & 0 & 0 & 0 \end{bmatrix}$$

以此類推。定義 $(n+1) \times (n+1)$ 階矩陣

$$M_{n+1} = F_{n+1} + F_{n+1}^T = \begin{bmatrix} 0 & I_n \\ 1 & 0 \end{bmatrix} + \begin{bmatrix} 0 & I_n \\ 1 & 0 \end{bmatrix}^T$$

試證明若 U_{n+1} 的元素為 u_{ij} 的 $(n+1) \times (n+1)$ 階矩陣，則方程式集合

$$u_{i,j} = \tfrac{1}{4}(u_{i-1,j} + u_{i+1,j} + u_{i,j-1} + u_{i,j+1})$$

$i = 1, 2, 3, \ldots, n-1$ 且 $j = 1, 2, 3, \ldots, n-1$ 可被表為矩陣方程

$$U_{n+1} = \tfrac{1}{4}(M_{n+1} U_{n+1} + U_{n+1} M_{n+1})$$

其中我們僅考慮 $i = 1, 2, 3, \ldots, n-1$ 及 $j = 1, 2, 3, \ldots, n-1$ 的 U_{n+1} 那些元素。

T2 習題 T1 的結果及本節所討論的內容建議出下面演算法來解在方形區域

$$\mathcal{R} = \{(x, y) \mid 0 \leq x \leq 1, 0 \leq y \leq 1\}$$

且具邊界條件

$$u(x, 0) = T_B, \quad u(x, 1) = T_T,$$
$$u(0, y) = T_L, \quad u(1, y) = T_R$$

的平衡溫度。

(1) 選一個 n 值，並選一個初始猜值，稱

$$\mathbf{U}_{n+1}^{(0)} = \begin{bmatrix} 0 & T_L & \cdots & T_L & 0 \\ T_B & 0 & \cdots & 0 & T_T \\ \vdots & \vdots & & \vdots & \vdots \\ T_B & 0 & \cdots & 0 & T_T \\ 0 & T_R & \cdots & T_R & 0 \end{bmatrix}$$

(2) 對每一個 $k = 0, 1, 2, 3, \ldots$ 利用

$$U_{n+1}^{(k+1)} = \tfrac{1}{4}(M_{n+1} U_{n+1}^{(k)} + U_{n+1}^{(k)} M_{n+1})$$

計算 $U_{n+1}^{(k+1)}$，其中 M_{n+1} 定義在習題 T1

裡。接著以 $U_{n+1}^{(0)}$ 的初始邊元素代替 $U_{n+1}^{(k+1)}$ 的所有邊元素。[注意：矩陣的邊元素表第一行、最後一行、第一列及最後一列的元素。]

(3) 繼續 (2) 之法直到 $U_{n+1}^{(k+1)} - U_{n+1}^{(k)}$ 近似零矩陣，即

$$U_{n+1} = \lim_{k \to \infty} U_{n+1}^{(k)}$$

使用電腦和此演算法來解 $u(x, y)$，其中已知 $u(x, 0) = 0, u(x, 1) = 0, u(0, y) = 0, u(1, y) = 2$

選 $n = 6$ 且計算至 $U_{n+1}^{(30)}$。正確解可被表為

$$u(x, y) = \frac{8}{\pi} \sum_{m=1}^{\infty} \frac{\sinh[(2m-1)\pi x] \sin[(2m-1)\pi y]}{(2m-1) \sinh[(2m-1)\pi]}$$

使用電腦計算 $u(i/6, j/6)$ 所求 $i, j = 0, 1, 2, 3, 4, 5, 6$，然後和你在 $U_{n+1}^{(30)}$ 的計算值 $u(i/6, j/6)$ 做比較。

T3 利用習題 T2 所描述的溫度分佈之正確解 $u(x, y)$，使用一個繪圖程式處理下面問題：
(a) 繪曲面 $z = u(x, y)$ 於 3-維 xyz-空間上，其中 z 是在方形區域上點 (x, y) 的溫度。
(b) 繪幾條溫度分佈等溫線 (xy-平面上的曲線，其上溫度為常數)。
(c) 繪幾條溫度曲線，其中 y 為常數且溫度為 x 的函數。
(d) 繪幾條溫度曲線，其中 x 為常數且溫度為 y 的函數。

10.12　電腦斷層攝影

本節描述利用分析 X-光掃描導得對代表數位影像的一個矛盾線性方程組，以建構一個人體橫截面圖。本節展示一種提供上述「線性方程組」近似解的迭代技術。

> **預備知識**：線性方程組
> 　　　　　自然對數
> 　　　　　歐幾里德空間 R^n

電腦斷層攝影最基本的問題，是藉許多個別的 X-光束穿透人體橫截面時所產生的數據，以建構人體橫截面之影像。這些數據由電腦處理後，可將計算過的橫截面展現於影像監視器上。圖 10.12.1 所示之圖形是通用電子公司所製造的 CT 系統，顯示一名病人正準備進行頭部橫截面 X-光束掃描。

此一系統亦被稱為 **CAT 掃描機** (CAT scanner)，為電腦輔助斷層掃描機 (*C*omputer-*A*ided *T*omography scanner) 的簡稱。圖 10.12.2 所示即是由此系統所產生之典型的人體頭部橫截面。

第一個商業化的醫用電腦斷層攝影系統，是英國 EMI 公司的 G.

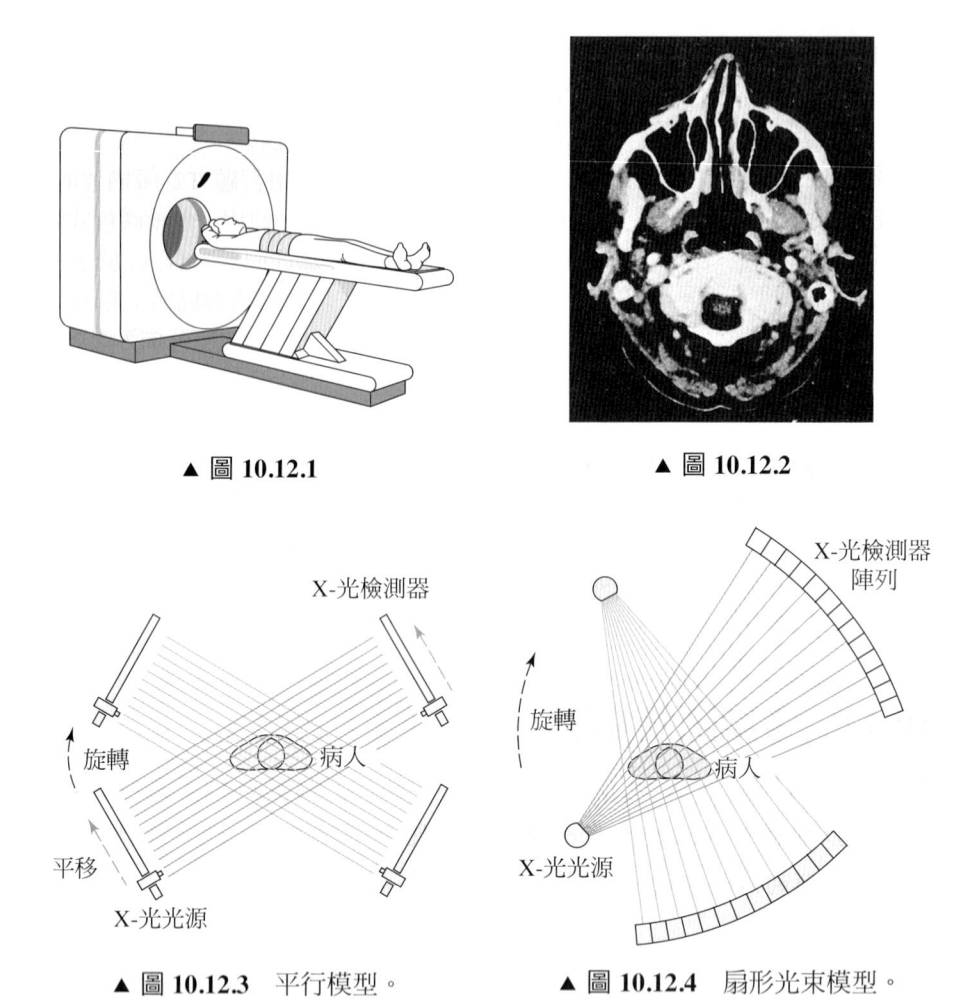

▲ 圖 10.12.1　　　　　　　　　▲ 圖 10.12.2

▲ 圖 10.12.3　平行模型。　　　▲ 圖 10.12.4　扇形光束模型。

N. Hounsfield 於 1971 年開發成功，在 1979 年，Hounsfield 及 A. M. Cormack 並因在此一領域的成就而榮獲諾貝爾醫學獎。正如將於本節看到的，橫截面或斷層攝影之建構需要求解龐大的線性方程組，稱為代數重建技術 (algebraic reconstruction techniques, ARTs) 的特定演算法可用於求解此線性方程組，所得的解可產生數位型式的橫截面。

掃描模型

不同於傳統的 X-光片係將 X-光垂直投影於底片而得者，斷層攝影圖是由橫截面上，數以千計個別的、細如髮絲的 X-光束所構成。當 X-光束沿橫截面通過後，X-光束的強度由一 X-光檢測器量測，並將測定值傳送到電腦作進一步的處理。圖 10.12.3 及圖 10.12.4 分別示出兩種橫截面可能的掃描模型：平行模型及扇形光束模型。在平行模型中，單一

的 X-光源與 X-光檢測器所構成之組對，在涵蓋橫截面之領域內平行移動並記錄各平行光束的測量值，然後將光源與檢測器組對旋轉一個小角度後再進行同樣程序，直到完成所需光束測量值的數目為止。例如，對 1971 年的原始掃描機而言，在 180° 之旋轉中，每間隔 1° 取得 160 個平行測量值，因此整個掃描過程共記錄 160×180＝28,800 個光束測量值。每一次如此的掃描約費時 $5\frac{1}{2}$ 分鐘。

在扇形光束掃描模型中，單一的 X-光管發出扇形光束涵蓋橫截面，由在另一端的 X-光檢測器陣列同時測得各光束的強度。X-光管與檢測器所構成之組對將繞轉許多角度，每一角度可獲取一組測量值，直到掃描完成為止。就通用電子公司所生產的 CT 系統，即使用扇形光束模型而言，每次掃描費時 1 秒。

方程式之偏差

為了了解如何由這許多個別光束的測量值以重建橫截面，請參考圖 10.12.5。圖中，所處之橫截面分割成許多方形的像素 (pixel，圖像元素)，並分別以 1, 2, ..., N 標示。所需決定的是每一塊像素的 X-光密度。在 EMI 系統中，使用 6,400 個像素，並將其排列成一個 80×80 方形陣列；而在 G.E. CT 系統中，則使用 262,144 個像素，並排列成一個 512×512 陣列，每一個像素的邊長約為 1 mm。在以下面即將討論的方法決定出每一個像素的密度後，以正比於其 X-光密度的灰階，將每一個像素重現於影像監視器上。由於人體內不同的組織具有不同的 X-光密度，因此橫截面上展現的影像可清楚地分辨出相異的組織與器官。

圖 10.12.6 顯示單一像素由寬度約與像素相當的 X-光束透示的情形。組成 X-光束的光子，為該像素內的組織依正比於組織之 X-光密度的比率所吸收。若以數量表示，以 x_j 表示第 j 個像素的 X-光密度，並將其定義為

$$x_j = \ln\left(\frac{進入第\ j\ 個像素的光子數目}{離開第\ j\ 個像素的光子數目}\right)$$

此處「ln」表示自然對數函數。利用 $\ln(a/b) = -\ln(b/a)$ 的對數性質，可得

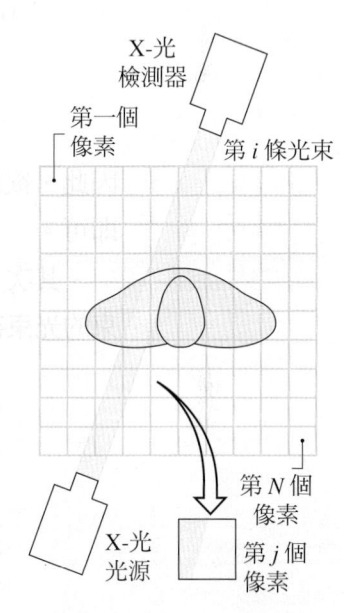

▲ 圖 10.12.5

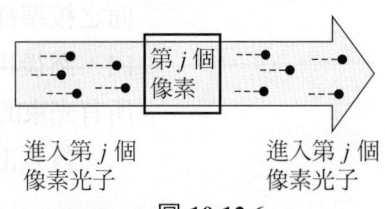

▲ 圖 10.12.6

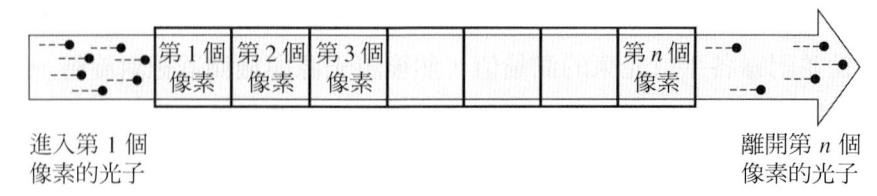

$$x_j = -\ln\begin{pmatrix}通過第\,j\,個像素而沒\\有被吸收光子的比例\end{pmatrix}$$

若 X-光束通過一整列的像素 (參考圖 10.12.7)，則此列中離開某個像素的光子數目即是進入其下一個像素的光子數目。若將各像素分別標示以 $1, 2, \ldots, n$，則由對數函數的加法性質可得：

$$\begin{aligned}x_1 + x_2 + \cdots + x_n &= \ln\left(\frac{進入第\,1\,個像素的光子數目}{離開第\,n\,個像素的光子數目}\right)\\ &= -\ln\begin{pmatrix}通過某列\,n\,個像素而沒\\有被吸收光子的比例\end{pmatrix}\end{aligned} \quad (1)$$

因此，欲決定一整列像素的總 X-光密度，只須將個別的像素密度加總即可。

其次，考慮圖 10.12.5 中之 X-光束。藉著將每次掃描中，第 i 條光束的**光束密度** (beam density) 以 b_i 表示，意指

$$\begin{aligned}b_i &= \ln\begin{pmatrix}在影像範圍內無橫截面時進入\\偵測器的第\,i\,條光束的光子數目\\\hline 在影像範圍內含橫截面時進入\\偵測器的第\,i\,光束的光子數目\end{pmatrix}\\ &= -\ln\begin{pmatrix}第\,i\,條光束中通過橫截面\\而沒有被吸收的光子比例\end{pmatrix}\end{aligned} \quad (2)$$

上面 b_i 的第一個表示式中之分子，係執行一次在影像範圍內無橫截面之校準掃描所獲得的，且偵測器所測量的結果將貯存在電腦記憶體內。然後再執行影像範圍內含橫截面之臨床掃描，計算構成此掃描之所有光束的 b_i 值，並將這些值貯存起來以供進一步處理。

對方正地通過一整列像素的每一條光束而言，必有

$$\begin{pmatrix}光子通過該列像素而沒\\有被吸收光子的比例\end{pmatrix} = \begin{pmatrix}光束通過該橫截面而沒\\有被吸收光子的比例\end{pmatrix}$$

因此,若第 i 條光束方正地通過某列 n 個像素,則由 (1) 與 (2) 式可得

$$x_1 + x_2 + \cdots + x_n = b_i$$

上式中,b_i 值可由臨床測量及校準測量得知,而 $x_1, x_2, \ldots, x_n$ 是必須決定之 n 個未知的像素密度。

更一般化地,若第 i 條光束分別以數目 $j_1, j_2, \ldots, j_i$ 方正地通過一整列 (或行) 的像素,則

$$x_{j_1} + x_{j_2} + \cdots + x_{j_i} = b_i$$

若設定

$$a_{ij} = \begin{cases} 1, & \text{若 } j = j_1, j_2, \ldots, j_i \\ 0, & \text{其他情況} \end{cases}$$

則該式可以寫成

$$a_{i1}x_1 + a_{i2}x_2 + \cdots + a_{iN}x_N = b_i \tag{3}$$

(3) 式將稱為第 i 條光束方程式。

然而,由參考圖 10.12.5,可知每次掃描的各光束並不需要都方正地通過一整列或一整行像素。取而代之的是典型的光束對角地通過該光束行進路徑上的各個像素,對此情況有許多考量的方式。圖 10.12.8

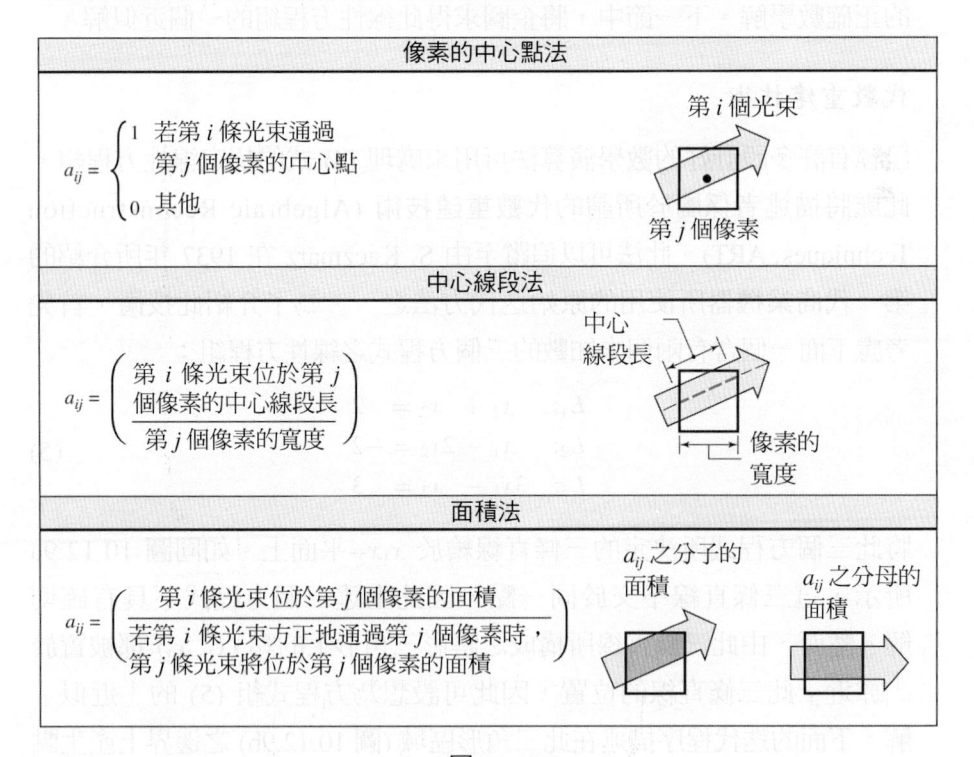

▲ 圖 10.12.8

中，列示三種定義 (3) 式中的 a_{ij} 的方式，而且當光束方正地通過一整列或一整行像素時，此三種方法都能簡化前面對 a_{ij} 的定義。由上而下地閱讀圖 10.12.8，每一種方法都比前一種更正確，但計算也相對地比前一種更加困難。

使用圖 10.12.8 三種方法的任一種定義第 i 條光束方程式中的 a_{ij}，可將一次完整掃描中的 M 個光束方程式寫為

$$\begin{array}{c} a_{11}x_1 + a_{12}x_2 + \cdots + a_{1N}x_N = b_1 \\ a_{21}x_1 + a_{22}x_2 + \cdots + a_{2N}x_N = b_2 \\ \vdots \quad\quad \vdots \quad\quad\quad\quad \vdots \quad\quad \vdots \\ a_{M1}x_1 + a_{M2}x_2 + \cdots + a_{MN}x_N = b_M \end{array} \quad (4)$$

依此方式，可得一個含有 N 個未知數 (N 個像素密度)、M 個方程式 (M 個光束方程式) 之線性方程組。

依據所使用光束與像素的數目，可能有 $M > N, M = N$ 或 $M < N$ 三種情況。此處將只考慮 $M > N$ 的情況，此即所謂的超定情況，在此情況中，掃描時光束的數目比影像範圍中的像素數目多。由於問題中將有遺傳模型及實驗誤差，因此並不能期望由線性方程組得到像素密度的正確數學解。下一節中，將企圖求得此線性方程組的一個近似解。

代數重建技術

已經有許多設計好的數學演算法可用來處理 (4) 式的超定線性方程組。此處將描述者係屬於所謂的**代數重建技術** (Algebraic Reconstruction Techniques, ART)。此法可以追蹤至由 S. Kaczmarz 在 1937 年所介紹的第一代商業機器所使用的原始迭代方法之一。為了介紹此技術，首先考慮下面一個含有兩個未知數的三個方程式之線性方程組：

$$\begin{array}{rl} L_1: & x_1 + x_2 = 2 \\ L_2: & x_1 - 2x_2 = -2 \\ L_3: & 3x_1 - x_2 = 3 \end{array} \quad (5)$$

將此三個方程式所決定的三條直線繪於 x_1x_2-平面上。如同圖 10.12.9a 所示，這三條直線不交於同一點，因此上述三個方程式不具有確切解。然而，由此三條直線所構成之陰影三角形上的點 (x_1, x_2) 都被置於「靠近」此三條直線的位置，因此可設想為方程式組 (5) 的「近似」解。下面的迭代程序描述在此三角形區域 (圖 10.12.9b) 之邊界上產生點

▲ 圖 10.12.9

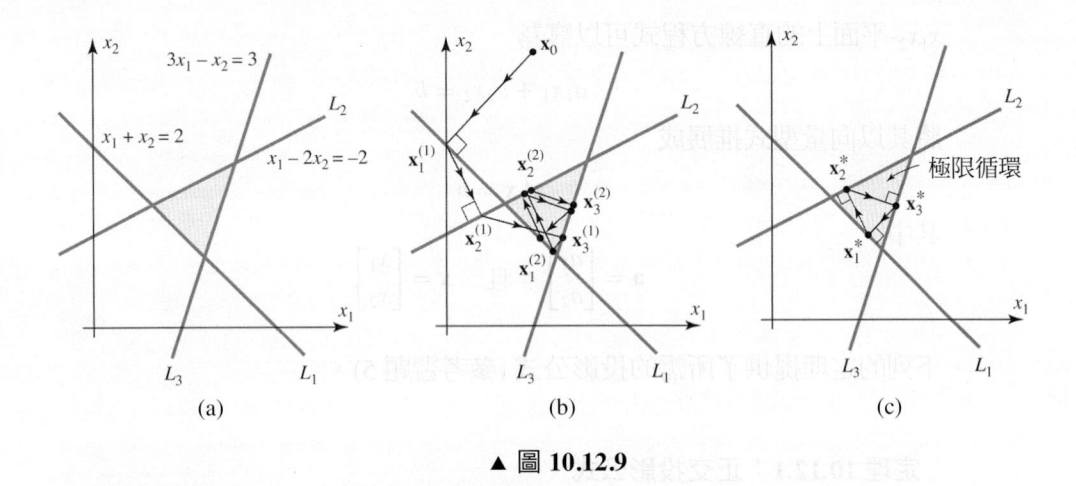

的幾何結構。

演算法 1

步驟 0. 在 x_1x_2-平面上任意選取一點 $\mathbf{x}_0$ 當作起始點。

步驟 1. 將 $\mathbf{x}_0$ 正交投影至直線 L_1 上並稱其投影為 $\mathbf{x}_1^{(1)}$。上標 (1) 指明這是經過這些步驟的許多循環的第一個循環。

步驟 2. 將 $\mathbf{x}_1^{(1)}$ 正交投影至直線 L_2 上並稱其投影為 $\mathbf{x}_2^{(1)}$。

步驟 3. 將 $\mathbf{x}_2^{(1)}$ 正交投影至直線 L_3 上並稱其投影為 $\mathbf{x}_3^{(1)}$。

步驟 4. 取 $\mathbf{x}_3^{(1)}$ 當作 $\mathbf{x}_0$ 的新值，然後由步驟 1 進行至步驟 3。在第二循環中，將所得的投影點分別標示為 $\mathbf{x}_1^{(2)}, \mathbf{x}_2^{(2)}, \mathbf{x}_3^{(2)}$；在第三循環中，將所得的投影點分別標示為 $\mathbf{x}_1^{(3)}, \mathbf{x}_2^{(3)}, \mathbf{x}_3^{(3)}$ 等等。

此演算法產生三個點的序列：

$$L_1: \quad \mathbf{x}_1^{(1)}, \mathbf{x}_1^{(2)}, \mathbf{x}_1^{(3)}, \ldots$$
$$L_2: \quad \mathbf{x}_2^{(1)}, \mathbf{x}_2^{(2)}, \mathbf{x}_2^{(3)}, \ldots$$
$$L_3: \quad \mathbf{x}_3^{(1)}, \mathbf{x}_3^{(2)}, \mathbf{x}_3^{(3)}, \ldots$$

此三個點的序列分別位於直線 L_1, L_2 及 L_3 上。只要這三條直線非全部平行，則第一個序列將收斂至 L_1 上的某一點 $\mathbf{x}_1^*$，第二個序列將收斂至 L_2 上的某一點 $\mathbf{x}_2^*$，以及第三個序列將收斂至 L_3 上的某一點 $\mathbf{x}_3^*$ (圖 10.12.9c) 是可以證明的。這三個極限點形成上述迭代程序的**極限循環** (limit cycle)。此極限循環與起始點 $\mathbf{x}_0$ 的選取無關，也能加以證明。

底下將討論能影響演算法 1 之正交投影的特定公式。首先，在

x_1x_2-平面上的直線方程式可以寫為

$$a_1x_1 + a_2x_2 = b$$

將其以向量型式推展成

$$\mathbf{a}^T\mathbf{x} = b$$

其中

$$\mathbf{a} = \begin{bmatrix} a_1 \\ a_2 \end{bmatrix} \quad \text{且} \quad \mathbf{x} = \begin{bmatrix} x_1 \\ x_2 \end{bmatrix}$$

下列的定理提供了所需的投影公式 (參考習題 5)。

定理 10.12.1：正交投影公式
令 L 表 R^2 上方程式為 $\mathbf{a}^T\mathbf{x}=b$ 的直線，且令 $\mathbf{x}^*$ 為 R^2 上的任意點 (圖 10.12.10)。則 $\mathbf{x}^*$ 映至 L 上的正交投影 $\mathbf{x}_p$ 為

$$\mathbf{x}_p = \mathbf{x}^* + \frac{(b - \mathbf{a}^T\mathbf{x}^*)}{\mathbf{a}^T\mathbf{a}}\mathbf{a}$$

▶ **例題 1　使用演算法 1**

利用演算法 1 可求得 (5) 式所示之線性方程組的一個近似解，並將其圖示於圖 10.12.10。若將 (5) 式以矩陣型式表示，則

$$L_1: \quad \mathbf{a}_1^T\mathbf{x} = b_1$$
$$L_2: \quad \mathbf{a}_2^T\mathbf{x} = b_2$$
$$L_3: \quad \mathbf{a}_3^T\mathbf{x} = b_3$$

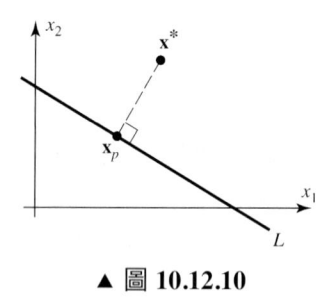

▲ 圖 10.12.10

其中

$$\mathbf{x} = \begin{bmatrix} x_1 \\ x_2 \end{bmatrix}, \quad \mathbf{a}_1 = \begin{bmatrix} 1 \\ 1 \end{bmatrix}, \quad \mathbf{a}_2 = \begin{bmatrix} 1 \\ -2 \end{bmatrix}, \quad \mathbf{a}_3 = \begin{bmatrix} 3 \\ -1 \end{bmatrix},$$
$$b_1 = 2, \quad b_2 = -2, \quad b_3 = 3$$

利用定理 10.12.1，則演算法 1 中的迭代過程可以表示為：

$$\mathbf{x}_k^{(p)} = \mathbf{x}_{k-1}^{(p)} + \frac{(b_k - \mathbf{a}_k^T\mathbf{x}_{k-1}^{(p)})}{\mathbf{a}_k^T\mathbf{a}_k}\mathbf{a}_k, \quad k = 1, 2, 3$$

其中 $p=1$ 表示迭代的第一循環、$p=2$ 表示迭代的第二循環等等。在每一個迭代循環後 (例如，在計算 $\mathbf{x}_3^{(p)}$ 之後)，下一個循環的起始點 $\mathbf{x}_0$ 將

被設定為 $\mathbf{x}_3^{(p)}$。

表 1 提供起始點 $\mathbf{x}_0 = (1, 3)$ 之六個迭代循環的數值結果。

使用某些對大型線性方程組並不實用之技巧,可證明本例中極限循環的正確值為:

$$\mathbf{x}_1^* = \left(\tfrac{12}{11}, \tfrac{10}{11}\right) = (1.09090\ldots, .90909\ldots)$$

$$\mathbf{x}_2^* = \left(\tfrac{46}{55}, \tfrac{78}{55}\right) = (.83636\ldots, 1.41818\ldots)$$

$$\mathbf{x}_3^* = \left(\tfrac{31}{22}, \tfrac{27}{22}\right) = (1.40909\ldots, 1.22727\ldots)$$

由此可知第六迭代循環提供此極限循環一個極佳的近似。三個迭代 $\mathbf{x}_1^{(6)}$, $\mathbf{x}_2^{(6)}$, $\mathbf{x}_3^{(6)}$ 中的任何一個都可用來當作 (5) 式的線性方程組的一個近似解。($\mathbf{x}_1^{(6)}$, $\mathbf{x}_2^{(6)}$, $\mathbf{x}_3^{(6)}$ 三值間的大差異是由於此範例的人為因素所致,在實用問題中,這些差異將會很小。) ◀

表 1

	x_1	x_2
$\mathbf{x}_0$	1.00000	3.00000
$\mathbf{x}_1^{(1)}$	.00000	2.00000
$\mathbf{x}_2^{(1)}$	.40000	1.20000
$\mathbf{x}_3^{(1)}$	1.30000	.90000
$\mathbf{x}_1^{(2)}$	1.20000	.80000
$\mathbf{x}_2^{(2)}$	.88000	1.44000
$\mathbf{x}_3^{(2)}$	1.42000	1.26000
$\mathbf{x}_1^{(3)}$	1.08000	.92000
$\mathbf{x}_2^{(3)}$	.83200	1.41600
$\mathbf{x}_3^{(3)}$	1.40800	1.22400
$\mathbf{x}_1^{(4)}$	1.09200	.90800
$\mathbf{x}_2^{(4)}$	.83680	1.41840
$\mathbf{x}_3^{(4)}$	1.40920	1.22760
$\mathbf{x}_1^{(5)}$	1.09080	.90920
$\mathbf{x}_2^{(5)}$	.83632	1.41816
$\mathbf{x}_3^{(5)}$	1.40908	1.22724
$\mathbf{x}_1^{(6)}$	1.09092	.90908
$\mathbf{x}_2^{(6)}$	.83637	1.41818
$\mathbf{x}_3^{(6)}$	1.40909	1.22728

為了將演算法 1 一般化,使其能應用於一個含有 N 個未知數的 M 個方程式的超定方程組

$$\begin{aligned} a_{11}x_1 + a_{12}x_2 + \cdots + a_{1N}x_N &= b_1 \\ a_{21}x_1 + a_{22}x_2 + \cdots + a_{2N}x_N &= b_2 \\ \vdots \qquad \vdots \qquad \qquad \vdots \qquad\quad \vdots& \\ a_{M1}x_1 + a_{M2}x_2 + \cdots + a_{MN}x_N &= b_M \end{aligned} \quad (6)$$

而引入行向量 $\mathbf{x}$ 及 $\mathbf{a}_i$ 如下:

$$\mathbf{x} = \begin{bmatrix} x_1 \\ x_2 \\ \vdots \\ x_N \end{bmatrix}, \qquad \mathbf{a}_i = \begin{bmatrix} a_{i1} \\ a_{i2} \\ \vdots \\ a_{iN} \end{bmatrix}, \quad i = 1, 2, \ldots, M$$

利用這些向量,可將構成線性方程組 (6) 的 M 個方程式寫成向量式

$$\mathbf{a}_i^T \mathbf{x} = b_i, \quad i = 1, 2, \ldots, M$$

此 M 個方程式中的每個方程式,都定義了 N-維歐幾里德空間 R^N 中一個**超平面** (hyperplane)。一般而言,這 M 個超平面不會交於一個共同點,因此需尋求 R^N 中的某些點,使這些點能合理地「逼近」這些超平面。這類的點將構成此線性方程組的一個近似解,且其 N 個元素將決定出近似的像素密度以構成所需的橫截面。

如同在二度空間的情形,此處將介紹一種迭代程序,利用此程序

並以 R^N 中的某任意點為起始點，可產生連續的正交投影至這些 M 個超平面上的一系列循環。對這些連續的迭代，所採用的符號為：

$$\mathbf{x}_k^{(p)} = (\text{第 } p \text{ 迭代循環中，映至第 } k \text{ 個超平面上所產生的迭代值})$$

其演算法如下所示：

演算法 2

步驟 0. 選取 R^N 中的任一點並將此點標示為 $\mathbf{x}_0$。

步驟 1. 對第一迭代循環，設定 $p=1$。

步驟 2. 對 $k=1, 2, \ldots, M$，計算

$$\mathbf{x}_k^{(p)} = \mathbf{x}_{k-1}^{(p)} + \frac{(b_k - \mathbf{a}_k^T \mathbf{x}_{k-1}^{(p)})}{\mathbf{a}_k^T \mathbf{a}_k} \mathbf{a}_k$$

步驟 3. 設定 $\mathbf{x}_0^{(p+1)} = \mathbf{x}_M^{(p)}$。

步驟 4. 循環數 p 加 1，然後回到步驟 2。

步驟 2 中，迭代 $\mathbf{x}_k^{(p)}$ 可稱為映至超平面 $\mathbf{a}_k^T \mathbf{x} = b_k$ 之 $\mathbf{x}_{k-1}^{(p)}$ 的**正交投影 (orthogonal projection)**。結果，正如同在二維空間的情形，此演算法決定出一系列由某超平面映至下一個超平面的正交投影，而在映至最後的超平面之後，循環將再度返回第一個超平面。

若向量 $\mathbf{a}_1, \mathbf{a}_2, \ldots, \mathbf{a}_M$ 生成 R^N，則映至第 M 個超平面的迭代 $x_M^{(1)}, x_M^{(2)}, x_M^{(3)}, \ldots$ 將收斂至該平面上某一點 $\mathbf{x}_M^*$，且與起始點 $\mathbf{x}_0$ 的選取無關是可以證明的。在電腦斷層攝影中，當 p 足夠大時，可選取迭代 $\mathbf{x}_M^{(p)}$ 之一當作線性方程組各像素密度的一個近似解。

注意，對像素的中心點法，步驟 2 的方程式中出現的純量 $\mathbf{a}_k^T \mathbf{x}_k$ 僅是第 k 條光束通過其中心點的像素數目。同理，注意相同方程式中的另一純量

$$b_k - \mathbf{a}_k^T \mathbf{x}_{k-1}^{(p)}$$

可解釋為若設定像素密度等於 $\mathbf{x}_{k-1}^{(p)}$ 的元素時而導致第 k 條光束的超額密度。這提供了下面 ART 迭代過程對像素中心點法之解釋：藉著平均地分配掃描的連續光束的超額光束密度至中心點有光束通過的像素，以產生每一次迭代之像素密度。當達到掃描的最後光束時，則返回第一光束並重複此程序。

▶例題 2　使用演算法 2

使用演算法 2 可求出圖 10.12.11 中排列為 3×3 陣列的 9 個像素的像素密度。這 9 個像素是使用具有 12 條光束的平行模型掃描，其光束密

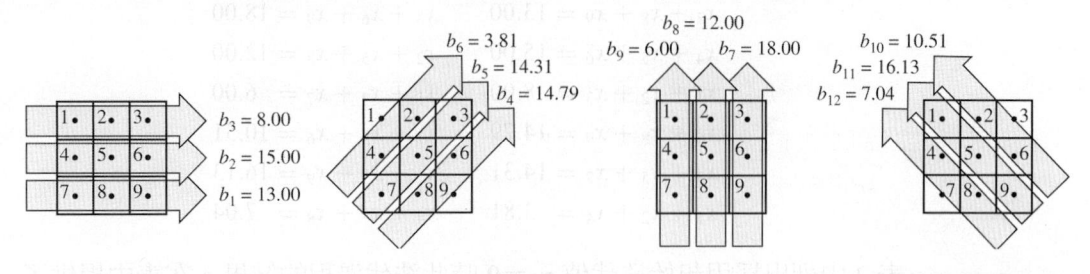

$b_8 = 12.00$
$b_6 = 3.81$　$b_9 = 6.00$　$b_7 = 18.00$　$b_{10} = 10.51$
$b_5 = 14.31$　　　　　　　　　　　$b_{11} = 16.13$
$b_4 = 14.79$　　　　　　　　　　　$b_{12} = 7.04$
$b_3 = 8.00$
$b_2 = 15.00$
$b_1 = 13.00$

▲ 圖 10.12.11

表 2

	像素密度								
	x_1	x_2	x_3	x_4	x_5	x_6	x_7	x_8	x_9
$\mathbf{x}_0$	.00	.00	.00	.00	.00	.00	.00	.00	.00
$\mathbf{x}_1^{(1)}$	.00	.00	.00	.00	.00	.00	4.33	4.33	4.33
$\mathbf{x}_2^{(1)}$	.00	.00	.00	5.00	5.00	5.00	4.33	4.33	4.33
$\mathbf{x}_3^{(1)}$	2.67	2.67	2.67	5.00	5.00	5.00	4.33	4.33	4.33
$\mathbf{x}_4^{(1)}$	2.67	2.67	2.67	5.00	5.00	5.37	4.33	4.71	4.71
$\mathbf{x}_5^{(1)}$	2.67	2.67	3.44	5.00	5.77	5.37	5.10	4.71	4.71
$\mathbf{x}_6^{(1)}$	.49	.49	3.44	2.83	5.77	5.37	5.10	4.71	4.71
$\mathbf{x}_7^{(1)}$	.49	.49	4.93	2.83	5.77	6.87	5.10	4.71	6.20
$\mathbf{x}_8^{(1)}$	.49	.84	4.93	2.83	6.11	6.87	5.10	5.05	6.20
$\mathbf{x}_9^{(1)}$	−.31	.84	4.93	2.02	6.11	6.87	4.30	5.05	6.20
$\mathbf{x}_{10}^{(1)}$	−.31	.13	4.22	2.02	6.11	6.16	4.30	5.05	6.20
$\mathbf{x}_{11}^{(1)}$	1.06	.13	4.22	2.02	7.49	6.16	4.30	5.05	7.58
$\mathbf{x}_{12}^{(1)}$	1.06	.13	4.22	.58	7.49	6.16	2.85	3.61	7.58
$\mathbf{x}_{12}^{(2)}$	2.03	.69	4.42	1.34	7.49	5.39	2.65	3.04	6.61
$\mathbf{x}_{12}^{(3)}$	1.78	.51	4.52	1.26	7.49	5.48	2.56	3.22	6.86
$\mathbf{x}_{12}^{(4)}$	1.82	.52	4.62	1.37	7.49	5.37	2.45	3.22	6.82
$\mathbf{x}_{12}^{(5)}$	1.79	.49	4.71	1.43	7.49	5.31	2.37	3.25	6.85
$\mathbf{x}_{12}^{(10)}$	1.68	.44	5.03	1.70	7.49	5.03	2.04	3.29	6.96
$\mathbf{x}_{12}^{(20)}$	1.49	.48	5.29	2.00	7.49	4.73	1.79	3.25	7.15
$\mathbf{x}_{12}^{(30)}$	1.38	.55	5.34	2.11	7.49	4.62	1.74	3.19	7.26
$\mathbf{x}_{12}^{(40)}$	1.33	.59	5.33	2.14	7.49	4.59	1.75	3.15	7.31
$\mathbf{x}_{12}^{(45)}$	1.32	.60	5.32	2.15	7.49	4.59	1.76	3.14	7.32

第一迭代循環

度如圖中所示。並選擇像素的中心點模型以建構 12 個光束方程式。(習題 7 及習題 8，將要求讀者使用中心線段法及面積法建構光束方程式。) 正如讀者所驗證的，光束方程式將為

$$x_7 + x_8 + x_9 = 13.00 \qquad x_3 + x_6 + x_9 = 18.00$$
$$x_4 + x_5 + x_6 = 15.00 \qquad x_2 + x_5 + x_8 = 12.00$$
$$x_1 + x_2 + x_3 = 8.00 \qquad x_1 + x_4 + x_7 = 6.00$$
$$x_6 + x_8 + x_9 = 14.79 \qquad x_2 + x_3 + x_6 = 10.51$$
$$x_3 + x_5 + x_7 = 14.31 \qquad x_1 + x_5 + x_9 = 16.13$$
$$x_1 + x_2 + x_4 = 3.81 \qquad x_4 + x_7 + x_8 = 7.04$$

表 2 中列出採用起始迭代值 $\mathbf{x}_0 = \mathbf{0}$ 時此迭代過程的結果。在表中提供了第一迭代循環從 $\mathbf{x}_1^{(1)}$ 至 $\mathbf{x}_{12}^{(1)}$ 的各個值，其後則只提供對不同 p 值的迭代值 $\mathbf{x}_{12}^{(p)}$。當 $p \geq 45$ 計算至小數第二位時，所有迭代都得到與 $\mathbf{x}_{12}^{(p)}$ 相同的值，因此，取 $\mathbf{x}_{12}^{(45)}$ 的元素當作此 9 個像素密度的近似值。◀

事實上，在商業系統中此處所討論的 ART 體系已被更複雜的技術所取代，新技術的求解速度更快並能夠提供一個更正確的橫截面圖。然而，所有新技術都在追求相同的數學問題：求得大型超定矛盾方程組的良好近似解。

習題集 10.12

1. (a) 設定 $\mathbf{x}_k^{(p)} = (x_{k1}^{(p)}, x_{k2}^{(p)})$，試證明 (5) 式中三條直線的投影方程式

$$\mathbf{x}_k^{(p)} = \mathbf{x}_{k-1}^{(p)} + \frac{(b_k - \mathbf{a}_k^T \mathbf{x}_{k-1}^{(p)})}{\mathbf{a}_k^T \mathbf{a}_k} \mathbf{a}_k, \quad k = 1, 2, 3$$

改寫為

$$k = 1: \quad \begin{aligned} x_{11}^{(p)} &= \tfrac{1}{2}[2 + x_{01}^{(p)} - x_{02}^{(p)}] \\ x_{12}^{(p)} &= \tfrac{1}{2}[2 - x_{01}^{(p)} + x_{02}^{(p)}] \end{aligned}$$

$$k = 2: \quad \begin{aligned} x_{21}^{(p)} &= \tfrac{1}{5}[-2 + 4x_{11}^{(p)} + 2x_{12}^{(p)}] \\ x_{22}^{(p)} &= \tfrac{1}{5}[4 + 2x_{11}^{(p)} + x_{12}^{(p)}] \end{aligned}$$

$$k = 3: \quad \begin{aligned} x_{31}^{(p)} &= \tfrac{1}{10}[9 + x_{21}^{(p)} + 3x_{22}^{(p)}] \\ x_{32}^{(p)} &= \tfrac{1}{10}[-3 + 3x_{21}^{(p)} + 9x_{22}^{(p)}] \end{aligned}$$

其中 $(x_{01}^{(p+1)}, x_{02}^{(p+1)}) = (x_{31}^{(p)}, x_{32}^{(p)})$，對 $p = 1, 2, \ldots$。

(b) 證明 (a) 的三組方程式對，可以合併產生

$$\begin{aligned} x_{31}^{(p)} &= \tfrac{1}{20}[28 + x_{31}^{(p-1)} - x_{32}^{(p-1)}] \\ x_{32}^{(p)} &= \tfrac{1}{20}[24 + 3x_{31}^{(p-1)} - 3x_{32}^{(p-1)}] \end{aligned} \quad p = 1, 2, \ldots$$

其中 $(x_{31}^{(0)}, x_{32}^{(0)}) = (x_{01}^{(1)}, x_{02}^{(1)}) = \mathbf{x}_0^{(1)}$。[注意：使用此方程式對，可在單一個步驟執行包含三個正交投影的完整循環。]

(c) 當 $p \to \infty$ 時，$\mathbf{x}_3^{(p)} \to \mathbf{x}_3^*$，因此，當 $p \to \infty$ 時 (b) 的方程式變成

$$x_{31}^* = \tfrac{1}{20}[28 + x_{31}^* - x_{32}^*]$$
$$x_{32}^* = \tfrac{1}{20}[24 + 3x_{31}^* - 3x_{32}^*]$$

當 $p \to \infty$，對 $\mathbf{x}_3^* = (x_{31}^*, x_{32}^*)$ 試解此線性方程組。[注意：本問題所描述的 ART 簡化公式，對真實電腦斷層攝影所產生的大型線性方程組並不實用。]

2. 試利用習題 1(b) 的結果，使用下面的起始點求例題 1 中的 $\mathbf{x}_3^{(1)}, \mathbf{x}_3^{(2)}, \ldots, \mathbf{x}_3^{(6)}$ 至小數至第五位。
   (a) $\mathbf{x}_0 = (0, 0)$ (b) $\mathbf{x}_0 = (1, 1)$
   (c) $\mathbf{x}_0 = (148, -15)$

3. (a) 試直接證明例題 1 中的極限循環點
   $$\mathbf{x}_1^* = \left(\tfrac{12}{11}, \tfrac{10}{11}\right), \quad \mathbf{x}_2^* = \left(\tfrac{46}{55}, \tfrac{78}{55}\right), \quad \mathbf{x}_3^* = \left(\tfrac{31}{22}, \tfrac{27}{22}\right)$$
   形成一個三角形，且三角形的三個頂點分別位於直線 L_1, L_2 及 L_3 上，而且其三邊分別與這三條直線垂直（圖 10.12.9c）。
   (b) 試使用習題 1(a) 所導出的方程式，證明若 $\mathbf{x}_0^{(1)} = \mathbf{x}_3^* = \left(\tfrac{31}{22}, \tfrac{27}{22}\right)$，則
   $$\mathbf{x}_1^{(1)} = \mathbf{x}_1^* = \left(\tfrac{12}{11}, \tfrac{10}{11}\right)$$
   $$\mathbf{x}_2^{(1)} = \mathbf{x}_2^* = \left(\tfrac{46}{55}, \tfrac{78}{55}\right)$$
   $$\mathbf{x}_3^{(1)} = \mathbf{x}_3^* = \left(\tfrac{31}{22}, \tfrac{27}{22}\right)$$

   [注意：本習題顯示任意點在極限循環點的連續正交投影，將繞其極限循環無限地轉動。]

4. $x_1 x_2$-平面上三條直線
   $$L_1: \quad x_2 = 1$$
   $$L_2: \quad x_1 - x_2 = 2$$
   $$L_3: \quad x_1 - x_2 = 0$$
   不交於同一點，畫出此三條直線的正確圖形並用圖表執行幾個演算法 1 所述正交投影的循環，以 $\mathbf{x}_0 = (0, 0)$ 作為起點。試依據所繪圖形，決定極限循環的三個點。

5. 藉驗證
   (a) 定理中所定義的 $\mathbf{x}_p$ 點，係位於直線 $\mathbf{a}^T\mathbf{x} = b$ 上（即 $\mathbf{a}^T\mathbf{x}_p = b$）。
   (b) 向量 $\mathbf{x}_p - \mathbf{x}^*$ 正交於直線 $\mathbf{a}^T\mathbf{x} = b$（即 $\mathbf{x}_p - \mathbf{x}^*$ 平行於 $\mathbf{a}$）。
   以證明定理 10.12.1。

6. 如同本書所述，若向量 $\mathbf{a}_1, \mathbf{a}_1, \ldots, \mathbf{a}_M$ 生成 R^N，則演算法 2 所定義之迭代 $\mathbf{x}_M^{(1)}, \mathbf{x}_M^{(2)}, \mathbf{x}_M^{(3)}, \ldots$ 將收斂至唯一的極限點 $\mathbf{x}_3^*$。依據此事實並使用中心點法，證明影像範圍中 N 個像素的各個中心點至少有掃描的 M 條光束中的一條通過。

7. 使用中心線段法，建構例題 2 的 12 個光束方程式。假設鄰近兩條光束中心線的距離等於單一像素的寬度。

8. 使用面積法，建構例題 2 的 12 個光束方程式。假設每條光束的寬度等於單一像素的寬度且鄰近兩條光束中心線的距離亦等於單一像素的寬度。

10.12 科技習題

下面這些習題是被設計為需使用科技裝備來解的問題。基本上，這些裝備為 MATLAB, *Mathematica*, Maple, Derive 或 Mathcad，亦可能為其他型態的線性代數軟體或具有線性代數內涵的科學計算器。對每個習題，你在使用你的特別裝備時，需先閱讀相關文件。這些習題的主要目標是讓你熟練你的科技裝備。一旦你精通這些習題裡的技巧，將可以使用你的科技裝備來解許多一般習題集的問題。

T1 給方程式集
$$a_k x + b_k y = c_k$$
$k = 1, 2, \ldots, n$ ($n > 2$)，讓我們考慮下面得此方程組之一近似解的演算法。
(1) 解所有可能的兩方程式之唯一解

$$a_i x + b_i y = c_i \quad \text{及} \quad a_j x + b_j y = c_j$$

對 $i, j = 1, 2, 3, \ldots, n$ 且 $i < j$。此可得

$$\tfrac{1}{2} n(n-1)$$

個解,我們將其標為

$$(x_{ij}, y_{ij})$$

$i, j = 1, 2, 3, \ldots, n$ 且 $i < j$。

(2) 建構這些點的幾何中心為

$$(x_C, y_C) = \left(\frac{2}{n(n-1)} \sum_{i=1}^{n-1} \sum_{j=i+1}^{n} x_{ij}, \frac{2}{n(n-1)} \sum_{i=1}^{n-1} \sum_{j=i+1}^{n} y_{ij} \right)$$

且使用它作為原方程組的近似解。使用這個演算法來近似方程組

$$\begin{aligned} x + y &= 2 \\ x - 2y &= -2 \\ 3x - y &= 3 \end{aligned}$$

的解並將你的結果和本節之結果做比較。

T2 (適合已學過微積分的讀者) 給方程式集

$$a_k x + b_k y = c_k$$

$k = 1, 2, 3, \ldots, n$ ($n \geq 2$)。考慮下面之最小平方演算法來求此方程組的近似解 (x^*, y^*)。給一點 (α, β) 及直線 $a_i x + b_i y = c_i$,則這點至這直線的距離為

$$\frac{|a_i \alpha + b_i \beta - c_i|}{\sqrt{a_i^2 + b_i^2}}$$

若我們定義函數 $f(x, y)$ 為

$$f(x, y) = \sum_{i=1}^{n} \frac{(a_i x + b_i y - c_i)^2}{a_i^2 + b_i^2}$$

然後決定點 (x^*, y^*) 來最小化此函數,則 (x^*, y^*) 最靠近每一直線 (以合計最小平方)。試證明 x^* 及 y^* 為方程組

$$\left(\sum_{i=1}^{n} \frac{a_i^2}{a_i^2 + b_i^2} \right) x^* + \left(\sum_{i=1}^{n} \frac{a_i b_i}{a_i^2 + b_i^2} \right) y^* = \sum_{i=1}^{n} \frac{a_i c_i}{a_i^2 + b_i^2}$$

及

$$\left(\sum_{i=1}^{n} \frac{a_i b_i}{a_i^2 + b_i^2} \right) x^* + \left(\sum_{i=1}^{n} \frac{b_i^2}{a_i^2 + b_i^2} \right) y^* = \sum_{i=1}^{n} \frac{b_i c_i}{a_i^2 + b_i^2}$$

的解。應用這個演算法解方程組

$$\begin{aligned} x + y &= 2 \\ x - 2y &= -2 \\ 3x - y &= 3 \end{aligned}$$

並將此結果和本節之結果做比較。

10.13 碎形集合

本節將使用某類別線性轉換來描述及產生歐幾里德平面上複雜的集合,我們稱之為碎形集合。此類集合為當今許多數學及科學研究的焦點。

> **預備知識**:R^2 上的線性算子 (4.11 節)
> 歐幾里德空間 R^n
> 自然對數
> 直觀的極限概念

歐幾里德平面上的碎形集合

在 19 世紀末及 20 世紀初，歐幾里德平面上許多古怪且紊亂的點集合開始在數學上出現，稱為碎形集合的這類集合，當初緣起於數學上的好奇，但目前其重要性已快速成長。現在認為這些集合揭示了早期視為「隨機的」、「嘈雜的」、「混亂的」的物理與生物現象的規律性。例如，碎形集合以雲的形狀、山的形狀、海岸線的形狀、樹的形狀及羊齒的形狀環繞著我們。

本節將對歐幾里德平面 R^2 上一些碎形集合做一個簡單的描述。此描述的大部分內容來自兩位數學家 Benoit B. Mandelbrot 及 Michael Barnsley，他們兩位都是這個領域中活躍的研究學者。

自我相似的集合

開始研究碎形集合之前，必須先介紹一些關於 R^2 上集合的專有名詞。R^2 上的集合若可由一個足夠大的圓包圍 (圖 10.13.1)，則稱為**有界的** (bounded)。R^2 上的集合若包含它的所有邊界點 (圖 10.13.2)，則稱為**閉集** (closed set)。R^2 上的兩集合若可藉平移及旋轉合而為一 (圖 10.13.3)，則稱為**全等** (congruent)。此外也有賴於讀者對**重疊集** (overlapping sets) 及**不重疊集** (nonoverlapping sets) 的直覺感，如圖 10.13.4 所示。

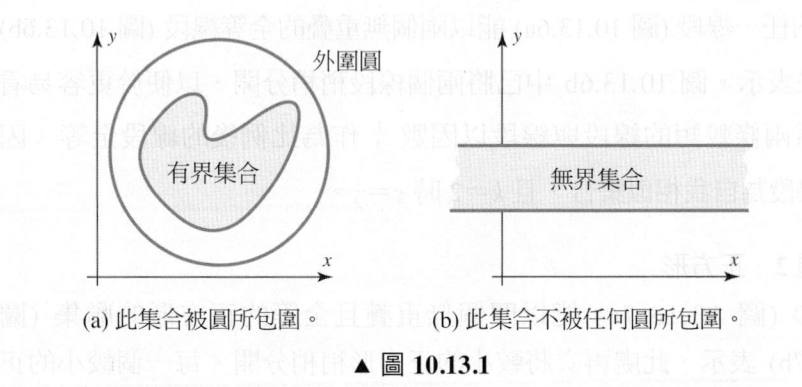

(a) 此集合被圓所包圍。 (b) 此集合不被任何圓所包圍。

▲ 圖 10.13.1

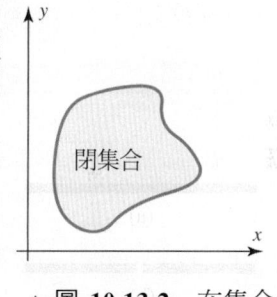

▲ 圖 10.13.2 在集合內的邊界點。

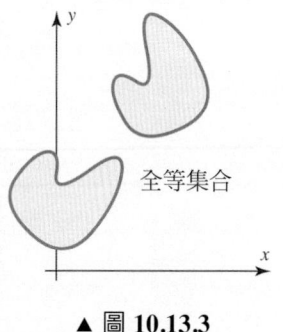

▲ 圖 10.13.3

若 $T: R^2 \to R^2$ 為一線性運算子且以因數 s 作為比例 (參考 4.9 節表 7)，且令 Q 為 R^2 上的集合，則若 $s > 1$，集合 $T(Q)$ (Q 在 T 之下的像集) 稱為 Q 的**膨脹** (dilation)；若 $0 < s < 1$ (圖 10.13.5)，則稱為 Q 的**收縮** (contraction)。不管哪一種情形，都將稱 $T(Q)$ 為集合 Q 以因數 s 作為集

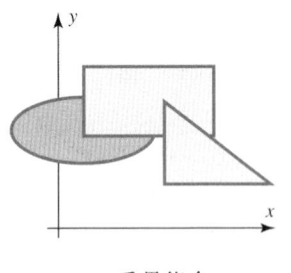

(a) 重疊集合。

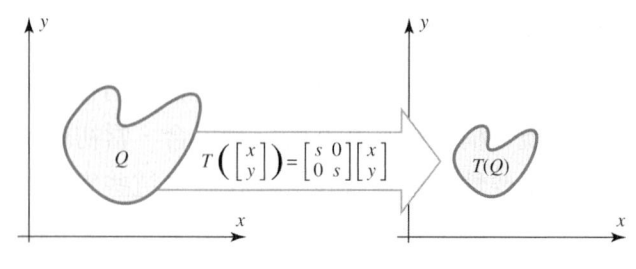

▲ 圖 10.13.5　Q 的收縮。

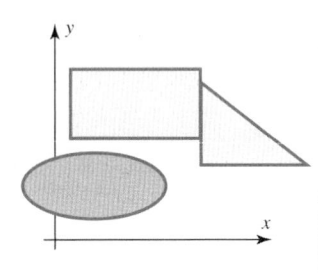

(b) 不重疊集合。

▲ 圖 10.13.4

合的比例。

首先考慮的碎形集合為所謂的自我相似集合。一般而言，R^2 中的自我相似集合定義如下：

定義 1：若歐幾里德平面 R^2 上的有界閉子集，此集合可以表為

$$S = S_1 \cup S_2 \cup S_3 \cup \cdots \cup S_k \tag{1}$$

此處 $S_1, S_2, S_3, ..., S_k$ 為無重疊集合，且均以因數 s ($0 < s < 1$) 為其比例與 S 全等，則稱為**自我相似集合** (self-similar set)。

若 S 為一自我相似集合，則 (1) 式有時候稱為 S 的無重疊全等集合的**分解** (decomposition)。

▶**例題 1　線　段**

R^2 上的任一線段 (圖 10.13.6a) 能以兩個無重疊的全等線段 (圖 10.13.6b) 的聯集表示。圖 10.13.6b 中已將兩個線段稍稍分開，以便於更容易看清。這兩條較短的線段與線段以因數 $\frac{1}{2}$ 作為比例後的線段全等。因此，線段為自我相似集合，且 $k=2$ 時 $s=\frac{1}{2}$。

(a)

(b)

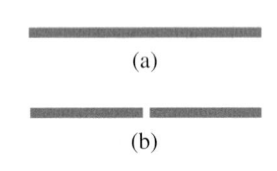

▲ 圖 10.13.6

▶**例題 2　正方形**

正方形 (圖 10.13.7a) 能以四個無重疊且全等的正方形的聯集 (圖 10.13.7b) 表示，此處再次將較小的正方形稍稍分開。每一個較小的正方形和原正方形以因數 $\frac{1}{2}$ 作為比例後的正方形全等。因此，正方形為自我相似集合，而且 $k=4$ 時 $s=\frac{1}{2}$。

(a)　　　　　　(b)

▲ 圖 10.13.7

(a)　　　　　　(b)

▲ 圖 10.13.8

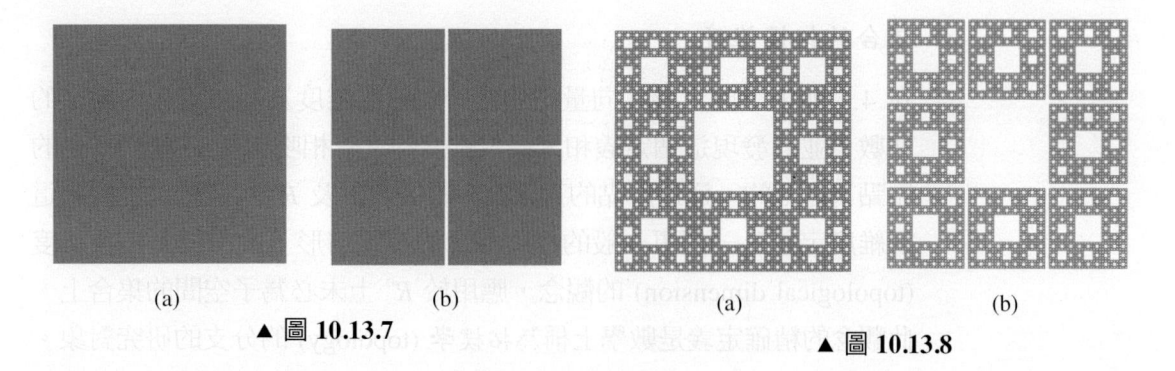

▶ **例題 3　Sierpinski 地氈**

圖 10.13.8a 之圖 Sierpinski「地氈」首先係由波蘭數學家 Waclaw Sierpinski (1882-1969) 所提出的。它可以八個無重疊且全等的子集合之聯集 (圖 10.13.8b) 表示，且每一個子集合和原集合以因數 $\frac{1}{3}$ 作為比例後的集合全等。因此，它為一自我相似集合，且 $k=8$ 時 $s=\frac{1}{3}$。圖 10.13.8 能以愈來愈小的比例，無窮盡且連續地得到正方形內有正方形的圖形。

▶ **例題 4　Sierpinski 三角形**

圖 10.13.9a 所示為 Sierpinski 所提出的另一集合。它是一個自我相似集合，且 $k=3$ 時 $s=\frac{1}{2}$ (圖 10.13.9b)。如同 Sierpinski 地氈，若將比例愈取愈小，則可無止境地得到三角形內還有三角形的圖形。

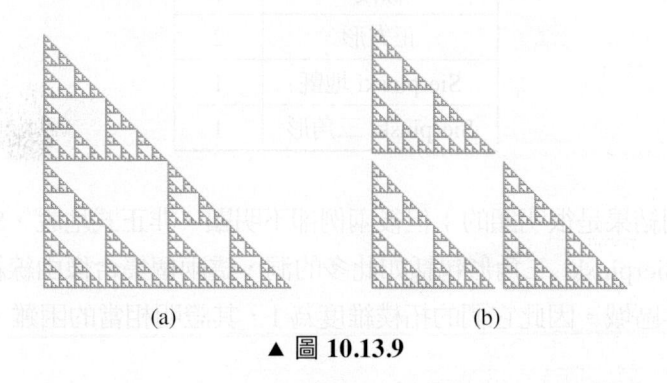

(a)　　　　　　(b)

▲ 圖 10.13.9

Sierpinski 地氈及三角形比線段及正方形更具複雜的結構，Sierpinski 地氈及三角形可無窮地重複。本節稍後將更完整的來探討這個差異。

集合的拓樸維度

在 4.5 節中，已定義了向量空間之子空間的維度為基底集合內向量的個數，並且發現這個定義和人們對維度的直覺相吻合。例如，R^2 上的原點為零維的，通過原點的直線為一維的，以及 R^2 本身是二維的。這個維度定義為一個更一般的維度觀念的特殊情形，此一稱為**拓樸維度** (topological dimension) 的觀念，應用於 R^n 上未必為子空間的集合上。此觀念的精確定義是數學上稱為拓樸學 (topology) 的分支的研究對象。雖然這個定義超出本書的範圍，此處以非正式的方式描述如下：

- R^2 上之任一點的拓樸維度為 0；
- R^2 上之任一曲線的拓樸維度為 1；
- R^2 上之任一區域的拓樸維度為 2。

R^n 上任一集合的拓樸維度必為介於 0 和 n 間 (包括 0 和 n) 的整數是可以證明的。本書中將集合 s 的拓樸維度以 $d_T(S)$ 表示。

▶ **例題 5　集合的拓樸維度**

表 1 提供稍早所研習各例中之集合的拓樸維度。

表 1

集合 S	$d_T(S)$
線段	1
正方形	2
Sierpinski 地氈	1
Sierpinski 三角形	1

表中前兩結果是很明顯的；但後兩例卻不明顯。非正式地說，Sierpinski 地氈和 Sierpinski 三角形包括如此多的洞，這兩個集合像由線編織的網路，而非區域。因此它們的拓樸維度為 1，其證明相當的困難。　◀

自我相似集的 Hausdorff 維度

在 1919 年，德國數學家 Felix Hausdorff (1868-1942) 提供了 R^n 上任一集合的維度定義。他的定義頗為複雜，但對一自我相似集卻頗為簡單。

定義 2：具有 (1) 式型式的自我相似集 S 的 **Hausdorff 維度** (Hausdorff dimension) 以 $d_H(S)$ 表示且定義為

$$d_H(S) = \frac{\ln k}{\ln(1/s)} \tag{2}$$

上列定義中的「ln」為自然對數函數。(2) 式可以表示成

$$s^{d_H(S)} = \frac{1}{k} \tag{3}$$

(3) 式的 Hausdorff 維度 $d_H(S)$ 出現於指數上。(3) 式對解釋 Hausdorff 維度的觀念更為有用；例如，若以因數 $s = \frac{1}{2}$ 作為一自我相似集的比例尺，則它的面積 (或更適合的說它的量度) 以 $\left(\frac{1}{2}\right)^{d_H(S)}$ 的因數遞減。因此，以因數 $\frac{1}{2}$ 作為線段的比例尺，線段的量度 (長度) 將以因數 $\left(\frac{1}{2}\right)^1 = \frac{1}{2}$ 遞減；以因數 $\frac{1}{2}$ 作為一正方形區域的比例尺，正方形區域的量度 (面積) 將以因數 $\left(\frac{1}{2}\right)^2 = \frac{1}{4}$ 遞減。

在進行討論一些例題之前，我們應注意一些關於 Hausdorff 維度的事實：

- 集合的拓樸維度及 Hausdorff 維度未必相同。
- 集合的 Hausdorff 維度未必為整數。
- 集合的拓樸維度小於或等於其 Hausdorff 維度，亦即 $d_T(S) < d_H(S)$。

▶ **例題 6　集合的 Hausdorff 維度**

表 2 列出稍早所研習的各集合之 Hausdorff 維度。

表 2

集合 S	s	k	$d_H(S) = \dfrac{\ln k}{\ln(1/s)}$
線段	$\frac{1}{2}$	2	$\ln 2/\ln 2 = 1$
正方形	$\frac{1}{2}$	4	$\ln 4/\ln 2 = 2$
Sierpinski 地氈	$\frac{1}{3}$	8	$\ln 8/\ln 3 = 1.892\ldots$
Sierpinski 三角形	$\frac{1}{2}$	3	$\ln 3/\ln 2 = 1.584\ldots$

碎形集合

比較表 1 及表 2，可以看出線段及正方形的 Hausdorff 及拓樸維度相同，但 Sierpinski 地氈及 Sierpinski 三角形的 Hausdorff 維度及拓樸維度卻不相同。在 1977 年，Benoit B. Mandelbort 提示拓樸維度和 Hausdorff 維度相異的集合必定相當複雜 (正如 Hausdorff 稍早在 1919 年所做的建議)。Mandelbort 稱這些集合為**碎形集合** (fractal) 且他提供下面的定義：

> **定義 3**：**碎形集合** (fractal) 為歐幾里德空間的子集合，其 Hausdorff 維度及拓樸維度不相等。

Mandelbort 認為這個定義不盡理想，也許在將來會再加以修改。但在目前，此定義仍為碎形集合的正式定義。根據此定義，Sierpinski 地氈及 Sierpinski 三角形為碎形集合，而線段及正方形不是碎形集合。

由上之定義可知，Hausdorff 維度不為整數的集合必為碎形集合 (為何？)。然而，稍後將可知其逆非真；那就是，碎形集合可能會有整數的 Hausdorff 維度。

相 似

現在要說明線性代數的某些技巧如何用於產生碎形集合。此線性代數的處理方式亦可形成能在電腦上繪製碎形集合的演算法。首先由定義著手：

> **定義 4**：具有比例因數 s 的**相似** (similitude)，為
> $$T\left(\begin{bmatrix} x \\ y \end{bmatrix}\right) = s \begin{bmatrix} \cos\theta & -\sin\theta \\ \sin\theta & \cos\theta \end{bmatrix} \begin{bmatrix} x \\ y \end{bmatrix} + \begin{bmatrix} e \\ f \end{bmatrix}$$
> 之 R^2 至 R^2 的映射，其中 s, θ, e 及 f 均為純量。

由幾何觀點來看，相似為三種較簡單的映射之合成：以因數 s 作為比例尺，繞原點旋轉 θ 角及平移 (在 x-方向平移 e 個單位然後在 y-方向平移 f 單位)。圖 10.13.10 展示相似對單位正方形 U 的效果。

為應用碎形集合，僅需比例尺因數 s 限制在 $0 < s < 1$ 的收縮

(a) 單位正方形。　　(b) 相似後的單位正方形。

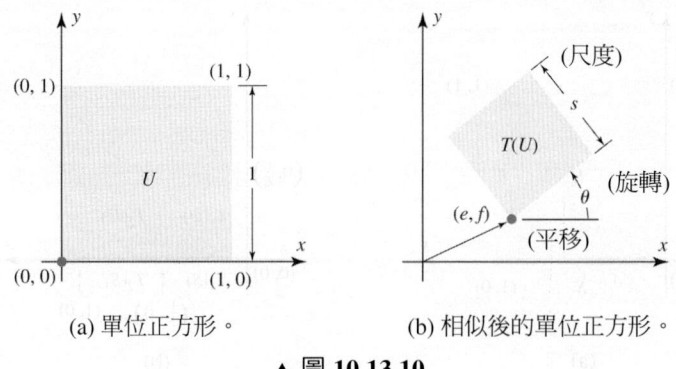

▲ 圖 10.13.10

(contraction) 相似即可。往後所提到的相似，總是受到此項限制。

由於下列的事實：

> 若 $T: R^2 \to R^2$ 為比例尺因數為 s 的相似，而 S 為 R^2 上的有界閉集合，則 S 經 T 轉換的像集 $T(S)$ 與以因數 s 為比例尺的 S 全等。

相似在研究碎形集合時頗為重要。回顧 R^2 上自我相似集的定義，R^2 上的某有界閉集合若能以

$$S = S_1 \cup S_2 \cup S_3 \cup \cdots \cup S_k$$

表示之，此處的 $S_1, S_2, S_3, \ldots, S_k$ 均為無重疊集合，每一個均全等而且與 S 的比例都是因數 s ($0 < s < 1$) [見 (1) 式]，則將為自我相似集合。在底下幾個例子中，將分別對線段、正方形、Sierpinski 地氈及 Sierpinski 三角形由 S 產生 $S_1, S_2, S_3, \ldots, S_k$ 的相似。

▶ 例題 7　線　段

將 xy-平面上連結點 $(0, 0)$ 及 $(1, 0)$ 的線段 (圖 10.13.11a) 取為 S。考慮下列兩項相似

$$\begin{aligned} T_1\left(\begin{bmatrix} x \\ y \end{bmatrix}\right) &= \frac{1}{2}\begin{bmatrix} 1 & 0 \\ 0 & 1 \end{bmatrix}\begin{bmatrix} x \\ y \end{bmatrix} \\ T_2\left(\begin{bmatrix} x \\ y \end{bmatrix}\right) &= \frac{1}{2}\begin{bmatrix} 1 & 0 \\ 0 & 1 \end{bmatrix}\begin{bmatrix} x \\ y \end{bmatrix} + \begin{bmatrix} \frac{1}{2} \\ 0 \end{bmatrix} \end{aligned} \tag{4}$$

此兩相似的 s 及 θ 均為 $s = \frac{1}{2}$ 及 $\theta = 0$。圖 10.13.11b 展示此兩相似如何來映射單位正方形 U。相似 T_1，將 U 映成較小的正方形 $T_1(U)$ 而相似

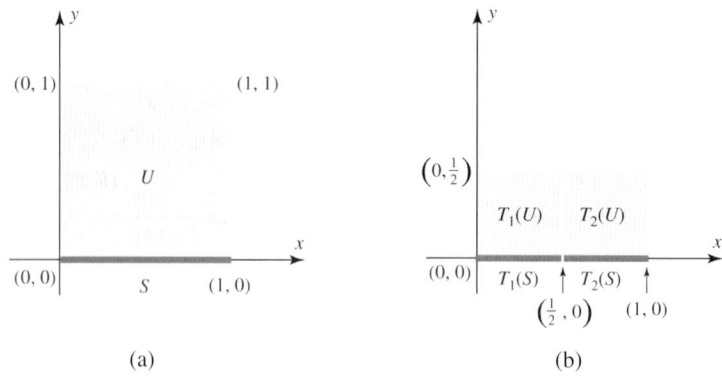

▲ 圖 10.13.11

T_2 將 U 映成較小的正方形 $T_2(U)$。同時，T_1 將線段 S 映成較小的線段 $T_1(S)$，且 T_2 將 S 映成較小不重疊的線段 $T_2(S)$。這兩個較小且不重疊線段的聯集，即為原線段 S；亦即

$$S = T_1(S) \cup T_2(S) \tag{5}$$

▶ **例題 8** 正方形

考慮 xy-平面上的單位正方形 U 及下列四個相似，每個相似均為 $s=\frac{1}{2}$ 及 $\theta=0$：

$$T_1\left(\begin{bmatrix}x\\y\end{bmatrix}\right) = \frac{1}{2}\begin{bmatrix}1&0\\0&1\end{bmatrix}\begin{bmatrix}x\\y\end{bmatrix} \qquad T_2\left(\begin{bmatrix}x\\y\end{bmatrix}\right) = \frac{1}{2}\begin{bmatrix}1&0\\0&1\end{bmatrix}\begin{bmatrix}x\\y\end{bmatrix}+\begin{bmatrix}\frac{1}{2}\\0\end{bmatrix}$$
$$T_3\left(\begin{bmatrix}x\\y\end{bmatrix}\right) = \frac{1}{2}\begin{bmatrix}1&0\\0&1\end{bmatrix}\begin{bmatrix}x\\y\end{bmatrix}+\begin{bmatrix}0\\\frac{1}{2}\end{bmatrix} \qquad T_4\left(\begin{bmatrix}x\\y\end{bmatrix}\right) = \frac{1}{2}\begin{bmatrix}1&0\\0&1\end{bmatrix}\begin{bmatrix}x\\y\end{bmatrix}+\begin{bmatrix}\frac{1}{2}\\\frac{1}{2}\end{bmatrix} \tag{6}$$

單位正方形 U 經此四項相似的像集為圖 10.13.12b 所示的四個正方形。因此，

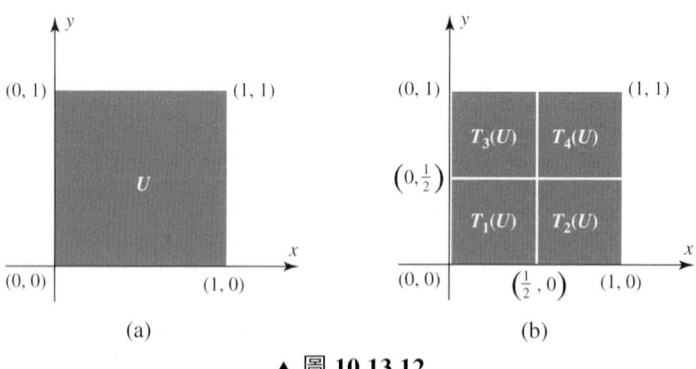

▲ 圖 10.13.12

$$U = T_1(U) \cup T_2(U) \cup T_3(U) \cup T_4(U) \tag{7}$$

為將 U 分成四個無重疊的全等正方形，且每個與 U 的比例因數均為 $s=\frac{1}{2}$ 的分解。

▶ **例題 9** Sierpinski 地氈

考慮 xy-平面的單位正方形 U 上的 Sierpinski 地氈 S (圖 10.13.13a) 及下列八個相似，每一個均為 $s=\frac{1}{3}$ 及 $\theta=0$：

$$T_i\left(\begin{bmatrix} x \\ y \end{bmatrix}\right) = \frac{1}{3}\begin{bmatrix} 1 & 0 \\ 0 & 1 \end{bmatrix}\begin{bmatrix} x \\ y \end{bmatrix} + \begin{bmatrix} e_i \\ f_i \end{bmatrix}, \quad i = 1, 2, 3, \ldots, 8 \tag{8}$$

此處的八個 $\begin{bmatrix} e_i \\ f_i \end{bmatrix}$ 值為

$$\begin{bmatrix} 0 \\ 0 \end{bmatrix}, \begin{bmatrix} \frac{1}{3} \\ 0 \end{bmatrix}, \begin{bmatrix} \frac{2}{3} \\ 0 \end{bmatrix}, \begin{bmatrix} 0 \\ \frac{1}{3} \end{bmatrix}, \begin{bmatrix} \frac{2}{3} \\ \frac{1}{3} \end{bmatrix}, \begin{bmatrix} 0 \\ \frac{2}{3} \end{bmatrix}, \begin{bmatrix} \frac{1}{3} \\ \frac{2}{3} \end{bmatrix}, \begin{bmatrix} \frac{2}{3} \\ \frac{2}{3} \end{bmatrix}$$

S 經此八項相似的像集為圖 10.13.13b 所示的八個集合。因此，

$$S = T_1(S) \cup T_2(S) \cup T_3(S) \cup \cdots \cup T_8(S) \tag{9}$$

為將 S 分成八個無重疊集合的全等圖形，每個與 S 的比例因數均為 $s=\frac{1}{3}$ 的分解。

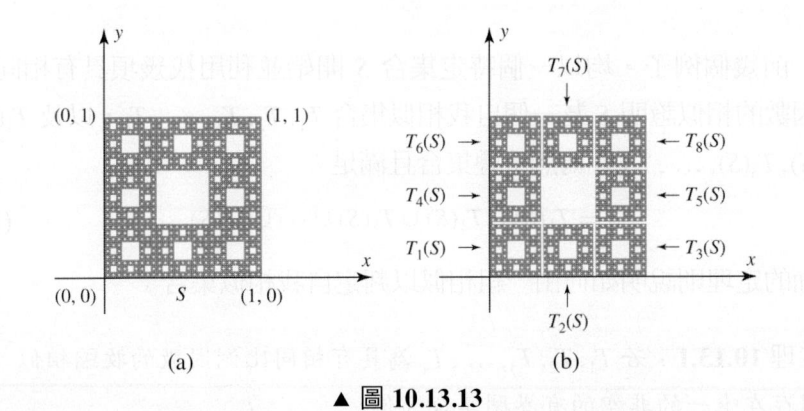

▲ 圖 10.13.13

▶ **例題 10** Sierpinski 三角形

考慮擬合於 xy-平面單位正方形 U 內的 Sierpinski 三角形 S，如圖 10.13.14a 所示，及下面三項相似，每一個均為 $s=\frac{1}{2}$ 及 $\theta=0$：

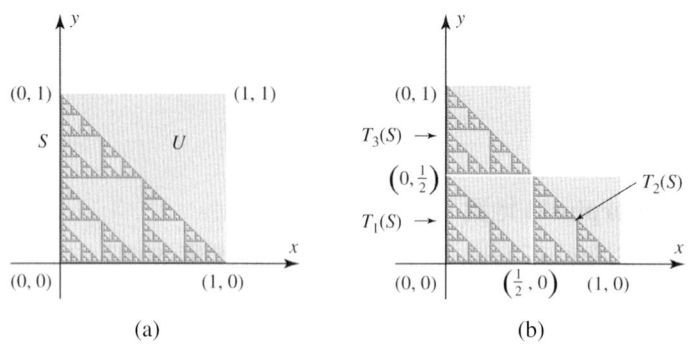

▲ 圖 10.13.14

$$T_1\left(\begin{bmatrix}x\\y\end{bmatrix}\right) = \frac{1}{2}\begin{bmatrix}1 & 0\\0 & 1\end{bmatrix}\begin{bmatrix}x\\y\end{bmatrix}$$

$$T_2\left(\begin{bmatrix}x\\y\end{bmatrix}\right) = \frac{1}{2}\begin{bmatrix}1 & 0\\0 & 1\end{bmatrix}\begin{bmatrix}x\\y\end{bmatrix} + \begin{bmatrix}\frac{1}{2}\\0\end{bmatrix} \qquad (10)$$

$$T_3\left(\begin{bmatrix}x\\y\end{bmatrix}\right) = \frac{1}{2}\begin{bmatrix}1 & 0\\0 & 1\end{bmatrix}\begin{bmatrix}x\\y\end{bmatrix} + \begin{bmatrix}0\\\frac{1}{2}\end{bmatrix}$$

S 經此三項相似的像集為圖 10.13.14b 所示的集合。因此,

$$S = T_1(S) \cup T_2(S) \cup T_3(S) \qquad (11)$$

為將 S 分解成三個無重疊集合的全等圖形,且每個與 S 的比例因數均為 $s=\frac{1}{2}$ 的分解。　◀

前幾個例子,均以一個特定集合 S 開始並利用找幾項具有相同比例因數的相似證明 S 為一個自我相似集合 $T_1, T_2, T_3, \ldots, T_k$,以及 $T_1(S), T_2(S), T_3(S), \ldots, T_k(S)$ 為無重疊集合且滿足

$$S = T_1(S) \cup T_2(S) \cup T_3(S) \cup \cdots \cup T_k(S) \qquad (12)$$

下面的定理則說明如何由一組相似以判定自我相似集合:

定理 10.13.1:若 $T_1, T_2, T_3, \ldots, T_k$ 為具有相同比例因數的收縮相似,則存在唯一的非空的有界閉集合 S 使

$$S = T_1(S) \cup T_2(S) \cup T_3(S) \cup \cdots \cup T_k(S)$$

且若集合 $T_1(S), T_2(S), T_3(S), \ldots, T_k(S)$ 均無重疊,則 S 為一自我相似集合。

產生碎形集合的演算法

一般而言，並沒有較簡單的方法可以直接求得前一定理中的集合 S。現在將描述一種決定 S 的迭代法。首先，舉一個應用該程序的例子，然後再提出一般情形的演算法。

▶ **例題 11　Sierpinski 地氈**

圖 10.13.15 展示在 xy-平面上的單位正方形區域 S_0，當作構造 Sierpinski 地氈的迭代法之「初始集合」。圖中 S_1 係以可決定 Sierpinski 地氈的 (8) 式之八項相似 T_i ($i=1, 2, \ldots, 8$) 的每一項相似映射 S_0 的結果。S_1 由八個正方形區域所組成，每一個邊長為 $\frac{1}{3}$，圍繞著中央的空正方形。再對 S_1 應用這八項相似以映射至 S_2。同理，應用這八項相似於 S_2，可得 S_3。若無止境地繼續此一程序，則集合序列 $S_1, S_2, S_3, \ldots$，將收斂至集合 S，即 Sierpinski 地氈。　◀

注釋：雖然應該適當地提供一列序的集合收斂至某集合的意義為何的定義，但在入門的階段，直觀的解釋已足夠了。

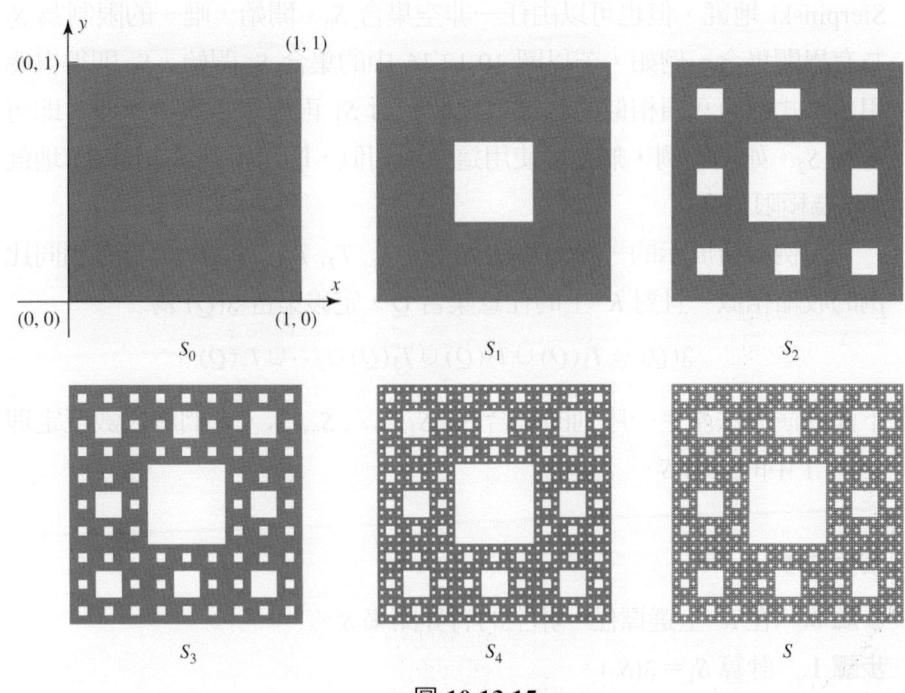

▲ 圖 10.13.15

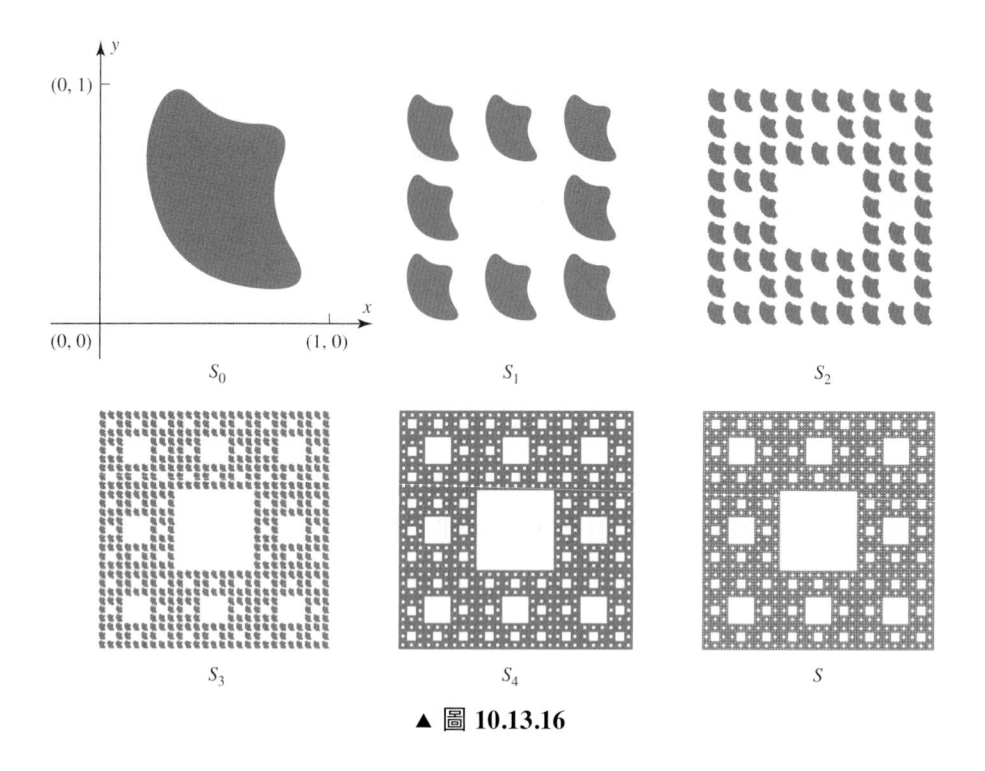

▲ 圖 10.13.16

　　圖 10.13.15 中，雖然係以一個單位正方形區域開始而後得到 Sierpinski 地氈，但也可以由任一非空集合 S_0 開始，唯一的限制為 S_0 為有界閉集合。例如，若以圖 10.13.16 中的集合 S_0 開始，S_1 即得自應用 (8) 式中的八項相似的每一項相似。對 S_1 再應用這八項相似，即可得到 S_2。如同上例，無止境使用這八項相似，即可得到 Sierpinski 地氈 S 作為極限集合。

　　前例中所展示的一般演算法如下：$T_1, T_2, T_3, \ldots, T_k$ 為具有相同比例的收縮相似，且對 R^2 上的任意集合 Q，定義集合 $\mathfrak{J}(Q)$ 為

$$\mathfrak{J}(Q) = T_1(Q) \cup T_2(Q) \cup T_3(Q) \cup \cdots \cup T_k(Q)$$

下面的演算法產生一序列的集合 $S_0, S_1, \ldots, S_n, \ldots$，它們將收斂至定理 10.13.1 中的集合 S。

演算法 1

步驟 0. 在 R^2 上選擇任一非空的有界閉集 S。

步驟 1. 計算 $S_1 = \mathfrak{J}(S_0)$。

步驟 2. 計算 $S_2 = \mathfrak{J}(S_1)$。

▲ 圖 10.13.17

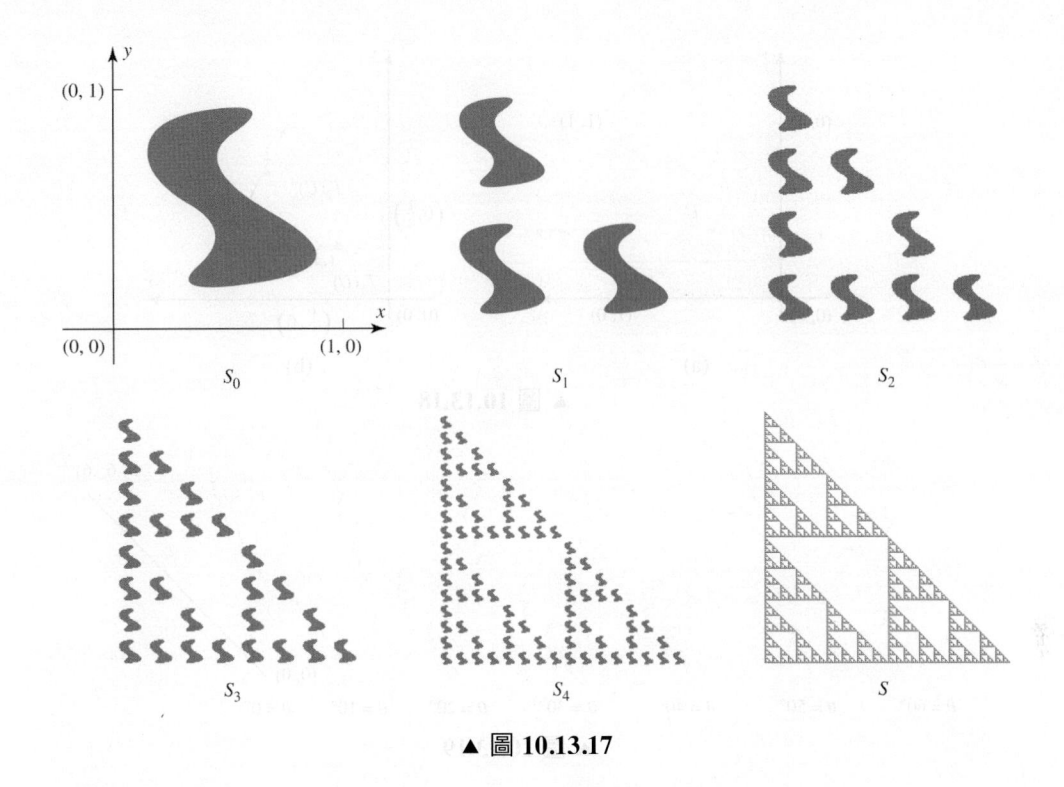

步驟 3. 計算 $S_3 = \mathfrak{I}(S_2)$。
⋮

步驟 n. 計算 $S_n = \mathfrak{I}(S_{n-1})$。
⋮

▶ **例題 12** Sierpinski 三角形

現在將構造由 (10) 式中的三項相似所決定的 Sierpinski 三角形，其相對應的集合映射為 $\mathfrak{I}(Q) = T_1(Q) \cup T_2(Q) \cup T_3(Q)$。圖 10.13.17 展示一個任意的有界閉集合 S_0；前四個迭代 S_1, S_2, S_3, S_4，及其極限集合 S (Sierpinski 三角形)。

▶ **例題 13** 使用演算法 1

考慮下面兩項相似：

$$T_1\left(\begin{bmatrix} x \\ y \end{bmatrix}\right) = \frac{1}{2}\begin{bmatrix} 1 & 0 \\ 0 & 1 \end{bmatrix}$$

$$T_2\left(\begin{bmatrix} x \\ y \end{bmatrix}\right) = \frac{1}{2}\begin{bmatrix} \cos\theta & -\sin\theta \\ \sin\theta & \cos\theta \end{bmatrix}\begin{bmatrix} x \\ y \end{bmatrix} + \begin{bmatrix} .3 \\ .3 \end{bmatrix}$$

▲ 圖 10.13.18

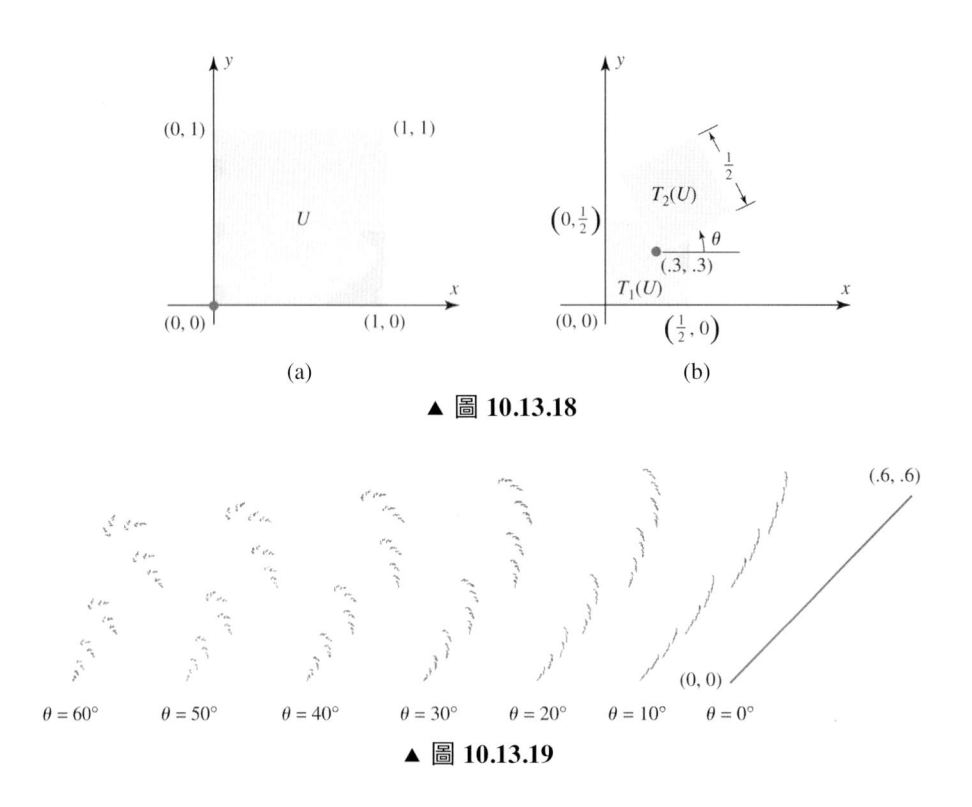

▲ 圖 10.13.19

圖 10.13.18 展示此兩項相似作用在單位正方形 U 上的結果。此處，旋轉角度 θ 是一個參數，加以變化能產生不同的自我相似集合。圖 10.13.19 顯示對各種不同的 θ 值，上述兩相似所得到的自我相似集合。為了單純起見，並未畫出 xy-軸，但原點都在集合的左下方。這些集合係使用演算法 1 對各種不同的角度 θ 執行演算後在電腦上產生的。因為 $k=2$ 及 $s=\frac{1}{2}$，由 (2) 式可知對任意 θ 值的這些集合 Hausdorff 維度為 1。對 $\theta=0$ 這些集合的拓樸維度為 1，而對其他 θ 值的拓樸維度則為零是可以證明的。從而可知 $\theta=0$ 的自我相似集合不是碎形集合 [它是由 (0, 0) 至 (.6, .6) 的直線段]，然而對所有其他 θ 值的自我相似集合則為碎形集合。尤其是許多具有整數 Hausdorff 維度的碎形集合範例。 ◀

蒙地卡羅法

演算法 1 中所描述的構造自我相似集合方式之集合映射法，相當耗費電腦時間。因為在連續迭代的各集合中所涉及的各項相似都須應用到電腦螢幕的每一像素上。在 1985 年，Michael Barnsley 提出另一個更實際的由相似的定義產生自我相似集合的方法，稱為**蒙地卡羅法** (Monte

Carlo method),此法利用機率理論。Barnsley 稱它為**隨機迭代演算法** (Random Iteration Algorithm)。

令 $T_1, T_2, T_3, \ldots, T_k$ 為具有相同比例因數的相似。以下面的演算法將產生一序列的點

$$\begin{bmatrix} x_0 \\ y_0 \end{bmatrix}, \begin{bmatrix} x_1 \\ y_1 \end{bmatrix}, \ldots, \begin{bmatrix} x_n \\ y_n \end{bmatrix}, \ldots$$

且將收斂至定理 10.13.1 的集合 S。

演算法 2

步驟 0. 在 S 上選擇某任意點 $\begin{bmatrix} x_0 \\ y_0 \end{bmatrix}$。

步驟 1. 隨機選擇 k 項相似中的一個,如 T_{k_1},並計算

$$\begin{bmatrix} x_1 \\ y_1 \end{bmatrix} = T_{k_1}\left(\begin{bmatrix} x_0 \\ y_0 \end{bmatrix}\right)$$

步驟 2. 隨機選擇 k 項相似中的一個,如 T_{k_2},並計算

$$\begin{bmatrix} x_2 \\ y_2 \end{bmatrix} = T_{k_2}\left(\begin{bmatrix} x_1 \\ y_1 \end{bmatrix}\right)$$

⋮

步驟 n. 隨機選擇 k 項相似中的一個,如 T_{k_n},並計算

$$\begin{bmatrix} x_n \\ y_n \end{bmatrix} = T_{k_n}\left(\begin{bmatrix} x_{n-1} \\ y_{n-1} \end{bmatrix}\right)$$

⋮

在電腦螢幕上,電腦將由這個演算法所產生的點描繪出極限集合 S。

圖 10.13.20 展示隨機迭代演算法的四個步驟來產生 Sierpinski 地

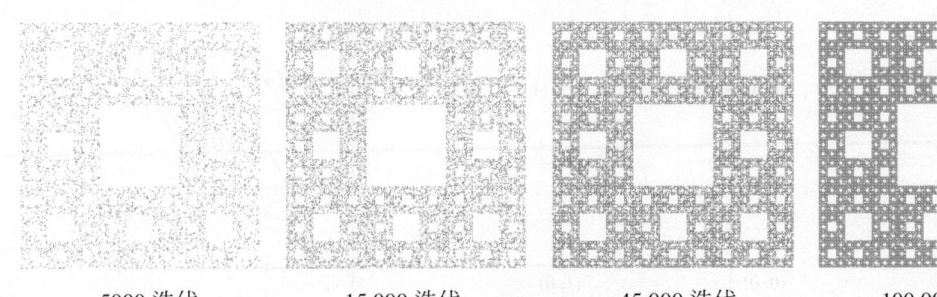

| 5000 迭代 | 15,000 迭代 | 45,000 迭代 | 100,000 迭代 |

▲ 圖 10.13.20

氈，其初始點為 $\begin{bmatrix} 0 \\ 0 \end{bmatrix}$。

注釋：雖然前面之演算法的步驟 0，需要在集合 S 內選擇一個初始點，而事先可能無法得知此點，但這並不是一個嚴重的問題。實際上，R^2 上的任一點都可以作為初始點，且經過少許迭代法 (例如 10 個左右)，所得到的點將足夠接近 S，此時演算法將可以此點作為初始點。

更一般的碎形集合

到目前為止所討論的碎形集合均為根據 R^2 上自我相似集合之定義的自我相似集合。然而，若相似 $T_1, T_2, T_3, \ldots, T_k$ 改成更一般的轉換，稱為收縮仿射轉換 (contracting affine transformations)，則定理 10.13.1 仍然成立。仿射轉換的定義如下：

> **定義 5**：**仿射轉換** (affine transformation) 係依
> $$T\left(\begin{bmatrix} x \\ y \end{bmatrix}\right) = \begin{bmatrix} a & b \\ c & d \end{bmatrix} \begin{bmatrix} x \\ y \end{bmatrix} + \begin{bmatrix} e \\ f \end{bmatrix}$$
> 的方式由 R^2 映至 R^2 之映射，此處的 a, b, c, d, e 及 f 均為純量。

圖 10.13.21 展示一個仿射轉換如何將單位正方形 U 映射至一平行四邊形 $T(U)$。若平面上任兩點經過仿射轉換映射後的距離縮小，則該仿射轉換被稱為**收縮** (contracting)。任意 k 個收縮仿射轉換 $T_1, T_2, T_3, \ldots, T_k$ 決定一個唯一的有界閉集合 S，且滿足

$$S = T_1(S) \cup T_2(S) \cup T_3(S) \cup \cdots \cup T_k(S) \tag{13}$$

是可以證明的。(13)式與用來求自我相似集合的 (12) 式同型。雖然 (13)

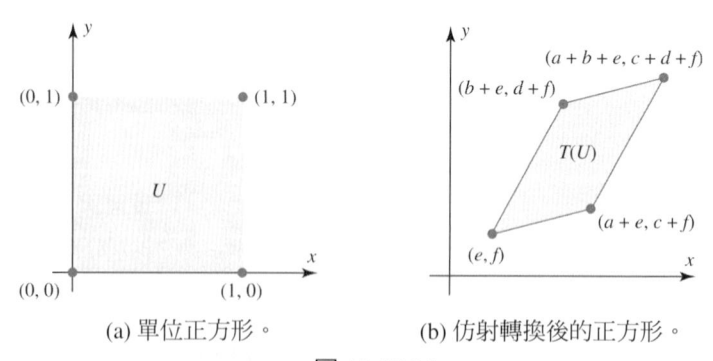

(a) 單位正方形。　　(b) 仿射轉換後的正方形。

▲ 圖 10.13.21

第十章 線性代數之應用 819

$$T_1\left(\begin{bmatrix} x \\ y \end{bmatrix}\right) = \begin{bmatrix} .20 & -.26 \\ .23 & .22 \end{bmatrix}\begin{bmatrix} x \\ y \end{bmatrix} + \begin{bmatrix} .400 \\ .045 \end{bmatrix} \qquad T_2\left(\begin{bmatrix} x \\ y \end{bmatrix}\right) = \begin{bmatrix} .85 & .04 \\ -.04 & .85 \end{bmatrix}\begin{bmatrix} x \\ y \end{bmatrix} + \begin{bmatrix} .075 \\ .180 \end{bmatrix}$$

$$T_3\left(\begin{bmatrix} x \\ y \end{bmatrix}\right) = \begin{bmatrix} 0 & 0 \\ 0 & .16 \end{bmatrix}\begin{bmatrix} x \\ y \end{bmatrix} + \begin{bmatrix} .50 \\ 0 \end{bmatrix} \qquad T_4\left(\begin{bmatrix} x \\ y \end{bmatrix}\right) = \begin{bmatrix} -.15 & .28 \\ .26 & .24 \end{bmatrix}\begin{bmatrix} x \\ y \end{bmatrix} + \begin{bmatrix} .575 \\ -.086 \end{bmatrix}$$

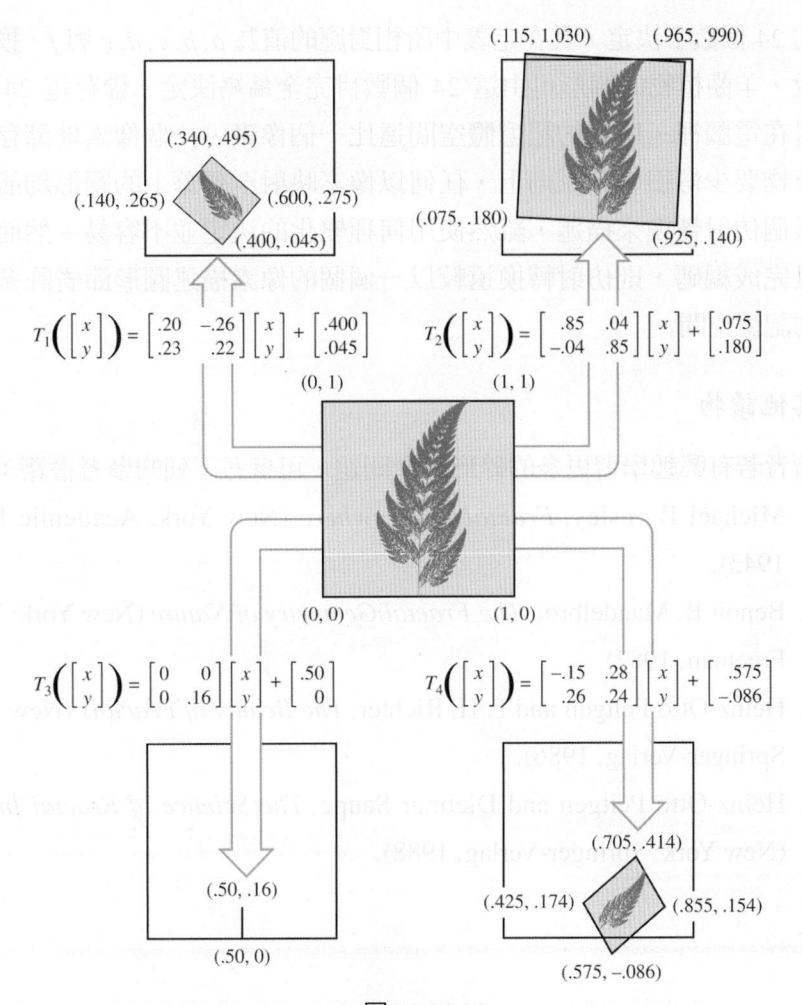

▲ 圖 10.13.22

式使用收縮仿射轉換，並非決定自我相似集合 S，但 (13) 式所決定的集合具有自我相似集合的許多特質。例如，圖 10.13.22 展示平面上一個像羊齒植物的集合如何經由四個收縮仿射轉換來產生 (Barnsley 所製作的著名範例)。中間的羊齒植物係由四個較小且圍繞著它且略有重疊的小羊齒植物的聯集。T_3 的矩陣之行列式為 0，其將整個羊齒植物映成至連結點 (.50, 0) 及 (.50, .16) 的線段。圖 10.13.22 含非常豐富的資訊，應該仔細地來研讀。

Michael Barnsley 很積極地要將上述之理論應用至資料壓縮及傳送的領域上。例如，羊齒植物，由 T_1, T_2, T_3, T_4 四個仿射轉換完全決定。此四個轉換完全由圖 10.13.22 中指定的定義 a, b, c, d, e 與 f 之對應值

的 24 個數字決定，其在定義中所相對應的值為 a, b, c, d, e 與 f。換句話說，羊齒植物的圖形可由這 24 個數目完全編碼決定。儲存這 24 個數目在電腦裡，所佔的記憶體空間遠比一個像素、一個像素地儲存羊齒植物要少得很多。原則上，任何以像素映射至螢幕上的圖形均能以有限個仿射轉換來描述，雖然使用何種變化的決定並不容易。然而，一旦完成編碼，則仿射轉換遠較以一個個的像素描述圖形節省許多電腦的記憶空間。

其他讀物

讀者若有興趣學習更多的碎形集合問題，可參考下列的參考書籍：

1. Michael Barnsley, *Fractals Everywhere* (New York: Academic Press, 1943).
2. Benoit B. Mandelbrot, *The Fractal Geometry of Nature* (New York: W. H. Freeman, 1982).
3. Heinz-Otto Peitgen and P. H. Richter, *The Beauty of Fractals* (New York: Springer-Verlag, 1986).
4. Heinz-Otto Peitgen and Dietmar Saupe, *The Science of Fractal Images* (New York: Springer-Verlag, 1988).

習題集 10.13

1. 圖 Ex-1 指出自我相似集合的大小，指定其左下角位在 xy-平面上的原點。求決定此集合的所有相似，此集合的 Hausdorff 維度為何？它是否為一個碎形集合？

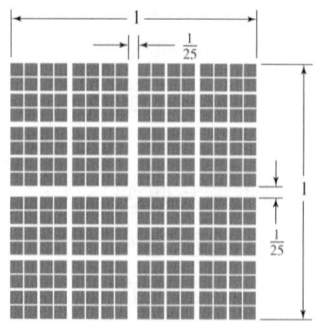

▲ 圖 Ex-1

▲ 圖 Ex-2

2. 試求圖 Ex-2 所示的自我相似集合的 Hausdorff 維度。使用尺來測量該圖並決定比例因數 s

的近似值。試決定此集合的相似之旋轉角度為何？

3. 圖 Ex-3 的 12 個自我相似集合的每一個均由三個具有 $\frac{1}{2}$ 比例因數的相似所得，所以均有 Hausdorff 維度 ln 3/ln 2 = 1.584…。三個相似的旋轉角均是 90° 的倍數。求各個集合的旋轉角並將它們表為一個整數三元組 (n_1, n_2, n_3)，其中 n_i 是對應的 90° 整數倍數以右上、左下、右下的順序。例如，第一個集合 (Sierpinski 三角形) 產生三元組 (0, 0, 0)。

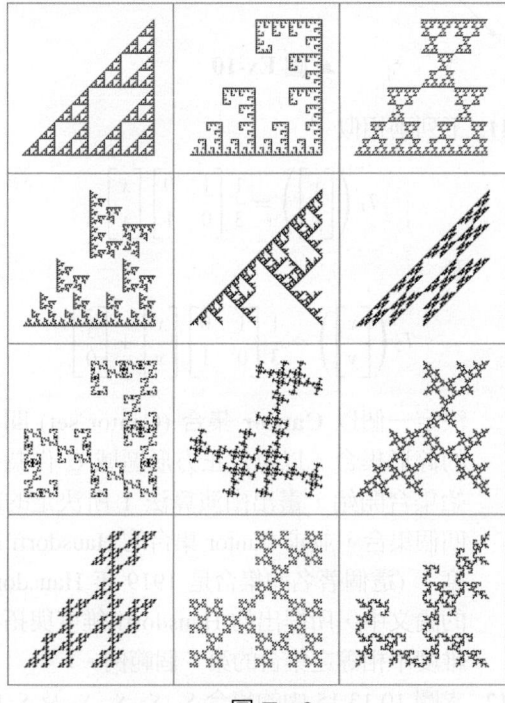

▲ 圖 Ex-3

4. 對圖 Ex-4 中的每一個自我相似集合，試求：(i) 描述該集合各相似的比例因數 s；(ii) 描述該集合的所有相似的旋轉角度 θ (所有旋轉角度為 90° 的倍數)；及 (iii) 集合的 Hausdorff 維度。試問哪一個集合為碎形集合且為什麼？

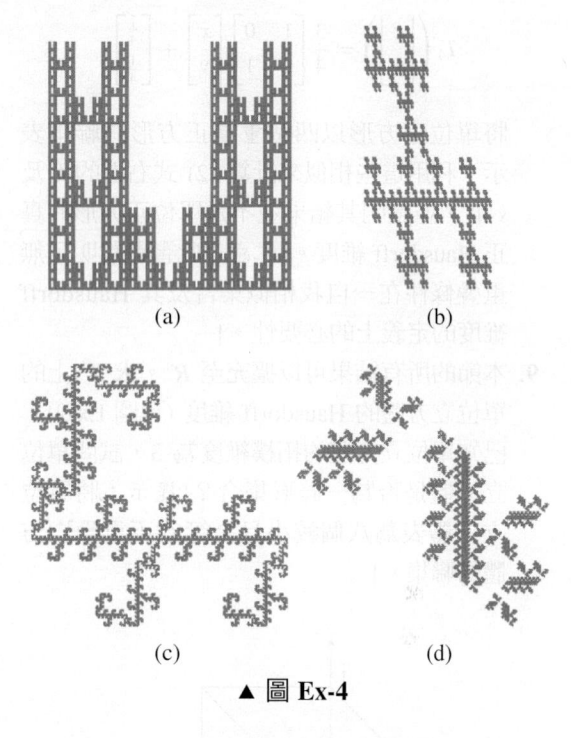

(a) (b)

(c) (d)

▲ 圖 Ex-4

5. 圖 10.13.22 所示的四個仿射轉換，只有 T_2 為相似。試判定 T_2 的比例因數 s 及旋轉角度 θ。

6. 試求圖 10.13.22 中齒狀植物尾端的座標。[提示：變換 T_2 的齒狀植物之尾端映至本身。]

7. 圖 10.13.7a 的正方形以圖 10.13.7b 中四個不重疊正方形的聯集表示。假設它以 16 個無重疊正方形的聯集表示來取代。試證明它的 Hausdorff 維度仍然為 2，正如 (2) 式所判定的。

8. 證明下列四個相似

$$T_1\left(\begin{bmatrix}x\\y\end{bmatrix}\right) = \frac{3}{4}\begin{bmatrix}1 & 0\\0 & 1\end{bmatrix}\begin{bmatrix}x\\y\end{bmatrix}$$

$$T_2\left(\begin{bmatrix}x\\y\end{bmatrix}\right) = \frac{3}{4}\begin{bmatrix}1 & 0\\0 & 1\end{bmatrix}\begin{bmatrix}x\\y\end{bmatrix} + \begin{bmatrix}\frac{1}{4}\\0\end{bmatrix}$$

$$T_3\left(\begin{bmatrix}x\\y\end{bmatrix}\right) = \frac{3}{4}\begin{bmatrix}1 & 0\\0 & 1\end{bmatrix}\begin{bmatrix}x\\y\end{bmatrix} + \begin{bmatrix}0\\\frac{1}{4}\end{bmatrix}$$

$$T_4\left(\begin{bmatrix}x\\y\end{bmatrix}\right) = \frac{3}{4}\begin{bmatrix}1 & 0\\0 & 1\end{bmatrix}\begin{bmatrix}x\\y\end{bmatrix} + \begin{bmatrix}\frac{1}{4}\\\frac{1}{4}\end{bmatrix}$$

將單位正方形以四個重疊正方形的聯集表示。利用這些相似來計算 (2) 式右邊的 k 及 s 值，並證明其結果並不是單位正方形的真正 Hausdorff 維度。[注意：此習題說明了無重疊條件在一自我相似集合及其 Hausdorff 維度的定義上的必要性。]

9. 本節的所有結果可以擴充至 R^n。求 R^3 上的單位立方體的 Hausdorff 維度 (見圖 Ex-9)。已知單位立方體的拓樸維度為 3，試問單位立方體是否為一碎形集合？[提示：將單位立方體表為八個較小且全等的不重疊立方體的聯集。]

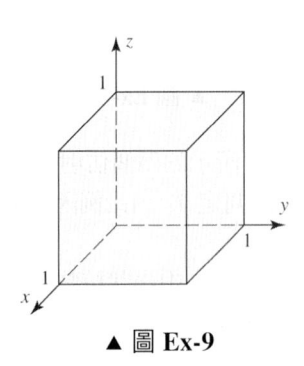

▲ 圖 Ex-9

10. 圖 Ex-10 中所示的 R^3 上之集合稱為 **Menger 海綿** (Menger sponge)。它是從單位立方體移除某些正方形孔所得的自我相似集合。Menger 海綿的每一個表面均為 Sierpinski 地氈且 Sierpinski 地氈上的孔穿透了 Menger 海綿。求 Menger 海綿的 k 及 s 值，並求其 Hausdorff 維度。試問 Menger 海綿是否為一個碎形集合？

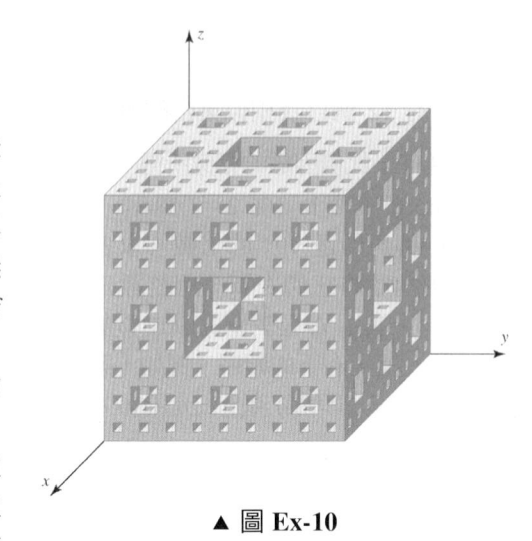

▲ 圖 Ex-10

11. 下列兩相似

$$T_1\left(\begin{bmatrix}x\\y\end{bmatrix}\right) = \frac{1}{3}\begin{bmatrix}1 & 0\\0 & 1\end{bmatrix}\begin{bmatrix}x\\y\end{bmatrix}$$

及

$$T_2\left(\begin{bmatrix}x\\y\end{bmatrix}\right) = \frac{1}{3}\begin{bmatrix}1 & 0\\0 & 1\end{bmatrix}\begin{bmatrix}x\\y\end{bmatrix} + \begin{bmatrix}\frac{2}{3}\\0\end{bmatrix}$$

決定一個以 **Cantor 集合** (Cantor set) 聞名的碎形集合。以單位正方形區域 U 作為初始集合開始，畫出由演算法 1 所決定的前四個集合，並求 Cantor 集合的 Hausdorff 維度。(這個著名的集合是 1919 年 Hausdorff 的論文中，所提出的 Hausdorff 維度與拓樸維度不相等之集合的第一個範例。)

12. 求圖 10.13.15 中的集合 S_0, S_1, S_2, S_3 及 S_4 的面積。

10.13 科技習題

下面這些習題是被設計為需使用科技裝備來解的問題。基本上，這些裝備為 MATLAB, *Mathematica*, Maple, Derive 或 Mathcad，亦可能為其他型態的線性代數軟體或具有線性代數內涵的科學計算器。對每個習題，你在使用你的特別裝備時，需先閱讀相關文件。這些習題的主要目標是讓你熟練你的科技裝備。一旦你精通這些習題裡的技巧，將可以使用你的科技裝備來解許多一般習題集的問題。

T1 使用下面各相似

$$T_i\left(\begin{bmatrix} x \\ y \\ z \end{bmatrix}\right) = \frac{1}{3}\begin{bmatrix} 1 & 0 & 0 \\ 0 & 1 & 0 \\ 0 & 0 & 1 \end{bmatrix}\begin{bmatrix} x \\ y \\ z \end{bmatrix} + \begin{bmatrix} a_i \\ b_i \\ c_i \end{bmatrix}$$

來證明 Menger 海綿 (見習題 10) 為集合 S 並滿足

$$S = \bigcup_{i=1}^{20} T_i(S)$$

其中 T_i ($i = 1, 2, 3, \ldots, 20$) 為合適的相似。試給一組 3×1 階矩陣，

$$\left\{ \begin{bmatrix} a_i \\ b_i \\ c_i \end{bmatrix} \middle| \ i = 1, 2, 3, \ldots, 20 \right\}$$

來決定相似 T_i ($i = 1, 2, 3, \ldots, 20$)。

T2 考慮集合

$$S = \bigcup_{i=1}^{m_n} T_i(S)$$

來一般化 Cantor 集合 (在 R^1)，Sierpinski 地氈 (在 R^2) 及 Menger 海綿 (在 R^3) 到 R^n 的概念，其中

$$T_i\left(\begin{bmatrix} x_1 \\ x_2 \\ x_3 \\ \vdots \\ x_n \end{bmatrix}\right) = \frac{1}{3}\begin{bmatrix} 1 & 0 & 0 & \cdots & 0 \\ 0 & 1 & 0 & \cdots & 0 \\ 0 & 0 & 1 & \cdots & 0 \\ \vdots & \vdots & \vdots & \ddots & \vdots \\ 0 & 0 & 0 & \cdots & 1 \end{bmatrix}\begin{bmatrix} x_1 \\ x_2 \\ x_3 \\ \vdots \\ x_n \end{bmatrix} + \begin{bmatrix} a_{1i} \\ a_{2i} \\ a_{3i} \\ \vdots \\ a_{ni} \end{bmatrix}$$

每一個 a_{ki} 不是等於 0, $\frac{1}{3}$，就是等於 $\frac{2}{3}$，但沒有兩個同時等於 $\frac{1}{3}$。使用電腦建構集合

$$\left\{ \begin{bmatrix} a_{1i} \\ a_{2i} \\ a_{3i} \\ \vdots \\ a_{ni} \end{bmatrix} \middle| \ i = 1, 2, 3, \ldots, m_n \right\}$$

來決定 m_n 之值，$n = 2, 3, 4$，然後發展出 m_n 的表示式。

10.14 混　沌

以在 *xy*-平面的單位方形映射成它本身的方式，將用於描述混沌映射 (chaos mapping) 的觀念。

> **預備知識**：R^2 上線性算子的幾何性質 (4.11 節)
> 　　　　　　特徵值與特徵向量
> 　　　　　　極限與連續性的直觀認識

混　沌

混沌 (chaos) 一詞首先由 Tien-Yien Li 與 James Yorke 於 1975 年命題為「Period Three Implies Chaos」的論文中賦予數學上的意義。現在這個名詞用於描述某些初看像是隨機或無秩序，但實際上有隱晦的基本秩序 (例如，產生亂數、洗牌、心肌的心律不整、木星上紅斑的變化及冥王星的軌道偏離) 行為的數學映射與物理現象。本節中將討論以俄國數學家 Vladimir I. Arnold 命名的**阿諾德貓圖** (Arnold's cat map) 的特殊混沌映射。這種映射首先由 Arnold 以貓圖加以描述。

阿諾德貓圖映射

為描述阿諾德貓圖映射需一些**模算術** (modular arithmetic) 的觀念。若 x 為實數，則使用符號 $x \bmod 1$ 表示在 $[0, 1)$ 區間中與 x 相差一個整數的唯一的數。例如

$$2.3 \bmod 1 = 0.3, \quad 0.9 \bmod 1 = 0.9, \quad -3.7 \bmod 1 = 0.3, \quad 2.0 \bmod 1 = 0$$

請注意，若 x 為非負值數，則 $x \bmod 1$ 僅是 x 的小數部分。若 (x, y) 為一實數的有序對，則使用符號 $(x, y) \bmod 1$ 表示 $(x \bmod 1, y \bmod 1)$。例如

$$(2.3, -7.9) \bmod 1 = (0.3, 0.1)$$

觀察每一個實數 x，$x \bmod 1$ 這個點落在單位區間 $[0, 1)$ 之中，而觀察每個有序對 (x, y) 可知 $(x, y) \bmod 1$ 這個點落在單位方形

$$S = \{(x, y) \mid 0 \leq x < 1, 0 \leq y < 1\}$$

之中。也可以觀察到方形的上邊界及右邊界並未包含於 S 中。

　　阿諾德貓圖是以公式

$$\Gamma: (x, y) \to (x + y, x + 2y) \bmod 1$$

定義，或以矩陣符號表示

$$\Gamma\left(\begin{bmatrix} x \\ y \end{bmatrix}\right) = \begin{bmatrix} 1 & 1 \\ 1 & 2 \end{bmatrix} \begin{bmatrix} x \\ y \end{bmatrix} \bmod 1 \tag{1}$$

的 $R^2 \to R^2$ 轉換 Γ。為了了解阿諾德圖映射的幾何意義，將 (1) 式寫成因子式

$$\Gamma\left(\begin{bmatrix} x \\ y \end{bmatrix}\right) = \begin{bmatrix} 1 & 0 \\ 1 & 1 \end{bmatrix} \begin{bmatrix} 1 & 1 \\ 0 & 1 \end{bmatrix} \begin{bmatrix} x \\ y \end{bmatrix} \bmod 1$$

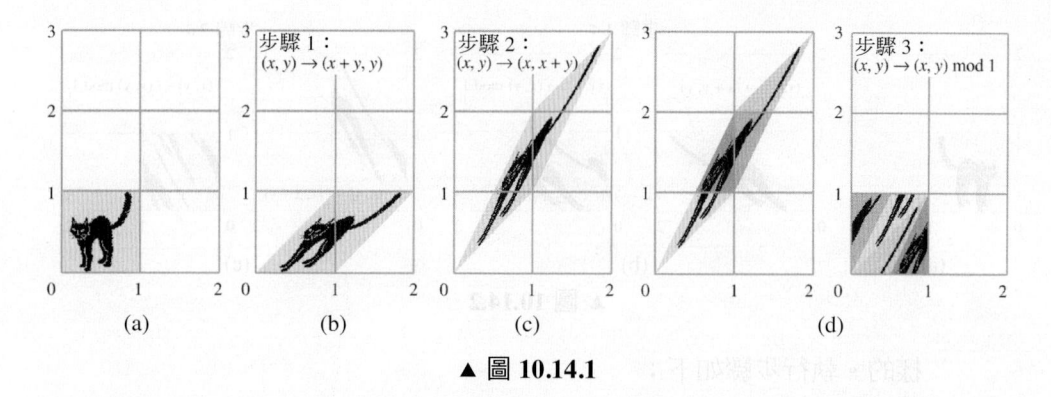

▲ 圖 10.14.1

會有幫助，此式表示阿諾德貓圖映射是在 x-方向以 1 為因數變形，接著在 y-方向以 1 為因數變形。由於計算都是在執行 mod 1，Γ 將 R^2 中所有的點映射入單位方形中。

底下將說明單位方形上阿諾德貓圖映射的效果，它在圖 10.14.1a 中是含一隻貓圖的陰影。在每次變形之後或者是在最後作 mod 1 的計算並無影響是可以證明的。這兩種方法都將加以討論，首先是最後才執行這些計算。其步驟如下：

步驟 1. 在 x-方向以因數 1 變形 (圖 10.14.1b)：

$$(x, y) \to (x + y, y)$$

或以矩陣符號寫成

$$\begin{bmatrix} 1 & 1 \\ 0 & 1 \end{bmatrix} \begin{bmatrix} x \\ y \end{bmatrix} = \begin{bmatrix} x + y \\ y \end{bmatrix}$$

步驟 2. 在 y-方向以因數 1 變形 (圖 10.14.1c)：

$$(x, y) \to (x, x + y)$$

或以矩陣符號寫成

$$\begin{bmatrix} 1 & 0 \\ 1 & 1 \end{bmatrix} \begin{bmatrix} x \\ y \end{bmatrix} = \begin{bmatrix} x \\ x + y \end{bmatrix}$$

步驟 3. 重新組合至 S 中 (圖 10.14.1d)：

$$(x, y) \to (x, y) \bmod 1$$

mod 1 算數的幾何效果是瓦解圖 10.14.1c 中的平行四邊形然後將 S 的各片段重新組合如圖 10.14.1d 中所示。

使用電腦為工具時，在每個步驟之後執行 mod 1 算數比到最後才執行更方便。使用這種方法每個步驟都得做重組，但它的淨效果是一

▲ 圖 10.14.2

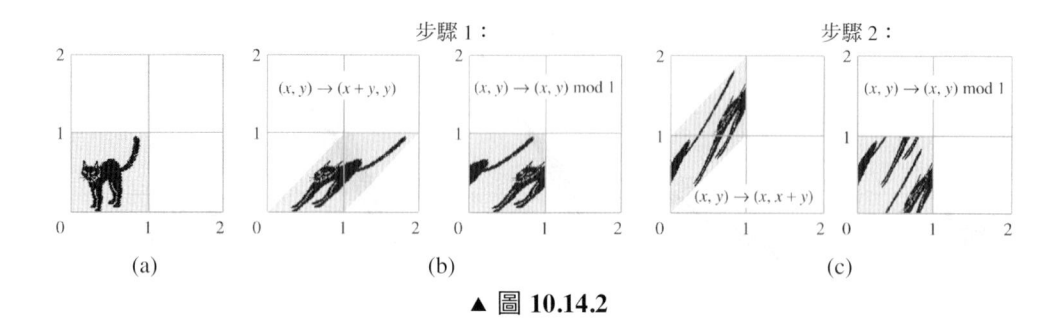

樣的。執行步驟如下：

步驟 1. 在 x-方向以因數 1 變形，接著重組至 S 中 (圖 10.14.2b)：

$$(x, y) \to (x+y, y) \bmod 1$$

步驟 2. 在 y-方向以因數 1 變形，接著重組至 S 中 (圖 10.14.2c)：

$$(x, y) \to (x, x+y) \bmod 1$$

重複映射

像阿諾德貓圖映射之類的映射通常發生於重複執行某一操作的物理模式。例如，紙牌以重複洗牌而混合。顏料以重複攪和而混合，潮汐匯聚處的水因重複的潮汐變化而混合，並依此類推。因此檢視阿諾德貓圖映射的重複應用 [或迭代 (iteration)] 在 S 上的影響令人感興趣。圖 10.14.3 是電腦所產生的在單位方形中的貓經阿諾德貓圖映射 25 次迭代的效果，出現了兩項有趣的現象：

- 在第 25 次迭代，貓又回到原來的形狀。
- 在中間的某些迭代，貓已分解成似乎有特定方向的條紋。

本節其餘部分大多從事這些現象的說明。

一些週期性的點

第一個目標是說明為什麼圖 10.14.3 中的貓在第 25 次迭代又回到原來的型態。為此目的，將 xy-平面上的圖 (picture) 想像成以顏色賦予平面上各個點會很有幫助，對在電腦螢幕或其他數位裝置上產生圖像，硬體的限制使得圖像必須打碎成一些稱為**像素** (pixel) 的分離的方形。例如，在電腦所產生的圖 10.14.3 中將單位方形分割成每邊 101 個像素總計 10,201 個像素的網路，每個像素非黑即白 (圖 10.14.4)。賦予各像素

▲ 圖 10.14.3

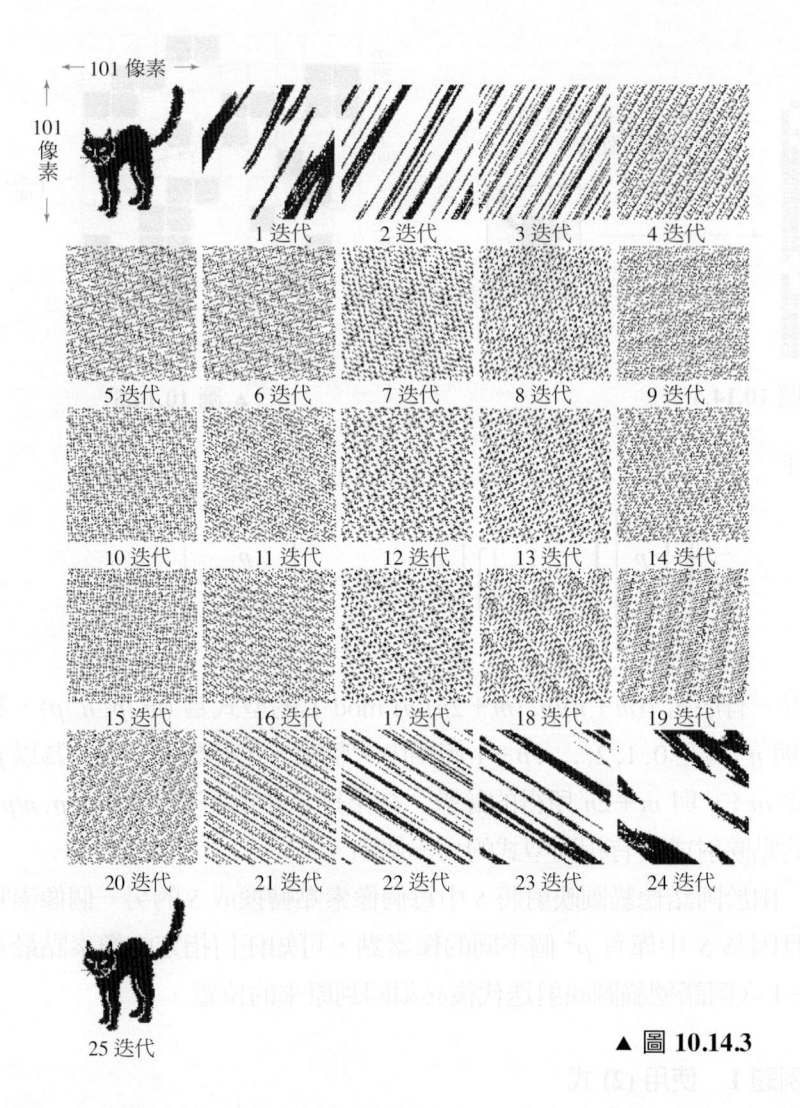

以顏色而產生圖像稱為**像素映射** (pixel map)。

正如圖 10.14.5 中所示。S 中的每個像素能以型式為 $(m/101, n/101)$ 與其左下角有關聯的唯一的座標對表示,其中 m 與 n 為在 0, 1, 2, ..., 100 範圍內的整數。由於這些點鑑別了唯一的像素,而以**像素點** (pixel point) 稱呼它們。現在以考慮每邊分割成 p 像素的更一般的情況取代討論限制 S 每邊分割成 101 個像素的子陣列。於是 S 的每一圖像映射含在 x 與 y 方向都由等跨距 $1/p$ 單位的 p^2 個像素。S 中的各像素點的座標型式為 $(m/p, n/p)$,其中 m 與 n 為由 0 至 $p-1$ 範圍中的整數。

在阿諾德貓圖映射下 S 的每個像素點將轉換成 S 的另一個像素點。為了了解為何如此,可以觀察圖像點 $(m/p, n/p)$ 在 Γ 轉換下的影像可由

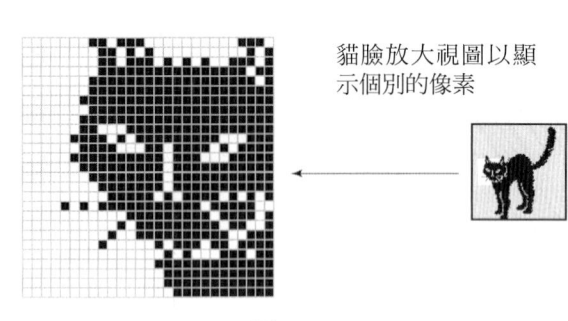

▲ 圖 10.14.4 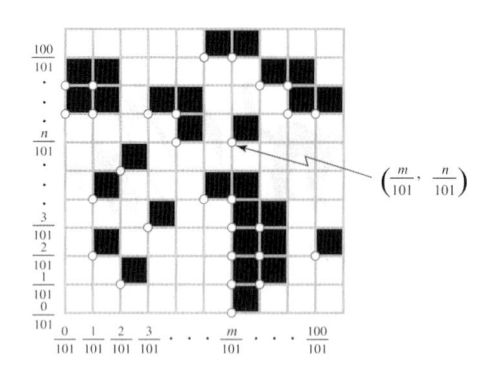　　　　　　　　　　　　　　▲ 圖 10.14.5

矩陣

$$\Gamma\left(\begin{bmatrix} \dfrac{m}{p} \\ \dfrac{n}{p} \end{bmatrix}\right) = \begin{bmatrix} 1 & 1 \\ 1 & 2 \end{bmatrix} \begin{bmatrix} \dfrac{m}{p} \\ \dfrac{n}{p} \end{bmatrix} \bmod 1 = \begin{bmatrix} \dfrac{m+n}{p} \\ \dfrac{m+2n}{p} \end{bmatrix} \bmod 1 \qquad (2)$$

求得。有序對 $((m+n)/p, (m+2n)/p) \bmod 1$ 的型式為 $(m'/p, n'/p)$，其中 m' 與 n' 為在 $0, 1, 2, \ldots, p-1$ 範圍內的整數。尤其是 m' 與 n' 為以 p 分別除 $m+n$ 與 $m+2n$ 所得的餘數。結果是 S 中的每個具有 $(m/p, n/p)$ 型式的點映射成具有相同型式的另一個點。

由於阿諾德貓圖映射將 S 中每個像素點轉換成 S 的另一個像素點，而且因為 S 中僅有 p^2 個不同的像素點，可知任何指定的像素點最多在 p^2+1 次阿諾德貓圖映射迭代後必須回到原來的位置。

▶ **例題 1**　使用 **(2)** 式

若 $p=76$，則 (2) 式變成

$$\Gamma\left(\begin{bmatrix} \dfrac{m}{76} \\ \dfrac{n}{76} \end{bmatrix}\right) = \begin{bmatrix} \dfrac{m+n}{76} \\ \dfrac{m+2n}{76} \end{bmatrix} \bmod 1$$

在此情況下點 $\left(\dfrac{27}{76}, \dfrac{58}{76}\right)$ 的連續迭代為

$$\begin{array}{cccccccccccccccc}
0 & & 1 & & 2 & & 3 & & 4 & & 5 & & 6 & & 7 & & 8 \\
\begin{bmatrix} \frac{27}{76} \\ \frac{58}{76} \end{bmatrix} & \to & \begin{bmatrix} \frac{9}{76} \\ \frac{67}{76} \end{bmatrix} & \to & \begin{bmatrix} \frac{0}{76} \\ \frac{67}{76} \end{bmatrix} & \to & \begin{bmatrix} \frac{67}{76} \\ \frac{58}{76} \end{bmatrix} & \to & \begin{bmatrix} \frac{49}{76} \\ \frac{31}{76} \end{bmatrix} & \to & \begin{bmatrix} \frac{4}{76} \\ \frac{35}{76} \end{bmatrix} & \to & \begin{bmatrix} \frac{39}{76} \\ \frac{74}{76} \end{bmatrix} & \to & \begin{bmatrix} \frac{37}{76} \\ \frac{35}{76} \end{bmatrix} & \to & \begin{bmatrix} \frac{72}{76} \\ \frac{31}{76} \end{bmatrix}
\end{array}$$

(試證明之)。由於點在歷經 9 次應用阿諾德貓圖映射後回到起始位置，這個點稱為具有週期 9，而這個點的 9 個不同迭代的集合稱為 9-循環。圖 10.14.6 以起點標為 0 並依序標示其連續迭代 9-循環。◀

通常在應用 n 次阿諾德貓圖映射後回到起始點，而應用次數少於 n 則不會回到始點的某個點，稱為具有**週期 n** (period n)，而它的 n 個不同的迭代則稱為 **n-循環** (n-cycle)。阿諾德貓圖映射將 $(0, 0)$ 映射成 $(0, 0)$，所以這個點有週期 1。具有週期 1 的各點也稱為**固定點** (fixed points)。在阿諾德貓圖映射中，$(0, 0)$ 是唯一的固定點的證明將留作習題 (習題 11)。

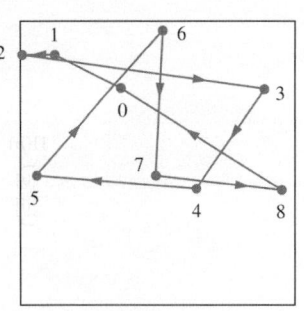

▲ 圖 10.14.6

週期對像素寬

若 P_1 與 P_2 分別為週期 q_1 與 q_2 的點，則 P_1 在第 q_1 次迭代回到起始點 (但非立即)，而 P_2 在第 q_2 次疊代回到起始點 (但非立即)。於是兩個點同時回到其起始點的任意疊代次數同時是 q_1 與 q_2 的倍數。通常，對具有 $(m/p, n/p)$ 型式的 p^2 個圖像點的圖像映射而言，令 $\Pi(p)$ 在映射中所有圖像點週期的最小公倍數 [亦即 Π 是可以為所有週期整除的最小整數。] 由此可知像素映射在阿諾德貓圖映射的 $\Pi(p)$ 次迭代後將回到其起始圖形。基於這個緣故，以**像素映射的週期** (period of the pixel map) 稱呼 $\Pi(p)$。在習題 4 中將要求讀者證明，若 $p = 101$，則所有像素點的週期為 1, 5 或 25，使得 $\Pi(101) = 25$。這說明了為何圖 10.14.3 中的貓經 25 次迭代會回到起始圖形。

圖 10.14.7 中顯示像素映射的週期如何隨 p 而變。雖然一般的趨勢是週期隨著 p 的增大而增大，然而圖中卻有令人驚異的不規則量。事實上，並無簡單的函數可以規範此一關係 (見習題 1)。

雖然每邊具有 p 個像素的像素映射直到 $\Pi(p)$ 次迭代仍未回到起始圖形也曾發生，在迭代過程中可能會產生各種非預期的事情。例如，圖 10.14.8 為著名的匈牙利裔美籍數學家 John von Neumann 的 $p = 250$ 的像素映射。可以證明 $\Pi(250) = 750$；使得該像素映射經阿諾德貓圖映射 750 次迭代後回到起始圖形。然而，經 375 次迭代後該像素映射使圖形上下倒置，再經另 375 次 (總共 750 次) 迭代後回到起始圖形。此外，有許多具有可以整除 750 之週期的像素點，使得迭代過程中出現

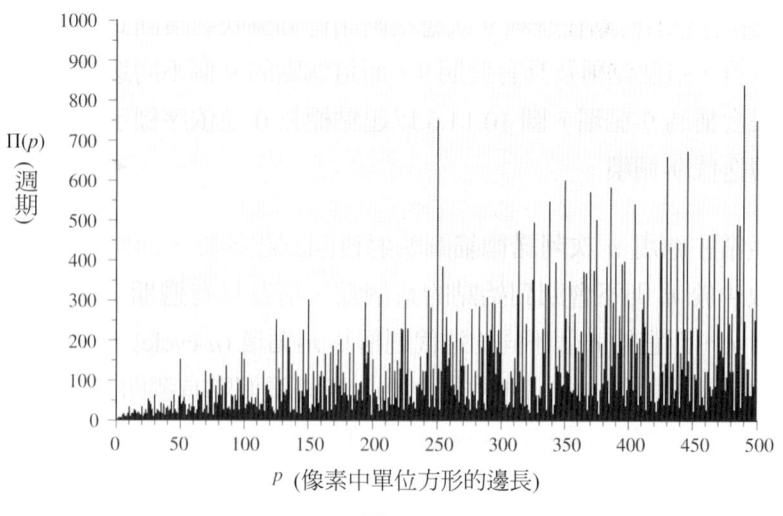

▲ 圖 10.14.7

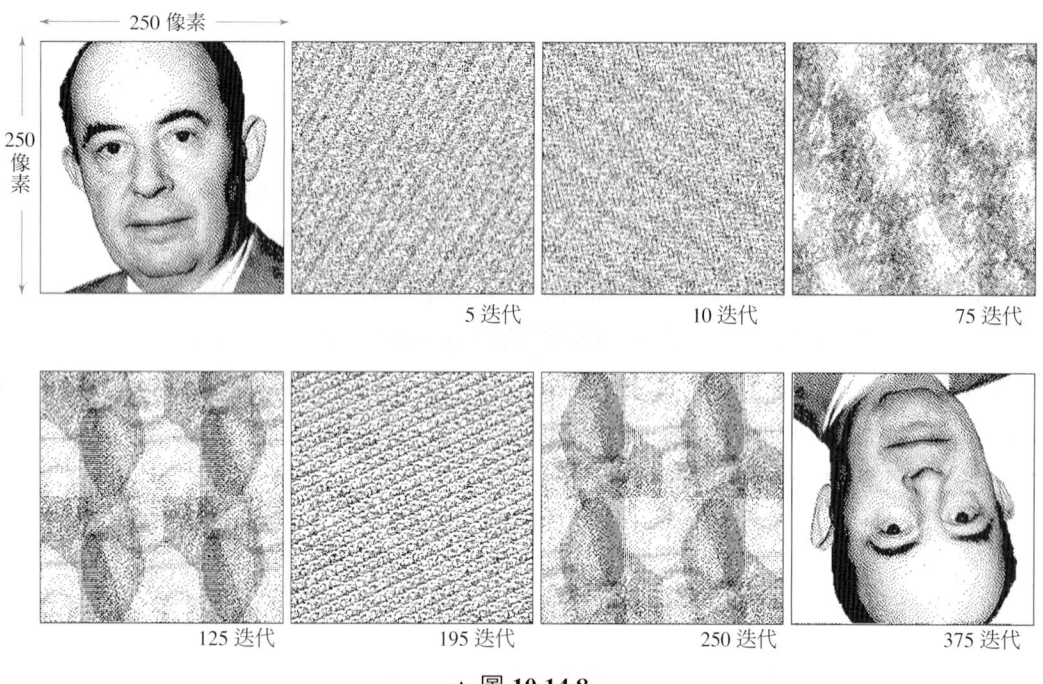

▲ 圖 10.14.8

與原圖形相似的鬼影；在第 195 次迭代的對角列上出現許多與原圖形相似的微小影像。

花磁磚平面

接下來的目標是說明發生於圖 10.14.3 中之線性條紋的原由。為此目的

上的其他的點 (具有相對應的顏色) 則流向前述那些點的起始位置，在循環的最後一次迭代完成它們的旅程。圖 10.14.11 說明了在 $n=4$, $\mathbf{q}=(-\frac{8}{3}, \frac{5}{3})$ 及 $\mathbf{p}=A^4\mathbf{q}=(\frac{1}{3}, \frac{2}{3})$ 情況的經過。請注意 $\mathbf{p}$ mod $1=\mathbf{q}$ mod $1=(\frac{1}{3}, \frac{2}{3})$，所以兩個點都佔據了它們所處之磁磚上的相同位置。向外移動的點依特徵向量 $\mathbf{v}_1$ 的一般方向移動，如圖 10.14.11 中以矢尖指示的方向，向內移動的點依特徵向量 $\mathbf{v}_2$ 的一般方向移動。該特徵向量的一般方向為「流線」(flow lines)，它構成了圖 10.14.3 中的條紋。

非週期性的點

到目前為止，已經考慮了阿諾德貓圖映射對於對任意正整數 p 具有 $(m/p, n/p)$ 型式的像素點的效應，而且已經知道這一類的點是具有週期性的。現在則要考慮阿諾德貓圖映射對 S 中的任意點 (a, b) 的效應。這一類的點可以將它分成兩類，若其座標 a 與 b 均為有理數則為有理的，若均為無理數則為無理的。每個有理的點為週期性的點，因為它是對適當選擇的 p 的像素點。例如，有理的點 $(r_1/s_1, r_2/s_2)$ 可以寫成 $(r_1 s_2/s_1 s_2, r_2 s_1/s_1 s_2)$，所以它是 $p=s_1 s_2$ 的像素點。它的逆陳述：每個週期性的點必為有理的點亦真是可以證明的 (習題 13)。

從前面的討論可知 S 中的無理的點是非週期性的點，使得 S 中的某個無理的點 (x_0, y_0) 的連續迭代必然全是 S 中不同的點。圖 10.14.12 是以電腦產生的，顯示一個無理的點及選出來的至 100,000 次迭代的結果。對此選擇出來的特定的點，迭代的似乎不曾在 S 中的任意特定區域形成叢集；反而呈現出散佈在整個 S，隨連續迭代而逐漸變稠的現象。

圖 10.14.12 中顯示迭代行為具有充分的重要性而需賦予某個術語。若以 S 中的任意點為圓心的每個圓，不論圓的半徑有多小 (圖 10.14.13)，都包含了集合 D 中的各個點，則稱 S 中之點的集合 D 在 S 中為稠密集合 (dense in S)。有理的點在 S 中為稠密集合，而大多數 (並非全部) 無理的點的迭代在 S 中為稠密集合。

混沌的定義

現在已經知道在阿諾德貓圖映射下，S 有理的點在 S 中為週期性的稠密集合，而有一些但非全部無理的點經迭代在 S 中也是稠密集合。

起始點

1000 迭代　　2000 迭代　　5000 迭代

10,000 迭代　　25,000 迭代　　50,000 迭代　　100,000 迭代

▲ 圖 10.14.12

S 中的任意圖

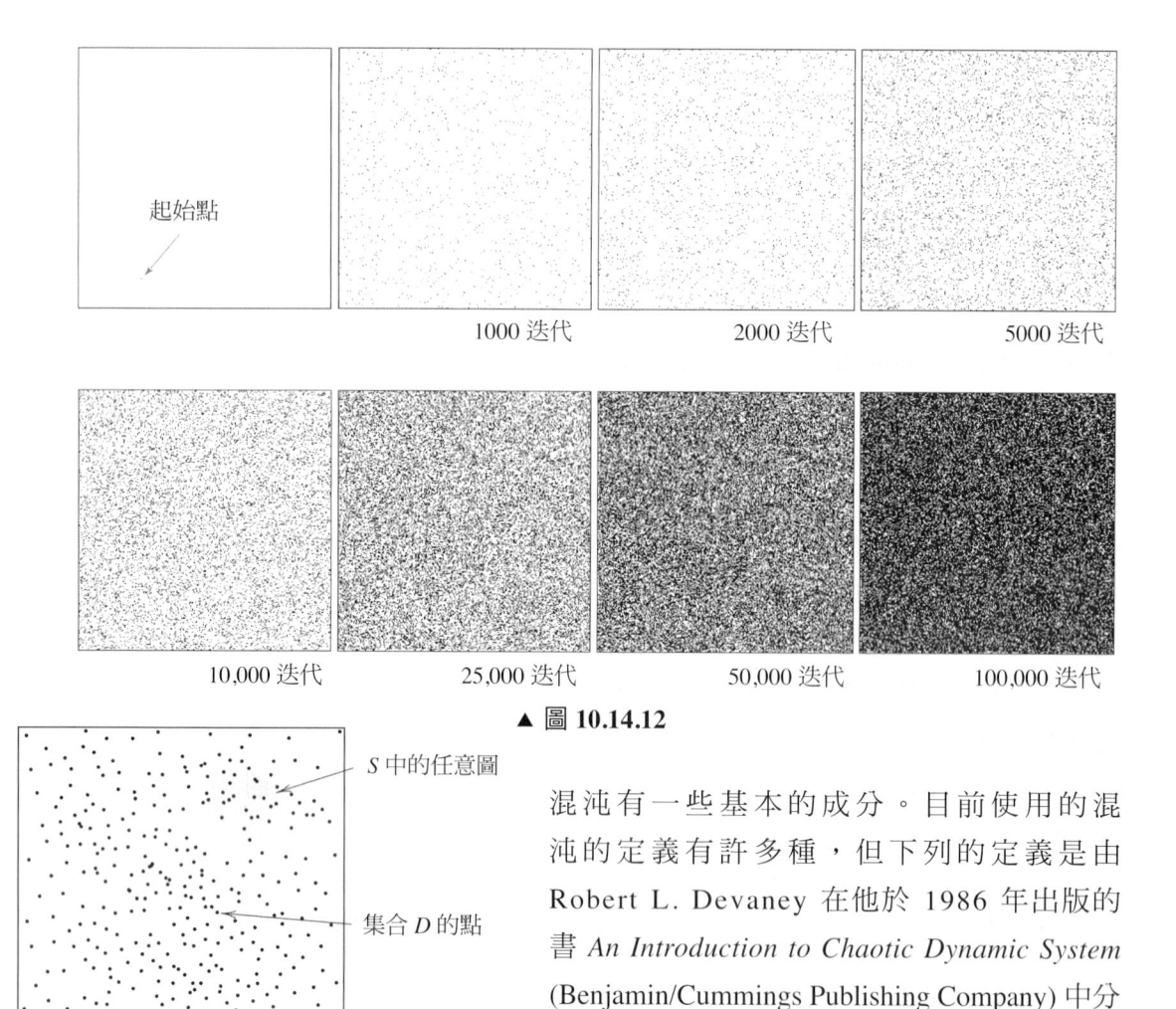

集合 D 的點

▲ 圖 10.14.13

混沌有一些基本的成分。目前使用的混沌的定義有許多種，但下列的定義是由 Robert L. Devaney 在他於 1986 年出版的書 *An Introduction to Chaotic Dynamic System* (Benjamin/Cummings Publishing Company) 中分歧出來的，它與此處的探討的關聯最密切。

> **定義 1**：S 中映射至本身的某連續映射 T 可稱為**混沌的** (chaotic)，若
> (i) S 含映射 T 的週期性點的稠密集合。
> (ii) S 中的某個點在 T 之下的連續迭代為稠密的。

阿諾德貓圖映射是連續的，且其結果能滿足混沌映射的定義是可以證明的。此一定義值得注意之處為混沌映射展現了基本的秩序與基本的紊亂——週期性的點在各循環中規則地移動，但具有稠密性的點迭代時不規則地移動，常常模糊了週期性點的規則性。此種秩序與紊亂的

融合成了混沌映射的特性。

動態系統

混沌映射源起於**動態系統** (dynamical system)。非正式地說，動態系統可視為在每一個時刻有其指定的狀態 (state) 或組態 (configuration)，但它的狀態隨著時間改變的系統。化學系統、生態系統、電氣系統、生物系統、經濟系統等等都能依此方式看待。在**離散時間動態系統** (discrete-time dynamical system) 中，狀態是在每一個離散的時點發生變化，而非在每一瞬時。在**離散時間混沌動態系統** (discrete-time chaotic dynamical system) 中的每個狀態得自前一狀態的混沌映射。例如，若想像應用阿諾德貓圖映射於離散的時點時，圖 10.14.3 中的像素的映射可視為某離散時間混沌動態系統，從某些狀態的起始集合 (貓的每個點為單一的起始狀態) 向狀態的連續集合展開。

從已知的起始狀態預測系統的未來狀態是研究動態系統的基本問題之一。然而，實務上由於量測起始狀態之裝置的誤差，正確的起始狀態極少是知道的。據信若量測的裝置精確度夠，用於執行迭代的電腦也有足夠的威力時，將可預測系統未來的狀態至任意的精確度。但是混沌系統的發現粉碎了這個信念。因為發現就此類的系統而言，起始狀態量測或在迭代計算中的最輕微的誤差都呈現指數式的放大，從而阻礙了未來狀態的精確預測。現在以阿諾德貓映射來展現此對**起始條件的敏感度** (sensitivity to initial conditions)。

假設 P_0 為 xy-平面中的一個點，其精確座標為 $(0.77837, 0.70904)$。在 y-座標的量測造成 0.00001 的誤差，使得這個點的位置被認為是在 $(0.77837, 0.70905)$，而以 Q_0 表示之。P_0 與 Q_0 兩像素點均為 $p = 100{,}000$ (為何？)，於是因為 $\Pi(100{,}000) = 75{,}000$，經過 75,000 次迭代後兩者都回到其起始位置。在圖 10.14.14 中顯示了在阿諾德貓圖映射下以 + 表示的 P_0 的頭 50 次迭代與以．表示的 Q_0 的頭 50 次迭代。雖然 P_0 與 Q_0 接近到足以使其符號在起始時重疊，但僅有前八次迭代得到符號重疊的結果；從第九次迭代起它們的迭代即進入分歧的途徑。

從阿諾德貓圖映射的特徵值與特徵向量量化誤差的成長是可能的。為達成此一目的將阿諾德貓圖映射想像成在鋪砌平面上的線性轉換。從圖 10.14.10 與相關的討論回顧，S 中兩個點的投影距離在特徵向

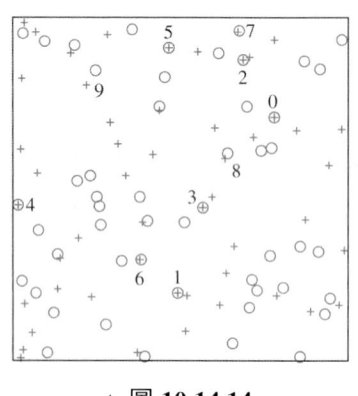

▲ 圖 10.14.14　　　　　▲ 圖 10.14.15

量 $\mathbf{v}_1$ 的方向上每次迭代都以因數 $2.6180\ldots$ ($=\lambda_1$) 增大 (圖 10.14.15)。在 9 次迭代後此一投影距離在 $\mathbf{v}_1$ 的方向上大約 $1/100{,}000$ 的起始誤差以 $(2.6180\ldots)^9 = 5777.99\ldots$ 的因數增大，此一距離是單位方形寬度的 $0.05777\ldots$ 倍或 $\frac{1}{17}$。在第 12 次迭代後此一微小的起始誤差成長至 $(2.6180\ldots)^{12}/100{,}000 = 1.0368\ldots$ 大於單位方形的寬度。於是在第 12 次迭代後由於起始誤差的指數式成長而失去了 S 內真實迭代的完整進程。

雖然對起始條件的敏感度限制了預測動態系統未來發展的能力，但以另一種方式描述此種未來發展的新技巧已經在研究之中了。

習題集 10.14

1. 在一篇專論 [F. J. Dyson & H. Falk,「離散貓映射的週期」，*The American Mathematical Monthly*, vol. 99 (August-September 1992), pp. 603-614] 中建立下列有關函數 $\Pi(p)$ 性質的結論：
   (i) $\Pi(p) = 3p$，若且唯若 $p = 2 \cdot 5^k$，$k = 1, 2, \ldots$。
   (ii) $\Pi(p) = 2p$，若且唯若 $p = 5^k$，$k = 1, 2, \ldots$ 或 $p = 6 \cdot 5^k$，$k = 0, 1, 2, \ldots$。
   (iii) $\Pi(p) \le 12p/7$ 對所有其他 p 的選擇。

   試求 $\Pi(250)$，$\Pi(25)$，$\Pi(125)$，$\Pi(30)$，$\Pi(50)$，$\Pi(3750)$，$\Pi(6)$ 與 $\Pi(5)$。

2. 試求 S 中具有 $(m/6, n/6)$ 而 m 與 n 在 $0, 1, 2, 3, 4, 5$ 範圍中之 36 個點的子集合中所有的 n-循環。然後求 $\Pi(6)$。

3. (費布納西移位計數器亂數產生器) 是著名的產生一系列從 0 到 $p-1$ 的「擬亂整數」$x_0, x_1, x_2, x_3, \ldots$ 的方法，它是基於下列的演算法：
   (i) 從 $0, 1, 2, \ldots, p-1$ 的範圍內選出任意兩個整數 x_0 和 x_1。
   (ii) 令 $x_{n+1} = (x_n + x_{n-1}) \bmod p$，當 $n = 1, 2, \ldots$。
   此處 $x \bmod p$ 表示在 0 到 $p-1$ 範圍內與 x

相差 p 的倍數的數。例如，35 mod 9 = 8 (因為 8 = 35 − 3 · 9)；36 mod 9 = 0 (因為 0 = 36 − 4 · 9)；而 −3 mod 9 = 6 (因為 6 = −3 + 1 · 9)。

(a) 選擇 $p=15$，$x_0=3$ 及 $x_7=7$ 以產生一序列的擬亂數，直到該序列開始出現重複為止。

(b) 試證明下列公式等價於演算法的第二個步驟。

$$\begin{bmatrix} x_{n+1} \\ x_{n+2} \end{bmatrix} = \begin{bmatrix} 1 & 1 \\ 1 & 2 \end{bmatrix} \begin{bmatrix} x_{n-1} \\ x_n \end{bmatrix} \bmod p$$

其中 $n = 1, 2, 3, \ldots$。

(c) 使用 (b) 部分的公式以產生選擇 $p=21$，$x_0=5$ 與 $x_1=5$ 的一序列向量直到該序列開始出現重複為止。

注釋：若取 $p=1$ 並從 $[0, 1)$ 值域中選出 x_0 與 x_1，則前述的亂數產生器會產生在 $[0, 1)$ 值域中的亂數，所得到的計算策略正好是阿諾德貓圖映射。此外，若消除演算法中的模算術並取 $x_0 = x_1 = 1$，則所得的整數序列為著名的費布納西序列 (Fibonacci sequence)，1, 1, 2, 3, 5, 8, 13, 21, 34, 55, 89, ...，其中在頭兩個數之後的每個數是其前面兩個數之和。

4. 就 $C = \begin{bmatrix} 1 & 1 \\ 1 & 2 \end{bmatrix}$ 而言，可以證明

$$C^{25} = \begin{bmatrix} 7{,}778{,}742{,}049 & 12{,}586{,}269{,}025 \\ 12{,}586{,}269{,}025 & 20{,}365{,}011{,}074 \end{bmatrix}$$

也能證明 12,586,269,025 能為 101 整除且當 7,778,742,049 及 20,365,011,074 以 101 除時其餘數為 1。

(a) 試證明 S 中具有 $(m/101, n/101)$ 型式的每個點在阿諾德貓圖映射下，經 25 次迭代會回到其開始的位置。

(b) 試證明在 S 中具有 $(m/101, n/101)$ 型式的每個點的週期為 1, 5, 25。

(c) 試以迭代 5 次的方式證明點 $\left(\frac{1}{101}, 0\right)$ 的週期大於 5。

(d) 試證明 $\Pi(101) = 25$。

5. 試證明以 $T(x, y) = \left(x + \frac{5}{12}, y\right) \bmod 1$ 定義的映射 $T : S \to S$，在 S 中的每個點均為週期性的點。為何這樣能證明此一映射非混沌映射？

6. 在 R^2 的阿諾索夫自同構 (Anosov automorphism) 為具有

$$\begin{bmatrix} x \\ y \end{bmatrix} \to \begin{bmatrix} a & b \\ c & d \end{bmatrix} \begin{bmatrix} x \\ y \end{bmatrix} \bmod 1$$

型式由單位方形 S 至 S 的映射，其中 (i) a, b, c 與 d 為整數。(ii) 矩陣的行列式值為 ± 1，與 (iii) 矩陣的特徵值不為 1。所有的阿諾索夫自同構均為混沌映射是可以證明的。

(a) 試證明阿諾德貓圖映射為一阿諾索夫自同構。

(b) 下列各矩陣哪一個是阿諾索夫自同構的矩陣？

$$\begin{bmatrix} 0 & 1 \\ 1 & 0 \end{bmatrix}, \quad \begin{bmatrix} 3 & 2 \\ 1 & 1 \end{bmatrix}, \quad \begin{bmatrix} 1 & 0 \\ 0 & 1 \end{bmatrix},$$

$$\begin{bmatrix} 5 & 7 \\ 2 & 3 \end{bmatrix}, \quad \begin{bmatrix} 6 & 2 \\ 5 & 2 \end{bmatrix}$$

(c) 試證明下列 S 至 S 的映射不是阿諾索夫自同構。

$$\begin{bmatrix} x \\ y \end{bmatrix} \to \begin{bmatrix} 0 & 1 \\ -1 & 0 \end{bmatrix} \begin{bmatrix} x \\ y \end{bmatrix} \bmod 1$$

此一在 S 上的轉換其幾何上的效果為何？由你的觀察藉著證明 S 中所有的點都是週期性的點證明此一映射不是混沌映射。

7. 試證明在整個單位方形 S 上阿諾德貓映射為一對一而且其值域為 S。

8. 試證明阿諾德貓圖映射的逆映射可由下式求得：

$$\Gamma^{-1}(x, y) = (2x - y, -x + y) \bmod 1$$

9. 試證明單位方形可以分割成四個三角形，在每個三角形上的阿諾德貓圖映射是具有下列型式的轉換：

$$\begin{bmatrix} x \\ y \end{bmatrix} \to \begin{bmatrix} 1 & 1 \\ 1 & 2 \end{bmatrix} \begin{bmatrix} x \\ y \end{bmatrix} + \begin{bmatrix} a \\ b \end{bmatrix}$$

其中的 a 與 b 在各三角形中不須相等。[提示：求得 S 中映射至圖 10.14.1d 中平行四邊形的四個陰影區的區域。]

10. 若 (x_0, y_0) 為 S 中的點而 (x_n, y_n) 為該點在阿諾德貓圖映射下的第 n 次迭代，試證明

$$\begin{bmatrix} x_n \\ y_n \end{bmatrix} = \begin{bmatrix} 1 & 1 \\ 1 & 2 \end{bmatrix}^n \begin{bmatrix} x_0 \\ y_0 \end{bmatrix} \bmod 1$$

此一結果顯示模算術僅需執行一次，而非每次迭代後都得執行。

11. 試由證明方程式

$$\begin{bmatrix} x_0 \\ y_0 \end{bmatrix} = \begin{bmatrix} 1 & 1 \\ 1 & 2 \end{bmatrix} \begin{bmatrix} x_0 \\ y_0 \end{bmatrix} \bmod 1$$

其中 $0 \le x_0 < 1$ 及 $0 \le y_0 < 1$ 時唯一的解為 $x_0 = y_0 = 0$，證明 $(0, 0)$ 是阿諾德貓圖映射唯一的固定點。[提示：為了適合於非負整數，r 與 s，前述方程式可以改寫成如下式。]

$$\begin{bmatrix} x_0 \\ y_0 \end{bmatrix} = \begin{bmatrix} 1 & 1 \\ 1 & 2 \end{bmatrix} \begin{bmatrix} x_0 \\ y_0 \end{bmatrix} - \begin{bmatrix} r \\ s \end{bmatrix}$$

12. 試經由求得方程式

$$\begin{bmatrix} x_0 \\ y_0 \end{bmatrix} = \begin{bmatrix} 1 & 1 \\ 1 & 2 \end{bmatrix}^2 \begin{bmatrix} x_0 \\ y_0 \end{bmatrix} \bmod 1$$

其中 $0 \le x_0 < 1$ 及 $0 \le y_0 < 1$ 的所有的解，以求得所有的阿諾德貓圖映射的 2-循環。[提示：為了適合於非負整數，r 與 s，前述方程式可以寫成如下式。]

$$\begin{bmatrix} x_0 \\ y_0 \end{bmatrix} = \begin{bmatrix} 2 & 3 \\ 3 & 5 \end{bmatrix} \begin{bmatrix} x_0 \\ y_0 \end{bmatrix} - \begin{bmatrix} r \\ s \end{bmatrix}$$

13. 試經由證明對方程式

$$\begin{bmatrix} x_0 \\ y_0 \end{bmatrix} = \begin{bmatrix} 1 & 1 \\ 1 & 2 \end{bmatrix}^n \begin{bmatrix} x_0 \\ y_0 \end{bmatrix} \bmod 1$$

所有的解而言，x_0 與 y_0 兩數為兩整數的商值，以證明阿諾德貓圖映射的每個週期性的點必須是有理數。

14. 令 T 為阿諾德貓圖一序列應用五次；亦即 $T = \Gamma^5$。圖 Ex-14 表示 T 在第一個影像 4 個逐次映射，每個影像有 101×101 像素的解析度。第五個映射回到第一個影像，因為此貓圖有週期 25。試解釋你如何可產生這個特別的影像序列。

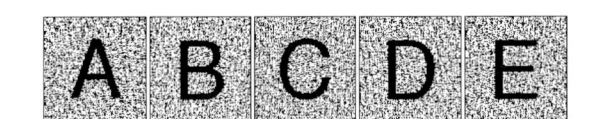

▲ 圖 Ex-14

10.14 科技習題

下面這些習題是被設計為需使用科技裝備來解的問題。基本上，這些裝備為 MATLAB, Mathematica, Maple, Derive 或 Mathcad，亦可能為其他型態的線性代數軟體或具有線性代數內涵的科學計算器。對每個習題，你在使用你的特別裝備時，需先閱讀相關文件。這些習題的主要目標是讓你熟練你的科技裝備。一旦你精通這些習題裡的技巧，將可以使用你的科技裝備來解許多一般習題集的問題。

T1 習題 4 的方法證明貓映射 $\Pi(p)$ 為滿足方程式

$$\begin{bmatrix} 1 & 1 \\ 1 & 2 \end{bmatrix}^{\Pi(p)} \bmod p = \begin{bmatrix} 1 & 0 \\ 0 & 1 \end{bmatrix}$$

的最小整數。此提供求 $\Pi(p)$ 的一個方法，即計算

$$\begin{bmatrix} 1 & 1 \\ 1 & 2 \end{bmatrix}^n \bmod p$$

以 $n = 1$ 開始，而當產生單位矩陣時停止。使用這個觀點計算 $\Pi(p)$，$p = 2, 3, \ldots, 10$。將你所得的結果和習題 1 所給的公式做比較。當 $\Pi(p)$ 為

偶數，

$$\begin{bmatrix} 1 & 1 \\ 1 & 2 \end{bmatrix}^{\frac{1}{2}\Pi(p)} \mod p$$

將會是什麼？

T2 貓圖映射矩陣

$$C = \begin{bmatrix} 1 & 1 \\ 1 & 2 \end{bmatrix}$$

的特徵值及特徵向量分別為

$$\lambda_1 = \frac{3+\sqrt{5}}{2}, \quad \lambda_2 = \frac{3-\sqrt{5}}{2},$$

$$\mathbf{v}_1 = \begin{bmatrix} 1 \\ \dfrac{1+\sqrt{5}}{2} \end{bmatrix}, \quad \mathbf{v}_2 = \begin{bmatrix} 1 \\ \dfrac{1-\sqrt{5}}{2} \end{bmatrix}$$

利用這些特徵值及特徵向量，我們可定義

$$\begin{bmatrix} \dfrac{3+\sqrt{5}}{2} & 0 \\ 0 & \dfrac{3-\sqrt{5}}{2} \end{bmatrix} \quad \text{及} \quad P = \begin{bmatrix} 1 & 1 \\ \dfrac{1+\sqrt{5}}{2} & \dfrac{1-\sqrt{5}}{2} \end{bmatrix}$$

且記 $C = PDP^{-1}$；因此 $C^n = PD^nP^{-1}$。使用電腦證明

$$C^n = \begin{bmatrix} c_{11}^{(n)} & c_{12}^{(n)} \\ c_{21}^{(n)} & c_{22}^{(n)} \end{bmatrix}$$

其中

$$c_{11}^{(n)} = \left(\frac{1+\sqrt{5}}{2\sqrt{5}}\right)\left(\frac{3-\sqrt{5}}{2}\right)^n - \left(\frac{1-\sqrt{5}}{2\sqrt{5}}\right)\left(\frac{3+\sqrt{5}}{2}\right)^n$$

$$c_{22}^{(n)} = \left(\frac{1+\sqrt{5}}{2\sqrt{5}}\right)\left(\frac{3+\sqrt{5}}{2}\right)^n - \left(\frac{1-\sqrt{5}}{2\sqrt{5}}\right)\left(\frac{3-\sqrt{5}}{2}\right)^n$$

且

$$c_{12}^{(n)} = c_{21}^{(n)} = \frac{1}{\sqrt{5}}\left\{\left(\frac{3+\sqrt{5}}{2}\right)^n - \left(\frac{3-\sqrt{5}}{2}\right)^n\right\}$$

如何使用上述結果及習題 T1 所得的結論來簡化計算 $\Pi(p)$ 的方法。

10.15 密碼通訊

本節介紹一種使用矩陣及模算術以對訊息編碼與解碼的技巧，並說明如何使用高斯消去法破解對手 (敵方) 的密碼。

> **預備知識：** 矩陣
> 　　　　　高斯消去法
> 　　　　　矩陣運算
> 　　　　　線性獨立
> 　　　　　線性變換 (4.9 節)

密　碼

將秘密訊息編成密碼以及解譯密碼的學問，稱為 **密碼通訊** (cryptography)。雖然密碼源自早期書信通訊，但近年為了透過大眾傳輸線路傳遞訊息，仍能維持私密性，這項主題也引起了高度的關切。密碼通訊語言中，所用之編碼稱為**密碼** (ciphers)，未譯成密碼的訊息稱為**原文** (plaintext)，已譯成密碼的信息稱為**密碼文** (ciphertext)。將原文轉換為密碼文的程序稱為**編成密碼** (enciphering)，而將密碼文轉換為原文之反轉程序稱為**解讀密碼** (deciphering)。

最簡單的密碼，稱為**代換密碼** (substitution ciphers)，是將每一個字母用一個不同的字母替代。例如，在代換密碼

原文　　*A B C D E F G H I J K L M N O P Q R S T U V W X Y Z*
密碼　　*D E F G H I J K L M N O P Q R S T U V W X Y Z A B C*

中，原文字母 *A* 以 *D* 替代，原文字母 *B* 以 *E* 替代，等等。使用此密碼，原訊息

ROME WAS NOT BUILT IN A DAY

將變成密碼文

URPH ZDV QRW EXLOW LQ D GDB

希爾密碼

代換密碼的缺點是它保留了各個字母的出現頻率，如此敵方即可針對各字母的出現頻率用統計的方法加以分析，很容易便可破解其代換密碼。克服此項缺點的一種方法是將原文分割字母群，然後逐群地譯為密碼文，而不採用前述一個字母替代一個字母的代換法。一種稱為**測謎系統** (polygraphic system) 之密碼系統，係將原文分割成 n 個字母群，每一群用 n 個密碼字母替代。本節中，我們將討論一種以矩陣變換作基礎的測謎系統。[此處所討論的希爾密碼是為了紀念 Lester S. Hill 而命名為**希爾密碼** (Hill-ciphers)，他以下列兩篇論文介紹該密碼系統："Cryptography in an Algebraic Alphabet," *American Mathematical Monthly*, 36, Jun-July 1929, pp. 306-312 及 "Concerning Certain Linear Transformation Apparatus of Cryptography," *American Mathematical Monthly*, 38, March, 1931, pp. 135-154.]

在下面的討論中，假設除了 *Z* 之外，每一個原文以及密碼文字母都已設定一個數值（如表 1 所示）。為了討論清晰起見，將 *Z* 被設定為 0。

表1

A	B	C	D	E	F	G	H	I	J	K	L	M	N	O	P	Q	R	S	T	U	V	W	X	Y	Z
1	2	3	4	5	6	7	8	9	10	11	12	13	14	15	16	17	18	19	20	21	22	23	24	25	0

在最簡單的希爾密碼中，一序列對原文字母將依下列步驟轉換為密碼文：

步驟 1. 選取一個含整數元素之 2×2 階矩陣

$$A = \begin{bmatrix} a_{11} & a_{12} \\ a_{21} & a_{22} \end{bmatrix}$$

以執行解譯。稍後將給予 A 的某些額外條件。

步驟 2. 將原文分割成字母對，若原文字母總數為單數，則在最後一個字母對上填入一個「虛擬」字母，然後將原文的每個字母用對應之數值替代。

步驟 3. 將原文字母對 $p_1 p_2$ 依序轉換為行向量

$$\mathbf{p} = \begin{bmatrix} p_1 \\ p_2 \end{bmatrix}$$

並完成乘積 $A\mathbf{p}$。$\mathbf{p}$ 稱為**原文向量** (plaintext vector)，而 $\mathbf{p}$ 則稱為其對應的**密碼向量** (ciphertext vector)。

步驟 4. 將每一個密碼向量轉換為其字母等價。

▶ **例題 1** 訊息的希爾密碼

使用矩陣

$$\begin{bmatrix} 1 & 2 \\ 0 & 3 \end{bmatrix}$$

將原訊息

I AM HIDING

轉換成希爾密碼。

解：若將原文分割成字母對，並在最後字母對上填入虛擬字母 G，可得

IA   MH   ID   IN   GG

依據表 1，以對應值替代：

9 1   13 8   9 4   9 14   7 7

欲將字母對 IA 改為密碼，我們作矩陣乘積

$$\begin{bmatrix} 1 & 2 \\ 0 & 3 \end{bmatrix} \begin{bmatrix} 9 \\ 1 \end{bmatrix} = \begin{bmatrix} 11 \\ 3 \end{bmatrix}$$

故由表 1 可得密碼文 KC。

欲將字母對 MH 改為密碼，作矩陣乘積

$$\begin{bmatrix} 1 & 2 \\ 0 & 3 \end{bmatrix} \begin{bmatrix} 13 \\ 8 \end{bmatrix} = \begin{bmatrix} 29 \\ 24 \end{bmatrix} \tag{1}$$

然而，在這裡發生問題，因為在表 1 中 29 並沒有定義。為解決這個問題，作成下面協議：

當有大於 25 的數值產生時，我們將此數值除以 26 後，以所得餘數代替此數值。

因為任何整數除以 26 後，所得餘數必屬於 0, 1, 2, ..., 25 這幾個整數之一，所以此程序必可產生一個具有等價字母的整數。

因此，以 3 代替 (1) 式的 29，其為 29 除以 26 所得之餘數。故由表 1 知字母對 MH 的密碼文為 CX。

至於剩餘的密碼文向量則為

$$\begin{bmatrix} 1 & 2 \\ 0 & 3 \end{bmatrix} \begin{bmatrix} 9 \\ 4 \end{bmatrix} = \begin{bmatrix} 17 \\ 12 \end{bmatrix}$$

$$\begin{bmatrix} 1 & 2 \\ 0 & 3 \end{bmatrix} \begin{bmatrix} 9 \\ 14 \end{bmatrix} = \begin{bmatrix} 37 \\ 42 \end{bmatrix} \quad \text{或} \quad \begin{bmatrix} 11 \\ 16 \end{bmatrix}$$

$$\begin{bmatrix} 1 & 2 \\ 0 & 3 \end{bmatrix} \begin{bmatrix} 7 \\ 7 \end{bmatrix} = \begin{bmatrix} 21 \\ 21 \end{bmatrix}$$

這些分別對應至密碼文字母對 QL, KP 及 UU。彙總上述結果，整個密碼訊息為

KC　CX　QL　KP　UU

傳遞時，一般皆以下面不具間隔的單一字串表示：

KCCXQLKPUU　◀

由於原文依字母對分割並以一個 2×2 階矩陣譯成密碼，因此稱呼例題 1 的希爾密碼為**希爾 2-密碼** (Hill 2-cipher)。顯然地，原文亦能依三個字母分組，並以一個含整數元素之 3×3 階矩陣將其譯成密碼，此一方式稱為**希爾 3-密碼** (Hill 3-cipher)。一般對一**希爾 *n*-密碼** (Hill n-cipher) 而言，原文係依 n 個字母分組，並以一個含整數元素之 n×n 階矩陣將其譯成密碼。

模算術

例題 1 中，大於 25 的整數將以該數除以 26 所得的餘數取代。此利用餘數的技巧，在數學的核心中稱為模算術。由於模數在密碼通訊上的重要性，因此暫時岔離主題，介紹該領域中的某些主要概念。

模數算術中，指定一個正整數 m，稱為**模數** (modulus)，對任意兩個差為模數整數倍的整數，則相對於該模數，可將此二數視為「相等」或「等價」。更精確地說，可將其定義如下：

定義 1：若 m 為一正整數，a 及 b 為任意整數。若 $a-b$ 為 m 的整數倍，則可以說相對於模數 m，a 與 b **等價** (equivalent)，並將其表示為

$$a = b \pmod{m}$$

▶ **例題 2** 幾種等價

$$7 = 2 \pmod{5}$$
$$19 = 3 \pmod{2} \text{ (譯者註：依定義應將 3 改為 1。)}$$
$$-1 = 25 \pmod{26}$$
$$12 = 0 \pmod{4}$$ ◀

對任一模數 m，相對於此模數 m，每一個整數 a 恰與整數

$$0, 1, 2, \ldots, m-1$$

中的一個等價是可以證明的。此整數稱為 a 模數 m 的**餘數** (residue)，並以

$$Z_m = \{0, 1, 2, \ldots, m-1\}$$

表示模數 m 的餘數所成的集合。

若 a 為非負整數，則其模數 m 的餘數即為將 a 除以 m 後所得之餘數。對一任意整數 a，可使用下列的定理求其餘數：

> **定理 10.15.1**：對任一整數 a 與模數 m，令
> $$R = \frac{|a|}{m} \text{ 的餘數}$$
> 則 a 模數 m 的餘數 r 為
> $$r = \begin{cases} R & \text{,若 } a \geq 0 \\ m - R & \text{,若 } a < 0 \text{ 且 } R \neq 0 \\ 0 & \text{,若 } a < 0 \text{ 且 } R = 0 \end{cases}$$

▶ **例題 3　模數 26 的餘數**

求 (a) 87，(b) -38，(c) -26，各數模數 26 的剩餘。

解 (a)：將 $|87|=87$ 以 26 除之得餘數 $R=9$，故 $r=9$，因此，

$$87 = 9 \quad (\bmod\ 26)$$

解 (b)：將 $|-38|=38$ 以 26 除之得餘數 $R=12$，故 $r=26-12=14$，因此，

$$-38 = 14 \quad (\bmod\ 26)$$

解 (c)：將 $|-26|=26$ 以 26 除之得餘數 $R=0$，因此，

$$-26 = 0 \quad (\bmod\ 26) \qquad ◀$$

一般算術裡，每一個非零數 a 都有一個倒數或乘法反元素，以 a^{-1} 表示，使

$$aa^{-1} = a^{-1}a = 1$$

在模算術裡，有下列對應之性質：

> **定義 2**：若 a 為 Z_m 中的數，則 Z_m 中的數 a^{-1} 稱為 a 模數 m 的**倒數** (reciprocal) 或**乘法反元素** (multiplicative inverse)，若 $aa^{-1}=a^{-1}a=1\ (\bmod\ m)$。

若 a 與 m 沒有共同質因數，則 a 具有唯一的模數 m 的倒數；反之，若 a 與 m 具有共同質因數，則 a 不具有模數 m 的倒數。

▶ **例題 4　3 模數 26 的倒數**

數值 3 具有模數 26 的倒數，因為 3 與 26 沒有共同質因數。此倒數可

利用求得 Z_{26} 能滿足下面模數方程式之 x 而獲得：

$$3x = 1 \pmod{26}$$

雖然求解此類模數方程式有一般解法，但離題太遠所以不予介紹。由於 26 的數字並不大，因此我們將 0 至 25 的所有可能解逐一代入上式試試。最後得到 $x=9$ 為所求之解，因為

$$3 \cdot 9 = 27 = 1 \pmod{26}$$

因此，

$$3^{-1} = 9 \pmod{26}$$

▶ **例題 5　不具有模數 26 的倒數**

數值 4 不具有模數 26 的倒數，因為 4 與 26 有共同質因數 2 (參考習題 8)。　◀

為供讀者作進一步參考，表 2 中列出模數 26 所有的倒數。

表 2　模數 26 的倒數

a	1	3	5	7	9	11	15	17	19	21	23	25
a^{-1}	1	9	21	15	3	19	7	23	11	5	17	25

解讀密碼

每一種有用的密碼必須有一種解讀程序。就希爾密碼而言，解碼係使用編碼矩陣的逆矩陣 (mod 26)。更精確地說，若 m 為一正整數，則含屬於 Z_m 之元素的矩陣 A 可稱作**可逆的以模數 m** (invertible modulo m)，若存在一個含屬於 Z_m 之元素的矩陣 B 使得

$$AB = BA = I \pmod{m}$$

現在假設

$$A = \begin{bmatrix} a_{11} & a_{12} \\ a_{21} & a_{22} \end{bmatrix}$$

為使用於希爾 2-密碼中之可逆的模數 26。若

$$\mathbf{p} = \begin{bmatrix} p_1 \\ p_2 \end{bmatrix}$$

為一原文向量，則

$$\mathbf{c} = A\mathbf{p} \pmod{26}$$

為其對應的密碼向量且

$$\mathbf{p} = A^{-1}\mathbf{c} \pmod{26}$$

因此，每一個原文向量可經由在其所對應之密碼向量自左邊乘以 A^{-1} (mod 26) 而獲得還原。

密碼通訊上，如何確知一矩陣是可逆的模數 26 以及如何獲得其逆矩陣是極為重要的。現在來探討這些問題。

在一般算術裡，方陣 A 為可逆的若且唯若 $\det(A) \neq 0$；或等價地，若且唯若 $\det(A)$ 有一倒數。下列定理即是模算術中該項結果的類比：

定理 10.15.2：一個含 Z_m 中之元素的方陣 A 為可逆的以 m 為模數，若且唯若 $\det(A)$ 以 m 為模數的餘數具有一個以 m 為模數的倒數。

因為 $\det(A)$ 模數 m 的餘數有一個模數 m 的倒數，若且唯若該餘數與 m 沒有共同質因數，因此有下面系理：

系理 10.15.3：一個含 Z_m 中之元素的方陣 A 為可逆的模數 m 若且唯若 m 與 $\det(A)$ 模數 m 的餘數沒有共同質因數。

由於 $m = 26$ 只有質因數 2 與 13，因此可得下列系理，此系理對密碼通訊極為有用。

系理 10.15.4：一個含 Z_{26} 中之元素的方陣 A 為可逆的以 26 為模數若且唯若 $\det(A)$ 模數 26 的餘數不能以 2 或 13 整除。

下面的結論將留給讀者自行驗證：若方陣

$$A = \begin{bmatrix} a & b \\ c & d \end{bmatrix}$$

的各元素都屬於 Z_{26} 且 $\det(A) = ad - bc$ 模數 26 的餘數不能以 2 或 13 整除，則 $A \pmod{26}$ 的逆矩陣為

$$A^{-1} = (ad - bc)^{-1} \begin{bmatrix} d & -b \\ -c & a \end{bmatrix} \pmod{26} \tag{2}$$

此處 $(ad - bc)^{-1}$ 為 $ad - bc \pmod{26}$ 之餘數的倒數。

▶ **例題 6** 矩陣模數 26 的逆

求矩陣
$$A = \begin{bmatrix} 5 & 6 \\ 2 & 3 \end{bmatrix}$$

的逆矩陣 (mod 26)。

解：
$$\det(A) = ad - bc = 5 \cdot 3 - 6 \cdot 2 = 3$$

故由表 2 知
$$(ad - bc)^{-1} = 3^{-1} = 9 \pmod{26}$$

因此由 (2) 式得
$$A^{-1} = 9 \begin{bmatrix} 3 & -6 \\ -2 & 5 \end{bmatrix} = \begin{bmatrix} 27 & -54 \\ -18 & 45 \end{bmatrix} = \begin{bmatrix} 1 & 24 \\ 8 & 19 \end{bmatrix} \pmod{26}$$

驗證所得答案：
$$AA^{-1} = \begin{bmatrix} 5 & 6 \\ 2 & 3 \end{bmatrix} \begin{bmatrix} 1 & 24 \\ 8 & 19 \end{bmatrix} = \begin{bmatrix} 53 & 234 \\ 26 & 105 \end{bmatrix} = \begin{bmatrix} 1 & 0 \\ 0 & 1 \end{bmatrix} \pmod{26}$$

亦即，$A^{-1}A = I$。

▶ **例題 7** 解讀一個希爾 2-密碼

解讀下面希爾 2-密碼，此密碼文是依據例題 6 中的矩陣編寫而成。

GTNKGKDUSK

解： 依據表 1，此密碼文的數值等價為

7 20　　14 11　　7 11　　4 21　　19 11

為了獲得原文字母對，對每個密碼文向量以 A 的逆矩陣乘之 (得自例題 6)：

$$\begin{bmatrix} 1 & 24 \\ 8 & 19 \end{bmatrix} \begin{bmatrix} 7 \\ 20 \end{bmatrix} = \begin{bmatrix} 487 \\ 436 \end{bmatrix} = \begin{bmatrix} 19 \\ 20 \end{bmatrix} \pmod{26}$$

$$\begin{bmatrix} 1 & 24 \\ 8 & 19 \end{bmatrix} \begin{bmatrix} 14 \\ 11 \end{bmatrix} = \begin{bmatrix} 278 \\ 321 \end{bmatrix} = \begin{bmatrix} 18 \\ 9 \end{bmatrix} \pmod{26}$$

$$\begin{bmatrix} 1 & 24 \\ 8 & 19 \end{bmatrix} \begin{bmatrix} 7 \\ 11 \end{bmatrix} = \begin{bmatrix} 271 \\ 265 \end{bmatrix} = \begin{bmatrix} 11 \\ 5 \end{bmatrix} \pmod{26}$$

$$\begin{bmatrix} 1 & 24 \\ 8 & 19 \end{bmatrix} \begin{bmatrix} 4 \\ 21 \end{bmatrix} = \begin{bmatrix} 508 \\ 431 \end{bmatrix} = \begin{bmatrix} 14 \\ 15 \end{bmatrix} \pmod{26}$$

$$\begin{bmatrix} 1 & 24 \\ 8 & 19 \end{bmatrix} \begin{bmatrix} 19 \\ 11 \end{bmatrix} = \begin{bmatrix} 283 \\ 361 \end{bmatrix} = \begin{bmatrix} 23 \\ 23 \end{bmatrix} \pmod{26}$$

依據表 1，上述向量之等價字母為

$$ST \quad RI \quad KE \quad NO \quad WW$$

它所產生的訊息是

$$STRIKE \quad NOW \qquad ◀$$

破解希爾密碼

因為將訊息或資料譯成密碼的主要目的，是防止「對手」獲悉所傳送之訊息或資料的內容，因此擔任密碼工作者所關心的是密碼的安全性——亦即，是否會很容易地被「對手」破解。下面將以介紹一種破解希爾密碼的技巧來結束本節。

假設你有能力由一件對手的訊息中獲得某相對應的原文與密碼文。例如，在檢驗某一截聽之密碼文後，你也許能推測出該訊息是一封以 $DEAR\ SIR$ 為開頭的書信。以下將證明利用少量此類的資訊，可能求得出一個希爾密碼的解碼矩陣，並因而破解其餘的訊息。

線性轉換可由其在某基底的值完全決定是線性代數的基本性質。此性質暗示：若有一種希爾 n-密碼，且若

$$\mathbf{p}_1, \mathbf{p}_2, \ldots, \mathbf{p}_n$$

為線性獨立原文向量，且相對應之密碼文向量

$$A\mathbf{p}_1, A\mathbf{p}_2, \ldots, A\mathbf{p}_n$$

為已知，則有足夠的資訊可用於決定矩陣 A，並從而獲得 $A^{-1} \pmod{m}$。

下列定理 (證明留作習題) 提供一種有用的方法：

定理 10.15.5：求解碼矩陣

令 $\mathbf{p}_1, \mathbf{p}_2, \ldots, \mathbf{p}_n$ 為線性獨立的原文向量，且令 $\mathbf{c}_1, \mathbf{c}_2, \ldots, \mathbf{c}_n$ 為某希爾 n-密碼中相對應之密碼文向量。若

$$P = \begin{bmatrix} \mathbf{p}_1^T \\ \mathbf{p}_2^T \\ \vdots \\ \mathbf{p}_n^T \end{bmatrix}$$

為含列向量 $\mathbf{p}_1^T, \mathbf{p}_2^T, \ldots, \mathbf{p}_n^T$ 之 $n \times n$ 階矩陣而

$$C = \begin{bmatrix} \mathbf{c}_1^T \\ \mathbf{c}_2^T \\ \vdots \\ \mathbf{c}_n^T \end{bmatrix}$$

為含列向量 $\mathbf{c}_1^T, \mathbf{c}_2^T, \ldots, \mathbf{c}_n^T$ 之 $n \times n$ 階矩陣，則將 C 簡化為 I 所需的一序列基本列運算可將 P 變換為 $(A^{-1})^T$。

此定理陳述了若想求得解碼矩陣 A^{-1} 的轉置矩陣，必須求將 C 簡化為 I 所需的一序列基本列運算，然後對 P 執行此一相同的序列基本列運算。下面的例題將以一種簡單演算法說明此定理。

▶ **例題 8　使用定理 10.15.5**

若截收到下列的希爾 2-密碼

$$IOSBTGXESPXHOPDE$$

試破解此密碼文，已知訊息的第一個字為 $DEAR$。

解：依據表 1，已知原文的等價數值為

DE	AR
4 5	1 18

而相對應之密碼文的等價數值為

IO	SB
9 15	19 2

故相對應之原文與密碼文向量為

$$\mathbf{p}_1 = \begin{bmatrix} 4 \\ 5 \end{bmatrix} \leftrightarrow \mathbf{c}_1 = \begin{bmatrix} 9 \\ 15 \end{bmatrix}$$

$$\mathbf{p}_2 = \begin{bmatrix} 1 \\ 18 \end{bmatrix} \leftrightarrow \mathbf{c}_2 = \begin{bmatrix} 19 \\ 2 \end{bmatrix}$$

現在要將

$$C = \begin{bmatrix} \mathbf{c}_1^T \\ \mathbf{c}_2^T \end{bmatrix} = \begin{bmatrix} 9 & 15 \\ 19 & 2 \end{bmatrix}$$

經由基本列運算簡化為 I，同時應用這些基本列運算於

$$P = \begin{bmatrix} \mathbf{p}_1^T \\ \mathbf{p}_2^T \end{bmatrix} = \begin{bmatrix} 4 & 5 \\ 1 & 18 \end{bmatrix}$$

以獲得 $(A^{-1})^T$ (解碼矩陣的轉置矩陣)。此項工作可藉由將 P 相伴於 C 的右邊,並對所得的矩陣 $[C|P]$ 進行一序列基本列運算,直到將左邊簡化為 I,右邊即為所求 $(A^{-1})^T$。其計算步驟如下所示:

$\begin{bmatrix} 9 & 15 & | & 4 & 5 \\ 19 & 2 & | & 1 & 18 \end{bmatrix}$ ← 做成矩陣 $[C|P]$

$\begin{bmatrix} 1 & 45 & | & 12 & 15 \\ 19 & 2 & | & 1 & 18 \end{bmatrix}$ ← 第一列乘以 $9^{-1} = 3$

$\begin{bmatrix} 1 & 19 & | & 12 & 15 \\ 19 & 2 & | & 1 & 18 \end{bmatrix}$ ← 將 45 以其模數 26 的餘數取代

$\begin{bmatrix} 1 & 19 & | & 12 & 15 \\ 0 & -359 & | & -227 & -267 \end{bmatrix}$ ← 第一列乘上 -19 後加至第二列

$\begin{bmatrix} 1 & 19 & | & 12 & 15 \\ 0 & 5 & | & 7 & 19 \end{bmatrix}$ ← 將第二列中的各元素以模數 26 的餘數取代原來的元素

$\begin{bmatrix} 1 & 19 & | & 12 & 15 \\ 0 & 1 & | & 147 & 399 \end{bmatrix}$ ← 第二列乘以 $5^{-1} = 21$

$\begin{bmatrix} 1 & 19 & | & 12 & 15 \\ 0 & 1 & | & 17 & 9 \end{bmatrix}$ ← 以第二列各元素模數 26 的餘數分別取代各值

$\begin{bmatrix} 1 & 0 & | & -311 & -156 \\ 0 & 1 & | & 17 & 9 \end{bmatrix}$ ← 第二列乘以 -19 後加至第一列

$\begin{bmatrix} 1 & 0 & | & 1 & 0 \\ 0 & 1 & | & 17 & 9 \end{bmatrix}$ ← 將第一列中的各元素以其模數 26 的餘數取代原來的元素

因此

$$(A^{-1})^T = \begin{bmatrix} 1 & 0 \\ 17 & 9 \end{bmatrix}$$

故解碼矩陣為

$$A^{-1} = \begin{bmatrix} 1 & 17 \\ 0 & 9 \end{bmatrix}$$

為了解讀此項訊息,首先將密碼文逐一分割為字母對,並求出每個字母的數值等價

IO	*SB*	*TG*	*XE*	*SP*	*XH*	*OP*	*DE*
9 15	19 2	20 7	24 5	19 16	24 8	15 16	4 5

其次，以 A^{-1} 逐一乘於各個密碼文向量的左邊並求出所得原文向量的等價字母：

$$\begin{bmatrix} 1 & 17 \\ 0 & 9 \end{bmatrix}\begin{bmatrix} 9 \\ 15 \end{bmatrix} = \begin{bmatrix} 4 \\ 5 \end{bmatrix} \quad \begin{matrix} D \\ E \end{matrix}$$

$$\begin{bmatrix} 1 & 17 \\ 0 & 9 \end{bmatrix}\begin{bmatrix} 19 \\ 2 \end{bmatrix} = \begin{bmatrix} 1 \\ 18 \end{bmatrix} \quad \begin{matrix} A \\ R \end{matrix}$$

$$\begin{bmatrix} 1 & 17 \\ 0 & 9 \end{bmatrix}\begin{bmatrix} 20 \\ 7 \end{bmatrix} = \begin{bmatrix} 9 \\ 11 \end{bmatrix} \quad \begin{matrix} I \\ K \end{matrix}$$

$$\begin{bmatrix} 1 & 17 \\ 0 & 9 \end{bmatrix}\begin{bmatrix} 24 \\ 5 \end{bmatrix} = \begin{bmatrix} 5 \\ 19 \end{bmatrix} \quad \begin{matrix} E \\ S \end{matrix} \quad (\bmod 26)$$

$$\begin{bmatrix} 1 & 17 \\ 0 & 9 \end{bmatrix}\begin{bmatrix} 19 \\ 16 \end{bmatrix} = \begin{bmatrix} 5 \\ 14 \end{bmatrix} \quad \begin{matrix} E \\ N \end{matrix}$$

$$\begin{bmatrix} 1 & 17 \\ 0 & 9 \end{bmatrix}\begin{bmatrix} 24 \\ 8 \end{bmatrix} = \begin{bmatrix} 4 \\ 20 \end{bmatrix} \quad \begin{matrix} D \\ T \end{matrix}$$

$$\begin{bmatrix} 1 & 17 \\ 0 & 9 \end{bmatrix}\begin{bmatrix} 15 \\ 16 \end{bmatrix} = \begin{bmatrix} 1 \\ 14 \end{bmatrix} \quad \begin{matrix} A \\ N \end{matrix}$$

$$\begin{bmatrix} 1 & 17 \\ 0 & 9 \end{bmatrix}\begin{bmatrix} 4 \\ 5 \end{bmatrix} = \begin{bmatrix} 11 \\ 19 \end{bmatrix} \quad \begin{matrix} K \\ S \end{matrix}$$

最後，利用原文字母對建構出訊息內容：

DE AR IK ES EN DT AN KS

DEAR IKE SEND TANKS ◀

參考文獻

有意對數學密碼通訊深入探究的讀者，可參閱下面兩本著作：第一本為初級的，第二本是屬於進階的。

1. Abraham Sinkov, *Elementary Cryptanalysis, a Mathematical Approach* (Mathmatical Association of America, 2009).
2. Alan G. Konheim, *Cryptography, a Primer* (New York: Wiley-Interscience, 1981).

習題集 10.15

1. 依據下面的解碼矩陣，將訊息 *DARK NIGHT* 譯成希爾密碼。

   (a) $\begin{bmatrix} 1 & 3 \\ 2 & 1 \end{bmatrix}$ (b) $\begin{bmatrix} 4 & 3 \\ 1 & 2 \end{bmatrix}$

2. 決定下面各矩陣是否為可逆的模數 26。若為可逆的，試求其 A^{-1} (mod 26)，並使用 $AA^{-1} = A^{-1}A = 1$ (mod 26) 驗證你的答案。

   (a) $A = \begin{bmatrix} 9 & 1 \\ 7 & 2 \end{bmatrix}$ (b) $A = \begin{bmatrix} 3 & 1 \\ 5 & 3 \end{bmatrix}$

   (c) $A = \begin{bmatrix} 8 & 11 \\ 1 & 9 \end{bmatrix}$ (d) $A = \begin{bmatrix} 2 & 1 \\ 1 & 7 \end{bmatrix}$

   (e) $A = \begin{bmatrix} 3 & 1 \\ 6 & 2 \end{bmatrix}$ (f) $A = \begin{bmatrix} 1 & 8 \\ 1 & 3 \end{bmatrix}$

3. 試以解碼矩陣

   $$\begin{bmatrix} 4 & 1 \\ 3 & 2 \end{bmatrix}$$

   解讀依據希爾密碼譯成的密碼文

   SAKNOXAOJX

4. 假設你截收到以希爾 2-密碼譯成的前二組字母對

   SL HK

   試求解碼與譯碼矩陣，已知原文的第一個字為 *ARMY*。

5. 若已知原文的最後四個字母為 *ATOM*，試解讀下面希爾 2-密碼：

   LNGIHGYBVRENJYQO

6. 若已知原文的前九個字母為 *IHAVECOME*，試解讀下面希爾 3-密碼：

   HPAFQGGDUGDDHPGODYNOR

7. 本節的所有結果可被一般化為原文是一個二元訊息：亦即，原文是一個由 0 和 1 所組成的序列。此時，我們將使用模數 2 來處理我們的所有模數算術而非使用模數 26。因此，例如，$1+1 = 0$ (mod 2)。假設我們想將訊息 110101111 譯成密碼，讓我們先將它打破成三個一組來形成三個向量

   $\begin{bmatrix} 1 \\ 1 \\ 0 \end{bmatrix}, \begin{bmatrix} 1 \\ 0 \\ 1 \end{bmatrix}, \begin{bmatrix} 1 \\ 1 \\ 1 \end{bmatrix}$，且取 $\begin{bmatrix} 1 & 1 & 0 \\ 0 & 1 & 1 \\ 1 & 1 & 1 \end{bmatrix}$ 作為譯成密碼矩陣。

   (a) 求所編成的密碼訊息。
   (b) 求譯成密碼矩陣的模數 2 反矩陣，並證明它將譯解你已編成密碼的訊息。

8. 若除了 26 個英文字母外另外加上句點、逗點及問號，因此有 29 個原文及密碼文符號可茲運用且所有矩陣算術是依據模數 29 運算。試問在何種條件下，一個含 Z_{29} 的元素之矩陣將為可逆的模數 29？

9. 以連續代入 $x = 0, 1, 2, \ldots, 25$ 的方式，證明模數方程式 $4x = 1$ (mod 26) 的解不在 Z_{26} 中。

10. (a) 令 P 與 C 為定理 10.15.5 的矩陣，試證明 $P = C(A^{-1})^T$。

    (b) 為了證明定理 10.15.5，令 $E_1, E_2, \ldots, E_n$ 為將 C 簡化為 I 的列運算所對應的基本矩陣，故

    $$E_n \cdots E_2 E_1 C = I$$

    試證明

    $$E_n \cdots E_2 E_1 P = (A^{-1})^T$$

    由此可知簡化 C 成 I 的相同順序的列運算將 P 轉變成 $(A^{-1})^T$。

11. (a) 若 A 為一希爾 n-密碼的解譯矩陣，試證明

    $$A^{-1} = (C^{-1}P)^T \pmod{26}$$

    此處 C 與 P 為定理 10.15.5 所定義的矩陣。

(b) 利用 (a) 的結果與由 (2) 式計算得之 C^{-1}，取代定理 10.15.5 所述的解法，試求例題 8 的解碼矩陣 A^{-1}。[注意：本題所述方法對希爾 2-密碼極具實用性，但對 $n > 2$ 之希爾 n-密碼，則定理 10.15.5 較具效率。]

10.15 科技習題

下面這些習題是被設計為需使用科技裝備來解的問題。基本上，這些裝備為 MATLAB, *Mathematica*, Maple, Derive 或 Mathcad，亦可能為其他型態的線性代數軟體或具有線性代數內涵的科學計算器。對每個習題，你在使用你的特別裝備時，需先閱讀相關文件。這些習題的主要目標是讓你熟練你的科技裝備。一旦你精通這些習題裡的技巧，將可以使用你的科技裝備來解許多一般習題集的問題。

T1 兩個沒有共同因數 (1 除外) 的整數被稱為互質。給一正整數 n，令 $S_n = \{a_1, a_2, a_3, \ldots, a_m\}$，其中 $a_1 < a_2 < a_3 < \cdots < a_m$，為所有小於 n 且和 n 互質的正整數所成的集合。例如，若 $n = 9$，則

$$S_9 = \{a_1, a_2, a_3, \ldots, a_6\} = \{1, 2, 4, 5, 7, 8\}$$

(a) 建構一個包含 n 及 S_n 的表，$n = 2, 3, \ldots, 15$，並分別計算

$$\sum_{k=1}^{m} a_k \quad \text{及} \quad \left(\sum_{k=1}^{m} a_k\right) \pmod{n}$$

做一個猜想並且證明你的猜想為真。[提示：利用若 a 和 n 互質，則 $n - a$ 和 n 互質。]

(b) 給一正整數 n 及集合 S_n，令 P_n 為 $m \times m$ 階矩陣

$$P_n = \begin{bmatrix} a_1 & a_2 & a_3 & \cdots & a_{m-1} & a_m \\ a_2 & a_3 & a_4 & \cdots & a_m & a_1 \\ a_3 & a_4 & a_5 & \cdots & a_1 & a_2 \\ \vdots & \vdots & \vdots & \ddots & \vdots & \vdots \\ a_{m-1} & a_m & a_1 & \cdots & a_{m-3} & a_{m-2} \\ a_m & a_1 & a_2 & \cdots & a_{m-2} & a_{m-1} \end{bmatrix}$$

例如，

$$P_9 = \begin{bmatrix} 1 & 2 & 4 & 5 & 7 & 8 \\ 2 & 4 & 5 & 7 & 8 & 1 \\ 4 & 5 & 7 & 8 & 1 & 2 \\ 5 & 7 & 8 & 1 & 2 & 4 \\ 7 & 8 & 1 & 2 & 4 & 5 \\ 8 & 1 & 2 & 4 & 5 & 7 \end{bmatrix}$$

使用電腦計算 $\det(P_n)$ 及 $\det(P_n) \pmod{n}$ 對 $n = 2, 3, \ldots, 15$，然後利用這些結果建構一個猜想。

(c) 利用 (a) 之結果證明你的猜想為真。[提示：將 P_n 的前 $m - 1$ 列加至最後一列，然後使用定理 2.2.3。] 這些結果可暗示 $P_n \pmod{n}$ 之逆什麼？

T2 給一正整數 n，所有小於 n 且和 n 互質的正整數個數被稱為 n 的 **Euler phi** 函數 (Euler phi function) 且被表為 $\varphi(n)$。例如，$\varphi(6) = 2$，因為僅有兩個正整數 (1 及 5) 小於 6 且和 6 無共同因數。

(a) 使用電腦，對每個 $n = 2, 3, \ldots, 25$ 計算並印出所有小於 n 且和 n 互質的所有正整數。然後使用這些整數求 $\varphi(n)$ 的值對 $n = 2, 3, \ldots, 25$。你能在這些結果裡發現什麼模型嗎？

(b) 我們可證明若 $\{p_1, p_2, \ldots, p_m\}$ 為 n 的所有不同質因數，則

$$\varphi(n) = n\left(1 - \frac{1}{p_1}\right)\left(1 - \frac{1}{p_2}\right)\left(1 - \frac{1}{p_3}\right)\cdots\left(1 - \frac{1}{p_m}\right)$$

例如，因為 $\{2, 3\}$ 為 12 的所有不同質因數，所以

$$\varphi(12) = 12\left(1 - \frac{1}{2}\right)\left(1 - \frac{1}{3}\right) = 4$$

其和 $\{1, 5, 7, 11\}$ 為小於 12 且和 12 互質的

唯一正整數之事實相符。使用電腦，印出 n 的所有質因數，其中 $n = 2, 3, \ldots, 25$。然後使用上述之公式計算 $\varphi(n)$ 並和 (a) 之結果做比較。

10.16 基因上的應用

本節中將藉由計算一矩陣的冪次，探究遺傳特性在連續世代之傳遞。

> **預備知識**：特徵值及特徵向量
> 矩陣之對角化
> 直觀極限概念

遺傳特性

本節將討論動物或植物的特性遺傳。此處所考慮的動植物的遺傳特性，假設由一組基因對所控制，並將此基因對指定為 A 與 a。依據**體染色體的遺傳** (autosomal inheritance)，群體中的每一個體擁有兩個此類的基因，其可能的組對指定為 AA, Aa 及 aa。此種基因對稱為個體的**基因型** (genotype)，它決定了由基因控制之特性如何在個體中顯現。例如，對金魚藻而言，一組基因對決定了花的顏色。基因型 AA 開出紅色花，基因型 Aa 開出粉紅色花，而基因型 aa 開出白色花。對人類而言，眼睛的色澤是經由體染色體的遺傳控制。基因型 AA 及 Aa 者擁有褐色眼睛，而基因型為 aa 者則擁有藍眼睛。對此情形，我們說基因 A 對基因 a 而言是**顯性** (dominate) 的，或基因 a 對基因 A 而言是**隱性** (recessive) 的，此乃因為基因型 Aa 擁有與基因型 AA 完全相同的表現特性。

除了體染色體的遺傳外，亦將討論 **X-連鎖的遺傳** (X-linked inheritance)。在此類遺傳中，雄性僅擁有兩個可能基因 (A 或 a) 之一，而雌性則擁有一組基因對 (AA, Aa 或 aa)。就人類而言，色盲、遺傳性禿頭、血友病及肌肉營養失調等等，都是由 X-連鎖的遺傳所控制的特性。

底下即針對上述兩種類型之遺傳，解釋父母的基因傳遞給後世子孫的方式。並將建構以父母的基因型表示出前世代之基因型的矩陣模型，也利用這些矩陣模型求出經過一系列世代後，群體的基因型分佈。

體染色體的遺傳

在體染色體的遺傳中,一個體由其父親及母親之基因對中分別繼承一個基因以形成其自身的特定組對。就目前所知,父母傳遞基因給子女乃一機率問題。因此,若父親的基因型為 Aa,則子女繼承 A 基因或 a 基因的機率幾乎相等。若父親的基因型為 aa 且母親的基因型為 Aa,則子女勢必由父親處 (aa) 繼承基因 a,而由母親處 (Aa) 繼承 A 或 a (機率相等)。結果,每一個子女的基因型為 Aa 或 aa 的機率皆為 1/2。表 1 中,我們列出對雙親之基因型的所有可能結合,及其子女之可能基因型的機率:

表 1

子女之基因型	雙親之基因型

子女之基因型	AA–AA	AA–Aa	AA–aa	Aa–Aa	Aa–aa	aa–aa
AA	1	$\frac{1}{2}$	0	$\frac{1}{4}$	0	0
Aa	0	$\frac{1}{2}$	1	$\frac{1}{2}$	$\frac{1}{2}$	0
aa	0	0	0	$\frac{1}{4}$	$\frac{1}{2}$	1

▶ **例題 1　植物組群的基因型分佈**

一位農夫擁有由三種可能基因型 AA, Aa 和 aa 的某一分佈組成的大植物組群。若該農夫想要著手進行一項繁殖計畫:每棵植物都必須與一棵擁有基因型 AA 的植物結合。依此計畫,首先必須導出表示經過任意世代後,上述三種基因型的分佈情況的表示式。

　　對 $n = 0, 1, 2, \ldots$,設定

$a_n =$ 在第 n 代時,具有基因型 AA 植物的比例
$b_n =$ 在第 n 代時,具有基因型 Aa 植物的比例
$c_n =$ 在第 n 代時,具有基因型 aa 植物的比例

因此,a_0, b_0 及 c_0 表示各基因型之期初分佈。由題意可得

$$a_n + b_n + c_n = 1 \quad 對 n = 0, 1, 2, \ldots$$

依據表 1,可由前一世代的基因型分佈求得下一世代的基因型分佈,其一般式為

$$a_n = a_{n-1} + \tfrac{1}{2}b_{n-1}$$
$$b_n = c_{n-1} + \tfrac{1}{2}b_{n-1} \qquad n = 1, 2, \ldots \tag{1}$$
$$c_n = 0$$

例如，上列第一式述明依據此繁殖計畫，基因型為 AA 之植物的所有後裔都具有基因型 AA，而基因型為 Aa 之植物的子代中有一半具有基因型 AA。

(1) 式可表示為矩陣型式

$$\mathbf{x}^{(n)} = M\mathbf{x}^{(n-1)}, \qquad n = 1, 2, \ldots \tag{2}$$

其中

$$\mathbf{x}^{(n)} = \begin{bmatrix} a_n \\ b_n \\ c_n \end{bmatrix}, \quad \mathbf{x}^{(n-1)} = \begin{bmatrix} a_{n-1} \\ b_{n-1} \\ c_{n-1} \end{bmatrix} \quad \text{及} \quad M = \begin{bmatrix} 1 & \tfrac{1}{2} & 0 \\ 0 & \tfrac{1}{2} & 1 \\ 0 & 0 & 0 \end{bmatrix}$$

注意，矩陣 M 中的三行元素與表 1 的前三行元素完全相同。

由 (2) 式可得

$$\mathbf{x}^{(n)} = M\mathbf{x}^{(n-1)} = M^2\mathbf{x}^{(n-2)} = \cdots = M^n\mathbf{x}^{(0)} \tag{3}$$

因此，若可求得 M^n 的明顯表示式，即可使用 (3) 式求得一 $\mathbf{x}^{(n)}$ 的明顯表示式。為了求得 M^n 的明顯表示式，首先對角線化 M，亦即，求得一可逆矩陣 P 以及一對角線矩陣 D，使得

$$M = PDP^{-1} \tag{4}$$

經由如此的對角線化，可得 (參考習題 1)

$$M^n = PD^nP^{-1} \qquad \text{對 } n = 1, 2, \ldots$$

其中

$$D^n = \begin{bmatrix} \lambda_1 & 0 & 0 & \cdots & 0 \\ 0 & \lambda_2 & 0 & \cdots & 0 \\ \vdots & \vdots & \vdots & & \vdots \\ 0 & 0 & 0 & \cdots & \lambda_k \end{bmatrix}^n = \begin{bmatrix} \lambda_1^n & 0 & 0 & \cdots & 0 \\ 0 & \lambda_2^n & 0 & \cdots & 0 \\ \vdots & \vdots & \vdots & & \vdots \\ 0 & 0 & 0 & \cdots & \lambda_k^n \end{bmatrix}$$

利用求出 M 的特徵值及對應的特徵向量，可完成 M 的對角線化。其特徵值及特徵向量為 (驗證之)：

特徵值： $\qquad \lambda_1 = 1, \qquad \lambda_2 = \tfrac{1}{2}, \qquad \lambda_3 = 0$

對應的特徵向量： $\mathbf{v}_1 = \begin{bmatrix} 1 \\ 0 \\ 0 \end{bmatrix}$, $\mathbf{v}_2 = \begin{bmatrix} 1 \\ -1 \\ 0 \end{bmatrix}$, $\mathbf{v}_3 = \begin{bmatrix} 1 \\ -2 \\ 1 \end{bmatrix}$

因此，(4) 式中的 D 及 P 為

$$D = \begin{bmatrix} \lambda_1 & 0 & 0 \\ 0 & \lambda_2 & 0 \\ 0 & 0 & \lambda_3 \end{bmatrix} = \begin{bmatrix} 1 & 0 & 0 \\ 0 & \frac{1}{2} & 0 \\ 0 & 0 & 0 \end{bmatrix}$$

及

$$P = [\mathbf{v}_1 \mid \mathbf{v}_2 \mid \mathbf{v}_3] = \begin{bmatrix} 1 & 1 & 1 \\ 0 & -1 & -2 \\ 0 & 0 & 1 \end{bmatrix}$$

因此，

$$\mathbf{x}^{(n)} = PD^n P^{-1} \mathbf{x}^{(0)} = \begin{bmatrix} 1 & 1 & 1 \\ 0 & -1 & -2 \\ 0 & 0 & 1 \end{bmatrix} \begin{bmatrix} 1 & 0 & 0 \\ 0 & \left(\frac{1}{2}\right)^n & 0 \\ 0 & 0 & 0 \end{bmatrix} \begin{bmatrix} 1 & 1 & 1 \\ 0 & -1 & -2 \\ 0 & 0 & 1 \end{bmatrix} \begin{bmatrix} a_0 \\ b_0 \\ c_0 \end{bmatrix}$$

或

$$\mathbf{x}^{(n)} = \begin{bmatrix} a_n \\ b_n \\ c_n \end{bmatrix} = \begin{bmatrix} 1 & 1-\left(\frac{1}{2}\right)^n & 1-\left(\frac{1}{2}\right)^{n-1} \\ 0 & \left(\frac{1}{2}\right)^n & \left(\frac{1}{2}\right)^{n-1} \\ 0 & 0 & 0 \end{bmatrix} \begin{bmatrix} a_0 \\ b_0 \\ c_0 \end{bmatrix}$$

$$= \begin{bmatrix} a_0 + b_0 + c_0 - \left(\frac{1}{2}\right)^n b_0 - \left(\frac{1}{2}\right)^{n-1} c_0 \\ \left(\frac{1}{2}\right)^n b_0 + \left(\frac{1}{2}\right)^{n-1} c_0 \\ 0 \end{bmatrix}$$

利用 $a_0+b_0+c_0=1$ 之事實，將其代入上式可得

$$\begin{aligned} a_n &= 1 - \left(\tfrac{1}{2}\right)^n b_0 - \left(\tfrac{1}{2}\right)^{n-1} c_0 \\ b_n &= \left(\tfrac{1}{2}\right)^n b_0 + \left(\tfrac{1}{2}\right)^{n-1} c_0 \qquad n = 1, 2, \ldots \\ c_n &= 0 \end{aligned} \qquad (5)$$

這些式子係以期初各基因型之比例表示出第 n 世代時三種基因型的比例。

由於當 $n \to \infty$ 時，$\left(\tfrac{1}{2}\right)^n \to 0$。因此當 $n \to \infty$ 時，(5) 式即成

$$a_n \to 1$$
$$b_n \to 0$$
$$c_n = 0$$

亦即，經過無限世代後，該片農作物將全部為基因型 AA。

▶ **例題 2** 例題 1 的修正題

本例中，我們將例題 1 的繁殖計畫修正為：每棵農作物都必須與一棵擁有相同基因型的農作物結合。使用與例題 1 中相同符號，我們可得

$$\mathbf{x}^{(n)} = M^n \mathbf{x}^{(0)}$$

其中

$$M = \begin{bmatrix} 1 & \frac{1}{4} & 0 \\ 0 & \frac{1}{2} & 0 \\ 0 & \frac{1}{4} & 1 \end{bmatrix}$$

此一新矩陣 M 中各行元素與表 1 中對應於親代基因型 AA-AA, Aa-Aa 及 aa-aa 各行的元素完全相同。

矩陣 M 的特徵值為 (試驗證之)：

$$\lambda_1 = 1, \quad \lambda_2 = 1, \quad \lambda_3 = \tfrac{1}{2}$$

特徵值 $\lambda_1 = 1$ 具有重數 2，因此其對應的特徵向量是二維的。由對應於 $\lambda = 1$ 的特徵空間中選取二個線性獨立向量 $\mathbf{v}_1$ 及 $\mathbf{v}_2$ 及對應於特徵值 $\lambda_3 = \tfrac{1}{2}$ 的特徵向量 $\mathbf{v}_3$，則得 (試驗證之)：

$$\mathbf{v}_1 = \begin{bmatrix} 1 \\ 0 \\ 0 \end{bmatrix}, \quad \mathbf{v}_2 = \begin{bmatrix} 0 \\ 0 \\ 1 \end{bmatrix}, \quad \mathbf{v}_3 = \begin{bmatrix} 1 \\ -2 \\ 1 \end{bmatrix}$$

計算 $\mathbf{x}^{(n)}$，則

$$\begin{aligned}
\mathbf{x}^{(n)} &= M^n \mathbf{x}^{(0)} = P D^n P^{-1} \mathbf{x}^{(0)} \\
&= \begin{bmatrix} 1 & 0 & 1 \\ 0 & 0 & -2 \\ 0 & 1 & 1 \end{bmatrix} \begin{bmatrix} 1 & 0 & 0 \\ 0 & 1 & 0 \\ 0 & 0 & \left(\tfrac{1}{2}\right)^n \end{bmatrix} \begin{bmatrix} 1 & \tfrac{1}{2} & 0 \\ 0 & \tfrac{1}{2} & 1 \\ 0 & -\tfrac{1}{2} & 0 \end{bmatrix} \begin{bmatrix} a_0 \\ b_0 \\ c_0 \end{bmatrix} \\
&= \begin{bmatrix} 1 & \tfrac{1}{2} - \left(\tfrac{1}{2}\right)^{n+1} & 0 \\ 0 & \left(\tfrac{1}{2}\right)^n & 0 \\ 0 & \tfrac{1}{2} - \left(\tfrac{1}{2}\right)^{n+1} & 1 \end{bmatrix} \begin{bmatrix} a_0 \\ b_0 \\ c_0 \end{bmatrix}
\end{aligned}$$

因此，

$$a_n = a_0 + \left[\frac{1}{2} - \left(\frac{1}{2}\right)^{n+1}\right] b_0$$
$$b_n = \left(\frac{1}{2}\right)^n b_0 \qquad n = 1, 2, \ldots \qquad (6)$$
$$c_n = c_0 + \left[\frac{1}{2} - \left(\frac{1}{2}\right)^{n+1}\right] b_0$$

取極限，當 $n \to \infty$ 時，$\left(\frac{1}{2}\right)^n \to 0$ 且 $\left(\frac{1}{2}\right)^{n+1} \to 0$，使得

$$a_n \to a_0 + \tfrac{1}{2} b_0$$
$$b_n \to 0$$
$$c_n \to c_0 + \tfrac{1}{2} b_0$$

因此，當 $n \to \infty$ 時，依本例題繁殖計畫所繁殖的後代將只包含基因型 AA 與 aa。◀

體染色體的隱性疾病

有許多遺傳疾病是由體染色體所支配，其正常基因 A 對異常基因 a 而言是顯性的。具有基因型 AA 者為正常個體；具有基因型 Aa 為帶有疾病但不為疾病所苦者，而具有基因型 aa 者即為疾病所苦者。對人類而言，此類遺傳疾病常與特定種族有關。例如，胞囊纖維症 (高加索人)、柯利氏貧血症 (地中海原住民)、泰薩二氏白痴症 (東歐猶太人) 等等。

假設某動物養殖者擁有一群帶有某種體染色體隱性遺傳疾病的動物，並假設那些為該種疾病所苦之動物無法存活到化膿階段。對此養殖者而言，將每一雌性動物 (不論其基因型為何) 與一正常雄性動物交配是控制該種疾病的可行辦法之一。依此方式交配所繁殖的後代子孫則將擁有正常父親與正常母親 (AA-AA 交配) 或者正常父親與帶有隱性遺傳疾病的母親 (AA-Aa 交配) 中兩者之一。依此計畫進行交配後，將沒有任一後代子孫會為疾病所苦，雖然仍有某些後代子孫帶有該種隱性遺傳疾病。現在要求得出後代子孫帶有此種隱性遺傳疾病的比例。首先，設定

$$\mathbf{x}^{(n)} = \begin{bmatrix} a_n \\ b_n \end{bmatrix}, \qquad n = 1, 2, \ldots$$

其中

$a_n =$ 第 n 代中，擁有基因型 AA 的群體比例

$b_n =$ 第 n 代中，擁有基因型 Aa (帶病者) 的群體比例

由於每一動物的子代至少將擁有一正常親代，因此可將此交配計畫視為與具有基因型 AA 者連續地交配，正如例題 1 一般。因此，由某一代傳遞到下一代的基因型分佈係由下列方程式支配：

$$\mathbf{x}^{(n)} = M\mathbf{x}^{(n-1)}, \qquad n = 1, 2, \ldots$$

其中

$$M = \begin{bmatrix} 1 & \frac{1}{2} \\ 0 & \frac{1}{2} \end{bmatrix}$$

若已知期初分佈 $\mathbf{x}^{(0)}$，則第 n 代的基因型分佈將為

$$\mathbf{x}^{(n)} = M^n \mathbf{x}^{(0)}, \qquad n = 1, 2, \ldots$$

矩陣 M 的對角線化很容易實現 (參考習題 4) 且可得

$$\mathbf{x}^{(n)} = PD^n P^{-1}\mathbf{x}^{(0)} = \begin{bmatrix} 1 & 1 \\ 0 & -1 \end{bmatrix} \begin{bmatrix} 1 & 0 \\ 0 & \left(\frac{1}{2}\right)^n \end{bmatrix} \begin{bmatrix} 1 & 1 \\ 0 & -1 \end{bmatrix} \begin{bmatrix} a_0 \\ b_0 \end{bmatrix}$$

$$= \begin{bmatrix} 1 & 1 - \left(\frac{1}{2}\right)^n \\ 0 & \left(\frac{1}{2}\right)^n \end{bmatrix} \begin{bmatrix} a_0 \\ b_0 \end{bmatrix} = \begin{bmatrix} a_0 + b_0 - \left(\frac{1}{2}\right)^n b_0 \\ \left(\frac{1}{2}\right)^n b_0 \end{bmatrix}$$

因為 $a_0 + b_0 = 1$，代入上式可得

$$\begin{aligned} a_n &= 1 - \left(\frac{1}{2}\right)^n b_0 \\ b_n &= \left(\frac{1}{2}\right)^n b_0 \end{aligned} \qquad n = 1, 2, \ldots \tag{7}$$

因此，當 $n \to \infty$ 時，

$$\begin{aligned} a_n &\to 1 \\ b_n &\to 0 \end{aligned}$$

此意味當 $n \to \infty$ 時，該動物群體中將沒有任一動物帶有隱性遺傳疾病。

由 (7) 式可知

$$b_n = \tfrac{1}{2} b_{n-1}, \qquad n = 1, 2, \ldots \tag{8}$$

此式表示每一代的帶病 (Aa) 比例是前一代的 1/2。研究兩動物配對不考慮它們的基因型隨意交配的情況下帶病者 (Aa) 的繁衍也是很有趣的。不幸地，在隨意交配之狀況下將導致非線性方程式組，所以本節所述的技巧將無用武之地。然而，仍可應用其他技巧來證明在隨意交配的 (8) 式可用下式取代：

$$b_n = \frac{b_{n-1}}{1 + \frac{1}{2}b_{n-1}}, \qquad n = 1, 2, \ldots \tag{9}$$

現舉一數值例,假設該動物養殖者所擁有之動物群體中最初有 10% 帶病者 (Aa)。依據 (8) 式所支配的交配計畫,一代後,帶病者的百分率將減少至 5%。但在隨意交配的情況下,一代後,(9) 式將預測群體中有 9.5% 為帶病者 (亦即 $b_n = .095$ 若 $b_{n-1} = .10$)。再者,在控制交配計畫下,沒有任一動物會為疾病所苦;但若讓動物隨意交配,則當群體中有 10% 的帶病者時,所繁殖的子代中每 400 隻動物將有一隻是疾病的受害者。

X-連鎖的遺傳

如本節前面上述,X-連鎖的遺傳中,雄性擁有一個基因 (A 或 a),而雌性擁有兩個基因 (AA, Aa 或 aa)。採用 X-連鎖一詞是因為此類基因是在 X-染色體上發現的。此類基因的遺傳方式為:雄性子代由其母親處以相等機率繼承母親的兩個基因之一,而雌性子代則由父親處繼承一個基因並以相等機率又由母親處繼承兩個基因中的一個。熟悉機率理論的讀者應能驗證出此類型之遺傳將導致表 2 中的基因型機率。

表 2

			(A, AA)	(A, Aa)	(A, aa)	(a, AA)	(a, Aa)	(a, aa)
子代	雄性	A	1	$\frac{1}{2}$	0	1	$\frac{1}{2}$	0
		a	0	$\frac{1}{2}$	1	0	$\frac{1}{2}$	1
	雌性	AA	1	$\frac{1}{2}$	0	0	0	0
		Aa	0	$\frac{1}{2}$	1	1	$\frac{1}{2}$	0
		aa	0	0	0	0	$\frac{1}{2}$	1

親代 (父母) 的基因型

以下將討論與 X-連鎖的遺傳有關的一個遺傳計畫。首先,以一隻雄性與一隻雌性作起點,由牠們的子代中隨機挑選一雄一雌進行交配,而後再由交配繁衍的子代中再隨機挑選一雄一雌進行交配,依此方式不斷地進行下去。一般而言,都是用動物進行此類的近親繁殖試

862 初等線性代數與應用

驗。(人類中，古埃及曾採用如此的兄-妹結婚方式以保持皇室血統的純正。)

最初的雄-雌對必為下面六種型態 (對應於表 2 的六個行) 之一：

(A, AA),　　(A, Aa),　　(A, aa),　　(a, AA),　　(a, Aa),　　(a, aa)

每一承續世代的兄妹-對交配為這六種形態之一各具有某一機率。欲對 $n=0, 1, 2, \ldots$ 計算這些機率，我們首先設定：

$a_n =$ 第 n 代時，兄妹-對交配為 (A, AA) 型的機率
$b_n =$ 第 n 代時，兄妹-對交配為 (A, Aa) 型的機率
$c_n =$ 第 n 代時，兄妹-對交配為 (A, aa) 型的機率
$d_n =$ 第 n 代時，兄妹-對交配為 (a, AA) 型的機率
$e_n =$ 第 n 代時，兄妹-對交配為 (a, Aa) 型的機率
$f_n =$ 第 n 代時，兄妹-對交配為 (a, aa) 型的機率

利用這些機率，可建構一行向量

$$\mathbf{x}^{(n)} = \begin{bmatrix} a_n \\ b_n \\ c_n \\ d_n \\ e_n \\ f_n \end{bmatrix}, \quad n = 0, 1, 2, \ldots$$

依據表 2 可得

$$\mathbf{x}^{(n)} = M\mathbf{x}^{(n-1)}, \quad n = 1, 2, \ldots \tag{10}$$

其中

$$M = \begin{bmatrix} 1 & \frac{1}{4} & 0 & 0 & 0 & 0 \\ 0 & \frac{1}{4} & 0 & 1 & \frac{1}{4} & 0 \\ 0 & 0 & 0 & 0 & \frac{1}{4} & 0 \\ 0 & \frac{1}{4} & 0 & 0 & 0 & 0 \\ 0 & \frac{1}{4} & 1 & 0 & \frac{1}{4} & 0 \\ 0 & 0 & 0 & 0 & \frac{1}{4} & 1 \end{bmatrix} \begin{matrix} (A, AA) \\ (A, Aa) \\ (A, aa) \\ (a, AA) \\ (a, Aa) \\ (a, aa) \end{matrix}$$

$(A, AA)\ (A, Aa)\ (A, aa)\ (a, AA)\ (a, Aa)\ (a, aa)$

例如，若第 $(n-1)$ 代的兄妹-對交配為 (A, Aa) 型，則牠們的雄性子代之基因型為 A 或 a 的機率相等。而牠們的雌性子代之基因型為 AA 或 Aa 的機率相等。因為分別由雄性子代及雌性子代中隨機挑選一位以進行交配，故而第 n 代的兄妹-對交配必屬 $(A, AA), (A, Aa), (a, AA), (a, Aa)$ 四種型之一 (機率各為 1/4)。因此，矩陣 M 第二行中對應於此四型之元素

值都為「$\frac{1}{4}$」(其餘各行請參考習題 9)。

正如前面範例，由 (10) 式可得

$$\mathbf{x}^{(n)} = M^n \mathbf{x}^{(0)}, \qquad n = 1, 2, \ldots \tag{11}$$

經過冗長的計算後，可求出 M 的特徵值與特徵向量為

$$\lambda_1 = 1, \quad \lambda_2 = 1, \quad \lambda_3 = \tfrac{1}{2}, \quad \lambda_4 = -\tfrac{1}{2}, \quad \lambda_5 = \tfrac{1}{4}(1+\sqrt{5}), \quad \lambda_6 = \tfrac{1}{4}(1-\sqrt{5})$$

$$\mathbf{v}_1 = \begin{bmatrix} 1 \\ 0 \\ 0 \\ 0 \\ 0 \\ 0 \end{bmatrix}, \quad \mathbf{v}_2 = \begin{bmatrix} 0 \\ 0 \\ 0 \\ 0 \\ 0 \\ 1 \end{bmatrix}, \quad \mathbf{v}_3 = \begin{bmatrix} -1 \\ 2 \\ -1 \\ 1 \\ -2 \\ 1 \end{bmatrix}, \quad \mathbf{v}_4 = \begin{bmatrix} 1 \\ -6 \\ -3 \\ 3 \\ 6 \\ -1 \end{bmatrix},$$

$$\mathbf{v}_5 = \begin{bmatrix} \tfrac{1}{4}(-3-\sqrt{5}) \\ 1 \\ \tfrac{1}{4}(-1+\sqrt{5}) \\ \tfrac{1}{4}(-1+\sqrt{5}) \\ 1 \\ \tfrac{1}{4}(-3-\sqrt{5}) \end{bmatrix}, \quad \mathbf{v}_6 = \begin{bmatrix} \tfrac{1}{4}(-3+\sqrt{5}) \\ 1 \\ \tfrac{1}{4}(-1-\sqrt{5}) \\ \tfrac{1}{4}(-1-\sqrt{5}) \\ 1 \\ \tfrac{1}{4}(-3+\sqrt{5}) \end{bmatrix}$$

將 M 對角線化可導出

$$\mathbf{x}^{(n)} = PD^n P^{-1} \mathbf{x}^{(0)}, \qquad n = 1, 2, \ldots \tag{12}$$

其中，

$$P = \begin{bmatrix} 1 & 0 & -1 & 1 & \tfrac{1}{4}(-3-\sqrt{5}) & \tfrac{1}{4}(-3+\sqrt{5}) \\ 0 & 0 & 2 & -6 & 1 & 1 \\ 0 & 0 & -1 & -3 & \tfrac{1}{4}(-1+\sqrt{5}) & \tfrac{1}{4}(-1-\sqrt{5}) \\ 0 & 0 & 1 & 3 & \tfrac{1}{4}(-1+\sqrt{5}) & \tfrac{1}{4}(-1-\sqrt{5}) \\ 0 & 0 & -2 & 6 & 1 & 1 \\ 0 & 1 & 1 & -1 & \tfrac{1}{4}(-3-\sqrt{5}) & \tfrac{1}{4}(-3+\sqrt{5}) \end{bmatrix}$$

$$D^n = \begin{bmatrix} 1 & 0 & 0 & 0 & 0 & 0 \\ 0 & 1 & 0 & 0 & 0 & 0 \\ 0 & 0 & \left(\tfrac{1}{2}\right)^n & 0 & 0 & 0 \\ 0 & 0 & 0 & \left(-\tfrac{1}{2}\right)^n & 0 & 0 \\ 0 & 0 & 0 & 0 & \left[\tfrac{1}{4}(1+\sqrt{5})\right]^n & 0 \\ 0 & 0 & 0 & 0 & 0 & \left[\tfrac{1}{4}(1-\sqrt{5})\right]^n \end{bmatrix}$$

$$P^{-1} = \begin{bmatrix} 1 & \frac{2}{3} & \frac{1}{3} & \frac{2}{3} & \frac{1}{3} & 0 \\ 0 & \frac{1}{3} & \frac{2}{3} & \frac{1}{3} & \frac{2}{3} & 1 \\ 0 & \frac{1}{8} & -\frac{1}{4} & \frac{1}{4} & -\frac{1}{8} & 0 \\ 0 & -\frac{1}{24} & -\frac{1}{12} & \frac{1}{12} & \frac{1}{24} & 0 \\ 0 & \frac{1}{20}(5+\sqrt{5}) & \frac{1}{5}\sqrt{5} & \frac{1}{5}\sqrt{5} & \frac{1}{20}(5+\sqrt{5}) & 0 \\ 0 & \frac{1}{20}(5-\sqrt{5}) & -\frac{1}{5}\sqrt{5} & -\frac{1}{5}\sqrt{5} & \frac{1}{20}(5-\sqrt{5}) & 0 \end{bmatrix}$$

由於版面的限制，此處將不列出 (12) 式的矩陣乘積。然而，若指定某特定向量 $\mathbf{x}^{(0)}$，求 $\mathbf{x}^{(n)}$ 的計算程序將不會太麻煩 (參閱習題 6)。

由於 D 中最後四個對角線元素的絕對值都小於 1，因此當 $n \to \infty$ 時，可知

$$D^n \to \begin{bmatrix} 1 & 0 & 0 & 0 & 0 & 0 \\ 0 & 1 & 0 & 0 & 0 & 0 \\ 0 & 0 & 0 & 0 & 0 & 0 \\ 0 & 0 & 0 & 0 & 0 & 0 \\ 0 & 0 & 0 & 0 & 0 & 0 \\ 0 & 0 & 0 & 0 & 0 & 0 \end{bmatrix}$$

並由 (12) 式可得

$$\mathbf{x}^{(n)} \to P \begin{bmatrix} 1 & 0 & 0 & 0 & 0 & 0 \\ 0 & 1 & 0 & 0 & 0 & 0 \\ 0 & 0 & 0 & 0 & 0 & 0 \\ 0 & 0 & 0 & 0 & 0 & 0 \\ 0 & 0 & 0 & 0 & 0 & 0 \\ 0 & 0 & 0 & 0 & 0 & 0 \end{bmatrix} P^{-1} \mathbf{x}^{(0)}$$

完成上式右邊的矩陣乘法後，可得 (驗證之)

$$\mathbf{x}^{(n)} \to \begin{bmatrix} a_0 + \frac{2}{3}b_0 + \frac{1}{3}c_0 + \frac{2}{3}d_0 + \frac{1}{3}e_0 \\ 0 \\ 0 \\ 0 \\ 0 \\ f_0 + \frac{1}{3}b_0 + \frac{2}{3}c_0 + \frac{1}{3}d_0 + \frac{2}{3}e_0 \end{bmatrix} \tag{13}$$

上式表示當 $n \to \infty$ 時，所有兄妹-對都將為 (A, AA) 型或 (a, aa) 型。例如，若最初的親代為 (A, Aa) 型 (亦即 $b_0 = 1$ 且 $a_0 = c_0 = d_0 = e_0 = f_0 = 0$)，則當 $n \to \infty$ 時，

$$\mathbf{x}^{(n)} \to \begin{bmatrix} \frac{2}{3} \\ 0 \\ 0 \\ 0 \\ 0 \\ \frac{1}{3} \end{bmatrix}$$

因此，當 $n \to \infty$ 時，兄妹-對都屬於 (A, AA) 型的機率為 $\frac{2}{3}$，且屬於 (a, aa) 型的機率為 $\frac{1}{3}$。

習題集 10.16

1. 證明若 $M = PDP^{-1}$，則 $M^n = PD^nP^{-1}$，對 $n = 1, 2, \ldots$。

2. 若將例題 1 的繁殖計畫更改為：每棵農作物都必須與一棵基因型為 Aa 的作物結合。試導出第 n 代時，基因型分別為 AA, Aa 及 aa 作物的比例公式，並求當 $n \to \infty$ 時，該片農作物的極限基因型分佈。

3. 若將例題 1 的繁殖計畫更改為：初始農作物與基因型 AA 結合，第一代與基因型 Aa 結合，第二代與基因型 AA 結合，並依此循環模式繼續進行下去。試求第 n 代時，基因型分別為 AA, Aa 及 aa 作物的比例公式。

4. 於體染色體的隱性疾病之小節中，試求出矩陣 M 的特徵值及對應的特徵向量，並驗證 (7) 式。

5. 假設某養殖者擁有一群動物，其中有 25% 帶有一種體染色體的隱性疾病。假若該養殖者允許動物隨意交配，試計算帶病百分率由 25% 降為 10% 時所需的世代數目。若該養殖者以 (8) 式所決定的控制交配計畫取代隨意交配，試問經歷相同世代後，帶病百分率為何？

6. 於 X-連鎖的遺傳小節中，假設最初親代六種型中任一型的機率都相同，亦即，

$$\mathbf{x}^{(0)} = \begin{bmatrix} \frac{1}{6} \\ \frac{1}{6} \\ \frac{1}{6} \\ \frac{1}{6} \\ \frac{1}{6} \\ \frac{1}{6} \end{bmatrix}$$

試使用 (12) 式計算 $\mathbf{x}^{(n)}$，並求當 $n \to \infty$ 時，$\mathbf{x}^{(n)}$ 的極限。

7. 依據 (13) 式，證明在 X-連鎖的遺傳之情況下進行近親繁殖，其極限兄妹-對為 (A, AA) 型的機率會與最初群體中 A 基因的比例相同。

8. 於 X-連鎖的遺傳中，假設沒有任何含基因型 Aa 的雌性可存活到化膿階段。在近親繁殖的情況下，則其可能的兄妹-對為

(A, AA), (A, aa), (a, AA) 及 (a, aa)

試求描述每一代之基因型分佈如何變化的轉移矩陣。

9. 依據表 2，試導出 (10) 式中的矩陣 M。

10.16 科技習題

下面這些習題是被設計為需使用科技裝備來解的問題。基本上，這些裝備為 MATLAB, *Mathematica*, Maple, Derive 或 Mathcad，亦可能為其他型態的線性代數軟體或具有線性代數內涵的科學計算器。對每個習題，你在使用你的特別裝備時，需先閱讀相關文件。這些習題的主要目標是讓你熟練你的科技裝備。一旦你精通這些習題裡的技巧，將可以使用你的科技裝備來解許多一般習題集的問題。

T1 (a) 使用電腦證明矩陣

$$M = \begin{bmatrix} 1 & \frac{1}{4} & 0 & 0 & 0 & 0 \\ 0 & \frac{1}{4} & 0 & 1 & \frac{1}{4} & 0 \\ 0 & 0 & 0 & 0 & \frac{1}{4} & 0 \\ 0 & \frac{1}{4} & 0 & 0 & 0 & 0 \\ 0 & \frac{1}{4} & 1 & 0 & \frac{1}{4} & 0 \\ 0 & 0 & 0 & 0 & \frac{1}{4} & 1 \end{bmatrix}$$

在本節裡所給的特徵值及特徵向量是正確的。

(b) 以 $\mathbf{x}^{(n)} = M\mathbf{x}^{(n-1)}$ 開始且假設

$$\lim_{n \to \infty} \mathbf{x}^{(n)} = \mathbf{x}$$

存在，則必有

$$\lim_{n \to \infty} \mathbf{x}^{(n)} = M \lim_{n \to \infty} \mathbf{x}^{(n-1)} \quad \text{或} \quad \mathbf{x} = M\mathbf{x}$$

此建議 $\mathbf{x}$ 可直接由方程式 $(M-I)\mathbf{x} = \mathbf{0}$ 來解。使用電腦來解方程式 $\mathbf{x} = M\mathbf{x}$，其中

$$\mathbf{x} = \begin{bmatrix} a \\ b \\ c \\ d \\ e \\ f \end{bmatrix}$$

且 $a+b+c+d+e+f=1$；將你的結果和 (13) 式相比。試解釋為何 $(M-I)\mathbf{x} = \mathbf{0}$ 之解 (其中 $a+b+c+d+e+f=1$) 不夠明確來求 $\lim_{n \to \infty} \mathbf{x}^{(n)}$。

T2 (a) 已知

$$P = \begin{bmatrix} 1 & 0 & -1 & 1 & \frac{1}{4}(-3-\sqrt{5}) & \frac{1}{4}(-3+\sqrt{5}) \\ 0 & 0 & 2 & -6 & 1 & 1 \\ 0 & 0 & -1 & -3 & \frac{1}{4}(-1+\sqrt{5}) & \frac{1}{4}(-1-\sqrt{5}) \\ 0 & 0 & 1 & 3 & \frac{1}{4}(-1+\sqrt{5}) & \frac{1}{4}(-1-\sqrt{5}) \\ 0 & 0 & -2 & 6 & 1 & 1 \\ 0 & 1 & 1 & -1 & \frac{1}{4}(-3-\sqrt{5}) & \frac{1}{4}(-3+\sqrt{5}) \end{bmatrix}$$

由 (12) 式及

$$\lim_{n \to \infty} D^n = \begin{bmatrix} 1 & 0 & 0 & 0 & 0 & 0 \\ 0 & 1 & 0 & 0 & 0 & 0 \\ 0 & 0 & 0 & 0 & 0 & 0 \\ 0 & 0 & 0 & 0 & 0 & 0 \\ 0 & 0 & 0 & 0 & 0 & 0 \\ 0 & 0 & 0 & 0 & 0 & 0 \end{bmatrix}$$

使用電腦證明

$$\lim_{n \to \infty} M^n = \begin{bmatrix} 1 & \frac{2}{3} & \frac{1}{3} & \frac{2}{3} & \frac{1}{3} & 0 \\ 0 & 0 & 0 & 0 & 0 & 0 \\ 0 & 0 & 0 & 0 & 0 & 0 \\ 0 & 0 & 0 & 0 & 0 & 0 \\ 0 & 0 & 0 & 0 & 0 & 0 \\ 0 & \frac{1}{3} & \frac{2}{3} & \frac{1}{3} & \frac{2}{3} & 1 \end{bmatrix}$$

(b) 使用電腦計算 M^n，其中 $n=10, 20, 30, 40, 50, 60, 70$，並和 (a) 之極限做比較。

10.17 特定年齡人口成長

本節使用 Leslie 矩陣模型，探究各個年齡層之女性人口的成長情形。本節並介紹人口極限年齡分佈及人口成長比例。

> **預備知識**：特徵值及特徵空間
> 　　　　　　矩陣之對角線化
> 　　　　　　極限之直觀觀念

1940 年代中發展出來的 Leslie 模型是人口統計學家最常採用的人口成長模型之一。該模型係描述人類 (或動物) 人口中，女性 (或雌性) 所佔之人口比例的成長。在 Leslie 模型中，女性人口係依據相等時間間隔畫分為各種年齡階層。假設女性最高生存年限為 L 年 (或其他時間單位)，並將所有女性分別隸屬於 n 個年齡階層。根據假設，可知各年齡階層所涵蓋之時間為 L/n 年。女性人口可依據表 1 畫分為 n 個年齡階層。

表 1

年齡階層	年齡區間
1	$[0, L/\psi n)$
2	$[L/\psi n, 2L/n)$
3	$[2L/n, 3L/n)$
⋮	⋮
$n-1$	$[(n-2)L/n, (n-1)L/n)$
n	$[(n-1)L/n, L]$

假設已知 $t=0$ 時，各年齡階層的女性人口數。尤其是令 $x_1^{(0)}$ 表示第 1 階層的女性人口數，$x_2^{(0)}$ 表示第 2 階層的女性人口數，等等。使用這 n 個數，可建構一行向量：

$$\mathbf{x}^{(0)} = \begin{bmatrix} x_1^{(0)} \\ x_2^{(0)} \\ \vdots \\ x_n^{(0)} \end{bmatrix}$$

並稱此向量為**期初年齡分佈向量** (initial age distribution vector)。

隨著光陰飛逝，各年齡階層的女性人數皆會因為三種生物過程——出生、死亡及老化——而發生變化。若將此三種生物過程數量化，將能推測出期初年齡分佈向量於往後時間所產生的變化情形。

研究此過程最簡易的方法是於不同時刻 (如 $t_0, t_1, t_2, \ldots, t_k, \ldots$ 等) 觀察女性人口總數。Leslie 模型中要求任意二連續觀察時刻的間距必須與年齡區間的間距一致。因此，令

$$t_0 = 0$$
$$t_1 = L/n$$
$$t_2 = 2L/n$$
$$\vdots$$
$$t_k = kL/n$$
$$\vdots$$

依此假設，於時刻 t_{k+1} 時第 $(i+1)$ 階層的所有女性在時刻 t_k 時必是屬於第 i 階層。

至於任二連續觀察時點間的出生及死亡過程，可用下面人口統計參數加以描述：

a_i ($i = 1, 2, \ldots, n$)	第 i 年齡階層中，每位女性所生之女兒平均數 (人)
b_i ($i = 1, 2, \ldots, n-1$)	第 i 年齡階層中，預測能活到第 $(i+1)$ 年齡階層的女性比例

依此定義，可得

(i) $a_i \geq 0$ $i = 1, 2, \ldots, n$
(ii) $0 < b_i \leq 1$ $i = 1, 2, \ldots, n-1$

注意，任何 b_i 都不允許等於 0，因為若有某個 b_i 等於 0，則屬於該第 i 年齡階層的所有女性將無人可活到第 $(i+1)$ 年齡階層，這是極端不合邏輯的。同時也假設至少有一 a_i 為正，如此才有女兒出生。對任何 a_i 值為正之年齡階層，稱其為**多產年齡階層** (fertile age class)。

其次，定義時刻 t_k 時之年齡分佈向量 $\mathbf{x}^{(k)}$ 為

$$\mathbf{x}^{(k)} = \begin{bmatrix} x_1^{(k)} \\ x_2^{(k)} \\ \vdots \\ x_n^{(k)} \end{bmatrix}$$

其中 $x_i^{(k)}$ 表示在 t_k 時刻，第 i 年齡階層的女性人數。現在，在 t_k 時刻第 1 年齡階層的女性人數是 t_{k-1} 時刻至 t_k 時刻間女兒出生的人數，因此可寫成

$$\begin{Bmatrix}於\ t_k\ 時刻, \\ 第\ 1\ 階層的 \\ 女性人數\end{Bmatrix} = \begin{Bmatrix}t_{k-1}\ 時刻至 \\ t_k\ 時刻間, \\ 第\ 1\ 階層的 \\ 女性所生之 \\ 女兒數\end{Bmatrix} + \begin{Bmatrix}t_{k-1}\ 時刻至 \\ t_k\ 時刻間, \\ 第\ 2\ 階層的 \\ 女性所生之 \\ 女兒數\end{Bmatrix} + \cdots + \begin{Bmatrix}t_{k-1}\ 時刻至 \\ t_k\ 時刻間, \\ 第\ n\ 階層的 \\ 女性所生之 \\ 女兒數\end{Bmatrix}$$

若用數學式表示，則為

$$x_1^{(k)} = a_1 x_1^{(k-1)} + a_2 x_2^{(k-1)} + \cdots + a_n x_n^{(k-1)} \tag{1}$$

t_k 時刻第 $(i+1)$ 年齡階層 ($i=1, 2, \ldots, n-1$) 的女性，為 t_{k-1} 時刻屬於第 i 年齡階層的女性至時刻 t_k 時仍然生存者。因此，

$$\begin{Bmatrix}於\ t_k\ 時刻, \\ 第\ i+1\ 階 \\ 層的女性人 \\ 數\end{Bmatrix} = \begin{Bmatrix}第\ i\ 階層的 \\ 女性能活到 \\ 第\ i+1\ 階 \\ 層的比例\end{Bmatrix} \begin{Bmatrix}於\ t_{k-1}\ 時 \\ 刻第\ i\ 階 \\ 層的女性 \\ 人數\end{Bmatrix}$$

若用數學式表示，則為

$$x_{i+1}^{(k)} = b_i x_i^{(k-1)}, \qquad i = 1, 2, \ldots, n-1 \tag{2}$$

使用矩陣表示法，則 (1) 式及 (2) 式可寫成

$$\begin{bmatrix} x_1^{(k)} \\ x_2^{(k)} \\ x_3^{(k)} \\ \vdots \\ x_n^{(k)} \end{bmatrix} = \begin{bmatrix} a_1 & a_2 & a_3 & \cdots & a_{n-1} & a_n \\ b_1 & 0 & 0 & \cdots & 0 & 0 \\ 0 & b_2 & 0 & \cdots & 0 & 0 \\ \vdots & \vdots & \vdots & & \vdots & \vdots \\ 0 & 0 & 0 & \cdots & b_{n-1} & 0 \end{bmatrix} \begin{bmatrix} x_1^{(k-1)} \\ x_2^{(k-1)} \\ x_3^{(k-1)} \\ \vdots \\ x_n^{(k-1)} \end{bmatrix}$$

或者，更簡潔地表示為

$$\mathbf{x}^{(k)} = L\mathbf{x}^{(k-1)}, \qquad k = 1, 2, \ldots \tag{3}$$

其中 L 為 **Leslie 矩陣** (Leslie matrix)

$$L = \begin{bmatrix} a_1 & a_2 & a_3 & \cdots & a_{n-1} & a_n \\ b_1 & 0 & 0 & \cdots & 0 & 0 \\ 0 & b_2 & 0 & \cdots & 0 & 0 \\ \vdots & \vdots & \vdots & & \vdots & \vdots \\ 0 & 0 & 0 & \cdots & b_{n-1} & 0 \end{bmatrix} \tag{4}$$

由 (3) 式可得

$$\begin{aligned}
\mathbf{x}^{(1)} &= L\mathbf{x}^{(0)} \\
\mathbf{x}^{(2)} &= L\mathbf{x}^{(1)} = L^2\mathbf{x}^{(0)} \\
\mathbf{x}^{(3)} &= L\mathbf{x}^{(2)} = L^3\mathbf{x}^{(0)} \\
&\vdots \\
\mathbf{x}^{(k)} &= L\mathbf{x}^{(k-1)} = L^k\mathbf{x}^{(0)}
\end{aligned} \tag{5}$$

因此，若已知起始年齡分佈向量 $\mathbf{x}^{(0)}$ 及 Leslie 矩陣 L，則可以求得往後任意時刻之女性年齡分佈。

▶ **例題 1　雌性動物的年齡分佈**

假設某一動物群體中，雌性動物的最長壽命為 15 年。現在將此群體畫分為期間五年之等間距年齡階層 (即分成三個年齡階層)，並設此群體的 Leslie 矩陣為

$$L = \begin{bmatrix} 0 & 4 & 3 \\ \frac{1}{2} & 0 & 0 \\ 0 & \frac{1}{4} & 0 \end{bmatrix}$$

若起始時各年齡階層都有雌性動物 1000 隻，則由 (3) 式可得

$$\mathbf{x}^{(0)} = \begin{bmatrix} 1{,}000 \\ 1{,}000 \\ 1{,}000 \end{bmatrix}$$

$$\mathbf{x}^{(1)} = L\mathbf{x}^{(0)} = \begin{bmatrix} 0 & 4 & 3 \\ \frac{1}{2} & 0 & 0 \\ 0 & \frac{1}{4} & 0 \end{bmatrix} \begin{bmatrix} 1{,}000 \\ 1{,}000 \\ 1{,}000 \end{bmatrix} = \begin{bmatrix} 7{,}000 \\ 500 \\ 250 \end{bmatrix}$$

$$\mathbf{x}^{(2)} = L\mathbf{x}^{(1)} = \begin{bmatrix} 0 & 4 & 3 \\ \frac{1}{2} & 0 & 0 \\ 0 & \frac{1}{4} & 0 \end{bmatrix} \begin{bmatrix} 7{,}000 \\ 500 \\ 250 \end{bmatrix} = \begin{bmatrix} 2{,}750 \\ 3{,}500 \\ 125 \end{bmatrix}$$

$$\mathbf{x}^{(3)} = L\mathbf{x}^{(2)} = \begin{bmatrix} 0 & 4 & 3 \\ \frac{1}{2} & 0 & 0 \\ 0 & \frac{1}{4} & 0 \end{bmatrix} \begin{bmatrix} 2{,}750 \\ 3{,}500 \\ 125 \end{bmatrix} = \begin{bmatrix} 14{,}375 \\ 1{,}375 \\ 875 \end{bmatrix}$$

因此，15 年後有 14,375 隻雌性動物年齡介於 0 歲至 5 歲之間，1,375 隻雌性動物年齡介於 5 歲至 10 歲之間，及 875 隻雌性動物年齡介於 10 歲至 15 歲之間。　◀

極限行為

雖然 (5) 式提供了任何時刻之人口年齡分佈，但卻無法立即供給成長過程中之動態狀況。為此必須探究 Leslie 矩陣的特徵值及特徵向量。L 的特徵值即為其特徵多項式的根。正如習題 2 中要求讀者證明的，此特徵多項式為

$$p(\lambda) = |\lambda I - L|$$
$$= \lambda^n - a_1\lambda^{n-1} - a_2 b_1 \lambda^{n-2} - a_3 b_1 b_2 \lambda^{n-3} - \cdots - a_n b_1 b_2 \cdots b_{n-1}$$

為了分析此多項式，引入函數

$$q(\lambda) = \frac{a_1}{\lambda} + \frac{a_2 b_1}{\lambda^2} + \frac{a_3 b_1 b_2}{\lambda^3} + \cdots + \frac{a_n b_1 b_2 \cdots b_{n-1}}{\lambda^n} \tag{6}$$

頗為方便。使用此函數，特徵方程式 $p(\lambda)=0$ 可寫成 (試驗證之)

$$q(\lambda) = 1 \quad \text{當} \ \lambda \neq 0 \tag{7}$$

因為所有的 a_i 及 b_i 皆不為負值，故知當 λ 大於 0 時，$q(\lambda)$ 為單調遞減。再者，$q(\lambda)$ 在 $\lambda=0$ 時有一條垂直漸近線，且當 $\lambda \to \infty$ 時，$q(\lambda) \to 0$。因此，如圖 10.17.1 所示，將有唯一的解 λ (如 $\lambda=\lambda_1$)，使得 $q(\lambda_1)=1$。亦即，矩陣 L 有唯一的正值特徵值。λ_1 具有重數 1 也能證明 (參考習題 3)，亦即 λ_1 不是特徵多項式的重根。此處雖然省略了計算步驟，但讀者應能驗證出對於 λ_1 的特徵向量為

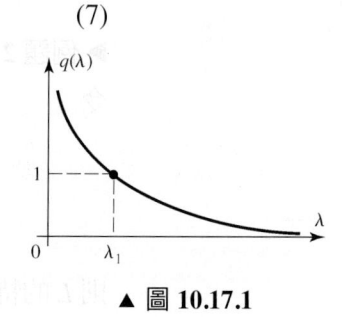

▲ 圖 10.17.1

$$\mathbf{x}_1 = \begin{bmatrix} 1 \\ b_1/\lambda_1 \\ b_1 b_2/\lambda_1^2 \\ b_1 b_2 b_3/\lambda_1^3 \\ \vdots \\ b_1 b_2 \cdots b_{n-1}/\lambda_1^{n-1} \end{bmatrix} \tag{8}$$

由於 λ_1 具有重數 1，其對應之特徵空間亦有維數 1 (習題 3)，因此任何對應於 λ_1 之特徵向量皆係 $\mathbf{x}_1$ 的倍數。這些結果將彙總成下面定理。

定理 10.17.1：正特徵值的存在

一 Leslie 矩陣 L 有唯一的正特徵值。此特徵值含重數 1 且所對應的特徵向量 $\mathbf{x}_1$ 之所有元素皆為正值。

現在將證明人口年齡分佈之長期特質係決定於正值特徵值 λ_1 及其特徵向量 $\mathbf{x}_1$。

習題 9 中，將要求讀者證明下面結果：

> **定理 10.17.2：Leslie 矩陣的特徵值**
> 若 λ_1 為 Leslie 矩陣 L 的唯一正特徵值而 λ_k 是 L 其他的實數或複數特徵值，則 $|\lambda_k| \leq \lambda_1$。

對此刻的目的而言，定理 10.17.2 的結論並不夠強；因為所需要的 λ_1 必須滿足 $|\lambda_k| < \lambda_1$。在此情形下，λ_1 將稱為 L 的**優勢特徵值** (dominant eigenvalue)。然而，正如下列的例題所示，並非所有的 Leslie 矩陣都能滿足此項條件。

▶ **例題 2　沒有優勢特徵值的 Leslie 矩陣**

令

$$L = \begin{bmatrix} 0 & 0 & 6 \\ \frac{1}{2} & 0 & 0 \\ 0 & \frac{1}{3} & 0 \end{bmatrix}$$

則 L 的特徵多項式的

$$p(\lambda) = |\lambda I - L| = \lambda^3 - 1$$

因此 L 的特徵值即係 $\lambda^3 = 1$ 的解；亦即

$$\lambda = 1, \quad -\frac{1}{2} + \frac{\sqrt{3}}{2}i, \quad -\frac{1}{2} - \frac{\sqrt{3}}{2}i$$

這三個特徵值的絕對值都是 1，因此唯一的特徵值 λ_1 並非優勢的。請注意，本題之矩陣 L 具有 $L^3 = I$ 的性質，此意味對任意起始年齡分佈 $\mathbf{x}^{(0)}$，可得

$$\mathbf{x}^{(0)} = \mathbf{x}^{(3)} = \mathbf{x}^{(6)} = \cdots = \mathbf{x}^{(3k)} = \cdots$$

這表示年齡分佈向量以三個時間單位為週期進行振動。若 λ_1 為優勢的，則此類振動 [或人口波 (population waves)] 將不會發生，這將於稍後說明。　◀

有關使 λ_1 成為優勢特徵值之充要條件的探討，已超出本書論述範

圍。然而，下列定理中將敘述其充分條件，但省略其證明。

> **定理 10.17.3：優勢特徵值**
> 若 Leslie 矩陣 L 中第一列之連續兩元素 a_i 與 a_{i+1} 都不為零，則 L 之正特徵值即為優勢的。

因此，若女性人口中具有兩連續多產年齡階層，則其 Leslie 矩陣必有一優勢特徵值。所以如果年齡區間能充分地小，則上述結論在實際人口中永遠成立。注意，例題 2 中只有一個多產年齡階層 (第 3 階層)，因此無法滿足定理 10.17.3 的條件。下面論述中，總是假設定理 10.17.3 的條件能夠滿足。

假設 L 為可對角化的。此假設對即將導出的結論並非真正必要，但它可以簡化討論。在此情況下，L 有 n 個特徵值 $\lambda_1, \lambda_2, \ldots, \lambda_n$ (不需要完全相異)，且有對應之 n 個特徵向量 $\mathbf{x}_1, \mathbf{x}_1, \ldots, \mathbf{x}_n$。此處將優勢特徵值列在最前面。現在建構一個每行均由 L 的特徵向量組成的矩陣 P：

$$P = [\mathbf{x}_1 \mid \mathbf{x}_2 \mid \mathbf{x}_3 \mid \cdots \mid \mathbf{x}_n]$$

則 L 的對角線化可由方程式

$$L = P \begin{bmatrix} \lambda_1 & 0 & 0 & \cdots & 0 \\ 0 & \lambda_2 & 0 & \cdots & 0 \\ \vdots & \vdots & \vdots & & \vdots \\ 0 & 0 & 0 & \cdots & \lambda_n \end{bmatrix} P^{-1}$$

得之。由此可得

$$L^k = P \begin{bmatrix} \lambda_1^k & 0 & 0 & \cdots & 0 \\ 0 & \lambda_2^k & 0 & \cdots & 0 \\ \vdots & \vdots & \vdots & & \vdots \\ 0 & 0 & 0 & \cdots & \lambda_n^k \end{bmatrix} P^{-1}, \text{對 } k = 1, 2, \ldots$$

對任意起始年齡分佈向量 $\mathbf{x}^{(0)}$，可得

$$L^k \mathbf{x}^{(0)} = P \begin{bmatrix} \lambda_1^k & 0 & 0 & \cdots & 0 \\ 0 & \lambda_2^k & 0 & \cdots & 0 \\ \vdots & \vdots & \vdots & & \vdots \\ 0 & 0 & 0 & \cdots & \lambda_n^k \end{bmatrix} P^{-1} \mathbf{x}^{(0)}, \text{對 } k = 1, 2, \ldots$$

以 λ_1^k 遍除上式等號兩邊且使用 $\mathbf{x}^{(k)} = L^k \mathbf{x}^{(0)}$ 的事實，可得

$$\frac{1}{\lambda_1^k}\mathbf{x}^{(k)} = P \begin{bmatrix} 1 & 0 & 0 & \cdots & 0 \\ 0 & \left(\frac{\lambda_2}{\lambda_1}\right)^k & 0 & \cdots & 0 \\ \vdots & \vdots & \vdots & & \vdots \\ 0 & 0 & 0 & \cdots & \left(\frac{\lambda_n}{\lambda_1}\right)^k \end{bmatrix} P^{-1}\mathbf{x}^{(0)} \tag{9}$$

因為 λ_1 為優勢特徵向量，故對 $i = 2, 3, \ldots, n$，$|\lambda_i/\lambda_1| < 1$。因此，

$$(\lambda_i/\lambda_1)^k \to 0 \quad \text{當} \quad k \to \infty, \; i = 2, 3, \ldots, n$$

利用此事實，對 (9) 式取極限可得到

$$\lim_{k \to \infty}\left\{\frac{1}{\lambda_1^k}\mathbf{x}^{(k)}\right\} = P \begin{bmatrix} 1 & 0 & 0 & \cdots & 0 \\ 0 & 0 & 0 & \cdots & 0 \\ \vdots & \vdots & \vdots & & \vdots \\ 0 & 0 & 0 & \cdots & 0 \end{bmatrix} P^{-1}\mathbf{x}^{(0)} \tag{10}$$

現令常數 c 表示行向量 $P^{-1}\mathbf{x}^{(0)}$ 的第一個元素。正如習題 4 中要求讀者證明的，(10) 式右邊可以寫為 $c\mathbf{x}_1$，此處 c 係一僅視起始年齡分佈向量 $\mathbf{x}^{(0)}$ 而定的正值常數。因此，對大的 k 值而言，(10) 式成為

$$\lim_{k \to \infty}\left\{\frac{1}{\lambda_1^k}\mathbf{x}^{(k)}\right\} = c\mathbf{x}_1 \tag{11}$$

由 (11) 式可得近似式

$$\mathbf{x}^{(k)} \simeq c\lambda_1^k \mathbf{x}_1 \tag{12}$$

由 (12) 式也能得到

$$\mathbf{x}^{(k-1)} \simeq c\lambda_1^{k-1} \mathbf{x}_1 \tag{13}$$

比較 (12) 及 (13) 式，可知對於大的 k 值

$$\mathbf{x}^{(k)} \simeq \lambda_1 \mathbf{x}^{(k-1)} \tag{14}$$

這意味若經過很長時間後，每一個年齡分佈向量為其前一個年齡分佈向量的純量倍數，且此純量即係 Leslie 矩陣的正特徵值。因此，隸屬於各個年齡階層之女性比例成為常數。正如下列例題中將看到的，這些極限比例可由特徵向量 $\mathbf{x}_1$ 求得。

▶ **例題 3** 　續例題 1

例題 1 的 Leslie 矩陣為

$$L = \begin{bmatrix} 0 & 4 & 3 \\ \frac{1}{2} & 0 & 0 \\ 0 & \frac{1}{4} & 0 \end{bmatrix}$$

其特徵多項式為 $p(\lambda)=\lambda^3-2\lambda-\frac{3}{8}$，且讀者應能驗證出其正特徵值為 $\lambda_1 = \frac{3}{2}$。依據 (8) 式，λ_1 所對應的特徵向量 $\mathbf{x}_1$ 為

$$\mathbf{x}_1 = \begin{bmatrix} 1 \\ b_1/\lambda_1 \\ b_1 b_2/\lambda_1^2 \end{bmatrix} = \begin{bmatrix} 1 \\ \frac{1/2}{3/2} \\ \frac{(1/2)(1/4)}{(3/2)^2} \end{bmatrix} = \begin{bmatrix} 1 \\ \frac{1}{3} \\ \frac{1}{18} \end{bmatrix}$$

對於大的 k 值，由 (14) 式可得

$$\mathbf{x}^{(k)} \simeq \frac{3}{2} \mathbf{x}^{(k-1)}$$

因此，每隔五年，每一年齡階層的女性人數都將增加 50%，亦即，女性總人口數每隔五年會增加 50%。

由 (12) 式可知

$$\mathbf{x}^{(k)} \simeq c \left(\frac{3}{2}\right)^k \begin{bmatrix} 1 \\ \frac{1}{3} \\ \frac{1}{18} \end{bmatrix}$$

因此，三個年齡階層之最終女性人口比例將為 $1 : \frac{1}{3} : \frac{1}{18}$。它所對應的分佈情況為：72% 的女性屬於第 1 年齡階層、24% 的女性屬於第 2 年齡階層、4% 的女性屬於第 3 年齡階層。　◀

▶ **例題 4** 　女性年齡分佈

本例題所使用的出生及死亡參數，源自 1965 年加拿大女性人口統計資料。由於極少有超過 50 歲的女性生小孩，故本題中也僅限於討論年齡介於 0 歲到 50 歲的女性人口。人口統計資料係以五年為時間間隔，將 0 歲到 50 歲畫分為 10 個年齡階層。此處並不寫出 10×10 階 Leslie 矩陣，而僅列出出生與死亡參數：

年齡區間	a_i	b_i
[0, 5)	0.00000	0.99651
[5, 10)	0.00024	0.99820
[10, 15)	0.05861	0.99802
[15, 20)	0.28608	0.99729
[20, 25)	0.44791	0.99694
[25, 30)	0.36399	0.99621
[30, 35)	0.22259	0.99460
[35, 40)	0.10457	0.99184
[40, 45)	0.02826	0.98700
[45, 50)	0.00240	—

使用數值方法，可得 Leslie 矩陣之正特徵值及其對應之特徵向量的近似值

$$\lambda_1 = 1.07622 \quad 及 \quad \mathbf{x}_1 = \begin{bmatrix} 1.00000 \\ 0.92594 \\ 0.85881 \\ 0.79641 \\ 0.73800 \\ 0.68364 \\ 0.63281 \\ 0.58482 \\ 0.53897 \\ 0.49429 \end{bmatrix}$$

因此，若加拿大女性繼續依照 1965 年的比例出生及死亡，結果則為每隔五年女性人口將增加 7.622%。由特徵向量 $\mathbf{x}_1$，可知：每當屬於 0 歲至 5 歲的第 1 年齡階層的女性有 100,000 位時，則屬於 5 歲至 10 歲的第 2 年齡階層的女性將有 92,594 位，屬於 10 歲至 15 歲的第 3 年齡階層的女性將有 85,881 位，依此類推。◀

再次回顧 (12) 式，它提供了長期人口年齡分佈向量：

$$\mathbf{x}^{(k)} \simeq c\lambda_1^k \mathbf{x}_1 \tag{15}$$

依據正特徵值 λ_1 之值的大小，有下述三種情形：

(i) 若 $\lambda_1 > 1$，則人口數始終在增加狀態

(ii) 若 $\lambda_1 < 1$，則人口數始終在減少狀態

(iii) 若 $\lambda_1 = 1$，則人口數始終保持穩定狀態

$\lambda_1 = 1$ 的情形是最令人感興趣的，因為由它判定**零人口成長** (zero population growth)。對任何起始年齡分佈，人口將趨近於一極限年齡分佈，那就是特徵向量 $\mathbf{x}_1$ 的倍數，由 (6) 及 (7) 式可知 $\lambda_1 = 1$ 為一特徵值若且唯若

$$a_1 + a_2 b_1 + a_3 b_1 b_2 + \cdots + a_n b_1 b_2 \cdots b_{n-1} = 1 \qquad (16)$$

表示式

$$R = a_1 + a_2 b_1 + a_3 b_1 b_2 + \cdots + a_n b_1 b_2 \cdots b_{n-1} \qquad (17)$$

稱為人口的**淨生殖比率** (net reproduction rate)，請參考習題 5。因此，可以說「人口成為零人口成長若且唯若其淨生殖比率等於 1」。

習題集 10.17

1. 假設某一動物群體畫分為二個年齡階層，且其 Leslie 矩陣為

   $$L = \begin{bmatrix} 1 & \frac{3}{2} \\ \frac{1}{2} & 0 \end{bmatrix}$$

   (a) 試計算 L 的正特徵值 λ_1 及其對應特徵向量 $\mathbf{x}_1$。
   (b) 設若該動物群體的起始年齡分佈向量為

   $$\mathbf{x}^{(0)} = \begin{bmatrix} 100 \\ 0 \end{bmatrix}$$

   試計算 $\mathbf{x}^{(1)}, \mathbf{x}^{(2)}, \mathbf{x}^{(3)}, \mathbf{x}^{(4)}$ 及 $\mathbf{x}^{(5)}$，請捨入至最近整數值 (若需要)。
   (c) 試分別使用正合公式 $\mathbf{x}^{(6)} = L\mathbf{x}^{(5)}$ 及近似公式 $\mathbf{x}^{(6)} \sim \lambda_1 \mathbf{x}^{(5)}$ 計算 $\mathbf{x}^{(6)}$。

2. 試求由 (4) 式指定的一般 Leslie 矩陣的特徵多項式。

3. (a) 試說明 Leslie 矩陣的正特徵值 λ_1 總是單一。回顧一多項式 $q(\lambda)$ 的根 λ_0 為單一的若且唯若 $q'(\lambda_0) \neq 0$。
   (b) 試證明對應於 λ_1 之特徵空間的維數為 1。

4. 試證明 (10) 式右邊為 $c\mathbf{x}_1$，此處 c 為行向量 $P^{-1}\mathbf{x}^{(0)}$ 的第一個元素。

5. 試證明定義於 (17) 式的淨生殖比率 R 可以解釋為「一位女性在她一生中預期所生之女兒平均人數」。

6. 試證明人口數始終處於增加狀態若且唯若其淨生殖比率小於 1。同理，證明人口數始終處於減少狀態若且唯若淨生殖比率大於 1。

7. 試計算例題 1 之動物群體的淨生殖比率。

8. (適於擁有計算器的讀者) 試計算例題 4 之加拿大女性人口的淨生殖比率。

9. (適於已讀過 **10.1-10.3** 節的讀者) 證明定理 10.17.2。[提示：寫出 $\lambda_k = re^{i\theta}$，將其代入 (7) 式，取等號兩邊的實數部分並證明 $r < \lambda_1$。]

10.17 科技習題

下面這些習題是被設計為需使用科技裝備來解的問題。基本上，這些裝備為 MATLAB、*Mathematica*、Maple、Derive 或 Mathcad，亦可能為其他型態的線性代數軟體或具有線性代數內涵的科學計算器。對每個習題，你在使用你的特別裝備時，需先閱讀相關文件。這些習題的主要目標是讓你熟練你的科技裝備。一旦你精通這些習題裡的技巧，將可以使用你的科技裝備來解許多一般習題集的問題。

T1 考慮 Leslie 矩陣序列

$$L_2 = \begin{bmatrix} 0 & a \\ b_1 & 0 \end{bmatrix}, \quad L_3 = \begin{bmatrix} 0 & 0 & a \\ b_1 & 0 & 0 \\ 0 & b_2 & 0 \end{bmatrix},$$

$$L_4 = \begin{bmatrix} 0 & 0 & 0 & a \\ b_1 & 0 & 0 & 0 \\ 0 & b_2 & 0 & 0 \\ 0 & 0 & b_3 & 0 \end{bmatrix},$$

$$L_5 = \begin{bmatrix} 0 & 0 & 0 & 0 & a \\ b_1 & 0 & 0 & 0 & 0 \\ 0 & b_2 & 0 & 0 & 0 \\ 0 & 0 & b_3 & 0 & 0 \\ 0 & 0 & 0 & b_4 & 0 \end{bmatrix}, \ldots$$

(a) 使用電腦證明

$$L_2^2 = I_2, \quad L_3^3 = I_3, \quad L_4^4 = I_4, \quad L_5^5 = I_5, \ldots$$

對某一個合適的 a，其中 a 以 $b_1, b_2, \ldots, b_{n-1}$ 來表示。

(b) 由 (a) 之結果，猜想一個介於 a 及 $b_1, b_2, \ldots, b_{n-1}$ 之間的關係使得 $L_n^n = I_n$，其中

$$L_n = \begin{bmatrix} 0 & 0 & 0 & \cdots & 0 & a \\ b_1 & 0 & 0 & \cdots & 0 & 0 \\ 0 & b_2 & 0 & \cdots & 0 & 0 \\ 0 & 0 & b_3 & \cdots & 0 & 0 \\ \vdots & \vdots & \vdots & \ddots & \vdots & \vdots \\ 0 & 0 & 0 & \cdots & b_{n-1} & 0 \end{bmatrix}$$

(c) 求 $p_n(\lambda) = |\lambda I_n - L_n|$ 的表示式，並利用它來證明 L_n 的所有特徵值滿足 $|\lambda| = 1$，當 a 及 $b_1, b_2, \ldots, b_{n-1}$ 有 (b) 所決定的關係。

T2 考慮 Leslie 矩陣序列

$$L_2 = \begin{bmatrix} a & ap \\ b & 0 \end{bmatrix}, \quad L_3 = \begin{bmatrix} a & ap & ap^2 \\ b & 0 & 0 \\ 0 & b & 0 \end{bmatrix},$$

$$L_4 = \begin{bmatrix} a & ap & ap^2 & ap^3 \\ b & 0 & 0 & 0 \\ 0 & b & 0 & 0 \\ 0 & 0 & b & 0 \end{bmatrix},$$

$$L_5 = \begin{bmatrix} a & ap & ap^2 & ap^3 & ap^4 \\ b & 0 & 0 & 0 & 0 \\ 0 & b & 0 & 0 & 0 \\ 0 & 0 & b & 0 & 0 \\ 0 & 0 & 0 & b & 0 \end{bmatrix}, \ldots$$

$$L_n = \begin{bmatrix} a & ap & ap^2 & \cdots & ap^{n-2} & ap^{n-1} \\ b & 0 & 0 & \cdots & 0 & 0 \\ 0 & b & 0 & \cdots & 0 & 0 \\ 0 & 0 & b & \cdots & 0 & 0 \\ \vdots & \vdots & \vdots & \ddots & \vdots & \vdots \\ 0 & 0 & 0 & \cdots & b & 0 \end{bmatrix}$$

其中 $0 < p < 1$，$0 < b < 1$ 且 $1 < a$。

(a) 選一個 n（例如，$n=8$）。對各種 a、b 及 p 值，使用電腦求 L_n 的優勢特徵值，然後將結果和 $a+bp$ 做比較。

(b) 證明

$$p_n(\lambda) = |\lambda I_n - L_n| = \lambda^n - a\left(\frac{\lambda^n - (bp)^n}{\lambda - bp}\right)$$

此表示 L_n 的所有特徵值必滿足

$$\lambda^{n+1} - (a+bp)\lambda^n + a(bp)^n = 0$$

(c) 你能給一個簡略的證明來解釋 $\lambda_1 \simeq a+bp$ 嗎？

T3 假設老鼠的牲口數在一個月的週期有一個 Leslie 矩陣及一個起始年齡分佈向量 $\mathbf{x}^{(0)}$，且分別被給為

$$L = \begin{bmatrix} 0 & 0 & \frac{1}{2} & \frac{4}{5} & \frac{3}{10} & 0 \\ \frac{4}{5} & 0 & 0 & 0 & 0 & 0 \\ 0 & \frac{9}{10} & 0 & 0 & 0 & 0 \\ 0 & 0 & \frac{9}{10} & 0 & 0 & 0 \\ 0 & 0 & 0 & \frac{4}{5} & 0 & 0 \\ 0 & 0 & 0 & 0 & \frac{3}{10} & 0 \end{bmatrix} \quad \text{及} \quad \mathbf{x}^{(0)} = \begin{bmatrix} 50 \\ 40 \\ 30 \\ 20 \\ 10 \\ 5 \end{bmatrix}$$

(a) 計算牲口數的淨生殖比率。
(b) 分別計算 100 個月後及 101 個月後的年齡分佈向量，並證明 101 個月之後的向量大約是 100 個月之後向量的一純量倍數。
(c) 計算 L 的優勢特徵值及其對應的特徵向量。它們和 (b) 中的結果有何關係？
(d) 假設你想以餵食老鼠某種物質以某一個常數分數倍率，來減少其年齡特定的出生率 (L 的第一列元素)，則分數應在什麼範圍內將使牲口數始終保持減少？

10.18 動物群體之收穫

本節將 Leslie 人口成長模型應用至動物群體之可維持收穫模型，並預測由不同年齡階層捕捉不同比例的動物對群體所造成的影響。

> **預備知識**：特定年齡人口成長 (10.17 節)

收　穫

10.17 節中，已描述關於畫分成不同年齡階層之女性人口成長的 Leslie 矩陣模型。本節將依據同一模型檢驗某動物群體之成長對**收穫** (harvesting) 的影響。(「收穫」一詞並不一定意味「宰殺」，動物亦可能由群體中移走以供其他目的之用。)

此處的論述，將嚴格限制於可維持收穫政策，其意義敘述如下：

> **定義 1**：對動物群體實行週期性收穫的收穫政策，若每次收穫所得皆相等且收穫後剩餘群體之年齡分佈充分相同，即稱為**可維持的** (sustainable)。

因此，在可維持收穫政策下，該動物群體將不致於遭到捕殺殆盡；只是移走超過成長部分而已。

恰如 10.17 節一般，此處將只限於討論雌性群體。但若某群體中各年齡階層之雄性數目與雌性相等——對許多群體而言這是合理的假

設──則此收穫政策亦可適用於該群體之雄性部分。

收穫模型

首先利用圖 10.18.1 說明本模型的基本概念。假設某群體由具有某特定年齡分佈的某群體開始，該群體經過可使用 Leslie 矩陣描述的成長期。在經過成長期後，依未遭捕殺之群體的年齡分佈必須維持與原本群體相同的方式，捕殺各年齡層某一比例的雌性動物。成長-捕殺循環依圖 10.18.1 所示方式重複進行著，因此所得是可維持的。並假設收穫所需時間與成長期短暫得使收穫期間群體之任何成長或改變都可以予以忽略。

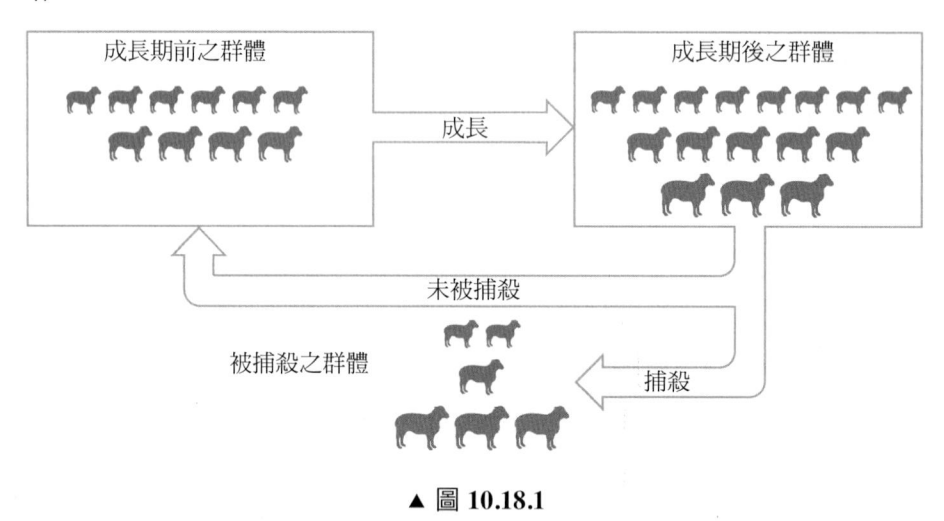

▲ 圖 10.18.1

現在將此收穫模型用數學式表示，令

$$\mathbf{x} = \begin{bmatrix} x_1 \\ x_2 \\ \vdots \\ x_n \end{bmatrix}$$

表示成長期起始群體的年齡分佈向量。因此，x_i 即為第 i 階層未遭捕殺的雌性數目。正如 10.17 節所述，此處也要求各年齡階層之間距必須與成長期的期間一致。例如，若每年捕殺動物群體一次，則群體將被畫分成時間間隔一年的各年齡階層。

若 L 為描述群體之成長的 Leslie 矩陣，則向量 $L\mathbf{x}$ 即為成長期期末群體的年齡分佈向量，且緊接著進行週期性收穫行動。現令 h_i ($i = 1, 2,$

..., n) 表示第 i 階層遭到捕殺的雌性比例。利用此 n 個數可建構一 $n \times n$ 階對角矩陣

$$H = \begin{bmatrix} h_1 & 0 & 0 & \cdots & 0 \\ 0 & h_2 & 0 & \cdots & 0 \\ 0 & 0 & h_3 & \cdots & 0 \\ \vdots & \vdots & \vdots & & \vdots \\ 0 & 0 & 0 & \cdots & h_n \end{bmatrix}$$

這個矩陣稱為**收穫矩陣** (harvesting matrix)。依據定義,可知

$$0 \le h_i \le 1 \quad (i = 1, 2, \ldots, n)$$

上式表示對各個階層 ($i = 1, 2, \ldots, n$),也許一無所獲 ($h_i = 0$)、全部捕殺 ($h_i = 1$),或捕殺某適當比例 ($0 < h_i < 1$)。因為在臨近每次捕殺之前,第 i 階層的雌性數目為向量 $L\mathbf{x}$ 的第 i 個元素 $(L\mathbf{x})_i$,可知行向量

$$HL\mathbf{x} = \begin{bmatrix} h_1(L\mathbf{x})_1 \\ h_2(L\mathbf{x})_2 \\ \vdots \\ h_n(L\mathbf{x})_n \end{bmatrix}$$

的第 i 個元素,即表示由第 i 階層中捕殺的雌性數目。

依據可維持收穫政策之定義,可得

[成長期期末之年齡分佈]−[捕殺量]=[成長期起始之年齡分佈]

若用數學式表示,則為

$$L\mathbf{x} - HL\mathbf{x} = \mathbf{x} \tag{1}$$

若將 (1) 式改寫為

$$(I - H)L\mathbf{x} = \mathbf{x} \tag{2}$$

則可知 $\mathbf{x}$ 必是矩陣 $(I-H)L$ 中對應於特徵值 1 的特徵向量。正如即將看到的,這為 h_i 及 $\mathbf{x}$ 的值設下了某些限制條件。

假設某群體的 Leslie 矩陣為

$$L = \begin{bmatrix} a_1 & a_2 & a_3 & \cdots & a_{n-1} & a_n \\ b_1 & 0 & 0 & \cdots & 0 & 0 \\ 0 & b_2 & 0 & \cdots & 0 & 0 \\ \vdots & \vdots & \vdots & & \vdots & \vdots \\ 0 & 0 & 0 & \cdots & b_{n-1} & 0 \end{bmatrix} \tag{3}$$

則矩陣 $(I-H)L$ 即為 (試驗證之)

$$(I-H)L = \begin{bmatrix} (1-h_1)a_1 & (1-h_1)a_2 & (1-h_1)a_3 & \cdots & (1-h_1)a_{n-1} & (1-h_1)a_n \\ (1-h_2)b_1 & 0 & 0 & \cdots & 0 & 0 \\ 0 & (1-h_3)b_2 & 0 & \cdots & 0 & 0 \\ \vdots & \vdots & \vdots & & \vdots & \vdots \\ 0 & 0 & 0 & \cdots & (1-h_n)b_{n-1} & 0 \end{bmatrix}$$

因此，可以看出 $(I-H)L$ 是一個與 Leslie 矩陣具有相同數學型式的矩陣。於 10.17 節中已說明過：Leslie 矩陣的特徵值為 1 的充要條件為其淨生殖比率等於 1 [參考 10.17 節 (16) 式]。今計算 $(I-H)L$ 的淨生殖比率並設定其值為 1，可得 (試驗證之)

$$(1-h_1)[a_1 + a_2 b_1(1-h_2) + a_3 b_1 b_2(1-h_2)(1-h_3) + \cdots \\ + a_n b_1 b_2 \cdots b_{n-1}(1-h_2)(1-h_3) \cdots (1-h_n)] = 1 \tag{4}$$

此式在允許捕殺比例上加了一項限制條件，亦即，只有當 $h_1, h_2, \ldots, h_n$ 這些值皆滿足 (4) 式且皆位於區間 $[0, 1]$ 中，才可能獲得可維持的所得。

若 $h_1, h_2, \ldots, h_n$ 皆滿足 (4) 式，則矩陣 $(I-H)L$ 有所要的特徵值 $\lambda_1 = 1$，而且，λ_1 的重數為 1 (定理 10.17.1)。這意味僅有一個線性獨立特徵向量 $\mathbf{x}$ 滿足 (2) 式 [參考 10.17 節習題 3(b)]。下列的正規化特徵向量為一個 $\mathbf{x}$ 的可能的選擇：

$$\mathbf{x}_1 = \begin{bmatrix} 1 \\ b_1(1-h_2) \\ b_1 b_2(1-h_2)(1-h_3) \\ b_1 b_2 b_3(1-h_2)(1-h_3)(1-h_4) \\ \vdots \\ b_1 b_2 b_3 \cdots b_{n-1}(1-h_2)(1-h_3) \cdots (1-h_n) \end{bmatrix} \tag{5}$$

其他 (2) 式的解 $\mathbf{x}$ 都將是 $\mathbf{x}_1$ 的倍數。因此，向量 $\mathbf{x}_1$ 決定出在可維持收穫政策下，每次收穫後各個階層的雌性比例。然而，關於每次收穫後群體的雌性總數目仍然含混不清。該雌性總數目可藉由某些像生態或經濟限制等輔助條件加以決定。例如，飼養業者能經濟地支持的動物群體，可依該業者於生長期間所能飼養之最大群體，決定一特定常數，以此常數乘 $\mathbf{x}_1$ 即可得 (2) 式之適當向量 $\mathbf{x}$。至於野生動物群體的自然棲息地將決定於兩個捕殺期間該群體總數目有多大。

綜上所述，可知產生可維持收穫 $h_1, h_2, \ldots, h_n$ 的選擇範圍極廣。

均勻收穫

當一旦選擇某一組數值,每次收穫後群體之年齡分佈比例,可依 (5) 式所定義之正規特徵向量 $\mathbf{x}_1$,唯一地決定。現在考慮此類型的某些特殊收穫策略。

均勻收穫

對某些動物群體而言,欲分辨或捕捉特定年齡的動物是極不容易的事。假若以隨機方式捕捉動物,則每個年齡階層的動物皆以相同比例被捕捉的假設是極為合理的。因此令

$$h = h_1 = h_2 = \cdots = h_n$$

則 (2) 式可簡化為 (試驗證之)

$$L\mathbf{x} = \left(\frac{1}{1-h}\right)\mathbf{x}$$

因此,$1/(1-h)$ 必是 Leslie 成長矩陣 L 的唯一正特徵值 λ_1,亦即

$$\lambda_1 = \frac{1}{1-h}$$

求解收穫比例 h,可得

$$h = 1 - (1/\lambda_1) \tag{6}$$

在本例中,向量 $\mathbf{x}_1$ 即是矩陣 L 中對應於特徵值 λ_1 的特徵向量,故由 10.17 節 (8) 式,它是

$$\mathbf{x}_1 = \begin{bmatrix} 1 \\ b_1/\lambda_1 \\ b_1 b_2/\lambda_1^2 \\ b_1 b_2 b_3/\lambda_1^3 \\ \vdots \\ b_1 b_2 \cdots b_{n-1}/\lambda_1^{n-1} \end{bmatrix} \tag{7}$$

由 (6) 式可先看出:λ_1 愈大,則收穫比例 h 也愈大,且動物群體不會滅絕。請注意,為使得收穫比例 h 位於區間 (0, 1) 而要求 $\lambda_1 > 1$,這是可預測的,因為 $\lambda_1 > 1$ 是群體數目處於增加狀態的條件。

▶ 例題 1 羊的收穫

對產於紐西蘭,成長期為一年的某類家羊而言,其 Leslie 矩陣如下所示 (參見 G. Caughley, "Parameters for Seasonally Breeding

Populations," *Ecology, 48*, 1967, pp. 834-839)：

$$L = \begin{bmatrix} .000 & .045 & .391 & .472 & .484 & .546 & .543 & .502 & .468 & .459 & .433 & .421 \\ .845 & 0 & 0 & 0 & 0 & 0 & 0 & 0 & 0 & 0 & 0 & 0 \\ 0 & .975 & 0 & 0 & 0 & 0 & 0 & 0 & 0 & 0 & 0 & 0 \\ 0 & 0 & .965 & 0 & 0 & 0 & 0 & 0 & 0 & 0 & 0 & 0 \\ 0 & 0 & 0 & .950 & 0 & 0 & 0 & 0 & 0 & 0 & 0 & 0 \\ 0 & 0 & 0 & 0 & .926 & 0 & 0 & 0 & 0 & 0 & 0 & 0 \\ 0 & 0 & 0 & 0 & 0 & .895 & 0 & 0 & 0 & 0 & 0 & 0 \\ 0 & 0 & 0 & 0 & 0 & 0 & .850 & 0 & 0 & 0 & 0 & 0 \\ 0 & 0 & 0 & 0 & 0 & 0 & 0 & .786 & 0 & 0 & 0 & 0 \\ 0 & 0 & 0 & 0 & 0 & 0 & 0 & 0 & .691 & 0 & 0 & 0 \\ 0 & 0 & 0 & 0 & 0 & 0 & 0 & 0 & 0 & .561 & 0 & 0 \\ 0 & 0 & 0 & 0 & 0 & 0 & 0 & 0 & 0 & 0 & .370 & 0 \end{bmatrix}$$

此類羊的一般壽命為 12 年，因此將其畫分為 12 個年齡階層 (各階層的時間間隔為 1 年)。使用數值方法，可求得矩陣 L 的唯一正特徵值為

$$\lambda_1 = 1.176$$

將 λ_1 代入 (6) 式，可求得收穫比例

$$h = 1 - (1/\lambda_1) = 1 - (1/1.176) = .150$$

因此，均勻收穫政策為「對 12 個年齡階層的羊隻，每年每一階層各捕捉 15.0%」。由 (7) 式我們可知：每次收穫後，剩餘羊群的年齡分佈向量與向量

$$\mathbf{x}_1 = \begin{bmatrix} 1.000 \\ 0.719 \\ 0.596 \\ 0.489 \\ 0.395 \\ 0.311 \\ 0.237 \\ 0.171 \\ 0.114 \\ 0.067 \\ 0.032 \\ 0.010 \end{bmatrix} \qquad (8)$$

成正比。由 (8) 式也可以看出：每 1000 隻屬於 0 歲到 1 歲階層的未被捕捉的羊，屬於 1 歲到 2 歲階層的羊將有 719 隻，屬於 2 歲到 3 歲階層的有 596 隻，依此類推。　　◀

單單對最年輕年齡階層進行捕捉

對某些動物群體而言，僅有最年輕的雌性動物具有經濟價值，因此飼養者只針對最年輕階層的雌性動物進行捕捉。依據此原則，令

$$h_1 = h$$
$$h_2 = h_3 = \cdots = h_n = 0$$

則 (4) 式可簡化為

$$(1-h)(a_1 + a_2b_1 + a_3b_1b_2 + \cdots + a_nb_1b_2\cdots b_{n-1}) = 1$$

或

$$(1-h)R = 1$$

其中 R 為群體的淨生殖比率 [參閱 10.17 節 (17) 式]。求解 h，可得

$$h = 1 - (1/R) \tag{9}$$

注意，此式中僅當 $R > 1$ 時才可能獲得可維持收穫政策，這是因為只有 $R > 1$ 時，群體數目才處於增加狀態。由 (5) 式可知，每次收穫後群體的年齡分佈向量正比於向量

$$\mathbf{x}_1 = \begin{bmatrix} 1 \\ b_1 \\ b_1b_2 \\ b_1b_2b_3 \\ \vdots \\ b_1b_2b_3\cdots b_{n-1} \end{bmatrix} \tag{10}$$

▶ **例題 2　可維持收穫政策**

若應用此類型的可維持收穫政策於例題 1 所示之羊群時，則可求得羊群的淨生殖比率為

$$R = a_1 + a_2b_1 + a_3b_1b_2 + \cdots + a_nb_1b_2\cdots b_{n-1}$$
$$= (.000) + (.045)(.845) + \cdots + (.421)(.845)(.975)\cdots(.370)$$
$$= 2.514$$

依據 (9) 式，第 1 年齡階層的收穫比例為

$$h = 1 - (1/R) = 1 - (1/2.514) = .602$$

由 (10) 式可知，收穫後羊群的年齡分佈向量正比於向量

$$\mathbf{x}_1 = \begin{bmatrix} 1.000 \\ .845 \\ (.845)(.975) \\ (.845)(.975)(.965) \\ \vdots \\ (.845)(.975)\cdots(.370) \end{bmatrix} = \begin{bmatrix} 1.000 \\ 0.845 \\ 0.824 \\ 0.795 \\ 0.755 \\ 0.699 \\ 0.626 \\ 0.532 \\ 0.418 \\ 0.289 \\ 0.162 \\ 0.060 \end{bmatrix} \tag{11}$$

直接計算 $L\mathbf{x}_1$，可得 (亦可參考習題 3)：

$$L\mathbf{x}_1 = \begin{bmatrix} 2.514 \\ 0.845 \\ 0.824 \\ 0.795 \\ 0.755 \\ 0.699 \\ 0.626 \\ 0.532 \\ 0.418 \\ 0.289 \\ 0.162 \\ 0.060 \end{bmatrix} \tag{12}$$

向量 $L\mathbf{x}_1$ 即是臨收穫前羊群的年齡分佈向量。$L\mathbf{x}_1$ 中各元素之和為 8.520，因此第 1 個元素 2.514 為總和的 29.5%。此意味臨收穫前，屬於最年輕年齡階層的羊隻佔羊群的 29.5%。由於 60.2% 的此階層之羊遭到捕殺，由此可推得每年捕捉的羊隻數目佔羊群總數的 17.8% (= 29.5%×60.2%)。此一結果可與例題 1 的均勻收穫政策 (15.0%) 加以比較。 ◀

最佳可維持產量

例題 1 所示之均勻收穫，從每一年齡階層捕捉相同比例羊隻之可維持收穫政策可得羊群總數之 15.0% 的產量。在例題 2 中可見，若僅對最年輕階層進行捕捉，則可得羊群總數 17.8% 產量。還有許多其他可維

持收穫政策,每一種皆提供一不同的產量。因此,尋求可獲得最大可能產量之可維持收穫政策特別令人感興趣,而具此特質的政策稱為**最佳可維持收穫政策** (optimal sustainable harvesting policy),並稱其產量為**最佳可維持產量** (optimal sustainable yield)。然而,欲求得最佳可維持產量須使用線性規畫理論,並非此處討論的主題。因此只提供讀者下列的結果。此項結果出現於 J. R. Beddington 與 D. B. Taylor 的論文 "Optimun Age Specific Harvesting of a Population," *Biometrics*, 29, 1973, pp. 801-809。

> **定理 10.18.1:最佳可維持產量**
> 最佳可維持收穫政策是僅對群體中的一個或兩個年齡階層進行捕捉的政策。若是同時對兩個年齡階層進行捕捉,則較年長之年齡階層將被捕捉殆盡。

現以例題 1 所示的數據為例,當

$$h_1 = 0.522 \\ h_9 = 1.000 \tag{13}$$

且其他的 h_i 值皆為 0 時,則可獲得最佳可維持產量。因此,屬於 0 歲到 1 歲的羊隻有 52.2%,以及所有屬於 8 歲到 9 歲的羊隻將被捕捉。正如習題 2 中要求讀者證明的,最佳可維持產量為羊群總數為 19.9%。

習題集 10.18

1. 將某動物群體畫分為間距為一年的三個年齡階層,而其 Leslie 矩陣為

$$L = \begin{bmatrix} 0 & 4 & 3 \\ \frac{1}{2} & 0 & 0 \\ 0 & \frac{1}{4} & 0 \end{bmatrix}$$

   (a) 若每年皆以相同比例捕捉每一年齡階層的動物,試求年生產量及每次收穫後群體的年齡分佈向量。
   (b) 若每年都只捕捉最年輕年齡階層的動物,試求年生產量及每次收穫後群體的年齡分佈向量,並求出最年輕年齡階層動物中,遭到捕捉的比例。

2. 依據 (13) 式所描述之最佳可維持收穫政策,求出每次收穫後群體的年齡分佈向量 $\mathbf{x}_1$。並計算向量 $L\mathbf{x}_1$ 以驗證最佳可維持產量為羊群總數的 19.9%。

3. 若對某動物群體,單單捕捉屬於最年輕年齡階層的動物,試使用 (10) 式證明

$$L\mathbf{x}_1 - \mathbf{x}_1 = \begin{bmatrix} R-1 \\ 0 \\ 0 \\ \vdots \\ 0 \end{bmatrix}$$

此處 R 表示群體的淨生殖比率。

4. 若對某動物群體,單單週期性地捕捉屬於第 I 年齡階層的動物 ($I=1, 2, \ldots, n$),試求出其對應的收穫比例 h_I。

5. 假設週期性地捕捉某動物群體之第 J 階層的所有動物及第 I 階層中某一比例 h_I 的動物 ($1 \leq I < J \leq n$),試計算 h_I。

10.18 科技習題

下面這些習題是被設計為需使用科技裝備來解的問題。基本上,這些裝備為 MATLAB、*Mathematica*、Maple、Derive 或 Mathcad,亦可能為其他型態的線性代數軟體或具有線性代數內涵的科學計算器。對每個習題,你在使用你的特別裝備時,需先閱讀相關文件。這些習題的主要目標是讓你熟練你的科技裝備。一旦你精通這些習題裡的技巧,將可以使用你的科技裝備來解許多一般習題集的問題。

T1 定理 10.18.1 的結果建議下面求最佳可維持產量的演算法。

(i) 對每一個 $i=1, 2, \ldots, n$,令 $h_i=h$ 且 $h_k=0$ 對所有 $k \neq i$,分別計算產量。這 n 個計算可得一個年齡階層的結果。當然,在每個計算裡,h 值必須介於 0 和 1 之間。

(ii) 對每一個 $i=1, 2, \ldots, n-1$ 且 $j=i+1, i+2, \ldots, n$,令 $h_i=h$,$h_j=1$ 且 $h_k=0$ 對所有 $k \neq i, j$,並分別計算產量。這 $\frac{1}{2}n(n-1)$ 個計算可得兩個年齡階層的結果。當然,在每個計算裡,h 值仍然必須介於 0 和 1 之間。

(iii) 在 (i) 和 (ii) 所計算出的產量,最大值即為最佳可維持產量。總共至多需

$$n + \tfrac{1}{2}n(n-1) = \tfrac{1}{2}n(n+1)$$

個計算。再提醒一次有些 h 值可能不會介於 0 和 1 之間,所以必須剔除。

若我們使用這個演算法給本節的羊例題,至多需考慮 $\frac{1}{2}(12)(12+1)=78$ 個計算。使用電腦做兩個年齡階層的計算,其中 $h_i=h$, $h_j=1$ 且 $h_k=0$ 對所有 $k \neq 1$ 或 j ($j=2, 3, \ldots, 12$)。建構一個總結表,其中包含 h_1 的值及 $j=2, 3, \ldots, 12$ 的產量百分比,其將可證明,當 $j=9$ 時,將得最大產量。

T2 使用習題 T1 的演算法做一個年齡階層的計算,其中 $h_i=h$ 且 $h_k=0$ 對所有 $k \neq i, i=1, 2, \ldots, 12$。建構一個總結表,其中包含 h_i 的值及 $i=1, 2, \ldots, 12$ 的產量百分比,其將可證明,當 $i=9$ 時,將得最大產量。

T3 參考 10.17 節的習題 T3 之老鼠牲口數,假設減少的出生率不實際,所以你決定以所有年齡層的月均勻收穫來控制牲口數。

(a) 什麼樣的牲口數分數必為月收穫以帶動老鼠牲口數始終平衡?

(b) 在這個均勻收穫政策下,平衡的年齡分佈向量為何?

(c) 原始老鼠牲口數是 155,則在你的均勻收穫政策之下,5 個月、10 個月及 200 個月後的老鼠總數分別為多少?

10.19　應用於人類聽覺之最小平方模型

本節係依據能量觀點，將最小平方近似應用至人類聽覺模型上。

> **預備知識**：內積空間
> 　　　　　　正交投影
> 　　　　　　富立爾級數 (6.6 節)

耳朵解剖學

首先，對聲音的性質及人類聽覺作簡短討論。圖 10.19.1 顯示人類耳朵的略圖，並顯示構成耳朵的三個主要部分：外耳、中耳及內耳。聲波進入外耳然後被引導至鼓膜，導致鼓膜產生振動。中耳中有三塊微小骨狀物機械地連結鼓膜與內耳中的蝸狀耳蝸。這些骨狀物將鼓膜的振動傳遞至耳蝸中的某分泌物。耳蝸中含有數以千計的細毛搖動此分泌物。那些靠近耳蝸入口處者會接受高頻率的刺激而靠近頂端者將接受低頻率的刺激。這些細毛的搖動將促使神經細胞沿著不同神經管道將信號傳送至腦部，並在腦部將信號轉譯為聲音。

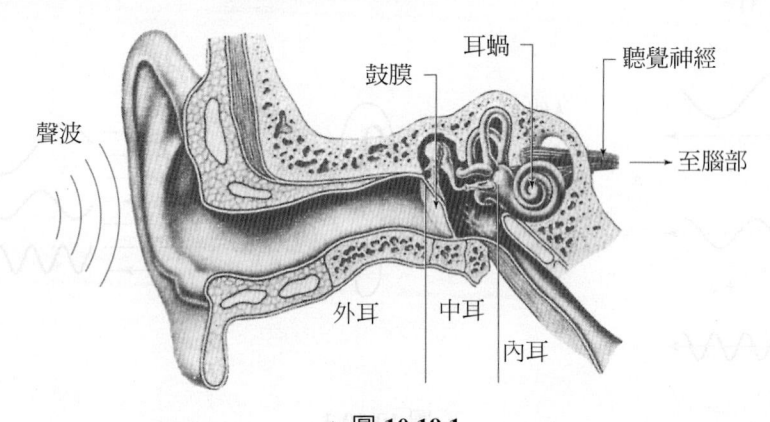

▲ 圖 10.19.1

聲波本身隨空氣壓力而變化。就聽覺系統而言，聲波最基本的型態是以刺激耳蝸中的細毛而產生沿著單一神經管道之神經脈衝 (圖 10.19.2) 的正弦波變量。正弦波的聲波能以時間函數

$$q(t) = A_0 + A\sin(\omega t - \delta) \tag{1}$$

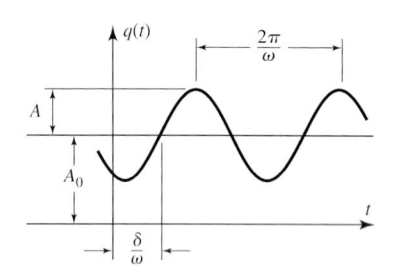

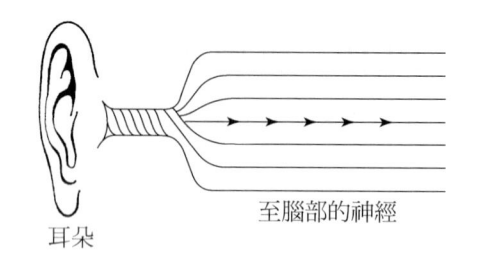

▲ 圖 10.19.2

描述，此處 $q(t)$ 為鼓膜所受的大氣壓力，A_0 為正常的大氣壓力，A 是與正常大氣壓力所產生的最大壓力偏差，$\omega/2\pi$ 是聲波頻率 (單位為週／秒)，及 δ 是聲波相角。為能感受聲音，此正弦波必須在某頻率範圍內。對人類而言，此範圍應為 20 週／秒 (cps) 至 20,000 cps。不在此範圍內的頻率無法刺激鼓膜中的細毛以產生神經訊號。

對合理的精確性而言，耳朵是一個線性系統。這意味若複合聲波是不同振幅、頻率及相角之正弦分量的有限和，亦即

$$q(t) = A_0 + A_1 \sin(\omega_1 t - \delta_1) + A_2 \sin(\omega_2 t - \delta_2) + \cdots + A_n \sin(\omega_n t - \delta_n) \quad (2)$$

則耳朵的感應包含由各別分量刺激沿同一神經管道的神經脈衝 (圖 10.19.3)。

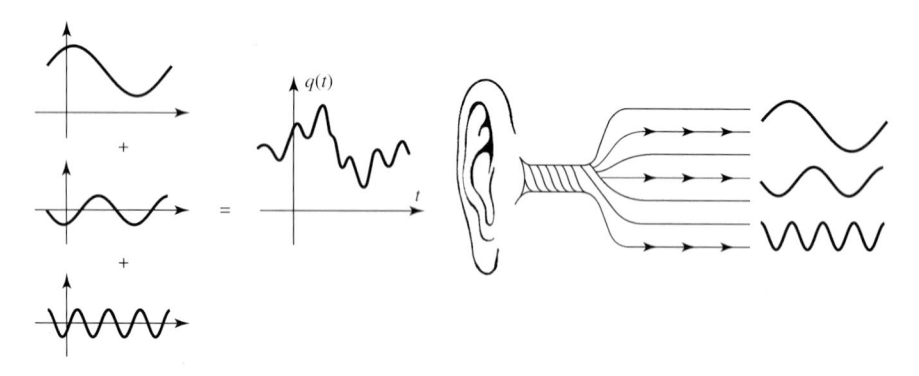

▲ 圖 10.19.3

現在考慮週期為 T 的週期性聲波 $p(t)$ [亦即，$p(t) \equiv p(t+T)$]，它並非正弦波的有限和。若檢驗耳朵對此類週期波的感應，將可發現耳朵的感應與某些為正弦波之和的聲波的響應相同。亦即，(2) 式所指定的某些聲波 $p(t)$ 與 $q(t)$ 所產生的響應相同，即使 $p(t)$ 與 $q(t)$ 是屬於不同的時間函數。

現在要決定 $q(t)$ 的正弦分量的頻率、振幅及相角。因為 $q(t)$ 所產生的響應與週期波 $p(t)$ 相同，故推測 $q(t)$ 具有與 $p(t)$ 相同的週期 T 是合理的。這需要 $q(t)$ 的各個正弦波項皆具有週期 T。因此，正弦波分量的頻率必為基本頻率 $1/T$ 的整數倍，故而(2) 式中的 ω_k 必為

$$\omega_k = 2k\pi/T, \qquad k = 1, 2, \ldots$$

但由於人類耳朵無法感受到頻率大於 20,000 cps 的正弦波，因此可刪除使 $\omega_k/2\pi = k/T$ 大於 20,000 的 k 值，故 $q(t)$ 的型式為

$$q(t) = A_0 + A_1 \sin\left(\frac{2\pi t}{T} - \delta_1\right) + \cdots + A_n \sin\left(\frac{2n\pi t}{T} - \delta_n\right) \tag{3}$$

其中 n 是使得 n/T 不大於 20,000 的最大整數。

現在將注意力轉移至 (3) 式中的振幅 $A_0, A_1, \ldots, A_n$ 以及相角 $\delta_1, \delta_2, \ldots, \delta_n$ 諸值。有一個判別準則，根據此判別準則聽覺系統可「抓住」這些值使得 $q(t)$ 產生與 $p(t)$ 相同的感應。為了檢驗此判別準則，令

$$e(t) = p(t) - q(t)$$

若將 $q(t)$ 視為 $p(t)$ 的近似，則 $e(t)$ 即是此一近似所導致的誤差，而且此誤差是人類耳朵所無法辨知的。則決定振幅與相角的判別準則以 $e(t)$ 表示時，即是使

$$\int_0^T [e(t)]^2 \, dt = \int_0^T [p(t) - q(t)]^2 \, dt \tag{4}$$

儘可能地小的數值。此處無法去深究生理上的原因，但可以注意到 (4) 式正比於跨一個週期之誤差波 $e(t)$ 的聲能。易言之，兩聲波 $p(t)$ 與 $q(t)$ 間的能量差異可檢驗耳朵是否能辨知其間差異。若此能量儘可能的小，則兩聲波可產生相同的音感。依數學的說法是 (4) 式中的函數 $q(t)$ 是由 $[0, T]$ 區間的連續函數向量空間 $C\,[0, T]$ 對 $p(t)$ 的最小平方近似 (參考 6.6 節)。

以連續函數作最小平方近似出現於廣泛工程以及科學近似問題中。先離開方才討論的聲學問題，看看下列的一些範例。

1. 令 $S(x)$ 表示置於沿 x-軸由 $x=0$ 到 $x=l$ 之均勻桿件 (圖 10.19.4) 中的軸向應變分佈。桿件中的應變能正比於積分

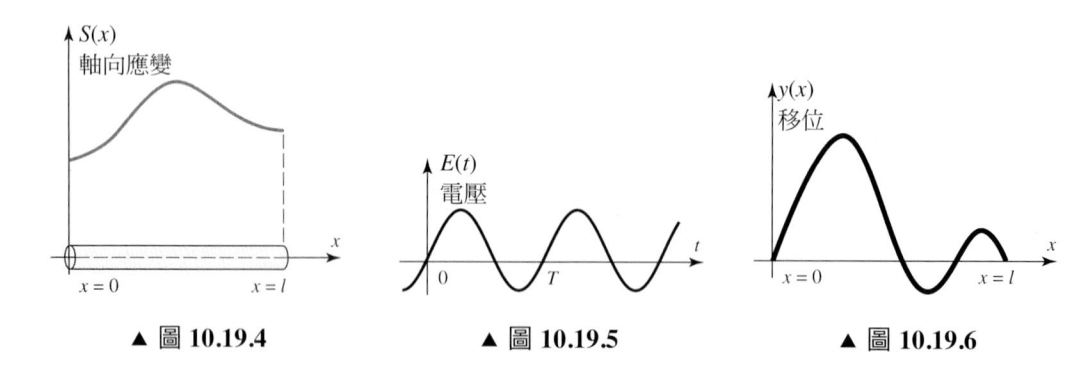

▲ 圖 10.19.4　　　　　　▲ 圖 10.19.5　　　　　　▲ 圖 10.19.6

$$\int_0^l [S(x)]^2 \, dx$$

近似 $q(x)$ 逼近 $S(x)$ 的程度可依據兩應變分佈之差的應變能加以判斷，此應變能正比於

$$\int_0^l [S(x) - q(x)]^2 \, dx$$

此即為一最小平方判別準則。

2. 令 $E(t)$ 表示通過某電子電路中一個電阻器的週期性電壓（圖 10.19.5）。在一週期 T 中，傳送至電阻器的電能正比於

$$\int_0^T [E(t)]^2 \, dt$$

若 $q(t)$ 具有與 $E(t)$ 的週期相同且為 $E(t)$ 的一項近似，則逼近程度的判別準則可以取此兩電壓差的電能，它正比於

$$\int_0^T [E(t) - q(t)]^2 \, dt$$

這也是一個最小平方判別準則。

3. 令 $y(x)$ 表示平衡位置沿著 x-軸由 $x=0$ 至 $x=l$ 之均勻彈性繩索（圖 10.19.6）的垂直位移。此繩索的彈性位能正比於

$$\int_0^l [y(x)]^2 \, dx$$

若 $q(x)$ 為此位移的一項近似，則與先前相同，能量積分

$$\int_0^l [y(x) - q(x)]^2 \, dx$$

決定該近似逼近程度的一個最小判別準則。

像近似商業循環、人口成長曲線、銷售曲線等等，在沒有其他較為妥當的方法可茲應用的情況下，也常常考慮採用最小平方近似。採用它的理由是因為它的數學表示較為簡易。一般而言，對近似問題倘若沒有其他判別準則可立即顯示誤差，則最小平方判別準則最常受到垂青。

下列定理是在 6.6 節中得到的結果。

定理 10.19.1：最小化在 $[0, 2\pi]$ 上的均方誤差

若 $f(t)$ 為 $[0, 2\pi]$ 上的連續函數，則具有

$$g(t) = \tfrac{1}{2}a_0 + a_1 \cos t + \cdots + a_n \cos nt + b_1 \sin t + \cdots + b_n \sin nt$$

的型式，而係數為

$$a_k = \frac{1}{\pi} \int_0^{2\pi} f(t) \cos kt \, dt, \quad k = 0, 1, 2, \ldots, n$$

$$b_k = \frac{1}{\pi} \int_0^{2\pi} f(t) \sin kt \, dt, \quad k = 1, 2, \ldots, n$$

的三角函數 $g(t)$ 將極小化均方誤差

$$\int_0^{2\pi} [f(t) - g(t)]^2 \, dt$$

若原函數 $f(t)$ 的定義域以區間 $[0, T]$ 取代 $[0, 2\pi]$，則標度的改變將產生下面結果 (參考習題 8)：

定理 10.19.2：最小化在 $[0, T]$ 上的均方誤差

若 $f(t)$ 為 $[0, T]$ 上的連續函數，具有

$$g(t) = \frac{1}{2}a_0 + a_1 \cos \frac{2\pi}{T} t + \cdots + a_n \cos \frac{2n\pi}{T} t + b_1 \sin \frac{2\pi}{T} t + \cdots + b_n \sin \frac{2n\pi}{T} t$$

的型式，且係數為

$$a_k = \frac{2}{T} \int_0^T f(t) \cos \frac{2k\pi t}{T} \, dt, \quad k = 0, 1, 2, \ldots, n$$

$$b_k = \frac{2}{T} \int_0^T f(t) \sin \frac{2k\pi t}{T} \, dt, \quad k = 1, 2, \ldots, n$$

的三角函數 $g(t)$ 將極小化均方誤差

$$\int_0^T [f(t) - g(t)]^2 \, dt$$

▶ **例題 1　對聲波的最小平方近似**

令聲波 $p(t)$ 具有鋸齒形狀且基本頻率為 5000 cps (圖 10.19.7)。假設所選擇的單位可使得正常大氣壓力為 0 位準而聲波的最大振幅為 A。此聲波的基本週期 $T = 1/5000 = 0.0002$ 秒。由 $t=0$ 至 $t=T$，$p(t)$ 如方程式

$$p(t) = \frac{2A}{T}\left(\frac{T}{2} - t\right)$$

依定理 10.19.2 可得

$$a_0 = \frac{2}{T}\int_0^T p(t)\,dt = \frac{2}{T}\int_0^T \frac{2A}{T}\left(\frac{T}{2}-t\right)dt = 0$$

$$a_k = \frac{2}{T}\int_0^T p(t)\cos\frac{2k\pi t}{T}\,dt = \frac{2}{T}\int_0^T \frac{2A}{T}\left(\frac{T}{2}-t\right)\cos\frac{2k\pi t}{T}\,dt = 0, \quad k=1,2,\ldots$$

$$b_k = \frac{2}{T}\int_0^T p(t)\sin\frac{2k\pi t}{T}\,dt = \frac{2}{T}\int_0^T \frac{2A}{T}\left(\frac{T}{2}-t\right)\sin\frac{2k\pi t}{T}\,dt = \frac{2A}{k\pi}, \quad k=1,2,\ldots$$

現在可探究聲波 $p(t)$ 如何為人類耳朵感受到。注意，$4/T = 20{,}000$ cps，因此只須將 $k=4$ 代入上式即可，故 $p(t)$ 的最小平方近似為

$$q(t) = \frac{2A}{\pi}\left[\sin\frac{2\pi}{T}t + \frac{1}{2}\sin\frac{4\pi}{T}t + \frac{1}{3}\sin\frac{6\pi}{T}t + \frac{1}{4}\sin\frac{8\pi}{T}t\right]$$

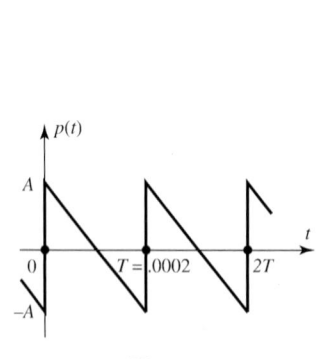

▲ 圖 10.19.7

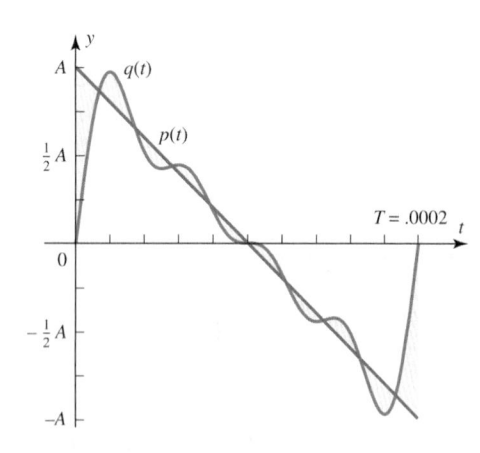

▲ 圖 10.19.8

上式四個正弦項分別擁有頻率 5000, 10,000, 15,000 及 20,000 cps。圖 10.19.8 為涵蓋一個週期的 $p(t)$ 與 $q(t)$ 比較圖形。雖然 $q(t)$ 不是 $p(t)$ 的一個極佳點對點近似，但對人類耳朵而言，$p(t)$ 與 $q(t)$ 都產生相同的聲調。 ◀

正如在 6.6 節曾討論過的，當近似三角多項式的項數變得很多時，最小平方近似將變得更佳。更精確地說，當 $n \to \infty$ 時，

$$\int_0^{2\pi} \left[f(t) - \frac{1}{2}a_0 - \sum_{k=1}^{n}(a_k \cos kt + b_k \sin kt) \right]^2 dt$$

將趨近於 0。為表示此一結果，將上式改寫為

$$f(t) \sim \frac{1}{2}a_0 + \sum_{k=1}^{\infty}(a_k \cos kt + b_k \sin kt)$$

其中等號右邊為 $f(t)$ 的富立爾級數。對各個 t，$f(t)$ 的富立爾級數是否收斂至 $f(t)$ 是另一個問題，而且是較難的問題。應用時所遭遇到多數的連續函數，其富立爾級數確實對 t 的每一個收斂至所對應的函數。

習題集 10.19

1. 試求階數為 3 的三角多項式，使它成為函數 $f(t) = (t-\pi)^2$ 在區間 $[0, 2\pi]$ 上的最小平方近似。

2. 試求階數為 4 的三角多項式，使它成為函數 $f(t) = t^2$ 在區間 $[0, T]$ 上的最小平方近似。

3. 試求階數為 4 的三角多項式，使它成為函數
$$f(t) = \begin{cases} \sin t, & 0 \le t \le \pi \\ 0, & \pi < t \le 2\pi \end{cases}$$
在區間 $[0, 2\pi]$ 上的最小平方近似。

4. 試求一任意階數 n 的三角多項式，使它成為函數 $f(t) = \sin \frac{1}{2}t$ 在區間 $[0, 2\pi]$ 上的最小平方近似。

5. 試求一任意階數 n 的三角多項式，使它成為函數
$$f(t) = \begin{cases} t, & 0 \le t \le \frac{1}{2}T \\ T-t, & \frac{1}{2}T < t \le T \end{cases}$$
在區間 $[0, T]$ 上的最小平方近似。

6. 對內積
$$\langle \mathbf{u}, \mathbf{v} \rangle = \int_0^{2\pi} u(t)v(t)\, dt$$

試證明

   (a) $\|1\| = \sqrt{2\pi}$
   (b) $\|\cos kt\| = \sqrt{\pi}$，其中 $k = 1, 2, \ldots$
   (c) $\|\sin kt\| = \sqrt{\pi}$，其中 $k = 1, 2, \ldots$

7. 試證明下面之 $2n+1$ 個函數
$$1, \cos t, \cos 2t, \ldots, \cos nt, \sin t, \sin 2t, \ldots, \sin nt$$

相對於習題 6 中定義的內積 $\langle \mathbf{u}, \mathbf{v} \rangle$，在區間 $[0, 2\pi]$ 上為正交的。

8. 若定義 $f(t)$ 使其於區間 $[0, T]$ 上是連續的，試證明對在區間 $[0, 2\pi]$ 中的 τ，$f(T\tau/2\pi)$ 有定義且為連續的。利用此事實證明定理 10.19.2 係由定理 10.19.1 導出的。

10.19 科技習題

下面這些習題是被設計為需使用科技裝備來解的問題。基本上，這些裝備為 MATLAB、*Mathematica*、Maple、Derive 或 Mathcad，亦可能為其他型態的線性代數軟體或具有線性代數內涵的科學計算器。對每個習題，你在使用你的特別裝備時，需先閱讀相關文件。這些習題的主要目標是讓你熟練你的科技裝備。一旦你精通這些習題裡的技巧，將可以使用你的科技裝備來解許多一般習題集的問題。

T1 令 g 為函數

$$g(t) = \frac{3 + 4\sin t}{5 - 4\cos t}, \quad \text{對 } 0 \le t \le 2\pi$$

使用電腦求富立爾係數

$$\begin{Bmatrix} a_k \\ b_k \end{Bmatrix} = \frac{1}{\pi} \int_0^{2\pi} \left(\frac{3+4\sin t}{5-4\cos t} \right) \begin{Bmatrix} \cos kt \\ \sin kt \end{Bmatrix} dt$$

由你的結果對 a_k 及 b_k 的一般表示式做一猜想。在電腦上計算

$$\frac{1}{2}a_0 + \sum_{k=1}^{\infty} (a_k \cos kt + b_k \sin kt)$$

來測試你的猜想並看看是否會收斂至 $g(t)$。

T2 令 g 為函數

$$g(t) = e^{\cos t}[\cos(\sin t) + \sin(\sin t)], \quad \text{對 } 0 \le t \le 2\pi$$

使用電腦求富立爾係數

$$\begin{Bmatrix} a_k \\ b_k \end{Bmatrix} = \frac{1}{\pi} \int_0^{2\pi} g(t) \begin{Bmatrix} \cos kt \\ \sin kt \end{Bmatrix} dt, \quad \text{對 } k = 0, 1, 2, 3, 4, 5$$

由你的結果對 a_k 及 b_k 的一般表示式做一猜想。在電腦上計算

$$\frac{1}{2}a_0 + \sum_{k=1}^{\infty} (a_k \cos kt + b_k \sin kt)$$

來測試你的猜想，並看看是否會收斂至 $g(t)$。

10.20 變形與形態

在電腦圖像中比較有意思的影像操作是變形與形態。本節我們告訴你線性變換如何被用來扭曲一圖像為一個變形或扭曲並混合兩個圖像為一個形態。

> **預備知識**：R^2 上線性算子的幾何性質 (4.11 節)
> 線性獨立
> R^2 上的基底

電腦圖像軟體允許用各種不同方法來操作一個影像，例如：依比例放大縮小影像、旋轉影像，或傾斜影像等，以移動含影像的矩形四個角之變形法是另外一種基本的影像操作技巧。以各種不同方法將一影像變形成好幾小片是比較複雜的方法，其可得圖形的變形 (warp)。另外，以互補方式將兩不同影像變形並把變形混合成兩個圖像的形態 (morph)(morph 為希臘字根，意思為形態或形狀)。如圖 10.20.1 的例子，圖中一位女士 50 年期間的四張照片 (從左上方至右下角的四對角照片) 以不同量做雙雙形態變化來建議女士的逐漸年齡。

變形與形態的最常見應用在於影響動畫、影視或打廣告。而且，許多科學及科技應用也因此產生。例如，研究活生物的發展、分析活生物的成長及發展、幫助重建及整形外科手術、調查產品設計的變化及「變老」失蹤人物照片或嫌疑犯照片。

▲ 圖 10.20.1

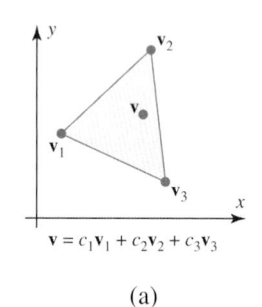

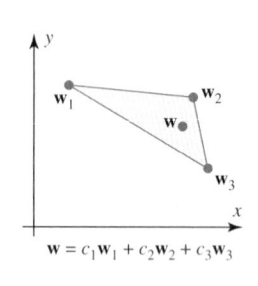

變 形

我們先描述一個簡單的平面上三角形區域之變形。令三角形的三個頂點為三不共線的點 $\mathbf{v}_1$, $\mathbf{v}_2$ 及 $\mathbf{v}_3$ (圖 10.20.2a)。我們稱此三角形為**起始-三角形** (begin-triangle)。若 $\mathbf{v}$ 為起始-三角形上任一點，則存在唯一常數 c_1 及 c_2 滿足

$$\mathbf{v} - \mathbf{v}_3 = c_1(\mathbf{v}_1 - \mathbf{v}_3) + c_2(\mathbf{v}_2 - \mathbf{v}_3) \tag{1}$$

(1) 式表向量 $\mathbf{v} - \mathbf{v}_3$ 為兩線性獨立向量 $\mathbf{v}_1 - \mathbf{v}_3$ 及 $\mathbf{v}_2 - \mathbf{v}_3$ (分別以 $\mathbf{v}_3$ 作為起點) 的 (唯一) 線性組合。若令 $c_3 = 1 - c_1 - c_2$，則由 c_1 的定義，可改寫 (1) 式為

$$\mathbf{v} = c_1\mathbf{v}_1 + c_2\mathbf{v}_2 + c_3\mathbf{v}_3 \tag{2}$$

其中

$$c_1 + c_2 + c_3 = 1 \tag{3}$$

若 (2) 及 (3) 式滿足且係數 c_1, c_2 及 c_3 非負，則我們稱 $\mathbf{v}$ 為向量 $\mathbf{v}_1, \mathbf{v}_2$ 及 $\mathbf{v}_3$ 的**凸組合** (convex combination)。我們可證明 (習題 6) $\mathbf{v}$ 位於由 $\mathbf{v}_1, \mathbf{v}_2$ 及 $\mathbf{v}_3$ 所決定的三角形內若且唯若 $\mathbf{v}$ 為 $\mathbf{v}_1, \mathbf{v}_2$ 及 $\mathbf{v}_3$ 的凸組合。

其次，給**終點-三角形** (end-triangle) 上三個不共線點 $\mathbf{w}_1, \mathbf{w}_2$ 及 $\mathbf{w}_3$ (圖 10.20.2b)，存在一個唯一的**仿射變換** (affine transformation) 將 $\mathbf{v}_1$ 映射至 $\mathbf{w}_1$，$\mathbf{v}_2$ 映射至 $\mathbf{w}_2$，且將 $\mathbf{v}_3$ 映射至 $\mathbf{w}_3$，亦即存在唯一的 2×2 階可逆矩陣 M 及唯一向量 $\mathbf{b}$

$$\mathbf{w}_i = M\mathbf{v}_i + \mathbf{b} \quad \text{對} \quad i = 1, 2, 3 \tag{4}$$

(參見習題 5，M 及 $\mathbf{b}$ 的計算)。並且，我們可證明 (見習題 3)，(2) 式之向量 $\mathbf{v}$ 在這個仿射變換之下的像 $\mathbf{w}$ 為

$$\mathbf{w} = c_1\mathbf{w}_1 + c_2\mathbf{w}_2 + c_3\mathbf{w}_3 \tag{5}$$

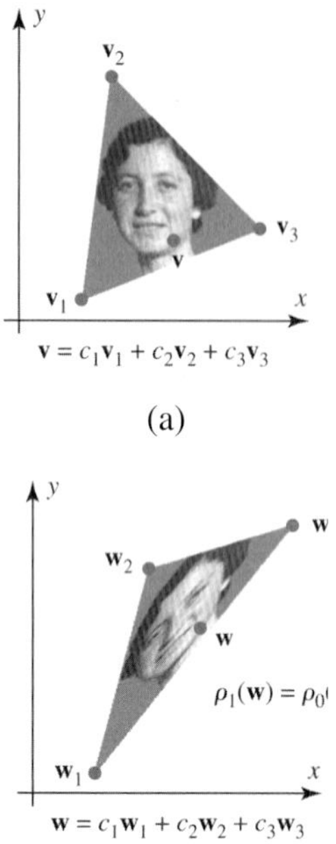

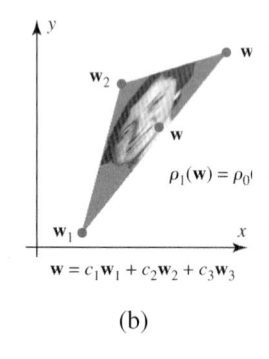

這是仿射變換的基本性質：仿射變換將一些向量的凸組合映射至這些向量之像的相同凸組合。

假設起始三角形裡含一個圖像 (圖 10.20.3a)，亦即，對三角形內的每一點指定一個灰色層次，0 表白色而 100 表黑色，其他灰色層次介於 0 和 100 之間。特別，令純量值函數 ρ_0，稱之為起始-三角形的**圖像密度函數** (picture-density)，被定義為 $\rho_0(\mathbf{v})$ 表起始-三角形內 $\mathbf{v}$ 點的灰色層次。我們現在可定義在終點-三角形內的一個圖像，稱為原圖形的**變形** (warp)，終點-三角形內的點 $\mathbf{w}$ 之灰色層次的圖像密度函數 ρ_1，被定義

為在起始-三角形內可映至 **w** 的點 **v** 之灰色層次。寫成方程式形式，密度函數 ρ_1 可被決定為

$$\rho_1(\mathbf{w}) = \rho_0(c_1\mathbf{v}_1 + c_2\mathbf{v}_2 + c_3\mathbf{v}_3) \tag{6}$$

依此，若 c_1, c_2 及 c_3 為所有和為 1 的非負值，(5) 式產生終點-三角形上的所有點 **w**，(6) 式產生變形圖像在這些點的灰色層次 $\rho_1(\mathbf{w})$ (圖 10.20.3b)。

(6) 式決定一個非常簡單的在一個簡單三角形內的圖像變形。更廣泛地，我們可將一個圖像打破成許多個三角形區域，且可以不同方式來變形每一個三角形區域。此給我們較多自由度經由三角形區域的選擇及改變它們來設計一個變形。假設現有一圖像被包含在平面上幾個三角形區域內。在矩形內選 n 個點 $\mathbf{v}_1, \mathbf{v}_2, \ldots, \mathbf{v}_n$，稱為**頂點** (vertex points)，使這些點均落在我們想要變形圖像的主要部位 (圖 10.20.4a)。一旦頂點被選好，我們來完成矩形區域的**三角畫分** (triangulation)；亦即，在頂點之間畫直線且滿足下面條件 (圖 10.20.4b)：

1. 直線形成三角形集合的邊。
2. 直線不相交。
3. 每一個頂點為至少一個三角形的頂點。
4. 所有三角形的聯集為這個矩形。
5. 這個三角形集合是最大的 (亦即沒有更多的頂點可相連)。

注意條件 4 要求包含圖像矩形的每一個角均為頂點。

我們永遠可由任意 n 個頂點形成一個三角畫分，但三角畫分未必是唯一的。例如，圖 10.20.4b 及圖 10.20.4c 為圖 10.20.4a 之頂點集的兩種不同三角形畫分。因為已有許多電腦演算法可非常快速的執行三

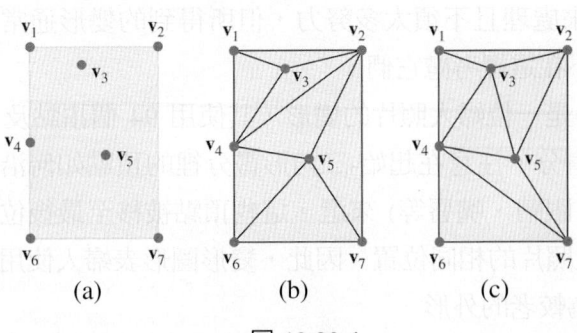

▲ 圖 **10.20.4**

▲ 圖 10.20.5

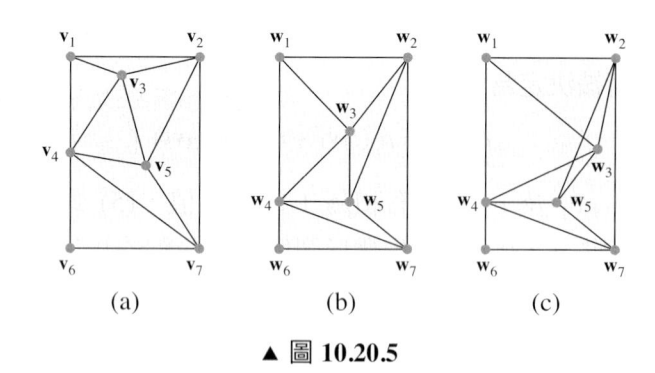

角形畫分，我們不必徒手來執行令人厭煩的三角形畫分之工作；我們僅須確認想要的頂點，且讓電腦利用這些頂點來產生三角形畫分。若 n 為所選頂點的個數，可證明這些頂點的任一三角畫分的三角形個數 m 為

$$m = 2n - 2 - k \tag{7}$$

其中 k 為位在矩形邊界上的頂點個數，包含四個角落之頂點。

我們可依據所想要的圖像改變，移動 n 個頂點 $\mathbf{v}_1, \mathbf{v}_2, \ldots, \mathbf{v}_n$ 至新位置 $\mathbf{w}_1, \mathbf{w}_2, \ldots, \mathbf{w}_n$ 來確定變形 (圖 10.20.5a 及圖 10.20.5b)。然而，頂點的移動須有兩個限制：

1. 矩形角落的四個頂點保留固定，且在矩形邊上的頂點保留固定或移至矩形同一邊上的其他頂點。所有其他頂點保留在矩形內部。
2. 由三角畫分所決定的三角形，在它們的頂點被移動之後，不可重疊。

第一個限制保證起始-圖像之矩形形狀不變。第二個限制保證移動頂點後仍形成矩形的三角形畫分且新的三角形畫分和舊的相似。例如，圖 10.20.5c 不允許為圖 10.20.5a 之頂點的移動。雖然這個條件違背的地方可由數字方法來處理且不須太多努力，但所得到的變形通常為不尋常的結果，我們不在這裡考慮它們。

圖 10.20.6 是一位婦人照片的變形，其使用 94 個頂點及 179 個三角形的三角形畫分。注意在起始-三角形畫分裡的頂點如何沿圖像重要的部分 (髮線、眼睛、嘴唇等) 來選。這些頂點被移至最後位置，其對應 20 年後婦人照片的相同位置。因此，變形圖形表婦人使用她較年輕的灰色層次變為較老的外形。

起始-圖像　　　　　　　變形圖像

起始-三角形畫分　　　　變形三角形畫分

起始-三角形畫分　　　　變形三角形畫分

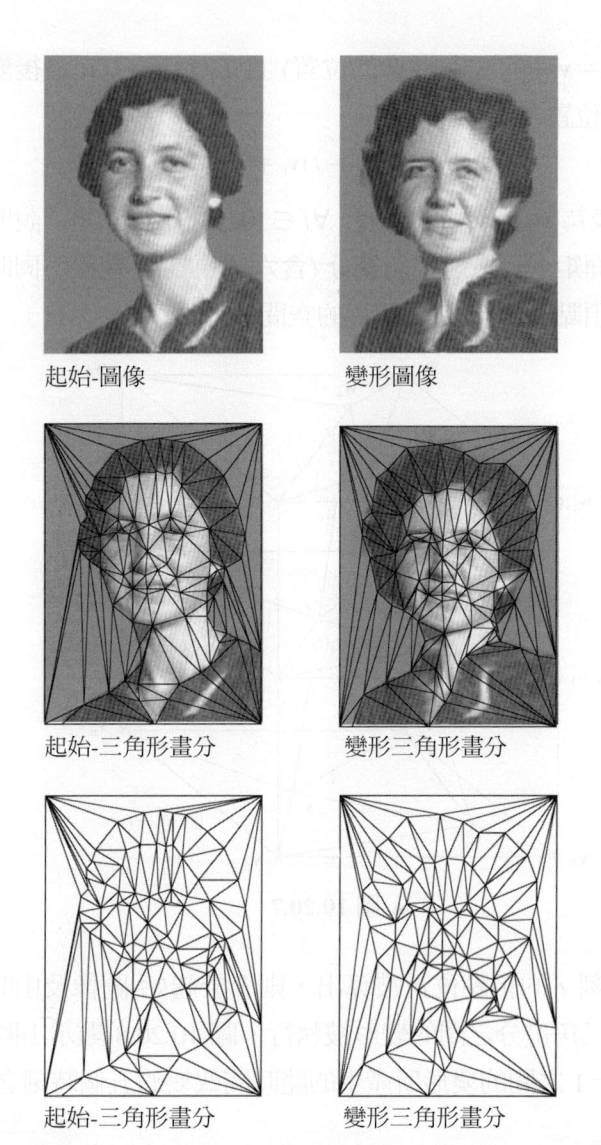

▲ 圖 10.20.6

隨時間改變的變形

一個隨時間改變的變形 (time-varying warp) 為變形的集合，其起始-圖像的頂點是以連續時間的方式由起始位置移到至明確之最後位置。此給我們一個動態圖像，其起始圖像連續變形至最後之變形。讓我們選時間單位使得 $t=0$ 對應起始-圖像，$t=1$ 對應最後變形。將頂點由時刻 $t=0$ 移動至時刻 $t=1$ 的最簡單方法，是以常數速度沿著直線路徑由初始位置移動至最後位置。

欲描述此類運動，令 $\mathbf{u}_i(t)$ 表第 i 個頂點在時刻 t ($0 \leq t \leq 1$) 的位

置。因此 $\mathbf{u}_i(0) = \mathbf{v}_i$ (在起始-圖像的位置) 且 $\mathbf{u}_i(1) = \mathbf{w}_i$ (在最後變形的位置)。在其間的位置為

$$\mathbf{u}_i(t) = (1-t)\mathbf{v}_i + t\mathbf{w}_i \tag{8}$$

(8) 式將 $\mathbf{u}_i(t)$ 表為 $\mathbf{v}_i$ 及 $\mathbf{w}_i$ 的凸組合 $\forall t \in [0, 1]$。圖 10.20.7 說明一個隨時間改變的平面矩形區域之三角畫分 (含六個頂點)。連接不同時刻頂點的直線為這些頂點在空間-時間圖形的空間-時間路徑。

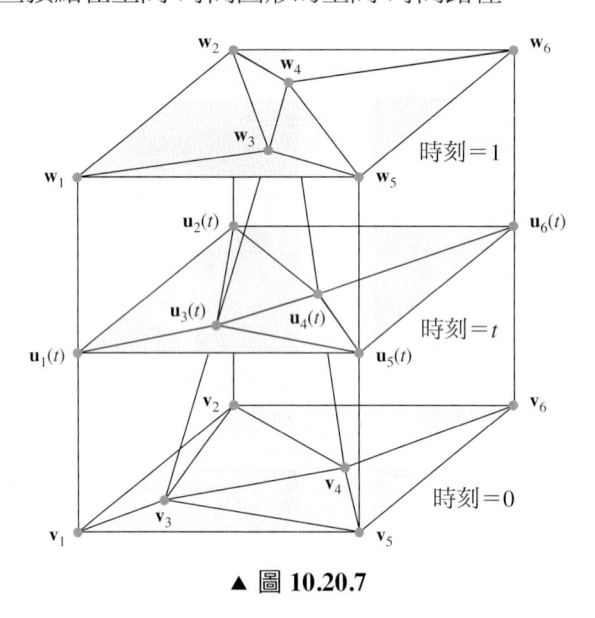

▲ 圖 10.20.7

一旦在時刻 t 的頂點位置被算出,則介於起始-圖像及由時刻 t 之頂點所決定的三角畫分之間的變形被執行。圖 10.20.8 顯示由圖 10.20.6 介於 $t=0$ 和 $t=1$ 之間的變形所產生的隨時間改變的五個時刻之變形。

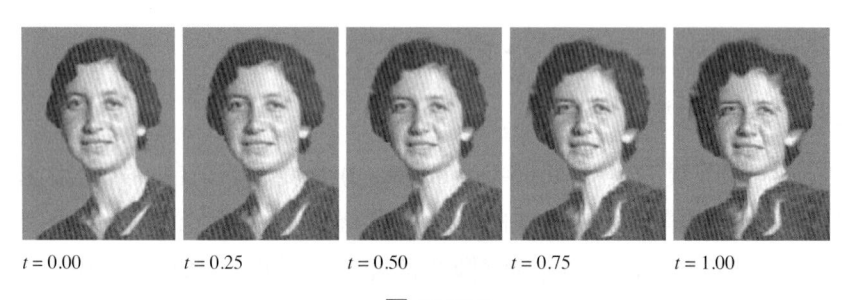

▲ 圖 10.20.8

形　態

一個隨時間改變的形態 (time-varying morph) 被描述為兩個不同圖像隨時

間改變之變形的混合,而這兩種變形使用適合它們圖貌的三角形畫分。這兩個圖像之一被設計為起始-圖像,而另一個為終點-圖像。首先,一個由 $t=0$ 至 $t=1$ 隨時間改變的變形被產生,其中起始-圖像被變形為終點-圖像的形狀。接著,一個由 $t=1$ 至 $t=0$ 隨時間改變的變形被產生,其中終點-圖像被變形為起始-圖像的形狀。最後,兩個在每個時刻 t 之變形的灰色層次之加權平均值被用來產生兩個影像在時刻 t 的形態。

圖 10.20.9 顯示一個婦人兩張相隔 20 年的照片。圖像之下為兩張照片相對應的三角形畫分。介於這兩張照片之間的隨時改變的形態之五個介於 0 和 1 之間的時刻變形圖示於圖 10.20.10。

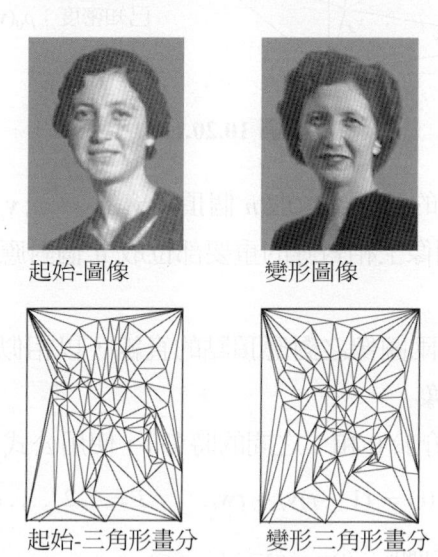

起始-圖像　　變形圖像

起始-三角形畫分　　變形三角形畫分

▲ 圖 10.20.9

$t=0.00$　　$t=0.25$　　$t=0.50$　　$t=0.75$　　$t=1.00$

▲ 圖 10.20.10

產生此類形態之法被整理成下面九個步驟 (圖 10.20.11):

步驟 1. 給一個圖像密度為 ρ_0 的起始-圖像及圖像密度為 ρ_1 的終點-圖

時刻=1
終點-圖像
已知密度：$\rho_1(\mathbf{w})$

時刻=t
形態-圖像
計算密度：
$\rho_t(\mathbf{u}) = (1-t)-\rho_0(\mathbf{v}) + t\rho_1(\mathbf{w})$

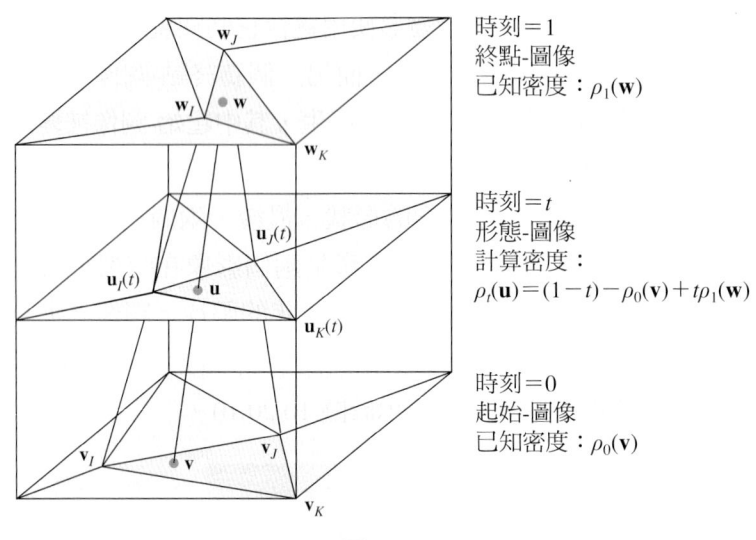

時刻=0
起始-圖像
已知密度：$\rho_0(\mathbf{v})$

▲ 圖 10.20.11

像，在起始-圖像的重要部位取 n 個頂點 $\mathbf{v}_1, \mathbf{v}_2, \ldots, \mathbf{v}_n$。

步驟 2. 在終點-圖像上相對應的重要部位取 n 個對應頂點 $\mathbf{w}_1, \mathbf{w}_2, \ldots, \mathbf{w}_n$。

步驟 3. 畫出連結兩圖像之對應頂點的直線，以相似方法來三角形劃分起始及終點圖像。

步驟 4. 對每一個介於 0 和 1 之間的時刻 t，使用公式

$$\mathbf{u}_i(t) = (1-t)\mathbf{v}_i + t\mathbf{w}_i, \qquad i = 1, 2, \ldots, n \tag{9}$$

求形態圖像上的頂點 $\mathbf{u}_1(t), \mathbf{u}_2(t), \ldots, \mathbf{u}_n(t)$。

步驟 5. 如同起始及終點圖像的三角形畫分，三角形畫分時刻 t 的形態圖像。

步驟 6. 對時刻 t 之形態圖像上的任一點 $\mathbf{u}$，求形態圖像的三角畫分上的三角形，使得 $\mathbf{u}$ 位在這個三角形內，且這個三角形的頂點為 $\mathbf{u}_I(t)$, $\mathbf{u}_J(t)$ 及 $\mathbf{u}_K(t)$。（參見習題 1，判斷一已知點是否位在一已知三角形內。）

步驟 7. 求常數 c_I, c_J 及 c_K 滿足

$$\mathbf{u} = c_I \mathbf{u}_I(t) + c_J \mathbf{u}_J(t) + c_K \mathbf{u}_K(t) \tag{10}$$

且

$$c_I + c_J + c_K = 1 \tag{11}$$

將 $\mathbf{u}$ 表為 $\mathbf{u}_I(t), \mathbf{u}_J(t)$ 及 $\mathbf{u}_K(t)$ 的凸組合。

步驟 8. 利用

$$\mathbf{v} = c_I\mathbf{v}_I + c_J\mathbf{v}_J + c_K\mathbf{v}_K \quad \text{(在起始-圖像)} \tag{12}$$

且

$$\mathbf{w} = c_I\mathbf{w}_I + c_J\mathbf{w}_J + c_K\mathbf{w}_K \quad \text{(在終點-圖像)} \tag{13}$$

分別求 **u** 在起始及終點圖像的位置。

步驟 9. 最後，使用

$$\rho_t(\mathbf{u}) = (1-t)\rho_0(\mathbf{v}) + t\rho_1(\mathbf{w}) \tag{14}$$

求形態-圖像在點 **u** 的圖像密度函數 $\rho_t(\mathbf{u})$。

步驟 9 是用來區別變形和形態的主要步驟。(14) 式取起始和終點-圖像的灰色層次加權平均值以得形態圖像的灰色層次。加權和頂點由起始位置被移動至終點位置的距離的分數有關。例如，若頂點被移整個路速的 $\frac{1}{4}$ (亦即，若 $t=0.25$)，則我們使用終點-圖像灰色層次的 $\frac{1}{4}$ 及起始-圖像灰色層次的 $\frac{3}{4}$。因此，當時間進行著，不僅起始-圖像的形狀逐漸變成終點-圖像的形狀 (如同在一變形)，而且起始-圖像的灰色層次逐漸變成終點-圖像的灰色層次。

上面所描述產生一個形態的方法，若用手來執行是頗笨重的，有點愚笨，重複的計算電腦是可行的。一個成功的形態需要有好的準備且藝術能力要多於數字能力 (軟體設計者須有數字能力)。兩張欲被形態的照片應小心選擇使得它們有相符之外貌，且兩張照片上的頂點亦應小心來選，使得在兩個三角形畫分裡的三角形包含相似的兩圖像之外貌。當一切做得正確，則每一個形態應看起來「真的」像起始及終點圖像。

本節所討論的技巧可以多種方法來一般化，以產生更精緻的變形和形態。例如：

1. 若圖像為彩色的，則圖像顏色 (紅、綠、藍) 的三個顏色可被分別形態而產生一個有色形態。
2. 不使用直線路徑到它們的終點，三角形畫分上的頂點可分別沿更複雜路徑走而得多種結果。
3. 不使用常數速率沿路徑走，三角形畫分上的頂點在不同時刻可有不同速率。例如，兩張面相間的形態，髮線可被先改變，接著鼻子及繼續其他部位。

4. 同理，混合起始-圖像及終點-圖像的灰色層次在不同時刻及不同頂點可被比 (14) 式更複雜的方式來改變。

5. 我們可以三角形畫分曲面及使用本節之技巧來形態三維空間上的兩個曲面 (例如，表示兩個完整的頭)。

6. 我們可以將兩個立體分成對應的四面區域來形態三維空間上的兩個立體 (例如，人類心跳在兩個不同時刻的兩個三維電腦斷層)。

7. 兩組幻燈影片可在每一對幻燈片間以不同量的方式做幻燈片跟幻燈片間的形態而得一個形態的幻燈影片。例如，沿著一個角度走動的演算逐漸形態成沿著同一角度走動的猿。

8. 不使用直線來三角畫分兩個欲被形態的圖像，更複雜的曲線，例如仿樣曲線，可被符合在兩圖像間使用。

9. 一般化本節所給的公式，則三個或更多個圖像可被一起來形態化。

這些及其他一般化已使變形及形態成為電腦圖像學裡兩個最生動的領域。

習題集 10.20

1. 試決定向量 **v** 是否為向量 $\mathbf{v}_1$, $\mathbf{v}_2$ 及 $\mathbf{v}_3$ 的凸組合。解方程式 (1) 及 (3) 的 c_1, c_2 及 c_3 並探討這些係數是否為非負。

    (a) $\mathbf{v} = \begin{bmatrix} 3 \\ 3 \end{bmatrix}$, $\mathbf{v}_1 = \begin{bmatrix} 1 \\ 1 \end{bmatrix}$, $\mathbf{v}_2 = \begin{bmatrix} 3 \\ 5 \end{bmatrix}$, $\mathbf{v}_3 = \begin{bmatrix} 4 \\ 2 \end{bmatrix}$

    (b) $\mathbf{v} = \begin{bmatrix} 2 \\ 4 \end{bmatrix}$, $\mathbf{v}_1 = \begin{bmatrix} 1 \\ 1 \end{bmatrix}$, $\mathbf{v}_2 = \begin{bmatrix} 3 \\ 5 \end{bmatrix}$, $\mathbf{v}_3 = \begin{bmatrix} 4 \\ 2 \end{bmatrix}$

    (c) $\mathbf{v} = \begin{bmatrix} 0 \\ 0 \end{bmatrix}$, $\mathbf{v}_1 = \begin{bmatrix} 3 \\ 3 \end{bmatrix}$, $\mathbf{v}_2 = \begin{bmatrix} -2 \\ -2 \end{bmatrix}$, $\mathbf{v}_3 = \begin{bmatrix} 3 \\ 0 \end{bmatrix}$

    (d) $\mathbf{v} = \begin{bmatrix} 1 \\ 0 \end{bmatrix}$, $\mathbf{v}_1 = \begin{bmatrix} 3 \\ 3 \end{bmatrix}$, $\mathbf{v}_2 = \begin{bmatrix} -2 \\ -2 \end{bmatrix}$, $\mathbf{v}_3 = \begin{bmatrix} 3 \\ 0 \end{bmatrix}$

2. 對圖 10.20.4 的兩個三角形畫分證明 (7) 式。

3. 令一個仿射變換被給為 2×2 階矩陣 M 及二維向量 **b**。令 $\mathbf{v} = c_1 \mathbf{v}_1 + c_2 \mathbf{v}_2 + c_3 \mathbf{v}_3$，其中 $c_1 + c_2 + c_3 = 1$；令 $\mathbf{w} = M\mathbf{v} + \mathbf{b}$；且令 $\mathbf{w}_i = M\mathbf{v}_i + \mathbf{b}$, $i = 1, 2, 3$。證明 $\mathbf{w} = c_1 \mathbf{w}_1 + c_2 \mathbf{w}_2 + c_3 \mathbf{w}_3$。(此證明一個仿射變換將向量的凸組合映至這些向量之像的相同凸組合。)

4. (a) 展示圖 10.20.4 上點的一三角形畫分，其中點 $\mathbf{v}_3$, $\mathbf{v}_5$ 及 $\mathbf{v}_6$ 形成一單一三角形的頂點。

    (b) 展示圖 10.20.4 上點的一三角形畫分，其中點 $\mathbf{v}_2$, $\mathbf{v}_5$ 及 $\mathbf{v}_7$ 無法形成一單一三角形的頂點。

5. 試求 2×2 階矩陣 M 及二維向量 **b** 使其定義映射三個向量 $\mathbf{v}_1$, $\mathbf{v}_2$ 及 $\mathbf{v}_3$ 至三個向量 $\mathbf{w}_1$, $\mathbf{w}_2$ 及 $\mathbf{w}_3$ 的仿射變換。你可設定一個含六個線性方程式的方程組來解矩陣 M 的四個元素及向量 **b** 的兩個元素。

    (a) $\mathbf{v}_1 = \begin{bmatrix} 1 \\ 1 \end{bmatrix}$, $\mathbf{v}_2 = \begin{bmatrix} 2 \\ 3 \end{bmatrix}$, $\mathbf{v}_3 = \begin{bmatrix} 2 \\ 1 \end{bmatrix}$,

    $\mathbf{w}_1 = \begin{bmatrix} 4 \\ 3 \end{bmatrix}$, $\mathbf{w}_2 = \begin{bmatrix} 9 \\ 5 \end{bmatrix}$, $\mathbf{w}_3 = \begin{bmatrix} 5 \\ 3 \end{bmatrix}$

(b) $\mathbf{v}_1 = \begin{bmatrix} -2 \\ 2 \end{bmatrix}$, $\mathbf{v}_2 = \begin{bmatrix} 0 \\ 0 \end{bmatrix}$, $\mathbf{v}_3 = \begin{bmatrix} 2 \\ 1 \end{bmatrix}$,

$\mathbf{w}_1 = \begin{bmatrix} -8 \\ 1 \end{bmatrix}$, $\mathbf{w}_2 = \begin{bmatrix} 0 \\ 1 \end{bmatrix}$, $\mathbf{w}_3 = \begin{bmatrix} 5 \\ 4 \end{bmatrix}$

(c) $\mathbf{v}_1 = \begin{bmatrix} -2 \\ 1 \end{bmatrix}$, $\mathbf{v}_2 = \begin{bmatrix} 3 \\ 5 \end{bmatrix}$, $\mathbf{v}_3 = \begin{bmatrix} 1 \\ 0 \end{bmatrix}$,

$\mathbf{w}_1 = \begin{bmatrix} 0 \\ -2 \end{bmatrix}$, $\mathbf{w}_2 = \begin{bmatrix} 5 \\ 2 \end{bmatrix}$, $\mathbf{w}_3 = \begin{bmatrix} 3 \\ -3 \end{bmatrix}$

(d) $\mathbf{v}_1 = \begin{bmatrix} 0 \\ 2 \end{bmatrix}$, $\mathbf{v}_2 = \begin{bmatrix} 2 \\ 2 \end{bmatrix}$, $\mathbf{v}_3 = \begin{bmatrix} -4 \\ -2 \end{bmatrix}$,

$\mathbf{w}_1 = \begin{bmatrix} \frac{5}{2} \\ -1 \end{bmatrix}$, $\mathbf{w}_2 = \begin{bmatrix} \frac{7}{2} \\ 3 \end{bmatrix}$, $\mathbf{w}_3 = \begin{bmatrix} -\frac{7}{2} \\ -9 \end{bmatrix}$

6. (a) 令 $\mathbf{a}$ 及 $\mathbf{b}$ 為平面上線性獨立向量。證明若 c_1 及 c_2 為非負數滿足 $c_1+c_2=1$，則向量 $c_1\mathbf{a}+c_2\mathbf{b}$ 位在連續向量 $\mathbf{a}$ 及 $\mathbf{b}$ 之兩尖端的線段上。

(b) 令 $\mathbf{a}$ 及 $\mathbf{b}$ 為平面上線性獨立向量。證明若 c_1 及 c_2 為非負數滿足 $c_1+c_2 \leq 1$，則向量 $c_1\mathbf{a}+c_2\mathbf{b}$ 位在由向量 $\mathbf{a}$ 及 $\mathbf{b}$ 之尖端及原點所連成的三角形內。[提示：首先將向量 $c_1\mathbf{a}+c_2\mathbf{b}$ 乘上比例因子 $1/(c_1+c_2)$。]

(c) 令 $\mathbf{v}_1, \mathbf{v}_2$ 及 $\mathbf{v}_3$ 為平面上不共線之點。證明若 c_1, c_2 及 c_3 為非負數滿足 $c_1+c_2+c_3=1$，則向量 $c_1\mathbf{v}_1+c_2\mathbf{v}_2+c_3\mathbf{v}_3$ 位在由這三個向量之尖端所建成的三角形內。[提示：令 $\mathbf{a}=\mathbf{v}_1-\mathbf{v}_3$ 且 $\mathbf{b}=\mathbf{v}_2-\mathbf{v}_3$，再使用 (1) 式及本習題 (b)。]

7. (a) 係數 c_1, c_2 及 c_3 決定凸組合 $\mathbf{v}=c_1\mathbf{v}_1+c_2\mathbf{v}_2+c_3\mathbf{v}_3$。若 $\mathbf{v}$ 位在由 $\mathbf{v}_1, \mathbf{v}_2$ 及 $\mathbf{v}_3$ 三向量所決定之三角形的三頂點之一，則 c_1, c_2 及 c_3 有何特性？

(b) 係數 $c_1, c2$ 及 c_3 決定凸組合 $\mathbf{v}=c_1\mathbf{v}_1+c_2\mathbf{v}_2+c_3\mathbf{v}_3$。若 $\mathbf{v}$ 位在由 $\mathbf{v}_1, \mathbf{v}_2$ 及 $\mathbf{v}_3$ 三向量所決定之三角形的三邊之一，則 c_1, c_2 及 c_3 有何特性？

(c) 係數 c_1, c_2 及 c_3 決定凸組合 $\mathbf{v}=c_1\mathbf{v}_1+c_2\mathbf{v}_2+c_3\mathbf{v}_3$。若 $\mathbf{v}$ 位在由 $\mathbf{v}_1, \mathbf{v}_2$ 及 $\mathbf{v}_3$ 三向量所決定的三角形內部，則 c_1, c_2 及 c_3 有何特性？

8. (a) 三角形的重心位在連結三角形任一頂點及此頂點之對邊中點的連線段上，其位置在線段上至該頂點的距離為線段長的 2/3。若這三頂點由向量 $\mathbf{v}_1, \mathbf{v}_2$ 及 $\mathbf{v}_3$ 來給，試將重心表為這三個向量的凸組合。

(b) 使用 (a) 之結果，求定義具頂點為三向量 $\begin{bmatrix} 2 \\ 3 \end{bmatrix}$, $\begin{bmatrix} 5 \\ 2 \end{bmatrix}$ 及 $\begin{bmatrix} 1 \\ 1 \end{bmatrix}$ 的三角形之重心的向量。

10.20 科技習題

下面這些習題是被設計為需使用科技裝備來解的問題。基本上，這些裝備為 MATLAB, *Mathematica*, Maple, Derive 或 Mathcad，亦可能為其他型態的線性代數軟體或具有線性代數內涵的科學計算器。對每個習題，你在使用你的特別裝備時，需先閱讀相關文件。這些習題的主要目標是讓你熟練你的科技裝備。一旦你精通這些習題裡的技巧，將可以使用你的科技裝備來解許多一般習題集的問題。

T1 欲變形或形態 R^3 上的曲面，我們必須能三角形畫分這個曲面。令 $\mathbf{v}_1 = \begin{bmatrix} v_{11} \\ v_{12} \\ v_{13} \end{bmatrix}$, $\mathbf{v}_2 = \begin{bmatrix} v_{21} \\ v_{22} \\ v_{23} \end{bmatrix}$

及 $\mathbf{v}_3 = \begin{bmatrix} v_{31} \\ v_{32} \\ v_{33} \end{bmatrix}$ 為曲面上三不共線向量，則向量

$\mathbf{v} = \begin{bmatrix} v_1 \\ v_2 \\ v_3 \end{bmatrix}$ 位在由這三個向量所形成的三角形之

內若且唯若 **v** 為這三個向量的凸組合；亦即，$\mathbf{v}=c_1\mathbf{v}_1+c_2\mathbf{v}_2+c_3\mathbf{v}_3$ 對某些非負係數 c_1, c_2 及 c_3 且其和為 1。

(a) 證明此時 c_1, c_2 及 c_3 為下面線性方程組的解：

$$\begin{bmatrix} v_{11} & v_{21} & v_{31} \\ v_{12} & v_{22} & v_{32} \\ v_{13} & v_{23} & v_{33} \\ 1 & 1 & 1 \end{bmatrix} \begin{bmatrix} c_1 \\ c_2 \\ c_3 \end{bmatrix} = \begin{bmatrix} v_1 \\ v_2 \\ v_3 \\ 1 \end{bmatrix}$$

試決定 (b)−(d) 的向量 **v** 是否為向量

$\mathbf{v}_1 = \begin{bmatrix} 2 \\ 7 \\ -5 \end{bmatrix}$, $\mathbf{v}_2 = \begin{bmatrix} 3 \\ 0 \\ 9 \end{bmatrix}$ 及 $\mathbf{v}_3 = \begin{bmatrix} 2 \\ 2 \\ -4 \end{bmatrix}$ 的凸組合？

(b) $\mathbf{v} = \dfrac{1}{4}\begin{bmatrix} 9 \\ 9 \\ 9 \end{bmatrix}$ (c) $\mathbf{v} = \dfrac{1}{4}\begin{bmatrix} 10 \\ 9 \\ 9 \end{bmatrix}$ (d) $\mathbf{v} = \dfrac{1}{4}\begin{bmatrix} 13 \\ -7 \\ 50 \end{bmatrix}$

T2 欲變形或形態 R^3 上的立體，我們首先將立體分割成不相交的四面體。令 $\mathbf{v}_1 = \begin{bmatrix} v_{11} \\ v_{12} \\ v_{13} \end{bmatrix}$,

$\mathbf{v}_2 = \begin{bmatrix} v_{21} \\ v_{22} \\ v_{23} \end{bmatrix}$, $\mathbf{v}_3 = \begin{bmatrix} v_{31} \\ v_{32} \\ v_{33} \end{bmatrix}$ 及 $\mathbf{v}_4 = \begin{bmatrix} v_{41} \\ v_{42} \\ v_{43} \end{bmatrix}$ 為四個不共平面的向量，則向量 $\mathbf{v} = \begin{bmatrix} v_1 \\ v_2 \\ v_3 \end{bmatrix}$ 位在由這四個向量所形成的立體四面體若且唯若 **v** 為這四個向量的凸組合；亦即 $\mathbf{v}=c_1\mathbf{v}_1+c_2\mathbf{v}_2+c_3\mathbf{v}_3+c_4\mathbf{v}_4$ 對某些非負係數 c_1, c_2, c_3 及 c_4 且其和為 1。

(a) 證明此時 c_1, c_2, c_3 及 c_4 為下面線性方程組的解

$$\begin{bmatrix} v_{11} & v_{21} & v_{31} & v_{41} \\ v_{12} & v_{22} & v_{32} & v_{42} \\ v_{13} & v_{23} & v_{33} & v_{43} \\ 1 & 1 & 1 & 1 \end{bmatrix} \begin{bmatrix} c_1 \\ c_2 \\ c_3 \\ c_4 \end{bmatrix} = \begin{bmatrix} v_1 \\ v_2 \\ v_3 \\ 1 \end{bmatrix}$$

試決定 (b)−(d) 的向量 **v** 是否為向量 $\mathbf{v}_1 = \begin{bmatrix} 2 \\ -6 \\ 1 \end{bmatrix}$,

$\mathbf{v}_2 = \begin{bmatrix} -3 \\ 4 \\ 2 \end{bmatrix}$, $\mathbf{v}_3 = \begin{bmatrix} 7 \\ 2 \\ 3 \end{bmatrix}$ 及 $\mathbf{v}_4 = \begin{bmatrix} -1 \\ 3 \\ 2 \end{bmatrix}$ 的凸組合？

(b) $\mathbf{v} = \begin{bmatrix} 5 \\ 0 \\ 7 \end{bmatrix}$ (c) $\mathbf{v} = \begin{bmatrix} 1 \\ 1 \\ 2 \end{bmatrix}$ (d) $\mathbf{v} = \begin{bmatrix} 1 \\ 2 \\ 2 \end{bmatrix}$

附錄 A　如何閱讀定理

因為線性代數裡許多最重要的概念以定理敘述方式呈現，所以熟悉各種方式之定理建構有其重要。本附錄將幫助讀者了解。

定理的換質位型

最簡單的定理是型如

$$\text{若 } H \text{ 為真，則 } C \text{ 為真。} \tag{1}$$

其中 H 為一敘述，稱之為**假設** (hypothesis)，且 C 為一敘述，稱之為**結論** (conclusion)。若每當假設為真且結論為真時，則定理為真，若有時假設為真但結論為假時，則定理為假。通常將型如 (1) 式的定理表為

$$H \Rightarrow C \tag{2}$$

(讀做「H 蘊涵 C」)。例如，定理

$$\text{若 } a \text{ 和 } b \text{ 均為正數，則 } ab \text{ 為一正數。} \tag{3}$$

為型式 (2)，其中

$$H = a \text{ 和 } b \text{ 均為正數} \tag{4}$$

$$C = ab \text{ 為一正數} \tag{5}$$

有時候期望以否定方式來敘述定理。例如，(3) 式中的定理可被等價地重寫為

$$\text{若 } ab \text{ 非正數，則 } a \text{ 和 } b \text{ 不全為正數。} \tag{6}$$

若我們以 $\sim H$ 表示 (4) 式為假，且以 $\sim C$ 表示 (5) 式為假，則 (6) 式中的定理之結構為

$$\sim C \Rightarrow \sim H \tag{7}$$

一般來講，任一個型式 (2) 的定理可被重寫為型式 (7)，其被稱為 (2) 式的**換質位型** (contrapositive)。若一定理為真，則其換質型亦為真，且反之亦然。

定理的逆

定理的逆 (converse) 是將假設和結論互換後所得的敘述。因此，定理 $H \Rightarrow C$ 的逆即為敘述 $C \Rightarrow H$。一個為真的定理之換質位型本身必是為真的定理，但一個為真的定理之逆可能為真亦可能不為真。例如，(3) 式的逆是為假的敘述：

$$\text{若 } ab \text{ 是一正數，則 } a \text{ 和 } b \text{ 兩者均為正數。}$$

但為真的定理：
$$若 a > b，則 2a > 2b。 \qquad (8)$$
的逆是為真的定理：
$$若 2a > 2b，則 a > b \qquad (9)$$

等價敘述

若定理 $H \Rightarrow C$ 及其逆 $C \Rightarrow H$ 均為真，則稱 H 和 C 是**等價** (equivalent) 敘述，我們將其表為
$$H \Leftrightarrow C \qquad (10)$$
(讀做「H 和 C 為等價」)。有許多種方式將等價敘述寫為一個單一定理。以下有三個方式將 (8) 式和 (9) 式整合為一個單一定理。

型式 1：若 $a > b$，則 $2a > 2b$，且反之，若 $2a > 2b$，則 $a > b$。

型式 2：$a > b$ 若且唯若 $2a > 2b$。

型式 3：下面敘述為等價。
(i) $a > b$
(ii) $2a > 2b$

含三個以上敘述之定理

有時候兩個為真的定理將免費給你一個第三個為真的定理。明確地講，若 $H \Rightarrow C$ 是一個為真的定理，且 $C \Rightarrow D$ 是一個為真的定理，則 $H \Rightarrow D$ 必亦是一個為真的定理。例如，定理：

$$若四邊形的對邊平行，則此四邊形是一個平行四邊形。$$

和

$$平行四邊形的對邊等長。$$

蘊涵第三個定理：

$$若四邊形的的對邊平行，則它們等長。$$

有時候三個定理免費產生等價敘述。例如，若

$$H \Rightarrow C, \quad C \Rightarrow D, \quad D \Rightarrow H \tag{11}$$

則我們有圖 A.1 的蘊涵迴圈，由該迴圈我們可結論出

$$C \Rightarrow H, \quad D \Rightarrow C, \quad H \Rightarrow D \tag{12}$$

整合 (11) 和 (12) 式，得

$$H \Leftrightarrow C, \quad C \Leftrightarrow D, \quad D \Leftrightarrow H \tag{13}$$

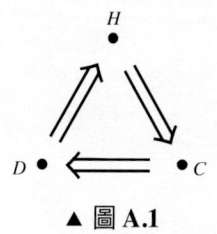

▲ 圖 A.1

總之，若你想證明 (13) 式的三個等價，你僅需證明 (11) 式中的三個蘊涵。

附錄 B 複 數

複數自然產生於解多項式方程的過程裡。例如，二次方程式 $ax^2+bx+c=0$ 的解，被給為二次公式

$$x = \frac{-b \pm \sqrt{b^2 - 4ac}}{2a}$$

為複數若根號裡面的表示式是負的。本附錄將複習一些本書所使用的複數基本概念。

複 數

欲處理方程式 $x^2 = -1$ 無實數解的問題，18 世紀的數學家發明「虛」數

$$i = \sqrt{-1}$$

其被假設具有性質

$$i^2 = (\sqrt{-1})^2 = -1$$

但另具有實數的代數性質。一個型如

$$a + bi \quad 或 \quad a + ib$$

的表示式，其中 a 和 b 為實數，被稱為一個**複數** (complex number)。有時候方便使用一個單一字母，寫為 z，來表示一個複數，此時記為

$$z = a + bi \quad 或 \quad z = a + ib$$

稱 a 為 z 的**實部** (real part) 且以 Re(z) 表之，稱 b 為 z 的**虛部** (imaginary part) 且以 Im(z) 表之。因此，

Re(3 + 2i) = 3,　　　Im(3 + 2i) = 2
Re(1 − 5i) = 1,　　　Im(1 − 5i) = Im(1 + (−5)i) = −5
Re(7i) = Re(0 + 7i) = 0,　Im(7i) = 7
Re(4) = 4,　　　　　Im(4) = Im(4 + 0i) = 0

兩個複數被認為**相等** (equal) 若且唯若它們的實部相等且它們的虛部相等；亦即，

$$a + bi = c + di \quad 若且唯若 \quad a = c \text{ 且 } b = d$$

複數 $z = bi$，其實部為零，被稱為**純虛數** (pure imaginary)。虛部為零的複數 $z = a$ 是一個實數，所以所有實數可被視為所有複數的子集合。

複數的相加、相減及相乘均依代數的標準法則，但 $i^2 = -1$：

$$(a+bi) + (c+di) = (a+c) + (b+d)i \tag{1}$$
$$(a+bi) - (c+di) = (a-c) + (b-d)i \tag{2}$$
$$(a+bi)(c+di) = (ac-bd) + (ad+bc)i \tag{3}$$

將左邊展開並使用 $i^2 = -1$ 可得乘法公式。注意若 $b=0$，則乘法公式簡化為

$$a(c+di) = ac + adi \tag{4}$$

具有這些運算的複數集合通常以符號 C 表之且被稱是**複數系** (complex number system)。

▶ **例題 1　複數相乘**

實際上，以展開式計算複數乘積通常更方便，而非 (3) 式的代入法。例如，

$$(3-2i)(4+5i) = 12 + 15i - 8i - 10i^2 = (12+10) + 7i = 22 + 7i \quad ◀$$

複數平面

複數 $z = a + bi$ 可被伴以有序實數對 (a, b)，且可被表為 xy-平面上的一點或一向量 (圖 B.1)，我們稱此為**複數平面** (complex plane)。x-軸上的點之虛部為零且因此對應至實數，而 y-軸上的點之實部為零且對應至純虛數。因此，我們稱 x-軸為**實軸** (real axis) 且稱 y-軸為**虛軸** (imaginary axis)(圖 B.2)。

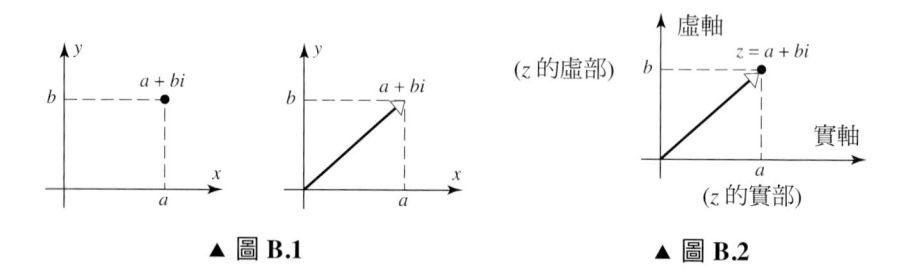

▲ 圖 B.1　　　　　　　　▲ 圖 B.2

複數的相加、相減或乘以實數，可對它們所相伴的向量執行這些運算 (例如，圖 B.3)。以此觀點，複數系 C 和 R^2 有密切關係，主要的差異在於複數相乘可得另一複數，而 R^2 上無乘法運算可產生 R^2 上的另外向量 (點積為純量，非 R^2 上之向量)。

▲ 圖 B.3　兩複數之和　兩複數之差

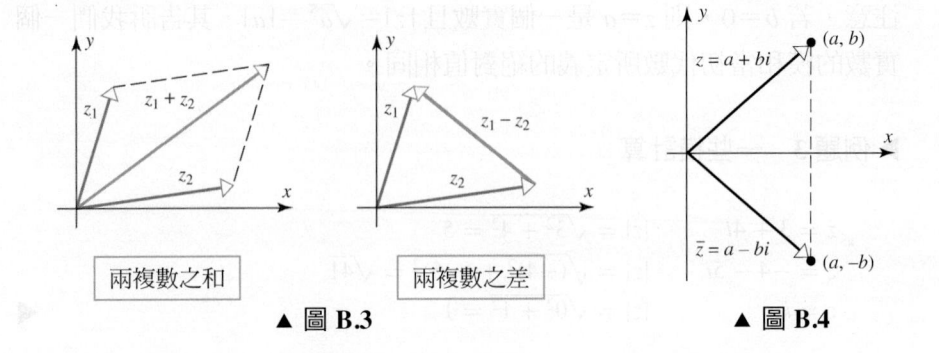

▲ 圖 B.4

若 $z=a+bi$ 為一複數，則 z 的**複數共軛** (complex conjugate)，或更簡單地，z 的**共軛** (conjugate)，被表為 $\bar{z}$ (讀做「$z\,bar$」) 且被定義為

$$\bar{z} = a - bi \tag{5}$$

數值上，$\bar{z}$ 係將 z 的虛部之正負號改反而得，而在幾何上，它係由 z 所代表的向量對實軸鏡射而得 (圖 B.4)。

▶ **例題 2**　一些複數共軛

$$\begin{aligned} z &= 3 + 4i & \bar{z} &= 3 - 4i \\ z &= -2 - 5i & \bar{z} &= -2 + 5i \\ z &= i & \bar{z} &= -i \\ z &= 7 & \bar{z} &= 7 \end{aligned}$$

◀

注釋：例題 2 中最後一個計算說明實數等於其複數共軛。更一般地，$z=\bar{z}$ 若且唯若 z 是一個實數。

下面計算說明複數 $z=a+bi$ 和其共軛 $\bar{z}=a-bi$ 的乘積是一個非負的實數：

$$z\bar{z} = (a+bi)(a-bi) = a^2 - abi + bai - b^2i^2 = a^2 + b^2 \tag{6}$$

您將認知

$$\sqrt{z\bar{z}} = \sqrt{a^2 + b^2}$$

是對應至 z 之向量的長度 (圖 B.5)；我們稱此長度為**模** (modulus) [或 z 的**絕對值** (absolute value)] 且表為 $|z|$。因此，

$$|z| = \sqrt{z\bar{z}} = \sqrt{a^2 + b^2} \tag{7}$$

▲ 圖 B.5

注意,若 $b=0$,則 $z=a$ 是一個實數且 $|z|=\sqrt{a^2}=|a|$,其告訴我們一個實數的模和當初代數所定義的絕對值相同。

▶ **例題 3　一些模計算**

$$z = 3 + 4i \qquad |z| = \sqrt{3^2 + 4^2} = 5$$
$$z = -4 - 5i \qquad |z| = \sqrt{(-4)^2 + (-5)^2} = \sqrt{41}$$
$$z = i \qquad |z| = \sqrt{0^2 + 1^2} = 1$$

◀

例數和除法

若 $z \neq 0$,則 z 的**倒數** (reciprocal) [或**乘法反元素** (multiplicative inverse)] 被表為 $1/z$ (或 z^{-1}) 且以性質

$$\left(\frac{1}{z}\right) z = 1$$

定義之。此方程式有一個唯一解給 $1/z$,其可由兩邊同乘 $\bar{z}$ 並使用 $z\bar{z} = |z|^2$ 之事實而得 [參見 (7) 式]。此得到

$$\frac{1}{z} = \frac{\bar{z}}{|z|^2} \tag{8}$$

若 $z_2 \neq 0$,則**商** (quotient) z_1/z_2 被定義為 z_1 和 $1/z_2$ 的乘積。此得公式

$$\frac{z_1}{z_2} = \frac{\bar{z}_2}{|z_2|^2} z_1 = \frac{z_1 \bar{z}_2}{|z_2|^2} \tag{9}$$

若將 z_1/z_2 的分子和分母同乘以 $\bar{z}_2$ 可得 (9) 式右邊的表示式。實際上,這經常是最佳之法來執行複數除法。

▶ **例題 4　複數的除法**

令 $z_1 = 3 + 4i$ 且 $z_2 = 1 - 2i$。將 z_1/z_2 表為 $a+bi$ 之型。
解:分別對 z_1/z_2 的分子和分母乘上 $\bar{z}_2$。此得

$$\frac{z_1}{z_2} = \frac{z_1 \bar{z}_2}{z_2 \bar{z}_2} = \frac{3+4i}{1-2i} \cdot \frac{1+2i}{1+2i}$$
$$= \frac{3 + 6i + 4i + 8i^2}{1 - 4i^2}$$

$$= \frac{-5 + 10i}{5}$$
$$= -1 + 2i$$

下面定理列出模及共軛運算的一些有用性質。

定理 B.1：對任意複數 z, z_1 及 z_2，下面結果成立。
(a) $\overline{z_1 + z_2} = \bar{z}_1 + \bar{z}_2$
(b) $\overline{z_1 - z_2} = \bar{z}_1 - \bar{z}_2$
(c) $\overline{z_1 z_2} = \bar{z}_1 \bar{z}_2$
(d) $\overline{z_1/z_2} = \bar{z}_1/\bar{z}_2$
(e) $\bar{\bar{z}} = z$

定理 B.2：對任意複數 z, z_1 及 z_2，下面結果成立。
(a) $|\bar{z}| = |z|$
(b) $|z_1 z_2| = |z_1||z_2|$
(c) $|z_1/z_2| = |z_1|/|z_2|$
(d) $|z_1 + z_2| \leq |z_1| + |z_2|$

複數的極式

若 $z = a + bi$ 是一個非零複數，且若 ϕ 是由實軸至向量 z 的夾角，則，如圖 B.6 所示，z 的實部及虛部可被表為

$$a = |z|\cos\phi \quad \text{及} \quad b = |z|\sin\phi \tag{10}$$

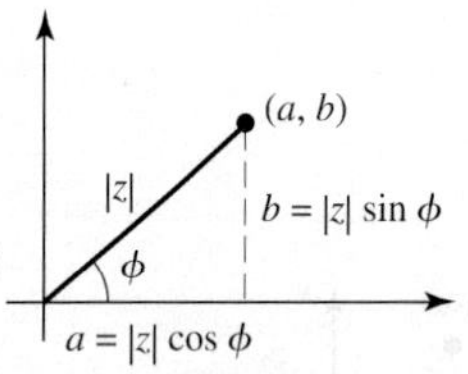

因此，複數 $z = a + bi$ 可被表為

$$z = |z|(\cos\phi + i\sin\phi) \tag{11}$$

▲ 圖 B.6

其被稱為 z 的**極式** (polar form)。公式中的角 ϕ 被稱為 z 的**幅角** (argument)。z 的幅角不唯一，因為我們可對幅角加上或減去 2π 的任意倍數，以得 z 的另一相異幅角。然而，僅有一個幅角之強度量滿足

$$-\pi < \phi \leq \pi \tag{12}$$

此幅角被稱是 z 的**主幅角** (principal argument)。

▶ **例題 5** 複數的極式

使用主幅角將 $z = 1 - \sqrt{3}\,i$ 表為極式。

解：z 的模是

$$|z| = \sqrt{1^2 + (-\sqrt{3})^2} = \sqrt{4} = 2$$

因此，由 (10) 式且 $a=1$ 及 $b=-\sqrt{3}$ 得

$$1 = 2\cos\phi \quad \text{及} \quad -\sqrt{3} = 2\sin\phi$$

且此蘊涵

$$\cos\phi = \frac{1}{2} \quad \text{及} \quad \sin\phi = -\frac{\sqrt{3}}{2}$$

滿足這些方程式且其強度量滿足 (12) 式的唯一角 ϕ 是 $\phi = -\pi/3$ (圖 B.7)。因此，z 的極式是

$$z = 2\left(\cos\left(-\frac{\pi}{3}\right) + i\sin\left(-\frac{\pi}{3}\right)\right) = 2\left(\cos\frac{\pi}{3} - i\sin\frac{\pi}{3}\right) \quad \blacktriangleleft$$

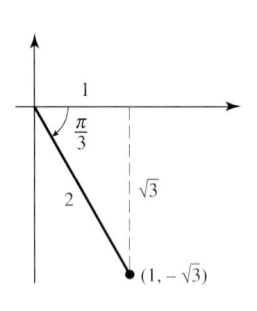

▲ 圖 B.7

複數乘法及除法的幾何意義

我們現在顯示複數的極式如何提供乘法及除法的幾何意義。令

$$z_1 = |z_1|(\cos\phi_1 + i\sin\phi_1) \quad \text{及} \quad z_2 = |z_2|(\cos\phi_2 + i\sin\phi_2)$$

為非零複數 z_1 及 z_2 的極式。相乘，得

$$z_1 z_2 = |z_1||z_2|[(\cos\phi_1\cos\phi_2 - \sin\phi_1\sin\phi_2) + i(\sin\phi_1\cos\phi_2 + \cos\phi_1\sin\phi_2)]$$

現在應用三角恆等式

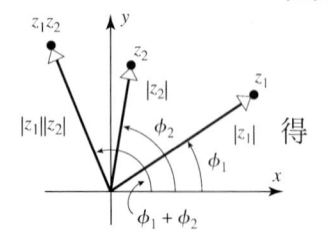

$$\cos(\phi_1 + \phi_2) = \cos\phi_1\cos\phi_2 - \sin\phi_1\sin\phi_2$$
$$\sin(\phi_1 + \phi_2) = \sin\phi_1\cos\phi_2 + \cos\phi_1\sin\phi_2$$

得

$$z_1 z_2 = |z_1||z_2|[\cos(\phi_1 + \phi_2) + i\sin(\phi_1 + \phi_2)] \tag{13}$$

其為具模 $|z_1||z_2|$ 及幅角 $\phi_1 + \phi_2$ 的複數之極式。因此，我們已證明兩複數相乘具有模相乘及幅角相加的幾何效應 (圖 B.8)。

▲ 圖 B.8

相似計算證明

$$\frac{z_1}{z_2} = \frac{|z_1|}{|z_2|}[\cos(\phi_1 - \phi_2) + i\sin(\phi_1 - \phi_2)] \tag{14}$$

其告訴我們複數相除具有模相除及幅角相減的幾何效應 (兩者以適合順序)。

▶ **例題 6** 以極式做乘法及除法

使用複數 $z_1 = 1+\sqrt{3}\,i$ 及 $z_2 = \sqrt{3}+i$ 之極式計算 $z_1 z_2$ 及 z_1/z_2。

解：這些複數的極式是

$$z_1 = 2\left(\cos\frac{\pi}{3}+i\sin\frac{\pi}{3}\right) \quad \text{及} \quad z_2 = 2\left(\cos\frac{\pi}{6}+i\sin\frac{\pi}{6}\right)$$

(證之)。因此，由 (13) 式得

$$z_1 z_2 = 4\left[\cos\left(\frac{\pi}{3}+\frac{\pi}{6}\right)+i\sin\left(\frac{\pi}{3}+\frac{\pi}{6}\right)\right] = 4\left[\cos\left(\frac{\pi}{2}\right)+i\sin\left(\frac{\pi}{2}\right)\right] = 4i$$

且由 (14) 式得

$$\frac{z_1}{z_2} = 1\cdot\left[\cos\left(\frac{\pi}{3}-\frac{\pi}{6}\right)+i\sin\left(\frac{\pi}{3}-\frac{\pi}{6}\right)\right] = \cos\left(\frac{\pi}{6}\right)+i\sin\left(\frac{\pi}{6}\right) = \frac{\sqrt{3}}{2}+\frac{1}{2}i$$

做個檢查，讓我們直接計算 $z_1 z_2$ 及 z_1/z_2：

$$z_1 z_2 = (1+\sqrt{3}i)(\sqrt{3}+i) = \sqrt{3}+i+3i+\sqrt{3}i^2 = 4i$$

$$\frac{z_1}{z_2} = \frac{1+\sqrt{3}i}{\sqrt{3}+i} = \frac{1+\sqrt{3}i}{\sqrt{3}+i}\cdot\frac{\sqrt{3}-i}{\sqrt{3}-i} = \frac{\sqrt{3}-i+3i-\sqrt{3}i^2}{3-i^2}$$

$$= \frac{2\sqrt{3}+2i}{4} = \frac{\sqrt{3}}{2}+\frac{1}{2}i$$

其和使用極式的結果相同。 ◀

注釋：複數 i 的模為 1 且主幅角為 $\pi/2$。因此，若 z 是一個複數，則 iz 和 z 同模，但幅角大於 $\pi/2$ (=90°)；亦即，乘以 i 有以逆時針旋轉向量 90° 的幾何效應 (圖 B.9)。

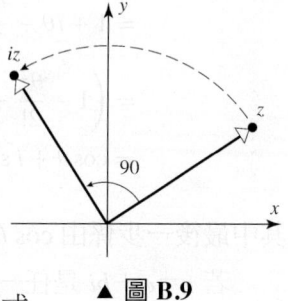

▲ 圖 B.9

棣莫芙公式

若 n 是一個正整數，且若 z 是一個非零複數具極式

$$z = |z|(\cos\phi + i\sin\phi)$$

則 z^n 為

$$z^n = \underbrace{z\cdot z\cdots\cdots z}_{n\text{ 個因子}} = |z|^n[\cos(\underbrace{\phi+\phi+\cdots+\phi}_{n\text{ 項}})]+i[\sin(\underbrace{\phi+\phi+\cdots+\phi}_{n\text{ 項}})]$$

其可更簡潔地寫為

$$z^n = |z|^n(\cos n\phi + i \sin n\phi) \tag{15}$$

特別當 $|z|=1$ 時，此公式簡化為

$$z^n = \cos n\phi + i \sin n\phi$$

使用 z 的極式得

$$(\cos\phi + i \sin\phi)^n = \cos n\phi + i \sin n\phi \tag{16}$$

此結果被稱是**棣莫芙公式** (DeMoivre's formula)。

尤拉公式

若 θ 為一實數，為某角的弳度量，則**複數指數** (complex exponential) 函數 $e^{i\theta}$ 被定義為

$$e^{i\theta} = \cos\theta + i \sin\theta \tag{17}$$

有時候稱之為**尤拉公式** (Euler's formula)。此公式的動機來自微積分的馬克勞林級數 (Maclaurin series)。已學過無窮級數的讀者可將 $i\theta$ 代入 e^x 的馬克勞林級數中的 x 來正式導 (17) 式且寫

$$\begin{aligned}
e^{i\theta} &= 1 + i\theta + \frac{(i\theta)^2}{2!} + \frac{(i\theta)^3}{3!} + \frac{(i\theta)^4}{4!} + \frac{(i\theta)^5}{5!} + \frac{(i\theta)^6}{6!} + \cdots \\
&= 1 + i\theta - \frac{\theta^2}{2!} - i\frac{\theta^3}{3!} + \frac{\theta^4}{4!} + i\frac{\theta^5}{5!} - \frac{\theta^6}{6!} + \cdots \\
&= \left(1 - \frac{\theta^2}{2!} + \frac{\theta^4}{4!} - \frac{\theta^6}{6!} + \cdots\right) + i\left(\theta - \frac{\theta^3}{3!} + \frac{\theta^5}{5!} - \cdots\right) \\
&= \cos\theta + i \sin\theta
\end{aligned}$$

其中最後一步係由 $\cos\theta$ 及 $\sin\theta$ 的馬克勞林級數而得。

若 $z=a+bi$ 是任一複數，則**複數指數** (complex exponential) e^z 被定義為

$$e^z = e^{a+bi} = e^a e^{ib} = e^a(\cos b + i \sin b) \tag{18}$$

可證明出複數指數滿足標準指數律。因此，例如，

$$e^{z_1}e^{z_2} = e^{z_1+z_2}, \quad \frac{e^{z_1}}{e^{z_2}} = e^{z_1-z_2}, \quad \frac{1}{e^z} = e^{-z}$$

索引

2-步連結 (2-step connection) 727

2-空間 (2-space) 151

2-維 (2-tuples) 157

3-空間 (3-space) 151

3-維 (3-tuples) 157

A 之餘因子矩陣 (matrix of cofactors from A) 140

A 的 LDU-分解 (LDU-decomposition of A 或 LDU-factorization of A) 629

A 的 LU-分解 (LU-decomposition of A 或 LU-factorization of A) 621

A 的 PLU-分解 (PLU-decomposition of A 或 PLU-factorization of A) 629

A 的 QR-分解 (QR-decomposition of A) 465

a 的 u 之分向量 (component of u orthogonal to a) 187

A 的行列式 (determinant of A) 120

A 的秩 r 近似 (rank r approximation of A) 668

A 的跡數 (trace of A) 42

A 的餘因子展開式 (cofactor expansions of A) 120

A 的轉置矩陣 (transpose of A) 42

A 為變數的矩陣多項式 (matrix polynomial in A) 59

A 乘之 (multiplication by A) 318

B 相似於 A (B is similar to A) 390

CAT 掃描機 (CAT scanner) 789

Hausdorff 維度 (Hausdorff dimension) 807

Hessenberg 分解 (Hessenberg decomposition) 656

Hessian 矩陣 (Hessian matrix) 544

Jordan 標準型 (Jordan canonical form) 657

Legendre 多項式 (Legendre polynomials) 463

Leslie 矩陣 (Leslie matrix) 869

LU-分解 (LU-decomposition) 620

M_{mn} 的標準基底 (standard basis for M_{mn}) 263

n 元複數序對 (complex n-tuple) 405

n 階方陣 (square matrix of order n) 34

n-空間 (n-space) 158

n-循環 (n-cycle) 829

PageRank 分數 (PageRank score) 642

PageRank 演算法 (PageRank algorithm) 642

P_n 的標準基底 (standard basis for P_n) 261

QR-分解 (QR-decomposition) 464

RGB 色彩立方體 (RGB color cube) 163

RGB 色彩模型 (RGB color model) 163

RGB 空間 (RGB space) 163

R_m 在 W 上的正交投影 (orthogonal projection of R_m on W) 477

R^n 上由 A 生成之內積 (inner product on R^n generated by A) 434

R^n 上的標準單位向量 (standard unit vectors in R^n) 169

R^n 的標準基底 (standard basis for R^n) 261

S 的生成空間 (span of S) 238

Schur 分解 (Schur decomposition) 519

Schur 分解 (Schur decomposition) 656

T 的核維數 (nullity of T) 571

T 的秩 (rank of T) 571

T 的逆變換 (inverse of T) 588

T 相對於基底 B 及 B 的矩陣 (the matrix for T relative to the bases B and B) 596

T 對基底 B 的矩陣 (matrix for T with respect to the basis B) 599

T_2 和 T_1 的合成變換 (composition of T_2 with T_1) 586

u 正交於 W 的分向量 (component of u orthogonal to W) 457

u 在 a 方向上的分向量 (the vector component of u along a) 187

u 在 a 方向上的正交投影 (orthogonal projection of u on a) 187

u 在 W 上的正交投影 (orthogonal projection of u on W) 457

u 在 $W^\perp$ 上的正交投影 (orthogonal projection of u on $W^\perp$) 457

u 和 v 的夾角 (angle between u and v) 443

u 和 v 間之夾角 (angle between u and v) 170

v 的分量 (components of v) 156

v 乘 k 的純量積 (scalar product of v by k) 154

v 朝 w 方向的平移 (translation of v by w) 153

v 對於 S 的座標向量 (coordinate vector of v relative to S) 265

W 的正交補餘 (orthogonal complement of W) 447

w 朝 v 方向的平移 (translation of w by v) 153

$w_1, w_2, \ldots, w_n$ 為權數的加權歐幾里德內積 (weighted Euclidean inner product with weights $w_1, w_2, \ldots, w_n$) 431

X-連鎖的遺傳 (X-linked inherience) 854

一 劃

一般線性規劃問題 (general linear programming problem) 683

一對一 (one to one) 340, 576

二 劃

二人零和矩陣對局 (two-person zero-sum matrix game) 737

二次曲線 (conic) 526

二次型 (quadratic forms) 523

人口波 (population waves) 872

三 劃

三次仿樣 (cubic spline) 701

三角多項式 (trigonometric polynomial) 493

三角形 (trianglular) 84

三角畫分 (triangulation) 899

上 Hessenberg 分解 (upper Hessenberg decomposition) 520

上 Hessenberg 型 (upper Hessenberg form) 519

上三角形 (upper trianglular) 84

下三角形 (lower triangular) 84

下對角線 (subdiagonal) 519

么正的 (unitary) 549

么正對角化 (unitarily diagonalize) 553

叉積項 (cross product terms) 523

大小 (magnitude) 167

子行列式 (minor) 118

子空間 (subspace) 232

子矩陣 (submatrices) 38

四 劃

不定的 (indefinite) 532

不重疊集 (nonoverlapping sets) 803
不穩定的 (unstable) 27
中心二次曲線 (central conic) 527
中心權重 (hub weights) 644
中間需求向量 (intermediale demand vector) 109
元素 (entries) 32
內部網點 (interior mesh point) 780
內積 (inner product) 429
內積空間同構變換 (inner product space isomorphism) 583
分支 (branch) 91, 95
分割 (partitioned) 38
分量 (components) 405
分解 (decomposition) 804
化學方程式 (chemical equation) 97
化學式 (chemical formulas) 97
反射算子 (reflection operators) 322
反對稱 (antisymmetry) 408, 554
反赫米頓 (skew-Hermitian) 554
反應物 (reactants) 98
尤拉公式 (Euler's formula) 919
支付矩陣 (payoff matrix) 738
方向 (direction) 151
欠定方程組 (underdetermined systems) 309

五　劃

主幅角 (principal argument) 916
主軸定理 (principal axes theorem) 525
主對角線 (main diagonal) 34, 659
代換密碼 (substitution ciphers) 840

代數重建技術 (Algebraic Reconstruction Techniques, ART) 794
代數重數 (algebraic multiplicity) 400
以最大元素量化的冪方法 (power method with maximum entry scaling) 637
凸組合 (convex combination) 898
加法 (addition) 222
加法封閉性 (closure under addition) 223
加法結合律 (associative law for addition) 155
半正定的 (positive semidefinite) 532
半負定的 (negative semidefinite) 532
可么正對角化 (unitarily diagonalizable) 553
可正交對角化 (orthogonally diagonalizable) 512
可生產 (productive) 111, 755
可行域 (feasible region) 683
可行解 (feasible solution) 683
可逆的 (invertible) 53
可對角化的 (diagonalizable) 392
可維持的 (sustainable) 879
可維持的收穫條件 (sustainable harvesting condition) 763
外部需求向量 (outside demand vector) 108
平面向量型 (vector form of a plane) 186
平移向量 (translation vector) 772
平衡的 (balanced) 98
未收穫向量 (nonharvest vector) 759
未知數 (unknowns) 3
正交 (orthogonal) 452
正交投影 (orthogonal projection) 798
正交投影算子 (orthogonal projection operators) 322

正交的 (orthogonal) 183, 407, 501
正交相似 (orthogonal similar) 512
正交基底 (orthogonal basis) 454
正交集 (orthogonal set) 183
正交補餘 (orthogonal complement) 312
正交對角化 (orthogonally diagonalizes) 512
正交算子 (orthogonal operator) 504
正定的 (positive definite) 532
正則的 (regular) 368
正則馬可夫鏈 (regular Markov Chain) 368, 718
正規化 (normalizing) 452
正規方程式 (normal equation) 472, 484
正規方程組 (normal system) 472
正規的 (normal) 555
正極 (positive pole) 94
生成 (span) 238
生成物 (products) 98
生產向量 (production vector) 108
生產向量 (production vector) 753
由 A 產生的冪序列 (power sequence generated by A) 632
目標函數 (objective function) 683
矛盾的 (inconsistent) 4

六　劃

交換矩陣 (exchange matrix) 750
仿射變換 (affine transformation) 898
伏特 (volts, V) 95
全等 (congruent) 803
共軛 (conjugate) 914

共軛複數 (complex conjugate) 404, 405
共軛轉置 (conjugate transpose) 548
列空間 (row space) 290
列-矩陣 (row-matrix) 162
列梯形矩陣 (row echelon form) 14
列等價 (row-equivalent) 64
同構 (isomorphic) 580
同構變換 (isomorphism) 580
向前代換法 (forward substitution) 621
向前面相 (forward phase) 19
向後面相 (backward phase) 19
向量 (vectors) 151, 222
向量空間 (vector space) 222
向量型 (vector forms) 197
在標準位置的中心二次曲面 (central quadrics in standard position) 528
多產年齡階層 (fertile age class) 868
多項式 (polynomial) 235
安培 (amperes, A) 95
成長矩陣 (growth matrix) 761
收斂 (converges) 368
收縮 (contraction) 327, 563, 803, 808, 818
收穫 (harvesting) 879
收穫向量 (harvest vector) 761
收穫矩陣 (harvesting matrix) 881
有向稜 (directed edge) 724
有利潤的 (profitable) 756
有序 n 元序對 (ordered n-tuple) 4, 158
有序三元序對 (ordered triple) 4
有序基底 (ordered basis) 265

有序數對 (ordered pair) 4
有界的 (bounded) 684, 803
有限維的 (finite-dimensional) 264
次數 (degree) 235
百分比誤差 (percentage error) 639
自由變數 (free variables) 16
自我相似集合 (self-similar set) 804
自然同構變換 (natural isomorphism) 582
色澤 (hue) 158
行列式 (determinant) 117
行向量 (column vectors) 290
行-矩陣 (column-matrix) 162

七　劃

估計百分比誤差 (estimated percentage error) 640
估計相對誤差 (estimated relative error) 640
估算內積 (evaluation inner product) 436
伴隨 A 的二次型 (quadratic form associated with A) 523
伴隨矩陣 (adjoint) 140
克希荷夫電流定律 (Kirchhoff's current law) 95
克希荷夫電壓定律 (Kirchhoff's voltage law) 95
判別式 (discriminant) 411
利潤的 (profitable) 111
完全反應 (complete reaction) 98
尾數 (mantissa) 650
希爾 2-密碼 (Hill 2-cipher) 842
希爾 3-密碼 (Hill 3-cipher) 842
希爾 n-密碼 (Hill n-cipher) 842
希爾密碼 (Hill-ciphers) 840
投入 (inputs) 107

投入-產出分析 (input-output analysis) 107
投入-產出矩陣 (input-output matrix) 750
投影算子 (projection operators) 322
角點 (corner point) 684

八　劃

亞可比迭代法 (Jacobi iteration) 784
兩人零和對局的基本定理 (Fundamental Theorem of Two-Person Zero-Sum Games) 740
兩-點向量方程式 (two-point vector form) 199
函數 (function) 317
初始中心向量 (initial hub vector) 644
初始值問題 (initial-value problem) 421
初始權威向量 (initial authority vector) 644
制限 (constraint) 539
取代矩陣 (replacement matrix) 761
受制極值 (constrained extremum) 539
和 (sum) 34, 152
奇異的 (singular) 53
奇異值 (singular values) 658
奇異值分解 (singular value decomposition) 659
始點 (initial point) 152
定義域 (domain) 317
拓樸維度 (topological dimension) 806
拘束 (constraints) 683
明顯解 (trivial solution) 21
明顯解 (trivial solution) 247
法向量 (normal) 184
狀態向量 (state vector) 714
玩家 C 的最佳策略 (optimal strategy for player C) 741

玩家 C 的策略 (strategy of player C) 738
玩家 R 的最佳策略 (optimal strategy for player R) 741
玩家 R 的策略 (strategy of player R) 738
直線向量型 (vector form of a line) 186
長度 (length) 151
長度 (length) 167
長度 (length) 430
阿諾德貓圖 (Arnold's cat map) 824
非明顯解 (nontrivial solution) 21
非負性拘束 (nonnegativity constraint) 683

九　劃

亮度 (brightness) 158
係數 (coefficients) 38, 162, 237
係數矩陣 (coefficient matrix) 42
垂直的 (perpendicular) 183
封閉迴路 (closed loop) 95
封閉經濟 (closed economies) 107
恆等算子 (identity operator) 321, 563
映 (maps) 317
映成 W (onto-W) 577
柯西-史瓦茲不等式 (Cauchy-Schwarz inequality) 175
柯拉瑪法則 (Cramer s rule) 142
毗鄰矩陣 (adjacency matrix) 642
流量守恆 (flow conservation) 92
相似不變性 (similarity invariant) 391
相似性下的不變 (invariant under similarity) 391
相似矩陣 (similar matrices) 390

相容的 (consistent) 4
相等 (equal) 34, 152, 159, 912
相對極大值 (relative maximum) 542
相對極小值 (relative minimum) 542
相對誤差 (relative error) 639
相對應線性方程組 (corresponding linear systems) 202
相關方程式 (dependency equations) 300
科技矩陣 (technology matrix) 108
計值變換 (evaluation transformation) 565
負 u (negative of u) 222
負向量 (negative) 154
負定的 (negative definite) 532
負極 (negative pole) 94
迭代 (iterate) 784, 826
重疊集 (overlapping sets) 803
首項 1 (leading 1) 14
首項變數 (leading variables) 16

十　劃

乘法反元素 (multiplicative inverse) 844
乘法反元素 (multiplicative inverse) 915
乘積 (product) 35, 36
倒回代換法 (back-substitution) 24
倒數 (reciprocal) 844, 915
值 (value) 317
值域 (range) 317, 568
原文向量 (plaintext vector) 841
差 (difference) 34, 154
座標 (coordinates) 265

座標映射 (coordinate map) 280
核集 (kernel) 568
浮點數 (floating-point numbers) 650
消去過程 (elimination procedure) 17
消費向量 (consumption vectors) 108
消費矩陣 (consumption matrix) 108, 753
特解 (particular solution) 292
特徵方程式 (characteristic equation) 379
特徵向量 (eigenvector) 377
特徵多項式 (characteristic polynomial) 379
特徵空間 (eigenspace) 382, 408
特徵值 (eigenvalue) 377
特徵值分解 (eigenvalue decomposition) 656
矩陣 (matrix) 32
矩陣內積 (matrix inner products) 434
矩陣算子 (martrix operator) 318
矩陣變換 (matrix transformation) 317, 318
秩 (rank) 305
純策略 (pure strategy) 742
純虛數 (pure imaginary) 912
純量 (scalars) 151
純量 (scalars) 33
純量三乘積 (scalar triple product) 212
純量乘法 (scalar multiplication) 222
純量乘法封閉性 (closure under scalar multiplication) 223
純量倍數 (scalar multiple) 222
純量倍數 (scalar multiple) 35
起始-三角形 (begin-triangle) 898
起始條件的敏感度 (sensitivity to initial conditions) 835
迴歸線 (regression line) 484
退化圓錐曲線 (degenerate conic) 526
逆 (inverse) 342
逆矩陣 (inverse) 53
逆運算 (inverse operations) 65
逆算子 (inverse operator) 342
馬可夫矩陣 (Markov matrix) 713
馬可夫過程 (Markov process) 712
馬可夫鏈 (Markov Cain) 364
馬可夫鏈 (Markov chain) 712
馬可夫鏈轉移矩陣 (transition matrix for the Markov chain) 712
高斯消去法 (Gaussian elimination) 20
高斯-喬丹消去法 (Gauss-Jordan elimination) 19

十一　劃

假設 (hypothesis) 909
偏差 (deviation) 491
偏離角 (yaw) 329
停止程序 (stopping procedure) 640
動態系統 (dynamical system) 360, 835
動態系統的狀態 (state of the dynamical system) 360
參數 (parameter) 7, 196
參數方程式 (parametric equations) 7, 197
基本列運算 (elementary row operations) 9
基本空間 (fundamental spaces) 311
基本矩陣 (elementary matrix) 64
基因型 (genotype) 854

基底 (basis) 261
密碼 (ciphers) 840
密碼文 (ciphertext) 840
密碼向量 (ciphertext vector) 841
密碼通訊 (crypto graphy) 839
捨入 (roundoff) 27
排列矩陣 (permutation matrix) 629
旋轉方程式 (rotation equations) 325, 507
旋轉角 (angle of rotation) 325
旋轉矩陣 (rotation matrix) 325
旋轉軸 (axis of rotation) 325
旋轉算子 (rotation operators) 322, 326
混合策略 (mixed strategy) 742
混沌 (chaos) 824
混沌的 (chaotic) 834
產出 (outputs) 106
第 k 個主要子矩陣 (kth principal submatrix) 534
終點 (terminal point) 152
終點-三角形 (end-triangle) 898
逗號分界記法 (comma-delimited) 162
通解 (general solution) 17, 292, 420
部分 (sectors) 106
閉集 (closed set) 803
頂點 (extreme point) 684, 899
頂點 (vertex point) 684
頂點 (vertices) 724
頂點矩陣 (vertex matrix) 725

十 二 劃

單位向量 (unit vector) 168, 407, 430

單位球 (unit sphere) 433
單位圓 (unit circle) 433
單步連結 (1-step connection) 727
單範 v (normalizing v) 168
單範正交 (orthonormal) 452
單範正交基底 (orthonormal basis) 453
單範正交集 (orthonormal set) 183
富立爾係數 (Fourier coefficients) 495
富立爾級數 (Fourier series) 496
幅角 (argument) 404, 916
幾何向量 (geometric vectors) 151
幾何重數 (geometric multiplicity) 400
插值 (interpolate) 699
插值多項式 (interpolating polynomial) 100
插值曲線 (interpolatiog curve) 699
換質位型 (contrapositive) 909
最小平方直線擬合 (least squares straight line fit) 484
最小平方近似 (least squares approximation) 493
最小平方解 (least squares solution) 470
最小平方誤差 (least squares error) 470
最小平方誤差向量 (least squares error vector) 470
最佳可維持收穫政策 (optimal sustainable harvesting policy) 887
最佳可維持產量 (optimal sustainable yield) 887
最佳可維持報酬 (optimal sustainable yield) 759
最佳近似 (best approximation) 471
最佳解 (optimal solution) 683
期望支付 (expected payoff) 739

期初年齡分佈向量 (initial age distribution vector) 867
棣莫芙公式 (DeMoivre's formula) 919
測謊系統 (polygraphic system) 840
無界的 (unbounded) 684
無界解 (unbounded solution) 688
無限維的 (infinite-dimensional) 264
等高線 (level curves) 541
等溫線 (isotherm) 778
等價 (equivalent) 843, 910
等價的 (equinalent) 152, 159
結論 (conclusion) 909
結點 (node) 91, 95
絕對值 (absolute value) 404, 914
虛部 (imaginary poart) 404, 405, 912
虛軸 (imaginary axis) 913
費用 (cost) 650
超平面 (hyperplane) 797
超定方程組 (overdetermined systems) 309
距離 (distance) 169
距離 (distance) 430
軸元行 (pivot column) 27
軸元位置 (pivot positions) 27
開放部分 (open sectors) 107
開放經濟 (open economies) 107
階 (size) 32
階數 (order) 420, 493

十三 劃

傾斜角 (pitch) 329

圓錐曲線 (conic section) 526
微分方程式 (differential equation) 420
搖晃角 (roll) 329
極式 (polar form) 404, 916
極限 (limit) 368
極限循環 (limit cycle) 795
碎形集合 (fractal) 808
葛蘭-史密特法 (Gram-Schmidt process) 460
解 (solution) 3
解讀密碼 (deciphering) 840
零人口成長 (zero population growth) 877
零子空間 (zero subspace) 233
零向量 (zero vector) 152, 159, 222
零向量空間 (zero vector space) 223
零核空間 (null space) 290
零核維數 (nullity) 305
零變換 (zero transformation) 321, 563
雷利商 (Rayleigh quotient) 637
電子電位 (electrical potential) 95
電池 (battery) 94
電阻 (resistance) 95
電阻器 (resistor) 94
電流 (current) 95
電壓下降 (voltage drops) 95
電壓升高 (voltage vises) 95
飽和度 (saturation) 158

十四 劃

像 (image) 317
像素 (pixel) 826
像素映射 (pixel map) 827

像素映射的週期 (period of the pixel map) 829
像素點 (pixel point) 827
圖像密度函數 (picture-density) 898
實力 (power) 733
實部 (real part) 404, 405, 912
實軸 (real axis) 913
實數矩陣 (real matrix) 406
實數線 (real line) 157
對角元素 (diagonal entries) 659
對角化 A (diagonalize A) 392
對角矩陣 (diagonal matrix) 82
對稱的 (symmetric) 86
對應 (corresponding) 377
對應域 (codomain) 317
算子 (operator) 317
算術平均值 (arithmetic average) 432
維數 (dimension) 270
網路 (network) 91
蒙地卡羅技巧 (Monte Carlo technique) 785
赫米頓 (Hermitian) 549
需求向量 (demand vector) 753
齊次的 (homogeneous) 21
齊次線性方程式 (homogeneous linear equations) 2

十五　劃

增廣矩陣 (augmented matrix) 8
彈簧常數 (spring constant) 486
數值分析 (numerical analysis) 13
標準內積 (standard inner product) 436

標準內積 (standard inner product) 430
標準位置的中心二次曲線 (central conic in standard position) 527
標準矩陣 (standard matrix) 319
標準單位向量 (standard unit vector) 209
標準單位向量 (standard unit vectors) 168
模 (modulus) 914
模算術 (modular arithmetic) 824
模數 (modulus) 404, 843
模數 m (invertible modulo m) 845
樣本點 (sample points) 436
歐姆 (ohms, Ω) 95
歐姆定律 (Ohm's Law) 95
歐幾里德 n-空間 (Euclidean-n-space) 430
歐幾里德內積 (Euclidean inner product) 170, 172, 430
歐幾里德量化的冪方法 (power method with Euclidean scaling) 634
歐幾里德範數 (Euclidean norm) 407
範數 (norm) 167, 430
線性方程式 (linear equation) 2
線性方程組 (system of linear equations) 3
線性型 (liner form) 523
線性相關集合 (linearly dependent set) 247
線性條件 (linearity conditions) 345
線性組 (linear system) 3
線性組合 (linear combination) 38, 162, 237
線性算子 (linear operator) 562
線性算子 T 的行列式 (determinant of the linear operator T) 611

線性獨立集合 (linearly independent set) 247
線性變換 (linear transformation) 345, 562
編成密碼 (enciphering) 840
複數 (complex number) 912
複數 n-空間 (complex n-space) 405
複數平面 (complex plane) 913
複數共軛 (complex conjugate) 914
複數向量空間 (complex vector space) 405
複數系 (complex number system) 913
複數指數 (complex exponential) 919
複數特徵向量 (complex eigenvector) 408
複數特徵值 (complex eigenvalues) 408
複數矩陣 (complex matrix) 406
複數歐幾里德內積 (complex Euclidean inner product) 407
複數點積 (complex dot product) 407
鞍點 (saddle point) 543, 741
餘因子 (cofactor) 118
餘數 (residue) 843
黎昂夫方程式 (Leontief equation) 109
黎昂夫矩陣 (Leontief matrix) 109

十六 劃

機率 (probability) 362
機率向量 (probability vector) 363, 714
機率矩陣 (probability matrix) 713
磚砌 (tiled) 831
膨脹 (dilation) 563, 803
隨時間改變的變形 (time-varying warp) 901, 902
隨機迭代演算法 (Random Iteration Algorithm)

817
隨機矩陣 (stochastic matrix) 364
隨機矩陣 (stochastic matrix) 713
隨機過程 (stochastic processes) 362
優勢-有向圖形 (dominance-directed graph) 731
優勢特徵向量 (dominant eigenvector) 632
優勢特徵值 (dominant eigenvalue) 632
優勢特徵值 (dominant eigenvalue) 872
壓縮 (compression) 328
檢驗數字 (check digit) 180
聯接點 (junction point) 95
聯接點 (junctions) 91
隱性 (recessive) 854
點-法向量 (point-normal) 184
點積 (dot product) 170, 172
擴大 (expansion) 328
簡約列梯形 (reduced row echelon form) 14
簡約奇異值分解 (reduced singular value decomposition) 666
簡約奇異值展開式 (reduced singular value expansion) 666
轉移矩陣 (transition matrix) 281, 364
轉移機率 (transition probability) 712

十九 劃

離散時間動態系統 (discrete-time dynamical system) 835
離散時間混沌動態系統 (discrete-time chaotic dynamical system) 835
離散漫步 (discrete random walk) 785

穩定狀態 (steady-state) 369
穩定狀態向量 (steady-state vector) 719
譜分解 (spectral decomposition) 516
邊界網點 (boundary mesh point) 780
邊界數據 (boundary data) 778

二十 劃以上

嚴格限定的 (strictly determined) 741
競賽圖 (tournaments) 731
權威 (authority) 642
權威權重 (authority weights) 644
權數 (weight) 431
變形 (warp) 898
變換 (transformation) 317
變數正交變換 (orthogonal change of variable) 525
變數的狀態 (state of the variable) 360
變數變換 (change of variable) 524
顯性 (dominate) 854
體染色體的遺傳 (autosomal inheritace) 854